中国优质特色烤烟典型产区生态条件

徐宜民　王程栋 等　著

科学出版社

北京

内 容 简 介

  本书在概述我国优质特色烤烟典型产区的分布、气候条件、土壤背景特征和土壤养分特征基础上，以代表性片区大量详实数据和图表形式展示了我国 12 个优质特色烤烟典型产区的地理位置、自然条件及土壤特征。从气候条件、土壤剖面形态、土壤养分状况等角度对代表性片区的主要生态条件进行分析并作出总体评价。

  本书可供烟草行业从业者、科研者和管理者阅读使用，也可供农业、环境、生态、气候、土壤等学科的研究者参考。

图书在版编目（CIP）数据

中国优质特色烤烟典型产区生态条件/徐宜民等著. —北京：科学出版社，2016.12

 ISBN 978-7-03- 051250-5

 Ⅰ. ①中… Ⅱ. ①徐… Ⅲ. ①烤烟-产区-生态条件-研究-中国 Ⅳ. ①S572

中国版本图书馆 CIP 数据核字（2016）第 314685 号

责任编辑：周 丹 崔路凯 丁丽丽/责任校对：张凤琴 郭瑞芝 刘亚琦
责任印制：张 倩/封面设计：许 瑞

科 学 出 版 社 出版
北京东黄城根北街16号
邮政编码：100717
http://www.sciencep.com

北京利丰雅高长城印刷有限公司 印刷

科学出版社发行 各地新华书店经销
*

2016 年 12 月第 一 版 开本：787×1092 1/16
2016 年 12 月第一次印刷 印张：58 1/4
字数：1 370 000
定价：498.00 元
（如有印装质量问题，我社负责调换）

编　委　会

前　言

烟草最早起源于南美洲地区，随着贸易来往和烟草文化的传播，种植区域不断扩展，从而全球广阔范围都有种植分布。烟草也是具有广泛适应性的嗜好经济作物，在所有从事种植业生产的区域，烟草几乎都可以生长发育。然而，烟草对环境条件的变化又表现出十分敏感，尤其现代烤烟种植，环境条件的变化不仅影响烟草的形态特征和农艺性状的构建，更重要的是导致烟叶化学成分的变化，从而影响烟叶质量。就烟叶质量而言，烟草又是对生态条件变化非常敏感的作物。

随着近代烤烟种植技术的引入和现代卷烟工业的发展，我国烤烟种植区域分布广泛，北纬 19°~51°和东经 81°~130°广大地区都有烤烟种植。由于我国烤烟种植区域生态条件的多样性，加之现代卷烟工业发展对不同质量烟叶需求的长期选择压力，烤烟质量风格的多型性逐步形成。

中式卷烟发展对我国烤烟原料风格的多形性需求以及烟区农业现代化进程，提出了烤烟生产区域化、烟叶质量特色化的新要求；多类型优质特色烟叶区域化基地建设、专业化生产组织、品牌化市场供应的生产体系，成为当今我国烟草生产发展的关键所在；烟区生态条件与烟叶风格特色关系的深入探索，也随之成为当今烟草科学的热点研究领域。

《中国优质特色烤烟典型产区生态条件》一书，在国家烟草专卖局优质特色烟叶开发重大专项设立的中间香型优质特色烟叶生态基础研究课题的烤烟典型产区生态数据汇集的基础上，得到中国农业科学院烟草研究所、中国科学院南京土壤研究所和贵州省烟草科学研究院大力支持，扩展完成全国其他烤烟典型产区生态数据采集，提供统一检测平台完成土壤相关数据监测。为深入探索我国烤烟风格特色的区域分布特征提供帮助，本书按照行政区域隶属性、地理位置相近性、生态条件相似性、烟叶质量风格同类性等烤烟典型产区划分原则，参考农业区划和烟草种植区划，首次将我国主要烤烟产区分布区域初略划分为武陵山区烤烟种植区、黔中山区烤烟种植区、秦巴山区烤烟种植区、鲁中山区烤烟种植区、东北产区烤烟种植区、雪峰山区烤烟种植区、云贵高原烤烟种植区、攀西山区烤烟种植区、武夷山区烤烟种植区、南岭山区烤烟种植区、中原地区烤烟种植区、皖南山区烤烟种植区 12 个典型生态区域。

在典型区域生态数据采集与检测的过程中，国家烟草专卖局科教司、中国烟叶公司相关领导给予指导和协调，黑龙江、吉林、辽宁、山东、陕西、河南、重庆、贵州、四川、湖北、湖南、云南、广东、江西、安徽、福建等烤烟产区的烟叶生产与科研部门给予协助和支持,在此一并表示感谢。

本书由于数据采集范围辽阔、数据群体庞大、作者水平所限,书稿撰写难免出现错误和欠妥之处,敬请读者批评指正。

作　者

2016 年 10 月

目　　录

第一章　优质特色烤烟典型产区分布

烟草最早起源于南美洲地区，随着贸易来往、种植区域扩展和烟草文化的传播，从北纬60°到南纬45°的广阔区域都有烟草种植分布。烟草也是具有广泛适应性的嗜好经济作物，在所有从事种植业生产的区域，烟草几乎都可以生长发育。然而，烟草对环境条件的变化又十分敏感，环境条件的变化不仅影响烟草的形态特征和农艺性状的构建，而且会导致烟叶化学成分的变化，从而影响烟叶质量。就烟叶质量而言，烟草又是对生态条件变化非常敏感的作物。

我国烤烟种植区域分布范围十分广泛，北纬 19°~51°和东经 81°~130°广大地区都有种植(中国农业科学院烟草研究所，2005)。由于我国烤烟种植区域生态条件的多样性，加之现代卷烟工业发展对不同质量烟叶要求的长期选择，烤烟质量风格的多型性逐步形成。产区生态条件多样性导致烟叶质量风格多型性的观点，为我国烟草学者普遍认可和卷烟工业配方原料选择充分接受。

第一节　典型产区划分原则

中国是世界第一烟叶生产大国，烟草行业在国民经济中具有独特地位，烤烟生产遍及全国大多数省(自治区、直辖市)，烤烟种植面积常年在 130×10^4 hm^2 左右，烟叶产量在 280×10^4 t 左右，烤烟产量约占世界烤烟总产量的 60%。我国也是卷烟生产大国，中式卷烟的兴起与发展在世界卷烟市场中占有重要地位。我国烟叶主要生产区域布局特点，不仅受区域生态条件和其他农业生产条件制约，也长期接受卷烟工业原料配方需求特点引导，形成当今全国烤烟区域布局纵横南北、贯穿东西的大范围分布特点。主要烤烟产区广泛分布在不同的农田生态地理区划地域、不同的自然资源区划的区域，全国烤烟主要种植区域呈现多个生态区域的分布特征。虽然我国烤烟种植范围广大，但不同生态区域生态条件的差异又使烟叶质量风格各具特点，在中式卷烟工艺中充当不同的配方角色。按照生态决定特色的原则，各个生态区域烟叶也呈现出多型性特点，这种带有生态地域特点的烤烟典型产区，其产区标识和烟叶品牌标识带有区域特点极易受到市场接纳，也极易形成著名产地和著名烟叶品牌。

一、典型产区划分原则

1. 行政区域隶属性原则

我国烤烟产区的分布多起源于行政区域划分，开始种植烤烟大多是由当地行政区域政府产业引导，逐步形成当地优势产区。其次，我国主要烤烟产区地市级政府和县级政府都设有烟草专卖局和烟草公司，它们除肩负卷烟市场经营和市场监管之外，还专职负责当地烤烟生产组织和经营管理，这为烤烟按照行政区域种植管理和烟叶营销带来了诸多便利，但也为烤烟种植向适宜区域扩展带来了无形的限制条件。一个地区烤烟种植分布范围，经过长期行政指导性制约和生产管理范围约束，往往根据当地行政区域划分范围分布，即行政区划对于烤烟典型产区的形成起着十分重要的作用。产区扩展大多也是首先由较小的行政区划单位试种成功之后，再向行政区域隶属的其他地区扩展，即便向非隶属地区扩展，也仅仅围绕该中心的边缘地区蔓延，形成以行政区域为依托的烤烟产区布局。因而，在我国典型烤烟产区划分时，行政区域划分因素必须首先得到考虑，以行政区域隶属性原则进行产区划分归类，围绕一个行政中心区域为主向外扩展形成典型烤烟产区。

2. 地理位置相近性原则

在区域烤烟生产规模扩展和生产布局优化过程中，优势产区形成过程也伴随着地理位置相近性原则，烤烟生产区域扩展除了受到行政隶属关系制约外，也受到地理位置相近因素制约，在政府产业开发引导之外，也有当地农民的自发扩展种植。在这种烤烟产区自发扩展形成过程中，当地农民在扩展区域选择上，也自觉遵循地理位置相近性原则和地形地貌相似性原则，并在其中包含了市场销售渠道和生产物资供应的相近性因素，这种在相近地理位置上的产区自发性形成因素，也构成当今烤烟产区形成的必要条件。因而，在典型产区划分上也应考虑地理位置相近性因素。

3. 生态条件相似性原则

生态条件是烟叶风格特色形成的根本条件，是烤烟生长发育和质量构建的物质基础。典型产区烟叶风格特色的内涵是构成该产区关键生态条件的作用结果，即所谓生态决定特色。我国烤烟产区分布范围十分广泛，横跨中国大陆的几乎所有地理区域，分布在我国的 20 多个省(直辖市、自治区)，典型烤烟产区的生态指标差异较大。就影响烤烟质量风格形成的生态关键指标而言，从地质、地形地貌、海拔高度、成土母岩和母质、土壤类型、土壤理化性状、温度、降水、光照时数及其光照特性等诸多生态指标，对烟叶质量风格特色都产生较大作用。产区之间生态条件的差异性，是形成产区之间烟叶风格特色的根本条件，因而，在典型产区划分上，生态条件的相似性是最重要的归类原则。

4. 烟叶质量风格同类性原则

由于不同烤烟产区生态条件差异较大，地理位置差异较大，行政隶属关系错综复杂，在典型产区划分上，本书力图采用行政隶属关系相同或相近的地区划分到相同区域，将地理位置和山川河流区域相近地区划归到相同区域，将生态条件相似地区归类。在考虑上述因素的同时，本书参照我国烟叶浓香型、中间香型和清香型 3 个香型传统分类方法的区域划分结果，同时参考全国烟草种植区划研究结果，检索相关研究资料，并融入近期国家烟草专卖局设立特色优质烟叶开发重大科技专项的部分研究结果，坚持区域烟叶质量风格同类型原则，在我国现有的区域(仅限我国大陆烤烟产区)烟叶质量特色研究成果的基础上，依据区域内烟叶风格特色的典型性和非典型性差异，区域间烟叶风格特色的差异性进行典型区域划分。

二、典型产区命名原则

1.农产品地域命名标识原则

农产品命名一般遵循通俗易懂、新颖别致、突出地域特色原则，或以农产品原产地的地名命名；有些农产品也以企业名称命名，以宣传企业形象和企业创新能力等；有一些农产品也采用创新命名，品牌名称是词典里没有的，是经过创造后为品牌量身定做的新名词。这些词一方面具有独特性，使品牌容易识别，另一方面也具有较强的转换性，可以包含更多的产品种类；依据农产品特性命名的命名方法更能直接反映产品特性，也便于宣传农产品市场形象和提高市场占有空间。我国历史上著名农产品多以地域特点命名，以当地生态特征为依据标注产区特征，产品地域特色的命名方法便于记忆，便于宣传，便于提升当地文化形象，便于打造地域特色的品牌形象，如"东北大米""西湖龙井""荔浦芋头""烟台苹果""砀山梨""哈密瓜""乐陵小枣"等，都是带有产区特点的命名产品，也是我国农产品的公认著名品牌。

2. 典型产区烟叶命名标识现状

我国烟叶命名标注比较混乱，在20世纪中期清香型、浓香型、中间香型3个香型概念提出的基础上，经过几十年研究过程，人们试图全部按照烟叶质量风格特点进行区域烟叶命名标识，也曾出现清香型产区、浓香型产区、中间香型产区划分，典型清香型产区、典型浓香型产区、典型中间香型产区划分，清偏中香型产区、中偏清产区、中偏浓产区、浓偏中产区划分。人们将烟叶命名标识与质量风格优劣密切关联，试图利用香型风格特征充分表述当地的烟叶质量等级，彰显烟叶品牌质量内涵，但这样可能会将地区之间跨度巨大、风格特色差异十分明显的不同地域烟叶也归为同一类型，以试图充分体现当地烟叶香型风格的最显著特征。在这种分类方法的引导下，我国一些烟叶典型产区命名基本不能代表当地烟叶的质量特点，全国烟叶产区都在争夺"典型清香型""典型浓香型"的冠名，而忽视了分布最为广阔"典型中间香型"产区烟叶质量风格的工业利用价值和开发价值。20世纪90年代，在"清香型"烟叶短缺的情况下，受卷烟工业原料市场需求短缺的引导，全国南北方许多地区竞相开发生产"清香型"烟叶，引进种植"清香型"特征品种，认为"清香型"烟叶最能代表当地的烟叶质量特点。但在21世纪之初"浓香型"烟叶短缺的情况下，全国许多地区又一窝蜂地盲目开发生产"浓香型"烟叶。上述现象发展趋势均普遍忽视了生态条件是制约烟叶质量特色风格的关键因素，他们认为，采用现代化生产技术与手段就可以补偿当地生态条件的制约。这种盲目地开发追逐导致当地烟叶质量风格特征消失，生产烟叶呈现风格特征模糊，全国多地烟叶质量特色表现趋同性局面，造成卷烟工业配方中急需的特征类型烟叶更为短缺局面，这种现象一直延续到今天。一些地区也曾提出以地域特征命名标识的尝试，如"沂蒙山""清江源""金神农"等，充分利用当地生态条件特点，为当地烟叶风格特色彰显和烟叶地域质量风格特征命名标识做了深入探讨，为当今全国优质特色烟叶开发奠定了理论基础和实践探索。

3.典型产区烟叶命名标识原则

烟草虽然是一种特殊嗜好性叶用经济作物,其种植与生产过程比一般大田作物复杂,但烟株田间生长发育过程、烟叶物质积累与代谢过程、烟叶流通管理过程又都具备一般农作物产品生产的基本属性。烟叶作为农产品,应该像其他农产品一样具有地区质量特色,也应与其他农产品一样进行生产地域特色命名标注。我国烤烟典型产区虽然分布非常广阔,但分布区域带有明显的地域特征,以烤烟典型产区地域特色标注区域名称,更加符合农产品地域命名特点,也更加符合我国烤烟区域烟叶品牌打造目标。对我国烤烟著名产区的培育,应跟踪中式卷烟发展战略及中式卷烟对国内不同风格烟叶的需求特点。典型产区烟叶应当以不断满足卷烟工业需求为发展目标,以打造不同风格特色烟叶品牌为远期目标。在我国大部分典型产区生态关键因素详细研究的基础上,本书借助国家烟草专卖局"特色优质烟叶开发重大专项"的研究成果,尤其是对传统中间香型产区生态条件的研究成果,依据典型区域之间烟叶风格特色差异性原则,典型区域内烟叶风格特色典型性原则,粗略将我国典型烤烟产区按照地域命名标识原则进行划分,这样粗线条的划分我国主要烤烟典型产区,也是期望能够为我国典型产区进一步的"烟叶著名品牌"打造提供较大选择空间。

第二节　典型产区划分及其分布范围

由于我国烤烟产区烟叶特色划分比较模糊,为便于研究我国烤烟典型产区生态条件特征,本书依据生态条件决定烟叶风格特色的原则,逐步深入探索我国烤烟品质区域划分,按照行政区域隶属性、地理位置相近性、生态条件相似性、烟叶质量风格同类性等烤烟典型产区划分原则,将我国目前主要烤烟产区分布粗略划分为武陵山区烤烟种植、黔中山区烤烟种植区、秦巴山区烤烟种植区、鲁中山区烤烟种植区、东北产区烤烟种植区、雪峰山区烤烟种植区、云贵高原烤烟种植区、攀西山区烤烟种植区、武夷山区烤烟种植区、南岭山区烤烟种植区、中原地区烤烟种植区、皖南山区烤烟种植区,上述12个典型产区分布见图1-2-1。

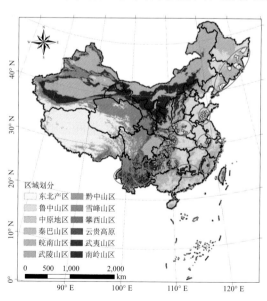

区域划分
□ 东北产区	■ 黔中山区
□ 鲁中山区	■ 雪峰山区
□ 中原地区	■ 攀西山区
□ 秦巴山区	■ 云贵高原
□ 皖南山区	■ 武夷山区
□ 武陵山区	■ 南岭山区

0　500　1,000　　2,000
km

图1-2-1　我国典型烤烟产区分布示意图

一、武陵山区烤烟种植区

武陵山区烤烟种植区介于东经107°13′~110°46′和北纬27°44′~30°39′

（图 1-2-2），该区域分布于湖南西
北部、湖北南部、贵州东北部、重
庆东南部地区，典型烤烟种植县包
括贵州省铜仁市的德江县、遵义市
的道真县，湖北省恩施土家族苗族
自治州（下简称恩施州）的宣恩县、
咸丰县、利川市、来凤县和鹤峰县，
湖南省张家界市的桑植县，湘西土
家族自治州（下简称湘西州）的凤
凰县、保靖县和龙山县，重庆市的
彭水县、武隆县和石柱县等 14 个
县(市)。该产区烤烟移栽在 4 月下

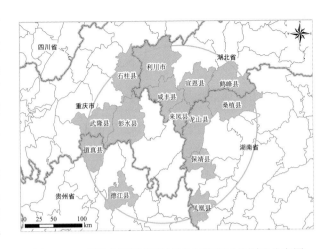

图 1-2-2 武陵山区烤烟种植区典型产区县(市)分布图

旬到 5 月中旬，烟叶采收结束在 9 月中旬、下旬，田间生育期一般需要 125~135 d。该产
区是我国烤烟典型产区之一，也是传统分类的中间香型的主要产区。

二、黔中山区烤烟种植区

黔中山区介于东经 105°33'~108°28'和北纬 25°35'~27°13'(图 1-2-3)，该区域分布在贵
州省中部地区，贵州高原的主体部分，大部分地区海拔 800~1200 m，局部高海拔地区超
过 1400 m。黔中山区烤烟种植区包

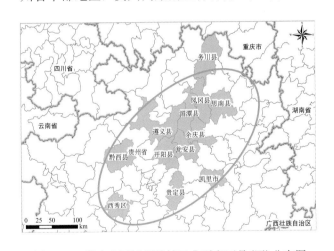

图 1-2-3 黔中山区烤烟种植区典型产区县(区)分布图

括遵义市的遵义县、凤冈县、湄潭
县、务川县和余庆县，毕节市的黔
西县，黔南布依族苗族自治州（下
简称黔南州）的贵定县和瓮安县，
贵阳市的开阳县，安顺市的西秀
区，黔东南苗族侗族自治州（下简
称黔东南州）的凯里县，铜仁市思
南县等 12 个县(区)。该产区烤烟
移栽在 4 月下旬到 5 月中旬，烟叶
采收结束在 9 月上旬、中旬，田间
生育期一般需要 130~135 d。该产
区是我国烤烟典型产区之一，也是

传统分类的中间香型的主要产区。

三、秦巴山区烤烟种植区

秦巴山区介于东经 105°7'~111°31'和北纬 30°28'~35°36'(图 1-2-4)，该区域分布于秦
岭和巴山地区的广大范围，包括北部的甘肃省庆阳市的正宁县、陇南市的徽县，陕西省
汉中市的南郑县、安康市的旬阳县、商洛市的镇安县，湖北省宜昌市的兴山县和秭归县、
十堰市的房县、竹山县和郧西县、襄樊市的保康县、恩施州的巴东县，重庆市的巫山县、

巫溪县、奉节县等 15 个县(市)。该产区烤烟移栽在 5 月 5 日~5 月 20 日,烟叶采收结束在 9 月 10 日~10 月 10 日,田间生育期一般需要 130~145 d。该产区是我国烤烟典型产区之一,也是传统分类的中间香型的主要产区。

四、鲁中山区烤烟种植区

鲁中山区烤烟种植区(图 1-2-5)位于东经 117°25'~119°27'和北纬 34°51'~36°38',该区域以山东中南部沂蒙山区为主,也包括沂蒙山区北部延伸低山、丘陵和东北部延伸少部分平原地区。这一区域包括潍坊市的临朐县、诸城市、安丘市,日照市的五莲县和莒县,临沂市的沂水县、蒙阴县、沂南县、费县、平邑县、兰陵县、临沭县等。该产区为一年一季或二年三作农作物种植,烤烟移栽期在 5 月 5 日左右,烟叶采收结束在 9 月 20 日左右,田间烤烟生育期一般需要 135 d 左右。该产区是我国烤烟典型产区之一,也是传统分类的中间香型的主要产区,历史上著名的山东烤烟就分布在该区域。

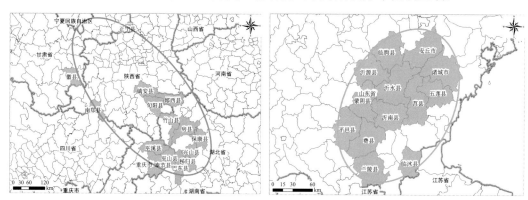

图 1-2-4　秦巴山区烤烟种植区典型产区县分布图　图 1-2-5　鲁中山区烤烟种植区典型产区县(市)分布图

五、东北产区烤烟种植区

东北产区烤烟种植区(图 1-2-6)位于东经 122°47'~133°30'和北纬 40°2'~46°55',该区域南北纵跨黑龙江、吉林、辽宁 3 省。该区域包括黑龙江的双鸭山市的宝清县、牡丹江市的林口县和宁安市,吉林省白城市的镇赉县、吉林市的蛟河市、延边朝鲜族自治州(下简称延边州)的汪清县,辽宁省铁岭市的西丰县、丹东市的凤城市和宽甸县等 9 个县(市)。该产区为一年一季农作物种植区,烤烟移栽期在 5 月 10 日左右,烟叶采收结束在 9 月 20 日左右,田间烤烟生育期一般需要 130 d 左右。该产

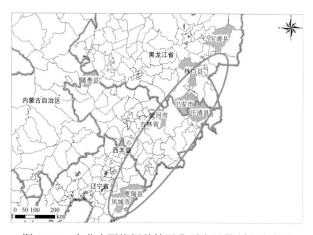

图 1-2-6　东北产区烤烟种植区典型产区县(市)分布图

区是我国北方烤烟主要产区之一。

六、雪峰山区烤烟种植区

雪峰山区(云贵高原东部延伸区)烤烟种植区(图 1-2-7)位于东经 108°55′~110°59′和北纬 26°15′~27°10′，该区域西部连接贵州东南部的黔东南州，东部连接湖南西部。该区域比较典型烤烟产区县包括贵州省黔东南自治州的天柱县，湖南省怀化市的靖州市、芷江县、邵阳市的邵阳县、隆回县、新宁县等 6 个县(市)。该产区为一年二季作农作物种植区，烤烟移栽期在 3 月 20 日左右，烟叶采收结束在 7 月 20 日之前，田间烤烟生育期一般需要 120~125 d。

七、云贵高原烤烟种植区

云贵高原烤烟种植区(图 1-2-8)位于东经 98°29′~105°11′和北纬 23°24′~26°51′，该区域覆盖云南省大部分地区和贵州省西南部地区，全区以典型的云贵高原地形地貌为主要特征。这一区域典型的烤烟产区县包括云南省大理白族自治州(下简称大理州)的南涧县，保山市的腾冲县，临沧市的临翔区，玉溪市的江川县，文山壮族苗族自治州(下简称文山州)的文山县、砚山县，红河州的米勒县，曲靖市的宣威县、罗平县、贵州省六盘水市的盘县，毕节市的威宁县，黔西南州的兴仁、兴义县等。该产区属于热带至亚热带半干润-干旱地区，为一年二季作农作物种植区，烤烟移栽期在 4 月 30 日左右，烟叶采收结束在 9 月 20 日左右，田间烤烟生育期一般需要 135 d 左右。该产区是我国烤烟典型产区之一，也是传统分类方法的清香型烟叶的主产区，历史上著名的云南烤烟就分布在该区域的广大地区。

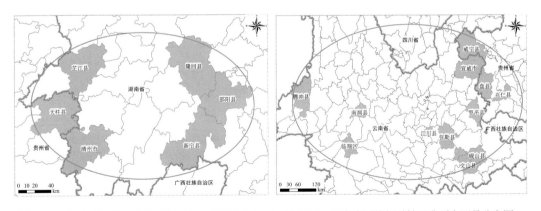

图 1-2-7　雪峰山区烤烟种植区典型产区县(市)分布图　图 1-2-8　云贵高原烤烟种植区典型产区县分布图

八、攀西山区烤烟种植区

攀西山区烤烟种植区(图 1-2-9)位于东经 101°14′~102°34′和北纬 25°51′~28°17′，该区域覆盖四川省的凉山彝族自治州(下简称凉山州)、攀枝花市和云南省楚雄彝族自治州(下简称楚雄州)的北部，属南亚热带干热河谷半干旱气候区，河谷到高山具有南亚热带至温带的多种气候类型，攀西裂谷中南段，属侵蚀、剥蚀中山丘陵、山原峡谷地貌，山高谷深，平原、盆地交错分布，地势由西北向东南倾斜，山脉走向近于南北，是大雪山的南延部分。地貌类型复杂多样，可分为平坝、台地、高丘陵、低中山、中山和山原6类，以低中山和中山为主。这一区域典型的烤烟产区县包括凉山州的会理县、会东县、盐源县、冕宁县，攀枝花市的米易县、盐边县，楚雄州的永仁县等7个县。该产区为一年二季作农物种植区，冬季温度适合多种作物生长，半干旱气候明显，烤烟移栽期在4月底到5月初，烟叶采收结束在9月上旬，田间烤烟生育期一般需要135 d左右。该产区是我国烤烟典型产区之一，烟叶香型风格独特。

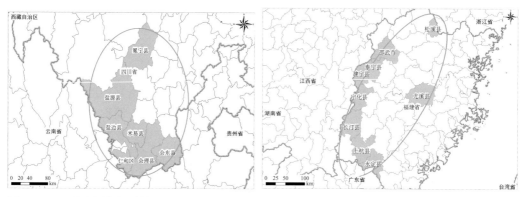

图 1-2-9　云贵高原烤烟种植区典型产区县分布图　图 1-2-10　武夷山区烤烟种植区典型产区县分布图

九、武夷山区烤烟种植区

武夷山区烤烟种植区(图 1-2-10)位于东经 116°20'~118°47'和北纬 24°44'~27°31'，该区域覆盖福建省的龙岩市、三明市、南平市，江西省东南部的抚州。该区属亚热带海洋性季风气候区，全年气候温和，无霜期长，雨量充沛，适宜亚热带作物生长。境内地形地貌受构造运动的影响强烈、构造地貌特征相当明显，山间盆谷地沿河交替分布，山地切割明显，高差悬殊，以断裂为主的断块山，山峰陡峭，断层崖、断裂谷等断层地貌分布广。这一区域典型的烤烟产区县包括龙岩市的永定县、长汀县、上杭县，三明市的泰宁县、宁化县、建宁县、尤溪县，南平市的邵武县、松溪县等9个县(市)。该产区为一年二季作农物种植区，冬季温度适合多种作物生长，烤烟移栽期在1月底到3月初，烟叶采收结束在6月中旬、下旬，田间烤烟生育期一般需要135~140 d，该产区是我国烤烟的典型产区之一，烟叶香型风格独特，著名的永定烤烟就出自该产区。

十、南岭山区烤烟种植区

南岭山区烤烟种植区(图 1-2-11)位于东经 111°27'~112°44'和北纬 25°7'4"~26°18'，该区域覆盖湖南省郴州市、永州市，广东省韶关市北部，江西省赣州市的西南部。地处南岭山脉与罗霄山脉交错、长江水系与珠江水系分流的地带。该区域北部与南温带交会，属亚热带季风湿润气候区，全年气候温和，无霜期长，雨量充沛，适宜多种作物生长。这一区域典型的烤烟产区县包括湖南省郴州市的桂阳县、嘉禾县、永兴县，永州市的江华县、宁远县、江永县，广东省韶关市的南雄市，江西省赣州市的信丰县、石城县 9 个县(市)。该产区为一年二季作农物种植区，冬季温度适合多种作物生长，烤烟移栽期在 1 月底到 3 月中下旬，烟叶采收结束在 7 月中旬，田间烤烟生育期一般需要 120~130 d，该产区是我国烤烟典型产区之一，也是我国传统浓香型烟叶的主要产地之一，烟叶香型风格独特。

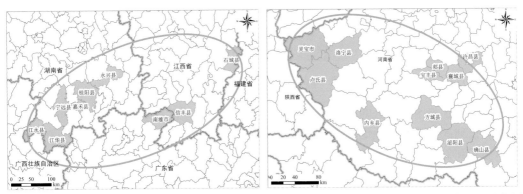

图 1-2-11 南岭山区烤烟种植区典型产区县分布图　图 1-2-12 中原地区烤烟种植区典型产区县分布图

十一、中原地区烤烟种植区

中原地区烤烟种植区(图 1-2-12)位于东经 111°51'~113°58'和北纬 32°43'~34°30'。该区域覆盖河南省主要烤烟产区和陕西东部，南部地处北亚热带与暖温带的过渡带，具有大陆性季风气候的特点，其他属于暖温带大陆季风气候区或半季风气候区，一般冬季受大陆性气团控制，夏季受海洋性气团控制，春秋为二者交替过渡季节，四季分明。该区域烤烟主要产区县包括许昌市襄城县、许昌县，三门峡市的灵宝县、卢氏县，平顶山市的宝丰县、郏县，洛阳市的洛宁县，驻马店市的确山县、泌阳县，南阳市的内乡县、方城县等 11 个县。该区域属于 2 年 3 作农业生产地区，烤烟为春季 5 月上旬移栽，9 月中旬采收结束，大田生育期一般为 135~140 d。该区域是我国的主要烤烟产区，著名的河南烤烟就产在这里，也是传统分类方法的浓香型烟叶的主产区之一。

十二、皖南山区烤烟种植区

皖南山区烤烟种植区（图 1-2-13)位于东经 117°18'~119°04'和北纬 29°34~31°19'。该区域地貌复杂多样，大致分为山地、丘陵、盆(谷)地、岗地、平原五大类型。南部山地、丘陵和盆谷交错，中部丘陵、冈冲起伏，北部除一部分丘陵外，绝大部分为广袤的平原和星罗棋布的河湖港汊。这一区域典型的烤烟产区县包括宣城市宣州区、泾

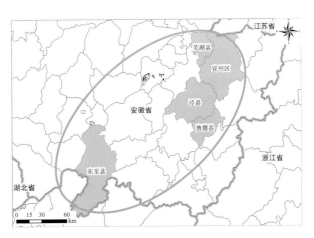

图 1-2-13 皖南山区烤烟种植区典型产区县分布图

县、旌德县，芜湖市的芜湖县，池州市的东至县等 5 个县(区)。该产区属于亚热带湿润季风气候区，季风气候明显，为一年二季作农物种植区，多为烟稻轮作，或烟与后荏作物当年轮作。烤烟移栽期在 3 月 25 日左右，烟叶采收结束在 7 月 25 日左右，田间烤烟生育期一般需要 120~125 d，烤烟田间生育期比较紧凑。该产区是我国烤烟典型产区之一，也是传统分类方法的浓香型烟叶的主产区之一，被现代烟草学者称为焦甜香的核心区域。

第三节　数据采集

一、典型产区及代表性片区选择

本书在生态区域划分的基础上，参考了我国烟草种植区划研究结果和近期国家烟草专卖局设立的"特色优质烟叶开发"重大科技专项的初步研究结果，依据典型产区烤烟种植面积和发展潜力，烟叶卷烟工业需求情况，按照区域生态条件和烟叶质量风格典型性选择方法，同时考虑了生态数据采集的难易程度，选择了具有生态条件代表性和烟叶质量风格代表性的县(市、区)作为典型县进行定位研究。

本书中代表性片区的确定采用了"以烟定田"的思路。首先必须选择当前烤烟种植中心区域，按地形地貌、成土母质、土壤条件的空间差异，参考全国第二次土壤普查资料，结合当地县级烟草公司(烟叶公司)的种植规划，以村为单元划分代表性片区；在此基础上，在每个代表性片区，依据基层烟站技术人员和烟农的经验，结合田间的农艺性状调查，确定烟叶长势良好和具有优质烤烟田间长相的田块。按此原则，在各调查的典型县(市、区)根据烤烟种植分布规模、片区地形地貌特殊类型和土壤类型分布，分别选择 5~10 个代表性片区进行数据采集。

二、典型产区选择及代表性片区定位

本书在典型产区划分的基础上，依据区域间生态条件的差异性及区域内生态条件典型性与非典型性差异原则，根据典型产区县及各县代表性片区划分依据，在每个典型产区县(市、区)中首先选择 5 个代表性片区(多数典型县选择 5 个，烤烟种植面积较大县选择多于 5 个)作为生态条件数据采集对象。代表性片区选择依据当地烤烟种植情况，烟叶质量具有代表性，土壤和地形地貌具有代表性，海拔高度和田间小气候具有代表性。代表性片区作为典型植烟县的代表性种植片区进行定位研究，在代表性片区选择具有该片区代表性的植烟地块进行 GPS 标记定位，并利用片区所在县拼音首字母和片区序号进行编号。然后，根据每个代表性地块的地理位置、地形地貌特征、成土母质、耕作状况等，定位采集相关数据进行主要生态条件研究。

1. 武陵山区代表性片区定位

该生态区域选择了贵州省德江县，湖北省咸丰县、利川市，湖南省桑植县、凤凰县，重庆市彭水县和武隆县等 7 个县(市)作为典型产区，并在每个典型产区分别选择 5 个代表性片区，共计定位 35 个代表性片区进行数据采集(表 1-3-1)。

表 1-3-1　武陵山区典型产区及代表性片区

典型县及代表性片区定位地点	编号	北纬	东经	海拔/m
德江县高山乡高桥村桥上组龙塘口	DJ-01	28°31′52.980″	108°10′17.098	1125
德江县复兴乡楠木村马史坡组龙塘坎	DJ-02	28°06′07.276″	107°50′11.486″	822
德江县复兴乡堰盆村板桥村板桥头	DJ-03	28°5′55.327″	107°54′23.764″	719
德江县煎茶镇石板塘村红岩子组后坪	DJ-04	28°06′46.425″	107°55′1.545″	731
德江县合兴乡茶园村茶园组以头沟	DJ-05	28°06′53.487″	108°05′38.856″	900
道真县玉溪镇城关村玛瑙组荒坪	DZ-01	28°53′29.962″	107°39′32.040″	1255
道真县隆兴镇浣溪村花园组百亩大田	DZ-02	28°42′54.136″	107°35′8.621″	1249
道真县大矸镇家坝村柯家山组杨家坪	DZ-03	29°00′37.303″	107°25′59.238″	1134
道真县忠信镇于树湾村大水井组朝山土	DZ-04	28°59′35.385″	107°44′16.784″	1166
道真县洛龙镇五一村竹林湾组文家湾	DZ-05	28°06′5.156″	107°44′6.431″	1122
咸丰县黄金洞乡石仁坪村 12 组	XF-01	29°52′9.027″	109°06′38.004″	888
咸丰县尖山乡三角桩村 5 组	XF-02	29°41′11.207″	108°57′47.399″	711
咸丰县忠堡镇幸福村	XF-03	29°39′31.175″	109°14′59.574″	771
咸丰县高乐山乡小模村碗口坪组	XF-04	29°38′12.589″	109°06′5.534″	817
咸丰县丁寨乡土地坪村	XF-05	29°34′20.065″	109°03′44.126″	1107
利川市柏杨镇团圆村 13 组	LC-01	30°28′35.801″	108°56′28.937″	1249
利川市汪营镇白泥塘村 6 组	LC-02	30°16′49.904″	108°44′1.488″	1115
利川市凉雾乡老场村 11 组	LC-03	30°16′46.228″	108°49′52.075″	1127
利川市忠路镇龙塘村 6 组	LC-04	30°03′11.811″	108°37′3.946″	1156
利川市文斗乡青山村 6 组	LC-05	29°58′49.266″	108°35′48.415″	127
桑植县官地坪镇金星村吊水井组	SZ-01	29°35′35.371″	110°26′49.503″	540
桑植县官地坪镇平头界村郑家坪组	SZ-02	29°35′56.609″	110°32′9.777″	1110
桑植县白石乡长益村排兵山组	SZ-03	29°40′42.185″	110°31′39.284″	1203
桑植县蹇家坡乡老村曾家娅组	SZ-04	29°32′56.280″	110°59′9.006″	1010
桑植县蹇家坡乡李家村李家组	SZ-05	29°31′38.467″	109°56′43.044″	766
凤凰县茶田镇芭蕉村	FH-01	27°49′9.998″	109°21′58.926″	543
凤凰县阿拉镇天星村 7 组	FH-02	27°52′12.724″	109°21′12.870″	598
凤凰县腊尔山乡夺西村	FH-03	28°04′19.611″	109°23′7.719″	797
凤凰县两林乡高果村 6 组	FH-04	28°09′1.443″	109°22′38.488″	863
凤凰县两林乡禾当村 6 组	FH-05	28°09′7.244″	109°24′38.944″	850
彭水县桑柘镇大青村 6 组	PS-01	29°20′31.207″	108°24′26.500″	1351
彭水县桑柘镇太平村 2 组	PS-02	29°21′4.654″	108°28′34.775″	1369
彭水县润溪乡白果村 3 组	PS-03	29°08′7.255″	107°56′31.683″	1230
彭水县润溪乡樱桃村 1 组	PS-04	29°10′7.947″	107°58′4.269″	1305
彭水县靛水乡新田村竹林坨	PS-05	29°13′48.728″	108°00′59.558″	1042
武隆县巷口镇杨家村杨家井	WL-01	29°15′41.832″	107°44′55.876″	1020
武隆县巷口镇芦红村茶桩	WL-02	29°15′51.728″	107°46′50.786″	1044
武隆县巷口镇芦红村 2 组	WL-03	29°16′15.460″	107°47′16.571″	894
武隆县巷口镇芦红村 4 组	WL-04	29°14′48.841″	107°46′16.657″	1255
武隆县巷口镇芦红村 5 组	WL-05	29°14′15.625″	107°45′8.905″	1283

2. 黔中山区代表性片区定位

该生态区域选择贵州省遵义县、黔西县、贵定县、开阳县、西秀区、余庆县、凯里市等 7 个县(市、区)作为典型产区,其中遵义县选择 9 个代表性片区,贵定县选择 10

个代表性片区,其他县(市、区)个选择 5 个代表性片区,共计选择 44 个代表性片区进行定位数据采集(表 1-3-2)。

表 1-3-2 黔中山区典型产区及代表性片区

典型县及代表性片区定位地点	编号	北纬	东经	海拔/m
遵义县三合镇长丰村艾田组	ZY-01	27°22′26.000″	106°42′40.200″	835
遵义县新民镇朝阳村封山庙组	ZY-02	27°19′15.000″	106°52′33.100″	842
遵义县尚稽镇建设村马鞍组	ZY-03	27°24′25.000″	106°53′50.400″	857
遵义县茅栗镇福兴村尖山组	ZY-04	27°23′46.700″	107°4′29.400″	881
遵义县茅栗镇草香村	ZY-05	27°23′24.700″	107°8′5.100″	988
遵义县龙坪镇中心村坪坝组	ZY-06	27°32′17.500″	106°55′49.800″	898
遵义县龙坪镇裕民村	ZY-07	27°32′12.600″	106°55′30.800″	972
遵义县沙湾镇八一村小兰组	ZY-08	27°52′12.800″	106°45′5.200″	1118
遵义县沙湾连阡村马家坪组	ZY-09	27°54′28.300″	106°50′46.000″	1146
黔西县甘棠乡礼贤片区大协村	QX-01	27°5′32.286″	106°5′59.046″,	1240
黔西县重新镇大兴片区桥边村	QX-02	27°17′33.834″	106°13′19.887″	1640
黔西县高酿镇地坝村 2 组	QX-03	28°18′6.427″	106°12′13.370″	1169
黔西县新仁乡仁慕村胡家寨组	QX-04	26°51′39.184″	106°5′51.770″	1321
黔西县素普镇新强村一组	QX-05	26°59′27.805″	106°17′36.674″	1243
贵定县三合镇长丰村艾田组	GD-01	26°38′10.600″	107°12′0.200″	1266
贵定县新辅乡晓丰村晓丰组	GD-02	26°37′52.600″	107°17′33.200″	1430
贵定县新辅乡新辅村甘塘组	GD-03	26°39′35.600″	107°15′53.100″	1261
贵定县新辅乡莲花村甲多组	GD-04	26°43′22.000″	107°17′10.300″	1303
贵定县新辅乡喇亚村上寨组	GD-05	26°44′50.200″	107°14′56.700″	1142
贵定县新铺乡新华村胜利寨组	GD-06	26°45′56.500″	107°12′12.500″	1112
贵定县新巴镇古兵村甲庄组	GD-07	26°42′6.800″	107°10′35.900″	1242
贵定县虎北河乡宝门村林家寨	GD-08	26°38′30.900″	107°11′33.500″	1236
贵定县铁厂乡铁厂村 1 组	GD-09	26°12′56.500″	107°7′32.800″	1229
贵定县铁厂乡摆谷村摆左组	GD-10	26°11′58.900″	107°6′51.400″	1229
开阳县冯三镇毛力村桶井组	KY-01	27°14′33.476″	107°3′25.818″	910
开阳县冯三镇毛力村桶井组	KY-02	27°14′39.910″	107°3′17.339″	890
开阳县宅吉乡潘桐村同一组	KY-03	27°16′26.790″	107°6′51.180″	956
开阳县楠木渡镇新凤村新华组	KY-04	27°16′52.856″	107°2′1.443″	977
开阳县楠木渡镇新凤村新华组	KY-05	27°16′45.344″	107°2′7.643″	987
西秀区鸡场乡朱官村朱官组	XX-01	26°5′21.198″	106°4′57.442″	1229
西秀区岩腊乡三股水村对门寨组	XX-02	26°2′36.095″	106°0′34.670″	1307
西秀区双堡镇张溪湾村	XX-03	26°7′32.620″	106°8′6.502″	1255
西秀区杨武乡塘寨村竹志组	XX-04	26°6′46.450″	106°9′56.042″	1243
西秀区杂屯乡梅其村梅其组	XX-05	26°10′40.276″	106°13′59.797″	1263
余庆县松烟镇友礼村下坝大坡村民组	YQ-01	27°37′52.122″	107°38′58.015″	887
余庆县关兴镇关兴村下园大房子组	YQ-02	27°34′9.620″	107°41′17.086″	884
余庆县放溪镇官仓村土坪组	YQ-03	27°32′49.508″	107°36′30.096″	884
余庆县龙家镇光辉村土坪组	YQ-04	27°31′7.026″	107°33′30.766″	843
余庆县大乌江镇箐口村水井湾村民组	YQ-05	27°24′3.935″	107°38′31.395″	1041
凯里市大风洞乡冠英村老君关组	KL-01	26°44′59.890″	107°51′4.267″	906
凯里市大风洞乡龙井坝村林湾组	KL-02	26°44′0.925″	107°49′40.33	1020
凯里市大风洞乡大风洞村大风洞组	KL-03	26°42′47.291″	107°49′1.539″	863
凯里市旁海镇地午村平寨组	KL-04	26°38′51.030″	108°3′33.480″	912
凯里市三棵树镇赏朗村屯上组	KL-05	26°37′2.890″	108°3′25.019″	972

3. 秦巴山区代表性片区定位

该生态区域选择陕西省南郑县、旬阳县，湖北省的兴山县、房县，重庆市巫山县等5个县作为典型产区，每个典型产区选择5个代表性片区，共计选择25个代表性片区进行定位数据采集(表1-3-3)。

表 1-3-3 秦巴山区典型产区及代表性片区

典型县及代表性片区定位地点	编号	北纬	东经	海拔/m
南郑县小南海镇青石关村4组	NZ-01	32°49′47.557″	107°1′53.846″	856
南郑县小南海镇回军坝村2组	NZ-02	32°46′22.348″	107°4′13.269″	1315
南郑县小南海镇水桶坝村3组	NZ-03	30°45′56.887″	107°2′59.470″	1292
南郑县两河镇地坪村3组	NZ-04	32°54′49.605″	106°43′54.693″	774
南郑县两河镇竹坝村2组	NZ-05	32°52′13.209″	106°40′50.884″	1233
旬阳县甘溪镇桂花树村2组	XY-01	32°54′59.923″	109°13′6.048″	715
旬阳县赵湾镇桦树梁村2组	XY-02	32°57′31.426″	109°8′25.904″	1067
旬阳县赵湾镇桦树梁村2组	XY-03	32°57′37.409″	109°8′18.640″	1012
旬阳县麻坪镇枫树村2组	XY-04	32°57′23.590″	109°6′11.886″	710
旬阳县麻坪镇海棠山村2组	XY-05	32°55′42.137″	109°8′30.381″	936
兴山县黄粮镇火石岭村3组	XS-01	31°19′42.780″	110°50′50.987″	1112
兴山县黄粮镇仁圣村1组	XS-02	31°20′37.438″	110°53′5.433″	1424
兴山县榛子乡青龙村6组	XS-03	31°23′22.630″	110°55′54.373″	1530
兴山县榛子乡和坪村2组	XS-04	31°28′7.809″	110°0′16.354″	1281
兴山县榛子乡板庙村1组	XS-05	31°28′7.809″	111°0′16.354″	1317
房县野人谷镇西坪村3组	FX-01	31°52′28.601″	110°39′22.413″	1176
房县野人谷镇杜川村3组	FX-02	31°54′33.147″	110°43′19.391″	832
房县土城镇土城村	FX-03	31°15′28.571″	110°41′15.852″	641
房县门古镇项家河村6组	FX-04	32°2′43.099″	110°30′23.588″	723
房县青峰镇龙王沟村	FX-05	32°15′23.691″	110°58′10.930″	847
巫山县邓家乡神树村5组	WS-01	30°53′1.653″	110°3′3.230″	1484
巫山县笃坪乡狮岭村4组	WS-02	30°54′56.202″	110°4′0.560″	1379
巫山县笃坪乡龙涧村5组	WS-03	30°54′7.240″	110°7′0.560″	1091
巫山县建坪乡春晓村5组	WS-04	31°1′12.557″	110°5′0.363″	1324
巫山县骡坪镇玉水村3组	WS-05	31°11′30.069″	110°6′58.062″	1028

4. 鲁中山区代表性片区定位

该生态区域选择山东省临朐县、蒙阴县、费县、诸城市、五莲县和莒县等6个县(市)作为典型产区，其中蒙阴县选择10个代表性片区，临朐县选择9个代表性片区，五莲县选择3个代表性片区，其他县(市)个选择5个代表性片区，共计选择37个代表性片区进行定位数据采集(表1-3-4)。

5. 东北产区代表性片区定位

该生态区域选择辽宁省宽甸县、吉林省汪清县和黑龙江省宁安县等3个县作为典型产区，每个选择5个代表性片区，共计选择15个代表性片区进行定位数据采集(表1-3-5)。

表 1-3-4　鲁中山区典型产区及代表性片区

典型县及代表性片区定位地点	编号	北纬	东经	海拔/m
临朐县五井镇大楼村 2	LQ-02	36°23′41.700″	118°21′57.600″	294
临朐县五井镇北黄谷村	LQ-03	36°24′29.900″	118°16′3.600″	442
临朐县九山镇土崮堆村	LQ-04	36°14′17.100″	118°26′12.200″	350
临朐县寺头镇中福泉村	LQ-05	36°17′4.600″	118°23′13.400″	415
临朐县寺头镇西蓼子村	LQ-06	36°17′4.600″	118°23′13.400″	461
临朐县寺头镇长达峪村	LQ-07	36°19′4.100″	118°38′14.400″	290
临朐县寺头镇山枣村	LQ-08	36°19′15.800″	118°29′56.800″	332
临朐县寺头镇下山枣村	LQ-09	36°19′1.000″	118°30′4.000″	283
蒙阴县联城镇南炉村	MY-01	35°40′9.800″	117°49′25.100″	258
蒙阴县联城镇大王庄西联组	MY-02	35°41′47.500″	117°49′32.700″	242
蒙阴县联城镇大王庄村	MY-03	35°41′17.200″	117°49′10.000″	263
蒙阴县联城镇堂子村	MY-04	35°41′39.800″	117°48′3.100″	286
蒙阴县联城镇湘家庄村	MY-05	35°43′44.800″	117°49′38.800″	300
蒙阴县常路镇山泉官庄村	MY-06	35°44′8.300″	117°51′36.900″	232
蒙阴县联城镇董家台村	MY-07	35°40′28.100″	117°54′25.200″	246
蒙阴县联城镇董家台村	MY-08	35°40′28.300″	117°54′24.800″	246
蒙阴县桃墟镇岭前村	MY-09	35°37′18.000″	117°2′51.400″	206
蒙阴县垛庄镇长明村	MY-10	35°32′40.000″	118°7′57.700″	160
费县大田庄乡齐鲁地村	FX-01	35°26′4.895″	117°54′0.425″	178
费县费城镇东新安村	FX-02	35°17′11.263″	117°55′0.046″	154
费县费城镇常胜庄村	FX-03	35°15′50.031″	117°53′13.186″	194
费县朱田镇良田村	FX-04	36°17′30.503″	117°48′46.896″	174
费县石井镇龙山村	FX-05	36°6′37.161″	117°43′56.396″	204
诸城市贾悦镇琅埠农场	ZC-01	35°59′0.981″	119°7′3.590″	151
诸城市皇华镇东莎(燕)沟	ZC-02	35°50′42.180″	119°24′8.882″	143
诸城市昌城镇孙家巴山	ZC-03	36°7′3.868″	119°33′14.555″	78
诸城市冒城镇孙家队农场	ZC-04	36°11′47.876″	119°28′41.590″	79
诸城市百天河镇张戈庄村	ZC-05	36°11′47.876″	119°33′45.799″	87
五莲县于里镇娄家坡村	WL-01	35°49′35.117″	119°56′39.925″	174
五莲县汪湖镇方城村	WL-02	35°56′36.711″	119°8′44.568″	137
五莲县高泽镇西高泽村	WL-03	35°49′11.898″	119°10′25.576″	140
莒县弟埠乡高崮崖村	JX-01	35°49′44.807″	118°59′23.320″	179
莒县库山乡西三山村	JX-02	35°56′10.229″	119°0′9.364″	206
莒县东莞镇大王坡村	JX-03	35°54′39.558″	118°50′31.018″	185
莒县棋山镇天宝村	JX-04	35°49′44.807″	118°59′23.320″	220
莒县东莞镇孙家石河村	JX-05	35°57′37.419″	118°54′59.076″	230

表 1-3-5　东北产区典型产区及代表性片区

典型县及代表性片区定位地点	编号	北纬	东经	海拔/m
宽甸县毛甸子镇二道沟村八组	KD-01	40°39′34.530″	124°31′33.812″	311
宽甸县大川头镇红光村 9 组	KD-02	40°48′49.437″	124°44′8.948″	338
宽甸县双山子镇双山子村 5 组	KD-03	40°56′48.324″	124°38′21.532″	250
宽甸县青椅山镇碱场沟村 3 组	KD-04	40°41′37.301″	124°40′16.676″	210

续表

典型县及代表性片区定位地点	编号	北纬	东经	海拔/m
宽甸县青椅山镇肖家堡6组	KD-05	40°38′31.156″	124°36′4.710″	224
宁安县宁安镇上赊嘴村	NA-01	44°22′52.705″	129°26′24.302″	298
宁安县宁安镇联合村	NA-02	44°22′52.705″	129°26′24.302″	303
宁安县海浪镇安青村	NA-03	44°19′37.473″	129°11′53.949″	325
宁安县海浪镇长胜村	NA-04	44°19′29.344″	129°16′19.257″	324
宁安县海浪镇长胜村	NA-05	44°18′51.191″	129°18′51.390″	280
汪清县东光镇北丰宝村	WQ-01	43°13′32.551″	129°47′47.133″	210
汪清县东光镇小汪清村	WQ-04	43°15′53.509″	129°50′45.433″	270
汪清县百草沟镇永安村	WQ-05	43°15′27.289″	129°32′5.578″	220
汪清县鸡冠乡鸡冠村	WQ-07	43°28′53.750″	129°50′19.658″	417
汪清县大兴沟镇和信村	WQ-08	43°26′47.369″	129°32′55.018″	270

6. 雪峰山区代表性片区定位

该生态区域选择贵州省天柱县和湖南省靖州县 2 个县作为典型产区,每个县选择 5 个代表性片区,共计选择 10 个代表性片区进行定位数据采集(表 1-3-6)。

表 1-3-6 雪峰山区典型产区及代表性片区

典型县及代表性片区定位地点	编号	北纬	东经	海拔/m
天柱县石洞镇屯雷村2组	TZ-01	26°46′45.956″	109°1′12.058″	823
天柱县高酿镇邦寨村-3组	TZ-02	26°48′36.784″	109°10′14.822″	770
天柱县高酿镇地坝村2组	TZ-03	26°48′13.013″	109°10′6.194″	757
天柱县社学乡平甫村11组	TZ-04	26°58′43.843″	109°15′6.140″	670
天柱县坪地镇桂袍村平丁组	TZ-05	27°2′51.652″	108°59′28.176″	843
靖州县藕团乡团山村4组	JZ-01	26°27′38.650″	109°29′15.626″	431
靖州县新厂镇炮团村1组	JZ-02	26°23′28.393″	109°26′32.260″	385
靖州县铺口乡集中村	JZ-03	26°33′19.186″	109°34′50.163″	337
靖州县铺口乡集中村	JZ-04	26°37′13.606″	109°38′35.525″	350
靖州县甘棠镇民主村5组	JZ-05	26°43′3.553″	109°46′32.482″	312

7.云贵高原代表性片区定位

该生态区域选择云南省南涧县、江川县、保山市隆阳区、施甸县、宣威县、马龙县,贵州省盘县、威宁县和兴仁县等 9 个县(区)作为典型产区,其中南涧县选择 7 个片区,江川县选择 10 个片区,隆阳区、施甸县、马龙县各选择 4 个片区,其他每个县选择 5 个代表性片区,共计选择 49 个代表性片区进行定位数据采集(表 1-3-7)。

表 1-3-7 云贵高原典型产区及代表性片区

典型县及代表性片区定位地点	编号	北纬	东经	海拔/m
南涧县小湾镇龙街村委瓦怒卜村	NJ-01	24°50′41.400″	100°13′29.4″	2008
南涧县小湾镇银盘村委鸡街村	NJ-02	24°47′27.100″	100°15′22.600″	1986
南涧县前卫镇庄子村	NJ-03	24°53′23.600″	100°27′58.200″	2000

典型县及代表性片区定位地点	编号	北纬	东经	海拔/m
南涧县宝华镇阿克塘村	NJ-04	24°55′19.700″	100°29′20.700″	2018
南涧县南涧镇西山村委会上官坝村	NJ-05	25°2′52.480″	100°32′4.111″	1841
南涧县南涧镇团山村委福利村	NJ-06	25°1′35.400″	100°28′18.800″	1812
南涧县南涧镇团山村	NJ-07	25°0′4.00″	100°27′52.400″	1773
江川县江城镇陈家湾乡下麦冲村2组	JC-01	24°26′18.300″	112°43′42.700″	2090
江川县安心乡新庄村委小营村	JC-02	24°26′39.000″	112°42′6.700″	2075
江川县江城镇尹旗村委张官营3组	JC-03	24°26′24.000″	102°48′55.100″	1750
江川县江城镇翠湾村委招益村8队	JC-04	24°27′45.400″	102°49′20.500″	1761
江川县前卫镇庄子村委慈营村	JC-05	24°20′2.500″	102°42′6.100″	1807
江川县九溪镇大云村太合组	JC-06	24°17′56.500″	102°38′46.100″	1721
江川县九溪镇鸡窝村2组	JC-07	24°16′36.100″	102°40′14.200″	1768
江川县大街镇海浒村委会古城村	JC-08	24°16′36.300″	102°40′14.300″	1765
江川县雄关乡上营村委小营村	JC-09	24°18′19.800″	102°50′41.200″	1844
江川县记镇上坝村委龙潭组	JC-10	24°18′19.800″	102°50′41.200″	1844
隆阳区丙麻乡河新村	LY-01	25°00′3.682″	99°21′34.186″	1494
隆阳区西邑乡下坝村片	LY-02	24°56′11.861″	99°18′38.793″	1602
隆阳区西邑乡鲁图村石门	LY-03	24°52′2.925″	99°17′40.740″	2074
隆阳区汉庄镇盛家村干沟片	LY-04	24°59′5.362″	99°13′34.073″	1693
施甸县水长乡平场子村大长山	SHD-01	24°56′20.256″	99°3′52.159″	1553
施甸县水长乡小官市村西寨	SHD-02	24°57′16.278″	99°6′12.979″	1843
施甸县由旺镇岚峰村金厂	SHD-03	24°49′48.807″	99°3′58.727″	1631
施甸县仁和镇拨来登村	SHD-04	24°46′25.672″	99°12′54.063″	1773
宣威县东山乡恰得村	XW-01	26°5′41.904″	104°11′54.144″	2042
宣威县板桥镇东屯村	XW-02	26°3′34.28″	104°6′39.017″	2002
宣威县热水镇述迤村	XW-03	26°8′22.020″	103°52′45.914″	2008
宣威县得禄乡色空村4社	XW-04	26°26′32.557″	103°54′8.913″	1922
宣威县龙潭镇中岭子村8社	XW-05	26°23′5.000″	103°58′37.000″	1891
马龙县月望乡小海村阳景山	ML-01	25°23′21.317″	103°39′30.578″	2115
马龙县纳章镇竹园村大云	ML-02	25°14′41.862″	103°32′44.550″	1963
马龙县马鸣乡马鸣村降压站	ML-03	25°16′53.604″	103°22′47.453″	2041
马龙县旧县街道小房子村	ML-04	25°18′49.467″	103°22′31.200″	2012
盘县珠东乡朱东村3组	PX-01	25°39′40.287″	104°43′47.559″	1782
盘县民主镇小白岩村猴跳石	PX-02	25°36′9.631″	104°38′29.566″	1730
盘县新民乡大坑村普腊组大坪地	PX-03	25°31′11.501″	104°51′4.586″	1564
盘县忠义乡五明村11组	PX-04	25°29′55.818″	104°49′12.922″	1668
盘县保田镇鹅毛寨村上寨何家田	PX-05	25°24′57.738″	104°39′48.360″	1714
威宁县小海镇松棵树村	WN-01	26°56′55.626″	104°9′41.240″	1866
威宁县秀水乡中海村	WN-02	26°55′4.046″	103°57′17.708″	2190
威宁县观风海镇果化村	WN-03	27°1′22.749″	103°53′39.809″	2160
威宁县迤那镇巨生村	WN-04	27°4′18.566″	103°52′8.507″	2150
威宁县牛棚镇鱼塘村六关院子	WN-05	27°6′20.345″	103°48′40.073″	2106
兴仁县鲁础营乡鲁础营村关坝组	XR-01	25°19′32.467″	105°2′14.212″	1523
兴仁县雨樟镇上坝田村补充二组	XR-02	25°19′46.201″	105°4′45.460″	1509
兴仁县城北办事处黄土佬村冬瓜寨组	XR-03	25°29′15.518″	105°12′17.880″	1449
兴仁县巴铃镇卡子村上冲组	XR-04	25°28′17.433″	105°25′57.971″	1332
兴仁县新龙场镇杨柳村大坝子组	XR-05	25°26′28.469″	105°5′42.161″	1441

8. 攀西山区代表性片区定位

该生态区域选择四川省会理县、会东县、米易县和仁和县等 4 个县作为典型产区，其中会理县选择 4 个片区，其他每个县选择 5 个代表性片区，共计选择 19 个代表性片区进行定位数据采集(表 1-3-8)。

表 1-3-8 攀西山区典型产区及代表性片区

典型县及代表性片区定位地点	编号	北纬	东经	海拔/m
会理县益门镇大磨村 12 社	HL-01	26°50′20.648″	102°17′22.801″	2026
会理县益门镇大磨村 8 社	HL-02	26°48′55.122″	102°16′16.104″	2190
会理县富乐乡三岔河村黄家湾	HL-03	26°28′1.174″	102°21′54.218″	1780
会理县通安镇通宝村 2 社	HL-04	26°28′1.174″	102°21′54.218″	1956
会东县姜州镇弯德村凉项	HD-01	26°33′58.580″	102°27′36.451″	1815
会东县火山乡小湾子村 2 社	HD-02	26°40′4.941″	102°37′3.563″	2081
会东县撒者㠓镇白拉度村 3 社	HD-03	26°36′50.619″	102°38′1.571″	2312
会东县新云乡笔落村 2 社	HD-04	26°37′4.875″	102°32′21.520″	1765
会东县小坝乡小北村	HD-05	26°34′33.551″	102°21′56.986″	1848
米易县攀莲镇双沟村 12 社	MYI-01	26°55′46.480″	102°9′53.614″	1606
米易县攀莲镇双沟村 12 社	MYI-03	26°55′46.480″	102°9′53.614″	1637
米易县攀莲镇双沟村 12 社	MYI-02	26°56′23.644″	102°10′26.526″	1940
米易县普威镇西番村 4 社	MYI-04	27°5′45.954″	101°58′32.346″	2115
米易县麻陇乡庄房村片区	MYI-05	27°4′31.466″	101°57′39.890″	1757
仁和县大龙潭乡干坝子村梅龙树	RH-01	26°18′29.966″	101°52′40.336″	1821
仁和县大龙潭乡干坝子村大堡哨	RH-02	26°16′6.217″	101°53′2.932″	1896
仁和县平地镇平地村梁子	RH-03	26°12′6.542″	101°47′50.101″	1910
仁和县平地镇波西村上湾	RH-04	26°9′46.413″	101°49′1.090″	1984
仁和县平地镇波西村下湾	RH-05	26°9′41.015″	101°49′20.453″	1665

9. 武夷山区代表性片区定位

该生态区域选择福建省永定县和泰宁县 2 个县作为典型产区，其中永定县选择 10 个片区，泰宁县选择 7 个代表性片区，共计选择 17 个代表性片区进行定位数据采集(表 1-3-9)。

表 1-3-9 武夷山区典型产区及代表性片区

典型县及代表性片区定位地点	编号	北纬	东经	海拔/m
永定县虎岗乡龙溪村秦岭岗	YD-01	25°2′38.500″	116°48′13.200″	708
永定县高陂镇西陂村	YD-02	24°58′37.200″	116°50′36.500″	295
永定县高陂镇西陂村	YD-03	24°54′50.600″	116°51′56.300″	295
永定县坎市镇文馆村江子上	YD-04	24°54′50.700″	116°51′56.100″	313
永定县抚市镇龙川村	YD-05	24°48′54.600″	116°53′31.900″	310
永定县湖雷镇莲塘村	YD-06	24°49′31.200″	116°48′22.900″	244
永定县湖雷镇弼鄱村	YD-07	24°49′10.600″	116°47′47.700″	277

续表

典型县及代表性片区定位地点	编号	北纬	东经	海拔/m
永定县陈东镇高峰村瓦子岗	YD-08	24°42′46.100″	116°55′8.300″	376
永定县湖坑镇吴屋村	YD-09	24°37′40.800″	116°59′37.800″	600
永定县抚市镇龙川村	YD-10	24°41′39.400″	116°41′43.200″	190
泰宁县杉城镇东林村	TN-01	26°53′25.320″	117°14′0.780″	360
泰宁县开善乡余坊村枫林组	TN-02	26°44′57.200″	117°10′16.500″	430
泰宁县下渠乡新田村	TN-03	26°44′57.200″	117°10′16.500″	355
泰宁县下渠乡渠里村	TN-04	26°51′1.000″	117°11′15.900″	365
泰宁县梅口乡拥坑村	TN-05	26°47′55.500″	117°5′25.700″	300
泰宁县上清乡崇际村崇化组	TN-06	27°1′36.700″	117°10′21.300″	370
泰宁县上青乡崇际村崇化组	TN-07	27°1′36.700″	117°10′21.300″	382

10. 南岭山区代表性片区定位

该生态区域选择湖南省桂阳市、江华县,广东省南雄市,江西省信丰县等 4 个县(市)作为典型产区,其中桂阳市选择 12 个片区,江华县选择 8 个片区,南雄市选择 4 个片区,信丰县选择 5 个片区,共计选择 29 个代表性片区进行定位数据采集(表 1-3-10)。

表 1-3-10   南岭山区典型产区及代表性片区

典型县及代表性片区定位地点	编号	北纬	东经	海拔/m
桂阳市洋市乡老屋村 19 组	GY-01	25°58′33.800″	112°48′13.700″	287
桂阳市洋市乡仁和村 9 组	GY-02	25°55′54.800″	112°46′44.800″	200
桂阳市樟市乡桐木村唐家组	GY-03	25°52′20.100″	112°47′44.100″	287
桂阳市樟市乡甫口村候家组	GY-04	25°48′57.800″	112°45′3.700″	224
桂阳市仁义镇梧桐村汪山组-试验基地	GY-05	25°46′30.000″	112°41′35.900″	221
桂阳市银河乡长江村蝴蝶洞 5 组	GY-06	25°52′6.900″	112°40′31.900″	135
桂阳市和平镇白杜村土桥组	GY-07	25°58′25.600″	112°48′36.400″	282
桂阳市余田乡山塘村 5 组	GY-08	25°48′37.200″	112°30′53.100″	169
桂阳市浩塘乡大留村 3 组	GY-09	25°43′58.000″	112°33′51.000″	195
桂阳市浩塘乡大留村 1 组	GY-10	25°44′5.700″	112°34′3.200″,	221
桂阳市银河乡谭池村六甲组	GY-11	25°51′45.100″	112°40′50.800″,	146
桂阳市板桥乡板桥村 1 组	GY-12	25°59′2.500″	112°26′28.900″	228
江华县白芒营镇二坎村	JH-01	24°57′58.800″	111°27′25.400″	294
江华县白芒营镇郎圹村第二组	JH-02	24°57′58.100″	111°28′14.500″	289
江华县大石桥乡大祖角	JH-03	24°53′20.800″	111°29′49.100″	274
江华县清圩乡三门寨	JH-04	24°49′45.800″	111°31′9.900″	321
江华县涛圩镇八田洞	JH-05	24°49′45.800″	111°31′9.900″	310
江华县大石桥乡砾口	JH-06	24°51′19.000″	111°30′26.500″	292
江华县大路铺镇五洞村	JH-07	24°51′19.000″	111°30′26.500″	277
江华县沱江镇白竹塘村	JH-08	25°8′9.400″	111°29′9.600″	448
南雄市湖口镇湖口村老塘	GNX-01	25°11′4.272″	114°24′49.597″	150
南雄市湖口镇湖口村老塘	GNX-02	25°11′4.272″	114°24′49.597″	140
南雄市黄坑镇社前村茅坑	GNX-03	25°14′57.372″	114°30′44.753″	169
南雄市黄坑镇社前村茅坑	GNX-04	25°14′59.052″	114°30′42.191″	157
信丰县西牛镇坳上村杨屋山	JXXF-01	25°27′10.897″	114°51′13.359″	173

续表

典型县及代表性片区定位地点	编号	北纬	东经	海拔/m
信丰县古陂镇中寨村黎明	JXXF-02	25°21′1.158″	115°5′32.570″	176
信丰县大塘埠镇樟塘村椴高	JXXF-03	25°14′56.874″	114°53′58.394″	178
信丰县小河镇旗塘村柏坵仔	JXXF-04	25°16′35.090″	114°51′42.950″	194
信丰县小河镇旗塘村柏坵仔	JXXF-05	25°17′51.430″	114°48′36.443″	194

11. 中原地区代表性片区定位

该生态区域选择河南省许昌市襄城县和灵宝市2个县(市)作为典型产区,其中襄城县选择10个片区,灵宝市选择5个片区,共计选择15个代表性片区进行定位数据采集(表1-3-11)。

表 1-3-11　中原地区典型产区及代表性片区

典型县及代表性片区定位地点	编号	北纬	东经	海拔/m
襄城县紫云镇黄柳村	XC-01	33°51′7.200″	113°24′37.200″	86
襄城县紫云镇宁庄村	XC-02	33°51′25.100″	113°23′22.400″	107
襄城县紫云镇张庄村	XC-03	33°48′20.000″″	113°23′50.100	123
襄城县紫云镇张庄村	XC-04	33°47′34.800″	113°23′47.500″	154
襄城县十里铺乡二甲王	XC-05	33°55′34.700″	113°28′29.000″	86
襄城县王洛镇东村	XC-06	33°57′28.400″	113°29′28.700″	101
襄城县王洛镇郭庄	XC-07	34°0′19.200″	113°26′37.800″	116
襄城县王洛镇闫寨村	XC-08	34°0′12.500″	113°29′34.500″	106
襄城县汾陈乡玉河村	XC-09	33°57′28.00″	113°33′5.000″	96
襄城县汾陈乡大磨张村	XC-10	33°59′19.500″	113°33′22.800″	97
灵宝市五亩乡渔村一组	LB-01	34°18′8.600″	110°50′5.400″	1170
灵宝市五亩乡姚坡村9组	LB-02	34°19′26.400″	110°48′11.900″	1185
灵宝市五亩乡桂花村4组	LB-03	34°20′57.900″	1·10°47′26.000″	1035
灵宝市朱阳镇透山村4组	LB-04	34°17′35.200″	110°44′36.000″	1012
灵宝市朱阳镇新店村1组	LB-05	34°17′12.400″	110°44′38.800″	1032

12. 皖南山区代表性片区定位

该生态区域选择安徽省宣城市宣州区作为典型产区,共计选择10个代表性片区进行定位数据采集(表1-3-12)。

表 1-3-12　皖南山区典型产区及代表性片区

典型县及代表性片区定位地点	编号	北纬	东经	海拔/m
宣州区向阳镇鲁溪村陈村组	XZ-01	30°51′44.640″	118°53′46.920″	24
宣州区新田镇山岭村街楼组	XZ-02	30°42′58.200″	118°45′49.200″	121
宣州区周王镇红样村赵村组	XZ-03	30°49′7.440″	118°39′40.380″	61
宣州区文昌镇沿河村二房组	XZ-04	30°42′58.200″	118°45′49.200″	121
宣州区文昌镇福川村和平组	XZ-05	30°50′21.960″	118°28′55.920″	24

续表

典型县及代表性片区定位地点	编号	北纬	东经	海拔/m
宣州区杨柳镇三长村下长村组	XZ-06	30°53′11.820″	118°31′26.400″	26
宣州区黄渡乡西扎村桃园组	XZ-07	30°48′9.060″	118°52′3.360″	54
宣州区黄渡乡安莲村邵组	XZ-08	30°49′2.040″	118°54′11.220″	30
宣州区孙埠镇刘村	XZ-09	30°51′50.040″	118°55′27.720″	30
宣州区沈村社区万里组	XZ-10	30°2′41.820″	118°51′37.260″	26

三、片区与代表性烟田的地质、地形地貌、土地利用数据采集方式

片区与代表性烟田的地质、地形地貌和土地利用数据的采集采用两种方法结合进行，一是在片区实地综合考虑 GPS 测定的海拔信息、片区整体和典型烟田的观察结果以及当地人员的咨询结果，按中国科学院南京土壤研究所主编的《野外土壤描述与采样手册(第一版，2014)》中有关地质、地形和地貌、土地利用等方面的描述标准，确定片区和典型烟田的地质、地形和地貌类型以及土地利用等信息，二是在室内依据 30 m 分辨率的 SRTM DEM 数据、1∶500 000 地质图及其衍生出的成土母岩和母质图、1∶50 000 土地利用图，提取整个片区和典型烟田的地质、地形和地貌信息，对比野外和室内获取的结果，进行必要的校正后获取片区和典型烟田最终的地质、地形和地貌和土地利用信息。

四、代表性片区典型烟田土壤发生学数据采集方式

代表性片区土壤发生学数据采集采用田间土壤挖掘剖面方法采集，烟田挖掘的土壤剖面尺度为垂直观察面宽 1.0 m，深 1.2~1.5 m 或到基岩出露。土壤调查包括剖面位置、成土因素、成土过程、剖面形态特征、耕作施肥灌溉等管理措施，详细调查内容参见中国科学院南京土壤研究所主编的《野外土壤描述与采样手册》[1]。

五、典型烟田土壤系统分类确定的依据

土壤类型确定采用系统分类，其高级单元(土纲-亚纲-土类-亚类)的确定，依据野外成土因素信息、剖面形态特征[1]以及土壤理化性质测定结果，依据中国科学院南京土壤研究所土壤系统分类课题组&中国土壤系统分类课题研究协作组主编的《中国土壤系统分类检索(第三版)》(2001)。

六、代表性片区土壤样品采集方式

代表性片区土壤样品采集方式按照 2 种方式采集，垄体土样(0~30cm)在大田移栽施肥前，用不锈钢土钻按照随机多点方法取样，根据具体取样地块的形状和大小，确定适当的取样路线和方法。长方形地块用"之"字形，而近似矩形田块则用对角线形或棋盘形等取样法。代表性地块一般取 10~15 个小样点(一钻土样)土壤，制成一个混合样。每个小样点的取土部位、深度、数量应力求一致，避开沟渠、林带、田埂、路边、旧房基、

---

1)中国科学院南京土壤研究所. 野外土壤描述与采样手册

粪堆底以及微地形高低不平等无代表性地段。取出的小样点土壤在田间均匀混合后，用"四分法"取出 4 kg 左右土样，挑出根系、秸秆、石块、虫体等杂物以后，置阴凉处风干，然后装袋、编号、记录，供土壤理化分析测定用。土壤剖面样品在土壤剖面制作过程中采集，按自下而上分层次采样，取样层次按土壤发生学特征划分，采样总深度因地而定，不同深度土壤样品确保无相互混杂污染，且每层土壤样品不少于 2.5 kg。土壤样品经风干备用。

七、代表性产区土壤样品检测

1. 土壤氮磷钾测定

分别采用半微量开氏定氮法、KCl 浸提法、$HClO_4$-H_2SO_4 浸提-钼锑抗比色法、氢氧化钠熔融火焰光度法、$NaHCO_3$ 浸提-钼锑抗比色法和 NH_4OAc 浸提-火焰光度法测定土壤全氮、速效氮(铵态氮、硝态氮)、全磷、全钾、速效磷和速效钾养分含量(鲍士旦，2000)。

2. 土壤 pH、氯离子测定

土壤 pH 测定采用电位法，土壤水溶氯用去离子水按 1∶5 的土水比浸提，硝酸银滴定法测定(王瑞新，1990)。

3. 土壤有机质及腐殖质组分测定

土壤有机质测定采用重铬酸钾氧化外加热法测定，土壤腐殖质组分采用焦磷酸钠-氢氧化钠溶液提取法提取测定，有机碳用重铬酸钾外加热法(鲁如坤，2000)。

4. 土壤有效态 Fe、Mn、Cu 和 Zn 测定

土壤有效态 Fe、Mn、Cu 和 Zn 含量测定采用二乙基三胺五乙酸(DTPA)浸提-原子吸收分光光度计测定(鲍士旦，2000)。

5. 土壤有效态钙镁含量测定

土壤中有效态钙镁含量采用热水回流浸提，草酸-草酸铵浸提催化极谱法(鲍士旦，2000)。

八、代表性片区气象数据采集方式

气象数据共有气象台站观测数据、空间插值气象数据、试验田小型气象站 3 种数据来源。气象台站观测数据主要有两方面用途，一是用于分析产区 10 年气候因子的变化，二是利用气象台站观测数据空间插值获取空间栅格数据，并与插值结果进行对比检验。气象台站观测数据来源于中国气象局，选取 1983~2012 年 30 年间的站点观测数据，包括空气温度、降水总量、空气湿度、日照时数等要素。

空间插值气象数据是基于气象站点旬平均值数据，采用 ANUSPLIN 软件插值得到逐旬空间栅格数据，使用 ANUSPLIN 软件进行气候数据插值的应用较多，但一般局限于较

小区域(流域、地区)(祝青林,2005;刘志红等,2006;Hijmans,2005;McKenney,2006)或较大时间尺度(旬、月、年)的气象要素插值(Hijmans,2005;McKenney,2006;沈艳等,2008)。空间插值采用了优化薄板平滑样条函数,引入了取样点的经纬度等地理坐标,并将高程作为协变量引入插值过程中,较传统插值方法有更高的精度和灵活性(沈艳等,2008)。空间插值气象数据由中科院地理所提供,主要用于获取2011和2012年所有取样地点的气象数据。

试验田小型气象站数据(ZENO 自动气象站),每个取样县(市)试验田间安装太阳光谱仪和自动气象站,小型气象站数据用于空间插值气象数据的验证和补充。

第二章 优质特色烤烟典型产区气候条件

我国优质特色烤烟产区分布广阔，北至东北的黑龙江省，南到西南边陲的云南省和东南沿海的福建省，北纬 19°~51°和东经 81°~130°广大区域都有烤烟种植(中国农业科学院烟草研究所，2005)，产区的气候带分布在北温带到南亚热带的辽阔区域。地形地貌的复杂多变也对各生态区域的气候条件产生巨大影响(王彦亭等，2010)。本书在我国优质特色烟叶 12 个生态区域初步划分的基础上，研究分析了生态区域气候条件特征，对于深入探讨我国烤烟质量风格特色的区域成因、烤烟生产区域优化布局、烟叶质量改进具有重要意义。

第一节 气 候 概 况

一、武陵山区烤烟种植区

本区包括重庆、鄂西、黔北、湘西等地区。该区域系云贵高原北部的延伸部分，南部为褶皱山地，北部为岩溶发育的山原，高原丘陵、山间盆地和河谷平地错落分布，地面起伏较大，气候垂直差异较大，属中亚热带湿润季风气候，具有气候温和，降水充沛，四季分明，光、热、水基本同季的特点。区域年降水量 1100~1500 mm，无霜期 240~300 d，≥10℃积温 4500~5700℃·d，平均气温 15~18℃，1 月均温 5~9℃，7 月均温 26~29℃，年日照时数 1000~1600 h，日照偏少，但烤烟生长成熟阶段的 7~8 月日照率高，且多散射光，易形成优质烟叶。

二、黔中山区烤烟种植区

本区地处滇东高原向东北方向逐渐下降的贵州高原上，包括贵州省贵阳市、安顺市、遵义市、黔南州、铜仁和毕节等地。该区域属中亚热带湿润气候，春暖较迟，秋寒较早，夏季温暖无酷暑。年降水量 1200 mm，年均气温 16℃，≥10℃积温 4200~5000℃·d，1 月平均气温 10℃，7 月平均气温 25℃，年日照时数 1100~1500 h。

三、秦巴山区烤烟种植区

本区包括鄂西、川东北、陕南、甘东南地区，主要为中低山丘陵地貌，地形较为复杂。属于湿润的中亚热带与北亚热带过渡区间，年降水量 800~1000 mm，无霜期 230 d以上，≥10℃积温 4500~5500℃·d，年均温 15℃，1 月均温 7~10℃，7 月均温 24~28℃。年日照时数 1200~1600 h，日照相对偏少。

四、鲁中山区烤烟种植区

本区包括大运河以东、黄河以南，沂蒙山南北附近的山东半岛中部，大部分地区海拔低于 350 m。该区域属于半湿润的暖温带，年降水量 550~950 mm，降水量主要集中在夏季的 6~8 月；无霜期 180~220 d，≥10℃积温 4000~4500℃·d，1 月均温−5~0℃，7 月均温 24~28℃，年日照时数为 2200~2800 h。

五、东北产区烤烟种植区

本区西接大兴安岭，北接小兴安岭，东抵长白山，南辖辽东半岛和渤海沿岸平原，包括黑龙江、吉林、辽宁三省的大部分。地形地貌主要以平原、丘陵为主。主要处在中温带半湿润、湿润地区，年降水量 400~800 mm，冬季漫长，无霜期 130~170 d，≥10℃积温主要产区 2000~3600℃·d，1 月均温−22~−15℃，7 月均温 20℃~25℃，年日照时数 2300~3000 h。

六、雪峰山区烤烟种植区

本区包括贵州东南部的黔东南自治州、湖南西南部的怀化、邵阳等地，为南岭山区北麓、云贵高原东部边缘，多为丘陵山地。该区域属中亚热带湿润气候带，秋寒偏早。年降水量 1200~1700 mm，无霜期 260~290 d，≥10℃积温 4900~5200℃·d，年均温 15~18℃，1 月平均气温约 10℃，7 月平均气温 26~29℃，年日照时数 1200~1600 h，云量偏大，光照偏少。

七、云贵高原烤烟种植区

本区包括滇中、滇东、滇南、黔西地区，地处低纬度高原，地形、地理环境特殊，海拔差异大，烟区主要分布在 1000~2100 m 山地高原上。属中、北亚热带湿润气候带，气温日较差大，气候凉爽。年均降水量 800~1500 mm。无霜期 250~300 d，≥10℃积温 4000~5500℃·d，年均气温 13~18℃，1 月平均气温 8~11℃，7 月平均气温 21~25℃，年日照时数 1500~2500 h，日照条件较好。

八、攀西山区烤烟种植区

本区包括四川省攀枝花市和凉山州，含 20 个县(市、区)。该区位于青藏高原东部横断山系中段，地貌类型为中山峡谷。全区 94% 的面积为山地，且多为南北走向的两山夹一谷。山地海拔多在 3000 m 左右，该区东部的大凉山山地为山原地貌。攀枝花市地貌类型复杂多样，可分为平坝、台地、高丘陵、低中山、中山和山原 6 类，以低中山和中山为主。主要烟区海拔在 1000~1800 m。烟叶生产区域主要为中、北亚热带气候类型。川西南山地四季不分明，一般只分干、雨两季。年平均气温 8~22℃。1 月平均气温 2~14℃，德昌以南谷地 8~12℃，为四川省冬季最暖地区。4 月平均气温 8~24℃，7 月平均气温 15~26℃，10 月平均气温 10~20℃。≥10℃年活动积温德昌以南河谷 >4500℃·d、以北锐减至 2000℃·d。全年日照时数 1200~2700 h，日照时数由东北向西南部递增。降水量地区间差异大，干湿季节分明，大部分地区年降水量 800~1200 mm，金沙江河谷＜400 mm，6 月~9 月为雨季，降水量占全年总降水量的 70~90％；11 月~4 月为干季，各月降水量小于 10 mm。

九、武夷山区烤烟种植区

本区包括福建南平、三明、龙岩以及江西的东南部抚州地区，为中低山地丘陵地带。属南、北亚热带湿润气候过渡带，气候垂直差异明显。年降水量 1400~2000 mm，无霜期 220~300 d，≥10℃积温 5000~6500℃·d，年均温 17~20℃，1 月平均气温 8~11℃，7 月平均气温 26~30℃，年日照时数 1600~2000 h。

十、南岭山区烤烟种植区

本区包括湘南的永州、郴州，粤北，桂东北，赣南地区，地处南岭山区。烟草主要分布在海拔 200~800 m 山区丘陵地带。属中南亚热带湿润气候带过渡带，气候地域差异较大，垂直分布明显。年降水量 1500~1900 mm；无霜期 260~310 d，≥10℃积温 5000~6500℃·d，年均温 17~20℃，1 月平均气温 9~13℃，7 月平均气温 27~30℃，年日照时数 1700~2000 h。

十一、中原地区烤烟种植区

本区包括河南全部和陕西东部，以低山丘陵和平原为主，属北亚热带到暖温带过渡带，以及湿润带到半湿润带过渡带，南部地处北亚热带与暖温带的过渡带，具有大陆性季风气候的特点，其他属于暖温带大陆季风气候区或半季风气候区，一般冬季受大陆性气团控制，夏季受海洋性气团控制，春秋为二者交替过渡季节，四季分明。全年降水量 600~1000 mm，无霜期 200 d 以上，≥10℃积温 4500℃·d 以上，1 月均温 0~4℃，7 月均温 26~28℃，年日照时数 2200~2500 h。其水热光资源较好，烤烟全生育期可处在比较适宜的范围之内。

十二、皖南山区烤烟种植区

本区主要位于安徽南部，包括安徽芜湖市、宣城市、安庆市、黄山市等，该区地貌以中低山、丘陵为主，属中亚热带湿润季风气候，光热充足，雨量充沛。年降水量 1300~1800 mm，无霜期为 240~280d，年平均气温 16~18℃，≥10℃积温 4500~6000℃·d，1 月平均温度 7~10℃，7 月平均温度 26~29℃，雨热同期，年日照时数 2000~2100 h。

第二节　烤烟生育期气候特征

本书在简述烤烟产区气候概况的基础上，依据 12 个产区烟草生育期资料及 1983~2012 年的 30 年的气候数据，结合各产区烟草大田期气象资源特征，分析比较各个产区烤烟大田伸根期(移栽-团棵期)、旺长期(团棵-开花期)、成熟期(开花-顶叶采收期)和全生育期各个阶段气温、降水、空气湿度、日照时数等指标特征。

一、各产区烤烟生育期平均气温

1. 大田期

1983~2012 年各区域的平均气温分布见表 2-2-1，全国烤烟整个大田期气温分布在 18.0~24.8℃。地处我国中部的中低纬度低山区丘陵和平原地带的武陵山区、中原产区、秦巴山区烟草大田种植期间的平均气温较高，尤其是长江中下游地区的武陵山区大田期间温度达 24.8℃。武夷山区、东北产区气温最低，主要是因为武夷山区的烟草移栽期早，一般 2 月初甚至 1 月末就移栽，6 月中下旬采摘完毕，整个大田期还未进入该地区的最热的时期；此外雪峰山区、皖南山区生育期也并未跨越最热时期，因此也较低；而东北产区气候各季节气温都较低。由于受种植地形海拔差异的影响，云贵高原产区、秦巴山区各地平均气温差异较大，且因为海拔较高，云贵高原产区、黔中山区平均气温较低。

表 2-2-1　各烟区大田期平均气温/℃

生育期	指标	武陵山区	秦巴山区	黔中山区	鲁中山区	东北产区	雪峰山区	云贵高原	攀西山区	武夷山区	南岭山区	中原产区	皖南山区
伸根期	平均值	21.8	22.2	19.3	19.5	16.7	14.9	19.3	20.6	11.9	16.5	21.4	15.1
	最大值	24.2	24.6	20.2	20.5	18.8	15.5	21.4	22.5	13.6	17.1	22.1	15.7
	最小值	19.0	18.6	18.3	17.3	14.3	14.5	14.8	17.4	9.8	15.5	19.3	14.6
	变异系数/%	6.3	6.9	3.2	5.9	7.8	2.6	10.4	9.7	11.6	3.5	4.3	3.1
旺长期	平均值	24.8	25.1	22.2	23.4	20.9	19.9	20.5	22.7	16.2	21.4	25.3	20.0
	最大值	27.8	27.2	23.5	24.4	22.6	20.8	21.9	25.0	17.9	21.8	26.2	20.6
	最小值	22.2	21.1	20.5	21.1	18.5	19.2	16.8	19.7	14.5	20.9	23.0	19.4
	变异系数/%	5.8	6.4	4.6	5.0	5.9	2.9	8.0	10.2	7.2	1.4	3.9	2.3
成熟期	平均值	26.3	24.5	23.8	24.5	20.7	24.9	20.4	23.2	22.7	26.2	25.5	25.3
	最大值	27.2	27.1	25.1	25.1	22.1	25.8	21.8	26.7	23.8	26.4	26.2	26.0
	最小值	23.7	18.0	21.7	23.9	18.5	24.2	17.2	20.3	21.7	26.0	23.8	24.7
	变异系数/%	4.1	11.1	5.0	1.6	5.4	2.3	7.0	12.5	3.2	0.7	3.0	1.9
大田期	平均值	24.8	23.9	22.3	23.1	19.8	21.7	20.1	22.4	18.0	23.2	24.5	22.0
	最大值	26.0	26.0	23.4	23.8	21.3	22.5	21.6	25.3	19.4	23.6	25.1	22.7
	最小值	22.2	18.4	20.6	22.1	17.5	21.1	16.5	19.5	16.5	22.6	22.5	21.5
	变异系数/%	4.4	9.2	4.4	2.5	5.8	2.4	7.9	11.0	5.5	1.5	3.4	2.1

2. 伸根期

烤烟伸根期，秦巴山区、武陵山区、中原产区、攀西产区气温较高，平均气温在 20.0℃ 以上；而武夷山区、皖南山区、雪峰山区气温较低，虽然这些地区全年气温较高，但因为烟草移栽时间早，武夷山区在 2 月上旬甚至 1 月下旬就移栽，以至于伸根期平均气温较低。东北产区温度较低是因为其纬度较高，移栽时总体气温较低。

3. 旺长期

在旺长期，各产区气温显著提高。中原产区的平均气温达 25.3℃，秦巴山区、武陵山区气温接近 25.0℃，明显高于其他几个烟区。但武夷山区仍然在 20℃ 以下，平均气温仅有 16.2℃，如前文指出的，这与该产区移栽时间较早有关。

4. 成熟期

进入成熟期，大多数烟区都处在全年最高气温时段，气温相对较高。长江流域在盛夏是全国的火炉地区，高温酷暑，地处这一区域的武陵山区平均气温达到 22.7℃；南岭山区也达到 26.2℃；中原产区、皖南山区都在 25℃ 以上；处于高原地区的云贵高原则相对较为凉爽，平均气温只有 20.4℃；东北产区虽然夏季呈现气温较高天数增加，但高温时间短，成熟后期气温渐凉，平均气温仅为 20.7℃。

二、各产区烤烟生育期气温日较差

1. 大田期

1983~2012 年全国平均气温日较差见表 2-2-2，各产区气温日较差在 5.8~11.6℃。全国各烟区大田期平均气温日较差呈现由南到北递增分布。鲁中山区靠近海边，因受海洋气候调节影响，气温日较差小，仅有 5.8℃；其余地区气温日较差在 9.0~10.6℃；皖南山区呈现区域内差异较大。

2. 伸根期

在伸根期北方的东北产区、鲁中山区 、中原产区气温日较差最大，都达到 11.0℃ 以上，东北产区达到 12.2℃。南方烟区气温日较差较小，雪峰山区、南岭山区分别为 7.3℃ 和 7.1℃。

3. 旺长期

随着气温升高，进入烤烟旺长期，大部分烟区的气温日较差都降低，但雪峰山区和南岭山区气温日期较差升高约 1.0℃，这与山区昼夜温差较大的气候特点有关。烤烟旺长期气温日较差呈现北方高于南方态势。

4. 成熟期

进入烤烟成熟期，各烟区之间气温日较差缩小，各烟区的平均气温日较差在 7.8~9.9℃，南北方已经无明显差异。

表 2-2-2　各烟区大田期平均气温日较差/℃

生育期	指标	武陵山区	秦巴山区	黔中山区	鲁中山区	东北产区	雪峰山区	云贵高原	攀西山区	武夷山区	南岭山区	中原产区	皖南山区
伸根期	平均值	8.8	9.9	8.3	11.1	12.2	7.3	9.8	10.3	8.8	7.1	11.9	9.3
	最大值	10.5	12.5	8.7	13.0	12.8	7.9	10.9	11.6	9.1	7.6	13.5	11.0
	最小值	7.7	8.1	7.6	6.9	11.7	6.7	8.9	8.5	8.4	6.7	10.9	7.6
	变异系数/%	8.4	11.9	4.1	19.5	2.9	6.0	6.3	10.9	2.7	4.9	7.2	13.4
旺长期	平均值	8.2	9.1	7.3	9.5	10.2	8.3	7.5	8.4	8.1	8.3	10.9	9.6
	最大值	9.6	10.9	7.8	11.6	11.0	8.9	8.5	9.0	8.8	8.8	12.7	11.2
	最小值	7.6	7.8	6.4	5.6	9.4	7.7	5.8	7.9	7.6	7.8	9.8	7.7
	变异系数/%	7.3	9.8	5.7	22.2	5.3	5.1	10.9	4.6	4.9	4.0	8.3	13.4
成熟期	平均值	9.1	8.9	8.4	8.0	9.9	7.8	7.9	9.1	8.7	7.9	8.8	8.4
	最大值	10.1	10.5	9.2	9.3	10.4	8.2	8.6	9.8	9.3	8.3	10.3	9.7
	最小值	8.4	7.9	7.0	5.4	9.2	7.3	6.7	8.7	8.1	7.5	8.0	6.9
	变异系数/%	4.7	8.1	7.9	17.5	4.0	4.0	7.0	4.9	5.5	3.6	8.2	12.6
大田期	平均值	8.8	9.2	8.1	9.0	10.5	7.7	8.2	9.2	8.6	7.8	10.0	8.8
	最大值	10.1	11.0	8.8	10.6	11.1	8.2	9.1	9.7	9.1	8.2	11.6	10.2
	最小值	8.2	8.3	7.0	5.8	9.9	7.2	7.1	8.6	8.1	7.4	9.0	7.1
	变异系数/%	5.9	7.9	6.5	19.0	3.7	4.6	6.9	4.3	4.3	3.2	7.8	12.9

三、各产区烤烟生育期积温

1. 大田期

烤烟大田期≥10℃的活动积温见表 2-2-3 所示，各产区积温在 2000~3500℃·d。全国烟区总体呈现中间高南北低的特点，长江中、上游烟区，以及中部的秦巴山区、鲁中山区、中原产区大于 10℃大田期积温高于 3000℃·d，高纬度的东北产区，以及东南地区的皖南山区，雪峰山区、南岭山区积温 2600~2800℃·d，武夷山区积温最低，只有约 2300℃·d。东北产区主要是因为高纬度，气温相对其他区域较为冷凉，而其余区域除了气温不高以外，还与烤烟大田期时间短有关系。例如，南岭山区，大田期间平均气温虽然达 23.2℃，但因为该地区烤烟移栽期为 3 月下旬，而顶叶采收期为 7 月中下旬，仅有不到 4 个月时间。武夷山区主要还是大田期平均气温偏低的缘故，云贵高原地处高海拔气温较低，积温也较低。

2. 伸根期

在伸根期，武陵山区和秦巴山区积温较高，都在 750℃·d 以上；其余中部和西南部产区积温相对较高，但东南部和东北产区积温较低，尤其是武夷山区小于 400℃·d，这与该地区移栽较早、温度偏低有直接关系，此外皖南山区、雪峰山区、南岭山区也小于 500℃·d。

3. 旺长期

旺长期积温最高的是西南地区，其中攀西山区积温最高达 800℃·d 以上，黔中山区和云贵高原在 700℃·d 左右；此外北方烟区积温也较高，鲁中山区为 730℃·d，东北产区 650℃·d，中原产区 680℃·d；东南地区在旺长期所需要的积温较低，武夷山区小于 500℃·d，而皖南山区、雪峰山区、南岭山区在 400℃·d 以下。

4. 成熟期

烤烟成熟期较长，并且多数产区都是温度最高的夏季。地处长江流域，北方的鲁中山区、中原产区气温都较高，积温也都达 1900℃·d 以上，其中秦巴山区达 2000℃·d 以上，南岭山区也达2000℃·d。而其他几个产区和东北产区都在1500℃·d 上下，西南的黔中山区为 1700℃·d。

表 2-2-3　各烟区大田期积温/（℃·d）

生育期	指标	武陵山区	秦巴山区	黔中山区	鲁中产区	东北产区	雪峰山区	云贵高原	攀西山区	武夷山区	南岭山区	中原产区	皖南山区
伸根期	平均值	783.9	768.3	660.4	624.2	520.3	436.0	608.4	657.6	370.0	468.7	685.1	457.1
	最大值	1114.3	910.2	724.6	657.0	597.0	460.9	683.7	720.4	486.1	520.9	707.5	482.4
	最小值	608.1	657.1	603.9	554.2	422.5	421.5	453.4	556.5	246.8	432.7	615.6	431.9
	变异系数/%	18.9	11.3	6.5	5.9	10.0	3.5	11.6	9.8	24.1	6.8	4.3	4.5
旺长期	平均值	618.0	531.6	732.2	725.9	649.0	317.9	688.8	817.9	498.1	354.9	683.9	319.6
	最大值	817.9	809.7	774.3	757.5	699.8	332.2	789.1	900.0	565.2	370.2	707.7	330.1
	最小值	221.8	295.5	677.9	654.7	571.6	306.3	603.2	710.7	427.8	341.1	621.4	310.1
	变异系数/%	37.5	39.3	4.6	5.0	5.9	2.9	7.6	10.2	9.5	3.4	3.9	2.3
成熟期	平均值	1912.6	2054.2	1716.1	1909.7	1509.4	1918.4	1435.8	1574.7	1425.7	2003.5	1839.1	1946.2
	最大值	2311.7	2505.0	1805.4	1955.3	1612.3	1985.0	1591.8	1816.4	1498.9	2035.1	1886.1	2004.7
	最小值	1613.6	1673.2	1565.5	1868.1	1338.2	1865.9	1165.7	1377.3	1347.7	1973.1	1710.4	1902.7
	变异系数/%	12.0	13.0	5.0	1.6	5.7	2.3	9.4	12.5	3.9	1.0	3.0	1.9
大田期	平均值	3264.6	3303.9	3064.1	3212.5	2637.3	2632.1	2692.1	3004.6	2262.2	2784.5	3157.2	2683.9
	最大值	3533.8	3742.1	3257.2	3304.3	2844.5	2735.9	2895.7	3386.0	2465.8	2842.5	3242.0	2776.8
	最小值	2866.9	2614.2	2806.6	3070.6	2296.1	2554.7	2188.1	2611.6	1994.7	2744.4	2901.2	2606.6
	变异系数/%	6.0	8.8	5.1	2.5	6.4	2.6	8.3	11.1	8.2	1.4	3.5	2.3

四、各产区烤烟生育期降水量

1. 大田期

1983~2012 年全国烤烟大田期降水量分布如表 2-2-4，降水量在 340~1040 mm，各产区降水量差异较大。在烤烟大田期，南方烟区的降水量充沛，武陵山区、黔中山区、皖南山区、南岭山区、武夷山区、云贵高原和攀西山区平均降水量都在 700 mm 以上，其中武夷山区达 920 mm，云贵高原达 800 mm，攀西山区、南岭山区和皖南山区达到 750 mm 以上；北方的东北产区、鲁中山区、中原产区以及秦巴山区降水量较少，在 600 mm 以下，东北的吉林、黑龙江，西北的甘肃，河南西北部的部分地区降水量在 400 mm 以下。此外，秦巴山区、东北产区、云贵高原山区、皖南山区各产区内的降水量变异系数大，说明烤烟大田期降水量在这几个产区内部空间分布不均。

2. 伸根期

在伸根期，南北方差异很大，南方的武陵山区平均降水量达到 210 mm，鲁中山区、东北产区、中原产区平均降水量则不足 80 mm，其余产区在 100~200 mm，呈现由南至北递减的态势。

3. 旺长期

到旺长期，西南的黔中山区、云贵高原、攀西山区以及武夷山区降水量最大，达 220 mm 以上。北方烟区在此时降水量有所提高，但是中原产区降水量仍然偏少。皖南山区、雪峰山区、南岭山区由于旺长期时间短，该期降水总量较少。武陵山区、秦巴山区降水量空间分布不均，区域内差异较大，变异系数接近 40%。

4. 成熟期

进入成熟期后，随着雨带北移，北方大部分地区进入雨季，北方烟区的降水量明显提高；东南一带受沿海气候影响较大，降水量仍然最高；云贵高原降水量也较高。总体上各地烟区在成熟期降水量丰沛，东北产区降水量差异较大。

表 2-2-4　各烟区大田期降水量/mm

生育期	指标	武陵山区	秦巴山区	黔中山区	鲁中山区	东北产区	雪峰山区	云贵高原	攀西山区	武夷山区	南岭山区	中原产区	皖南山区
伸根期	平均值	211.2	125.4	166.2	63.8	65.8	148.0	130.6	119.6	172.5	194.0	76.4	147.2
	最大值	264.3	220.5	195.6	90.2	82.9	174.5	180.5	142.3	186.8	232.9	87.4	212.3
	最小值	173.1	72.4	136.7	49.9	46.4	122.1	96.9	96.4	156.9	166.5	68.1	101.6
	变异系数/%	16.3	37.9	12.8	21.8	16.6	12.5	21.4	17.3	6.1	12.1	9.6	27.5
旺长期	平均值	168.0	101.9	228.3	105.3	116.4	79.6	242.7	242.7	241.1	96.2	87.1	89.6
	最大值	235.3	179.2	302.7	118.1	177.9	91.5	329.6	293.9	275.1	114.5	119.4	118.0
	最小值	48.3	40.7	175.0	88.1	79.9	70.7	141.1	197.0	221.6	79.5	58.2	68.3
	变异系数/%	39.9	38.0	16.2	11.6	25.5	9.4	28.6	18.3	7.6	13.2	24.5	23.0
成熟期	平均值	387.6	346.5	344.2	402.7	327.1	460.0	446.8	419.2	520.7	478.8	340.6	560.7
	最大值	526.1	454.5	459.6	514.1	580.9	485.2	564.0	508.8	552.6	505.2	412.6	689.1
	最小值	262.1	235.1	283.6	314.7	201.1	440.6	308.5	332.1	475.0	441.7	228.1	458.0
	变异系数/%	19.8	18.6	14.9	17.2	35.3	3.5	17.8	15.1	5.8	4.8	18.3	14.9
大田期	平均值	754.8	565.0	723.1	565.9	500.7	675.1	804.9	770.0	921.3	756.4	497.5	789.6
	最大值	842.1	758.7	936.5	706.6	833.0	708.4	1042.2	894.0	998.4	831.3	611.7	1010.0
	最小值	659.4	347.7	621.8	450.5	338.6	649.5	618.6	666.7	858.2	683.1	347.4	621.3
	变异系数/%	7.9	21.4	13.4	15.6	30.2	3.2	20.0	12.6	5.2	6.7	17.1	18.0

五、各产区烤烟生育期空气相对湿度

1. 大田期

1983~2012 年大田全生育期间空气相对湿度情况见表 2-2-5，各产区空气相对湿度分布在 62.9%~84.6%；南方烟区比北方烟区空气相对湿度略高；秦巴山区、东北产区、鲁中山区空气相对湿度差异较大，而雪峰山区、皖南山区、武夷山区空气相对湿度差异较小，空间变异较小。

2. 伸根期

烤烟伸根期南北方空气相对湿度差异较大，鲁中山区、东北产区、中原产区相对空气湿度在 67% 以下，而雪峰山区、南岭山区空气相对湿度则在 80% 以上；全国各个烟区呈现一定程度的由东向西、由南向北递减规律。

3. 旺长期

烤烟旺长期，除雪峰山区和南岭山区空气相对湿度略有下降以外，其余大部分地区增大，尤其东北产区空气相对湿度从伸根期 61.6% 上升至旺长期 73.6%。全国各烟区烤烟旺长期空气相对湿度总体上依然呈现南高北低的规律性变化。

4. 成熟期

进入烤烟成熟期后，随着雨带北移西移，全国大部分烟区的成熟期都处在降水丰沛的雨季，各烟区平均降水量在 76%~82%，空气相对湿度区域间差异较小。

表 2-2-5 各烟区大田期相对空气湿度/%

生育期	指标	武陵山区	秦巴山区	黔中山区	鲁中山区	东北产区	雪峰山区	云贵高原	攀西山区	武夷山区	南岭山区	中原产区	皖南山区
伸根期	平均值	79.1	70.9	77.8	65.9	61.6	80.7	71.7	68.9	79.1	81.3	66.9	75.2
	最大值	80.8	80.9	81.8	73.1	69.3	81.6	77.6	76.7	81.8	82.3	70.6	77.5
	最小值	76.4	57.4	75.3	57.4	53.3	79.6	64.9	62.3	75.1	79.9	59.3	73.8
	变异系数/%	1.7	9.2	2.7	8.0	8.1	0.9	6.4	8.9	2.9	1.3	5.0	1.9
旺长期	平均值	80.7	74.0	80.5	73.2	73.6	78.1	80.2	76.6	81.2	77.6	67.9	75.4
	最大值	83.2	81.0	83.2	83.4	80.2	79.1	87.1	80.2	83.8	79.6	70.9	77.1
	最小值	77.1	62.3	78.6	65.3	67.9	77.3	73.7	70.4	78.0	75.9	61.0	74.1
	变异系数/%	2.5	7.1	1.8	8.6	5.5	0.9	5.0	5.0	2.3	1.9	5.2	1.5
成熟期	平均值	77.9	75.7	77.9	80.4	78.6	78.7	81.6	78.0	79.7	76.6	79.3	78.2
	最大值	82.0	81.5	81.4	83.7	83.0	80.6	86.6	81.1	81.8	78.9	82.6	79.2
	最小值	73.2	65.1	74.6	77.0	73.5	76.7	79.0	74.5	77.3	73.3	72.8	76.6
	变异系数/%	3.5	6.0	2.6	2.8	3.9	1.8	2.8	3.8	2.0	2.8	3.6	1.3
大田期	平均值	78.8	74.2	78.5	75.6	73.5	79.1	78.9	75.5	79.8	77.9	74.0	77.1
	最大值	81.8	79.4	81.9	80.1	79.1	80.2	84.6	78.8	82.3	79.7	77.7	78.6
	最小值	75.2	62.9	75.9	70.0	67.5	77.9	74.3	70.9	76.8	75.1	67.1	75.7
	变异系数/%	2.5	6.1	2.3	4.8	5.0	1.0	3.9	3.9	2.3	2.3	4.1	1.4

六、各产区烤烟生育期日照时数

1. 大田期

1983~2012 年各烟区大田期日照时数见表 2-2-6。各产区日照时数在 490~1100 h，呈现从北到南递减趋势,北方总体较南方地区日照条件好,东北产区平均日照时数达 940 h,一定程度上弥补了东北产区前期气温偏低和热量偏少的劣势。武夷山区、雪峰山区、南岭产区日照偏少,这与南方多云雨天气有关,其中武夷山区不足 500 h,而该产区大田期降水量在 900 mm 以上,多云雨天气导致日照时数减少。秦巴山区、东北产区、武夷山区、云贵高原、攀西山区日照时数,变异系数均超过 9%,空间分布差异较大。

2. 伸根期

烤烟伸根期日照时数呈现明显的南北方差异。北方的鲁中山区、东北产区、中原产区的日照时数都在 200 h 以上,西部的秦巴山区日照时数也达 190 h,而雪峰山区、南岭山区不足 90 h,呈现由南至北日照时数递增态势。

3. 旺长期

烤烟旺长期,北方的鲁中山区、东北产区日照时数在 200 h 以上,中原产区约为 170 h,呈现北方烟区的日照时数明显高于南方的态势。皖南山区、雪峰山区、南岭山区日照时数较少、旺长期时间较短是该时期日照时数较少的原因;武夷山区旺长期云雨量较大,日照时数少,处于云贵高原产区及其附近的攀西山区日照也较多。

4. 成熟期

进入成熟期后,大部分烟区都进入了高温高湿的夏季。此时,北方的鲁中山区、东北产区、中原产区日照时数与其他烟区的差距缩小,但依然处于较高水平,东北产区和鲁中山区日照时数达 490 h;西北的秦巴山区此时降水量也相对较少,日照时数达 480 h;武夷山区在此时的云雨量依旧很大,日照时数为最低,约为 250 h;西南的黔中山区、云贵高原、攀西山区,此时日照较少。

表 2-2-6　各烟区大田期日照时数/h

生育期	指标	武陵山区	秦巴山区	黔中山区	鲁中山区	东北产区	雪峰山区	云贵高原	攀西山区	武夷山区	南岭山区	中原产区	皖南山区
伸根期	平均值	133.6	188.8	125.8	254.6	249.0	85.1	174.8	165.6	121.6	73.1	205.6	143.6
	最大值	176.3	299.4	142.6	268.1	279.2	92.0	203.6	235.5	150.9	86.7	227.8	159.6
	最小值	116.6	142.5	112.6	242.9	226.2	75.8	150.7	127.1	102.6	62.7	190.7	128.5
	变异系数/%	13.4	22.3	8.2	3.9	6.7	6.9	10.0	25.1	12.6	11.9	6.0	7.7
旺长期	平均值	98.4	112.8	111.1	213.1	218.6	64.6	124.9	147.5	81.6	65.1	166.7	84.1
	最大值	135.3	175.2	127.8	234.7	251.0	69.0	140.8	180.2	99.0	74.4	190.2	91.5
	最小值	26.8	61.2	91.6	192.6	166.8	60.6	93.1	117.4	69.3	58.5	152.2	77.1
	变异系数/%	41.7	38.4	10.1	6.9	12.5	4.7	11.8	15.4	11.5	9.4	7.1	6.1
成熟期	平均值	399.6	480.6	378.2	488.1	487.6	401.0	291.4	345.0	249.8	403.0	400.4	425.1
	最大值	435.3	610.8	413.9	524.9	587.4	431.2	363.6	396.8	288.2	432.3	447.0	440.5
	最小值	363.1	349.8	325.8	452.7	388.8	374.7	225.0	314.7	226.0	376.4	357.3	414.6
	变异系数/%	7.1	15.0	6.6	5.7	12.3	5.4	16.8	9.7	8.4	5.4	7.0	2.4
大田期	平均值	623.5	770.9	607.3	940.6	940.6	543.1	582.9	649.3	447.7	532.6	760.9	641.6
	最大值	694.9	1002.0	665.6	998.2	1101.1	584.0	649.6	757.2	508.0	572.4	852.3	679.2
	最小值	572.1	680.1	523.6	883.4	770.5	517.3	489.5	571.3	399.3	490.9	708.7	612.9
	变异系数/%	6.7	10.7	6.9	4.8	10.7	4.6	9.4	10.6	9.0	6.5	6.3	3.8

七、各产区烤烟生育期光温乘积

光温乘积定义为平均温度与日照时数相乘所得的光温值，是一个综合考虑光温效应的指标，单位为℃·d·h。

1. 大田期

各烟区 1983~2012 年光温乘积见表 2-2-7 所示，各产区光温乘积在 6800~23 500℃·d·h。中、高纬度的烟区大田期具有较高的光热资源，鲁中山区、东北产区、中原产区、秦巴山区光温乘积都达 18 000℃·d·h 以上，武夷山区的光温乘积仅有 8000℃·d·h。可见，虽然东北产区气候较为冷凉，但丰富的光照资源弥补了东北产区气温较低的劣势；武夷山区、南岭山区、皖南山区虽然气温较高，但因为大田期云雨量大，光照时数相对较少，且武夷山区由于移栽时间较早的原因，在相同的生育期内与其他烟区相比气温较低，且大田期未进入气温最高的季节，综合起来的光热资源较欠缺。

2. 伸根期

烤烟伸根期，秦巴山区、鲁中山区、东北产区、中原产区光温乘积都在 4000℃·d·h 以上，雪峰山区、南岭山区、武夷山区等烟区则不足 2000℃·d·h。光温乘积呈现由南至北递增的态势。

3. 旺长期

烤烟旺长期，鲁中山区、东北产区、中原产区保持较高的光热资源优势，光温乘积都在 4000℃·d·h 以上，且鲁中山区达 5000℃·d·h；皖南山区、雪峰山区、南岭山区、武夷山区则不足 2000℃·d·h，东南一带在旺长期和伸根期光温乘积都较低。

4. 成熟期

进入烤烟成熟期，武夷山区、云贵高原山区光温乘积相对较低，不足 6000℃·d·h，其余产区光温乘积差距相对较小，在 10 000℃·d·h 左右。

表 2-2-7 各烟区大田期光温乘积/(℃·d·h)

生育期	指标	武陵山区	秦巴山区	黔中山区	鲁中山区	东北产区	雪峰山区	云贵高原	攀西山区	武夷山区	南岭山区	中原产区	皖南山区
伸根期	平均值	2921.5	4145.7	2424.1	4976.0	4160.6	1264.2	3394.7	3393.0	1456.1	1201.7	4402.3	2170.0
	最大值	4271.9	5581.8	2718.1	5394.3	5047.7	1365.2	4117.0	4759.8	1960.3	1342.1	4897.9	2359.4
	最小值	2584.0	3332.9	2165.0	4236.4	3351.0	1176.3	2232.4	2517.0	1084.4	1060.1	3882.0	1980.5
	变异系数/%	18.3	15.4	8.1	8.8	13.3	5.3	17.9	25.2	20.4	8.6	7.0	6.8
旺长期	平均值	2444.4	2825.9	2468.2	5004.6	4587.2	1283.4	2566.3	3360.1	1319.2	1391.4	4221.1	1679.5
	最大值	3762.6	4576.4	2958.6	5735.9	5644.8	1374.6	3012.5	3819.2	1470.1	1554.1	4812.2	1810.8
	最小值	660.4	1667.8	1985.2	4066.6	3582.3	1216.9	1842.2	2317.7	1116.5	1247.0	3819.9	1551.2
	变异系数/%	43.0	39.3	12.2	11.3	15.5	4.5	15.7	18.4	11.2	8.6	7.4	5.8

生育期	指标	武陵山区	秦巴山区	黔中山区	鲁中山区	东北产区	雪峰山区	云贵高原	攀西山区	武夷山区	南岭山区	中原产区	皖南山区
成熟期	平均值	10 514.9	11 622.2	9028.2	11 960.8	10 105.2	9998.9	5950.6	8033.8	5666.3	10 567.0	10 218.2	10 747.6
	最大值	11 838.7	13 880.8	10 196.5	13 158.6	12 598.9	10 808.5	7922.2	10 600.0	6268.0	11 410.9	11 343.1	11 143.9
	最小值	8623.3	9312.7	7553.3	10 978.2	8278.2	9080.0	4490.8	6435.2	5037.1	9876.4	9195.2	10 244.6
	变异系数/%	10.0	11.5	9.9	7.2	13.4	7.2	20.0	19.6	7.9	5.3	6.5	3.7
大田期	平均值	15 477.6	18 282.8	13 564.6	21 758.6	18 649.4	11 805.7	11 763.9	14 551.0	8039.2	12 362.9	18 610.7	14 141.2
	最大值	17 258.9	19 544.7	15 289.9	23 519.9	22 982.3	12 740.4	13 645.8	16 538.1	8803.0	13 261.0	20 796.1	14 886.7
	最小值	13 769.5	17273.7	11 457.6	20 172.1	15 236.1	10 922.5	9304.9	11 140.7	6810.6	11 426.0	17 318.6	13 496.6
	变异系数/%	8.5	3.7	9.0	6.8	13.2	5.9	13.8	14.0	9.7	5.7	6.2	4.5

第三章 优质特色烤烟典型产区土壤背景特征

本书在我国优质特色烤烟 12 个烤烟种植生态区域初步划分的基础上,根据典型产区县(市、区)及代表性片区成土因素包含的地层与地质概况、区域气候特征、地形地貌概况、成土母岩/母质特征、土地利用现状与成土年龄指标,结合区域烤烟典型片区土壤成土过程的空间分布、不同生态区主要成土过程、诊断层及诊断特性与土壤类型、土壤物理属性等诸多土壤发生学指标,在此对优质特色烤烟典型产区土壤背景特征进行概要描述。

第一节 成 土 因 素

一、地层与地质概况

地层是地质历史发展的真实记录,可以反映岩石体的相对时间关系和年龄(表 3-1-1)(高振家等,2005;陶晓风和吴德超,2011)。地层信息有助于了解研究区域或调查样地成土母质类型以及成土年龄。我国烤烟典型生态区代表性烟田的地层年代与岩石信息从 1:100 万地质图中提取,但需指出的是:由于采用的地质图比例尺太粗以及地表物质可能会发生运移,因此代表性烟田的具体成土母质还需根据实地调查确定。

表 3-1-1 中国年代地层简表(Ma:百万年)

宇	界	系	统	Ma
显生宇	新生界	第四系	全新统 Q_h	今~1.17
			更新统 Q_p	1.17~2.59
		新近系	上新统 N_2	2.59~5.30
			中新统 N_1	5.30~23.3
		古近系	渐新统 E_3	23.3~32
			始新统 E_2	32~56.5
			古新统 E_1	56.5~65
	中生界	白垩系	上白垩统 K_2	65~96
			下白垩统 K_1	96~137
		侏罗系	上侏罗统 J_3、中侏罗统 J_2、下侏罗统 J_1	137~205
		三叠系	上三叠统 T_3	205~227
			中三叠统 T_2	227~241
			下三叠统 T_1	241~250
	古生界	二叠系	上二叠统 P_3	250~257
			中二叠统 P_2	257~277

续表

宇	界	系	统	Ma
显生宇	古生界	二叠系	下二叠统 P_1	277~295
		石炭系	上石炭统 C_2	295~320
			下石炭统 C_1	320~354
		泥盆系	上泥盆统 D_3	354~372
			中泥盆统 D_2	372~386
			下泥盆统 D_1	386~410
		志留系	顶志留统 S_4、上志留统 S_3、中志留统 S_2、下志留统 S_1	410~438
		奥陶系	上奥陶统 O_3、中奥陶统 O_3、下奥陶统 O_1	438~490
		寒武系	上寒武统 $\in_3$	490~500
			中寒武统 $\in_2$	500~513
			下寒武统 $\in_1$	513~543
元古宇	新元古界	震旦系	上震旦统 Z_2	543~630
			下震旦统 Z_1	630~680
		南华系	上南华统 Nh_2、下南华统 Nh_1	680~800
		青白口系	上青白口统 Qb_2	800~900
			下青白口统 Qb_2	900~1000
	中元古界	蓟县系	上蓟县统 Jx_2	1000~1200
			下蓟县统 Jx_1	1200~1400
		长城系	上长城统 Ch_2	1400~1600
			下长城统 Ch_1	1600~1800
	古元古界	滹沱系		2300~2500
太古宇	新太古界			2500~2800
	中太古界			2800~3200
	古太古界			3200~3600
	始太古界			3600~?

1. 武陵山区

代表性烟田地层年代跨度为三叠统、二叠统、志留统、奥陶统、寒武统；岩类组成较为简单，主要为灰岩、白云岩为主，少量为砾岩、板岩、页岩(表 3-1-2)。

表 3-1-2　武陵山区代表性烟田地层与地质信息

县市区	地层年代	地层名称
利川	三叠统	大冶组、嘉陵江组
咸丰	三叠统，二叠统，寒武统	梁山组、栖霞组、茅口组；大冶组、嘉陵江组；高台组、覃家庙组；牛蹄塘组、石牌组、天河板组、石龙洞组
武隆	二叠统，三叠统	梁山组、栖霞组、茅口组、孤峰组、龙潭组、吴家坪组；大冶组；梁山组、栖霞组、茅口组
彭水	三叠统，二叠统	吴家坪组；梁山组、栖霞组、茅口组；大冶组、嘉陵江组；
桑植	三叠统，二叠统	大冶组；梁山组、龙潭组、大隆组
凤凰	奥陶统，寒武统	敖溪组；比条组；娄山关组
道真	三叠统，二叠统，奥陶统	梁山组、栖霞组、茅口组；夜郎组、桐梓组、红花园组、湄潭组；合山组
德江	二叠统，志留统，奥陶统，寒武统	马脚冲组、秀山组；梁山组、栖霞组、茅口组；高台组、石冷水组；桐梓组、红花园组

2. 黔中山区

代表性烟田地层年代跨度为三叠统、二叠统、石炭统、泥盆统、奥陶统、寒武统；岩类组成较为简单，主要以灰岩、白云岩为主，少量为页岩（表3-1-3）。

表 3-1-3　黔中山区代表性烟田地层与地质信息

县市区	地层年代	地层名称
贵定	三叠统，二叠统，石炭统，泥盆统	合山组、大隆组；梁山组、栖霞组、茅口组；大冶组、安顺组；望城坡组、尧梭组；者王组、革老河组、汤耙沟组
开阳	奥陶统	娄山关组
凯里	奥陶统，寒武统	桐梓组、红花园组、大湾组；高台组、石冷水组；娄山关组
黔西	三叠统，奥陶统	嘉陵江组；关岭组；夜郎组；娄山关组
西秀	二叠统	合山组、大隆组；梁山组、栖霞组、茅口组
余庆	三叠统，二叠统，奥陶统	巴东组；嘉陵江组；合山组；桐梓组、湄潭组、十字铺组、宝塔组
遵义	三叠统，奥陶统	关岭组；娄山关组；夜郎组、嘉陵江组；桐梓组、湄潭组、十字铺组、宝塔组

3. 秦巴山区

代表性烟田地层年代跨度为三叠统、二叠统、泥盆统、志留统、奥陶统、寒武统、古第三系、中元古界；岩类组成较为简单，主要以灰岩、白云岩为主，少量为砾岩、板岩、页岩（表3-1-4）。

表 3-1-4　秦巴山区代表性烟田地层与地质信息

县市区	地层年代	地层名称
南郑	三叠统，二叠统，寒武统	吴家坪组、大隆组；须家河组；灯影组
旬阳	泥盆统，志留统	西岔河组、公馆组；斑鸠关组、梅子垭组
房县	寒武统，古第三系，中元古界	陡山沱组、灯影组；牛蹄塘组、石牌组、天河板组、石龙洞组；变火山岩组；玉皇顶组、大仓房组、核桃园组、上寺组
巫山	三叠统	大冶组；嘉陵江组；巴东组
兴山	奥陶统，寒武统	娄山关组；南津关组、红花园组、大湾组、牯牛潭组；覃家庙组

4. 鲁中山区

代表性烟田年代地层跨度为更新统、始新统、白垩统、侏罗统、奥陶统、寒武统、震旦统、古元古界、新太古界；岩类组成较为复杂，包括白云岩、灰岩、紫色页岩、花岗岩、闪长岩、玄武岩、砂岩、砂砾岩、细砂岩、玄武岩、砂泥岩、石英砂岩、河流冲积相碎屑沉积物（表3-1-5）。

5. 东北产区

代表性烟田年代地层跨度为更新统、白垩统、侏罗统、三叠统、二叠统、新元古界；岩类组成较为复杂，包括黄土类黏土、黏土、砂岩、泥岩、花岗岩、页岩、安山岩、集块岩、凝灰岩、火山岩、板岩、正长岩、冰碛、玄武岩、含砾黏土(表 3-1-6)。

表 3-1-5 鲁中山区代表性烟田地层与地质信息

县市区	地层年代	地层名称
临朐	奥陶统，寒武统，古元古界	九龙群三山子组；马家沟组东黄山、北庵庄段、长清群馒头组；傲徕山超单元、松山单元；九龙群张夏组；长清群朱砂洞、馒头组；傲徕山超单元松山单元；九龙群崮山、炒米店组
蒙阴	更新统，侏罗统，奥陶统，新太古界	蒙山超单元西官庄单元；九龙群崮山、炒米店、三山子组；马家沟组阁庄、八陡段；铜石超单元西封山单元；临沂组；马家沟组土峪、五阳山段
五莲	白垩统	大盛群田家楼组；王氏群红土崖组史家屯段；莱阳群曲格庄组
莒县	白垩统，奥陶统，震旦统	王氏群红土崖组；大盛群大土岭组；大盛群田家楼组；土门群佟家庄、浮莱山、石旺庄组；马家沟组
费县	始新统，奥陶统，寒武统，古元古界	官庄群常路组；九龙群三山子组；九龙群炒米店组；傲徕山超单元、条花峪单元；马家沟组东黄山、北庵庄段
诸城	白垩统	王氏群辛格庄组；莱阳群龙旺庄组；王氏群红土崖组；大盛群田家楼组

表 3-1-6 东北产区代表性烟田地层与地质信息

县市区	地层年代	地层名称
宁安	更新统，白垩统	洪积、冲积层；海浪组
汪清	白垩统，侏罗统，二叠统	大拉子组；屯田营组；满河组
宽甸	更新统，白垩统，三叠统，新元古界	盖县岩组；老黑山超单元赤柏松单元；赛马碱性杂岩；盖县岩组

6. 雪峰山区

代表性烟田地层年代跨度为二叠统、石炭统、新元古界；岩类组成较为简单，主要为灰岩、白云岩，少量为凝灰岩、页岩(表 3-1-7)。

表 3-1-7 雪峰山区代表性烟田地层与地质信息

县市区	地层年代	地层名称
天柱	二叠统，新元古界	清水江组；梁山组、栖霞组、茅口组
靖州	石炭统，新元古界	平略组；壶天群

7. 云贵高原

代表性烟田地层年代跨度为全新统、白垩统、侏罗统、三叠统、二叠统、石炭统、震旦统；岩类组成较为复杂，包括灰岩、白云岩、泥岩、石英砂岩、砂岩、玄武岩、碎屑岩、凝灰岩、页岩、黏土(表 3-1-8)。

8. 攀西山区

代表性烟田地层年代跨度为古新统、白垩统、侏罗统、二叠统、石炭统、寒武统、

表 3-1-8 云贵高原典型植烟县代表性烟田地层与地质信息

县市区	地层年代	地层名称
南涧	三叠统，白垩统，侏罗统	三合洞组；漾江组；景星组；麦初箐组
江川	全新统，二叠统，石炭统，震旦统	万寿山组与黄龙组；峨眉山玄武岩；澄江组；茨营组；海口组、宰格组、炎方组
施甸	二叠统，石炭统，泥盆统，奥陶统	丁家寨组、卧牛寺组；施甸组、蒲缥组；万寿山组、梓门桥组、大埔组、黄龙组、马平组；向阳寺组
宣威	三叠统，二叠统，石炭统	梁山组、阳新组；黄龙组、马平组；飞仙关组、嘉陵江组
隆阳	三叠统，二叠统，泥盆统	河湾街组；丁家寨组、卧牛寺组；何元寨组
马龙	寒武统，震旦统	沧浪铺组；观音崖组、灯影组；龙王庙组
盘县	三叠统，石炭统	黄龙组、马平组；大埔组；嘉陵江组；关岭组
威宁	二叠统，石炭统	祥摆组、旧司组、上司组；梁山组、栖霞组、茅口组；者王组、汤耙沟组、祥摆组、大埔组
兴仁	三叠统	关岭组；嘉陵江组

震旦统、中元古界、新太古界；岩类组成较为复杂，包括石灰岩、白云岩、泥岩、砂岩、石英砂岩、石英岩、变粒岩、大理岩、角闪岩、片麻岩、花岗岩、玄武岩(表 3-1-9)。

表 3-1-9 攀西山区代表性烟田地层与地质信息

县市区	地层年代	地层名称
会东	白垩统，侏罗统，寒武统，震旦统	小坝组；筇竹寺组、沧浪铺组、石龙洞组、陡坡寺组、西王庙组、娄山关组；观音崖组、灯影组；牛滚凼组
会理	古新统，白垩统，侏罗统	益门组；小坝组；雷打树组
仁和	白垩统，石炭统，震旦统，中元古界，新太古界	丁家寨组；观音崖组、灯影组；康定岩群；江底河组
米易	二叠统，震旦统，长城统	峨眉山玄武岩组；观音崖组、灯影组；下村岩群

9. 武夷山区

代表性烟田地层年代跨度为侏罗统、三叠统、石炭统、志留统、震旦统、新元古界、中元古界；岩类组成复杂，包括石英砂砾岩、红砂岩、泥岩、灰岩、安山岩、玄武岩、花岗岩、英安岩、角闪岩、枚岩、粒岩(表 3-1-10)。

表 3-1-10 武夷山区代表性烟田地层与地质信息

县市区	地层年代	地层名称
永定	侏罗统，三叠统，石炭统	林地组；溪口组；漳平组；藩坑组；古竹超单元、乌督坑单元；赤水组；永安超单元、玄湖洞单元
泰宁	志留统，震旦统，新元古界，中元古界	交溪(岩)组；万全(岩)群黄潭(岩)组；岭兜超单元、大分单元；西溪组

10. 南岭山区

代表性烟田地层年代跨度为白垩统、二叠统、石炭统、泥盆统；岩类组成较为简单，以白云岩、灰岩为主，部分为砂岩、砾岩、页岩(表3-1-11)。

表3-1-11　南岭山区代表性烟田地层与地质信息

县市区	地层年代	地层名称
桂阳	白垩统，二叠统，石炭统，泥盆统	壶天群；栖霞灰岩、小江边组、孤峰组；壶天群；欧家冲组、孟公坳组；罗镜滩组、红花套组、戴家坪组；测水组、梓门桥组；长龙界组、锡矿山灰岩；马栏边灰岩、天鹅坪组、石磴子灰岩；罗镜滩组、红花套组、戴家坪组；榴江组、佘田桥组
江华	石炭统，泥盆统	黄公塘白云岩与棋梓桥灰岩；锡矿山灰岩；欧家冲组；马栏边灰岩、天鹅坪组、石磴子灰岩；黄公塘白云岩与棋梓桥灰岩；
南雄	古新统，白垩统	上湖组；南雄群(包括浈水组、主田组及大凤组)
信封	白垩统，石炭统	壶天群；赣州群茅店

11. 中原产区

代表性烟田地层年代跨度为全新统、更新统；岩类组成主要为亚砂土、亚黏土、黏土(表3-1-12)。

表3-1-12　中原产区代表性烟田地层与地质信息

县市区	地层年代	地层名称
襄城	中更新统，上更新统，全新统	坡积-洪积层；冲积-洪积层；冲积层
灵宝	中更新统	风积-洪积层

12. 皖南山区

代表性烟田地层年代跨度为更新统、白垩统、石炭统、震旦统；岩类组成包括冲积物、砂砾石、灰岩、页岩、白云岩、凝灰岩(表3-1-13)。

表3-1-13　皖南山区代表性烟田地层与地质信息

县市区	地层年代	地层名称
宣城	更新统，白垩统，石炭统，震旦统	晚更新世芜湖组冲积物；金陵组、高骊山组和州组、老虎洞组、黄龙组、船山组、戚家矶组；赤山组；南沱组

二、气候

在土壤系统分类研究中,气候因素对土壤形成与演变的主要影响因素可以用50 cm深度年均土温和土壤水分状况 2 个指标来反映(中国科学院南京土壤研究所土壤系统分类课题组和中国土壤系统分类课题研究协作组，2001)。

1. 土壤温度状况

50 cm 深度年均土温可以用于鉴定土壤系统分类类型(中国科学院南京土壤研究所

土壤系统分类课题组和中国土壤系统分类课题研究协作组，2001），也可反映作物的生育期和轮作潜力。利用海拔和经纬度信息推算出 50 cm 深度土温（表 3-1-14）表明（冯学民和蔡德利，2004；张慧智，2008）：①武陵山区、黔中山区、雪峰山区、武夷山区、南岭山区、皖南山区 50 cm 深度土温为 16.1~22.5℃，为热性土壤温度状况（≥16℃）；②东北产区的宁安和汪清 50 cm 深度土温为 7.9~8.8℃，为冷性土壤温度状况（<9℃）；但宽甸 50 cm 深度土温为 10.4~10.7℃，为温性土壤状况（9~16℃）；③鲁中山区、中原产区 50 cm 深度土温分别为 14.1~14.7℃和 13.8~15.8℃，为温性土壤状况（9~16℃）；④秦巴山区、云贵高原、攀西山区由于海拔变异大，其 50 cm 深度土温为 10.4~21.5℃，属于温性和热性土壤温度状况交错；其中，秦巴山区中，兴山和南郑 50 cm 深度土温分别为 14.6~15.9℃和 14.4~15.9℃，属于温性土壤状况；而房县、巫山、旬阳 50 cm 深度土温为 15.6~16.7℃，属于温性和热性土壤温度状况交错。云贵高原中，威宁 50 cm 深度土温分别为 15.5~16.5℃，属于温性和热性土壤温度状况交错；隆阳、施甸、马龙、宣威、兴仁、盘县 50 cm 深度土温为 16.3~21.5℃，属于热性土壤温度状况；⑤攀西山区中，仁和 50 cm 深度土温为 17.0~20.4℃，属于热性土壤温度状况；米易、会理、会东 50 cm 深度土温为 15.3~20.1℃，属于温性和热性土壤温度状况交错。

表 3-1-14　我国不同烤烟生态类型区代表性烟田 50 cm 深度土壤温度/℃

产区	烟田数量	最低	最高	平均	标准差
武陵山区	35	16.1	20.0	17.8	1.2
黔中山区	44	18.1	20.1	19.3	0.9
秦巴山区	25	14.4	16.7	15.7	0.7
鲁中山区	37	14.1	14.7	14.2	0.3
东北产区	15	7.8	10.7	9.0	1.1
雪峰山区	10	20.3	21.1	20.8	0.3
云贵高原	46	15.5	21.5	18.4	2.0
攀西山区	19	15.3	20.4	18.6	2.0
武夷山区	17	20.7	22.5	21.7	0.8
南岭山区	29	21.5	22.4	22.0	0.3
中原产区	15	13.8	15.8	15.2	0.8
皖南山区	10	18.0	18.7	18.1	0.2

2. 土壤湿度状况

土壤湿度状况可以用于鉴定土壤系统分类类型（中国科学院南京土壤研究所土壤系统分类课题组和中国土壤系统分类课题研究协作组，2004），也可反映降雨量、地貌地形和土地利用。我国不同生态区代表性烟田的土壤湿度状况（表 3-1-15）主要包括人为滞水、潮湿、常湿润、湿润、半干润 5 个类型，没有滞水或干旱类型。不同烤烟生态区中：①烟稻轮作的农田，由于种植水稻期间周期性人为灌溉，属于人为滞水土壤水分状况；②地处平原区、沿湖周边、沿河沿谷两岸的旱地，土体受地下水上下迁移的影响程度较高，50 cm 以上常可见氧化还原特征，属于潮湿土壤水分状况；③西南山区一些海拔较高烟田，由于降雨量较大或空气湿度较高，常年云雾缭绕，属于常湿润土壤水分状况；④地处山、丘、岗坡地上的旱地，土体基本不受地下水影响，一般情况下属于湿润土壤水分状况(降雨量>蒸发量，年干燥度<1)或半干润土壤水分状况(降水量<蒸发量，年干燥度为1~3.5)。

武陵山区、黔中山区、秦巴山区土壤湿度状况复杂，主要为湿润和常湿润2个类型，分别占52.5%和25.0%、45.5%和38.6%、48.0%和20.0%；鲁中山区为半干润土壤湿度状况，占91.8%；东北产区主要为湿润土壤湿度状况，占73.3%；雪峰山区包括人为滞水、潮湿、常湿润3个类型，分别占50.0%、30.0%和20.0%；云贵高原基本为半干润1个类型；攀西山区主要为湿润和半干润2个类型，分别占57.8%和36.8%；武夷山区烟田全是烟稻轮作，为人为滞水1个类型；南岭山区为人为滞水和湿润2个类型，分别占72.4%和27.6%；攀西山区主要为湿润和半干润2个类型，分别占57.8%和36.8%；中原产区为半干润和潮湿2个类型，分别占66.7%和33.3%；皖南山区基本是烟-稻轮作或烟-棉轮作，为人为滞水和潮湿2个类型，分别占60.0%和40.0%。

表3-1-15　我国不同烤烟生态类型区代表性烟田土壤湿度状况(烟田数量)

烟区	人为滞水	潮湿	常湿润	湿润	半干润	合计
武陵山区	6	3	10	21	0	40
黔中山区	7	0	17	20	0	44
秦巴山区	1	2	5	17	0	25
鲁中山区	0	3	0	0	34	37
东北产区	0	4	0	11	0	15
雪峰山区	5	3	2	0	0	10
云贵高原	0	0	0	0	32	32
攀西山区	0	1	0	11	7	19
武夷山区	17	0	0	0	0	17
南岭山区	21	0	0	8	0	29
中原产区	0	5	0	0	10	15
皖南山区	6	4	0	0	0	10

三、地貌地形

1. 海拔

海拔是一个综合生态指标，可反映气候状况、土壤类型、土地利用类型等。我国不同烤烟生态区代表性烟田在海拔上由高到低依次可以分为4个梯度(表3-1-16)：①云贵高原和攀西山区海拔最高，平均海拔为1810~1900 m；②武陵山区、黔中山区、秦巴山区次之，平均海拔为1013~1084 m；③雪峰山区和武夷山区海拔居中，平均海拔为708~843 m；④鲁中山区、东北产区、南岭山区、中原产区、皖南山区、雪峰山区和武夷山区海拔最低，平均海拔为52~363 m。

表 3-1-16　我国不同烤烟生态类型区代表性烟田海拔/m

产区	最低	最高	平均	标准差
武陵山区	540	1369	1013	230
黔中山区	835	1307	1076	171
秦巴山区	641	1530	1084	264
鲁中山区	78	461	230	91
东北产区	210	417	283	55
雪峰山区	312	843	568	211
云贵高原	1332	2190	1810	248
攀西山区	1606	2312	1900	184
武夷山区	190	708	363	121
南岭山区	135	448	229	70
中原产区	86	1170	427	454
皖南山区	24	121	52	37

2. 地形

地形影响着土壤物质和水分的运移以及灌溉的难易程度。我国不同烤烟生态区代表性烟田的地形特点为：①武陵山区、黔中山区、秦巴山区主要为中山坡地，分别占 70.0%、81.8%和 68.0%，武陵山区其余分别为中山沟谷地(10.0%)、低山坡地(10.0%)、低山沟谷地(3.3%)、低山阶地(2.5%)，黔中山区其余分别为中山沟谷地(15.9%)和中山阶地(2.3%)，秦巴山区其余分别为中山沟谷地(12.0%)、低山坡地(12.0%)和低山沟谷地(8.0%)。②鲁中山区主要为丘陵坡地，占 86.5%，其余为平原阶地(10.8%)和丘岗阶地(2.7%)。③东北产区主要为丘陵坡地，占地 60.0%，其余为丘岗河滩(26.6%)和丘岗阶地(13.3%)。④雪峰山区低山坡地和平原阶地各占 30.0%，丘岗沟谷地和中山坡地各占20.0%。⑤云贵高原主要为中山坡地和高山坡地，各占 46.9%和 37.5%，其余为中山沟谷地(12.5%)和高山沟谷地(3.1%)。⑥攀西山区主要为高山坡地，占 94.7%，其余为高山沟谷地，占 5.3%。⑦武夷山区主要为丘陵沟谷地，占 52.9%，其余为丘陵阶地和丘陵坡地，各占 23.5%。⑧南岭山区主要为丘岗阶地，占 55.2%，其余为丘岗坡地(31.0%)和丘岗沟谷地(13.8%)。⑨中原产区平原一级阶地、岗坡地、黄土高原梁地和塬地各占 33.3%、33.3%、20.0%和 13.3%。⑩皖南山区主要是冲积平原阶地，占 80.0%，其余为河漫滩，占 20.0%。

3. 地表坡度

地表坡度影响烟田的水土流失。我国不同烤烟生态区代表性烟田的地表坡度介于0°~8.0°，平均坡度介于 0°~5.4°，水土流失等级为微度-中度。但武陵山区、黔中山区、秦巴山区、鲁中山区、雪峰山区、云贵高原、攀西山区一些烟田的地表坡度已>5°，在顺坡起垄的情况下，水土流失威胁较大，必须避免顺坡起垄以防止水土流失(表3-1-17)。

表 3-1-17　我国不同烤烟生态类型区代表性烟田地表坡度/（°）

产区	最低	最高	平均	标准差
武陵山区	0	6.0	3.7	2.5
黔中山区	0	6.0	3.9	2.3
秦巴山区	0	6.0	4.5	2.0
鲁中山区	0	6.0	4.5	2.0
东北产区	0	5.0	2.0	2.4
雪峰山区	0	6.0	3.0	3.0
云贵高原	0	8.0	4.7	1.6
攀西山区	0	8.0	3.6	2.6
武夷山区	0	0.0	0.0	0.0
南岭山区	0	5.0	0.9	1.9
中原产区	0	5.0	1.7	2.4
皖南山区	0	0.0	0.0	0.0

四、成土母岩/母质

成土母岩/母质决定土壤的矿物学性质、颗粒组成/质地的粗细、基础养分的供给。

1. 武陵山区

成土母岩/母质主要为石灰岩风化物，占 30.0%；其次是白云岩风化物、古红黄土、灰岩风化物、洪积-冲积物，分别占 17.5%、17.5%和 10.0%；其余为板岩风化物、泥质岩风化物、砂岩风化物和黄土状物质，各占 2.5%。

2. 黔中山区

成土母岩/母质主要为灰岩风化物，占 25.0%；其次是白云岩风化物、泥质岩风化物、石灰岩风化物，分别占 18.2%、11.4%和 11.4%；其余为板岩风化物、砂岩风化物、冲积物、沟谷堆积物、洪积-冲积物、片麻岩风化物、紫红岩风化物，各占 6.8%、6.8%、6.8%、4.5%、4.5%、2.3%和 2.3%。

3. 秦巴山区

成土母岩/母质主要为石灰岩风化物，占 36.0%；其次是黄土状物质、沟谷堆积物，分别占 28.0%、20.0%；其余为砂岩风化物、白云岩风化物、古黄红土，各占 8.0%、4.0%和 4.0%。

4. 鲁中山区

成土母岩/母质主要为石灰岩风化物、花岗岩/花岗片麻岩风化物，各占 24.3%和 21.6%；其次是古红黄土、洪积-冲积物，各占 10.8%和 8.1%；其余是砂岩风化物、紫色岩风化物、泥质岩风化物、火山渣，各占 5.4%、5.4%、2.7%和 2.7%。

5. 东北产区

成土母岩/母质主要为黄土状物质，占 46.7%；其次是洪积-冲积物和花岗岩风化物，各占 26.7% 和 13.3%；其余是冲积物和泥质岩风化物，各占 6.7%。

6. 雪峰山区

成土母岩/母质主要为洪积-冲积物，占 50.0%，其次是泥质岩风化物和灰岩风化物，各占 30.0% 和 20.0%。

7. 云贵高原

成土母岩/母质主要为白云岩风化物，占 31.3%；其次是第四纪红黏土、石灰岩风化物，各占 21.9% 和 15.6%；其余为沟谷堆积物、紫色岩风化物、灰岩风化物、砂岩风化物和冲积物，各占 9.4%、9.4%、6.3%、3.1% 和 3.1%。

8. 攀西山区

成土母岩/母质主要为紫色岩风化物，占 47.4%；其次是石灰岩风化物，占 31.8%；其余为第四纪红黏土、玄武岩风化物、砂岩风化物和沟谷堆积物，各占 5.2%。

9. 武夷山区

成土母岩/母质主要为洪积-冲积物，占 70.6%；其次是砂岩风化物，占 23.5%；其余为沟谷堆积物，占 5.9%。

10. 南岭山区

成土母岩/母质主要为洪积-冲积物，占 62.1%；其次是紫色岩风化物，占 24.1%；其余冲积物、第四纪红黏土、沟谷堆积物，各占 6.8%、3.4% 和 3.4%。

11. 中原产区

成土母岩/母质主要为黄土性物质，其中黄泛冲积物、沉积物、河湖相沉积物各占 53.3%、33.3% 和 13.3%。

12. 皖南山区

成土母岩/母质主要为冲积物，占 80.0%；其次是河湖相沉积物，占 20.0%。

五、土地利用

我国烤烟生态区代表性烟田中，鲁中山区、东北产区、云贵高原、攀西山区、中原产区全部为旱地，武夷山区全部为水田，武陵山区、黔中山区、秦巴山区以旱地为主，占 82.5%~96.0%；雪峰山区、皖南山区和南岭山区旱地各占 50.0%、40.0% 和 27.6%。

旱地中，坡旱地的比例由高至低依次为雪峰山区、鲁中山区、秦巴山区、武陵山区、云贵高原、东北产区、中原产区、南岭山区、攀西山区，分别为 100.0%、83.8%、66.7%、51.5%、45.9%、43.8%、40.0%、33.3%、25.0%、15.8%（表 3-1-18）。

表 3-1-18　我国不同烤烟生态类型区代表性烟田土地利用类型（烟田数量）

烟区	旱地			水田		合计
	坡旱地	坡式梯田旱地	平旱地	水田	梯田水田	
武陵山区	17	15	1	2	5	40
黔中山区	17	18	2	2	5	44
秦巴山区	16	6	2	1	0	25
鲁中山区	31	1	5	0	0	37
东北产区	6	0	9	0	0	15
雪峰山区	5	0	0	5	0	10
云贵高原	14	17	1	0	0	32
攀西山区	3	15	1	0	0	19
武夷山区	0	0	0	13	4	17
南岭山区	2	6	0	20	1	29
中原产区	5	3	7	0	0	15
皖南山区	0	0	4	6	0	10

六、成土年龄

依据地层年代信息推出的我国不同生态区代表性烟田大致成土年龄由小到大大致可以分为 5 组（表 3-1-19）。总的来看，长江以南烟田成土年龄一般大于北方的烟田，但尚不能仅依据成土年龄来判断土壤发育的强弱和程度，还需考虑气候、母质和土地利用等因素。

表 3-1-19　我国不同烤烟生态类型区代表性烟田成土近似年龄/Ma

产区	最低	最高	平均	标准差
武陵山区	246	528	336	107
黔中山区	234	507	343	103
秦巴山区	216	2400	629	663
鲁中山区	1.9	4690	837	1084
东北产区	1.9	286	136	74
雪峰山区	286	308	297	11
云贵高原	1.2	655	276	138
攀西山区	44	2650	572	746
武夷山区	137	2400	456	511
南岭山区	44	363	249	130
中原产区	1.2	1.9	1.7	0.3
皖南山区	2	655	152	202

（1）中原产区，平均成土年龄为 1.7 Ma。

（2）东北产区和皖南山区，成土年龄为 100~200 Ma。

(3) 南岭山区、云贵高原、雪峰山区，成土年龄为 200~300 Ma。

(4) 武陵山区、黔中山区、武夷山区，成土年龄为 300~500 Ma。

(5) 攀西山区、秦巴山区和鲁中山区，成土年龄为 500~1000 Ma。

第二节　成　土　过　程

一、主要成土过程空间分布

对于我国的烟田而言，目前仍在继续的成土作用包括旱耕熟化过程和水耕熟化过程，其中前者发生于所有的烟田，后者发生在烟稻轮作地区，如皖南山区的宣城、南岭山区的桂阳、江华、靖州、武夷山区的泰宁、永定等。

其他主要的成土作用包括：①黏化过程，主要发生在湿润、半干润山、丘、岗的坡地烟田；②钙积过程，主要发生在半干润的黄土母质烟区，如中原产区河南的灵宝和襄城；③黄化过程，主要发生在降雨量高、空气湿度大的常湿烟区，如黔中和川渝的烟区；④脱硅富铁铝过程，主要发生在长江以南的热带、亚热带地区的坡地烟田；⑤漂白过程，主要发生在烟稻轮作地区，如皖南山区、南岭山区、武夷山区等；⑥潜育过程，主要发生在烟稻轮作区中紧靠河边地形部位低洼易积水的烟田。

二、不同生态区主要成土过程

我国烤烟不同生态区主要的成土过程信息见表3-2-1。不同生态区成土过程特点为：

(1) 南岭山区、皖南山区以及武陵山区的凤凰、靖州，主要是水旱轮作，主要成土过程为主要成土过程为水耕熟化过程和水耕氧化还原过程，次要成土过程为旱耕熟化过程；其他代表性烟区以旱作为主，成土过程以旱耕熟化过程为主，次要成土过程为黏化过程、黄化过程、脱硅富铁铝过程。

表 3-2-1　不同烤烟生态类型区代表性烟田成土过程

生态区	代表性产区	轮作制度	成土过程
武陵山区	武隆，彭水	旱作为主	旱耕熟化+黄化+黏化
	利川，咸丰，桑植	旱作为主	旱耕熟化+黏化+脱硅富铁铝
	凤凰，靖州	水旱轮作为主	水耕熟化+水耕氧化还原+旱耕熟化
	道真，德江	旱作为主	旱耕熟化+黄化+黏化+脱硅富铁铝
黔中山区	黔西，贵定，开阳，凯里西秀，余庆，遵义	旱作为主	旱耕熟化+黄化+黏化+脱硅富铁铝
秦巴山区	旬阳，南郑，房县，兴山	旱作为主	旱耕熟化+黏化+脱硅富铁铝
	巫山	旱作为主	旱耕熟化+黄化+黏化
鲁中山区	费县，蒙阴，临朐，莒县五莲，诸城	旱作	旱耕熟化+黏化
东北产区	宁安、宽甸	旱作	旱耕熟化+黏化
	汪清	旱作	旱耕熟化+旱耕氧化还原+黏化
武夷山区	永定，泰宁	水旱轮作	水耕熟化+水耕氧化还原+旱耕熟化+漂白+潜育
云贵高原	南涧，江川，威宁，盘县，兴仁隆阳，施甸，马龙，宣威	旱作为主	旱耕熟化+黏化+脱硅富铁铝

续表

生态区	代表性产区	轮作制度	成土过程
攀西山区	会东	旱作为主	旱耕熟化+黏化+脱硅富铁铝
雪峰山区	天柱	旱作	旱耕熟化+黏化+脱硅富铁铝
	靖州	水旱轮作	水耕熟化+水耕氧化还原+旱耕熟化+漂白
南岭山区	桂阳, 江华, 南雄, 信封	水旱轮作	水耕熟化+水耕氧化还原+旱耕熟化+漂白
中原产区	襄城	旱作	旱耕熟化+氧化还原+黏化
	灵宝	旱作	旱耕熟化+钙积
皖南山区	宣城	水旱轮作	水耕熟化+水耕氧化还原+旱耕熟化+漂程

(2)黔中山区,以旱作为主,成土过程以旱耕熟化过程和脱硅富铁铝过程,次要成土过程为黏化过程、黄化过程。

(3)秦巴山区,以旱作为主,旬阳、南郑、房县、兴山的成土过程以旱耕熟化过程,次要成土过程为黏化过程、黄化过程、脱硅富铁铝过程;巫山的成土过程以旱耕熟化过程,次要成土过程为黏化过程、黄化过程。

(4)鲁中山区和东北产区,成土过程以旱耕熟化过程,次要成土过程为黏化过程。

(5)云贵高原和攀西山区,以旱作为主,成土过程以旱耕熟化过程、脱硅富铁铝过程、黏化过程。

(6)中原产区,以旱作为主,成土过程以旱耕熟化过程为主,襄城次要成土过程包括黏化过程和氧化还原层过程,灵宝次要成土过程包括钙积过程。

三、诊断层、诊断特性与土壤类型

1. 武陵山区

代表性烟田土壤诊断层、诊断特性和土壤亚类见表 3-2-2。诊断层包括水耕表层、水耕氧化还原层、淡薄表层、黏化层、暗瘠表层、雏形层;主要诊断特性包括热性土壤温度状况、人为滞水土壤水分状况、(常)湿润土壤水分状况、潮湿土壤水分状况、氧化还原特征、铝质特性、腐殖质特性、碳酸盐岩岩性特征、石质接触面、铁质特性;土壤类型包括人为土、淋溶土、雏形土 3 个土纲,17 个亚类。

表 3-2-2 武陵山区代表性烟田土壤诊断层、诊断特性与土壤类型

烟田	诊断层	主要诊断特性	土壤亚类
DJ-03, FH-02, FH-03, FH-04	水耕表层、水耕氧化还原层	热性、人为滞水、氧化还原	普通铁聚水耕人为土
FH-01, XF-03	水耕表层、水耕氧化还原层	热性、人为滞水、氧化还原	普通简育水耕人为土
DJ-05	淡薄表层、黏化层	热性、湿润、铝质特性、腐殖质特性	腐殖铝质湿润淋溶土
DZ-05, SZ-04, DZ-01	淡薄表层、黏化层	热性、湿润、碳酸盐岩岩性	普通钙质湿润淋溶土
WL-03, PS-05	淡薄表层、黏化层	热性、常湿润、碳酸盐岩岩性	普通钙质常湿润淋溶土
SZ-02, SZ-03	淡薄表层、黏化层	热性、湿润、铝质特性	黄色铝质湿润淋溶土
DZ-02, DZ-03	淡薄表层、黏化层	热性、湿润、铝质特性	普通铝质湿润淋溶土
LC-02	暗瘠表层、黏化层	热性、湿润、铝质特性	普通铝质湿润淋溶土
DZ-04	淡薄表层、黏化层	热性、湿润、氧化还原	表蚀酸性湿润淋溶土

续表

烟田	诊断层	主要诊断特性	土壤亚类
LC-03	淡薄表层、黏化层	热性、湿润、铁质特性	红色铁质湿润淋溶土
SZ-01，SZ-05，XF-04	淡薄表层、黏化层	热性、湿润、铁质特性、氧化还原	斑纹铁质湿润淋溶土
DJ-04	淡薄表层、黏化层	热性、湿润、氧化还原	斑纹简育湿润淋溶土
DJ-02	淡薄表层、黏化层	热性、湿润	普通简育湿润淋溶土
LC-04，LC-04，XF-05	暗瘠表层、雏形层	热性、潮湿、氧化还原	普通暗色潮湿雏形土
WL-02，WL-04，WL-05，PS-01，PS-02，PS-03，PS-04	淡薄表层、雏形层	热性、常湿润、碳酸盐岩岩性	普通钙质常湿雏形土
WL-01	暗瘠表层、雏形层	热性、常湿润、碳酸盐岩岩性	普通钙质常湿雏形土
XF-02	淡薄表层、雏形层	热性、湿润、石质面、碳酸盐岩岩性	淋溶钙质湿润雏形土
FH-05	淡薄表层、雏形层	热性、湿润、石质面、氧化还原	普通钙质湿润雏形土
DJ-01	淡薄表层、雏形层	热性、湿润、铝质特性、石质面	石质铝质湿润雏形土
XF-01	暗瘠表层、雏形层	热性、湿润	普通简育湿润雏形土
LC-01	淡薄表层、雏形层	热性、湿润	普通简育湿润雏形土

2. 黔中山区

代表性烟田土壤诊断层、诊断特性和土壤亚类见表 3-2-3。诊断层包括水耕表层、漂白层、水耕氧化还原层、淡薄表层、低活性富铁层、黏化层、暗沃表层、暗瘠表层、雏形层；主要诊断特性包括热性土壤温度状况、人为滞水土壤水分状况、(常)湿润土壤水分状况、氧化还原特征、铝质特性、腐殖质特性、碳酸盐岩岩性特征、石质接触面、铁质特性、石灰性；土壤类型包括人为土、富铁土、淋溶土、雏形土、新成土 5 个土纲，22 个亚类。

表 3-2-3 黔中山区代表性烟田土壤诊断层、诊断特性与土壤类型

烟田	诊断层	主要诊断特性	土壤亚类
XX-03，XX-05	水耕表层、漂白层、氧化还原层	热性、人为滞水、氧化还原	漂白铁聚水耕人为土
YQ-02，YQ-04，ZY-03，ZY-06	水耕表层、氧化还原层	热性、人为滞水、氧化还原	普通铁聚水耕人为土
ZY-04	水耕表层、氧化还原层	热性、人为滞水、氧化还原	普通简育水耕人为土
GD-02	淡薄表层、低活性富铁层	热性、湿润、碳酸盐岩岩性	淋溶钙质湿润富铁土
GD-04	淡薄表层、低活性富铁层	热性、湿润、氧化还原	斑纹黏化湿润富铁土
ZY-02	淡薄表层、低活性富铁层	热性、常湿润、氧化还原	斑纹简育常湿富铁土
ZY-01	暗沃表层、黏化层	热性、常湿润、碳酸盐岩岩性、腐殖质特性	腐殖钙质常湿淋溶土
ZY-05，XX-01	淡薄表层、黏化层	热性、常湿润、碳酸盐岩岩性、氧化还原	普通钙质常湿淋溶土
GD-10	淡薄表层、黏化层	热性、湿润、氧化还原、碳酸盐岩岩性	普通钙质湿润淋溶土
KL-05	淡薄表层、黏化层	热性、常湿润、氧化还原、石质面	普通钙质常湿淋溶土
ZY-09	淡薄表层、黏化层	热性、常湿润、铝质特性、腐殖质特性	腐殖铝质常湿淋溶土
GD-05，GD-07，GD-08，GD-09	淡薄表层、黏化层	热性、常湿润、铝质特性、氧化还原	普通铝质常湿淋溶土
KL-01	淡薄表层、黏化层	热性、常湿润、石灰性、石质面	普通简育常湿淋溶土

续表

烟田	诊断层	主要诊断特性	土壤亚类
KL-02，KL-03，KL-04	淡薄表层、黏化层	热性、常湿润、氧化还原	普通简育常湿淋溶土
YQ-01，YQ-03，YQ-05	淡薄表层、黏化层	热性、湿润、碳酸盐岩岩性、腐殖质特性	腐殖钙质湿润淋溶土
GD-01，QX-04，GD-06	淡薄表层、黏化层	热性、湿润、氧化还原、碳酸盐岩岩性	普通钙质湿润淋溶土
KY-03	暗瘠表层、黏化层	热性、湿润、铁质特性、腐殖质特性	腐殖铁质湿润淋溶土
KY-04，KY05	淡薄表层、黏化层	热性、湿润、铁质特性、腐殖质特性	腐殖铁质湿润淋溶土
KY-01	淡薄表层、黏化层	热性、湿润、铁质特性、氧化还原	红色铁质湿润淋溶土
QX-01，QX-02，QX-05	淡薄表层、黏化层	热性、湿润、氧化还原	斑纹简育湿润淋溶土
XX-02	淡薄表层、雏形层	热性、常湿润、碳酸盐岩岩性	普通钙质常湿雏形土
XX-04	淡薄表层、雏形层	热性、常湿润、铝质特性、氧化还原	斑纹铝质常湿雏形土
QX-03	淡薄表层、雏形层	热性、湿润、石质面	石质钙质湿润雏形土
GD-03	淡薄表层、雏形层	热性、湿润、铝质特性	普通铝质湿润雏形土
KY-02	淡薄表层、雏形层	热性、湿润、氧化还原	斑纹酸性湿润雏形土
ZY-07	暗沃表层	热性、湿润、石质面	石质湿润正常新成土
ZY-08	淡薄表层	热性、湿润、石质面	石质湿润正常新成土

3. 秦巴山区

代表性烟田土壤诊断层、诊断特性和土壤亚类见表3-2-4。诊断层包括水耕表层、铁渗淋亚层、水耕氧化还原层、淡薄表层、黏化层、黏磐、暗沃表层、雏形层；主要诊断特性包括热性土壤温度状况、温性土壤温度状况、人为滞水土壤水分状况、（常）湿润土壤水分状况、氧化还原特征、铝质特性、铁质特性、碳酸盐岩岩性特征；土壤类型包括人为土、淋溶土、雏形土3个土纲，13个亚类。

表 3-2-4 秦巴山区代表性烟田土壤诊断层、诊断特性与土壤类型

烟田	诊断层	主要诊断特性	土壤亚类
FX-03	水耕表层、铁渗淋亚层、氧化还原层	热性、人为滞水、氧化还原	底潜铁渗水耕人为土
WS-04	淡薄表层、黏化层	温性、常湿润、氧化还原、碳酸盐岩岩性	普通钙质常湿淋溶土
WS-05	淡薄表层、黏化层	热性、常湿润、铝质特性	普通铝质常湿淋溶土
XS-05，XY-02，XY-05	淡薄表层、黏化层、黏磐	温性、湿润、氧化还原	普通黏磐湿润淋溶土
FX-04	淡薄表层、黏化层	热性、湿润、铁质特性、氧化还原	斑纹铁质湿润淋溶土
NZ-05	淡薄表层、黏化层	热性、湿润、氧化还原	斑纹简育湿润淋溶土
XS-02，XS-03	淡薄表层、黏化层	温性、湿润面	普通简育湿润淋溶土
XS-01，XS-04	淡薄表层、雏形层	温性、潮湿、氧化还原	普通淡色潮湿雏形土
WS-01，WS-02，WS-03	淡薄表层、雏形层	温性、常湿润、碳酸盐岩岩性	普通钙质常湿雏形土
XY-04	淡薄表层、雏形层	温性、湿润、碳酸盐岩岩性、石灰性	棕色钙质湿润雏形土
FX-05	淡薄表层、雏形层	热性、湿润、铝质特性、氧化还原	斑纹铝质湿润雏形土
XY-03	暗沃表层、雏形层	温性、湿润	暗沃简育湿润雏形土
FX-01，FX-02，XY-01	淡薄表层、雏形层	温性、湿润、氧化还原	斑纹简育湿润雏形土
NZ-01，NZ-02，NZ-03，NZ-04	淡薄表层、雏形层	热性、湿润、氧化还原	斑纹简育湿润雏形土

4. 鲁中山区

代表性烟田土壤诊断层、诊断特性和土壤亚类见表3-2-5。诊断层包括淡薄表层、黏化层、雏形层；主要诊断特性包括温性土壤温度状况、半干润土壤水分状况、潮湿土壤水分状况、氧化还原特征、碳酸盐岩岩性特征、紫色岩岩性特征、石质接触面；土壤类型包括淋溶土、雏形土、新成土3个土纲，9个亚类。

表3-2-5 鲁中山区代表性烟田土壤诊断层、诊断特性与土壤类型

烟田	诊断层	主要诊断特性	土壤亚类
FX-02，LQ-04	淡薄表层、黏化层	温性、半干润、碳酸盐岩岩性	普通钙质干润淋溶土
MY-06，MY-09，WL-03，ZC-01	淡薄表层、黏化层	温性、半干润、氧化还原	斑纹简育干润淋溶土
MY-10，FX-01，FX-03，FX-04，LQ-02，LQ-10	淡薄表层、黏化层	温性、半干润	普通简育干润淋溶土
ZC-03，ZC-04，ZC-05	淡薄表层、雏形层	温性、潮湿、氧化还原	普通淡色潮湿雏形土
FX-05	淡薄表层、雏形层	温性、半干润、氧化还原	斑纹简育干润雏形土
JX-04	淡薄表层、雏形层	温性、半干润、氧化还原	普通底锈干润雏形土
MY-02，MY-03，MY-04，MY-05，MY-08，LQ-03，LQ-06，LQ-08，WL-01，WL-02，JX-01，JX-05	淡薄表层、雏形层	温性、半干润	普通简育干润雏形土
LQ-07，JX-02	淡薄表层	温性、半干润、紫页岩岩性	石灰紫色正常新成土
MY-07，LQ-05，ZC-02，JX-03，MY-01	淡薄表层	温性、半干润、石质面	石质干润正常新成土

5. 东北产区

代表性烟田土壤诊断层、诊断特性和土壤亚类见表3-2-6。诊断层包括暗沃表层、淡薄表层、黏化层、漂白层、雏形层；主要诊断特性包括冷性土壤温度状况、温性土壤温度状况、均腐殖质特性、湿润土壤水分状况、潮湿土壤水分状况、氧化还原特征；土壤类型包括均腐土、淋溶土、雏形土3个土纲，9个亚类。

表3-2-6 东北产区代表性烟田土壤诊断层、诊断特性与土壤类型

烟田	诊断层	主要诊断特性	土壤亚类
NA-03，NZ-04，NA-05	暗沃表层	冷性、湿润、均腐殖质特性、氧化还原	斑纹简育湿润均腐土
KD-01，KD-4，KD-04	淡薄表层、黏化层	温性、湿润、氧化还原	斑纹酸性湿润淋溶土
NA-01	淡薄表层、漂白层、黏化层	冷性、湿润、氧化还原	漂白简育湿润淋溶土
NA-02	淡薄表层、黏化层	冷性、湿润、氧化还原	斑纹简育湿润淋溶土
WQ-08	淡薄表层、黏化层	冷性、湿润	普通简育冷凉淋溶土
WQ-01	淡薄表层、雏形层	冷性、潮湿、氧化还原	普通暗色潮湿雏形土
WQ-05	淡薄表层、雏形层	冷性、潮湿、氧化还原、潜育特征	普通淡色潮湿雏形土
WQ-07	淡薄表层、雏形层	冷性、湿润	酸性冷凉湿润雏形土
WQ-04，KD-02，KD-05	淡薄表层	冷性、潮湿、氧化还原	普通潮湿冲积新成土

6. 雪峰山区

代表性烟田土壤诊断层、诊断特性和土壤亚类见表3-2-7。诊断层包括水耕表层、漂白层、水耕氧化还原层、淡薄表层、低活性富铁层、雏形层；主要诊断特性包括热性土壤温度状况、人为滞水土壤水分状况、(常)湿润土壤水分状况、氧化还原特征、铝质特性、石质接触面；土壤类型包括水耕人为土、富铁土、雏形土3个土纲，6个亚类。

表 3-2-7　东北产区代表性烟田土壤诊断层、诊断特性与土壤类型

烟田	诊断层	主要诊断特性	土壤亚类
JZ-01，JZ-02，JZ-03，JZ-04，JZ-05	水耕表层、氧化还原层、漂白层	热性、人为滞水、氧化还原	漂白铁聚水耕人为土
TZ-04	淡薄表层、低活性富铁层	热性、湿润、氧化还原	斑纹简育湿润富铁土
TZ-05	淡薄表层、雏形层	热性、常湿润、铝质特性、石质面	石质铝质常湿润雏形土
TZ-02	淡薄表层、雏形层	热性、湿润、铝质特性、石质面	石质铝质湿润雏形土
TZ-03	淡薄表层、雏形层	热性、湿润、铝质特性、氧化还原	斑纹铝质湿润雏形土
TZ-01	淡薄表层、雏形层	热性、湿润、铝质特性	普通铝质湿润雏形土

7. 云贵高原

代表性烟田土壤诊断层、诊断特性和土壤亚类见表3-2-8。诊断层包括淡薄表层、低活性富铁层、黏化层、雏形层；主要诊断特性包括热性土壤温度状况、半干润土壤水分状况、氧化还原特征、碳酸盐岩岩性特征、紫色岩岩性特征、铁质特性、石灰性；土壤类型包括富铁土、淋溶土、雏形土、新成土4个土纲，8个亚类。

表 3-2-8　云贵高原代表性烟田土壤诊断层、诊断特性与土壤类型

烟田	诊断层	主要诊断特性	土壤亚类
LY-01，LY-03，ML-01，ML-02，ML-03 ML-04，XW-01，XW-02，XW-03，XR-01 XR-05，PX--01，PX-02，WN-01，WN-02 WN-03，WN-04	淡薄表层、低活性富铁层、黏化层	热性、半干润	普通黏化干润富铁土
SHD-01	淡薄表层、黏化层	热性、半干润、氧化还原、碳酸盐岩岩性	普通钙质干润淋溶土
LY-02，LY-04，SHD-02，SHD-04，WN-05	淡薄表层、黏化层	热性、半干润、铁质特性、氧化还原	斑纹铁质干润淋溶土
XR-03，XR-04，PX-03，PX-04，PX-05，WN-03	淡薄表层、黏化层	热性、半干润、氧化还原	斑纹简育干润淋溶土
XR-02	淡薄表层、雏形层	热性、半干润、铁质特性	酸性铁质干润雏形土
XW-04	淡薄表层	热性、半干润、紫色岩岩性、石灰性	石灰紫色正常新成土
XW-05	淡薄表层	热性、半干润、紫色岩岩性	酸性紫色正常新成土
SHD-03	淡薄表层	热性、半干润、紫色岩岩性	普通紫色正常新成土

8. 攀西山区

代表性烟田土壤诊断层、诊断特性和土壤亚类见表3-2-9。诊断层包括淡薄表层、低

活性富铁层、黏化层、雏形层；主要诊断特性包括热性土壤温度状况、温性土壤温度状况、半干润土壤水分状况、湿润土壤水分状况、潮湿土壤水分状况、氧化还原特征、碳酸盐岩岩性特征、紫色岩岩性特征、铁质特性、石灰性；土壤类型包括富铁土、淋溶土、雏形土、新成土4个土纲，10个亚类。

表 3-2-9　攀西山区代表性烟田土壤诊断层、诊断特性与土壤类型

烟田	诊断层	主要诊断特性	土壤亚类
RH-02	淡薄表层、低活性富铁层、黏化层	热性、湿润、碳酸盐岩岩性	黏化钙质湿润富铁土
RH-01	淡薄表层、低活性富铁层、黏化层	热性、湿润	普通黏化湿润富铁土
HD-02	淡薄表层、低活性富铁层、黏化层	热性、半干润	普通黏化干润富铁土
HD-03	淡薄表层、低活性富铁层、黏化层	温性、半干润	普通黏化干润富铁土
MYI-02，MYI-03	淡薄表层、黏化层	热性、半干润、碳酸盐岩岩性	暗红钙质干润淋溶土
MYI-01，HD-01	淡薄表层、黏化层	热性、半干润、氧化还原、铁质特性	斑纹铁质干润淋溶土
MYI-05	淡薄表层、雏形层	热性、潮湿、氧化还原	普通淡色潮湿雏形土
MYI-04	暗沃表层、雏形层	温性、半干润、碳酸盐岩岩性	普通暗沃干润雏形土
HL-02，HD-04	淡薄表层、雏形层	温性、湿润、紫色岩岩性、石灰性	石灰紫色湿润雏形土
RH-04，RH-05，HL-01	淡薄表层、雏形层	热性、湿润、紫色岩岩性	普通紫色湿润雏形土
RH-03，HL-03，HL-05	淡薄表层	热性、湿润、紫色岩岩性	石灰紫色正常新成土
HL-04	淡薄表层	热性、湿润、紫色岩岩性	酸性紫色正常新成土

9. 武夷山区

代表性烟田土壤诊断层、诊断特性和土壤亚类见表 3-2-10。诊断层包括水耕表层、水耕氧化还原层、铁渗淋亚层、漂白层；主要诊断特性包括热性土壤温度状况、人为滞水土壤水分状况、氧化还原特征、潜育特征；土壤类型包括水耕人为土 1 个土纲，5 个亚类。

表 3-2-10　武夷山区代表性烟田土壤诊断层、诊断特性与土壤类型

烟田	诊断层	主要诊断特性	土壤亚类
YD-02，YD-03，TN-01，TN-02，TN-04，TN-05	水耕表层、氧化还原层	热性、人为滞水、潜育	普通潜育水耕人为土
YD-05，YD-09，TN-06，TN-07	水耕表层、铁渗淋亚层、漂白层	热性、人为滞水、氧化还原	漂白铁渗水耕人为土
YD-04，YD-08	水耕表层、铁渗淋亚层	热性、人为滞水、氧化还原	普通铁渗水耕人为土
YD-01，YD-06，YD-10，TN-03	水耕表层、氧化还原层、漂白层	热性、人为滞水、氧化还原	漂白铁聚水耕人为土
YD-07	水耕表层、氧化还原层	热性、人为滞水、氧化还原	普通铁聚水耕人为土

10. 南岭山区

代表性烟田土壤诊断层、诊断特性和土壤亚类见表 3-2-11。诊断层包括水耕表层、

水耕氧化还原层、铁渗淋亚层、漂白层；主要诊断特性包括热性土壤温度状况、人为滞水土壤水分状况、氧化还原特征、潜育特征；土壤类型包括水耕人为土 1 个土纲，5 个亚类。

表 3-2-11　南岭山区代表性烟田土壤诊断层、诊断特性与土壤类型

剖面	诊断层	诊断特性	土壤亚类
JH-02，JH-05，JH-06	水耕表层、氧化还原层	热性、人为滞水、氧化还原、潜育、石灰性	复钙潜育水耕人为土
GY-05，JH-03，JH-04，JH-07	水耕表层、铁渗淋亚层、氧化还原层	热性、人为滞水、氧化还原、石灰性	复钙铁渗水耕人为土
JXXF-01，JXXF-02	水耕表层、漂白层、氧化还原层	热性、人为滞水、氧化还原	漂白铁聚水耕人为土
GY-09，JH-08	水耕表层、氧化还原层	热性、人为滞水、潜育	底潜铁聚水耕人为土
GY-01，GY-02，GY-06，GY-07 GY-08，GY-12，JH-01	水耕表层、氧化还原层	热性、人为滞水、氧化还原、石灰性	复钙简育水耕人为土
GY-04	水耕表层、氧化还原层	热性、人为滞水、氧化还原、潜育	底潜简育水耕人为土
GNX-02，GNX-04	水耕表层、氧化还原层	热性、人为滞水、氧化还原	普通简育水耕人为土
GY-10	淡薄表层、低活性富铁层、黏化层	热性、湿润	普通黏化湿润富铁土
GY-03	淡薄表层、低活性富铁层	热性、湿润	暗红简育湿润富铁土
GY-11，GNX-01，GNX-02，JXXF-05	淡薄表层、雏形层	热性、湿润、紫色岩岩性、石灰性	石灰紫色湿润雏形土
JXXF-05	淡薄表层、雏形层	热性、湿润、紫色岩岩性	酸性紫色湿润雏形土
JXXF-03，JXXF-04	淡薄表层	热性、湿润、紫色岩岩性、石灰性	石灰紫色正常新成土

11. 中原产区

代表性烟田土壤诊断层、诊断特性和土壤亚类见表 3-2-12。诊断层包括淡薄表层、黏化层、钙积层、雏形层；主要诊断特性包括温性土壤温度状况、半干润土壤水分状况、潮湿土壤水分状况、氧化还原特征、石灰性；土壤类型包括淋溶土、雏形土 2 个土纲，6 个亚类。

表 3-2-12　中原产区代表性烟田土壤诊断层、诊断特性与土壤类型

剖面	诊断层	诊断特性	土壤亚类
XC-04	淡薄表层、黏化层、雏形层	温性、半干润、氧化还原	斑纹简育干润淋溶土
LB-01，LB-02，LB-03，LB-04，LB-05	淡薄表层、钙积层	温性、半干润、氧化还原、石灰性	钙积简育干润雏形土
XC-08	淡薄表层、钙积层	温性、潮湿、氧化还原、石灰性	变性砂姜潮湿雏形土

续表

剖面	诊断层	诊断特性	土壤亚类
XC-05，XC-06，XC-09	淡薄表层、雏形层	温性、潮湿、氧化还原、石灰性	石灰淡色潮湿雏形土
XC-03	淡薄表层、雏形层	温性、潮湿、氧化还原、石灰性	普通淡色潮湿雏形土
XC-01，XC-02，XC-07，XC-10	淡薄表层、雏形层	温性、半干润、氧化还原、石灰性	石灰底绣干润雏形土

12. 皖南山区

代表性烟田土壤诊断层、诊断特性和土壤亚类见表 3-2-13。诊断层包括水耕表层、水耕氧化还原层、铁渗淋亚层、漂白层；淡薄表层、雏形层；主要诊断特性包括热性土壤温度状况、人为滞水土壤水分状况、潮湿土壤水分状况、氧化还原特征；土壤类型包括水耕人为土、雏形土 2 个土纲，5 个亚类。

表 3-2-13 皖南山区代表性烟田土壤诊断层、诊断特性与土壤类型

剖面	诊断层	诊断特性	土壤亚类
XZ-07	水耕表层、漂白层、铁渗淋亚层	热性、人为滞水、氧化还原	漂白铁渗水耕人为土
XZ-03，XZ-09，XC-10	水耕表层、漂白层、氧化还原层	热性、人为滞水、氧化还原	漂白铁聚水耕人为土
XZ-08	水耕表层、氧化还原层	热性、人为滞水、氧化还原	普通铁聚水耕人为土
XZ-06	水耕表层、氧化还原层	热性、人为滞水、氧化还原	普通简育水耕人为土
XZ-01，XZ-02，XZ-04，XC-05	淡薄表层、雏形层	热性、潮湿、氧化还原	普通淡色潮湿雏形土

四、土壤物理属性

1. 土体厚度

土体厚度关系到根系下扎深度以及土壤养分库容大小，是评价土壤肥力的一个重要物理指标。我国不同烤烟生态区代表性烟田的土体平均厚度在 70 cm 以上（表 3-2-14），属于较厚水平，但黔中山区、鲁中山区、东北产区、雪峰山区、攀西山区、南岭山区一些烟田土体厚度为 20~50 cm，属于较薄水平，这类烟田一般为坡旱地或坡式梯田旱地，一定要杜绝顺坡起垄以防进一步的水土流失。

表 3-2-14 我国不同烤烟生态类型区代表性烟田土体厚度/cm

产区	最低	最高	平均	标准差
武陵山区	40	>100	95	14
黔中山区	20	>100	91	20
秦巴山区	50	>100	95	11
鲁中山区	20	>100	70	29
东北产区	20	>100	89	27
雪峰山区	30	>100	82	28

续表

产区	最低	最高	平均	标准差
云贵高原	30	>100	93	20
攀西山区	20	>100	81	26
武夷山区	63	>100	96	11
南岭山区	25	>100	94	19
中原产区	>100	>100	>100	—
皖南山区	>100	>100	>100	—

2. 耕作层岩屑含量

耕作层岩屑(>2 mm,亦称砾石或粗骨体等)含量在一定程度上影响着土壤的通透性,也影响农机的运作,但对质地偏黏的烟田而言,适当的岩碎含量有利于改善土壤通透性和烟叶的生长。由表 3-2-15 可见,我国不同烤烟生态区代表性烟田耕作层岩屑平均含量为 0~28%,总体上有利于土壤的通透性,且对耕作的影响也较低。

根据岩屑含量大致分为以下 5 组:

(1)中原产区、皖南山区,没有岩屑。

(2)南岭山区和武夷山区中,分别有 17.2%和 5.9%的烟田耕作层含有岩屑,含量分别为 2%~20%,平均为 5%~8.4%。

(3)黔中山区、云贵高原、攀西山区中,分别有 79.5%、53.1%和 89.5%的烟田耕作层中含有岩屑,含量分别为 2%~70%、2%~60%和 2%~50%,平均分别为 18.3%、16.4%和 16.4%。

(4)武陵山区、秦巴山区、东北产区、雪峰山区中,分别有 32.5%、72.0%、73.3%和 50.0%的烟田耕作层中含有岩屑,含量分别为 2%~60%、5%~50%、10%~60%和 20.0%~30.0%,平均为 26.7%、21.9%、21.8%和 24.0%。

(5)鲁中山区中,其中 86.5%的烟田耕作层中含有岩屑,含量为 2%~70%,平均为 31.9%。

表 3-2-15 我国不同烤烟生态类型区代表性烟田耕作层岩屑含量/%

产区	含有岩屑的烟田比例/%	岩屑含量范围/%	平均含量/%
武陵山区	32.5	2~60	26.7
黔中山区	79.5	2~70	18.3
秦巴山区	72.0	5~50	21.9
鲁中山区	86.5	2~70	31.9
东北产区	73.3	10~60	21.8
雪峰山区	50.0	20~30	24.0
云贵高原	53.1	2~60	16.4
攀西山区	89.5	2~50	16.4
武夷山区	5.9	5	5
南岭山区	17.2	2~20	8.4
中原产区	0	0	0
皖南山区	0	0	0

3. 耕作层质地

一般认为质地偏粗的土壤更有利于优质烤烟的生长，而偏黏的土壤如黏壤土或黏土则需要一定的改良。我国不同烤烟生态区中：

(1)武陵山区代表性烟田中，耕作层质地主要为黏壤土和粉壤土，各占 55.0%和40.0%。

(2)黔中山区代表性烟田中，耕作层质地主要为黏壤土和粉壤土，各占 68.2%和29.5%。

(3)秦巴山区代表性烟田中，耕作层质地主要为粉砂壤土和粉壤土，各占 40.0%和36.0%，其次是粉砂质黏壤土，占 16.0%。

(4)鲁中山区代表性烟田中，耕作层质地主要为粉砂壤土和壤土，各占 56.8%和24.3%，其次是粉砂质黏壤土、黏土，各占 8.1%和5.4%。

(5)东北产区代表性烟田中，耕作层质地主要为粉壤土和壤土，各占33.3%；其次为粉砂质黏壤土和砂土，各占 20.0%和13.3%。

(6)雪峰山区代表性烟田中，耕作层质地主要为粉质黏壤土，占 60.0%；其次为粉壤土和粉质黏土，各占 30.0%和10.0%。

(7)云贵高原代表性烟田中，耕作层质地主要为黏壤土和黏土，各占 36.4%和27.2%；其次为粉质黏壤土、壤土和粉壤土，各占 15.2%、12.1%和9.1%。

(8)攀西山区代表性烟田中，耕作层质地主要为壤土和黏土，各占 52.6%和36.8%；其次位黏壤土，占 10.5%。

(9)武夷山区代表性烟田中，耕作层质地主要为粉砂壤土，占 64.7%；其次为壤土，占 35.3%。

(10)南岭山区代表性烟田中，耕作层质地主要为粉质黏壤土和粉壤土土，各占35.9%和33.3%；其次为壤土、黏壤土和粉质黏土，各占 20.5%、7.7%和2.6%。

(11)中原产区代表性烟田中，耕作层质地主要为粉砂壤土，占 93.3%；其次为壤土，占 6.7%。

(12)皖南山区代表性烟田中，耕作层质地主要为粉砂壤土，占 70.0%；其次为壤土，占 30.0%。

第四章 优质特色烤烟典型产区土壤养分特征

本书在我国优质特色烤烟 12 个烤烟种植生态区域初步划分和土壤背景特征研究的基础上，根据典型产区县(市、区)及代表性片区定位信息(表 1-1~1-12)和土壤样品检测结果，参考我国土壤基本养分分级(全国土壤普查办公室，1992)和我国植烟土壤基本养分和中、微量元素丰缺指标(陈江华，2008)，对 12 个烤烟种植区 53 个典型产区的 307 代表性片区的土壤的基本养分、酸碱度、腐殖质组分和中微量元素检测结果(见第五至第十六章检测结果表)进行归类，按区域分别进行概括评价。

第一节 土壤基本养分特征

一、武陵山区烤烟种植区

本区域植烟土壤 pH 平均为 5.27，变幅为 4.01~7.04；以酸性土壤为主，偏酸性的占 75%，适宜的占 20%，偏碱的仅占 5%。有机质含量平均 2.57%，变幅为 1.23%~4.79%；含量缺乏的占 2.5%，适中的占 47.5%，丰富的占 50%。全氮含量平均为 1.68 g/kg，变幅为 0.79~3.06g/kg；大部分处于丰富-很丰富水平，含量丰富和很丰富的分别占 77.5%和 20%，适宜的占 2.5%。全磷含量平均为 0.94 g/kg，变幅为 0.42~2.70 g/kg；大部分处于适宜-丰富水平，含量适宜的占 70%，丰富的占 17.5%，缺乏和很丰富的分别占 7.5%和 5.0%。全钾含量平均为 19.07 g/kg，变幅 9.13~31.20 g/kg；大部分处于适宜-很丰富水平，含量很丰富、丰富和适宜的分别占 42.5%、32.5%和 22.5%，缺乏的仅占 2.5%。碱解氮含量平均为 146.9 mg/kg，变幅为 65.0~256.4 mg/kg；大部分处于很丰富水平，很丰富的占 90%，丰富的占 10%。有效磷含量平均为 41.5 mg/kg，变幅为 7.3~156.0 mg/kg，大部分处于适宜-很丰富水平；其中，很丰富、适宜和丰富的分别占 47.5%、25%和 20%，缺乏的仅占 7.5%。速效钾含量平均为 304.6 mg/kg，变幅为 86.4~781.2 mg/kg；大部分处于丰富-很丰富水平，含量丰富、很丰富、适宜分别的占 35%、32.5%和 15%，缺乏的占 17.5%。氯离子含量平均为 19.8 mg/kg，变幅为 3.8~91.3 mg/kg，大部分处于适宜-最适宜水平，最适宜、适宜的分别占 40%和 35%，次适宜的占 15%，不适宜的仅占 10%(表 4-1-1、表 4-1-2)。

综合而言，武陵山区植烟土壤以酸性为主，且酸性偏强片区较多，基本地力水平较高，养分含量大部分处于适宜-很丰富水平，氯离子含量大部分处于适宜-最适宜水平。

表 4-1-1 武陵山区代表性烤烟种植区植烟土壤 pH 和基本养分含量

县(市)	pH	有机质/%	全氮/(g/kg)	全磷/(g/kg)	全钾/(g/kg)	碱解氮/(mg/kg)	有效磷/(mg/kg)	速效钾/(mg/kg)	氯离子/(mg/kg)
彭水	4.7	2.90	1.88	1.01	15.29	178.7	65.3	406.4	51.1
武隆	5.8	2.71	1.77	0.79	13.30	141.8	42.4	289.2	6.6
利川	5.0	3.02	1.70	1.38	18.20	146.2	71.5	227.4	19.0

续表

县(市)	pH	有机质/%	全氮/(g/kg)	全磷/(g/kg)	全钾/(g/kg)	碱解氮/(mg/kg)	有效磷/(mg/kg)	速效钾/(mg/kg)	氯离子/(mg/kg)
咸丰	5.8	2.61	1.55	0.87	22.06	129.4	36.7	256.4	12.7
凤凰	5.0	2.44	1.66	0.79	21.20	151.3	42.5	290.1	19.3
桑植	5.2	2.37	1.82	0.80	21.64	151.2	46.5	441.9	22.5
道真	5.2	2.13	1.43	1.01	21.64	120.3	14.6	331.3	9.6
德江	5.6	2.65	1.67	0.88	19.26	156.3	12.6	194.0	17.3

表 4-1-2　武陵山区植烟土壤 pH 和基本养分含量统计

指标	最小值	最大值	平均值	标准差	变异系数/%
pH	4.01	7.04	5.27	0.73	13.80
有机质/%	1.23	4.79	2.57	0.83	32.34
全氮/(g/kg)	0.79	3.06	1.68	0.41	24.40
全磷/(g/kg)	0.42	2.70	0.94	0.35	37.40
全钾/(g/kg)	9.13	31.20	19.07	5.46	28.60
碱解氮/(mg/kg)	65.00	256.40	146.90	39.10	26.60
有效磷/(mg/kg)	7.30	156.00	41.50	30.90	74.50
速效钾/(mg/kg)	86.40	781.20	304.60	163.90	53.80
氯离子/(mg/kg)	3.80	91.30	19.80	17.60	89.10

二、黔中山区烤烟种植区

本区域植烟土壤 pH 平均为 6.02，变幅为 4.25~7.98，以酸性为主；偏酸的占 40.9%，适宜的占 31.8%，偏碱的占 27.3%。有机质含量平均 2.79%，变幅为 1.74%~4.56%；含量适中的占 42.85%，丰富的占 57.14%。全氮含量平均为 1.58 g/kg，变幅为 0.71~2.57 g/kg，大部分处于丰富水平；含量适宜的占 4.5%，丰富的占 84.1%，很丰富的占 11.4%。全磷含量平均为 0.86 g/kg，变幅为 0.41~1.79 g/kg，大部分处于适宜-丰富水平；含量缺乏的占 13.6%，适宜的占 59.1%，丰富的占 22.7%，很丰富的占 4.5%。全钾含量平均为 18.18 g/kg，变幅为 2.95~88.19 g/kg；其中，含量缺乏的占 27.3%，适宜的占 18.2%，丰富的占 29.5%，很丰富的占 25.0%。碱解氮含量平均为 130.4 mg/kg，变幅为 42.2~225.7 mg/kg，大部分处于很丰富水平；其中，含量适宜的占 2.3%，丰富的占 13.6%，很丰富的占 84.1%。有效磷含量平均为 36.0 mg/kg，变幅为 5.0~109.2 mg/kg，大部分处于适宜-很丰富水平；含量缺乏的占 15.9%，适宜的占 20.5%，丰富的占 31.8%，很丰富的占 31.8%。速效钾含量平均为 226.7 mg/kg，变幅为 99.0~752.0 mg/kg，大部分处于缺乏-丰富水平；其中，含量缺乏的占 25.0%，适宜的占 25.0%，丰富的占 45.5%，很丰富的占 4.5%。氯离子含量平均为 16.6 mg/kg，变幅为 4.4~63.2 mg/kg，大部分处于适宜-最适宜水平；其中，含量最适宜的占 23.3%，适宜的占 65.1%，次适宜的占 4.7%，不适宜的占 7.0%（表 4-1-3、表 4-1-4）。

综合而言，黔中山区植烟土壤以酸性为主，较为适宜，基本地力水平较高，养分含量大部分处于适宜-很丰富水平，氯离子含量大部分处于适宜-最适宜水平。

表 4-1-3　黔中山区代表性烤烟种植区植烟土壤 pH 和基本养分含量

县(市)	pH	有机质/%	全氮/(g/kg)	全磷/(g/kg)	全钾/(g/kg)	碱解氮/(mg/kg)	有效磷/(mg/kg)	速效钾/(mg/kg)	氯离子/(mg/kg)
凯里	6.8	2.71	1.68	1.05	24.48	121.7	31.8	299.7	11.0
黔西	5.8	2.43	1.50	0.66	43.70	108.7	13.1	238.9	21.7
余庆	6.2	2.63	1.72	0.83	14.80	133.2	10.8	201.2	11.2
开阳	5.7	2.56	1.58	1.16	13.74	145.3	37.2	346.6	22.1
西秀	5.2	3.00	1.56	1.10	10.86	136.1	37.1	163.9	14.2
贵定	5.3	3.01	1.63	0.74	10.95	147.3	67.1	235.1	22.7
遵义	6.9	2.91	1.46	0.71	16.96	115.4	29.0	152.4	12.2

表 4-1-4　黔中山区植烟土壤 pH 和基本养分含量统计

指标	最小值	最大值	平均值	标准差	变异系数/%
pH	4.25	7.98	6.02	1.12	18.60
有机质/%	1.74	4.56	2.79	0.75	26.83
全氮/(g/kg)	0.71	2.57	1.58	0.39	24.80
全磷/(g/kg)	0.41	1.79	0.86	0.28	32.70
全钾/(g/kg)	2.95	88.19	18.18	15.51	85.30
碱解氮/(mg/kg)	42.20	225.70	130.40	35.80	27.50
有效磷/(mg/kg)	5.00	109.20	36.00	28.70	79.90
速效钾/(mg/kg)	99.0	752.00	226.70	111.10	49.00
氯离子/(mg/kg)	4.40	63.20	16.60	11.40	68.50

三、秦巴山区烤烟种植区

本区域植烟土壤 pH 平均为 5.92，变幅为 4.69~7.81，以酸性为主；其中，偏酸的占 32%，适宜的占 56%，偏碱的占 12%。有机质含量平均 1.96%，变幅为 0.95~4.64%，多数处于缺乏-适中水平；其中，含量缺乏的占 30.77%，适中的占 57.69%，含量丰富的占 11.54%。全氮含量平均为 1.36 g/kg，变幅为 0.71~2.44 g/kg，大部分处于丰富水平；其中，含量适宜的占 16%，丰富的占 76%，很丰富的占 8%。全磷含量平均为 0.73 g/kg，变幅为 0.20~1.44 g/kg，大部分处于缺乏-适宜水平；其中，含量缺乏的占 28%，适宜的占 60%，丰富的占 12%。全钾含量平均为 23.93 g/kg，变幅为 17.10~33.90 g/kg，以很丰富水平为主；其中，含量丰富的占 20%，很丰富的占 80%。碱解氮含量平均为 111.5 mg/kg，变幅为 58.3~213.6 mg/kg，大部分处于很丰富水平；其中，含量适宜的占 4%，丰富的占 32%，很丰富的占 64%。有效磷含量平均为 43.3 mg/kg，变幅为 2.7~106.0 mg/kg，大部分处于很丰富水平；其中，有效磷含量缺乏的占 20%，适宜的占 4%，丰富的占 16%，很丰富的占 60%。速效钾含量平均为 268.2 mg/kg，变幅为 87.3~540.7 mg/kg，处于缺乏-很丰富水平；其中，含量缺乏的占 24%，适宜的占 16%，丰富的占 28%，很丰富的占 32%。氯离子含量平均为 18.9 mg/kg，变幅为 6.6~49.0 mg/kg，大部分处于适宜-最适宜水平；其中，含量最适宜的占 32%，适宜的占 52%，次适宜的占 4%，不适宜的占 12%（表 4-1-5、表 4-1-6）。

综合而言，秦巴山区植烟土壤以酸性为主，较为适宜，基本地力水平较高，养分含量大部分处于适宜-很丰富水平，氯离子含量大部分处于适宜-最适宜水平。

表 4-1-5　秦巴山区代表性烤烟种植区植烟土壤 pH 和基本养分含量

县(市)	pH	有机质/%	全氮/(g/kg)	全磷/(g/kg)	全钾/(g/kg)	碱解氮/(mg/kg)	有效磷/(mg/kg)	速效钾/(mg/kg)	氯离子/(mg/kg)
旬阳	6.7	1.49	1.41	0.77	30.56	95.7	57.3	171.6	16.90
南郑	5.5	1.68	1.05	0.73	24.59	92.5	63.8	401.8	19.00
巫山	5.8	2.17	1.55	0.65	20.81	134.8	20.3	186.6	9.70
兴山	6.3	1.95	1.36	0.77	22.59	105.6	47.1	366.0	29.30
房县	5.3	2.43	1.42	0.76	21.08	128.7	27.8	215.2	19.80

表 4-1-6　秦巴山区植烟土壤 pH 和基本养分含量统计

指标	最小值	最大值	平均值	标准差	变异系数/%
pH	4.69	7.81	5.92	0.83	14.00
有机质/%	0.95	4.64	1.96	0.75	37.98
全氮/(g/kg)	0.71	2.44	1.36	0.39	28.40
全磷/(g/kg)	0.20	1.44	0.73	0.27	36.80
全钾/(g/kg)	17.10	33.90	23.93	4.49	18.80
碱解氮/(mg/kg)	58.30	213.60	111.50	38.80	34.80
有效磷/(mg/kg)	2.70	106.00	43.30	27.80	64.30
速效钾/(mg/kg)	87.30	540.70	268.20	130.00	48.50
氯离子/(mg/kg)	6.60	49.00	18.90	12.30	65.00

四、鲁中山区烤烟种植区

本区域植烟土壤 pH 平均为 6.72，变幅为 4.89~8.45；其中偏酸的占 18.9%，适宜的占 35.1%，偏碱的占 45.9%。有机质含量平均 1.16%，变幅为 0.54%~2.24%，处于缺乏-适中水平；其中，含量缺乏的占 83.33%，适中的占 16.67%。全氮含量平均为 0.87 g/kg，变幅为 0.46~1.59 g/kg，大部分处于适宜水平；其中，含量缺乏的占 5.4%，适宜的占 67.6%，丰富的占 27%。全磷含量平均为 0.62 g/kg，变幅为 0.29~1.51 g/kg，大部分处于缺乏-适宜水平；其中，含量缺乏的占 62.2%，适宜的占 29.7%，丰富的占 5.4%，很丰富的占 2.7%。全钾含量平均为 23.04 g/kg，变幅为 11.60~34.80 g/kg，以很丰富水平为主；其中，含量适宜的占 5.4%，丰富的占 21.6%，很丰富的占 73%。碱解氮含量平均为 69.5 mg/kg，变幅为 23.9~121.9 mg/kg，大部分处于适宜-丰富水平；其中，含量缺乏的占 5.4%，适宜的占 40.5%，丰富的占 45.9%，很丰富的占 32.4%。有效磷含量平均为 31.0 mg/kg，变幅为 7.6~78.5 mg/kg，大部分处于适宜-很丰富水平；其中，含量缺乏的占 5.4%，适宜的占 35.1%，丰富的占 27.0%，很丰富的占 32.4%。速效钾含量平均为 184.1 mg/kg，变幅为 82.2~419.5 mg/kg，处于缺乏-丰富水平；其中，含量缺乏的占 43.2%，适宜的占 24.3%，丰富的占 29.7%，很丰富的占 2.7%。氯离子含量平均为 17.4 mg/kg，变幅为 6.8~59.5 mg/kg，大部分处于适宜-最适宜水平；其中，含量最适宜的占 43.2%，适宜的占 43.2%，次适宜的占 10.8%，不适宜的占 2.7 %（表 4-1-7、表 4-1-8）。

表 4-1-7 鲁中山区代表性烤烟种植区植烟土壤 pH 和基本养分含量

县（市）	pH	有机质/%	全氮/(g/kg)	全磷/(g/kg)	全钾/(g/kg)	碱解氮/(mg/kg)	有效磷/(mg/kg)	速效钾/(mg/kg)	氯离子/(mg/kg)
临朐	7.7	1.55	1.20	0.69	23.72	93.9	22.6	191.3	33.0
蒙阴	6.4	1.22	0.84	0.57	19.87	68.5	47.4	155.2	18.6
费县	6.5	1.10	0.81	0.49	24.54	63.2	26.6	177.3	7.6
诸城	6.0	0.84	0.65	0.50	23.11	60.8	26.4	199.6	9.8
五莲	5.9	1.07	0.77	0.65	21.91	60.4	34.3	193.5	11.0
莒县	7.2	0.89	0.65	0.86	27.27	47.7	20.1	214.2	7.8

表 4-1-8 鲁中山区植烟土壤 pH 和基本养分含量统计

指标	最小值	最大值	平均值	标准差	变异系数/%
pH	4.89	8.45	6.72	1.08	16.10
有机质/%	0.54	2.24	1.16	0.42	36.41
全氮/(g/kg)	0.46	1.59	0.87	0.31	35.50
全磷/(g/kg)	0.29	1.51	0.62	0.26	41.40
全钾/(g/kg)	11.60	34.80	23.04	5.21	22.60
碱解氮/(mg/kg)	23.90	121.90	69.50	21.90	31.50
有效磷/(mg/kg)	7.60	78.50	31.00	18.00	58.10
速效钾/(mg/kg)	82.20	419.50	184.10	80.70	43.90
氯离子/(mg/kg)	6.80	59.50	17.40	11.70	67.60

综合而言，本区植烟土壤以偏中性为主，基本地力水平中等，有机质、全磷、速效钾相对缺乏，其他养分含量大部分处于适宜-很丰富水平，氯离子含量大部分处于适宜-最适宜水平。

五、东北产区烤烟种植区

本区域植烟土壤 pH 平均为 5.55，变幅为 4.79~7.02；其中偏酸的占 60.0%，适宜的占 33.3%，偏碱的占 6.7%。有机质含量平均 2.28%，变幅为 1.54%~2.98%，处于适中-丰富水平；其中，含量适中的占 64.29%，丰富的占 35.72%。全氮含量平均为 1.30 g/kg，变幅为 0.44~1.98 g/kg，大部分处于丰富水平；其中，含量缺乏的占 6.7%，适宜的占 13.3%，丰富的占 80.0%。全磷含量平均为 0.99 g/kg，变幅为 0.66~1.33 g/kg，处于适宜-丰富水平；其中，含量适宜的占 53.3%，丰富的占 46.7%。全钾含量平均为 29.31 g/kg，变幅为 19.00~38.79 g/kg，以很丰富水平为主；其中，含量丰富的占 6.7%，很丰富的占 93.3%。碱解氮含量平均为 102.3 mg/kg，变幅为 43.7~137.9 mg/kg，大部分处于丰富-很丰富水平；其中，含量适宜的占 6.7%，丰富的占 26.7%，很丰富的占 66.6%。有效磷含量平均为 42.6 mg/kg，变幅为 7.9~124.0 mg/kg，大部分处于丰富-很丰富水平；其中，含量缺乏的占 6.7%，适宜的占 13.3%，丰富的占 40.0%，很丰富的占 40.0%。速效钾含量平均为 225.6 mg/kg，变幅为 65.2~490.4 mg/kg，处于缺乏-很丰富水平；其中，含量缺乏的占 33.3%，适宜的占 20.0%，丰富的占 26.7%，很丰富的占 20.0%。氯离子含量平均为 13.9 mg/kg，变幅为 5.2~36.0 mg/kg，大部分处于适宜-最适宜水平；其中，含量最适宜的占 40.0%，适宜的占 53.3%，次适宜的占 6.7%（表 4-1-9、表 4-1-10）。

综合而言，东北产区植烟土壤以酸性为主，偏低，基本地力水平较高，养分含量大部分处于适宜-很丰富水平，氯离子含量大部分处于适宜-最适宜水平。

表 4-1-9　东北产区代表性烤烟种植区植烟土壤 pH 和基本养分含量

县(市)	pH	有机质/%	全氮/(g/kg)	全磷/(g/kg)	全钾/(g/kg)	碱解氮/(mg/kg)	有效磷/(mg/kg)	速效钾/(mg/kg)	氯离子/(mg/kg)
宽甸	5.1	2.42	1.38	0.85	32.84	119.8	40.0	268.3	19.0
宁安	6.4	2.01	1.19	1.05	30.76	95.1	36.4	233.8	8.9
汪清	5.2	2.36	1.33	1.08	24.32	91.9	51.2	174.8	13.9

表 4-1-10　东北产区植烟土壤 pH 和基本养分含量统计

指标	最小值	最大值	平均值	标准差	变异系数/%
pH	4.79	7.02	5.55	0.74	13.30
有机质/%	1.54	2.98	2.28	0.50	22.09
全氮/(g/kg)	0.44	1.98	1.30	0.37	28.70
全磷/(g/kg)	0.66	1.33	0.99	0.20	20.40
全钾/(g/kg)	19.00	38.79	29.31	5.90	20.10
碱解氮/(mg/kg)	43.7	137.9	102.3	25.5	24.90
有效磷/(mg/kg)	7.9	124.0	42.6	29.9	70.20
速效钾/(mg/kg)	65.2	490.4	225.6	127.4	56.50
氯离子/(mg/kg)	5.2	36.0	13.9	9.0	64.40

六、雪峰山区烤烟种植区

本区域植烟土壤 pH 平均为 4.70，变幅为 4.06~5.11，偏酸。有机质含量平均 2.92%，变幅为 0.33%~4.16%，处于适中-丰富水平；其中，含量适中的占 80.0%，丰富的占 20.0%。全氮含量平均为 1.94 g/kg，变幅为 1.68~2.60 g/kg，大部分处于丰富水平。全磷含量平均为 0.63 g/kg，变幅为 0.37~1.17 g/kg，处于适宜-丰富水平；其中，含量适宜的占 30.0%，丰富的占 20.0%。全钾含量平均为 16.85 g/kg，变幅为 12.1~28.7 g/kg，以很丰富水平为主；其中，全钾含量丰富的占 70.0%，很丰富的占 30.0%。碱解氮含量平均为 175.17 mg/kg，变幅为 112.86~256.37 mg/kg，处于很丰富水平。有效磷含量平均为 44.18 mg/kg，变幅为 6.60~90.60 mg/kg，大部分处于适宜-丰富水平；其中，有效磷含量缺乏的占 10.0%，适宜的占 40.0%，丰富的占 20.0%，很丰富的占 30.0%。速效钾含量平均为 286.11 mg/kg，变幅为 121.57~478.31 mg/kg，处于缺乏-丰富水平；其中，含量缺乏的占 30.0%，适宜的占 30.0%，丰富的占 20.0%，很丰富的占 20.0%。氯离子含量平均为 10.29 mg/kg，变幅为 6.68~20.60 mg/kg，大部分处于适宜-最适宜水平；其中，含量最适宜的占 70.0%，适宜的占 30.0%（表 4-1-11、表 4-1-12）。

综合而言，雪峰山区植烟土壤以酸性为主，偏低，基本地力水平较高，养分含量大部分处于适宜-很丰富水平，氯离子含量大部分处于适宜-最适宜水平。

表 4-1-11   雪峰山区代表性烤烟种植区植烟土壤 pH 和基本养分含量

县(市)	pH	有机质/%	全氮/(g/kg)	全磷/(g/kg)	全钾/(g/kg)	碱解氮/(mg/kg)	有效磷/(mg/kg)	速效钾/(mg/kg)	氯离子/(mg/kg)
天柱	4.57	3.01	1.955	0.63	15.8	159.45	313.36	53.44	12.27
靖州	4.83	2.84	2.64	1.24	28.7	190.89	258.85	34.91	8.31

表 4-1-12   雪峰山区植烟土壤 pH 和养分含量统计

处理	最小值	最大值	均值	标准差	变异系数/%
pH	4.06	5.11	4.70	0.43	9.18
有机质/%	0.33	4.16	2.92	1.08	37.06
全氮/(g/kg)	1.68	2.60	1.94	0.42	21.75
全磷/(g/kg)	0.37	1.17	0.63	0.342	46.28
全钾/(g/kg)	12.10	28.70	16.85	6.39	37.97
碱解氮/(mg/kg)	112.86	256.37	175.17	36.38	20.77
速效钾/(mg/kg)	121.57	478.31	286.11	108.68	37.98
有效磷/(mg/kg)	6.60	90.60	44.18	37.74	85.44
氯离子/(mg/kg)	6.68	20.60	10.29	5.23	50.84

七、云贵高原烤烟种植区

本区域植烟土壤 pH 平均为 5.79，变幅为 3.8~8.11；其中，偏酸占 37.25%，适中的占 45.10%，高于 7.0 的占 17.64%，整体看本区植烟土壤偏酸性。有机质含量平均 2.77%，变幅为 0.28%~5.94%，多数处于适中-丰富水平；其中，含量缺乏的占 13.73%，适中的占 25.49%，丰富的占 56.82%，很丰富的占 3.92%。全氮含量平均为 1.54 g/kg，变幅为 0.34~3.04 g/kg，多数处于丰富-很丰富水平；其中，含量丰富的占 58.82%，丰富的占 23.53%。全磷含量平均为 0.79 g/kg，变幅为 0.18~2.11 g/kg，整体上处于缺乏-丰富水平；其中，含量缺乏的占 41.17%，中等的占 19.61%，丰富的占 35.29%。全钾含量平均为 15.81 g/kg，变幅为 3.46~37.70 g/kg；其中，含量较低的占 23.52%，适中的占 25.49%，丰富的占 19.61%，很丰富的占 31.37%。碱解氮含量平均为 119.59 mg/kg，变幅为 17.27~253.36 mg/kg，整体处于很丰富水平。有效磷含量平均为 28.87 mg/kg，变幅为 2.4~144.7 mg/kg；其中，含量缺乏的占 21.57%，适宜的占 25.49%，丰富的占 19.61%，很丰富的占 33.33%。速效钾含量平均为 230.67 mg/kg，变幅为 60~1066.92 mg/kg，含量分布较为均匀；其中，含量缺乏的占 29.41%，适宜的占 21.56%，丰富的占 25.49%，很丰富的样点数占 23.52%。氯离子含量平均为 15.77 mg/kg，变幅为 1.1~162.0 mg/kg，大部分处于适宜-最适宜水平；其中，含量最适宜的占 39.22%，适宜的占 45.09 %（表 4-1-13、表 4-1-14）。

综合而言，本区植烟土壤以酸性为主，偏低，基本地力水平较高，养分含量大部分处于适宜-很丰富水平，氯离子含量大部分处于适宜-最适宜水平。

表 4-1-13 云贵高原代表性烤烟种植区植烟土壤 pH 和基本养分含量

县(市)	pH	有机质/%	全氮/(g/kg)	全磷/(g/kg)	全钾/(g/kg)	碱解氮/(mg/kg)	有效磷/(mg/kg)	速效钾/(mg/kg)	氯离子/(mg/kg)
南涧	5.64	2.89	2.29	1.61	118.02	177.01	497.14	9.63	29.94
江川	6.63	2.83	1.63	1.32	16.40	118.86	194.30	41.35	29.13
隆阳	5.40	1.53	1.20	0.35	19.68	89.53	153.50	41.18	4.73
施甸	5.90	2.06	1.40	0.38	18.13	93.35	258.75	24.78	3.20
马龙	5.98	2.14	1.28	0.55	9.65	120.70	159.00	53.3	11.95
宣威	6.40	3.28	1.82	0.56	11.70	150.92	160.40	24.98	2.26
盘县	5.67	3.52	2.11	1.29	24.06	155.45	264.26	6.88	38.37
威宁	5.13	2.91	1.50	0.91	7.32	120.48	174.79	42.17	19.12
兴仁	5.50	3.13	1.95	1.13	29.92	166.09	456.41	8.84	27.60

表 4-1-14 云贵高原植烟土壤 pH 和养分含量统计

指标	最小值	最大值	平均值	标准差	变异系数/%
pH	3.80	8.11	5.79	0.97	16.78
有机质/%	0.28	5.94	2.77	1.19	42.90
全氮/(g/kg)	0.34	3.04	1.54	0.55	35.35
全磷/(g/kg)	0.18	2.11	0.79	0.40	51.17
全钾/(g/kg)	3.46	37.70	15.81	7.94	50.20
碱解氮/(mg/kg)	17.27	253.36	119.59	42.78	35.77
速效钾/(mg/kg)	60.00	1066.92	230.67	122.11	52.94
有效磷/(mg/kg)	2.40	144.70	28.87	23.69	82.03
氯离子/(mg/kg)	1.10	162.00	15.77	13.22	83.86

八、攀西山区烤烟种植区

本区域植烟土壤 pH 平均为 6.36,变幅为 4.10~7.90;其中,偏酸性的占 15.78%,适中的占 47.36%,为 7.0~7.5 的为 26.31%,高于 7.5 的为 10.52%;整体看本区植烟土壤偏酸性。有机质含量平均 2.02%,变幅为 0.44%~4.78%,多数处于缺乏-适中水平;其中,含量缺乏的占 42.11%,适中的占 21.05%,丰富的占 36.84%。全氮含量平均为 1.28 g/kg,变幅为 0.50~2.50 g/kg,处于丰富-很丰富水平;其中,含量适中的为 47.36%,丰富的占 42.11%,极丰富的占 10.53%。全磷含量平均为 0.46 g/kg,变幅为 0.1~1.10 g/kg,处于缺乏-丰富水平;其中,含量缺乏的占 78.94%,适中的占 10.53%,丰富的占 5.26%。全钾含量平均为 18.93 g/kg,变幅为 6.50~40.00 g/kg,以丰富-很丰富水平为主;其中,含量较低的占 21.05%,适中的占 5.26%,丰富和极丰富的均占 36.84%。碱解氮含量平均为 120.61 mg/kg,变幅为 20.00~497.00 mg/kg,整体处于适中和极丰富水平;其中,含量偏低的占 5.26%,适中的占 31.58%,丰富的占 10.53%,极丰富的占 52.63%。速效钾含量平均为 29.74 mg/kg,变幅为 2.30~222.20 mg/kg,大部分处于缺乏-适中水平;其中,含量缺乏的占 47.43%,适宜的占 21.05%,丰富和极丰富的均占 15.79%。有效磷含量平均为 161.79 mg/kg，变幅为 77.00~345.00 mg/kg，处于缺乏-丰富水平；其中，含量缺乏的占 57.89%，适宜和丰富的样点均占 21.05%。氯离子含量平均为 7.43 mg/kg，变幅为 3.80~18.00 mg/kg，大部分处于适宜-最适宜水平；其中，含量最适宜的占 78.95%，适宜的占 21.05%（表 4-1-15、表 4-1-16）。

综合而言，本区植烟土壤以酸性为主，偏低，基本地力水平较高，养分含量大部分处于适宜-很丰富水平，但全磷、有效磷含量偏低，氯离子含量大部分处于最适宜-最适宜水平。

表 4-1-15　攀西山区代表性烤烟种植区植烟土壤 pH 和基本养分含量

县(市)	pH	有机质/%	全氮/(g/kg)	全磷/(g/kg)	全钾/(g/kg)	碱解氮/(mg/kg)	有效磷/(mg/kg)	速效钾/(mg/kg)	氯离子/(mg/kg)
会东	6.59	1.59	1.07	0.28	20.73	86.84	15.55	191.20	6.20
会理	5.65	1.56	1.26	0.41	18.22	184.23	58.69	152.50	7.15
米易	6.16	3.37	1.81	0.76	18.46	157.54	40.04	162.60	6.76
仁和	6.89	1.45	0.96	0.37	18.18	66.56	10.46	139.00	9.54

表 4-1-16　攀西山区植烟土壤 pH 和养分含量统计

指标	最小值	最大值	平均值	标准差	变异系数/%
pH	4.10	7.90	6.36	1.05	16.53
有机质/%	0.44	4.78	2.02	1.27	62.97
全氮/(g/kg)	0.50	2.50	1.28	0.58	45.64
全磷/(g/kg)	0.10	1.10	0.46	0.26	55.80
全钾/(g/kg)	6.50	40.00	18.93	8.43	44.54
碱解氮/(mg/kg)	20.00	497.00	120.61	105.48	87.45
速效钾/(mg/kg)	2.30	222.20	29.74	51.94	174.66
有效磷/(mg/kg)	77.00	345.00	161.79	72.00	44.50
氯离子/(mg/kg)	3.80	18.00	7.43	0.00	55.41

九、武夷山区烤烟种植区

本区域植烟土壤 pH 平均为 5.22，变幅为 4.42~6.06；其中，偏低的占 13.33%，呈酸性的占 60.00%，微酸性的占 26.67%；整体看本区植烟土壤偏酸性。有机质含量平均 3.30%，变幅为 0.99%~5.59%，多数处于适中-丰富水平；其中，含量适中的占 38.46%，丰富的占 53.85%，很丰富的占 15.38%。全氮含量平均为 1.66 g/kg，变幅为 0.75~2.59 g/kg，部分处于缺乏-中等水平，其他处于很丰富水平；其中，土壤含量缺乏的占 20.00%，中等的占 20.00%，很丰富的占 46.67%，丰富的占 6.67%。全磷含量平均为 0.95 g/kg，变幅为 0.35~1.76 g/kg，处于缺乏-丰富水平；其中，含量缺乏、很缺乏的均占 13.33%，中等的占 6.67%，丰富的占 26.67%，很丰富的占 40.00%。全钾含量平均为 19.05 g/kg，变幅为 8.05~45.59 g/kg；其中，含量很缺乏的占 20.00%，缺乏的占 33.33%，中等的占 13.33%，丰富的占 13.33%，极丰富的数占 20.00%。碱解氮含量平均为 114.30 mg/kg，变幅为 4.38~206.34 mg/kg，整体处于丰富和极丰富水平，但有部分含量处于很缺乏水平；其中，含量偏低的占 33.33%，丰富的占 13.33%，极丰富的占 53.33%。有效磷含量平均为 44.28 mg/kg，变幅为 2.88~146.00 mg/kg，大部分处于极丰富水平，部分处于很缺乏水平；其中，含量缺乏的占 33.33%，极丰富的占 66.67%。速效钾含量平均为 174.00 mg/kg，变幅为 40.27~367.26 mg/kg，处于适中-丰富水平；其中，含量缺乏的占 6.67%，适中的占 40.00%，丰富的占 6.67%，很丰富的占 46.67%。氯离子含量平均为 15.32 mg/kg，变幅为 7.04~22.27 mg/kg，大部分处于适宜-最适宜水平；其中，含量最适宜的占 93.33%，适宜的占 6.67%（表 4-1-17、表 4-1-18）。

综合而言，本区植烟土壤以酸性为主，基本地力水平较高，氯离子含量大部分处于最适宜-最适宜水平。

表 4-1-17　武夷山区代表性烤烟种植区植烟土壤 pH 和基本养分含量

县(市)	pH	有机质/%	全氮/(g/kg)	全磷/(g/kg)	全钾/(g/kg)	碱解氮/(mg/kg)	有效磷/(mg/kg)	速效钾/(mg/kg)	氯离子/(mg/kg)
永定	5.07	4.08	2.04	0.80	15.42	167.28	203.62	61.62	14.19
泰宁	5.52	1.75	0.89	1.26	26.32	8.35	114.78	9.59	17.57

表 4-1-18　武夷山区植烟土壤 pH 和基本养分含量统计

指标	最小值	最大值	平均值	标准差	变异系数/%
pH	4.42	6.06	5.22	0.50	9.48
有机质/%	0.99	5.59	3.30	1.46	44.23
全氮/(g/kg)	0.75	2.59	1.66	0.66	39.73
全磷/(g/kg)	0.35	1.76	0.95	0.39	40.79
全钾/(g/kg)	8.05	45.59	19.95	11.86	62.22
碱解氮/(mg/kg)	4.38	206.34	114.30	80.66	70.57
速效钾/(mg/kg)	40.27	367.26	174.00	82.33	47.31
有效磷/(mg/kg)	2.88	146.00	44.28	42.56	96.12
氯离子/(mg/kg)	7.04	22.27	15.32	4.32	28.21

十、南岭山区烤烟种植区

本区域植烟土壤 pH 平均为 7.28，变幅为 4.52~8.61；其中，偏酸的占 10.34%，适中的占 17.24%，高于 7.0 的为 72.42%，高于 7.5 的占 65.52%，整体看本区域植烟土壤偏碱性。有机质含量平均 2.72%，变幅 1.04%~7.15%，含量分布较均匀；其中，含量缺乏的占 24.14%，适中的占 17.24%，丰富的占 37.93%，很丰富的占 20.69%。全氮含量平均为 2.08 g/kg，变幅为 0.70~3.86 g/kg，处于丰富-很丰富水平；其中，含量适中的占 24.14%，丰富的占 20.69%，极丰富的占 55.17%。全磷含量平均为 1.07 g/kg，变幅为 0.20~3.50 g/kg；其中，含量缺乏的占 34.48%，适宜的占 17.24%，丰富的占 31.03%，极丰富的占 17.24%。全钾含量平均为 15.69 g/kg，变幅 5.46~27.80 g/kg，以适中-丰富水平为主；其中，含量缺乏的占 10.34%，适中的占 48.28%，丰富的占 17.24%，很丰富的占 24.14%。碱解氮含量平均为 142.55 mg/kg，变幅为 41.10~271.60 mg/kg，整体处于适中-很丰富水平；其中，含量适中的占 20.69%，丰富的占 10.34%，极丰富的占 68.97%。有效磷含量平均为 45.67 mg/kg，变幅为 4.38~152.58 mg/kg，大部分处于丰富-很丰富水平；其中，含量缺乏的占 13.79%，适中的占 10.34%，丰富的占 27.59%，很丰富的占 48.28%。土壤速效钾含量平均为 280.40 mg/kg，变幅为 76.00~1604.15 mg/kg，处于适宜-很丰富水平；其中，含量缺乏的占 17.24%，适中的占 41.38%，丰富和极丰富的均占 20.69%。氯离子含量平均为 29.32 mg/kg，变幅为 2.90~110.00 mg/kg，大部分处于适宜水平（表 4-1-19、表 4-1-20）。

综合而言，南岭山区烤烟种植区植烟土壤以弱碱性为主，基本地力水平较高，养分含量大部分处于适宜-很丰富水平，但土壤全磷、有效磷含量偏低，氯离子含量大部分处于适宜水平。

表 4-1-19　南岭山区代表性烤烟种植区植烟土壤 pH 和基本养分含量

县（市）	pH	有机质/%	全氮/(g/kg)	全磷/(g/kg)	全钾/(g/kg)	碱解氮/(mg/kg)	有效磷/(mg/kg)	速效钾/(mg/kg)	氯离子/(mg/kg)
桂阳	7.39	4.11	1.20	14.02	159.87	374.64	41.05		25.77
江华	7.58	4.79	1.61	15.09	191.04	269.48	61.69		23.99
信丰	6.34	1.49	0.40	17.06	87.90	186.40	55.31		63.90
南雄	7.56	1.40	0.43	20.20	61.90	137.00	15.40		7.43

表 4-1-20　南岭山区植烟土壤 pH 和基本养分含量统计

指标	最小值	最大值	平均值	标准差	变异系数/%
pH	4.52	8.61	7.28	1.13	15.46
有机质/%	1.04	7.15	2.72	1.50	55.07
全氮/(g/kg)	0.70	3.86	2.08	1.03	49.35
全磷/(g/kg)	0.20	3.50	1.07	0.69	64.90
全钾/(g/kg)	5.46	27.80	15.69	5.77	36.79
碱解氮/(mg/kg)	41.10	271.60	142.55	66.64	46.75
速效钾/(mg/kg)	76.00	1604.15	280.40	277.48	98.96
有效磷/(mg/kg)	4.38	152.58	45.67	35.02	76.70
氯离子/(mg/kg)	2.90	110.00	29.32	25.65	87.47

十一、中原地区烤烟种植区

本区域植烟土壤 pH 平均为 7.87，变幅为 6.70~8.42；其中，高于 7.0 的为 20.00%，高于 7.5 占 73.33%，整体看本区植烟土壤偏碱性。有机质含量平均 1.37%，变幅为 0.72%~1.89%，处于缺乏-适中水平；其中，含量缺乏的占 53.33%，适中的占 46.67%。全氮含量平均为 0.86 g/kg，变幅为 0.56~1.20 g/kg，处于适中-丰富水平；其中，含量适中占 80.00%，丰富的占 20.00%。全磷含量平均为 0.65 g/kg，变幅为 0.32~1.00 g/kg，处于缺乏-适中水平；其中，含量缺乏的占 46.67%，适中的占 53.33%。全钾含量平均为 19.00 g/kg，变幅为 16.40~22.43 g/kg，均处于丰富-很丰富水平。碱解氮含量平均为 64.48 mg/kg，变幅为 36.47~93.35 mg/kg，整体处于很丰富水平。有效磷含量平均为 18.75 mg/kg，变幅为 1.48~39.10 mg/kg，大部分处于缺乏-丰富水平；其中，含量缺乏的占 26.67%，丰富的占

33.33%，很丰富的占 40.00%。速效钾含量平均为 131.57 mg/kg，变幅为 60.00~443.39 mg/kg，除灵宝一个样点外其他样点速效钾均处于缺乏水平。氯离子含量平均为 16.15 mg/kg，变幅为 6.65~49.00 mg/kg，大部分处于适宜-最适宜水平；其中，含量最适宜的占 26.67%，适宜的占 66.67%（表 4-1-21、表 4-1-22）。

综合而言，本区植烟土壤以碱为主，基本地力水平适中，养分含量大部分处于适宜-丰富水平，氯离子含量大部分处于适宜水平。

表 4-1-21　中原地区代表性烤烟种植区植烟土壤 pH 和基本养分含量

县(市)	pH	有机质/%	全氮/(g/kg)	全磷/(g/kg)	全钾/(g/kg)	碱解氮/(mg/kg)	有效磷/(mg/kg)	速效钾/(mg/kg)	氯离子/(mg/kg)
襄城	7.82	1.42	0.83	0.68	18.72	63.44	95.81	21.42	16.66
灵宝	7.97	1.26	0.93	0.59	19.56	66.55	203.11	13.42	15.13

表 4-1-22　中原地区植烟土壤 pH 和基本养分含量统计

指标	最小值	最大值	平均值	标准差	变异系数/%
pH	6.70	8.42	7.87	0.59	7.43
有机质/%	0.72	1.89	1.37	0.33	24.06
全氮/(g/kg)	0.56	1.20	0.86	0.19	21.63
全磷/(g/kg)	0.32	1.00	0.65	0.18	27.13
全钾/(g/kg)	16.40	22.43	19.00	1.48	7.79
碱解氮/(mg/kg)	36.47	93.35	64.48	14.26	22.12
速效钾/(mg/kg)	60.00	443.39	131.57	91.86	69.81
有效磷/(mg/kg)	1.48	39.10	18.75	11.71	62.45
氯离子/(mg/kg)	6.65	49.00	16.15	10.34	64.03

十二、皖南山区烤烟种植区

本区域植烟土壤 pH 平均为 5.66，变幅为 5.04~6.18；其中低于 5.5 的占 40%，5.5~7 的占 60%，整体看本区植烟土壤偏酸性。有机质含量平均 2.29%，变幅为 1.01%~3.26%，处于缺乏-丰富水平；其中，含量缺乏的占 20%，适中的占 30%，丰富的占 50%。全氮含量平均为 1.45 g/kg，变幅为 0.76~1.89 g/kg，处于适中-丰富水平；其中，含量适中的占 20%，丰富的占 80%。全磷含量平均为 0.58 g/kg，变幅为 0.32~0.74 g/kg，处于缺乏-适中水平；其中，含量缺乏的占 60.00%，适中的占 40%。全钾含量平均为 15.49 g/kg，变幅为 10.69~22.46 g/kg，多数处于适中-很丰富水平；其中，含量适中的占 50%，丰富的占 20%，极丰富的占 30%。碱解氮含量平均为 126.15 mg/kg，变幅为 76.78~164.11 mg/kg，以极丰富为主，整体处于很丰富-极丰富水平。有效磷含量平均为 32.12 mg/kg，变幅为 15.79~50.91 mg/kg，大部分处于适中-极丰富水平；其中，含量适中的占 30%，丰富的占 40%，很丰富的占 30%。速效钾含量平均为 214.77 mg/kg，变幅为 70.85~533.96 mg/kg，多数处于缺乏-丰富水平；其中，含量缺乏的占 30%，适中的占 30.00%，丰富的占 30%。氯离子含量平均为 14.21 mg/kg，变幅为 10.32~19.37 mg/kg，大部分处于适宜-最适宜水平(表 4-1-23、表 4-1-24)。

综合而言,皖南山区烤烟种植区植烟土壤以酸性为主,基本地力水平适中,养分含量大部分处于适宜-丰富水平,氯离子含量大部分处于适宜水平。

表 4-1-23　皖南山区代表性烤烟种植区植烟土壤 pH 和基本养分含量情况

县(市)	pH	有机质/%	全氮/(g/kg)	全磷/(g/kg)	全钾/(g/kg)	碱解氮/(mg/kg)	有效磷/(mg/kg)	速效钾/(mg/kg)	氯离子/(mg/kg)
宣城	5.66	2.29	1.45	0.59	15.49	126.15	214.77	32.12	14.21

表 4-1-24　皖南山区植烟土壤 pH 和基本养分含量统计

指标	最小值	最大值	平均值	标准差	变异系数/%
pH	5.04	6.18	5.66	0.38	6.63
有机质/%	1.01	3.26	2.29	0.73	31.92
全氮/(g/kg)	0.76	1.89	1.45	0.40	27.95
全磷/(g/kg)	0.32	0.74	0.58	0.13	22.43
全钾/(g/kg)	10.69	22.46	15.49	4.40	28.41
碱解氮/(mg/kg)	76.78	164.11	126.15	30.68	24.32
速效钾/(mg/kg)	70.85	533.96	214.77	131.53	61.24
有效磷/(mg/kg)	15.79	50.91	32.12	13.31	41.45
氯离子/(mg/kg)	10.32	19.37	14.21	3.07	21.56

第二节　土壤腐殖酸及腐殖质组分特征

一、武陵山区烤烟种植区

本区域植烟土壤腐殖酸碳量平均为 8.80 g/kg,变幅为 4.50~14.56 g/kg。腐殖质全碳量平均为 14.90 g/kg,变幅为 7.16~27.79 g/kg;其中,土壤胡敏酸碳量平均为 2.95 g/kg,变幅为 0.92~6.74 g/kg;胡敏素碳量平均为 6.11 g/kg,变幅为 2.65~13.44 g/kg;富啡酸碳量平均为 5.84 g/kg,变幅为 2.92~9.10 g/kg(表 4-2-1、表 4-2-2)。

表 4-2-1　武陵山区代表性烤烟种植区植烟土壤腐殖酸及腐殖质组分碳量

县(市)	腐殖酸碳量/(g/kg)	腐殖质全碳量/(g/kg)	胡敏酸碳量/(g/kg)	胡敏素碳量/(g/kg)	富啡酸碳量/(g/kg)	胡富比
德江	10.14	15.39	3.26	5.25	6.88	0.47
道真	7.08	12.33	1.88	5.25	5.21	0.40
咸丰	8.48	15.14	2.93	6.66	5.56	0.54
利川	9.59	17.50	3.73	7.90	5.86	0.61
桑植	8.89	13.76	2.82	4.87	6.07	0.49
凤凰	9.76	14.18	3.18	4.41	6.58	0.49
彭水	10.68	16.84	3.11	6.16	7.57	0.41
武隆	9.36	15.69	2.66	6.33	6.71	0.39

表 4-2-2 武陵山区植烟土壤腐殖酸及腐殖质组分碳量统计

指标	最小值	最大值	平均值	标准差	变异系数/%
腐殖酸碳量/(g/kg)	4.50	14.56	8.80	2.71	30.78
腐殖质全碳量/(g/kg)	7.16	27.79	14.90	4.82	32.34
胡敏酸碳量/(g/kg)	0.92	6.74	2.95	1.44	48.58
胡敏素碳量/(g/kg)	2.65	13.44	6.11	2.48	40.57
富啡酸碳量/(g/kg)	2.92	9.10	5.84	1.61	27.52
胡富比	0.17	0.98	0.51	0.21	41.53

二、黔中山区烤烟种植区

本区域植烟土壤腐殖酸碳量平均为 8.07 g/kg，变幅为 0.33~15.45 g/kg。腐殖质全碳量平均为 14.02 g/kg，变幅为 0.47~26.43 g/kg；其中，土壤胡敏酸碳量平均为 2.98 g/kg，变幅为 0.16~7.74 g/kg；胡敏素碳量平均为 5.95 g/kg，变幅为 0.14~13.04 g/kg；富啡酸碳量平均为 5.09 g/kg，变幅为 0.17~9.34 g/kg（表 4-2-3、表 4-2-4）。

表 4-2-3 黔中山区代表性烤烟种植区植烟土壤腐殖酸及腐殖质组分碳量

县(市)	腐殖酸碳量 /(g/kg)	腐殖质全碳量 /(g/kg)	胡敏酸碳量 /(g/kg)	胡敏素碳量 /(g/kg)	富啡酸碳量 /(g/kg)	胡富比
遵义	6.24	12.79	2.66	6.54	3.58	0.70
黔西	7.49	14.08	2.51	6.59	4.98	0.51
贵定	6.89	11.26	2.75	4.37	4.14	0.77
开阳	8.87	14.85	3.01	5.98	5.86	0.51
西秀	10.20	17.41	3.44	7.21	6.76	0.51
余庆	9.73	15.24	3.46	5.51	6.28	0.55
凯里	8.96	15.74	3.36	6.78	5.60	0.55

表 4-2-4 黔中山区植烟土壤腐殖酸及腐殖质组分碳量统计

指标	最小值	最大值	平均值	标准差	变异系数/%
腐殖酸碳量/(g/kg)	0.33	15.45	8.07	2.90	36.01
腐殖质全碳量/(g/kg)	0.47	26.43	14.02	4.71	33.60
胡敏酸碳量/(g/kg)	0.16	7.74	2.98	1.35	45.37
胡敏素碳量/(g/kg)	0.14	13.04	5.95	2.51	42.24
富啡酸碳量/(g/kg)	0.17	9.34	5.09	1.82	35.72
胡富比	0.23	1.68	0.61	0.26	41.76

三、秦巴山区烤烟种植区

本区域植烟土壤腐殖酸碳量平均为 6.96 g/kg，变幅为 2.77~15.82 g/kg。腐殖质全碳量平均为 11.32 g/kg，变幅为 5.50~26.89 g/kg；其中，土壤胡敏酸碳量平均为 2.82 g/kg，变幅为 0.77~5.43 g/kg；胡敏素碳量平均为 4.36 g/kg，变幅为 1.08~11.06 g/kg；富啡酸碳量平均为 4.14 g/kg，变幅为 1.35~10.39 g/kg（表 4-2-5、表 4-2-6）。

表 4-2-5　秦巴山区代表性烤烟种植区植烟土壤腐殖酸及腐殖质组分碳量

县(市)	腐殖酸碳量/(g/kg)	腐殖质全碳量/(g/kg)	胡敏酸碳量/(g/kg)	胡敏素碳量/(g/kg)	富啡酸碳量/(g/kg)	胡富比
旬阳	6.03	8.61	1.81	2.59	4.21	0.44
南郑	4.92	9.73	2.05	4.81	2.87	0.84
巫山	7.76	12.60	3.88	4.84	3.88	1.02
兴山	7.36	11.29	3.61	3.93	3.75	1.04
房县	8.44	13.85	2.76	5.41	5.68	0.50

表 4-2-6　秦巴山区植烟土壤腐殖酸及腐殖质组分碳量统计

指标	最小值	最大值	平均值	标准差	变异系数/%
腐殖酸碳量/(g/kg)	2.77	15.82	6.96	2.77	39.87
腐殖质全碳量/(g/kg)	5.50	26.89	11.32	4.31	38.08
胡敏酸碳量/(g/kg)	0.77	5.43	2.82	1.28	45.35
胡敏素碳量/(g/kg)	1.08	11.06	4.36	1.83	41.98
富啡酸碳量/(g/kg)	1.35	10.39	4.14	1.88	45.46
胡富比	0.23	1.63	0.76	0.37	48.96

四、鲁中山区烤烟种植区

本区域植烟土壤腐殖酸碳量平均为 3.33 g/kg，变幅为 1.49~5.99 g/kg。腐殖质全碳量平均为 5.96 g/kg，变幅为 1.85~11.03 g/kg；其中，土壤胡敏酸碳量平均为 1.24 g/kg，变幅为 0.47~3.70 g/kg；胡敏素碳量平均为 2.64 g/kg，变幅为 0.36~7.10 g/kg；富啡酸碳量平均为 2.09 g/kg，变幅为 0.72~4.35 g/kg(表 4-2-7、表 4-2-8)。

表 4-2-7　鲁中山区代表性烤烟种植区植烟土壤腐殖酸及腐殖质组分碳量

县(市)	腐殖酸碳量/(g/kg)	腐殖质全碳量/(g/kg)	胡敏酸碳量/(g/kg)	胡敏素碳量/(g/kg)	富啡酸碳量/(g/kg)	胡富比
临朐	3.43	6.71	1.61	3.28	1.83	0.85
蒙阴	3.37	6.01	1.40	2.65	1.97	0.77
费县	3.64	6.36	1.18	2.72	2.46	0.48
诸城	3.00	4.90	0.82	1.89	2.18	0.38
五莲	3.74	6.18	1.09	2.44	2.65	0.41
莒县	2.83	5.19	0.87	2.36	1.95	0.43

表 4-2-8　鲁中山区植烟土壤腐殖酸及腐殖质组分碳量统计

指标	最小值	最大值	平均值	标准差	变异系数/%
腐殖酸碳量/(g/kg)	1.49	5.99	3.33	1.22	36.69
腐殖质全碳量/(g/kg)	1.85	11.03	5.96	2.08	34.94
胡敏酸碳量/(g/kg)	0.47	3.70	1.24	0.75	60.20
胡敏素碳量/(g/kg)	0.36	7.10	2.64	1.24	47.08
富啡酸碳量/(g/kg)	0.72	4.35	2.09	0.75	36.08
胡富比	0.12	1.61	0.61	0.30	49.43

五、东北产区烤烟种植区

本区域植烟土壤腐殖酸碳量平均为 9.07 g/kg，变幅为 3.73~14.14 g/kg。腐殖质全碳量平均为 13.24 g/kg，变幅为 8.94~17.31 g/kg；其中，土壤胡敏酸碳量平均为 4.08 g/kg，变幅为 1.89~8.74 g/kg；胡敏素碳量平均为 4.16 g/kg，变幅为 2.64~6.49 g/kg；富啡酸碳量平均为 5.00 g/kg，变幅为 1.74~7.52 g/kg（表 4-2-9、表 4-2-10）。

表 4-2-9　东北产区代表性烤烟种植区植烟土壤腐殖酸及腐殖质组分碳量

县(市)	腐殖酸碳量/(g/kg)	腐殖质全碳量/(g/kg)	胡敏酸碳量/(g/kg)	胡敏素碳量/(g/kg)	富啡酸碳量/(g/kg)	胡富比
宽甸	9.41	14.03	3.01	4.63	6.39	0.48
宁安	7.56	11.66	3.17	4.10	4.40	0.71
汪清	9.95	13.70	5.87	3.75	4.08	1.39

表 4-2-10　东北产区植烟土壤腐殖酸及腐殖质组分碳量统计

指标	最小值	最大值	平均值	标准差	变异系数/%
腐殖酸碳量/(g/kg)	3.73	14.14	9.07	2.89	31.81
腐殖质全碳量/(g/kg)	8.94	17.31	13.24	2.92	22.05
胡敏酸碳量/(g/kg)	1.89	8.74	4.08	2.28	55.98
胡敏素碳量/(g/kg)	2.64	6.49	4.16	0.95	22.81
富啡酸碳量/(g/kg)	1.74	7.52	5.00	1.53	30.61
胡富比	0.35	2.04	0.87	0.48	55.86

六、雪峰山区烤烟种植区

本区域植烟土壤腐殖酸碳量平均为 10.52 g/kg，变幅为 0.87~15.96 g/kg。腐殖质全碳量平均为 16.93 g/kg，变幅为 1.92~24.11 g/kg；其中，土壤胡敏酸碳量平均为 3.58 g/kg，变幅为 0.39~6.51 g/kg；胡敏素碳量平均为 6.41 g/kg，变幅为 1.06~11.56 g/kg；富啡酸碳量平均为 6.94 g/kg，变幅为 0.47~9.44 g/kg（表 4-2-11、表 4-2-12）。

表 4-2-11　雪峰山区代表性烤烟种植区植烟土壤腐殖酸及腐殖质组分碳量

县(市)	腐殖酸碳量/(g/kg)	腐殖质全碳量/(g/kg)	胡敏酸碳量/(g/kg)	胡敏素碳量/(g/kg)	富啡酸碳量/(g/kg)	胡富比
天柱	10.15	17.45	2.62	7.30	7.53	0.34
靖州	10.82	16.49	4.38	5.67	6.44	0.70

表 4-2-12　雪峰山区腐殖酸及腐殖质组分碳量统计

指标	最小值	最大值	平均值	标准差	变异系数/%
腐殖酸碳量/(g/kg)	0.87	15.96	10.52	4.08	38.83
腐殖质全碳量/(g/kg)	1.92	24.11	16.93	6.27	37.04
胡敏酸碳量/(g/kg)	0.39	6.51	3.58	1.87	52.16
胡敏素碳量/(g/kg)	1.06	11.56	6.41	2.53	39.39
富啡酸碳量/(g/kg)	0.47	9.44	6.94	2.55	36.72
胡富比	0.27	0.83	0.54	0.20	37.40

七、云贵高原烤烟种植区

本区域植烟土壤腐殖酸碳量平均为 8.22 g/kg，变幅为 0.29~16.04 g/kg。腐殖质全碳量平均为 15.89 g/kg，变幅为 1.37~27.99 g/kg；其中，土壤胡敏酸碳量平均为 3.29 g/kg，变幅为 0.06~9.24 g/kg；胡敏素碳量平均为 7.66 g/kg，变幅为 0.92~24.54 g/kg；富啡酸碳量平均为 4.89 g/kg，变幅为 0.23~9.98 g/kg（表 4-2-13、表 4-2-14）。

表 4-2-13　云贵高原代表性烤烟种植区植烟土壤腐殖酸及腐殖质组分碳量

县(市)	腐殖酸碳量/(g/kg)	腐殖质全碳量/(g/kg)	胡敏酸碳量/(g/kg)	胡敏素碳量/(g/kg)	富啡酸碳量/(g/kg)	胡富比
南涧	9.31	14.69	4.71	5.38	4.60	0.98
江川	8.69	15.20	4.22	6.51	4.47	0.92
盘县	11.96	20.42	4.22	8.46	7.75	0.54
威宁	8.69	16.87	2.90	8.18	5.79	0.51
兴仁	11.05	18.16	3.62	7.12	7.43	0.47
隆阳	4.48	9.79	1.48	5.16	2.49	0.80
施甸	5.53	13.12	1.50	7.59	4.03	0.82
马龙	3.00	13.65	0.99	10.64	2.01	0.36
宣威	7.61	20.52	2.77	12.91	4.84	0.62
南涧	9.31	14.69	4.71	5.38	4.60	0.98

表 4-2-14　雪峰山区植烟土壤腐殖酸及腐殖质组分碳量统计

指标	最小值	最大值	平均值	标准差	变异系数/%
腐殖酸碳量/(g/kg)	0.29	16.04	8.22	3.81	46.29
腐殖质全碳量/(g/kg)	1.37	27.99	15.89	6.38	40.14
胡敏酸碳量/(g/kg)	0.06	9.24	3.29	2.08	63.16
胡敏素碳量/(g/kg)	0.92	24.54	7.66	4.32	56.40
富啡酸碳量/(g/kg)	0.23	9.98	4.89	2.31	47.33
胡富比	0.03	2.06	0.72	0.41	57.41

八、攀西山区烤烟种植区

本区域植烟土壤腐殖酸碳量平均为 5.31 g/kg，变幅为 0.62~13.91 g/kg。腐殖质全碳量平均为 12.71 g/kg，变幅为 2.78~30.52 g/kg；其中，土壤胡敏酸碳量平均为 2.01 g/kg，变幅为 0.06~6.30 g/kg；胡敏素碳量平均为 7.39 g/kg，变幅为 1.58~16.61 g/kg；富啡酸碳量平均为 3.30 g/kg，变幅为 0.41~10.48 g/kg（表 4-2-15、表 4-2-16）。

表 4-2-15　攀西山区代表性烤烟种植区植烟土壤腐殖酸及腐殖质组分碳量

县(市)	腐殖酸碳量/(g/kg)	腐殖质全碳量/(g/kg)	胡敏酸碳量/(g/kg)	胡敏素碳量/(g/kg)	富啡酸碳量/(g/kg)	胡富比
会东	4.13	9.52	1.24	5.39	2.89	1.17
会理	4.23	9.97	0.69	5.74	3.54	0.35
米易	8.66	21.53	4.24	12.86	4.42	0.93
仁和	4.02	9.26	1.61	5.24	2.41	0.68

表 4-2-16　攀西山区植烟土壤腐殖酸及腐殖质组分碳量统计

指标	最小值	最大值	平均值	标准差	变异系数/%
腐殖酸碳量/(g/kg)	0.62	13.91	5.31	3.94	74.23
腐殖质全碳量/(g/kg)	2.78	30.52	12.71	8.05	63.34
胡敏酸碳量/(g/kg)	0.06	6.30	2.01	1.94	96.51
胡敏素碳量/(g/kg)	1.58	16.61	7.39	4.35	58.85
富啡酸碳量/(g/kg)	0.41	10.48	3.30	2.71	82.22
胡富比	0.01	4.27	0.80	0.92	94.23

九、武夷山区烤烟种植区

本区域植烟土壤腐殖酸碳量平均为 10.18 g/kg，变幅为 3.04~15.28 g/kg。腐殖质全碳量平均为 17.28 g/kg，变幅为 5.73~27.64 g/kg；其中，土壤胡敏酸碳量平均为 4.57 g/kg，变幅为 0.95~7.09 g/kg；胡敏素碳量平均为 7.10 g/kg，变幅为 0.99~17.50 g/kg；富啡酸碳量平均为 5.61 g/kg，变幅为 2.09~8.79 g/kg（表 4-2-17、表 4-2-18）。

表 4-2-17　武夷山区代表性烤烟种植区植烟土壤腐殖酸及腐殖质组分碳量

县(市)	腐殖酸碳量/(g/kg)	腐殖质全碳量/(g/kg)	胡敏酸碳量/(g/kg)	胡敏素碳量/(g/kg)	富啡酸碳量/(g/kg)	胡富比
永定	12.41	20.85	5.82	8.44	6.59	0.94
泰宁	5.72	10.13	2.07	4.41	3.65	0.56

表 4-2-18　武夷山区植烟土壤腐殖酸及腐殖质组分碳量统计

指标	最小值	最大值	平均值	标准差	变异系数/%
腐殖酸碳量/(g/kg)	3.04	15.28	10.18	3.84	37.77
腐殖质全碳量/(g/kg)	5.73	27.64	17.28	6.79	39.33
胡敏酸碳量/(g/kg)	0.95	7.09	4.57	1.96	42.92
胡敏素碳量/(g/kg)	0.99	17.50	7.10	4.31	60.78
富啡酸碳量/(g/kg)	2.09	8.79	5.61	2.09	37.26
胡富比	0.45	1.43	0.81	0.28	34.16

十、南岭山区烤烟种植区

本区域植烟土壤腐殖酸碳量平均为 7.42 g/kg，变幅为 2.43~21.66 g/kg。腐殖质全碳量平均为 14.72 g/kg，变幅为 5.72~36.35 g/kg；其中，土壤胡敏酸碳量平均为 3.46 g/kg，变幅为 0.07g~11.35 g/kg；胡敏素碳量平均为 7.14g/kg，变幅为 2.65~19.49 g/kg；富啡酸碳量平均为 3.92 g/kg，变幅为 1.06~10.70 g/kg（表 4-2-19、表 4-2-20）。

表 4-2-19　南岭山区代表性烤烟种植区植烟土壤腐殖酸及腐殖质组分碳量

县(市)	腐殖酸碳量/(g/kg)	腐殖质全碳量/(g/kg)	胡敏酸碳量/(g/kg)	胡敏素碳量/(g/kg)	富啡酸碳量/(g/kg)	胡富比
桂阳	11.59	21.47	5.98	9.87	5.61	1.07
江华	14.61	26.83	7.49	12.22	7.12	1.05
信丰	3.10	7.81	0.70	4.72	2.39	0.37
南雄	2.67	8.90	1.11	6.23	1.56	0.79

表 4-2-20　南岭山区植烟土壤腐殖酸及腐殖质组分碳量统计

指标	最小值	最大值	平均值	标准差	变异系数/%
腐殖酸碳量/(g/kg)	2.43	21.66	7.42	4.75	64.05
腐殖质全碳量/(g/kg)	5.72	36.35	14.72	7.80	53.01
胡敏酸碳量/(g/kg)	0.07	11.35	3.46	2.75	79.33
胡敏素碳量/(g/kg)	2.65	19.49	7.14	3.27	45.74
富啡酸碳量/(g/kg)	1.06	10.70	3.92	2.10	53.60
胡富比	0.02	1.47	0.78	0.36	46.72

十一、中原地区烤烟种植区

本区域植烟土壤腐殖酸碳量平均为 4.13 g/kg，变幅为 2.61~5.99 g/kg。腐殖质全碳量平均为 7.69 g/kg，变幅为 4.16~10.35 g/kg；其中，土壤胡敏酸碳量平均为 1.85 g/kg，变幅为 0.95~3.03 g/kg；胡敏素碳量平均为 3.56 g/kg，变幅为 1.55~5.55 g/kg；富啡酸碳量平均为 2.28 g/kg，变幅为 1.57~3.26 g/kg(表 4-2-21、表 4-2-22)。

表 4-2-21　中原地区代表性烤烟种植区植烟土壤腐殖酸及腐殖质组分碳量

县(市)	腐殖酸碳量/(g/kg)	腐殖质全碳量/(g/kg)	胡敏酸碳量/(g/kg)	胡敏素碳量/(g/kg)	富啡酸碳量/(g/kg)	胡富比
襄城	4.27	7.88	2.13	3.60	2.14	1.00
灵宝	3.84	7.33	1.30	3.48	2.54	0.51

表 4-2-22　中原地区植烟土壤腐殖酸及腐殖质组分碳量统计

指标	最小值	最大值	平均值	标准差	变异系数/%
腐殖酸碳量/(g/kg)	2.61	5.99	4.13	0.88	21.39
腐殖质全碳量/(g/kg)	4.16	10.35	7.69	1.78	23.16
胡敏酸碳量/(g/kg)	0.95	3.03	1.85	0.65	35.17
胡敏素碳量/(g/kg)	1.55	5.55	3.56	1.20	33.70
富啡酸碳量/(g/kg)	1.57	3.26	2.28	0.48	21.01
胡富比	0.39	1.41	0.83	0.30	36.11

十二、皖南山区烤烟种植区

本区域植烟土壤腐殖酸碳量平均为 8.54 g/kg，变幅为 4.78~11.14 g/kg。腐殖质全碳量平均为 13.19 g/kg，变幅为 5.81~18.93 g/kg；其中，土壤胡敏酸碳量平均为 3.28 g/kg，变幅为 1.51~5.22 g/kg；胡敏素碳量平均为 4.65 g/kg，变幅为 1.03~7.79 g/kg；富啡酸碳量平均为 5.26 g/kg，变幅为 3.27~7.36 g/kg（表 4-2-23、表 4-2-24）。

表 4-2-23　皖南山区代表性烤烟种植区植烟土壤腐殖酸及腐殖质组分碳量

县(市)	腐殖酸碳量 /(g/kg)	腐殖质全碳量 /(g/kg)	胡敏酸碳量 /(g/kg)	胡敏素碳量 /(g/kg)	富啡酸碳量 /(g/kg)	胡富比
宣城	8.54	13.19	3.28	4.65	5.26	0.62

表 4-2-24　皖南山区植烟土壤腐殖酸及腐殖质组分碳量统计

指标	最小值	最大值	平均值	标准差	变异系数/%
腐殖酸碳量/(g/kg)	4.78	11.14	8.54	2.35	27.48
腐殖质全碳量/(g/kg)	5.81	18.93	13.19	4.23	32.04
胡敏酸碳量/(g/kg)	1.51	5.22	3.28	1.23	37.58
胡敏素碳量/(g/kg)	1.03	7.79	4.65	2.42	52.09
富啡酸碳量/(g/kg)	3.27	7.36	5.26	1.32	25.12
胡富比	0.40	0.91	0.62	0.16	25.81

第三节　土壤中微量元素特征

一、武陵山区烤烟种植区

本区域植烟土壤有效铁平均为 55.07 mg/kg，变幅为 10.54~190.62 mg/kg；以丰富为主，丰富的占 82.19%。有效铜含量平均为 1.72 mg/kg，变幅为 0.27~5.93 mg/kg；以丰富-较丰富为主，丰富和很丰富的分别占 42.47% 和 39.73%，中等的占 17.81%。有效锰含量平均为 91.47 mg/kg，变幅为 8.21~410.02 mg/kg；以较丰富-丰富为主，丰富和较丰富的分别占 67.12% 和 28.77%。有效锌含量平均为 3.59 mg/kg，变幅为 0.46~10.21 mg/kg；以较丰富-丰富为主，丰富和较丰富的分别占 63.01% 和 31.51%。交换性钙含量平均为 9.12 cmol/kg，变幅为 0.57~34.99 cmol/kg；以丰富为主，丰富的占 93.15%，其余为适中-较丰富的合计占 6.85%。交换性镁含量平均为 1.59 cmol/kg，变幅为 0.18~6.11 cmol/kg；处于适中-丰富水平，丰富和适中的分别占 42.47% 和 30.14%，较丰富的占 13.70%（表 4-3-1、表 4-3-2）。

表 4-3-1　武陵山区代表性烤烟种植区植烟土壤中微量元素含量

县(市)	有效铁 /(mg/kg)	有效铜 /(mg/kg)	有效锰 /(mg/kg)	有效锌 /(mg/kg)	交换性钙 /(cmol/kg)	交换性镁 /(cmol/kg)
德江	39.54	1.74	93.22	3.80	4.88	1.06
道真	30.54	2.06	80.09	3.75	7.30	1.98
咸丰	57.44	1.43	50.41	1.92	12.46	2.33
利川	81.12	1.23	73.86	1.91	8.85	1.29

续表

县(市)	有效铁/(mg/kg)	有效铜/(mg/kg)	有效锰/(mg/kg)	有效锌/(mg/kg)	交换性钙/(cmol/kg)	交换性镁/(cmol/kg)
桑植	49.90	1.00	116.16	5.00	10.17	1.50
凤凰	91.69	2.53	70.78	3.44	6.32	1.60
彭水	63.33	2.17	236.69	6.03	5.75	0.32
武隆	31.38	1.78	79.05	3.95	15.91	2.12

表 4-3-2　武陵山区植烟土壤中微量元素含量统计

指标	最小值	最大值	平均值	标准差	变异系数/%
有效铁/(mg/kg)	10.54	190.62	55.07	38.34	69.62
有效铜/(mg/kg)	0.27	5.93	1.72	0.95	55.44
有效锰/(mg/kg)	8.21	410.02	91.47	78.41	85.72
有效锌/(mg/kg)	0.46	10.21	3.59	1.85	51.59
交换性钙/(cmol/kg)	0.57	34.99	9.12	6.76	74.12
交换性镁/(cmol/kg)	0.18	6.11	1.59	1.51	94.61

综合而言，武陵山区植烟土壤有效铁、有效锰、有效锌、交换性钙含量较高，有效铜、土壤交换性镁含量中等。

二、黔中山区烤烟种植区

本区域植烟土壤有效铁平均为 50.57 mg/kg，变幅为 3.25~466.44 mg/kg；处于较丰富-丰富水平，含量丰富的占 82.19%。有效铜含量平均为 1.86 mg/kg，变幅为 0.16~9.00 mg/kg；其中，含量中等的占 21.95%，较丰富的占 37.80%，丰富的占 39.02%。有效锰含量平均为 96.00 mg/kg，变幅为 10.32~600.02 mg/kg；处于较丰富-丰富水平，含量较丰富的占 48.78%，丰富的占 50.00%。有效锌含量平均为 3.57 mg/kg，变幅为 0.82~15.88 mg/kg；含量较丰富的占 41.46%，丰富的占 57.23%。交换性钙含量平均为 10.44 cmol/kg，变幅为 1.16~51.71 cmol/kg；含量适中的占 6.10%，较丰富的占 2.44%，丰富的占 90.24%。交换性镁含量平均为 2.64 cmol/kg，变幅为 0.13~11.82 cmol/kg；缺乏的数占 6.10%，适中的占 14.63%，较丰富的占 6.10%，丰富的占 71.95%（表 4-3-3、表 4-3-4）。

综合而言，黔中山区植烟土壤有效铁、有效锰、有效锌、交换性钙含量较高，有效铜、交换性镁含量中等。

表 4-3-3　黔中山区代表性烤烟种植区植烟土壤中微量元素含量

县(市)	有效铁/(mg/kg)	有效铜/(mg/kg)	有效锰/(mg/kg)	有效锌/(mg/kg)	交换性钙/(cmol/kg)	交换性镁/(cmol/kg)
遵义	51.72	1.61	66.36	2.15	9.84	2.07
黔西	26.67	1.73	100.38	3.25	10.64	2.16
贵定	54.04	1.76	170.49	3.66	6.96	2.06
开阳	30.19	1.45	94.93	4.68	7.08	1.97
西秀	89.86	1.93	58.99	3.04	8.80	2.48
余庆	73.04	3.70	80.80	3.62	12.63	3.60
凯里	15.00	0.84	80.33	5.50	17.56	4.64

表 4-3-4 黔中山区植烟土壤中微量元素含量统计

指标	最小值	最大值	平均值	标准差	变异系数/%
有效铁/(mg/kg)	3.25	466.44	50.57	42.27	83.59
有效铜/(mg/kg)	0.16	9.00	1.86	1.59	85.48
有效锰/(mg/kg)	10.32	600.02	96.00	90.26	94.02
有效锌/(mg/kg)	0.82	15.88	3.57	2.45	68.63
交换性钙/(cmol/kg)	1.16	51.71	10.44	9.19	88.03
交换性镁/(cmol/kg)	0.13	11.82	2.64	2.33	88.26

三、秦巴山区烤烟种植区

本区域土壤有效铁平均为 48.55 mg/kg，变幅为 3.40~198.92 mg/kg；处于较丰富-丰富水平，含量较丰富的占 12.82%，丰富的占 76.92%。有效铜含量平均为 1.49 mg/kg，变幅为 0.59~3.41 mg/kg；处于中等-丰富水平，含量中等的占 30.77%，较丰富的占 41.03%，丰富的占 30.77%。有效锰含量平均为 60.37 mg/kg，变幅为 6.97~170.85 mg/kg；处于较丰富-丰富水平，含量较丰富的占 38.46%，丰富的占 53.85%。有效锌含量平均为 2.47 mg/kg，变幅为 0.13~8.76 mg/kg；处于较丰富-丰富水平，含量较丰富的占 53.85%，丰富的占 30.77%。交换性钙含量平均为 14.49 cmol/kg，变幅为 1.38~66.93 cmol/kg；含量丰富的占 97.44%。交换性镁含量平均为 1.93 cmol/kg，变幅为 0.22~7.11 cmol/kg；处于适中-丰富水平，缺乏的占 5.13%，适中的占 15.38%，较丰富的占 17.95%，丰富的占 64.10%(表 4-3-5、表 4-3-6)。

综合而言，本区植烟土壤有效铁、有效锰、有效锌、交换性钙含量较高，有效铜、交换性镁含量中等。

表 4-3-5 秦巴山区代表性烤烟种植区植烟土壤中微量元素含量

县(市)	有效铁/(mg/kg)	有效铜/(mg/kg)	有效锰/(mg/kg)	有效锌/(mg/kg)	交换性钙/(cmol/kg)	交换性镁/(cmol/kg)
旬阳	56.91	1.24	67.60	3.10	8.99	1.78
南郑	20.06	1.50	34.06	1.17	17.70	2.46
巫山	29.43	1.08	44.32	2.14	16.07	2.55
兴山	101.93	1.57	81.79	1.27	19.49	1.08
房县	73.66	2.73	109.19	5.68	10.87	0.78

表 4-3-6 秦巴山区植烟土壤中微量元素含量统计

指标	最小值	最大值	平均值	标准差	变异系数/%
有效铁/(mg/kg)	3.40	198.92	48.55	41.30	85.07
有效铜/(mg/kg)	0.59	3.41	1.49	0.75	49.99
有效锰/(mg/kg)	6.97	170.85	60.37	45.63	75.58
有效锌/(mg/kg)	0.13	8.76	2.47	1.95	78.86
交换性钙/(cmol/kg)	1.38	66.93	14.49	12.20	84.23
交换性镁/(cmol/kg)	0.22	7.11	1.93	1.40	72.66

四、鲁中山区烤烟种植区

本区域土壤有效铁平均为 18.15 mg/kg，变幅为 1.78~59.67 mg/kg；多数处于中等-丰富水平，含量适中的占 29.17%，较丰富的占 25.00%，丰富的占 35.42%。有效铜含量平均为 1.08 mg/kg，变幅为 0.19~2.60 mg/kg；处于中等-较丰富水平，含量中等的占 39.19%，较丰富的占 55.41%，丰富的占 4.05%。有效锰含量平均为 30.94 mg/kg，变幅为 1.63~135.43 mg/kg；处于中等-丰富水平，含量中等的占 31.08%，较丰富的占 32.43%，丰富的占 32.43%。有效锌含量平均为 0.79 mg/kg，变幅为 0.17~2.38 mg/kg；处于缺乏-较丰富水平，含量缺乏的占 20.27%，中等的占 51.35%，较丰富的占 25.68%。交换性钙含量平均为 25.54 cmol/kg，变幅为 3.19~95.38 cmol/kg；均处于丰富水平。交换性镁含量平均为 3.22 cmol/kg，变幅为 0.43~9.11 cmol/kg；处于适中-丰富水平，含量适中的占 6.76%，较丰富的占 6.76%，丰富的占 86.49%（表 4-3-7、表 4-3-8）。

综合而言，本区植烟土壤交换性钙含量较高，有效铁、有效铜、有效锰、土壤交换性镁含量中等，有效锌含量偏低。

表 4-3-7　本区代表性烤烟种植区植烟土壤中微量元素含量

县(市)	有效铁/(mg/kg)	有效铜/(mg/kg)	有效锰/(mg/kg)	有效锌/(mg/kg)	交换性钙/(cmol/kg)	交换性镁/(cmol/kg)
临朐	10.91	1.07	18.05	0.77	29.09	2.27
蒙阴	23.77	1.12	43.77	0.88	12.82	2.60
费县	14.50	1.04	22.92	0.72	30.53	5.85
诸城	35.36	1.01	44.59	0.76	33.58	4.60
五莲	34.25	1.59	46.42	0.68	23.54	6.27
莒县	12.65	0.70	11.33	0.55	68.29	6.10

表 4-3-8　本区植烟土壤中微量元素含量统计

指标	最小值	最大值	平均值	标准差	变异系数/%
有效铁/(mg/kg)	1.78	59.67	18.15	15.77	86.90
有效铜/(mg/kg)	0.19	2.60	1.08	0.44	40.70
有效锰/(mg/kg)	1.63	135.43	30.94	27.71	89.55
有效锌/(mg/kg)	0.17	2.38	0.79	0.42	52.44
交换性钙/(cmol/kg)	3.19	95.38	25.54	20.84	81.60
交换性镁/(cmol/kg)	0.43	9.11	3.22	1.91	59.17

五、东北产区烤烟种植区

本区域土壤有效铁平均为 108.21 mg/kg，变幅为 12.68~224.45 mg/kg；含量较丰富的占 5.88%，丰富的占 94.12%。有效铜含量平均为 8.64 mg/kg，变幅为 0.59~30.30 mg/kg；处于中等-丰富水平，含量中等的占 5.26%，较丰富的占 36.84%，含量丰富的占 57.89%。有效锰含量平均为 40.88 mg/kg，变幅为 0.94~102.64 mg/kg；含量缺乏的占 21.05%，较丰富的占 15.79%，丰富的占 57.89%。有效锌含量平均为 7.67 mg/kg，变幅为 0.54~

27.07 mg/kg；含量中等的占 15.79%，较丰富的占 21.05%，丰富的占 63.16%。交换性钙含量平均为 10.98 cmol/kg，变幅为 1.23~24.81 cmol/kg；含量丰富的样点占 94.74%。交换性镁含量平均为 4.46 cmol/kg，变幅为 0.21~12.75 cmol/kg；处于适中-丰富水平，含量适中的占 10.53%，较丰富的占 5.26%，丰富的占 78.94%（表 4-3-9、表 4-3-10）。

综合而言，东北产区植烟土壤有效铁、交换性钙含量较高，有效铜、有效锌、交换性镁含量中等，有效锰空间差异较大。

表 4-3-9 东北产区代表性烤烟种植区植烟土壤中微量元素含量

县（市）	有效铁 /(mg/kg)	有效铜 /(mg/kg)	有效锰 /(mg/kg)	有效锌 /(mg/kg)	交换性钙 /(cmol/kg)	交换性镁 /(cmol/kg)
宽甸	140.76	14.76	27.37	12.07	4.14	4.56
宁安	50.53	2.19	31.56	0.80	21.31	6.41
汪清	108.52	1.55	75.34	4.37	16.41	2.70

表 4-3-10 东北产区植烟土壤中微量元素含量统计

指标	最小值	最大值	平均值	标准差	变异系数/%
有效铁/(mg/kg)	12.68	224.45	108.21	58.34	53.91
有效铜/(mg/kg)	0.59	30.30	8.64	11.87	137.39
有效锰/(mg/kg)	0.94	102.64	40.88	31.95	78.17
有效锌/(mg/kg)	0.54	27.07	7.67	8.59	111.96
交换性钙/(cmol/kg)	1.23	24.81	10.98	8.77	79.87
交换性镁/(cmol/kg)	0.21	12.75	4.46	3.40	76.22

六、雪峰山区烤烟种植区

本区域土壤有效铁平均为 93.52 mg/kg，变幅为 19.98~347.58 mg/kg；多数处于较丰富-丰富水平，含量较丰富的占 7.14%，丰富的占 92.86%。有效铜含量平均为 2.44 mg/kg，变幅为 0.33~6.86 mg/kg；处于中等-丰富水平，含量中等的占 43.75%，较丰富的占 12.50%，丰富的占 43.75%。有效锰含量平均为 28.52 mg/kg，变幅为 3.38~88.10 mg/kg；含量缺乏的占 6.67%，中等的占 26.67%，较丰富的占 33.33%，丰富的占 33.33%。有效锌含量平均为 3.72 mg/kg，变幅为 1.24~8.02 mg/kg；处于较丰富中等-丰富水平，含量较丰富的占 37.50%，丰富的占 62.50%。交换性钙含量平均为 4.70 cmol/kg，变幅为 0.76~11.49 cmol/kg；含量缺乏的占 12.50%，中等的占 12.50%，较丰富的占 6.25%，丰富的占 68.75%。交换性镁含量平均为 1.11 cmol/kg，变幅为 0.31~4.22 cmol/kg；处于适中-丰富水平，含量适中的占 43.75%，较丰富的占 12.50%，丰富的占 25.00%（表 4-3-11、表 4-3-12）。

表 4-3-11 雪峰山区代表性烤烟种植区植烟土壤中微量元素含量

县（市）	有效铁 /(mg/kg)	有效铜 /(mg/kg)	有效锰 /(mg/kg)	有效锌 /(mg/kg)	交换性钙 /(cmol/kg)	交换性镁 /(cmol/kg)
天柱	60.42	1.23	43.84	3.08	5.22	1.43
靖州	269.83	4.47	25.02	4.79	3.82	0.58

表 4-3-12　雪峰山区植烟土壤中微量元素含量统计

指标	最小值	最大值	平均值	标准差	变异系数/%
有效铁/(mg/kg)	19.98	347.58	93.52	91.17	97.49
有效铜/(mg/kg)	0.33	6.86	2.44	2.20	90.22
有效锰/(mg/kg)	3.38	88.10	28.52	22.21	77.88
有效锌/(mg/kg)	1.24	8.02	3.72	1.98	53.22
交换性钙/(cmol/kg)	0.76	11.49	4.70	3.16	67.22
交换性镁/(cmol/kg)	0.31	4.22	1.11	1.05	93.92

综合而言，雪峰山区植烟土壤有效铁含量较高，有效铜、有效锌、有效锰、交换性镁含量中等，交换性钙含量空间差异较大。

七、云贵高原烤烟种植区

本区域土壤有效铁平均为 31.16 mg/kg，变幅为 1.31~289.38 mg/kg；多数处于中等-丰富水平，含量中等的占 9.20%，较丰富的占 22.99%，丰富的占 63.22%。有效铜含量平均为 1.97 mg/kg，变幅为 0.14~9.94 mg/kg；含量中等的占 16.09%，较丰富的占 33.33%，丰富的占 48.28%。有效锰含量平均为 54.33 mg/kg，变幅为 0.25~276.26 mg/kg；含量中等的占 18.39%，较丰富的占 26.44%，丰富的占 52.87%。有效锌含量平均为 2.59 mg/kg，变幅为 0.26~17.19 mg/kg；含量缺乏、极缺乏的分别占 2.30%、4.60%，中等的占 14.94%，较丰富的占 31.03%，丰富的占 45.98%。交换性钙含量平均为 8.30 cmol/kg，变幅为 0.73~48.01 cmol/kg；含量处于缺乏、极缺乏水平的均占 1.15%，中等水平的占 3.45%，较丰富水平的占 3.45%，丰富水平的占 89.66%。交换性镁含量平均为 1.95 cmol/kg，变幅为 0.09~9.63 cmol/kg；含量适中、较丰富的均占 9.20%，丰富的占 78.16%（表 4-3-13、表 4-3-14）。

综合而言，云贵高原植烟土壤有效铁、有效锰、有效锌、交换性钙含量较高，有效铜、交换性镁含量中等，但空间差异较大。

表 4-3-13　云贵高原烤代表性烤烟种植区植烟土壤中土壤微量元素含量

县(市)	有效铁/(mg/kg)	有效铜/(mg/kg)	有效锰/(mg/kg)	有效锌/(mg/kg)	交换性钙/(cmol/kg)	交换性镁/(cmol/kg)
南涧	93.59	1.89	96.39	5.83	5.12	1.75
江川	28.00	3.18	34.81	1.13	16.00	2.46
盘县	23.22	2.21	116.30	3.68	9.83	2.48
威宁	49.79	2.94	74.73	6.15	9.47	2.66
兴仁	16.17	2.54	89.41	4.00	13.17	2.83
隆阳	31.05	1.2475	21.725	1.735	8.575	3.115
施甸	50.05	1.765	62.45	1.54	7.935	1.6875
马龙	20.275	1.44	21.7	0.5775	5.7325	1.215
宣威	18.72	3.904	28.7	2.822	8.224	2.046

表 4-3-14　云贵高原植烟土壤中微量元素含量统计

指标	最小值	最大值	平均值	标准差	变异系数/%
有效铁/(mg/kg)	1.31	289.38	31.16	22.73	72.96
有效铜/(mg/kg)	0.14	9.94	1.97	1.16	59.04
有效锰/(mg/kg)	0.25	279.26	54.33	51.05	93.96
有效锌/(mg/kg)	0.26	17.19	2.59	1.69	65.22
交换性钙/(cmol/kg)	0.73	48.01	8.30	4.54	54.75
交换性镁/(cmol/kg)	0.09	9.63	1.95	0.88	45.28

八、攀西山区烤烟种植区

本区域土壤有效铁平均为 46.81 mg/kg，变幅为 5.80~159.00 mg/kg；处于中等-丰富水平，含量中等的占 11.10%，较丰富的占 27.78%，丰富的占 61.11%。有效铜含量平均为 1.20 mg/kg，变幅为 0.15~5.24 mg/kg；部分处于缺乏水平，处于中等-丰富水平，含量缺乏的占 5.56%，中等的占 61.11%，较丰富的占 11.11%，丰富的占 22.22%。有效锰含量平均为 34.35 mg/kg，变幅为 4.80~99.70 mg/kg；含量缺乏的占 5.26%，中等的占 15.79%，较丰富的占 47.37%，丰富的占 26.32%。有效锌含量平均为 1.26 mg/kg，变幅为 0.30~5.16 mg/kg；部分处于缺乏水平，多数处于中等-丰富水平，含量缺乏的占 21.05%，中等的占 26.32%，较丰富的占 42.11%，丰富的占 10.53%。交换性钙含量平均为 5.29 cmol/kg，变幅为 1.24~7.33 cmol/kg；含量缺乏的占 7.69%，丰富的占 92.31%。交换性镁含量平均为 1.48 cmol/kg，变幅为 0.37~3.46 cmol/kg；含量缺乏的占 7.69%，适中的占 7.69%，较丰富的占 23.08%，丰富的占 61.54%（表 4-3-15、表 4-3-16）。

综合而言，攀西山区植烟土壤有效铁、有效锰、有效锌、交换性钙、交换性镁含量较高，有效铜含量中等。

表 4-3-15　攀西山区代表性烤烟种植区植烟土壤中微量元素含量

县(市)	有效铁/(mg/kg)	有效铜/(mg/kg)	有效锰/(mg/kg)	有效锌/(mg/kg)	交换性钙/(cmol/kg)	交换性镁/(cmol/kg)
会东	32.88	0.90	34.86	0.95	4.51	1.69
会理	57.25	0.72	23.98	2.34	2.85	0.59
米易	118.46	4.75	47.28	1.35	4.69	1.08
仁和	14.36	0.37	29.22	0.63	2.28	0.61

表 4-3-16　攀西山区植烟土壤中微量元素含量统计

指标	最小值	最大值	平均值	标准差	变异系数/%
有效铁/(mg/kg)	5.80	159.00	46.81	43.29	92.49
有效铜/(mg/kg)	0.15	5.24	1.20	1.42	118.53
有效锰/(mg/kg)	4.80	99.70	34.35	28.52	83.03
有效锌/(mg/kg)	0.30	5.16	1.26	1.19	94.06
交换性钙/(cmol/kg)	1.24	7.33	5.29	1.74	32.93
交换性镁/(cmol/kg)	0.37	3.46	1.48	0.79	53.18

九、武夷山区烤烟种植区

本区域土壤有效铁平均为 145.61 mg/kg，变幅为 23.56~495.33 mg/kg，均处于丰富水平。有效铜含量平均为 3.47 mg/kg，变幅为 0.46~10.02 mg/kg；处于中等-丰富水平，含量中等的占3.45%，较丰富的占10.34%，丰富的占86.21%。有效锰含量平均为 15.46 mg/kg，变幅为 5.61~47.57 mg/kg；处于中等-丰富水平，含量中等的占 62.07%，较丰富的占27.59%，丰富的占 10.34%。有效锌含量平均为 4.81 mg/kg，变幅为 0.21~16.16 mg/kg；含量极缺乏的占 3.45%，中等的占 6.90%，较丰富的占 31.03%，丰富的占 58.62%。交换性钙含量平均为 3.80 cmol/kg，变幅为 0.67~13.38 cmol/kg；含量处于缺乏、极缺乏水平的均占 3.45%，中等水平的占 6.90%，较丰富的占 27.59%，丰富的占 58.62%。交换性镁含量平均为 1.64 cmol/kg，变幅为 0.21~6.63 cmol/kg；含量缺乏的占 17.24%，适中的占 27.59%，较丰富的占 10.34%，丰富的占 44.83%（表 4-3-17、表 4-3-18）。

综合而言，武夷山区植烟土壤有效铁、有效铜、有效锌、交换性钙、交换性镁含量较高，有效锰含量中等。

表 4-3-17　武夷山区代表性烤烟种植区植烟土壤中微量元素含量

县(市)	有效铁/(mg/kg)	有效铜/(mg/kg)	有效锰/(mg/kg)	有效锌/(mg/kg)	交换性钙/(cmol/kg)	交换性镁/(cmol/kg)
永定	229.90	3.87	22.65	6.46	2.40	0.69
泰宁	29.96	2.70	14.93	1.67	6.44	3.30

表 4-3-18　武夷山区植烟土壤中微量元素含量统计

指标	最小值	最大值	平均值	标准差	变异系数/%
有效铁/(mg/kg)	23.56	495.33	145.61	133.67	91.80
有效铜/(mg/kg)	0.46	10.02	3.47	2.28	65.80
有效锰/(mg/kg)	5.61	47.57	15.46	9.72	62.85
有效锌/(mg/kg)	0.21	16.16	4.81	3.82	79.53
交换性钙/(cmol/kg)	0.67	13.38	3.80	2.82	74.23
交换性镁/(cmol/kg)	0.21	6.63	1.64	1.72	104.74

十、南岭山区烤烟种植区

本区域土壤有效铁平均为 32.27 mg/kg，变幅为 2.47~83.25 mg/kg；含量极缺乏的占 2.27%，缺乏的占 4.55%，中等的占 6.82%，较丰富的占 20.45%，丰富的占 65.91%。有效铜含量平均为 2.84 mg/kg，变幅为 0.37~8.28 mg/kg；处于中等-丰富水平，含量中等的占 20.41%，较丰富的占 16.33%，丰富的占 63.27%。有效锰含量平均为 30.76 mg/kg，变幅为 1.04~142.72 mg/kg；处于中等-丰富水平，含量中等的占 39.31%，较丰富的占 29.79%，丰富的占 29.79%。有效锌含量平均为 2.99 mg/kg，变幅为 0.69~17.76 mg/kg；处于中等-丰富水平，含量中等的占 8.33%，较丰富的占 64.58%，丰富的占 27.08%。交换性钙含量平均为 31.17 cmol/kg，变幅为 1.69~59.21 cmol/kg；均处于丰富水平。交换性镁含量平均为 1.88cmol/kg，变幅为 0.37~3.42 cmol/kg；含量缺乏的占 2.33%，适中的占 6.98%，较丰富的占 13.95%，丰富的占 76.74%（表 4-3-19、表 4-3-20）。

综合而言，南岭山区植烟土壤有效铁、有效铜、有效锌、交换性钙、交换性镁含量较高，有效锰含量中等。

表 4-3-19　南岭山区代表性烤烟种植区植烟土壤中微量元素含量

县(市)	有效铁/(mg/kg)	有效铜/(mg/kg)	有效锰/(mg/kg)	有效锌/(mg/kg)	交换性钙/(cmol/kg)	交换性镁/(cmol/kg)
桂阳	36.20	3.87	55.83	4.85	32.65	1.79
江华	32.57	2.42	26.72	2.42	34.21	2.21
信丰	10.37	0.68	16.08	1.52	1.86	0.53
南雄	26.00	1.11	29.38	1.41	0.00	0.00

表 4-3-20　南岭山区植烟土壤中微量元素含量统计

指标	最小值	最大值	平均值	标准差	变异系数/%
有效铁/(mg/kg)	2.47	83.25	32.27	21.16	65.56
有效铜/(mg/kg)	0.37	8.28	2.84	1.93	67.91
有效锰/(mg/kg)	1.04	142.72	30.76	35.27	114.68
有效锌/(mg/kg)	0.69	17.76	2.99	3.14	105.10
交换性钙/(cmol/kg)	1.69	59.21	31.17	20.86	66.93
交换性镁/(cmol/kg)	0.37	3.42	1.88	0.78	41.61

十一、中原地区烤烟种植区

本区域土壤有效铁平均为 8.66 mg/kg，变幅为 3.87~26.90 mg/kg；部分处于缺乏水平，多数处于中等-丰富水平，含量缺乏的占 9.09%，中等的占 72.73%，较丰富、丰富的均占 18.18 %。有效铜含量平均为 0.98 mg/kg，变幅为 0.48~1.91 mg/kg；处于中等-丰富水平，含量中等的占 54.55 %，较丰富的占 42.42%，丰富的占 3.03%。有效锰含量平均为 15.79 mg/kg，变幅为 4.89~71.29 mg/kg，多数处于中等-丰富水平，含量中等的占 81.82%，较丰富的占 9.09%，丰富的占 9.09 %。有效锌含量平均为 0.77 mg/kg，变幅为 0.16~2.12 mg/kg；含量极缺乏的占 6.06%，缺乏的占 24.24%，中等的占 51.52%，较丰富的占 18.18 %。交换性钙含量平均为 29.57 cmol/kg，变幅为 9.01~134.99 cmol/kg；全部处于丰富水平。交换性镁含量平均为 1.81 cmol/kg，变幅为 0.90~2.61 cmol/kg；含量中等、较丰富的均占 15.15%，丰富的占 84.85 %（表 4-3-21、表 4-3-22）。

表 4-3-21　中原地区代表性烤烟种植区植烟土壤中微量元素含量

县(市)	有效铁/(mg/kg)	有效铜/(mg/kg)	有效锰/(mg/kg)	有效锌/(mg/kg)	交换性钙/(cmol/kg)	交换性镁/(cmol/kg)
襄城	9.19	0.97	17.26	0.69	18.27	1.81
灵宝	5.47	1.06	6.97	1.24	97.38	1.84

表 4-3-22　中原地区植烟土壤中微量元素含量统计

指标	最小值	最大值	平均值	标准差	变异系数/%
有效铁/(mg/kg)	3.87	26.90	8.66	6.32	72.91
有效铜/(mg/kg)	0.48	1.91	0.98	0.27	27.62
有效锰/(mg/kg)	4.89	71.29	15.79	15.22	96.40
有效锌/(mg/kg)	0.16	2.12	0.77	0.46	59.74
交换性钙/(cmol/kg)	9.01	134.99	29.57	32.76	110.78
交换性镁/(cmol/kg)	0.90	2.61	1.81	0.48	26.56

综合而言,中原地区植烟土壤交换性钙、交换性镁含量较高,有效铁、有效铜、有效锰含量中等,有效锌含量偏低。

十二、皖南山区烤烟种植区

本区域土壤有效铁平均为 158.16 mg/kg,变幅为 70.08~247.98 mg/kg;全部处于丰富水平。有效铜含量平均为 2.22 mg/kg,变幅为 0.94~3.40 mg/kg;处于中等-丰富水平,含量中等的占 10.00%,较丰富的占 30.00%,丰富的占 60.00%。有效锰含量平均为 32.79 mg/kg,变幅为 3.45~73.02 mg/kg;缺乏的占 10.00%,中等的占 20.00%,较丰富的占 30.00%,丰富的占 40.00%。有效锌含量平均为 1.58 mg/kg,变幅为 1.09~2.62 mg/kg,全部处于较丰富水平。交换性钙含量平均为 3.86 cmol/kg,变幅为 1.14~6.74 cmol/kg;含量缺乏的占 10.00%,较丰富的占 20.00%,丰富的占 70.00%。交换性镁含量平均为 1.37 cmol/kg,变幅为 0.46~2.04 cmol/kg;全部处于中等-丰富水平,含量中等占 10.00%,较丰富占 40.00%,丰富的占 50.00%(表 4-3-23、表 4-3-24)。

综合而言,皖南山区植烟土壤有效铁、有效铜、有效锰、有效锌、交换性钙、交换性镁含量较高。

表 4-3-23　皖南山区代表性烤烟种植区植烟土壤中微量元素含量

县(市)	有效铁/(mg/kg)	有效铜/(mg/kg)	有效锰/(mg/kg)	有效锌/(mg/kg)	交换性钙/(cmol/kg)	交换性镁/(cmol/kg)
宣城	158.16	2.22	32.78	1.58	3.86	1.37

表 4-3-24　皖南山区植烟土壤中微量元素含量统计

指标	最小值	最大值	平均值	标准差	变异系数/%
有效铁/(mg/kg)	70.08	247.98	158.16	55.45	35.06
有效铜/(mg/kg)	0.94	3.40	2.22	0.85	38.21
有效锰/(mg/kg)	3.45	73.02	32.79	24.58	74.96
有效锌/(mg/kg)	1.09	2.62	1.58	0.55	35.06
交换性钙/(cmol/kg)	1.14	6.74	3.86	1.91	49.56
交换性镁/(cmol/kg)	0.46	2.04	1.37	0.54	39.00

第五章　武陵山区烤烟典型区域生态条件

武陵山区烤烟种植区位于湖南西北部、湖北南部、贵州东北部、重庆东南部广大地区。典型烤烟种植县包括贵州省铜仁市北部的德江县，遵义市东北部的道真县，湖北省西部恩施州的宣恩县、咸丰县、利川市、来凤县和鹤峰县，湖南省张家界市的桑植县，湘西州的凤凰县、保靖县和龙山县，重庆市的彭水县、武隆县和石柱县等14个县(市)。武陵山区在我国自然资源区划和农业综合区划中是独特的生态区域，该区域是我国烤烟典型产区之一，也是传统分类的中间香型的主要产区。本章选择德江县、道真县、咸丰县、利川市、桑植县、凤凰县、彭水县和武隆县8个典型产区的40个代表性片区对武陵山区烤烟种植区的生态条件进行描述，以利用代表性片区主要生态指标的检测数据体现该区域的整个生态特征。

第一节　贵州德江生态条件

一、地理位置

德江县位于贵州省东北部，铜仁地区西部，地处北纬28°00′~28°38′，东经107°36′~108°28′，东邻印江县，南接思南县，西连凤冈县，北插沿河、务川两县。现辖青龙街道、玉水街道、煎茶镇、潮砥镇、枫香溪镇、稳坪镇、高山镇、泉口镇、长堡镇、共和镇、平原镇、堰塘土家族乡、龙泉土家族乡、钱家土家族乡、沙溪土家族乡、楠杆土家族乡、复兴土家族苗族乡、合兴土家族乡、桶井土家族乡、荆角土家族乡、长丰土家族乡等2个街道、9个镇、10个民族乡。东西长63.68 km，南北宽78.88 km，周长370.33 km，总面积2072 km²(图5-1-1)。

二、自然条件

1. 地形地貌

德江县地处云贵高原东北部阶梯状斜缓坡面上的娄山山系与武陵山山系交会处，乌江以东为武陵山系，乌江以西为娄山山系。整体地势为西北部高、中部较缓、

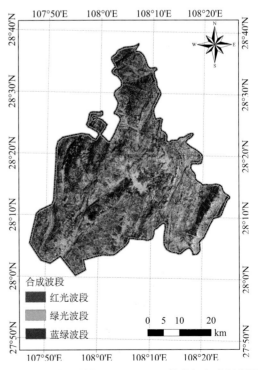

图5-1-1　德江县位置及Landsat假彩色合成影像图

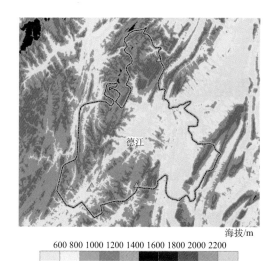

图 5-1-2 德江县海拔示意图

东部稍低的波状起伏斜面。最高为沙溪乡万山村夏家山羊角脑山峰，海拔 1534 m；最低为桶井乡望牌村乌江出境口，海拔 319 m，相对高差 1215 m；属鄂西北中低山地貌区。境内有相对高度较大、坡度较陡、山体高大连绵、河流切割幽深、海拔 800~1500 m 的西北高原；有地面起伏不大、相对高度在 100 m 左右、坡度较小的丘陵(图 5-1-2)。

2. 气候条件

德江县属典型的亚热带季风性湿润气候。全年平均气温 11.6~17.5℃，平均 14.9℃，中东部年均温较高，北部较低；1 月最冷，月平均气温 4.5℃，7 月最热，月平均气温 24.9℃。年均降水总量 1115~1261 mm，平均 1172 mm 左右，5~7 月降雨较多，在 150 mm 以上，1 月、2 月、3 月、12 月降雨较少，在 50 mm 以下；降雨区域分布总趋势是由北部和东南部向中部、西南部递减。年均日照时数 1038~1311 h，平均 1073 h，5~9 月日照在 100 h 以上，其他月份较少；区域日照分布总趋势是由中部向周围递增(图 5-1-3)。平均无霜期 295 d。

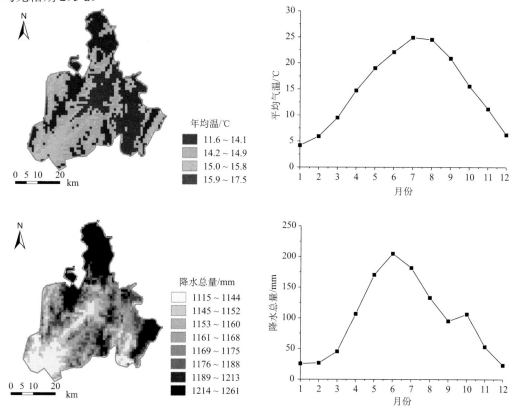

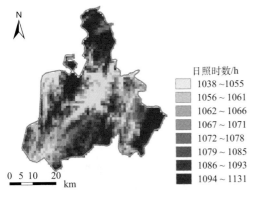

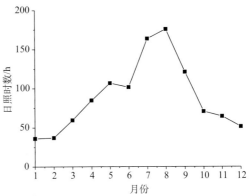

图 5-1-3　德江县 1980~2013 年平均温度、降水总量、日照时数时空动态变化示意图

三、片区与代表性烟田

1. 高山乡高桥村桥上片区

1) 基本信息

代表性地块（DJ-01）：北纬 28°31′52.980″，东经 108°10′17.098″，海拔 1125 m（图 5-1-4），位于中山坡地上部，成土母质为泥质岩风化残积-坡积物，烤烟-玉米不定期轮作，中坡旱地，土壤亚类为石质铝质湿润雏形土。

2) 气候条件

烤烟大田生长期间（4~9 月），平均气温 19.0℃，降水量 949 mm，日照时数 743 h（图 5-1-5）。

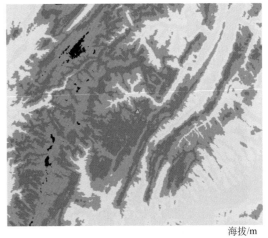

图 5-1-4　片区海拔示意图

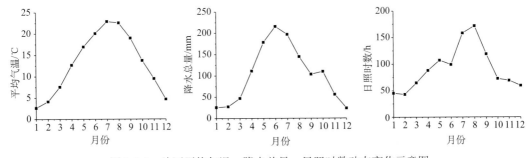

图 5-1-5　片区平均气温、降水总量、日照时数动态变化示意图

3) 剖面形态（图 5-1-6（右））

Ap：0~30 cm，灰棕色（5YR4/2，润），浊棕色（5YR6/4，干），60% 左右岩石碎屑，壤土，发育弱的 2~5 mm 块状结构，松散，2~3 个蚯蚓穴，pH 4.7，清晰平滑过渡。

Bw：30~40 cm，红棕色(5YR 4/6，润)，橙色(5YR 6/8，干)，50%左右岩石碎屑，壤土，发育弱的 10~20 mm 块状结构，稍硬，2~3 个蚯蚓穴，pH 4.8，渐变波状过渡。

R：40 cm~，泥质岩。

4) 土壤养分

片区土壤呈酸性，土体 pH 4.70~4.79，有机质 16.80~36.69 g/kg，全氮 1.46~2.38 g/kg，全磷0.74~1.11 g/kg，全钾28.40~31.20 g/kg；碱解氮106.59~256.38 mg/kg，有效磷 3.00~14.70 mg/kg，速效钾 154.52~416.24 mg/kg，氯离子 8.09~34.60 mg/kg，交换性 Ca^{2+} 0.56~1.29 cmol/kg，交换性 Mg^{2+} 0.55~0.68 cmol/kg。

图 5-1-6　代表性地块景观(左)和土壤剖面(右)

腐殖酸与腐殖质组成中，腐殖酸碳 7.24~14.56g/kg，腐殖质全碳 9.74~21.28g/kg，胡敏酸碳 1.97~5.45g/kg，胡敏素碳2.50~6.73g/kg，富啡酸碳5.28~9.10g/kg，胡富比 0.37~0.60。

微量元素中，有效铜 1.37~1.68 mg/kg，有效铁 65.93~74.40 mg/kg，有效锰 41.70~128.03 mg/kg，有效锌 1.75~5.45 mg/kg(表 5-1-1~表 5-1-3)。

表 5-1-1　片区代表性烟田土壤养分状况

土层/cm	pH	有机质/(g/kg)	全氮/(g/kg)	全磷/(g/kg)	全钾/(g/kg)	碱解氮/(mg/kg)	有效磷/(mg/kg)	速效钾/(mg/kg)	氯离子/(mg/kg)
0~30	4.70	36.69	2.38	1.11	31.20	256.38	14.70	416.24	34.60
30~40	4.79	16.80	1.46	0.74	28.40	106.59	3.00	154.52	8.09

表 5-1-2　片区代表性烟田土壤腐殖酸与腐殖质组成

土层/cm	腐殖酸碳量/(g/kg)	腐殖质全碳量/(g/kg)	胡敏酸碳量/(g/kg)	胡敏素碳量/(g/kg)	富啡酸碳量/(g/kg)	胡富比
0~30	14.56	21.28	5.45	6.73	9.10	0.60
30~40	7.24	9.74	1.97	2.50	5.28	0.37

表 5-1-3　片区代表性烟田土壤中微量元素状况

土层 /cm	有效铜 /(mg/kg)	有效铁 /(mg/kg)	有效锰 /(mg/kg)	有效锌 /(mg/kg)	交换性 Ca^{2+} /(cmol/kg)	交换性 Mg^{2+} /(cmol/kg)
0~30	1.68	74.40	128.03	5.45	1.29	0.55
30~40	1.37	65.93	41.70	1.75	0.56	0.68

5）总体评价

土体薄，耕作层质地适中，砾石多，耕性和通透性好，中度水土流失。酸性土壤，有机质丰富，肥力较高，缺磷、富钾、铜、铁、锰、锌，氯超标。

2. 复兴镇楠木村马史坡片区

1）基本信息

代表性地块（DJ-02）：北纬 28°6′7.276″，东经 107°50′11.486″，海拔 822 m（图 5-1-7），中山坡地中上部，成土母质为石灰岩风化冰碛坡积物，烤烟-玉米不定期轮作，缓坡梯田旱地，土壤亚类为普通简育湿润淋溶土。

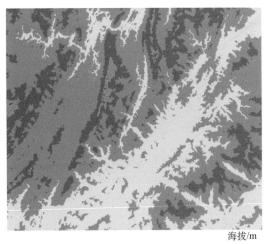

海拔/m

600 800 1000 1200 1400 1600 1800 2000 2200

图 5-1-7　片区海拔示意图

2）气候条件

烤烟大田生长期间（4~9 月），平均气温 21.4℃，降水量 859 mm，日照时数 753 h（图 5-1-8）。

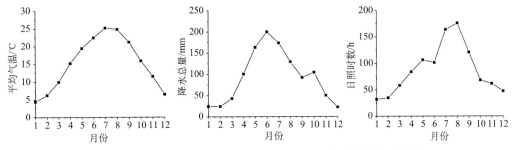

图 5-1-8　片区平均气温、降水总量、日照时数动态变化示意图

3）剖面形态（图 5-1-9（右））

Ap：0~25 cm，灰棕色（5YR 4/2，润），浊橙色（5YR 6/4，干），50%左右岩石碎屑，粉质黏壤土，发育强的 1~2 mm 粒状结构，松散，2~3 个蚯蚓穴，pH 5.5，清晰波状过渡。

Btr1：25~67 cm，红棕色（5YR 4/6，润），橙色（5YR 6/8，干），20%左右岩石碎屑，粉质黏壤土，发育强的 10~20 mm 块状结构，坚硬，结构面上 10%左右黏粒胶膜，2%左右软小铁锰结核，2~3 个蚯蚓穴，pH 5.7，渐变波状过渡。

Btr2：67~100 cm，红棕色（5YR 4/6，润），橙色（5YR 6/8，干），20%左右岩石碎屑，

粉质黏土，发育强的 20~50 mm 棱块状结构，坚硬，结构面上 10%左右黏粒胶膜，2%左右软小铁锰结核，2~3 个蚯蚓穴，pH 6.4，清晰波状过渡。

图 5-1-9　代表性地块景观(左)和土壤剖面(右)

Abr：100~120 cm，黑色(5YR 2/1，润)，浊红棕色(5YR 4/3，干)，30%左右岩石碎屑，粉质黏土，发育中等的 20~50 mm 棱块状结构，坚硬，结构面上腐殖质-黏粒胶膜，1%左右软小铁锰结核，pH 6.6。

4）土壤养分

片区土壤呈酸性，土体 pH 5.46~6.56，有机质 10.10~23.32 g/kg，全氮 0.96~1.50 g/kg，全磷 0.57~0.94 g/kg，全钾 12.40~15.70 g/kg；碱解氮 65.02~133.30 mg/kg，有效磷 0.40~11.70 mg/kg，速效钾 31.58~90.06 mg/kg，氯离子 3.83~5.45 mg/kg，交换性 Ca^{2+} 4.19~8.68 cmol/kg，交换性 Mg^{2+} 0.24~0.50 cmol/kg。

腐殖酸与腐殖质组成中，腐殖酸碳量 3.54~8.75 g/kg，腐殖质全碳量 5.86~13.53 g/kg，胡敏酸碳量 0.86~2.02 g/kg，胡敏素碳量 1.72~4.78 g/kg，富啡酸碳量 2.69~6.73 g/kg，胡富比 0.30~0.56。

微量元素中，有效铜 0.61~1.30 mg/kg，有效铁 13.08~33.78 mg/kg，有效锰 58.50~166.40 mg/kg，有效锌 0.67~4.24 mg/kg(表 5-1-4~表 5-1-6)。

表 5-1-4　片区代表性烟田土壤养分状况

土层 /cm	pH	有机质 /(g/kg)	全氮 /(g/kg)	全磷 /(g/kg)	全钾 /(g/kg)	碱解氮 /(mg/kg)	有效磷 /(mg/kg)	速效钾 /(mg/kg)	氯离子 /(mg/kg)
0~25	5.46	23.32	1.50	0.94	14.10	133.30	7.30	90.06	3.83
25~40	5.67	11.50	1.00	0.59	12.80	83.60	11.70	67.53	4.68
40~67	5.88	20.10	1.20	0.57	12.40	101.71	11.60	51.73	4.80
67~95	6.39	11.40	0.96	0.61	13.80	73.38	0.60	39.56	4.70
95~105	6.56	14.40	1.07	0.64	12.60	95.44	11.40	31.58	5.45
105~120	6.53	10.10	0.96	0.73	15.70	65.02	0.40	50.86	4.05

表 5-1-5 片区代表性烟田土壤腐殖酸与腐殖质组成

土层 /cm	腐殖酸碳量 /(g/kg)	腐殖质全碳量 /(g/kg)	胡敏酸碳量 /(g/kg)	胡敏素碳量 /(g/kg)	富啡酸碳量 /(g/kg)	胡富比
0~25	8.75	13.53	2.02	4.78	6.73	0.30
25~40	4.95	6.67	1.31	1.72	3.65	0.36
40~67	6.96	11.66	1.97	4.70	4.99	0.39
67~95	4.49	6.61	1.32	2.12	3.17	0.42
95~105	5.58	8.35	2.01	2.77	3.57	0.56
105~120	3.54	5.86	0.86	2.31	2.69	0.32

表 5-1-6 片区代表性烟田土壤中微量元素状况

土层 /cm	有效铜 /(mg/kg)	有效铁 /(mg/kg)	有效锰 /(mg/kg)	有效锌 /(mg/kg)	交换性 Ca^{2+} /(cmol/kg)	交换性 Mg^{2+} /(cmol/kg)
0~25	1.30	22.18	166.40	4.24	6.00	0.50
25~40	1.02	18.53	97.68	1.13	4.19	0.41
40~67	1.22	23.88	126.60	1.63	6.13	0.24
67~95	1.17	26.18	86.90	1.09	7.58	0.43
95~105	1.12	13.08	91.23	1.10	8.68	0.28
105~120	0.61	33.78	58.50	0.67	8.19	0.27

5)总体评价

土体深厚，耕作层质地偏黏，耕性较差，砾石多，通透性好，轻度水土流失。微酸性土壤，有机质含量中等，肥力较高，磷、钾缺乏，铜、铁、锰、锌较丰富，镁含量中等。

3. 煎茶镇石板塘村板桥片区

1)基本信息

代表性地块（DJ-03）：东经 28°5′55.327″，北纬 107°54′23.764″，海拔 719 m（图 5-1-10），低山区沟谷地，成土母质为沟谷堆积-冲积物，烤烟-晚稻不定期轮作，水田，土壤亚类为普通铁聚水耕人为土。

海拔/m

600 800 1000 1200 1400 1600 1800 2000 2200

图 5-1-10 片区海拔示意图

2)气候条件

烤烟大田生长期间（4~9 月），平均气温 21.8℃，降水量 857 mm，日照时数 756 h（图 5-1-11）。

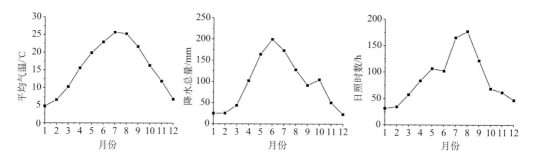

图 5-1-11　片区平均气温、降水总量、日照时数年动态变化示意图

3）剖面形态（图 5-1-12（右））

图 5-1-12　代表性地块景观（左）和土壤剖面（右）

Ap1：0~20 cm，灰棕色（5YR 5/2，润），浊橙色（5YR 7/4，干），5%左右岩石碎屑，粉壤土，发育强的 1~2 mm 粒状结构，松散，2~3 个蚯蚓穴，pH 6.1，清晰平滑过渡。

Ap2：20~40 cm，灰棕色（5YR 5/2，润），浊橙色（5YR 7/4，干），5%左右岩石碎屑，粉壤土，发育强的 10~20 mm 块状结构，坚硬，2~3 个蚯蚓穴，结构面上 5%左右铁锰斑纹，5%左右灰色胶膜，1%左右软小铁锰结核，pH 6.6，渐变波状过渡。

Br1：40~70 cm，暗红棕色（5YR3/4，润），亮红棕色（5YR5/6，干），10%左右岩石碎屑，粉壤土，发育强的 20~50 mm 块状结构，坚硬，结构面上 15%左右铁锰斑纹，5%左右灰色胶膜，10%左右软小铁锰结核，pH 6.6，渐变波状过渡。

Br2：70~110 cm，灰棕色（5YR 5/2，润），浊橙色（5YR 7/4，干），10%左右岩石碎屑，粉壤土，发育强的 20~50 mm 块状结构，坚硬，结构面上 10%左右铁锰斑纹，5%左右软小铁锰结核，pH 6.6。

4）土壤养分

片区土壤呈微酸性，土体 pH 6.05~6.63，有机质 5.70~25.28 g/kg，全氮 0.68~1.60 g/kg，全磷 0.46~0.74 g/kg，全钾 14.50~20.10 g/kg，碱解氮 31.81~137.48 mg/kg，有效磷 1.00~17.40 mg/kg，速效钾 52.19~114.65 mg/kg，氯离子 3.29~12.20 mg/kg，交换性 Ca^{2+} 4.43~9.08 cmol/kg，交换性 Mg^{2+} 1.13~3.17 cmol/kg。

腐殖酸与腐殖质组成中，腐殖酸碳量 1.88~9.58 g/kg，腐殖质全碳量 3.31~14.66 g/kg，胡敏酸碳量 0.44~2.92 g/kg，胡敏素碳量 1.07~5.08 g/kg，富啡酸碳量 1.41~6.67 g/kg，胡富比 0.28~0.61。

土壤微量元素中，有效铜 0.41~3.18 mg/kg，有效铁 12.60~141.88 mg/kg，有效锰 22.08~114.85 mg/kg，有效锌为 0.51~3.41 mg/kg（表 5-1-7~表 5-1-9）。

表 5-1-7　片区代表性烟田土壤养分状况

土层 /cm	pH	有机质 /(g/kg)	全氮 /(g/kg)	全磷 /(g/kg)	全钾 /(g/kg)	碱解氮 /(mg/kg)	有效磷 /(mg/kg)	速效钾 /(mg/kg)	氯离子 /(mg/kg)
0~20	6.05	25.28	1.60	0.74	15.70	137.48	17.40	114.65	12.20
20~40	6.56	7.30	0.68	0.66	14.50	52.48	6.60	52.19	3.55
40~70	6.55	5.70	0.70	0.58	16.00	49.70	1.80	52.85	7.31
70~90	6.58	7.00	0.70	0.46	17.00	39.94	12.30	76.11	8.15
90~110	6.63	6.80	0.69	0.55	20.10	31.81	1.00	82.84	3.29

表 5-1-8　片区代表性烟田土壤腐殖酸与腐殖质组成

土层 /cm	腐殖酸碳量 /(g/kg)	腐殖质全碳量 /(g/kg)	胡敏酸碳量 /(g/kg)	胡敏素碳量 /(g/kg)	富啡酸碳量 /(g/kg)	胡富比
0~20	9.58	14.66	2.92	5.08	6.67	0.44
20~40	2.74	4.23	1.04	1.49	1.70	0.61
40~70	2.24	3.31	0.49	1.07	1.75	0.28
70~90	1.93	4.06	0.44	2.13	1.50	0.29
90~110	1.88	3.94	0.47	2.07	1.41	0.34

表 5-1-9　片区代表性烟田土壤中微量元素状况

土层 /cm	有效铜 /(mg/kg)	有效铁 /(mg/kg)	有效锰 /(mg/kg)	有效锌 /(mg/kg)	交换性 Ca^{2+} /(cmol/kg)	交换性 Mg^{2+} /(cmol/kg)
0~20	3.18	141.88	60.60	3.41	4.43	1.13
20~40	1.54	25.35	82.98	1.04	4.43	1.27
40~70	0.67	13.85	114.85	1.03	6.07	1.51
70~90	0.45	14.61	40.75	0.72	9.08	2.62
90~110	0.41	12.60	22.08	0.51	8.92	3.17

5）总体评价

土体深厚，耕作层质地适中，砾石少，耕性和通透性较好。微酸性土壤，有机质含量中等，肥力较高，缺磷，钾、氯含量适中，铜、铁、锰、锌、钙、镁含量丰富。

海拔/m

600 800 1000 1200 1400 1600 1800 2000 2200

图 5-1-13 片区海拔示意图

4. 煎茶镇石板塘村红岩子片区

1)基本信息

代表性地块(DJ-04):北纬28°6′46.425″,东经 107°55′1.545″,海拔731 m(图 5-1-13),低山区冲积平原一级阶地,成土母质为洪积-冲积物,烤烟-玉米不定期轮作,梯田旱地,土壤亚类为耕淀简育湿润淋溶土。

2)气候条件

烤烟大田生长期间(4~9月),平均气温 21.7℃,降水量 860 mm,日照时数 756 h(图 5-1-14)。

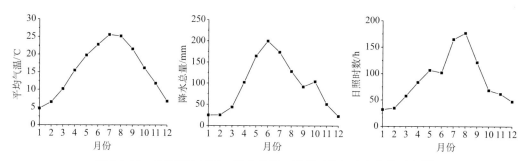

图 5-1-14 片区平均气温、降水总量、日照时数年动态变化示意图

3)剖面形态(图 5-1-15(右))

图 5-1-15 代表性地块景观(左)和土壤剖面(右)

Ap：0~28 cm，浊棕色（7.5YR5/4，润），橙色（7.5YR7/6，干），2%左右岩石碎屑，粉壤土，发育强的 1~2 mm 粒状结构，松散，2~3 个蚯蚓穴，pH 7.0，清晰平滑过渡。

AB：28~35 cm，暗红棕色（5YR3/6，润），亮红棕色（5YR 5/6，干），20%左右岩石碎屑，粉壤土，发育强的 1~2 mm 粒状结构，松散，2~3 个蚯蚓穴，pH 7.2，渐变波状过渡。

Br：35~65 cm，灰棕色（5YR 4/2，润），浊棕色（5YR 5/4，干），10%左右岩石碎屑，粉质黏壤土，发育强的 10~20 mm 块状结构，坚硬，结构面上 2%左右铁锰斑纹，2%左右软小铁锰结核，2~3 个蚯蚓穴，pH 7.1，渐变波状过渡。

Abr：65~90 cm，黑棕色（5YR2/1，润），浊红棕色（5YR4/3，干），2%左右岩石碎屑，粉质黏壤土，发育强的 20~50 mm 棱块状结构，坚硬，结构面和孔隙壁上5%左右腐殖质淀积胶膜，2%左右铁锰斑纹，2%左右软小铁锰结核，2~3 个蚯蚓穴，pH 6.9，渐变波状过渡。

Btr：90~120 cm，灰棕色（5YR 4/2，润），浊橙色（5YR 6/4，干），2%左右岩石碎屑，粉质黏壤土，发育强的 20~50 mm 棱块状结构，坚硬，结构面上 2%左右铁锰斑纹，10%左右黏粒胶膜，2%左右软小铁锰结核，pH 6.7。

4）土壤养分

片区土壤呈中性，土体 pH 6.73~7.15，有机质 11.20~19.56 g/kg，全氮 0.65~1.25 g/kg，全磷 0.59~0.90 g/kg，全钾 16.00~18.60 g/kg，碱解氮 44.59~86.85 mg/kg，有效磷 0.20~9.00 mg/kg，速效钾 27.60~120.63 mg/kg，氯离子 7.78~12.20 mg/kg，交换性 Ca^{2+} 5.63~11.87 cmol/kg，交换性 Mg^{2+} 2.34~4.52 cmol/kg。

腐殖酸与腐殖质组成中，腐殖酸碳 2.02~7.06 g/kg，腐殖质全碳量 6.50~11.35 g/kg，胡敏酸碳量 0.26~2.96 g/kg，胡敏素碳量 3.16~7.84 g/kg，富啡酸碳量 1.76~4.58 g/kg，胡富比 0.15~0.88。

微量元素中，有效铜 0.12~1.73 mg/kg，有效铁 0.24~59.95 mg/kg，有效锰 78.53~154.00 mg/kg，有效锌 1.42~3.27 mg/kg（表 5-1-10~表 5-1-12）。

表 5-1-10　片区代表性烟田土壤养分状况

土层/cm	pH	有机质/(g/kg)	全氮/(g/kg)	全磷/(g/kg)	全钾/(g/kg)	碱解氮/(mg/kg)	有效磷/(mg/kg)	速效钾/(mg/kg)	氯离子/(mg/kg)
0~28	7.04	19.56	1.25	0.90	18.00	86.85	9.00	120.63	8.21
28~65	7.15	18.20	1.19	0.59	18.60	78.49	0.40	48.20	10.10
65~90	7.08	18.00	1.04	0.71	16.40	69.67	0.20	34.29	7.78
90~110	6.86	11.20	0.87	0.68	16.00	65.95	0.20	27.60	9.03
110~120	6.73	17.00	0.65	0.63	17.00	44.59	0.40	31.58	12.20

表 5-1-11　片区代表性烟田土壤腐殖酸与腐殖质组成

土层/cm	腐殖酸碳量/(g/kg)	腐殖质全碳量/(g/kg)	胡敏酸碳量/(g/kg)	胡敏素碳量/(g/kg)	富啡酸碳量/(g/kg)	胡富比
0~28	7.06	11.35	2.49	4.29	4.58	0.54
28~65	6.47	10.56	2.96	4.08	3.52	0.84

续表

土层 /cm	腐殖酸碳量 /(g/kg)	腐殖质全碳量 /(g/kg)	胡敏酸碳量 /(g/kg)	胡敏素碳量 /(g/kg)	富啡酸碳量 /(g/kg)	胡富比
65~92	5.99	10.44	2.80	4.45	3.19	0.88
92~110	3.34	6.50	1.30	3.16	2.04	0.64
110~120	2.02	9.86	0.26	7.84	1.76	0.15

表 5-1-12　片区代表性烟田土壤中微量元素状况

土层 /cm	有效铜 /(mg/kg)	有效铁 /(mg/kg)	有效锰 /(mg/kg)	有效锌 /(mg/kg)	交换性 Ca^{2+} /(cmol/kg)	交换性 Mg^{2+} /(cmol/kg)
0~28	0.12	0.24	140.00	2.56	10.25	4.10
28~65	1.22	5.92	154.00	2.05	10.85	4.52
65~92	1.68	11.20	149.03	3.27	11.87	4.15
92~110	1.73	33.10	98.05	1.57	6.86	2.89
110~120	1.15	59.95	78.53	1.42	5.63	2.34

海拔/m

600 800 1000 1200 1400 1600 1800 2000 2200

图 5-1-16　片区海拔示意图

5) 总体评价

土体较厚,耕作层质地偏黏,耕性较差,砾石较多,通透性较好,轻度水土流失。中性土壤,有机质含量偏低,肥力中等,缺磷,钾含量中等,铜、铁缺乏,锰、锌、钙、镁丰富。

5. 合兴乡茶园村茶园片区

1) 基本信息

代表性地块(DJ-05):北纬 28°6′53.487″,东经 108°5′38.856″,海拔 900 m(图 5-1-16),中山坡地中部,成土母质冰碛坡积物,烤烟-玉米不定期轮作,梯田旱地,土壤亚类为腐殖质铝质湿润淋溶土。

2) 气候条件

烤烟大田生长期间(4~9 月),平均气温 20.1℃,降水量 895 mm,日照时数 751 h(图 5-1-17)。

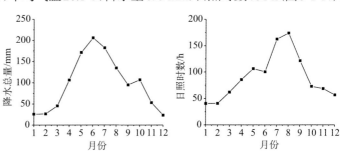

图 5-1-17　片区平均气温、降水总量、日照时数年动态变化示意图

3）剖面形态（图 5-1-18（右））

图 5-1-18　代表性地块景观（左）和土壤剖面（右）

Ap：0~25 cm，棕灰色（7.5YR5/1，润），淡棕灰色（7.5YR7/2，干），20%左右岩石碎屑，粉壤土，发育强的 1~2 mm 粒状结构，松散，2~3 个蚯蚓穴，pH 5.0，渐变波状过渡。

AB：25~40 cm，棕灰色（7.5YR 5/1，润），淡棕灰色（7.5YR 7/2，干），50%左右岩石碎屑，粉壤土，发育中等的 10~20 mm 块状结构，稍硬，结构面和孔隙壁上 5%左右腐殖质淀积胶膜，5%左右铁锰斑纹，5%左右软小铁锰结核，2~3 个蚯蚓穴，pH 5.0，渐变波状过渡。

Bt：40~60 cm，灰棕色（7.5YR 5/2，润），浊橙色（7.5YR 7/4，干），20%左右岩石碎屑，粉质黏壤土，发育强的 20~50 mm 棱块状结构，坚硬，结构面上 10%左右黏粒胶膜，pH 5.1，清晰波状过渡。

Abr：60~120 cm，黑棕色（7.5YR3/1，润），浊棕色（7.5YR5/3，干），2%左右岩石碎屑，粉质黏壤土，发育强的 20~50 mm 棱块状结构，坚硬，结构面上 10%左右腐殖质-黏粒胶膜，pH5.1。

4）土壤养分

片区土壤呈酸性，土体 pH 4.98~5.01，有机质 12.20~27.81 g/kg，全氮 0.73~1.61 g/kg，全磷0.38~0.71 g/kg，全钾13.30~17.30 g/kg，碱解氮69.67~167.67 mg/kg，有效磷 1.80~14.50 mg/kg，速效钾 23.28~228.29 mg/kg，氯离子 4.94~27.80 mg/kg，交换性 Ca^{2+} 3.47~4.19 cmol/kg，交换性 Mg^{2+} 0.04~0.83 cmol/kg。

腐殖酸与腐殖质组成中，腐殖酸碳量 4.21~10.75 g/kg，腐殖质全碳量 7.08~16.13 g/kg，胡敏酸碳量 1.60~3.42 g/kg，胡敏素碳量 2.87~5.38 g/kg，富啡酸碳量 2.61~7.33 g/kg，胡富比 0.47~0.67。

微量元素中，有效铜 1.30~1.82 mg/kg，有效铁 14.90~25.85 mg/kg，有效锰 95.30~

317.90 mg/kg，有效锌 0.70~3.84 mg/kg（表 5-1-13~表 5-1-15）。

表 5-1-13　片区代表性烟田土壤养分状况

土层 /cm	pH	有机质 /(g/kg)	全氮 /(g/kg)	全磷 /(g/kg)	全钾 /(g/kg)	碱解氮 /(mg/kg)	有效磷 /(mg/kg)	速效钾 /(mg/kg)	氯离子 /(mg/kg)
0~25	4.98	27.81	1.61	0.71	17.30	167.67	14.50	228.29	27.80
25~40	5.01	15.21	1.11	0.56	15.28	99.87	10.02	95.10	20.45
40~60	5.11	12.20	0.73	0.47	13.30	78.26	9.40	27.81	5.38
60~120	5.05	15.40	0.80	0.38	13.80	69.67	1.80	23.28	4.94

表 5-1-14　片区代表性烟田土壤腐殖酸与腐殖质组成

土层 /cm	腐殖酸碳量 /(g/kg)	腐殖质全碳量 /(g/kg)	胡敏酸碳量 /(g/kg)	胡敏素碳量 /(g/kg)	富啡酸碳量 /(g/kg)	胡富比
0~25	10.75	16.13	3.42	5.38	7.33	0.47
25~40	6.28	8.99	2.25	2.98	3.76	0.60
40~60	4.21	7.08	1.60	2.87	2.61	0.61
60~120	5.26	8.93	2.11	3.68	3.15	0.67

表 5-1-15　片区代表性烟田土壤中微量元素状况

土层 /cm	有效铜 /(mg/kg)	有效铁 /(mg/kg)	有效锰 /(mg/kg)	有效锌 /(mg/kg)	交换性 Ca^{2+} /(cmol/kg)	交换性 Mg^{2+} /(cmol/kg)
0~25	1.82	25.85	317.90	3.84	4.19	0.83
25~40	1.55	22.36	216.75	1.88	3.96	0.22
40~60	1.30	20.24	111.43	0.88	3.84	0.04
60~120	1.36	14.90	95.30	0.70	3.47	0.17

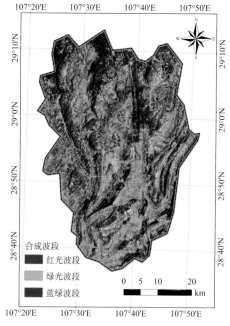

图 5-2-1　道真县位置及 Landsat 假彩色合成影像图

5）总体评价

土体深厚，耕作层质地适中，砾石较多，耕性和通透性好。酸性土壤，有机质含量中等，肥力高，缺磷富钾，铜、铁、锰、锌、钙含量丰富，镁含量中等。

第二节　贵州道真生态条件

一、地理位置

道真仡佬族苗族自治县（简称道真县）是遵义市辖下的自治县，位于东经 107°21′~107°51′、北纬 28°36′~29°13′。地处贵州省北部，与务川仡佬族苗族自治县、正安县、南川区、武隆县、彭水苗族土家族自治县接壤。道真县现辖玉溪镇、三江镇、隆兴镇、旧城镇、三桥镇、洛龙镇、忠信镇、阳溪镇、平模镇、大矸镇、棕坪乡、桃源乡、河口乡、上坝土家族乡等 10 个镇、4 个乡。道真县辖区面积 2156 km²（图 5-2-1）。

二、自然条件

1. 地形地貌

道真县属大娄山系中支和东支余脉，最高海拔麻抓岩 1939.9 m，最低海拔芙蓉江出境处 317.9 m（图 5-2-2）。地貌以溶蚀侵蚀低山峰丛和槽谷为主，碳酸盐岩广布，属典型的喀斯特地貌。

2. 气候条件

道真县属亚热带湿润季风气候，冬无严寒、夏无酷暑，气候宜人。全年平均气温在 9.3~17.5℃，平均 13.8℃，北部较低；1 月最冷，月平均气温 3.5℃，7 月最热，月平均气温 23.7℃。年均降水总量 1116~1318 mm，平均 1203 mm左右，5~7 月降雨较多，在 150 mm 以上，1、2、3、12 月降雨较少，在 50 mm

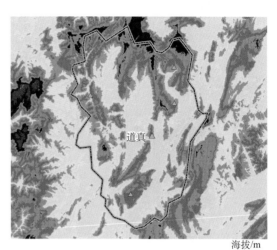

海拔/m

800 1000 1200 1400 1600 1800 2000 2200 2400

图 5-2-2 道真县海拔示意图

以下；区域分布总的趋势是由北部向南部递减。年均日照时数 1007~1137 h，平均1058 h，5~9 月日照在 100 h 以上或稍少，其他月份较少，北部较多。平均无霜期275 d 以上（图 5-2-3）。

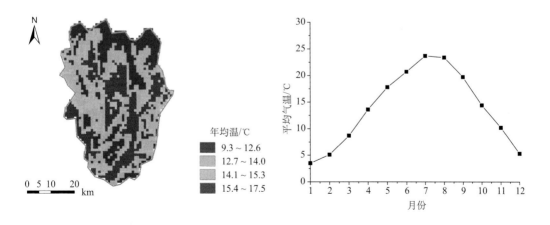

年均温/℃

■ 9.3 ~ 12.6
■ 12.7 ~ 14.0
□ 14.1 ~ 15.3
■ 15.4 ~ 17.5

0 5 10 20 km

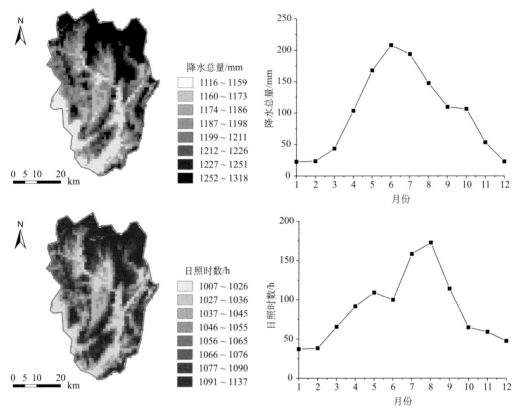

图 5-2-3　道真县 1980~2013 年平均温度、降水总量、日照时数时空动态变化示意图

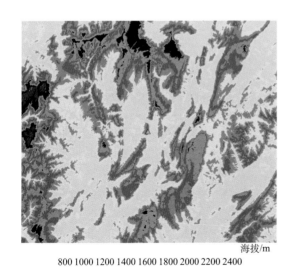

图 5-2-4　片区海拔示意图

三、片区与代表性烟田

1. 玉溪镇城关村玛瑙片区

1）基本信息

代表性地块（DZ-01）：北纬 28°53′29.962″，东经 107°39′32.040″，海拔 1255 m（图 5-2-4），中山坡地中上部，成土母质为混有石灰岩残体的古黄红土，烤烟-玉米不定期轮作，缓坡旱地，土壤亚类为普通钙质湿润淋溶土。

2）气候条件

烤烟大田生长期间（4~9 月），平均气温 19.7℃，降水量 932 mm，日照时数 744 h（图 5-2-5）。

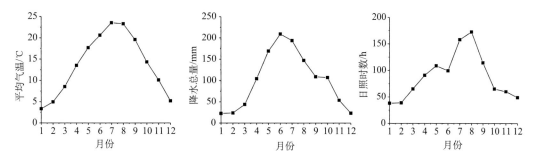

图 5-2-5　片区平均气温、降水总量、日照时数动态变化示意图

3) 剖面形态(图 5-2-6(右))

图 5-2-6　代表性地块景观(左)和土壤剖面(右)

Ap：0~25 cm，灰黄棕色(10YR 4/2，润)，浊黄棕色(10YR 5/4，干)，10%左右岩石碎屑，粉质黏壤土，发育强的 1~2 mm 粒状结构，松散，2~3 个蚯蚓穴，pH 5.5，渐变波状过渡。

AB：25~55 cm，灰黄棕色(10YR 4/2，润)，浊黄棕色(10YR 5/4，干)，10%左右岩石碎屑，粉质黏壤土，发育强的 10~20 mm 块状结构，稍硬，2~3 个蚯蚓穴，pH 5.6，清晰波状过渡。

Btr1：55~80 cm，灰黄棕色(10YR 5/2，润)，浊黄橙色(10YR 7/4，干)，5%左右岩石碎屑，粉质黏土，发育中等的 20~50 mm 棱块状结构，坚硬，结构面上 5%左右黏粒胶膜，1%左右软小铁锰结核，pH 5.7，渐变波状过渡。

Btr2：80~105 cm，灰黄棕色(10YR 5/2，润)，浊黄橙色(10YR 7/4，干)，5%左右岩

石碎屑，粉质黏土，发育中等的 20~50 mm 棱块状结构，坚硬，结构面上 10%左右黏粒胶膜，1%左右软小铁锰结核，pH 5.7，渐变波状过渡。

Btr3：105~130 cm，灰黄棕色(10YR 5/2，润)，浊黄橙色(10YR 7/4，干)，5%左右岩石碎屑，粉质黏土，发育强的 20~50 mm 棱块状结构，坚硬，结构面上 10%左右黏粒胶膜，1%左右软小铁锰结核，pH 5.7。

4) 土壤养分

片区土壤呈酸性，土体 pH 5.47~5.72，有机质 4.60~19.77 g/kg，全氮 0.58~1.44 g/kg，全磷 0.83~1.08 g/kg，全钾 15.60~20.30 g/kg，碱解氮 36.69~110.07 mg/kg，有效磷 0.20~14.10 mg/kg，速效钾 49.84~459.43 mg/kg，氯离子 7.51~11.60 mg/kg，交换性 Ca^{2+} 4.41~8.34 cmol/kg，交换性 Mg^{2+} 0.46~0.82 cmol/kg。

腐殖酸与腐殖质组成中，腐殖酸碳量 2.03~6.30 g/kg，腐殖质全碳量 2.67~11.47 g/kg，胡敏酸碳量 0.15~1.37 g/kg，胡敏素碳量 0.64~5.38 g/kg，富啡酸碳量 1.88~5.14 g/kg，胡富比 0.08~0.28。

微量元素中，有效铜 0.44~1.59 mg/kg，有效铁 39.53~52.20 mg/kg，有效锰 35.30~138.53 mg/kg，有效锌 0.15~4.95 mg/kg(表 5-2-1~表 5-2-3)。

表 5-2-1   片区代表性烟田土壤养分状况

土层/cm	pH	有机质/(g/kg)	全氮/(g/kg)	全磷/(g/kg)	全钾/(g/kg)	碱解氮/(mg/kg)	有效磷/(mg/kg)	速效钾/(mg/kg)	氯离子/(mg/kg)
0~25	5.47	19.77	1.44	0.91	20.30	110.07	14.10	459.43	10.10
25~55	5.64	15.20	1.13	1.08	16.80	89.17	3.60	128.17	11.60
55~80	5.68	7.00	0.61	0.83	15.60	47.37	0.50	51.73	11.40
80~105	5.66	6.80	0.66	0.90	17.10	50.63	0.20	49.84	7.55
105~130	5.72	4.60	0.58	0.95	17.80	36.69	0.40	54.56	7.51

表 5-2-2   片区代表性烟田土壤腐殖酸与腐殖质组成

土层/cm	腐殖酸碳量/(g/kg)	腐殖质全碳量/(g/kg)	胡敏酸碳量/(g/kg)	胡敏素碳量/(g/kg)	富啡酸碳量/(g/kg)	胡富比
0~25	6.09	11.47	0.95	5.38	5.14	0.18
25~55	6.30	8.82	1.37	2.52	4.93	0.28
55~80	3.19	4.06	0.57	0.87	2.62	0.22
80~105	3.12	3.94	0.40	0.82	2.72	0.15
105~130	2.03	2.67	0.15	0.64	1.88	0.08

表 5-2-3   片区代表性烟田土壤中微量元素状况

土层/cm	有效铜/(mg/kg)	有效铁/(mg/kg)	有效锰/(mg/kg)	有效锌/(mg/kg)	交换性 Ca^{2+}/(cmol/kg)	交换性 Mg^{2+}/(cmol/kg)
0~25	1.59	39.53	138.53	4.95	8.34	0.57
25~55	0.85	41.28	98.60	1.49	6.45	0.46
55~80	0.44	52.20	35.30	0.17	4.79	0.52
80~105	0.58	49.58	56.73	0.15	4.41	0.82
105~130	0.49	47.13	44.68	0.24	6.04	0.78

5）总体评价

土体深厚，耕作层质地黏重，耕性较差，少量砾石，通透性较好，轻度水土流失。酸性土壤，有机质含量偏低，肥力中等，磷素偏低，钾素丰富，铜、铁、锰、锌、钙丰富，镁含量中等。

2. 隆兴镇浣溪村花园片区

1）基本信息

代表性地块（DZ-02）：北纬 28°42′54.136″，东经 107°35′8.621″，海拔 1249 m（图 5-2-7），中山坡地中下部，成土母质为古红黄土，烤烟-玉米不定期轮作，缓坡旱地，土壤亚类为普通铝质湿润淋溶土。

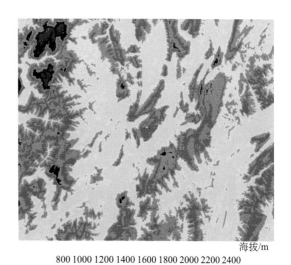

海拔/m

800 1000 1200 1400 1600 1800 2000 2200 2400

图 5-2-7 片区海拔示意图

2）气候条件

烤烟大田生长期间（4~9 月），平均气温 18.4℃，降水量 932 mm，日照时数 736 h（图 5-2-8）。

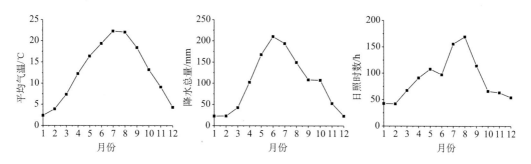

图 5-2-8 片区平均气温、降水总量、日照时数年动态变化示意图

3）剖面形态（图 5-2-9（右））

Ap：0~30 cm，暗红棕色（5YR 3/2，润），浊红棕色（5YR 5/4，干），10%左右岩石碎屑，粉质黏壤土，发育强的 1~2 mm 粒状结构，松散，2~3 个蚯蚓穴，pH 4.9，渐变波状过渡。

AB：30~65 cm，暗红棕色（5YR 3/2，润），浊红棕色（5YR 5/4，干），10%左右岩石碎屑，粉质黏壤土，发育强的 10~20 mm 块状结构，稍硬，2~3 个蚯蚓穴，pH 4.8，清晰波状过渡。

Btr1：65~82 cm，暗红棕色（5YR 3/2，润），浊红棕色（5YR 5/4，干），10%左右岩石碎屑，粉质黏壤土，发育中等的 20~50 mm 棱块状结构，坚硬，结构面上 5%左右铁锰斑纹，10%左右黏粒胶膜，1%左右软小铁锰结核，pH 4.9，渐变波状过渡。

图 5-2-9　代表性地块景观(左)和土壤剖面(右)

Btr2：82~130 cm，暗红棕色(5YR 3/2，润)，浊红棕色(5YR 5/4，干)，10%左右岩石碎屑，粉质黏壤土，发育中等的 20~50 mm 棱块状结构，坚硬，结构面上 5%左右铁锰斑纹，10%左右黏粒胶膜，1%左右软小铁锰结核，pH 4.8。

4) 土壤养分

片区土壤呈酸性，土体 pH 4.80~4.88，有机质 5.60~19.00 g/kg，全氮 0.74~1.47 g/kg，全磷 0.70~1.30 g/kg，全钾 18.90~19.40 g/kg，碱解氮 32.98~112.40 mg/kg，有效磷 1.10~17.90 mg/kg，速效钾 85.70~433.00 mg/kg，氯离子 6.91~8.41 mg/kg，交换性 Ca^{2+} 5.21~6.13 cmol/kg，交换性 Mg^{2+} 0.57~0.63 cmol/kg。

腐殖酸与腐殖质组成中，腐殖酸碳量 1.79~6.20 g/kg，腐殖质全碳量 3.25~11.02 g/kg，胡敏酸碳量 0.49~0.96 g/kg，胡敏素碳量 1.45~4.82 g/kg，富啡酸碳量 1.30~5.29 g/kg，胡富比 0.17~0.37。

微量元素中，有效铜 0.90~2.26 mg/kg，有效铁 3.41~58.25 mg/kg，有效锰 20.42~60.38 mg/kg，有效锌 0.57~5.06 mg/kg，有效镁 3.41~58.25 mg/kg(表 5-2-4~表 5-2-6)。

表 5-2-4　片区代表性烟田土壤养分状况

土层/cm	pH	有机质/(g/kg)	全氮/(g/kg)	全磷/(g/kg)	全钾/(g/kg)	碱解氮/(mg/kg)	有效磷/(mg/kg)	速效钾/(mg/kg)	氯离子/(mg/kg)
0~30	4.88	19.00	1.47	1.29	19.40	112.40	8.80	433.00	8.41
30~65	4.81	14.00	1.19	1.30	19.10	78.49	17.90	200.84	8.41
65~82	4.85	7.90	0.83	0.77	19.30	42.26	1.50	103.64	7.57
82~130	4.80	5.60	0.74	0.70	18.90	32.98	1.10	85.70	6.91

表 5-2-5 片区代表性烟田土壤腐殖酸与腐殖质组成

土层 /cm	腐殖酸碳量 /(g/kg)	腐殖质全碳量 /(g/kg)	胡敏酸碳量 /(g/kg)	胡敏素碳量 /(g/kg)	富啡酸碳量 /(g/kg)	胡富比
0~30	6.20	11.02	0.92	4.82	5.29	0.17
30~65	5.43	8.12	0.96	2.69	4.47	0.21
65~82	2.37	4.58	0.56	2.21	1.81	0.31
82~130	1.79	3.25	0.49	1.45	1.30	0.37

表 5-2-6 片区代表性烟田土壤中微量元素状况

土层 /cm	有效铜 /(mg/kg)	有效铁 /(mg/kg)	有效锰 /(mg/kg)	有效锌 /(mg/kg)	交换性 Ca^{2+} /(cmol/kg)	交换性 Mg^{2+} /(cmol/kg)
0~30	2.26	32.65	60.38	5.06	6.13	0.57
30~65	1.59	58.25	37.88	2.66	5.41	0.63
65~82	1.01	3.41	21.57	0.74	5.65	0.62
82~130	0.90	3.41	20.42	0.57	5.21	0.57

5) 总体评价

土体深厚，耕作层质地黏重，耕性较差，少量砾石，通透性较好，轻度水土流失。酸性土壤，有机质含量偏低，肥力中等，富钾缺磷，铜、铁、锰、锌、钙丰富，镁含量中等水平。

3. 大磏镇文家坝村柯家山片区

1) 基本信息

代表性地块（DZ-03）：北纬 29°0′37.303″，东经 107°25′59.238″，海拔 1134 m(图 5-2-10)，中山坡麓，成土母质为洪积-冲积物，烤烟-玉米不定期轮作，缓坡旱地，土壤亚类为黄色铝质湿润淋溶土。

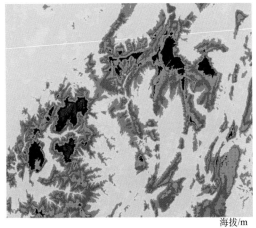

海拔/m
800 1000 1200 1400 1600 1800 2000 2200 2400

图 5-2-10 片区海拔示意图

2) 气候条件

烤烟大田生长期间(4~9 月)，平均气温 20.0℃，降水量 924 mm，日照时数 745 h(图 5-2-11)。

平均气温/℃
月份
降水总量/mm
月份
日照时数/h
月份

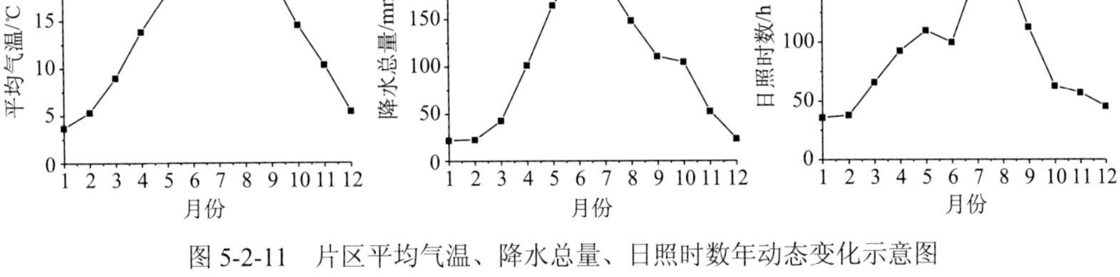

图 5-2-11 片区平均气温、降水总量、日照时数年动态变化示意图

3）剖面形态（图 5-2-12（右））

Ap：0~20 cm，棕色（7.5YR 4/2，润），浊橙色（7.5YR 6/4，干），10%左右岩石碎屑，粉质黏壤土，发育强的 1~2 mm 粒状结构，松散，2~3 个蚯蚓穴，pH 4.7，清晰波状过渡。

ABr：20~60 cm，棕色（7.5YR 4/2，润），浊橙色（7.5YR 6/4，干），10%左右岩石碎屑，粉质黏壤土，发育强的 10~20 mm 块状结构，稍硬，2~3 个蚯蚓穴，2%左右软小铁锰结核，pH 4.9，清晰波状过渡。

Btr1：60~92 cm，暗红棕色（5YR 3/2，润），浊红棕色（5YR 5/4，干），10%左右岩石碎屑，粉质黏壤土，发育中等的 20~50 mm 棱块状结构，坚硬，结构面上 5%左右铁锰斑纹，10%左右黏粒胶膜，2%左右软小铁锰结核，pH 5.8，渐变波状过渡。

Btr2：92~120 cm，黑棕色（5YR 2/2，润），浊红棕色（5YR 4/4，干），10%左右岩石碎屑，粉质黏壤土，发育中等的 20~50 mm 棱块状结构，坚硬，结构面上 5%左右铁锰斑纹，10%左右黏粒胶膜，1%左右软小铁锰结核，pH 5.7。

图 5-2-12　代表性地块景观（左）和土壤剖面（右）

4）土壤养分

片区土壤呈酸性，土体 pH 4.67~5.82，有机质 8.60~24.86 g/kg，全氮 0.83~1.59 g/kg，全磷 0.68~0.88 g/kg，全钾 24.30~30.90 g/kg，碱解氮 60.61~155.13 mg/kg，有效磷 0.30~14.60 mg/kg，速效钾 72.69~196.12 mg/kg，氯离子 10.70~23.40 mg/kg，交换性 Ca^{2+} 1.26~4.17 cmol/kg，交换性 Mg^{2+} 含量为 0.66~1.21 cmol/kg。

腐殖酸与腐殖质组成中，腐殖酸碳量 3.19~9.43 g/kg，腐殖质全碳量 4.99~14.42 g/kg，胡敏酸碳量 0.35~2.67 g/kg，胡敏素碳量 1.80~5.40 g/kg，富啡酸碳量 2.84~6.76 g/kg，胡富比 0.12~0.39。

微量元素中，有效铜 1.02~1.51 mg/kg，有效铁 28.38~34.33 mg/kg，有效锰 51.68~207.25 mg/kg，有效锌 0.45~5.60 mg/kg，（表 5-2-7~表 5-2-9）。

表 5-2-7　片区代表性烟田土壤养分状况

土层 /cm	pH	有机质 /(g/kg)	全氮 /(g/kg)	全磷 /(g/kg)	全钾 /(g/kg)	碱解氮 /(mg/kg)	有效磷 /(mg/kg)	速效钾 /(mg/kg)	氯离子 /(mg/kg)
0~20	4.67	24.86	1.59	0.85	24.30	155.13	14.60	196.12	14.80
20~60	4.93	22.80	1.53	0.88	30.60	130.51	2.10	111.19	13.40
60~92	5.82	14.00	1.17	0.68	27.80	112.40	0.30	84.87	10.70
92~120	5.65	8.60	0.83	0.78	30.90	60.61	0.60	72.69	23.40

表 5-2-8　片区代表性烟田土壤腐殖酸与腐殖质组成

土层 /cm	腐殖酸碳量 /(g/kg)	腐殖质全碳量 /(g/kg)	胡敏酸碳量 /(g/kg)	胡敏素碳量 /(g/kg)	富啡酸碳量 /(g/kg)	胡富比
0~20	9.02	14.42	2.52	5.40	6.50	0.39
20~60	9.43	13.23	2.67	3.80	6.76	0.39
60~92	5.68	8.12	1.12	2.44	4.56	0.24
92~120	3.19	4.99	0.35	1.80	2.84	0.12

表 5-2-9　片区代表性烟田土壤中微量元素状况

土层 /cm	有效铜 /(mg/kg)	有效铁 /(mg/kg)	有效锰 /(mg/kg)	有效锌 /(mg/kg)	交换性 Ca^{2+} /(cmol/kg)	交换性 Mg^{2+} /(cmol/kg)
0~20	1.45	32.48	207.25	5.60	1.26	0.70
20~60	1.51	28.38	172.58	3.22	2.93	1.01
60~92	1.02	29.08	91.43	0.45	3.70	1.21
92~120	1.11	34.33	51.68	0.50	4.17	0.66

5）总体评价

土体深厚，耕作层质地黏重，耕性较差，少量砾石，通透性较好，轻度水土流失。酸性土壤，有机质含量中等，肥力较高，富钾、铜、铁、锰、锌。

4. 忠信镇甘树湾村大水井片区

1）基本信息

代表性地块（DZ-04）：北纬 28°59′35.385″，东经 107°44′16.784″，海拔 1166 m（图 5-2-13），中山坡麓，成土母质为灰岩风化冰碛洪积-冲积物，烤烟-玉米不定期轮作，缓坡旱地，土壤亚类为表蚀酸性湿润淋溶土。

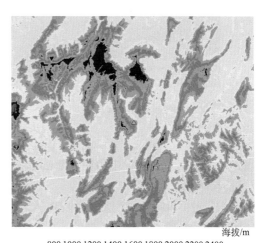

海拔/m

800 1000 1200 1400 1600 1800 2000 2200 2400

图 5-2-13　片区海拔示意图

2）气候条件

烤烟大田生长期间（4~9 月），平均气温 18.8℃，降水量 959 mm，日照时数 742 h（图 5-2-14）。

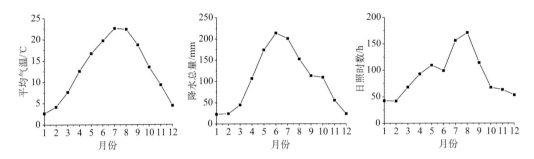

图 5-2-14　片区平均气温、降水总量、日照时数动态变化示意图

3）剖面形态（图 5-2-15（右））

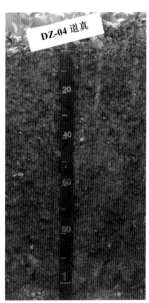

图 5-2-15　代表性地块景观（左）和土壤剖面（右）

Ap：0~20 cm，黑棕色（10YR 2/2，润），浊黄棕色（10YR 4/3，干），30%左右岩石碎屑，粉质黏壤土，发育中等的 1~2 mm 粒状结构，松散，2~3 个蚯蚓穴，pH 5.2，清晰波状过渡。

AB：20~40 cm，黑棕色（10YR 2/2，润），浊黄棕色（10YR 4/3，干），30%左右岩石碎屑，粉质黏壤土，发育中等的 10~20 mm 块状结构，稍硬，1%左右软小铁锰结核，2~3 个蚯蚓穴，pH 4.9，渐变波状过渡。

Btr1：40~90 cm，黑棕色（10YR 2/2，润），浊黄棕色（10YR 4/3，干），30%左右岩石碎屑，粉质黏壤土，发育中等的 20~50 mm 棱块状结构，坚硬，结构面上 2%左右铁锰斑纹，10%左右黏粒胶膜，2%左右软小铁锰结核，2~3个蚯蚓穴，pH 5.3，清晰平滑过渡。

Btr2：90~105 cm，黑棕色（10YR 3/2，润），浊黄棕色（10YR 5/4，干），30%左右岩石碎屑，粉质黏壤土，发育中等的20~50 mm棱块状结构，坚硬，结构面上2%左右铁锰斑纹，10%左右黏粒胶膜，2%左右软小铁锰结核，pH 5.9，清晰波状过渡。

R：105 cm~，灰岩风化碎屑。

4）土壤养分

片区土壤呈酸性，土体pH 4.91~5.90，有机质4.50~20.21 g/kg，全氮0.58~1.42 g/kg，全磷0.57~1.05 g/kg，全钾16.10~22.60 g/kg，碱解氮36.69~127.49 mg/kg，有效磷0.80~19.40 mg/kg，速效钾59.28~299.94 mg/kg，氯离子4.40~19.80 mg/kg，交换性Ca^{2+} 2.05~8.28 cmol/kg，交换性Mg^{2+} 0.37~0.88 cmol/kg。

腐殖酸与腐殖质组成中，腐殖酸碳量1.50~7.07 g/kg，腐殖质全碳量2.61~11.72 g/kg，胡敏酸碳量0.05~1.57 g/kg，胡敏素碳量1.11~4.70 g/kg，富啡酸碳量1.45~5.52 g/kg，胡富比0.03~0.28。

微量元素中，有效铜0.23~1.17 mg/kg，有效铁30.15~47.50 mg/kg，有效锰107.28~198.55 mg/kg，有效锌0.11~4.92 mg/kg（表5-2-10~表5-2-12）。

表 5-2-10 片区代表性烟田土壤养分状况

土层/cm	pH	有机质/(g/kg)	全氮/(g/kg)	全磷/(g/kg)	全钾/(g/kg)	碱解氮/(mg/kg)	有效磷/(mg/kg)	速效钾/(mg/kg)	氯离子/(mg/kg)
0~20	5.17	20.21	1.42	0.98	22.60	127.49	19.40	299.94	7.10
20~40	4.91	15.80	1.22	1.04	16.10	108.22	3.30	214.05	6.55
40~90	5.27	16.50	1.20	1.05	17.70	108.68	0.80	113.07	4.40
90~105	5.90	4.50	0.58	0.57	17.90	36.69	10.20	59.28	19.80

表 5-2-11 片区代表性烟田土壤腐殖酸与腐殖质组成

土层/cm	腐殖酸碳量/(g/kg)	腐殖质全碳量/(g/kg)	胡敏酸碳量/(g/kg)	胡敏素碳量/(g/kg)	富啡酸碳量/(g/kg)	胡富比
0~20	7.02	11.72	1.50	4.70	5.52	0.27
20~40	7.07	9.16	1.57	2.09	5.51	0.28
40~90	6.26	9.57	1.04	3.31	5.23	0.20
90~105	1.50	2.61	0.05	1.11	1.45	0.03

表 5-2-12 片区代表性烟田土壤中微量元素状况

土层/cm	有效铜/(mg/kg)	有效铁/(mg/kg)	有效锰/(mg/kg)	有效锌/(mg/kg)	交换性Ca^{2+}/(cmol/kg)	交换性Mg^{2+}/(cmol/kg)
0~20	1.17	39.78	198.55	4.92	3.58	0.37
20~40	0.92	46.00	176.15	3.13	2.05	0.43
40~90	1.06	30.15	118.98	1.27	3.64	0.88
90~105	0.23	47.50	107.28	0.11	8.28	0.65

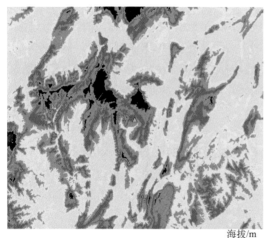

海拔/m

800 1000 1200 1400 1600 1800 2000 2200 2400

图 5-2-16　片区海拔示意图

5）总体评价

土体深厚，耕作层质地偏黏，耕性较差，砾石多，通透性好，酸性重，轻度水土流失。酸性土壤，有机质含量中等，肥力偏高，富钾、铜、铁、锰、锌、钙，缺镁。

5. 洛龙镇五一村竹林湾片区

1）基本信息

代表性地块（DZ-05）：北纬 28°6′5.156″，东经 107°44′6.431″，海拔 1122 m（图 5-2-16），中山坡地中部，成土母质为灰岩风化冰碛坡积物，烤烟-玉米不定期轮作，中坡旱地，土壤亚类为普通钙质湿润淋溶土。

2）气候条件

烤烟大田生长期间（4~9 月），平均气温 19.2℃，降水量 961 mm，日照时数 747 h（图 5-2-17）。

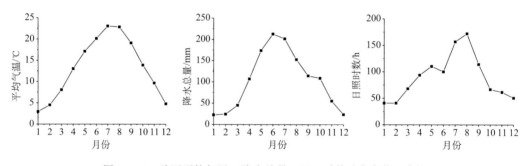

图 5-2-17　片区平均气温、降水总量、日照时数动态变化示意图

3）剖面形态（图 5-2-18（右））

Ap：0~22 cm，灰棕色（10YR 4/2，润），浊棕色（10YR 5/4，干），20%左右岩石碎屑，粉质黏壤土，发育强的 1~2 mm 粒状结构，松散，2~3 个蚯蚓穴，pH 5.8，清晰波状过渡。

AB：22~47 cm，灰棕色（10YR 4/2，润），浊棕色（10YR 5/4，干），15%左右岩石碎屑，粉质黏壤土，发育强的 10~20 mm 块状结构，稍硬，2%左右软小铁锰结核，2~3 个蚯蚓穴，pH 5.8，渐变波状过渡。

Btr：47~80 cm，棕色（10YR 4/6，润），橙色（10YR 6/8，干），15%左右岩石碎屑，粉质黏壤土，发育强的 20~50 mm 棱块状结构，坚硬，结构面上 2%左右铁锰斑纹，10%左右黏粒胶膜，2%左右软小铁锰结核，pH 6.3，清晰波状过渡。

图 5-2-18 代表性地块景观(左)和土壤剖面(右)

R：80 cm～，灰岩风化碎屑。

4）土壤养分

片区土壤呈微酸性，土体pH 5.79~6.31，有机质22.44~24.40 g/kg，全氮1.26~1.54 g/kg，全磷1.01~1.22 g/kg，全钾15.20~21.60 g/kg，碱解氮96.61~128.19 mg/kg，有效磷1.90~15.90 mg/kg，速效钾106.47~267.85 mg/kg，氯离子4.96~7.37 mg/kg，交换性 Ca^{2+} 9.52~14.37 cmol/kg，交换性 Mg^{2+} 0.48~2.76 cmol/kg。

腐殖酸与腐殖质组成中，腐殖酸碳量7.09~9.64 g/kg，腐殖质全碳量13.02~14.15 g/kg，胡敏酸碳量3.31~4.44 g/kg，胡敏素碳量4.52~5.93 g/kg，富啡酸碳量3.59~5.20 g/kg，胡富比0.66~0.98。

微量元素中，有效铜2.20~2.67 mg/kg，有效铁25.73~37.23 mg/kg，有效锰87.90~93.25 mg/kg，有效锌1.33~4.60 mg/kg(表5-2-13~表5-2-15)。

5）总体评价

土体深厚，耕作层质地偏黏，耕性较差，砾石较多，通透性较好，酸性重，中度水土流失。弱酸性土壤，有机质含量中等，肥力中等，富钾、铜、铁、锰、锌、钙，镁含量中等。

表 5-2-13 片区代表性烟田土壤养分状况

土层 /cm	pH	有机质 /(g/kg)	全氮 /(g/kg)	全磷 /(g/kg)	全钾 /(g/kg)	碱解氮 /(mg/kg)	有效磷 /(mg/kg)	速效钾 /(mg/kg)	氯离子 /(mg/kg)
0~22	5.80	22.44	1.26	1.01	21.60	96.61	15.90	267.85	7.37
22~47	5.79	23.30	1.38	1.22	15.20	116.58	1.90	121.57	5.06
47~80	6.31	24.40	1.54	1.03	16.20	128.19	3.30	106.47	4.96

表 5-2-14　片区代表性烟田土壤腐殖酸与腐殖质组成

土层 /cm	腐殖酸碳量 /(g/kg)	腐殖质全碳量 /(g/kg)	胡敏酸碳量 /(g/kg)	胡敏素碳量 /(g/kg)	富啡酸碳量 /(g/kg)	胡富比
0~22	7.09	13.02	3.50	5.93	3.59	0.98
22~47	8.31	13.52	3.31	5.20	5.00	0.66
47~80	9.64	14.15	4.44	4.52	5.20	0.85

表 5-2-15　片区代表性烟田土壤中微量元素状况

土层 /cm	有效铜 /(mg/kg)	有效铁 /(mg/kg)	有效锰 /(mg/kg)	有效锌 /(mg/kg)	交换性 Ca^{2+} /(cmol/kg)	交换性 Mg^{2+} /(cmol/kg)
0~22	2.50	34.03	89.83	4.60	9.52	0.48
22~47	2.20	37.23	93.25	3.13	10.32	0.51
47~80	2.67	25.73	87.90	1.33	14.37	2.76

第三节　湖北咸丰生态条件

一、地理位置

咸丰县位于北纬 29°19′~30°2′，东经 108°37′~109°20′，地处湖北省西南部，武陵山东

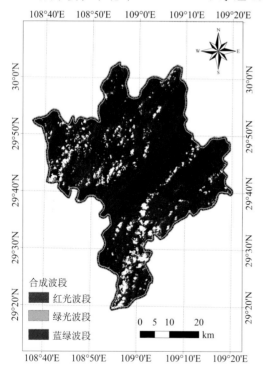

图 5-3-1　咸丰县位置及 Landsat
假彩色合成影像图

部、鄂西南边陲，鄂、湘、黔、渝四省（市）边区结合部；扼楚蜀之腹心，为荆南之要地，古有"荆南雄镇、楚蜀屏翰"之誉，距恩施土家族苗族自治州（简称恩施州）州府所在地恩施市 98 km，距重庆市黔江区 53 km。咸丰县辖下高乐山镇、忠堡镇、甲马池镇、朝阳寺镇、清坪镇、丁寨乡、尖山乡、活龙坪乡、小村乡、黄金洞乡等 10 个乡镇。面积 2550 km²（图 5-3-1）。

二、自然条件

1. 地形地貌

县境内山峦起伏，沟壑纵横，有较大洞穴 333 个，主要高山有星斗山、人头山、二仙岩、坪坝营等，共 7900 多个山头。地形地貌复杂，呈南部高、中部低、东部向西部倾斜。沿龙潭河河床东北高、西南低，形成河水倒流，境内海拔最高点 1911.5 m，最低点 445 m，相对高差为 1466.5 m，以二高山

地区为主，占总面积的 68 %。唐崖河流经中部（图 5-3-2）。

2. 气候条件

咸丰县境内地形复杂，相对高差较大，气候除受大天气系统约束外，还表现出明显的小气候特征，即低山地区和二高山地区具有北亚热带温润性季风气候特征，高山地区则属于南温带季风气候类型。全年平均气温在 8.3~16.1℃，平均 13.5℃；1 月最冷，月平均气温 2.7℃，7 月最热，月平均气温 23.5℃。年均降水总量 1302~1456 mm，平均 1372 mm 左右，5~8 月降雨较多，在 150 mm 以上，1 月、2 月、12 月降雨较少，在 50 mm 以下。年均日照时数 1121~1270 h，平均 1181 h，4~9 月日照在 100 h 以上，其他月份较少；北部、东部较多，中部较少。无霜期低山 260~295 d，二高山 225~260 d，高山 180~225 d（图 5-3-3）。

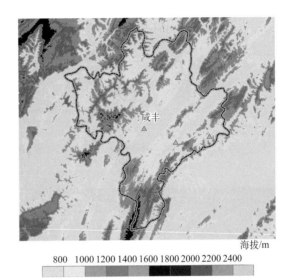

图 5-3-2　咸丰县海拔示意图

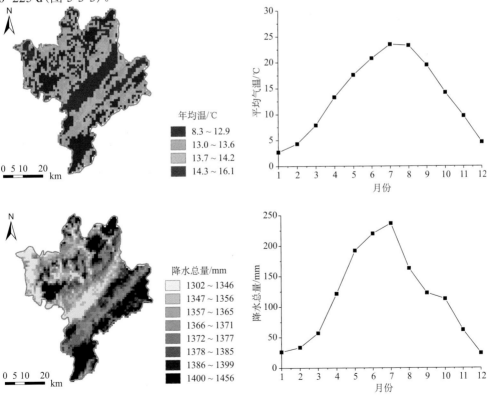

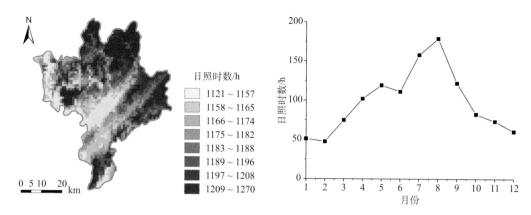

图 5-3-3 咸丰县 1980~2013 年均气温、降水总量、日照时数时空动态变化示意图

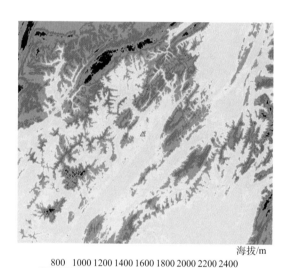

图 5-3-4 片区海拔示意图

三、片区与代表性烟田

1. 黄金洞乡石仁坪村 12 组片区

1）基本信息

代 表 性 地 块（XF-01）： 北 纬 29°52′9.027″，东经 109°6′38.004″，海拔 888 m（图 5-3-4），中山沟谷地，成土母质 为灰岩风化沟谷冲积-堆积物，烤烟-玉米 不定期轮作，平旱地，土壤亚类为普通简 育湿润雏形土。

2）气候条件

烤烟大田生长期间（5~9 月），平均气 温 21.5℃，降水量 933 mm，日照时数 700 h（图 5-3-5）。

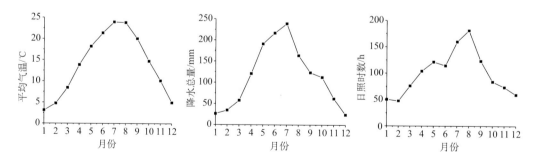

图 5-3-5 片区平均气温、降水总量、日照时数动态变化示意图

3）剖面形态（图5-3-6（右））

图5-3-6　代表性地块景观（左）和土壤剖面（右）

Ap：0~30 cm，黑棕色（10YR 3/1，润），浊黄棕色（10YR 5/3，干），50%左右岩石碎屑，粉壤土，发育中等的1~2 mm粒状结构，松散，2个蚯蚓穴，pH 6.4，清晰波状过渡。

AB：30~40 cm，黑棕色（10YR 3/1，润），浊黄棕色（10YR 5/3，干），30%左右岩石碎屑，粉壤土，发育中等的2~5 mm块状结构，稍硬，2个蚯蚓穴，2%左右软小铁锰结核，pH 6.8，清晰波状过渡。

Bw：40~60 cm，黑棕色（10YR 3/1，润），浊黄棕色（10YR 5/3，干），30%左右岩石碎屑，粉壤土，发育中等的10~20 mm块状结构，硬，2%左右软小铁锰结核，2个蚯蚓穴，pH 7.0，渐变波状过渡。

R：60 cm~，灰岩、白云岩。

4）土壤养分

片区土壤呈微酸性，土体pH 6.36~7.01，有机质8.19~31.03 g/kg，全氮0.71~2.05 g/kg，全磷0.39~0.96 g/kg，全钾11.00~20.10 g/kg，碱解氮30.89~149.55 mg/kg，有效磷1.40~46.50 mg/kg，速效钾40.61~459.54 mg/kg，氯离子16.70~86.10 mg/kg，交换性Ca^{2+} 15.00~18.68 cmol/kg，交换性Mg^{2+} 0.01~1.08 cmol/kg。

腐殖酸与腐殖质组成中，腐殖酸碳量2.43~10.18 g/kg，腐殖质全碳量4.75~17.99 g/kg，胡敏酸碳量0.95~4.44 g/kg，胡敏素碳量2.32~7.80 g/kg，富啡酸碳量1.47~5.73 g/kg，胡富比0.64~0.77。

微量元素中，有效铜0.66~1.48 mg/kg，有效铁7.38~25.44 mg/kg，有效锰10.24~77.11 mg/kg，有效锌0.29~4.03 mg/kg（表5-3-1~表5-3-3）。

表 5-3-1   片区代表性烟田土壤养分状况

土层 /cm	pH	有机质 /(g/kg)	全氮 /(g/kg)	全磷 /(g/kg)	全钾 /(g/kg)	碱解氮 /(mg/kg)	有效磷 /(mg/kg)	速效钾 /(mg/kg)	氯离子 /(mg/kg)
0~30	6.36	31.03	2.05	0.96	20.10	149.55	46.50	459.54	17.10
30~40	6.83	21.73	1.49	0.73	20.00	91.50	18.10	158.95	86.10
40~60	7.01	8.19	0.71	0.39	11.00	30.89	1.40	40.61	16.70

表 5-3-2   片区代表性烟田土壤腐殖酸与腐殖质组成

土层 /cm	腐殖酸碳量 /(g/kg)	腐殖质全碳量 /(g/kg)	胡敏酸碳量 /(g/kg)	胡敏素碳量 /(g/kg)	富啡酸碳量 /(g/kg)	胡富比
0~30	10.18	17.99	4.44	7.80	5.76	0.77
30~40	6.99	12.60	2.81	5.60	4.17	0.67
40~60	2.43	4.75	0.95	2.32	1.47	0.64

表 5-3-3   片区代表性烟田土壤中微量元素状况

土层 /cm	有效铜 /(mg/kg)	有效铁 /(mg/kg)	有效锰 /(mg/kg)	有效锌 /(mg/kg)	交换性 Ca^{2+} /(cmol/kg)	交换性 Mg^{2+} /(cmol/kg)
0~30	1.48	25.44	77.11	4.03	15.00	1.08
30~40	1.19	14.31	33.45	1.28	18.68	0.36
40~60	0.66	7.38	10.24	0.29	16.97	0.01

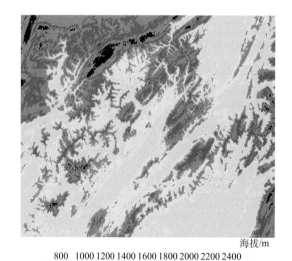

海拔/m

800 1000 1200 1400 1600 1800 2000 2200 2400

图 5-3-7   片区海拔示意图

5)总体评价

土体较薄,耕作层质地适中,砾石多,耕性和通透性好。微酸性土壤,有机质含量丰富,肥力偏高,富磷、钾、铜、铁、锰、锌、钙、镁。

2. 尖山乡三角庄村 5 组片区

1)基本信息

代表性地块(XF-02):北纬 29°41′11.207″,东经 108°57′47.399″,海拔 711 m(图 5-3-7),中山坡地中下部,成土母质为白云岩风化坡积物,烤烟-玉米不定期轮作,缓坡旱地,土壤亚类为淋溶钙质湿润雏形土。

2)气候条件

烤烟大田生长期间(5~9 月),平均气温 22.4℃,降水量 913 mm,日照时数 695 h(图 5-3-8)。

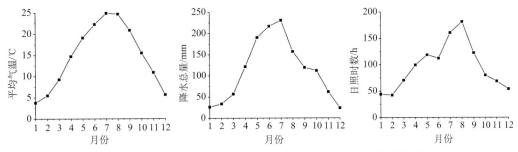

图 5-3-8 片区平均气温、降水总量、日照时数动态变化示意图

3）剖面形态（图 5-3-9（右））

Ap：0~30 cm，棕灰色（10YR 5/1，润），浊黄橙色（10YR 7/3，干），粉质黏壤土，发育强的 1~2 mm 粒状结构，松散，2 个蚯蚓穴，pH 5.9，清晰波状过渡。

Bw：30~55 cm，暗棕色（10YR 3/4，润），黄棕色（10YR 5/6，干），粉质黏壤土，发育强的 20~50 mm 块状结构，硬，结构面上 2%左右铁锰斑纹，2%左右软小铁锰结核，2 个蚯蚓穴，pH 6.4，清晰波状过渡。

图 5-3-9 代表性地块景观（左）和土壤剖面（右）

Abr：55~65 cm，暗棕色（10YR 3/4，润），黄棕色（10YR 5/6，干），粉质黏壤土，发育强的 20~50 mm 块状结构，硬，结构面上 2%左右铁锰斑纹，2%左右软小铁锰结核，pH 6.7，清晰平滑过渡。

R：65 cm~，白云岩。

4）土壤养分

片区土壤呈微酸性，土体 pH5.89~6.71，有机质 15.28~21.73 g/kg，全氮 1.01~1.43 g/kg，

全磷 0.63~0.88 g/kg，全钾 18.70~19.20 g/kg，碱解氮 73.85~120.06 mg/kg，有效磷 3.90~37.80 mg/kg，速效钾 49.56~126.13 mg/kg，氯离子 2.15~5.65 mg/kg，交换性 Ca^{2+} 8.72~13.85 cmol/kg，交换性 Mg^{2+} 0.43~0.57 cmol/kg。

腐殖酸与腐殖质组成中，腐殖酸碳量 5.40~7.72 g/kg，腐殖质全碳量 8.86~12.60 g/kg，胡敏酸碳量 2.13~2.62 g/kg，胡敏素碳量 3.47~4.88 g/kg，富啡酸碳量 3.27~5.10 g/kg，胡富比 0.51~0.65。

微量元素中，有效铜 1.33~1.65 mg/kg，有效铁 23.83~55.47 mg/kg，有效锰 51.29~107.96 mg/kg，有效锌 0.61~2.11 mg/kg（表 5-3-4~表 5-4-6）。

表 5-3-4　片区代表性烟田土壤养分状况

土层/cm	pH	有机质/(g/kg)	全氮/(g/kg)	全磷/(g/kg)	全钾/(g/kg)	碱解氮/(mg/kg)	有效磷/(mg/kg)	速效钾/(mg/kg)	氯离子/(mg/kg)
0~30	5.89	21.73	1.43	0.88	18.70	120.06	37.80	126.13	3.83
30~55	6.35	15.28	1.01	0.63	19.20	73.85	4.90	64.26	2.15
55~65	6.71	18.33	1.22	0.73	19.10	93.35	3.90	49.56	5.65

表 5-3-5　片区代表性烟田土壤腐殖酸与腐殖质组成

土层/cm	腐殖酸碳量/(g/kg)	腐殖质全碳量/(g/kg)	胡敏酸碳量/(g/kg)	胡敏素碳量/(g/kg)	富啡酸碳量/(g/kg)	胡富比
0~30	7.72	12.60	2.62	4.88	5.10	0.51
30~55	5.40	8.86	2.13	3.47	3.27	0.65
55~65	6.74	10.63	2.60	3.89	4.14	0.63

表 5-3-6　片区代表性烟田土壤中微量元素状况

土层/cm	有效铜/(mg/kg)	有效铁/(mg/kg)	有效锰/(mg/kg)	有效锌/(mg/kg)	交换性 Ca^{2+}/(cmol/kg)	交换性 Mg^{2+}/(cmol/kg)
0~30	1.65	55.47	107.96	2.11	8.72	0.57
30~55	1.33	29.54	62.75	0.82	9.75	0.43
55~65	1.38	23.83	51.29	0.61	13.85	0.49

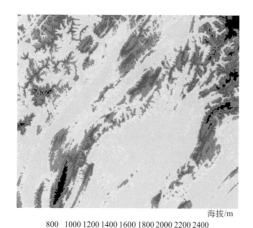

海拔/m

800 1000 1200 1400 1600 1800 2000 2200 2400

图 5-3-10　片区海拔示意图

5）总体评价

土体较薄，耕作层质地偏黏，耕性和通透性较差，轻度水土流失。弱酸性土壤，有机质含量中等，肥力中等偏高，富磷、铜、铁、锰、锌、钙，钾、镁含量中等。

3. 忠堡镇石门坎村片区

1）基本信息

代表性地块（XF-03）：北纬 29°39′31.175″，东经 109°14′59.574″，海拔 771 m（图 5-3-10），低山沟谷地，成土母质为沟谷冲积-洪积物，烤烟-晚稻轮作，水田，土壤亚类为普通简育水耕人为土。

2) 气候条件

烤烟大田生长期间(5~9 月)，平均气温 21.9℃，降水量 928 mm，日照时数 695 h(图 5-3-11)。

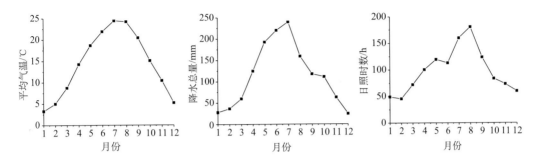

图 5-3-11 片区平均气温、降水总量、日照时数动态变化示意图

3) 剖面形态(图 5-3-12(右))

图 5-3-12 代表性地块景观(左)和土壤剖面(右)

Ap：0~20 cm，暗棕色(7.5YR 3/4，润)，亮棕色(7.5YR 5/6，干)，壤土，发育强的 1~2 mm 粒状结构，松散，2 个蚯蚓穴，pH 6.6，清晰波状过渡。

AB：20~40 cm，暗棕色(7.5YR 3/4，润)，亮棕色(7.5YR 5/6，干)，壤土，发育强的 2~5 mm 块状结构，疏松，2 个蚯蚓穴，pH 7.0，清晰波状过渡。

Ab：40~50 cm，黑棕色(7.5YR 3/1，润)，灰棕色(7.5YR 4/2，干)，壤土，发育强

的 2~5 mm 块状结构，稍硬，2 个蚯蚓穴，pH 7.0，清晰波状过渡。

Br1：50~95 cm，棕色(7.5YR 4/6，润)，橙色(7.5YR 6/8，干)，黏壤土，发育强的 20~50 mm 棱块状结构，稍硬，结构面上 2%左右铁锰斑纹，pH 7.1，渐变波状过渡。

Br2：95~110 cm，棕色(7.5YR 4/6，润)，橙色(7.5YR 6/8，干)，黏壤土，发育强的 20~50 mm 棱块状结构，稍硬，结构面上 2%左右铁锰斑纹，pH 7.2。

4) 土壤养分

片区土壤呈中性，土体 pH 6.62~7.08，有机质 8.99~19.28 g/kg，全氮 0.69~1.10 g/kg，全磷 0.70~0.83 g/kg，全钾 26.50~32.50 g/kg，碱解氮 65.02~105.43 mg/kg，有效磷 3.60~13.10 mg/kg，速效钾 36.00~86.35 mg/kg，氯离子 5.74~7.77 mg/kg，交换性 Ca^{2+} 5.50~10.17 cmol/kg，交换性 Mg^{2+} 1.37~2.54 cmol/kg。

腐殖酸与腐殖质组成中，腐殖酸碳量 3.26~7.05 g/kg，腐殖质全碳量 5.21~11.18 g/kg，胡敏酸碳量 0.42~2.68 g/kg，胡敏素碳量 1.94~4.13 g/kg，富啡酸碳量 2.84~4.37 g/kg，胡富比 0.14~0.61。

微量元素中，有效铜 0.88~1.93 mg/kg，有效铁含量 10.93~19.54 mg/kg，有效锰 6.76~24.31 mg/kg，有效锌 0.08~0.53 mg/kg(表 5-3-7~表 5-3-9)。

表 5-3-7　片区代表性烟田土壤养分状况

土层 /cm	pH	有机质 /(g/kg)	全氮 /(g/kg)	全磷 /(g/kg)	全钾 /(g/kg)	碱解氮 /(mg/kg)	有效磷 /(mg/kg)	速效钾 /(mg/kg)	氯离子 /(mg/kg)
0~20	6.62	12.34	0.79	0.70	26.50	65.02	13.10	86.35	5.74
20~40	6.76	13.28	0.98	0.81	27.55	77.87	5.66	45.21	6.01
40~50	6.98	19.28	1.10	0.80	29.20	105.43	3.60	36.00	6.88
50~95	7.08	9.34	0.72	0.72	32.50	67.58	4.40	37.74	6.54
95~110	6.93	8.99	0.69	0.83	31.00	65.95	6.70	36.00	7.77

表 5-3-8　片区代表性烟田土壤腐殖酸与腐殖质组成

土层 /cm	腐殖酸碳量 /(g/kg)	腐殖质全碳量 /(g/kg)	胡敏酸碳量 /(g/kg)	胡敏素碳量 /(g/kg)	富啡酸碳量 /(g/kg)	胡富比
0~20	4.50	7.16	1.58	2.65	2.92	0.54
20~40	5.32	8.21	2.01	2.58	3.62	0.56
40~50	7.05	11.18	2.68	4.13	4.37	0.61
50~95	3.47	5.42	0.42	1.94	3.06	0.14
95~110	3.26	5.21	0.42	1.95	2.84	0.15

表 5-3-9　片区代表性烟田土壤中微量元素状况

土层 /cm	有效铜 /(mg/kg)	有效铁 /(mg/kg)	有效锰 /(mg/kg)	有效锌 /(mg/kg)	交换性 Ca^{2+} /(cmol/kg)	交换性 Mg^{2+} /(cmol/kg)
0~20	1.41	19.54	24.31	0.53	5.50	1.37
20~40	1.55	17.00	20.15	0.33	7.02	2.33
40~50	1.93	17.00	19.17	0.26	10.17	2.54
50~95	1.23	15.36	11.69	0.13	6.28	1.71
95~110	0.88	10.93	6.76	0.08	6.12	1.68

5）总体评价

土体深厚，耕作层质地适中，耕性和通透性好。土壤酸碱度呈中性，有机质含量缺乏，肥力偏低，磷、钾缺乏，铜、铁、锰、钙、镁丰富，锌中等含量水平。

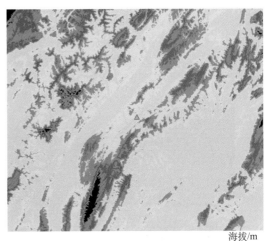

4. 丁寨乡十字路村片区

1）基本信息

代表性地块（XF-04）：北纬29°38′12.589″，东经109°6′5.534″，海拔817 m（图5-3-13），中山坡地坡麓，成土母质为白云岩/泥质岩风化坡积物，烤烟-玉米隔年轮作，中坡旱地，土壤亚类为斑纹铁质湿润淋溶土。

2）气候条件

烤烟大田生长期间（5~9月），平均气温 21.7℃，降水量 927 mm，日照时数691 h（图5-3-14）。

海拔/m

800 1000 1200 1400 1600 1800 2000 2200 2400

图 5-3-13　片区海拔示意图

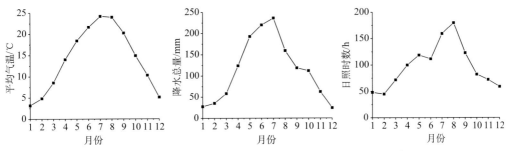

图 5-3-14　片区平均气温、降水总量、日照时数动态变化示意图

3）剖面形态（图5-3-15（右））

Ap：0~28 cm，黑棕色（7.5YR 3/2，润），浊棕色（7.5YR 5/4 干），5%左右岩石碎屑，粉壤土，发育强的 1~2 mm 粒状结构，松散，2 个蚯蚓穴，pH 4.7，渐变波状过渡。

AB：28~53 cm，黑棕色（7.5YR 3/2，润），浊棕色（7.5YR 5/4 干），5%左右岩石碎屑，粉壤土，发育强的 2~5 mm 块状结构，稍硬，2%左右软小铁锰结核，2 个蚯蚓穴，pH 5.3，清晰平滑过渡。

Bt1：53~83 cm，橙色（7.5YR 6/6，润），黄橙色（7.5YR 7/8，干），5%左右岩石碎屑，粉质黏壤土，发育强的 20~50 mm 棱块状结构，很硬，结构面上 2%左右的铁锰斑纹，10%左右黏粒胶膜，2%左右软小铁锰结核，2 个蚯蚓穴，pH 6.3，渐变波状过渡。

Bt2：83~110 cm，橙色（7.5YR 6/6，润），黄橙色（7.5YR 7/8，干），5%左右岩石碎屑，粉质黏壤土，发育强的 20~50 mm 棱块状结构，很硬，结构面上 2%左右的铁锰斑纹，10%左右黏粒胶膜，2%左右软小铁锰结核，pH 5.8。

图 5-3-15　代表性地块景观(左)和土壤剖面(右)

4) 土壤养分

片区土壤呈酸性，土体 pH 4.74~6.33，有机质 3.05~34.02 g/kg，全氮 0.39~1.66 g/kg，全磷 0.29~0.98 g/kg，全钾 14.40~16.60 g/kg，碱解氮 18.35~145.37 mg/kg，有效磷 0.60~67.40 mg/kg，速效钾 54.89~408.63 mg/kg，氯离子 5.58~26.00 mg/kg，交换性 Ca^{2+} 2.23~5.34 cmol/kg，交换性 Mg^{2+} 0.30~3.28 cmol/kg。

腐殖酸与腐殖质组成中，腐殖酸碳量 0.63~9.40 g/kg，腐殖质全碳量 1.77~19.73 g/kg，胡敏酸碳量 0.04~2.37 g/kg，胡敏素碳量 1.14~10.33 g/kg，富啡酸碳量 0.51~7.03 g/kg，胡富比 0.03~0.34。

微量元素中，有效铜 0.38~1.14 mg/kg，有效铁含量 3.14~116.82 mg/kg，有效锰 0.58~33.67 mg/kg，有效锌为 0.01~2.17 mg/kg(表 5-3-10~表 5-3-12)。

表 5-3-10　片区代表性烟田土壤养分状况

土层 /cm	pH	有机质 /(g/kg)	全氮 /(g/kg)	全磷 /(g/kg)	全钾 /(g/kg)	碱解氮 /(mg/kg)	有效磷 /(mg/kg)	速效钾 /(mg/kg)	氯离子 /(mg/kg)
0~28	4.74	34.02	1.66	0.98	16.30	145.37	67.40	408.63	26.00
28~53	5.28	9.45	0.95	0.61	15.28	30.12	5.33	67.28	15.02
53~83	6.33	5.23	0.56	0.56	16.60	26.94	0.60	54.89	10.10
83~110	5.76	3.05	0.39	0.29	14.40	18.35	1.10	58.89	5.58

表 5-3-11　片区代表性烟田土壤腐殖酸与腐殖质组成

土层 /cm	腐殖酸碳量 /(g/kg)	腐殖质全碳量 /(g/kg)	胡敏酸碳量 /(g/kg)	胡敏素碳量 /(g/kg)	富啡酸碳量 /(g/kg)	胡富比
0~28	9.40	19.73	2.37	10.33	7.03	0.34
28~53	2.34	6.03	0.54	3.33	2.16	0.25
53~83	1.54	3.03	0.04	1.49	1.50	0.03
83~110	0.63	1.77	0.12	1.14	0.51	0.23

表 5-3-12　片区代表性烟田土壤中微量元素状况

土层 /cm	有效铜 /(mg/kg)	有效铁 /(mg/kg)	有效锰 /(mg/kg)	有效锌 /(mg/kg)	交换性 Ca^{2+} /(cmol/kg)	交换性 Mg^{2+} /(cmol/kg)
0~28	1.14	116.82	33.67	2.17	2.23	0.47
28~53	0.77	45.23	10.33	0.15	4.44	3.28
53~83	0.39	5.39	2.68	0.01	5.34	0.30
83~110	0.38	3.14	0.58	0.03	5.29	0.49

5) 总体评价

土体深厚,耕作层质地适中,砾石多,耕性和通透性好,中度水土流失。土壤酸碱度呈酸性,有机质含量丰富,肥力较高,磷、钾、铜、铁、锰、锌、钙丰富,镁含量中等。

5. 丁寨乡土地坪村片区

1) 基本信息

代表性地块(XF-05):北纬29°34′20.065″,东经109°3′44.126″,海拔1107 m(图5-3-16),中山沟谷地,成土母质为白云岩风化沟谷冲积-堆积物,烤烟-玉米不定期轮作,旱地,土壤亚类为普通暗色潮湿雏形土。

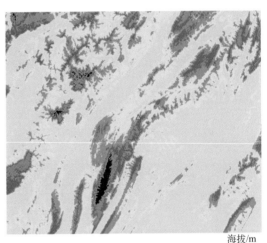

海拔/m

800　1000 1200 1400 1600 1800 2000 2200 2400

图 5-3-16　片区海拔示意图

2) 气候条件

烤烟大田生长期间(5~9月),平均气温 19.7℃,降水量 953 mm,日照时数 676 h(图5-3-17)。

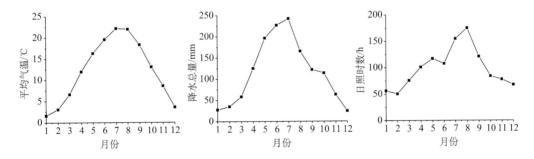

图 5-3-17　片区平均气温、降水总量、日照时数年动态变化示意图

3) 剖面形态(图5-3-18(右))

Ap: 0~30 cm,棕灰色(10YR 4/1,润),灰黄棕色(10YR 6/2 干),50%左右岩石碎屑,粉质黏壤土,发育中等的 1~2 mm 粒状结构,松散,2 个蚯蚓穴,pH 5.4,清晰波状

过渡。

AB：30~55 cm，棕灰色（10YR 4/1，润），灰黄棕色（10YR 6/2 干），30%左右岩石碎屑，粉质黏壤土，发育中等的 10~20 mm 块状结构，疏松，2 个蚯蚓穴，pH 5.0，清晰波状过渡。

Ab：55~75 cm，40~50 cm，黑棕色（10YR 3/1，润），棕灰色（10YR 4/1，干），30%左右岩石碎屑，粉质黏壤土，发育中等的 10~20 mm 块状结构，稍硬，2 个蚯蚓穴，pH 5.6，渐变波状过渡。

Bw：75~105 cm，棕色（10YR 4/4，润），亮黄棕色（10YR 6/6，干），10%左右岩石碎屑，粉质黏壤土，发育中等 20~50 mm 块状结构，硬，pH 6.0，清晰波状过渡。

图 5-3-18　代表性地块景观（左）和土壤剖面（右）

R：105 cm~，白云岩。

4）土壤养分

片区土壤呈酸性，土体 pH 5.01~5.99，有机质 11.16~31.80 g/kg，全氮 0.94~1.93 g/kg，全磷 0.59~0.81 g/kg，全钾 26.50~32.50 g/kg，碱解氮 84.07~194.14 mg/kg，有效磷 1.80~18.80 mg/kg，速效钾 62.69~201.45 mg/kg，氯离子 6.80~10.60 mg/kg，交换性 Ca^{2+} 3.84~5.86 cmol/kg，交换性 Mg^{2+} 0.51~1.41 cmol/kg。

腐殖酸与腐殖质组成中，腐殖酸碳量 3.62~11.84 g/kg，腐殖质全碳量 6.47~18.44 g/kg，胡敏酸碳量 0.37~3.65 g/kg，胡敏素碳量 2.85~7.63 g/kg，富啡酸碳量 3.25~8.19 g/kg，胡富比 0.11~0.52。

微量元素中，有效铜 0.94~1.43 mg/kg，有效铁 23.44~53.19 mg/kg，有效锰 24.33~71.94 mg/kg，有效锌 0.26~1.19 mg/kg（表 5-3-13~表 5-3-15）。

表 5-3-13　片区代表性烟田土壤养分状况

土层/cm	pH	有机质/(g/kg)	全氮/(g/kg)	全磷/(g/kg)	全钾/(g/kg)	碱解氮/(mg/kg)	有效磷/(mg/kg)	速效钾/(mg/kg)	氯离子/(mg/kg)
0~30	5.37	31.43	1.83	0.81	28.70	167.20	18.80	201.45	10.60
30~55	5.01	31.80	1.93	0.78	26.50	194.14	5.00	133.97	8.22
55~75	5.60	14.46	1.14	0.74	30.90	108.22	2.20	62.69	6.80
75~105	5.99	11.16	0.94	0.59	32.50	84.07	1.80	70.29	8.13

表 5-3-14　片区代表性烟田土壤腐殖酸与腐殖质组成

土层/cm	腐殖酸碳量/(g/kg)	腐殖质全碳量/(g/kg)	胡敏酸碳量/(g/kg)	胡敏素碳量/(g/kg)	富啡酸碳量/(g/kg)	胡富比
0~30	10.61	18.23	3.61	7.63	7.00	0.52
30~55	11.84	18.44	3.65	6.60	8.19	0.45
55~75	5.28	8.39	0.68	3.11	4.60	0.15
75~105	3.62	6.47	0.37	2.85	3.25	0.11

表 5-3-15　片区代表性烟田土壤中微量元素状况

土层/cm	有效铜/(mg/kg)	有效铁/(mg/kg)	有效锰/(mg/kg)	有效锌/(mg/kg)	交换性 Ca^{2+}/(cmol/kg)	交换性 Mg^{2+}/(cmol/kg)
0~30	1.16	53.19	71.94	1.19	3.84	0.51
30~55	1.43	51.83	47.87	0.56	5.03	0.62
55~75	1.09	29.41	26.53	0.26	4.15	0.95
75~105	0.94	23.44	24.33	0.30	5.86	1.41

5）总体评价

土体深厚，耕作层质地适中，砾石多，耕性和通透性好。酸性土壤，有机质含量丰富，肥力较高，钾、铜、铁、锰、锌钙丰富，磷、镁含量中等水平。

第四节　湖北利川生态条件

一、地理位置

利川市位于北纬 29°42′~30°39′，东经 108°21′~109°18′。地处鄂西南隅，巫山流脉和武陵山北上余支交会部，清江、郁江发源地。境内万山重叠，沟壑纵横，道路崎岖，关隘四塞，历为楚蜀屏障、军事重地。东与恩施市接壤，南与咸丰县毗连，西南与重庆黔江区、彭水县相邻，由西至北依次与重庆石柱县、万州区、云阳县、奉节县毗连。隶属于恩施土家族苗族自治州，辖下都亭、东城 2 街道，谋道、汪营、团堡、柏杨坝、忠路、建南、毛坝 7 镇，南坪、沙溪、文斗、元堡、凉雾 5 乡。面积 4602 km² (图 5-4-1)。

二、自然条件

1. 地形地貌

利川市属云贵高原东北的延伸部分，地处巫山流脉与武陵山北余脉的交会部，山地、峡谷、丘陵、山间盆地及河谷平川相互交错。钟灵山—甘溪山—佛宝山呈东西走向，横亘于市境中部，将全境截分为南北两半。南部山高坡陡，沟谷幽深，地形复杂。齐岳山为境内最大山，成为鄂渝边区重要的地理分界线；寒池山为境内最高山，海拔 2041.5 m。东南星斗山—人头山—雷音山与西南挂子山—大木峰—九条岭环绕东南、西南边境。西南部郁江出境处河涌为境内最低点，海拔 315 m（图 5-4-2）。

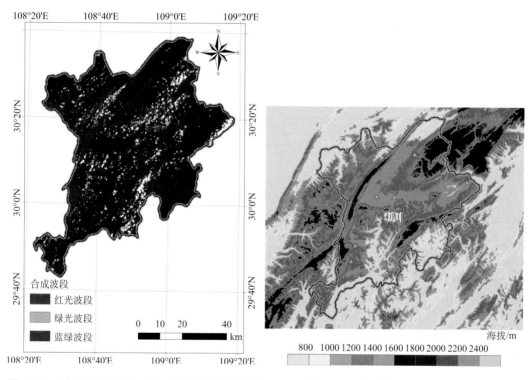

图 5-4-1　利川市位置及 Landsat 假彩色合成影像图　　　图 5-4-2　利川市海拔示意图

2. 气候条件

利川市气候为亚热带大陆性季风气候，因山峦起伏，沟壑幽深，海拔不同，气候差异明显，为典型的山地气候。全年平均气温在 8.0~16.9℃，平均 12.2℃；1 月最冷，月平均气温 2.0℃，7 月最热，月平均气温 22.0℃；南部和北部较高，中部较低。年均降水总量 1259~1436 mm，平均 1364 mm 左右，5~8 月降雨较多，在 150 mm 以上，1 月、2 月、12 月降雨较少，在 50 mm 以下。年均日照时数 1099~1376 h，平均 1249 h，4~9 月日照在 100 h 以上，其他月份较少；东北部较多，南部较少。无霜期二高山平均 232 d；高山平均 210 d（图 5-4-3）。

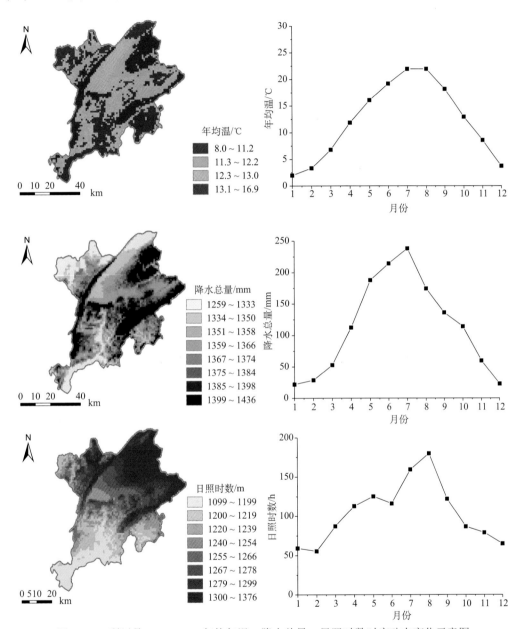

图 5-4-3 利川县 1980~2013 年均气温、降水总量、日照时数时空动态变化示意图

三、片区与代表性烟田

1. 柏杨镇团圆村 13 组片区

1）基本信息

代表性地块（LC-01）：北纬 30°28′35.801″，东经 108°56′28.937″，海拔 1249 m（图

5-4-4)，中山坡地坡麓，成土母质为灰岩风化坡积物下覆下蜀黄土，种植制度为烤烟-玉米不定期轮作，缓坡旱地，土壤亚类为普通简育湿润雏形土。

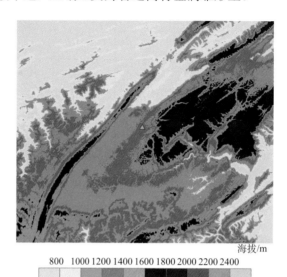

海拔/m

800　1000 1200 1400 1600 1800 2000 2200 2400

图 5-4-4　片区海拔示意图

2)气候条件

烤烟大田生长期间(5~9 月)，平均气温 19.2℃，降水量 953 mm，日照时数 716 h(图 5-4-5)。

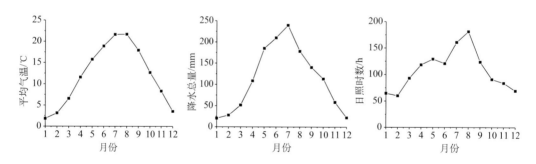

图 5-4-5　片区平均气温、降水总量、日照时数动态变化示意图

3)剖面形态(图 5-4-6(右))

Ap：0~30 cm，棕灰色(10YR 4/1，润)，浊黄橙色(10YR 6/3，干)，粉壤土，发育强的 1~2 mm 粒状结构，松散，2 个蚯蚓穴，pH 5.2，清晰波状过渡。

Br1：30~60 cm，棕灰色(10YR 4/1，润)，浊黄棕色(10YR 5/3，干)，粉壤土，发育强的 2~5 mm 块状结构，稍硬，2 个蚯蚓穴，2%左右软小铁锰结核，pH 6.4，清晰波状过渡。

Ab：60~90 cm，黑棕色(10YR 3/1，润)，棕灰色(10YR 5/1，干)，粉壤土，发育中等的 10~20 mm 块状结构，硬，2%左右软小铁锰结核，pH 6.7，清晰波状过渡。

图 5-4-6　代表性地块景观(左)和土壤剖面(右)

Br2：90~110 cm，暗棕色(10YR 3/4，润)，黄棕色(10YR 5/6，干)，粉壤土，发育中等的 20~50 mm 块状结构，硬，结构面上 2%左右的铁锰斑纹，2%左右软小铁锰结核，pH 6.9。

R：110 cm~，石灰岩。

4)土壤养分

片区土壤呈酸性，土体 pH 5.21~6.87，有机质 7.40~22.07 g/kg，全氮 0.79~1.36 g/kg，全磷 0.47~0.87 g/kg，全钾 16.40~18.90 g/kg，碱解氮 54.11~123.54 mg/kg，有效磷 1.50~42.80 mg/kg，速效钾 38.62~192.76 mg/kg，氯离子 7.04~15.40 mg/kg，交换性 Ca^{2+} 含量为 6.90~14.19 cmol/kg，交换性 Mg^{2+} 含量为 0.78~1.47 cmol/kg。

腐殖酸与腐殖质组成中，腐殖酸碳量 3.44~7.67 g/kg，腐殖质全碳量 4.29~12.80 g/kg，胡敏酸碳量 0.96~3.16 g/kg，胡敏素碳量 0.84~5.13 g/kg，富啡酸碳量 2.48~4.51 g/kg，胡富比 0.38~0.73。

微量元素中，有效铜 0.47~1.65 mg/kg，有效铁 15.91~69.18 mg/kg，有效锰 14.65~120.47 mg/kg，有效锌 0.07~2.02 mg/kg(表 5-4-1~表 5-4-3)。

表 5-4-1　片区代表性烟田土壤养分状况

土层 /cm	pH	有机质 /(g/kg)	全氮 /(g/kg)	全磷 /(g/kg)	全钾 /(g/kg)	碱解氮 /(mg/kg)	有效磷 /(mg/kg)	速效钾 /(mg/kg)	氯离子 /(mg/kg)
0~30	5.21	22.07	1.36	0.75	16.40	123.54	42.80	192.76	15.40
30~60	6.41	13.80	0.94	0.83	18.20	80.81	4.40	40.61	13.70
60~90	6.69	15.60	0.99	0.87	18.00	82.90	11.70	38.62	8.05
90~110	6.87	7.40	0.79	0.47	18.90	54.11	1.50	51.55	7.04

表 5-4-2　片区代表性烟田土壤腐殖酸与腐殖质组成

土层 /cm	腐殖酸碳量 /(g/kg)	腐殖质全碳量 /(g/kg)	胡敏酸碳量 /(g/kg)	胡敏素碳量 /(g/kg)	富啡酸碳量 /(g/kg)	胡富比
0~30	7.67	12.80	3.16	5.13	4.51	0.70
30~60	5.61	8.00	2.35	2.38	3.25	0.72
60~90	6.37	9.04	2.70	2.67	3.67	0.73
90~110	3.44	4.29	0.96	0.84	2.48	0.38

表 5-4-3　片区代表性烟田土壤中微量元素状况

土层 /cm	有效铜 /(mg/kg)	有效铁 /(mg/kg)	有效锰 /(mg/kg)	有效锌 /(mg/kg)	交换性 Ca^{2+} /(cmol/kg)	交换性 Mg^{2+} /(cmol/kg)
0~30	1.37	69.18	120.47	2.02	6.90	0.78
30~60	0.95	22.10	39.92	0.36	10.54	1.17
60~90	1.65	29.37	23.10	0.48	13.22	1.37
90~110	0.47	15.91	14.65	0.07	14.19	1.47

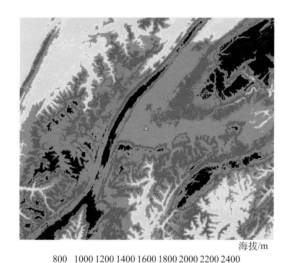

海拔/m

800　1000 1200 1400 1600 1800 2000 2200 2400

图 5-4-7　片区海拔示意图

5）总体评价

土体深厚，耕作层质地适中，耕性和通透性好，轻度水土流失。酸性土壤，有机质含量中等，肥力较高，磷、钾、铜、铁、锰、锌、钙含量丰富，镁含量中等。

2. 汪营镇白泥塘村 6 组片区

1）基本信息

代表性地块（LC-02）：北纬30°16′49.904″，东经 108°44′1.488″，海拔1115 m（图 5-4-7），中山坡地中部，成土母质为灰岩风化坡积物与下蜀黄土混合物，种植制度为烤烟-玉米不定期轮作，缓坡旱地，土壤亚类为普通铝质湿润淋溶土。

2）气候条件

烤烟大田生长期间（5~9 月），平均气温 20.2℃，降水量 942 mm，日照时数 709 h（图 5-4-8）。

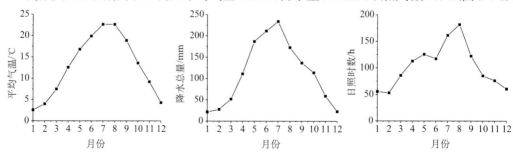

图 5-4-8　片区平均气温、降水总量、日照时数动态变化示意图

3）剖面形态（图5-4-9（右））

Ap：0~30 cm，黑棕色（7.5YR 3/2，润），棕色（7.5YR 4/6，干），粉质黏壤土，发育强的1~2 mm粒状结构，松散，2个蚯蚓穴，pH 4.6，清晰波状过渡。

AB：30~40 cm，黑棕色（7.5YR 3/2，润），棕色（7.5YR 4/6，干），粉质黏壤土，发育强的10~20 mm块状结构，稍硬，2个蚯蚓穴，pH 4.8，清晰波状过渡。

Abr：40~70 cm，棕色（7.5YR 4/4，润），橙色（7.5YR 6/6，干），粉质黏壤土，发育强的10~20 mm块状结构，硬，2%左右软小铁锰结核，pH 5.2，清晰波状过渡。

Btr1：70~90 cm，黑棕色（7.5YR 3/2，润），浊棕色（7.5YR 5/4，干），粉质黏壤土，发育强的20~50 mm棱块状结构，硬，结构面上10%左右黏粒胶膜，2%左右软小铁锰结核，pH 5.1，渐变波状过渡。

Btr2：90~110 cm，黑棕色（7.5YR 3/2，润），浊棕色（7.5YR 5/4，干），粉质黏壤土，发育强的20~50 mm棱块状结构，硬，结构面上10%左右黏粒胶膜，2%左右软小铁锰结核，pH 5.0。

图5-4-9　代表性地块景观（左）和土壤剖面（右）

4）土壤养分

片区土壤呈酸性，土体pH 4.56~5.20，有机质12.11~24.68 g/kg，全氮1.03~1.46 g/kg，全磷0.50~0.91 g/kg，全钾17.10~21.00 g/kg，碱解氮84.53~133.30 mg/kg，有效磷1.40~59.30 mg/kg，速效钾48.57~172.87 mg/kg，氯离子7.73~29.80 mg/kg，交换性Ca^{2+}3.09~6.43 cmol/kg，交换性Mg^{2+}0.09~0.81 cmol/kg。

腐殖酸与腐殖质组成中，腐殖酸碳量4.91~9.56 g/kg，腐殖质全碳量7.03~14.32 g/kg，胡敏酸碳量0.96~3.32 g/kg，胡敏素碳量2.11~6.71 g/kg，富啡酸碳量3.96~6.24 g/kg，胡富比0.24~0.53。

微量元素中，有效铜 0.72~1.41 mg/kg，有效铁 30.44~85.92 mg/kg，有效锰 32.36~128.18 mg/kg，有效锌 0.17~1.80 mg/kg（表5-4-4~表5-4-6）。

表5-4-4 片区代表性烟田土壤养分状况

土层/cm	pH	有机质/(g/kg)	全氮/(g/kg)	全磷/(g/kg)	全钾/(g/kg)	碱解氮/(mg/kg)	有效磷/(mg/kg)	速效钾/(mg/kg)	氯离子/(mg/kg)
0~30	4.56	24.68	1.46	0.91	17.10	133.30	59.30	172.87	29.80
30~40	4.84	18.00	1.22	0.61	17.80	90.10	13.00	118.18	9.09
40~70	5.20	22.50	1.35	0.66	19.00	119.83	4.30	58.51	7.73
70~90	5.09	16.60	1.22	0.63	19.60	113.33	2.00	48.57	14.30
90~110	4.96	12.11	1.03	0.50	21.00	84.53	1.40	51.15	9.06

表5-4-5 片区代表性烟田土壤腐殖酸与腐殖质组成

土层/cm	腐殖酸碳量/(g/kg)	腐殖质全碳量/(g/kg)	胡敏酸碳量/(g/kg)	胡敏素碳量/(g/kg)	富啡酸碳量/(g/kg)	胡富比
0~30	7.61	14.32	2.55	6.71	5.06	0.50
30~40	6.76	10.44	2.01	3.68	4.75	0.42
40~70	9.56	13.05	3.32	3.49	6.24	0.53
70~90	6.94	9.63	1.64	2.69	5.30	0.31
90~110	4.91	7.03	0.96	2.11	3.96	0.24

表5-4-6 片区代表性烟田土壤中微量元素状况

土层/cm	有效铜/(mg/kg)	有效铁/(mg/kg)	有效锰/(mg/kg)	有效锌/(mg/kg)	交换性 Ca^{2+}/(cmol/kg)	交换性 Mg^{2+}/(cmol/kg)
0~30	1.17	85.92	128.18	1.80	4.40	0.28
30~40	1.20	59.47	88.25	1.09	3.74	0.18
40~70	1.41	59.36	44.41	0.42	6.43	0.12
70~90	1.20	43.06	48.99	0.27	4.28	0.09
90~110	0.72	30.44	32.36	0.17	3.09	0.81

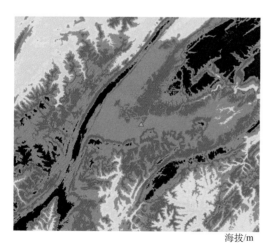

海拔/m

800 1000 1200 1400 1600 1800 2000 2200 2400

图5-4-10 片区海拔示意图

5）总体评价

土体深厚，耕作层质地适中，耕性和通透性好，轻度水土流失。酸性土壤，有机质含量中等，肥力较高，磷、钾、铜、铁、锰、锌、钙、含量丰富，镁含量缺乏。

3. 凉雾乡老场村11组片区

1）基本信息

代表性地块（LC-03）：北纬 30°16′46.228″，东经 108°49′52.075″，海拔 1127 m（图5-4-10），中山坡地下部，成土母质为古红土，种植制度为烤烟-晚稻轮作，缓坡旱地，土壤亚类为红色铁质湿润淋溶土。

2）气候条件

烤烟大田生长期间（5~9 月），平均气温 20.0℃，降水量 945 mm，日照时数 709 h（图5-4-11）。

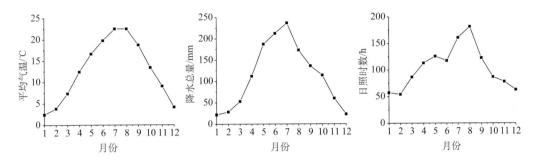

图 5-4-11　片区平均气温、降水总量、日照时数动态变化示意图

3）剖面形态（图 5-4-12（右））

图 5-4-12　代表性地块景观（左）和土壤剖面（右）

Ap：0~25 cm，浊红棕色（5YR 4/4，润），橙色（5YR 6/6，干），粉壤土，发育强的 1~2 mm 粒状结构，松散，2 个蚯蚓穴，pH 5.1，清晰波状过渡。

AB：25~35 cm，浊红棕色（5YR 4/4，润），橙色（5YR 6/6，干），粉壤土，发育强的 2~5 mm 棱块状结构，疏松，2 个蚯蚓穴，pH 4.9，清晰波状过渡。

Btr1：35~70 cm，暗红棕色（2.5YR 3/6，润），亮红棕色（2.5YR 5/8，干），粉质黏壤土，发育强的 20~50 mm 棱块状结构，硬，结构面上 20%左右黏粒胶膜，2%左右铁锰结核, pH 6.0, 渐变波状过渡。

Btr2: 70~110 cm, 暗红棕色(2.5YR 3/6, 润), 亮红棕色(2.5YR 5/8, 干), 粉质黏壤土, 发育强的 20~50 mm 棱块状结构, 硬, 结构面上 20%左右黏粒胶膜, 2%左右的铁锰斑纹, 2%左右软小铁锰结核, pH 6.2。

4) 土壤养分

片区土壤呈酸性, 土体 pH 4.92~6.21, 有机质 4.60~16.77 g/kg, 全氮 0.67~1.14 g/kg, 全磷 0.40~1.05 g/kg, 全钾 19.50~32.10 g/kg, 碱解氮 31.12~102.88 mg/kg, 有效磷 0.60~55.20 mg/kg, 速效钾 87.35~391.64 mg/kg, 氯离子 5.90~8.06 mg/kg, 交换性 Ca^{2+} 4.65~14.48 cmol/kg, 交换性 Mg^{2+} 0.22~1.67 cmol/kg。

腐殖酸与腐殖质组成中, 腐殖酸碳量 1.45~5.52 g/kg, 腐殖质全碳量 2.67~9.73 g/kg, 胡敏酸碳量 0.19~1.68 g/kg, 胡敏素碳量 1.22~4.57 g/kg, 富啡酸碳量 1.20~3.84 g/kg, 胡富比 0.11~0.44。

微量元素中, 有效铜 0.22~0.72 mg/kg, 有效铁 5.86~81.24 mg/kg, 有效锰 6.36~102.86 mg/kg, 有效锌 0.01~1.11 mg/kg (表 5-4-7~表 5-4-9)。

表 5-4-7 片区代表性烟田土壤养分状况

土层 /cm	pH	有机质 /(g/kg)	全氮 /(g/kg)	全磷 /(g/kg)	全钾 /(g/kg)	碱解氮 /(mg/kg)	有效磷 /(mg/kg)	速效钾 /(mg/kg)	氯离子 /(mg/kg)
0~25	5.05	16.77	1.14	1.05	19.50	102.88	55.20	244.47	5.90
25~35	4.92	14.81	1.03	0.97	21.00	83.60	53.60	391.64	7.07
35~70	6.02	6.14	0.67	0.40	29.50	37.16	0.60	87.35	8.06
70~110	6.21	4.60	0.67	0.56	32.10	31.12	0.60	118.18	7.20

表 5-4-8 片区代表性烟田土壤腐殖酸与腐殖质组成

土层 /cm	腐殖酸碳量 /(g/kg)	腐殖质全碳量 /(g/kg)	胡敏酸碳量 /(g/kg)	胡敏素碳量 /(g/kg)	富啡酸碳量 /(g/kg)	胡富比
0~25	5.16	9.73	1.48	4.57	3.67	0.40
25~35	5.52	8.59	1.68	3.07	3.84	0.44
35~70	1.90	3.56	0.19	1.66	1.72	0.11
70~110	1.45	2.67	0.24	1.22	1.20	0.20

表 5-4-9 片区代表性烟田土壤中微量元素状况

土层 /cm	有效铜 /(mg/kg)	有效铁 /(mg/kg)	有效锰 /(mg/kg)	有效锌 /(mg/kg)	交换性 Ca^{2+} /(cmol/kg)	交换性 Mg^{2+} /(cmol/kg)
0~25	0.72	81.24	102.86	1.11	4.65	0.29
25~35	0.65	55.78	102.59	0.89	4.92	0.22
35~70	0.26	7.99	9.67	0.01	11.72	0.63
70~110	0.22	5.86	6.36	0.02	14.48	1.67

5) 总体评价

土体深厚, 耕作层偏薄, 质地适中, 耕性和通透性好, 轻度水土流失。酸性土壤,有机质含量偏低,肥力偏低,磷、钾、铁、锰、锌、钙含量丰富,铜含量中等,镁缺乏。

4. 忠路镇龙塘村6组片区

1）基本信息

代表性地块（LC-04）：北纬30°3′11.811″，东经108°37′3.946″，海拔1156 m（图5-4-13），中山沟谷地，成土母质为灰岩风化坡积物下覆下蜀黄土，种植制度为烤烟-玉米隔年轮作，旱地，土壤亚类为普通暗色潮湿雏形土。

2）气候条件

烤烟大田生长期间（5~9月），平均气温19.7℃，降水量946 mm，日照时数693 h（图5-4-14）。

海拔/m

800 1000 1200 1400 1600 1800 2000 2200 2400

图5-4-13　片区海拔示意图

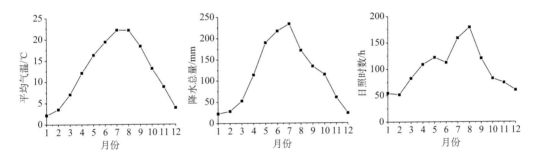

图5-4-14　片区平均气温、降水总量、日照时数动态变化示意图

3）剖面形态（图5-4-15（右））

Ap：0~25 cm，棕灰色（10YR 4/1，润），灰黄棕色（10YR 6/2 干），20%左右岩石碎屑，粉壤土，发育强的1~2 mm粒状结构，松散，2个蚯蚓穴，pH 5.3，清晰波状过渡。

AB：25~40 cm，棕灰色（10YR 4/1，润），灰黄棕色（10YR 6/2 干），10%左右岩石碎屑，粉壤土，发育强的2~5 mm块状结构，稍硬，2个蚯蚓穴，pH 5.8，清晰波状过渡。

Ab：40~50 cm，黑色（10YR 2/1，润），黑棕色（10YR 3/1，干），20%左右岩石碎屑，粉壤土，发育强的20~50 mm块状结构，稍硬，2个蚯蚓穴，pH 6.2，清晰波状过渡。

Br1：50~100 cm，棕色（10YR 4/4，润），亮黄棕色（10YR 6/6，干），10%左右岩石碎屑，粉壤土，发育中等的20~50 mm块状结构，硬，结构面上2%左右的铁锰斑纹，2%左右软小铁锰结核，pH 6.2，渐变波状过渡。

Br2：100~120 cm，棕色（10YR 4/4，润），亮黄棕色（10YR 6/6，干），5%左右岩石碎屑，粉壤土，发育中等的20~50 mm块状结构，硬，结构面上2%左右的铁锰斑纹，2%

左右软小铁锰结核，pH 6.2。

图 5-4-15 代表性地块景观(左)和土壤剖面(右)

4) 土壤养分

片区土壤呈酸性，土体 pH 5.33 ~6.22，有机质 19.17~57.37 g/kg，全氮 1.55~2.53 g/kg，全磷 1.19~1.55 g/kg，全钾 12.80~18.00 g/kg，碱解氮 109.84~178.58 mg/kg，有效磷 3.50~44.30 mg/kg，速效钾 72.43~244.47 mg/kg，氯离子 7.83~36.80 mg/kg，交换性 Ca^{2+} 10.78~26.81 cmol/kg，交换性 Mg^{2+}0.15~0.82 cmol/kg。

腐殖酸与腐殖质组成中，腐殖酸碳量 7.85~19.85 g/kg，腐殖质全碳量 11.12~33.28 g/kg，胡敏酸碳量 1.40~11.83 g/kg，胡敏素碳量 3.26~13.44 g/kg，富啡酸碳量 6.46~8.02 g/kg，胡富比 0.22~1.48。

微量元素中，有效铜 1.18~2.03 mg/kg，有效铁 49.44~92.74 mg/kg，有效锰 3.09~69.71 mg/kg，有效锌 0.25~2.56 mg/kg(表 5-4-10~表 5-4-12)。

表 5-4-10 片区代表性烟田土壤养分状况

土层/cm	pH	有机质/(g/kg)	全氮/(g/kg)	全磷/(g/kg)	全钾/(g/kg)	碱解氮/(mg/kg)	有效磷/(mg/kg)	速效钾/(mg/kg)	氯离子/(mg/kg)
0~25	5.33	47.91	2.37	1.50	16.70	178.58	44.30	244.47	12.10
25~40	5.82	44.20	2.16	1.21	18.00	153.04	11.90	129.11	24.90
40~50	6.22	57.37	2.53	1.19	13.00	178.12	4.10	105.25	36.80
50~100	6.21	35.87	2.13	1.55	13.00	149.32	3.50	80.39	29.10
100~120	6.20	19.17	1.55	1.33	12.80	109.84	11.70	72.43	34.90

表 5-4-11　片区代表性烟田土壤腐殖酸与腐殖质组成

土层 /cm	腐殖酸碳量 /(g/kg)	腐殖质全碳量 /(g/kg)	胡敏酸碳量 /(g/kg)	胡敏素碳量 /(g/kg)	富啡酸碳量 /(g/kg)	胡富比
0~25	14.35	27.79	6.74	13.44	7.61	0.89
25~40	14.49	25.64	7.53	11.15	6.96	1.08
40~50	19.85	33.28	11.83	13.43	8.02	1.48
50~100	13.71	20.81	5.82	7.09	7.90	0.74
100~120	7.85	11.12	1.40	3.26	6.46	0.22

表 5-4-12　片区代表性烟田土壤中微量元素状况

土层 /cm	有效铜 /(mg/kg)	有效铁 /(mg/kg)	有效锰 /(mg/kg)	有效锌 /(mg/kg)	交换性 Ca^{2+} /(cmol/kg)	交换性 Mg^{2+} /(cmol/kg)
0~25	1.91	92.74	69.71	2.56	10.98	0.38
25~40	2.03	66.52	33.08	1.30	18.55	0.55
40~50	2.01	69.24	9.80	0.51	26.81	0.82
50~100	1.92	65.01	4.99	0.32	18.84	0.50
100~120	1.18	49.44	3.09	0.25	10.78	0.15

5) 总体评价

土体深厚,耕作层质地适中,砾石多,耕性和通透性好。酸性土壤,有机质含量丰富,肥力较高,磷、钾、铜、铁、锰、锌、钙丰富,镁含量缺乏。

5. 文斗乡青山村6组片区

1) 基本信息

代表性地块(LC-05):北纬29°58′49.266″,东经108°35′48.415″,海拔1277 m(图 5-4-16),中山沟谷地,成土母质为灰岩风化坡积物下覆下蜀黄土,种植制度为烤烟-玉米隔年轮作,中坡旱地,土壤亚类为普通暗色潮湿雏形土。

2) 气候条件

烤烟大田生长期间(5~9 月),平均气温 18.9℃,降水量 956 mm,日照时数 684 h(图 5-4-17)。

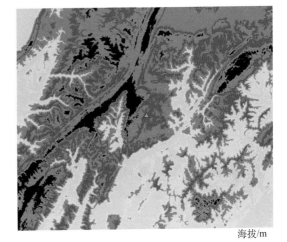

海拔/m

800 1000 1200 1400 1600 1800 2000 2200 2400

图 5-4-16　片区海拔示意图

3) 剖面形态(图 5-4-18(右))

Ap:0~30 cm,棕灰色(10YR 4/1,润),灰黄棕色(10YR 6/2 干),60%左右岩石碎屑,黏壤土,发育中等的 1~2 mm 粒状结构,松散,2 个蚯蚓穴,pH 4.6,渐变波状过渡。

AB:30~55 cm,棕灰色(10YR 4/1,润),灰黄棕色(10YR 6/2 干),60%左右岩石碎屑,黏壤土,发育中等的 10~20 mm 棱块状结构,松散,pH 5.9,渐变波状过渡。

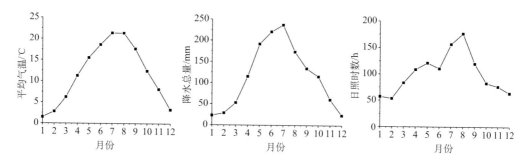

图 5-4-17　片区平均气温、降水总量、日照时数动态变化示意图

图 5-4-18　代表性地块景观(左)和土壤剖面(右)

Ab：55~82 cm，40~50 cm，黑棕色(10YR 3/1，润)，棕灰色(10YR 4/1，干)，60%左右岩石碎屑，黏壤土，发育中等的 20~50 mm 棱块状结构，稍硬，pH 6.2，清晰波状过渡。

Br：82~110 cm，棕色(10YR 4/4，润)，亮黄棕色(10YR 6/6，干)，黏壤土，发育中等 20~50 mm 棱块状结构，硬，结构面上 2%左右铁锰斑纹，pH 6.2。

4) 土壤养分

片区土壤呈酸性，土体 pH 4.63~6.24，有机质 13.70~39.38 g/kg，全氮 1.03~2.19 g/kg，全磷 0.90~2.70 g/kg，全钾 16.20~21.30 g/kg，碱解氮 72.92~192.75 mg/kg，有效磷 12.90~156.00 mg/kg，速效钾 114.20~282.26 mg/kg，氯离子 6.82~31.90 mg/kg，交换性 Ca^{2+} 3.36~12.45 cmol/kg，交换性 Mg^{2+} 0.08~0.25 cmol/kg。

腐殖酸与腐殖质组成中，腐殖酸碳量 4.69~13.18 g/kg，腐殖质全碳量 7.94~22.84 g/kg，胡敏酸碳量 0.66~4.72 g/kg，胡敏素碳量 3.25~9.66 g/kg，富啡酸碳量 3.98~8.47 g/kg，胡富比 0.16~0.81。

微量元素中，有效铜 1.09~1.79 mg/kg，有效铁 36.56~121.28 mg/kg，有效锰 2.68~84.09 mg/kg，有效锌 0.31~3.16 mg/kg（表 5-4-13~表 5-4-15）。

表 5-4-13　片区代表性烟田土壤养分状况

土层 /cm	pH	有机质 /(g/kg)	全氮 /(g/kg)	全磷 /(g/kg)	全钾 /(g/kg)	碱解氮 /(mg/kg)	有效磷 /(mg/kg)	速效钾 /(mg/kg)	氯离子 /(mg/kg)
0~30	4.63	39.38	2.19	2.70	21.30	192.75	156.00	282.26	31.90
30~55	5.93	21.01	1.03	1.04	16.20	72.92	12.90	139.06	6.82
55~82	6.23	28.57	1.49	0.93	19.40	116.58	15.20	133.09	7.00
82~110	6.24	13.70	1.13	0.90	20.10	76.87	13.70	114.20	9.31

表 5-4-14　片区代表性烟田土壤腐殖酸与腐殖质组成

土层 /cm	腐殖酸碳量 /(g/kg)	腐殖质全碳量 /(g/kg)	胡敏酸碳量 /(g/kg)	胡敏素碳量 /(g/kg)	富啡酸碳量 /(g/kg)	胡富比
0~30	13.18	22.84	4.72	9.66	8.47	0.56
30~55	6.46	12.19	2.48	5.73	3.98	0.62
55~82	9.94	16.57	4.44	6.63	5.49	0.81
82~110	4.69	7.94	0.66	3.25	4.03	0.16

表 5-4-15　片区代表性烟田土壤中微量元素状况

土层 /cm	有效铜 /(mg/kg)	有效铁 /(mg/kg)	有效锰 /(mg/kg)	有效锌 /(mg/kg)	交换性 Ca^{2+} /(cmol/kg)	交换性 Mg^{2+} /(cmol/kg)
0~30	1.79	121.28	84.09	3.16	3.36	0.18
30~55	1.28	36.56	32.11	0.49	7.89	0.12
55~82	1.44	40.03	9.11	0.40	12.45	0.25
82~110	1.09	38.73	2.68	0.31	7.57	0.08

5）总体评价

土体深厚，耕作层质地偏黏，耕性较差，砾石多，通透性好，中度水土流失。土壤酸性，有机质含量丰富，肥力较高，磷、钾、铜、铁、锰、锌、钙丰富，缺镁，氯含量微超标。

第五节　湖南桑植生态条件

一、地理位置

桑植县位于北纬 29°17′~38°84′，东经 109°41′~110°46′，地处湖南省西北部，武陵山脉北麓，鄂西山地南端（图 5-5-1）。桑植县隶属湖南省张家界市，现辖澧源镇、瑞塔铺镇、官地坪镇、凉水口镇、龙潭坪镇、五道水镇、陈家河镇、廖家村镇、利福塔镇等 9 个镇，空壳树乡、汩湖乡、竹叶坪乡、人潮溪乡、西莲乡、白石乡、长潭坪乡、樵子湾乡、谷罗山乡、沙塔坪乡、苦竹坪乡、四方溪乡、芭茅溪乡、细沙坪乡、八大公山乡、蹇家坡乡、岩屋口乡、河口乡、上河溪乡、两河口乡、打鼓泉乡、上洞街乡、天星山林场等22个乡，走马坪白族乡、刘家坪白族乡、芙蓉桥白族乡、麦地坪白族乡、马合口白族乡、淋溪河白族乡、洪家关白族乡等7个民族乡，全县总面积3 474 km²(图5-5-1)。

二、自然条件

1. 地形地貌

桑植县地形复杂，地势北高南低，北部和东北部属中山和高山地区，中部、南部和西南部属中山和丘陵岗地。县境内有10 426个大小山头，最高点八大公山主峰斗篷山海拔1 890.4 m，最低点竹叶坪乡柳杨溪河谷海拔154 m(已淹没于江垭水库)(图5-5-2)。

桑植县大地构造单位属新华夏结构体系，扬子准地台的一部分。由于受八面山褶制约，地势由西北向东南倾斜，广泛分布为中山、低山地貌。全县地层主要属三叠系中统，寒武系下统，震旦系下统等，以三叠系和志留系为主。

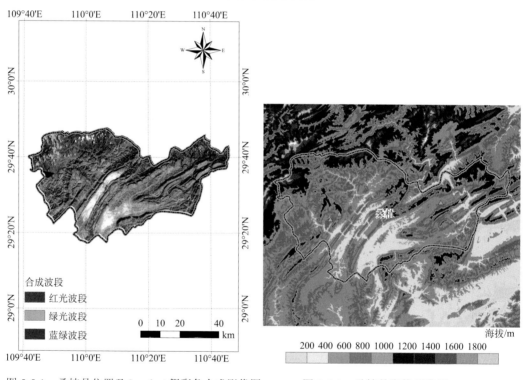

图5-5-1　桑植县位置及Landsat假彩色合成影像图　　　图5-5-2　桑植县海拔示意图

2. 气候条件

桑植县属中亚热带山地季风湿润型气候，地貌差异大，气候变化呈垂直规律。全年平均气温在8.6~16.6℃，平均14.1℃，中南部年均温较高，东北部、西北部较低；1月最冷，月平均气温2.9℃，7月最热，月平均气温24.5℃。年均降水总量1 359~1 501 mm，平均1 416 mm左右，5~8月降雨较多，在150 mm以上，1月、2月、12月降雨较少，在 50 mm 以下。年均日照时数 1206~1427 h，平均 1282 h，4~9 月日照在 100 h 以上，其他月份较少；区域分布总的趋势是由西向东递增。平均无霜期 260~280 d（图 5-5-3）。

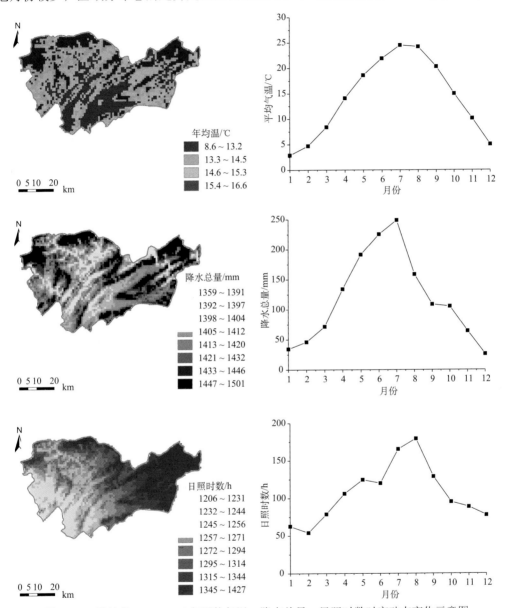

图 5-5-3　桑植县 1980~2013 年平均气温、降水总量、日照时数时空动态变化示意图

三、片区与代表性烟田

1. 官地坪镇金星村吊水井片区

1）基本信息

代表性地块（SZ-01）：北纬 29°35′35.371″，东经 110°26′49.503″，海拔 540 m（图 5-5-4），

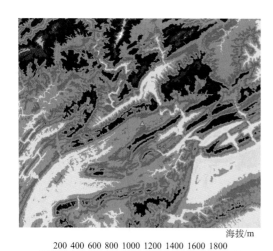

海拔/m

200 400 600 800 1000 1200 1400 1600 1800

图 5-5-4　片区海拔示意图

低山坡地中下部，成土母质为白云岩风化坡积物，烤烟-晚稻/玉米不定期轮作，缓坡旱地，土壤亚类为斑纹铁质湿润淋溶土。

2）气候条件

烤烟大田生长期间（5~9 月），平均气温 22.4℃，降水量 921 mm，日照时数 733 h（图 5-5-5）。

3）剖面形态（图 5-5-6 右）

Ap：0~28 cm，棕色（7.5YR 4/3，润），橙色（7.5YR 6/6，干），粉质黏壤土，发育强的 1~2 mm 粒状结构，松散，pH 5.0，清晰平滑过渡。

AB：28~38 cm，棕色（7.5YR 4/3，润），橙色（7.5YR 6/6，干），粉质黏壤土，发育强的 10~20 mm 块状结构，稍硬，pH 5.8，清晰平滑过渡。

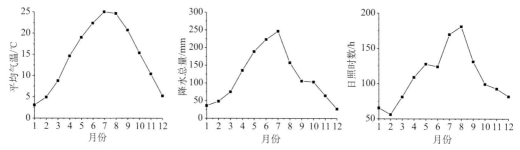

图 5-5-5　片区平均气温、降水总量、日照时数动态变化示意图

图 5-5-6　代表性地块景观(左)和土壤剖面(右)

Btr1：38~70 cm，浊棕色(7.5YR 5/4，润)，橙色(7.5YR 7/6，干)，粉质黏壤土，发育强的20~50 mm 棱块状结构，坚硬，结构面上2%左右铁锰斑纹，10%左右黏粒胶膜，2%左右软小铁锰结核，pH 6.0，渐变波状过渡。

Btr2：70~110 cm，浊棕色(7.5YR 5/4，润)，橙色(7.5YR 7/6，干)，粉质黏壤土，发育强的20~50 mm 棱块状结构，坚硬，结构面上2%左右铁锰斑纹，10%左右黏粒胶膜，2%左右软小铁锰结核，pH 6.1。

4) 土壤养分

片区土壤呈酸性，土体 pH 5.04~6.14，有机质 7.40~17.98 g/kg，全氮 0.70~1.25 g/kg，全磷 0.34~0.54 g/kg，全钾 25.65~30.80 g/kg，碱解氮 41.10~114.25 mg/kg，有效磷 0.88~14.65 mg/kg，速效钾 64.59~147.28 mg/kg，氯离子 6.61~6.65 mg/kg，交换性 Ca^{2+} 5.91~8.18 cmol/kg，交换性 Mg^{2+} 0.50~0.58 cmol/kg。

腐殖酸与腐殖质组成中，腐殖酸碳量 2.21~7.58 g/kg，腐殖土质全碳量 4.29~10.43 g/kg，胡敏酸碳量 0~3.26 g/kg，胡敏素碳量 2.08~2.85 g/kg，富啡酸碳量 2.21~4.32 g/kg，胡富比 0~0.76。

微量元素中，有效铜 0.53~1.03 mg/kg，有效铁 22.97~43.36 mg/kg，有效锰 11.42~144.44 mg/kg，有效锌 0.48~4.34 mg/kg(表 5-5-1~表 5-5-3)。

表 5-5-1 片区代表性烟田土壤养分状况

土层 /cm	pH	有机质 /(g/kg)	全氮 /(g/kg)	全磷 /(g/kg)	全钾 /(g/kg)	碱解氮 /(mg/kg)	有效磷 /(mg/kg)	速效钾 /(mg/kg)	氯离子 /(mg/kg)
0~28	5.04	17.98	1.25	0.54	26.57	114.25	14.65	147.28	6.63
28~38	5.80	14.97	1.10	0.45	25.80	90.57	2.50	64.59	6.61
38~70	6.03	8.33	0.77	0.35	25.65	46.45	0.88	71.25	6.64
70~110	6.14	7.40	0.70	0.34	30.80	41.10	1.13	83.60	6.65

表 5-5-2 片区代表性烟田土壤腐殖酸与腐殖质组成

土层 /cm	腐殖酸碳量 /(g/kg)	腐殖质全碳量 /(g/kg)	胡敏酸碳量 /(g/kg)	胡敏素碳量 /(g/kg)	富啡酸碳量 /(g/kg)	胡富比
0~28	7.58	10.43	3.26	2.85	4.32	0.76
28~38	6.12	8.68	1.88	2.56	4.23	0.44
38~70	2.68	4.83	0.43	2.14	2.25	0.19
70~110	2.21	4.29	0	2.08	2.21	0

表 5-5-3 片区代表性烟田土壤中微量元素状况

土层 /cm	有效铜 /(mg/kg)	有效铁 /(mg/kg)	有效锰 /(mg/kg)	有效锌 /(mg/kg)	交换性 Ca^{2+} /(cmol/kg)	交换性 Mg^{2+} /(cmol/kg)
0~28	1.03	38.14	144.44	4.34	5.91	0.50
28~38	0.93	35.61	62.28	1.99	7.68	0.58
38~70	0.53	22.97	18.27	0.48	6.92	0.52
70~110	0.56	43.36	11.42	0.53	8.18	0.50

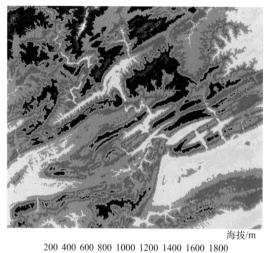

海拔/m

200 400 600 800 1000 1200 1400 1600 1800

图 5-5-7　片区海拔示意图

色铝质湿润淋溶土。

5）总体评价

土体深厚，耕作层质地偏黏，耕性和通透性较差，轻度水土流失。弱酸性土壤，有机质含量缺乏，肥力中等，缺磷，富含量中等，铜、铁、锰、锌、钙丰富，镁含量中等。

2. 官地坪镇联乡村郑家坪片区

1）基本信息

代表性地块（SZ-02）：北纬 29°35′56.609″，东经 110°32′9.777″，海拔 1110 m（图 5-5-7），中山坡地上部，成土母质为白云岩风化坡积物，烤烟-晚稻/玉米不定期轮作，中坡旱地，土壤亚类为黄

2）气候条件

烤烟大田生长期间（5~9 月），平均气温 19.6℃，降水量 957 mm，日照时数 722 h（图 5-5-8）。

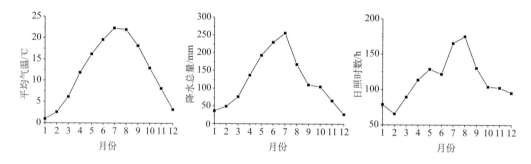

图 5-5-8　片区平均气温、降水总量、日照时数动态变化示意图

3）剖面形态（图 5-5-9（右））

Ap：0~25 cm，极暗红棕色（5YR 2/3，润），浊红棕色（5YR 4/4，干），粉壤土，发育强的 1~2 mm 粒状结构，松散，pH 4.8，清晰平滑过渡。

Bt：25~50 cm，浊红棕色（5YR 4/3，润），浊橙色（5YR 6/4，干），粉质黏壤土，发育强的 10~20 mm 块状结构，坚硬，结构面上 5%左右黏粒胶膜，pH 5.1，清晰波状过渡。

Btr1：50~70 cm，红棕色（5YR 4/6，润），橙色（5YR 6/8，干），粉质黏壤土，发育强的 20~50 mm 棱块状结构，坚硬，结构面上 2%左右铁锰斑纹，10%左右黏粒胶膜，1%左右软小铁锰结核，pH 5.2，渐变波状过渡。

Btr2：70~110 cm，暗红棕色（5YR 3/4，润），亮红棕色（5YR 5/6，干），粉质黏壤土，发育强的 20~50 mm 棱块状结构，坚硬，结构面上 2%左右铁锰斑纹，10%左右黏粒胶膜，

1%左右软小铁锰结核，pH 5.3。

图 5-5-9　代表性地块景观（左）和土壤剖面（右）

4）土壤养分

片区土壤呈酸性，土体 pH 4.78~5.54，有机质 6.49~26.99 g/kg，全氮 0.66~2.00 g/kg，全磷 0.19~1.11 g/kg，全钾 18.61~20.06 g/kg，碱解氮 42.26~195.53 mg/kg，有效磷 0.88~94.45 mg/kg，速效钾 82.65~781.19 mg/kg，氯离子 6.63~44.86 mg/kg，交换性 Ca^{2+} 2.19~7.51 cmol/kg，交换性 Mg^{2+} 0.46~1.19 cmol/kg。

腐殖酸与腐殖质组成中，腐殖酸碳量 3.76~15.66 g/kg，腐殖质全碳量 0.65~2.70 g/kg，胡敏酸碳量 1.80~9.46 g/kg，胡敏素碳量 0.00~2.77 g/kg，富啡酸碳量 1.96~6.20 g/kg，胡富比 1.80~6.69。

微量元素中，有效铜 0.56~0.73 mg/kg，有效铁 56.30~92.23 mg/kg，有效锰 34.67~268.35 mg/kg，有效锌 0.58~10.21 mg/kg（表 5-5-4~表 5-5-6）。

表 5-5-4　片区代表性烟田土壤养分状况

土层 /cm	pH	有机质 /(g/kg)	全氮 /(g/kg)	全磷 /(g/kg)	全钾 /(g/kg)	碱解氮 /(mg/kg)	有效磷 /(mg/kg)	速效钾 /(mg/kg)	氯离子 /(mg/kg)
0~25	4.78	26.99	2.00	1.11	19.72	195.53	94.45	781.19	44.86
25~32	5.06	12.39	0.98	0.35	19.82	79.89	1.40	277.71	6.64
32~50	5.17	9.44	0.84	0.30	18.61	59.45	0.90	263.22	6.63
50~67	5.32	7.38	0.69	0.28	20.06	50.16	1.00	142.52	6.65
67~110	5.54	6.49	0.66	0.19	19.13	42.26	0.88	82.65	6.65

表 5-5-5 片区代表性烟田土壤腐殖酸与腐殖质组成

土层 /cm	腐殖酸碳量 /(g/kg)	腐殖质全碳量 /(g/kg)	胡敏酸碳量 /(g/kg)	胡敏素碳量 /(g/kg)	富啡酸碳量 /(g/kg)	胡富比
0~25	15.66	2.70	9.46	2.77	6.20	6.69
25~32	7.19	1.24	4.53	0.54	2.66	3.99
32~50	5.47	0.94	3.28	0.38	2.20	2.90
50~67	4.28	0.74	2.32	0.04	1.96	2.27
67~110	3.76	0.65	1.80	0.00	1.96	1.80

表 5-5-6 片区代表性烟田土壤中微量元素状况

土层 /cm	有效铜 /(mg/kg)	有效铁 /(mg/kg)	有效锰 /(mg/kg)	有效锌 /(mg/kg)	交换性 Ca^{2+} /(cmol/kg)	交换性 Mg^{2+} /(cmol/kg)
0~25	0.72	92.23	268.35	10.21	5.66	1.19
25~32	0.73	59.19	55.54	0.79	2.19	0.46
32~50	0.66	59.15	39.25	0.58	2.70	0.51
50~67	0.61	57.68	38.28	0.58	4.40	0.72
67~110	0.56	56.30	34.67	0.79	7.51	1.10

图 5-5-10 片区海拔示意图

5）总体评价

土体深厚，耕作层质地适中，耕性和通透性较好，中度水土流失。酸性土壤，有机质含量中等，肥力较高，磷、钾丰富，铜含量中等，铁、锰、锌、钙、镁丰富。

3. 白石乡长益村排兵山片区

1）基本信息

代表性地块（SZ-03）：北纬29°40′42.185″，东经 110°31′39.284″，海拔1203 m（图 5-5-10），中山坡地上部，成土母质为白云岩风化坡积物，烤烟-晚稻/玉米不定期轮作，中坡旱地，土壤亚类为黄色铝质湿润淋溶土。

2）气候条件

烤烟大田生长期间（5~9月），平均气温18.4℃，降雨量974 mm，日照时数714 h（图 5-5-11）。

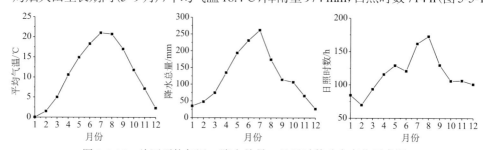

图 5-5-11 片区平均气温、降水总量、日照时数动态变化示意图

3) 剖面形态 (图 5-5-12 (右))

Ap：0~22 cm，黑棕色 (7.5YR 2/2，润)，棕色 (7.5YR 4/4，干)，20% 左右岩石碎屑，粉质黏壤土，发育强的 1~2 mm 粒状结构，松散，pH 4.4，清晰波状过渡。

AB：22~32 cm，黑棕色 (7.5YR 2/2，润)，棕色 (7.5YR 4/4，干)，20% 左右岩石碎屑，粉质黏壤土，发育强的 10~20 mm 棱块状结构，坚硬，pH 4.6，清晰波状过渡。

Btr1：32~52 cm，浊红棕色 (7.5YR 4/3，润)，浊橙色 (7.5YR 6/4，干)，20% 左右岩石碎屑，粉质黏壤土，发育强的 20~50 mm 棱块状结构，坚硬，结构面上 2% 左右铁锰斑纹，10% 左右黏粒胶膜，2% 左右软小铁锰结核，pH 4.9，渐变波状过渡。

Btr2：52~120 cm，浊红棕色 (7.5YR 4/3，润)，浊橙色 (7.5YR 6/4，干)，30% 左右岩石碎屑，粉质黏壤土，发育中等的 20~50 mm 棱块状结构，坚硬，结构面上 2% 左右铁锰斑纹，10% 左右黏粒胶膜，2% 左右软小铁锰结核，pH 5.0。

4) 土壤养分

片区土壤呈酸性，土体 pH 4.37~5.03，有机质 5.65~34.75 g/kg，全氮 0.97~3.06 g/kg，全磷 0.49~0.84 g/kg，全钾 21.78~24.63 g/kg，碱解氮 42.26~216.43 mg/kg，有效磷 2.08~25.25 mg/kg，速效钾 115.91~544.54 mg/kg，氯离子 12.23~35.28 mg/kg，交换性 Ca^{2+} 1.69~2.95 cmol/kg，交换性 Mg^{2+} 0.40~0.81 cmol/kg。

图 5-5-12　代表性地块景观 (左) 和土壤剖面 (右)

腐殖酸与腐殖质组成中，腐殖酸碳量 1.60~12.62 g/kg，腐殖质全碳量 3.28~20.16 g/kg，胡敏酸碳量 0.10~3.55 g/kg，胡敏素碳量 1.68~7.54 g/kg，富啡酸碳量 1.48~9.07 g/kg，胡富比 0.03~0.39。

微量元素中，有效铜 0.99~2.58 mg/kg，有效铁 58.99~74.42 mg/kg，有效锰 39.64~

165.96 mg/kg，有效锌 0.65~4.26 mg/kg（表 5-5-7~表 5-5-9）。

表 5-5-7　片区代表性烟田土壤养分状况

土层 /cm	pH	有机质 /(g/kg)	全氮 /(g/kg)	全磷 /(g/kg)	全钾 /(g/kg)	碱解氮 /(mg/kg)	有效磷 /(mg/kg)	速效钾 /(mg/kg)	氯离子 /(mg/kg)
0~22	4.37	34.75	3.06	0.84	22.64	216.43	25.25	544.54	35.28
22~32	4.59	22.07	2.16	0.59	22.45	138.64	2.68	265.12	14.85
32~52	4.94	9.70	1.27	0.57	21.78	72.45	2.08	190.99	12.23
52~120	5.03	5.65	0.97	0.49	24.63	42.26	2.58	115.91	12.34

表 5-5-8　片区代表性烟田土壤腐殖酸与腐殖质组成

土层 /cm	腐殖酸碳量 /(g/kg)	腐殖质全碳量 /(g/kg)	胡敏酸碳量 /(g/kg)	胡敏素碳量 /(g/kg)	富啡酸碳量 /(g/kg)	胡富比
0~22	12.62	20.16	3.55	7.54	9.07	0.39
22~32	8.38	12.80	1.56	4.42	6.82	0.23
32~52	3.31	5.63	0.10	2.32	3.21	0.03
52~120	1.60	3.28	0.12	1.68	1.48	0.08

表 5-5-9　片区代表性烟田土壤中微量元素状况

土层 /cm	有效铜 /(mg/kg)	有效铁 /(mg/kg)	有效锰 /(mg/kg)	有效锌 /(mg/kg)	交换性 Ca^{2+} /(cmol/kg)	交换性 Mg^{2+} /(cmol/kg)
0~22	2.58	68.57	165.96	4.26	2.70	0.81
22~32	2.16	58.99	99.86	1.79	1.69	0.40
32~52	1.26	74.42	50.67	0.65	2.57	0.59
52~120	0.99	72.64	39.64	0.84	2.95	0.80

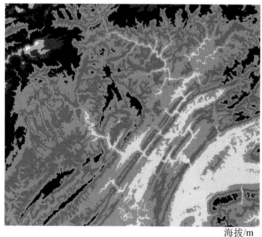

海拔/m

200 400 600 800 1000 1200 1400 1600 1800

图 5-5-13　片区海拔示意图

为普通钙质湿润淋溶土。

5）总体评价

土体深厚，耕作层质地偏黏，耕性较差，砾石多，通透性较好，中度水土流失。酸性土壤，有机质含量丰富，肥力较高，磷、钾丰富，铜、铁、锰、锌、钙含量丰富，镁中等。

4. 寨家坡乡老村曾家垭片区

1）基本信息

代表性地块（SZ-04）：北纬 29°32′56.280″，东经 110°59′9.006″，海拔 1010 m（图 5-5-13），中山坡地上部，成土母质为白云岩风化坡积物，烤烟-晚稻/玉米不定期轮作，缓坡梯田旱地，土壤亚类

2) 气候条件

烤烟大田生长期间(5~9月)，平均气温20.7℃，降水量957 mm，日照时数701 h(图5-5-14)。

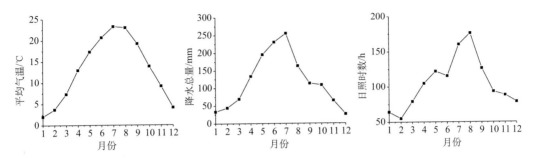

图5-5-14　片区平均气温、降水总量、日照时数动态变化示意图

3) 剖面形态(图5-5-15(右))

图5-5-15　代表性地块景观(左)和土壤剖面(右)

Ap：0~30 cm，棕灰色(10YR 5/1，润)，浊黄橙色(10YR 7/3，干)，20%左右岩石碎屑，粉壤土，发育强的1~2 mm粒状结构，松散，pH 4.8，清晰平滑过渡。

AB：30~40 cm，棕灰色(10YR 5/1，润)，浊黄橙色(10YR 7/3，干)，20%左右岩石碎屑，粉壤土，发育强的10~20 mm块状结构，坚实，pH 5.3，清晰平波状渡。

Ab：40~50 cm，棕灰色(10YR 4/1，润)，棕灰色(10YR 6/1，干)，20%左右岩石碎屑，粉质黏壤土，发育强的20~50 mm块状结构，坚实，pH 5.7，渐变波状过渡。

Btr：50~68 cm，暗棕色(10YR 3/4，润)，黄棕色(10YR 5/6，干)，20%左右岩石碎

屑，粉质黏壤土，发育强的 20~50 mm 块状结构，坚实，结构面上 2%左右铁锰斑纹，10%左右黏粒胶膜，pH 5.7，渐变波状过渡。

Abr: 68~110 cm，棕灰色(10YR 4/1，润)，棕灰色(10YR 6/1，干)，30%左右岩石碎屑，粉壤土，发育中等的 20~50 mm 块状结构，坚实，结构面上 2%左右铁锰斑纹，pH 6.1。

4) 土壤养分

片区土壤呈酸性，土体 pH 4.80~6.07，有机质 12.78~18.27 g/kg，全氮 0.74~1.36 g/kg，全磷 0.33~0.90 g/kg，全钾 8.51~13.05 g/kg，碱解氮 55.04~123.54 mg/kg，有效磷 0.60~74.75 mg/kg，速效钾 140.62~382.02 mg/kg，氯离子 6.66~18.97 mg/kg，交换性 Ca^{2+} 4.78~9.76 cmol/kg，交换性 Mg^{2+} 0.77~1.30 cmol/kg。

腐殖酸与腐殖质组成中，腐殖酸碳量 3.47~6.60 g/kg，腐殖质全碳量 7.41~10.59 g/kg，胡敏酸碳量 0.05~1.39 g/kg，胡敏素碳量 3.42~4.00 g/kg，富啡酸碳量 3.42~5.20 g/kg，胡富比 0.02~0.27。

微量元素中，有效铜 0.63~1.16 mg/kg，有效铁 32.92~80.71 mg/kg，有效锰 5.73~101.76 mg/kg，有效锌 0.46~6.75 mg/kg(表 5-5-10~表 5-5-12)。

表 5-5-10　片区代表性烟田土壤养分状况

土层/cm	pH	有机质/(g/kg)	全氮/(g/kg)	全磷/(g/kg)	全钾/(g/kg)	碱解氮/(mg/kg)	有效磷/(mg/kg)	速效钾/(mg/kg)	氯离子/(mg/kg)
0-30	4.80	18.27	1.36	0.90	13.05	123.54	74.75	382.02	18.97
30-40	5.28	15.05	1.00	0.50	10.74	82.67	13.65	325.95	6.66
40-50	5.34	13.45	0.91	0.40	9.95	66.28	1.23	310.00	6.66
50-68	5.66	12.78	0.82	0.33	9.35	58.99	0.60	302.99	6.67
60-110	6.07	12.82	0.74	0.33	8.51	55.04	0.93	140.62	6.66

表 5-5-11　片区代表性烟田土壤腐殖酸与腐殖质组成

土层/cm	腐殖酸碳量/(g/kg)	腐殖质全碳量/(g/kg)	胡敏酸碳量/(g/kg)	胡敏素碳量/(g/kg)	富啡酸碳量/(g/kg)	胡富比
0-30	6.60	10.59	1.39	4.00	5.20	0.27
30-40	5.04	8.73	0.41	3.69	4.63	0.09
40-50	4.89	7.41	0.12	3.55	4.21	0.03
50-68	3.99	7.41	0.08	3.42	3.91	0.02
60-110	3.47	7.44	0.05	3.97	3.42	0.02

表 5-5-12　片区代表性烟田土壤中微量元素状况

土层/cm	有效铜/(mg/kg)	有效铁/(mg/kg)	有效锰/(mg/kg)	有效锌/(mg/kg)	交换性 Ca^{2+}/(cmol/kg)	交换性 Mg^{2+}/(cmol/kg)
0-30	0.72	80.71	101.76	6.75	4.78	0.77
30-40	0.63	55.43	42.75	2.08	5.53	0.94
40-50	0.69	41.38	18.27	1.00	6.55	0.99
50-68	0.86	36.75	8.84	0.46	7.93	1.11
60-110	1.16	32.92	5.73	0.56	9.76	1.30

5) 总体评价

土体深厚，耕作层质地适中，耕性和通透性好，轻度水土流失。酸性土壤，有机质

含量缺乏，肥力偏高，磷、钾丰富，铜、
镁含量中等，铁、锰、锌、钙含量丰富。

5. 寨家坡乡李家村李家片区

1)基本信息

代表性地块（SZ-05）：北纬
29°31′38.467″，东经 109°56′43.044″，海
拔 766 m（图 5-5-16），低山沟谷地，成土
母质为砂岩风化沟谷堆积物，烤烟-晚稻/
玉米不定期轮作，缓坡梯田旱地，土壤亚
类为斑纹铁质湿润淋溶土。

2)气候条件

烤烟大田生长期间（5~9 月），平均气
温 21.7℃，降水量 942 mm，日照时数 706
h（图 5-5-17）。

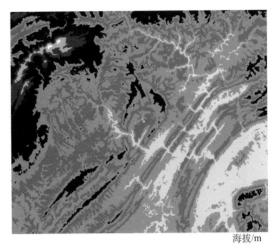

海拔/m

图 5-5-16　片区海拔示意图

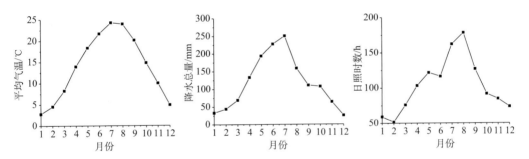

图 5-5-17　片区平均气温、降水总量、日照时数动态变化示意图

3)剖面形态（图 5-5-18（右））

Ap：0~30 cm，棕色（10YR 4/3，润），橙色（10YR 6/6，干），5%左右岩石碎屑，粉
壤土，发育强的 1~2 mm 粒状结构，松散，2~3 个蚯蚓穴，pH 6.8，清晰渐变过渡。

Btr1：30~50 cm，棕色（10YR 4/4，润），亮黄棕色（10YR 6/6，干），粉质黏壤土，
发育强的 20~50 mm 棱块状结构，坚硬，结构面上 2%左右铁锰斑纹，10%左右黏粒胶膜，
1%左右软小铁锰结核，2~3 个蚯蚓穴，pH 6.6，渐变波状过渡。

Btr2：50~80 cm，棕色（10YR 4/4，润），亮黄棕色（10YR 6/6，干），粉质黏壤土，
发育强的 20~50 mm 棱块状结构，坚硬，结构面上 2%左右铁锰斑纹，10%左右黏粒胶膜，
2%左右软小铁锰结核，pH 6.3，渐变波状过渡。

Br：80~110 cm，棕色（10YR 4/3，润），橙色（10YR 6/6，干），15%左右岩石碎屑，
粉壤土，发育中等的 20~50 mm 块状结构，坚硬，结构面上 2%左右铁锰斑纹，1%左右
软小铁锰结核，pH 6.1。

图 5-5-18　代表性地块景观(左)和土壤剖面(右)

4)土壤养分

片区土壤呈中性，土体 pH 6.13~6.79，有机质 14.21~20.62 g/kg，全氮 0.97~1.42 g/kg，全磷 0.36~0.60 g/kg，全钾 23.50~28.40 g/kg，碱解氮 74.31~106.36 mg/kg，有效磷 0.75~23.15 mg/kg，速效钾 81.70~354.46 mg/kg，氯离子 6.63~6.66 mg/kg，交换性 Ca^{2+} 11.12~13.85 cmol/kg，交换性 Mg^{2+} 0.19~0.51 cmol/kg。

腐殖酸与腐殖质组成中，腐殖酸碳量 5.35~8.18 g/kg，腐殖质全碳量 8.24~11.96 g/kg，胡敏酸碳量 1.08~3.11 g/kg，胡敏素碳量 2.89~3.78 g/kg，富啡酸碳量 4.01~5.20 g/kg，胡富比 0.24~0.61。

微量元素中，有效铜 1.26~1.64 mg/kg，有效铁 31.81~49.65 mg/kg，有效锰 15.57~132.69 mg/kg，有效锌 0.68~4.80 mg/kg(表 5-5-13~表 5-5-15)。

5)总体评价

土体深厚，耕作层质地适中，少量砾石，耕性和通透性较好，轻度水土流失。中性土壤，有机质含量中等，肥力中等，铜、铁、锰、锌、钙丰富，镁含量中等。

表 5-5-13　片区代表性烟田土壤养分状况

土层 /cm	pH	有机质 /(g/kg)	全氮 /(g/kg)	全磷 /(g/kg)	全钾 /(g/kg)	碱解氮 /(mg/kg)	有效磷 /(mg/kg)	速效钾 /(mg/kg)	氯离子 /(mg/kg)
0~28	6.79	20.62	1.42	0.60	26.22	106.36	23.15	354.46	6.63
28~35	6.76	14.21	0.97	0.41	23.50	74.31	1.80	100.71	6.66
35~50	6.56	14.55	1.04	0.36	26.81	84.53	0.75	83.60	6.63
50~80	6.33	15.93	1.11	0.40	27.52	96.61	0.88	83.60	6.64
80~110	6.13	18.89	1.28	0.47	28.40	100.79	1.85	81.70	6.64

表 5-5-14　片区代表性烟田土壤腐殖酸与腐殖质组成

土层 /cm	腐殖酸碳量 /(g/kg)	腐殖质全碳量 /(g/kg)	胡敏酸碳量 /(g/kg)	胡敏素碳量 /(g/kg)	富啡酸碳量 /(g/kg)	胡富比
0~28	8.18	11.96	3.11	3.78	5.07	0.61
28~35	5.35	8.24	1.34	2.89	4.01	0.33
35~50	5.55	8.44	1.08	2.89	4.47	0.24
50~80	6.08	9.24	1.24	3.16	4.84	0.26
80~110	7.31	10.95	2.11	3.65	5.20	0.41

表 5-5-15　片区代表性烟田土壤中微量元素状况

土层 /cm	有效铜 /(mg/kg)	有效铁 /(mg/kg)	有效锰 /(mg/kg)	有效锌 /(mg/kg)	交换性 Ca^{2+} /(cmol/kg)	交换性 Mg^{2+} /(cmol/kg)
0~28	1.26	42.57	132.69	4.80	13.85	0.51
28~35	1.46	49.65	20.30	0.75	12.88	0.19
35~50	1.35	48.15	36.46	1.14	12.56	0.33
50~80	1.43	44.11	15.57	0.68	11.12	0.35
80~110	1.64	31.81	21.09	0.76	12.00	0.32

第六节　湖南凤凰生态条件

一、地理位置

凤凰县位于北纬 27°44′~28°19′，东经 109°18′~109°48′，地处湖南省西部边缘，湘西土家族苗族自治州的西南角，东与泸溪县接界，北与吉首市、花垣县毗邻，南靠怀化地区的麻阳苗族自治县，西接贵州省铜仁地区的松桃苗族自治县。凤凰县隶属湖南省湘西土家族苗族自治州，现辖沱江镇、阿拉营镇、茶田镇、禾库镇、山江镇、吉信镇、廖家桥镇、腊尔山镇、木江坪镇、林峰乡、水打田乡、麻冲乡、米良乡、落潮井乡、竿子坪乡、两林乡、都里乡、茨岩乡、木里乡、千工坪乡、柳薄乡、官庄乡等乡镇。南北长 66 km，东西宽 50 km，总面积为 1759.1 km²（图 5-6-1）。

二、自然条件

1. 地形地貌

凤凰县地形复杂，东部及东南角的河谷丘陵地带以低山、高丘为主、兼有岗地

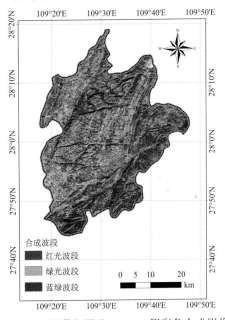

图 5-6-1　凤凰县位置及 Landsat 假彩色合成影像图

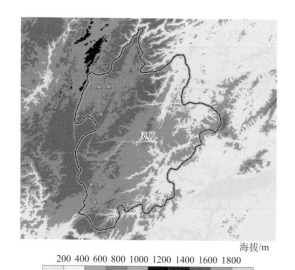

图 5-6-2　凤凰县海拔示意图

及部分河谷平地、地表切割破碎，谷狭坡陡，一般海拔在 500 m 以下，包括竿子坪、吉信、桥溪口、木江坪、官庄、南华山、新场、廖家桥、奇梁桥、水打田、林峰、沱江镇等地，最低的水打田乡竹子坳海拔 170 m，地表以红岩为主，夹有部分石灰岩、面岩。从东北到西南的中间地带为第二级台阶，海拔 500~800 m，包括茨岩、茶田、黄合、阿拉营、落潮井、麻冲、都里、板畔、千工坪、山江、木里、两头羊、火炉坪及三拱挢、大田的一部分，以中、低山和中低山原为主，地势较平缓开阔，谷少坡缓、垅田较多，石灰岩广布，天坑溶洞甚多。西北部中山地带为第三级台阶，海拔在 800 m 以上，包括米良、柳薄、

禾库、两林、腊尔山及太田、三拱挢的一部分，地表组成石灰岩占 95%，地表起伏和缓，坡度在 5°~20°，边缘地带峰峦连绵，谷深坡陡，为中山类型 (图 5-6-2)。

2. 气候条件

凤凰县属中亚热带季风湿润性气候，但西北中山山原却有北亚热带的性质。由于西北高、东南低的地势差异，气候分为 3 种类型，第一类型是西北高寒山区腊尔山区和山江区的北半部，海拔 700 m 以上；第二类型是较暖区吉信区和城郊区的南部地区；其余地区是第三类型，界于两类。高寒山区和较暖区气温一般相差 5~6℃，节气相差 15 d 左右。全年平均气温在 12.9~17.0℃，平均 15.2℃；区域分布表现从西北向东南递增；1 月最冷，月平均气温 3.9℃，7 月最热，月平均气温 25.8℃。年均降水总量 1251~1376 mm，平均 1313 mm 左右，5~7 月降雨较多，在 150 mm 以上，1 月、2 月、12 月降雨较少，在 50 mm 以下；区域分布表现由南向北递增。年均日照时数 1206~1296 h，平均 1234 h，5~9 月日照在 100 h 以上，其他月份较少；区域分布总的趋势是由西向东递增。平均无霜期 277 d 左右 (图 5-6-3)。

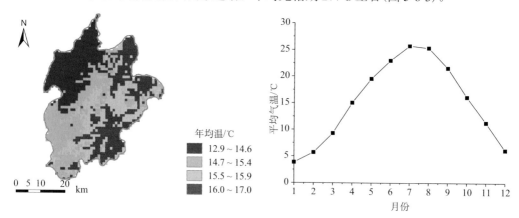

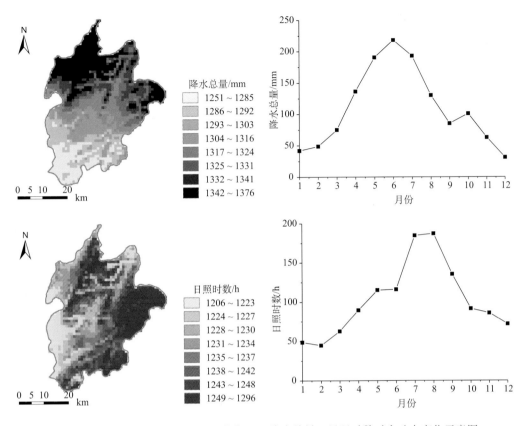

图 5-6-3 凤凰县 1980~2013 年平均气温、降水总量、日照时数时空动态变化示意图

三、片区与代表性烟田

1. 茶田镇芭蕉村片区

1) 基本信息

代表性地块（FH-01）：北纬 27°49′9.998″，东经 109°21′58.926″，海拔 543 m（图 5-6-4），低山坡地下部，成土母质为古黄红土坡积-堆积物，烤烟-晚稻/玉米不定期轮作，梯田水田，土壤亚类为普通简育水耕人为土。

2) 气候条件

烤烟大田生长期间（5~9 月），平均气温 23.2℃，降水量 793 mm，日照时数 738 h（图 5-6-5）。

海拔/m

200 400 600 800 1000 1200 1400 1600 1800

图 5-6-4 片区海拔示意图

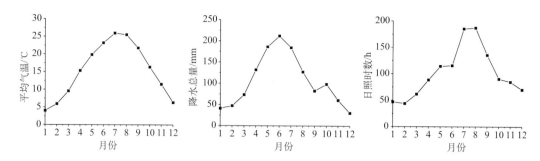

图 5-6-5　片区平均气温、降水总量、日照时数动态变化示意图

3）剖面形态（图 5-6-6（右））

Ap1：0~35 cm，棕色（7.5YR 4/3，润），浊橙色（7.5YR 6/4，干），粉质黏壤土，发育强的 1~2 mm 粒状结构，松散，pH 4.8，清晰平滑过渡。

Ap2：35~48 cm，浊黄棕色（10YR 4/3，润），亮黄棕色（10YR 6/6，干），粉质黏壤土，发育强的 10~20 mm 块状结构，稍坚实，结构面上 2%左右铁锰斑纹，pH 5.3，清晰平滑过渡。

Br1：48~80 cm，浊橙色（7.5YR 6/4，润），橙色（7.5YR 7/6，干），粉质黏壤土，发育强的 20~50 mm 块状结构，坚实，结构面上 10%左右铁锰斑纹，5%左右灰色胶膜，2%左右软小铁锰结核，pH 6.2，渐变波状过渡。

Br2：80~110 cm，浊橙色（7.5YR 6/4，润），橙色（7.5YR 7/6，干），粉质黏壤土，发育强的 20~50 mm 块状结构，坚实，结构面上 10%左右铁锰斑纹，5%左右灰色胶膜，2%左右软小铁锰结核，pH 6.5。

图 5-6-6　代表性地块景观（左）和土壤剖面（右）

4）土壤养分

片区土壤呈酸性，土体 pH 4.81~6.53，有机质 3.13~28.69 g/kg，全氮 0.41~1.89 g/kg，全磷 0.23~0.73 g/kg，全钾 16.70~21.22 g/kg，碱解氮 15.79~209.47 mg/kg，有效磷 2.48~43.85 mg/kg，速效钾 83.60~191.58 mg/kg，氯离子 6.63~20.08 mg/kg，交换性 Ca^{2+} 3.37~6.37 cmol/kg，交换性 Mg^{2+} 0.95~2.16 cmol/kg。

腐殖酸与腐殖质组成中，腐殖酸碳量 0.98~11.58 g/kg，腐殖质全碳量 1.82~16.64 g/kg，胡敏酸碳量 0.37~3.46 g/kg，胡敏素碳量 0.84~5.06 g/kg，富啡酸碳量 0.62~8.11 g/kg，胡富比 0.43~0.59。

微量元素中，有效铜 0.39~5.93 mg/kg，有效铁 37.73~166.40 mg/kg，有效锰 13.02~41.55 mg/kg，有效锌 0.82~7.04 mg/kg（表 5-6-1~表 5-6-3）。

表 5-6-1　片区代表性烟田土壤养分状况

土层 /cm	pH	有机质 /(g/kg)	全氮 /(g/kg)	全磷 /(g/kg)	全钾 /(g/kg)	碱解氮 /(mg/kg)	有效磷 /(mg/kg)	速效钾 /(mg/kg)	氯离子 /(mg/kg)
0~35	4.81	28.69	1.89	0.73	20.53	173.01	43.85	191.58	6.63
35~48	5.33	16.73	1.42	0.46	21.22	209.47	9.48	83.60	20.08
48~80	6.41	3.13	0.41	0.25	16.70	15.79	3.00	102.29	17.70
80~110	6.53	3.42	0.44	0.23	20.18	19.04	2.48	121.62	17.74

表 5-6-2　片区代表性烟田土壤腐殖酸与腐殖质组成

土层 /cm	腐殖酸碳量 /(g/kg)	腐殖质全碳量 /(g/kg)	胡敏酸碳量 /(g/kg)	胡敏素碳量 /(g/kg)	富啡酸碳量 /(g/kg)	胡富比
0~35	11.58	16.64	3.46	5.06	8.11	0.43
35~48	6.33	9.71	2.03	3.37	4.30	0.47
48~80	0.98	1.82	0.37	0.84	0.62	0.59
80~110	1.14	1.98	0.38	0.85	0.75	0.51

表 5-6-3　片区代表性烟田土壤中微量元素状况

土层 /cm	有效铜 /(mg/kg)	有效铁 /(mg/kg)	有效锰 /(mg/kg)	有效锌 /(mg/kg)	交换性 Ca^{2+} /(cmol/kg)	交换性 Mg^{2+} /(cmol/kg)
0~35	5.93	166.40	16.70	7.04	3.37	0.95
35~48	4.07	37.73	41.55	2.23	3.38	1.00
48~80	0.39	40.50	27.33	0.83	4.66	2.16
80~110	0.40	59.45	33.18	0.82	6.37	1.83

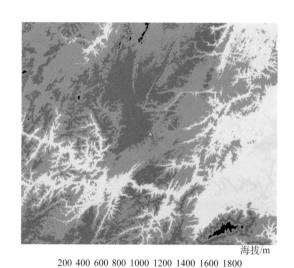

海拔/m

200 400 600 800 1000 1200 1400 1600 1800

图 5-6-7　片区海拔示意图

5) 总体评价

土体深厚，耕作层质地偏黏，耕性和通透性较差。酸性土壤，有机质含量中等，肥力较高，磷钾丰富，铜、铁、锰、锌、钙、镁含量丰富。

2. 阿拉营镇天星村 7 组片区

1) 基本信息

代表性地块 (FH-02　凤凰)：北纬 27°52′12.724″，东经 109°21′12.870″，海拔 598 m (图 5-6-7)，低山坡地中部，成土母质为古黄红土坡积-堆积物，烤烟-晚稻/玉米不定期轮作，梯田水田，土壤亚类为普通铁聚水耕人为土。

2) 气候条件

烤烟大田生长期间 (5~9 月)，平均气温 23.0℃，降水量 801 mm，日照时数 734 h (图 5-6-8)。

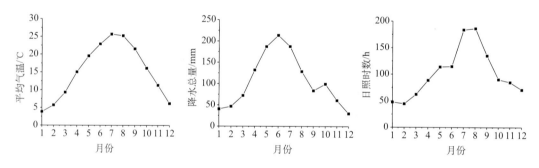

图 5-6-8　片区平均气温、降水总量、日照时数动态变化示意图

3) 剖面形态 (图 5-6-9 (右))

Ap1：0~32 cm，棕色 (7.5YR 4/3，润)，浊橙色 (7.5YR 6/4，干)，粉质黏壤土，发育强的 1~2 mm 粒状结构，松散，pH 5.2，清晰平滑过渡。

Ap2：32~50 cm，浊黄棕色 (10YR 4/3，润)，亮黄棕色 (10YR 6/6，干)，粉质黏壤土，发育强的 10~20 mm 块状结构，坚实，结构面上 2%左右铁锰斑纹，pH 5.3，清晰平滑过渡。

Br1：50~76 cm，暗红棕色 (5YR 3/4，润)，亮红棕色 (5YR 5/6，干)，粉质黏壤土，发育强的 20~50 mm 块状结构，有一层厚约 2 cm 的铁锰磐层，坚实，结构面上 10%左右铁锰斑纹，2%左右软小铁锰结核，pH 6.2，清晰波状过渡。

Br2：76~110 cm，暗红棕色 (5YR 3/4，润)，亮红棕色 (5YR 5/6，干)，粉质黏壤土，

发育强的 20~50 mm 块状结构，坚实，结构面上 10%左右铁锰斑纹，2%左右软小铁锰结核，pH 6.6。

图 5-6-9 代表性地块景观(左)和土壤剖面(右)

4) 土壤养分

片区土壤呈酸性，土体 pH 5.33~6.66，有机质 8.58~21.11 g/kg，全氮 0.80~1.50 g/kg，全磷 0.36~0.60 g/kg，全钾 17.10~19.51 g/kg，碱解氮 55.27~130.28 mg/kg，有效磷 2.15~23.95 mg/kg，速效钾 51.73~303.14 mg/kg，氯离子 6.62~27.18 mg/kg，交换性 Ca^{2+} 4.15~5.94 cmol/kg，交换性 Mg^{2+} 1.47~2.12 cmol/kg。

腐殖酸与腐殖质组成中，腐殖酸碳量 3.00~8.58 g/kg，腐殖质全碳量 4.97~12.24 g/kg，胡敏酸碳量 0.34~3.03 g/kg，胡敏素碳量 1.89~3.66 g/kg，富啡酸碳量 2.06~5.55 g/kg，胡富比 0.12~0.55。

微量元素中，有效铜 0.92~2.51 mg/kg，有效铁 22.50~86.98 mg/kg，有效锰 13.84~142.60 mg/kg，有效锌 0.37~3.95 mg/kg(表 5-6-4~表 5-6-6)。

表 5-6-4 片区代表性烟田土壤养分状况

土层 /cm	pH	有机质 /(g/kg)	全氮 /(g/kg)	全磷 /(g/kg)	全钾 /(g/kg)	碱解氮 /(mg/kg)	有效磷 /(mg/kg)	速效钾 /(mg/kg)	氯离子 /(mg/kg)
0~32	5.33	21.11	1.50	0.60	19.51	130.28	23.95	303.14	12.42
32~50	6.21	8.69	0.80	0.40	17.69	55.27	4.53	81.73	6.65
50~76	6.61	8.58	0.82	0.40	17.22	56.66	2.15	62.69	27.18
76~110	6.66	10.43	0.80	0.36	17.10	58.06	2.75	51.73	6.62

表 5-6-5　片区代表性烟田土壤腐殖酸与腐殖质组成

土层 /cm	腐殖酸碳量 /(g/kg)	腐殖质全碳量 /(g/kg)	胡敏酸碳量 /(g/kg)	胡敏素碳量 /(g/kg)	富啡酸碳量 /(g/kg)	胡富比
0~32	8.58	12.24	3.03	3.66	5.55	0.55
32~50	3.00	5.04	0.95	2.04	2.06	0.46
50~76	3.09	4.97	0.34	1.89	2.75	0.12
76~110	3.81	6.05	0.81	2.24	3.01	0.27

表 5-6-6　片区代表性烟田土壤中微量元素状况

土层 /cm	有效铜 /(mg/kg)	有效铁 /(mg/kg)	有效锰 /(mg/kg)	有效锌 /(mg/kg)	交换性 Ca^{2+} /(cmol/kg)	交换性 Mg^{2+} /(cmol/kg)
0~32	2.51	86.98	142.60	3.95	5.43	2.12
32~50	1.50	22.50	65.30	0.89	4.15	1.47
50~76	0.92	27.78	13.84	0.37	5.49	1.71
76~110	1.26	24.65	31.68	0.46	4.92	1.56

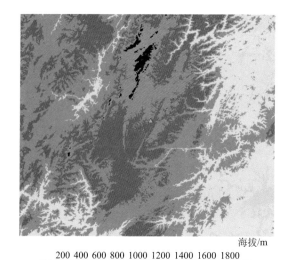

海拔/m

200 400 600 800 1000 1200 1400 1600 1800

图 5-6-10　片区海拔示意图

5）总体评价

土体深厚，耕作层质地偏黏，耕性和通透性较差。土壤酸性，有机质含量中等，肥力偏高，磷、钾含量丰富，铜、铁、锰、锌、钙、镁含量丰富。

3. 腊尔山镇夺西片区

1）基本信息

代表性地块（FH-03）：北纬 28°4′19.611″，东经 109°23′7.719″，海拔 797 m（图 5-6-10），低山坡地中下部，成土母质为古黄红土坡积-堆积物，烤烟-晚稻/玉米不定期轮作，梯田水田，土壤亚类为普通铁聚水耕人为土。

2）气候条件

烤烟大田生长期间（5~9 月），平均气温 21.6℃，降水量 839 mm，日照时数 720 h（图 5-6-11）。

3）剖面形态（图 5-6-12（右））

Ap1：0~22 cm，浊红棕色（5YR 4/3，润），浊橙色（5YR 6/4，干），粉壤土，发育强的 1~2 mm 粒状结构，松散，pH 4.6，清晰平滑过渡。

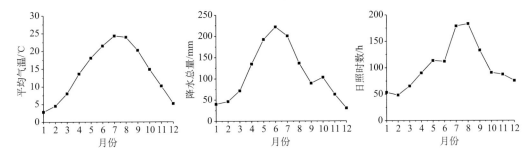

图 5-6-11 片区平均气温、降水总量、日照时数动态变化示意图

图 5-6-12 代表性地块景观(左)和土壤剖面(右)

Ap2：22~34 cm，浊红棕色(5YR 4/3，润)，浊橙色(5YR 6/4，干)，粉壤土，发育强的 10~20 mm 块状结构，坚实，pH 4.5，清晰平滑过渡。

Br1：34~46 cm，浊红棕色(5YR 4/3，润)，浊橙色(5YR 6/4，干)，粉壤土，发育强的 20~50 mm 块状结构，坚实，结构面上 10%左右铁锰斑纹，10%左右软小铁锰结核，pH 5.3，清晰波状过渡。

Br2：46~63 cm，暗红棕色(5YR 3/4，润)，亮红棕色(5YR 5/6，干)，粉壤土，发育强的 2~50 mm 块状结构，坚实，结构面上 10%左右铁锰斑纹，5%左右软中铁锰结核，pH 5.6，清晰波状过渡。

Br3：63~110 cm，暗红棕色(5YR 3/4，润)，亮红棕色(5YR 5/6，干)，粉壤土，发育强的 20~50 mm 块状结构，坚实，有一层厚约 2~5cm 弯曲状铁锰磐层，结构面上 10%左右铁锰斑纹，5%左右软小铁锰结核，pH 5.9。

4) 土壤养分

片区土壤呈酸性，土体 pH 4.48~5.92，有机质 4.20~21.55 g/kg，全氮 0.58~1.43 g/kg，

全磷 0.35~0.80 g/kg，全钾 15.63~17.31 g/kg，碱解氮 21.60~128.65 mg/kg，有效磷 3.08~56.85 mg/kg，速效钾 83.60~273.68 mg/kg，氯离子 9.83~15.04 mg/kg，交换性 Ca^{2+} 0.06~4.41 cmol/kg，交换性 Mg^{2+} 0.39~1.48 cmol/kg。

腐殖酸与腐殖质组成中，腐殖酸碳量 1.31~8.89 g/kg，腐殖质全碳量 2.44~12.50 g/kg，胡敏酸碳量 0.35~3.03 g/kg，胡敏素碳量 1.13~3.61 g/kg，富啡酸碳量 0.96~5.86 g/kg，胡富比 0.18~0.52。

微量元素中，有效铜 0.62~2.72 mg/kg，有效铁 25.35~97.20 mg/kg，有效锰 11.44~98.50 mg/kg，有效锌 0.66~3.87 mg/kg（表 5-6-7~表 5-6-9）。

表 5-6-7　片区代表性烟田土壤养分状况

土层/cm	pH	有机质/(g/kg)	全氮/(g/kg)	全磷/(g/kg)	全钾/(g/kg)	碱解氮/(mg/kg)	有效磷/(mg/kg)	速效钾/(mg/kg)	氯离子/(mg/kg)
0~22	4.63	21.55	1.43	0.80	15.63	128.65	56.85	273.68	15.04
22~34	4.48	16.76	1.21	0.62	16.07	114.72	27.70	204.30	12.36
34~46	5.32	7.96	0.75	0.35	17.16	52.48	3.08	115.91	12.15
46~63	5.59	6.43	0.69	0.43	17.31	40.87	3.40	96.28	9.83
63~110	5.92	4.20	0.58	0.47	16.85	21.60	6.55	83.60	12.13

表 5-6-8　片区代表性烟田土壤腐殖酸与腐殖质组成

土层/cm	腐殖酸碳量/(g/kg)	腐殖质全碳量/(g/kg)	胡敏酸碳量/(g/kg)	胡敏素碳量/(g/kg)	富啡酸碳量/(g/kg)	胡富比
0~22	8.89	12.50	3.03	3.61	5.86	0.52
22~34	6.63	9.72	1.55	3.09	5.08	0.30
34~46	3.00	4.61	0.54	1.62	2.46	0.22
46~63	2.37	3.73	0.37	1.36	2.00	0.18
63~110	1.31	2.44	0.35	1.13	0.96	0.36

表 5-6-9　片区代表性烟田土壤中微量元素状况

土层/cm	有效铜/(mg/kg)	有效铁/(mg/kg)	有效锰/(mg/kg)	有效锌/(mg/kg)	交换性 Ca^{2+}/(cmol/kg)	交换性 Mg^{2+}/(cmol/kg)
0~22	2.72	97.20	86.23	3.87	0.57	0.39
22~34	2.48	67.33	98.00	2.77	0.06	0.33
34~46	0.88	25.35	98.50	1.14	3.64	1.25
46~63	0.62	26.10	11.44	0.66	4.41	1.37
63~110	0.73	38.50	65.50	1.24	4.15	1.48

5）总体评价

土体深厚，耕作层质地适中，耕性和通透性较好。酸性土壤，有机质含量中等，肥力偏高，磷、钾含量丰富，铜、铁、锰、锌丰富，钙、镁缺乏。

4. 两林乡高果村片区

1）基本信息

代表性地块（FH-04）：北纬28°9′1.443″，东经 109°22′38.488″，海拔863 m（图 5-6-13），中山坡地中部，成土母质为古黄红土坡积-堆积物，烤烟-晚稻/玉米不定期轮作，梯田水田，土壤亚类为普通铁聚水耕人为土。

2）气候条件

烤烟大田生长期间（5~9 月），平均气温 21.3℃，降水量 850 mm，日照时数 714 h（图 5-6-14）。

3）剖面形态（图 5-6-15（右））

Ap1：0~35 cm，暗红棕色（5YR 3/6，润），亮红棕色（5YR 5/8，干），粉质黏壤土，发育强的 1~2 mm 粒状结构，松散，pH 4.9，清晰平滑过渡。

海拔/m

200 400 600 800 1000 1200 1400 1600 1800

图 5-6-13　片区海拔示意图

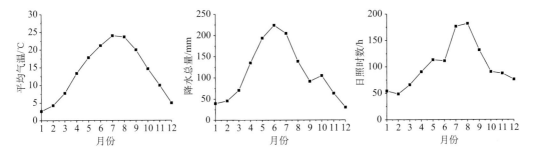

图 5-6-14　片区平均气温、降水总量、日照时数动态变化示意图

Ap2：35~40 cm，暗红棕色（5YR 3/6，润），亮红棕色（5YR 5/8，干），粉质黏壤土，发育强的 10~20 mm 块状结构，坚实，pH 5.8，清晰平滑过渡。

Br1：40~60 cm，红棕色（5YR 4/6，润），橙色（5YR 6/8，干），粉质黏壤土，发育强的 20~50 mm 块状结构，坚实，结构面上 10%左右铁锰斑纹，5%左右铁锰胶膜，5%左右软小铁锰结核，pH 5.9，清晰波状过渡。

Br2：60~80 cm，暗红棕色（5YR 3/6，润），亮红棕色（5YR 5/8，干），粉质黏壤土，发育强的 20~50 mm 块状结构，坚实，结构面上 2%左右铁锰斑纹，2%左右铁锰胶膜，2%左右软小铁锰结核，pH 5.4，清晰波状过渡。

Br3：80~120 cm，暗红棕色（5YR 3/4，润），亮红棕色（5YR 5/6，干），粉质黏壤土，发育强的 20~50 mm 块状结构，坚实，结构面上 10%左右铁锰斑纹，2%左右铁锰胶膜，15%左右软中铁锰结核，pH 4.7。

图 5-6-15　代表性地块景观(左)和土壤剖面(右)

4)土壤养分

片区土壤呈酸性，土体 pH 4.71~5.94，有机质 2.97~22.20 g/kg，全氮 0.57~1.59 g/kg，全磷 0.54~0.86 g/kg，全钾 20.20~20.84 g/kg，碱解氮 19.51~121.45 mg/kg，有效磷 2.90~20.85 mg/kg，速效钾 65.54~344.01 mg/kg，氯离子 12.13~29.09 mg/kg，交换性 Ca^{2+} 0.32~5.94 cmol/kg，交换性 Mg^{2+} 0.49~1.66 cmol/kg。

腐殖酸与腐殖质组成中，腐殖酸碳量 0.67~8.52 g/kg，腐殖质全碳量 1.73~12.88 g/kg，胡敏酸碳量 0.06~2.37 g/kg，胡敏素碳量 1.05~4.35 g/kg，富啡酸碳量 0.61~6.16 g/kg，胡富比 0.11~0.45。

微量元素中，有效铜 0.09~2.97 mg/kg，有效铁 12.20~49.60 mg/kg，有效锰 5.08~80.78 mg/kg，有效锌 0.24~3.86 mg/kg(表 5-6-10~表 5-6-12)。

表 5-6-10　片区代表性烟田土壤养分状况

土层 /cm	pH	有机质 /(g/kg)	全氮 /(g/kg)	全磷 /(g/kg)	全钾 /(g/kg)	碱解氮 /(mg/kg)	有效磷 /(mg/kg)	速效钾 /(mg/kg)	氯离子 /(mg/kg)
0~35	4.92	22.20	1.59	0.86	20.20	121.45	20.85	344.01	29.09
35~40	5.83	9.69	0.94	0.54	20.43	56.90	3.23	104.51	13.49
40~50	5.94	7.36	0.79	0.55	20.40	39.48	2.90	83.60	12.26
50~75	5.36	5.33	0.66	0.58	20.39	34.83	2.98	77.90	12.13
75~120	4.71	2.97	0.57	0.71	20.84	19.51	3.30	65.54	16.11

表 5-6-11 片区代表性烟田土壤腐殖酸与腐殖质组成

土层 /cm	腐殖酸碳量 /(g/kg)	腐殖质全碳量 /(g/kg)	胡敏酸碳量 /(g/kg)	胡敏素碳量 /(g/kg)	富啡酸碳量 /(g/kg)	胡富比
0~35	8.52	12.88	2.37	4.35	6.16	0.38
35~40	3.78	5.62	0.90	1.84	2.88	0.31
40~50	2.54	4.27	0.64	1.73	1.89	0.34
50~75	1.54	3.09	0.48	1.55	1.07	0.45
75~120	0.67	1.73	0.06	1.05	0.61	0.11

表 5-6-12 片区代表性烟田土壤中微量元素状况

土层 /cm	有效铜 /(mg/kg)	有效铁 /(mg/kg)	有效锰 /(mg/kg)	有效锌 /(mg/kg)	交换性 Ca^{2+} /(cmol/kg)	交换性 Mg^{2+} /(cmol/kg)
0~35	2.97	49.60	80.78	3.86	2.87	1.08
35~40	0.90	16.14	49.48	0.77	5.94	1.66
40~50	0.40	12.20	11.25	0.24	4.66	1.39
50~75	0.19	13.95	5.08	0.25	3.90	1.59
75~120	0.09	20.70	17.33	0.34	0.32	0.49

5）总体评价

土体深厚，耕作层质地偏黏，耕性和通透性较差。酸性土壤，有机质含量中等，肥力偏高，磷、钾含量丰富，铜、铁、锰、锌、钙、镁丰富。

5. 两林乡禾当村片区

1）基本信息

代表性地块（FH-05）：北纬 28°9′7.244″，东经 109°24′38.944″，海拔 850 m（图 5-6-16），中山坡地上部，成土母质为钙质板岩风化坡积物，烤烟-玉米不定期轮作，梯田水田，土壤亚类为普通钙质湿润雏形土。

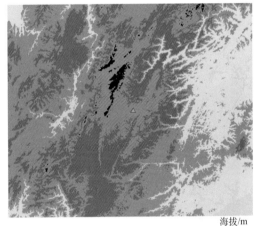

海拔/m

200 400 600 800 1000 1200 1400 1600 1800

图 5-6-16 片区海拔示意图

2）气候条件

烤烟大田生长期间（5~9 月），平均气温 21.3℃，降水量 852 mm，日照时数 716 h（图 5-6-17）。

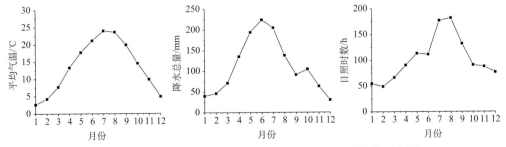

图 5-6-17 片区平均气温、降水总量、日照时数动态变化示意图

3）剖面形态（图5-6-18（右））

Ap：0~33 cm，棕灰色（10YR 4/1，润），灰黄棕色（10YR 6/2，干），粉质黏壤土，发育强的1~2 mm粒状结构，松散，pH 5.4，清晰波状过渡。

Bw：33~60 cm，50%棕色（10YR 4/4，润），亮黄棕色（10YR 6/6，干）；50%棕灰色（10YR 4/1，润），灰黄棕色（10YR 6/2，干）；粉质黏壤土，发育中等的10~20 mm块状结构，坚实，结构面上2%左右铁锰斑纹，pH 6.7，清晰波状过渡。

R：60 cm~，钙质板岩。

4）土壤养分（图5-6-18）

片区土壤呈酸性，土体pH 5.38~7.10，有机质22.00~28.67 g/kg，全氮1.46~1.90 g/kg，全磷0.55~0.94 g/kg，全钾25.30~30.10 g/kg，碱解氮103.11~202.96 mg/kg，有效磷0.70~67.10 mg/kg，速效钾83.60~338.30 mg/kg，氯离子25.10~33.50 mg/kg，交换性Ca^{2+}18.85~25.39 cmol/kg，交换性Mg^{2+}1.93~2.09 cmol/kg。

图5-6-18　代表性地块景观（左）和土壤剖面（右）

腐殖酸与腐殖质组成中，腐殖酸碳量7.48~11.24 g/kg，腐殖质全碳量12.76~16.63 g/kg，胡敏酸碳量2.73~4.30 g/kg，胡敏素碳量5.28~6.33 g/kg，富啡酸碳量4.75~7.21 g/kg，胡富比0.56~0.76。

微量元素中，有效铜0.39~0.84 mg/kg，有效铁15.05~32.25 mg/kg，有效锰37.75~180.18 mg/kg，有效锌0.95~3.56 mg/kg（表5-6-13~表5-6-15）。

5）总体评价

土体较薄，耕作层质地偏黏，耕性和通透性较差。酸性土壤，有机质含量中等，肥力较高，磷、钾含量丰富，氯离子含量超标，铜含量中等，铁、锰、锌、钙、镁含量丰富。

表 5-6-13　片区代表性烟田土壤养分状况

土层 /cm	pH	有机质 /(g/kg)	全氮 /(g/kg)	全磷 /(g/kg)	全钾 /(g/kg)	碱解氮 /(mg/kg)	有效磷 /(mg/kg)	速效钾 /(mg/kg)	氯离子 /(mg/kg)
0~33	5.38	28.67	1.90	0.94	30.10	202.96	67.10	338.30	33.50
33~60	6.65	28.10	1.74	0.66	27.30	124.47	1.00	118.76	25.10
60~80	7.10	22.00	1.46	0.55	25.30	103.11	0.70	83.60	27.40

表 5-6-14　片区代表性烟田土壤腐殖酸与腐殖质组成

土层 /cm	腐殖酸碳量 /(g/kg)	腐殖质全碳量 /(g/kg)	胡敏酸碳量 /(g/kg)	胡敏素碳量 /(g/kg)	富啡酸碳量 /(g/kg)	胡富比
0~33	11.24	16.63	4.02	5.39	7.21	0.56
33~60	9.97	16.30	4.30	6.33	5.67	0.76
60~80	7.48	12.76	2.73	5.28	4.75	0.58

表 5-6-15　片区代表性烟田土壤中微量元素状况

土层 /cm	有效铜 /(mg/kg)	有效铁 /(mg/kg)	有效锰 /(mg/kg)	有效锌 /(mg/kg)	交换性 Ca^{2+} /(cmol/kg)	交换性 Mg^{2+} /(cmol/kg)
0~33	0.84	32.25	180.18	3.56	18.85	2.09
33~60	0.41	15.05	63.70	1.07	22.97	1.97
60~80	0.39	18.20	37.75	0.95	25.39	1.93

第七节　重庆彭水生态条件

一、地理位置

彭水苗族土家族自治县(简称彭水县)位于北纬 28°57′~29°51′,东经 107°48′~108°36′,地处重庆市东南部,乌江下游,北连石柱土家族自治县,东北接湖北省鄂西土家族苗族自治州利川市,东连黔江区,东南接酉阳土家族苗族自治县,南邻贵州省沿河土家族苗族自治县、务川仡佬族苗族自治县,西南连贵州省道真仡佬族苗族自治县,西连武隆县,西北与丰都县接壤。彭水县隶属重庆市,现辖汉葭街道、绍庆街道、靛水街道、保家镇、郁山镇、高谷镇、桑柘镇、鹿角镇、黄家镇、普子镇、龙射镇、连湖镇、万足镇、大同镇、太原镇、梅子垭镇、龙溪镇、鞍子镇、新田镇、平安镇、长生镇、鹿鸣乡、诸佛乡、润溪乡、岩东乡、棣棠乡、三义乡、联合乡、石柳乡、龙塘乡、乔梓乡、郎溪乡、善感乡、双龙乡、走马乡、芦塘乡、石盘乡、桐楼乡、大垭乡等 3 街道 18 镇 18 乡。彭水县东西宽 78 km,南北长 96.40 km,水陆边界线总长 414.90 km,幅员面积 3905 km^2(图 5-7-1)。

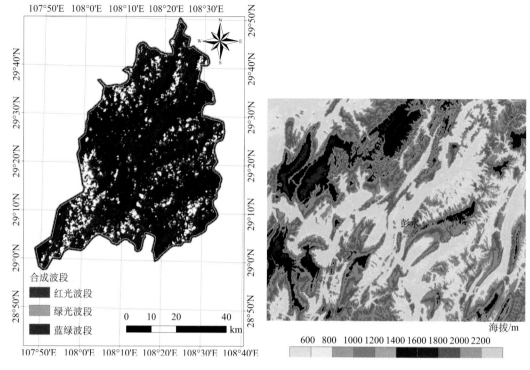

图 5-7-1　彭水县位置及 Landsat 假彩色合成影像图　　　　图 5-7-2　彭水县海拔示意图

二、自然条件

1. 地形地貌

彭水县地质构造属新华构造体系，位于渝鄂黔隆起带向渝东中台坳下降的斜坡上。晚侏罗系至晚白垩世间燕山旋回的宁镇运动，以水平挤压为主，形成老厂坪背斜、普子向斜、郁山背斜、桑柘坪向斜、箐箕滩背斜等规模巨大的北北东向褶皱及箐箕滩、七梁子冲断层等伴生断裂。第三纪开始的喜马拉雅运动中，造成县境普遍间歇性而又不均衡抬升，呈现郁山—马武(石柱县境)及太原、棣棠、三岔溪、诸佛、桐楼、大园、龙塘、弹子岈正断层和火石垭、龙洋、大垭、石盘逆掩断层以及箐箕滩冲断层等，形成北北东向岭谷相间的原始地貌。地层主要有元古界震旦系、古生界寒武系、古生界奥陶系、古生界志留系、古生界泥盆系、古生界二叠系、中生界三叠系、中生界侏罗系及新生界第四系。彭水县全境地势西北高而东南低，呈现构造剥蚀的中、低山地形。地貌类型复杂，"两山夹一槽"是彭水地貌的主要特征。地形地貌受北北东向构造控制，主要山脉呈北北东向延伸，成层现象明显，谷地、坡麓、岩溶洼地及小型山间盆地相间，逆顺地貌并存。在各类地貌中，丘陵河谷区占 13.39%，低山区占 52.88%，中山区占 34.03%(图 5-7-2)。

2. 气候特征

彭水县属中亚热带温润季风气候区，立体气候差异明显，海拔高山区气温低、降水多、日照多，山间谷地气温高、降水少、日照少。全年平均气温在 9.4~18.1℃，平均 14.5℃；1 月最冷，月平均气温 3.8℃，7 月最热，月平均气温 24.5℃。年均降水总量 1171~1 388 mm，平均 1283 mm 左右，5~8 月降雨较多，在 150 mm 以上，1 月、2 月、12 月降雨较少，在 50 mm 以下。年均日照时数 1018~1195 h，平均 1095 h，5~9 月日照在 100 h 以上，其他月较少。无霜期由沿江河谷的 312 d，递减到中山区的 235 d（图 5-7-3）。

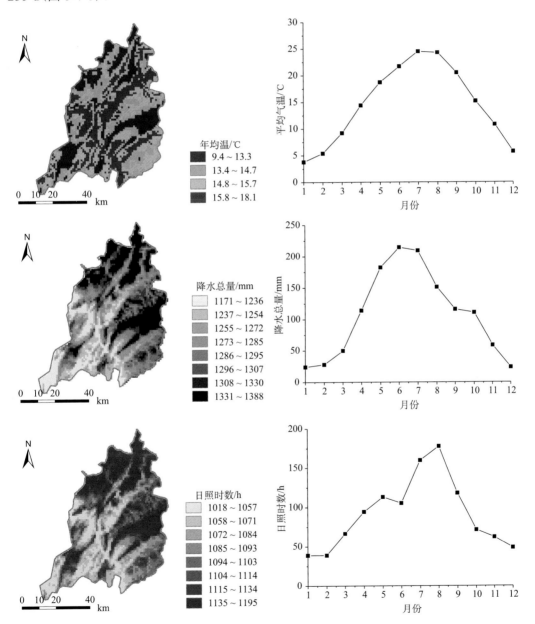

图 5-7-3　彭水县 1980~2013 年平均气温、降水总量、日照时数时空动态变化示意图

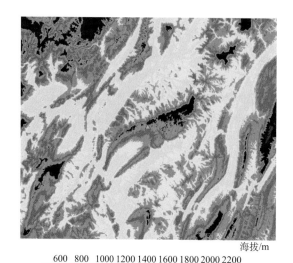

海拔/m

600　800　1000 1200 1400 1600 1800 2000 2200

图 5-7-4　片区海拔示意图

三、片区与代表性烟田

1. 桑柘镇大青村 6 组片区

1）基本信息

代表性地块（PS-01）：北纬 29°20′31.207″，东经 108°24′26.500″，海拔 1351 m（图 5-7-4），中山坡地中部，成土母质为石灰岩风化坡积物，种植制度为烤烟-玉米隔年轮作，缓坡梯田旱地，土壤亚类为普通钙质常湿雏形土。

2）气候条件

该片区烤烟大田生育期间（5~8 月），平均气温 19.1℃，降水量 806 mm，日照时数 539 h（图 5-7-5）。

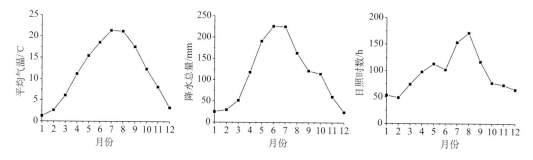

图 5-7-5　片区平均气温、降水总量、日照时数动态变化示意图

3）剖面形态（图 5-7-6（右））

Ap：0~30 cm，黑棕色（10YR 3/1，润），灰黄棕色（10YR 5/2，干），50%左右岩石碎屑，粉壤土，发育强的 1~2 mm 粒状结构，松散，2 个蚯蚓穴，pH 5.0，渐变波状过渡。

AB：30~65 cm，黑棕色（10YR 3/1，润），灰黄棕色（10YR 5/2，干），50%左右岩石碎屑，粉壤土，发育强的 2~5 mm 块状结构，松散，2 个蚯蚓穴，pH 5.9，渐变波状过渡。

Bw1：65~82 cm，黑棕色（10YR 3/1，润），灰黄棕色（10YR 5/2，干），50%左右岩石碎屑，粉壤土，发育中等的 10~20 mm 块状结构，疏松，2 个蚯蚓穴，pH 6.7，渐变波状过渡。

Bw2：82~120 cm，黑棕色（10YR 3/2，润），浊黄棕色（10YR 5/4，干），50%左右岩石碎屑，粉壤土，发育中等的 20~50 mm 块状结构，稍硬，结构面上 2%左右铁锰斑纹，pH 6.8。

4）土壤养分

片区土壤呈酸性，土体 pH 4.96~6.78，有机质 2.67~34.11 g/kg，全氮 1.24~1.93 g/kg，全磷 0.56~1.22 g/kg，全钾 12.39~20.34 g/kg，碱解氮 92.66~173.47 mg/kg，有效磷 3.80~

84.45 mg/kg，速效钾 91.13~434.89 mg/kg，氯离子 17.51~49.18 mg/kg，交换性 Ca^{2+}8.73~14.03 cmol/kg，交换性 Mg^{2+}0.33~0.53 cmol/kg。

图 5-7-6　代表性地块景观(左)和土壤剖面(右)

腐殖酸与腐殖质组成中，腐殖酸碳量 5.85~11.24 g/kg，腐殖质全碳量 1.55~19.79 g/kg，胡敏酸碳量 1.28~3.83 g/kg，胡敏素碳量 5.29~8.54g/kg，富啡酸碳量 4.57~7.41 g/kg，胡富比 0.28~0.52。

微量元素中，有效铜 2.00~2.14 mg/kg，有效铁 55.40~82.60 mg/kg，有效锰 31.29~147.79 mg/kg，有效锌 2.25~7.42 mg/kg(表 5-7-1~表 5-7-3)。

5) 总体评价

土体深厚，耕作层质地适中，砾石多，耕性和通透性好，轻度水土流失。酸性土壤，有机质含量丰富，肥力高，磷、钾含量丰富，氯离子超标，铜、铁、锰、锌、钙含量丰富，镁含量中等水平。

表 5-7-1　片区代表性烟田土壤养分状况

土层 /cm	pH	有机质 /(g/kg)	全氮 /(g/kg)	全磷 /(g/kg)	全钾 /(g/kg)	碱解氮 /(mg/kg)	有效磷 /(mg/kg)	速效钾 /(mg/kg)	氯离子 /(mg/kg)
0~30	4.96	34.11	1.93	1.22	12.39	173.47	84.45	434.89	49.18
30~65	5.86	2.67	1.65	0.78	18.13	128.88	16.95	287.76	17.51
65~82	6.67	22.70	1.25	0.56	19.23	94.28	3.80	122.56	27.81
82~120	6.78	19.21	1.24	0.58	20.34	92.66	4.88	91.13	18.66

表 5-7-2　片区代表性烟田土壤腐殖酸与腐殖质组成

土层 /cm	腐殖酸碳量 /(g/kg)	腐殖质全碳量 /(g/kg)	胡敏酸碳量 /(g/kg)	胡敏素碳量 /(g/kg)	富啡酸碳量 /(g/kg)	胡富比
0~30	11.24	19.79	3.83	8.54	7.41	0.52
30~65	9.43	1.55	2.94	7.88	6.48	0.45
65~82	6.09	13.17	1.38	7.07	4.71	0.29
82~120	5.85	11.14	1.28	5.29	4.57	0.28

表 5-7-3　片区代表性烟田土壤中微量元素状况

土层 /cm	有效铜 /(mg/kg)	有效铁 /(mg/kg)	有效锰 /(mg/kg)	有效锌 /(mg/kg)	交换性 Ca^{2+} /(cmol/kg)	交换性 Mg^{2+} /(cmol/kg)
0~30	2.14	64.62	147.79	7.42	8.73	0.48
30~65	2.01	55.40	77.28	3.35	11.22	0.35
65~82	2.03	70.01	49.28	2.25	14.03	0.53
82~120	2.00	82.60	31.29	2.28	13.36	0.33

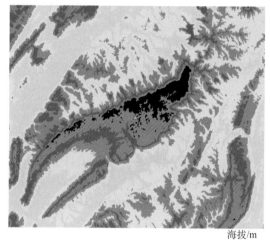

海拔/m

600　800　1000 1200 1400 1600 1800 2000 2200

图 5-7-7　片区海拔示意图

2. 桑柘镇太平村 2 组片区

1）基本信息

代表性地块（PS-02）：北纬 29°21′4.654″，东经 108°28′34.775″，海拔 1369 m（图 5-7-7），中山坡地坡麓，成土母质为石灰岩风化坡积物，种植制度为烤烟-玉米隔年轮作，缓坡梯田旱地，土壤亚类为普通钙质常湿雏形土。

2）气候条件

该片区烤烟大田生育期间（5~8 月），平均气温 19.2℃，降水量 308 mm，日照时数 540 h（图 5-7-8）。

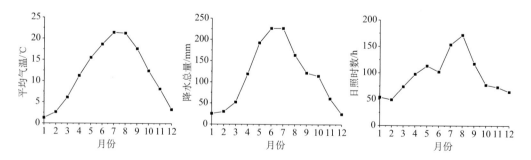

图 5-7-8　片区平均气温、降水总量、日照时数动态变化示意图

3) 剖面形态(图 5-7-9(右))

Ap：0~25 cm，黑棕色(10YR 3/1，润)，浊黄棕色(10YR 5/3，干)，50%左右岩石碎屑，粉质黏壤土，发育强的 1~2 mm 粒状结构，松散，2 个蚯蚓穴，pH 5.2，渐变波状过渡。

AB：25~42 cm 黑棕色(10YR 3/1，润)，浊黄棕色(10YR 5/3，干)，40%左右岩石碎屑，粉质黏壤土，发育强的 2~5 mm 块状结构，稍硬，2 个蚯蚓穴，pH 5.7，清晰波状过渡。

Bw1：42~60 cm，棕灰色(10YR 4/1，润)，浊黄橙色(10YR 6/3，干)，40%左右岩石碎屑，粉质黏壤土，发育中等的 20~50 mm 块状结构，硬，2%左右软小铁锰结核，2 个蚯蚓穴，pH 6.0，渐变波状过渡。

Bw2：60~90 cm，棕灰色(10YR 4/1，润)，浊黄橙色(10YR 6/3，干)，40%左右岩石碎屑，粉质黏壤土，发育中等的 20~50 mm 块状结构，硬，2%左右软小铁锰结核，pH 6.2，渐变波状过渡。

Bw3：90~110 cm，黑棕色(10YR 3/1，润)，浊黄棕色(10YR 5/3，干)，60%左右岩石碎屑，粉质黏壤土，发育弱的 20~50 mm 块状结构，硬，2%左右软小铁锰结核，pH 6.2。

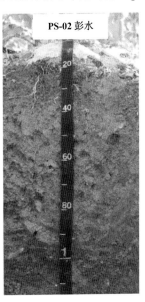

图 5-7-9 代表性地块景观(左)和土壤剖面(右)

4) 土壤养分

片区土壤呈酸性，土体 pH 5.15~6.23，有机质 18.90~27.83 g/kg，全氮 1.24~1.83 g/kg，全磷 0.47~0.86 g/kg，全钾 11.61~16.06 g/kg，碱解氮 114.72~169.52 mg/kg，速效钾 41.64~422.86 mg/kg，有效磷 1.43~36.95 mg/kg，氯离子 6.63~37.39 mg/kg，交换性 Ca^{2+} 5.40~11.49 cmol/kg，交换性 Mg^{2+} 0.02~0.38 cmol/kg。

腐殖酸与土腐殖质组成中，腐殖酸碳量 6.58~10.41 g/kg，腐殖质全碳量 10.96~16.15 g/kg，胡敏酸碳量 1.78~2.85 g/kg，胡敏素碳量 4.08~5.73 g/kg，富啡酸碳量 4.77~7.57 g/kg，胡富比 0.34~0.38。

微量元素中，有效铜 2.07~2.36 mg/kg，有效铁 45.08~70.47 mg/kg，有效锰

55.63~163.43 mg/kg，有效锌 1.32~5.04 mg/kg（表 5-7-4~表 5-7-6）。

表 5-7-4 片区代表性烟田土壤养分状况

土层/cm	pH	有机质/(g/kg)	全氮/(g/kg)	全磷/(g/kg)	全钾/(g/kg)	碱解氮/(mg/kg)	有效磷/(mg/kg)	速效钾/(mg/kg)	氯离子/(mg/kg)
0~25	5.15	27.84	1.83	0.86	14.28	169.52	36.95	422.86	37.39
25~42	5.68	22.43	1.42	0.57	12.72	131.67	8.23	168.71	19.34
42~60	6.04	18.90	1.28	0.47	16.06	114.72	1.43	61.03	6.66
60~90	6.23	19.81	1.32	0.48	15.99	119.83	1.58	44.31	6.63
90~110	6.22	19.23	1.24	0.49	11.61	114.95	1.50	41.64	6.64

表 5-7-5 片区代表性烟田土壤腐殖酸与腐殖质组成

土层/cm	腐殖酸碳量/(g/kg)	腐殖质全碳量/(g/kg)	胡敏酸碳量/(g/kg)	胡敏素碳量/(g/kg)	富啡酸碳量/(g/kg)	胡富比
0~25	10.41	16.15	2.85	5.73	7.57	0.38
25~42	7.83	13.01	2.08	5.18	5.75	0.36
42~60	6.58	10.96	1.81	4.38	4.77	0.38
60~90	7.22	11.49	1.86	4.27	5.36	0.35
90~110	7.08	11.16	1.78	4.08	5.30	0.34

表 5-7-6 片区代表性烟田土壤中微量元素状况

土层/cm	有效铜/(mg/kg)	有效铁/(mg/kg)	有效锰/(mg/kg)	有效锌/(mg/kg)	交换性 Ca^{2+}/(cmol/kg)	交换性 Mg^{2+}/(cmol/kg)
0~25	2.36	70.47	163.43	5.04	5.40	0.32
25~42	2.18	47.22	80.02	2.01	7.94	0.22
42~60	2.09	46.30	55.63	1.47	10.15	0.12
60~90	2.09	45.08	63.63	1.32	11.49	0.02
90~110	2.07	47.91	61.22	1.93	10.88	0.06

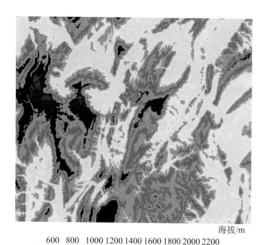

海拔/m

600 800 1000 1200 1400 1600 1800 2000 2200

图 5-7-10 片区海拔示意图

5）总体评价

土体深厚，耕作层质地偏黏，耕性较差，砾石多，通透性好，轻度水土流失。酸性土壤，有机质含量中等，肥力偏高，磷、钾含量丰富，氯离子接近超标，铜、铁、锰、锌、钙含量丰富，镁含量缺乏。

3. 洞溪乡白果村 3 组片区

1）基本信息

代表性地块（PS-03）：北纬 29°8′7.255″，东经 107°56′31.683″，海拔 1230 m（图 5-7-10），中山坡地坡麓，成土母质为石灰岩风化坡积物，种植制度为烤烟-玉米隔年轮作，缓坡梯田旱地，土壤亚类为普通钙质常湿雏形土。

2）气候条件

该片区烤烟大田生育期间（5~8 月），平均气温 19.9℃，降水量 763 mm，日照时数 536 h（图 5-7-11）。

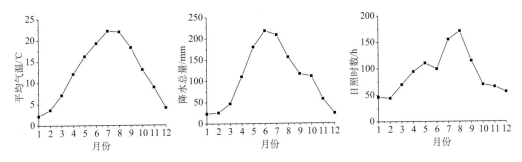

图 5-7-11 片区平均气温、降水总量、日照时数动态变化示意图

3）剖面形态（图 5-7-12（右））

Ap：0~35 cm，黑棕色（10YR 3/1，润），灰黄棕色（10YR 5/2，干），40%左右岩石碎屑，粉壤土，发育强的 1~2 mm 粒状结构，松散，2 个蚯蚓穴，pH 4.6，清晰波状过渡。

图 5-7-12 代表性地块景观（左）和土壤剖面（右）

Bw1：35~54 cm，黑棕色（10YR 3/2，润），浊黄棕色（10YR 5/4，干），30%左右岩石碎屑，粉壤土，发育强的 2~5 mm 块状结构，松散，2 个蚯蚓穴，pH 4.6，渐变波状过渡。

Ab：54~85 cm，黑棕色（10YR 3/1，润），灰黄棕色（10YR 5/2，干），30%左右岩石

碎屑，粉壤土，发育中等的 10~20 mm 块状结构，疏松，结构面上铁锰斑纹，5%左右腐殖质胶膜，2%左右软小铁锰结核，2 个蚯蚓穴，pH 4.5，渐变波状过渡。

Bw2：85~120 cm，黑棕色(10YR 3/1，润)，灰黄棕色(10YR 5/2，干)，30%左右岩石碎屑，粉壤土，发育中等的 20~50 mm 块状结构，稍硬，结构面上 2%左右铁锰斑纹，2%左右软小铁锰结核，pH 4.6。

4) 土壤养分

片区土壤呈酸性，土体 pH 4.52~4.63，有机质 16.79~26.33 g/kg，全氮 1.15~1.69 g/kg，全磷 0.42~0.84 g/kg，全钾 10.48~13.48 g/kg，碱解氮 102.88~182.99 mg/kg，有效磷 1.13~49.20 mg/kg，速效钾 43.82~273.04 mg/kg，氯离子 6.61~31.91 mg/kg，交换性 Ca^{2+} 1.78~2.72 cmol/kg，交换性 Mg^{2+} 0.01~0.19 cmol/kg。

腐殖酸与腐殖质组成中，腐殖酸碳量 6.33~10.03 g/kg，腐殖质全碳量 9.74~15.27 g/kg，胡敏酸碳量 1.27~2.85 g/kg，胡敏素碳量 3.41~5.24 g/kg，富啡酸碳量 4.79~7.57 g/kg，胡富比 0.23~0.47。

微量元素中，有效铜 1.28~2.00 mg/kg，有效铁 26.57~52.30 mg/kg，有效锰 67.55~210.23 mg/kg，有效锌 1.07~5.03 mg/kg(表 5-7-7~表 5-7-9)。

表 5-7-7　片区代表性烟田土壤养分状况

土层/cm	pH	有机质/(g/kg)	全氮/(g/kg)	全磷/(g/kg)	全钾/(g/kg)	碱解氮/(mg/kg)	有效磷/(mg/kg)	速效钾/(mg/kg)	氯离子/(mg/kg)
0~35	4.57	26.33	1.69	0.84	12.11	182.99	49.20	273.04	31.91
35~54	4.55	17.62	1.25	0.55	10.48	134.92	13.58	63.71	6.61
54~85	4.52	16.79	1.15	0.42	13.48	102.88	1.13	69.90	6.62
85~120	4.63	22.62	1.36	0.50	13.48	121.69	3.10	43.82	6.63

表 5-7-8　片区代表性烟田土壤腐殖酸与腐殖质组成

土层/cm	腐殖酸碳量/(g/kg)	腐殖质全碳量/(g/kg)	胡敏酸碳量/(g/kg)	胡敏素碳量/(g/kg)	富啡酸碳量/(g/kg)	胡富比
0~35	10.03	15.27	2.46	5.24	7.57	0.32
35~54	6.71	10.22	1.27	3.51	5.45	0.23
54~85	6.33	9.74	1.54	3.41	4.79	0.32
85~120	8.88	13.12	2.85	4.24	6.03	0.47

表 5-7-9　片区代表性烟田土壤中微量元素状况

土层/cm	有效铜/(mg/kg)	有效铁/(mg/kg)	有效锰/(mg/kg)	有效锌/(mg/kg)	交换性 Ca^{2+}/(cmol/kg)	交换性 Mg^{2+}/(cmol/kg)
0~35	2.00	52.30	210.23	5.03	2.72	0.19
35~54	1.28	37.89	118.97	2.29	2.32	0.01
54~85	1.34	33.15	67.55	1.07	1.78	0.19
85~120	1.82	26.57	71.31	1.16	2.05	0.01

5）总体评价

土体深厚，耕作层质地适中，砾石多，耕性和通透性好，轻度水土流失。酸性土壤，有机质含量中等，肥力较高，磷、钾丰富，氯离子偏高，铜、铁、锰、锌、钙含量丰富，镁含量缺乏。

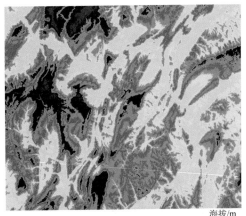

海拔/m

600 800 1000 1200 1400 1600 1800 2000 2200

图 5-7-13 片区海拔示意图

4. 润溪乡樱桃村 1 组片区

1）基本信息

代表性地块（PS-04）：北纬 29°10′7.947″，东经 107°58′4.269″，海拔 1305 m（图 5-7-13），中山坡地中下部，成土母质为石灰岩风化坡积物，种植制度为烤烟-玉米隔年轮作，缓坡梯田旱地，土壤亚类为普通钙质常湿雏形土。

2）气候条件

该片区烤烟大田生育期间（5~8 月），平均气温 19.7℃，降水量 768 mm，日照时数 536 h（图 5-7-14）。

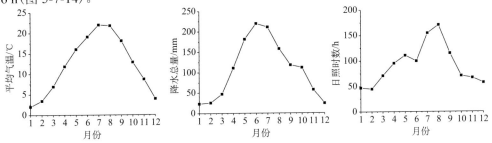

图 5-7-14 片区平均气温、降水总量、日照时数动态变化示意图

3）剖面形态（图 5-7-15（右））

Ap：0~28 cm，黑棕色（10YR 3/1，润），浊黄棕色（10YR 5/3，干），40%左右岩石碎屑，粉壤土，发育强的 1~2 mm 粒状结构，松散，2 个蚯蚓穴，pH 4.0，渐变波状过渡。

AB：28~46 cm 黑棕色（10YR 3/1，润），浊黄棕色（10YR 5/3，干），30%左右岩石碎屑，粉壤土，发育强的 2~5 mm 块状结构，疏松，2 个蚯蚓穴，pH 4.9，清晰波状过渡。

Bw1：46~90 cm，棕灰色（10YR 4/1，润），浊黄橙色（10YR 6/3，干），30%左右岩石碎屑，粉壤土，发育中等的 20~50 mm 块状结构，稍硬，结构面上 2%左右铁锰斑纹，2%左右软小铁锰结核，2 个蚯蚓穴，pH 5.2，渐变波状过渡。

Ab：90~110 cm，棕灰色（10YR 4/1，润），浊黄橙色（10YR 6/3，干），50%左右岩石碎屑，粉壤土，发育中等的 20~50 mm 块状结构，稍硬，结构面上 5%左右腐殖质胶膜，2%左右软小铁锰结核，pH 4.8，清晰波状过渡。

Bw2：110~120 cm，黑棕色（10YR 3/1，润），浊黄棕色（10YR 5/3，干），10%左右

岩石碎屑，粉壤土，发育弱的 20~50 mm 块状结构，稍硬，2%左右软小铁锰结核，pH 5.1。

PS-04 彭水

图 5-7-15　代表性地块景观(左)和土壤剖面(右)

4）土壤养分

片区土壤呈酸性，土体 pH4.01~5.23，有机质 14.31~36.44 g/kg，全氮 1.08~1.92 g/kg，全磷 0.39~0.83 g/kg，全钾 11.88~14.92 g/kg，碱解氮 109.38~184.15 mg/kg，速效钾 46.32~177.40 mg/kg，有效磷 0.68~59.00 mg/kg，氯离子 6.62~91.32 mg/kg，交换性 Ca^{2+}1.92~5.06 cmol/kg，交换性 Mg^{2+}0.01~0.44 cmol/kg。

腐殖酸与腐殖质组成中，腐殖酸碳量 4.96~12.87 g/kg，腐殖质全碳量 8.30~21.14 g/kg，胡敏酸碳量 0.51~5.16 g/kg，胡敏素碳量 2.04~8.27g/kg，富啡酸碳量 4.45~7.70 g/kg，胡富比 0.11~0.67。

微量元素中，有效铜 1.25~1.65 mg/kg，有效铁 37.05~87.83 mg/kg，有效锰 66.81~251.97 mg/kg，有效锌 0.97~4.71 mg/kg(表 5-7-10~表 5-7-12)。

5）总体评价

土体深厚，耕作层质地偏黏，耕性较差，砾石多，通透性好，轻度水土流失。强酸性土壤，有机质含量中等，肥力较高，磷、钾丰富，氯严重超标，铜、钙含量中等，铁、锰、锌含量丰富，镁含量严重缺乏。

表 5-7-10　片区代表性烟田土壤养分状况

土层 /cm	pH	有机质 /(g/kg)	全氮 /(g/kg)	全磷 /(g/kg)	全钾 /(g/kg)	碱解氮 /(mg/kg)	有效磷 /(mg/kg)	速效钾 /(mg/kg)	氯离子 /(mg/kg)
0~28	4.01	25.04	1.78	0.83	11.88	173.01	59.00	177.40	91.32
28~46	4.87	15.80	1.22	0.48	12.63	120.76	7.15	52.34	6.62
46~90	5.23	14.31	1.08	0.39	13.64	109.38	0.68	50.33	6.65
90~110	4.80	36.44	1.92	0.58	14.89	184.15	1.93	52.34	6.64
110~120	5.11	22.20	1.61	0.52	14.92	170.22	0.90	46.32	6.66

表 5-7-11　片区代表性烟田土壤腐殖酸与腐殖质组成

土层 /cm	腐殖酸碳量 /(g/kg)	腐殖质全碳量 /(g/kg)	胡敏酸碳量 /(g/kg)	胡敏素碳量 /(g/kg)	富啡酸碳量 /(g/kg)	胡富比
0~28	9.62	14.52	2.40	4.90	7.22	0.33
28~46	7.12	9.16	1.52	2.04	5.60	0.27
46~90	4.96	8.30	0.51	3.34	4.45	0.11
90~110	12.87	21.14	5.16	8.27	7.70	0.67
110~120	8.63	12.88	1.29	4.25	7.34	0.18

表 5-7-12　片区代表性烟田土壤中微量元素状况

土层 /cm	有效铜 /(mg/kg)	有效铁 /(mg/kg)	有效锰 /(mg/kg)	有效锌 /(mg/kg)	交换性 Ca^{2+} /(cmol/kg)	交换性 Mg^{2+} /(cmol/kg)
0~28	1.39	87.83	251.97	4.71	1.92	0.01
28~46	1.31	39.15	119.43	2.49	3.52	0.07
46~90	1.25	37.05	120.76	2.42	4.33	0.33
90~110	1.25	37.77	66.81	1.01	5.06	0.44
110~120	1.65	43.66	79.59	0.97	2.85	0.25

5. 靛水街道新田村竹林坨片区

1）基本信息

代表性地块（PS-05）：北纬 29°13′48.728″，东经 108°0′59.558″，海拔 1042 m（图 5-7-16），中山坡地中部，成土母质为石灰岩风化坡积物，种植制度为烤烟-玉米隔年轮作，中坡梯田旱地，土壤亚类为普通铝质常湿淋溶土。

2）气候条件

该片区烤烟大田生育期间（5~8 月），平均气温 20.8℃，降水量 760 mm，日照时数 543 h（图 5-7-17）。

3）剖面形态（图 5-7-18（右））

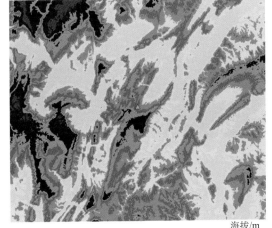

海拔/m

600　800　1000 1200 1400 1600 1800 2000 2200

图 5-7-16　片区海拔示意图

Ap: 0~30 cm，黑棕色（7.5YR 2/2，润），棕色（7.5YR 4/4，干），粉质黏壤土，发育强的 1~2 mm 粒状结构，松散，2 个蚯蚓穴，pH 4.7，渐变波状过渡。

AB: 30~55 cm，黑棕色（7.5YR 2/2，润），棕色（7.5YR 4/4，干），粉质黏壤土，发育强的 10~20 mm 棱块状结构，疏松，pH 5.4，清晰波状过渡。

Bt1: 55~80 cm，暗棕色（7.5YR 3/4，润），亮棕色（7.5YR 5/6，干），黏壤土，发育强的 20~50 mm 棱块状结构，稍硬，结构面上 10% 左右的黏粒胶膜，2% 左右软小铁锰结核，pH 6.5，渐变波状过渡。

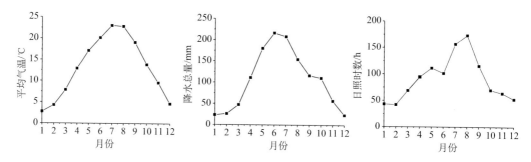

图 5-7-17　片区平均气温、降水总量、日照时数动态变化示意图

图 5-7-18　代表性地块景观(左)和土壤剖面(右)

Bt2：80~110 cm，暗棕色(7.5YR 3/4，润)，亮棕色(7.5YR 5/6，干)，黏壤土，发育强的 20~50 mm 棱块状结构，硬，结构面上 15%左右的黏粒胶膜，2%左右软小铁锰结核，pH 6.5。

4) 土壤养分

片区土壤呈酸性，土体 pH4.65~6.53，有机质 10.18~31.85 g/kg，全氮 0.98~2.15 g/kg，全磷 0.45~1.31 g/kg，全钾 24.46~25.79 g/kg，碱解氮 60.38~194.60 mg/kg，速效钾 86.45~723.82 mg/kg，有效磷 2.10~96.90 mg/kg，氯离子 15.82~45.62 mg/kg，交换性 Ca^{2+}9.99~14.56 cmol/kg，交换性 Mg^{2+}0.20~0.60 cmol/kg。

腐殖酸与腐殖质组成中，腐殖酸碳量 2.98~12.07 g/kg，腐殖质全碳量 5.90~18.47 g/kg，胡敏酸碳量 0.02~3.99 g/kg，胡敏素碳量 2.92~6.41 g/kg，富啡酸碳量 2.96~8.08 g/kg，胡富比 0.01~0.49。

微量元素中，有效铜 1.34~2.98 mg/kg，有效铁 20.98~57.93 mg/kg，有效锰

30.96~410.02 mg/kg，有效锌 1.11~7.97 mg/kg（表 5-7-13~表 5-7-15）。

表 5-7-13　片区代表性烟田土壤养分状况

土层 /cm	pH	有机质 /(g/kg)	全氮 /(g/kg)	全磷 /(g/kg)	全钾 /(g/kg)	碱解氮 /(mg/kg)	有效磷 /(mg/kg)	速效钾 /(mg/kg)	氯离子 /(mg/kg)
0~30	4.65	31.85	2.15	1.31	25.79	194.60	96.90	723.82	45.62
30~55	5.35	22.21	1.64	0.73	24.46	131.90	12.70	170.05	19.57
55~80	6.45	11.33	1.08	0.45	25.58	69.67	2.10	91.80	15.82
80~110	6.53	10.18	0.98	0.48	25.18	60.38	3.35	86.45	27.38

表 5-7-14　片区代表性烟田土壤腐殖酸与腐殖质组成

土层 /cm	腐殖酸碳量 /(g/kg)	腐殖质全碳量 /(g/kg)	胡敏酸碳量 /(g/kg)	胡敏素碳量 /(g/kg)	富啡酸碳量 /(g/kg)	胡富比
0~30	12.07	18.47	3.99	6.41	8.08	0.49
30~55	8.39	12.88	2.18	4.49	6.21	0.35
55~80	3.41	6.57	0.17	3.16	3.24	0.05
80~110	2.98	5.90	0.02	2.92	2.96	0.01

表 5-7-15　片区代表性烟田土壤中微量元素状况

土层 /cm	有效铜 /(mg/kg)	有效铁 /(mg/kg)	有效锰 /(mg/kg)	有效锌 /(mg/kg)	交换性 Ca^{2+} /(cmol/kg)	交换性 Mg^{2+} /(cmol/kg)
0~30	2.98	41.44	410.02	7.97	9.99	0.60
30~55	2.79	20.98	156.71	2.92	10.01	0.39
55~80	1.34	52.54	32.86	1.14	14.56	0.56
80~110	1.50	57.93	30.96	1.11	12.62	0.20

5）总体评价

土体深厚，耕作层质地偏黏，耕性和通透性好，易受旱灾威胁。酸性土壤，有机质含量丰富，肥力较高，磷、钾丰富，铜、铁、锰、锌、钙丰富，镁含量中等水平。

第八节　重庆武隆生态条件

一、地理位置

武隆县位于北纬 29°02'~29°40'，东经 107°13'~108°05'，地处重庆市东南边缘，在武陵山与大娄山的结合部，属于中国南方喀斯特高原丘陵地区。东西长 82.7 km，南北宽 75 km，幅员面积 2901.3 km²。武隆县东连彭水，西接南川、涪陵，北抵丰都，南邻贵州道真，距重庆市区 139 km，处于重庆"一圈两翼"的交会点。武隆县属重庆市直辖县，现辖巷口镇、火炉镇、白马镇、江口镇、仙女山镇、鸭江镇、羊角镇、长坝镇、平桥镇、桐梓镇、土坎镇、和顺镇、凤来乡、庙垭乡、石桥乡、双河乡、黄莺乡、沧沟乡、文复乡、土地乡、白云乡、后坪乡、浩口乡、接龙乡、赵家乡、铁矿乡等 26 个乡镇，总面积

2901.3 km², 耕地面积 29 500 hm²(图 5-8-1)。

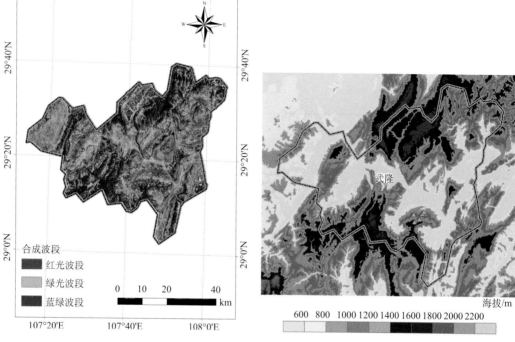

图 5-8-1　武隆县位置及 Landsat 假彩色合成影像图　　图 5-8-2　武隆县海拔示意图

二、自然条件

1. 地形地貌

武隆县地质构造雏形由燕山期第二幕形成，属新华夏构造体系和南北径向构造体系，川黔南北构造带。江口等地区属川鄂湘黔隆起褶皱带，褶皱构造形成一系列背斜和向斜。构造成南北向的主要有接龙场背斜、甘田湾向斜、大耳山背斜、羊角背斜、三汇背斜、车盘向斜等。背斜核部出露地层多为二叠系、三叠系，其中接龙场背斜多为寒武系。向斜轴部为三叠系中上统地层。构造形态多为短轴构造，两翼岩层倾角差异较大。断裂构造发育，多与背斜伴生。其性质为冲断层、正断层、逆断层。主要断层有芙蓉江冲断层、土坎正断层、三汇冲断层、煤炭厂逆断层、四眼坪逆断层(图5-8-2)。

2. 气候条件

武隆县属亚热带湿润季风气候，气候温湿，四季分明，立体气候较显著，北部、西南部山区气温低、降水多、日照多，西部、中部、东南部气温高、降水少、日照少。全年平均气温在 8.6~18.5℃，平均 13.9℃；1 月最冷，月平均气温 3.5℃，7 月最热，月平均气温 23.8℃。年均降水总量 1146~1356 mm，平均 1246 mm 左右，5~8 月降雨较多，在 150 mm 以上，1 月、2 月、3 月、12 月降雨较少，在 50 mm 以下。年均日照时数 1002~1168 h，平均 1079 h，5~9 月日照在 100 h 以上，其他月份较少。无霜期240~285 d（图 5-8-3）。

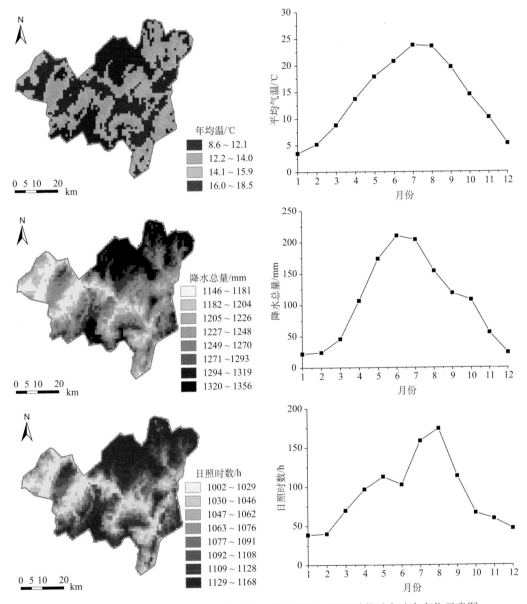

图 5-8-3　武隆县 1980~2013 年平均温度、降水总量、日照时数时空动态变化示意图

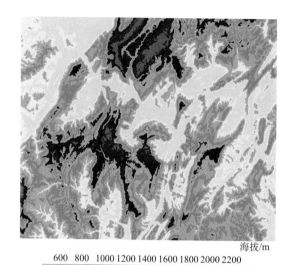

海拔/m

600 800 1000 1200 1400 1600 1800 2000 2200

图 5-8-4　片区海拔示意图

三、片区与代表性烟田

1. 巷口镇杨家村杨家井片区

1）基本信息

代表性地块（WL-01）：北纬 29°15′41.832″，东经 107°44′55.876″，海拔 1020 m（图 5-8-4），中山坡地中部，成土母质为石灰岩风化坡积物，种植制度为烤烟-玉米不定期轮作，缓坡梯田旱地，土壤亚类为普通钙质常湿雏形土。

2）气候条件

该片区烤烟大田生育期 5~9 月，生育期平均气温 20.0℃，降水量 871 mm，日照时数 653 h（图 5-8-5）。

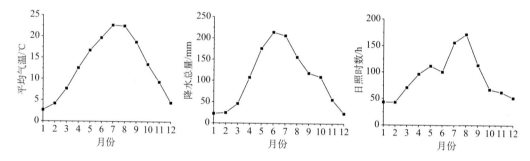

图 5-8-5　片区平均气温、降水总量、日照时数动态变化示意图

3）剖面形态（图 5-8-6（右））

Ap：0~30 cm，黑棕色（10YR 3/1，润），灰黄棕色（10YR 5/2，干），20%左右岩石碎屑，粉质黏壤土，发育强的 1~2 mm 粒状结构，松散，2 个蚯蚓穴，pH 5.3，渐变波状过渡。

AB：30~58 cm，黑棕色（10YR 3/1，润），灰黄棕色（10YR 5/2，干），30%左右岩石碎屑，粉质黏壤土，发育强的 2~5 mm 块状结构，松散，结构面上 5%左右腐殖质胶膜，2 个蚯蚓穴，pH 6.1，清晰波状过渡。

Bw1：58~80 cm，灰黄棕色（10YR 4/2，润），浊黄棕色（10YR 6/4，干），40%左右岩石碎屑，粉质黏壤土，发育中等的 10~20 mm 棱块状结构，稍硬，2%左右软小铁锰结核，2 个蚯蚓穴，pH 6.4，渐变波状过渡。

Bw2：80~110 cm，灰黄棕色（10YR 4/2，润），浊黄棕色（10YR 6/4，干），40%左右岩石碎屑，粉质黏壤土，发育中等的 20~50 mm 棱块状结构，稍硬，2%左右软小铁锰结核，pH 6.4。

图 5-8-6 代表性地块景观(左)和土壤剖面(右)

4) 土壤养分

片区土壤呈酸性，土体 pH 5.34~6.43，有机质 7.62~29.27 g/kg，全氮 0.66~1.82 g/kg，全磷 0.30~0.93 g/kg，全钾 10.83~11.18 g/kg，碱解氮 50.63~151.64 mg/kg，有效磷 1.25~44.90 mg/kg，速效钾 32.27~230.91 mg/kg，氯离子 6.65~28.36 mg/kg，交换性 Ca^{2+} 6.13~8.61 cmol/kg，交换性 Mg^{2+} 0.03~0.47 cmol/kg。

腐殖酸与腐殖质组成中，腐殖酸碳量 2.26~11.03 g/kg，腐殖质全碳量 4.42~16.98 g/kg，胡敏酸碳量 0.13~3.96 g/kg，胡敏素碳量 2.17~5.95 g/kg，富啡酸碳量 2.12~7.07 g/kg，胡富比 0.06~0.56。

微量元素中，有效铜 0.95~1.89 mg/kg，有效铁 19.25~59.38 mg/kg，有效锰 22.88~150.58 mg/kg，有效锌 0.48~4.55 mg/kg(表 5-8-1~表 5-8-3)。

表 5-8-1 片区代表性烟田土壤养分状况

土层 /cm	pH	有机质 /(g/kg)	全氮 /(g/kg)	全磷 /(g/kg)	全钾 /(g/kg)	碱解氮 /(mg/kg)	有效磷 /(mg/kg)	速效钾 /(mg/kg)	氯离子 /(mg/kg)
0~30	5.34	29.27	1.82	0.93	10.83	151.64	44.90	230.91	6.65
30~58	6.09	18.33	1.23	0.49	10.85	108.45	3.80	55.68	6.65
58~80	6.41	9.71	0.83	0.33	11.18	69.20	1.25	43.68	28.36
80~110	6.43	7.62	0.66	0.30	11.03	50.63	1.85	32.27	27.66

表 5-8-2 片区代表性烟田土壤腐殖酸与腐殖质组成

土层 /cm	腐殖酸碳量 /(g/kg)	腐殖质全碳量 /(g/kg)	胡敏酸碳量 /(g/kg)	胡敏素碳量 /(g/kg)	富啡酸碳量 /(g/kg)	胡富比
0~30	11.03	16.98	3.96	5.95	7.07	0.56
30~58	6.58	10.63	2.17	4.06	4.41	0.49
58~80	3.22	5.63	0.53	2.41	2.69	0.20
80~110	2.26	4.42	0.13	2.17	2.12	0.06

表 5-8-3　片区代表性烟田土壤中微量元素状况

土层 /cm	有效铜 /(mg/kg)	有效铁 /(mg/kg)	有效锰 /(mg/kg)	有效锌 /(mg/kg)	交换性 Ca^{2+} /(cmol/kg)	交换性 Mg^{2+} /(cmol/kg)
0~30	1.76	27.37	150.58	4.55	8.01	0.47
30~58	1.89	19.25	63.73	1.15	8.61	0.23
58~80	1.35	49.07	35.05	0.53	6.40	0.11
80~110	0.95	59.38	22.88	0.48	6.13	0.03

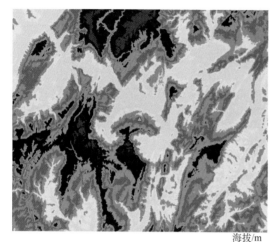

海拔/m

600　800　1000 1200 1400 1600 1800 2000 2200

图 5-8-7　片区海拔示意图

土壤亚类为普通钙质常湿雏形土。

2) 气候条件

5) 总体评价

总体评价：土体深厚，耕作层质地适中，砾石多，耕性和通透性好，轻度水土流失。酸性土壤，有机质含量中等，肥力偏高，磷、钾含量丰富，铜、铁、锰、锌、钙含量丰富，镁含量中等水平。

2. 巷口镇芦红村茶桩片区

1) 基本信息

代表性地块（WL-02）：北纬 29°15′51.728″，东经 107°46′50.786″，海拔 1044 m（图 5-8-7），中山坡地中上部，成土母质为石灰岩风化坡积物，种植制度为烤烟-玉米不定期轮作，缓坡梯田旱地，

该片区烤烟大田生育期间（5~9 月），平均气温 21.0℃，降水量 859 mm，日照时数 660 h（图 5-8-8）。

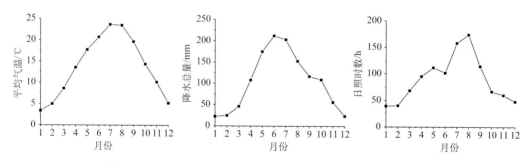

图 5-8-8　片区平均气温、降水总量、日照时数动态变化示意图

3) 剖面形态（图 5-8-9（右））

Ap：0~20 cm，黑棕色（10YR 3/2，润），浊黄棕色（10YR 5/4，干），20% 左右岩石碎屑，粉质黏壤土，发育强的 1~2 mm 粒状结构，松散，2 个蚯蚓穴，pH 6.0，渐变波状过

渡。

AB：20~42 cm，黑棕色（10YR 3/2，润），浊黄棕色（10YR 5/4，干），20%左右岩石碎屑，粉质黏壤土，发育强的 2~5 mm 块状结构，稍硬，2 个蚯蚓穴，pH 6.0，清晰波状过渡。

图 5-8-9　代表性地块景观（左）和土壤剖面（右）

Bw1：42~60 cm，棕色（10YR 4/4，润），黄棕色（10YR 5/6，干），10%左右岩石碎屑，粉质黏壤土，发育中等的 10~20 mm 块状结构，稍硬，结构面上 2%左右铁锰斑纹，2%左右软小铁锰结核，2 个蚯蚓穴，pH 7.0，渐变波状过渡。

Bw2：60~80 cm，棕色（10YR 4/6，润），亮黄棕色（10YR 6/8，干），60%左右岩石碎屑，粉质黏壤土，发育中等的 20~50 mm 块状结构，硬，pH 7.3，渐变波状过渡。

Bw3：80~110 cm，棕色（10YR 4/6，润），亮黄棕色（10YR 6/8，干），40%左右岩石碎屑，粉质黏壤土，发育弱的 20~50 mm 块状结构，硬，结构面上 2%左右铁锰斑纹，2%左右软小铁锰结核，pH 7.3。

4）土壤养分

片区土壤呈微酸性，土体 pH 5.96~7.26，有机质 8.95~28.76 g/kg，全氮 0.83~1.93 g/kg，全磷含 0.24~0.83 g/kg，全钾 12.08~20.64 g/kg，碱解氮 60.15~156.98 mg/kg，有效磷 0.88~49.10 mg/kg，速效钾 39.08~254.99 mg/kg，氯离子 6.63~36.60 mg/kg，交换性 Ca^{2+} 含量为 11.02~36.36 cmol/kg，交换性 Mg^{2+} 0.15~1.33 cmol/kg。

腐殖酸与腐殖质组成中，腐殖酸碳量 2.69~7.87 g/kg，腐殖质全碳量 5.19~16.68 g/kg，胡敏酸碳量 0.71~2.16 g/kg，胡敏素碳量 2.33~8.82 g/kg，富啡酸碳量 1.97~5.71 g/kg，胡富比 0.27~0.38。

微量元素中，有效铜 0.76~1.87 mg/kg，有效铁 24.16~103.17 mg/kg，有效锰 56.20~132.53 mg/kg，有效锌 0.44~5.56 mg/kg（表 5-8-4~表 5-8-6）。

表 5-8-4　片区代表性烟田土壤养分状况

土层 /cm	pH	有机质 /(g/kg)	全氮 /(g/kg)	全磷 /(g/kg)	全钾 /(g/kg)	碱解氮 /(mg/kg)	有效磷 /(mg/kg)	速效钾 /(mg/kg)	氯离子 /(mg/kg)
0-20	5.97	28.76	1.93	0.83	20.37	156.98	49.10	254.99	6.63
20-42	5.96	8.95	0.83	0.24	12.08	60.15	0.88	39.08	16.55
42-60	6.15	10.27	1.00	0.33	17.25	77.85	0.79	66.15	12.13
60-80	6.97	13.68	1.13	0.45	20.64	83.60	0.90	79.09	6.66
80-100	7.26	9.25	0.88	0.57	20.18	63.40	2.63	67.53	36.60

表 5-8-5　片区代表性烟田土壤腐殖质组成

土层 /cm	腐殖酸碳量 /(g/kg)	腐殖质全碳量 /(g/kg)	胡敏酸碳量 /(g/kg)	胡敏素碳量 /(g/kg)	富啡酸碳量 /(g/kg)	胡富比
0-20	7.87	16.68	2.16	8.82	5.71	0.38
20-42	2.86	5.19	0.71	2.33	2.15	0.33
42-60	4.25	7.04	0.81	3.18	3.05	0.27
60-80	4.91	7.94	1.03	3.03	3.87	0.27
80-100	2.69	5.37	0.73	2.67	1.97	0.37

表 5-8-6　片区代表性烟田土壤中微量元素状况

土层 /cm	有效铜 /(mg/kg)	有效铁 /(mg/kg)	有效锰 /(mg/kg)	有效锌 /(mg/kg)	交换性 Ca^{2+} /(cmol/kg)	交换性 Mg^{2+} /(cmol/kg)
0-20	1.87	67.62	132.53	5.56	22.93	1.33
20-42	0.76	24.16	56.20	0.44	11.02	0.15
42-60	1.11	45.18	77.29	3.16	22.72	1.11
60-80	1.72	103.17	89.70	2.89	28.14	0.81
80-100	1.54	55.47	84.93	2.90	36.36	1.27

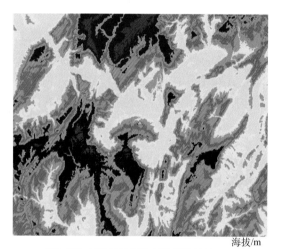

海拔/m

600　800　1000 1200 1400 1600 1800 2000 2200

图 5-8-10　片区海拔示意图

5）总体评价

土体深厚，耕作层质地偏黏，耕性较差，砾石多，通透性好，轻度水土流失。微酸性土壤，有机质含量中等，肥力偏高，磷、钾丰富，铜、铁、锰、锌、钙、镁含量丰富。

3. 巷口镇芦红村 2 组片区

1）基本信息

代表性地块（WL-03）：北纬 29°16′15.460″，东经 107°47′16.571″，海拔 894 m（图 5-8-10），中山坡地中部，成土母质为石灰岩风化坡积物，种植制度为烤烟-玉米不定期轮作，缓坡梯田旱地，土壤亚类为普通钙质常湿淋溶土。

2) 气候条件

该片区烤烟大田生育期间(5~9 月)，平均气温 20.9℃，降水量 862 mm，日照时数 659 h(图 5-8-11)。

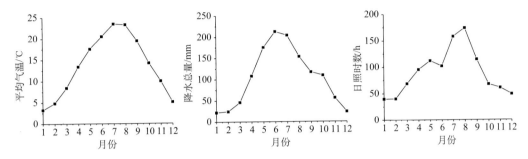

图 5-8-11　片区平均气温、降水总量、日照时数动态变化示意图

3) 剖面形态(图 5-8-12(右))

Ap：0~25 cm，黑棕色(10YR 3/2，润)，浊黄棕色(10YR 5/4，干)，5%左右岩石碎屑，粉质黏壤土，发育强的 1~2 mm 粒状结构，松散，2 个蚯蚓穴，pH 5.8，清晰波状过渡。

图 5-8-12　代表性地块景观(左)和土壤剖面(右)

AB1：25~52 cm，棕色(10YR 4/4，润)，黄棕色(10YR 5/6，干)，2%左右岩石碎屑，粉质黏壤土，发育强的 2~5 mm 棱块状结构，稍硬，结构面上 2%左右铁锰斑纹，2%左右软小铁锰结核，2 个蚯蚓穴，pH 6.9，渐变波状过渡。

Bt1：52~65 cm，棕色（10YR 4/4，润），黄棕色（10YR 5/6，干），粉质黏壤土，发育中等的 10~20 mm 棱块状结构，稍硬，结构面上 5%铁锰斑纹，5%左右腐殖质胶膜，10%左右黏粒胶膜，5%左右软小铁锰结核，pH 6.2，清晰波状过渡。

Bt：65~110 cm，棕色（10YR 4/6，润），亮黄棕色（10YR 6/8，干），粉质黏壤土，发育中等的 20~50 mm 棱块状结构，硬，结构面上 5%左右铁锰斑纹，10%左右黏粒胶膜，2%左右软小铁锰结核，pH 6.2。

4）土壤养分

片区土壤呈微酸性，土体 pH 5.78~6.88，有机质 5.10~20.52 g/kg，全氮 0.69~1.55 g/kg，全磷 0.22~0.63 g/kg，全钾 14.15~21.26 g/kg，碱解氮 32.28~119.36 mg/kg，有效磷 0.95~21.05 mg/kg，速效钾 47.66~231.58 mg/kg，氯离子 6.63~6.66 mg/kg，交换性 Ca^{2+} 12.09~29.41 cmol/kg，交换性 Mg^{2+} 0.40~1.09 cmol/kg。

腐殖酸与腐殖质组成中，腐殖酸碳量 1.20~7.94 g/kg，腐殖质全碳量 2.96~11.90 g/kg，胡敏酸碳量 0.53~2.59 g/kg，胡敏素碳量 1.76~4.07 g/kg，富啡酸碳量 0.67~5.35 g/kg，胡富比 0.29~0.79。

微量元素中，有效铜 0.34~1.83 mg/kg，有效铁 21.88~82.93 mg/kg，有效锰 16.28~151.70 mg/kg，有效锌 0.39~4.34 mg/kg（表 5-8-7~表 5-8-9）。

表 5-8-7　片区代表性烟田土壤养分状况

土层 /cm	pH	有机质 /(g/kg)	全氮 /(g/kg)	全磷 /(g/kg)	全钾 /(g/kg)	碱解氮 /(mg/kg)	有效磷 /(mg/kg)	速效钾 /(mg/kg)	氯离子 /(mg/kg)
0~25	5.78	17.43	1.22	0.42	13.32	96.37	21.05	231.58	6.66
25~52	6.88	20.52	1.55	0.63	21.26	119.36	4.18	99.92	6.63
52~65	6.20	6.48	0.74	0.24	14.15	42.73	0.95	47.66	6.64
65~110	6.22	5.10	0.69	0.22	14.37	32.28	1.28	52.34	6.65

表 5-8-8　片区代表性烟田土壤腐殖酸与腐殖质组成

土层 /cm	腐殖酸碳量 /(g/kg)	腐殖质全碳量 /(g/kg)	胡敏酸碳量 /(g/kg)	胡敏素碳量 /(g/kg)	富啡酸碳量 /(g/kg)	胡富比
0~25	6.03	10.11	1.35	4.07	4.68	0.29
25~52	7.94	11.90	2.59	3.97	5.35	0.48
52~65	1.87	3.76	0.71	1.89	1.16	0.61
65~110	1.20	2.96	0.53	1.76	0.67	0.79

表 5-8-9　片区代表性烟田土壤中微量元素状况

土层 /cm	有效铜 /(mg/kg)	有效铁 /(mg/kg)	有效锰 /(mg/kg)	有效锌 /(mg/kg)	交换性 Ca^{2+} /(cmol/kg)	交换性 Mg^{2+} /(cmol/kg)
0~25	1.47	37.01	151.70	2.86	12.09	0.43
25~52	1.83	82.93	131.60	4.34	29.41	1.09
52~65	0.53	27.72	27.30	0.48	18.30	0.40
65~110	0.34	21.88	16.28	0.39	19.25	0.44

5）总体评价

土体深厚，耕作层质地偏黏，耕性和通透性较差，轻度水土流失。微酸性土壤，有机质含量缺乏，肥力中等，磷含量中等，钾含量丰富，铜、铁、锰、锌、钙含量丰富，缺镁。

4. 巷口镇芦红村 4 组片区

1）基本信息

代表性地块（WL-04）：北纬29°14′48.841″，东经107°46′16.657″，海拔1255 m（图 5-8-13），中山坡地中部，成土母质为石灰岩风化坡积物，种植制度为烤烟-玉米不定期轮作，缓坡梯田旱地，土壤亚类为普通钙质常湿雏形土。

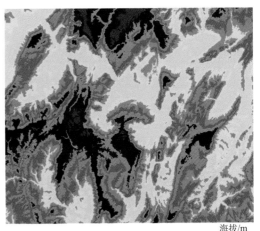

海拔/m

600 800 1000 1200 1400 1600 1800 2000 2200

图 5-8-13　片区海拔示意图

2）气候条件

该片区烤烟大田生育期间（5~9 月），平均气温 19.7℃，降水量 876 mm，日照时数652 h（图 5-8-14）。

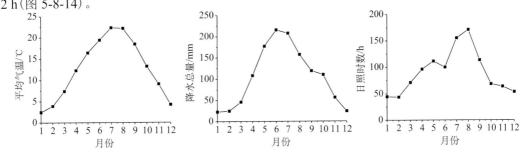

图 5-8-14　片区平均气温、降水总量、日照时数动态变化示意图

3）剖面形态（图 5-8-15（右））

Ap：0~20 cm，灰棕色（7.5YR 4/2，润），浊橙色（7.5YR 6/4，干），20%左右岩石碎屑，粉质黏壤土，发育强的 1~2 mm 粒状结构，松散，2 个蚯蚓穴，pH 4.7，清晰波状过渡。

AB：20~45 cm，灰棕色（7.5YR 4/2，润），浊棕色（7.5YR 5/4，干），20%左右岩石碎屑，粉质黏壤土，发育强的 2~5 mm 棱块状结构，松散，2 个蚯蚓穴，pH 4.7，清晰波状过渡。

Bw1：45~60 cm，棕色（7.5YR 4/4，润），浊橙色（7.5YR 6/4，干），40%左右岩石碎屑，粉质黏壤土，发育中等的 20~50 mm 棱块状结构，硬，结构面上 2%左右铁锰斑纹，2 个蚯蚓穴，pH 5.2，渐变波状过渡。

图 5-8-15　代表性地块景观(左)和土壤剖面(右)

Bw2：60~80 cm，棕色(7.5YR 4/4，润)，浊橙色(7.5YR 6/4，干)，40%左右岩石碎屑，粉质黏壤土，发育中等的 20~50 mm 棱块状结构，硬，结构面上 2%左右铁锰斑纹，pH 5.0，清晰波状过渡。

Ab：80~120 cm，黑棕色(7.5YR 3/1，润)，浊黄棕色(7.5YR 5/3，干)，40%左右岩石碎屑，粉质黏壤土，发育中等的 10~20 mm 棱块状结构，硬，结构面上 2%左右铁锰斑纹，pH 4.9。

4) 土壤养分

片区土壤呈酸性，土体 pH 4.71~5.15，有机质 20.13~28.06 g/kg，全氮 1.42~1.84 g/kg，全磷 0.48~0.88 g/kg，全钾 12.83~14.80 g/kg，碱解氮 139.80~169.52 mg/kg，有效磷 2.30~26.78 mg/kg，速效钾 42.01~121.22 mg/kg，氯离子 6.64~6.67 mg/kg，交换性 Ca^{2+}1.25~3.39 cmol/kg，交换性 Mg^{2+}0.01~0.19 cmol/kg。

腐殖酸与腐殖质组成中，腐殖酸碳量 8.20~10.98 g/kg，腐殖质全碳量 11.68~16.28 g/kg，胡敏酸碳量 2.30~2.87g/kg，胡敏素碳量 3.48~5.30 g/kg，富啡酸碳量 5.89~8.41 g/kg，胡富比 0.31~0.46。

微量元素中，有效铜 1.23~1.79 mg/kg，有效铁 31.40~70.75 mg/kg，有效锰 30.58~139.58 mg/kg，有效锌 1.07~4.18 mg/kg(表 5-8-10~表 5-8-12)。

5) 总体评价

土体深厚，耕作层质地偏黏，耕性较差，砾石多，通透性好，轻度水土流失。酸性土壤，有机质含量中等，肥力偏高，磷含量较丰富，钾含量中等，铜、铁、锰、锌、钙含量丰富，严重缺镁。

表 5-8-10　片区代表性烟田土壤养分状况

土层/cm	pH	有机质/(g/kg)	全氮/(g/kg)	全磷/(g/kg)	全钾/(g/kg)	碱解氮/(mg/kg)	有效磷/(mg/kg)	速效钾/(mg/kg)	氯离子/(mg/kg)
0~20	4.71	28.06	1.84	0.88	12.83	167.43	26.78	121.22	6.64
20~45	4.72	23.17	1.63	0.64	13.89	154.66	16.43	54.10	6.64
45~60	5.15	20.13	1.42	0.48	14.80	139.80	3.55	53.25	6.66
60~80	5.01	21.99	1.53	0.54	14.74	146.53	2.30	42.01	6.67
80~120	4.88	25.09	1.69	0.62	14.50	169.52	3.93	48.57	6.66

表 5-8-11　片区代表性烟田土壤腐殖酸与腐殖质组成

土层/cm	腐殖酸碳量/(g/kg)	腐殖质全碳量/(g/kg)	胡敏酸碳量/(g/kg)	胡敏素碳量/(g/kg)	富啡酸碳量/(g/kg)	胡富比
0~20	10.98	16.28	2.57	5.30	8.41	0.31
20~45	9.39	13.44	2.75	4.05	6.64	0.41
45~60	8.20	11.68	2.30	3.48	5.89	0.39
60~80	8.92	12.76	2.82	3.83	6.11	0.46
80~120	9.76	14.55	2.87	4.80	6.88	0.42

表 5-8-12　片区代表性烟田土壤中微量元素状况

土层/cm	有效铜/(mg/kg)	有效铁/(mg/kg)	有效锰/(mg/kg)	有效锌/(mg/kg)	交换性 Ca^{2+}/(cmol/kg)	交换性 Mg^{2+}/(cmol/kg)
0~20	1.48	70.75	139.58	4.18	1.92	0.01
20~45	1.46	49.13	101.55	3.30	2.11	0.15
45~60	1.23	42.06	78.53	1.93	3.39	0.19
60~80	1.50	35.67	30.58	1.07	2.05	0.13
80~120	1.79	31.40	31.78	1.30	1.25	0.10

5. 巷口镇芦红村 5 组片区

1）基本信息

代表性地块（WL-05）：北纬 29°14′15.625″，东经 107°45′8.905″，海拔 1283 m（图 5-8-16），中山坡地下部，成土母质为石灰岩风化坡积物，种植制度为烤烟-玉米不定期轮作，中坡梯田旱地，土壤亚类为腐殖钙质常湿雏形土。

2）气候条件

该片区烤烟大田生育期间（5~9 月），平均气温 19.1℃，降水量 884 mm，日照时数 647 h（图 5-8-17）。

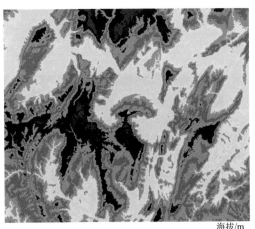

海拔/m

600　800　1000 1200 1400 1600 1800 2000 2200

图 5-8-16　片区海拔示意图

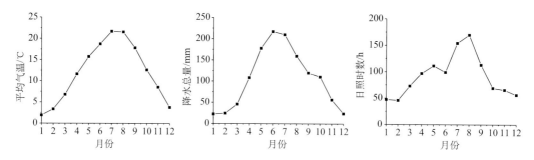

图 5-8-17　片区平均气温、降水总量、日照时数动态变化示意图

3) 剖面形态 (图 5-8-18 (右))

Ap：0~30 cm，黑色 (2.5Y 2/1，润)，黑棕色 (2.5Y 3/2，干)，30%左右岩石碎屑，粉壤土，发育强的 1~2 mm 粒状结构，松散，2 个蚯蚓穴，pH 7.0，中度石灰反应，渐变波状过渡。

AB：30~65 cm，黑色 (2.5Y 2/1，润)，黑棕色 (2.5Y 3/2，干)，30%左右岩石碎屑，粉壤土，发育强的 10~20 mm 块状结构，疏松，pH 7.1，渐变波状过渡。

Bw1：65~72 cm，黄灰色 (2.5Y 5/1，润)，淡黄色 (2.5Y 7/3，干)，30%左右岩石碎屑，粉壤土，发育中等的 10~20 mm 块状结构，稍硬，结构面上 2%左右的铁锰斑纹，2%左右软小铁锰结核，pH 7.3，清晰波状过渡。

Bw2：72~110 cm，黄灰色 (2.5Y 5/1，润)，淡黄色 (2.5Y 7/3，干)，40%左右岩石碎屑，粉壤土，发育弱的 20~50 mm 块状结构，硬，结构面上 2%左右的铁锰斑纹，2%左右软小铁锰结核，pH 7.4。

图 5-8-18　代表性地块景观 (左) 和土壤剖面 (右)

4) 土壤养分

片区土壤呈中性，土体 pH 7.02~7.39，有机质 10.38~31.84 g/kg，全氮 0.64~2.07 g/kg，全磷 0.12~0.87 g/kg，全钾 7.26~9.13 g/kg，碱解氮 51.79~147.93 mg/kg，有效磷 0.58~70.25 mg/kg，速效钾 47.24~607.26 mg/kg，氯离子 6.63~33.57 mg/kg，交换性 Ca^{2+} 12.82~26.74 cmol/kg，交换性 Mg^{2+} 0.11~0.62 cmol/kg。

腐殖酸与腐殖质组成中，腐殖酸碳量 3.37~11.20 g/kg，腐殖质全碳量 6.02~18.47 g/kg，胡敏酸碳量 0.46~3.25 g/kg，胡敏素碳量 2.65~7.51 g/kg，富啡酸碳量 2.91~7.98 g/kg，胡富比 0.16~0.42。

微量元素中，有效铜 0.27~0.60 mg/kg，有效铁 10.54~77.44 mg/kg，有效锰 15.65~101.33 mg/kg，有效锌 0.64~5.47 mg/kg（表 5-8-13~表 5-8-15）。

表 5-8-13　片区代表性烟田土壤养分状况

土层 /cm	pH	有机质 /(g/kg)	全氮 /(g/kg)	全磷 /(g/kg)	全钾 /(g/kg)	碱解氮 /(mg/kg)	有效磷 /(mg/kg)	速效钾 /(mg/kg)	氯离子 /(mg/kg)
0~30	7.02	31.75	2.04	0.87	9.13	136.55	70.25	607.26	6.64
30~65	7.10	31.84	2.07	0.28	8.03	147.93	5.00	125.42	33.57
65~72	7.34	19.08	1.16	0.18	7.80	93.82	0.80	80.75	21.31
72~110	7.39	10.38	0.64	0.12	7.26	51.79	0.58	47.24	6.63

表 5-8-14　片区代表性烟田土壤腐殖酸与腐殖质组成

土层 /cm	腐殖酸碳量 /(g/kg)	腐殖质全碳量 /(g/kg)	胡敏酸碳量 /(g/kg)	胡敏素碳量 /(g/kg)	富啡酸碳量 /(g/kg)	胡富比
0~30	10.91	18.42	3.25	7.51	7.65	0.42
30~65	11.20	18.47	3.21	7.27	7.98	0.40
65~72	5.77	11.06	1.04	5.30	4.73	0.22
72~110	3.37	6.02	0.46	2.65	2.91	0.16

表 5-8-15　片区代表性烟田土壤中微量元素状况

土层 /cm	有效铜 /(mg/kg)	有效铁 /(mg/kg)	有效锰 /(mg/kg)	有效锌 /(mg/kg)	交换性 Ca^{2+} /(cmol/kg)	交换性 Mg^{2+} /(cmol/kg)
0~30	0.27	10.54	101.33	5.47	26.74	0.62
30~65	0.43	14.37	92.65	3.05	24.13	0.32
65~72	0.60	40.63	47.65	1.11	18.98	0.41
72~110	0.48	77.44	15.65	0.64	12.82	0.11

5) 总体评价

土体深厚，耕作层质地适中，砾石多，耕性和通透性好，中度水土流失。中性土壤，有机质含量较高，肥力偏高，磷、钾含量丰富，缺铜，铁、锰、锌、钙丰富，镁含量中等水平。

第六章　黔中山区烤烟典型区域生态条件

黔中山区烤烟种植区分布在贵州省中部地区，占据贵州高原的主体部分，大部分地区海拔 800~1200 m，局部高海拔地区超过 1400 m。黔中山区烤烟典型区域主要包括贵州省遵义市的遵义县、凤冈县、湄潭县、务川县和余庆县，毕节市的黔西县，黔南州的贵定县和瓮安县，贵阳市的开阳县，安顺市的西秀区，黔东南州的凯里县，铜仁市思南县 12 个县(区)。该产区烤烟移栽在 4 月下旬到 5 月中旬，烟叶采收结束在 9 月上、中旬，田间生育期一般需要 130~135 d，该产区是我国烤烟典型产区之一，也是传统分类的中间香型的主要产区。

第一节　贵州遵义生态条件

一、地理位置

遵义县位于北纬 27°13′~28°03′，东经 106°17′~107°25′，地处贵州省北部，东接湄潭县、瓮安县，南邻息烽县、开阳县，西连仁怀县、金沙县，北界桐梓县、绥阳县、红花岗

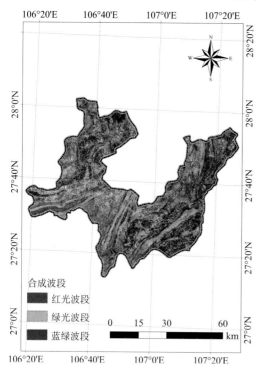

图 6-1-1　遵义县位置及 Landsat 假彩色合成影像图

区、汇川区。隶属贵州省遵义市，辖下南白镇、三岔镇、苟江镇、龙坑镇、三合镇、乌江镇、新蒲镇、团泽镇、新舟镇、永乐镇、虾子镇、三渡镇、龙坪镇、喇叭镇、深溪镇、团溪镇、西坪镇、铁厂镇、尚稽镇、茅栗镇、新民镇、鸭溪镇、乐山镇、石板镇、枫香镇、泮水镇、马蹄镇、高坪镇、沙湾镇、板桥镇、泗渡镇、松林镇、金鼎山镇、毛石镇、山盆镇、芝麻镇、洪关苗族乡、平正仡佬族乡 36 个镇、2 个乡。全县东西长 112.5 km，南北宽 89.3 km，土地面积 3367 km² (图 6-1-1)。

二、自然条件

1. 地形地貌

遵义县以娄山山脉和南北向娄山支脉为骨架，与沟谷盆地等自然组合形成形态各异的地貌。西北高而东南低，最低点位于山盆镇落炉，海拔为 489 m，最高点

位于山盆镇的仙人山，海拔为 1849 m。按
形态划分，在娄山山脉东南面为低山丘陵
宽谷盆地地貌，海拔一般 800~1000 m，娄
山山脉西北面为低中山峡谷地貌，海拔一
般 900~1300 m（图 6-1-2）。

2. 气候条件

遵义县属亚热带季风气候区，终年温
凉湿润，冬无严寒，夏无酷暑，气候宜人。
年均气温 10.3~17.2℃，平均 14.8℃，1 月
最冷，月平均气温 3.9℃，7 月最热，月平
均气温 24.4℃；区域分布表现西北部、东
北角气温较低，南部、东北部偏西区域气
温较高。年均降水总量 988~1142 mm，平
均 1038 mm 左右，5~8 月降雨均在 100 mm

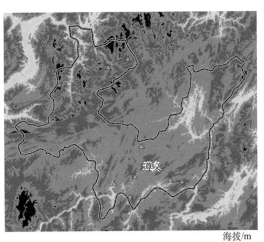

海拔/m

600　800　1000　1200　1400　1600　1800　2000　2200

图 6-1-2　遵义县海拔示意图

以上，　其中 6 月、7 月降雨在 150 mm 以上，其他月降雨在 100 mm 以下；区域分布呈
现东部、西北部偏东区域较多，西南部较少特点。年均日照时数 996~1097 h，平均
1045 h，5 月、7 月、8 月、9 月日照均在 100 h 以上，其中 7 月、8 月日照在 150 h 以上，
4、6 月日照接近 100 h（图 6-1-3）。平均无霜期 270 d 左右。

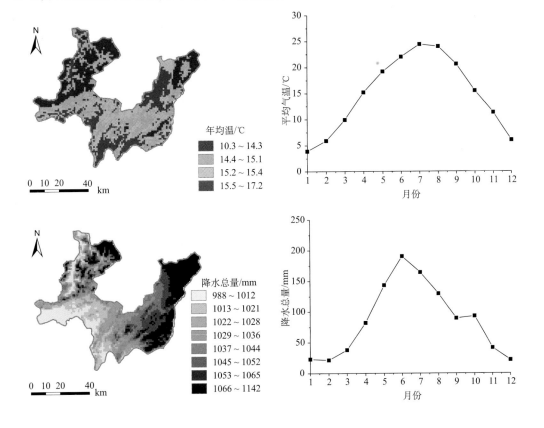

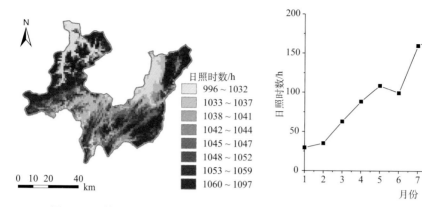

图 6-1-3　遵义县 1980~2013 年平均气温、降水总量、日照时数时空动态变化示意图

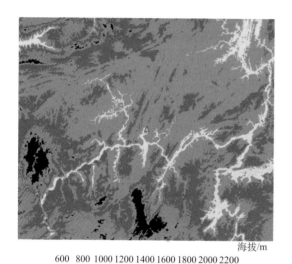

图 6-1-4　片区海拔示意图

三、片区与代表性烟田

1. 三合镇长丰村艾田片区

1）基本信息

代表性地块（ZY-01）：北纬 27°22′26.000″，东经 106°42′40.200″，海拔 835 m（图 6-1-4），中山沟谷，成土母质为石灰岩风化沟谷洪积-堆积物，烤烟-玉米不定期轮作，缓坡梯田旱地，土壤亚类为腐殖钙质常湿淋溶土。

2）气候条件

烤烟大田生长期间（5~9 月），平均气温 23.0℃，降水量 704 mm，日照时数 663 h（图 6-1-5）。

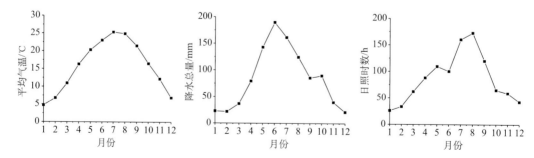

图 6-1-5　片区平均气温、降水总量、日照时数动态变化示意图

3)剖面形态(图 6-1-6(右))

Ap:0~30 cm,黑棕色(10YR 3/1,润),棕灰色(10YR 5/1,干),5%左右岩石碎屑,粉质黏壤土,发育强的 1~2 mm 粒状结构,松散,2~3 个蚯蚓穴,pH 7.8,清晰波状过渡。

E:30~78 cm,棕灰色(10YR 4/1,润),棕灰色(10YR 6/1,干),10%左右岩石碎屑,粉质黏壤土,发育强的 20~50 mm 棱块状结构,坚硬,结构面和孔隙壁上 5%左右腐殖质胶膜,1%左右铁锰斑纹,2%左右软小铁锰结核,pH 8.0,渐变波状过渡。

图 6-1-6 代表性地块景观(左)和土壤剖面(右)

Btr1:78~92 cm,棕灰色(10YR 4/1,润),浊黄橙色(10YR 6/3,干),10%左右岩石碎屑,粉质黏壤土,发育强的 20~50 mm 棱块状结构,坚硬,结构面上 2%左右铁锰斑纹,20%左右黏粒胶膜,1%左右软小铁锰结核,pH 7.9,清晰波状过渡。

Abr:92~110 cm,黑棕色(10YR 3/1,润),棕灰色(10YR 5/1,干),5%左右岩石碎屑,粉质黏壤土,发育强的 20~50 mm 棱块状结构,坚硬,结构面上 2%左右铁锰斑纹,5%左右腐殖质胶膜,1%左右软小铁锰结核,pH 7.8,清晰波状过渡。

Btr2:110~120 cm,暗棕色(10YR 3/4,润),黄棕色(10YR 5/6,干),2%左右岩石碎屑,粉质黏土,发育强的 20~50 mm 棱块状结构,坚硬,结构面上 2%左右铁锰斑纹,20%左右黏粒胶膜,1%左右软小铁锰结核,pH 7.6。

4)土壤养分

片区土壤呈碱性,土体 pH 7.55~7.98,有机质 12.66~24.16 g/kg,全氮 0.73~1.50 g/kg,全磷 0.40~0.66 g/kg,全钾 8.30~12.49 g/kg,碱解氮 49.42~97.89 mg/kg,有效磷 0.86~6.22 mg/kg,速效钾 28.44~110.80 mg/kg,氯离子 0~15.80 mg/kg,交换性 Ca^{2+} 5.93~10.39 cmol/kg,交换性 Mg^{2+} 2.36~3.08 cmol/kg。

腐殖酸与腐殖质组成中，腐殖酸碳量 3.68~7.65 g/kg，腐殖质全碳量 7.06~13.65 g/kg，胡敏酸碳量 1.19~3.47 g/kg，胡敏素碳量 2.88~6.00 g/kg，富啡酸碳量 2.27~4.18 g/kg，胡富比 0.48~0.94。

微量元素中，有效铜 0.53~0.68 mg/kg，有效铁 7.42~11.80 mg/kg，有效锰 22.90~42.34 mg/kg，有效锌 0.19~1.88 mg/kg（表 6-1-1~表 6-1-3）。

表 6-1-1　片区代表性烟田土壤养分状况

土层 /cm	pH	有机质 /(g/kg)	全氮 /(g/kg)	全磷 /(g/kg)	全钾 /(g/kg)	碱解氮 /(mg/kg)	有效磷 /(mg/kg)	速效钾 /(mg/kg)	氯离子 /(mg/kg)
0~30	7.82	24.16	1.50	0.66	10.91	97.89	6.22	110.80	10.48
30~78	7.98	18.13	1.06	0.44	11.85	63.34	1.24	48.16	15.80
78~92	7.92	19.16	1.14	0.44	12.49	70.06	1.33	37.81	15.55
92~110	7.77	12.66	0.73	0.40	8.95	49.42	1.52	28.44	0
110~120	7.55	13.51	0.94	0.46	8.30	83.49	0.86	29.92	15.65

表 6-1-2　片区代表性烟田土壤腐殖酸与腐殖质组成

土层 /cm	腐殖酸碳量 /(g/kg)	腐殖质全碳量 /(g/kg)	胡敏酸碳量 /(g/kg)	胡敏素碳量 /(g/kg)	富啡酸碳量 /(g/kg)	胡富比
0~30	7.65	13.65	3.47	6.00	4.18	0.83
30~78	5.29	10.29	2.52	5.00	2.78	0.91
78~92	6.47	11.02	3.13	4.55	3.33	0.94
92~110	4.35	7.24	2.08	2.88	2.27	0.91
110~120	3.68	7.06	1.19	3.37	2.49	0.48

表 6-1-3　片区代表性烟田土壤中微量元素状况

土层 /cm	有效铜 /(mg/kg)	有效铁 /(mg/kg)	有效锰 /(mg/kg)	有效锌 /(mg/kg)	交换性 Ca^{2+} /(cmol/kg)	交换性 Mg^{2+} /(cmol/kg)
0~30	0.68	8.79	36.95	1.88	10.39	3.08
30~78	0.58	7.42	24.53	0.34	9.10	2.93
78~92	0.54	8.50	22.90	0.19	9.14	2.90
92~110	0.53	7.98	26.32	0.22	7.31	2.36
110~120	0.56	11.80	42.34	0.28	5.93	2.53

5) 总体评价

土体深厚，耕作层质地黏重，砾石少，耕性和通透性较差，轻度水土流失。碱性土壤，有机质含量中等，肥力中等，缺磷，钾素中等水平，铜、铁含量中等，锰、锌、钙、镁含量丰富。

2. 新民镇朝阳村封山庙片区

1) 基本信息

代表性地块（ZY-02）：北纬 27°19′15.000″，东经 106°52′33.100″，海拔 842 m（图 6-1-7），中山坡地中上部，成土母质为石灰岩风化坡积物，烤烟-玉米不定期轮作，中坡旱地，土壤亚类为斑纹简育常湿富铁土。

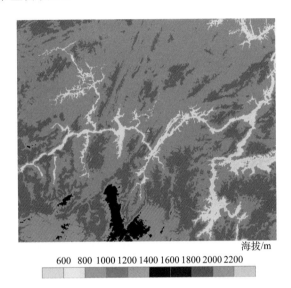

图 6-1-7　片区海拔示意图

2)气候条件

烤烟大田生长期间(5~9 月)，平均气温 22.3℃，降水量 718 mm，日照时数 658 h(图 6-1-8)。

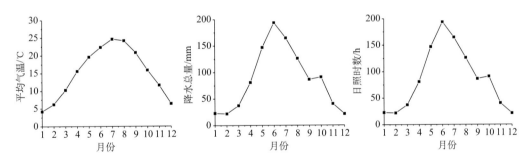

图 6-1-8　片区平均气温、降水总量、日照时数动态变化示意图

3)剖面形态(图 6-1-9(右))

Ap：0~28 cm，灰棕色(5YR 4/2，润)，浊橙色(5YR 6/4，干)，5%左右岩石碎屑，粉质黏壤土，发育强的 1~2 mm 粒状结构，松散，2~3 个蚯蚓穴，pH 8.0，清晰波状过渡。

Bstr：28~52 cm，浊红棕色(5YR 4/4，润)，橙色(5YR 6/6，干)，粉质黏土，发育强的 20~50 mm 棱块状结构，坚硬，结构面上 2%左右铁锰斑纹，20%左右黏粒-氧化铁胶膜，2~3 个蚯蚓穴，pH 7.5，渐变波状过渡。

Bst1：52~100 cm，极暗红棕色(5YR 2/4，润)，红棕色(5YR 4/8，干)，粉质黏土，发育强的 20~50 mm 棱块状结构，坚硬，结构面上 20%左右黏粒-氧化铁胶膜，pH 7.4，渐变波状过渡。

图 6-1-9　代表性地块景观(左)和土壤剖面(右)

Bst2：100~120 cm，极暗红棕色(5YR 2/4，润)，红棕色(5YR 4/8，干)，粉质黏土，发育强的 20~50 mm 棱块状结构，坚硬，结构面上 20%左右黏粒-氧化铁胶膜，pH 7.2。

4) 土壤养分

片区土壤呈碱性，土体 pH 7.20~7.98，有机质 6.16~38.04 g/kg，全氮 0.57~1.84 g/kg，全磷 0.32~0.93 g/kg，全钾 13.41~18.01 g/kg；碱解氮 32.63~114.20 mg/kg，有效磷 0.86~21.24 mg/kg，速效钾 60.49~274.54 mg/kg，氯离子 15.32~17.19 mg/kg，交换性 Ca^{2+} 4.66~11.65 cmol/kg，交换性 Mg^{2+} 2.25~3.13 cmol/kg。

腐殖酸与腐殖质组成中，腐殖酸碳量 1.84~7.67 g/kg，腐殖质全碳量 3.57~18.18 g/kg，胡敏酸碳量 0.53~2.99 g/kg，胡敏素碳量 1.68~10.52 g/kg，富啡酸碳量 1.17~4.68 g/kg，胡富比 0.40~0.67。

微量元素中，有效铜 0.08~1.10 mg/kg，有效铁 6.69~12.67 mg/kg，有效锰 6.84~29.76 mg/kg，有效锌 0.09~2.18 mg/kg(表 6-1-4~表 6-1-6)。

表 6-1-4　片区代表性烟田土壤养分状况

土层 /cm	pH	有机质 /(g/kg)	全氮 /(g/kg)	全磷 /(g/kg)	全钾 /(g/kg)	碱解氮 /(mg/kg)	有效磷 /(mg/kg)	速效钾 /(mg/kg)	氯离子 /(mg/kg)
0~28	7.98	38.04	1.84	0.93	18.01	114.20	21.24	274.54	15.89
28~52	7.51	7.50	0.62	0.32	13.41	37.43	0.86	60.49	15.53
52~100	7.22	6.16	0.60	0.33	17.19	32.63	1.15	69.37	15.32
100~120	7.20	6.93	0.57	0.43	16.56	44.15	0.96	90.58	17.19

表 6-1-5　片区代表性烟田土壤腐殖酸与腐殖质组成

土层 /cm	腐殖酸碳量 /(g/kg)	腐殖质全碳量 /(g/kg)	胡敏酸碳量 /(g/kg)	胡敏素碳量 /(g/kg)	富啡酸碳量 /(g/kg)	胡富比
0~28	7.67	18.18	2.99	10.52	4.68	0.64
28~52	2.59	4.27	0.91	1.68	1.68	0.54
52~100	1.84	3.57	0.53	1.72	1.32	0.40
100~120	1.96	3.98	0.78	2.02	1.17	0.67

表 6-1-6　片区代表性烟田土壤中微量元素状况

土层 /cm	有效铜 /(mg/kg)	有效铁 /(mg/kg)	有效锰 /(mg/kg)	有效锌 /(mg/kg)	交换性 Ca^{2+} /(cmol/kg)	交换性 Mg^{2+} /(cmol/kg)
0~28	1.10	12.67	29.76	2.18	11.65	3.13
28~52	0.36	8.70	22.36	0.16	4.66	2.25
52~100	0.22	6.69	9.53	0.13	6.44	2.75
100~120	0.08	7.47	6.84	0.09	8.08	3.05

5) 总体评价

土体深厚，耕作层质地黏重，砾石少，耕性和通透性较差，中度水土流失。碱性土壤，有机质含量较高，肥力中等，磷、钾丰富，铜、铁、锰、锌、钙、镁含量丰富。

3. 苟江镇吉心村(尚稽镇建设村)马鞍片区

1) 基本信息

代表性地块 (ZY-03)：北纬 27°24′25.000″，东经 106°53′50.400″，海拔 857 m(图 6-1-10)，中山坡地中部，成土母质为板岩风化坡积-堆积物，烤烟-晚稻不定期轮作，梯田水田，土壤亚类为普通铁聚水耕人为土。

海拔/m

600 800 1000 1200 1400 1600 1800 2000 2200

图 6-1-10　片区海拔示意图

2) 气候条件

烤烟大田生长期间(5~9 月)，平均气温 22.4℃，降水量 715 mm，日照时数 659 h(图 6-1-11)。

3) 剖面形态(图 6-1-12(右))

Ap1：0~22 cm，灰棕色(7.5YR 4/2，润)，浊橙色(7.5YR 6/4，干)，粉质黏壤土，发育强的 1~2 mm 粒状结构，松散，2~3 个蚯蚓穴，pH 7.7，清晰波状过渡。

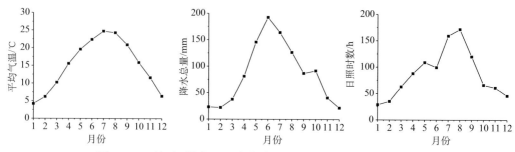

图 6-1-11 片区平均气温、降水总量、日照时数动态变化示意图

图 6-1-12 代表性地块景观(左)和土壤剖面(右)

Ap2：22~38 cm，灰棕色(7.5YR 4/2，润)，浊橙色(7.5YR 6/4，干)，5%左右岩石碎屑，粉质黏壤土，发育强的 10~20 mm 棱块状结构，坚硬，2~3 个蚯蚓穴，pH 7.6，清晰波状过渡。

Br1：38~80 cm，黑棕色(7.5YR 3/2，润)，浊棕色(7.5YR 5/4，干)，5%左右岩石碎屑，粉质黏壤土，发育强的 20~50 mm 块状结构，坚硬，结构面上 5%左右灰色胶膜，2%左右软小铁锰结核，2~3 个蚯蚓穴，pH 7.9，清晰波状过渡。

Br2：80~120 cm，灰棕色(7.5YR 4/2，润)，浊橙色(7.5YR 6/4，干)，5%左右岩石碎屑，粉质黏壤土，发育强的 20~50 mm 棱块状结构，坚硬，结构面上 2%左右铁锰斑纹，2%左右软小铁锰结核，pH 7.3。

4)土壤养分

片区土壤呈碱性，土体 pH 7.32~7.85，有机质 3.90~24.98 g/kg，全氮 0.28~1.44 g/kg，全磷 0.19~0.86 g/kg，全钾 8.32~12.15 g/kg，碱解氮 26.87~110.37 mg/kg，有效磷 7.60~36.20 mg/kg，速效钾 31.89~181.82 mg/kg，氯离子 10.41~15.95 mg/kg，交换性 Ca^{2+} 2.68~7.66 cmol/kg，交换性 Mg^{2+} 1.86~2.77 cmol/kg。

腐殖酸与腐殖质组成中，腐殖酸碳量 1.36~7.66 g/kg，腐殖质全碳量 2.12~13.57 g/kg，胡敏酸碳量 0.49~3.27 g/kg，胡敏素碳量 0.76~5.91 g/kg，富啡酸碳量 0.86~4.39 g/kg，胡富比 0.57~0.90。

微量元素中，有效铜 0.10~1.69 mg/kg，有效铁 6.13~19.16 mg/kg，有效锰 5.75~29.34 mg/kg，有效锌 0.11~2.15 mg/kg（表 6-1-7~表 6-1-9）。

表 6-1-7　片区代表性烟田土壤养分状况

土层 /cm	pH	有机质 /(g/kg)	全氮 /(g/kg)	全磷 /(g/kg)	全钾 /(g/kg)	碱解氮 /(mg/kg)	有效磷 /(mg/kg)	速效钾 /(mg/kg)	氯离子 /(mg/kg)
0~22	7.67	24.98	0.71	0.86	12.15	110.37	36.20	181.82	15.83
22~38	7.62	19.28	1.44	0.76	10.62	110.37	28.60	102.91	10.41
38~80	7.85	15.05	0.91	0.46	12.05	70.06	11.60	93.54	15.95
80~120	7.32	3.90	0.28	0.19	8.32	26.87	7.60	31.89	15.44

表 6-1-8　片区代表性烟田土壤腐殖酸与腐殖质组成

土层 /cm	腐殖酸碳量 /(g/kg)	腐殖质全碳量 /(g/kg)	胡敏酸碳量 /(g/kg)	胡敏素碳量 /(g/kg)	富啡酸碳量 /(g/kg)	胡富比
0~22	7.66	13.57	3.27	5.91	4.39	0.75
22~38	6.65	9.89	3.09	3.24	3.56	0.87
38~80	4.68	8.15	2.22	3.47	2.46	0.90
80~120	1.36	2.12	0.49	0.76	0.86	0.57

表 6-1-9　片区代表性烟田土壤中微量元素状况

土层 /cm	有效铜 /(mg/kg)	有效铁 /(mg/kg)	有效锰 /(mg/kg)	有效锌 /(mg/kg)	交换性 Ca^{2+} /(cmol/kg)	交换性 Mg^{2+} /(cmol/kg)
0~22	1.45	17.45	29.34	2.15	7.66	2.77
22~38	1.69	19.16	23.76	1.71	7.43	2.68
38~80	0.84	9.22	22.44	0.58	7.52	2.77
80~120	0.10	6.13	5.75	0.11	2.68	1.86

5）总体评价

土体深厚，耕作层质地偏黏，耕性较差，砾石少，耕性和通透性较差，偏碱性。碱性土壤，有机质含量中等，肥力中等水平，磷、钾丰富，铜、铁、锰、锌、钙、镁含量丰富。

4. 茅栗镇福兴村尖山片区

1）基本信息

代表性地块（ZY-04）：北纬 27°23′46.700″，东经 107°4′29.400″，海拔 881 m（图 6-1-13），中山区沟谷，成土母质为片麻岩风化沟谷堆积物，烤烟-晚稻不定期轮作，梯田水田，土壤

海拔/m

600　800　1000 1200 1400 1600 1800 2000 2200

图 6-1-13　片区海拔示意图

亚类为普通简育水耕人为土。

2）气候条件

烤烟大田生长期间（5~9月），平均气温22.1℃，降水量725 mm，日照时数658 h（图6-1-14）。

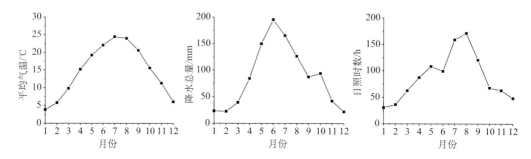

图6-1-14 片区平均气温、降水总量、日照时数动态变化示意图

3）剖面形态（图6-1-15（右））

图6-1-15 代表性地块景观（左）和土壤剖面（右）

Ap1：0~20 cm，黑棕色（10YR 3/1，润），棕灰色（10YR 5/1，干），5%左右岩石碎屑，粉质黏壤土，发育强的1~2 mm粒状结构，松散，2~3个蚯蚓穴，pH 7.6，清晰平滑过渡。

Ap2：20~32 cm，黑棕色（10YR 3/1，润），棕灰色（10YR 5/1，干），30%左右岩石碎屑，粉质黏壤土，发育弱的10~20 mm块状结构，坚硬，2~3个蚯蚓穴，pH 7.7，清晰波状过渡。

Br：32~50 cm，黑棕色（10YR 2/2，润），暗棕色（10YR 3/4，干），30%左右岩石碎

屑，粉质黏壤土，发育弱的 20~50 mm 棱块状结构，坚硬，结构面上 5%左右铁锰斑纹，1%左右软小铁锰结核，2~3 个蚯蚓穴，pH 7.5，清晰波状过渡。

C1：50~75 cm，黑棕色(7.5YR 2/2，润)，暗棕色(7.5YR 3/4，干)，片麻岩风化碎屑，渐变波状过渡。

C2：75~100 cm，黑色(7.5YR 2/1，润)，黑棕色(7.5YR 3/2，干)，片麻岩风化碎屑。

4）土壤养分

片区土壤呈碱性，土体 pH 7.51~7.65，有机质 8.25~40.48 g/kg，全氮 0.65~2.42 g/kg，全磷 0.50~1.04 g/kg，全钾 15.24~18.84 g/kg，碱解氮 51.82~169.87 mg/kg，有效磷 7.60~27.90 mg/kg，速效钾 56.55~98.96 mg/kg，氯离子 10.27~10.42 mg/kg，交换性 Ca^{2+} 9.21~12.54 cmol/kg，交换性 Mg^{2+} 2.80~2.81 cmol/kg。

腐殖酸与腐殖质组成中，腐殖酸碳量 1.00~8.83 g/kg，腐殖质全碳量 2.02~16.04 g/kg，胡敏酸碳量 0.56~4.60 g/kg，胡敏素碳量 1.02~7.21 g/kg，富啡酸碳量 0.45~4.23 g/kg，胡富比 1.09~1.25。

微量元素中，有效铜 0.49~2.60 mg/kg，有效铁 5.95~47.19 mg/kg，有效锰 20.50~27.36 mg/kg，有效锌 0.12~1.57 mg/kg（表 6-1-10~表 6-1-12）。

表 6-1-10 片区代表性烟田土壤养分状况

土层/cm	pH	有机质/(g/kg)	全氮/(g/kg)	全磷/(g/kg)	全钾/(g/kg)	碱解氮/(mg/kg)	有效磷/(mg/kg)	速效钾/(mg/kg)	氯离子/(mg/kg)
0~20	7.63	40.48	2.42	1.04	15.24	169.87	27.90	98.96	10.42
20~32	7.65	35.69	2.12	1.00	17.24	146.83	22.20	72.33	10.27
32~50	7.51	8.25	0.65	0.50	18.84	51.82	7.60	56.55	10.30

表 6-1-11 片区代表性烟田土壤腐殖酸与腐殖质组成

土层/cm	腐殖酸碳量/(g/kg)	腐殖质全碳量/(g/kg)	胡敏酸碳量/(g/kg)	胡敏素碳量/(g/kg)	富啡酸碳量/(g/kg)	胡富比
0~20	8.83	16.04	4.60	7.21	4.23	1.09
20~32	6.96	12.36	3.78	5.40	3.19	1.19
32~50	1.00	2.02	0.56	1.02	0.45	1.25

表 6-1-12 片区代表性烟田土壤中微量元素状况

土层/cm	有效铜/(mg/kg)	有效铁/(mg/kg)	有效锰/(mg/kg)	有效锌/(mg/kg)	交换性 Ca^{2+}/(cmol/kg)	交换性 Mg^{2+}/(cmol/kg)
0~20	2.60	47.19	27.36	1.57	12.54	2.80
20~32	2.46	44.56	20.50	1.11	11.38	2.81
32~50	0.49	5.95	21.12	0.12	9.21	2.81

5）总体评价

土体深厚，耕作层质地偏黏，砾石少，耕性和通透性较差，偏碱性。碱性土壤，有机质含量丰富，肥力较高，磷丰富，钾较缺乏，铜、铁、锰、锌、钙、镁含量丰富。

海拔/m

600 800 1000 1200 1400 1600 1800 2000 2200

图 6-1-16 片区海拔示意图

5. 茅粟镇草香村片区

1）基本信息

代表性地块（ZY-05）：北纬 27°23′24.700″，东经 107°8′5.100″，海拔 988 m（图 6-1-16），中山坡地中上部，成土母质为石灰岩风化坡积物，烤烟-玉米不定期轮作，梯田旱地，土壤亚类为普通钙质常湿淋溶土。

2）气候条件

烤烟大田生长期间（5~9 月），平均气温 22.0℃，降水量 728 mm，日照时数 658 h（图 6-1-17）。

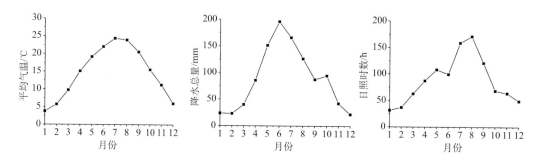

图 6-1-17 片区平均气温、降水总量、日照时数动态变化示意图

3）剖面形态（图 6-1-18（右））

Ap：0~22 cm，棕灰色（7.5YR 5/1，润），淡棕灰色（7.5YR 7/2，干），30%左右岩石碎屑，黏壤土，发育中等的 1~2 mm 粒状结构，松散，2~3 个蚯蚓穴，pH 7.6，清晰波状过渡。

AB：22~40 cm，灰棕色（7.5YR 4/2，润），浊橙色（7.5YR 6/4，干），30%左右岩石碎屑，黏壤土，发育中等的 10~20 mm 棱块状结构，坚硬，2~3 个蚯蚓穴，pH 7.6，渐变波状过渡。

Bt1：40~65 cm，灰棕色（7.5YR 5/2，润），浊橙色（7.5YR 7/4，干），20%左右岩石碎屑，黏壤土，发育中等的 20~50 mm 棱块状结构，坚硬，结构面上 10%左右黏粒胶膜，pH 5.8，清晰波状过渡。

Bt2：65~105 cm，黑棕色（7.5YR 3/2，润），浊棕色（7.5YR 5/4，干），5%左右岩石碎屑，黏土，发育强的 20~50 mm 棱块状结构，坚硬，结构面上 20%左右黏粒胶膜，pH 6.0。

图 6-1-18 代表性地块景观(左)和土壤剖面(右)

Ab：105cm～，黑棕色(7.5YR 3/1，润)，浊棕色(7.5YR 5/3，干)，5%左右岩石碎屑，黏壤土，发育强的 20～50 mm 棱块状结构，坚硬，结构面上 2%左右腐殖质胶膜，pH 5.6，清晰波状过渡。

4) 土壤养分

片区土壤呈碱性，土体 pH 5.60～7.57，有机质 5.05～24.01 g/kg，全氮 0.56～1.28 g/kg，全磷 0.82 ～1.21 g/kg，全钾 6.68～8.88 g/kg；碱解氮 44.15～92.13 mg/kg，有效磷 6.00～22.60 mg/kg，速效钾 41.26～130.53 mg/kg，氯离子 9.90～10.44 mg/kg，交换性 Ca^{2+} 3.04～12.18 cmol/kg，交换性 Mg^{2+} 0.60～1.54 cmol/kg。

腐殖酸与腐殖质组成中，腐殖酸碳量 1.26～3.54 g/kg，腐殖质全碳量 2.01～6.68 g/kg，胡敏酸碳量 0.27～1.45 g/kg，胡敏素碳量 0.75～3.14 g/kg，富啡酸碳量 0.99～2.09 g/kg，胡富比 0.27～0.70。

微量元素中，有效铜 1.00～1.57 mg/kg，有效铁 12.22～28.09 mg/kg，有效锰 47.25～138.42 mg/kg，有效锌 0.47～2.18 mg/kg(表 6-1-13～表 6-1-15)。

表 6-1-13 片区代表性烟田土壤养分状况

土层 /cm	pH	有机质 /(g/kg)	全氮 /(g/kg)	全磷 /(g/kg)	全钾 /(g/kg)	碱解氮 /(mg/kg)	有效磷 /(mg/kg)	速效钾 /(mg/kg)	氯离子 /(mg/kg)
0~22	7.57	24.01	1.28	0.82	6.71	92.13	22.60	130.53	10.44
22~40	5.83	11.71	1.04	0.86	8.88	75.82	7.50	70.36	9.90
40~65	5.60	13.10	0.90	0.72	6.68	78.70	6.80	41.26	9.92
65~105	5.95	5.05	0.56	1.21	8.74	44.15	6.00	48.66	9.92

表 6-1-14　片区代表性烟田土壤腐殖酸与腐殖质组成

土层 /cm	腐殖酸碳量 /(g/kg)	腐殖质全碳量 /(g/kg)	胡敏酸碳量 /(g/kg)	胡敏素碳量 /(g/kg)	富啡酸碳量 /(g/kg)	胡富比
0~22	3.54	6.68	1.45	3.14	2.09	0.70
22~40	2.66	4.03	0.70	1.37	1.96	0.36
40~65	2.72	4.48	1.01	1.76	1.71	0.59
65~105	1.26	2.01	0.27	0.75	0.99	0.27

表 6-1-15　片区代表性烟田土壤中微量元素状况

土层 /cm	有效铜 /(mg/kg)	有效铁 /(mg/kg)	有效锰 /(mg/kg)	有效锌 /(mg/kg)	交换性 Ca^{2+} /(cmol/kg)	交换性 Mg^{2+} /(cmol/kg)
0~22	1.24	12.22	47.25	2.18	12.18	1.54
22~40	1.57	21.30	138.42	1.23	6.52	1.21
40~65	1.24	21.47	105.48	0.47	3.74	0.93
65~105	1.00	28.09	60.53	1.26	3.04	0.60

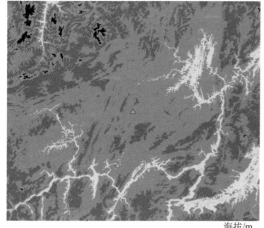

海拔/m

600 800 1000 1200 1400 1600 1800 2000 2200

图 6-1-19　片区海拔示意图

5) 总体评价

土体深厚，耕作层质地偏黏，耕性较差，砾石较多，通透性较好，偏碱性。碱性土壤，有机质含量中等，肥力中等，磷、钾较丰富，铜、铁、锰、锌、钙、镁含量丰富。

6. 虾子镇红旗村(龙坪镇中心村)坪坝片区

1) 基本信息

代表性地块 (ZY-06)：北纬 27°32′17.500″，东经 106°55′49.800″，海拔 898 m(图 6-1-19)，中山区沟谷，成土母质为片麻岩风化沟谷冲积-堆积物，烤烟-晚稻不定期轮作，梯田水田，土壤亚类为普通铁聚水耕人为土。

2) 气候条件

烤烟大田生长期间(5~9 月)，平均气温 22.6℃，降水量 709 mm，日照时数 661 h(图 6-1-20)。

3) 剖面形态(图 6-1-21(右))

Ap1：0~22 cm，棕灰色(7.5YR 5/1，润)，淡棕灰色(7.5YR 7/1，干)，粉质黏壤土，发育强的 1~2 mm 粒状结构，松散，2~3 个蚯蚓穴，pH 5.5，清晰波状过渡。

Ap2：22~42 cm，棕灰色(7.5YR 5/1，润)，淡棕灰色(7.5YR 7/1，干)，5%左右岩石碎屑，粉质黏壤土，发育强的 10~20 mm 棱块状结构，坚实，2~3 个蚯蚓穴，pH 6.3，清晰波状过渡。

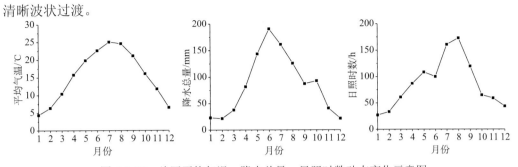

图 6-1-20　片区平均气温、降水总量、日照时数动态变化示意图

图 6-1-21　代表性地块景观(左)和土壤剖面(右)

Br1：42~72 cm，橙色(7.5YR 6/6，润)，黄橙色(7.5YR 7/8，干)，5%左右岩石碎屑，粉质黏壤土，发育强的 20~50 mm 棱块状结构，坚实，结构面上 20%左右铁锰斑纹，5%左右软小铁锰结核，pH 7.1，渐变波状过渡。

Br2：72~120 cm，橙色(7.5YR 6/8，润)，黄橙色(7.5YR 7/8，干)，粉质黏壤土，发育强的 20~50 mm 棱块状结构，坚实，结构面上 20%左右铁锰斑纹，2%左右软小铁锰结核，pH 6.8。

4)土壤养分

片区土壤呈酸性，土体 pH 5.45~7.07，有机质 5.38~30.28 g/kg，全氮 0.44~1.66 g/kg，全磷 0.23~0.41 g/kg，全钾 10.41~14.61 g/kg，碱解氮 26.87~137.24 mg/kg，速效钾 97.98~187.74 mg/kg，有效磷 7.90~55.20 mg/kg，氯离子 9.77~15.37 mg/kg，交换性 Ca^{2+} 4.83~6.65 cmol/kg，交换性 Mg^{2+} 1.28~1.75 cmol/kg。

腐殖酸与腐殖质组成中，腐殖酸碳量 0.78~6.63 g/kg，腐殖质全碳量 2.72~14.04 g/kg，胡敏酸碳量 0.12~2.39 g/kg，胡敏素碳量 1.51~10.82 g/kg，富啡酸碳量

0.61~4.24 g/kg，胡富比 0.11~0.56。

微量元素中，有效铜 0.20~2.36 mg/kg，有效铁 6.99~142.60 mg/kg，有效锰 6.95~19.27 mg/kg，有效锌 0.07~1.53 mg/kg（表 6-1-16~表 6-1-18）。

表 6-1-16　片区代表性烟田土壤养分状况

土层 /cm	pH	有机质 /(g/kg)	全氮 /(g/kg)	全磷 /(g/kg)	全钾 /(g/kg)	碱解氮 /(mg/kg)	有效磷 /(mg/kg)	速效钾 /(mg/kg)	氯离子 /(mg/kg)
0~22	5.45	30.11	1.66	0.41	10.41	137.24	55.20	124.61	9.77
22~42	6.29	22.29	1.19	0.35	10.49	106.53	17.40	118.20	15.37
42~72	7.07	5.38	0.44	0.30	10.88	34.55	15.00	97.98	14.65
72~120	6.76	30.28	0.48	0.23	14.61	26.87	7.90	187.74	14.68

表 6-1-17　片区代表性烟田土壤腐殖酸与腐殖质组成

土层 /cm	腐殖酸碳量 /(g/kg)	腐殖质全碳量 /(g/kg)	胡敏酸碳量 /(g/kg)	胡敏素碳量 /(g/kg)	富啡酸碳量 /(g/kg)	胡富比
0~22	6.63	14.04	2.39	7.41	4.24	0.56
22~42	4.24	8.84	1.44	4.60	2.80	0.52
42~72	1.21	2.72	0.12	1.51	1.09	0.11
72~120	0.78	11.61	0.17	10.82	0.61	0.29

表 6-1-18　片区代表性烟田土壤中微量元素状况

土层 /cm	有效铜 /(mg/kg)	有效铁 /(mg/kg)	有效锰 /(mg/kg)	有效锌 /(mg/kg)	交换性 Ca^{2+} /(cmol/kg)	交换性 Mg^{2+} /(cmol/kg)
0~22	2.36	142.60	19.27	1.53	4.98	1.34
22~42	2.07	69.55	18.24	0.64	4.83	1.28
42~72	0.25	6.99	10.16	0.11	5.19	1.44
72~120	0.20	7.75	6.95	0.07	6.65	1.75

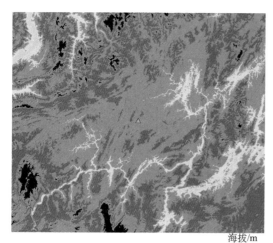

海拔/m

600 800 1000 1200 1400 1600 1800 2000 2200

图 6-1-22　片区海拔示意图

5）总体评价

土体深厚，耕作层质地偏黏，砾石少，耕性和通透性较差，酸性重。土壤酸性，有机质含量丰富，肥力偏高，磷丰富，钾中等，铜、铁、锰、锌、钙、镁丰富。

7. 虾子镇红旗村(龙坪镇裕民村)片区

1）基本信息

代表性地块（ZY-07）：北纬 27°32′12.600″，东经 106°55′30.800″，海拔 972 m（图 6-1-22），中山坡地顶部，成土母质为泥质页岩风化残积物，烤烟-玉米不定期轮作，缓坡梯田旱地，土壤亚类为普通扰动人为新成土。

2）气候条件

烤烟大田生长期间（5~9月），平均气温22.5℃，降水量711 mm，日照时数661 h（图6-1-23）。

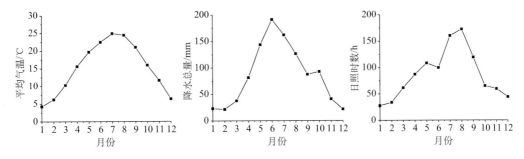

图6-1-23 片区平均气温、降水总量、日照时数动态变化示意图

3）剖面形态（图6-1-24（右））

图6-1-24 代表性地块景观（左）和土壤剖面（右）

Ap：0~20 cm，黄灰色（2.5Y 4/1，润），黄灰色（2.5Y 6/1，干），60%左右岩石碎屑，粉壤土，发育弱的2~20 mm块状结构，松散，pH 7.8，清晰波状过渡。

R：20 cm~，泥质页岩。

4）土壤养分

片区土壤呈碱性，土体pH 7.50~7.82，有机质 22.19~45.44 g/kg，全氮 0.84~2.77 g/kg，全磷 0.59~1.04 g/kg，全钾 13.86~34.18 g/kg，碱解氮 42.23~183.30 mg/kg，有效磷 18.70~36.80 mg/kg，速效钾 118.20~130.86 mg/kg，氯离子 17.07~18.61 mg/kg，交换性

Ca^{2+} 39.10~51.71 cmol/kg，交换性 Mg^{2+} 2.07~4.44 cmol/kg。

腐殖酸与腐殖质组成中，腐殖酸碳量 1.73~10.23 g/kg，腐殖质全碳量 7.34~18.91 g/kg，胡敏酸碳量 0.45~4.26 g/kg，胡敏素碳量 5.61~8.69 g/kg，富啡酸碳量 1.28~5.97 g/kg，胡富比 0.35~0.71。

微量元素中，有效铜 0.51~3.24 mg/kg，有效铁 4.77~122.96 mg/kg，有效锰 10.32~28.06 mg/kg，有效锌 0.38~2.09 mg/kg（表 6-1-19~表 6-1-21）。

表 6-1-19　片区代表性烟田土壤养分状况

土层 /cm	pH	有机质 /(g/kg)	全氮 /(g/kg)	全磷 /(g/kg)	全钾 /(g/kg)	碱解氮 /(mg/kg)	有效磷 /(mg/kg)	速效钾 /(mg/kg)	氯离子 /(mg/kg)
0~20	7.82	22.19	0.84	0.59	34.18	42.23	36.80	118.20	17.07
20~	7.50	45.44	2.77	1.04	13.86	183.30	18.70	130.86	18.61

表 6-1-20　片区代表性烟田土壤腐殖酸与腐殖质组成

土层 /cm	腐殖酸碳量 /(g/kg)	腐殖质全碳量 /(g/kg)	胡敏酸碳量 /(g/kg)	胡敏素碳量 /(g/kg)	富啡酸碳量 /(g/kg)	胡富比
0~20	1.73	7.34	0.45	5.61	1.28	0.35
20~	10.23	18.91	4.26	8.69	5.97	0.71

表 6-1-21　片区代表性烟田土壤中微量元素状况

土层 /cm	有效铜 /(mg/kg)	有效铁 /(mg/kg)	有效锰 /(mg/kg)	有效锌 /(mg/kg)	交换性 Ca^{2+} /(cmol/kg)	交换性 Mg^{2+} /(cmol/kg)
0~20	0.51	4.77	10.32	0.38	51.71	2.07
20~	3.24	122.96	28.06	2.09	39.10	4.44

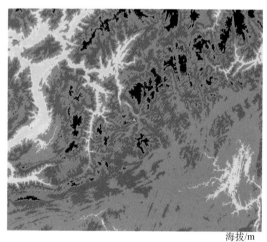

海拔/m

600　800　1000　1200　1400　1600　1800　2000　2200

图 6-1-25　片区海拔示意图

5）总体评价

土体薄，耕作层质地适中，砾石多，耕性和通透性好，偏碱性，轻度水土流失。碱性土壤，有机质含量中等，肥力贫瘠，磷丰富，钾含量中等水平，铜含量中等，锌缺乏，铁、锰、钙、镁含量丰富。

8. 沙湾镇八一村小兰片区

1）基本信息

代表性地块（ZY-08）：北纬 27°52′12.800″，东经 106°45′5.200″，海拔 1118 m（图 6-1-25），中山坡地中下部，成土母质为板岩风化残积物，烤烟-玉米不定期轮作，缓坡梯田旱地，土壤亚类为酸性扰动人为新成土。

2) 气候条件

烤烟大田生长期间(5~9 月)，平均气温 21.3℃，降水量 722 mm，日照时数 654 h(图 6-1-26)。

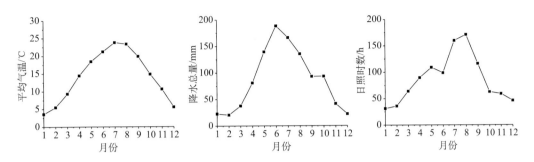

图 6-1-26　片区平均气温、降水总量、日照时数动态变化示意图

3) 剖面形态(图 6-1-27)(右)

Ap：0~22 cm，棕色(7.5Y 4/4，润)，橙色(7.5Y 6/6，干)，60%左右岩石碎屑，粉壤土，发育弱的 2~10 mm 块状结构，松散，pH 5.1，清晰波状过渡。

图 6-1-27　代表性地块景观(左)和土壤剖面(右)

R：22cm~，板岩。

4) 土壤养分

片区土壤呈酸性，土体 pH 5.10~5.18，有机质 18.64~19.30 g/kg，全氮 1.48~1.73 g/kg，全磷 0.59~0.84 g/kg，全钾 7.07~26.02 g/kg，碱解氮 114.20~149.71 mg/kg，有效磷 12.60~33.40 mg/kg，速效钾 183.79~211.42 mg/kg，氯离子 9.90~17.02 mg/kg，交换性 Ca^{2+} 2.72~3.54 cmol/kg，交换性 Mg^{2+} 0.51~0.89 cmol/kg。

腐殖酸与腐殖质组成中，腐殖酸碳量 5.28~6.02 g/kg，腐殖质全碳量 5.79~7.96 g/kg，胡敏酸碳量 1.81 g/kg，胡敏素碳量 0.50~1.94 g/kg，富啡酸碳量 3.48~4.22 g/kg，胡富比 0.43~0.52。

微量元素中，有效铜 0.75~0.79 mg/kg，有效铁 69.34~125.12 mg/kg，有效锰 63.51~72.21 mg/kg，有效锌 2.31~2.74 mg/kg（表 6-1-22~表 6-1-24）。

表 6-1-22　片区代表性烟田土壤养分状况

土层 /cm	pH	有机质 /(g/kg)	全氮 /(g/kg)	全磷 /(g/kg)	全钾 /(g/kg)	碱解氮 /(mg/kg)	有效磷 /(mg/kg)	速效钾 /(mg/kg)	氯离子 /(mg/kg)
0~22	5.10	19.30	1.73	0.59	26.02	149.71	33.40	183.79	9.90
22~	5.18	18.64	1.48	0.84	7.07	114.20	12.60	211.42	17.02

表 6-1-23　片区代表性烟田土壤腐殖酸与腐殖质组成

土层 /cm	腐殖酸碳量 /(g/kg)	腐殖质全碳量 /(g/kg)	胡敏酸碳量 /(g/kg)	胡敏素碳量 /(g/kg)	富啡酸碳量 /(g/kg)	胡富比
0~22	5.28	5.79	1.81	0.50	3.48	0.52
22~	6.02	7.96	1.81	1.94	4.22	0.43

表 6-1-24　片区代表性烟田土壤中微量元素状况

土层 /cm	有效铜 /(mg/kg)	有效铁 /(mg/kg)	有效锰 /(mg/kg)	有效锌 /(mg/kg)	交换性 Ca^{2+} /(cmol/kg)	交换性 Mg^{2+} /(cmol/kg)
0~22	0.75	69.34	63.51	2.31	2.72	0.51
22~	0.79	125.12	72.21	2.74	3.54	0.89

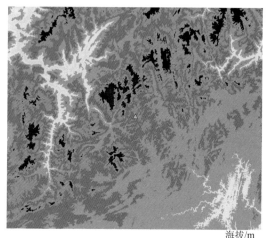

海拔/m

600 800 1000 1200 1400 1600 1800 2000 2200

图 6-1-28　片区海拔示意图

5）总体评价

土体薄，耕作层质地适中，砾石多，耕性和通透性好，酸性重，轻度水土流失。酸性土壤，有机质含量缺乏，肥力偏高，磷、钾丰富，铜、镁含量中等，铁、锰、锌、钙含量丰富。

9. 沙湾连阡村马家坪片区

1）基本信息

代表性地块（ZY-09）：北纬 27°54′28.300″，东经 106°50′46.000″，海拔 1146 m（图 6-1-28），中山坡地中部，成土母质为片麻岩风化坡积物，烤烟-玉米不定期轮作，缓坡梯田旱地，土壤亚类为腐殖铝质常湿淋溶土。

2) 气候条件

烤烟大田生长期间 (5~9 月)，平均气温 20.9℃，降水量 733 mm，日照时数 651 h (图 6-1-29)。

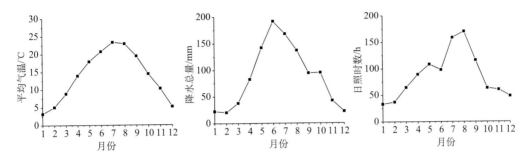

图 6-1-29 片区平均气温、降水总量、日照时数动态变化示意图

3) 剖面形态 (图 6-1-30 (右))

图 6-1-30 代表性地块景观 (左) 和土壤剖面 (右)

Ap：0~30 cm，棕灰色 (7.5YR 4/1，润)，灰棕色 (7.5YR 6/2，干)，粉壤土，发育强的 1~2 mm 粒状结构，松散，2~3 个蚯蚓穴，pH 5.4，清晰平滑过渡。

E：30~65 cm，棕灰色 (7.5YR 5/1，润)，淡棕灰色 (7.5YR 7/2，干)，粉壤土，发育强的 20~50 mm 棱块状结构，坚硬，结构面和孔隙壁上 5% 腐殖质胶膜，2~3 个蚯蚓穴，pH 5.0，清晰平滑过渡。

Btr1：65~90 cm，棕色 (7.5YR 4/4，润)，橙色 (7.5YR 6/6，干)，粉质黏壤土，发育强的 20~50 mm 棱块状结构，坚硬，结构面上 2% 左右铁锰斑纹，20% 左右黏粒胶膜，pH 5.0，渐变波状过渡。

Btr2：90~110 cm，暗棕色(7.5YR 3/4，润)，亮棕色(7.5YR 5/6，干)，10%左右岩石碎屑，粉质黏壤土，发育强的 20~50 mm 棱块状结构，坚硬，结构面上 2%左右铁锰斑纹，20%左右黏粒胶膜，pH 6.0。

4) 土壤养分

片区土壤呈酸性，土体 pH 4.98~5.98，有机质 6.42~18.70 g/kg，全氮 0.58~1.20 g/kg，全磷 0.29~0.51 g/kg，全钾 17.76~30.64 g/kg，碱解氮 46.07~124.76 mg/kg，有效磷 5.00~21.60 mg/kg，速效钾 50.14~148.77 mg/kg，氯离子 9.74~14.93 mg/kg，交换性 Ca^{2+} 0.42~2.63 cmol/kg，交换性 Mg^{2+} 0.36~1.36 cmol/kg。

腐殖酸与腐殖质组成中，腐殖酸碳量 2.32~7.49 g/kg，腐殖质全碳量 3.54~10.07 g/kg，胡敏酸碳量 0.38~2.06 g/kg，胡敏素碳量 1.22~2.57 g/kg，富啡酸碳量 1.94~5.43 g/kg，胡富比 0.19~0.38。

微量元素中，有效铜 0.22~0.74 mg/kg，有效铁 10.28~82.30 mg/kg，有效锰 24.94~130.38 mg/kg，有效锌 0.05~1.24 mg/kg(表 6-1-25~表 6-1-27)。

表 6-1-25　片区代表性烟田土壤养分状况

土层 /cm	pH	有机质 /(g/kg)	全氮 /(g/kg)	全磷 /(g/kg)	全钾 /(g/kg)	碱解氮 /(mg/kg)	有效磷 /(mg/kg)	速效钾 /(mg/kg)	氯离子 /(mg/kg)
0~30	5.39	18.70	1.20	0.51	18.99	124.76	21.60	148.77	9.74
30~65	4.98	18.33	1.02	0.42	17.76	115.16	12.50	56.55	14.93
65~90	4.98	17.23	0.95	0.38	17.78	110.37	8.50	50.14	9.75
90~110	5.98	6.42	0.58	0.29	30.64	46.07	5.00	65.43	14.72

表 6-1-26　片区代表性烟田土壤腐殖酸与腐殖质组成

土层 /cm	腐殖酸碳量 /(g/kg)	腐殖质全碳量 /(g/kg)	胡敏酸碳量 /(g/kg)	胡敏素碳量 /(g/kg)	富啡酸碳量 /(g/kg)	胡富比
0~30	7.00	9.21	1.85	2.21	5.15	0.36
30~65	7.49	10.07	2.06	2.57	5.43	0.38
65~90	6.79	9.28	1.65	2.49	5.14	0.32
90~110	2.32	3.54	0.38	1.22	1.94	0.19

表 6-1-27　片区代表性烟田土壤中微量元素状况

土层 /cm	有效铜 /(mg/kg)	有效铁 /(mg/kg)	有效锰 /(mg/kg)	有效锌 /(mg/kg)	交换性 Ca^{2+} /(cmol/kg)	交换性 Mg^{2+} /(cmol/kg)
0~30	0.73	61.50	122.08	1.24	1.92	1.30
30~65	0.74	82.30	130.38	0.83	0.51	0.41
65~90	0.62	53.41	126.82	0.50	0.42	0.36
90~110	0.22	10.28	24.94	0.05	2.63	1.36

5) 总体评价

土体深厚，耕作层质地适中，耕性和通透性较好，酸性重，中度水土流失。酸性土壤，有机质含量较低，肥力中偏高，磷偏高，钾中等，铜含量中等，铁、锰、锌、钙、镁丰富。

第二节　贵州黔西生态条件

一、地理位置

黔西县位于北纬 26°45′~27°21′，东经105°47′~106°26′，地处贵州中部偏西北，乌江中游鸭池河北岸，东邻修文县，以六广河为界；南邻清镇市和织金县，以鸭池河为界；西邻大方县，以支嘎阿鲁湖和西溪河为界；北和东北与大方县、金沙县接壤。黔西县隶属贵州省毕节市，该县共辖莲城街道、水西街道、文峰街道、杜鹃街道 4 个街道，金碧镇、雨朵镇、大关镇、谷里镇、素朴镇、中坪镇、重新镇、林泉镇、金兰镇、甘棠镇、洪水镇、锦星镇、钟山镇、协和镇、观音洞镇 15 个镇，五里布依族苗族乡、绿化白族彝族乡、新仁苗族乡、铁石苗族彝族乡、太来彝族苗族乡、永燊彝族苗族乡、中建苗族彝族乡、花溪彝族苗族乡、定新彝族苗族乡、红林彝族苗族乡共 10 个少数民族乡。面积 2389.5 km²（图 6-2-1）。

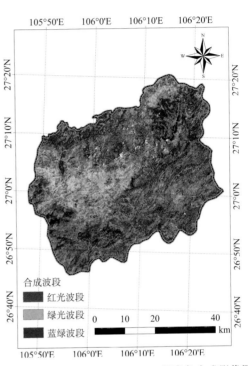

图 6-2-1　黔西县位置及 Landsat 假彩色合成影像图

二、自然条件

1. 地形地貌

图 6-2-2　黔西县海拔示意图

黔西县的地势呈西北高，东南低；东北、西北、西南及南部山峦绵延；东南西三面呈河谷深切，中部为浅洼地、缓丘坡地和丘峰洼地，地势比较平坦开阔。境内最高点海拔为 1679.3 m，最低点海拔为 760 m，平均海拔 1250 m；具有低北纬、高海拔的地理位置特点（图 6-2-2）。

2. 气候条件

黔西县的气候属亚热带温暖湿润气候，类型多样，四季分明，水热同季，雨量较为充沛。年均气温 11.2~16.7℃，平均 14.0℃，1 月最冷，月平均气温 3.4℃，7 月最热，月平均气温 22.9℃；区域分布表现东北、西北、西南及南部山峦气温较低，中部、中北部部分区域和东部边缘气温较高。年均降水总量 973~1060 mm，平均 1019 mm 左右，5~8 月降雨均在 100 mm 以上，6 月、7 月降雨在 150 mm以上，其他月份降雨在 100 mm 以下；区域分布表现南部、东南部、东北角、西北角降雨较多，西部、北部较少。年均日照时数 1053~1184 h，平均 1120 h，4~9 月日照均在100 h 以上，其中 7 月、8 月日照在 150 h 以上；区域分布总的趋势是自西向东递减（图6-2-3），平均无霜期 271 d 左右。

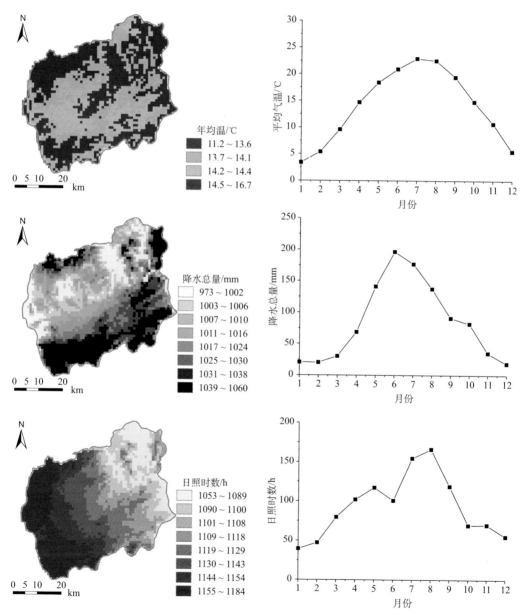

图 6-2-3　黔西县 1980~2013 年平均气温、降水总量、日照时数时空动态变化示意图

三、片区与代表性烟田

1. 甘棠乡礼贤社区大锡片区

1) 基本信息

代表性地块（QX-01）：北纬 27°5′32.286″，东经 106°5′59.046″，海拔 1240 m（图 6-2-4），中山坡地下部，成土母质为灰岩风化坡积物，烤烟-玉米不定期轮作，缓坡旱地，土壤亚类为斑纹简育湿润淋溶土。

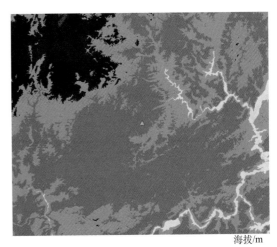

海拔/m

800 1000 1200 1400 1600 1800 2000 2200 2400

图 6-2-4　片区海拔示意图

2) 气候条件

烤烟大田生长期间（5~9 月），平均气温 20.9℃，降水量 734 mm，日照时数 658 h（图 6-2-5）。

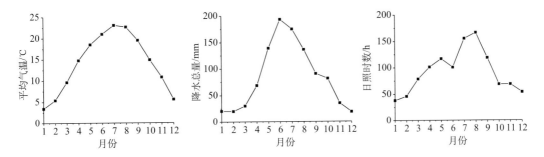

图 6-2-5　片区平均气温、降水总量、日照时数动态变化示意图

3) 剖面形态（图 6-2-6（右））

Ap：0~30 cm，灰棕色（7.5YR 4/2，润），浊棕色（7.5YR 5/4，干），10%左右岩石碎屑，粉质黏土，发育强的 1~2 mm 粒状结构，松散，2~3 个蚯蚓穴，pH 5.6，渐变波状过渡。

AB：30~40 cm，灰棕色（7.5YR 4/2，润），浊棕色（7.5YR 5/4，干），10%左右岩石碎屑，粉质黏土，发育强的 10~20 mm 块状结构，稍硬，2~3 个蚯蚓穴，pH 6.0，清晰波状过渡。

Btr1：40~68 cm，亮棕色（7.5YR 5/6，润），黄橙色（7.5YR 7/8，干），2%左右岩石碎屑，粉质黏土，发育中等的 20~50 mm 棱块状结构，坚硬，结构面上 2%左右铁锰斑纹，10%左右黏粒胶膜，1%左右软小铁锰结核，pH 5.9，渐变波状过渡。

Btr2：68~110 cm，亮棕色（7.5YR 5/6，润），黄橙色（7.5YR 7/8，干），2%左右岩石碎屑，粉质黏土，发育强的 20~50 mm 棱块状结构，坚硬，pH 5.7。

4) 土壤养分

片区土壤呈微酸性，土体 pH 5.57~5.98，有机质 4.49~18.20 g/kg，全氮 0.49~1.30 g/kg，全磷 0.37~0.66 g/kg，全钾 37.30~88.19 g/kg，碱解氮 26.01~94.52 mg/kg，有

效磷 1.45~12.40 mg/kg，速效钾 154.52~338.59 mg/kg，氯离子 6.67~18.69 mg/kg，交换性 Ca^{2+} 5.78~9.73 cmol/kg，交换性 Mg^{2+} 1.18~1.94 cmol/kg。

图 6-2-6　代表性地块景观(左)和土壤剖面(右)

　　腐殖酸与腐殖质组成中，腐殖酸碳量 1.58~6.12 g/kg，腐殖质全碳量 2.60~10.56 g/kg，胡敏酸碳量 0.17~1.44 g/kg，胡敏素碳量 1.02~4.44 g/kg，富啡酸碳量 1.38~4.71 g/kg，胡富比 0.10~0.31。

　　微量元素中，有效铜 1.55~2.90 mg/kg，有效铁 30.80~62.40 mg/kg，有效锰 21.68~107.33 mg/kg，有效锌 0.55~4.00 mg/kg(表 6-2-1~表 6-2-3)。

表 6-2-1　片区代表性烟田土壤养分状况

土层 /cm	pH	有机质 /(g/kg)	全氮 /(g/kg)	全磷 /(g/kg)	全钾 /(g/kg)	碱解氮 /(mg/kg)	有效磷 /(mg/kg)	速效钾 /(mg/kg)	氯离子 /(mg/kg)
0~30	5.57	17.39	1.24	0.66	88.19	89.17	12.40	338.59	14.83
30~40	5.98	18.20	1.30	0.65	37.30	94.52	7.60	244.90	6.67
40~68	5.89	5.79	0.55	0.38	50.55	32.51	1.45	154.52	14.68
68~110	5.69	4.49	0.49	0.37	50.88	26.01	1.98	192.40	18.69

表 6-2-2　片区代表性烟田土壤腐殖酸与腐殖质组成

土层 /cm	腐殖酸碳量 /(g/kg)	腐殖质全碳量 /(g/kg)	胡敏酸碳量 /(g/kg)	胡敏素碳量 /(g/kg)	富啡酸碳量 /(g/kg)	胡富比
0~30	5.80	10.09	1.09	4.29	4.71	0.23
30~40	6.12	10.56	1.44	4.44	4.68	0.31
40~68	1.88	3.36	0.17	1.48	1.71	0.10
68~110	1.58	2.60	0.21	1.02	1.38	0.15

表 6-2-3 代表性烟田土壤中微量元素状况

土层 /cm	有效铜 /(mg/kg)	有效铁 /(mg/kg)	有效锰 /(mg/kg)	有效锌 /(mg/kg)	交换性 Ca^{2+} /(cmol/kg)	交换性 Mg^{2+} /(cmol/kg)
0~30	2.72	50.46	107.33	3.88	9.73	1.31
30~40	2.90	62.40	101.68	4.00	9.28	1.94
40~68	1.61	30.80	22.45	0.55	8.19	1.18
68~110	1.55	38.10	21.68	0.76	5.78	1.71

5）总体评价

土体深厚，耕作层质地黏重，耕性较差，少量砾石，通透性较好，轻度水土流失。酸性土壤，有机质含量缺乏，肥力偏低，缺磷富钾，铜、铁、锰、锌、钙、镁含量丰富。

2. 新镇大兴社区桥边片区

1）基本信息

代表性地块（QX-02）：北纬 27°17′33.834″，东经 106°13′19.887″，海拔 11 640 m（图 6-2-7），中山坡地中部，成土母质为灰岩风化坡积物，烤烟-玉米不定期轮作，缓坡旱地，土壤亚类为斑纹简育湿润淋溶土。

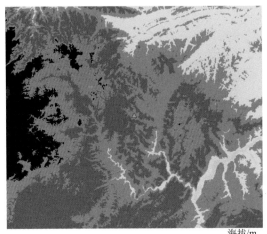

海拔/m

800 1000 1200 1400 1600 1800 2000 2200 2400

图 6-2-7 片区海拔示意图

2）气候条件

烤烟大田生长期间（5~9 月），平均气温 21.3℃，降水量 717 mm，日照时数 658 h（图 6-2-8）。

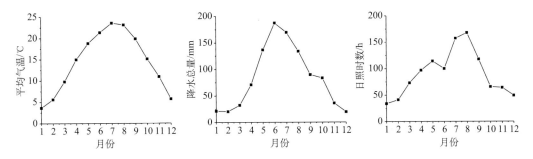

图 6-2-8 片区平均气温、降水总量、日照时数动态变化示意图

3）剖面形态（图 6-2-9（右））

Ap：0~30 cm，灰棕色（7.5YR 4/2，润），浊棕色（7.5YR 5/4，干），10%左右岩石碎屑，粉质黏壤土，发育强的 1~2 mm 粒状结构，松散，2~3 个蚯蚓穴，pH 4.8，渐变波状

过渡。

图 6-2-9　代表性地块景观(左)和土壤剖面(右)

AB：30~50 cm，灰棕色(7.5YR 4/2，润)，浊棕色(7.5YR 5/4，干)，2%左右岩石碎屑，粉质黏壤土，发育强的 10~20 mm 棱块状结构，稍硬，2~3 个蚯蚓穴，pH 5.3，清晰波状过渡。

Btr：50~85 cm，暗棕色(7.5YR 3/4，润)，亮棕色(7.5YR 5/6，干)，2%左右岩石碎屑，粉质黏土，发育中等的 20~50 mm 棱块状结构，坚硬，结构面上 2%左右铁锰斑纹，10%左右黏粒胶膜，2%左右软小铁锰结核，pH 6.0，渐变波状过渡。

R：85 cm~，灰岩风化碎屑。

4) 土壤养分

片区土呈中性偏碱，土体 pH 4.81~5.51，有机质 5.96~18.39 g/kg，全氮 0.73~1.32 g/kg，全磷 0.33~0.55 g/kg，全钾 24.30~37.78 g/kg，碱解氮 44.59~107.29 mg/kg，有效磷 1.30~13.60 mg/kg，速效钾 112.66~232.94 mg/kg，氯离子 6.65~6.66 mg/kg，交换性 Ca^{2+} 8.42~11.70 cmol/kg，交换性 Mg^{2+} 0.71~2.41 cmol/kg。

腐殖酸与腐殖质组成中，腐殖酸碳量 2.22~7.08 g/kg，腐殖质全碳量 3.45~10.67 g/kg，胡敏酸碳 0.31~1.55 g/kg，胡敏素碳量 1.23~3.59 g/kg，富啡酸碳量 1.91~5.53 g/kg，胡富比 0.16~0.28。

微量元素中，有效铜 0.73~1.23 mg/kg，有效铁 16.10~39.85 mg/kg，有效锰 29.03~162.93 mg/kg，有效锌 0.29~2.22 mg/kg(表 6-2-4~表 6-2-6)。

表6-2-4　片区代表性烟田土壤养分状况

土层 /cm	pH	有机质 /(g/kg)	全氮 /(g/kg)	全磷 /(g/kg)	全钾 /(g/kg)	碱解氮 /(mg/kg)	有效磷 /(mg/kg)	速效钾 /(mg/kg)	氯离子 /(mg/kg)
0~30	4.81	18.39	1.32	0.55	24.30	107.29	13.60	232.94	6.66
30~50	5.25	10.66	1.01	0.33	30.15	71.99	1.65	112.66	6.65
50~85	5.51	5.96	0.73	0.34	37.78	44.59	1.30	122.84	6.65

表6-2-5　片区代表性烟田土壤腐殖酸与腐殖质组成

土层 /cm	腐殖酸碳量 /(g/kg)	腐殖质全碳量 /(g/kg)	胡敏酸碳量 /(g/kg)	胡敏素碳量 /(g/kg)	富啡酸碳量 /(g/kg)	胡富比
0~30	7.08	10.67	1.55	3.59	5.53	0.28
30~50	2.65	4.43	0.43	1.78	2.22	0.19
50~85	2.22	3.45	0.31	1.23	1.91	0.16

表6-2-6　片区代表性烟田土壤中微量元素状况

土层 /cm	有效铜 /(mg/kg)	有效铁 /(mg/kg)	有效锰 /(mg/kg)	有效锌 /(mg/kg)	交换性 Ca^{2+} /(cmol/kg)	交换性 Mg^{2+} /(cmol/kg)
0~30	1.23	39.85	162.93	2.22	8.42	0.71
30~50	0.91	17.78	34.65	0.30	10.85	2.41
50~85	0.73	16.10	29.03	0.29	11.70	2.31

5）总体评价

土体较厚，耕作层质地偏黏，耕性较差，少量砾石，通透性较好，轻度水土流失。酸性土壤，有机质含量缺乏，肥力中等，缺磷富钾，铜、铁、锰、锌、钙丰富，镁含量中等。

3. 高酿镇地坝村2组片区

1）基本信息

代表性地块（QX-03）：北纬28°18′6.427″，东经106°12′13.370″，海拔1169 m（图6-2-10），中山坡地中部，成土母质为石灰岩风化残积物，烤烟-玉米不定期轮作，缓坡梯田旱地，土壤亚类为石质钙质湿润雏形土。

2）气候条件

烤烟大田生长期间（5~9月），平均气温21.4℃，降水量716 mm，日照时数658 h

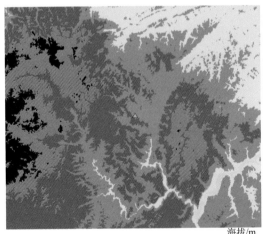

海拔/m

800 1000 1200 1400 1600 1800 2000 2200 2400

图6-2-10　片区海拔示意图

（图 6-2-11）。

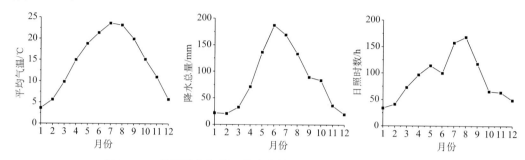

图 6-2-11　片区平均气温、降水总量、日照时数动态变化示意图

3）剖面形态（图 6-2-12（右））

Ap：0~22 cm，黑棕色（7.5YR 2/2，润），棕色（7.5YR 4/4，干），30%左右岩石碎屑，粉质黏壤土，发育强的 1~2 mm 粒状结构，松散，2~3 个蚯蚓穴，pH 7.3，清晰波状过渡。

Bw：22~38 cm，黑棕色（7.5YR 3/2，润），浊棕色（7.5YR 5/3，干），40%左右岩石碎屑，粉质黏壤土，发育中等的 10~20 mm 块状结构，稍硬，pH 7.1，渐变波状过渡。

R：55 cm~，石灰岩风化碎屑。

图 6-2-12　代表性地块景观（左）和土壤剖面（右）

4）土壤养分

片区土壤呈中性偏碱，土体 pH 7.06~7.28，有机质 18.80~19.55 g/kg，全氮 1.36~1.53 g/kg，全磷 0.64~0.68 g/kg，全钾 48.76~50.51 g/kg，碱解氮 80.35~98.00 mg/kg，有效磷 14.80~16.18 mg/kg，速效钾 189.74~214.33 mg/kg，氯离子 6.64~15.48 mg/kg，交换性 Ca^{2+} 23.82~34.23 cmol/kg，交换性 Mg^{2+} 3.52~4.35 cmol/kg。

腐殖酸与腐殖质组成中，腐殖酸碳量 5.84~6.39 g/kg，腐殖质全碳量 10.91~

11.34 g/kg，胡敏酸碳量 2.45~2.54 g/kg，胡敏素碳量 4.95~5.07 g/kg，富啡酸碳量 3.38~3.85 g/kg，胡富比 0.66~0.73。

微量元素中，有效铜 0.08~1.25 mg/kg，有效铁 13.28~14.52 mg/kg，有效锰 143.80~177.69 mg/kg，有效锌 0.17~3.24 mg/kg（表 6-2-7~表 6-2-9）。

表 6-2-7　片区代表性烟田土壤养分状况

土层 /cm	pH	有机质 /(g/kg)	全氮 /(g/kg)	全磷 /(g/kg)	全钾 /(g/kg)	碱解氮 /(mg/kg)	有效磷 /(mg/kg)	速效钾 /(mg/kg)	氯离子 /(mg/kg)
0~22	7.28	18.80	1.36	0.64	50.51	80.35	14.80	214.33	15.48
22~38	7.06	19.55	1.53	0.68	48.76	98.00	16.18	189.74	6.64

表 6-2-8　片区代表性烟田土壤腐殖酸与腐殖质组成

土层 /cm	腐殖酸碳量 /(g/kg)	腐殖质全碳量 /(g/kg)	胡敏酸碳量 /(g/kg)	胡敏素碳量 /(g/kg)	富啡酸碳量 /(g/kg)	胡富比
0~22	5.84	10.91	2.45	5.07	3.38	0.73
22~38	6.39	11.34	2.54	4.95	3.85	0.66

表 6-2-9　片区代表性烟田土壤中微量元素状况

土层 /cm	有效铜 /(mg/kg)	有效铁 /(mg/kg)	有效锰 /(mg/kg)	有效锌 /(mg/kg)	交换性 Ca^{2+} /(cmol/kg)	交换性 Mg^{2+} /(cmol/kg)
0~22	0.08	13.28	177.69	0.17	34.23	3.52
22~38	1.25	14.52	143.80	3.24	23.82	4.35

5）总体评价

土体薄，耕作层质地偏黏，耕性较差，砾石多，通透性较好，轻度水土流失。中性土壤，有机质含量缺乏，肥力偏低，缺磷富钾，缺铜、锌、铁、锰、钙、镁丰富。

4. 新仁乡仁慕村(东风村)胡家寨片区

1）基本信息

代表性地块（QX-04）：北纬 26°51′39.184″，东经 106°5′51.770″，海拔 1321 m（图 6-2-13），中山坡地中部，成土母质为白云岩风化坡积物，烤烟-玉米不定期轮作，缓坡旱地，土壤亚类为斑纹简育湿润淋溶土。

海拔/m

800 1000 1200 1400 1600 1800 2000 2200 2400

图 6-2-13　片区海拔示意图

2) 气候条件

烤烟大田生长期间(5~9 月)，平均气温 20.8℃，降水量 765 mm，日照时数 659 h(图 6-2-14)。

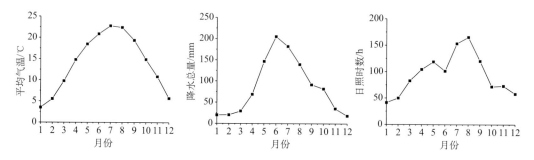

图 6-2-14　片区平均气温、降水总量、日照时数动态变化示意

3) 剖面形态(图 6-2-15(右))

图 6-2-15　代表性地块景观(左)和土壤剖面(右)

Ap：0~27 cm，灰棕色(7.5YR 4/2，润)，浊棕色(7.5YR 5/4，干)，20%左右岩石碎屑，粉壤土，发育强的 1~2 mm 粒状结构，松散，2~3 个蚯蚓穴，pH 6.2，清晰波状过渡。

AB：27~35 cm，灰棕色(7.5YR 4/2，润)，浊棕色(7.5YR 5/4，干)，10%左右岩石碎屑，粉壤土，发育强的 10~20 mm 块状结构，稍硬，2~3 个蚯蚓穴，pH 6.2，清晰波状过渡。

Btr1：35~55 cm，棕色(7.5YR 4/6，润)，橙色(7.5YR 6/8，干)，20%左右岩石碎屑，粉质黏壤土，发育中等的 20~50 mm 棱块状结构，坚硬，结构面上 10%左右黏粒胶膜，

2%左右软小铁锰结核，pH 6.1，渐变波状过渡。

Btr2：55~110 cm，棕色（7.5YR 4/6，润），橙色（7.5YR 6/8，干），10%左右岩石碎屑，粉质黏壤土，发育强的 20~50 mm 棱块状结构，坚硬，结构面上 10%左右黏粒胶膜，1%左右软小铁锰结核，pH 6.0。

4）土壤养分

片区土壤呈中微酸性，土体 pH 6.03~6.16，有机质 7.80~39.92 g/kg，全氮 0.88~1.98 g/kg，全磷 0.40~0.74 g/kg，全钾 29.02~32.91 g/kg，碱解氮 43.19~141.66 mg/kg，有效磷 0.63~12.70 mg/kg，速效钾 93.39~226.96 mg/kg，氯离子 6.63~47.45 mg/kg，交换性 Ca^{2+} 6.86~14.00 cmol/kg，交换性 Mg^{2+} 2.40~3.01 cmol/kg。

腐殖酸与腐殖质组成中，腐殖酸碳量 3.13~10.11 g/kg，腐殖质全碳量 4.52~23.15 g/kg，胡敏酸碳量 0.43~4.28 g/kg，胡敏素碳量 1.39~13.04 g/kg，富啡酸碳量 2.71~5.84g/kg，胡富比 0.16~0.73。

微量元素中，有效铜 0.33~2.29 mg/kg，有效铁 12.77~22.58 mg/kg，有效锰 6.38~207.83 mg/kg，有效锌 0.08~5.25 mg/kg（表 6-2-10~表 6-2-12）。

表 6-2-10 片区代表性烟田土壤养分状况

土层 /cm	pH	有机质 /(g/kg)	全氮 /(g/kg)	全磷 /(g/kg)	全钾 /(g/kg)	碱解氮 /(mg/kg)	有效磷 /(mg/kg)	速效钾 /(mg/kg)	氯离子 /(mg/kg)
0~27	6.15	39.92	1.98	0.74	29.88	141.66	12.70	226.96	47.45
27~35	6.16	36.51	1.82	0.68	29.02	129.12	6.00	135.25	6.63
35~55	6.14	9.80	0.97	0.40	31.44	57.59	0.63	93.39	6.68
55~110	6.03	7.80	0.88	0.40	32.91	43.19	1.90	133.92	6.65

表 6-2-11 片区代表性烟田土壤腐殖酸与腐殖质组成

土层 /cm	腐殖酸碳量 /(g/kg)	腐殖质全碳量 /(g/kg)	胡敏酸碳量 /(g/kg)	胡敏素碳量 /(g/kg)	富啡酸碳量 /(g/kg)	胡富比
0~27	10.11	23.15	4.28	13.04	5.84	0.73
27~35	8.63	21.18	3.13	12.55	5.50	0.57
35~55	3.77	5.68	0.64	1.91	3.13	0.20
55~110	3.13	4.52	0.43	1.39	2.71	0.16

表 6-2-12 片区代表性烟田土壤中微量元素状况

土层 /cm	有效铜 /(mg/kg)	有效铁 /(mg/kg)	有效锰 /(mg/kg)	有效锌 /(mg/kg)	交换性 Ca^{2+} /(cmol/kg)	交换性 Mg^{2+} /(cmol/kg)
0~27	2.29	22.58	207.83	5.25	12.51	2.67
27~35	2.26	15.58	137.88	3.85	14.00	2.40
35~55	0.54	14.92	14.08	0.19	7.99	3.01
55~110	0.33	12.77	6.38	0.08	6.86	2.65

海拔/m

800 1000 1200 1400 1600 1800 2000 2200 2400

图 6-2-16　片区海拔示意图

5) 总体评价

土体深厚，耕作层质地适中，砾石较多，耕性和通透性好，轻度水土流失。微酸性土壤，有机质含量丰富，肥力偏高，缺磷富钾，铜、铁、锰、锌、钙、镁丰富。

5. 素普镇新强村 1 组片区

1) 基本信息

代表性地块（QX-05）：北纬 26°59′27.805″，东经 106°17′36.674″，海拔 1243 m（图 6-2-16），中山坡地中下部，成土母质为灰岩风化坡积物，烤烟-玉米不定期轮作，缓坡旱地，土壤亚类为斑纹简育湿润淋溶土。

2) 气候条件

烤烟大田生长期间（5~9 月），平均气温 21.1℃，降水量 747 mm，日照时数 655 h（图 6-2-17）。

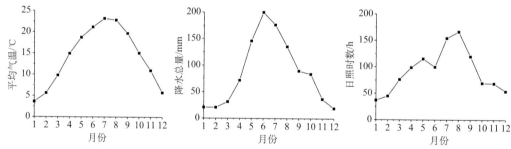

图 6-2-17　片区平均气温、降水总量、日照时数动态变化示意图

3) 剖面形态（图 6-2-18（右））

Ap：0~33 cm，灰棕色（7.5YR 4/2，润），浊棕色（7.5YR 5/4，干），10%左右岩石碎屑，粉质黏壤土，发育强的 1~2 mm 粒状结构，松散，2~3 个蚯蚓穴，pH 5.3，清晰波状过渡。

AB：33~47 cm，灰棕色（7.5YR 4/2，润），浊棕色（7.5YR 5/4，干），5%左右岩石碎屑，粉质黏壤土，发育强的 10~20 mm 块状结构，稍硬，2~3 个蚯蚓穴，pH 6.3，清晰波状过渡。

Btr1：47~65 cm，棕色（7.5YR 4/6，润），橙色（7.5YR 6/8，干），2%左右岩石碎屑，粉质黏土，发育中等的 20~50 mm 棱块状结构，坚硬，结构面上 10%左右黏粒胶膜，1%左右软小铁锰结核，pH 5.8，渐变波状过渡。

图 6-2-18　代表性地块景观(左)和土壤剖面(右)

Btr2：65~100 cm，棕色(7.5YR 4/6，润)，橙色(7.5YR 6/8，干)，粉质黏土，发育强的 20~50 mm 棱块状结构，坚硬，结构面上 10%左右黏粒胶膜，1%左右软小铁锰结核，pH 5.1。

4) 土壤养分

片区土壤呈酸性，土体 pH 5.06~6.34，有机质 7.86~26.84 g/kg，全氮 0.77~1.61 g/kg，全磷 0.31~0.69 g/kg，全钾 17.54~27.40 g/kg，碱解氮 56.20~124.94 mg/kg，有效磷 0.55~12.05 mg/kg，速效钾 63.48~181.77 mg/kg，氯离子 6.65~17.97 mg/kg，交换性 Ca^{2+} 8.43~12.31 cmol/kg，交换性 Mg^{2+} 0.61~1.23 cmol/kg。

腐殖酸与腐殖质组成中，腐殖酸碳量 3.15~8.62 g/kg，腐殖质全碳量 4.56~15.57 g/kg，胡敏酸碳量 0.87~3.18 g/kg，胡敏素碳量 1.41~6.95 g/kg，富啡酸碳量 2.27~5.44 g/kg，胡富比 0.38~0.80。

微量元素中，有效铜 0.57~1.52 mg/kg，有效铁 12.53~35.18 mg/kg，有效锰 25.43~204.65 mg/kg，有效锌 0.11~4.20 mg/kg(表 6-2-13~表 6-2-15)。

表 6-2-13　片区代表性烟田土壤养分状况

土层 /cm	pH	有机质 /(g/kg)	全氮 /(g/kg)	全磷 /(g/kg)	全钾 /(g/kg)	碱解氮 /(mg/kg)	有效磷 /(mg/kg)	速效钾 /(mg/kg)	氯离子 /(mg/kg)
0~33	5.32	26.84	1.61	0.69	25.62	124.94	12.05	181.77	17.97
33~47	6.34	16.77	1.15	0.45	23.53	87.32	2.00	81.42	6.66
47~65	5.79	8.59	0.77	0.33	17.54	56.20	0.55	63.48	6.67
65~100	5.06	7.86	0.88	0.31	27.40	61.31	0.78	102.03	6.65

表 6-2-14   片区代表性烟田土壤腐殖酸与腐殖质组成

土层 /cm	腐殖酸碳量 /(g/kg)	腐殖质全碳量 /(g/kg)	胡敏酸碳量 /(g/kg)	胡敏素碳量 /(g/kg)	富啡酸碳量 /(g/kg)	胡富比
0~33	8.62	15.57	3.18	6.95	5.44	0.59
33~47	5.94	9.73	2.64	3.79	3.30	0.80
47~65	3.52	4.98	1.24	1.47	2.28	0.54
65~100	3.15	4.56	0.87	1.41	2.27	0.38

表 6-2-15   片区代表性烟田土壤中微量元素状况

土层 /cm	有效铜 /(mg/kg)	有效铁 /(mg/kg)	有效锰 /(mg/kg)	有效锌 /(mg/kg)	交换性 Ca^{2+} /(cmol/kg)	交换性 Mg^{2+} /(cmol/kg)
0~33	1.52	35.18	204.65	4.20	10.14	0.65
33~47	1.43	32.25	110.30	1.86	12.31	0.61
47~65	0.86	15.33	61.65	0.23	8.43	1.23
65~100	0.57	12.53	25.43	0.11	9.95	1.00

5)总体评价

土体深厚，耕作层质地偏黏，耕性较差，少量砾石，通透性较好轻度水土流失。酸性土壤，有机质含量中等水平，肥力偏高，缺磷富钾，铜、铁、锰、锌、钙含量丰富，镁含量中等水平。

第三节   贵州贵定生态条件

一、地理位置

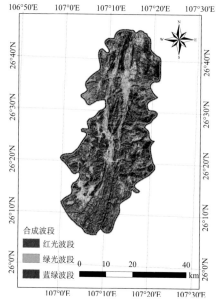

图 6-3-1   贵定县位置及 Landsat 假彩色合成影像图

贵定县位于北纬 26°40′~26°47′，东经 107°08′~107°15′，地处云贵高原东部的黔中山原中部（图 6-3-1）。贵定县隶属黔南布依族苗族自治州，现辖云雾镇、昌明镇、沿山镇、盘江镇、德新镇、新巴镇、宝山街道、金南街道，面积 1631 km²。

二、自然条件

1. 地形地貌

贵定县为南北向不规则长形地型，属浅中切割高原中心地貌类型，平均海拔 1000~1300 m，地势南北两端低。地貌复杂多样，全县最高峰斗篷山，海拔 1961 m（图 6-3-2）。

2. 气候条件

贵定县属于中亚热带季风湿润气候，四季分明、热量丰富、无霜期长，雨热同期、雨量充沛，干湿明显，多云雾照、阴雨天多、气候复杂多变，立体气候明显。年均气温 11.4~16.8℃，平均 14.3℃，1月最冷，月平均气温 3.8℃，7 月最热，月平均气温 22.9℃；区域分布表现中部、南部气温较高，东部气温较低。年均降水总量 1099~1237 mm，平均 1166 mm 左右，5~8 月降雨均在 100 mm 以上，其中 5月、7 月降雨在 150 mm 以上，6 月降雨在 200 mm 以上，其他月降雨在 100 mm

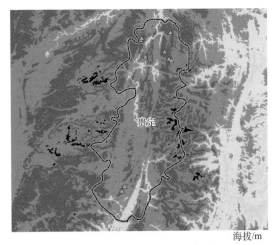

海拔/m

800 1000 1200 1400 1600 1800 2000 2200 2400

图 6-3-2 贵定县海拔示意图

以下；区域分布总的趋势是南多北少。年均日照时数 1092~1202 h，平均 1149 h，5 月、7 月、8 月、9 月日照均在 100 h 以上，4 月、6 月日照接近 100 h(图 6-3-3)，平均无霜期 289 d 左右。

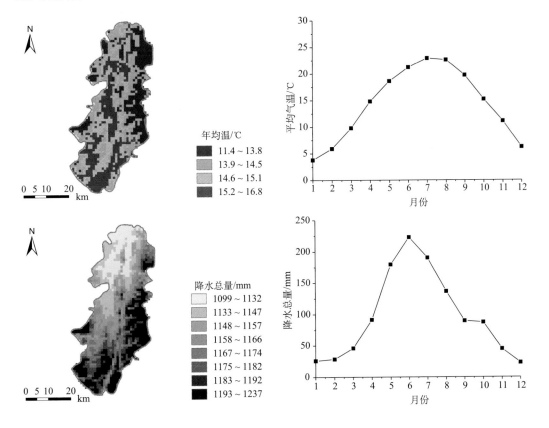

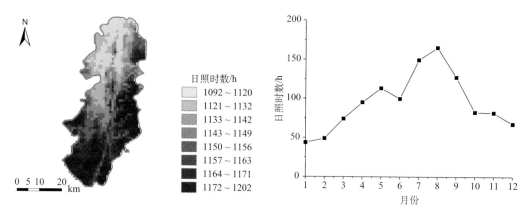

图 6-3-3　贵定县 1980~2013 年平均气温、降水总量、日照时数时空动态变化示意图

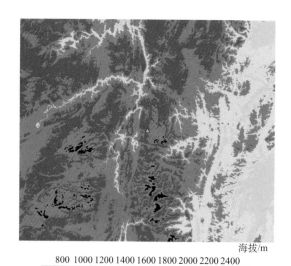

图 6-3-4　片区海拔示意图

648 h(图 6-3-5)。

三、片区与代表性烟田

1. 沿山镇和平村(三合镇长丰村)艾田片区

1)基本信息

代表性地块（GD-01）：北纬26°38′10.600″，东经 107°12′0.200″，海拔1266 m(图 6-3-4)，中山沟谷，成土母质为石灰岩风化沟谷洪积-堆积物，烤烟-玉米不定期轮作，缓坡梯田旱地，土壤亚类为普通钙质湿润淋溶土。

2)气候条件

烤烟大田生长期间(5~9 月)，平均气温 20.1℃，降水量 808 mm，日照时数

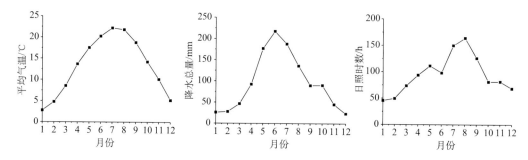

图 6-3-5　片区平均气温、降水总量、日照时数动态变化示意图

3）剖面形态（图6-3-6（右））

图 6-3-6　代表性地块景观（左）和土壤剖面（右）

Ap：0~32 cm，棕灰色（7.5YR 4/1，润），浊棕色（7.5YR 6/3，干），20%左右岩石碎屑，粉质黏壤土，发育强的 1~2 mm 粒状结构，松散，2~3 个蚯蚓穴，pH 6.0，清晰平滑过渡。

Btr1：32~60 cm，棕色（7.5YR 4/4，润），橙色（7.5YR 6/6，干），60%左右岩石碎屑，粉质黏壤土，发育弱的 20~50 mm 棱块状结构，坚硬，结构面上 20%左右黏粒胶膜，1%左右软小铁锰结核，2~3 个蚯蚓穴，pH 5.6，清晰波状过渡。

Btr2：60~120 cm，极暗棕色（7.5YR 2/3，润），棕色（7.5YR 4/6，干），40%左右岩石碎屑，粉质黏壤土，发育弱的 20~50 mm 棱块状结构，坚硬，结构面上 20%左右黏粒胶膜，1%左右软小铁锰结核，pH 5.6。

4）土壤养分

片区土壤呈微酸性，土体 pH 5.62~5.95，有机质 9.72~30.88 g/kg，全氮 0.73~1.72 g/kg，全磷 0.57~0.93 g/kg，全钾 6.57~12.74 g/kg，碱解氮 65.26~163.15 mg/kg，有效磷 17.50~45.70 mg/kg，速效钾 143.35~268.62 mg/kg，氯离子 14.96~15.26 mg/kg，交换性 Ca^{2+} 4.69~6.95 cmol/kg，交换性 Mg^{2+} 0.53~0.98 cmol/kg。

腐殖酸与腐殖质组成中，腐殖酸碳量 3.31~6.00 g/kg，腐殖质全碳量 4.29~9.20 g/kg，胡敏酸碳量 1.00~2.74 g/kg，胡敏素碳量 0.98~3.20 g/kg，富啡酸碳量 2.31~3.25 g/kg，胡富比 0.43~0.84。

微量元素中，有效铜 1.70~2.59 mg/kg，有效铁 27.58~45.93 mg/kg，有效锰 71.73~166.25 mg/kg，有效锌 0.47~4.78 mg/kg（表 6-3-1~表 6-3-3）。

表 6-3-1　片区代表性烟田土壤养分状况

土层 /cm	pH	有机质 /(g/kg)	全氮 /(g/kg)	全磷 /(g/kg)	全钾 /(g/kg)	碱解氮 /(mg/kg)	有效磷 /(mg/kg)	速效钾 /(mg/kg)	氯离子 /(mg/kg)
0~32	5.95	30.88	1.72	0.93	6.57	163.15	45.70	268.62	14.96
32~60	5.62	9.72	0.73	0.57	12.74	65.26	17.50	143.35	15.26

表 6-3-2　片区代表性烟田土壤腐殖酸与腐殖质组成

土层 /cm	腐殖酸碳量 /(g/kg)	腐殖质全碳量 /(g/kg)	胡敏酸碳量 /(g/kg)	胡敏素碳量 /(g/kg)	富啡酸碳量 /(g/kg)	胡富比
0~32	6.00	9.20	2.74	3.20	3.25	0.84
32~60	3.31	4.29	1.00	0.98	2.31	0.43

表 6-3-3　片区代表性烟田土壤中微量元素状况

土层 /cm	有效铜 /(mg/kg)	有效铁 /(mg/kg)	有效锰 /(mg/kg)	有效锌 /(mg/kg)	交换性 Ca^{2+} /(cmol/kg)	交换性 Mg^{2+} /(cmol/kg)
0~32	2.59	27.58	166.25	4.78	4.69	0.53
32~60	1.70	45.93	71.73	0.47	6.95	0.98

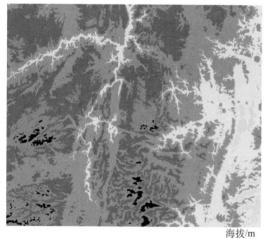

海拔/m

800 1000 1200 1400 1600 1800 2000 2200 2400

图 6-3-7　片区海拔示意图

5)总体评价

土体深厚,耕作层质地黏重,耕性较差,砾石较多,通透性好,轻度水土流失。土壤微酸性,有机质含量丰富,肥力偏高,磷、钾丰富,铜、铁、锰、锌、钙含量丰富,镁含量中等。

2. 新辅乡晓丰村晓丰片区

1)基本信息

代表性地块(GD-02):北纬 26°37′52.600″,东经 107°17′33.200″,海拔 1430 m(图 6-3-7),中山坡地上部,成土母质为石灰岩风化坡积物,烤烟-玉米不定期轮作,缓坡旱地,土壤亚类为淋溶钙质湿润富铁土。

2)气候条件

烤烟大田生长期间(5~9 月),平均气温 20.1℃,降水量 808 mm,日照时数 648 h(图 6-3-8)。

3)剖面形态(图 6-3-9(右))

Ap:0~30 cm,暗红灰色(2.5YR 3/1,润),浊红棕色(2.5YR 5/3,干),10%左右岩石碎屑,粉质黏壤土,发育强的 1~2 mm 粒状结构,松散,2~3 个蚯蚓穴,pH 4.9,清晰平滑过渡。

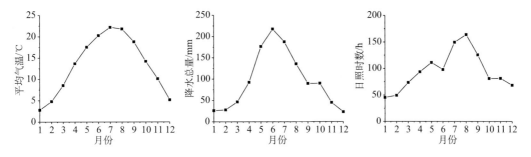

图 6-3-8　片区平均气温、降水总量、日照时数动态变化示意图

图 6-3-9　代表性地块景观(左)和土壤剖面(右)

Bst1：30~45 cm，极暗红棕色(2.5YR 2/4，润)，红棕色(2.5YR 4/8，干)，60%左右岩石碎屑，粉质黏壤土，发育弱的 20~50 mm 块状结构，坚硬，结构面上 10%左右黏粒-氧化铁胶膜，2~3 个蚯蚓穴，pH 4.6，渐变波状过渡。

Bst2：45~120 cm，极暗红棕色(2.5YR 2/2，润)，红棕色(2.5YR 4/6，干)，50%左右岩石碎屑，粉质黏壤土，发育弱的 20~50 mm 块状结构，坚硬，结构面上 20%左右黏粒-氧化铁胶膜，pH 4.6。

4) 土壤养分

片区土壤呈酸性，土体 pH 4.57~4.94，有机质 9.29~34.23 g/kg，全氮 0.66~1.96 g/kg，全磷 0.26~0.64 g/kg，全钾 6.72~7.66 g/kg，碱解氮 53.74~168.91 mg/kg，有效磷 13.00~63.40 mg/kg，速效钾 104.88~170.48 mg/kg，氯离子 14.45~16.63 mg/kg，交换性 Ca^{2+} 0.81~1.63 cmol/kg，交换性 Mg^{2+} 0.05~0.26 cmol/kg。

腐殖酸与腐殖质组成中，腐殖酸碳量 3.48~9.51 g/kg，腐殖质全碳量 4.90~

13.58 g/kg，胡敏酸碳量 0.36~3.11 g/kg，胡敏素碳量 1.42~4.06 g/kg，富啡酸碳量 3.12~6.40 g/kg，胡富比 0.12~0.49。

微量元素中，有效铜 0.52~1.18 mg/kg，有效铁 68.98~94.28 mg/kg，有效锰 12.90~78.30 mg/kg，有效锌 0.51~3.02 mg/kg（表 6-3-4~表 6-3-6）。

表 6-3-4   片区代表性烟田土壤养分状况

土层 /cm	pH	有机质 /(g/kg)	全氮 /(g/kg)	全磷 /(g/kg)	全钾 /(g/kg)	碱解氮 /(mg/kg)	有效磷 /(mg/kg)	速效钾 /(mg/kg)	氯离子 /(mg/kg)
0~30	4.94	34.23	1.96	0.64	6.72	168.91	63.40	170.48	16.63
30~45	4.57	9.29	0.66	0.26	7.66	53.74	13.00	104.88	14.45

表 6-3-5   片区代表性烟田土壤腐殖酸与腐殖质组成

土层 /cm	腐殖酸碳量 /(g/kg)	腐殖质全碳量 /(g/kg)	胡敏酸碳量 /(g/kg)	胡敏素碳量 /(g/kg)	富啡酸碳量 /(g/kg)	胡富比
0~30	9.51	13.58	3.11	4.06	6.40	0.49
30~45	3.48	4.90	0.36	1.42	3.12	0.12

表 6-3-6   片区代表性烟田土壤中微量元素状况

土层 /cm	有效铜 /(mg/kg)	有效铁 /(mg/kg)	有效锰 /(mg/kg)	有效锌 /(mg/kg)	交换性 Ca^{2+} /(cmol/kg)	交换性 Mg^{2+} /(cmol/kg)
0~30	1.18	94.28	78.30	3.02	1.63	0.26
30~45	0.52	68.98	12.90	0.51	0.81	0.05

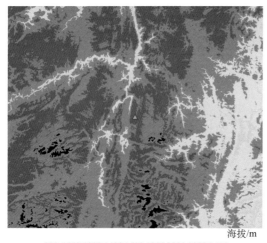

海拔/m

800 1000 1200 1400 1600 1800 2000 2200 2400

图 6-3-10   片区海拔示意图

5）总体评价

土体深厚，耕作层质地黏重，耕性较差，砾石较多，通透性较好，酸性重，轻度水土流失。酸性土壤，有机质含量丰富，肥力较高，磷、钾丰富，铜、铁、锰、锌、钙丰富，镁缺乏。

3. 新辅乡新辅村甘塘片区

1）基本信息

代表性地块（GD-03）：北纬 26°39′35.600″，东经 107°15′53.100″，海拔 1261 m（图 6-3-10），中山坡地中部，成土母质为板岩风化坡积物，烤烟-玉米不定期轮作，缓坡旱地，土壤亚类为普通铝质湿润雏形土。

2）气候条件

烤烟大田生长期间（5~9 月），平均气温 20.5℃，降水量 799 mm，日照时数 650 h

（图 6-3-11）。

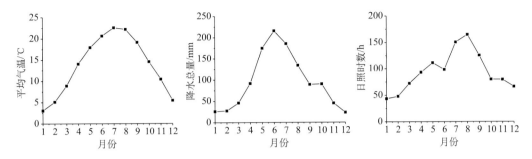

图 6-3-11　片区平均气温、降水总量、日照时数动态变化示意图

3）剖面形态（图 6-3-12（右））

图 6-3-12　代表性地块景观（左）和土壤剖面（右）

Ap：0~30 cm，棕灰色（7.5YR 4/1，润），灰棕色（7.5YR 6/2，干），20%左右岩石碎屑，粉质黏壤土，发育强的 1~2 mm 粒状结构，松散，2~3 个蚯蚓穴，pH 4.3，清晰波状过渡。

AB：30~40 cm，棕灰色（7.5YR 4/1，润），灰棕色（7.5YR 6/2，干），20%左右岩石碎屑，粉质黏壤土，发育中等的 10~20 mm 块状结构，坚硬，2~3 个蚯蚓穴，pH 4.6，清晰波状过渡。

Ab：40~75 cm，黑色（7.5YR 2/1，润），灰棕色（7.5YR 4/2，干），50%左右岩石碎屑，粉质黏壤土，发育弱的 20~50 mm 块状结构，坚硬，2~3 个蚯蚓穴，pH 4.9，清晰波状过渡。

Bw：75~120 cm，棕色（7.5YR 4/4，润），橙色（7.5YR 6/8，干），10%左右岩石碎屑，黏壤土，发育强的 20~50 mm 棱块状结构，坚硬，2~3 个蚯蚓穴，pH 5.5。

4）土壤养分

片区土壤呈强酸性，土体 pH 4.25~5.53，有机质 7.71~26.94 g/kg，全氮 0.69~1.28 g/kg，全磷 0.36~0.66 g/kg，全钾 5.20~9.42 g/kg，碱解氮 51.82~109.41 mg/kg，有效磷 19.50~108.90 mg/kg，速效钾 79.23~147.79 mg/kg，氯离子 14.47~23.16 mg/kg，交换性 Ca^{2+} 0.03~1.70 cmol/kg，交换性 Mg^{2+} 0.02~0.17 cmol/kg。

腐殖酸与腐殖质组成中，腐殖酸碳量 2.30~5.87 g/kg，腐殖质全碳量 3.12~8.48 g/kg，胡敏酸碳量 0.51~3.15 g/kg，胡敏素碳量 0.82~2.90 g/kg，富啡酸碳量 1.79~3.45 g/kg，胡富比 0.28~1.16。

微量元素中，有效铜 0.48~1.78 mg/kg，有效铁 37.95~79.70 mg/kg，有效锰 47.68~146.28 mg/kg，有效锌 0.81~3.57 mg/kg（表 6-3-7~表 6-3-9）。

表 6-3-7 片区代表性烟田土壤养分状况

土层 /cm	pH	有机质 /(g/kg)	全氮 /(g/kg)	全磷 /(g/kg)	全钾 /(g/kg)	碱解氮 /(mg/kg)	有效磷 /(mg/kg)	速效钾 /(mg/kg)	氯离子 /(mg/kg)
0~30	4.25	22.37	1.17	0.65	6.17	109.41	108.90	147.79	23.16
30~40	4.55	20.08	1.09	0.60	6.36	109.41	65.50	125.59	16.21
40~75	4.85	26.94	1.28	0.66	5.20	106.53	20.90	139.40	14.47
75~120	5.53	7.71	0.69	0.36	9.42	51.82	19.50	79.23	14.59

表 6-3-8 片区代表性烟田土壤腐殖酸与腐殖质组成

土层 /cm	腐殖酸碳量 /(g/kg)	腐殖质全碳量 /(g/kg)	胡敏酸碳量 /(g/kg)	胡敏素碳量 /(g/kg)	富啡酸碳量 /(g/kg)	胡富比
0~30	4.83	7.73	1.37	2.90	3.45	0.40
30~40	4.52	6.77	1.30	2.24	3.22	0.40
40~75	5.87	8.48	3.15	2.61	2.72	1.16
75~120	2.30	3.12	0.51	0.82	1.79	0.28

表 6-3-9 片区代表性烟田土壤中微量元素状况

土层 /cm	有效铜 /(mg/kg)	有效铁 /(mg/kg)	有效锰 /(mg/kg)	有效锌 /(mg/kg)	交换性 Ca^{2+} /(cmol/kg)	交换性 Mg^{2+} /(cmol/kg)
0~30	0.91	79.70	86.08	1.58	0.59	0.02
30~40	0.97	69.00	82.78	1.62	0.25	0.02
40~75	1.78	37.95	146.28	3.57	0.03	0.02
75~120	0.48	79.05	47.68	0.81	1.70	0.17

5）总体评价

土体深厚，耕作层质地偏黏，耕性较差，砾石较多，通透性较好，轻度水土流失。强酸性土壤，有机质含量中等肥力中等，磷、钾丰富，铜含量中等水平，铁、锰、锌含量丰富，钙、镁严重缺乏。

4. 新辅乡莲花村甲多片区

1）基本信息

代表性地块（GD-04）：北纬 26°43′22.000″，东经 107°17′10.300″，海拔 1303 m（图 6-3-13），中山坡地中部，成土母质为泥质岩风化坡积物，烤烟-玉米不定期轮作，梯田旱地，土壤亚类为斑纹黏化湿润富铁土。

2）气候条件

烤烟大田生长期间（5~9 月），平均气温 20.6℃，降水量 792 mm，日照时数 651 h（图 6-3-14）。

海拔/m

800 1000 1200 1400 1600 1800 2000 2200 2400

图 6-3-13　片区海拔示意图

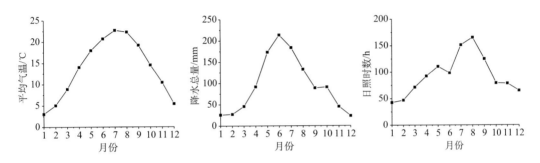

图 6-3-14　片区平均气温、降水总量、日照时数动态变化示意图

3）剖面形态（图 6-3-15（右））

Ap：0~22 cm，灰棕色（5YR 4/2，润），浊橙色（5YR 6/4，干），粉质黏壤土，发育强的 1~2 mm 粒状结构，松散，2~3 个蚯蚓穴，pH 6.0，清晰波状过渡。

AB：22~32 cm，灰棕色（5YR 4/2，润），浊橙色（5YR 6/4，干），粉质黏壤土，发育强的 10~20 mm 块状结构，松散，2~3 个蚯蚓穴，pH 5.5，清晰波状过渡。

Bstr1：32~70 cm，亮红棕色（5YR 5/6，润），橙色（5YR 7/8，干），10%左右岩石碎屑，粉质黏土，发育强的 20~50 mm 棱块状结构，坚硬，结构面上 2%左右铁锰斑纹，20%左右黏粒-氧化铁胶膜，2%左右软小铁锰结核，2~3 个蚯蚓穴，pH 5.2，渐变波状过渡。

Bstr2：70~90 cm，亮红棕色（5YR 5/6，润），橙色（5YR 7/8，干），粉质黏土，发育强的 20~50 mm 棱块状结构，坚硬，结构面上 2%左右铁锰斑纹，20%左右黏粒-氧化铁胶膜，2%左右软小铁锰结核，2~3 个蚯蚓穴，pH 5.2，渐变波状过渡。

Bstr3：90~120 cm，红棕色（5YR 4/6，润），橙色（5YR 6/8，干），粉质黏土，发育强的 20~50 mm 棱块状结构，坚硬，结构面上 2%左右铁锰斑纹，20%左右黏粒-氧化铁胶膜，2%左右软小铁锰结核，2~3 个蚯蚓穴，pH 5.2。

图 6-3-15 代表性地块景观(左)和土壤剖面(右)

4) 土壤养分

片区土壤呈微酸性，土体 pH 4.97~5.95，有机质 3.98~25.23 g/kg，全氮 0.62~1.56 g/kg，全磷 0.23~0.60 g/kg，全钾 18.74~20.62 g/kg，碱解氮 12.69~128.60 mg/kg，有效磷 9.88~30.90 mg/kg，速效钾 121.35~275.53 mg/kg，氯离子 14.64~16.57 mg/kg，交换性 Ca^{2+} 1.99~6.32 cmol/kg，交换性 Mg^{2+} 0.15~0.75 cmol/kg。

腐殖酸与腐殖质组成中，腐殖酸碳量 1.35~11.01 g/kg，腐殖质全碳量 2.24~14.28 g/kg，胡敏酸碳量 0.58~4.38 g/kg，胡敏素碳量 0.90~3.27 g/kg，富啡酸碳量 0.69~6.63 g/kg，胡富比 0.55~1.51。

微量元素中，有效铜 0.24~3.93 mg/kg，有效铁 24.15~34.13 mg/kg，有效锰 52.83~101.58 mg/kg，有效锌 0.38~3.81 mg/kg(表 6-3-10~表 6-3-12)。

表 6-3-10 片区代表性烟田土壤养分状况

土层 /cm	pH	有机质 /(g/kg)	全氮 /(g/kg)	全磷 /(g/kg)	全钾 /(g/kg)	碱解氮 /(mg/kg)	有效磷 /(mg/kg)	速效钾 /(mg/kg)	氯离子 /(mg/kg)
0~22	5.95	25.23	1.56	0.60	18.74	128.60	30.90	275.53	14.64
22~32	5.74	14.68	1.12	0.51	19.10	55.28	26.55	241.23	15.28
32~70	5.54	6.14	0.70	0.24	20.62	32.63	12.90	144.83	16.57
70~90	5.18	3.98	0.62	0.23	19.61	24.95	11.90	139.40	16.08
90~120	4.97	4.15	0.66	0.25	19.12	12.69	9.88	121.35	15.89

表 6-3-11 片区代表性烟田土壤腐殖酸与腐殖质组成

土层 /cm	腐殖酸碳量 /(g/kg)	腐殖质全碳量 /(g/kg)	胡敏酸碳量 /(g/kg)	胡敏素碳量 /(g/kg)	富啡酸碳量 /(g/kg)	胡富比
0~22	11.01	14.28	4.38	3.27	6.63	0.66
22~32	8.65	7.77	3.54	1.88	2.35	1.51
32~70	1.82	3.17	0.65	1.35	1.18	0.55
70~90	1.35	2.24	0.58	0.90	0.77	0.75
90~120	1.28	2.40	0.59	1.12	0.69	0.85

表 6-3-12　片区代表性烟田土壤中微量元素状况

土层 /cm	有效铜 /(mg/kg)	有效铁 /(mg/kg)	有效锰 /(mg/kg)	有效锌 /(mg/kg)	交换性 Ca^{2+} /(cmol/kg)	交换性 Mg^{2+} /(cmol/kg)
0~22	3.93	33.55	101.58	3.81	5.39	0.73
22~32	1.98	33.26	61.55	2.54	5.99	0.73
32~70	0.29	24.15	52.83	0.38	6.32	0.75
70~90	0.24	34.13	68.30	0.65	2.35	0.33
90~120	0.33	32.78	55.89	0.39	1.99	0.15

5）总体评价

土体深厚，耕作层质地偏黏，耕性和通透性较差。微酸性土壤，有机质含量中等，肥力偏高，磷、钾丰富，铜、铁、锰、锌、钙含量丰富，镁含量中等。

5. 新辅乡光明村（喇亚村）上寨组片区

1）基本信息

代表性地块（GD-05）：北纬 26°44′50.200″，东经 107°14′56.700″，海拔 1142 m（图 6-3-16），中山坡地中上部，成土母质为泥质岩风化坡积物，烤烟-玉米不定期轮作，缓坡梯田旱地，土壤亚类为普通铝质常湿淋溶土。

2）气候条件

烤烟大田生长期间（5~9 月），平均气温 22.5℃，降水量 761 mm，日照时数 662 h（图 6-3-17）。

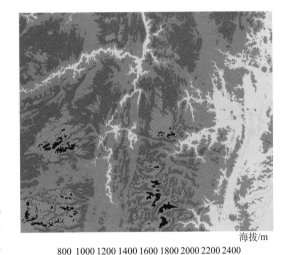

海拔/m

800 1000 1200 1400 1600 1800 2000 2200 2400

图 6-3-16　片区海拔示意图

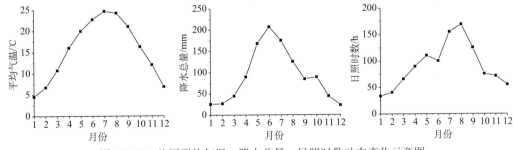

图 6-3-17　片区平均气温、降水总量、日照时数动态变化示意图

3）剖面形态（图 6-3-18（右））

Ap：0~20 cm，棕灰色（10YR 4/1，润），棕灰色（10YR 6/1，干），5%左右岩石碎屑，粉质黏壤土，发育强的 1~2 mm 粒状结构，松散，2~3 个蚯蚓穴，pH 5.2，渐变波状过渡。

AB：20~30 cm，棕灰色（10YR 4/1，润），棕灰色（10YR 6/1，干），5%左右岩石碎

屑，粉质黏壤土，发育强的 10~20 mm 棱块状结构，坚硬，2~3 个蚯蚓穴，pH 5.2，清晰波状过渡。

Btr1：30~65 cm，黄棕色(10YR 5/6，润)，黄橙色(10YR 7/8，干)，粉质黏土，发育强的 20~50 mm 棱块状结构，坚硬，结构面上 2%左右铁锰斑纹，20%左右黏粒胶膜，1%左右软小铁锰结核，2~3 个蚯蚓穴，pH 5.0，渐变波状过渡。

图 6-3-18　代表性地块景观(左)和土壤剖面(右)

Btr2：65 cm~，棕色(10YR 4/6，润)，亮黄棕色(10YR 6/8，干)，粉质黏土，发育强的 20~50 mm 棱块状结构，坚硬，结构面上 2%左右铁锰斑纹，20%左右黏粒胶膜，1%左右软小铁锰结核，2~3 个蚯蚓穴，pH 5.1。

4）土壤养分

片区土壤呈酸性，土体 pH 5.00~5.22，有机质 3.57~36.69 g/kg，全氮 0.55~1.75 g/kg，全磷 0.12~0.76 g/kg，全钾 7.07~14.62 g/kg，碱解氮 30.71~143.96 mg/kg，有效磷 9.10~72.80 mg/kg，速效钾 119.68~177.87 mg/kg，氯离子 9.92~14.99 mg/kg，交换性 Ca^{2+} 9.83~19.17 cmol/kg，交换性 Mg^{2+} 1.27~2.31 cmol/kg。

腐殖酸与腐殖质组成中，腐殖酸碳量 1.12~8.44 g/kg，腐殖质全碳量 1.75~　14.72 g/kg，胡敏酸碳量 0.42~3.92 g/kg，胡敏素碳量 0.62~6.28 g/kg，富啡酸碳量 0.68~4.52 g/kg，胡富比 0.38~1.15。

微量元素中，有效铜 0~1.56 mg/kg，有效铁 8.75~46.65 mg/kg，有效锰 6.69~137.20 mg/kg，有效锌 0.17~4.15 mg/kg(表 6-3-13~表 6-3-15)。

5）总体评价

土体深厚，耕作层质地偏黏，砾石少，耕性和通透性较差，轻度水土流失。酸性土壤，有机质含量丰富，肥力偏高，磷、钾丰富，铜、铁、锰、锌、钙、镁丰富。

表 6-3-13　片区代表性烟田土壤养分状况

土层 /cm	pH	有机质 /(g/kg)	全氮 /(g/kg)	全磷 /(g/kg)	全钾 /(g/kg)	碱解氮 /(mg/kg)	有效磷 /(mg/kg)	速效钾 /(mg/kg)	氯离子 /(mg/kg)
0~20	5.22	36.69	1.75	0.76	7.07	143.96	72.80	177.87	9.92
20~30	5.14	8.77	0.98	0.45	8.99	88.74	25.19	138.00	10.04
30~65	5.00	3.57	0.55	0.12	9.30	30.71	9.10	125.59	14.98
65~	5.12	6.58	0.66	0.23	14.62	32.63	11.90	119.68	14.99

表 6-3-14　片区代表性烟田土壤腐殖酸与腐殖质组成

土层 /cm	腐殖酸碳量 /(g/kg)	腐殖质全碳量 /(g/kg)	胡敏酸碳量 /(g/kg)	胡敏素碳量 /(g/kg)	富啡酸碳量 /(g/kg)	胡富比
0~20	8.44	14.72	3.92	6.28	4.52	0.87
20~30	5.22	4.89	1.36	2.35	1.18	1.15
30~65	1.12	1.75	0.45	0.62	0.68	0.66
65~	1.55	2.72	0.42	1.17	1.13	0.38

表 6-3-15　片区代表性烟田土壤中微量元素状况

土层 /cm	有效铜 /(mg/kg)	有效铁 /(mg/kg)	有效锰 /(mg/kg)	有效锌 /(mg/kg)	交换性 Ca^{2+} /(cmol/kg)	交换性 Mg^{2+} /(cmol/kg)
0~20	1.56	46.65	137.20	4.15	9.83	1.57
20~30	0.42	25.13	66.87	2.39	11.23	1.33
30~65	0	8.75	7.22	0.17	19.17	2.31
65~	0.65	10.50	6.69	0.33	13.05	1.27

6. 新巴镇谷兵村（新铺乡新华村）

胜利组片区

1）基本信息

代表性地块（GD-06）：北纬 26°45′56.500″，东经 107°12′12.500″，海拔 1112 m（图 6-3-19），中山坡地中上部，成土母质为石灰岩/白云岩风化坡积物，烤烟-玉米不定期轮作，缓坡旱地，土壤亚类为普通钙质湿润淋溶土。

2）气候条件

烤烟大田生长期间（5~9 月），平均气温 20.5℃，降水量 796 mm，日照时数 648 h（图 6-3-20）。

海拔/m

800 1000 1200 1400 1600 1800 2000 2200 2400

图 6-3-19　片区海拔示意图

3）剖面形态（图 6-3-21（右））

Ap：0~20 cm，黑棕色（5YR 3/1，润），灰棕色（5YR 5/2，干），15%左右岩石碎屑，粉壤土，发育强的 1~2 mm 粒状结构，松散，2~3 个蚯蚓穴，pH 4.8，清晰波状过渡。

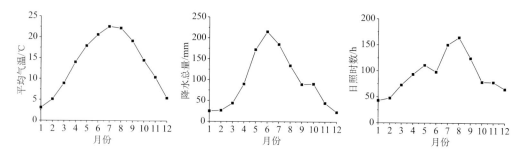

图 6-3-20　片区平均气温、降水总量、日照时数动态变化示意图

图 6-3-21　代表性地块景观(左)和土壤剖面(右)

AB：20~32 cm，黑棕色(5YR 2/1，润)，黑棕色(5YR 3/1，干)，30%左右岩石碎屑，粉壤土，发育中等的 10~20 mm 块状结构，坚硬，2~3 个蚯蚓穴，pH 5.8，清晰波状过渡。

Btr1：32~60 cm，棕灰色(5YR 4/1，润)，灰棕色(5YR 6/2，干)，5%左右岩石碎屑，粉质黏壤土，发育强的 20~50 mm 棱块状结构，坚硬，结构面上 20%左右黏粒胶膜，1%左右软小铁锰结核，2~3 个蚯蚓穴，pH 6.7，渐变波状过渡。

Btr2：60~80 cm，暗红棕色(5YR 3/6，润)，亮红棕色(5YR 5/8，干)，5%左右岩石碎屑，粉质黏壤土，发育强的 20~50 mm 棱块状结构，坚硬，结构面上 20%左右黏粒胶膜，2%左右软小铁锰结核，pH 6.7。

R：80 cm~，石灰岩/白云岩。

4）土壤养分

片区土壤呈酸性，土体 pH 4.81~6.65，有机质 8.98~42.08 g/kg，全氮 0.55~2.06 g/kg，全磷 0.29~1.02 g/kg，全钾 3.76~8.61 g/kg，碱解氮 40.23~211.13 mg/kg，有效磷 12.50~109.20 mg/kg，速效钾 70.85~261.80 mg/kg，氯离子 0~63.21 mg/kg，交换性 Ca^{2+} 1.59~12.33 cmol/kg，交换性 Mg^{2+} 0.23~0.35 cmol/kg。

腐殖酸与腐殖质组成中，腐殖酸碳量 0.33~4.70 g/kg，腐殖质全碳量 0.47~7.16 g/kg，胡敏酸碳量 0.16~1.44 g/kg，胡敏素碳量 0.14~2.46 g/kg，富啡酸碳量 0.17~3.26 g/kg，胡富比 0.39~0.94。

微量元素中，有效铜 0.58~1.05 mg/kg，有效铁 36.53~46.83 mg/kg，有效锰 32.85~196.20 mg/kg，有效锌 0.62~5.03 mg/kg（表 6-3-16~表 6-3-18）。

表 6-3-16　片区代表性烟田土壤养分状况

土层 /cm	pH	有机质 /(g/kg)	全氮 /(g/kg)	全磷 /(g/kg)	全钾 /(g/kg)	碱解氮 /(mg/kg)	有效磷 /(mg/kg)	速效钾 /(mg/kg)	氯离子 /(mg/kg)
0~20	4.81	42.08	2.06	1.02	3.76	211.13	109.20	261.80	63.21
20~32	5.28	12.36	1.59	0.67	4.36	40.23	55.23	169.00	25.36
32~60	5.78	8.98	0.55	0.29	4.97	53.74	12.50	143.84	0
60~80	6.65	12.98	0.89	0.35	8.61	69.10	14.00	70.85	27.83

表 6-3-17　片区代表性烟田土壤腐殖酸与腐殖质组成

土层 /cm	腐殖酸碳量 /(g/kg)	腐殖质全碳量 /(g/kg)	胡敏酸碳量 /(g/kg)	胡敏素碳量 /(g/kg)	富啡酸碳量 /(g/kg)	胡富比
0~20	0.33	0.47	0.16	0.14	0.17	0.94
20~32	2.36	3.50	1.25	0.69	1.56	0.80
32~60	3.43	4.45	0.96	1.01	2.48	0.39
60~80	4.70	7.16	1.44	2.46	3.26	0.44

表 6-3-18　片区代表性烟田土壤中微量元素状况

土层 /cm	有效铜 /(mg/kg)	有效铁 /(mg/kg)	有效锰 /(mg/kg)	有效锌 /(mg/kg)	交换性 Ca^{2+} /(cmol/kg)	交换性 Mg^{2+} /(cmol/kg)
0~20	1.05	46.83	196.20	5.03	1.59	0.31
20~32	0.97	44.23	166.20	4.44	4.76	0.31
32~60	0.96	41.25	71.26	1.36	4.57	0.23
60~80	0.58	36.53	32.85	0.62	12.33	0.35

5）总体评价

土体较厚，耕作层质地适中，砾石较多，耕性和通透性较好，轻度水土流失。土壤酸性，有机质含量丰富，肥力较高，磷、钾丰富，氯离子严重超标；铜含量中等，铁、锰、锌、钙含量丰富，缺镁。

7. 新巴镇新华村(古兵村)甲庄组片区

1）基本信息

代表性地块(GD-07)：北纬 26°42′6.800″，东经 107°10′35.900″，海拔 1242 m(图 6-3-22)，中山坡地中部，成土母质为泥质岩风化坡积

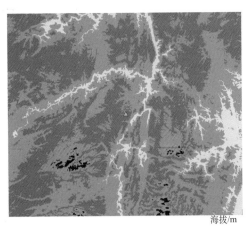

海拔/m

800 1000 1200 1400 1600 1800 2000 2200 2400

图 6-3-22　片区海拔示意图

物，烤烟-玉米不定期轮作，缓坡梯田旱地，土壤亚类为普通铝质常湿淋溶土。

2)气候条件

烤烟大田生长期间(5~9月)，平均气温20.9℃，降水量789 mm，日照时数651 h(图6-3-23)。

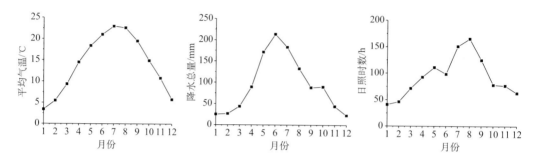

图 6-3-23　片区平均气温、降水总量、日照时数动态变化示意图

3)剖面形态(图6-3-24(右))

图 6-3-24　代表性地块景观(左)和土壤剖面(右)

Ap：0~20 cm，灰黄棕色(10YR 5/2，润)，浊黄橙色(10YR 7/4，干)，粉质黏壤土，发育强的1~2 mm粒状结构，松散，2~3个蚯蚓穴，pH 4.9，渐变波状过渡。

AB：20~30 cm，灰黄棕色(10YR 5/2，润)，浊黄橙色(10YR 7/4，干)，粉质黏壤土，发育强的10~20 mm棱块状结构，坚硬，2~3个蚯蚓穴，pH 5.1，清晰波状过渡。

Btr1：30~70 cm，棕色(10YR 4/6，润)，亮黄棕色(10YR 6/8，干)，粉质黏土，发育强的20~50 mm棱块状结构，坚硬，结构面上20%左右黏粒胶膜，2%左右软小铁锰结核，2~3 个蚯蚓穴，pH 5.1，渐变波状过渡。

Btr2：70~130 cm，亮黄棕色(10YR 6/6，润)，黄橙色(10YR 8/8，干)，粉质黏土，发育强的 20~50 mm 棱块状结构，坚硬，结构面上 20%左右黏粒胶膜，2%左右软小铁锰结核，2~3 个蚯蚓穴，pH 5.4。

4）土壤养分

片区土壤呈酸性，土体 pH 4.88~5.37，有机质 3.92~22.94 g/kg，全氮 0.51~1.56 g/kg，全磷 0.52~1.02 g/kg，全钾 17.98~23.01 g/kg，碱解氮 26.87~148.75 mg/kg，有效磷 19.10~73.40 mg/kg，速效钾 109.32~261.80 mg/kg，氯离子 20.35~32.57 mg/kg，交换性 Ca^{2+} 1.30~2.11 cmol/kg，交换性 Mg^{2+} 0.05~0.61 cmol/kg。

腐殖酸与腐殖质组成中，腐殖酸碳量 0.87~9.36 g/kg，腐殖质全碳量 2.14~13.31 g/kg，胡敏酸碳量 0.50~2.83 g/kg，胡敏素碳量 0.94~3.95 g/kg，富啡酸碳量 0.37~6.53 g/kg，胡富比 0.43~1.33。

微量元素中，有效铜 0.40~1.97 mg/kg，有效铁 31.23~65.15 mg/kg，有效锰 96.08~600.20 mg/kg，有效锌 0.42~2.82 mg/kg(表 6-3-19~表 6-3-21)。

表 6-3-19　片区代表性烟田土壤养分状况

土层/cm	pH	有机质/(g/kg)	全氮/(g/kg)	全磷/(g/kg)	全钾/(g/kg)	碱解氮/(mg/kg)	有效磷/(mg/kg)	速效钾/(mg/kg)	氯离子/(mg/kg)
0~20	4.88	22.94	1.56	1.02	23.01	148.75	73.40	261.80	32.57
20~30	5.00	12.78	1.21	1.00	20.33	69.48	56.22	178.23	30.02
30~70	5.05	4.24	0.63	0.55	18.79	40.31	19.10	109.81	30.62
70~130	5.37	3.92	0.51	0.52	17.98	26.87	22.10	109.32	20.35

表 6-3-20　片区代表性烟田土壤腐殖酸与腐殖质组成

土层/cm	腐殖酸碳量/(g/kg)	腐殖质全碳量/(g/kg)	胡敏酸碳量/(g/kg)	胡敏素碳量/(g/kg)	富啡酸碳量/(g/kg)	胡富比
0~20	9.36	13.31	2.83	3.95	6.53	0.43
20~30	2.03	4.51	1.38	1.88	1.25	1.10
30~17	1.51	2.45	0.59	0.94	0.92	0.64
70~130	0.87	2.14	0.50	1.27	0.37	1.33

表 6-3-21　片区代表性烟田土壤中微量元素状况

土层/cm	有效铜/(mg/kg)	有效铁/(mg/kg)	有效锰/(mg/kg)	有效锌/(mg/kg)	交换性 Ca^{2+}/(cmol/kg)	交换性 Mg^{2+}/(cmol/kg)
0~20	1.97	65.15	600.20	2.82	1.80	0.61
20~30	0.55	44.28	198.23	1.10	1.56	0.56
30~70	0.40	35.73	143.63	0.42	2.11	0.36
70~130	0.55	31.23	96.08	0.62	1.30	0.05

5）总体评价

土体深厚，耕作层质地偏黏，砾石少，耕性和通透性较差，轻度水土流失。酸性土壤，有机质含量中等，肥力偏高，磷、钾丰富，氯离子偏高，铜、铁、锰、锌、钙丰富，镁含量中等水平。

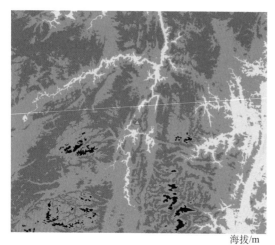

海拔/m

800 1000 1200 1400 1600 1800 2000 2200 2400

图 6-3-25　片区海拔示意图

8. 沿山镇和平村(虎北河乡宝门村)

林家片区

1)基本信息

代表性地块(GD-08)：北纬 26°38′30.900″，东经 107°11′33.500″，海拔 1236 m(图 6-3-25)，中山坡地中部，成土母质为泥质岩风化坡积物，烤烟-玉米不定期轮作，梯田旱地，土壤亚类为普通铝质常湿淋溶土。

2)气候条件

烤烟大田生长期间(5~9 月)，平均气温 20.8℃，降水量 797 mm，日照时数 651 h(图 6-3-26)。

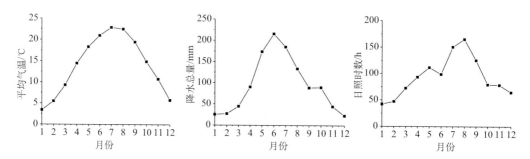

图 6-3-26　片区平均气温、降水总量、日照时数动态变化示意图

3)剖面形态(图 6-3-27(右))

Ap：0~30 cm，棕灰色(10YR 4/1，润)，浊橙色(10YR 6/3，干)，粉质黏壤土，发育强的 1~2 mm 粒状结构，松散，2~3 个蚯蚓穴，pH 4.8，清晰波状过渡。

AB：30~45 cm，棕灰色(10YR 4/1，润)，浊橙色(10YR 6/3，干)，粉质黏壤土，发育强的 10~20 mm 棱块状结构，坚硬，2~3 个蚯蚓穴，pH 5.1，清晰波状过渡。

Ab：45~55 cm，棕灰色(10YR 4/1，润)，灰黄棕色(10YR 6/2，干)，粉质黏壤土，发育强的 10~20 mm 棱块状结构，坚硬，pH 6.0，清晰波状过渡。

Btr1：55~100 cm，灰黄棕色(10YR 5/2，润)，浊黄橙色(10YR 7/4，干)，粉质黏土，发育强的 20~50 mm 棱块状结构，坚硬，结构面上 2%左右铁锰斑纹，20%左右黏粒胶膜，2%左右软小铁锰结核，pH 5.4，渐变波状过渡。

Btr2：100~120 cm，黑棕色(7.5YR 3/2，润)，浊棕色(7.5YR 5/4，干)；粉质黏土，发育强的 20~50 mm 棱块状结构，坚硬，结构面上 2%左右铁锰斑纹，20%左右黏粒-氧化铁胶膜，20%左右软小铁锰结核，pH 5.4。

图 6-3-27　代表性地块景观(左)和土壤剖面(右)

4) 土壤养分

片区土壤呈弱酸性，土体 pH 4.84~6.09，有机质 6.03~22.01 g/kg，全氮 0.70~1.46 g/kg，全磷 0.30~0.61 g/kg，全钾 27.25~39.23 g/kg，碱解氮 47.99~122.84 mg/kg，有效磷 11.40~32.70 mg/kg，速效钾 101.43~252.84 mg/kg，氯离子 14.39~14.74 mg/kg，交换性 Ca^{2+} 3.28~7.12 cmol/kg，交换性 Mg^{2+} 0.79~1.27 cmol/kg。

腐殖酸与腐殖质组成中，腐殖酸碳量 2.30~7.42 g/kg，腐殖质全碳量 3.38~12.60 g/kg，胡敏酸碳量 1.02~2.75 g/kg，胡敏素碳量 1.09~5.18 g/kg，富啡酸碳量 1.28~4.68 g/kg，胡富比 0.55~0.86。

微量元素中，有效铜 1.22~3.99 mg/kg，有效铁 2.45~225.83 mg/kg，有效锰 11.19~1034.93 mg/kg，有效锌 0~2.13 mg/kg(表 6-3-22~表 6-2-24)。

5) 总体评价

土体深厚，耕作层质地偏黏，砾石少，耕性和通透性较差。酸性土壤，有机质含量中等，磷、钾含量丰富，肥力中等，通、铁、锰、锌、钙含量丰富，镁含量中等。

表 6-3-22　片区代表性烟田土壤养分状况

土层 /cm	pH	有机质 /(g/kg)	全氮 /(g/kg)	全磷 /(g/kg)	全钾 /(g/kg)	碱解氮 /(mg/kg)	有效磷 /(mg/kg)	速效钾 /(mg/kg)	氯离子 /(mg/kg)
0~30	4.84	22.01	1.46	0.61	30.98	122.84	32.70	252.84	14.74
30~45	5.05	14.40	1.10	0.47	31.36	89.25	17.00	172.94	14.49
45~55	6.09	14.81	1.02	0.35	27.25	96.93	14.50	107.84	14.39
55~100	5.39	6.03	0.70	0.30	39.23	47.99	11.40	101.43	14.51

表 6-3-23   片区代表性烟田土壤腐殖酸与腐殖质组成

土层 /cm	腐殖酸碳量 /(g/kg)	腐殖质全碳量 /(g/kg)	胡敏酸碳量 /(g/kg)	胡敏素碳量 /(g/kg)	富啡酸碳量 /(g/kg)	胡富比
0~30	7.42	12.60	2.73	5.18	4.68	0.58
30~45	5.09	8.16	1.80	3.07	3.29	0.55
45~55	5.95	8.52	2.75	2.57	3.21	0.86
55~100	2.30	3.38	1.02	1.09	1.28	0.80

表 6-3-24   片区代表性烟田土壤中微量元素状况

土层 /cm	有效铜 /(mg/kg)	有效铁 /(mg/kg)	有效锰 /(mg/kg)	有效锌 /(mg/kg)	交换性 Ca^{2+} /(cmol/kg)	交换性 Mg^{2+} /(cmol/kg)
0~30	2.66	225.83	1034.93	2.13	3.28	0.79
30~45	2.29	2.45	11.19	1.99	5.02	0.87
45~55	3.99	30.18	79.20	0.61	7.12	0.95
55~100	1.22	128.33	69.30	0	6.83	1.27

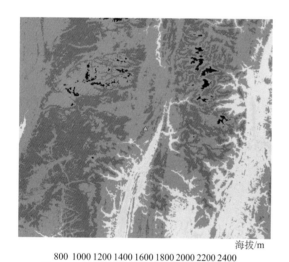

海拔/m

800 1000 1200 1400 1600 1800 2000 2200 2400

图 6-3-28   片区海拔示意图

9. 铁厂乡铁厂村 1 组片区

1）基本信息

代表性地块（GD-09）：北纬 26°12′56.500″，东经 107°7′32.800″，海拔 1229 m（图 6-3-28），中山坡地中部，成土母质为砂岩风化坡积物，烤烟-玉米不定期轮作，中坡旱地，土壤亚类为普通铝质常湿淋溶土。

2）气候条件

烤烟大田生长期间（5~9 月），平均气温 21.0℃，降水量 845 mm，日照时数 658 h（图 6-3-29）。

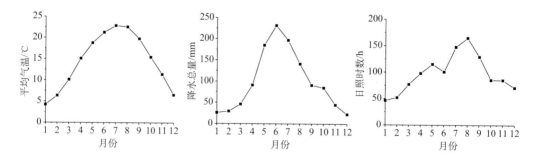

图 6-3-29   片区平均气温、降水总量、日照时数动态变化示意图

3) 剖面形态（图 6-3-30(右)）

图 6-3-30　代表性地块景观(左)和土壤剖面(右)

Ap：0~22 cm，棕灰色（10YR 5/1，润），浊黄橙色（10YR 7/2，干），10%左右岩石碎屑，粉壤土，发育强的 1~2 mm 粒状结构，松散，2~3 个蚯蚓穴，pH 5.0，清晰平滑过渡。

Btr1：22~60 cm，棕灰色（10YR 5/1，润），浊黄橙色（10YR 7/3，干），粉质黏壤土，发育强的 20~50 mm 棱块状结构，坚硬，结构面上 20%左右黏粒胶膜，1%左右软小铁锰结核，2~3 个蚯蚓穴，pH 5.2，渐变波状过渡。

Btr2：60~85 cm，灰黄棕色（10YR 5/2，润），浊黄橙色（10YR 7/4，干），粉质黏壤土，发育强的 20~50 mm 棱块状结构，坚硬，结构面上 20%左右黏粒胶膜，1%左右软小铁锰结核，pH 5.4，渐变波状过渡。

Btr3：85~120 cm，棕色（10YR 4/6，润），亮黄棕色（10YR 6/8，干），10%左右岩石碎屑，粉质黏壤土，发育强的 20~50 mm 棱块状结构，坚硬，结构面上 20%左右黏粒胶膜，5%左右软小铁锰结核，pH 5.4。

4) 土壤养分

片区土壤呈酸性，土体 pH 4.99~5.43，有机质 3.79~36.95 g/kg，全氮 0.23~1.63 g/kg，全磷 0.13~0.53 g/kg，全钾 2.95~10.14 g/kg，碱解氮 24.95~157.39 mg/kg，有效磷 12.30~67.40 mg/kg，速效钾 57.04~265.17 mg/kg，氯离子 15.87~18.40 mg/kg，交换性 Ca^{2+} 0.11~0.44 cmol/kg，交换性 Mg^{2+} 0.06~0.92 cmol/kg。

腐殖酸与腐殖质组成中，腐殖酸碳量 1.54~7.14 g/kg，腐殖质全碳量 1.97~11.16 g/kg，胡敏酸碳量 0.95~3.23 g/kg，胡敏素碳量 0.43~4.02 g/kg，富啡酸碳量 0.52~3.92 g/kg，胡富比 0.82~2.25。

微量元素中，有效铜 0~0.35 mg/kg，有效铁 8.81~45.50 mg/kg，有效锰 4.35~140.58 mg/kg，有效锌 0.07~1.85 mg/kg（表 6-3-25~表 6-3-27）。

表 6-3-25　片区代表性烟田土壤养分状况

土层/cm	pH	有机质/(g/kg)	全氮/(g/kg)	全磷/(g/kg)	全钾/(g/kg)	碱解氮/(mg/kg)	有效磷/(mg/kg)	速效钾/(mg/kg)	氯离子/(mg/kg)
0~22	4.99	36.95	1.63	0.53	2.95	157.39	67.40	265.17	18.40
22~60	5.15	3.79	0.23	0.13	4.32	24.95	12.30	70.36	16.72
60~85	5.43	4.36	0.33	0.15	10.14	34.55	14.40	57.04	15.87

表 6-3-26　片区代表性烟田土壤腐殖酸与腐殖质组成

土层/cm	腐殖酸碳量/(g/kg)	腐殖质全碳量/(g/kg)	胡敏酸碳量/(g/kg)	胡敏素碳量/(g/kg)	富啡酸碳量/(g/kg)	胡富比
0~22	7.14	11.16	3.23	4.02	3.92	0.82
22~60	1.54	1.97	0.95	0.43	0.59	1.60
60~85	1.68	2.48	1.16	0.80	0.52	2.25

表 6-3-27　片区代表性烟田土壤中微量元素状况

土层/cm	有效铜/(mg/kg)	有效铁/(mg/kg)	有效锰/(mg/kg)	有效锌/(mg/kg)	交换性 Ca^{2+}/(cmol/kg)	交换性 Mg^{2+}/(cmol/kg)
0~22	0.27	8.81	4.35	1.85	0.11	0.12
22~60	0	45.50	140.58	0.07	0.36	0.06
60~85	0.35	37.63	21.31	0.62	0.44	0.92

800 1000 1200 1400 1600 1800 2000 2200 2400　海拔/m

图 6-3-31　片区海拔示意图

普通钙质常湿淋溶土。

5）总体评价

土体深厚，耕作层质地适中，砾石少，耕性和通透性较好，中度水土流失。酸性土壤，有机质含量丰富，肥力偏高，磷、钾丰富，缺铜、锰、钙、镁，铜、钙含量缺乏。

10. 铁厂乡摆谷村摆左片区

1）基本信息

代表性地块（GD-10）：北纬 26°11′58.900″，东经 107°6′51.400″，海拔 1229 m（图 6-3-31），中山坡地中下部，成土母质为钙质粉砂岩风化坡积物，烤烟-玉米不定期轮作，缓坡旱地，土壤亚类为

2）气候条件

烤烟大田生长期间（5~9 月），平均气温 21.2℃，降水量 846 mm，日照时数 659 h（图 6-3-32）。

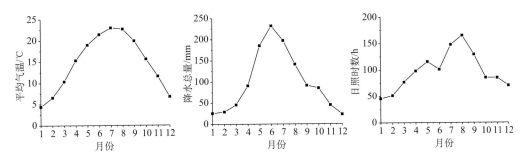

图 6-3-32　片区平均气温、降水总量、日照时数动态变化示意图

3）剖面形态（图 6-3-33（右））

图 6-3-33　代表性地块景观（左）和土壤剖面（右）

Ap：0~26 cm，黑棕色（10YR 3/1，润），棕灰色（10YR 5/1，干），30%左右岩石碎屑，粉壤土，发育中等的 1~2 mm 粒状结构，松散，2~3 个蚯蚓穴，pH 7.3，渐变波状过渡。

AB：26~40 cm，黑色（10YR 2/1，润），棕灰色（10YR 4/1，干），30%左右岩石碎屑，粉壤土，发育中等的 10~20 mm 块状结构，松散，2~3 个蚯蚓穴，pH 7.3，清晰平滑过渡。

Btr1：40~70 cm，棕灰色（10YR 5/1，润），浊黄橙色（10YR 7/2，干），10%左右岩石碎屑，粉质黏壤土，发育强的 20~50 mm 棱块状结构，坚硬，结构面上 2%左右铁锰斑纹，20%左右黏粒胶膜，1%左右软小铁锰结核，2~3 个蚯蚓穴，pH 5.2，渐变波状过渡。

Btr2：70~120 cm，棕灰色（10YR 5/1，润），浊黄橙色（10YR 7/2，干），5%左右岩石碎屑，粉质黏壤土，发育强的 20~50 mm 棱块状结构，坚硬，结构面上 2%左右铁锰斑纹，20%左右黏粒胶膜，pH 6.9。

4）土壤养分

片区土壤呈中性，土体 pH 6.85~7.25，有机质 7.28~27.73 g/kg，全氮 0.56~1.44 g/kg，全磷 0.21~0.64 g/kg，全钾 2.76~4.34 g/kg；碱解氮 47.99~119.00 mg/kg，有效磷 12.40~66.70 mg/kg，速效钾 90.08~269.61 mg/kg，氯离子 12.08~18.83 mg/kg，交换性 Ca^{2+} 1.55~5.21 cmol/kg，交换性 Mg^{2+} 0.99~2.09 cmol/kg。

腐殖酸与腐殖质组成中，腐殖酸碳量 2.65~4.84 g/kg，腐殖质全碳量 3.69~15.52 g/kg，胡敏酸碳量 1.38~3.03 g/kg，胡敏素碳量 1.04~10.69 g/kg，富啡酸碳量 1.27~1.81 g/kg，胡富比 1.01~1.68。

微量元素中，有效铜 0~1.05 mg/kg，有效铁 29.58~66.28 mg/kg，有效锰 15.58~256.10 mg/kg，有效锌 0.10~2.70 mg/kg（表 6-3-28~表 6-3-30）。

表 6-3-28　片区代表性烟田土壤养分状况

土层 /cm	pH	有机质 /(g/kg)	全氮 /(g/kg)	全磷 /(g/kg)	全钾 /(g/kg)	碱解氮 /(mg/kg)	有效磷 /(mg/kg)	速效钾 /(mg/kg)	氯离子 /(mg/kg)
0~26	7.25	27.73	1.44	0.64	3.55	119.00	66.70	269.61	18.83
26~40	6.90	26.17	1.17	0.38	2.76	109.41	13.20	155.19	14.60
40~70	6.85	7.28	0.56	0.21	4.34	47.99	12.40	90.08	12.08

表 6-3-29　片区代表性烟田土壤腐殖酸与腐殖质组成

土层 /cm	腐殖酸碳量 (g/kg)	腐殖质全碳量 /(g/kg)	胡敏酸碳量 /(g/kg)	胡敏素碳量 /(g/kg)	富啡酸碳量 /(g/kg)	胡富比
0~26	4.84	15.52	3.03	10.69	1.81	1.68
26~40	3.55	10.35	1.79	6.80	1.76	1.01
40~70	2.65	3.69	1.38	1.04	1.27	1.09

表 6-3-30　片区代表性烟田土壤中微量元素状况

土层 /cm	有效铜 /(mg/kg)	有效铁 /(mg/kg)	有效锰 /(mg/kg)	有效锌 /(mg/kg)	交换性 Ca^{2+} /(cmol/kg)	交换性 Mg^{2+} /(cmol/kg)
0~26	1.05	44.45	15.58	2.70	4.61	2.09
26~40	0.40	29.58	58.35	0.24	5.21	1.84
40~70	0	66.28	256.10	0.10	1.55	0.99

5）总体评价

土体深厚，耕作层质地适中，砾石多，耕性和通透性较好，轻度水土流失。中性土壤，有机质含量中等，肥力中等，磷、钾丰富，铜、铁、锰、锌、钙、镁含量丰富。

第四节　贵州开阳生态条件

一、地理位置

开阳县位于北纬 26°48′~27°22′，东经 106°45′~107°17′，地处贵州省中部。开阳县隶属贵州省贵阳市，开阳县现辖城关镇、双流镇、金中镇、冯三镇、楠木渡镇、龙岗镇，南龙乡、永温乡、宅吉乡、花梨乡、龙水乡、米坪乡、毛云乡，禾丰布依族苗族乡、南江布依族苗族乡、高寨苗族布依族乡等 6 个镇、7 个乡、3 个民族乡。开阳县南北长 64.5 km，东西宽 53 km，面积 2026 km²（图 6-4-1）。

二、自然条件

1. 地形地貌

开阳县在区域性地质构造上属黔中高原区，地势较高、起伏不平，地质构造复杂多样；地势西南高东北低，由西南分水岭地带向北面乌江河谷和东面清水河谷倾斜。最高海拔 1702 m，最低海拔 506.5 m，平均海拔在 1000~1400 m，相对高差 1195.5 m。由于风化强烈，流水侵蚀、溶蚀严重，岩溶较为发育，形成复杂多样的地貌类型；以山地为主，山地、丘陵、盆地（坝地）皆有（图 6-4-2）。

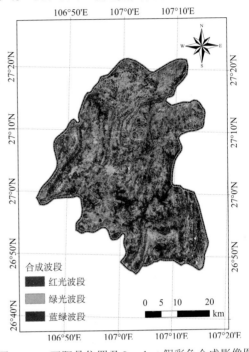

图 6-4-1　开阳县位置及 Landsat 假彩色合成影像图

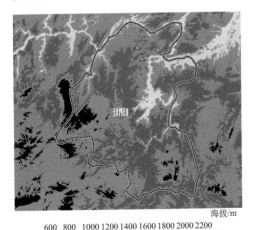

图 6-4-2　开阳县海拔示意图

2. 气候条件

开阳县大部分地区属北亚热带季风湿润气候，四季分明，春暖风和，冬无严寒，夏无酷暑，水热同季，无霜期长，春迟夏短，秋早冬长，多云雾，湿度大。西北部、北部、中东部气温较高、降水较少、日照较少，西南部、南部、东南部气温较低、降水较多、日照较多。年均气温 12.4~17.3℃，平均 14.7℃，1 月最冷，月平均气温 3.8℃，7 月最热，月平均气温 24.0℃。年均降水总量 1008~1138 mm，平均 1071 mm 左右，5~8 月降雨均在 100 mm 以上，其中 5 月、6 月、7 月降雨在 150 mm 以上，6

月降雨最多，高达 200 mm 以上，其他月降雨在 100 mm 以下。年均日照时数 1030~1126 h，平均 1076 h，5 月、7 月、8 月、9 月日照均在 100 h 以上，其中 7~9 月日照在 150 h 以上（图 6-4-3），平均无霜期 276 d 左右。

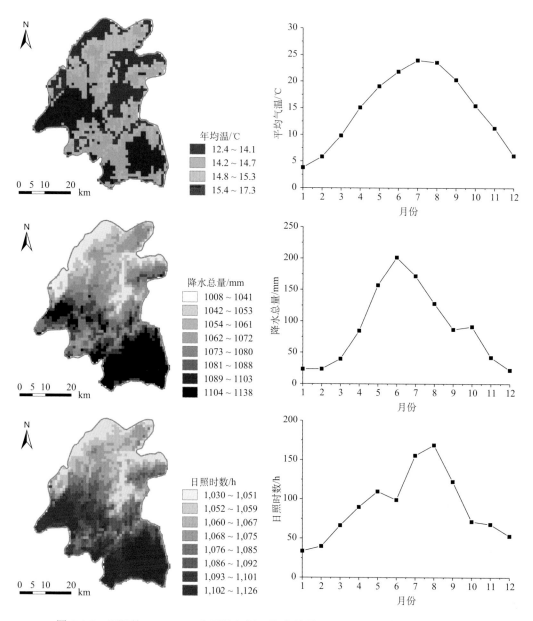

图 6-4-3　开阳县 1980~2013 年平均气温、降水总量、日照时数时空动态变化示意图

三、片区与代表性烟田

1. 冯三镇毛力村霄苴坳片区

1）基本信息

代表性地块（KY-01）：北纬 27°14′33.476″，东经 107°3′25.818″，海拔 910 m（图 6-4-4），中山坡地中部，成土母质为灰岩/白云岩风化坡积物，烤烟-玉米不定期轮作，中坡旱地，土壤亚类为耕淀铁质湿润淋溶土。

2）气候条件

烤烟大田生长期间（5~9 月），平均气温 22.9℃，降水量 718 mm，日照时数 662 h（图 6-4-5）。

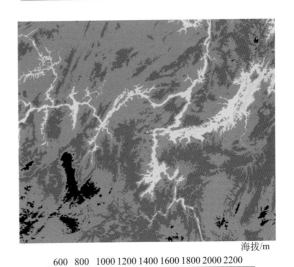

海拔/m

| 600 | 800 | 1000 | 1200 | 1400 | 1600 | 1800 | 2000 | 2200 |

图 6-4-4　片区海拔示意图

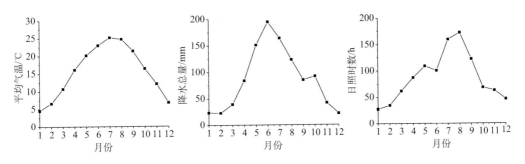

图 6-4-5　片区平均气温、降水总量、日照时数动态变化示意图

3）剖面形态（图 6-4-6（右））

Ap：0~30 cm，浊红棕色（5YR 4/4，润），橙色（5YR 6/6，干），20%左右岩石碎屑，粉质黏壤土，发育强的 1~2 mm 粒状结构，松散，2~3 个蚯蚓穴，pH 5.5，清晰波状过渡。

ABr：30~50 cm，灰棕色（5YR 4/2，润），浊橙色（5YR 6/4，干），10%左右岩石碎屑，粉质黏壤土，发育强的 10~20 mm 块状结构，坚硬，结构面上 5%腐殖质粒胶膜，1%左右软小铁锰结核，2~3 个蚯蚓穴，pH 5.4，渐变波状过渡。

Btr1：50~90 cm，灰棕色（5YR 4/2，润），浊橙色（5YR 6/4，干），10%左右岩石碎屑，粉质黏土，发育强的 20~50 mm 棱块状结构，坚硬，结构面上 20%左右黏粒胶膜，2%左右软小铁锰结核，2~3 个蚯蚓穴，pH 5.5，渐变波状过渡。

Abr：90~100 cm，暗红棕色（5YR 3/4，润），亮红棕色（5YR 5/6，干），10%左右岩石碎屑，粉质黏壤土，发育中等的 20~50 mm 棱块状结构，坚硬，结构面上 5%腐殖质-黏粒胶膜，1%左右软小铁锰结核，pH 5.9，渐变波状过渡。

Btr2：100~120 cm，灰棕色（5YR 4/2，润），浊橙色（5YR 6/4，干），10%左右岩石碎屑，粉质黏土，发育强的 20~50 mm 棱块状结构，坚硬，结构面上 20%左右黏粒胶膜，

2%左右软小铁锰结核，pH 6.0。

图 6-4-6   代表性地块景观(左)和土壤剖面(右)

4) 土壤养分

片区土壤呈酸性，土体 pH 5.41~5.99，有机质 8.80~25.87 g/kg，全氮 0.88~1.60 g/kg，全磷 0.46~1.08 g/kg，全钾 9.00~12.10 g/kg，碱解氮 64.56~169.52 mg/kg，有效磷 0.90~47.20 mg/kg，速效钾 36.16~349.01 mg/kg，氯离子 3.61~30.30 mg/kg，交换性 Ca^{2+} 5.77~7.11 cmol/kg，交换性 Mg^{2+} 0.58~1.71 cmol/kg。。

腐殖酸与腐殖质组成中，腐殖酸碳量 1.60~8.49 g/kg，腐殖质全碳量 5.10~15.01 g/kg，胡敏酸碳量 0.01~2.09 g/kg，胡敏素碳量 3.50~6.52 g/kg，富啡酸碳量 1.59~6.40 g/kg，胡富比 0.01~0.33。

微量元素中，有效铜 0.97~1.86 mg/kg，有效铁 17.21~28.18 mg/kg，有效锰 85.54~216.23 mg/kg，有效锌 0.46~3.54 mg/kg(表 6-4-1~表 6-4-3)。

表 6-4-1   片区代表性烟田土壤养分状况

土层 /cm	pH	有机质 /(g/kg)	全氮 /(g/kg)	全磷 /(g/kg)	全钾 /(g/kg)	碱解氮 /(mg/kg)	有效磷 /(mg/kg)	速效钾 /(mg/kg)	氯离子 /(mg/kg)
0~30	5.46	25.87	1.60	1.08	11.60	169.52	47.20	349.01	30.30
30~50	5.41	14.40	1.08	0.46	9.00	89.41	1.10	59.58	5.43
50~90	5.51	14.10	1.02	0.66	10.20	86.39	0.90	54.56	4.90
90~100	5.89	11.20	0.96	0.73	12.10	86.39	1.80	36.16	4.53
100~120	5.99	8.80	0.88	0.76	11.50	64.56	2.60	38.03	3.61

表 6-4-2　片区代表性烟田土壤腐殖酸与腐殖质组成

土层 /cm	腐殖酸碳量 /(g/kg)	腐殖质全碳量 /(g/kg)	胡敏酸碳量 /(g/kg)	胡敏素碳量 /(g/kg)	富啡酸碳量 /(g/kg)	胡富比
0~30	8.49	15.01	2.09	6.52	6.40	0.33
30~50	3.65	8.35	0.18	4.70	3.47	0.05
50~90	3.40	8.18	0.16	4.78	3.23	0.05
90~100	2.56	6.50	0.03	3.93	2.53	0.01
100~120	1.60	5.10	0.01	3.50	1.59	0.01

表 6-4-3　片区代表性烟田土壤中微量元素状况

土层 /cm	有效铜 /(mg/kg)	有效铁 /(mg/kg)	有效锰 /(mg/kg)	有效锌 /(mg/kg)	交换性 Ca^{2+} /(cmol/kg)	交换性 Mg^{2+} /(cmol/kg)
0~30	1.71	24.66	216.23	3.54	7.11	1.71
30~50	1.32	22.13	153.03	1.30	5.77	0.85
50~90	1.47	19.17	143.39	0.93	6.37	0.92
90~100	1.86	17.21	117.70	0.71	5.82	0.58
100~120	0.97	28.18	85.54	0.46	5.78	0.70

5）总体评价

土体深厚，耕作层质地偏黏，耕性较差，砾石较多，通透性好，中度水土流失。酸性土壤，有机质含量中等，肥力偏高，磷、钾含量丰富，氯离子含量偏高，铜、铁、锰、锌、钙、镁含量丰富。

2. 冯三镇毛力村桶井组片区

1）基本信息

代表性地块（KY-02）：北纬 27°14′39.910″，东经 107°3′17.339″，海拔 890 m（图 6-4-7），中山坡地坡麓，成土母质为白云岩风化坡积物，烤烟-玉米不定期轮作，缓坡旱地，土壤亚类为斑纹酸性湿润雏形土。

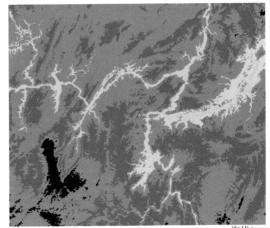

海拔/m

600　800　1000 1200 1400 1600 1800 2000 2200

图 6-4-7　冯片区海拔示意图

2）气候条件

烤烟大田生长期间（5~9 月），平均气温 22.9℃，降水量 718 mm，日照时数 662 h（图 6-4-8）。

3）剖面形态（图 6-4-9（右））

Ap：0~30 cm，棕灰色（7.5YR 5/1，润），浊橙色（7.5YR 7/3，干），10%左右岩石碎屑，粉壤土，发育强的 1~2 mm 粒状结构，松散，2~3 个蚯蚓穴，pH 4.4，清晰波状过渡。

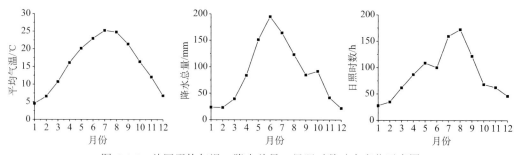

图 6-4-8 片区平均气温、降水总量、日照时数动态变化示意图

图 6-4-9 代表性地块景观(左)和土壤剖面(右)

Bt：30~46 cm，棕色(7.5YR 4/4，润)，橙色(7.5YR 6/6，干)，30%左右岩石碎屑，粉质黏壤土，发育强的 10~20 mm 棱块状结构，坚硬，结构面上 20%左右黏粒胶膜，2~3 个蚯蚓穴，pH 4.9，渐变波状过渡。

Abr：46~76 cm，黑棕色(7.5YR 3/1，润)，浊棕色(7.5YR 5/3，干)，20%左右岩石碎屑，粉壤土，发育强的 20~50 mm 块状结构，坚硬，结构面和孔隙壁上 5%左右腐殖质胶膜，2%左右软小铁锰结核，2~3 个蚯蚓穴，pH 5.8，清晰波状过渡。

Btr：76~107 cm，棕色(7.5YR 4/6，润)，橙色(7.5YR 6/8，干)，10%左右岩石碎屑，粉质黏壤土，发育中等的 20~50 mm 棱块状结构，坚硬，结构面上 20%左右黏粒胶膜，2%左右铁锰斑纹，1%左右软小铁锰结核，pH 6.0，清晰波状过渡。

R：107 cm~，白云岩。

4) 土壤养分

片区土壤呈强酸性，土体 pH 4.36~5.98，有机质 5.00~28.63 g/kg，全氮 0.44~1.78 g/kg，全磷 0.67~1.32 g/kg，全钾 8.00~8.90 g/kg，碱解氮 36.23~225.72 mg/kg，有效磷 0.90~60.90 mg/kg，速效钾 36.63~751.99 mg/kg，氯离子 2.28~43.90 mg/kg，交换性

Ca^{2+} 2.13~5.31 cmol/kg，交换性 Mg^{2+} 0.15~0.75 cmol/kg。

腐殖酸与腐殖质组成中，腐殖酸碳量 0.59~10.51 g/kg，腐殖质全碳量 2.90~16.61 g/kg，胡敏酸碳量 0.01~3.81 g/kg，胡敏素碳量 2.31~6.10 g/kg，富啡酸碳量 0.54~6.70 g/kg，胡富比 0.01~0.57。

微量元素中，有效铜 0.44~2.31 mg/kg，有效铁 7.90~78.89 mg/kg，有效锰 45.80~176.63 mg/kg，有效锌 0.12~10.69 mg/kg（表 6-4-4~表 6-4-6）。

表 6-4-4 片区代表性烟田土壤养分状况

土层 /cm	pH	有机质 /(g/kg)	全氮 /(g/kg)	全磷 /(g/kg)	全钾 /(g/kg)	碱解氮 /(mg/kg)	有效磷 /(mg/kg)	速效钾 /(mg/kg)	氯离子 /(mg/kg)
0~30	4.36	28.63	1.78	1.32	8.50	225.72	60.90	751.99	43.90
30~46	4.85	10.40	0.68	0.81	8.30	60.84	2.10	215.94	4.19
46~76	5.80	12.20	0.73	0.80	8.00	67.81	2.40	130.06	2.28
76~107	5.98	5.00	0.44	0.67	8.90	36.23	0.90	36.63	4.78

表 6-4-5 片区代表性烟田土壤腐殖酸与腐殖质组成

土层 /cm	腐殖酸碳量 /(g/kg)	腐殖质全碳量 /(g/kg)	胡敏酸碳量 /(g/kg)	胡敏素碳量 /(g/kg)	富啡酸碳量 /(g/kg)	胡富比
0~30	10.51	16.61	3.81	6.10	6.70	0.57
30~46	2.35	6.03	0.01	3.68	2.35	0.01
46~76	3.07	7.08	0.35	4.00	2.72	0.13
76~107	0.59	2.90	0.05	2.31	0.54	0.09

表 6-4-6 片区代表性烟田土壤中微量元素状况

土层 /cm	有效铜 /(mg/kg)	有效铁 /(mg/kg)	有效锰 /(mg/kg)	有效锌 /(mg/kg)	交换性 Ca^{2+} /(cmol/kg)	交换性 Mg^{2+} /(cmol/kg)
0~30	2.31	78.89	176.63	10.69	5.31	0.75
30~46	0.88	7.90	91.38	0.46	2.13	0.15
46~76	0.86	19.02	140.27	0.81	5.03	0.31
76~107	0.44	24.25	45.80	0.12	3.11	0.39

5）总体评价

土体深厚，耕作层质地适中，少量砾石，根系和通透性较好，轻度水土流失。强酸性土壤，有机质含量中等，肥力较高，磷、钾极为丰富，氯离子超标，铜、铁、锰、锌、钙含量丰富，镁含量中等。

3. 宅吉乡潘桐村同一片区

1）基本信息

代表性地块（KY-03）：北纬 27°16′26.790″，东经 107°6′51.180″，海拔 956 m（图 6-4-10），中山

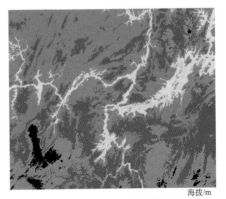

海拔/m

600 800 1000 1200 1400 1600 1800 2000 2200

图 6-4-10 片区海拔示意图

坡地坡麓，成土母质为白云岩风化坡积物，烤烟-玉米不定期轮作，缓坡梯田旱地，土壤亚类为耕淀铁质湿润淋溶土。

2）气候条件

烤烟大田生长期间（5~9 月），平均气温 22.3℃，降水量 726 mm，日照时数 660 h（图 6-4-11）。

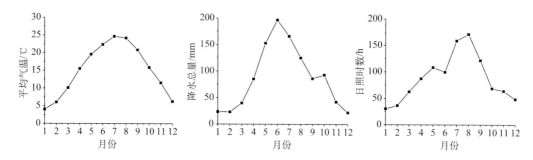

图 6-4-11 片区平均气温、降水总量、日照时数动态变化示意图

3）剖面形态（图 6-4-12（右））

图 6-4-12 代表性地块景观（左）和土壤剖面（右）

Ap：0~30 cm，灰棕色（7.5YR 4/2，润），浊橙色（7.5YR 6/4，干），5%左右岩石碎屑，粉质黏壤土，发育强的 1~2 mm 粒状结构，松散，2~3 个蚯蚓穴，pH 5.8，渐变波状过渡。

AB：30~60 cm，棕灰色（7.5YR 4/1，润），浊棕色（7.5YR 6/3，干），5%左右岩石碎屑，粉质黏壤土，发育强的 10~20 mm 棱块状结构，坚硬，结构面上 5%左右腐殖质淀积胶膜，1%左右软小铁锰结核，2~3 个蚯蚓穴，pH 6.5，渐变波状过渡。

Btr1：60~80 cm，棕灰色(7.5YR 4/1，润)，浊棕色(7.5YR 6/3，干)，5%左右岩石碎屑，粉质黏土，发育强的 20~50 mm 棱块状结构，坚硬，结构面上 5%左右腐殖质-黏粒胶膜，1%左右软小铁锰结核，2~3 个蚯蚓穴，pH 6.6，清晰波状过渡。

Btr2：80~120 cm，棕色(7.5YR 4/4，润)，橙色(7.5YR 6/6，干)，5%左右岩石碎屑，粉质黏土，发育中等的 20~50 mm 棱块状结构，坚硬，结构面上 20%黏粒胶膜，1%左右软小铁锰结核，pH 6.3。

4) 土壤养分

片区土壤呈微酸性，土体 pH 5.84~6.55，有机质 8.20~20.68 g/kg，全氮 0.73~1.13 g/kg，全磷 0.76~1.00 g/kg，全钾 11.10~18.50 g/kg，碱解氮 52.72~91.96 mg/kg，有效磷 1.40~25.40 mg/kg，速效钾 19.30~120.62 mg/kg，氯离子 3.30~12.90 mg/kg，交换性 Ca^{2+} 7.11~9.47 cmol/kg，交换性 Mg^{2+} 1.46~2.94 cmol/kg。

腐殖酸与腐殖质组成中，腐殖酸碳量 1.42~6.89 g/kg，腐殖质全碳量 4.76~11.99 g/kg，胡敏酸碳量 0.02~2.55 g/kg，胡敏素碳量 3.25~5.10 g/kg，富啡酸碳量 1.39~4.34 g/kg，胡富比 0.02~0.59。

微量元素中，有效铜 0.44~2.31 mg/kg，有效铁 7.90~78.89 mg/kg，有效锰 45.80~176.63 mg/kg，有效锌 0.12~10.69 mg/kg(表 6-4-7~表 6-4-9)。

表 6-4-7 片区代表性烟田土壤养分状况

土层 /cm	pH	有机质 /(g/kg)	全氮 /(g/kg)	全磷 /(g/kg)	全钾 /(g/kg)	碱解氮 /(mg/kg)	有效磷 /(mg/kg)	速效钾 /(mg/kg)	氯离子 /(mg/kg)
0~30	5.84	20.68	1.13	1.00	11.20	91.96	25.40	120.62	12.90
30~60	6.47	12.20	0.81	0.82	11.10	65.95	4.50	28.14	4.40
60~80	6.55	10.20	0.74	0.83	13.50	61.54	1.40	19.30	3.30
80~120	6.33	8.20	0.73	0.76	18.50	52.72	1.80	48.90	3.90

表 6-4-8 片区代表性烟田土壤腐殖酸与腐殖质组成

土层 /cm	腐殖酸碳量 /(g/kg)	腐殖质全碳量 /(g/kg)	胡敏酸碳量 /(g/kg)	胡敏素碳量 /(g/kg)	富啡酸碳量 /(g/kg)	胡富比
0~30	6.89	11.99	2.55	5.10	4.34	0.59
30~60	3.05	7.08	0.35	4.03	2.70	0.13
60~80	2.66	5.92	0.26	3.25	2.41	0.11
80~120	1.42	4.76	0.02	3.34	1.39	0.02

表 6-4-9 片区代表性烟田土壤中微量元素状况

土层 /cm	有效铜 /(mg/kg)	有效铁 /(mg/kg)	有效锰 /(mg/kg)	有效锌 /(mg/kg)	交换性 Ca^{2+} /(cmol/kg)	交换性 Mg^{2+} /(cmol/kg)
0~30	2.31	78.89	176.63	10.69	7.15	1.46
30~60	0.88	7.90	91.38	0.46	7.62	1.51
60~80	0.86	19.02	140.27	0.81	7.11	1.87
80~120	0.44	24.25	45.80	0.12	9.47	2.94

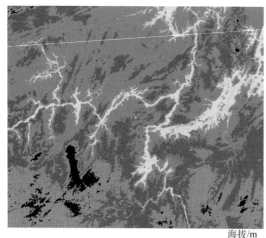

海拔/m

600 800 1000 1200 1400 1600 1800 2000 2200

图 6-4-13　片区海拔示意图

5) 总体评价

土体深厚，耕作层质地偏黏，耕性较差，少量砾石，通透性较差，轻度水土流失。微酸性土壤，有机质含量中等水平，肥力中等，磷、钾含量中等，铜、铁、锰、锌、钙、镁含量含量丰富。

4. 楠木渡镇新凤村新华片区

1) 基本信息

代表性地块（KY-04）：北纬 27°16′52.856″，东经 107°2′1.443″，海拔 977 m（图 6-4-13），中山坡地坡麓，成土母质为白云岩风化坡积物，烤烟-玉米不定期轮作，缓坡梯田旱地，土壤亚类为耕淀铁质湿润淋溶土。

2) 气候条件

烤烟大田生长期间（5~9 月），平均气温 22.1℃，降水量 727 mm，日照时数 658 h（图 6-4-14）。

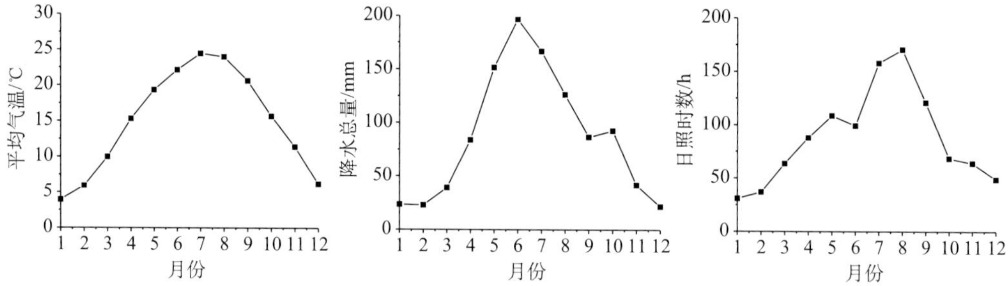

图 6-4-14　片区平均气温、降水总量、日照时数动态变化示意图

3) 剖面形态（图 6-4-15（右））

Ap：0~20 cm，浊红棕色（5YR 4/4，润），橙色（5YR 6/6，干），5%左右岩石碎屑，粉质黏壤土，发育强的 1~2 mm 粒状结构，松散，2~3 个蚯蚓穴，pH 5.6，清晰平滑过渡。

AB：20~60 cm，暗红棕色（5YR 3/4，润），亮红棕色（5YR 5/6，干），5%左右岩石碎屑，粉质黏壤土，发育强的 10~20 mm 块状结构，松散，结构面上 10%左右腐殖质胶膜，2%左右软小铁锰结核，2~3 个蚯蚓穴，pH 5.5，渐变波状过渡。

Btr1：60~90 cm，暗红棕色（5YR 3/4，润），亮红棕色（5YR 5/6，干）5%左右岩石碎屑，粉质黏土，发育强的 20~50 mm 棱块状结构，坚硬，结构面上 10%左右腐殖质-黏粒胶膜，2%左右软小铁锰结核，2~3 个蚯蚓穴，pH 6.0，清晰波状过渡。

图 6-4-15 代表性地块景观(左)和土壤剖面(右)

Abr：90~115 cm，暗红棕色(5YR 3/4，润)，亮红棕色(5YR 5/6，干)2%左右岩石碎屑，粉质黏壤土，发育强的 20~50 mm 棱块状结构，坚硬，结构面上 20%左右腐殖质-黏粒胶膜，5%左右软小铁锰结核，pH 5.0，清晰平滑过渡。

Btr2：115~120 cm，浊红棕色(5YR 4/4，润)，橙色(5YR 6/6，干)，2%左右岩石碎屑，粉质黏土，发育强的 20~50 mm 棱块状结构，坚硬，结构面上 2%左右铁锰斑纹，20%左右黏粒胶膜，2%左右软小铁锰结核，pH 6.0。

4) 土壤养分

片区土壤呈酸性，土体 pH 5.01~5.99，有机质 6.00~20.27 g/kg，全氮 0.71~1.34 g/kg，全磷 0.49~1.23 g/kg，全钾 14.70~18.60 g/kg，碱解氮 33.67~104.27 mg/kg，有效磷 0.10~36.80 mg/kg，速效钾 30.97~276.34 mg/kg，氯离子 2.18~11.40 mg/kg，交换性 Ca^{2+} 5.19~7.62 cmol/kg，交换性 Mg^{2+} 1.58~2.65 cmol/kg。

腐殖酸与腐殖质组成中，腐殖酸碳量 2.38~7.47 g/kg，腐殖质全碳量 3.48~11.76 g/kg，胡敏酸碳量 0.24~2.27 g/kg，胡敏素碳量 1.10~4.49 g/kg，富啡酸碳量 2.14~5.42 g/kg，胡富比 0.11~0.45。

微量元素中，有效铜 0.92~1.36 mg/kg，有效铁 16.23~38.63 mg/kg，有效锰 28.45~194.74 mg/kg，有效锌 0.65~3.88 mg/kg(表 6-4-10~表 6-4-12)

5) 总体评价

土体较厚，耕作层质地偏黏，耕性较差，砾石较多，通透性较好，轻度水土流失。微酸性土壤，有机质含量中等，肥力中等水平，磷、钾较丰富，铜、铁、锰、锌、钙、镁含量含量丰富。

表 6-4-10　片区代表性烟田土壤养分状况

土层 /cm	pH	有机质 /(g/kg)	全氮 /(g/kg)	全磷 /(g/kg)	全钾 /(g/kg)	碱解氮 /(mg/kg)	有效磷 /(mg/kg)	速效钾 /(mg/kg)	氯离子 /(mg/kg)
0~20	5.61	20.27	1.31	1.17	17.50	104.27	36.80	276.34	11.40
20~60	5.50	19.80	1.34	1.23	17.80	102.64	3.20	151.77	3.20
60~90	5.99	10.20	0.87	0.49	18.60	54.81	0.60	42.29	3.07
90~115	5.01	8.80	0.84	0.59	15.70	52.95	0.10	30.97	2.71
115~120	5.96	6.00	0.71	0.76	14.70	33.67	0.20	36.16	2.18

表 6-4-11　片区代表性烟田土壤腐殖酸与腐殖质组成

土层 /cm	腐殖酸碳量 /(g/kg)	腐殖质全碳量 /(g/kg)	胡敏酸碳量 /(g/kg)	胡敏素碳量 /(g/kg)	富啡酸碳量 /(g/kg)	胡富比
0~20	7.27	11.76	2.27	4.49	5.01	0.45
20~60	7.47	11.48	2.06	4.01	5.42	0.38
60~90	4.06	5.92	0.82	1.85	3.24	0.25
90~115	3.82	5.10	1.06	1.28	2.76	0.38
115~120	2.38	3.48	0.24	1.10	2.14	0.11

表 6-4-12　片区代表性烟田土壤中微量元素状况

土层 /cm	有效铜 /(mg/kg)	有效铁 /(mg/kg)	有效锰 /(mg/kg)	有效锌 /(mg/kg)	交换性 Ca^{2+} /(cmol/kg)	交换性 Mg^{2+} /(cmol/kg)
0~20	1.35	28.24	194.74	3.88	7.50	1.94
20~60	1.36	31.75	169.15	3.59	7.62	1.58
60~90	1.13	16.23	67.58	1.09	6.92	2.65
90~115	1.21	16.23	51.55	1.12	6.29	2.58
115~120	0.92	38.63	28.45	0.65	5.19	2.54

海拔/m

600　800　1000 1200 1400 1600 1800 2000 2200

图 6-4-16　片区海拔示意图

5. 楠木渡镇新凤村临江片区

1) 基本信息

代表性地块 (KY-05)：北纬 27°16′45.344″，东经 107°2′7.643″，海拔 987 m(图 6-4-16)，中山坡地中下部，成土母质为灰岩/白云岩风化坡积物，烤烟-玉米不定期轮作，缓坡梯田旱地，土壤亚类为耕淀铁质湿润淋溶土。

2) 气候条件

烤烟大田生长期间(5~9 月)，平均气温 22.1℃，降水量 727 mm，日照时数 658 h(图 6-4-17)。

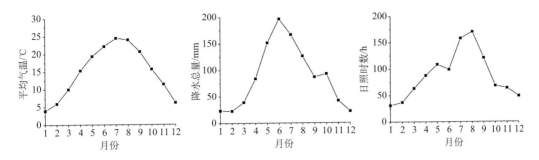

图 6-4-17　片区平均气温、降水总量、日照时数动态变化示意图

3）剖面形态（图 6-4-18（右））

Ap：0~35 cm，棕灰色（7.5YR 5/1，润），淡棕灰色（7.5YR 7/2，干），30%左右岩石碎屑，粉质黏壤土，发育中等的 1~2 mm 粒状结构，松散，2~3 个蚯蚓穴，pH 7.2，渐变波状过渡。

AB：35~60 cm，棕灰色（7.5YR 5/1，润），淡棕灰色（7.5YR 7/2，干），30%左右岩石碎屑，粉质黏壤土，发育中等的 10~20 mm 块状结构，稍硬，结构面和孔隙壁上 5%左右腐殖质胶膜，5%左右铁锰斑纹，5%左右软小铁锰结核，2~3 个蚯蚓穴，pH 7.4，渐变波状过渡。

Btr1：60~105 cm，灰棕色（7.5YR 5/2，润），浊橙色（7.5YR 7/4，干），50%左右岩石碎屑，粉质黏壤土，发育中等的 20~50 mm 棱块状结构，坚硬，结构面和孔隙壁上 10%左右腐殖质黏粒胶膜，2%左右铁锰斑纹，2%左右软小铁锰结核，2~3 个蚯蚓穴，pH 7.7，渐变波状过渡。

图 6-4-18　代表性地块景观（左）和土壤剖面（右）

Btr2：105~120 cm，黑棕色(7.5YR 3/1，润)，浊棕色(7.5YR 5/3，干)，50%左右岩石碎屑，粉质黏土，发育中等的 20~50 mm 棱块状结构，坚硬，结构面上 20%左右黏粒胶膜，2%左右软小铁锰结核，pH 7.5。

4) 土壤养分

片区土壤呈中性，土体 pH 7.21~7.67，有机质 14.40~32.55 g/kg，全氮 1.17~2.09 g/kg，全磷 0.67~1.25g/kg，全钾 19.90~22.10 g/kg；碱解氮 66.88~135.15 mg/kg，有效磷 0.10~15.60 mg/kg，速效钾 48.90~234.82 mg/kg，氯离子 2.94~11.90 mg/kg，交换性 Ca^{2+} 13.27~17.75 cmol/kg，交换性 Mg^{2+} 8.03~9.10 cmol/kg。

腐殖酸与腐殖质组成中，腐殖酸碳量 5.40~11.17 g/kg，腐殖质全碳量 8.35~18.88 g/kg，胡敏酸碳量 0.03~4.34 g/kg，胡敏素碳量 2.96~7.71 g/kg，富啡酸碳量 4.14~8.91 g/kg，胡富比 0~0.64。

微量元素中，有效铜 0.01~0.07 mg/kg，有效铁 0.26~26.83 mg/kg，有效锰 3.17~26.95 mg/kg，有效锌 0.03~0.33 mg/kg(表 6-4-13~表 6-4-15)。

表 6-4-13　片区代表性烟田土壤养分状况

土层 /cm	pH	有机质 /(g/kg)	全氮 /(g/kg)	全磷 /(g/kg)	全钾 /(g/kg)	碱解氮 /(mg/kg)	有效磷 /(mg/kg)	速效钾 /(mg/kg)	氯离子 /(mg/kg)
0~35	7.21	32.55	2.09	1.25	19.90	135.15	15.60	234.82	11.90
35~60	7.37	24.80	1.65	0.67	21.30	98.93	0.50	58.34	2.94
60~105	7.67	15.20	1.17	0.71	22.10	66.88	0.10	48.90	7.44
105~120	7.51	14.40	1.31	0.78	20.00	69.67	0.10	75.32	4.00

表 6-4-14　片区代表性烟田土壤腐殖酸与腐殖质组成

土层 /cm	腐殖酸碳量 /(g/kg)	腐殖质全碳量 /(g/kg)	胡敏酸碳量 /(g/kg)	胡敏素碳量 /(g/kg)	富啡酸碳量 /(g/kg)	胡富比
0~35	11.17	18.88	4.34	7.71	6.83	0.64
35~60	8.94	14.39	0.03	5.44	8.91	0
60~105	5.58	8.82	1.44	3.24	4.14	0.35
105~120	5.40	8.35	0.81	2.96	4.59	0.18

表 6-4-15　片区代表性烟田土壤中微量元素状况

土层 /cm	有效铜 /(mg/kg)	有效铁 /(mg/kg)	有效锰 /(mg/kg)	有效锌 /(mg/kg)	交换性 Ca^{2+} /(cmol/kg)	交换性 Mg^{2+} /(cmol/kg)
0~35	0.04	26.83	26.95	0.11	17.75	8.03
35~60	0.03	0.26	5.29	0.06	17.36	8.27
60~105	0.01	0.28	3.17	0.03	13.27	8.72
105~120	0.07	0.55	25.73	0.33	13.82	9.10

5) 总体评价

土体深厚，耕作层质地偏黏，耕性较差，砾石较多，通透性好，轻度水土流失。中性土壤，有机质含量丰富，肥力偏高，缺磷富钾，缺铜、锌，铁、锰、钙、镁含量丰富。

第五节　贵州西秀生态条件

一、地理位置

西秀区位于北纬 25°21′~26°38′，东经 105°13′~106°34′，地处贵州省中偏西南部；东邻省会贵阳市和黔南布依族苗族自治州，西靠六盘水市，南连黔西南布依族苗族自治州，北接毕节市。西秀区隶属贵州省安顺市，为安顺市政府所在地，现辖南街街道、东街街道、西街街道、北街街道、东关街道、华西街道、宋旗镇、幺铺镇、宁谷镇、龙宫镇、双堡镇、大西桥镇、七眼桥镇、蔡官镇、轿子山镇、旧州镇、新场布依族苗族乡、岩腊苗族布依族乡、鸡场布依族苗族乡、杨武布依族苗族乡、东屯乡、黄腊布依族苗族乡、刘官乡等 6 个街道、7 个乡(其中 5 个民族乡)、8 个镇，面积 1704.5 km²(图 6-5-1)。

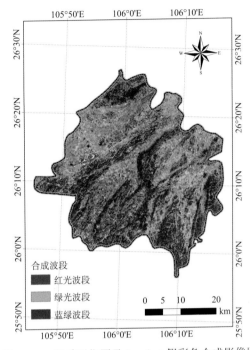

图 6-5-1　西秀区位置及 Landsat 假彩色合成影像图

二、自然条件

1. 地形地貌

西秀区位于长江水系乌江流域和珠江水系北盘江流域的分水岭地带，境内河流分属长江、珠江两大水系，其中长江流域面积占 45%，珠江流域面积占 55%。西秀区是世界上典型的喀斯特地貌集中地区，平均海拔在 1102~1694 m，全境海拔 560~1500 m，具有山岳气候的典型特征(图 6-5-2)。

2. 气候条件

西秀区属北亚热带季风湿润型气候，年均气温 13.1~16.1℃，平均 14.7℃，1 月最冷，月平均气温 4.7℃，7 月最热，月平均气温 22.5℃；区域分布总的趋势是由南向北、西北递减。年均降水总量 1099~1193 mm，平均 1150 mm 左右，5~8 月降雨均在 150 mm 以上，其中 6 月、7 月降雨在 200 mm 以上，其他月降雨在 100 mm 以下；区域分布总趋势是由南向北递

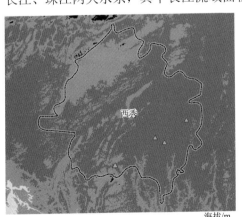

海拔/m

800 1000 1200 1400 1600 1800 2000 2200 2400

图 6-5-2　西秀区海拔示意图

减。年均日照时数 1194~1290 h，平均 1239 h，4~9 月日照均在 100 h 以上，其中 7 月、8 月日照在 150 h 左右（图 6-5-3），无霜期 270 d~300 d。

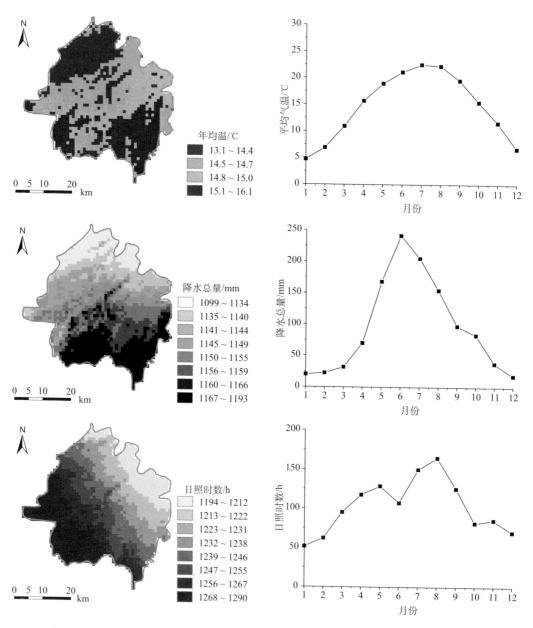

图 6-5-3　西秀县 1980~2013 年平均气温、降水总量、日照时数时空动态变化示意图

三、片区与代表性烟田

1. 鸡场乡朱官村朱官片区

1) 基本信息

代表性地块（XX-01）：北纬26°5′21.198″，东经 106°4′57.442″，海拔1229 m（图 6-5-4），中山坡地坡麓，成土母质为白云岩/灰岩风化坡积物，烤烟-玉米不定期轮作，缓坡梯田旱地，土壤亚类为普通简育常湿淋溶土。

2) 气候条件

烤烟大田生长期间（5~9 月），平均气温 21.5℃，降水量 870 mm，日照时数 681 h（图 6-5-5）。

海拔/m

800 1000 1200 1400 1600 1800 2000 2200 2400

图 6-5-4　片区海拔示意图

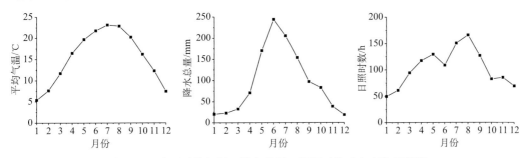

图 6-5-5　片区平均气温、降水总量、日照时数动态变化示意图

3) 剖面形态（图 6-5-6（右））

XX-01 西秀

图 6-5-6　代表性地块景观（左）和土壤剖面（右）

Ap: 0~30 cm, 棕色(7.5YR 4/4, 润), 橙色(7.5YR 6/6, 干), 粉壤土, 发育强的 1~ 2 mm 粒状结构, 松散, 2~3 个蚯蚓穴, pH 5.5, 清晰波状过渡。

ABr: 30~50 cm, 棕色(7.5YR 4/4, 润), 橙色(7.5YR 6/6, 干), 5%左右岩石碎屑, 粉壤土, 发育强的 10~20 mm 块状结构, 坚硬, 1%左右软小铁锰结核, 2~3 个蚯蚓穴, pH 5.8, 渐变波状过渡。

Abr: 50~80 cm, 黑棕色(7.5YR 3/1, 润), 灰棕色(7.5YR 5/2, 干), 5%左右岩石碎屑, 粉壤土, 发育强的 20~50 mm 块状结构, 坚硬, 结构面上 20%左右腐殖质-黏粒胶膜, 2%左右软小铁锰结核, 2~3 个蚯蚓穴, pH 6.6, 渐变波状过渡。

Btr: 80~120 cm, 棕色(7.5YR 4/6, 润), 橙色(7.5YR 6/8, 干), 5%左右岩石碎屑, 粉质黏壤土, 发育强的 20~50 mm 棱块状结构, 坚硬, 结构面上 20%左右黏粒胶膜, 5% 左右软小铁锰结核, 2~3 个蚯蚓穴, pH 7.0。

4) 土壤养分

片区土壤呈微酸性, 土体 pH 5.53~6.56, 有机质 6.60~28.75 g/kg, 全氮 0.81~ 1.61 g/kg, 全磷 0.45~1.12 g/kg, 全钾 13.30~42.80 g/kg, 碱解氮 37.62~154.66 mg/kg, 有效磷 0.40~24.30 mg/kg, 速效钾 73.44~242.37 mg/kg, 氯离子 6.64~18.40 mg/kg, 交换性 Ca^{2+} 5.66~10.37 cmol/kg, 交换性 Mg^{2+} 0.61~1.03 cmol/kg。

腐殖酸与腐殖质组成中, 腐殖酸碳量 2.85~10.58 g/kg, 腐殖质全碳量 3.83~ 16.68 g/kg, 胡敏酸碳量 0.30~3.95 g/kg, 胡敏素碳量 0.98~6.10 g/kg, 富啡酸碳量 2.56~6.63 g/kg, 胡富比 0.12~0.67。

微量元素中, 有效铜 0.59~2.27 mg/kg, 有效铁 1.63~54.68 mg/kg, 有效锰 13.72~191.55 mg/kg, 有效锌 0.22~3.59 mg/kg(表 6-5-1~表 6-5-3)。

表 6-5-1　片区代表性烟田土壤养分状况

土层 /cm	pH	有机质 /(g/kg)	全氮 /(g/kg)	全磷 /(g/kg)	全钾 /(g/kg)	碱解氮 /(mg/kg)	有效磷 /(mg/kg)	速效钾 /(mg/kg)	氯离子 /(mg/kg)
0~30	5.53	28.75	1.61	1.12	13.30	154.66	24.30	242.37	18.40
30~50	5.79	15.30	1.05	0.45	18.20	87.78	0.70	73.44	6.64
50~80	6.56	19.00	1.31	0.80	23.40	105.43	1.90	95.14	6.98
80~120	6.12	6.60	0.81	0.70	42.80	37.62	0.40	84.76	10.10

表 6-5-2　片区代表性烟田土壤腐殖酸与腐殖质组成

土层 /cm	腐殖酸碳量 /(g/kg)	腐殖质全碳量 /(g/kg)	胡敏酸碳量 /(g/kg)	胡敏素碳量 /(g/kg)	富啡酸碳量 /(g/kg)	胡富比
0~30	10.58	16.68	3.95	6.10	6.63	0.60
30~50	6.98	8.87	2.80	1.89	4.19	0.67
50~80	8.91	11.02	2.81	2.11	6.10	0.46
80~120	2.85	3.83	0.30	0.98	2.56	0.12

表 6-5-3　片区代表性烟田土壤中微量元素状况

土层/cm	有效铜/(mg/kg)	有效铁/(mg/kg)	有效锰/(mg/kg)	有效锌/(mg/kg)	交换性 Ca^{2+}/(cmol/kg)	交换性 Mg^{2+}/(cmol/kg)
0~30	2.20	54.68	191.55	3.59	5.66	0.61
30~50	2.04	1.63	58.53	1.07	8.92	0.63
50~80	2.27	17.88	52.78	0.81	10.37	0.78
80~120	0.59	18.41	13.72	0.22	9.04	1.03

5)总体评价

土体深厚,耕作层质地适中,少量砾石,耕性和通透性较好,轻度水土流失。微酸性土壤,有机质含量中偏高,肥力偏高,磷中等,钾丰富,铜、铁、锰、锌、钙丰富,镁含量中等水平。

2. 岩腊乡三股水村对门寨片区

1)基本信息

代表性地块(XX-02):北纬26°2′36.095″,东经 106°0′34.670″,海拔1307 m(图6-5-7),中山沟谷地,成土母质为白云岩风化沟谷冲积-堆积物,烤烟-玉米不定期轮作,缓坡旱地,土壤亚类为普通钙质常湿雏形土。

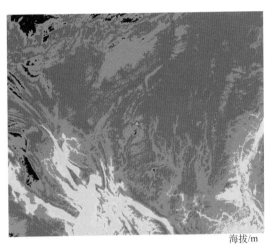

海拔/m

800 1000 1200 1400 1600 1800 2000 2200 2400

图 6-5-7　片区海拔示意图

2)气候条件

烤烟大田生长期间(5~9 月),平均气温 21.0℃,降水量 883 mm,日照时数 682 h(图6-5-8)。

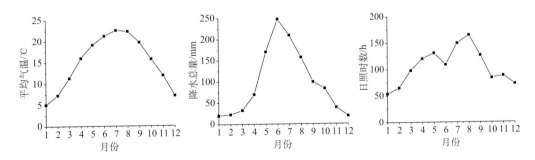

图 6-5-8　片区平均气温、降水总量、日照时数动态变化示意图

3)剖面形态(图 6-5-9(右))

Ap: 0~20 cm,棕灰色(7.5YR 4/1,润),浊棕色(7.5YR 6/3,干),70%左右岩石碎

屑，黏壤土，发育弱的 1~2 mm 粒状结构，松散，2~3 个蚯蚓穴，pH 6.5，渐变波状过渡。

图 6-5-9 代表性地块景观(左)和土壤剖面(右)

Bw：20~80 cm，黑棕色(7.5YR 3/2，润)，浊棕色(7.5YR 5/4，干)，75%左右岩石碎屑，黏壤土，发育弱的 10~20 mm 块状结构，坚硬，2~3 个蚯蚓穴，pH 6.3，渐变波状过渡。

R：80 cm~，白云岩。

4) 土壤养分

片区土壤呈微酸性，土体 pH 6.30~6.49，有机质 16.50~34.06 g/kg，全氮 1.19~1.98 g/kg，全磷 0.97~1.79 g/kg，全钾 18.20~20.20 g/kg，碱解氮 82.21~146.77 mg/kg，有效磷 3.40~9.60 mg/kg，速效钾 61.45~169.17 mg/kg，氯离子 12.00~22.20 mg/kg，交换性 Ca^{2+} 13.86~14.88 cmol/kg，交换性 Mg^{2+} 0.72~1.50 cmol/kg。

腐殖酸与腐殖质组成中，腐殖酸碳量 6.49~12.06 g/kg，腐殖质全碳量 9.57~19.76 g/kg，胡敏酸碳量 1.84~4.34 g/kg，胡敏素碳量 3.08~7.69 g/kg，富啡酸碳量 4.65~7.72 g/kg，胡富比 0.40~0.56。

微量元素中，有效铜 3.13~3.25 mg/kg，有效铁 38.30~57.73 mg/kg，有效锰 128.78~242.15 mg/kg，有效锌 2.39~4.89 mg/kg(表 6-5-4~表 6-5-6)。

表 6-5-4 片区代表性烟田土壤养分状况

土层/cm	pH	有机质/(g/kg)	全氮/(g/kg)	全磷/(g/kg)	全钾/(g/kg)	碱解氮/(mg/kg)	有效磷/(mg/kg)	速效钾/(mg/kg)	氯离子/(mg/kg)
0~20	6.49	34.06	1.98	1.79	20.20	146.77	9.60	169.17	22.20
20~80	6.30	16.50	1.19	0.97	18.20	82.21	3.40	61.45	12.00

表 6-5-5　片区代表性烟田土壤腐殖酸与腐殖质组成

土层 /cm	腐殖酸碳量 /(g/kg)	腐殖质全碳量 /(g/kg)	胡敏酸碳量 /(g/kg)	胡敏素碳量 /(g/kg)	富啡酸碳量 /(g/kg)	胡富比
0~20	12.06	19.76	4.34	7.69	7.72	0.56
20~80	6.49	9.57	1.84	3.08	4.65	0.40

表 6-5-6　片区代表性烟田土壤中微量元素状况

土层 /cm	有效铜 /(mg/kg)	有效铁 /(mg/kg)	有效锰 /(mg/kg)	有效锌 /(mg/kg)	交换性 Ca²⁺ /(cmol/kg)	交换性 Mg²⁺ /(cmol/kg)
0~20	3.25	38.30	242.15	4.89	13.86	1.50
20~80	3.13	57.73	128.78	2.39	14.88	0.72

5）总体评价

土体较薄，耕作层质地偏黏，耕性较差，砾石多，通透性好，轻度水土流失。微酸性土壤，有机质含量丰富，肥力中偏高，缺磷富钾，铜、铁、锰、锌、钙、锰丰富。

3. 双堡镇张溪湾片区

1）基本信息

代表性地块（XX-03）：北纬 26°7′32.620″，东经 106°8′6.502″，海拔 1255 m（图 6-5-10），中山坡地坡麓，成土母质为灰岩风化堆积物，烤烟-晚稻/玉米不定期轮作，梯田水田，土壤亚类为漂白铁聚水耕人为土。

海拔/m

800 1000 1200 1400 1600 1800 2000 2200 2400

图 6-5-10　片区海拔示意图

2）气候条件

烤烟大田生长期间（5~9 月），平均气温 21.3℃，降水量 868 mm，日照时数 677 h（图 6-5-11）。

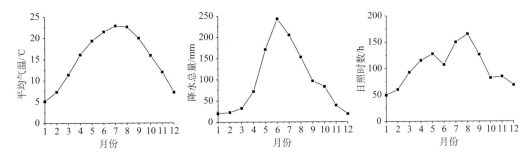

图 6-5-11　片区平均气温、降水总量、日照时数动态变化示意图

3）剖面形态（图6-5-12（右））

图 6-5-12　代表性地块景观（左）和土壤剖面（右）

Ap1：0~20 cm，棕灰色（7.5YR 6/1，润），橙白色（7.5YR 8/2，干），粉壤土，发育强的 1~2 mm 粒状结构，松散，2~3 个蚯蚓穴，pH 4.7，渐变波状过渡。

Ap2：20~30 cm，棕灰色（7.5YR 4/1，润），灰棕色（7.5YR 6/2，干），粉壤土，发育强的 10~20 mm 块状结构，坚硬，1%左右软小铁锰结核，2~3 个蚯蚓穴，pH 5.2，清晰平滑过渡。

Br1：30~40 cm，棕色（7.5YR 4/4，润），橙色（7.5YR 6/6，干），粉质黏壤土，发育强的 10~20 mm 棱块状结构，坚硬，结构面上 2%左右铁锰斑纹，1%左右软小铁锰结核，2~3 个蚯蚓穴，pH 5.5，清晰波状过渡。

Abr：40~50 cm，黑棕色（7.5YR 3/1，润），浊棕色（7.5YR 5/3，干），粉壤土，发育强的 20~50 mm 块状结构，坚硬，结构面上 5%左右灰色胶膜，2%左右铁锰斑纹，1%左右软小铁锰结核，2~3 个蚯蚓穴，pH 5.4，清晰波状过渡。

E1：50~90 cm，棕灰色（7.5YR 6/1，润），橙白色（7.5YR 8/2，干），粉壤土，发育中等的 20~50 mm 块状结构，坚硬，结构面上 2%左右铁锰斑纹，2%左右软小铁锰结核，pH 5.4，渐变波状过渡。

E2：90~120 cm，棕灰色（7.5YR 5/1，润），淡棕灰色（7.5YR 7/2，干），粉壤土，发育中等的 20~50 mm 块状结构，坚硬，结构面上 2%左右铁锰斑纹，1%左右软小铁锰结核，pH 5.4。

4）土壤养分

片区土壤呈酸性，土体 pH 4.69~5.52，有机质 3.00~24.00 g/kg，全氮 0.13~1.14 g/kg，

全磷 0.36~0.62 g/kg，全钾 5.60~7.30 g/kg，碱解氮 15.56~114.49 mg/kg，有效磷 5.90~18.80 mg/kg，速效钾 11.81~123.45 mg/kg，氯离子 8.55~16.70 mg/kg，交换性 Ca^{2+} 0.78~2.64 cmol/kg，交换性 Mg^{2+} 0.02~0.22 cmol/kg。

腐殖酸与腐殖质组成中，腐殖酸碳量 1.04~8.13 g/kg，腐殖质全碳量 1.74~13.92 g/kg，胡敏酸碳量 0.02~2.45 g/kg，胡敏素碳量 0.70~5.79 g/kg，富啡酸碳量 1.02~5.84 g/kg，胡富比 0.02~0.43。

微量元素中，有效铜 0.18~1.61 mg/kg，有效铁 13.34~190.25 mg/kg，有效锰 3.21~24.18 mg/kg，有效锌 0.05~1.73 mg/kg（表 6-5-7~表 6-5-9）。

表 6-5-7 片区代表性烟田土壤养分状况

土层 /cm	pH	有机质 /(g/kg)	全氮 /(g/kg)	全磷 /(g/kg)	全钾 /(g/kg)	碱解氮 /(mg/kg)	有效磷 /(mg/kg)	速效钾 /(mg/kg)	氯离子 /(mg/kg)
0~20	4.69	22.34	1.14	0.62	7.30	114.49	18.80	114.84	10.50
20~30	5.20	24.00	1.03	0.48	6.70	103.57	12.30	123.45	9.18
30~40	5.52	6.90	0.43	0.39	6.70	41.34	5.90	58.34	10.40
40~50	5.43	6.60	0.36	0.42	5.60	41.80	14.10	24.36	16.70
50~90	5.36	3.00	0.13	0.36	6.00	15.56	7.50	11.81	8.55

表 6-5-8 片区代表性烟田土壤腐殖酸与腐殖质组成

土层 /cm	腐殖酸碳量 /(g/kg)	腐殖质全碳量 /(g/kg)	胡敏酸碳量 /(g/kg)	胡敏素碳量 /(g/kg)	富啡酸碳量 /(g/kg)	胡富比
0~20	8.03	12.96	2.19	4.93	5.84	0.38
20~30	8.13	13.92	2.45	5.79	5.68	0.43
30~40	3.03	4.00	0.83	0.97	2.20	0.38
40~50	3.07	3.83	0.66	0.76	2.41	0.27
50~90	1.04	1.74	0.02	0.70	1.02	0.02

表 6-5-9 片区代表性烟田土壤中微量元素状况

土层 /cm	有效铜 /(mg/kg)	有效铁 /(mg/kg)	有效锰 /(mg/kg)	有效锌 /(mg/kg)	交换性 Ca^{2+} /(cmol/kg)	交换性 Mg^{2+} /(cmol/kg)
0~20	1.56	190.25	7.76	1.73	0.78	0.03
20~30	1.61	173.63	6.14	1.22	1.11	0.22
30~40	0.75	41.63	24.18	0.31	2.64	0.14
40~50	0.27	13.34	6.89	0.13	0.95	0.02
50~90	0.18	27.40	3.21	0.05	0.82	0.13

5）总体评价

土体深厚，耕作层质地适中，耕性和通透性较好。酸性土壤，有机质含量中等，肥力中等，缺磷，钾中等水平，铜、铁、锰、锌丰富，缺钙、镁。

海拔/m

800 1000 1200 1400 1600 1800 2000 2200 2400

图 6-5-13　片区海拔示意图

4. 杨武乡蒙弄村(塘寨村)竹志片区

1)基本信息

代表性地块(XX-04)：北纬 26°6′46.450″，东经 106°9′56.042″，海拔 1243 m(图 6-5-13)，中山坡地中下部，成土母质为灰岩风化坡积物，烤烟-玉米不定期轮作，缓坡梯田旱地，土壤亚类为铝质简育常湿雏形土。

2)气候条件

烤烟大田生长期间(5~9 月)，平均气温 21.4℃，降水量 869 mm，日照时数 677 h(图 6-5-14)。

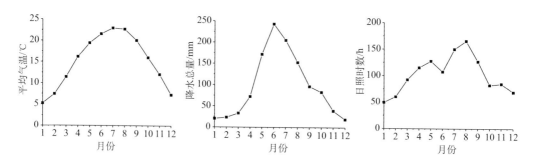

图 6-5-14　片区平均气温、降水总量、日照时数动态变化示意图

3)剖面形态(图 6-5-15(右))

Ap：0~28 cm，棕灰色(7.5YR 6/1，润)，橙白色(7.5YR 8/2，干)，10%左右岩石碎屑，壤土，发育强的 1~2 mm 粒状结构，松散，2~3 个蚯蚓穴，pH 4.3，渐变波状过渡。

ABr：28~50 cm，棕灰色(7.5YR 5/1，润)，淡棕灰色(7.5YR 7/2，干)，20%左右岩石碎屑，壤土，发育强的 10~20 mm 块状结构，松散，1%左右软小铁锰结核，2~3 个蚯蚓穴，pH 5.1，清晰平滑过渡。

Abr1：50~70 cm，黑色(7.5YR 2/1，润)，灰棕色(7.5YR 4/2，干)，10%左右岩石碎屑，壤土，发育强的 20~50 mm 块状结构，坚硬，结构面上 5%左右腐殖质胶膜，1%左右软小铁锰结核，2~3 个蚯蚓穴，pH 5.2，清晰波状过渡。

Br1：70~94 cm，暗棕色(7.5YR 3/4，润)，亮棕色(7.5YR 5/6，干)，20%左右岩石碎屑，壤土，发育强的 20~50 mm 块状结构，坚硬，结构面上 2%左右铁锰斑纹，1%左右软小铁锰结核，pH 4.9，清晰波状过渡。

Abr2：94~110 cm，黑色(7.5YR 2/1，润)，灰棕色(7.5YR 4/2，干)，10%左右岩石碎屑，壤土，发育强的 20~50 mm 块状结构，坚硬，结构面上 2%左右腐殖质胶膜，1%

左右软小铁锰结核，pH 5.1，清晰波状过渡。

图 6-5-15　代表性地块景观(左)和土壤剖面(右)

Br2：110~120 cm，棕灰色(7.5YR 4/1，润)，浊棕色(7.5YR 6/3，干)，5%左右岩石碎屑，壤土，发育强的 20~50 mm 块状结构，坚硬，结构面上 2%左右铁锰斑纹，1%左右软小铁锰结核，pH 5.5。

4) 土壤养分

片区土壤呈强酸性，土壤之间 pH 4.29~5.15，有机质 6.80~30.17 g/kg，全氮 0.36~1.45 g/kg，全磷 0.38~0.99 g/kg，全钾 5.90~7.00 g/kg，碱解氮 46.45~137.01 mg/kg，有效磷 1.20~91.90 mg/kg，速效钾 17.75~125.34 mg/kg，氯离子 8.33~26.90 mg/kg，交换性 Ca^{2+} 0.24~1.50 cmol/kg，交换性 Mg^{2+} 0.04~0.13 cmol/kg。

腐殖酸与腐殖质组成中，腐殖酸碳量 2.74~10.12 g/kg，腐殖质全碳量 3.94~17.50 g/kg，胡敏酸碳量 0.01~2.99 g/kg，胡敏素碳量 1.20~7.38 g/kg，富啡酸碳量 2.74~7.13 g/kg，胡富比 0.01~0.51。

微量元素中，有效铜 0.39~0.72 mg/kg，有效铁 45.38~90.30 mg/kg，有效锰 1.34~32.18 mg/kg，有效锌 0.10~3.34 mg/kg(表 6-5-10~表 6-5-12)。

5) 总体评价

土体深厚，耕作层质地适中，少量砾石，耕性和通透性较好，轻度水土流失。强酸性土壤，有机质含量丰富，肥力偏高，磷丰富，钾中等，铜含量中等水平，铁、锰、锌丰富，钙、镁缺乏。

表 6-5-10　片区代表性烟田土壤养分状况

土层 /cm	pH	有机质 /(g/kg)	全氮 /(g/kg)	全磷 /(g/kg)	全钾 /(g/kg)	碱解氮 /(mg/kg)	有效磷 /(mg/kg)	速效钾 /(mg/kg)	氯离子 /(mg/kg)
0~28	4.29	30.17	1.45	0.99	5.90	137.01	91.90	125.34	8.33
28~50	5.06	17.20	0.85	0.38	5.90	85.92	6.00	25.30	26.90
50~70	5.15	20.20	0.79	0.53	7.00	79.42	3.20	23.42	16.80
70~94	4.89	6.80	0.36	0.42	7.00	46.45	1.20	28.14	10.20
94~100	5.07	10.30	0.49	0.54	6.50	53.41	2.20	17.75	13.00

表 6-5-11　片区代表性烟田土壤腐殖酸与腐殖质组成

土层 /cm	腐殖酸碳量 /(g/kg)	腐殖质全碳量 /(g/kg)	胡敏酸碳量 /(g/kg)	胡敏素碳量 /(g/kg)	富啡酸碳量 /(g/kg)	胡富比
0~28	10.12	17.50	2.99	7.38	7.13	0.42
28~50	5.85	9.98	1.47	4.13	4.38	0.34
50~70	7.49	11.72	2.54	4.23	4.95	0.51
70~94	2.74	3.94	0.01	1.20	2.74	0.01
94~100	4.12	5.97	0.94	1.86	3.17	0.30

表 6-5-12　片区代表性烟田土壤中微量元素状况

土层 /cm	有效铜 /(mg/kg)	有效铁 /(mg/kg)	有效锰 /(mg/kg)	有效锌 /(mg/kg)	交换性 Ca^{2+} /(cmol/kg)	交换性 Mg^{2+} /(cmol/kg)
0~28	0.72	90.30	32.18	3.34	0.24	0.13
28~50	0.71	45.38	26.33	1.87	1.34	0.05
50~70	0.40	54.78	5.43	0.21	1.50	0.05
70~94	0.39	52.53	1.34	0.10	0.56	0.04
94~100	0.47	75.30	3.00	0.14	0.79	0.10

海拔/m

800 1000 1200 1400 1600 1800 2000 2200 2400

图 6-5-16　片区海拔示意图

5. 东屯乡梅旗村梅旗片区

1）基本信息

代表性地块（XX-05）：北纬 26°10′40.276″，东经 106°13′59.797″，海拔 1263 m（图 6-5-16），中山沟谷地，成土母质为沟谷冲积-堆积物，烤烟-晚稻/玉米不定期轮作，水田，土壤亚类为漂白铁聚水耕人为土。

2）气候条件

烤烟大田生长期间（5~9 月），平均气温 21.3℃，降水量 861 mm，日照时数 672 h（图 6-5-17）。

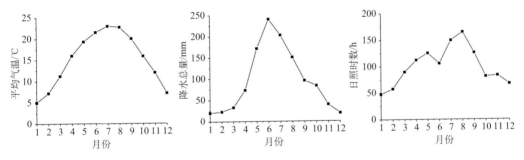

图 6-5-17　片区平均气温、降水总量、日照时数动态变化示意图

3) 剖面形态（图 6-5-18（右））

图 6-5-18　代表性地块景观（左）和土壤剖面（右）

Ap1：0~25 cm，棕灰色（7.5YR 5/1，润），灰棕色（7.5YR 6/2，干），5%左右岩石碎屑，黏壤土，发育中等的 1~2 mm 粒状结构，松散，2~3 个蚯蚓穴，pH 5.2，渐变波状过渡。

Ap2：25~35 cm，棕灰色（7.5YR 5/1，润），灰棕色（7.5YR 6/2，干），10%左右岩石碎屑，黏壤土，发育中等的 10~20 mm 棱块状结构，稍硬，结构面上 2%左右铁锰斑纹，5%左右软小铁锰结核，2~3 个蚯蚓穴，pH 5.2，渐变波状过渡。

Abr1：35~48 cm，黑棕色（7.5YR 3/1，润），浊棕色（7.5YR 5/3，干），10%左右岩石碎屑，黏壤土，发育中等的 20~50 mm 棱块状结构，坚硬，结构面上 2%左右铁锰斑纹，2%左右软小铁锰结核，2~3 个蚯蚓穴，pH 4.6，渐变波状过渡。

E：48~80 cm，棕灰色（7.5YR 5/1，润），淡棕灰色（7.5YR 7/2，干），10%左右岩石碎屑，黏壤土，发育中等的 20~50 mm 棱块状结构，坚硬，结构面上 2%左右铁锰斑纹，2%左右软小铁锰结核，pH 4.9，渐变波状过渡。

Br：80~110 cm，棕色（7.5YR 4/4，润），橙色（7.5YR 6/6，干），5%左右岩石碎屑，黏壤土，发育中等的 20~50 mm 棱块状结构，坚硬，结构面上 20%左右黏粒胶膜，2%左右软小铁锰结核，pH 5.2。

4) 土壤养分

片区土壤呈酸性，土体 pH 4.60~5.21，有机质 3.40~34.78 g/kg，全氮 0.30~1.64 g/kg，全磷 0.34~1.23 g/kg，全钾 7.60~9.80 g/kg，碱解氮 24.85~127.72 mg/kg，有效磷 0.40~40.70 mg/kg，速效钾 36.16~167.81 mg/kg，氯离子 5.36~17.10 mg/kg，交换性 Ca^{2+} 1.36~3.93 cmol/kg，交换性 Mg^{2+} 0.29~0.87 cmol/kg。

腐殖酸与腐殖质组成中，腐殖酸碳量 1.04~10.21 g/kg，腐殖质全碳量 1.97~20.17 g/kg，胡敏酸碳量 0.02~3.74 g/kg，胡敏素碳量 0.63~9.96 g/kg，富啡酸碳量 1.02~6.47 g/kg，胡富比 0.02~0.58。

微量元素中，有效铜 0.62~3.91 mg/kg，有效铁 12.57~383.40 mg/kg，有效锰 10.17~23.80 mg/kg，有效锌 0.23~2.27 mg/kg（表 6-5-13~表 6-5-15）。

表 6-5-13 片区代表性烟田土壤养分状况

土层 /cm	pH	有机质 /(g/kg)	全氮 /(g/kg)	全磷 /(g/kg)	全钾 /(g/kg)	碱解氮 /(mg/kg)	有效磷 /(mg/kg)	速效钾 /(mg/kg)	氯离子 /(mg/kg)
0~25	5.21	34.78	1.64	0.96	7.60	127.72	40.70	167.81	11.40
25~35	5.20	21.20	0.89	1.23	8.80	69.67	15.10	43.24	5.36
35~48	4.60	3.40	0.30	0.34	8.30	30.19	2.20	47.01	15.60
48~80	4.88	3.80	0.31	0.36	8.80	24.85	1.50	38.52	17.10
80~110	5.17	3.80	0.37	0.46	9.80	25.08	0.40	36.16	9.07

表 6-5-14 片区代表性烟田土壤腐殖酸与腐殖质组成

土层 /cm	腐殖酸碳量 /(g/kg)	腐殖质全碳量 /(g/kg)	胡敏酸碳量 /(g/kg)	胡敏素碳量 /(g/kg)	富啡酸碳量 /(g/kg)	胡富比
0~25	10.21	20.17	3.74	9.96	6.47	0.58
25~35	5.01	12.30	1.74	7.29	3.27	0.53
35~48	1.09	1.97	0.03	0.88	1.06	0.03
48~80	1.04	2.20	0.02	1.17	1.02	0.02
80~110	1.57	2.20	0.13	0.63	1.44	0.09

表 6-5-15 片区代表性烟田土壤中微量元素状况

土层 /cm	有效铜 /(mg/kg)	有效铁 /(mg/kg)	有效锰 /(mg/kg)	有效锌 /(mg/kg)	交换性 Ca^{2+} /(cmol/kg)	交换性 Mg^{2+} /(cmol/kg)
0~25	3.91	383.40	20.23	2.27	2.56	0.29
25~35	3.15	169.93	23.80	0.50	3.11	0.36
35~48	0.68	19.08	17.64	0.29	1.36	0.30
48~80	0.68	15.01	12.80	0.23	2.06	0.40
80~110	0.62	12.57	10.17	0.28	3.93	0.87

5) 总体评价

土体深厚，耕作层质地偏黏，少量砾石，耕性和通透性较差。酸性土壤，有机质含量丰富，肥力偏高，磷、钾丰富，铜、铁、锰、锌、钙丰富，镁含量缺乏。

第六节　贵州余庆生态条件

一、地理位置

余庆县位于北纬 27°8′~27°41′，东经 107°25′~108°2′，地处贵州省中部，遵义东南角，是遵义、铜仁、黔南、黔东南四地州市结合部，东与石阡县接壤，南接黄平县，东南连施秉县，西南临瓮安县，西北界湄潭县，东北与凤冈县毗邻。余庆县隶属贵州省遵义市，现辖白泥镇、小腮镇、龙溪镇、构皮滩镇、大乌江镇、敖溪镇、龙家镇、松烟镇、关兴镇 9 个镇、花山苗族乡 1 个民族乡，面积 1623.7 km²（图 6-6-1）。

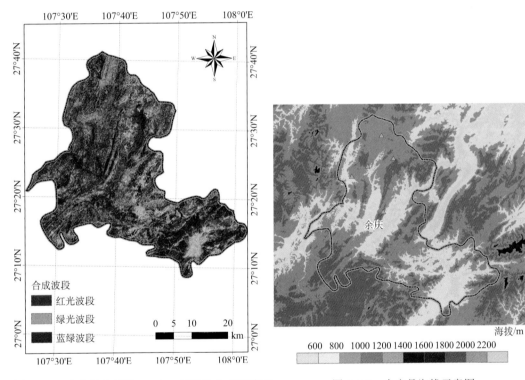

图 6-6-1　余庆县位置及 Landsat 假彩色合成影像图　　　　图 6-6-2　余庆县海拔示意图

二、自然条件

1. 地形地貌

余庆县地处贵州中部山区，境内最高海拔为 1386.5 m，最低海拔为 400 m，多数地区海拔在 850 m 左右，最大切割深度为 986.5 m（图 6-6-2）。大乌江自西向东成弧形横贯中部，两岸多为陡峻峭壁，为一条深切河谷地带，县境中部的新场、凉风、坪场、木叶顶一线北东向山系，将全县分为西北和东南两个大的地貌区域，两者地质构造和地貌景观各有差异。地貌显示了堆积、侵蚀剥蚀、溶蚀、剥蚀构造地貌等多种类型，碳酸盐岩区表现为溶蚀、侵蚀构造地貌特征。有岩溶丘陵、岩溶山地及断层谷地或断陷盆地，碎屑岩区域以剥蚀作用为主，多成缓坡地形过渡地带，轻变质岩以剥蚀构造地貌特征为主，构成山地、断陷谷地等类型。堆积地貌有河流冲积坝与侵蚀剥蚀堆积坝两种类型。按成因类型分为堆积地貌、侵蚀剥蚀地貌、溶蚀地貌及剥蚀构造地貌四类；按地势等级分为平坝、丘陵、低山及低中山四类。

2. 气候条件

余庆县属亚热带温润季风气候，四季分明，冬无严寒，夏无酷暑，气候温和。年均气温 12.5~17.2℃，平均 15.1℃，1 月最冷，月平均气温 3.9℃，7 月最热，月平均气温 25.0℃；区域分布表现中西部、东南部的部分区域气温较高，西南角和东北角气温较低。年均降水总量 1038~1156 mm，平均 1098 mm 左右，5~8 月降雨均在 100 mm 以上，其中 6 月、7 月降雨在 150 mm 以上，其他月降雨在 100 mm 以下；区域分布表现中西部降雨较少，东北部、东南部降雨较多。年均日照时数 1033~1142 h，平均 1081 h，5~9 月日照均在 100 h 以上，其中 7 月、8 月日照在 150 h 以上；区域分布表现同降雨类似，中西部日照较少，东南部、西南部、东北部部分区域日照较多(图 6-6-3)，平均无霜期 300 d 左右。

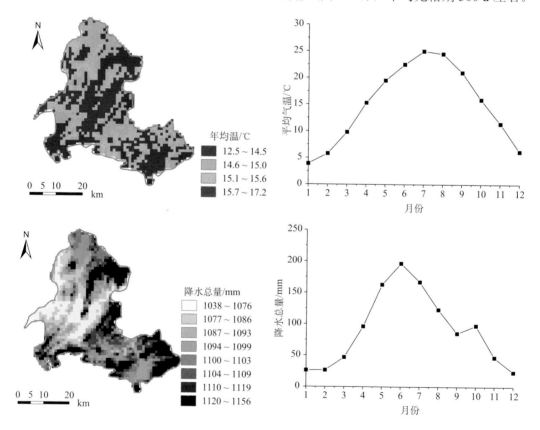

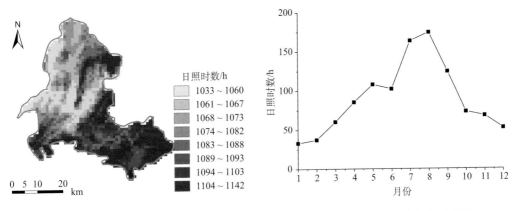

图 6-6-3 余庆县 1980~2013 年平均气温、降水总量、日照时数时空动态变化示意图

三、片区与代表性烟田

1. 松烟镇友礼村下坝片区

1）基本信息

代表性地块（YQ-01）：北纬 27°37′52.122″，东经 107°38′58.015″，海拔 887 m（图 6-6-4），中山坡地中下部，成土母质为白云岩/灰岩风化坡积物，烤烟-玉米不定期轮作，中坡旱地，土壤亚类为腐殖钙质湿润淋溶土。

2）气候条件

烤烟大田生长期间 5~9 月，平均气温 22.3℃，降水量 737 mm，日照时数 668 h（图 6-6-5）。

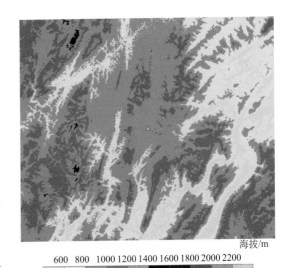

图 6-6-4 片区海拔示意图

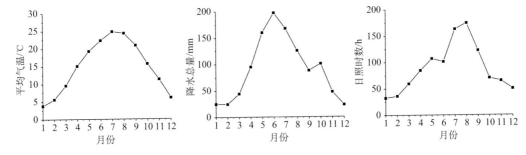

图 6-6-5 片区平均气温、降水总量、日照时数年动态变化示意图

3) 剖面形态 (图6-6-6(右))

Ap: 0~23 cm, 黑棕色 (7.5YR 3/2, 润), 浊棕色 (7.5YR 5/4, 干), 10% 左右岩石碎屑, 粉质黏壤土, 发育强的 1~2 mm 粒状结构, 松散, 2~3 个蚯蚓穴, 1% 左右软小铁锰结核, pH 5.7, 清晰波状过渡。

AB: 23~38 cm, 黑棕色 (7.5YR 3/2, 润), 浊棕色 (7.5YR 5/4, 干), 10% 左右岩石碎屑, 粉质黏壤土, 发育强的 10~20 mm 块状结构, 稍硬, 结构面和孔隙壁上 5% 左右腐殖质淀积胶膜, 1% 左右软小铁锰结核, 2~3 个蚯蚓穴, pH 6.0, 清晰平滑过渡。

Btr1: 38~65 cm, 棕色 (7.5YR 4/4, 润), 橙色 (7.5YR 6/6, 干), 2% 左右岩石碎屑, 粉质黏土, 发育中等的 20~50 mm 棱块状结构, 坚硬, 结构面上 5% 左右腐殖质淀积胶膜, 2% 左右铁锰斑纹, 10% 左右黏粒胶膜, 5% 左右软中铁锰结核, pH 6.2, 渐变波状过渡。

图 6-6-6　代表性地块景观(左)和土壤剖面(右)

Btr2: 65~110 cm, 棕色 (7.5YR 4/4, 润), 橙色 (7.5YR 6/6, 干), 2% 左右岩石碎屑, 粉质黏土, 发育中等的 20~50 mm 棱块状结构, 坚硬, 结构面上 2% 左右铁锰斑纹, 10% 左右黏粒胶膜, 5% 左右软中铁锰结核, pH 6.3。

4) 土壤养分

片区土壤呈微酸性, 土体 pH 5.70~6.26, 有机质 4.20~19.65 g/kg, 全氮 0.47~1.24 g/kg, 全磷 0.25~0.88 g/kg, 全钾 11.60~13.90 g/kg, 碱解氮 25.78~102.41 mg/kg, 有效磷 0.40~18.10 mg/kg, 速效钾 31.58~144.56 mg/kg, 氯离子 3.48~13.00 mg/kg, 交换性 Ca^{2+} 5.71~10.37 cmol/kg, 交换性 Mg^{2+} 0.74~1.49 cmol/kg。

腐殖酸与腐殖质组成中, 腐殖酸碳量 1.53~6.49 g/kg, 腐殖质全碳量 2.44~11.40 g/kg, 胡敏酸碳量 0.77~2.30 g/kg, 胡敏素碳量 0.08~4.90 g/kg, 富啡酸碳量 0.76~4.19 g/kg, 胡富比 0.55~1.00。

微量元素中，有效铜 0.33~1.24 mg/kg，有效铁 3.25~42.28 mg/kg，有效锰 37.85~209.98 mg/kg，有效锌 0.40~4.19 mg/kg（表 6-6-1~表 6-6-3）。

表 6-6-1　片区代表性烟田土壤养分状况

土层 /cm	pH	有机质 /(g/kg)	全氮 /(g/kg)	全磷 /(g/kg)	全钾 /(g/kg)	碱解氮 /(mg/kg)	有效磷 /(mg/kg)	速效钾 /(mg/kg)	氯离子 /(mg/kg)
0~23	5.70	19.65	1.24	0.88	13.90	102.41	18.10	144.56	13.00
23~38	6.03	13.00	0.94	0.71	12.80	72.22	4.90	39.56	7.06
38~65	6.23	4.40	0.58	0.69	13.00	31.81	0.40	32.96	5.22
65~110	6.26	4.20	0.47	0.25	11.60	25.78	0.50	31.58	3.48

表 6-6-2　片区代表性烟田土壤腐殖酸与腐殖质组成

土层 /cm	腐殖酸碳量 /(g/kg)	腐殖质全碳量 /(g/kg)	胡敏酸碳量 /(g/kg)	胡敏素碳量 /(g/kg)	富啡酸碳量 /(g/kg)	胡富比
0~23	6.49	11.40	2.30	4.90	4.19	0.55
23~38	3.78	7.54	1.77	3.76	2.01	0.88
38~65	2.47	2.55	0.93	0.08	1.54	0.60
65~110	1.53	2.44	0.77	0.91	0.76	1.00

表 6-6-3　片区代表性烟田土壤中微量元素状况

土层 /cm	有效铜 /(mg/kg)	有效铁 /(mg/kg)	有效锰 /(mg/kg)	有效锌 /(mg/kg)	交换性 Ca^{2+} /(cmol/kg)	交换性 Mg^{2+} /(cmol/kg)
0~23	1.24	3.25	209.98	4.19	10.37	1.49
23~38	0.98	30.45	107.43	2.24	10.36	1.17
38~65	0.38	42.28	50.15	0.41	5.71	0.74
65~110	0.33	38.93	37.85	0.40	5.77	1.27

5）总体评价

土体深厚，耕作层质地黏重，耕性较差，砾石较多，通透性较好，中度水土流失。微酸性土壤，有机质含量缺乏，肥力中等，磷、钾含量中等，铜、铁、锰、锌、钙、镁含量丰富。

2. 关兴镇关兴村下园片区

1）基本信息

代表性地块（YQ-02）：北纬 27°34′9.620″，东经 107°41′17.086″，海拔 884 m（图 6-6-7），中山区河流冲积平原二级阶地，成土母质为河流冲积物，烤烟-晚稻不定期轮作，水田，土

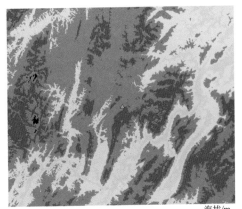

海拔/m

600　800　1000 1200 1400 1600 1800 2000 2200

图 6-6-7　片区海拔示意图

壤亚类为普通铁聚水耕人为土。

2) 气候条件

烤烟大田生长期间 (5~9 月)，平均气温 22.1℃，降水量 738 mm，日照时数 669 h (图 6-6-8)。

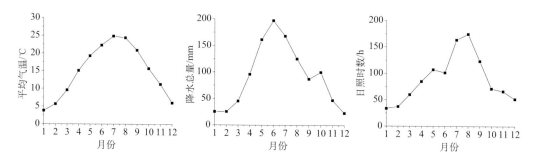

图 6-6-8　片区平均气温、降水总量、日照时数动态变化示意图

3) 剖面形态 (图 6-6-9 (右))

Ap1：0~27 cm，棕灰色 (7.5YR 5/1，润)，浊橙色 (7.5YR 7/3，干)，粉质黏壤土，发育强的 1~2 mm 粒状结构，松散，2~3 个蚯蚓穴，pH 6.0，清晰波状过渡。

Ap2：27~37 cm，棕灰色 (7.5YR 5/1，润)，浊橙色 (7.5YR 7/3，干)，粉质黏壤土，发育强的 10~20 mm 块状结构，坚实，2~3 个蚯蚓穴，结构面上 2% 左右铁锰斑纹，2% 左右软小铁锰结核，pH 6.8，清晰波状过渡。

图 6-6-9　代表性地块景观 (左) 和土壤剖面 (右)

Br1：37~60 cm，灰棕色 (7.5YR 4/2，润)，浊橙色 (7.5YR 6/4，干)，粉质黏壤土，发育强的 20~50 mm 棱块状结构，坚实，结构面上 5% 左右铁锰斑纹，10% 左右软小铁锰

结核，pH 7.0，渐变波状过渡。

Br2：60~110 cm，浊棕色(7.5YR 5/4，润)，橙色(7.5YR 7/6，干)，粉质黏壤土，发育强的 20~50 mm 棱块状结构，坚实，结构面上 2%左右铁锰斑纹，2%左右软小铁锰结核，pH 7.1。

4) 土壤养分

片区土壤呈微酸性，土体 pH 5.98~7.05，有机质 4.20~28.33g/kg，全氮 0.48~1.89 g/kg，全磷 0.30~0.90 g/kg，全钾 11.80~15.30 g/kg，碱解氮 26.47~145.84 mg/kg，有效磷 0.40~9.30 mg/kg，速效钾 36.90~161.17 mg/kg，氯离子 2.91~10.70 mg/kg，交换性 Ca^{2+} 6.34~9.11 cmol/kg，交换性 Mg^{2+} 1.33~1.96 cmol/kg。

腐殖酸与腐殖质组成中，腐殖酸碳量 2.25~11.12 g/kg，腐殖质全碳量 2.44~16.43 g/kg，胡敏酸碳量 0.31~4.01 g/kg，胡敏素碳量 0.05~5.31 g/kg，富啡酸碳量 1.94~7.11 g/kg，胡富比 0.16~0.78。

微量元素中，有效铜 0.43~2.83 mg/kg，有效铁 36.99~127.15 mg/kg，有效锰 17.98~83.37 mg/kg，有效锌 0.21~2.53 mg/kg(表 6-6-4~表 6-6-6)。

表 6-6-4 片区代表性烟田土壤养分状况

土层 /cm	pH	有机质 /(g/kg)	全氮 /(g/kg)	全磷 /(g/kg)	全钾 /(g/kg)	碱解氮 /(mg/kg)	有效磷 /(mg/kg)	速效钾 /(mg/kg)	氯离子 /(mg/kg)
0~27	5.98	28.33	1.89	0.90	15.30	145.84	9.30	161.17	10.70
27~37	6.76	16.20	1.19	0.69	13.10	82.21	4.40	52.85	4.17
37~60	7.01	4.80	0.50	0.30	11.80	36.69	0.40	37.20	3.74
60~110	7.05	4.20	0.48	0.61	14.80	26.47	1.20	36.90	2.91

表 6-6-5 片区代表性烟田土壤腐殖酸与腐殖质组成

土层 /cm	腐殖酸碳量 /(g/kg)	腐殖质全碳量 /(g/kg)	胡敏酸碳量 /(g/kg)	胡敏素碳量 /(g/kg)	富啡酸碳量 /(g/kg)	胡富比
0~27	11.12	16.43	4.01	5.31	7.11	0.56
27~37	6.81	9.40	2.99	2.59	3.81	0.78
37~60	2.25	2.78	0.31	0.53	1.94	0.16
60~110	2.49	2.44	0.40	0.05	2.09	0.19

表 6-6-6 片区代表性烟田土壤中微量元素状况

土层 /cm	有效铜 /(mg/kg)	有效铁 /(mg/kg)	有效锰 /(mg/kg)	有效锌 /(mg/kg)	交换性 Ca^{2+} /(cmol/kg)	交换性 Mg^{2+} /(cmol/kg)
0~27	2.83	127.15	70.43	2.53	9.11	1.96
27~37	2.09	51.48	79.00	1.16	8.22	1.85
37~60	0.78	36.99	83.37	0.56	7.28	1.63
60~110	0.43	47.71	17.98	0.21	6.34	1.33

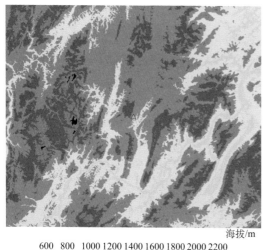

图 6-6-10　片区海拔示意图

壤亚类为腐殖钙质湿润淋溶土。

5）总体评价

土体深厚，耕作层质地偏黏，耕性和通透性较差。微酸性土壤，有机质含量中偏高，土壤肥力偏高，缺磷富钾，磷、钾含量中等，铜、铁、锰、锌、钙、镁含量丰富。

3．敖溪镇官仓村土坪片区

1）基本信息

代表性地块（YQ-03）：北纬 27°32′49.508″，东经 107°36′30.096″，海拔 884 m（图 6-6-10），中山坡地中上部，成土母质为白云岩/灰岩风化坡积物，烤烟-玉米不定期轮作，缓坡梯田旱地，土

2）气候条件

烤烟大田生长期间（5~9 月），平均气温 22.0℃，降水量 739 mm，日照时数 666 h（图 6-6-11）。

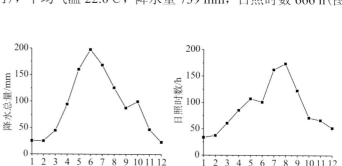

图 6-6-11　片区平均气温、降水总量、日照时数动态变化示意图

3）剖面形态（图 6-6-12（右））

Ap：0~30 cm，棕色（7.5YR 4/2，润），浊橙色（7.5YR 6/4，干），5%左右岩石碎屑，粉质黏壤土，发育强的 1 ~2 mm 粒状结构，松散，2~3 个蚯蚓穴，pH 6.7，渐变波状过渡。

ABr：30~70 cm，棕色（7.5YR 4/2，润），浊橙色（7.5YR 6/4，干），5%左右岩石碎屑，粉质黏壤土，发育强的 10~20 mm 块状结构，稍硬，结构面和孔隙壁上 5%左右腐殖质淀积胶膜，2%左右铁锰斑纹，2%左右软小铁锰结核，2~3 个蚯蚓穴，pH 6.5，清晰平滑过渡。

Btr：70~110 cm，暗红棕色（5YR 3/2，润），浊红棕色（5YR 5/4，干），5%左右岩石碎屑，粉质黏土，发育中等的 20~50 mm 棱块状结构，坚硬，结构面和孔隙壁上 5%左右

腐殖质淀积胶膜，2%左右铁锰斑纹，10%左右黏粒胶膜，1%左右软小铁锰结核，pH 6.4，清晰波状过渡。

图 6-6-12　代表性地块景观(左)和土壤剖面(右)

R：70 cm~，白云岩。

4）土壤养分

片区土壤呈中性，土体 pH 6.36~6.65，有机质 6.10~19.51 g/kg，全氮 0.62~1.36 g/kg，全磷 0.22~0.81 g/kg，全钾 16.50~18.70 g/kg，碱解氮 36.69~104.97 mg/kg，有效磷 0.60~12.00 mg/kg，速效钾 43.24~242.91 mg/kg，氯离子 3.40~14.70 mg/kg，交换性 Ca^{2+} 8.29~15.59 cmol/kg，交换性 Mg^{2+} 1.33~1.51 cmol/kg。

腐殖酸与腐殖质组成中，腐殖酸碳量 0.47~7.34 g/kg，腐殖质全碳量 3.54~11.32 g/kg，胡敏酸碳量 0.01~2.52 g/kg，胡敏素碳量 1.54~3.97 g/kg，富啡酸碳量 0.46~5.41 g/kg，胡富比 0.01~0.52。

微量元素中，有效铜 0.81~1.41 mg/kg，有效铁 17.27~45.56 mg/kg，有效锰 33.48~155.90 mg/kg，有效锌 0.36~4.01 mg/kg（表 6-6-7~表 6-6-9）。

表 6-6-7　片区代表性烟田土壤养分状况

土层 /cm	pH	有机质 /(g/kg)	全氮 /(g/kg)	全磷 /(g/kg)	全钾 /(g/kg)	碱解氮 /(mg/kg)	有效磷 /(mg/kg)	速效钾 /(mg/kg)	氯离子 /(mg/kg)
0~30	6.65	19.51	1.36	0.81	16.50	104.97	12.00	242.91	13.60
30~50	6.50	14.80	1.02	0.72	17.90	77.80	0.90	54.89	3.40
50~70	6.39	14.60	0.95	0.64	18.70	72.45	1.60	43.24	14.70
70~90	6.36	6.10	0.62	0.69	17.60	37.16	0.60	48.90	4.05
90~110	6.43	6.80	0.62	0.22	17.00	36.69	1.10	51.15	4.34

表 6-6-8   片区代表性烟田土壤腐殖酸与腐殖质组成

土层 /cm	腐殖酸碳量 /(g/kg)	腐殖质全碳量 /(g/kg)	胡敏酸碳量 /(g/kg)	胡敏素碳量 /(g/kg)	富啡酸碳量 /(g/kg)	胡富比
0~30	7.34	11.32	2.52	3.97	4.82	0.52
30~50	6.56	8.58	1.15	2.03	5.41	0.21
50~70	6.16	8.47	1.36	2.31	4.80	0.28
70~90	2.00	3.54	0.19	1.54	1.81	0.10
90~110	0.47	3.94	0.01	3.48	0.46	0.01

表 6-6-9   片区代表性烟田土壤中微量元素状况

土层 /cm	有效铜 /(mg/kg)	有效铁 /(mg/kg)	有效锰 /(mg/kg)	有效锌 /(mg/kg)	交换性 Ca^{2+} /(cmol/kg)	交换性 Mg^{2+} /(cmol/kg)
0~30	1.37	18.02	155.90	4.01	15.59	1.51
30~50	1.41	17.27	84.50	0.80	12.00	1.34
50~70	1.38	20.86	73.37	0.77	10.61	1.35
70~90	0.90	44.90	37.91	0.36	8.29	1.50
90~110	0.81	45.56	33.48	0.40	9.17	1.33

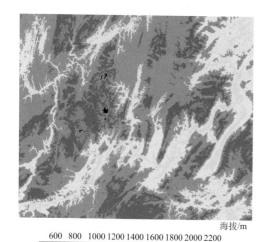

海拔/m

600 800 1000 1200 1400 1600 1800 2000 2200

图 6-6-13   片区海拔示意图

5）总体评价

土体深厚，耕作层质地黏重，砾石少，耕性和通透性较差，轻度水土流失。中性土壤，有机质含量偏低，肥力中等，缺磷富钾，铜、铁、锰、锌、钙、镁含量丰富。

4. 龙家镇光辉村土坪片区

1）基本信息

代表性地块（YQ-04）：北纬 27°31′7.026″，东经 107°33′30.766″，海拔 843 m（图 6-6-13），中山坡地坡麓，成土母质为砂岩风化坡积-堆积物，烤烟-晚稻不定期轮作，梯田水田，土壤亚类为普通铁聚水耕人为土。

2）气候条件

烤烟大田生长期间（5~9 月），平均气温 22.6℃，降水量 730 mm，日照时数 669 h（图 6-6-14）。

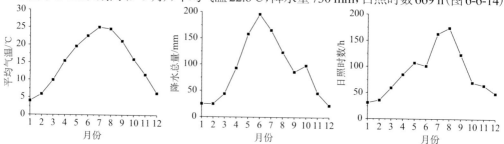

图 6-6-14   片区平均气温、降水总量、日照时数动态变化示意图

3）剖面形态（图 6-6-15（右））

Ap1：0~25 cm，棕灰色（7.5YR 5/1，润），浊橙色（7.5YR 7/3，干），5%左右岩石碎屑，粉质黏壤土，发育强的 1~2 mm 粒状结构，松散，2~3 个蚯蚓穴，pH 5.3，清晰波状过渡。

Ap2：25~35 cm，棕灰色（7.5YR 5/1，润），浊橙色（7.5YR 7/3，干），5%左右岩石碎屑，粉质黏壤土，发育强的 10~20 mm 块状结构，坚实，2~3 个蚯蚓穴，结构面上 2%左右铁锰斑纹，2%左右软小铁锰结核，pH 6.8，清晰波状过渡。

Br1：35~70 cm，棕灰色（7.5YR 5/1，润），浊橙色（7.5YR 7/3，干），55%左右岩石碎屑，粉质黏土，发育强的 20~50 mm 棱块状结构，坚实，结构面上 10%左右铁锰斑纹，5%左右软小铁锰结核，pH 6.9，渐变波状过渡。

图 6-6-15　代表性地块景观（左）和土壤剖面（右）

Br2：70~95 cm，棕色（7.5YR 4/6，润），亮棕色（7.5YR 5/8，干），5%左右岩石碎屑，粉质黏土，发育强的 20~50 mm 棱块状结构，坚实，结构面上 10%左右铁锰斑纹，2%左右软小铁锰结核，pH 6.4，清晰平滑过渡。

Abr：95~110 cm，黑色（7.5YR 2/1，润），棕色（7.5YR 4/3，干），粉质黏壤土，发育强的 20~50 mm 棱块状结构，坚实，结构面上 2%左右铁锰斑纹，1%左右软小铁锰结核，pH 6.4。

4）土壤养分

片区土壤呈酸性，土体 pH 5.26~6.92，有机质 5.50~37.40 g/kg，全氮 0.56~2.38 g/kg，全磷 0.24~0.71 g/kg，全钾 10.60~16.40 g/kg，碱解氮 29.96~200.64 mg/kg，有效磷 0.70~6.80 mg/kg，速效钾 27.19~230.08 mg/kg，氯离子 4.58~13.20 mg/kg，交换性 Ca^{2+}

$8.67 \sim 17.47$ cmol/kg，交换性 Mg^{2+} $0.43 \sim 1.53$ cmol/kg。

腐殖酸与腐殖质组成中，腐殖酸碳量 $0.62 \sim 14.52$ g/kg，腐殖质全碳量 $3.19 \sim 21.69$ g/kg，胡敏酸碳量 $0.02 \sim 5.19$ g/kg，胡敏素碳量 $2.57 \sim 7.17$ g/kg，富啡酸碳量 $0.59 \sim 9.34$ g/kg，胡富比 $0.04 \sim 0.56$。

微量元素中，有效铜 $0.71 \sim 9.00$ mg/kg，有效铁 $8.46 \sim 466.44$ mg/kg，有效锰 $9.80 \sim 63.95$ mg/kg，有效锌 $0.38 \sim 3.39$ mg/kg（表 6-6-10～表 6-6-12）。

表 6-6-10　片区代表性烟田土壤养分状况

土层 /cm	pH	有机质 /(g/kg)	全氮 /(g/kg)	全磷 /(g/kg)	全钾 /(g/kg)	碱解氮 /(mg/kg)	有效磷 /(mg/kg)	速效钾 /(mg/kg)	氯离子 /(mg/kg)
0~25	5.26	37.40	2.38	0.71	13.20	200.64	6.80	230.08	13.20
25~35	6.80	14.00	0.95	0.37	12.30	85.46	3.60	56.45	4.58
35~70	6.92	9.30	0.56	0.34	10.60	48.30	0.70	30.97	5.90
70~95	6.43	5.50	0.57	0.24	16.40	29.96	4.80	79.10	11.30
95~110	5.89	14.20	0.85	0.46	11.80	71.53	3.70	27.19	5.89

表 6-6-11　片区代表性烟田土壤腐殖酸与腐殖质组成

土层 /cm	腐殖酸碳量 /(g/kg)	腐殖质全碳量 /(g/kg)	胡敏酸碳量 /(g/kg)	胡敏素碳量 /(g/kg)	富啡酸碳量 /(g/kg)	胡富比
0~25	14.52	21.69	5.19	7.17	9.34	0.56
25~35	3.96	8.12	0.86	4.16	3.11	0.28
35~70	2.03	5.39	0.49	3.36	1.54	0.32
70~95	0.62	3.19	0.02	2.57	0.59	0.04
95~110	4.26	8.24	1.22	3.97	3.04	0.40

表 6-6-12　片区代表性烟田土壤中微量元素状况

土层 /cm	有效铜 /(mg/kg)	有效铁 /(mg/kg)	有效锰 /(mg/kg)	有效锌 /(mg/kg)	交换性 Ca^{2+} /(cmol/kg)	交换性 Mg^{2+} /(cmol/kg)
0~25	9.00	466.44	57.54	3.39	10.36	0.69
25~35	3.88	34.13	54.58	1.03	11.37	0.64
35~70	1.19	19.42	52.52	0.85	8.79	0.43
70~95	0.71	8.46	9.80	0.38	17.47	1.53
95~110	2.56	24.19	63.95	1.58	8.67	0.63

5）总体评价

土体深厚，耕作层质地偏黏，砾石少，耕性和通透性较差。酸性土壤，有机质含量丰富，肥力较高，缺磷富钾，铜、铁、锰、锌、钙含量丰富，镁含量中等水平。

5. 大乌江镇菁口村水井湾片区

1）基本信息

代表性地块（YQ-05）：北纬 27°24′3.935″，东经 107°38′31.395″，海拔 1041 m，中山坡地中部，成土母质为白云岩/灰岩风化坡积物，烤烟-玉米不定期轮作，缓坡梯田旱地，土壤亚类为腐殖钙质湿润淋溶土(图 6-6-16)。

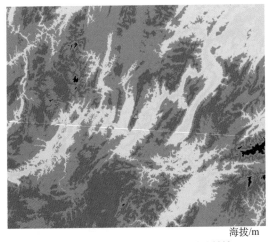

图 6-6-16　片区海拔示意图

2)气候条件

烤烟大田生长期间(5~9 月)，平均气温 21.6℃，降水量 746 mm，日照时数 665 h(图 6-6-17)。

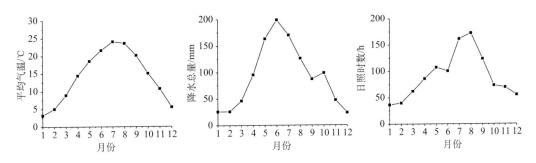

图 6-6-17　片区平均气温、降水总量、日照时数动态变化示意图

3)剖面形态(图 6-6-18(右))

Ap：0~35 cm，灰棕色(10YR 4/2，润)，浊棕色(10YR 5/4，干)，20%左右岩石碎屑，粉质黏壤土，发育强的 1~2 mm 粒状结构，松散，2~3 个蚯蚓穴，pH 7.5，渐变波状过渡。

AB：35~50 cm，灰棕色(10YR 4/2，润)，浊棕色(10YR 5/4，干)，5%左右岩石碎屑，粉质黏壤土，发育强的 10~20 mm 块状结构，稍硬，结构面和孔隙壁上 5%左右腐殖质淀积胶膜，5%左右铁锰斑纹，5%左右软小铁锰结核，2~3 个蚯蚓穴，pH 6.8，渐变波状过渡。

Abr：50~70 cm，棕色(10YR 4/6，润)，橙色(10YR 6/8，干)，5%左右岩石碎屑，粉质黏壤土，发育强的 20~50 mm 棱块状结构，坚硬，结构面和孔隙壁上 5%左右腐殖质淀积胶膜，2%左右铁锰斑纹，10%左右黏粒胶膜，2%左右软小铁锰结核，2~3 个蚯蚓穴，pH 6.7，清晰波状过渡。

图 6-6-18　代表性地块景观(左)和土壤剖面(右)

Btr：70~90 cm，棕色(10YR 4/6，润)，橙色(10YR 6/8，干)，2%左右岩石碎屑，粉质黏土，发育强的 20~50 mm 棱块状结构，坚硬，结构面上 2%左右铁锰斑纹，10%左右黏粒胶膜，2%左右软小铁锰结核，pH 6.9，清晰波状过渡。

R：90 cm~，白云岩。

4) 土壤养分

片区土壤呈中性偏碱性，土体 pH 6.71~7.53，有机质 14.80~27.40 g/kg，全氮 1.28~1.75 g/kg，全磷 0.48~0.86 g/kg，全钾 14.70~17.70 g/kg，碱解氮 103.57~124.94 mg/kg，有效磷 0.70~8.00 mg/kg，速效钾 59.28~227.27 mg/kg，氯离子 5.25~7.63 mg/kg，交换性 Ca^{2+} 17.65~26.96 cmol/kg，交换性 Mg^{2+} 0.23~1.33 cmol/kg。

腐殖酸与腐殖质组成中，腐殖酸碳量 3.46~9.19 g/kg，腐殖质全碳量 8.58~15.89 g/kg，胡敏酸碳量 0.42~3.27 g/kg，胡敏素碳量 4.10~9.97 g/kg，富啡酸碳量 2.69~5.92 g/kg，胡富比 0.14~1.20。

微量元素中，有效铜 0.32~2.18 mg/kg，有效铁 2.23~27.96 mg/kg，有效锰 142.35~191.32 mg/kg，有效锌 2.24~4.66 mg/kg(表 6-6-13~表 6-6-15)。

5) 总体评价

土体较厚，耕作层质地偏黏，耕性较差，砾石较多，通透性较好，轻度水土流失。土壤中性偏碱，有机质含量中等，肥力中等，缺磷富钾，缺铜，铁、锰、锌、钙、镁丰富。

表6-6-13　片区代表性烟田土壤养分状况

土层 /cm	pH	有机质 /(g/kg)	全氮 /(g/kg)	全磷 /(g/kg)	全钾 /(g/kg)	碱解氮 /(mg/kg)	有效磷 /(mg/kg)	速效钾 /(mg/kg)	氯离子 /(mg/kg)
0~35	7.53	26.48	1.75	0.86	15.10	111.93	8.00	227.27	5.50
35~50	6.79	20.30	1.38	0.53	16.80	103.57	1.20	77.21	5.43
50~70	6.71	27.40	1.53	0.53	14.70	124.94	5.10	59.28	5.25
70~95	6.94	14.80	1.28	0.48	17.70	103.80	0.70	70.60	7.63

表6-6-14　片区代表性烟田土壤腐殖酸与腐殖质组成

土层 /cm	腐殖酸碳量 /(g/kg)	腐殖质全碳量 /(g/kg)	胡敏酸碳量 /(g/kg)	胡敏素碳量 /(g/kg)	富啡酸碳量 /(g/kg)	胡富比
0~35	9.19	15.36	3.27	6.17	5.92	0.55
35~50	7.68	11.77	2.03	4.10	5.65	0.36
50~70	5.92	15.89	3.23	9.97	2.69	1.20
70~95	3.46	8.58	0.42	5.13	3.04	0.14

表6-6-15　片区代表性烟田土壤中微量元素状况

土层 /cm	有效铜 /(mg/kg)	有效铁 /(mg/kg)	有效锰 /(mg/kg)	有效锌 /(mg/kg)	交换性Ca^{2+} /(cmol/kg)	交换性Mg^{2+} /(cmol/kg)
0~35	0.32	2.23	191.32	4.66	26.96	1.33
35~50	1.58	9.33	142.35	2.90	17.72	0.77
50~70	1.65	5.31	168.61	3.64	20.17	0.55
70~95	2.18	27.96	143.33	2.24	17.65	0.23

第七节　贵州凯里生态条件

一、地理位置

凯里市位于北纬26°24′~26°48′，东经107°40′~108°12′，地处贵州省东南部，黔东南苗族侗族自治州西北部，东接台江、雷山两县，南抵麻江、丹寨两县，西部福泉县，北界黄平县。凯里隶属黔东南苗族侗族自治州，截止到目前共辖大十字街道、城西街道、西门街道、湾溪街道、开怀街道、洗马河街道、鸭塘街道7街道、三棵树镇、舟溪镇、旁海镇、湾水镇、万潮镇、龙场镇、凯棠镇、大风洞镇、下司镇、炉山镇、碧波镇11镇。凯里东西最长跨度51.76 km，南北最长跨度44.3 km，面积7477 km^2（图6-7-1）。

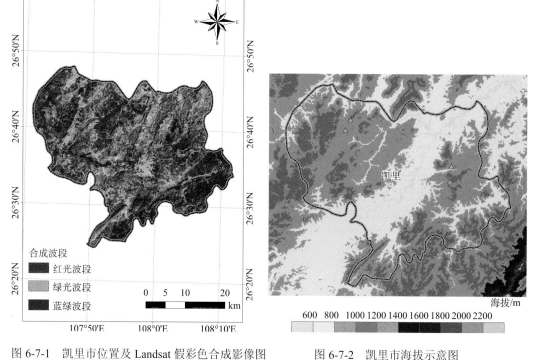

图 6-7-1 凯里市位置及 Landsat 假彩色合成影像图   图 6-7-2 凯里市海拔示意图

二、自然条件

1. 地形地貌

凯里市地势西北部、西南部、东南部高，中部、东北部较低。最高山峰够末也海拔 1447 m，最低(清水江流出境处)海拔 532 m，平均海拔 850 m，属中山、低山地貌区(图 6-7-2)。

2. 气候条件

凯里市属中亚热带温和湿润气候区，境内气候温和，四季分明，雨量充沛。年均气温 12.5~16.7℃，平均 15.2℃，1 月最冷，月平均气温 4.0℃，7 月最热，月平均气温 24.7℃；由北偏东至南偏西贯穿境内中部条带区域气温较高，两侧气温较低。年均降水总量 1121~1246 mm，平均 1172 mm 左右，4~8 月降雨均在 100 mm 以上，6 月降雨最多，在 200 mm 以上，其他月份降雨在 100 mm 以下；区域分布表现东南部较多，中西部相对较少，西北和北部部分区域最少。年均日照时数 1112~1212 h，平均 1159 h，5~9 月日照均在 100 h 以上，其中 7 月、8 月日照在 150 h 以上；区域分布表现与降雨类似，东南部较多，中西部相对较少，西北部最少(图 6-7-3)，平均无霜期 282 d 左右。

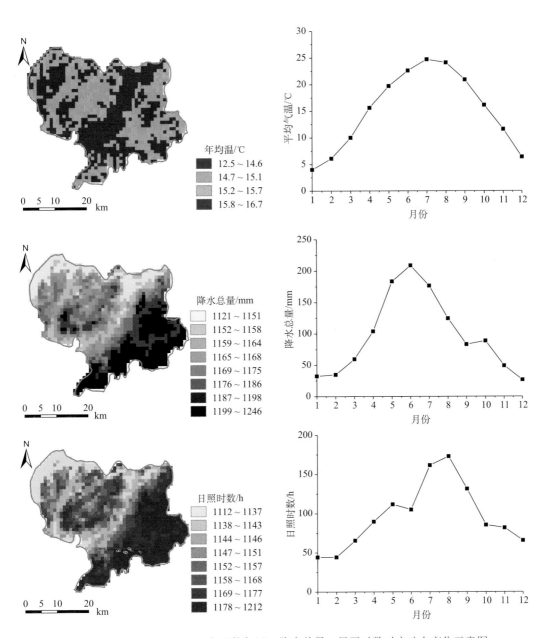

图 6-7-3　凯里市 1980~2013 年平均气温、降水总量、日照时数时空动态变化示意图

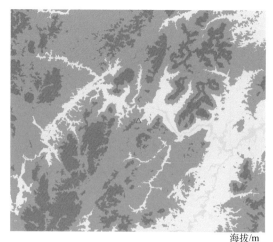

海拔/m

600 800 1000 1200 1400 1600 1800 2000 2200

图 6-7-4　片区海拔示意图

三、片区与代表性烟田

1. 大风洞镇冠英村老君关片区

1）基本信息

代表性地块（KL-01）：北纬 26°44′59.890″，东经 107°51′4.267″，海拔 906 m（图 6-7-4），中山坡地中部，成土母质为紫红页岩风化坡积物，烤烟-玉米不定期轮作，梯田旱地，土壤亚类为普通简育常湿淋溶土。

2）气候条件

烤烟大田生长期间（5~9 月），平均气温 22.0℃，降水量 771 mm，日照时数 676 h（图 6-7-5）。

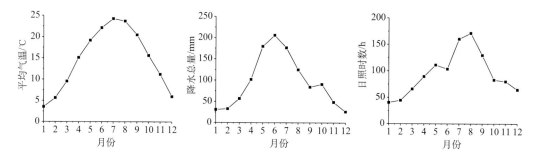

图 6-7-5　片区平均气温、降水总量、日照时数动态变化示意图

3）剖面形态（图 6-7-6（右））

Ap：0~25 cm，棕灰色（7.5YR 4/1，润），淡棕灰色（7.5YR 7/2，干），20%左右岩石碎屑，壤土，发育强的 1~2 mm 粒状结构，松散，pH 7.4，弱石灰反应，清晰波状过渡。

Bt：25~55 cm，灰棕色（7.5YR 4/2，润），淡棕灰色（7.5YR 7/2，干），30%左右岩石碎屑，黏壤土，发育强的 10~20 mm 块状结构，稍硬，结构面上 10%左右黏粒胶膜，pH 7.3，弱石灰反应，渐变波状过渡。

C：55 cm~，紫红页岩风化碎屑。

4）土壤养分

片区土壤呈中性，土体 pH 7.32~7.36，有机质 11.30~31.35 g/kg，全氮 1.07~1.87 g/kg，全磷 0.88~1.06 g/kg，全钾 53.10~57.00 g/kg，碱解氮 65.95~115.88 mg/kg，有效磷 7.00~24.50 mg/kg，速效钾 272.57~448.10 mg/kg，氯离子 7.16~9.76 mg/kg，交换性 Ca^{2+} 44.88~46.03 cmol/kg，交换性 Mg^{2+} 1.59~2.46 cmol/kg。

腐殖酸与腐殖质组成中，腐殖酸碳量 4.64~9.48 g/kg，腐殖质全碳量 6.55~18.18 g/kg，胡敏酸碳量 1.59~3.31 g/kg，胡敏素碳量 1.91~8.70 g/kg，富啡酸碳量 3.04~6.17 g/kg，胡

富比 0.52~0.53。

图 6-7-6　代表性地块景观(左)和土壤剖面(右)

微量元素中，有效铜 0.06~0.39 mg/kg，有效铁 0.63~1.89 mg/kg，有效锰 89.43~153.40 mg/kg，有效锌 1.59~1.77 mg/kg(表 6-7-1~表 6-7-3)。

表 6-7-1　片区代表性烟田土壤养分状况

土层 /cm	pH	有机质 /(g/kg)	全氮 /(g/kg)	全磷 /(g/kg)	全钾 /(g/kg)	碱解氮 /(mg/kg)	有效磷 /(mg/kg)	速效钾 /(mg/kg)	氯离子 /(mg/kg)
0~25	7.36	31.35	1.87	0.88	57.00	115.88	24.50	448.10	9.76
25~55	7.32	11.30	1.07	1.06	53.10	65.95	7.00	272.57	7.16

表 6-7-2　片区代表性烟田土壤腐殖酸与腐殖质组成

土层 /cm	腐殖酸碳量 /(g/kg)	腐殖质全碳量 /(g/kg)	胡敏酸碳量 /(g/kg)	胡敏素碳量 /(g/kg)	富啡酸碳量 /(g/kg)	胡富比
0~25	9.48	18.18	3.31	8.70	6.17	0.53
25~55	4.64	6.55	1.59	1.91	3.04	0.52

表 6-7-3　片区代表性烟田土壤中微量元素状况

土层 /cm	有效铜 /(mg/kg)	有效铁 /(mg/kg)	有效锰 /(mg/kg)	有效锌 /(mg/kg)	交换性 Ca^{2+} /(cmol/kg)	交换性 Mg^{2+} /(cmol/kg)
0~25	0.06	0.63	89.43	1.77	46.03	2.46
25~55	0.39	1.89	153.40	1.59	44.88	1.59

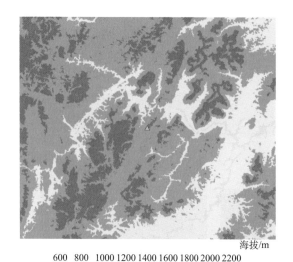

海拔/m

600 800 1000 1200 1400 1600 1800 2000 2200

图 6-7-7　片区海拔示意图

5)总体评价

土体较薄，耕作层质地适中，砾石较多，耕性和通透性好。中性土壤，有机质含量丰富，肥力中等，磷含量中等水平，钾含量极为丰富，缺铜、铁，富锰、锌、钙、镁。

2. 大风洞镇龙井坝村林湾片区

1)基本信息

代表性地块（KL-02）：北纬26°44′0.925″，东经107°49′40.330″，海拔1020 m（图6-7-7），中山鞍部沟谷地，成土母质为灰岩风化坡积物，烤烟-玉米不定期轮作，缓坡梯田旱地，土壤亚类为普通简育常湿淋溶土。

2)气候条件

烤烟大田生长期间（5~9月），平均气温21.9℃，降水量773 mm，日照时数675 h（图6-7-8）。

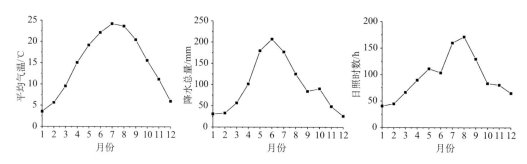

图 6-7-8　片区平均气温、降水总量、日照时数动态变化示意图

3)剖面形态（图 6-7-9（右））

Ap：0~30 cm，灰棕色（7.5YR 5/2，润），浊橙色（7.5YR 7/4，干），15%左右岩石碎屑，粉壤土，发育强的1~2 mm粒状结构，松散，2~3个蚯蚓穴，pH 6.0，清晰波状过渡。

AB：30~42 cm，灰棕色（7.5YR 5/2，润），浊橙色（7.5YR 7/4，干），5%左右岩石碎屑，粉壤土，发育强的10~20 mm块状结构，坚硬，2~3个蚯蚓穴，pH 6.0，渐变波状过渡。

Bt：42~56 cm，浊棕色（7.5YR 5/3，润），浊橙色（7.5YR 6/4，干），5%左右岩石碎屑，粉质黏壤土，发育强的20~50 mm棱块状结构，坚硬，结构面上10%左右黏粒胶膜，2%左右软小铁锰结核，2~3个蚯蚓穴，pH 6.7，清晰波状过渡。

图 6-7-9 代表性地块景观(左)和土壤剖面(右)

Ab：56~78 cm，黑色(7.5YR 2/1，润)，灰棕色(7.5YR 4/2，干)，5%左右岩石碎屑，粉壤土，发育强的 20~50 mm 块状结构，稍硬，结构面上 10%左右黏粒胶膜，1%左右软小铁锰结核，2~3 个蚯蚓穴，pH 6.4，渐变波状过渡。

Btb：78~110 cm，黑棕色(7.5YR 3/2，润)，浊棕色(7.5YR 5/3，干)，5%左右岩石碎屑，粉质黏壤土，发育强的 20~50 mm 棱块状结构，坚硬，结构面上 10%左右黏粒胶膜，2%左右软小铁锰结核，pH 6.4。

4)土壤养分

片区土壤呈微酸性，土体 pH 5.95~6.67，有机质 13.40~22.70 g/kg，全氮 0.92~1.18 g/kg，全磷 1.16~1.66 g/kg，全钾 16.20~25.20 g/kg，碱解氮 75.71~108.68 mg/kg，有效磷 26.90~63.00 mg/kg，速效钾 51.73~192.35 mg/kg，氯离子 4.44~12.50 mg/kg，交换性 Ca^{2+} 8.29~17.28 cmol/kg，交换性 Mg^{2+} 1.33~2.05 cmol/kg。

腐殖酸与腐殖质组成中，腐殖酸碳量 5.79~8.61 g/kg，腐殖质全碳量 7.77~13.17 g/kg，胡敏酸碳量 2.12~4.94 g/kg，胡敏素碳量 1.97~4.56 g/kg，富啡酸碳量 2.96~4.58 g/kg，胡富比 0.55~1.34。

微量元素中，有效铜 2.48~5.57 mg/kg，有效铁 36.78~56.48 mg/kg，有效锰 163.93~231.53 mg/kg，有效锌 12.88~26.50 mg/kg(表 6-7-4~表 6-7-6)。

5)总体评价

土体深厚，耕作层质地适中，砾石角度，耕性和通透性较好，轻度水土流失。微酸性土壤，有机质含量缺乏，肥力中等，磷含量中等，钾含量丰富，铜、铁、锰、锌、钙、镁含量丰富。

表 6-7-4   片区代表性烟田土壤养分状况

土层 /cm	pH	有机质 /(g/kg)	全氮 /(g/kg)	全磷 /(g/kg)	全钾 /(g/kg)	碱解氮 /(mg/kg)	有效磷 /(mg/kg)	速效钾 /(mg/kg)	氯离子 /(mg/kg)
0~30	5.95	19.45	1.13	1.26	16.20	108.68	26.90	192.35	4.44
30~42	6.01	14.60	0.92	1.16	18.00	83.60	32.40	83.82	4.91
42~56	6.67	16.90	0.99	1.32	25.20	81.74	37.60	53.62	4.89
56~78	6.43	22.70	1.18	1.66	18.40	98.93	56.50	58.34	12.50
78~110	6.41	13.40	0.94	1.40	16.50	75.71	63.00	51.73	7.38

表 6-7-5   片区代表性烟田土壤腐殖酸与腐殖质组成

土层 /cm	腐殖酸碳量 /(g/kg)	腐殖质全碳量 /(g/kg)	胡敏酸碳量 /(g/kg)	胡敏素碳量 /(g/kg)	富啡酸碳量 /(g/kg)	胡富比
0~30	7.10	11.28	2.52	4.18	4.58	0.55
30~42	5.79	8.47	2.12	2.68	3.66	0.58
42~56	6.41	9.80	3.02	3.39	3.39	0.89
56~78	8.61	13.17	4.94	4.56	3.67	1.34
78~110	5.80	7.77	2.85	1.97	2.96	0.96

表 6-7-6   片区代表性烟田土壤中微量元素状况

土层 /cm	有效铜 /(mg/kg)	有效铁 /(mg/kg)	有效锰 /(mg/kg)	有效锌 /(mg/kg)	交换性 Ca^{2+} /(cmol/kg)	交换性 Mg^{2+} /(cmol/kg)
0~30	2.48	54.75	231.53	12.88	8.29	1.33
30~42	2.71	56.48	175.75	13.98	10.21	1.52
42~56	3.42	53.93	163.93	18.68	12.92	1.70
56~78	3.71	36.78	211.35	26.50	17.28	2.05
78~110	5.57	49.58	219.90	18.58	13.59	1.61

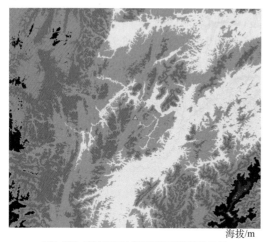

海拔/m

600 800 1000 1200 1400 1600 1800 2000 2200

图 6-7-10   片区海拔示意图

3. 大风洞镇大风洞村大风洞片区

1）基本信息

代表性地块（KL-03）：北纬 26°42′47.291″，东经 107°49′1.539″，海拔 863 m（图 6-7-10），中山坡地下部，成土母质为灰岩风化坡积物，烤烟-玉米不定期轮作，缓坡旱地，土壤亚类为普通钙质湿润淋溶土。

2）气候条件

烤烟大田生长期间（5~9 月），平均气温 22.2℃，降水量 770 mm，日照时数 677 h（图 6-7-11）。

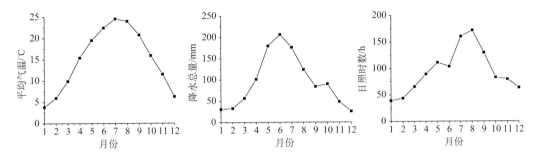

图 6-7-11　片区平均气温、降水总量、日照时数动态变化示意图

3) 剖面形态（图 6-7-12（右））

Ap：0~35 cm，黑棕色（7.5YR 3/2，润），浊棕色（7.5YR 5/4，干），15%左右岩石碎屑，粉质黏壤土，发育强的 1~2 mm 粒状结构，松散，pH 6.8，清晰平缓过渡。

Btr1：35~60 cm，棕色（7.5YR 4/6，润），橙色（7.5YR 6/8，干），15%左右岩石碎屑，粉质黏土，发育强的 10~20 mm 棱块状结构，坚硬，结构面上 2%左右铁锰斑纹，10%左右黏粒胶膜，1%左右软小铁锰结核，pH 6.5，渐变波状过渡。

Btr2：60~85 cm，棕色（7.5YR 4/6，润），橙色（7.5YR 6/8，干），30%左右岩石碎屑，粉质黏土，发育强的 20~50 mm 棱块状结构，坚硬，结构面上 2%左右铁锰斑纹，10%左右黏粒胶膜，2%左右软小铁锰结核，pH 6.5，渐变波状过渡。

Btr3：85~110 cm，棕色（7.5YR 4/6，润），橙色（7.5YR 6/8，干），30%左右岩石碎屑，粉质黏土，发育中等的 20~50 mm 棱块状结构，坚硬，结构面上 2%左右铁锰斑纹，10%左右黏粒胶膜，1%左右软小铁锰结核，pH 6.9。

图 6-7-12　代表性地块景观（左）和土壤剖面（右）

4）土壤养分

片区土壤呈中性，土体 pH 6.46~6.91，有机质 2.40~18.17 g/kg，全氮 0.41~1.29 g/kg，全磷 0.59~0.79 g/kg，全钾 16.50~27.20 g/kg；碱解氮 34.60~97.07 mg/kg，有效磷 1.20~5.00 mg/kg，速效钾 56.77~193.29 mg/kg，氯离子 5.94~12.00 mg/kg，交换性 Ca^{2+} 7.47~12.29 cmol/kg，交换性 Mg^{2+} 3.65~5.64 cmol/kg。

腐殖酸与腐殖质组成中，腐殖酸碳量 1.09~5.94 g/kg，腐殖质全碳量 1.39~10.54 g/kg，胡敏酸碳量 0.01~1.32 g/kg，胡敏素碳量 0.30~4.60 g/kg，富啡酸碳量 1.09~4.62 g/kg，胡富比 0~0.29。

微量元素中，有效铜 0.02~0.92 mg/kg，有效铁 0.23~58.08 mg/kg，有效锰 44.85~91.30 mg/kg，有效锌 0.68~1.39 mg/kg（表 6-7-7~表 6-7-9）。

表 6-7-7 片区代表性烟田土壤养分状况

土层 /cm	pH	有机质 /(g/kg)	全氮 /(g/kg)	全磷 /(g/kg)	全钾 /(g/kg)	碱解氮 /(mg/kg)	有效磷 /(mg/kg)	速效钾 /(mg/kg)	氯离子 /(mg/kg)
0~35	6.79	18.17	1.29	0.73	16.50	97.07	5.00	193.29	12.00
35~60	6.46	4.60	0.55	0.79	20.70	36.69	1.20	56.77	10.10
60~85	6.48	3.80	0.50	0.63	22.20	36.69	1.30	69.66	9.80
85~110	6.91	2.40	0.41	0.59	27.20	34.60	1.40	58.34	5.94

表 6-7-8 片区代表性烟田土壤腐殖酸与腐殖质组成

土层 /cm	腐殖酸碳量 /(g/kg)	腐殖质全碳量 /(g/kg)	胡敏酸碳量 /(g/kg)	胡敏素碳量 /(g/kg)	富啡酸碳量 /(g/kg)	胡富比
0~35	5.94	10.54	1.32	4.60	4.62	0.29
35~60	2.00	2.67	0.01	0.67	1.99	0.00
60~85	1.35	2.20	0.24	0.85	1.12	0.21
85~110	1.09	1.39	0.01	0.30	1.09	0

表 6-7-9 片区代表性烟田土壤中微量元素状况

土层 /cm	有效铜 /(mg/kg)	有效铁 /(mg/kg)	有效锰 /(mg/kg)	有效锌 /(mg/kg)	交换性 Ca^{2+} /(cmol/kg)	交换性 Mg^{2+} /(cmol/kg)
0~35	0.02	0.23	91.30	0.68	12.29	5.64
35~60	0.83	58.08	59.48	1.34	7.66	4.01
60~85	0.92	46.95	54.68	1.27	8.05	3.82
85~110	0.86	49.50	44.85	1.39	7.47	3.65

5）总体评价

土体深厚，耕作层质地偏黏，耕性较差，砾石多，通透性较好，轻度水土流失。土壤中性，有机质含量缺乏，肥力中等，缺磷富钾，铜、铁缺乏，锰、锌、钙、镁缺乏。

4. 旁海镇水寨村(地午村)平寨片区

1)基本信息

代表性地块(KL-04):北纬 26°38′51.030″,东经 108°3′33.480″,海拔 912 m(图 6-7-13),中山坡地下部,成土母质为灰岩风化坡积物,烤烟-玉米不定期轮作,中坡旱地,土壤亚类为普通简育常湿淋溶土。

2)气候条件

烤烟大田生长期间(5~9 月),平均气温 22.0℃,降水量 780 mm,日照时数 685 h(图 6-7-14)。

海拔/m

600 800 1000 1200 1400 1600 1800 2000 2200

图 6-7-13 片区海拔示意图

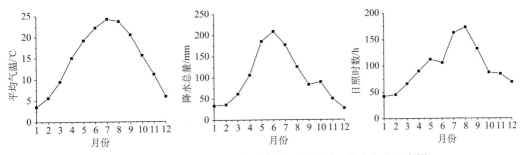

图 6-7-14 片区平均气温、降水总量、日照时数动态变化示意图

3)剖面形态(图 6-7-15(右))

Ap:0~40 cm,黑棕色(7.5YR 3/2,润),棕色(7.5YR 4/6,干),30%左右岩石碎屑,粉质黏壤土,发育强的 1~2 mm 粒状结构,松散,pH 7.4,清晰平滑过渡。

Btr:40~65 cm,浊棕色(7.5YR 5/4,润),橙色(7.5YR 7/6,干),5%左右岩石碎屑,粉质黏土,发育强的 10~20 mm 棱块状结构,坚硬,pH 6.8,清晰平波状渡。

Btr2:65~85 cm,浊棕色(7.5YR 5/4,润),橙色(7.5YR 7/6,干),粉质黏土,发育强的 20~50 mm 棱块状结构,坚实,结构面上 2%左右铁锰斑纹,10%左右黏粒胶膜,1%左右软小铁锰结核,pH 7.0,渐变波状过渡。

Btr3:85~110 cm,浊棕色(7.5YR 5/3,润),浊橙色(7.5YR 7/4,干),粉质黏土,发育中等的 20~50 mm 棱块状结构,坚硬,结构面上 2%左右铁锰斑纹,10%左右黏粒胶膜,1%左右软小铁锰结核,pH 6.4。

4)土壤养分

片区土壤呈中性,土体 pH 6.41~7.43,有机质 3.80~21.11 g/kg,全氮 0.63~1.55 g/kg,全磷 0.48~0.87 g/kg,全钾 6.80~41.80 g/kg,碱解氮 34.37~102.64 mg/kg,有效磷 0.30~5.30 mg/kg,速效钾 53.02~349.95 mg/kg,氯离子 9.68~25.10 mg/kg,交换性 Ca^{2+}

8.29~16.33 cmol/kg，交换性 Mg^{2+} 3.01~11.82 cmol/kg。

图 6-7-15 　代表性地块景观(左)和土壤剖面(右)

腐殖酸与腐殖质组成中，腐殖酸碳量 1.18~6.83 g/kg，腐殖质全碳量 2.20~12.25 g/kg，胡敏酸碳量 0.01~1.92 g/kg，胡敏素碳量 0.91~5.42 g/kg，富啡酸碳量 1.17~4.91 g/kg，胡富比 0.01~0.39。

微量元素中，有效铜 0.02~0.62 mg/kg，有效铁 0.73~69.08 mg/kg，有效锰 15.95~40.25 mg/kg，有效锌 0.04~1.11 mg/kg(表 6-7-10~表 6-7-12)。

表 6-7-10 　片区代表性烟田土壤养分状况

土层 /cm	pH	有机质 /(g/kg)	全氮 /(g/kg)	全磷 /(g/kg)	全钾 /(g/kg)	碱解氮 /(mg/kg)	有效磷 /(mg/kg)	速效钾 /(mg/kg)	氯离子 /(mg/kg)
0~40	7.43	21.11	1.55	0.87	17.60	102.64	5.30	349.95	9.68
40~65	6.83	7.00	0.72	0.62	41.80	46.45	0.50	66.83	15.10
65~85	6.98	3.80	0.63	0.48	39.60	36.23	1.00	53.02	22.40
85~110	6.41	4.40	0.64	0.59	6.80	34.37	0.30	71.55	25.10

表 6-7-11 　片区代表性烟田土壤腐殖酸与腐殖质组成

土层 /cm	腐殖酸碳量 /(g/kg)	腐殖质全碳量 /(g/kg)	胡敏酸碳量 /(g/kg)	胡敏素碳量 /(g/kg)	富啡酸碳量 /(g/kg)	胡富比
0~40	6.83	12.25	1.92	5.42	4.91	0.39
40~65	2.35	4.06	0.50	1.71	1.85	0.27
65~85	1.30	2.20	0.04	0.91	1.25	0.03
85~110	1.18	2.55	0.01	1.37	1.17	0.01

表 6-7-12 片区代表性烟田土壤中微量元素状况

土层 /cm	有效铜 /(mg/kg)	有效铁 /(mg/kg)	有效锰 /(mg/kg)	有效锌 /(mg/kg)	交换性 Ca^{2+} /(cmol/kg)	交换性 Mg^{2+} /(cmol/kg)
0~40	0.02	0.73	16.35	0.04	16.33	11.82
40~65	0.61	62.48	40.25	0.80	8.96	3.45
65~85	0.51	69.08	32.70	1.11	8.29	3.01
85~110	0.62	51.03	15.95	0.99	8.88	3.90

5)总体评价

土体深厚,耕作层质地偏黏,耕性较差,砾石多,通透性好,中度水土流失。土壤中性,有机质含量中等水平,肥力中等,缺磷富钾,缺铜、铁、锌,富锰、钙、镁。

5. 三棵树镇赏朗村屯上片区

1)基本信息

代表性地块(KL-05):北纬 26°37′2.890″,东经 108°3′25.019″,海拔 972 m(图 6-7-16),中山坡地上部,成土母质为灰岩/白云岩风化坡积物,烤烟-玉米不定期轮作,缓坡梯田旱地,土壤亚类为普通钙质常湿淋溶土。

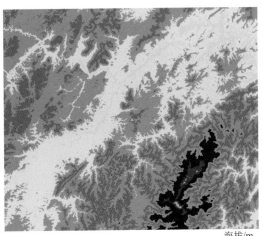

海拔/m

600 800 1000 1200 1400 1600 1800 2000 2200

图 6-7-16 片区海拔示意图

2)气候条件

烤烟大田生长期间(5~9 月),平均气温 21.5℃,降水量 790 mm,日照时数 682 h(图 6-7-17)。

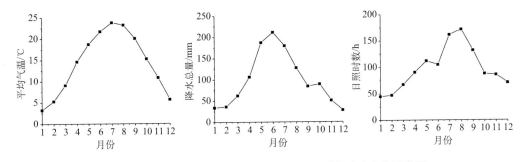

图 6-7-17 片区平均气温、降水总量、日照时数动态变化示意图

3)剖面形态(图 6-7-18(右))

Ap:0~22 cm,黑色(10YR 2/1,润),棕灰色(10YR 4/1,干),5%左右岩石碎屑,黏壤土,发育强的 1~2 mm 粒状结构,松散,2~3 个蚯蚓穴,pH 6.7,清晰渐变过渡。

图 6-7-18   代表性地块景观(左)和土壤剖面(右)

AB：22~32 cm，黑色(10YR 2/1，润)，棕灰色(10YR 4/1，干)，5%左右岩石碎屑，黏壤土，发育强的 20~50 mm 棱块状结构，稍坚硬，结构面上 2%左右铁锰斑纹，1%左右软小铁锰结核，2~3 个蚯蚓穴，pH 7.2，渐变波状过渡。

Btr2：32~50 cm，黑棕色(10YR 3/1，润)，灰黄棕色(10YR 4/2，干)，5%左右岩石碎屑，黏土，发育强的 20~50 mm 棱块状结构，坚硬，结构面上 10%左右铁锰斑纹，10%左右黏粒胶膜，5%左右软小铁锰结核，pH 6.9，清晰波状过渡。

C：50 cm~，灰岩/白云岩风化碎屑。

4）土壤养分

片区土壤呈中性，土体 pH 6.70~7.16，有机质 13.00~45.56 g/kg，全氮 0.95~2.57 g/kg，全磷 1.26~1.52 g/kg，全钾 8.30~46.00 g/kg，碱解氮 73.85~184.39 mg/kg，有效磷 5.40~97.10 mg/kg，速效钾 55.83~315.04 mg/kg，氯离子 4.13~19.30 mg/kg，交换性 Ca^{2+} 14.81~19.79 cmol/kg，交换性 Mg^{2+} 5.35~5.67 cmol/kg。

腐殖酸与腐殖质组成中，腐殖酸碳量 4.43~15.45 g/kg，腐殖质全碳量 7.54~26.43 g/kg，胡敏酸碳量 1.67~7.74 g/kg，胡敏素碳量 3.11~10.97 g/kg，富啡酸碳量 2.76~7.71 g/kg，胡富比 0.61~1.00。

微量元素中，有效铜 0.16~1.72 mg/kg，有效铁 0.05~19.33 mg/kg，有效锰 178.18~259.00 mg/kg，有效锌 8.81~59.10 mg/kg(表 6-7-13~表 6-7-15)。

5）总体评价

土体较薄，耕作层质地偏黏，少量砾石，耕性和通透性较差，轻度水土流失。中性土壤，有机质含量丰富，肥力较高，磷钾极为丰富，缺铜、铁，富锰、锌、钙、镁。

表 6-7-13 片区代表性烟田土壤养分状况

土层 /cm	pH	有机质 /(g/kg)	全氮 /(g/kg)	全磷 /(g/kg)	全钾 /(g/kg)	碱解氮 /(mg/kg)	有效磷 /(mg/kg)	速效钾 /(mg/kg)	氯离子 /(mg/kg)
0~22	6.70	45.56	2.57	1.52	15.10	184.39	97.10	315.04	19.30
22~32	7.16	28.60	1.83	1.37	8.30	126.33	5.40	82.06	4.13
32~50	6.86	13.00	0.95	1.26	46.00	73.85	11.10	55.83	17.60

表 6-7-14 片区代表性烟田土壤腐殖酸与腐殖质组成

土层 /cm	腐殖酸碳量 /(g/kg)	腐殖质全碳量 /(g/kg)	胡敏酸碳量 /(g/kg)	胡敏素碳量 /(g/kg)	富啡酸碳量 /(g/kg)	胡富比
0~22	15.45	26.43	7.74	10.97	7.71	1.00
22~32	11.11	16.59	5.07	5.48	6.03	0.84
32~50	4.43	7.54	1.67	3.11	2.76	0.61

表 6-7-15 片区代表性烟田土壤中微量元素状况

土层 /cm	有效铜 /(mg/kg)	有效铁 /(mg/kg)	有效锰 /(mg/kg)	有效锌 /(mg/kg)	交换性 Ca^{2+} /(cmol/kg)	交换性 Mg^{2+} /(cmol/kg)
0~22	0.16	0.05	251.80	10.10	19.79	5.67
22~32	1.72	19.33	259.00	59.10	17.24	5.56
32~50	1.15	10.05	178.18	8.81	14.81	5.35

第七章　秦巴山区烤烟典型区域生态条件

　　秦巴山区烤烟种植区位于北纬 30°28'~35°36'，东经 105°7'~111°31'，分布在秦岭和巴山的广大地区，包括南部的湖北省宜昌市兴山县和秭归县，恩施州巴东县；东南部的湖北省十堰市房县、竹山县和郧西县，襄阳市保康县；北部的甘肃省庆阳市正宁县、陇南市的徽县；中部的重庆市巫山县、巫溪县、奉节县，陕西省汉中市南郑县、安康市的旬阳县、商洛市的镇安县等 15 个县(市)。该产区是我国春季移栽的烤烟典型产区之一。在此，对该区域南郑、旬阳、房县、兴山、巫山 5 个典型的烤烟种植县的主要生态指标进行分析。

第一节　陕西南郑生态条件

一、地理位置

　　南郑县位于北纬 32°24'~33°7'，东经 106°30'~107°22'。地处陕西省汉中地区南部，汉江上游谷地，汉江南岸，东邻城固、西乡县，南接四川省通江、南江、旺苍县，西连宁强、勉县，北界汉江与汉中市隔水相望。隶属陕西省汉中市，现辖汉山镇、圣水镇、大河坎镇、协税镇、梁山镇、阳春镇、高台镇、新集镇、濂水镇、黄官镇、青树镇、红庙镇、牟家坝镇、法镇、湘水镇、小南海镇、碑坝镇、黎坪镇、福成镇、两河镇、胡家营镇、忍水镇等 22 个镇，面积 2849 km^2(图 7-1-1)。

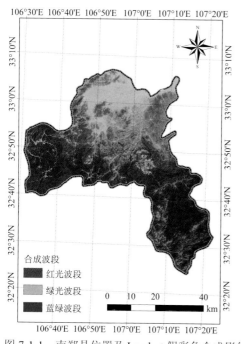

图 7-1-1　南郑县位置及 Landsat 假彩色合成影像图

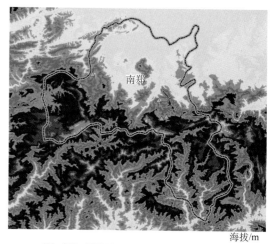

图 7-1-2　南郑县海拔示意图

二、自然条件

1. 地形地貌

南郑县是陕南山地(秦巴山地的陕西部分)的组成部分。辖区大部分在米仓山北坡，小部分在南坡。总趋势南高北低，呈阶梯状。最低处是汉江南岸的大中滩，海拔 484 m；最高点为川陕界山铁船山，海拔 2468 m；相对高差 1984 m(图 7-1-2)。因受地质构造、气候条件、水文条件等的制约和影响，县境内地貌轮廓多种多样。由北向南可依次划分为河谷阶地平原区、米仓山北麓丘陵低山区、米仓山中山区三种地貌区。中山、丘陵区占全县总面积的 88.2 %，平原区占 11.8 %。

2. 气候条件

南郑县属北亚热带湿润气候区。由于地处海陆气候分界处，受地理因素和季风环流等影响，形成两个气候带，北亚热带和暖温带，尤以北亚热带气候特征最为明显，具有显著的季风气候特征。年均气温 4.8~14.8℃，平均 11.3℃，1 月最冷，月平均气温 0.4℃，7 月最热，月平均气温 21.4℃；区域分布表现北部较高，南部次之，中部最低。年均降水总量 868~1180 mm，平均 1007 mm 左右，5~9 月降雨均在 100 mm 以上， 其中 8 月、

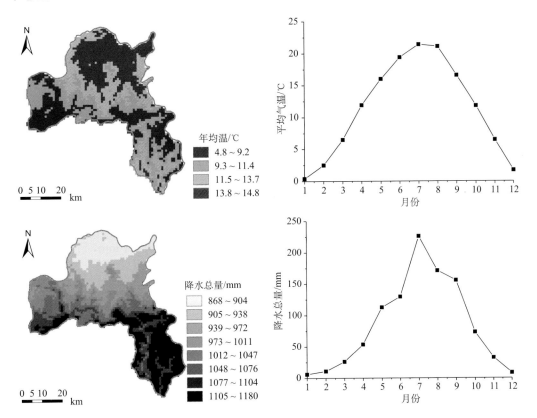

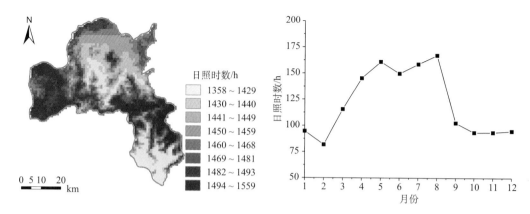

图 7-1-3 南郑县 1980~2013 年平均气温、降水总量、日照时数时空动态变化示意图

9 月降雨在 150 mm 以上，7 月降雨最高，在 200 mm 以上，其他月份降雨在 100 mm 以下；区域分布总趋势是由南向北递减。年均日照时数 1358~1559 h，平均 1459 h，3~9 月日照均在 100 h 以上，其中 4~8 月日照在 150 h 左右；区域分布表现南北少、中部多（图 7-1-3），平均无霜期 252 d 左右。

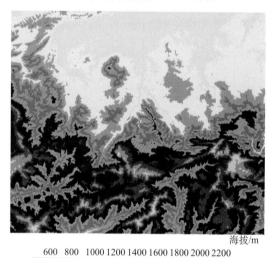

图 7-1-4 片区海拔示意图

三、片区与代表性烟田

1. 小南海镇青石关村片区

1）基本信息

代表性地块（NZ-01）：北纬 32°49′47.557″，东经 107°1′53.846″，海拔 856 m（图 7-1-4），中山坡地中部，成土母质为黄土沉积物，种植制度为烤烟单作，缓坡旱地，土壤亚类为斑纹简育湿润雏形土。

2）气候条件

烤烟大田生长期间（5~9 月），平均气温 20.5℃，降水量 771 mm，日照时数 752 h（图 7-1-5）。

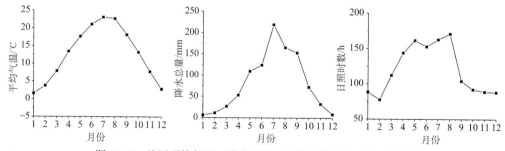

图 7-1-5 片区平均气温、降水总量、日照时数动态变化示意图

3）剖面形态（图7-1-6（右））

Ap：0~25 cm，灰棕色（7.5YR 4/2，润），浊橙色（7.5YR 6/4，干），粉砂壤土，发育强的1~2 mm粒状结构，松散，2~3个蚯蚓穴，pH 5.4，清晰平滑过渡。

AB：25~38 cm，灰棕色（7.5YR 4/2，润），浊橙色（7.5YR 6/4，干），粉砂壤土，发育中等的10~20 mm块状结构，稍硬，2~3个蚯蚓穴，pH 5.3，清晰波状过渡。

Br1：38~65 cm，棕色（7.5YR 4/4，润），橙色（7.5YR 6/6，干），粉砂壤土，发育中等的20~50 mm块状结构，稍硬，2%左右软小铁锰结核，pH 6.1，渐变波状过渡。

Br2：65~80 cm，棕色（7.5YR 4/4，润），橙色（7.5YR 6/6，干），粉砂壤土，发育中等的20~50 mm块状结构，稍硬，2%左右软小铁锰结核，pH 5.6，渐变波状过渡。

图7-1-6 代表性地块景观（左）和土壤剖面（右）

Br2：80~120 cm，棕色（7.5YR 4/4，润），橙色（7.5YR 6/6，干），粉砂壤土，发育中等的20~50 mm块状结构，稍硬，2%左右软小铁锰结核，pH 6.2。

4）土壤养分

片区土壤呈酸性，土体pH 5.29~6.23，有机质6.60~11.90 g/kg，全氮0.53~0.92 g/kg，全磷0.46~0.69 g/kg，全钾25.40~29.40 g/kg，碱解氮41.10~78.72 mg/kg，有效磷1.10~19.60 mg/kg，速效钾75.05~286.98 mg/kg，氯离子13.70~35.40 mg/kg，交换性Ca^{2+} 7.20~8.81 cmol/kg，交换性Mg^{2+} 1.54~2.31 cmol/kg。

腐殖酸与腐殖质组成中，腐殖酸碳量1.68~4.16 g/kg，腐殖质全碳量3.83~6.90 g/kg，胡敏酸碳量0.30~0.82 g/kg，胡敏素碳量1.97~3.12 g/kg，富啡酸碳量1.07~3.39 g/kg，胡富比0.15~0.56。

微量元素中，有效铜1.16~1.39 mg/kg，有效铁128.07~187.55 mg/kg，有效锰53.77~131.01 mg/kg，有效锌2.54~4.24 mg/kg（表7-1-1~表7-1-3）。

表 7-1-1　片区代表性烟田土壤养分状况

土层 /cm	pH	有机质 /(g/kg)	全氮 /(g/kg)	全磷 /(g/kg)	全钾 /(g/kg)	碱解氮 /(mg/kg)	有效磷 /(mg/kg)	速效钾 /(mg/kg)	氯离子 /(mg/kg)
0~25	5.42	11.42	0.92	0.69	25.90	78.72	19.60	286.98	35.20
25~38	5.29	11.90	0.83	0.64	28.00	71.06	3.90	115.91	30.20
38~65	6.11	7.90	0.62	0.68	29.40	47.14	1.20	94.05	35.40
65~80	5.61	7.40	0.56	0.60	26.80	47.84	1.10	75.05	13.70
80~120	6.23	6.60	0.53	0.46	25.40	41.10	1.10	82.65	30.20

表 7-1-2　片区代表性烟田土壤腐殖酸与腐殖质组成

土层 /cm	腐殖酸碳量 /(g/kg)	腐殖质全碳量 /(g/kg)	胡敏酸碳量 /(g/kg)	胡敏素碳量 /(g/kg)	富啡酸碳量 /(g/kg)	胡富比
0~25	4.16	6.62	0.77	2.46	3.39	0.23
25~38	3.79	6.90	0.78	3.12	3.01	0.26
38~65	2.36	4.58	0.30	2.23	2.06	0.15
65~80	2.32	4.29	0.82	1.97	1.51	0.54
80~120	1.68	3.83	0.61	2.15	1.07	0.56

表 7-1-3　片区代表性烟田土壤中微量元素状况

土层 /cm	有效铜 /(mg/kg)	有效铁 /(mg/kg)	有效锰 /(mg/kg)	有效锌 /(mg/kg)	交换性 Ca^{2+} /(cmol/kg)	交换性 Mg^{2+} /(cmol/kg)
0~25	1.39	128.07	131.01	4.24	8.27	1.54
25~38	1.37	152.84	114.72	3.64	8.81	1.85
38~65	1.18	169.89	88.61	2.62	8.81	2.31
65~80	1.25	187.55	69.15	2.59	7.20	1.94
80~120	1.16	170.81	53.77	2.54	7.94	2.10

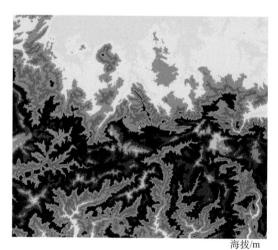

海拔/m

600　800　1000 1200 1400 1600 1800 2000 2200

图 7-1-7　片区海拔示意图

5) 总体评价

土体深厚，耕作层质地适中，耕性和通透性好，轻度水土流失。酸性土壤，有机质含量缺乏，肥力偏低，磷含量中等，钾含量丰富，氯离子超标，铜、铁、锰、锌、钙、镁丰富。

2. 小南海镇回军坝村片区

1) 基本信息

代表性地块（NZ-02）：北纬 32°46′22.348″，东经 107°4′13.269″，海拔 1315 m（图 7-1-7），中山坡地中上部，成土母质为黄土沉积物，种植制度为烤烟单作，缓坡旱地，土壤亚类为斑纹简育湿润雏形土。

2) 气候条件

烤烟大田生长期间(5~9月),平均气温18.1℃,降水量818 mm,日照时数736 h(图 7-1-8)。

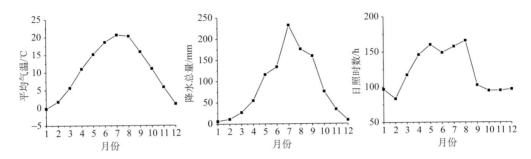

图7-1-8　片区平均气温、降水总量、日照时数动态变化示意图

3) 剖面形态(图7-1-9(右))

Ap: 0~20 cm,暗棕色(7.5YR 3/3,润),浊棕色(7.5YR 5/4,干),粉砂壤土,发育强的1~2 mm粒状结构,松散,2~3个蚯蚓穴,pH 6.1,清晰平滑过渡。

AB: 20~40 cm,暗棕色(7.5YR 3/3,润),浊棕色(7.5YR 5/4,干),粉砂壤土,发育中等的10~20 mm块状结构,稍硬,2~3个蚯蚓穴,pH 6.3,清晰波状过渡。

Br1: 40~65 cm,棕色(7.5YR 4/6,润),橙色(7.5YR 6/8,干),粉砂壤土,发育中等的20~50 mm块状结构,稍硬,2%左右软小铁锰结核,pH 5.7,渐变波状过渡。

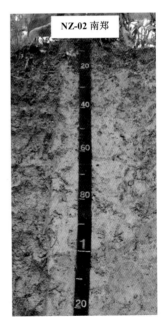

图7-1-9　代表性地块景观(左)和土壤剖面(右)

Br2：65~100 cm，棕色(7.5YR 4/6，润)，橙色(7.5YR 6/8，干)，粉砂壤土，发育中等的 20~50 mm 块状结构，稍硬，2%左右软小铁锰结核，pH 6.4，渐变波状过渡。

Br3：100~120 cm，棕色(7.5YR 4/6，润)，橙色(7.5YR 6/8，干)，粉砂壤土，发育中等的 20~50 mm 块状结构，稍硬，2%左右软小铁锰结核，pH 6.5。

4）土壤养分

片区土壤呈微酸性，土体 pH 5.72~6.45，有机质 3.90~18.13 g/kg，全氮 0.40~1.18 g/kg，全磷 0.46~0.89 g/kg，全钾 23.90~27.30 g/kg，碱解氮 28.33~105.43 mg/kg，有效磷 5.50~65.50 mg/kg，速效钾 182.44~425.74 mg/kg，氯离子 6.69~42.60 mg/kg，交换性 Ca^{2+} 6.93~8.68 cmol/kg，交换性 Mg^{2+} 0.71~1.21 cmol/kg。

腐殖酸与腐殖质组成中，腐殖酸碳量 0.84~6.38 g/kg，腐殖质全碳量 2.26~10.52 g/kg，胡敏酸碳量 0.25~1.82 g/kg，胡敏素碳量 1.43~4.13 g/kg，富啡酸碳量 0.58~4.61 g/kg，胡富比 0.38~0.47。

微量元素中，有效铜 0.81~2.26 mg/kg，有效铁 48.12~130.34 mg/kg，有效锰 6.47~105.10 mg/kg，有效锌 1.23~6.10 mg/kg(表 7-1-4~表 7-1-6)。

表 7-1-4　片区代表性烟田土壤养分状况

土层 /cm	pH	有机质 /(g/kg)	全氮 /(g/kg)	全磷 /(g/kg)	全钾 /(g/kg)	碱解氮 /(mg/kg)	有效磷 /(mg/kg)	速效钾 /(mg/kg)	氯离子 /(mg/kg)
0~20	6.09	18.13	1.18	0.87	25.90	105.43	65.50	425.74	13.70
20~40	6.32	16.40	1.09	0.89	23.90	99.86	12.70	254.67	24.10
40~65	5.72	6.20	0.47	0.79	24.50	35.76	5.50	182.44	42.60
65~100	6.41	3.90	0.40	0.79	24.20	28.33	5.90	214.75	6.69
100~120	6.45	5.80	0.41	0.46	27.30	28.80	7.30	266.07	20.10

表 7-1-5　片区代表性烟田土壤腐殖酸与腐殖质组成

土层 /cm	腐殖酸碳量 /(g/kg)	腐殖质全碳量 /(g/kg)	胡敏酸碳量 /(g/kg)	胡敏素碳量 /(g/kg)	富啡酸碳量 /(g/kg)	胡富比
0~20	6.38	10.52	1.77	4.13	4.61	0.38
20~40	5.91	9.51	1.82	3.61	4.09	0.45
40~65	1.42	3.60	0.41	2.18	1.01	0.41
65~100	0.84	2.26	0.25	1.43	0.58	0.43
100~120	0.91	3.36	0.29	2.45	0.62	0.47

表 7-1-6　片区代表性烟田土壤中微量元素状况

土层 /cm	有效铜 /(mg/kg)	有效铁 /(mg/kg)	有效锰 /(mg/kg)	有效锌 /(mg/kg)	交换性 Ca^{2+} /(cmol/kg)	交换性 Mg^{2+} /(cmol/kg)
0~20	2.26	57.36	105.10	6.10	8.01	0.71
20~40	2.01	48.12	94.22	3.56	8.68	0.93
40~65	0.81	119.23	23.24	1.39	6.93	1.03
65~100	0.83	130.34	10.79	1.30	7.30	1.10
100~120	0.83	130.06	6.47	1.23	7.24	1.21

5) 总体评价

土体深厚,耕作层质地适中,耕性和通透性好,轻度水土流失。弱酸性土壤,有机质含量缺乏,肥力中等水平,磷、钾极为丰富,铜、铁、锰、锌、钙丰富,镁含量中等。

3. 小南海镇水桶坝村区

1) 基本信息

代表性地块(NZ-03): 北纬30°45′56.887″,东经107°2′59.470″,海拔1292 m(图 7-1-10),中山坡地中下部,成土母质为黄土沉积物,种植制度为烤烟单作,缓坡旱地,土壤亚类为斑纹简育湿润雏形土。

海拔/m

600 800 1000 1200 1400 1600 1800 2000 2200

图 7-1-10 片区海拔示意图

2) 气候条件

烤烟大田生长期间(5~9 月),平均气温 18.3℃,降水量 817 mm,日照时数 735 h(图7-1-11)。

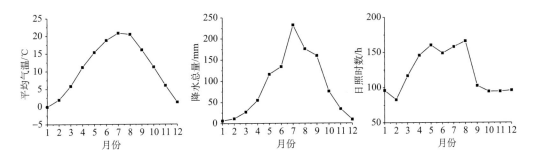

图 7-1-11 片区平均气温、降水量、日照时数动态变化示意图

3) 剖面形态(图 7-1-12(右))

Ap: 0~20 cm,暗棕色(10YR 3/3,润),浊黄棕色(10YR 5/4,干),粉砂壤土,发育强的 1~2 mm 粒状结构,松散,2~3 个蚯蚓穴,pH 5.09,清晰平滑过渡。

AB: 20~40 cm,棕色(10YR 4/4,润),亮黄棕色(10YR 6/6,干),粉砂壤土,发育中等的 10~20 mm 块状结构,稍硬,2~3 个蚯蚓穴,pH 5.52,渐变波状过渡。

Br1: 40~80 cm,棕色(10YR 4/4,润),亮黄棕色(10YR 6/6,干),粉砂壤土,发育中等的 20~50 mm 块状结构,稍硬,2%左右软小铁锰结核,pH 6.13,渐变波状过渡。

Ab: 80~100 cm,灰黄棕色(10YR 4/2,润),浊黄棕色(10YR 6/4,干),粉砂壤土,发育中等的 20~50 mm 块状结构,稍硬,2%左右软小铁锰结核,pH 5.44,清晰平滑过渡。

Bt: 100~120 cm,暗棕色(7.5YR 3/4,润),亮棕色(7.5YR 5/6,干),粉砂壤土,发

育中等的 20~50 mm 块状结构，稍硬，2%左右软小铁锰结核，pH 5.5。

NZ-03 南郑

图 7-1-12　代表性地块景观(左)和土壤剖面(右)

4) 土壤养分

片区土壤呈酸性，土体 pH 5.09~6.13，有机质 7.30~21.50 g/kg，全氮 0.56~1.33 g/kg，全磷 0.82~1.01 g/kg，全钾 24.30~25.70 g/kg，碱解氮 45.05~121.45 mg/kg，有效磷 14.60~70.70 mg/kg，速效钾 127.32~540.74 mg/kg，氯离子 5.11~24.20 mg/kg，交换性 Ca^{2+} 3.83~6.98 cmol/kg，交换性 Mg^{2+} 0.30~0.65 cmol/kg。

腐殖酸与腐殖质组成中，腐殖酸碳量 2.46~8.96 g/kg，腐殖质全碳量 4.23~12.47 g/kg，胡敏酸碳量 0.56~2.56 g/kg，胡敏素碳量 1.77~4.58 g/kg，富啡酸碳量 1.90~6.41g/kg，胡富比 0.30~0.41。

微量元素中，有效铜 1.05~1.72 mg/kg，有效铁 18.05~59.87 mg/kg，有效锰 7.09~69.55 mg/kg，有效锌 0.87~4.65 mg/kg(表 7-1-7~表 7-1-9)。

表 7-1-7　片区代表性烟田土壤养分状况

土层 /cm	pH	有机质 /(g/kg)	全氮 /(g/kg)	全磷 /(g/kg)	全钾 /(g/kg)	碱解氮 /(mg/kg)	有效磷 /(mg/kg)	速效钾 /(mg/kg)	氯离子 /(mg/kg)
0~20	5.09	20.82	1.33	1.01	25.70	121.45	70.70	540.74	9.81
20~40	5.52	20.90	1.28	0.86	25.50	117.04	32.60	267.03	8.01
40~80	6.13	19.00	1.21	0.98	25.30	115.88	28.40	172.94	19.50
80~100	5.44	21.50	1.31	0.82	24.30	117.97	14.60	127.32	5.11
100~120	5.50	7.30	0.56	0.87	24.30	45.05	15.80	152.98	24.20

表 7-1-8　片区代表性烟田土壤腐殖酸与腐殖质组成

土层 /cm	腐殖酸碳量 /(g/kg)	腐殖质全碳量 /(g/kg)	胡敏酸碳量 /(g/kg)	胡敏素碳量 /(g/kg)	富啡酸碳量 /(g/kg)	胡富比
0~20	8.96	12.08	2.56	3.11	6.41	0.40
20~40	7.55	12.12	2.20	4.58	5.34	0.41
40~80	7.22	11.02	1.91	3.80	5.31	0.36
80~100	8.01	12.47	2.07	4.46	5.94	0.35
100~120	2.46	4.23	0.56	1.77	1.90	0.30

表 7-1-9　片区代表性烟田土壤中微量元素状况

土层 /cm	有效铜 /(mg/kg)	有效铁 /(mg/kg)	有效锰 /(mg/kg)	有效锌 /(mg/kg)	交换性 Ca^{2+} /(cmol/kg)	交换性 Mg^{2+} /(cmol/kg)
0~20	1.72	59.87	69.55	4.65	4.78	0.53
20~40	1.65	39.11	51.66	3.51	6.35	0.64
40~80	1.57	31.16	46.70	2.00	6.98	0.65
80~100	1.22	18.05	16.69	1.10	3.83	0.30
100~120	1.05	58.92	7.09	0.87	4.46	0.40

5) 总体评价

土体深厚，耕作层质地适中，耕性和通透性好，轻度水土流失。酸性土壤，有机质含量中等，肥力偏高，磷、钾极为丰富，铜、铁、锰、锌、钙丰富，镁含量中等水平。

4. 两河镇地坪村片区

1) 基本信息

代表性地块（NZ-04）：北纬 32°54′49.605″，东经 106°43′54.693″，海拔 774 m（图 7-1-13），低山坡地中下部，成土母质为黄土沉积物，种植制度为烤烟-玉米隔年轮作，中坡梯田，土壤亚类为斑纹简育湿润雏形土。

海拔/m

600　800　1000 1200 1400 1600 1800 2000 2200

图 7-1-13　片区海拔示意图

2) 气候条件

烤烟大田生长期间（5~9 月），平均气温 20.8℃，降水量 738 mm，日照时数 750 h（图 7-1-14）。

3) 剖面形态（图 7-1-15（右））

Ap：0~25 cm，暗棕色（5YR 3/4，润），亮棕色（5YR 5/6，干），粉砂壤土，发育强的 1~2 mm 粒状结构，松散，2~3 个蚯蚓穴，pH 6.25，清晰平滑过渡。

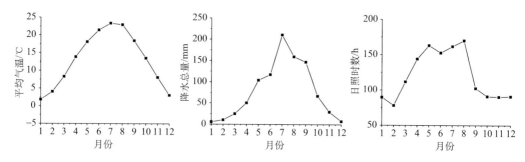

图 7-1-14　片区平均气温、降水总量、日照时数动态变化示意图

图 7-1-15　代表性地块景观(左)和土壤剖面(右)

AB：25~50 cm，暗棕色(5YR 3/4，润)，亮棕色(5YR 5/6，干)，粉砂壤土，发育中等的 10~20 mm 块状结构，稍硬，2~3 个蚯蚓穴，pH 5.77，渐变波状过渡。

Bw1：50~80 cm，暗棕色(5YR 3/4，润)，亮棕色(5YR 5/6，干)，粉砂壤土，发育中等的 20~50 mm 块状结构，稍硬，2%左右软小铁锰结核，pH 6.0，渐变波状过渡。

Bw2：80~120 cm，暗红棕色(5YR 3/6，润)，亮红棕色(5YR 5/8，干)，粉砂壤土，发育中等的 20~50 mm 块状结构，稍硬，2%左右软小铁锰结核，pH 6.3。

4) 土壤养分

片区土壤呈微酸性，土体 pH 5.77~6.30，有机质 8.39~14.39 g/kg，全氮 0.68~1.13 g/kg，全磷 0.17~0.48 g/kg，全钾 22.37~23.36 g/kg，碱解氮 52.48~82.67 mg/kg，有效磷 2.08~89.55 mg/kg，速效钾 82.65~382.02 mg/kg，氯离子 6.62~15.31 mg/kg，交换性 Ca^{2+} 8.80~10.20 cmol/kg，交换性 Mg^{2+} 2.47~3.52 cmol/kg。

腐殖酸与腐殖质组成中，腐殖酸碳量 3.25~6.21 g/kg，腐殖质全碳量 4.87~8.35 g/kg，胡敏酸碳量 1.14~2.39 g/kg，胡敏素碳量 1.61~2.14 g/kg，富啡酸碳量 2.11~ 3.82 g/kg，

胡富比 0.39~0.63。

微量元素中，有效铜 1.66~1.90 mg/kg，有效铁 74.66~167.26 mg/kg，有效锰 42.64~85.86 mg/kg，有效锌 2.13~5.82 mg/kg（表 7-1-10~表 7-1-12）。

表 7-1-10 片区代表性烟田土壤养分状况

土层 /cm	pH	有机质 /(g/kg)	全氮 /(g/kg)	全磷 /(g/kg)	全钾 /(g/kg)	碱解氮 /(mg/kg)	有效磷 /(mg/kg)	速效钾 /(mg/kg)	氯离子 /(mg/kg)
0~25	6.25	14.39	1.13	0.48	23.36	82.67	89.55	382.02	15.31
25~50	5.77	9.66	0.81	0.18	22.50	58.99	2.08	82.65	14.80
50~80	5.95	10.50	0.80	0.17	22.64	70.13	2.95	112.11	6.62
80~120	6.30	8.39	0.68	0.34	22.37	52.48	2.68	98.81	6.63

表 7-1-11 片区代表性烟田土壤腐殖酸与腐殖质组成

土层 /cm	腐殖酸碳量 /(g/kg)	腐殖质全碳量 /(g/kg)	胡敏酸碳量 /(g/kg)	胡敏素碳量 /(g/kg)	富啡酸碳量 /(g/kg)	胡富比
0~25	6.21	8.35	2.39	2.14	3.82	0.63
25~50	3.92	5.60	1.24	1.68	2.69	0.46
50~80	4.07	6.09	1.14	2.02	2.93	0.39
80~120	3.25	4.87	1.14	1.61	2.11	0.54

表 7-1-12 片区代表性烟田土壤中微量元素状况

土层 /cm	有效铜 /(mg/kg)	有效铁 /(mg/kg)	有效锰 /(mg/kg)	有效锌 /(mg/kg)	交换性 Ca^{2+} /(cmol/kg)	交换性 Mg^{2+} /(cmol/kg)
0~25	1.90	74.66	85.86	5.82	10.20	2.47
25~50	1.66	167.26	58.95	2.66	9.43	3.52
50~80	1.80	148.00	44.38	2.44	8.80	3.26
80~120	1.71	134.47	42.64	2.13	8.80	3.07

5）总体评价

土体深厚，耕作层质地适中，耕性和通透性较好，中度水土流失。弱酸性土壤，有机质含量缺乏，肥力偏低，磷、钾极为丰富，铜、铁、锰、锌、钙、镁含量丰富。

5. 两河镇竹坝村片区

1）基本信息

代表性地块（NZ-05）：北纬 32°52′13.209″，东经 106°40′50.884″，海拔 1233 m（图 7-1-16），中山山脊顶部，成土母质为黄土沉积物，种植制度为烤烟单作，缓坡梯田，土壤亚类为斑纹简育湿润淋溶土。

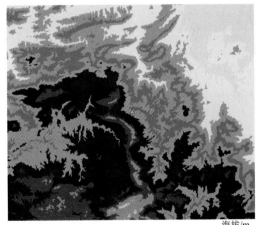

海拔/m

600 800 1000 1200 1400 1600 1800 2000 2200

图 7-1-16 片区海拔示意图

2) 气候条件

烤烟大田生长期间(5~9月),平均气温18.8℃,降水量772 mm,日照时数734 h(图7-1-17)。

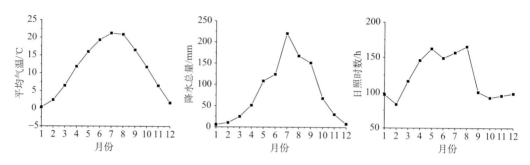

图7-1-17 片区平均气温、降水总量、日照时数动态变化示意图

3) 剖面形态(图7-1-18(右))

Ap:0~20 cm,暗棕色(7.5YR 3/3,润),棕色(7.5YR 4/6,干),粉砂壤土,发育强的1~2 mm粒状结构,松散,2~3个蚯蚓穴,pH 4.84,清晰平滑过渡。

AB:20~40 cm,暗棕色(7.5YR 3/3,润),棕色(7.5YR 4/6,干),粉砂壤土,发育中等的10~20 mm块状结构,疏松,2~3个蚯蚓穴,pH 5.88,清晰平滑过渡。

Bt1:40~75 cm,棕色(7.5YR 4/4,润),橙色(7.5YR 6/6,干),黏壤土,发育强的20~50 mm棱块状结构,稍硬,结构面上10%左右的黏粒胶膜,2%左右软小铁锰结核,pH 5.53,渐变波状过渡。

图7-1-18 代表性地块景观(左)和土壤剖面(右)

Ab1：75~90 cm，棕色(7.5YR 4/4，润)，橙色(7.5YR 6/6，干)，粉砂壤土，发育中等的 10~20 mm 块状结构，稍硬，2%左右软小铁锰结核 pH5.98，清晰平滑过渡。

Bt2：90~100 cm，黑棕色(7.5YR 3/2，润)，浊棕色(7.5YR 5/4，干)，黏壤土，发育强的 20~50 mm 棱块状结构，稍硬，结构面上 10%左右的黏粒胶膜，2%左右软小铁锰结核，pH 5.94，清晰平滑过渡。

Ab2：100~110 cm，黑棕色(7.5YR 3/2，润)，棕色(7.5YR 4/4，干)，粉砂壤土，发育中等的 10~20 mm 块状结构，稍硬，2%左右软小铁锰结核 pH 5.9。

4) 土壤养分

片区土壤呈酸性，土体 pH 4.84~5.98，有机质 4.99~15.63 g/kg，全氮 0.49~1.00 g/kg，全磷 0.24~0.59 g/kg，全钾 21.39~22.91 g/kg，碱解氮 40.41~90.10 mg/kg，有效磷 1.18~73.70 mg/kg，速效钾 55.09~373.47 mg/kg，氯离子 14.78~35.26 mg/kg，交换性 Ca^{2+} 4.46~5.60 cmol/kg，交换性 Mg^{2+} 0.82~1.25 cmol/kg。

腐殖酸与腐殖质组成中，腐殖酸碳量 2.23~5.99 g/kg，腐殖质全碳量 2.89~9.07 g/kg，胡敏酸碳量 0.39~1.58 g/kg，胡敏素碳量 0.67~3.07 g/kg，富啡酸碳量 1.70~4.66 g/kg，胡富比 0.16~0.56。

微量元素中，有效铜 0.62~0.85 mg/kg，有效铁 50.35~109.19 mg/kg，有效锰 15.62~98.59 mg/kg，有效锌 0.41~2.52 mg/kg(表 7-1-13~表 7-1-15)。

5) 总体评价

土体深厚，耕作层质地适中，耕性和通透性好。酸性土壤，有机质含量缺乏，肥力偏低，磷、钾极为丰富，铜含量中等水平，铁、锰、锌、钙、镁丰富。

表 7-1-13　片区代表性烟田土壤养分状况

土层 /cm	pH	有机质 /(g/kg)	全氮 /(g/kg)	全磷 /(g/kg)	全钾 /(g/kg)	碱解氮 /(mg/kg)	有效磷 /(mg/kg)	速效钾 /(mg/kg)	氯离子 /(mg/kg)
0~20	4.84	9.49	0.71	0.59	22.11	74.31	73.70	373.47	20.95
20~40	5.88	7.71	0.63	0.28	21.59	50.63	3.85	105.46	35.26
40~75	5.53	4.99	0.49	0.24	21.39	40.41	1.55	69.34	18.19
75~90	5.98	11.15	0.83	0.30	22.79	78.26	1.43	68.39	30.13
90~100	5.94	7.71	0.63	0.27	22.91	54.34	1.18	68.39	14.78
100~110	5.91	15.63	1.00	0.31	21.90	90.10	1.38	55.09	14.83

表 7-1-14　片区代表性烟田土壤腐殖酸与腐殖质组成

土层 /cm	腐殖酸碳量 /(g/kg)	腐殖质全碳量 /(g/kg)	胡敏酸碳量 /(g/kg)	胡敏素碳量 /(g/kg)	富啡酸碳量 /(g/kg)	胡富比
0~20	4.42	5.50	1.58	1.08	2.84	0.56
20~40	3.26	4.47	0.68	1.21	2.58	0.26
40~75	2.23	2.89	0.53	0.67	1.70	0.31
75~90	4.24	6.47	0.76	2.23	3.48	0.22
90~100	2.84	4.47	0.39	1.64	2.45	0.16
100~110	5.99	9.07	1.33	3.07	4.66	0.29

表 7-1-15　片区代表性烟田土壤中微量元素状况

土层 /cm	有效铜 /(mg/kg)	有效铁 /(mg/kg)	有效锰 /(mg/kg)	有效锌 /(mg/kg)	交换性 Ca^{2+} /(cmol/kg)	交换性 Mg^{2+} /(cmol/kg)
0~20	0.85	109.19	98.59	2.52	4.84	1.06
20~40	0.62	57.97	37.00	1.21	5.60	1.15
40~75	0.62	61.28	15.62	0.78	5.41	1.25
75~90	0.75	54.88	53.18	0.77	4.46	1.20
90~100	0.70	63.57	18.56	0.51	5.09	1.06
100~110	0.74	50.35	41.50	0.41	4.65	0.82

第二节　陕西旬阳生态条件

一、地理位置

旬阳县位于北纬 32°29′~33°13′，东经 103°58′~109°48′，地处陕西省东南部，东以仙河中下游与大南河分水岭、吕河上游与冷水河分水岭为界，由北向南依次与湖北省郧西县、陕西省白河县毗邻；南以韩家山到铜钱关一线，及大神河与汝河、冠河分水岭为界，由东向西，依次同湖北省竹山县、竹溪县及陕西省平利县接壤；西以王莽山到包家山一线为界，同陕西省安康市相邻；北由西向东，以下茅坪、洛驾河沟口及蜀河与仙河上游分水岭为界，分别同陕西省镇安县、湖北省郧西县相接。地形似不规则三角形，旬阳地形北宽南窄，南北长 82 km、东西宽 79 km，周长约 390 km(图 7-2-1)，面积 3554 km^2。

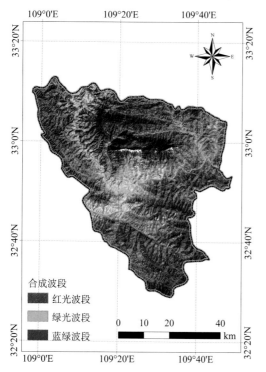

图 7-2-1　旬阳县位置及 Landsat 假彩色合成影像图

二、自然条件

1. 地形地貌

旬阳县境内重峦叠嶂，沟壑密布。地处秦巴山地，汉江河谷自西向东横贯中部，将县境天然分割为南北两大自然区。地势南北高、中部低，南北向地形剖面呈"V"形，海拔 185~2358.4 m。汉江以北属秦岭山脉南坡，是秦岭纬向构造带秦岭亚带的组成部分，除王莽山到包家山的西北东南走向外，其余山脉均为东西走向，呈中部高、四周低，面积 2281.7 km^2，占旬阳县总面积的 64.2%；汉江以南属秦岭纬向构造带大巴山弧形构造的边缘部分，山脉走向多为西东向，地势较汉江以北稍低，东部和南部高，西北部低，面积 1272.3 km²，占旬阳县总面积的 35.8%，地貌特征以中山为主，兼有低山、丘陵、河谷地形(图 7-2-2)。

2. 气候条件

旬阳县北居秦岭，南依大巴山，两山夹峙，阻住南下的冷空气，截挡汉江河谷上行的暖温气流，境内气候温暖湿润，四季分明，呈典型的南北过渡特征，形成特殊的北亚热带气候区。年均气温 4.7~16.1℃，平均 12.8℃，1 月最冷，月平均气温 1.1℃，7 月最热，月平均气温

海拔/m

600　800　1000 1200 1400 1600 1800 2000 2200

图 7-2-2　旬阳县海拔示意图

23.8℃；区域分布表现北部秦岭山脉区域气温较低，境内河谷区域气温较高。年均降水总量 792~1023 mm，平均 877 mm 左右，6~9 月降雨均在 100 mm 以上，其中 7 月、8 月降雨在 150 mm 左右，5 月降雨接近 100 mm，其他月降雨在 100 mm 以下；区域分布表现河谷区域降雨较少，北部秦岭山脉区域和南部大巴山区域降雨较多。年均日照时数 1631~1875 h，平均 1732 h，各月日照均在 100 h 以上，其中 4~8 月日照在 150 h 以上(图 7-2-3)，平均无霜期 261 d 左右。

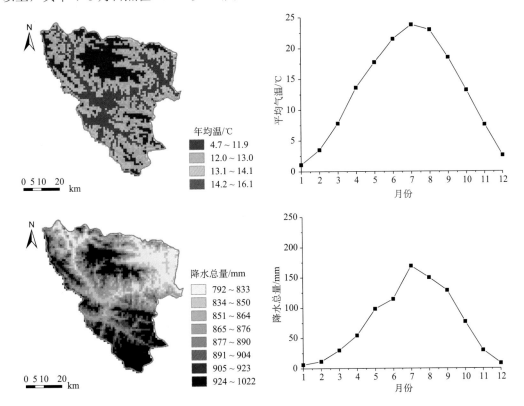

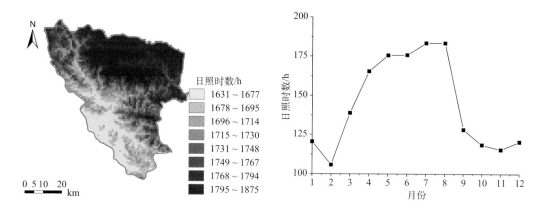

图 7-2-3　旬阳县 1980~2013 年平均气温、降水总量、日照时数时空动态变化示意图

图 7-2-4　片区海拔示意图

三、片区与代表性烟田

1. 甘溪镇桂花树村片区

1)基本信息

代表性地块(XY-01):北纬 32°54′59.923″,东经 109°13′6.048″,海拔 715 m(图 7-2-4),低山丘陵坡地中上部,成土母质为砂岩风化物与黄土沉积混合坡积物,种植制度为烤烟单作,梯田旱地,土壤亚类为斑纹简育湿润雏形土。

2)气候条件

烤烟大田生长期间(5~9 月),平均气温 20.8℃,降水量 673 mm,日照时数 842 h(图 7-2-5)。

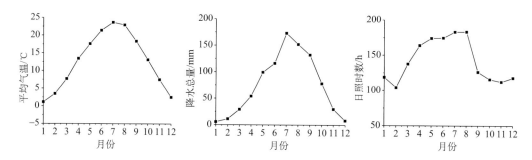

图 7-2-5　片区平均气温、降水总量、日照时数动态变化示意图

3) 剖面形态（图 7-2-6（右））

图 7-2-6　代表性地块景观（左）和土壤剖面（右）

Ap：0~25 cm，灰棕色（7.5YR 4/2，润），浊橙色（7.5YR 6/4，干），40%左右岩石碎屑，粉砂壤土，发育强的 1~2 mm 粒状结构，疏松，2~3 个蚯蚓穴，pH 5.7，清晰平滑过渡。

Bw1：25~50 cm，棕色（7.5YR 4/4，润），橙色（7.5YR 6/6，干），50%左右岩石碎屑，粉砂壤土，发育中等的 10~20 mm 块状结构，稍坚实，2~3 个蚯蚓穴，pH 6.6，渐变波状过渡。

Bw2：50~80 cm，棕色（7.5YR 4/4，润），橙色（7.5YR 6/6，干），50%左右岩石碎屑，粉砂壤土，发育中等的 20~50 mm 块状结构，稍坚实，2~3 个蚯蚓穴，pH 6.8，渐变波状过渡。

Br：80~110 cm，棕色（7.5YR 4/4，润），橙色（7.5YR 6/6，干），70%左右岩石碎屑，粉砂壤土，发育弱的 20~50 mm 块状结构，稍坚实，5%左右软小铁锰结核，pH 6.8。

4) 土壤养分

片区土壤呈微酸性，土体 pH 5.71~6.81，有机质 5.00~16.44 g/kg，全氮 0.62~1.37 g/kg，全磷 0.69~1.44 g/kg，全钾 21.90~33.90 g/kg，碱解氮 41.34~113.79 mg/kg，有效磷 4.10~76.80 mg/kg，速效钾 131.00~270.68 mg/kg，氯离子 5.09~20.20 mg/kg，交换性 Ca^{2+} 19.29~21.75 cmol/kg，交换性 Mg^{2+} 3.23~4.24 cmol/kg。

腐殖酸与腐殖质组成中，腐殖酸碳量 0.98~5.02 g/kg，腐殖质全碳量 2.90~9.54 g/kg，胡敏酸碳量 0.14~1.47 g/kg，胡敏素碳量 1.82~4.51 g/kg，富啡酸碳量 0.84~3.55 g/kg，胡富比 0.17~0.41。

微量元素中，有效铜 0.60~1.76 mg/kg，有效铁 16.48~42.35 mg/kg，有效锰 21.15~111.08 mg/kg，有效锌 0.42~2.28 mg/kg（表 7-2-1~表 7-2-3）。

表 7-2-1　片区代表性烟田土壤养分状况

土层 /cm	pH	有机质 /(g/kg)	全氮 /(g/kg)	全磷 /(g/kg)	全钾 /(g/kg)	碱解氮 /(mg/kg)	有效磷 /(mg/kg)	速效钾 /(mg/kg)	氯离子 /(mg/kg)
0~25	5.71	16.44	1.37	1.44	33.90	113.79	76.80	270.68	13.00
25~50	6.63	7.60	0.78	1.03	27.00	61.31	4.60	131.00	5.09
50~80	6.81	6.00	0.72	0.69	22.30	60.38	11.70	135.72	7.39
80~110	6.77	5.00	0.62	0.93	21.90	41.34	4.10	157.43	20.20

表 7-2-2　片区代表性烟田土壤腐殖酸与腐殖质组成

土层 /cm	腐殖酸碳量 /(g/kg)	腐殖质全碳量 /(g/kg)	胡敏酸碳量 /(g/kg)	胡敏素碳量 /(g/kg)	富啡酸碳量 /(g/kg)	胡富比
0~25	5.02	9.54	1.47	4.51	3.55	0.41
25~50	2.03	4.41	0.52	2.38	1.51	0.34
50~80	1.66	3.48	0.36	1.82	1.30	0.27
80~110	0.98	2.90	0.14	1.92	0.84	0.17

表 7-2-3　片区代表性烟田土壤中微量元素状况

土层 /cm	有效铜 /(mg/kg)	有效铁 /(mg/kg)	有效锰 /(mg/kg)	有效锌 /(mg/kg)	交换性 Ca^{2+} /(cmol/kg)	交换性 Mg^{2+} /(cmol/kg)
0~25	1.76	42.35	111.08	2.28	19.29	3.71
25~50	0.99	16.61	26.51	1.15	20.93	3.23
50~80	0.81	16.48	25.52	0.70	21.06	3.19
80~110	0.60	19.22	21.15	0.42	21.75	4.24

海拔/m

600　800　1000 1200 1400 1600 1800 2000 2200

图 7-2-7　片区海拔示意图

5）总体评价

土体较厚，耕作层质地适中，砾石多，耕性和通透性好。微酸性土壤，有机质含量缺乏，肥力中等，磷、钾含量丰富，铜、铁、锰、锌、钙、镁含量丰富。

2. 赵湾镇桦树村片区

1）基本信息

代表性地块（XY-02）：北纬 32°57′31.426″，东经 109°8′25.904″，海拔 1067 m，中山坡地中上部，成土母质为黄土沉积沉积物，种植制度为烤烟-小麦轮作，中坡旱地，土壤亚类为普通黏磐湿润淋溶土（图 7-2-7）。

2) 气候条件

烤烟大田生长期间(5~9 月)，平均气温 19.0℃，降水量 698 mm，日照时数 830 h(图 7-2-8)。

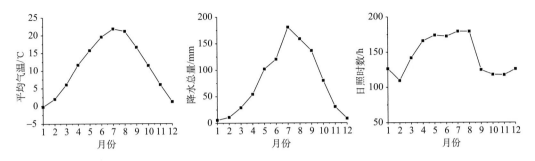

图 7-2-8　片区平均气温、降水总量、日照时数动态变化示意图

3) 剖面形态(图 7-2-9(右))

Ap：0~20 cm，灰棕色(7.5YR 4/2，润)，浊橙色(7.5YR 6/4，干)，粉砂壤土，发育强的 1~2 mm 粒状结构，松散，2~3 个蚯蚓穴，pH 6.5，清晰平滑过渡。

AB：20~54 cm，棕色(7.5YR 4/4，润)，橙色(7.5YR 6/6，干)，粉砂壤土，发育中等的 10~20 mm 块状结构，稍坚实，2~3 个蚯蚓穴，pH 6.6，清晰平滑过渡。

Btm：54~60 cm，浊棕色(7.5YR 5/4，润)，橙色(7.5YR 7/6，干)，黏土，发育强的 20~50 mm 棱柱状结构，很坚实，结构面上 30%左右的黏粒胶膜，5%左右软小铁锰结核，pH 6.7，渐变波状过渡。

Bt：60~110 cm，浊棕色(7.5YR 5/4，润)，橙色(7.5YR 7/6，干)，黏土，发育中中等的 20~50 mm 棱块状结构，坚实，结构面上 15%左右的黏粒胶膜，5%左右软小铁锰结核 pH 6.8。

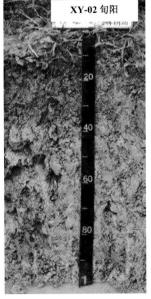

图 7-2-9　代表性地块景观(左)和土壤剖面(右)

4）土壤养分

片区土壤呈微酸性，土体 pH 6.49~6.71，有机质 2.20~12.57 g/kg，全氮 0.46~1.10 g/kg，全磷 0.56~1.13 g/kg，全钾 22.80~30.90 g/kg，碱解氮 27.87~81.05 mg/kg，有效磷 3.60~106.00 mg/kg，速效钾 123.45~159.32 mg/kg，氯离子 7.82~20.30 mg/kg，交换性 Ca^{2+} 18.39~19.42 cmol/kg，交换性 Mg^{2+} 2.10~3.66 cmol/kg。

腐殖酸与腐殖质组成中，腐殖酸碳量 0.77~3.33 g/kg，腐殖质全碳量 1.28~7.29 g/kg，胡敏酸碳量 0.02~1.41 g/kg，胡敏素碳量 0.50~3.97 g/kg，富啡酸碳量 0.76~2.24 g/kg，胡富比 0.02~0.73。

微量元素中，有效铜 0.36~1.06 mg/kg，有效铁 19.05~33.45 mg/kg，有效锰 10.38~29.72 mg/kg，有效锌 0.24~1.06 mg/kg（表 7-2-4~表 7-2-6）。

表 7-2-4　片区代表性烟田土壤养分状况

土层 /cm	pH	有机质 /(g/kg)	全氮 /(g/kg)	全磷 /(g/kg)	全钾 /(g/kg)	碱解氮 /(mg/kg)	有效磷 /(mg/kg)	速效钾 /(mg/kg)	氯离子 /(mg/kg)
0~20	6.49	12.57	1.10	1.13	30.90	81.05	106.00	159.32	16.60
20~40	6.56	10.60	0.95	0.66	22.80	71.06	9.10	123.45	20.30
40~60	6.71	3.60	0.49	0.74	23.80	32.05	3.60	135.72	7.82
60~100	6.55	2.20	0.46	0.56	25.00	27.87	7.50	123.45	15.60

表 7-2-5　片区代表性烟田土壤腐殖酸与腐殖质组成

土层 /cm	腐殖酸碳量 /(g/kg)	腐殖质全碳量 /(g/kg)	胡敏酸碳量 /(g/kg)	胡敏素碳量 /(g/kg)	富啡酸碳量 /(g/kg)	胡富比
0~20	3.33	7.29	1.41	3.97	1.92	0.73
20~40	3.21	6.15	0.97	2.94	2.24	0.43
40~60	1.00	2.09	0.03	1.09	0.97	0.03
60~100	0.77	1.28	0.02	0.50	0.76	0.02

表 7-2-6　片区代表性烟田土壤中微量元素状况

土层 /cm	有效铜 /(mg/kg)	有效铁 /(mg/kg)	有效锰 /(mg/kg)	有效锌 /(mg/kg)	交换性 Ca^{2+} /(cmol/kg)	交换性 Mg^{2+} /(cmol/kg)
0~20	1.06	33.45	29.72	1.03	18.39	2.10
20~40	0.95	30.77	28.06	1.06	18.65	2.13
40~60	0.36	19.74	10.61	0.31	19.42	3.32
60~100	0.46	19.05	10.38	0.24	18.56	3.66

5）总体评价

土体深厚，耕作层质地适中，耕性和通透性好，中度水土流失。微酸性土壤，有机质含量缺乏，肥力偏低，磷、钾丰富，铜、铁、锰、锌、钙、镁含量丰富。

3. 赵湾镇桦树村区

1) 基本信息

代表性地块（XY-03）：北纬32°57′37.409″，东经109°8′18.640″，海拔1012 m，中山坡地中上部，成土母质为泥质砂岩风化物坡积物，种植制度为烤烟-玉米隔年轮作，中坡旱地，土壤亚类为暗沃简育湿润雏形土（图7-2-10）。

2) 气候条件

烤烟大田生长期间（5~9月），平均气温19.0℃，降水量698 mm，日照时数830 h（图7-2-11）。

海拔/m

600 800 1000 1200 1400 1600 1800 2000 2200

图7-2-10　片区海拔示意图

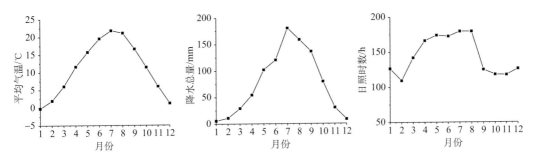

图7-2-11　片区平均气温、降水总量、日照时数动态变化示意图

3) 剖面形态（图7-2-12（右））

Ap：0~30 cm，暗棕色（10YR 3/3，润），棕色（10YR 4/4，干），50%左右岩石碎屑，粉砂壤土，发育中等的1~2 mm粒状结构，松散，2~3个蚯蚓穴，pH 7.0，渐变波状过渡。

Bw：30~50 cm，黑色（10YR 2/1，润），灰黄棕色（10YR 4/2，干），70%左右岩石碎屑，粉砂壤土，发育弱的10~20 mm块状结构，稍硬，2~3个蚯蚓穴，pH 7.3，清晰波状过渡。

R：50 cm~，泥质砂岩。

4) 土壤养分

片区土壤呈中性，土体pH 7.01~7.32，有机质29.06~37.00 g/kg，全氮2.16~2.67 g/kg，全磷0.20~0.84 g/kg，全钾24.98~27.30 g/kg，碱解氮141.66~165.81 mg/kg，有效磷20.18~43.45 mg/kg，速效钾92.31~122.51 mg/kg，氯离子6.66~21.02 mg/kg，交换性Ca^{2+} 25.98~27.45 cmol/kg，交换性Mg^{2+} 1.42~1.58 cmol/kg。

腐殖酸与腐殖质组成中，腐殖酸碳量9.93~14.62 g/kg，腐殖质全碳量16.86~21.46 g/kg，胡敏酸碳量3.99~5.90 g/kg，胡敏素碳量6.85~6.93 g/kg，富啡酸碳量

5.94~8.72 g/kg，胡富比 0.67~0.68。

图 7-2-12　代表性地块景观(左)和土壤剖面(右)

微量元素中，有效铜 1.24~1.44 mg/kg，有效铁 17.34~20.00 mg/kg，有效锰 37.71~39.34 mg/kg，有效锌 1.74~2.01 mg/kg(表 7-2-7~表 7-2-9)。

表 7-2-7　片区代表性烟田土壤养分状况

土层 /cm	pH	有机质 /(g/kg)	全氮 /(g/kg)	全磷 /(g/kg)	全钾 /(g/kg)	碱解氮 /(mg/kg)	有效磷 /(mg/kg)	速效钾 /(mg/kg)	氯离子 /(mg/kg)
0~30	7.01	29.06	2.16	0.20	27.30	141.66	43.45	122.51	21.02
30~50	7.32	37.00	2.67	0.84	24.98	165.81	20.18	92.31	6.66

表 7-2-8　片区代表性烟田土壤腐殖酸与腐殖质组成

土层 /cm	腐殖酸碳量 /(g/kg)	腐殖质全碳量 /(g/kg)	胡敏酸碳量 /(g/kg)	胡敏素碳量 /(g/kg)	富啡酸碳量 /(g/kg)	胡富比
0~30	9.93	16.86	3.99	6.93	5.94	0.67
30~50	14.62	21.46	5.90	6.85	8.72	0.68

表 7-2-9　片区代表性烟田土壤中微量元素状况

土层 /cm	有效铜 /(mg/kg)	有效铁 /(mg/kg)	有效锰 /(mg/kg)	有效锌 /(mg/kg)	交换性 Ca^{2+} /(cmol/kg)	交换性 Mg^{2+} /(cmol/kg)
0~30	1.24	17.34	39.34	1.74	25.98	1.58
30~50	1.44	20.00	37.71	2.01	27.45	1.42

5) 总体评价

土体较薄,耕作层质地适中,砾石多,耕性和通透性较好,中度水土流失。中性土壤,有机质含量缺乏,肥力偏高,富磷,钾含量中等,铁、铜、锰、锌、钙镁含量丰富。

4. 麻坪镇枫树村片区

1) 基本信息

代表性地块 (XY-04): 北纬 32°57′23.590″,东经 109°6′11.886″,海拔 710 m,低山丘陵坡地中上部,成土母质为石灰岩风化物与黄土沉积混合坡积物,种植制度为烤烟-玉米隔年轮作,中坡旱地,土壤亚类为棕色钙质湿润雏形土(图 7-2-13)。

海拔/m

600　800　1000 1200 1400 1600 1800 2000 2200

图 7-2-13　片区海拔示意图

2) 气候条件

烤烟大田生长期间(5~9 月),平均气温 21.6℃,降水量 663 mm,日照时数 840 h(图 7-2-14)。

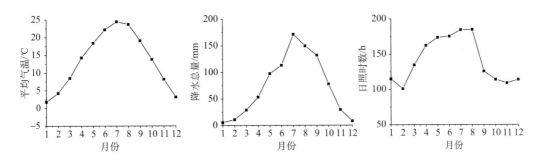

图 7-2-14　片区平均气温、降水总量、日照时数动态变化示意图

3) 剖面形态(图 7-2-15(右))

Ap: 0~30 cm,黑棕色(5YR 2/2,润),浊红棕色(5YR 4/4,干),50%左右岩石碎屑,粉砂壤土,发育中等的 1~2 mm 粒状结构,松散,2~3 个蚯蚓穴,pH 7.8,强石灰反应,清晰平滑过渡。

AB: 30~45 cm,黑棕色(5YR 2/2,润),浊红棕色(5YR 4/4,干),50%左右岩石碎屑,粉砂壤土,发育弱的 10~20 mm 块状结构,稍硬,2~3 个蚯蚓穴,pH 8.0,强石灰反应,清晰波状过渡。

Bw1: 45~80 cm,暗红棕色(5YR 3/2,润),亮红棕色(5YR 5/6,干),50%左右岩石碎屑,壤土,发育弱的 20~50 mm 块状结构,疏松,pH 7.8,中度灰反应,渐变波状过渡。

图 7-2-15　代表性地块景观(左)和土壤剖面(右)

Bw2：80~120 cm，暗红棕色(5YR 3/6，润)，亮红棕色(5YR 5/8，干)，50%左右岩石碎屑，壤土，发育弱的 20~50 mm 块状结构，疏松，pH 7.3，弱石灰反应。

4) 土壤养分

片区土壤呈碱性，土体 pH 7.31~7.95，有机质 4.70~14.54 g/kg，全氮 0.71~1.47 g/kg，全磷 0.36~0.76 g/kg，全钾 27.14~29.52g/kg，碱解氮 39.48~69.67 mg/kg，有效磷 1.80~9.35 mg/kg，速效钾 85.70~125.34 mg/kg，氯离子 15.01~43.34 mg/kg，交换性 Ca^{2+} 27.32~45.18 cmol/kg，交换性 Mg^{2+} 0.79~1.02 cmol/kg。

腐殖酸与腐殖质组成中，腐殖酸碳量 0.90~3.54 g/kg，腐殖质全碳量 2.73~8.43 g/kg，胡敏酸碳量 0.14~2.19 g/kg，胡敏素碳量 1.83~4.89 g/kg，富啡酸碳量 0.75~2.23 g/kg，胡富比 0.19~1.63。

微量元素中，有效铜 0.44~0.70 mg/kg，有效铁 9.34~10.74 mg/kg，有效锰 8.21~12.03 mg/kg，有效锌 0.29~0.86 mg/kg(表 7-2-10~表 7-2-12)。

表 7-2-10　片区代表性烟田土壤养分状况

土层 /cm	pH	有机质 /(g/kg)	全氮 /(g/kg)	全磷 /(g/kg)	全钾 /(g/kg)	碱解氮 /(mg/kg)	有效磷 /(mg/kg)	速效钾 /(mg/kg)	氯离子 /(mg/kg)
0~30	7.81	14.54	1.47	0.76	29.52	69.67	9.35	107.41	20.87
30~45	7.95	12.39	1.23	0.59	29.01	60.15	3.05	85.70	19.90
45~80	7.75	7.92	0.95	0.47	28.12	49.46	1.80	108.35	15.01
80~120	7.31	4.70	0.71	0.36	27.14	39.48	3.30	125.34	43.34

表 7-2-11　片区代表性烟田土壤腐殖酸与腐殖质组成

土层 /cm	腐殖酸碳量 /(g/kg)	腐殖质全碳量 /(g/kg)	胡敏酸碳量 /(g/kg)	胡敏素碳量 /(g/kg)	富啡酸碳量 /(g/kg)	胡富比
0~30	3.54	8.43	2.19	4.89	1.35	1.63
30~45	3.40	7.19	1.17	3.79	2.23	0.52
45~80	2.08	4.60	0.66	2.52	1.42	0.47
80~120	0.90	2.73	0.14	1.83	0.75	0.19

表 7-2-12　片区代表性烟田土壤中微量元素状况

土层 /cm	有效铜 /(mg/kg)	有效铁 /(mg/kg)	有效锰 /(mg/kg)	有效锌 /(mg/kg)	交换性 Ca^{2+} /(cmol/kg)	交换性 Mg^{2+} /(cmol/kg)
0~30	0.66	9.34	12.03	0.86	45.18	0.94
30~45	0.70	10.21	9.78	0.67	33.55	0.79
45~80	0.65	9.88	8.21	0.35	28.24	0.84
80~120	0.44	10.74	8.83	0.29	27.32	1.02

5）总体评价

土体深厚，耕作层质地适中，砾石多，耕性和通透性较好，中度水土流失。土壤碱性，有机质含量缺乏，肥力偏低，缺磷，钾含量中等水平，铜、锌含量中等，铁、锰、钙、镁较丰富。

5. 麻坪镇海棠村村片区

1）基本信息

代表性地块（XY-05）：北纬 32°55′42.137″，东经 109°8′30.381″，海拔 936 m，中山坡地中上部，成土母质为黄土沉积物，种植制度为烤烟-玉米隔年轮作，缓坡旱地，土壤亚类为普通黏磐湿润淋溶土（图 7-2-16）。

海拔/m

600 800 1000 1200 1400 1600 1800 2000 2200

图 7-2-16　片区海拔示意图

2）气候条件

烤烟大田生长期间（5~9 月），平均气温 20.7℃，降水量 678 mm，日照时数 839 h（图 7-2-17）。

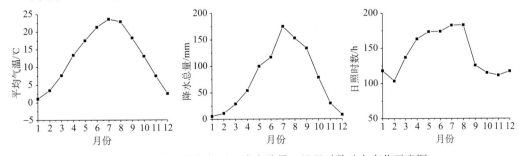

图 7-2-17　片区平均气温、降水总量、日照时数动态变化示意图

3）剖面形态（图 7-2-18（右））

Ap：0~20 cm，暗红棕色（5YR 3/3，润），浊红棕色（5YR 5/4，干），粉砂壤土，发育强的 1~2 mm 粒状结构，松散，2~3 个蚯蚓穴，pH 6.5，清晰平滑过渡。

AB：20~40 cm，暗红棕色（5YR 3/3，润），浊红棕色（5YR 5/4，干），粉砂壤土，发育中等的 10~20 mm 块状结构，稍硬，2~3 个蚯蚓穴，pH 6.61 清晰平滑过渡。

Btm：40~60 cm，暗红棕色（5YR 3/4，润），红棕色（5YR 4/6，干），黏土，发育强的 20~50 mm 棱块状结构，很坚硬，结构面上 30%左右的黏粒胶膜，2%左右软小铁锰结核，pH 6.4，渐变波状过渡。

Bt：60~110 cm，暗红棕色（5YR 3/4，润），红棕色（5YR 4/6，干），黏土，发育中等的 20~50 mm 棱块状结构，坚硬，结构面上 15%左右的黏粒胶膜，2%左右软小铁锰结核 pH 6.6。

4）土壤养分

片区土壤呈弱酸性，土体 pH 6.11~6.59，有机质 3.80~11.27 g/kg，全氮 0.43~0.99 g/kg，全磷 0.30~0.60 g/kg，全钾 20.80~31.20 g/kg，碱解氮 31.12~72.45 mg/kg，有效磷 3.30~50.90 mg/kg，速效钾 97.03~198.01 mg/kg，氯离子 6.53~13.20 mg/kg，交换性 Ca^{2+} 11.89~19.64 cmol/kg，交换性 Mg^{2+} 4.53~6.94 cmol/kg。

图 7-2-18　代表性地块景观（左）和土壤剖面（右）

腐殖酸与腐殖质组成中，腐殖酸碳量 0.56~2.77 g/kg，腐殖质全碳量 2.20~6.54 g/kg，胡敏酸碳量 0.19~1.18 g/kg，胡敏素碳量 1.64~3.77 g/kg，富啡酸碳量 0.31~1.59 g/kg，胡富比 0.36~1.08。

微量元素中，有效铜 0.64~1.53 mg/kg，有效铁 22.36~36.63 mg/kg，有效锰 13.40~41.08 mg/kg，有效锌 0.37~1.60 mg/kg（表 7-2-13~表 7-2-15）。

表 7-2-13　片区代表性烟田土壤养分状况

土层 /cm	pH	有机质 /(g/kg)	全氮 /(g/kg)	全磷 /(g/kg)	全钾 /(g/kg)	碱解氮 /(mg/kg)	有效磷 /(mg/kg)	速效钾 /(mg/kg)	氯离子 /(mg/kg)
0~20	6.50	11.27	0.99	0.30	31.20	72.45	50.90	198.01	13.20
20~40	6.11	6.80	0.63	0.31	22.30	48.77	4.60	108.35	8.87
40~60	6.39	3.80	0.43	0.42	20.80	31.12	3.60	97.03	8.14
60~110	6.59	4.20	0.45	0.60	22.80	31.12	3.30	100.80	6.53

表 7-2-14　片区代表性烟田土壤腐殖酸与腐殖质组成

土层 /cm	腐殖酸碳量 /(g/kg)	腐殖质全碳量 /(g/kg)	胡敏酸碳量 /(g/kg)	胡敏素碳量 /(g/kg)	富啡酸碳量 /(g/kg)	胡富比
0~20	2.77	6.54	1.18	3.77	1.59	0.74
20~40	1.91	3.94	0.50	2.04	1.40	0.36
40~60	0.56	2.20	0.19	1.64	0.38	0.49
60~110	0.64	2.44	0.33	1.79	0.31	1.08

表 7-2-15　片区代表性烟田土壤中微量元素状况

土层 /cm	有效铜 /(mg/kg)	有效铁 /(mg/kg)	有效锰 /(mg/kg)	有效锌 /(mg/kg)	交换性 Ca^{2+} /(cmol/kg)	交换性 Mg^{2+} /(cmol/kg)
0~20	1.53	36.63	41.08	1.60	19.64	4.53
20~40	1.00	34.76	25.77	0.45	16.88	5.91
40~60	0.64	24.32	13.40	0.37	15.84	6.94
60~110	0.87	22.36	13.94	0.37	11.89	6.94

5）总体评价

土体深厚，耕作层质地适中，耕性和通透性好，轻度水土流失。土壤弱酸性，有机质含量缺乏，肥力偏低，磷钾丰富，铜、铁、锰、锌、钙、镁丰富。

第三节　湖北兴山生态条件

一、地理位置

兴山县位于北纬 31°04′~31°34′，东经 110°25′~111°06′，地处湖北省西部，长江西陵峡以北，秦巴山区。东临宜昌、保康，西与巴东毗邻，南接秭归，北抵神农架林区。兴山县隶属湖北省宜昌市，现辖古夫、高阳、峡口、南阳、黄粮、水月寺 6 镇，高桥、榛子 2 乡，东西长 66 km，南北宽 54 km，面积 2327 km²（图 7-3-1）。

二、自然条件

1. 地形地貌

兴山县的地貌属秦岭大巴山体系，山脉走向从东向西伸展，总地势为东、西、北三面高，南面低，由南向北逐渐升高；东北部群山重叠，多山间台地，向南逐渐降低，西北部山高坡陡，沟深谷幽，水流湍急。县境内有大小山头3580座，最高点位于与巴东交界处的仙女主峰，海拔2426.9 m；最低点位于与秭归接壤处的游家河，海拔109.5 m，垂直高差达2317.4 m（图7-3-2）。

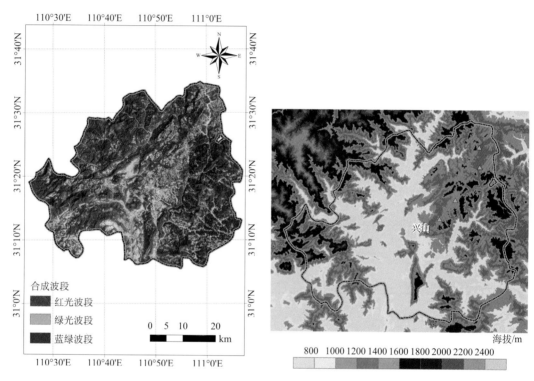

图7-3-1　兴山县位置及 Landsat 假彩色合成影像图　　　　图7-3-2　兴山县海拔示意图

2. 气候条件

兴山县属亚热带大陆性季风气候，由于地形复杂，高低差距悬殊，气候垂直差异较大。年均气温5.8~17.2℃，平均11.7℃，1月最冷，月平均气温0.8℃，7月最热，月平均气温22.0℃；区域分布趋势是由中部向东西递减。年均降水总量998~1225 mm，平均1099 mm左右，5~9月降雨均在100 mm以上，其中6~8月降雨在150 mm以上，7月降雨最多达200 mm，其他月份降雨在100 mm以下；区域分布趋势是由中部向东西递增。年均日照时数1488~1720 h，平均1 605 h，除2月外，其他月日照均在100 h以上，其中4~8月日照在150 h左右（图7-3-3），平均无霜期低山272 d，半高山215 d，高山163 d。

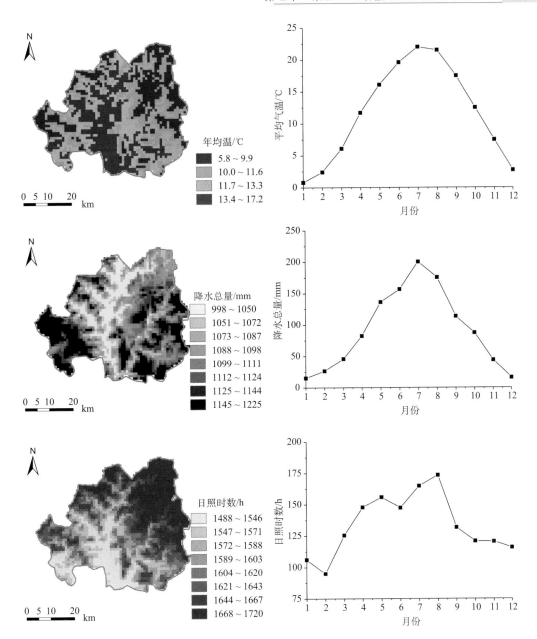

图 7-3-3 兴山县 1980~2013 年平均温度、降水总量、日照时数时空动态变化示意图

三、片区与代表性烟田

1. 黄梁镇火石岭村 3 组片区

1) 基本信息

代表性地块(XS-01):北纬 31°19′42.780″,东经 110°50′50.987″,海拔 1122 m,中山沟谷地,成土母质为白云岩风化沟谷堆积物,种植制度为烤烟-玉米不定期轮作,旱地,

土壤亚类为普通淡色潮湿雏形土(图 7-3-4)。

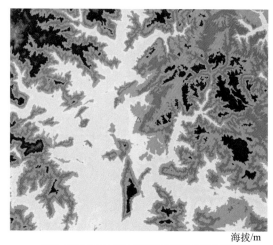

海拔/m

800　1000 1200 1400 1600 1800 2000 2200 2400

图 7-3-4　片区海拔示意图

2)气候条件

烤烟大田生长期间(5~9 月),平均气温 19.4℃,降水量 779 mm,日照时数 774 h(图 7-3-5)。

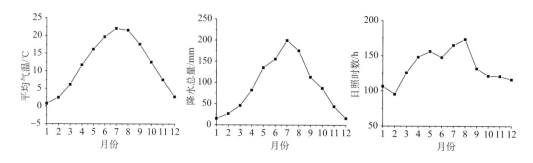

图 7-3-5　片区平均气温、降水总量、日照时数动态变化示意图

3)剖面形态(图 7-3-6(右))

Ap:0~20 cm,灰黄棕(10YR 4/2,润),浊黄橙色(10YR 6/4,干),10%左右岩石碎屑,粉壤土,发育强的 1~2 mm 粒状结构,松散,2 个蚯蚓穴,pH 5.5,清晰波状过渡。

AB:20~40 cm,棕灰色(10YR 4/1,润),浊黄棕色(10YR 5/3,干),10%左右岩石碎屑,粉壤土,发育强的 2~5 mm 块状结构,稍硬,2 个蚯蚓穴,pH 6.7,清晰波状过渡。

Br1:40~75 cm,棕灰色(10YR 4/1,润),浊黄棕色(10YR 5/3,干),30%左右岩石碎屑,粉壤土,发育中等的 20~50 mm 块状结构,硬,结构面上 2%左右铁锰斑纹,2%左右软小铁锰结核,pH 7.0,渐变波状过渡。

图 7-3-6　代表性地块景观(左)和土壤剖面(右)

Br2：75~110 cm，棕灰色(10YR 4/1，润)，棕色(10YR 4/4，干)，10%左右岩石碎屑，粉壤土，发育中等的 20~50 mm 块状结构，硬，结构面上 5%左右的铁锰斑纹，2%左右软小铁锰结核，pH 7.4。

4）土壤养分

片区土壤呈酸性，土体 pH 5.52~7.42，有机质 7.32~24.05 g/kg，全氮 0.59~1.32 g/kg，全磷 0.25~0.76 g/kg，全钾 13.45~18.38 g/kg，碱解氮 29.03~105.20 mg/kg，有效磷 0.55~60.45 mg/kg，速效钾 84.37~284.25 mg/kg，氯离子 6.64~42.97 mg/kg，交换性 Ca^{2+} 8.35~12.34 cmol/kg，交换性 Mg^{2+} 2.25~5.33 cmol/kg。

腐殖酸与腐殖质组成中，腐殖酸碳量 2.57~8.31 g/kg，腐殖质全碳量 4.25~13.95 g/kg，胡敏酸碳量 0.95~4.45 g/kg，胡敏素碳量 1.42~5.64 g/kg，富啡酸碳量 1.54~3.85 g/kg，胡富比 0.67~1.16。

微量元素中，有效铜 0.32~0.93 mg/kg，有效铁 8.63~39.82 mg/kg，有效锰 9.83~92.36 mg/kg，有效锌 0.05~1.39 mg/kg(表 7-3-1~表 7-3-3)。

表 7-3-1　片区代表性烟田土壤养分状况

土层 /cm	pH	有机质 /(g/kg)	全氮 /(g/kg)	全磷 /(g/kg)	全钾 /(g/kg)	碱解氮 /(mg/kg)	有效磷 /(mg/kg)	速效钾 /(mg/kg)	氯离子 /(mg/kg)
0~30	5.52	24.05	1.32	0.76	17.41	105.20	60.45	284.25	42.97
30~38	6.70	10.88	0.76	0.32	16.30	57.59	2.25	108.23	6.66
38~70	6.98	9.80	0.67	0.29	18.03	39.01	0.90	85.36	6.64
70~90	7.35	7.32	0.60	0.29	13.45	33.21	1.10	84.37	6.65
90~110	7.42	8.02	0.59	0.25	18.38	29.03	0.55	87.35	6.65

表 7-3-2　片区代表性烟田土壤腐殖酸与腐殖质组成

土层/cm	腐殖酸碳量/(g/kg)	腐殖质全碳量/(g/kg)	胡敏酸碳量/(g/kg)	胡敏素碳量/(g/kg)	富啡酸碳量/(g/kg)	胡富比
0~30	8.31	13.95	4.45	5.64	3.85	1.16
30~38	4.60	6.31	1.84	1.72	2.75	0.67
38~70	3.47	5.69	1.46	2.21	2.01	0.73
70~90	2.82	4.25	1.28	1.42	1.54	0.83
90~110	2.57	4.65	0.95	2.08	1.62	0.59

表 7-3-3　片区代表性烟田土壤中微量元素状况

土层/cm	有效铜/(mg/kg)	有效铁/(mg/kg)	有效锰/(mg/kg)	有效锌/(mg/kg)	交换性 Ca^{2+}/(cmol/kg)	交换性 Mg^{2+}/(cmol/kg)
0~30	0.93	39.82	92.36	1.39	10.36	2.42
30~38	0.57	16.06	33.55	0.26	8.35	2.25
38~70	0.42	11.75	20.24	0.14	8.82	2.98
70~90	0.34	9.61	12.63	0.08	9.29	4.26
90~110	0.32	8.63	9.83	0.05	12.34	5.33

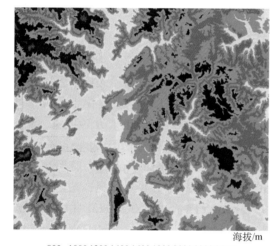

海拔/m

800　1000 1200 1400 1600 1800 2000 2200 2400

图 7-3-7　片区海拔示意图

育湿润淋溶土(图 7-3-7)。

5)总体评价

土体深厚,耕作层质地适中,砾石较多,耕性和通透性好。酸性土壤,有机质含量中等,肥力中等,磷、钾极丰富,氯离子超标,铜含量中等水平,铁、锰、锌、钙、镁丰富。

2. 黄梁镇仁圣村 1 组片区

1)基本信息

代表性地块(XS-02):北纬 31°20′37.438″,东经 110°53′5.433″,海拔 1424 m,中山坡地中部,成土母质为白云岩风化坡积物,种植制度为烤烟-玉米不定期轮作,缓坡旱地,土壤亚类为普通简

2)气候条件

烤烟大田生长期间(5~9 月),平均气温 17.3℃,降水量 804 mm,日照时数 763 h(图 7-3-8)。

3)剖面形态(图 7-3-9(右))

Ap:0~30 cm,黑棕色(7.5YR 3/2,润),棕色(7.5YR 4/6,干),25%左右岩石碎屑,粉壤土,发育强的 1~2 mm 粒状结构,松散,2 个蚯蚓穴,2%左右木炭,pH 6.2,清晰波状过渡。

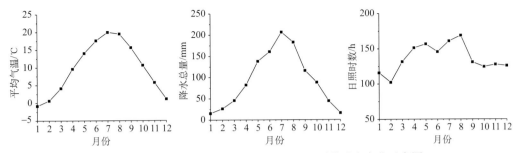

图 7-3-8　片区平均气温、降水总量、日照时数动态变化示意图

图 7-3-9　代表性地块景观(左)和土壤剖面(右)

AB：30~60 cm，黑棕色(7.5YR 3/2，润)，棕色(7.5YR 4/6，干)，25%左右岩石碎屑，粉壤土，发育强的 2~5 mm 块状结构，疏松，2 个蚯蚓穴，2%左右木炭，pH 6.2，清晰波状过渡。

Btr：60~80 cm，棕色(7.5YR 4/4，润)，橙色(7.5YR 6/6，干)，10%左右岩石碎屑，粉质黏壤土，发育中等的 20~50 mm 棱块状结构，硬，结构面上 10%左右黏粒胶膜，2%左右软小铁锰结核，pH 7.0，渐变波状过渡。

Abr：80~100 cm，黑棕色(7.5YR 3/2，润)，浊棕色(7.5YR 5/4，干)，5%左右岩石碎屑，粉壤土，发育中等的 10~20 mm 块状结构，硬，2%左右软小铁锰结核，pH 6.9，渐变波状过渡。

R：100 cm~，白云岩。

4) 土壤养分

片区土壤呈微酸性，土体 pH 6.20~6.98，有机质 6.55~24.38 g/kg，全氮 0.60~1.55 g/kg，全磷 0.33~0.79 g/kg，全钾 14.09~19.54 g/kg，碱解氮 37.62~122.61 mg/kg，有效磷 2.20~55.75 mg/kg，速效钾 80.39~439.38 mg/kg，氯离子 6.62~41.14 mg/kg，交换性 Ca^{2+} 7.37~11.43 cmol/kg，交换性 Mg^{2+} 2.23~2.58 cmol/kg。

腐殖酸与腐殖质组成中，腐殖酸碳量 2.05~9.42 g/kg，腐殖质全碳量 3.80~14.14 g/kg，胡敏酸碳量 0.67~4.47 g/kg，胡敏素碳量 1.75~4.73 g/kg，富啡酸碳量 1.38~4.95g/kg，胡富比 0.49~0.90。

微量元素中，有效铜 0.22~0.76 mg/kg，有效铁 14.90~38.69 mg/kg，有效锰 7.79~81.86 mg/kg，有效锌 0.05~1.37 mg/kg（表 7-3-4~表 7-3-6）。

表 7-3-4　片区代表性烟田土壤养分状况

土层/cm	pH	有机质/(g/kg)	全氮/(g/kg)	全磷/(g/kg)	全钾/(g/kg)	碱解氮/(mg/kg)	有效磷/(mg/kg)	速效钾/(mg/kg)	氯离子/(mg/kg)
0~30	6.20	24.38	1.55	0.79	19.54	122.61	55.75	439.38	41.14
30~60	6.92	18.45	1.14	0.41	14.09	87.78	4.15	103.26	6.62
60~80	6.98	14.58	0.99	0.38	19.17	71.29	2.20	80.39	6.62
80~100	6.88	6.55	0.60	0.33	17.74	37.62	2.73	87.35	6.64

表 7-3-5　片区代表性烟田土壤腐殖酸与腐殖质组成

土层/cm	腐殖酸碳量/(g/kg)	腐殖质全碳量/(g/kg)	胡敏酸碳量/(g/kg)	胡敏素碳量/(g/kg)	富啡酸碳量/(g/kg)	胡富比
0~30	9.42	14.14	4.47	4.73	4.95	0.90
30~60	6.95	10.70	2.81	3.76	4.14	0.68
60~80	5.16	8.46	2.11	3.30	3.04	0.69
80~100	2.05	3.80	0.67	1.75	1.38	0.49

表 7-3-6　片区代表性烟田土壤中微量元素状况

土层/cm	有效铜/(mg/kg)	有效铁/(mg/kg)	有效锰/(mg/kg)	有效锌/(mg/kg)	交换性 Ca^{2+}/(cmol/kg)	交换性 Mg^{2+}/(cmol/kg)
0~30	0.76	38.69	81.86	1.37	11.43	2.58
30~60	0.61	19.44	30.56	0.48	10.66	2.57
60~80	0.58	17.94	26.26	0.23	8.99	2.37
80~100	0.22	14.90	7.79	0.05	7.37	2.23

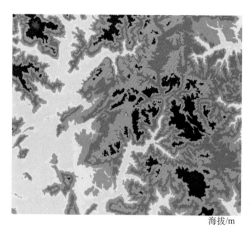

海拔/m

800 1000 1200 1400 1600 1800 2000 2200 2400

图 7-3-10　片区海拔示意图

5）总体评价

土体较厚，耕作层质地适中，砾石多，耕性和通透性好，轻度水土流失。微酸性土壤，有机质含量中等，肥力中等，磷、钾极丰富，氯离子超标，铜含量中等水平，铁、锰、锌、钙、镁丰富。

3. 榛子乡青龙村 6 组片区

1）基本信息

代表性地块（XS-03）：北纬 31°23′22.630″，东经 110°55′54.373″，海拔 1530 m，中山坡地中部，成土母质为泥质灰岩风化残积-坡积物，种植制度为烤烟-晚稻轮作，缓坡旱地，土壤亚类为普通简育湿润淋溶土(图 7-3-10)。

　　2)气候条件

　　烤烟大田生长期间(5~9 月)，平均气温 16.9℃，降水量 802 mm，日照时数 763 h(图 7-3-11)。

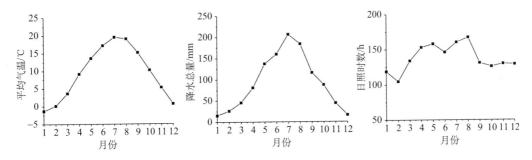

图 7-3-11　片区平均气温、降水量、日照时数动态变化示意图

3)剖面形态(图 7-3-12(右))

图 7-3-12　代表性地块景观(左)和土壤剖面(右)

　　Ap1：0~30 cm，棕色(7.5YR 4/4，润)，橙色(7.5YR 6/6，干)，5%左右岩石碎屑，粉壤土，发育强的 1~2 mm 粒状结构，松散，2 个蚯蚓穴，pH 5.6，清晰波状过渡。

　　Btr1：30~60 cm，浊棕色(7.5YR 5/4，润)，橙色(7.5YR 7/6，干)，5%左右岩石碎屑，粉质黏壤土，发育强的 10~20 mm 块状结构，稍硬，结构面上 10%左右黏粒胶膜，2%左右铁锰结核，2 个蚯蚓穴，pH 6.1，渐变波状过渡。

　　Btr2：60~72 cm，浊棕色(7.5YR 5/4，润)，橙色(7.5YR 7/6，干)，10%左右岩石碎

屑，粉质黏壤土，发育中等的 20~50 mm 块状结构，稍硬，结构面上 10%左右黏粒胶膜，2%左右的铁锰斑纹，2%左右软小铁锰结核，pH 6.2，清晰波状过渡。

R：72 cm~，泥灰岩。

4）土壤养分

片区土壤呈微酸性，土体 pH 5.62~6.16，有机质 9.30~19.62 g/kg，全氮 0.90~1.34 g/kg，全磷 0.54~0.75 g/kg，全钾 28.33~29.96 g/kg，碱解氮 64.79~107.29 mg/kg，有效磷 2.98~45.25 mg/kg，速效钾 102.66~355.85 mg/kg，氯离子 6.62~6.65 mg/kg，交换性 Ca^{2+} 8.78~12.83 cmol/kg，交换性 Mg^{2+} 1.32~2.00 cmol/kg。

腐殖酸与腐殖质组成中，腐殖酸碳量 3.44~7.33 g/kg，腐殖质全碳量 5.40~11.38 g/kg，胡敏酸碳量 0.61~3.13 g/kg，胡敏素碳量 1.96~4.05 g/kg，富啡酸碳量 2.82~4.20 g/kg，胡富比 0.22~0.75。

微量元素中，有效铜 0.25~0.66 mg/kg，有效铁 20.33~60.51 mg/kg，有效锰 18.21~97.05 mg/kg，有效锌 0~0.83 mg/kg（表 7-3-7~表 7-3-9）。

表 7-3-7　片区代表性烟田土壤养分状况

土层 /cm	pH	有机质 /(g/kg)	全氮 /(g/kg)	全磷 /(g/kg)	全钾 /(g/kg)	碱解氮 /(mg/kg)	有效磷 /(mg/kg)	速效钾 /(mg/kg)	氯离子 /(mg/kg)
0~30	5.62	19.62	1.34	0.75	28.33	107.29	45.25	355.85	6.63
30~60	6.05	15.65	1.17	0.54	29.96	91.50	8.38	139.19	6.62
60~72	6.16	9.30	0.90	0.54	29.03	64.79	2.98	102.66	6.65

表 7-3-8　片区代表性烟田土壤腐殖酸与腐殖质组成

土层 /cm	腐殖酸碳量 /(g/kg)	腐殖质全碳量 /(g/kg)	胡敏酸碳量 /(g/kg)	胡敏素碳量 /(g/kg)	富啡酸碳量 /(g/kg)	胡富比
0~30	7.33	11.38	3.13	4.05	4.20	0.75
30~60	5.89	9.07	1.74	3.19	4.15	0.42
60~72	3.44	5.40	0.61	1.96	2.82	0.22

表 7-3-9　片区代表性烟田土壤中微量元素状况

土层 /cm	有效铜 /(mg/kg)	有效铁 /(mg/kg)	有效锰 /(mg/kg)	有效锌 /(mg/kg)	交换性 Ca^{2+} /(cmol/kg)	交换性 Mg^{2+} /(cmol/kg)
0~30	0.66	60.51	97.05	0.83	8.78	1.32
30~60	0.50	30.73	32.15	0.25	11.68	1.69
60~72	0.25	20.33	18.21	0	12.83	2.00

5）总体评价

土体较厚，耕作层偏薄，质地适中，砾石较多，耕性和通透性较好，轻度水土流失。微酸性土壤，有机质含量缺乏，肥力中等，磷、钾极丰富，铜、锌含量中等水平，铁、锰、钙、镁丰富。

4. 榛子乡和平村 2 组片区

1）基本信息

代表性地块（XS-04）：北纬31°28′7.809″，东经 110°0′16.354″，海拔1281 m，中山沟谷地，成土母质为白云岩风化沟谷堆积物，种植制度为烤烟-玉米隔年轮作，旱地，土壤亚类为普通淡色潮湿雏形土（图 7-3-13）。

2）气候条件

烤烟大田生长期间（5~9 月），平均气温 17.9℃，降水量 774 mm，日照时数773 h（图 7-3-14）。

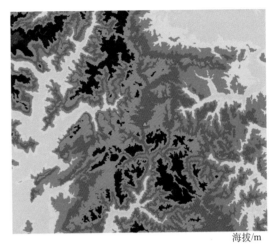

海拔/m

800 1000 1200 1400 1600 1800 2000 2200 2400

图 7-3-13　片区海拔示意图

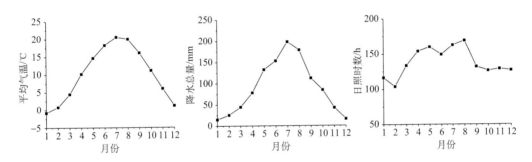

图 7-3-14　片区平均气温、降水总量、日照时数动态变化示意图

3）剖面形态（图 7-3-15（右））

Ap：0~20 cm，黑棕色（10YR 2/2，润），棕色（10YR 4/4 干），5%左右岩石碎屑，粉壤土，发育强的 1~2 mm 粒状结构，松散，2 个蚯蚓穴，pH 7.4，渐变波状过渡。

AB：20~40 cm，黑棕色（10YR 2/2，润），棕色（10YR 4/4 干），2%左右岩石碎屑，粉壤土，发育强的 1~2 mm 粒状结构，松散，2 个蚯蚓穴，pH 7.7，渐变波状过渡。

Br1：40~65 cm，灰黄棕色（10YR 4/2，润），浊黄橙色（10YR 6/4，干），2%左右岩石碎屑，粉壤土，发育强的 20~50 mm 块状结构，稍硬，结构面上 5%左右的铁锰斑纹，2%左右软小铁锰结核，2 个蚯蚓穴，pH 7.7，渐变波状过渡。

Br2：65~90 cm，黑棕色（10YR 2/2，润），浊黄棕色（10YR 4/3，干），粉壤土，发育中等的 20~50 mm 块状结构，硬，结构面上 5%左右的铁锰斑纹，2%左右软小铁锰结核，pH 7.8，渐变波状过渡。

Br3：90~120 cm，黑棕色（10YR 2/2，润），浊黄棕色（10YR 4/3，干），壤土，发育中等的 20~50 mm 块状结构，硬，结构面上 5%左右的铁锰斑纹，2%左右软小铁锰结核，pH 7.8。

图 7-3-15 代表性地块景观(左)和土壤剖面(右)

4) 土壤养分

片区土壤中性，土体 pH 7.40~7.80，有机质 12.11~21.60 g/kg，全氮 0.79~1.28 g/kg，全磷 0.42~0.92 g/kg，全钾 15.84~27.10 g/kg，碱解氮 46.68~80.58 mg/kg，有效磷 1.10~52.30 mg/kg，速效钾 50.55~501.03 mg/kg，土壤氯离子 6.63~49.00 mg/kg，交换性 Ca^{2+} 12.32~16.51 cmol/kg，交换性 Mg^{2+} 2.07~2.18 cmol/kg。

腐殖酸与腐殖质组成中，腐殖酸碳量 3.92~7.53 g/kg，腐殖质全碳量 7.02~12.52 g/kg，胡敏酸碳量 1.88~3.89 g/kg，胡敏素碳量 3.11~5.00 g/kg，富啡酸碳量 2.04~3.64 g/kg，胡富比 0.87~1.25。

微量元素中，有效铜 0.53~0.98 mg/kg，有效铁 11.43~16.86 mg/kg，有效锰 13.36~15.18 mg/kg，有效锌 0.10~1.08 mg/kg(表 7-3-10~表 7-3-12)。

5) 总体评价

土体深厚，耕作层质地适中，砾石较多，耕性和通透性好。中性土壤，有机质含量缺乏，肥力偏低，磷、钾极丰富，氯离子超标，铜含量中等水平，铁、锰、锌、钙、镁丰富。

表 7-3-10 片区代表性烟田土壤养分状况

土层 /cm	pH	有机质 /(g/kg)	全氮 /(g/kg)	全磷 /(g/kg)	全钾 /(g/kg)	碱解氮 /(mg/kg)	有效磷 /(mg/kg)	速效钾 /(mg/kg)	氯离子 /(mg/kg)
0~20	7.40	18.95	1.28	0.92	20.86	80.58	52.30	501.03	49.00
20~40	7.69	12.11	0.79	0.46	27.10	46.68	1.10	68.45	6.63
40~65	7.66	13.45	0.85	0.42	17.87	54.81	1.33	56.15	6.63
65~90	7.75	14.43	0.86	0.42	26.77	58.29	1.25	53.54	6.63
90~120	7.80	21.60	1.07	0.44	15.84	70.60	2.38	50.55	6.64

表 7-3-11　片区代表性烟田土壤腐殖酸与腐殖质组成

土层 /cm	腐殖酸碳量 /(g/kg)	腐殖质全碳量 /(g/kg)	胡敏酸碳量 /(g/kg)	胡敏素碳量 /(g/kg)	富啡酸碳量 /(g/kg)	胡富比
0~20	6.21	10.99	3.45	4.78	2.76	1.25
20~40	3.92	7.02	1.88	3.11	2.04	0.92
40~65	4.66	7.80	2.27	3.14	2.39	0.95
65~90	5.14	8.37	2.39	3.23	2.75	0.87
90~120	7.53	12.52	3.89	5.00	3.64	1.07

表 7-3-12　片区代表性烟田土壤中微量元素状况

土层 /cm	有效铜 /(mg/kg)	有效铁 /(mg/kg)	有效锰 /(mg/kg)	有效锌 /(mg/kg)	交换性 Ca^{2+} /(cmol/kg)	交换性 Mg^{2+} /(cmol/kg)
0~20	0.98	11.43	14.17	1.08	15.27	2.18
20~40	0.53	12.24	13.54	0.10	12.32	2.14
40~65	0.57	13.40	13.36	0.12	12.32	2.07
65~90	0.62	14.76	14.58	0.12	14.72	2.14
90~120	0.64	16.86	15.18	0.13	16.51	2.17

5. 榛子乡板庙村 1 组片区

1) 基本信息

代表性地块(XS-05)：北纬 31°28′7.809″，东经 111°0′16.354″，海拔 1317 m，中山坡地坡中下部，成土母质为下蜀黄土，种植制度为烤烟-玉米隔年轮作，中坡旱地，土壤亚类为普通黏磐湿润淋溶土（图 7-3-16）。

2) 气候条件

烤烟大田生长期间(5~9 月)，平均气温 17.8℃，降水量 769 mm，日照时数 775 h（图 7-3-17）。

3) 剖面形态（图 7-3-18（右））

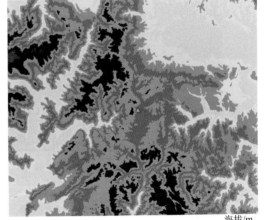

海拔/m

800　1000 1200 1400 1600 1800 2000 2200 2400

图 7-3-16　片区海拔示意图

Ap：0~30 cm，黑棕色(10YR 3/2，润)，浊黄棕色(10YR 5/4，干)，5%左右岩石碎屑，粉壤土，发育强的 1~2 mm 粒状结构，松散，2 个蚯蚓穴，pH 6.6，清晰平滑过渡。

Bt1：30~60 cm，黑棕色(10YR 3/2，润)，浊黄棕色(10YR 5/4，干)，粉质黏壤土，发育强的 20~50 mm 棱块状结构，硬，结构面上 20%左右黏粒-氧化铁胶膜，pH 6.7，渐变波状过渡。

Btm：60~90 cm，黑棕色(10YR 3/2，润)，浊黄棕色(10YR 5/4，干)，粉质黏壤土，发育强的 20~50 mm 棱块状结构，很硬，结构面上 30%左右黏粒-铁锰胶膜，5%左右软小铁锰结核，pH 6.6，渐变波状过渡。

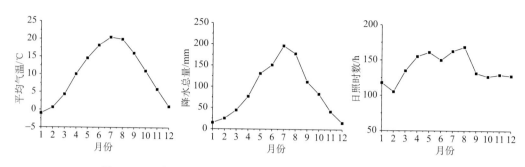

图 7-3-17　片区平均气温、降水总量、日照时数动态变化示意图

图 7-3-18　代表性地块景观(左)和土壤剖面(右)

Btr2：90~110 cm，黑棕色(10YR 3/2，润)，浊黄棕色(10YR 5/4，干)，5%左右岩石碎屑，粉质黏壤土，发育强的 20~50 mm 棱块状结构，硬，结构面上 20%左右黏粒-铁锰胶膜，5%左右软小铁锰结核，pH 6.5。

4）土壤养分

片区土壤呈中性，土体 pH 6.54~6.66，有机质 0.27~2.12 g/kg，全氮 0.36~1.31 g/kg，全磷 0.33~0.62 g/kg，全钾 26.78~28.19 g/kg，碱解氮 10.22~112.16 mg/kg，有效磷 3.78~21.60 mg/kg，速效钾 150.99~249.44 mg/kg，氯离子 6.63~6.64 mg/kg，交换性 Ca^{2+} 7.37~9.85 cmol/kg，交换性 Mg^{2+} 1.46~1.93 cmol/kg。

腐殖酸与腐殖质组成中，腐殖酸碳量 0.65~7.71 g/kg，腐殖质全碳量 1.55~12.32 g/kg，胡敏酸碳量 0.03~3.62 g/kg，胡敏素碳量 0.90~4.60 g/kg，富啡酸碳量 0.63~4.09 g/kg，胡富比 0.04~0.88。

微量元素中，有效铜 0.07~1.35 mg/kg，有效铁 8.59~38.38 mg/kg，有效锰 6.36~42.44 mg/kg，有效锌 0.02~1.73 mg/kg（表 7-3-13~表 7-3-15）。

表 7-3-13　片区代表性烟田土壤养分状况

土层 /cm	pH	有机质 /(g/kg)	全氮 /(g/kg)	全磷 /(g/kg)	全钾 /(g/kg)	碱解氮 /(mg/kg)	有效磷 /(mg/kg)	速效钾 /(mg/kg)	氯离子 /(mg/kg)
0~30	6.59	2.12	1.31	0.62	26.78	112.16	21.60	249.44	6.63
30~60	6.66	0.42	0.43	0.33	28.19	21.36	3.78	150.99	6.63
60~90	6.61	0.27	0.39	0.36	26.79	10.22	6.55	167.90	6.64
90~110	6.54	0.32	0.36	0.36	28.14	11.15	5.43	182.81	6.63

表 7-3-14　片区代表性烟田土壤腐殖酸与腐殖质组成

土层 /cm	腐殖酸碳量 (g/kg)	腐殖质全碳量 /(g/kg)	胡敏酸碳量 /(g/kg)	胡敏素碳量 /(g/kg)	富啡酸碳量 /(g/kg)	胡富比
0~30	7.71	12.32	3.62	4.60	4.09	0.88
30~60	1.29	2.45	0.13	1.16	1.16	0.12
60~90	0.65	1.55	0.03	0.90	0.63	0.04
90~110	0.92	1.87	0.23	0.95	0.69	0.33

表 7-3-15　片区代表性烟田土壤中微量元素状况

土层 /cm	有效铜 /(mg/kg)	有效铁 /(mg/kg)	有效锰 /(mg/kg)	有效锌 /(mg/kg)	交换性 Ca^{2+} /(cmol/kg)	交换性 Mg^{2+} /(cmol/kg)
0~30	1.35	38.38	42.44	1.73	9.85	1.60
30~60	0.13	11.23	6.36	0.02	7.37	1.46
60~90	0.07	8.59	7.83	0.03	8.10	1.71
90~110	0.08	9.99	12.56	0.05	8.44	1.93

5）总体评价

土体深厚，耕作层偏薄，质地适中，砾石较多，耕性和通透性好，中度水土流失。中性土壤，有机质含量中等，肥力中等，磷、钾极丰富，铜、铁、锰、锌、钙、镁丰富。

第四节　湖北房县生态条件

一、地理位置

房县位于北纬 31°33.9'~32°30.7'，东经 110°2.5'~111°15.1'，地处湖北省西北部，十堰市南房县部，东连保康、谷城县，南临神农架林区，西与竹山县毗邻。房县隶属湖北省十堰市，现辖城关镇、红塔镇、军店镇、化龙堰镇、门古寺镇、大木厂镇、青峰镇、土城镇、野人谷镇、白鹤镇、窑淮镇、尹吉甫镇、沙河乡、万峪河乡、九道乡、上龛乡、中坝乡、姚坪乡、回龙乡、五台山林场等 12 镇、8 乡。县城距省会武汉市 582 km，距十堰市政府 102 km；县境东西长 300 km，南北宽 131 km，面积 5115 km² （图 7-4-1）。

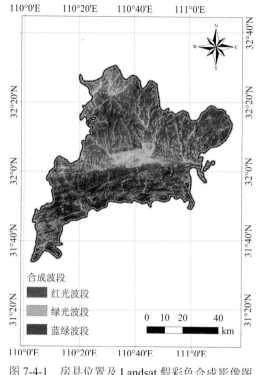

图 7-4-1　房县位置及 Landsat 假彩色合成影像图　　　　图 7-4-2　房县海拔示意图

二、自然条件

1. 地形地貌

房县地势西高东低，南陡北缓，中为河谷平坝。境内平坝、丘陵占 17.1%，高山占 44.4%，高山区占 38.5%。以青峰断裂带为界，北部山地海拔在 800~1000 m，山脉走向一般是东西、东北或东南向，坡度一般在 10°~50°，山背开阔，山顶垣状，其间有河谷盆地零星分布；中部以县城周围的马栏河谷为中心，形成一条狭长的断陷盆地，海拔在 400~600 m；南部为山区，山势巍峨陡峻，大部分在千米以上。全县最高海拔为西南部上龛关家垭，海拔 2485.6 m；最低海拔是大木的姜家坡，海拔 180 m，境内海拔高低差为 2306 m（图 7-4-2）。

2. 气候条件

房县属北亚热带季风气候区，其特点冬长夏短，春秋相近，四季分明，垂直差异变化大，具有立体气候；同一海拔，阴坡与阳坡气温相差 1~2.5℃；雨量集中，雨热同季。年均气温 4.5~15.6℃，平均 12.1℃，1 月最冷，月平均气温 0.3℃，7 月最热，月平均气温 23.1℃；区域分布表现中部河谷、西北部区域气温较高，南部气温较低。年均降水总量 838~1169 mm，平均 951 mm 左右，5~9 月降雨均在 100 mm 以上，其中 7 月、8 月降雨在 150 mm 以上，其他月降雨在 100 mm 以下；区域分布总的趋势

是由南向北递减。年均日照时数 1552~1820 h，平均 1698 h，各月份日照均在 100 h
以上，其中 4~8 月日照在 150 h 以上；区域分布表现北多南少(图 7-4-3)，平均无霜
期 223 d 左右。

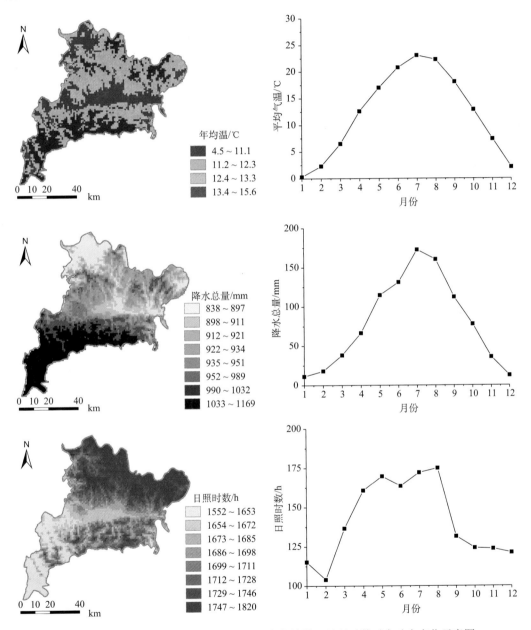

图 7-4-3　房县 1980~2013 年平均温度、降水总量、日照时数时空动态变化示意图

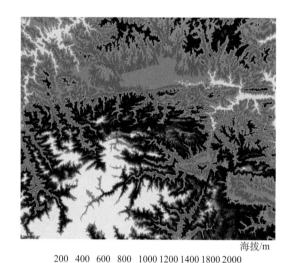

海拔/m

200　400　600　800　1000 1200 1400 1800 2000

图 7-4-4　片区海拔示意图

三、片区与代表性烟田

1. 野人谷镇西蒿坪村 3 组片区

1）基本信息

代表性地块（FX-01）：北纬 31°52′28.601″，东经 110°39′22.413″，海拔 1176 m（图 7-4-4），中山坡地下部，成土母质为砂砾岩风化坡积物，种植制度为烤烟-玉米不定期轮作，中坡旱地，土壤亚类为斑纹简育湿润雏形土。

2）气候条件

烤烟大田生长期间（5~9 月），平均气温 18.5℃，降水量 731 mm，日照时数 794 h（图 7-4-5）。

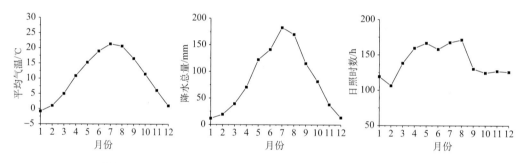

图 7-4-5　片区平均气温、降水总量、日照时数动态变化示意图

3）剖面形态（图 7-4-6（右））

Ap：0~30 cm，灰棕色（7.5YR 5/2，润），浊橙色（7.5YR 7/4，干），40%左右岩石碎屑，粉壤土，发育强的 1~2 mm 粒状结构，松散，2 个蚯蚓穴，pH 4.7，渐变波状过渡。

AB：30~40 cm，灰棕色（7.5YR 5/2，润），浊橙色（7.5YR 7/4，干），40%左右岩石碎屑，粉壤土，发育强的 2~5 mm 块状结构，松散，结构面上 5%左右铁锰斑纹，2 个蚯蚓穴，pH 5.2，清晰波状过渡。

Bw1：40~67 cm，灰棕色（7.5YR 5/2，润），浊橙色（7.5YR 7/4，干），50%左右岩石碎屑，粉壤土，发育中等的 10~20 mm 块状结构，稍硬，结构面上 5%左右铁锰斑纹，10%左右软小铁锰结核，pH 6.1，渐变波状过渡。

Bw2：67~90 cm，极暗棕色（7.5YR 2/3，润），棕色（7.5YR 4/6，干），10%左右岩石碎屑，粉壤土，发育中等的 20~50 mm 块状结构，稍硬，结构面上 5%左右的铁锰斑纹，10%左右软小铁锰结核，pH 6.1，清晰波状过渡。

R：90 cm~，砂岩。

图 7-4-6　代表性地块景观(左)和土壤剖面(右)

4) 土壤养分

片区土壤呈酸性，土体 pH 4.69~6.07，有机质 3.30~18.86 g/kg，全氮 0.71~1.50 g/kg，全磷 0.96~1.16 g/kg，全钾 17.10~23.10 g/kg，碱解氮 24.85~213.65 mg/kg，有效磷 3.80~44.20 mg/kg，速效钾 107.24~373.36 mg/kg，氯离子 9.44~28.40 mg/kg，交换性 Ca^{2+} 4.39~10.32 cmol/kg，交换性 Mg^{2+} 1.04~2.34 cmol/kg。

腐殖酸与腐殖质组成中，腐殖酸碳量 0.47~7.31 g/kg，腐殖质全碳量 1.91~10.94 g/kg，胡敏酸碳量 0.12~2.91 g/kg，胡敏素碳量 1.01~3.63 g/kg，富啡酸碳量 0.34~4.41 g/kg，胡富比 0.29~0.66。

微量元素中，有效铜 0.08~0.82 mg/kg，有效铁 29.33~100.53 mg/kg，有效锰 8.45~168.35 mg/kg，有效锌 0.13~1.62 mg/kg(表 7-4-1~表 7-4-3)。

5) 总体评价

土体较厚，耕作层质地适中，砾石多，耕性和通透性好，中度水土流失。酸性土壤，有机质缺乏，肥力较高，磷钾丰富，铜中等，铁、锰、锌、钙、镁丰富。

表 7-4-1　片区代表性烟田土壤养分状况

土层 /cm	pH	有机质 /(g/kg)	全氮 /(g/kg)	全磷 /(g/kg)	全钾 /(g/kg)	碱解氮 /(mg/kg)	有效磷 /(mg/kg)	速效钾 /(mg/kg)	氯离子 /(mg/kg)
0~30	4.69	18.86	1.50	0.96	17.10	213.65	44.20	373.36	28.40
30~40	5.18	11.50	1.01	1.00	20.80	102.18	7.80	144.03	14.60
40~67	6.07	3.30	0.71	1.16	23.10	24.85	3.80	125.14	14.20
67~90	6.07	4.60	1.04	1.14	22.50	34.83	9.00	107.24	9.44

表 7-4-2 片区代表性烟田土壤腐殖酸与腐殖质组成

土层 /cm	腐殖酸碳量 /(g/kg)	腐殖质全碳量 /(g/kg)	胡敏酸碳量 /(g/kg)	胡敏素碳量 /(g/kg)	富啡酸碳量 /(g/kg)	胡富比
0~30	7.31	10.94	2.91	3.63	4.41	0.66
30~40	5.17	6.67	1.16	1.50	4.01	0.29
40~67	0.91	1.91	0.22	1.01	0.69	0.31
67~90	0.47	2.67	0.12	2.20	0.34	0.36

表 7-4-3 片区代表性烟田土壤中微量元素状况

土层 /cm	有效铜 /(mg/kg)	有效铁 /(mg/kg)	有效锰 /(mg/kg)	有效锌 /(mg/kg)	交换性 Ca^{2+} /(cmol/kg)	交换性 Mg^{2+} /(cmol/kg)
0~30	0.82	100.53	168.35	1.62	4.39	1.14
30~40	0.63	70.83	83.79	0.81	4.99	1.04
40~67	0.08	29.33	15.62	0.13	10.32	2.34
67~90	0.12	32.23	8.45	0.16	8.91	2.09

海拔/m

200 400 600 800 1000 1200 1400 1800 2000

图 7-4-7 片区海拔示意图

2. 野人谷镇杜家川村片区

1) 基本信息

代表性地块（FX-02）：北纬 31°54′33.147″，东经 110°43′19.391″，海拔 832 m（图 7-4-7），中山沟谷地，成土母质为古土壤与石灰岩风化沟谷堆积物，种植制度为烤烟-玉米不定期轮作，缓坡旱地，土壤亚类为斑纹简育湿润雏形土。

2) 气候条件

烤烟大田生长期间（5~9 月），平均气温 19.2℃，降水量 714 mm，日照时数 799 h（图 7-4-8）。

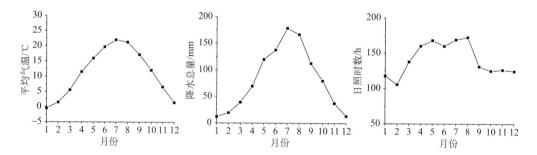

图 7-4-8 片区平均气温、降水总量、日照时数动态变化示意图

3) 剖面形态（图 7-4-9（右））

图 7-4-9　代表性地块景观（左）和土壤剖面（右）

Ap：0~25 cm，黑棕色（10YR 3/2，润），浊黄棕色（10YR 5/4，干），50 左右岩石碎屑，粉壤土，发育强的 1~2 mm 粒状结构，松散，2 个蚯蚓穴，pH 5.2，渐变波状过渡。

AB：25~35 cm，黑棕色（10YR 3/2，润），浊黄棕色（10YR 5/4，干），60%左右岩石碎屑，粉壤土，发育强的 2~5 mm 块状结构，稍硬，结构面上 2%左右的铁锰斑纹，2 个蚯蚓穴，pH 6.2，渐变波状过渡。

Bw：35~60 cm，黑棕色（10YR 3/1，润），灰黄棕色（10YR 5/2，干），60%左右岩石碎屑，粉壤土，发育中等的 10~20 mm 块状结构，硬，结构面上 2%左右的铁锰斑纹，pH 7.4，渐变波状过渡。

Ab：60~85 cm，黑色（10YR 2/1，润），灰黄棕色（10YR 4/2，干），10%左右岩石碎屑，粉壤土，发育中等的 10~20 mm 块状结构，硬，pH 7.4，渐变波状过渡。

R：85 cm~，石灰岩。

4) 土壤养分

片区土壤呈酸性，土体 pH 5.19~7.44，有机质 19.30~24.16 g/kg，全氮 1.40~1.95 g/kg，全磷 0.60~0.95 g/kg，全钾 23.10~25.50 g/kg，碱解氮 68.27~139.10 mg/kg，有效磷 3.60~45.00 mg/kg，速效钾 70.44~315.07 mg/kg，氯离子 8.18~19.80 mg/kg，交换性 Ca^{2+} 14.54~23.54 cmol/kg，交换性 Mg^{2+} 1.45~1.59 cmol/kg。

腐殖酸与腐殖质组成中，腐殖酸碳量 7.98~9.48 g/kg，腐殖质全碳量 11.19~14.01 g/kg，胡敏酸碳量 4.11~5.04 g/kg，胡敏素碳量 3.21~4.53 g/kg，富啡酸碳量 3.42~4.44 g/kg，胡富比 0.99~1.33。

微量元素中，有效铜 1.69~2.11 mg/kg，有效铁 18.80~78.30 mg/kg，有效锰 18.73~141.03 mg/kg，有效锌 0.51~1.71 mg/kg（表 7-4-4~表 7-4-6）。

表 7-4-4　片区代表性烟田土壤养分状况

土层/cm	pH	有机质/(g/kg)	全氮/(g/kg)	全磷/(g/kg)	全钾/(g/kg)	碱解氮/(mg/kg)	有效磷/(mg/kg)	速效钾/(mg/kg)	氯离子/(mg/kg)
0~25	5.19	24.16	1.95	0.95	24.80	139.10	45.00	315.07	19.80
25~35	5.46	20.16	1.83	0.72	23.15	100.02	23.15	268.19	12.13
35~60	6.45	19.80	1.64	0.62	23.10	98.70	9.50	85.36	8.18
60~85	7.44	19.30	1.40	0.60	25.50	68.27	3.60	70.44	8.33

表 7-4-5　片区代表性烟田土壤腐殖酸与腐殖质组成

土层/cm	腐殖酸碳量/(g/kg)	腐殖质全碳量/(g/kg)	胡敏酸碳量/(g/kg)	胡敏素碳量/(g/kg)	富啡酸碳量/(g/kg)	胡富比
0~25	9.48	14.01	5.04	4.53	4.44	1.14
25~35	8.88	11.34	4.26	2.89	4.19	1.02
35~60	8.26	11.48	4.11	3.22	4.15	0.99
60~85	7.98	11.19	4.56	3.21	3.42	1.33

表 7-4-6　片区代表性烟田土壤中微量元素状况

土层/cm	有效铜/(mg/kg)	有效铁/(mg/kg)	有效锰/(mg/kg)	有效锌/(mg/kg)	交换性 Ca^{2+}/(cmol/kg)	交换性 Mg^{2+}/(cmol/kg)
0~25	2.11	78.30	141.03	1.71	14.54	1.58
25~35	1.99	44.87	121.28	1.28	18.37	1.48
35~60	1.84	37.80	35.44	1.11	20.43	1.59
60~85	1.69	18.80	18.73	0.51	23.54	1.45

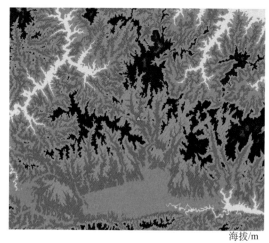

海拔/m

200　400　600　800　1000 1200 1400 1600 1800 2000

图 7-4-10　片区海拔示意图

5）总体评价

土体较厚，耕作层质地适中，砾石多，耕性和通透性好，中度水土流失。酸性土壤，有机质中等，肥力偏高，铜、铁、锰、锌、钙、镁丰富。

3. 土城镇土城村片区

1）基本信息

代表性地块（FX-03）：北纬 31°15′28.571″，东经 110°41′15.852″，海拔 641 m，低山沟谷地，成土母质为古土壤与石灰岩风化沟谷堆积物，种植制度为烤烟-晚稻轮作，平旱地，土壤亚类为底潜铁渗水耕人为土（图 7-4-10）。

2）气候条件

烤烟大田生长期间（5~9月），平均气温21.5℃，降水量649 mm，日照时数828 h（图7-4-11）。

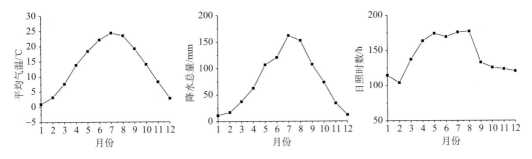

图7-4-11　片区平均气温、降水总量、日照时数动态变化示意图

3）剖面形态（图7-4-12（右））

Ap1：0~20 cm，灰黄色（2.5Y 6/2，润），浅淡黄色（2.5Y 8/4，干），5%左右岩石碎屑，壤土，发育强的1~2 mm粒状结构，松散，2个蚯蚓穴，pH 5.3，渐变波状过渡。

Ap2：20~30 cm，灰黄色（2.5Y 6/2，润），浅淡黄色（2.5Y 8/4，干），5%左右岩石碎屑，壤土，发育强的10~20 mm块状结构，稍硬，2个蚯蚓穴，pH 6.0，清晰波状过渡。

Br：30~58 cm，黄灰色（2.5Y 4/1，润），暗灰黄色（2.5Y 5/2，干），15%左右岩石碎屑，粉壤土，发育中等的10~20 mm块状结构，稍硬，结构面上5%~10%左右的铁锰斑纹，2%左右软小铁锰结核，pH 6.8，清晰波状过渡。

Bg：58~110 cm，黑棕色（2.5Y 3/1，润），黄灰色（2.5Y 5/1，干），5%左右岩石碎屑，粉壤土，发育弱的20~50 mm块状结构，稍硬，结构面上50%左右的铁锰斑纹，2%左右木炭，2%左右软小铁锰结核，pH 7.0。

图7-4-12　代表性地块景观（左）和土壤剖面（右）

4)土壤养分

片区土壤呈酸性，土体 pH 5.30~6.99，有机质 9.80~20.57 g/kg，全氮 0.69~1.41 g/kg，全磷 0.32~0.72 g/kg，全钾 21.50~27.30 g/kg，碱解氮 43.19~105.66 mg/kg，有效磷 4.30~24.40 mg/kg，速效钾 75.42~115.19 mg/kg，氯离子 5.73~8.79 mg/kg，交换性 Ca^{2+} 7.29~14.67 cmol/kg，交换性 Mg^{2+} 0.86~2.40 cmol/kg。

腐殖酸与腐殖质组成中，腐殖酸碳量 3.78~8.06 g/kg，腐殖质全碳量 5.68~11.93 g/kg，胡敏酸碳量 1.88~4.04 g/kg，胡敏素碳量 1.90~3.88 g/kg，富啡酸碳量 1.82~4.02 g/kg，胡富比 0.64~1.15。

微量元素中，有效铜 1.70~3.24 mg/kg，有效铁 23.80~198.92 mg/kg，有效锰 4.10~18.05 mg/kg，有效锌 0.13~1.28 mg/kg（表 7-4-7~表 7-4-9）。

表 7-4-7　片区代表性烟田土壤养分状况

土层 /cm	pH	有机质 /(g/kg)	全氮 /(g/kg)	全磷 /(g/kg)	全钾 /(g/kg)	碱解氮 /(mg/kg)	有效磷 /(mg/kg)	速效钾 /(mg/kg)	氯离子 /(mg/kg)
0~20	5.30	20.57	1.41	0.72	21.50	105.66	24.40	87.35	7.05
20~30	5.98	12.00	1.03	0.32	27.30	77.56	4.30	75.42	8.79
30~58	6.75	14.00	0.95	0.36	24.80	60.84	5.90	115.19	5.73
58~110	6.99	9.80	0.69	0.46	24.20	43.19	20.80	85.36	6.61

表 7-4-8　片区代表性烟田土壤腐殖酸与腐殖质组成

土层 /cm	腐殖酸碳量 /(g/kg)	腐殖质全碳量 /(g/kg)	胡敏酸碳量 /(g/kg)	胡敏素碳量 /(g/kg)	富啡酸碳量 /(g/kg)	胡富比
0~20	8.06	11.93	4.04	3.88	4.02	1.00
20~30	4.84	6.96	1.88	2.12	2.96	0.64
30~58	4.77	8.12	2.55	3.35	2.22	1.15
58~110	3.78	5.68	1.96	1.90	1.82	1.07

表 7-4-9　片区代表性烟田土壤中微量元素状况

土层 /cm	有效铜 /(mg/kg)	有效铁 /(mg/kg)	有效锰 /(mg/kg)	有效锌 /(mg/kg)	交换性 Ca^{2+} /(cmol/kg)	交换性 Mg^{2+} /(cmol/kg)
0~20	3.05	198.92	16.27	1.28	7.29	0.86
20~30	3.24	36.70	18.05	0.20	11.35	1.76
30~58	1.86	23.80	14.81	0.13	14.67	2.40
58~110	1.70	44.65	4.10	0.34	10.57	1.65

5)总体评价

土体深厚，耕作层质地适中，砾石较多，耕性和通透性较好。酸性土壤，有机质中等，肥力中等，磷丰富，钾中等水平，铜、铁、锰、锌、钙、镁丰富。

4. 门古镇项家河村 6 组片区

1) 基本信息

代表性地块（FX-04）：北纬32°2′43.099″，东经110°30′23.588″，海拔723 m，低山沟谷地，成土母质为古红土沟谷堆积物，种植制度为烤烟-玉米隔年轮作，缓坡旱地，土壤亚类为斑纹铁质湿润淋溶土（图 7-4-13）。

2) 气候条件

烤烟大田生长期间（5~9 月），平均气温 21.4℃，降水量 678 mm，日照时数 819 h（图 7-4-14）。

3) 剖面形态（图 7-4-15（右））

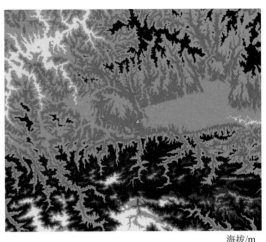

海拔/m

200 400 600 800 1000 1200 1400 1600 1800 2000

图 7-4-13 片区海拔示意图

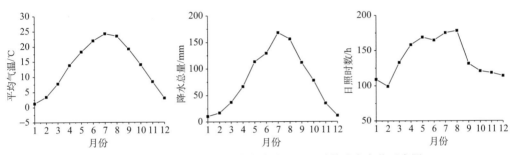

图 7-4-14 片区平均气温、降水总量、日照时数动态变化示意图

图 7-4-15 代表性地块景观（左）和土壤剖面（右）

Ap：0~30 cm，浊棕色（7.5YR 5/4，润），橙色（7.5YR 7/6 干），15%左右岩石碎屑，

壤土，发育强的 1~2 mm 粒状结构，松散，2 个蚯蚓穴，pH 6.8，轻度石灰反应，渐变波状过渡。

Bt1：30~67 cm，棕色（7.5YR 4/4，润），橙色（7.5YR 6/6，干），5%左右岩石碎屑，黏壤土，发育强的 20~50 mm 块状结构，硬，结构面上 20%左右黏粒-氧化铁胶膜，2%左右软小铁锰结核，2 个蚯蚓穴，pH 7.7，中度石灰反应，清晰波状过渡。

Bt2：67~88 cm，棕色（7.5YR 4/4，润），橙色（7.5YR 6/6，干），黏壤土，发育中等的 20~50 mm 棱块状结构，硬，结构面上 20%左右黏粒-氧化铁胶膜，2%左右软小铁锰结核，2 个蚯蚓穴，pH 8.0，中度石灰反应，清晰波状过渡。

Ab：88~120 cm，黑棕色（7.5YR 3/2，润），浊棕色（7.5YR 5/3，干），2%左右岩石碎屑，壤土，发育中等的 20~50 mm 块状结构，硬，2%左右软小铁锰结核，pH 7.6，弱石灰反应。

4）土壤养分

片区土壤呈中性，土体 pH 6.81~8.01，有机质 10.00~11.73 g/kg，全氮 0.76~0.94 g/kg，全磷 0.34~0.52 g/kg，全钾 19.40~24.60 g/kg，碱解氮 45.52~62.24 mg/kg，有效磷 1.10~2.70 mg/kg，速效钾 102.27~173.86 mg/kg，氯离子 7.77~25.50 mg/kg，交换性 Ca^{2+} 40.77~89.12 cmol/kg，交换性 Mg^{2+} 1.31~1.72 cmol/kg。

腐殖酸与腐殖质组成中，腐殖酸碳量 2.98~4.50 g/kg，腐殖质全碳量 5.80~6.80 g/kg，胡敏酸碳量 1.32~2.48 g/kg，胡敏素碳量 1.65~3.08 g/kg，富啡酸碳量 1.47~2.03/kg，胡富比 0.80~1.53。

微量元素中，有效铜 0.59~1.18 mg/kg，有效铁 7.88~15.78 mg/kg，有效锰 5.70~9.96 mg/kg，有效锌 0.12~0.31 mg/kg（表 7-4-10~表 7-4-12）。

表 7-4-10　片区代表性烟田土壤养分状况

土层/cm	pH	有机质/(g/kg)	全氮/(g/kg)	全磷/(g/kg)	全钾/(g/kg)	碱解氮/(mg/kg)	有效磷/(mg/kg)	速效钾/(mg/kg)	氯离子/(mg/kg)
0~30	6.81	11.73	0.94	0.52	20.10	58.29	2.70	173.86	25.50
30~67	7.71	10.00	0.77	0.34	19.40	48.77	2.10	102.27	7.77
67~88	8.01	10.10	0.76	0.37	20.00	45.52	2.40	113.20	8.17
88~120	7.56	10.60	0.89	0.45	24.60	62.24	1.10	123.27	7.80

表 7-4-11　片区代表性烟田土壤腐殖酸与腐殖质组成

土层/cm	腐殖酸碳量/(g/kg)	腐殖质全碳量/(g/kg)	胡敏酸碳量/(g/kg)	胡敏素碳量/(g/kg)	富啡酸碳量/(g/kg)	胡富比
0~30	3.72	6.80	2.25	3.08	1.47	1.53
30~67	2.98	5.80	1.32	2.83	1.66	0.80
67~88	3.38	5.86	1.54	2.48	1.84	0.84
88~120	4.50	6.15	2.48	1.65	2.03	1.22

表 7-4-12　片区代表性烟田土壤中微量元素状况

土层 /cm	有效铜 /(mg/kg)	有效铁 /(mg/kg)	有效锰 /(mg/kg)	有效锌 /(mg/kg)	交换性 Ca^{2+} /(cmol/kg)	交换性 Mg^{2+} /(cmol/kg)
0~30	0.59	7.88	6.97	0.29	66.93	1.47
30~67	0.86	9.09	5.70	0.12	89.12	1.38
67~88	0.89	11.40	7.84	0.18	60.96	1.31
88~120	1.18	15.78	9.96	0.31	40.77	1.72

5）总体评价

土体深厚，耕作层质地适中，砾石较多，耕性和通透性好，轻度水土流失。中性土壤，有机质缺乏，肥力较低，严重缺磷，富钾，铜、铁、锰中等水平，缺锌，钙、镁丰富。

5. 青峰镇龙王沟村片区

1）基本信息

代表性地块（FX-05）：北纬 32°15′23.691″，东经 110°58′10.930″，海拔 847 m，中山坡地坡麓，成土母质为古土壤与玄武岩风化冰碛物，种植制度为烤烟-玉米隔年轮作，缓坡旱地，土壤亚类为黄色铝质湿润雏形土（图 7-4-16）。

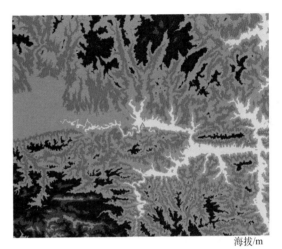

海拔/m

200 400 600 800 1000 1200 1400 1800 2000

图 7-4-16　片区海拔示意图

2）气候条件

烤烟大田生长期间（5~9 月），平均气温 23.6℃，降水量 626 mm，日照时数 831 h（图 7-4-17）。

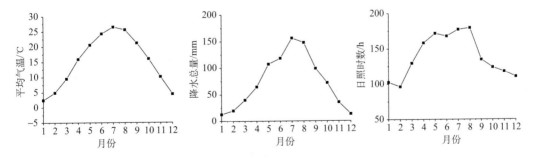

图 7-4-17　片区平均气温、降水总量、日照时数动态变化示意图

3）剖面形态（图 7-4-18（右））

图 7-4-18　代表性地块景观（左）和土壤剖面（右）

Ap：0~25 cm，黑棕色（10YR 3/2，润），浊黄棕色（10YR 5/4，干），50%左右岩石碎屑，粉壤土，发育强的 1~2 mm 粒状结构，松散，2 个蚯蚓穴，pH 4.7，清晰波状过渡。

AB：25~40 cm，黑棕色（10YR 3/2，润），浊黄棕色（10YR 5/4，干），50%左右岩石碎屑，粉壤土，发育强的 10~20 mm 块状结构，松散，2 个蚯蚓穴，pH 4.9，渐变波状过渡。

Bw1：40~65 cm，黑棕色（10YR 3/2，润），浊黄棕色（10YR 5/4，干），50%左右岩石碎屑，粉壤土，发育弱中等的 10~20 mm 块状结构，疏松，结构面上 2%左右铁锰斑纹，2 个蚯蚓穴，pH 5.1，渐变波状过渡。

Bw2：65~110 cm，黑棕色（10YR 3/2，润），浊黄棕色（10YR 5/4，干），50%左右岩石碎屑，粉壤土，发育中等的 20~50 mm 块状结构，疏松，结构面上 2%左右铁锰斑纹，2 个蚯蚓穴，pH 5.5。

4）土壤养分

片区土壤呈酸性，土体 pH 4.74~5.54，有机质 18.40~22.02 g/kg，全氮 1.19~1.33 g/kg，全磷 0.48~0.63 g/kg，全钾 20.90~23.80 g/kg，碱解氮 110.07~127.03 mg/kg，有效磷 7.30~22.80 mg/kg，速效钾 31.66~126.13 mg/kg，氯离子 15.90~30.20 mg/kg，交换性 Ca^{2+} 3.24~6.56 cmol/kg，交换性 Mg^{2+} 0.12~0.33 cmol/kg。

腐殖酸与腐殖质组成中，腐殖酸碳量 6.83~8.24 g/kg，腐殖质全碳量 10.67~12.77 g/kg，胡敏酸碳量 2.80~3.83 g/kg，胡敏素碳量 3.81~4.53 g/kg，富啡酸碳量 4.03~4.41 g/kg，胡富比 0.67~0.87。

微量元素中，有效铜 1.30~1.53 mg/kg，有效铁 96.29~131.53 mg/kg，有效锰 48.69~76.33 mg/kg，有效锌 1.11~1.44 mg/kg（表 7-4-13~表 7-4-15）。

表 7-4-13　片区代表性烟田土壤养分状况

土层 /cm	pH	有机质 /(g/kg)	全氮 /(g/kg)	全磷 /(g/kg)	全钾 /(g/kg)	碱解氮 /(mg/kg)	有效磷 /(mg/kg)	速效钾 /(mg/kg)	氯离子 /(mg/kg)
0~25	4.74	22.02	1.33	0.63	21.90	127.03	22.80	126.13	18.40
25~40	4.85	18.70	1.20	0.54	20.90	112.86	12.40	33.65	30.20
40~65	5.09	18.40	1.19	0.56	23.00	112.16	7.80	31.66	15.90
65~110	5.54	19.90	1.20	0.48	23.80	110.07	7.30	32.66	29.00

表 7-4-14　片区代表性烟田土壤腐殖酸与腐殖质组成

土层 /cm	腐殖酸碳量 /(g/kg)	腐殖质全碳量 /(g/kg)	胡敏酸碳量 /(g/kg)	胡敏素碳量 /(g/kg)	富啡酸碳量 /(g/kg)	胡富比
0~25	8.24	12.77	3.83	4.53	4.41	0.87
25~40	7.04	10.85	2.83	3.81	4.21	0.67
40~65	6.83	10.67	2.80	3.84	4.03	0.69
65~110	7.16	11.54	2.97	4.38	4.18	0.71

表 7-4-15　片区代表性烟田土壤中微量元素状况

土层 /cm	有效铜 /(mg/kg)	有效铁 /(mg/kg)	有效锰 /(mg/kg)	有效锌 /(mg/kg)	交换性 Ca^{2+} /(cmol/kg)	交换性 Mg^{2+} /(cmol/kg)
0~25	1.30	124.01	76.33	1.44	4.31	0.33
25~40	1.46	131.53	65.96	1.39	3.24	0.12
40~65	1.47	106.17	51.38	1.11	5.50	0.15
65~110	1.53	96.29	48.69	1.20	6.56	0.21

5）总体评价

土体深厚，耕作层质地适中，砾石多，耕性和通透性好，轻度水土流失。酸性土壤，有机质中等，肥力偏高，磷、钾中等水平，铜、铁、锰、锌、钙丰富，缺镁。

第五节　重庆巫山生态条件

一、地理位置

巫山县位于北纬 30°45′~23°28′，东经 109°33′~110°11′，地处重庆市东北部，三峡库区腹地，跨长江巫峡两岸，东邻湖北省巴东县，南界湖北省建始县，西抵奉节县，北依巫溪县。巫山县隶属重庆市，现辖辖高唐街道、龙门街道、巫峡镇、双龙镇、大昌镇、龙溪镇、官阳镇、骡坪镇、抱龙镇、官渡镇、铜鼓镇、庙宇镇、福田镇、两坪乡、建平乡、曲尺乡、金坪乡、大溪乡、平河乡、当阳乡、三溪乡、竹贤乡、笃坪乡、培石乡、邓家土家族乡、红椿土家族乡 2 个街道、24 个乡镇，面积 2958 km²（图 7-5-1）。

图 7-5-1　巫山县位置及 Landsat 假彩色合成影像图　　图 7-5-2　巫山县海拔高度示意图

二、自然条件

1. 地形地貌

巫山县位于大巴山弧形构造、川东褶皱带及川鄂湘黔隆褶带三大构造体系结合部，长江横贯东西，大宁河、抱龙河等七条支流呈南北向强烈下切，地貌上呈深谷和中低山相间形态，地形起伏大，坡度陡，谷底海拔多在 300 m 以内，岸坡多为 1000 m 以上。出露地层为沉积岩地层，自寒武系至侏罗系均有出露，另有第四系零星分布，岩层软硬相间，次级褶皱及断裂构造十分发育，构造地质背景复杂。因大巴山、巫山、七曜山三大山脉交会于巫山县境内，形成典型的喀斯特地貌，最低海拔仅 73.1 m，最高海拔 2680 m（图 7-5-2）。大宁河小三峡位于巫山之侧，长 50 km，由龙门峡、巴雾峡、滴翠峡组成。

2. 气候条件

巫山县属亚热带季风性湿润气候，气候温和，雨量充沛，日照充足，四季分明。具有显著的立体气候特征，海拔每上升 100 m 温度递减 0.66℃、无霜期缩短 10 天左右、雨量增加 55 mm 左右。海拔低的河谷区域气温高、降雨少、日照时数少，海拔高的山区气温低、降雨多、日照时数多。年均气温 4.3~18.3℃，平均 13.1℃，1 月最冷，月平均气温 2.7℃，7 月最热，月平均气温 23.1℃。年均降水总量 1067~1363 mm，平均 1182 mm 左右，5~9 月降雨均在 100 mm 以上，其中 6~8 月降雨在 150 mm 以上，7 月降雨最高，在 200 mm 以上，其他月份降雨在 100 mm 以下。年均日照时数 1350~1667 h，平均 1473 h，3~11 月日照均在 100 h 以上，其中 7 月、8 月日照在 150 h 以上(图 7-5-3)。平均无霜期 320 d 左右。

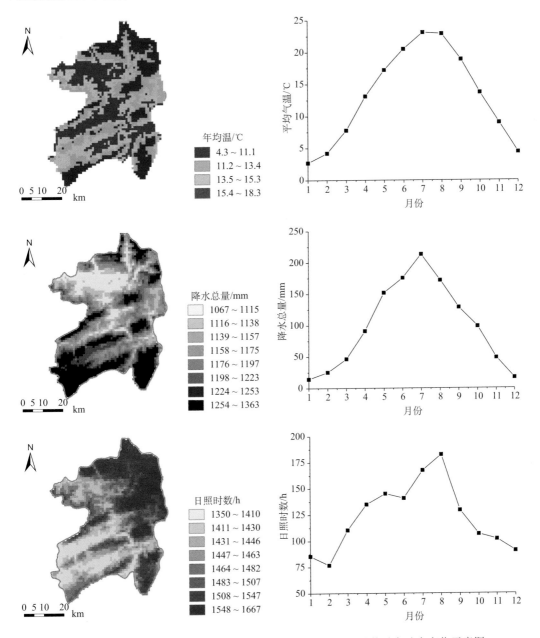

图 7-5-3　巫山县 1980~2013 年平均温度、降水总量、日照时数时空动态变化示意图

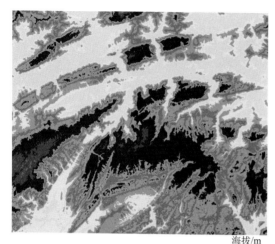

海拔/m

600 800 1000 1200 1400 1600 1800 2000 2200

图 7-5-4　片区海拔高度示意图

三、片区与代表性烟田

1. 邓家乡神树村 5 组片区

1)基本信息

代表性地块(WS-01):纬度 30°53′1.653″,东经 110°3′3.230″,海拔 1484 m(图 7-5-4),中山坡地中部,成土母质为石灰岩风化坡积物,种植制度为烤烟-玉米不定期轮作,缓坡梯田旱地,土壤亚类为普通钙质常湿雏形土。

2)气候条件

烤烟大田生长期间(5~9 月),平均气温 17.4℃,降水量 906 mm,日照时数 736 h(图 7-5-5)。

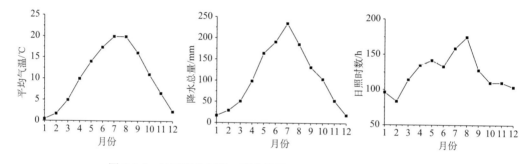

图 7-5-5　片区平均气温、降水总量、日照时数动态变化示意图

3)剖面形态(图 7-5-6(右))

Ap: 0~30 cm,黑棕色(10YR 3/1,润),灰黄棕色(10YR 5/2,干),10%左右岩石碎屑,粉质黏壤土,发育强的 1~2 mm 粒状结构,松散,2 个蚯蚓穴,pH 5.6,渐变波状过渡。

AB: 30~45 cm,黑棕色(10YR 3/1,润),灰黄棕色(10YR 5/2,干),20%左右岩石碎屑,粉质黏壤土,发育强的 2~5 mm 块状结构,松散,结构面上 5%左右腐殖质胶膜,2 个蚯蚓穴,pH 4.9,清晰波状过渡。

Ab: 45~60 cm,灰黄棕色(10YR 4/2,润),浊黄棕色(10YR 6/4,干),20%左右岩石碎屑,粉质黏壤土,发育中等的 10~20 mm 棱块状结构,稍硬,2%左右软小铁锰结核,2 个蚯蚓穴,pH 6.6,渐变波状过渡。

Bw1: 60~80 cm,灰黄棕色(10YR 4/2,润),浊黄棕色(10YR 6/4,干),20%左右岩石碎屑,粉质黏壤土,发育中等的 20~50 mm 棱块状结构,稍硬,结构面上 2%左右的铁锰斑纹,2%左右软小铁锰结核,pH 6.7,渐变波状过渡。

图 7-5-6 代表性地块景观(左)和土壤剖面(右)

Bw2:80~110 cm,灰黄棕色(10YR 4/2,润),浊黄棕色(10YR 6/4,干),20%左右岩石碎屑,粉质黏壤土,发育中等的 20~50 mm 棱块状结构,稍硬,结构面上 2%左右的铁锰斑纹,2%左右软小铁锰结核,pH 6.7。

4)土壤养分

片区土壤呈微酸性,土体 pH 4.93~6.73,有机质 20.83~46.35 g/kg,全氮 1.19~2.44 g/kg,全磷 0.49~0.95 g/kg,全钾 15.55~20.00 g/kg,碱解氮 101.71~205.75 mg/kg,有效磷 2.45~46.35 mg/kg,速效钾 83.77~277.06 mg/kg,氯离子 6.64~22.45 mg/kg,交换性 Ca^{2+} 14.58~18.06 cmol/kg,交换性 Mg^{2+} 0.56~0.81 mg/kg。

腐殖酸与腐殖质组成中,腐殖酸碳量 6.58~15.82 g/kg,腐殖质全碳量 12.08~26.89 g/kg,胡敏酸碳量 1.19~5.43 g/kg,胡敏素碳量 5.50~11.06 g/kg,富啡酸碳量 5.39~10.39 g/kg,胡富比 0.20~0.52。

微量元素中,有效铜 2.43~3.31 mg/kg,有效铁 74.30~113.50 mg/kg,有效锰 64.20~170.85 mg/kg,有效锌 1.40~5.54 mg/kg(表 7-5-1~表 7-5-3)。

表 7-5-1 片区代表性烟田土壤养分状况

土层 /cm	pH	有机质 /(g/kg)	全氮 /(g/kg)	全磷 /(g/kg)	全钾 /(g/kg)	碱解氮 /(mg/kg)	有效磷 /(mg/kg)	速效钾 /(mg/kg)	氯离子 /(mg/kg)
0~30	5.58	46.35	2.44	0.95	20.00	205.75	46.35	277.06	22.04
30~45	4.93	36.44	1.90	0.69	15.55	156.29	12.75	135.27	22.45
45~60	6.55	30.86	1.75	0.58	16.36	130.28	4.00	83.77	6.65
60~80	6.65	25.23	1.31	0.51	18.70	106.82	2.88	87.59	6.65
80~110	6.73	20.83	1.19	0.49	18.21	101.71	2.45	89.12	6.64

表 7-5-2　片区代表性烟田土壤腐殖酸与腐殖质组成

土层 /cm	腐殖酸碳量 /(g/kg)	腐殖质全碳量 /(g/kg)	胡敏酸碳量 /(g/kg)	胡敏素碳量 /(g/kg)	富啡酸碳量 /(g/kg)	胡富比
0~30	15.82	26.89	5.43	11.06	10.39	0.52
30~45	11.64	21.14	3.24	9.49	8.41	0.39
45~60	10.60	17.90	2.87	7.29	7.73	0.37
60~80	7.39	14.63	1.23	7.25	6.16	0.20
80~110	6.58	12.08	1.19	5.50	5.39	0.22

表 7-5-3　片区代表性烟田土壤中微量元素状况

土层 /cm	有效铜 /(mg/kg)	有效铁 /(mg/kg)	有效锰 /(mg/kg)	有效锌 /(mg/kg)	交换性 Ca^{2+} /(cmol/kg)	交换性 Mg^{2+} /(cmol/kg)
0~30	2.92	82.50	170.85	5.54	14.74	0.81
30~45	2.89	78.60	124.90	3.10	16.60	0.56
45~60	3.31	74.30	147.08	2.28	18.06	0.58
60~80	2.51	91.73	85.00	1.61	17.59	0.68
80~110	2.43	113.50	64.20	1.40	14.58	0.61

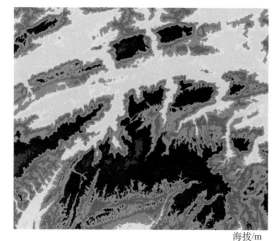

海拔/m

600　800　1000 1200 1400 1600 1800 2000 2200

图 7-5-7　片区海拔高度示意图

5）总体评价

土体深厚，耕作层质地偏黏，耕性较差，砾石多，通透性好，轻度水土流失。微酸性土壤，有机质含量丰富，肥力较高，磷、钾丰富，铜、铁、锰、锌、钙含量丰富，镁含量中等水平。

2. 笃坪乡狮岭村 4 组片区

1）基本信息

代表性地块（WS-02）：纬度 30°54′56.202″，东经 110°4′0.560″，海拔 1379 m（图 7-5-7），中山坡地中上部，成土母质为石灰岩风化坡积物，种植制度为烤烟-玉米不定期轮作，中坡梯田旱地，土壤亚类为普通钙质常湿雏形土。

2）气候条件

烤烟大田生长期间（5~9 月），平均气温 17.9℃，降水量 894 mm，日照时数 741 h（图 7-5-8）。

3）剖面形态（图 7-5-9（右））

Ap：0~30 cm，黑棕色（10YR 2/2，润），棕色（10YR 4/4，干），5%左右岩石碎屑，粉质黏壤土，发育强的 1~2 mm 粒状结构，松散，2 个蚯蚓穴，pH 6.2，清晰波状过渡。

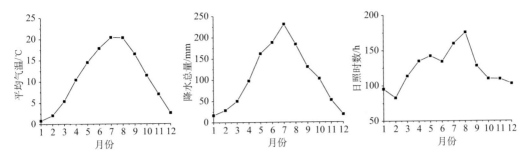

图 7-5-8 片区平均气温、降水总量、日照时数动态变化示意图

图 7-5-9 代表性地块景观(左)和土壤剖面(右)

AB：30~48 cm，黑棕色(10YR 3/1，润)，浊黄棕色(10YR 5/3，干)，5%左右岩石碎屑，粉质黏壤土，发育强的 2~5 mm 块状结构，疏松，2 个蚯蚓穴，pH 6.4，渐变波状过渡。

Ab：48~57 cm，黑棕色(10YR 2/2，润)，棕色(10YR 4/4，干)，2%左右岩石碎屑，粉质黏壤土，发育强的 10~20 mm 块状结构，稍硬，2%左右软小铁锰结核，2 个蚯蚓穴，pH 6.2，渐变波状过渡。

Bw1：57~80 cm，棕色(10YR 4/4，润)，黄棕色(10YR 5/6，干)，2%左右岩石碎屑，粉质黏壤土，发育中等的 20~50 mm 棱块状结构，硬，2%左右软小铁锰结核，pH 6.2，渐变波状过渡。

Bw2：80~110 cm，棕色(10YR 4/4，润)，黄棕色(10YR 5/6，干)，2%左右岩石碎屑，粉质黏壤土，发育中等的 20~50 mm 棱块状结构，硬，2%左右软小铁锰结核，pH 5.9。

4) 土壤养分

片区土壤呈微酸性，土体 pH 5.91~6.43，有机质 17.01~26.61 g/kg，全氮 1.22~1.65 g/kg，全磷 0.42~0.73 g/kg，全钾 22.06~23.56 g/kg，碱解氮 105.89~169.29 mg/kg，有效磷 0.53~33.60 mg/kg，速效钾 51.00~236.93 mg/kg，氯离子 6.62~6.65 mg/kg，交换性 Ca^{2+} 8.82~12.19 mg/kg，交换性 Mg^{2+} 0.11~0.43 cmol/kg。

腐殖酸与腐殖质组成中，腐殖酸碳量 7.04~9.79 g/kg，腐殖质全碳量 9.87~15.43 g/kg，胡敏酸碳量 1.32~2.88 g/kg，胡敏素碳量 2.83~5.64 g/kg，富啡酸碳量 5.72~7.02 g/kg，胡富比 0.22~0.42。

微量元素中，有效铜 1.08~3.41 mg/kg，有效铁 23.66~85.90 mg/kg，有效锰 26.65~100.43 mg/kg，有效锌 0.45~8.76 mg/kg（表 7-5-4~表 7-5-6）。

表 7-5-4　片区代表性烟田土壤养分状况

土层/cm	pH	有机质/(g/kg)	全氮/(g/kg)	全磷/(g/kg)	全钾/(g/kg)	碱解氮/(mg/kg)	有效磷/(mg/kg)	速效钾/(mg/kg)	氯离子/(mg/kg)
0~30	6.16	26.61	1.65	0.73	22.06	160.70	33.60	236.93	6.63
30~48	6.43	17.01	1.22	0.42	23.25	105.89	1.73	127.91	6.62
48~57	6.42	19.03	1.38	0.49	23.46	127.72	1.05	115.87	6.65
57~80	6.23	21.21	1.52	0.54	22.39	169.29	0.63	51.00	6.62
80~110	5.91	20.89	1.44	0.55	23.56	160.24	0.53	52.34	6.65

表 7-5-5　片区代表性烟田土壤腐殖酸与腐殖质组成

土层/cm	腐殖酸碳量/(g/kg)	腐殖质全碳量/(g/kg)	胡敏酸碳量/(g/kg)	胡敏素碳量/(g/kg)	富啡酸碳量/(g/kg)	胡富比
0~30	9.79	15.43	2.88	5.64	6.91	0.42
30~48	7.04	9.87	1.32	2.83	5.72	0.23
48~57	7.96	11.04	1.42	3.07	6.55	0.22
57~80	8.86	12.30	1.84	3.45	7.02	0.26
80~110	7.96	12.11	2.06	4.15	5.90	0.35

表 7-5-6　片区代表性烟田土壤中微量元素状况

土层/cm	有效铜/(mg/kg)	有效铁/(mg/kg)	有效锰/(mg/kg)	有效锌/(mg/kg)	交换性 Ca^{2+}/(cmol/kg)	交换性 Mg^{2+}/(cmol/kg)
0~30	3.41	85.90	100.43	8.76	12.19	0.43
30~48	1.18	60.20	48.83	0.85	10.69	0.24
48~57	1.18	34.83	39.85	0.56	10.64	0.21
57~80	1.08	23.66	26.65	0.49	10.63	0.15
80~110	1.26	29.25	33.35	0.45	8.82	0.11

5) 总体评价

土体深厚，耕作层质地偏黏，耕性较差，砾石较多，通透性较好，轻度水土流失。微酸性土壤，有机质含量中等，肥力偏高，磷、钾丰富，铜、铁、锰、锌、钙含量丰富，镁含量中等水平。

3. 笃坪乡龙淌村5组片区

1）基本信息

代 表 性 地 块 （WS-03）： 纬 度 30°54′7.240″，东经 110°7′0.560″，海拔 1091 m（图7-5-10），中山坡地中部，成土母质为石灰岩风化坡积物，种植制度为烤烟-玉米不定期轮作，中坡梯田旱地，土壤亚类为普通钙质常湿雏形土。

2）气候条件

烤烟大田生长期间（5~9月），平均气温20.4℃，降水量855 mm，日照时数756 h（图7-5-11）。

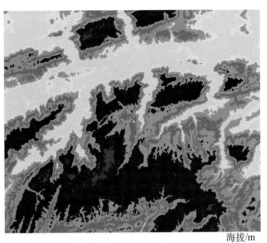

海拔/m

600 800 1000 1200 1400 1600 1800 2000 2200

图7-5-10 片区海拔高度示意图

3）剖面形态（图7-5-12（右））

Ap：0~30 cm，黑棕色（10YR 2/2，润），棕色（10YR 4/4，干），5%左右岩石碎屑，粉质黏壤土，发育强的1~2 mm粒状结构，松散，2个蚯蚓穴，pH 6.3，渐变波状过渡。

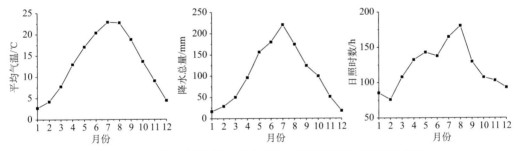

图7-5-11 片区平均气温、降水总量、日照时数动态变化示意图

AB：30~55 cm，黑棕色（10YR 2/2，润），棕色（10YR 4/4，干），10%左右岩石碎屑，粉质黏壤土，发育强的2~5 mm棱块状结构，稍硬，2%左右软小铁锰结核，2个蚯蚓穴，pH 6.8，渐变波状过渡。

Bw1：55~85 cm，棕色（10YR 4/4，润），黄棕色（10YR 5/6，干），10%左右岩石碎屑，粉质黏壤土，发育强的10~20 mm棱块状结构，稍硬，2%左右软小铁锰结核，pH 6.8，清晰波状过渡。

Ab：85~105 cm，黑棕色（10YR 2/2，润），棕色（10YR 4/4，干），2%左右岩石碎屑，粉质黏壤土，发育强的20~50 mm棱块状结构，硬，2%左右软小铁锰结核，pH 6.5，渐变波状过渡。

Bw2：105~120 cm，棕色（10YR 4/4，润），黄棕色（10YR 5/6，干），2%左右岩石碎屑，粉质黏壤土，发育中等的10~20 mm棱块状结构，稍硬，2%左右软小铁锰结核，pH 6.3。

图 7-5-12　代表性地块景观(左)和土壤剖面(右)

4) 土壤养分

片区土壤呈微酸性，土体 pH 6.28~6.81，有机质 11.17~19.80 g/kg，全氮 0.92~1.51 g/kg，全磷 0.39~0.71 g/kg，全钾 18.98~22.51 g/kg，碱解氮 84.53~120.76 mg/kg，有效磷 0.68~8.45 mg/kg，速效钾 53.01~115.20 mg/kg，氯离子 6.61~6.67 mg/kg，交换性 Ca^{2+} 10.35~18.32 cmol/kg，交换性 Mg^{2+} 0.99~1.59 cmol/kg。

腐殖酸与腐殖质组成中，腐殖酸碳量 4.22~6.54g/kg，腐殖质全碳量 6.48~11.49 g/kg，胡敏酸碳量 0.90~1.90 g/kg，胡敏素碳量 2.26~4.95 g/kg，富啡酸碳量 3.26~4.63 g/kg，胡富比 0.27~0.43。

微量元素中，有效铜 1.24~3.20 mg/kg，有效铁 14.80~68.45 mg/kg，有效锰 27.60~97.85 mg/kg，有效锌 0.36~4.54 mg/kg(表 7-5-7~表 7-5-9)。

5) 总体评价

土体深厚，耕作层质地偏黏，耕性较差，砾石较多，通透性较好，中度水土流失。微酸性土壤，有机质含量偏低，肥力偏高，缺磷，钾含量中等水平，铜、铁、锰、锌、钙、镁含量丰富。

表 7-5-7　片区代表性烟田土壤养分状况

土层 /cm	pH	有机质 /(g/kg)	全氮 /(g/kg)	全磷 /(g/kg)	全钾 /(g/kg)	碱解氮 /(mg/kg)	有效磷 /(mg/kg)	速效钾 /(mg/kg)	氯离子 /(mg/kg)
0~30	6.28	19.80	1.51	0.71	22.04	120.76	8.45	115.20	6.61
30~55	6.77	14.96	1.33	0.61	22.51	97.77	2.13	80.43	6.62
55~85	6.81	11.91	1.03	0.49	20.55	84.99	1.88	65.71	6.63
85~105	6.45	14.67	1.07	0.45	18.98	110.07	0.80	65.40	6.66
105~120	6.31	11.17	0.92	0.39	19.21	84.53	0.68	53.01	6.67

表 7-5-8　片区代表性烟田土壤腐殖酸与腐殖质组成

土层 /cm	腐殖酸碳量 /(g/kg)	腐殖质全碳量 /(g/kg)	胡敏酸碳量 /(g/kg)	胡敏素碳量 /(g/kg)	富啡酸碳量 /(g/kg)	胡富比
0~30	6.54	11.49	1.90	4.95	4.63	0.41
30~55	5.23	8.68	1.56	3.44	3.68	0.42
55~85	4.33	6.91	1.07	2.58	3.26	0.33
85~105	6.03	8.51	1.80	2.48	4.23	0.43
105~120	4.22	6.48	0.90	2.26	3.32	0.27

表 7-5-9　片区代表性烟田土壤中微量元素状况

土层 /cm	有效铜 /(mg/kg)	有效铁 /(mg/kg)	有效锰 /(mg/kg)	有效锌 /(mg/kg)	交换性 Ca^{2+} /(cmol/kg)	交换性 Mg^{2+} /(cmol/kg)
0~30	3.20	68.45	97.85	4.54	18.32	1.59
30~55	2.68	63.85	74.00	3.07	17.59	1.55
55~85	1.92	41.75	47.03	1.35	15.10	1.22
85~105	1.81	14.80	32.68	0.44	12.02	1.08
105~120	1.24	25.10	27.60	0.36	10.35	0.99

4. 建坪乡春晓村 5 组片区

1）基本信息

代表性地块（WS-04）：纬度 31°1′12.557″，东经 110°5′0.363″，海拔 1324 m（图 7-5-13），中山坡地中下部，成土母质为石灰岩风化坡积物，种植制度为烤烟-玉米不定期轮作，缓坡梯田旱地，土壤亚类为普通钙质常湿淋溶土。

2）气候条件

烤烟大田生长期间（5~9 月），平均气温 18.6℃，降水量 885 mm，日照时数 749 h（图 7-5-14）。

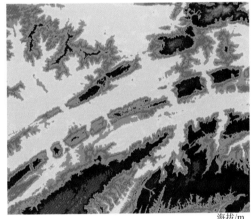

海拔/m

600　800　1000 1200 1400 1600 1800 2000 2200

图 7-5-13　片区海拔高度示意图

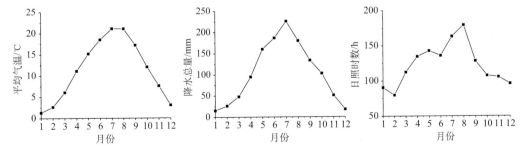

图 7-5-14　片区平均气温、降水总量、日照时数动态变化示意图

3) 剖面形态(图 7-5-15(右))

Ap: 0~30 cm,棕色(7.5YR 4/4,润),橙色(7.5YR 6/6 干),5%左右岩石碎屑,粉质黏壤土,发育强的 1~2 mm 粒状结构,松散,2 个蚯蚓穴,pH 5.8,渐变波状过渡。

AB: 30~70 cm,黑棕色(7.5YR 2/2,润),棕色(7.5YR 4/4,干),5%左右岩石碎屑,粉质黏壤土,发育强的 2~5 mm 块状结构,稍硬,2 个蚯蚓穴,pH 6.8,清晰波状过渡。

Bt1: 70~100 cm,黑棕色(7.5YR 3/2,润),浊棕色(7.5YR 5/4,干),5%左右岩石碎屑,粉质黏壤土,发育中等的 20~50 mm 棱块状结构,硬,结构面上 15%左右黏粒胶膜,2%左右软小铁锰结核,2 个蚯蚓穴,pH 6.9,渐变波状过渡。

图 7-5-15 代表性地块景观(左)和土壤剖面(右)

Bt2: 100~120 cm,黑棕色(7.5YR 3/2,润),浊棕色(7.5YR 5/4,干),2%左右岩石碎屑,粉质黏壤土,发育中等的 20~50 mm 棱块状结构,硬,结构面上 15%左右黏粒胶膜,2%左右软小铁锰结核,pH 6.9。

4) 土壤养分

片区土壤呈微酸性,土体 pH 5.75~6.89,有机质 2.15~17.13 g/kg,全氮 0.32~1.14 g/kg,全磷 0.26~0.47 g/kg,全钾 17.25~20.96 g/kg,碱解氮 20.33~101.02 mg/kg,有效磷 0.99~5.55 mg/kg,速效钾 45.69~158.68 mg/kg,氯离子 6.61~14.55 mg/kg,交换性 Ca^{2+} 7.74~9.54 cmol/kg,交换性 Mg^{2+} 0.58~0.83 cmol/kg。

腐殖酸与腐殖质组成中,腐殖酸碳量 1.10~6.71 g/kg,腐殖质全碳量 0.89~9.93 g/kg,胡敏酸碳量 0.02~2.13 g/kg,胡敏素碳量 0.66~3.23 g/kg,富啡酸碳量 0.87~4.57 g/kg,胡富比 0.02~0.47。

微量元素中,有效铜 0.55~2.12 mg/kg,有效铁 86.35~183.23 mg/kg,有效锰 25.18~110.48 mg/kg,有效锌 0.45~4.37 mg/kg(表 7-5-10~表 7-5-12)。

表 7-5-10　片区代表性烟田土壤养分状况

土层/cm	pH	有机质/(g/kg)	全氮/(g/kg)	全磷/(g/kg)	全钾/(g/kg)	碱解氮/(mg/kg)	有效磷/(mg/kg)	速效钾/(mg/kg)	氯离子/(mg/kg)
0~30	5.75	17.13	1.14	0.47	20.96	101.02	5.55	158.68	6.62
30~70	6.80	10.19	0.74	0.35	19.10	57.82	1.65	53.67	6.61
70~100	6.89	3.21	0.35	0.26	18.25	21.36	3.30	63.04	14.55
100~120	6.87	2.15	0.32	0.26	17.25	20.33	0.99	45.69	12.48

表 7-5-11　片区代表性烟田土壤腐殖酸与腐殖质组成

土层/cm	腐殖酸碳量/(g/kg)	腐殖质全碳量/(g/kg)	胡敏酸碳量/(g/kg)	胡敏素碳量/(g/kg)	富啡酸碳量/(g/kg)	胡富比
0~30	6.71	9.93	2.13	3.23	4.57	0.47
30~70	3.99	5.91	1.23	1.92	2.76	0.45
70~100	1.10	1.86	0.02	0.76	1.08	0.02
100~120	1.65	0.89	0.12	0.66	0.87	0.14

表 7-5-12　片区代表性烟田土壤中微量元素状况

土层/cm	有效铜/(mg/kg)	有效铁/(mg/kg)	有效锰/(mg/kg)	有效锌/(mg/kg)	交换性 Ca^{2+}/(cmol/kg)	交换性 Mg^{2+}/(cmol/kg)
0~30	2.12	86.35	110.48	4.37	7.74	0.83
30~70	1.81	111.95	61.98	2.18	9.54	0.83
70~100	0.65	183.23	26.98	0.97	8.27	0.58
100~120	0.55	177.25	25.18	0.45	7.77	0.58

5) 总体评价

土体深厚，耕作层质地偏黏，耕性较差，砾石较多，通透性较好，轻度水土流失。微酸性土壤，有机质含量偏低，肥力中等，缺磷富钾，铜、铁、锰、锌、钙、镁含量丰富。

5. 骡坪镇玉水村 3 组片区

1) 基本信息

代表性地块(WS-05)：纬度 31°11′30.069″，东经 110°6′58.062″，海拔 1028 m(图 7-5-16)，中山坡地下部，成土母质为石灰岩风化坡积物，种植制度为烤烟-玉米不定期轮作，缓坡梯田旱地，土壤亚类为普通铝质常湿淋溶土。

海拔/m

600　800　1000 1200 1400 1600 1800 2000 2200

图 7-5-16　片区海拔高度示意图

2) 气候条件

烤烟大田生长期间(5~9 月)，平均气温 20.2℃，降水量 824 mm，日照时数 768 h(图 7-5-17)。

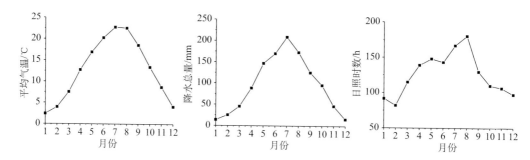

图 7-5-17　片区平均气温、降水总量、日照时数动态变化示意图

3）剖面形态（图 7-5-18（右））

Ap：0~30 cm，黑棕色（7.5YR 3/2，润），浊棕色（7.5YR 5/4，干），20%左右岩石碎屑，粉壤土，发育强的 1~2 mm 粒状结构，松散，2 个蚯蚓穴，pH 5.0，清晰波状过渡。

AB：30~50 cm，棕色（7.5YR 4/4，润），橙色（7.5YR 6/8，干），10%左右岩石碎屑，粉壤土，发育强的 10~20 mm 块状结构，疏松，pH 5.3，渐变波状过渡。

Bt1：50~90 cm，亮棕色（7.5YR 5/6，润），黄橙色（7.5YR 7/8，干），20%左右岩石碎屑，黏壤土，发育强的 10~20 mm 块状结构，硬，结构面上 10%左右的黏粒-氧化铁胶膜，2%左右软小铁锰结核，pH 5.2，渐变波状过渡。

Bt2：90~120 cm，棕色（7.5YR 4/4，润），橙色（7.5YR 6/8，干），20%左右岩石碎屑，黏壤土，发育强的 20~50 mm 块状结构，硬，结构面上 10%左右的黏粒-氧化铁胶膜，2%左右软小铁锰结核，pH 5.2。

图 7-5-18　代表性地块景观（左）和土壤剖面（右）

4)土壤养分

片区土壤呈酸性,土体 pH 4.98~5.30,有机质 2.32~32.95 g/kg,全氮 0.46~1.01 g/kg,全磷 0.20~0.39 g/kg,全钾 18.99~23.78 g/kg,碱解氮 16.72~85.92 mg/kg,有效磷 0.73~7.60 mg/kg,速效钾 47.66~145.30 mg/kg,氯离子 6.63~6.67 mg/kg,交换性 Ca^{2+} 1.38~1.78 cmol/kg,交换性 Mg^{2+} 0.22~0.69 cmol/kg。

腐殖酸与腐殖质组成中,腐殖酸碳量 0.61~5.40 g/kg,腐殖质全碳量 1.34~19.12 g/kg,胡敏酸碳量 0.01~1.22 g/kg,胡敏素碳量 0.33~18.42 g/kg,富啡酸碳量 0.58~4.18 g/kg,胡富比 0.01~0.29。

微量元素中,有效铜 0.37~1.99 mg/kg,有效铁 21.30~45.10 mg/kg,有效锰 14.35~66.33 mg/kg,有效锌 0.37~5.19 mg/kg(表 7-5-13~表 7-5-15)。

表 7-5-13 片区代表性烟田土壤养分状况

土层 /cm	pH	有机质 /(g/kg)	全氮 /(g/kg)	全磷 /(g/kg)	全钾 /(g/kg)	碱解氮 /(mg/kg)	有效磷 /(mg/kg)	速效钾 /(mg/kg)	氯离子 /(mg/kg)
0~30	4.98	14.31	1.01	0.39	18.99	85.92	7.60	145.30	6.63
30~50	5.30	2.32	0.49	0.21	23.78	17.65	0.73	48.99	6.63
50~90	5.24	2.32	0.48	0.20	23.19	22.29	0.78	51.00	6.67
90~120	5.20	32.95	0.46	0.21	22.71	16.72	0.78	47.66	6.66

表 7-5-14 片区代表性烟田土壤腐殖酸与腐殖质组成

土层 /cm	腐殖酸碳量 /(g/kg)	腐殖质全碳量 /(g/kg)	胡敏酸碳量 /(g/kg)	胡敏素碳量 /(g/kg)	富啡酸碳量 /(g/kg)	胡富比
0~30	5.40	8.30	1.22	2.90	4.18	0.29
30~50	1.02	1.35	0.02	0.33	1.00	0.02
50~90	0.61	1.34	0.03	0.73	0.58	0.04
90~120	0.69	19.12	0.01	18.42	0.69	0.01

表 7-5-15 片区代表性烟田土壤中微量元素状况

土层 /cm	有效铜 /(mg/kg)	有效铁 /(mg/kg)	有效锰 /(mg/kg)	有效锌 /(mg/kg)	交换性 Ca^{2+} /(cmol/kg)	交换性 Mg^{2+} /(cmol/kg)
0~30	1.99	45.10	66.33	5.19	1.38	0.22
30~50	0.37	21.30	14.35	0.37	1.78	0.69
50~90	0.43	22.75	15.40	0.51	1.38	0.64
90~120	0.41	26.75	22.38	0.55	1.56	0.54

5)总体评价

土体深厚,耕作层质地适中,砾石多,耕性和通透性好,轻度水土流失。酸性土壤,有机质含量偏低,肥力偏低,缺磷富钾,铜、铁、锰、锌、钙含量丰富,缺镁。

第八章　鲁中山区烤烟典型区域生态条件

鲁中山区烤烟种植区位于北纬 34°51′~36°38′，东经 117°25′~119°27′，以山东中部和南部沂蒙山区为主体区域，包括沂蒙山区北部延伸低山、丘陵和东北部延伸少部分平原地区。这一区域包括潍坊市的临朐县、诸城市、安丘市，日照市的五莲县和莒县，临沂市的沂水县、蒙阴县、沂南县、费县、平邑县、兰陵县、临沭县等。该产区为一年一季或二年三作农作物种植区，烤烟移栽期在 5 月 5 日左右，烟叶采收结束在 9 月 20 日左右，田间烤烟生育期一般需要 135 d 左右，该产区是我国烤烟典型产区之一，历史上著名的山东烤烟就分布在该区域。

第一节　山东蒙阴生态条件

一、地理位置

蒙阴县位于北纬 35°27′~36°02′，东经 117°45′~118°15′，地处山东省中南部，泰沂山脉腹地，蒙山之阴，汶河上游(图 8-1-1)。蒙阴县隶属山东省临沂市，位于临沂市北部，现辖蒙阴街道、常路镇、岱崮镇、坦埠镇、垛庄镇、高都镇、野店镇、桃墟镇、联城镇、旧寨乡 1 个街道、8 个镇、1 个乡。县政府驻蒙阴街道，总面积 1605 km²，其中耕地 30 200 hm²。

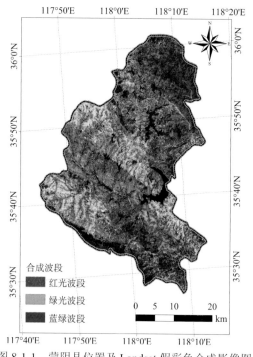

图 8-1-1　蒙阴县位置及 Landsat 假彩色合成影像图

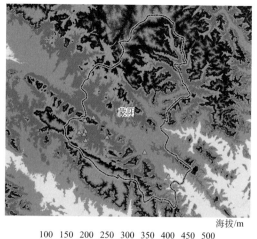

图 8-1-2　蒙阴县海拔示意图

二、自然条件

1. 地形地貌

蒙阴县地处泰沂山脉腹地，山区地形地貌，地势南北高，中间低，由西向东逐渐倾斜。山地丘陵占总面积的94%，坐落着较大山峰520余座，其中海拔1000 m以上的有12座。蒙山绵延百余里，是山东省第二高山，云蒙峰海拔1108 m，沂蒙七十二崮，其中三十六崮在蒙阴，学术界将其命名为"岱崮地貌"，为中国第五大造型地貌(图8-1-2)。

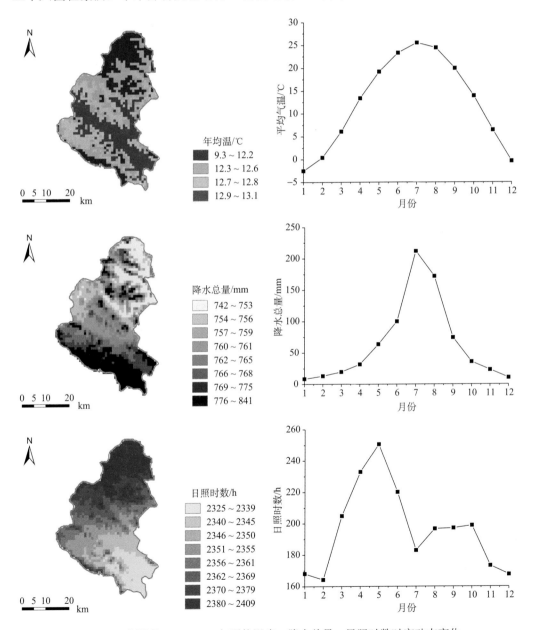

图8-1-3　蒙阴县1980~2013年平均温度、降水总量、日照时数时空动态变化

2. 气候条件

蒙阴县属暖温带季风大陆性气候。年均气温 9.3~13.1℃，平均 12.4℃，1 月最冷，月平均气温 2.5℃，7 月最热，月平均气温 25.5℃。年均降水总量 742~841 mm，平均 763 mm，7 月和 8 月降雨较多，在 150 mm 以上，1 月、2 月、3 月、4 月、10 月、11 月、12 月降雨较少，在 50 mm 以下。年均日照时数 2325~2409 h，平均 2357 h，其中 3 月、4 月、5 月、6 月日照均在 200 h 以上，7 月、8 月、9 月、10 月日照为 180~200 h；区域分布总的趋势是由东南向北及西北递增(图 8-1-3)。平均无霜期 200 d。

三、片区与代表性烟田

1. 联城镇南炉村片区

1)基本信息

代表性地块（MY-01）：北纬 35°40′9.800″，东经 117°49′25.100″，海拔 258 m(图 8-1-4)，高丘漫岗坡地上部，成土母质为花岗岩风化残积物，种植制度为烤烟-花生隔年轮作，缓坡旱地，土壤亚类为石质干润正常新成土。

2)气候条件

烤烟大田生长期间(5~9 月)，平均气温 22.7℃，降水量 662 mm，日照时数 1047 h (图 8-1-5)。

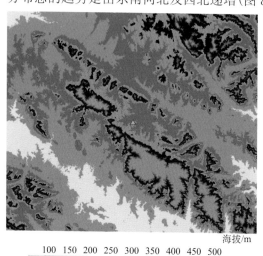

海拔/m

100 150 200 250 300 350 400 450 500

图 8-1-4　片区海拔示意图

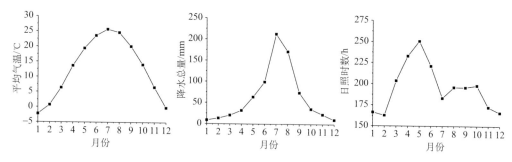

图 8-1-5　片区平均气温、降水总量、日照时数动态变化示意图

3)剖面形态(图 8-1-6(右))

Ap：0~30 cm，浊红棕色(5YR 5/4，润)，橙色(7.5YR 7/6，干)，40%左右岩石碎屑，粉砂壤土，发育弱的 1~2 mm 粒状结构，松散，渐变波状过渡。

AC：30~45 cm，浊红棕色(5YR 5/4，润)，橙色(7.5YR 7/6，干)，60%左右岩石碎屑，粉砂壤土，发育弱的 1~2 mm 粒状结构，松散，清晰平滑过渡。

R：45 cm~，花岗岩。

图 8-1-6　代表性地块景观(左)和土壤剖面(右)

4) 土壤养分

片区土壤呈酸性，土体 pH 5.93~6.48，有机质 4.57~11.45 g/kg，全氮 0.25~0.58 g/kg，全磷 0.30~0.56 g/kg，全钾 12.52~12.57 g/kg，碱解氮 19.19~54.70 mg/kg，有效磷 5.00~62.10 mg/kg，速效钾 36.82~82.19 mg/kg，氯离子 10.37~15.85 mg/kg，交换性 Ca^{2+} 6.52~7.98 cmol/kg，交换性 Mg^{2+} 2.47~2.77 cmol/kg。

腐殖酸与腐殖质组成中，腐殖酸碳量 0.92~2.11 g/kg，腐殖质全碳量 2.17~5.75 g/kg，胡敏酸碳量 0.38~0.80 g/kg，胡敏素碳量 1.25~3.64 g/kg，富啡酸碳量 0.54~1.31 g/kg，胡富比 0.61~0.70。

微量元素中，有效铜 0.79~1.49 mg/kg，有效铁 14.45~36.50 mg/kg，有效锰 34.36~70.49 mg/kg，有效锌 0.14~1.17 mg/kg(表 8-1-1~表 8-1-3)。

表 8-1-1　片区代表性烟田土壤养分状况

土层 /cm	pH	有机质 /(g/kg)	全氮 /(g/kg)	全磷 /(g/kg)	全钾 /(g/kg)	碱解氮 /(mg/kg)	有效磷 /(mg/kg)	速效钾 /(mg/kg)	氯离子 /(mg/kg)
0~30	5.93	11.45	0.58	0.56	12.52	54.70	62.10	82.19	15.85
30~40	6.48	4.57	0.25	0.30	12.57	19.19	5.00	36.82	10.37

表 8-1-2　片区代表性烟田土壤腐殖酸与腐殖质组成

土层 /cm	腐殖酸碳量 /(g/kg)	腐殖质全碳量 /(g/kg)	胡敏酸碳量 /(g/kg)	胡敏素碳量 /(g/kg)	富啡酸碳量 /(g/kg)	胡富比
0~30	2.11	5.75	0.80	3.64	1.31	0.61
30~40	0.92	2.17	0.38	1.25	0.54	0.70

表 8-1-3　片区代表性烟田土壤中微量元素状况

土层 /cm	有效铜 /(mg/kg)	有效铁 /(mg/kg)	有效锰 /(mg/kg)	有效锌 /(mg/kg)	交换性 Ca^{2+} /(cmol/kg)	交换性 Mg^{2+} /(cmol/kg)
0~30	1.49	36.50	70.49	1.17	6.52	2.47
30~40	0.79	14.45	34.36	0.14	7.98	2.77

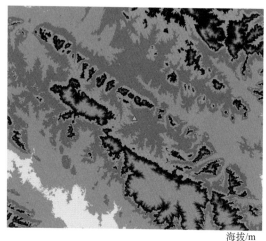

海拔/m

100 150 200 250 300 350 400 450 500

图 8-1-7　片区海拔示意图

5）总体评价

土体薄，耕作层质地偏砂，砾石多，耕性和通透性较好，缓坡旱地，易水土流失。酸性土壤，有机质含量缺乏，肥力低，富磷缺钾，铜、铁、锰、锌、钙、镁丰富。

2. 联城镇大王家洼村片区

1）基本信息

代表性地块（MY-02）：北纬 35°41′47.500″，东经 117°49′32.700″，海拔 242 m（图 8-1-7），高丘漫岗坡地上部，成土母质为花岗片麻岩、石英砂岩等风化残积物，种植制度为烤烟~山芋套种，缓坡旱地，土壤亚类为普通简育干润雏形土。

2）气候条件

烤烟大田生长期间（5~9 月），平均气温 22.9℃，降水量 619 mm，日照时数 1049 h（图 8-1-8）。

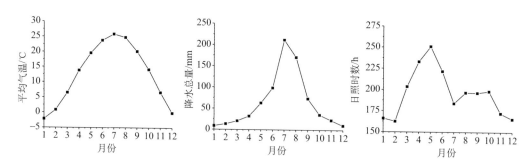

图 8-1-8　片区平均气温、降水总量、日照时数动态变化示意图

3）剖面形态（图 8-1-9（右））

Ap：0~28 cm，浊橙色（5YR 6/3，润），浊橙色（7.5YR 7/4，干），40%左右岩石碎屑，粉砂壤土，发育弱的 1~2 mm 粒状结构，松散，渐变波状过渡。

Bw：28~60 cm，浊橙色（5YR 6/3，润），浊橙色（7.5YR 7/4，干），60%左右岩石碎屑，粉砂壤土，发育弱的 1~4 mm 粒状-块状结构，松散，清晰平滑过渡。

图 8-1-9　代表性地块景观(左)和土壤剖面(右)

R：60 cm~，花岗片麻岩。

4）土壤养分

片区土壤呈酸性，土体 pH 5.25~6.29，有机质 7.84~10.32 g/kg，全氮 0.34~0.72 g/kg，全磷 0.50~0.66 g/kg，全钾 11.26~11.60 g/kg，碱解氮 28.79~65.26 mg/kg，有效磷 8.10~59.15 mg/kg，速效钾 69.86~98.96 mg/kg，氯离子 15.45~15.91 mg/kg，交换性 Ca^{2+} 9.69~11.18 cmol/kg，交换性 Mg^{2+} 2.81~2.94 cmol/kg。

腐殖酸与腐殖质组成中，腐殖酸碳量 1.49~3.30 g/kg，腐殖质全碳量 4.10~5.26 g/kg，胡敏酸碳量 0.48~1.33 g/kg，胡敏素碳量 1.96~2.61 g/kg，富啡酸碳量 1.01~1.97g/kg，胡富比 0.47~0.68。

微量元素中，有效铜 0.72~1.14 mg/kg，有效铁 20.09~48.86 mg/kg，有效锰 50.86~88.81 mg/kg，有效锌 0.12~1.15 mg/kg（表 8-1-4~表 8-1-6）。

表 8-1-4　片区代表性烟田土壤养分状况

土层 /cm	pH	有机质 /(g/kg)	全氮 /(g/kg)	全磷 /(g/kg)	全钾 /(g/kg)	碱解氮 /(mg/kg)	有效磷 /(mg/kg)	速效钾 /(mg/kg)	氯离子 /(mg/kg)
0~28	5.25	10.32	0.72	0.66	11.60	65.26	59.15	98.96	15.91
28~60	6.29	7.84	0.34	0.50	11.26	28.79	8.10	69.86	15.45

表 8-1-5　片区代表性烟田土壤腐殖酸与腐殖质组成

土层 /cm	腐殖酸碳量 /(g/kg)	腐殖质全碳量 /(g/kg)	胡敏酸碳量 /(g/kg)	胡敏素碳量 /(g/kg)	富啡酸碳量 /(g/kg)	胡富比
0~28	3.30	5.26	1.33	1.96	1.97	0.68
28~60	1.49	4.10	0.48	2.61	1.01	0.47

表 8-1-6　片区代表性烟田土壤中微量元素状况

土层 /cm	有效铜 /(mg/kg)	有效铁 /(mg/kg)	有效锰 /(mg/kg)	有效锌 /(mg/kg)	交换性 Ca^{2+} /(cmol/kg)	交换性 Mg^{2+} /(cmol/kg)
0~28	1.14	48.86	88.81	1.15	9.69	2.81
28~60	0.72	20.09	50.86	0.12	11.18	2.94

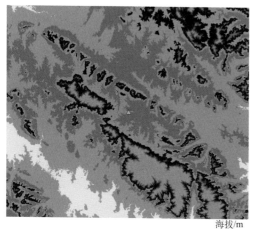

100　150　200　250　300　350　400　450　500

海拔/m

图 8-1-10　片区海拔示意图

5）总体评价

土体较厚，耕作层质地适中，砾石多，耕性和通透性较好，缓坡旱地，易水土流失。酸性土壤，有机质含量缺乏，肥力低，富磷缺钾，铜、铁、锰、锌、钙、镁丰富。

3. 联城镇张家村片区

1）基本信息

代表性地块（MY-03）：北纬 35°41′17.200″，东经 117°49′10.000″，海拔 263 m（图 8-1-10），高丘漫岗顶部，成土母质为花岗岩风化残积物，种植制度为烤烟单作，缓坡旱地，土壤亚类为普通简育干润雏形土。

2）气候条件

烤烟大田生长期间（5~9 月），平均气温 22.7℃，降水量 622 mm，日照时数 1048 h（图 8-1-11）。

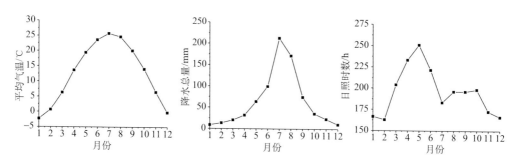

图 8-1-11　片区平均气温、降水总量、日照时数动态变化示意图

3）剖面形态（图 8-1-12（右））

Ap: 0~27 cm，浊红棕色（5YR 5/3，润），橙色（5YR 6/6，干），40%左右岩石碎屑，粉砂壤土，发育弱的 1~2 mm 粒状结构，松散，渐变波状过渡。

Bw: 27~60 cm，浊橙色（5YR 6/4，润），橙色（5YR 7/6，干），60%左右岩石碎屑，粉砂壤土，发育弱的 1~4 mm 粒状~块状结构，松散，清晰平滑过渡。

图 8-1-12 代表性地块景观(左)和土壤剖面(右)

4) 土壤养分

片区土壤呈酸性,土体 pH 5.23~5.79,有机质 6.29~7.79 g/kg,全氮 0.27~0.62 g/kg,全磷 0.15~0.38 g/kg,全钾 20.24~20.68 g/kg,碱解氮 24.95~55.18 mg/kg,有效磷 20.50~78.45 mg/kg,速效钾 50.14~130.53 mg/kg,氯离子 10.23~24.76 mg/kg,交换性 Ca^{2+} 2.60~3.89 cmol/kg,交换性 Mg^{2+} 0.59~1.24 cmol/kg。

腐殖酸与腐殖质组成中,腐殖酸碳量 0.88~1.85 g/kg,腐殖质全碳量 2.12~2.88 g/kg,胡敏酸碳量 0.23~0.80 g/kg,胡敏素碳量 1.03~1.24 g/kg,富啡酸碳量 0.65~1.05g/kg,胡富比 0.35~0.76。

微量元素中,有效铜 0.37~0.47 mg/kg,有效铁 18.39~29.68 mg/kg,有效锰 18.11~28.01 mg/kg,有效锌 0.51~1.88 mg/kg(表 8-1-7~表 8-1-9)。

表 8-1-7 片区代表性烟田土壤养分状况

土层 /cm	pH	有机质 /(g/kg)	全氮 /(g/kg)	全磷 /(g/kg)	全钾 /(g/kg)	碱解氮 /(mg/kg)	有效磷 /(mg/kg)	速效钾 /(mg/kg)	氯离子 /(mg/kg)
0~27	5.23	7.79	0.62	0.38	20.68	55.18	78.45	130.53	24.76
27~60	5.79	6.29	0.27	0.15	20.24	24.95	20.50	50.14	10.23

表 8-1-8 片区代表性烟田土壤腐殖酸与腐殖质组成

土层 /cm	腐殖酸碳量 /(g/kg)	腐殖质全碳量 /(g/kg)	胡敏酸碳量 /(g/kg)	胡敏素碳量 /(g/kg)	富啡酸碳量 /(g/kg)	胡富比
0~27	1.85	2.88	0.80	1.03	1.05	0.76
27~60	0.88	2.12	0.23	1.24	0.65	0.35

表 8-1-9　片区代表性烟田土壤中微量元素状况

土层 /cm	有效铜 /(mg/kg)	有效铁 /(mg/kg)	有效锰 /(mg/kg)	有效锌 /(mg/kg)	交换性 Ca^{2+} /(cmol/kg)	交换性 Mg^{2+} /(cmol/kg)
0~27	0.47	29.68	28.01	1.88	3.89	1.24
27~60	0.37	18.39	18.11	0.51	2.60	0.59

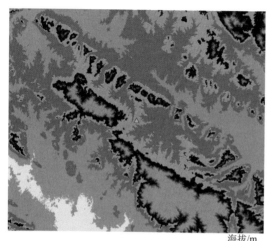

海拔/m

100　150　200　250　300　350　400　450　500

图 8-1-13　片区海拔示意图

为普通简育干润雏形土。

5) 总体评价

土体较厚,耕作层质地适中,砾石多,耕性和通透性较好,缓坡旱地,易水土流失。酸性土壤,有机质含量缺乏,肥力低,富磷,钾中等水平,铜含量中等,铁、锰、锌、钙、镁丰富。

4. 联城镇堂子村片区

1) 基本信息

代表性地块 (MY-04):北纬 35°41′39.800″,东经 117°48′3.100″,海拔 286 m (图 8-1-13),高丘漫岗坡地中部,成土母质为花岗岩风化残积-坡积物,种植制度为烤烟单作,中坡旱地,土壤亚类

2) 气候条件

烤烟大田生长期间 (5~9 月),平均气温 22.7℃,降水量 621 mm,日照时数 1049 h (图 8-1-14)。

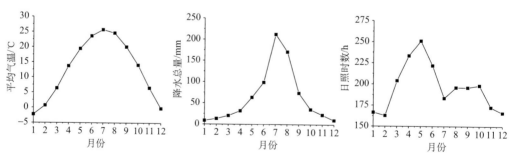

图 8-1-14　片区平均气温、降水总量、日照时数动态变化示意图

3) 剖面形态 (图 8-1-15 (右))

Ap:0~30 cm,浊红棕色 (5YR 5/3,润),橙色 (5YR 6/6,干),40% 左右岩石碎屑,粉砂质黏壤土,发育弱的 1~2 mm 粒状结构,松散,渐变波状过渡。

Bw:30~50 cm,浊橙色 (5YR 6/4,润),橙色 (5YR 7/6,干),60% 左右岩石碎屑,粉砂质黏壤土,发育弱的 1~4 mm 粒状~块状结构,松散,清晰平滑过渡。

图 8-1-15　代表性地块景观(左)和土壤剖面(右)

R：50 cm～，花岗岩。

4) 土壤养分

片区土壤呈酸性，土体 pH 4.93~5.31，有机质 6.24~8.75 g/kg，全氮 0.33~0.55 g/kg，全磷 0.22~0.32 g/kg，全钾 19.99~20.40 g/kg，碱解氮 33.11~59.50 mg/kg，有效磷 21.25~53.05 mg/kg，速效钾 55.07~119.68 mg/kg，氯离子 15.77~17.39 mg/kg，交换性 Ca^{2+} 4.25 cmol/kg，交换性 Mg^{2+} 1.64~1.75 cmol/kg。

腐殖酸与腐殖质组成中，腐殖酸碳量 1.58~2.16 g/kg，腐殖质全碳量 2.48~3.78 g/kg，胡敏酸碳量 0.45~0.74 g/kg，胡敏素碳量 0.90~1.62 g/kg，富啡酸碳量 1.13~1.42g/kg，胡富比 0.40~0.52。

微量元素中，有效铜 0.70~0.81 mg/kg，有效铁 44.32~49.56 mg/kg，有效锰 10.56~14.45 mg/kg，有效锌 0.41~1.01 mg/kg(表 8-1-10~表 8-1-12)。

表 8-1-10　片区代表性烟田土壤养分状况

土层 /cm	pH	有机质 /(g/kg)	全氮 /(g/kg)	全磷 /(g/kg)	全钾 /(g/kg)	碱解氮 /(mg/kg)	有效磷 /(mg/kg)	速效钾 /(mg/kg)	氯离子 /(mg/kg)
0~30	4.93	8.75	0.55	0.32	20.40	59.50	53.05	119.68	17.39
30~50	5.31	6.24	0.33	0.22	19.99	33.11	21.25	55.07	15.77

表 8-1-11　片区代表性烟田土壤腐殖酸与腐殖质组成

土层 /cm	腐殖酸碳量 /(g/kg)	腐殖质全碳量 /(g/kg)	胡敏酸碳量 /(g/kg)	胡敏素碳量 /(g/kg)	富啡酸碳量 /(g/kg)	胡富比
0~30	2.16	3.78	0.74	1.62	1.42	0.52
30~50	1.58	2.48	0.45	0.90	1.13	0.40

表 8-1-12　片区代表性烟田土壤中微量元素状况

土层 /cm	有效铜 /(mg/kg)	有效铁 /(mg/kg)	有效锰 /(mg/kg)	有效锌 /(mg/kg)	交换性 Ca^{2+} /(cmol/kg)	交换性 Mg^{2+} /(cmol/kg)
0~30	0.81	49.56	14.45	1.01	4.25	1.64
30~50	0.70	44.32	10.56	0.41	4.25	1.75

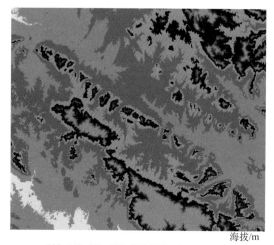

海拔/m

100 150 200 250 300 350 400 450 500

图 8-1-16　片区海拔示意图

类为普通简育干润雏形土。

5）总体评价

土体较薄，耕作层质地适中，砾石多，耕性和通透性较好，中坡旱地，易水土流失。酸性土壤，有机质含量缺乏，肥力较低，富磷，钾中等水平，铜含量中等，铁、锰、锌、钙、镁丰富。

5. 联城镇相家庄片区

1）基本信息

代表性地块（MY-05）：北纬 35°43′44.800″，东经 117°49′38.800″，海拔 300 m（图 8-1-16），高丘漫岗坡地中部，成土母质上为石灰岩风化坡积物，种植制度为烤烟-山芋套种，中坡旱地，土壤亚

2）气候条件

烤烟大田生长期间（5~9 月），平均气温 22.3℃，降水量 626 mm，日照时数 1047 h（图 8-1-17）。

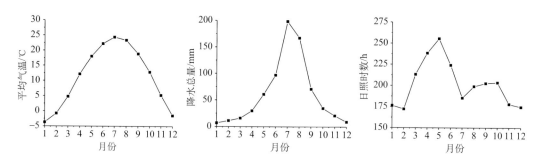

图 8-1-17　片区平均气温、降水总量、日照时数动态变化示意图

3）剖面形态（图 8-1-18（右））

Ap：0~22 cm，浊橙色（5YR 6/3，润），浊橙色（7.5YR 7/4，干），40%左右岩石碎屑，粉砂壤土，发育弱的 1~2 mm 粒状结构，松散，轻度石灰反应，渐变波状过渡。

Bw：22~60 cm，浊橙色（5YR 6/3，润），浊橙色（7.5YR 7/4，干），60%左右岩石碎屑，粉砂壤土，发育弱的 1~4 mm 粒状~块状结构，松散，轻度石灰反应，清晰平滑过渡。

图 8-1-18 代表性地块景观(左)和土壤剖面(右)

R: 60 cm~, 石灰岩。

4) 土壤养分

片区土壤呈碱性, 土体 pH 7.72~8.03, 有机质 19.24~22.38 g/kg, 全氮 1.28~1.42 g/kg, 全磷 0.70~0.87 g/kg, 全钾 33.32~33.62 g/kg, 碱解氮 81.57~92.13 mg/kg, 有效磷 9.20~36.70 mg/kg, 速效钾 180.34~350.00 mg/kg, 氯离子 15.70~18.73 mg/kg, 交换性 Ca^{2+} 26.62~30.33 cmol/kg, 交换性 Mg^{2+} 1.64~1.65 cmol/kg。

腐殖酸与腐殖质组成中, 腐殖酸碳量 5.99~6.09 g/kg, 腐殖质全碳量 9.35~11.03 g/kg, 胡敏酸碳量 3.21~3.70 g/kg, 胡敏素碳量 3.27~5.03 g/kg, 富啡酸碳量 2.30~ 2.88 g/kg, 胡富比 1.12~1.61。

微量元素中, 有效铜 1.27~1.28 mg/kg, 有效铁 7.59~8.28 mg/kg, 有效锰 11.12~ 14.59 mg/kg, 有效锌 0.38~0.68 mg/kg(表 8-1-13~表 8-1-15)。

表 8-1-13　片区代表性烟田土壤养分状况

土层 /cm	pH	有机质 /(g/kg)	全氮 /(g/kg)	全磷 /(g/kg)	全钾 /(g/kg)	碱解氮 /(mg/kg)	有效磷 /(mg/kg)	速效钾 /(mg/kg)	氯离子 /(mg/kg)
0~22	7.72	22.38	1.42	0.87	33.62	92.13	36.70	350.00	15.70
22~60	8.03	19.24	1.28	0.70	33.32	81.57	9.20	180.34	18.73

表 8-1-14　片区代表性烟田土壤腐殖酸与腐殖质组成

土层 /cm	腐殖酸碳量 /(g/kg)	腐殖质全碳量 /(g/kg)	胡敏酸碳量 /(g/kg)	胡敏素碳量 /(g/kg)	富啡酸碳量 /(g/kg)	胡富比
0~22	5.99	11.03	3.70	5.03	2.30	1.61
22~60	6.09	9.35	3.21	3.27	2.88	1.12

表 8-1-15　片区代表性烟田土壤中微量元素状况

土层 /cm	有效铜 /(mg/kg)	有效铁 /(mg/kg)	有效锰 /(mg/kg)	有效锌 /(mg/kg)	交换性 Ca^{2+} /(cmol/kg)	交换性 Mg^{2+} /(cmol/kg)
0~22	1.28	8.28	14.59	0.68	26.62	1.64
22~60	1.27	7.59	11.12	0.38	30.33	1.65

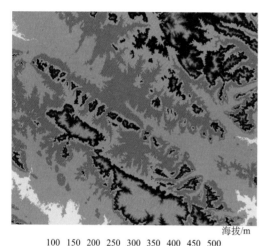

海拔/m

100　150　200　250　300　350　400　450　500

图 8-1-19　片区海拔示意图

5) 总体评价

土体较厚，耕作层质地适中，砾石多，耕性和通透性较好，中坡旱地，易水土流失。碱性土壤，有机质含量中等，肥力中等，磷、钾丰富，锌含量中等，铜、铁、锰、钙、镁丰富。

6. 联城镇山泉官庄片区

1) 基本信息

代表性地块(MY-06)：北纬 35°44′8.300″，东经 117°51′36.900″，海拔 232 m(图 8-1-19)，高丘漫岗坡地上部，成土母质为黄土状物质，种植制度为烤烟-玉米隔年轮作，缓坡旱地，土壤亚类为斑纹简育干润淋溶土。

2) 气候条件

烤烟大田生长期间(5~9 月)，平均气温 22.9℃，降水量 616 mm，日照时数 1051 h(图 8-1-20)。

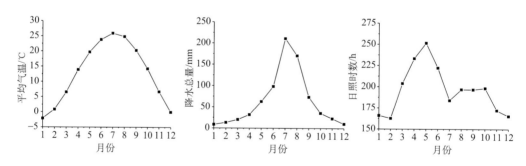

图 8-1-20　片区平均气温、降水总量、日照时数动态变化示意图

3) 剖面形态(图 8-1-21(右))

Ap：0~30 cm，棕色(7.5YR 4/4，润)，橙色(7.5YR 6/6，干)，20%左右岩石碎屑，粉砂壤土，发育中等的 1~2 mm 粒状结构，松散，渐变波状过渡。

AB：30~52 cm，棕色(7.5YR 4/4，润)，橙色(7.5YR 6/6，干)，20%左右岩石碎屑，粉砂壤土，发育中等的 10~20 mm 块状结构，松散，清晰平滑过渡。

图 8-1-21　代表性地块景观(左)和土壤剖面(右)

Bt：52~90 cm，棕色(7.5YR 4/6，润)，橙色(7.5YR 6/8，干)，20%左右岩石碎屑，粉砂壤土，发育弱的 20~50 mm 块状结构，稍硬，结构面上 10%左右黏粒胶膜，清晰平滑过渡。

C：90 cm~，砂页岩风化碎屑。

4) 土壤养分

片区土壤呈中性，土体 pH 5.98~7.38，有机质 7.47~13.03 g/kg，全氮 0.58~0.91 g/kg，全磷 0.36~0.57 g/kg，全钾 19.73~20.40 g/kg，碱解氮 34.55~76.78 mg/kg，有效磷 3.55~31.10 mg/kg，速效钾 100.44~150.75 mg/kg，氯离子 15.77~18.15 mg/kg，交换性 Ca^{2+} 10.63~12.08 cmol/kg，交换性 Mg^{2+} 2.20~2.38 cmol/kg。

腐殖酸与腐殖质组成中，腐殖酸碳量 2.00~4.62 g/kg，腐殖质全碳量 4.24~7.42 g/kg，胡敏酸碳量 1.03~2.01 g/kg，胡敏素碳量 1.63~3.09 g/kg，富啡酸碳量 0.97~ 2.80 g/kg，胡富比 0.65~1.07。

微量元素中，有效铜 0.93~1.70 mg/kg，有效铁 10.66~34.40 mg/kg，有效锰 17.83~94.42 mg/kg，有效锌 0.09~0.67 mg/kg(表 8-1-16~表 8-1-18)。

表 8-1-16　片区代表性烟田土壤养分状况

土层 /cm	pH	有机质 /(g/kg)	全氮 /(g/kg)	全磷 /(g/kg)	全钾 /(g/kg)	碱解氮 /(mg/kg)	有效磷 /(mg/kg)	速效钾 /(mg/kg)	氯离子 /(mg/kg)
0~30	6.56	13.03	0.90	0.57	20.40	71.98	31.10	150.75	15.96
30~52	5.98	10.92	0.91	0.42	20.17	76.78	8.65	119.18	18.15
52~90	7.38	7.47	0.58	0.36	19.73	34.55	3.55	100.44	15.77

表 8-1-17　片区代表性烟田土壤腐殖酸与腐殖质组成

土层 /cm	腐殖酸碳量 /(g/kg)	腐殖质全碳量 /(g/kg)	胡敏酸碳量 /(g/kg)	胡敏素碳量 /(g/kg)	富啡酸碳量 /(g/kg)	胡富比
0~30	4.33	7.42	2.01	3.09	2.33	0.86
30~52	4.62	6.25	1.82	1.63	2.80	0.65
52~90	2.00	4.24	1.03	2.24	0.97	1.07

表 8-1-18　片区代表性烟田土壤中微量元素状况

土层 /cm	有效铜 /(mg/kg)	有效铁 /(mg/kg)	有效锰 /(mg/kg)	有效锌 /(mg/kg)	交换性 Ca^{2+} /(cmol/kg)	交换性 Mg^{2+} /(cmol/kg)
0~30	1.64	25.76	86.42	0.59	10.69	2.27
30~52	1.70	34.40	94.42	0.67	10.63	2.38
52~90	0.93	10.66	17.83	0.09	12.08	2.20

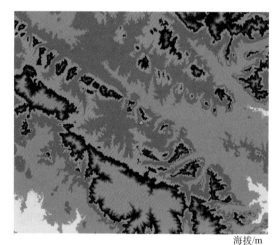

海拔/m

100　150　200　250　300　350　400　450　500

图 8-1-22　片区海拔示意图

5）总体评价

土体较厚，耕作层质地适中，砾石多，耕性和通透性较好，缓坡旱地，易水土流失。中性土壤，有机质含量缺乏，肥力较低，磷、钾丰富，锌含量中等，铜、铁、锰、钙、镁丰富。

7. 联城镇董家台村片区

1）基本信息

代表性地块（MY-07）：北纬 35°40′28.100″，东经 117°54′25.200″，海拔 246 m（图 8-1-22），高丘漫岗坡地中上部，成土母质为花岗岩风化残积物，种植制度为烤烟单作，中坡旱地，土壤亚类为石质干润正常新成土。

2）气候条件

烤烟大田生长期间（5~9 月），平均气温 22.9℃，降水量 619 mm，日照时数 1048 h（图 8-1-23）。

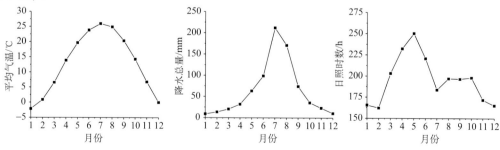

图 8-1-23　片区平均气温、降水总量、日照时数动态变化示意图

3) 剖面形态（图 8-1-24（右））

Ap：0~23 cm，浊红棕色（5YR 5/3，润），橙色（7.5YR 6/8，干），40%左右岩石碎屑，粉砂壤土，发育弱的 1~2 mm 粒状结构，松散，渐变波状过渡。

MY-07 蒙阴

图 8-1-24　代表性地块景观（左）和土壤剖面（右）

R：30 cm~，花岗岩。

4) 土壤养分

片区土壤呈中性，土体 pH 6.97，有机质含量为 11.38 g/kg，全氮含量为 0.78 g/kg，全磷含量为 0.66 g/kg，全钾含量为 17.97 g/kg，碱解氮含量为 68.14 mg/kg，有效磷含量为 33.40 mg/kg，速效钾含量为 111.29 mg/kg，氯离子含量为 24.29 mg/kg，交换性 Ca^{2+} 15.66 cmol/kg，交换性 Mg^{2+} 2.21 cmol/kg。

腐殖酸与腐殖质组成中，腐殖酸碳量为 2.48 g/kg，腐殖质全碳量为 4.36 g/kg，胡敏酸碳量为 1.09 g/kg，胡敏素碳量为 1.88 g/kg，富啡酸碳量为 1.39 g/kg，胡富比为 0.78。

微量元素中，有效铜含量为 0.85 mg/kg，有效铁含量为 11.14 mg/kg，有效锰含量为 32.44 mg/kg，有效锌含量为 0.56 mg/kg（表 8-1-19~表 8-1-21）。

表 8-1-19　片区代表性烟田土壤养分状况

土层 /cm	pH	有机质 /(g/kg)	全氮 /(g/kg)	全磷 /(g/kg)	全钾 /(g/kg)	碱解氮 /(mg/kg)	有效磷 /(mg/kg)	速效钾 /(mg/kg)	氯离子 /(mg/kg)
0~23	6.97	11.38	0.78	0.66	17.97	68.14	33.40	111.29	24.29

表 8-1-20　片区代表性烟田土壤腐殖酸与腐殖质组成

土层 /cm	腐殖酸碳量 /(g/kg)	腐殖质全碳量 /(g/kg)	胡敏酸碳量 /(g/kg)	胡敏素碳量 /(g/kg)	富啡酸碳量 /(g/kg)	胡富比
0~23	2.48	4.36	1.09	1.88	1.39	0.78

表 8-1-21　片区代表性烟田土壤中微量元素状况

土层 /cm	有效铜 /(mg/kg)	有效铁 /(mg/kg)	有效锰 /(mg/kg)	有效锌 /(mg/kg)	交换性 Ca^{2+} /(cmol/kg)	交换性 Mg^{2+} /(cmol/kg)
0~23	0.85	11.14	32.44	0.56	15.66	2.21

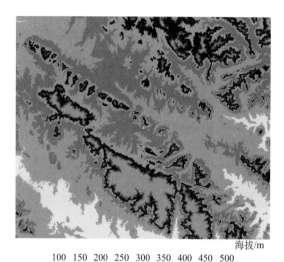

图 8-1-25　片区海拔示意图

5）总体评价

土体薄，耕作层质地偏砂，砾石多，耕性和通透性较好，中坡旱地，易水土流失。中性土壤，有机质含量缺乏，肥力较低，磷丰富，钾、锌中等，铁、锰、钙、镁丰富。

8. 联城镇乔家庄片区

1）基本信息

代表性地块（MY-08）：北纬 35°40′28.300″，东经 117°54′24.800″，海拔 246 m（图 8-1-25），高丘漫岗坡地中部，成土母质为花岗岩风化残积物，种植制度为烤烟单作，中坡旱地，土壤亚类为普通简育干润雏形土。

2）气候条件

烤烟大田生长期间（5~9 月），平均气温 22.9℃，降水量 619 mm，日照时数 1048 h（图 8-1-26）。

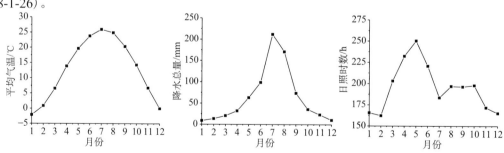

图 8-1-26　片区平均气温、降水总量、日照时数动态变化示意图

3）剖面形态（图 8-1-27（右））

Ap：0~25 cm，浊红棕色（2.5YR 5/4，润），橙色（2.5YR 6/6，干），50%左右岩石碎

屑，粉砂壤土，发育弱的 1~2 mm 粒状结构，松散，渐变波状过渡。

图 8-1-27 代表性地块景观(左)和土壤剖面(右)

Bw：25~60 cm，浊红棕色(2.5YR 4/4，润)，橙色(2.5YR 6/6，干)，80%左右岩石碎屑，粉砂壤土，发育弱的 1~4 mm 粒状/块状结构，松散，清晰平滑过渡。

R：60 cm~，花岗岩。

4) 土壤养分

片区土壤呈碱性，土体 pH 7.27~7.88，有机质 3.97~10.78 g/kg，全氮 0.37~0.90 g/kg，全磷 0.28~0.60 g/kg，全钾 22.79~24.81 g/kg，碱解氮 30.71~57.58 mg/kg，有效磷 8.35~40.35 mg/kg，速效钾 103.89~168.50 mg/kg，氯离子 15.58~18.32 mg/kg，交换性 Ca^{2+} 13.49~16.93 cmol/kg，交换性 Mg^{2+} 2.14~2.60 cmol/kg。

腐殖酸与腐殖质组成中，腐殖酸碳量 0.78~3.28 g/kg，腐殖质全碳量 2.10~5.46 g/kg，胡敏酸碳量 0.48~1.55 g/kg，胡敏素碳量 1.21~2.18 g/kg，富啡酸碳量 0.30~1.73 g/kg，胡富比 0.74~1.60。

微量元素中，有效铜 0.57~1.15 mg/kg，有效铁 7.46~10.36 mg/kg，有效锰 10.83~17.18 mg/kg，有效锌 0.09~0.63 mg/kg(表 8-1-22~表 8-1-24)。

表 8-1-22 片区代表性烟田土壤养分状况

土层 /cm	pH	有机质 /(g/kg)	全氮 /(g/kg)	全磷 /(g/kg)	全钾 /(g/kg)	碱解氮 /(mg/kg)	有效磷 /(mg/kg)	速效钾 /(mg/kg)	氯离子 /(mg/kg)
0~25	7.57	10.78	0.90	0.60	23.14	57.58	40.35	168.50	18.32
25~60	7.88	6.15	0.57	0.40	22.79	30.71	8.35	114.25	17.97
60~	7.27	3.97	0.37	0.28	24.81	44.15	11.30	103.89	15.58

表 8-1-23　片区代表性烟田土壤腐殖酸与腐殖质组成

土层 /cm	腐殖酸碳量 /(g/kg)	腐殖质全碳量 /(g/kg)	胡敏酸碳量 /(g/kg)	胡敏素碳量 /(g/kg)	富啡酸碳量 /(g/kg)	胡富比
0~25	3.28	5.46	1.55	2.18	1.73	0.90
25~60	1.89	3.10	0.80	1.21	1.09	0.74
60~	0.78	2.10	0.48	1.32	0.30	1.60

表 8-1-24　片区代表性烟田土壤中微量元素状况

土层 /cm	有效铜 /(mg/kg)	有效铁 /(mg/kg)	有效锰 /(mg/kg)	有效锌 /(mg/kg)	交换性 Ca^{2+} /(cmol/kg)	交换性 Mg^{2+} /(cmol/kg)
0~25	1.15	10.36	17.18	0.63	16.93	2.14
25~60	0.78	7.46	11.99	0.13	16.92	2.23
60~	0.57	7.57	10.83	0.09	13.49	2.60

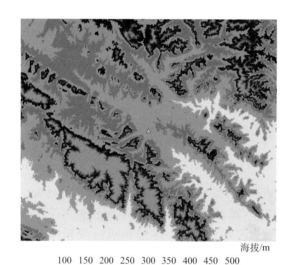

海拔/m

100　150　200　250　300　350　400　450　500

图 8-1-28　片区海拔示意图

5）总体评价

土体较薄，耕作层质地适中，砾石多，耕性和通透性较好，中坡旱地，易水土流失。碱性土壤，有机质含量缺乏，肥力低，磷、钾丰富，铜、铁、锰、钙、镁丰富，锌中等含量水平。

9. 桃墟镇岭前村片区

1）基本信息

代表性地块（MY-09）：北纬 35°37′18.000″，东经 117°2′51.400″，海拔 206 m（图 8-1-28），高丘漫岗坡地顶部，成土母质为古红黄土，种植制度为烤烟-山芋套种，缓坡旱地，土壤亚类为普通简育干润淋溶土。

2）气候条件

烤烟大田生长期间（5~9 月），平均气温 22.9℃，降水量 620 mm，日照时数 1045 h（图 8-1-29）。

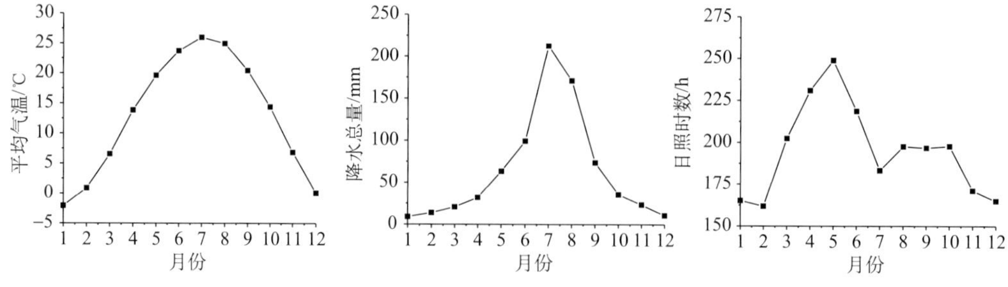

图 8-1-29　片区平均气温、降水总量、日照时数动态变化示意图

3）剖面形态（图 8-1-30（右））

图 8-1-30 代表性地块景观（左）和土壤剖面（右）

Ap：0~25 cm，浊红棕色（5YR 5/4，润），橙色（5YR 6/6，干），15%左右岩石碎屑，粉砂壤土，发育中等的 1~2 mm 粒状结构，松散，渐变波状过渡。

AB：25~40 cm，浊红棕色（5YR 5/4，润），橙色（5YR 6/6，干），15%左右岩石碎屑，粉砂壤土，发育中等的 10~20 mm 块状结构，稍紧实，渐变波状过渡。

Bt：40~100 cm，亮红棕色（5YR 5/6，润），橙色（5YR 6/8，干），15%左右岩石碎屑，粉砂质黏壤土，发育中等 20~50 mm 块状结构，紧实，结构面上 20%左右铁锰斑纹，10%左右黏粒胶膜，渐变波状过渡。

BC：100~120 cm，亮黄棕色（10YR 6/6，润），黄橙色（10YR 8/8，干），15%左右岩石碎屑，粉砂质黏壤土，发育弱的 20~50 mm 块状结构，紧实。

4）土壤养分

片区土壤呈中性，土体 pH 6.72~7.33，有机质 4.20~10.73 g/kg，全氮 0.30~0.83 g/kg，全磷 0.20~0.48 g/kg，全钾 15.44~19.28 g/kg，碱解氮 19.19~81.57 mg/kg，有效磷 3.00~36.30 mg/kg，速效钾 84.17~188.72 mg/kg，氯离子 10.34~20.48 mg/kg，交换性 Ca^{2+} 10.17~15.95 cmol/kg，交换性 Mg^{2+} 2.44~3.07 cmol/kg。

腐殖酸与腐殖质组成中，腐殖酸碳量 0.64~3.31 g/kg，腐殖质全碳量 1.97~5.90 g/kg，胡敏酸碳量 0.53~1.50 g/kg，胡敏素碳量 1.00~2.59 g/kg，富啡酸碳量 0.11~1.81 g/kg，胡富比 0.58~5.00。

微量元素中，有效铜 0.33~1.13 mg/kg，有效铁 1.78~12.78 mg/kg，有效锰 16.21~56.11 mg/kg，有效锌 0.02~0.65 mg/kg（表 8-1-25~表 8-1-27）。

表 8-1-25　片区代表性烟田土壤养分状况

土层 /cm	pH	有机质 /(g/kg)	全氮 /(g/kg)	全磷 /(g/kg)	全钾 /(g/kg)	碱解氮 /(mg/kg)	有效磷 /(mg/kg)	速效钾 /(mg/kg)	氯离子 /(mg/kg)
0~25	6.72	10.73	0.83	0.48	19.28	81.57	36.30	188.72	19.20
25~40	7.26	6.12	0.50	0.29	17.76	46.07	4.10	84.17	10.34
40~100	7.15	6.15	0.42	0.21	19.26	23.03	3.80	105.87	20.48
100~120	7.33	4.20	0.30	0.20	15.44	19.19	3.00	103.89	15.83

表 8-1-26　片区代表性烟田土壤腐殖酸与腐殖质组成

土层 /cm	腐殖酸碳量 /(g/kg)	腐殖质全碳量 /(g/kg)	胡敏酸碳量 /(g/kg)	胡敏素碳量 /(g/kg)	富啡酸碳量 /(g/kg)	胡富比
0~25	3.31	5.90	1.50	2.59	1.81	0.83
25~40	2.41	3.41	0.89	1.00	1.52	0.58
40~100	1.61	3.49	0.84	1.88	0.77	1.08
100~120	0.64	1.97	0.53	1.33	0.11	5.00

表 8-1-27　片区代表性烟田土壤中微量元素状况

土层 /cm	有效铜 /(mg/kg)	有效铁 /(mg/kg)	有效锰 /(mg/kg)	有效锌 /(mg/kg)	交换性 Ca^{2+} /(cmol/kg)	交换性 Mg^{2+} /(cmol/kg)
0~25	1.13	1.78	56.11	0.65	11.73	2.44
25~40	0.73	10.73	16.21	0.19	10.17	2.58
40~100	0.75	12.78	40.35	0.18	13.98	2.95
100~120	0.33	4.72	18.08	0.02	15.95	3.07

海拔/m

100 150 200 250 300 350 400 450 500

图 8-1-31　片区海拔示意图

5) 总体评价

土体较厚，耕作层质地适中，砾石多，耕性和通透性较好，缓坡旱地，易水土流失。中性土壤，有机质含量缺乏，肥力低，磷、钾丰富，铜、铁、锰、钙、镁丰富，锌中等含量水平。

10. 垛庄镇长明村片区

1) 基本信息

代表性地块（MY-10）：北纬 35°32′40.000″，东经 118°7′57.7″，海拔 160 m（图 8-1-31），高丘漫岗坡地顶部，成土母质为古红土，种植制度为烤烟-山芋套种，缓坡旱地，土壤亚类为普通简育干润淋溶土。

2) 气候条件

烤烟大田生长期间（5~9 月），平均气温 23.0℃，降水量 621 mm，日照时数 1042 h

（图 8-1-32）。

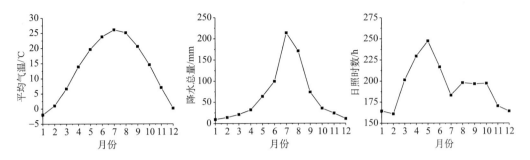

图 8-1-32　片区平均气温、降水总量、日照时数动态变化示意图

3）剖面形态（图 8-1-33（右））

图 8-1-33　代表性地块景观（左）和土壤剖面（右）

Ap：0~30 cm，亮红棕色（2.5YR 5/6，润），橙色（2.5YR 6/8，干），10%左右岩石碎屑，粉砂壤土，发育中等的 1~2 mm 粒状结构，松散，渐变波状过渡。

Bt1：30~78 cm，红棕色（2.5YR 4/6，润），亮红棕色（2.5YR 5/8，干），10%左右岩石碎屑，粉砂壤土，发育中等的 10~20 mm 块状结构，稍紧实，结构面上 20%左右黏粒胶膜，渐变波状过渡。

Bt2：78~100 cm，红棕色（2.5YR 4/6，润），亮红棕色（2.5YR 5/8，干），10%左右岩石碎屑，粉砂质黏壤土，发育中等 20~50 mm 块状结构，紧实，结构面上 20%左右黏粒胶膜，渐变波状过渡。

BC：100~120 cm，红棕色（2.5YR 4/6，润），亮红棕色（2.5YR 5/8，干），30%左右岩

石碎屑，粉砂质黏壤土，发育弱的 20~50 mm 块状结构，紧实。

4）土壤养分

片区土壤呈中性，土体 pH 6.70~7.47，有机质 8.36~14.96 g/kg，全氮 0.61~1.11 g/kg，全磷 0.28~0.57 g/kg，全钾 19.06~19.20 g/kg，碱解氮 40.31~78.70 mg/kg，有效磷 4.75~43.05 mg/kg，速效钾 99.46~151.73 mg/kg，氯离子 15.83~18.72 mg/kg，交换性 Ca^{2+} 11.74~16.47 cmol/kg，交换性 Mg^{2+} 1.67~2.08 cmol/kg。

腐殖酸与腐殖质组成中，腐殖酸碳量 2.36~4.85 g/kg，腐殖质全碳量 4.82~8.30 g/kg，胡敏酸碳量 0.50~2.20 g/kg，胡敏素碳量 1.65~3.44 g/kg，富啡酸碳量 1.05~4.35 g/kg，胡富比 0.12~1.25。

微量元素中，有效铜 0.48~1.28 mg/kg，有效铁 5.57~15.82 mg/kg，有效锰 24.33~65.39 mg/kg，有效锌 0.02~1.29 mg/kg（表 8-1-28~表 8-1-30）。

表 8-1-28　片区代表性烟田土壤养分状况

土层 /cm	pH	有机质 /(g/kg)	全氮 /(g/kg)	全磷 /(g/kg)	全钾 /(g/kg)	碱解氮 /(mg/kg)	有效磷 /(mg/kg)	速效钾 /(mg/kg)	氯离子 /(mg/kg)
0~30	6.70	14.96	1.11	0.57	19.06	78.70	43.05	151.73	18.72
30~78	7.32	10.63	0.82	0.38	19.20	55.66	5.50	99.46	15.97
78~100	7.47	8.36	0.61	0.28	19.10	40.31	4.75	106.85	15.83

表 8-1-29　片区代表性烟田土壤腐殖酸与腐殖质组成

土层 /cm	腐殖酸碳量 /(g/kg)	腐殖质全碳量 /(g/kg)	胡敏酸碳量 /(g/kg)	胡敏素碳量 /(g/kg)	富啡酸碳量 /(g/kg)	胡富比
0~30	4.85	8.30	0.50	3.44	4.35	0.12
30~78	4.41	6.06	2.20	1.65	2.20	1.00
78~100	2.36	4.82	1.31	2.46	1.05	1.25

表 8-1-30　片区代表性烟田土壤中微量元素状况

土层 /cm	有效铜 /(mg/kg)	有效铁 /(mg/kg)	有效锰 /(mg/kg)	有效锌 /(mg/kg)	交换性 Ca^{2+} /(cmol/kg)	交换性 Mg^{2+} /(cmol/kg)
0~30	1.28	15.82	65.39	1.29	11.74	2.08
30~78	1.03	6.43	26.68	0.23	12.88	2.07
78~100	0.48	5.57	24.33	0.02	16.47	1.67

5）总体评价

土体较厚，耕作层质地适中，砾石多，耕性和通透性较好，缓坡旱地，易水土流失。中性土壤，有机质含量缺乏，肥力低，磷、钾丰富，铜、铁、锰、锌、钙、镁丰富。

第二节　山东费县生态条件

一、地理位置

费县位于东经 117°36′~118°18′，北纬 35°0′~35°33′，地处山东省中南部沂蒙山区腹地，居蒙山之阳、祊河中游。费县隶属于山东省临沂市，现辖费城街道、上冶镇、薛庄镇、探沂镇、朱田镇、梁邱镇、新庄镇、马庄镇、胡阳镇、石井镇、大田庄乡、南张庄乡等1个街道、9个镇、2个乡，总面积1660 km²，其中耕地面积为80 900 hm²(图8-2-1)。

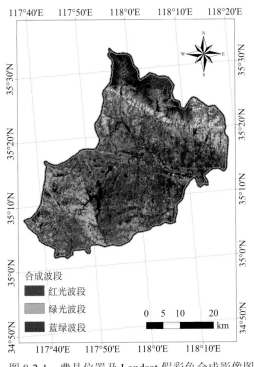

图8-2-1　费县位置及Landsat假彩色合成影像图

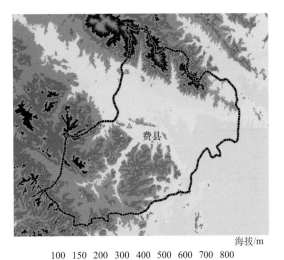

图8-2-2　费县海拔示意图

二、自然条件

1. 地形地貌

费县地形复杂，北面山峰重叠，西面与南面也为山岭地环绕，东面为较开阔的平原。地貌特征是低山地、丘陵地、倾斜的山前平原；海拔由1000 m降至300 m以上的山地占47.25 %；由300 m降至120 m以上的丘陵地占32.31 %；由120 m降至75.3 m的倾斜的山前平原占13.52 %；较四周为低，小而浅的洼地占6.92 %。比较高的山地主要在北部，丘陵地主要在南部；浚、祊两河北岸至蒙山前狭长地带和探沂镇大部为倾斜的山前平原。费县地势南北高，中间低，西部高，东部较低，呈现自西北向东南倾斜的趋势(图8-2-2)。

2. 气候条件

费县属暖温带半湿润大陆性季风气候，四季分明，光照充足。年均气温9.1~13.5 ℃，平均13.0 ℃，1月最冷，月平均气温1.8 ℃，7月最热，月平均气温25.9 ℃；区域分布总的趋势是由中北部的平原、低山丘陵向南北两侧海拔较高区域递减。年均降水总量772~843 mm，平均793 mm左右，7月和8月降雨较多，在150 mm以上，1月、2月、

3 月、4 月、10 月、11 月、12 月降雨较少，在 50 mm 以下；区域分布趋势是由北向南、东南递增。年均日照时数 2284~2 391 h，平均 2309 h，其中 4 月、5 月、6 月日照均在 200 h 以上，3 月、7 月、8 月、9 月、10 月日照均在 180~200 h；区域分布总的趋势是由北向南递减（图 8-2-3）。平均无霜期 197 d。

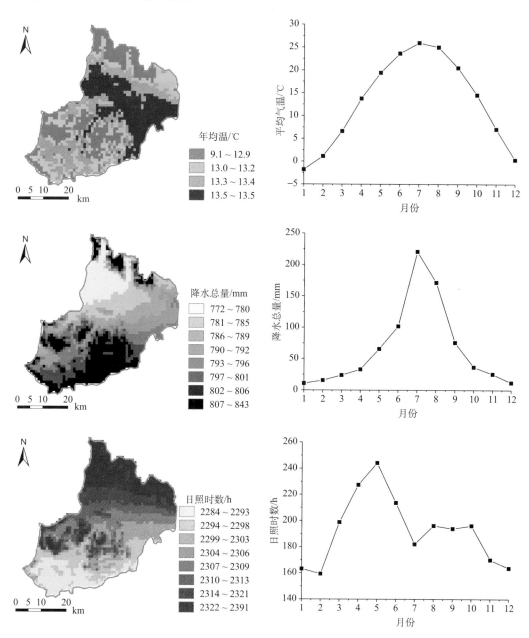

图 8-2-3   费县 1980~2013 年平均温度、降水总量、日照时数空间格局及动态变化

三、片区与代表性烟田

1. 大田庄乡齐鲁地村片区

1）基本信息

代表性地块（FX-01）：北纬35°26′4.895″，东经117°54′0.425″，海拔178 m（图8-2-4）。低丘漫岗坡地坡麓，成土母质为古红土与石灰岩风化碎屑混合的洪积-冲积物，种植制度为烤烟-花生隔年轮作，缓坡旱地，土壤亚类为普通简育干润淋溶土。

2）气候条件

烤烟大田生长期间（5~9月），平均气温23.1℃，降水量626 mm，日照时数1039 h（图8-2-5）。

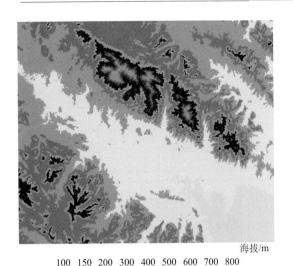

海拔/m

100 150 200 300 400 500 600 700 800

图 8-2-4 片区海拔示意图

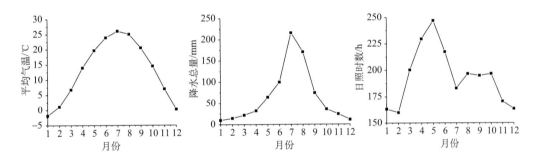

图 8-2-5 片区平均气温、降水总量、日照时数年动态变化

3）剖面形态（图8-2-6（右））

Ap：0~30 cm，黑棕色（5YR 2/2，润），浊红棕色（5YR 5/3，干），40%左右岩石碎屑，壤土，发育中等的1~2 mm粒状结构，松散，2~3个蚯蚓穴，pH7.4，中度石灰反应，渐变波状过渡。

AB：30~40 cm，黑棕色（5YR 2/2，润），浊红棕色（5YR 5/3，干），40%左右岩石碎屑，壤土，发育弱的10~20 mm块状结构，稍硬，2~3个蚯蚓穴，pH7.5，中度石灰反应，清晰平滑过渡。

Bt1：40~75 cm，暗红棕色（5YR 3/2，润），亮红棕色（5YR 5/6，干），40%左右岩石碎屑，黏壤土，发育弱的20~50 mm棱块状结构，稍硬，结构面上10%左右黏粒胶膜，pH7.6，弱石灰反应，渐变波状过渡。

Bt2：75~110 cm，暗红棕色（5YR 3/4，润），浊红棕色（5YR 5/8，干），30%左右岩石碎屑，黏壤土，发育弱的20~50 mm棱块状结构，结构面上10%左右黏粒胶膜，pH7.0，弱石灰反应，稍硬。

FX-01 费县

图 8-2-6 代表性地块景观(左)和土壤剖面(右)

4）土壤养分

片区土壤呈中性，土体 pH 7.03~7.55，有机质 5.40~8.48 g/kg，全氮 0.39~0.59 g/kg，全磷 0.37~0.57 g/kg，全钾 30.91~33.57 g/kg，碱解氮 21.83~37.62 mg/kg，有效磷 3.00~29.30 mg/kg，速效钾 65.54~122.57 mg/kg，氯离子 7.84~7.86 mg/kg，交换性 Ca^{2+} 20.65~36.75 cmol/kg，交换性 Mg^{2+} 0.43~2.28 cmol/kg。

腐殖酸与腐殖质组成中，腐殖酸碳量 1.74~2.81 g/kg，腐殖质全碳量 3.13~4.92 g/kg，胡敏酸碳量 0.46~1.06 g/kg，胡敏素碳量 1.36~2.11 g/kg，富啡酸碳量 1.24~1.75 g/kg，胡富比 0.36~0.61。

微量元素中，有效铜 0.26~1.29 mg/kg，有效铁 1.64~6.68 mg/kg，有效锰 0.93~7.30 mg/kg，有效锌 0.01~1.50 mg/kg（表 8-2-1~表 8-2-3）。

5）总体评价

土体深厚，耕作层质地适中，砾石多，耕性和通透性较好，缓坡旱地，易水土流失和受旱灾威胁。中性土壤，有机质缺乏，肥力较低，磷、钾缺乏，铜、铁、锰、锌、钙丰富，镁中等水平。

表 8-2-1 片区代表性烟田土壤养分状况

土层 /cm	pH	有机质 /(g/kg)	全氮 /(g/kg)	全磷 /(g/kg)	全钾 /(g/kg)	碱解氮 /(mg/kg)	有效磷 /(mg/kg)	速效钾 /(mg/kg)	氯离子 /(mg/kg)
0~30	7.38	8.48	0.59	0.37	31.23	37.62	29.30	82.65	7.84
30~40	7.47	5.70	0.42	0.40	33.57	21.83	3.00	65.54	7.85
40~75	7.55	7.33	0.45	0.57	33.48	30.42	6.45	83.60	7.86
75~110	7.03	5.40	0.39	0.42	30.91	22.06	5.80	122.57	7.86

表 8-2-2　片区代表性烟田土壤腐殖酸与腐殖质组成

土层 /cm	腐殖酸碳量 /(g/kg)	腐殖质全碳量 /(g/kg)	胡敏酸碳量 /(g/kg)	胡敏素碳量 /(g/kg)	富啡酸碳量 /(g/kg)	胡富比
0~30	2.81	4.92	1.06	2.11	1.75	0.61
30~40	1.95	3.31	0.70	1.36	1.24	0.56
40~75	2.48	4.25	0.92	1.77	1.55	0.60
75~110	1.74	3.13	0.46	1.39	1.28	0.36

表 8-2-3　片区代表性烟田土壤中微量元素状况

土层 /cm	有效铜 /(mg/kg)	有效铁 /(mg/kg)	有效锰 /(mg/kg)	有效锌 /(mg/kg)	交换性 Ca^{2+} /(cmol/kg)	交换性 Mg^{2+} /(cmol/kg)
0~30	1.29	6.68	7.30	1.50	32.24	0.43
30~40	0.45	2.20	4.89	0.13	20.65	2.19
40~75	0.44	4.51	6.18	0.04	28.21	2.28
75~110	0.26	1.64	0.93	0.01	36.75	0.47

2. 费城街道东新安村片区

1) 基本信息

代表性地块（FX-02）：北纬 35°17′11.263″，东经 117°55′0.046″，海拔 154 m（图 8-2-7），低丘漫岗坡地中上部，成土母质为石灰岩风化坡积物，种植制度为烤烟-玉米/花生隔年轮作，缓坡旱地，土壤亚类为普通钙质干润淋溶土。

2) 气候条件

烤烟大田生长期间（5~9 月），平均气温 23.2℃，降水量 630 mm，日照时数 1033 h（图 8-2-8）。

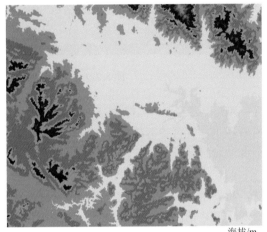

海拔/m
100 150 200 300 400 500 600 700 800

图 8-2-7　片区海拔示意图

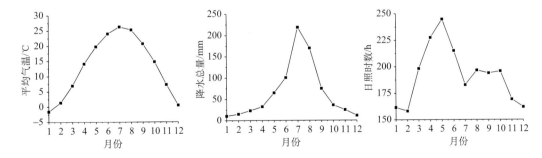

图 8-2-8　片区平均气温、降水总量、日照时数年动态变化示意图

3）剖面形态（图 8-2-9（右））

图 8-2-9　代表性地块景观(左)和土壤剖面(右)

Ap：0~35 cm，黑棕色（5YR 2/2，润），浊红棕色（5YR 5/3，干），40%左右岩石碎屑，粉砂壤土，发育中等的 1~2 mm 粒状结构，松散，2~3 个蚯蚓穴，pH7.0，中度石灰反应，渐变波状过渡，。

AB：35~50 cm，黑棕色（5YR 2/2，润），浊红棕色（5YR 5/3，干），10%左右岩石碎屑，粉砂壤土，发育弱的 1~4 mm 粒状~块状结构，松散，2~3 个蚯蚓穴，pH7.2，中度石灰反应，清晰平滑过渡。

Bt：50~68 cm，暗红棕色（5YR 3/2，润），亮红棕色（5YR 5/6，干），10%左右岩石碎屑，粉砂质黏壤土，发育弱的 20~50 mm 棱块状结构，稍硬，结构面上 10%左右黏粒胶膜，2%左右软小铁锰结核，pH 7.3，渐变波状过渡。

R：68 cm~，石灰岩。

4）土壤养分

片区土壤呈中性，土体 pH 7.02~7.31，有机质 5.83~11.70 g/kg，全氮 0.42~0.82 g/kg，全磷 0.41~0.73 g/kg，全钾 22.54~25.98 g/kg，碱解氮 21.13~59.45 mg/kg，有效磷 4.58~21.10 mg/kg，速效钾 124.47~231.86 mg/kg，氯离子 7.83~7.86 mg/kg，交换性 Ca^{2+} 26.1~35.09 cmol/kg，交换性 Mg^{2+} 7.73~8.15 cmol/kg。

腐殖酸与腐殖质组成中，腐殖酸碳量 1.47~3.59 g/kg，腐殖质全碳量 3.38~6.78 g/kg，胡敏酸碳量 0.67~1.28 g/kg，胡敏素碳量 1.91~3.19 g/kg，富啡酸碳量 0.78~2.32 g/kg，胡富比 0.55~0.88。

微量元素中，有效铜 0.33~0.61 mg/kg，有效铁 3.35~6.50 mg/kg，有效锰 3.13~

6.31 mg/kg，有效锌 0.00~0.77 mg/kg（表 8-2-4~表 8-2-6）。

表 8-2-4 片区代表性烟田土壤养分状况

土层 /cm	pH	有机质 /(g/kg)	全氮 /(g/kg)	全磷 /(g/kg)	全钾 /(g/kg)	碱解氮 /(mg/kg)	有效磷 /(mg/kg)	速效钾 /(mg/kg)	氯离子 /(mg/kg)
0~35	7.15	11.70	0.82	0.41	22.54	59.45	21.10	231.86	7.83
35~50	7.02	6.87	0.52	0.41	23.47	24.62	4.60	124.47	7.86
50~68	7.31	5.83	0.42	0.73	25.98	21.13	4.58	156.81	7.84

表 8-2-5 片区代表性烟田土壤腐殖酸与腐殖质组成

土层 /cm	腐殖酸碳量 /(g/kg)	腐殖质全碳量 /(g/kg)	胡敏酸碳量 /(g/kg)	胡敏素碳量 /(g/kg)	富啡酸碳量 /(g/kg)	胡富比
0~35	3.59	6.78	1.28	3.19	2.32	0.55
35~50	1.69	3.99	0.67	2.30	1.02	0.66
50~68	1.47	3.38	0.69	1.91	0.78	0.88

表 8-2-6 片区代表性烟田土壤中微量元素状况

土层 /cm	有效铜 /(mg/kg)	有效铁 /(mg/kg)	有效锰 /(mg/kg)	有效锌 /(mg/kg)	交换性 Ca²⁺ /(cmol/kg)	交换性 Mg²⁺ /(cmol/kg)
0~35	0.61	6.50	6.31	0.77	35.09	7.94
35~50	0.33	3.35	3.13	0	34.85	7.73
50~68	0.48	5.24	6.09	0.02	26.1	8.15

5）总体评价

土体较厚，耕作层质地适中，砾石多，耕性和通透性较好，缓坡旱地，易水土流失和受旱灾威胁。中性土壤，有机质缺乏，肥力较低，磷含量中等水平，富钾，铜、锌含量中等，铁、锰、钙、镁丰富。

3. 费城镇常胜庄村片区

1）基本信息

代表性地块（FX-03）：北纬35°15′50.031″，东经 117°53′13.186″，海拔 194 m（图 8-2-10），低丘漫岗中的河谷二级阶地，成土母质为古红土与石灰岩风化物混合的洪积-坡积物，种植制度为烤烟-玉米隔年轮作，缓坡梯田旱地，土壤亚类为普通简育干润淋溶土。

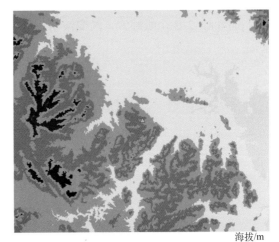

海拔/m

100 150 200 300 400 500 600 700 800

图 8-2-10 片区海拔示意图

2）气候条件

烤烟大田生长期间（5~9 月），平均气温 22.8℃，降水量 636 mm，日照时数 1030 h（图 8-2-11）。

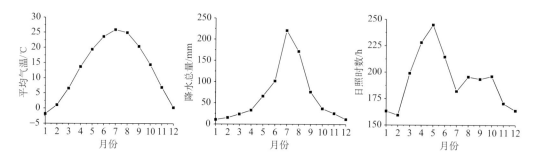

图 8-2-11　片区平均气温、降水总量、日照时数年动态变化示意图

3）剖面形态（图 8-2-12（右））

Ap：0~25 cm，灰棕色（5YR 4/2，润），浊橙色（5YR 6/4，干），粉砂壤土，发育强的 1~2 mm 粒状结构，松散，2~3 个蚯蚓穴，pH 5.7，清晰平滑过渡。

AB：25~40 cm，灰棕色（5YR 4/2，润），浊橙色（5YR 6/4，干），5%左右岩石碎屑，粉砂壤土，发育强的 10~20 mm 块状结构，稍硬，结构面上 20%左右黏粒胶膜，pH6.9，2~3 个蚯蚓穴，渐变波状过渡。

Bt1：40~85 cm，灰棕色（5YR 4/2，润），浊橙色（5YR 6/4，干），粉砂质黏壤土，发育强的 20~50 mm 棱块状结构，稍硬，结构面上 20%左右黏粒胶膜，2%左右软小铁锰结核，pH 6.8，2~3 个蚯蚓穴，渐变波状过渡。

图 8-2-12　代表性地块景观（左）和土壤剖面（右）

Bt2：85~120 cm，浊红棕色(5YR 4/4，润)，橙色(5YR 6/6，干)，5%左右岩石碎屑，粉砂质黏壤土，发育中等的 20~50 mm 棱块状结构，坚硬，结构面上 20%左右黏粒胶膜，2%左右软小铁锰结核，pH 6.7。

4)土壤养分

片区土壤呈微酸性，土体 pH 5.71~6.86，有机质 5.46~14.97 g/kg，全氮 0.46~1.08 g/kg，全磷 0.31~0.54 g/kg，全钾 23.11~23.82 g/kg，碱解氮 28.33~88.48 mg/kg，有效磷 5.35~14.20 mg/kg，速效钾 115.73~140.62 mg/kg，氯离子 6.79~7.85 mg/kg，交换性 Ca^{2+} 30.10~35.09 cmol/kg，交换性 Mg^{2+} 4.13~6.07 cmol/kg。

腐殖酸与腐殖质组成中，腐殖酸碳量 1.50~5.33 g/kg，腐殖质全碳量 3.17~8.68 g/kg，胡敏酸碳量 0.53~1.71 g/kg，胡敏素碳量 1.67~3.35 g/kg，富啡酸碳量 0.97~3.62 g/kg，胡富比 0.47~0.65。

微量元素中，有效铜 0.85~1.40 mg/kg，有效铁 3.81~28.40 mg/kg，有效锰 4.72~52.29 mg/kg，有效锌 0.14~1.27 mg/kg(表 8-2-7~表 8-2-9)。

表 8-2-7　片区代表性烟田土壤养分状况

土层 /cm	pH	有机质 /(g/kg)	全氮 /(g/kg)	全磷 /(g/kg)	全钾 /(g/kg)	碱解氮 /(mg/kg)	有效磷 /(mg/kg)	速效钾 /(mg/kg)	氯离子 /(mg/kg)
0~25	5.71	14.97	1.08	0.39	23.81	88.48	14.20	140.62	6.79
25~40	6.86	7.87	0.59	0.44	23.24	36.69	9.70	115.73	7.83
40~85	6.82	6.23	0.52	0.54	23.11	28.33	5.50	124.42	7.83
85~120	6.72	5.46	0.46	0.31	23.82	32.05	5.35	126.37	7.85

表 8-2-8　片区代表性烟田土壤腐殖酸与腐殖质组成

土层 /cm	腐殖酸碳量 /(g/kg)	腐殖质全碳量 /(g/kg)	胡敏酸碳量 /(g/kg)	胡敏素碳量 /(g/kg)	富啡酸碳量 /(g/kg)	胡富比
0~25	5.33	8.68	1.71	3.35	3.62	0.47
25~40	2.39	4.57	0.87	2.18	1.52	0.57
40~85	1.66	3.61	0.66	1.95	1.01	0.65
85~120	1.50	3.17	0.53	1.67	0.97	0.54

表 8-2-9　片区代表性烟田土壤中微量元素状况

土层 /cm	有效铜 /(mg/kg)	有效铁 /(mg/kg)	有效锰 /(mg/kg)	有效锌 /(mg/kg)	交换性 Ca^{2+} /(cmol/kg)	交换性 Mg^{2+} /(cmol/kg)
0~25	1.40	28.40	52.29	0.43	30.10	4.24
25~40	0.93	3.81	4.72	0.47	35.09	4.13
40~85	0.85	7.73	5.73	0.14	32.00	4.85
85~120	1.12	6.36	5.86	1.27	32.24	6.07

5)总体评价

土体深厚，耕作层质地适中，耕性和通透性较好，缓坡梯田旱地，易水土流失和受旱灾威胁。微酸性土壤，有机质含量缺乏，肥力偏低，缺磷，钾中等水平，铜、铁、锰、

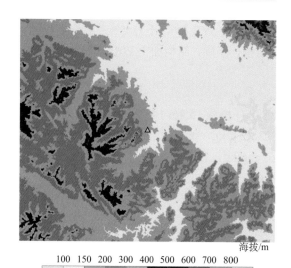

海拔/m

100 150 200 300 400 500 600 700 800

图 8-2-13　片区海拔示意图

钙、镁丰富，锌含量缺乏。

4. 朱田镇良田村片区

1) 基本信息

代表性地块（FX-04）：北纬 36°17′30.503″，东经 117°48′46.896″，海拔 174 m（图 8-2-13），低丘漫岗坡地中部，成土母质为古红土与石灰岩风化物混合的洪积-坡积物，种植制度为烤烟-玉米/棉花/花生隔年轮作，缓坡旱地，土壤亚类为普通简育干润淋溶土。

2) 气候条件

烤烟大田生长期间（5~9 月），平均气温 23.2℃，降水量 629 mm，日照时数 1033 h（图 8-2-14）。

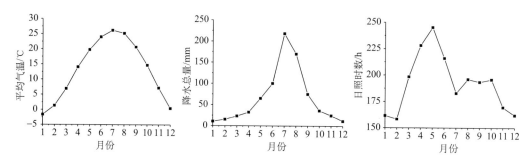

图 8-2-14　片区平均气温、降水总量、日照时数年动态变化示意图

3) 剖面形态（图 8-2-15（右））

Ap：0~25 cm，棕色（7.5YR 4/4，润），橙色（7.5YR 6/6，干），粉砂壤土，发育强的 1~2 mm 粒状结构，松散，2~3 个蚯蚓穴，pH 6.1，清晰平滑过渡。

AB：25~40 cm，棕色（7.5YR 4/4，润），橙色（7.5YR 6/6，干），5%左右岩石碎屑，粉砂壤土，发育强的 10~20 mm 块状结构，稍硬，结构面上 20%左右黏粒胶膜，pH6.9，2~3 个蚯蚓穴，渐变波状过渡。

Bt1：40~60 cm，浊棕色（7.5YR 5/4，润），橙色（7.5YR 7/6，干），粉砂质黏壤土，发育强的 20~50 mm 棱块状结构，稍硬，结构面上 20%左右黏粒胶膜，2%左右软小铁锰结核，pH 6.6，2~3 个蚯蚓穴，渐变波状过渡。

Bt2：60~100 cm，浊棕色（7.5YR 5/4，润），橙色（7.5YR 7/6，干），粉砂质黏壤土，发育强的 20~50 mm 棱块状结构，稍硬，结构面上 20%左右黏粒胶膜，2%左右软小铁锰结核，pH 6.8，渐变波状过渡。

图 8-2-15 代表性地块景观(左)和土壤剖面(右)

Bt3：100~120 cm，灰棕色(7.5YR 4/2，润)，浊橙色(7.5YR 6/4，干)，5%左右岩石碎屑，粉砂质黏壤土，发育中等的 20~50 mm 棱块状结构，坚硬，结构面上 20%左右黏粒胶膜，2%左右软小铁锰结核，pH 7.1。

4) 土壤养分

片区土壤呈微酸性，土体 pH 6.14~7.13，有机质 4.06~12.40 g/kg，全氮 0.36~0.98 g/kg，全磷 0.32~0.56 g/kg，全钾 23.33~27.04 g/kg，碱解氮 25.54~77.56 mg/kg，有效磷 5.85~59.85 mg/kg，速效钾 111.16~283.18 mg/kg，氯离子 7.83~24.28 mg/kg，交换性 Ca^{2+} 27.25~32.24 cmol/kg，交换性 Mg^{2+} 6.56~7.57 cmol/kg。

腐殖酸与腐殖质组成中，腐殖酸碳量 1.02~4.13 g/kg，腐殖质全碳量 2.35~7.19 g/kg，胡敏酸碳量 0.29~1.33 g/kg，胡敏素碳量 1.34~3.06 g/kg，富啡酸碳量 0.71~2.80 g/kg，胡富比 0.32~0.52。

微量元素中，有效铜 0.57~1.26 mg/kg，有效铁 9.36~22.79 mg/kg，有效锰 5.73~21.47 mg/kg，有效锌 0.09~0.59 mg/kg(表 8-2-10~表 8-2-12)。

表 8-2-10 片区代表性烟田土壤养分状况

土层 /cm	pH	有机质 /(g/kg)	全氮 /(g/kg)	全磷 /(g/kg)	全钾 /(g/kg)	碱解氮 /(mg/kg)	有效磷 /(mg/kg)	速效钾 /(mg/kg)	氯离子 /(mg/kg)
0~25	6.14	12.40	0.98	0.56	24.74	77.56	59.85	283.18	7.83
25~40	6.25	8.77	0.55	0.43	24.28	55.36	28.16	169.38	7.99
40~60	6.89	6.56	0.49	0.39	23.33	37.39	5.85	111.16	7.83
60~100	6.57	4.73	0.41	0.46	26.78	29.26	6.65	174.84	7.84
100~120	7.13	4.06	0.36	0.32	27.04	25.54	11.05	163.43	24.28

表 8-2-11　片区代表性烟田土壤腐殖酸与腐殖质组成

土层 /cm	腐殖酸碳量 /(g/kg)	腐殖质全碳量 /(g/kg)	胡敏酸碳量 /(g/kg)	胡敏素碳量 /(g/kg)	富啡酸碳量 /(g/kg)	胡富比
0~25	4.13	7.19	1.33	3.06	2.80	0.47
25~40	2.33	4.79	0.88	2.22	1.69	0.52
40~60	1.90	3.80	0.56	1.91	1.34	0.41
60~100	1.19	2.74	0.29	1.55	0.90	0.32
100~120	1.02	2.35	0.31	1.34	0.71	0.43

表 8-2-12　片区代表性烟田土壤中微量元素状况

土层 /cm	有效铜 /(mg/kg)	有效铁 /(mg/kg)	有效锰 /(mg/kg)	有效锌 /(mg/kg)	交换性 Ca^{2+} /(cmol/kg)	交换性 Mg^{2+} /(cmol/kg)
0~25	1.26	22.79	21.47	0.59	27.25	7.51
25~40	1.11	16.53	11.23	0.33	29.00	7.23
40~60	0.75	9.36	5.73	0.14	28.44	6.87
60~100	0.57	9.71	6.23	0.09	32.24	7.57
100~120	0.63	11.88	10.57	0.14	31.77	6.56

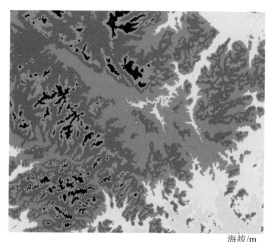

海拔/m

100　150　200　300　400　500　600　700　800

图 8-2-16　片区海拔示意图

5）总体评价

土体深厚，耕作层质地适中，耕性和通透性较好，缓坡旱地，易水土流失和受旱灾威胁。微酸性土壤，有机质含量缺乏，肥力偏低，磷、钾丰富，铜、铁、锰、钙、镁丰富，锌含量中等水平。

5. 石井镇龙山村片区

1）基本信息

代表性地块（FX-05）：北纬 36°6′37.161″，东经 117°43′56.396″，海拔 204 m（图 8-2-16），低丘漫岗坡麓，成土母质为黄土沉积物，种植制度为烤烟-山芋隔年轮作，缓坡旱地，土壤亚类为普通简育干润雏形土。

2）气候条件

烤烟大田生长期间（5~9 月），平均气温 23.1℃，降水量 635 mm，日照时数 1025 h（图 8-2-17）。

3）剖面形态（图 8-2-18（右））

Ap：0~27 cm，黑棕色（10YR 3/2，润），棕色（10YR 4/4，干），粉砂壤土，发育强的 1~2 mm 粒状结构，松散，2~3 个蚯蚓穴，pH 6.4，清晰平滑过渡。

AB：27~40 cm，黑棕色（10YR 3/2，润），棕色（10YR 4/4，干），粉砂壤土，发育强的 10~20 mm 块状结构，稍硬，结构面上 20%左右黏粒胶膜，pH6.0，2~3 个蚯蚓穴，渐变波状过渡。

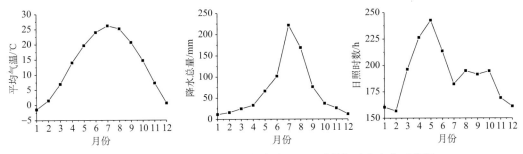

图 8-2-17　片区平均气温、降水总量、日照时数年动态变化示意图

图 8-2-18　代表性地块景观(左)和土壤剖面(右)

Bt1：40~60 cm，暗棕色(10YR 3/4，润)，棕色(10YR 4/6，干)，粉砂质黏壤土，发育强的 20~50 mm 棱块状结构，坚硬，结构面上 20%左右黏粒胶膜，5%左右软小铁锰结核，pH 6.2，渐变波状过渡。

Bt2：60~85 cm，暗棕色(10YR 3/4，润)，棕色(10YR 4/6，干)，粉砂质黏壤土，发育强的 20~50 mm 棱块状结构，坚硬，结构面上 20%左右黏粒胶膜，5%左右软小铁锰结核，pH 6.5，渐变波状过渡。

BC：85~120 cm，棕色(10YR 4/4，润)，亮黄棕色(10YR 6/6，干)，粉砂质黏壤土，发育中等的 20~50 mm 块状结构，坚硬，pH 7.0。

4) 土壤养分

片区土壤呈微酸性，土体 pH 5.94~7.01，有机质 2.06~9.42 g/kg，全氮 0.16~0.72 g/kg，全磷 0.17~0.73 g/kg，全钾 15.87~20.37 g/kg，碱解氮 15.33~70.18 mg/kg，有效磷 3.95~10.73 mg/kg，速效钾 104.51~148.23 mg/kg，氯离子 6.80~20.46 mg/kg，交换性 Ca^{2+} 26.78~34.85 cmol/kg，交换性 Mg^{2+} 7.53~12.14 cmol/kg。

腐殖酸与腐殖质组成中，腐殖酸碳量 0.39~3.27 g/kg，腐殖质全碳量 1.20~5.47 g/kg，

胡敏酸碳量 0.04~0.81 g/kg，胡敏素碳量 0.77~2.20 g/kg，富啡酸碳量 0.20~ 2.46 g/kg，胡富比 0.08~0.97。

微量元素中，有效铜 0.20~0.86 mg/kg，有效铁 5.60~18.94 mg/kg，有效锰 15.29~38.50 mg/kg，有效锌 0.07~0.40 mg/kg（表 8-2-13~表 8-2-15）。

表 8-2-13　片区代表性烟田土壤养分状况

土层 /cm	pH	有机质 /(g/kg)	全氮 /(g/kg)	全磷 /(g/kg)	全钾 /(g/kg)	碱解氮 /(mg/kg)	有效磷 /(mg/kg)	速效钾 /(mg/kg)	氯离子 /(mg/kg)
0~40	6.36	7.28	0.58	0.73	20.37	52.95	8.50	148.23	7.90
40~60	5.94	9.42	0.72	0.39	18.27	70.18	10.73	134.92	6.80
60~82	6.23	3.05	0.29	0.20	19.76	19.51	6.55	108.31	17.45
82~105	6.52	2.17	0.22	0.19	17.69	15.33	3.95	105.46	20.46
105~120	7.01	2.06	0.16	0.17	15.87	15.33	4.55	104.51	7.83

表 8-2-14　片区代表性烟田土壤腐殖酸与腐殖质组成

土层 /cm	腐殖酸碳量 /(g/kg)	腐殖质全碳量 /(g/kg)	胡敏酸碳量 /(g/kg)	胡敏素碳量 /(g/kg)	富啡酸碳量 /(g/kg)	胡富比
0~40	2.33	4.22	0.52	1.90	1.80	0.29
40~60	3.27	5.47	0.81	2.20	2.46	0.33
60~82	0.95	1.77	0.19	0.82	0.76	0.25
82~105	0.49	1.26	0.04	0.77	0.45	0.08
105~120	0.39	1.20	0.19	0.81	0.20	0.97

表 8-2-15　片区代表性烟田土壤中微量元素状况

土层 /cm	有效铜 /(mg/kg)	有效铁 /(mg/kg)	有效锰 /(mg/kg)	有效锌 /(mg/kg)	交换性 Ca^{2+} /(cmol/kg)	交换性 Mg^{2+} /(cmol/kg)
0~40	0.62	8.14	27.21	0.31	27.97	9.11
40~60	0.86	18.94	38.50	0.40	26.78	7.53
60~82	0.55	14.33	28.11	0.18	32.72	11.99
82~105	0.25	8.21	24.73	0.10	30.81	11.58
105~120	0.20	5.60	15.29	0.07	34.85	12.14

5）总体评价

土体深厚，耕作层质地适中，耕性和通透性较好，缓坡旱地，易水土流失和受旱灾威胁。微酸性土壤，有机质含量较低，肥力较低，缺磷，钾含量中等，铜中等含量，锌缺乏，铁、锰、钙、镁丰富。

第三节　山东临朐生态条件

一、地理位置

临朐县位于北纬 36°04′~36°37′，东经 118°14′~118°49′，地处山东半岛中部，潍坊市西南部，沂山北麓，弥河上游。临朐县隶属山东省潍坊市，现辖城关街道、东城街道、五井镇、冶源镇、寺头镇、九山镇、辛寨镇、山旺镇、柳山镇和蒋峪镇 2 个街道、8 个镇，总面积 1831 km²，其中耕地面积为 52 361 hm²（图 8-3-1）。

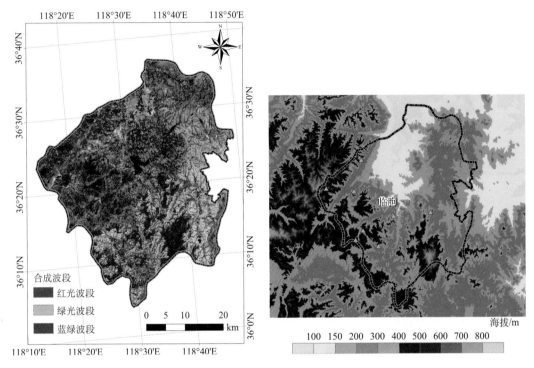

图 8-3-1　临朐县位置及 Landsat 假彩色合成影像图　　　图 8-3-2　临朐县海拔示意图

二、自然条件

1. 地形地貌

临朐县地处鲁中山区北部边缘，为低山、丘陵、平原交错地带，其中山地占 56 %，丘陵占 31 %，平原占 13 %。海拔介于 71~1032 m，以南端沂山为最高点，呈扇形向西北和东北展开，形成山地居南，平川亘北，南部崛起山脉连绵，北部低平视野开阔的地势特征（图 8-3-2）。

2. 气候条件

临朐县属温带大陆性季风气候。年均气温 8.5~13.1℃，平均 12.1℃，1 月最冷，月平均气温 3.2℃，7 月最热，月平均气温 25.2℃；区域分布总的趋势是由中北部平原区向东、南、西南海拔较高丘陵山区递减。年均降水总量 651~773 mm，平均 700 mm 左右，7 月和 8 月降雨较多，在 150 mm 以上，1 月、2 月、3 月、4 月、10 月、11 月、12 月降雨较少，在 50 mm 以下；区域分布总趋势是由北向南递增。年均日照时数 2394~2465 h，平均 2423 h，其中 3 月、4 月、5 月、6 月、8 月、9 月、10 月日照均在 200 h 以上；区域分布总的趋势是由北向南递减(图 8-3-3)。平均无霜期 191d。

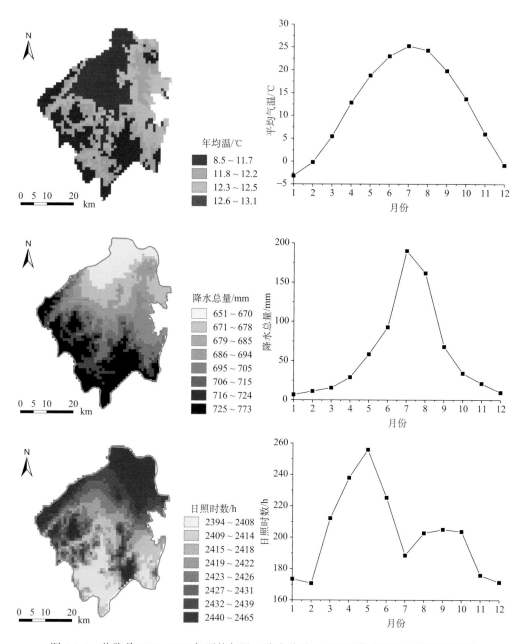

图 8-3-3　临朐县 1980~2013 年平均气温、降水总量、日照时数空间动态变化示意图

三、片区与代表性烟田

1. 五井镇大楼村片区

1）基本信息

代表性地块（LQ-02）：北纬 36°28′40.700″，东经 118°24′8.500″，海拔 290 m（图 8-3-4），高丘漫岗坡地中下部，成土母质为古红土，种植制度为烤烟-玉米/小麦隔年轮作，梯田旱地，土壤亚类为普通简育干润淋溶土。

2）气候条件

烤烟大田生长期间（5~9 月），平均气温 21.8℃，降水量 574 mm，日照时数 1081 h（图 8-3-5）。

海拔/m

100　150　200　300　400　500　600　700　800

图 8-3-4　片区海拔示意图

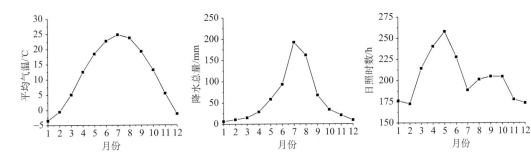

图 8-3-5　片区平均气温、降水总量、日照时数动态变化示意图

3）剖面形态（图 8-3-6（右））

Ap：0~22 cm，黑棕色（5YR 2/2，润），浊红棕色（5YR 4/4，干），2%左右岩石碎屑，粉砂壤土，发育中等的 1~2 mm 粒状结构，松散，2~3 个蚯蚓穴，清晰平滑过渡。

Bt1：22~42 cm，黑棕色（5YR 2/2，润），浊红棕色（5YR 4/4，干），2%左右岩石碎屑，黏壤土，发育强的 20~50 mm 块状结构，坚硬，结构面上 20%左右黏粒胶膜，2~3 个蚯蚓穴，渐变波状过渡。

Bt2：42~70 cm，暗红棕色（5YR 3/2，润），浊红棕色（5YR 5/4，干），黏壤土，发育强的 20~50 mm 块状结构，坚硬，结构面上 20%左右黏粒胶膜，2~3 个蚯蚓穴，渐变波状过渡。

BC：70~120 cm，暗红棕色（5YR 3/2，润），浊红棕色（5YR 5/4，干），黏壤土，发育中等的 20~50 mm 块状结构，稍硬。

4）土壤养分

片区土壤呈中性，土体 pH 7.37~8.01，有机质 6.70~17.70 g/kg，全氮 0.40~1.30 g/kg，全磷 0.40~0.70 g/kg，全钾 18.90~19.10 g/kg，碱解氮 28.79~104.61 mg/kg，有效磷

1.50~18.30 mg/kg，速效钾 95.02~138.42 mg/kg，氯离子 18.34~26.05 mg/kg，交换性 Ca^{2+} 16.74~17.67 cmol/kg，交换性 Mg^{2+} 2.72~3.15 cmol/kg。

图 8-3-6　代表性地块景观(左)和土壤剖面(右)

腐殖酸与腐殖质组成中，腐殖酸碳量 1.52~5.96 g/kg，腐殖质全碳量 3.02~10.01 g/kg，胡敏酸碳量 0.87~3.34 g/kg，胡敏素碳量 1.50~4.04 g/kg，富啡酸碳量 0.65~2.63 g/kg，胡富比 0.90~1.34。

微量元素中，有效铜 0.72~1.36 mg/kg，有效铁 8.30~12.80 mg/kg，有效锰 5.81~27.38 mg/kg，有效锌 0.20~1.20 mg/kg(表 8-3-1~表 8-3-3)。

表 8-3-1　片区代表性烟田土壤养分状况

土层 /cm	pH	有机质 /(g/kg)	全氮 /(g/kg)	全磷 /(g/kg)	全钾 /(g/kg)	碱解氮 /(mg/kg)	有效磷 /(mg/kg)	速效钾 /(mg/kg)	氯离子 /(mg/kg)
0~22	7.37	17.70	1.30	0.70	18.90	104.61	18.30	138.42	25.41
22~42	8.01	11.00	0.80	0.50	19.00	58.54	2.50	100.94	26.05
42~70	7.76	6.70	0.40	0.40	19.10	28.79	1.60	95.02	18.34
70~120	7.81	9.80	0.50	0.40	19.10	38.39	1.50	97.98	19.84

表 8-3-2　片区代表性烟田土壤腐殖酸与腐殖质组成

土层 /cm	腐殖酸碳量 /(g/kg)	腐殖质全碳量 /(g/kg)	胡敏酸碳量 /(g/kg)	胡敏素碳量 /(g/kg)	富啡酸碳量 /(g/kg)	胡富比
0~22	5.96	10.01	3.34	4.04	2.63	1.27
22~42	3.82	6.26	1.81	2.44	2.01	0.90
42~70	2.05	3.77	1.15	1.71	0.90	1.29
70~120	1.52	3.02	0.87	1.50	0.65	1.34

表 8-3-3 片区代表性烟田土壤中微量元素状况

土层 /cm	有效铜 /(mg/kg)	有效铁 /(mg/kg)	有效锰 /(mg/kg)	有效锌 /(mg/kg)	交换性 Ca^{2+} /(cmol/kg)	交换性 Mg^{2+} /(cmol/kg)
0~22	1.36	12.80	27.38	1.20	16.81	3.15
22~42	1.01	8.34	17.83	0.98	17.38	3.08
42~70	0.72	8.30	9.88	0.30	17.67	2.98
70~120	0.83	8.64	5.81	0.20	16.74	2.72

5) 总体评价

土体深厚,耕作层质地适中,耕性和通透性较好,缓坡旱地,易水土流失和受旱灾威胁。中性土壤,有机质含量缺乏,肥力中等,缺磷富钾,铜、铁、锰、锌、钙、镁丰富。

2. 五井镇马庄村片区

1) 基本信息

代表性地块(LQ-03): 北纬 36°23′41.700″,东经 118°21′57.600″,海拔 294 m(图 8-3-7),高丘漫岗坡地中上部,成土母质为石灰岩风化坡积物,种植制度为烤烟-玉米/小麦隔年轮作,中坡旱地,土壤亚类为普通简育干润雏形土。

海拔/m

100 150 200 300 400 500 600 700 800

图 8-3-7 片区海拔示意图

2) 气候条件

烤烟大田生长期间(5~9 月),平均气温 22.5℃,降水量 571mm,日照时数 1080 h(图 8-3-8)。

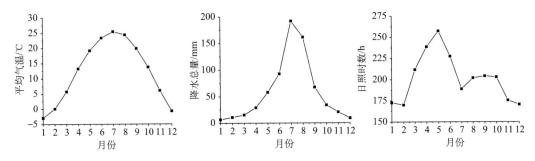

图 8-3-8 片区平均气温、降水总量、日照时数动态变化示意图

3) 剖面形态(图 8-3-9(右))

Ap:0~30 cm,灰棕色(5YR 4/2,润),浊橙色(5YR 6/4,干),30%左右岩石碎屑,粉砂壤土,发育中等的 1~2 mm 粒状结构,松散,2~3 个蚯蚓穴,中度石灰反应,清晰

平滑过渡。

图 8-3-9　代表性地块景观(左)和土壤剖面(右)

Bw：30~60 cm，灰棕色(5YR 4/2，润)，浊橙色(5YR 6/4，干)，40%左右岩石碎屑，粉砂壤土，发育弱的 20~50 mm 块状结构，坚硬，结构面上 20%左右黏粒胶膜，中度石灰反应，渐变波状过渡。

C：60~110 cm，黑棕色(5YR 2/2，润)，浊红色(5YR 4/4，干)，85%左右岩石碎屑，粉砂壤土，发育弱的 10~20 mm 块状结构，松散，中度石灰反应，渐变波状过渡。

Ab：110~120 cm，黑棕色(5YR 2/2，润)，浊红色(5YR 4/4，干)，20%左右岩石碎屑，粉砂壤土，发育弱的 20~50 mm 块状结构，弱石灰反应，稍硬。

4) 土壤养分

片区土壤呈碱性，土体 pH 7.89~7.96，有机质 9.80~19.00g/kg，全氮 6.00~14.00 g/kg，全磷 0.30~6.00 g/kg，全钾 18.80~20.80 g/kg，碱解氮 44.63~117.08 mg/kg，有效磷 2.45~43.15 mg/kg，速效钾 100.94~247.41 mg/kg，氯离子 18.80~66.22 mg/kg，交换性 Ca^{2+} 22.10~44.55 cmol/kg，交换性 Mg^{2+} 1.54~2.23 cmol/kg。

腐殖酸与腐殖质组成中，腐殖酸碳量 1.55~6.42 g/kg，腐殖质全碳量 5.56~8.65 g/kg，胡敏酸碳量 0.83~3.29 g/kg，胡敏素碳量 1.52~7.10 g/kg，富啡酸碳量 0.72~3.13 g/kg，胡富比 0.57~1.32。

微量元素中，有效铜 0.79~1.19 mg/kg，有效铁 5.50~6.30 mg/kg，有效锰 6.63~18.74 mg/kg，有效锌 0.02~1.43 mg/kg(表 8-3-4~表 8-3-6)。

表 8-3-4 片区代表性烟田土壤养分状况

土层 /cm	pH	有机质 /(g/kg)	全氮 /(g/kg)	全磷 /(g/kg)	全钾 /(g/kg)	碱解氮 /(mg/kg)	有效磷 /(mg/kg)	速效钾 /(mg/kg)	氯离子 /(mg/kg)
0~30	7.89	19.00	14.00	6.00	19.60	114.20	43.15	247.41	59.46
30~60	7.95	18.60	14.00	0.40	18.80	117.08	15.65	209.93	66.22
60~110	7.93	16.40	9.00	0.40	20.80	60.94	2.60	100.94	34.22
110~120	7.96	9.80	6.00	0.30	20.70	44.63	2.45	110.31	18.80

表 8-3-5 片区代表性烟田土壤腐殖酸与腐殖质组成

土层 /cm	腐殖酸碳量 /(g/kg)	腐殖质全碳量 /(g/kg)	胡敏酸碳量 /(g/kg)	胡敏素碳量 /(g/kg)	富啡酸碳量 /(g/kg)	胡富比
0~30	1.55	8.65	0.83	7.10	0.72	1.14
30~60	4.48	8.31	2.54	3.83	1.93	1.32
60~110	6.42	7.94	3.29	1.52	3.13	1.05
110~120	2.84	5.56	1.03	2.72	1.81	0.57

表 8-3-6 片区代表性烟田土壤中微量元素状况

土层 /cm	有效铜 /(mg/kg)	有效铁 /(mg/kg)	有效锰 /(mg/kg)	有效锌 /(mg/kg)	交换性 Ca^{2+} /(cmol/kg)	交换性 Mg^{2+} /(cmol/kg)
0~30	1.19	5.81	18.74	1.43	44.55	2.22
30~60	1.14	6.25	15.64	0.87	44.42	2.23
60~110	0.89	6.30	15.82	0.12	28.14	1.54
110~120	0.79	5.50	6.63	0.02	22.10	1.55

5) 总体评价

土体深厚, 耕作层质地适中, 砾石多, 耕性和通透性较好, 中坡旱地, 易水土流失和受旱灾威胁。碱性土壤, 有机质含量缺乏, 肥力中等偏高, 磷、钾丰富, 氯离子超标, 铜、铁、锰、锌、钙、镁丰富。

3. 五井镇北黄谷村片区

1) 基本信息

代表性地块 (LQ-04): 北纬 36°24′29.900″, 东经 118°16′3.600″, 海拔 442 m (图 8-3-10), 高丘漫岗坡地下部, 成土母质为石灰岩风化坡积物, 种植制度为烤烟-玉米/小麦隔年轮作, 中坡旱地, 土壤亚类为普通钙质干润淋溶土。

2) 气候条件

烤烟大田生长期间 (5~9 月), 平均气温 21.3℃, 降水量 593mm, 日照时数 1073 h

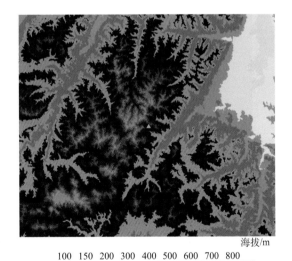

海拔/m

100 150 200 300 400 500 600 700 800

图 8-3-10 片区海拔示意图

（图 8-3-11）。

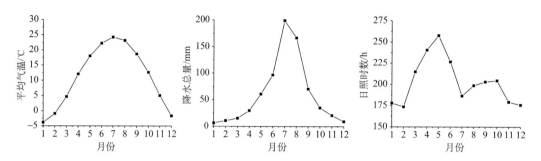

图 8-3-11　片区平均气温、降水总量、日照时数动态变化示意图

3）剖面形态（图 8-3-12（右））

图 8-3-12　代表性地块景观（左）和土壤剖面（右）

　　Ap：0~22 cm，灰棕色（5YR 4/2，润），浊橙色（5YR 6/4，干），10%左右岩石碎屑，粉砂壤土，发育强的 1~2 mm 粒状结构，松散，2~3 个蚯蚓穴，中度石灰反应，清晰平滑过渡。

　　Bt1：22~52 cm，灰棕色（5YR 4/2，润），浊橙色（5YR 6/4，干），10%左右岩石碎屑，粉砂壤土，发育强的 20~50 mm 块状结构，坚硬，结构面上 20%左右黏粒胶膜，中度石灰反应，2~3 个蚯蚓穴，渐变波状过渡。

　　Bt2：52~95 cm，黑棕色（5YR 2/2，润），浊红色（5YR 4/4，干），30%左右岩石碎屑，粉砂壤土，发育中等 20~50 mm 块状结构，坚硬，结构面上 20%左右黏粒胶膜，中度石灰反应，2~3 个蚯蚓穴，渐变波状过渡。

C：95~120 cm，黑棕色(5YR 2/2，润)，浊红色(5YR 4/4，干)，85%左右岩石碎屑，粉砂壤土，发育弱的 10~20 mm 块状结构，弱石灰反应，稍硬。

4）土壤养分

片区土壤呈碱性，土体 pH 7.78~8.16，有机质 2.30~11.80 g/kg，全氮 0.30~1.10 g/kg，全磷 0.20~0.60 g/kg，全钾 34.80~39.70 g/kg，碱解氮 17.27~77.74 mg/kg，有效磷 2.90~14.65 mg/kg，速效钾 152.72~226.21 mg/kg，氯离子 19.18~34.61 mg/kg，交换性 Ca^{2+} 20.05~33.30 cmol/kg，交换性 Mg^{2+} 1.41~1.78 cmol/kg。

腐殖酸与腐殖质组成中，腐殖酸碳量 0.21~3.45 g/kg，腐殖质全碳量 1.20~5.62 g/kg，胡敏酸碳量 0.11~1.40 g/kg，胡敏素碳量 0.97~3.72 g/kg，富啡酸碳量 0.11~2.05 g/kg，胡富比 0.50~1.00。

微量元素中，有效铜 0.61~1.11 mg/kg，有效铁 2.68~6.14 mg/kg，有效锰 12.18~34.20 mg/kg，有效锌 0.09~1.32 mg/kg(表 8-3-7~表 8-3-9)。

表 8-3-7　片区代表性烟田土壤养分状况

土层 /cm	pH	有机质 /(g/kg)	全氮 /(g/kg)	全磷 /(g/kg)	全钾 /(g/kg)	碱解氮 /(mg/kg)	有效磷 /(mg/kg)	速效钾 /(mg/kg)	氯离子 /(mg/kg)
0~22	7.90	11.80	1.10	0.60	34.80	77.74	14.65	226.21	34.61
22~52	8.16	6.10	0.40	0.30	39.40	23.03	3.30	152.72	19.18
52~95	7.78	8.40	0.30	0.20	39.70	17.27	2.90	160.12	19.69
95~120	7.98	2.30	0.30	0.20	37.10	17.27	5.20	197.60	20.62

表 8-3-8　片区代表性烟田土壤腐殖酸与腐殖质组成

土层 /cm	腐殖酸碳量 (g/kg)	腐殖质全碳量 /(g/kg)	胡敏酸碳量 /(g/kg)	胡敏素碳量 /(g/kg)	富啡酸碳量 /(g/kg)	胡富比
0~22	3.45	5.62	1.40	2.17	2.05	0.68
22~52	0.71	3.19	0.24	2.48	0.47	0.50
52~95	0.21	3.94	0.11	3.72	0.11	1.00
95~120	0.24	1.20	0.12	0.97	0.12	1.00

表 8-3-9　片区代表性烟田土壤中微量元素状况

土层 /cm	有效铜 /(mg/kg)	有效铁 /(mg/kg)	有效锰 /(mg/kg)	有效锌 /(mg/kg)	交换性 Ca^{2+} /(cmol/kg)	交换性 Mg^{2+} /(cmol/kg)
0~22	1.11	6.14	16.38	1.32	33.30	1.78
22~52	0.61	2.68	12.18	0.09	25.69	1.44
52~95	0.68	2.75	34.20	0.45	23.81	1.41
95~120	1.10	3.06	20.03	0.26	20.05	1.42

5）总体评价

土体深厚，耕作层质地适中，砾石较多，耕性和通透性较好，中坡旱地，易水土流失和受旱灾威胁。碱性土壤，有机质含量缺乏，肥力偏低，磷偏低，钾含量丰富，氯离子超标，铜、铁、锰、锌、钙、镁丰富。

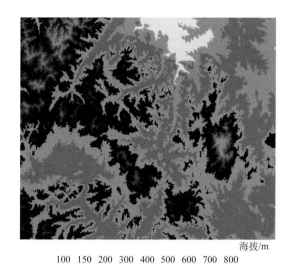

海拔/m

100 150 200 300 400 500 600 700 800

图 8-3-13　片区海拔示意图

4. 九山镇土岗堆村片区

1）基本信息

代表性地块（LQ-05）：北纬 36°14′17.100″，东经 118°26′12.200″，海拔 350 m（图 8-3-13），高丘漫岗坡地中上部，成土母质为花岗片麻岩风化残积物，种植制度为烤烟-花生隔年轮作，中坡旱地，土壤亚类为石质干润正常新成土。

2）气候条件

烤烟大田生长期间（5~9 月），平均气温 22.2℃，降水量 584mm，日照时数 1069 h（图 8-3-14）。

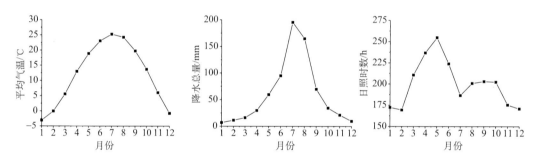

图 8-3-14　片区平均气温、降水总量、日照时数动态变化示意图

3）剖面形态（图 8-3-15（右））

Ap：0~20 cm，暗红棕色（2.5YR 3/4，润），亮红棕色（2.5YR 5/8，干），60%左右岩石碎屑，粉砂壤土，发育强的 1~2 mm 粒状结构，松散，清晰平滑过渡。

R：20 cm~，花岗片麻岩。

4）土壤养分

片区土壤呈酸性，土体 pH 为 5.45，有机质含量为 5.40 g/kg，全氮含量为 0.50 g/kg，全磷含量为 0.50 g/kg，全钾含量为 16.40 g/kg，碱解氮含量为 64.30 mg/kg，有效磷含量为 16.30 mg/kg，速效钾含量为 152.72 mg/kg，氯离子含量为 38.88 mg/kg，交换性 Ca^{2+} 3.19 cmol/kg，交换性 Mg^{2+} 0.83 cmol/kg。

腐殖酸与腐殖质组成中，腐殖酸碳量为 1.49 g/kg，腐殖质全碳量为 1.85 g/kg，胡敏酸碳量为 0.47 g/kg，胡敏素碳量为 0.36 g/kg，富啡酸碳量为 1.02 g/kg，胡富比为 0.46。

微量元素中，有效铜含量为 0.34 mg/kg，有效铁含量为 23.46 mg/kg，有效锰含量为 7.98 mg/kg，有效锌含量为 0.45 mg/kg（表 8-3-10~表 8-3-12）。

图 8-3-15　代表性地块景观（左）和土壤剖面（右）

表 8-3-10　片区代表性烟田土壤养分状况

土层 /cm	pH	有机质 /(g/kg)	全氮 /(g/kg)	全磷 /(g/kg)	全钾 /(g/kg)	碱解氮 /(mg/kg)	有效磷 /(mg/kg)	速效钾 /(mg/kg)	氯离子 /(mg/kg)
0~20	5.45	5.40	0.50	0.50	16.40	64.30	16.30	152.72	38.88

表 8-3-11　片区代表性烟田土壤腐殖酸与腐殖质组成

土层 /cm	腐殖酸碳量 /(g/kg)	腐殖质全碳量 /(g/kg)	胡敏酸碳量 /(g/kg)	胡敏素碳量 /(g/kg)	富啡酸碳量 /(g/kg)	胡富比
0~20	1.49	1.85	0.47	0.36	1.02	0.46

表 8-3-12　片区代表性烟田土壤中微量元素状况

土层 /cm	有效铜 /(mg/kg)	有效铁 /(mg/kg)	有效锰 /(mg/kg)	有效锌 /(mg/kg)	交换性 Ca^{2+} /(cmol/kg)	交换性 Mg^{2+} /(cmol/kg)
0~20	0.34	23.46	7.98	0.45	3.19	0.83

5）总体评价

土体浅薄，耕作层质地适中，砾石多，耕性和通透性较好，中坡旱地，易水土流失和受旱灾威胁。酸性土壤，有机质含量极低，肥力偏低，缺磷富钾，氯离子超标，铜、锌含量中等水平，铁、锰、钙、镁丰富。

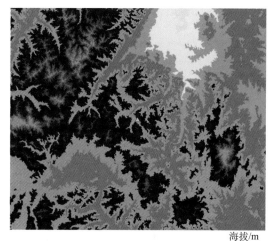

海拔/m

100 150 200 300 400 500 600 700 800

图 8-3-16　片区海拔示意图

5. 寺头镇中福泉村片区

1）基本信息

代表性地块（LQ-06）：北纬 36°17′4.600″，东经 118°23′13.400″，海拔 415 m（图 8-3-16），高丘漫岗坡地中上部，成土母质为石灰性砂页岩风化残积物，种植制度为烤烟-花生隔年轮作，中坡旱地，土壤亚类为普通简育干润雏形土。

2）气候条件

烤烟大田生长期间（5~9 月），平均气温 21.4℃，降水量 595 mm，日照时数 1066 h（图 8-3-17）。

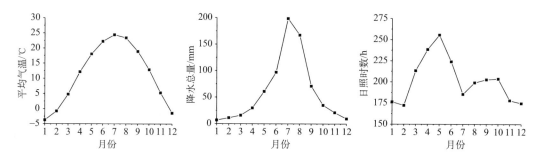

图 8-3-17　片区平均气温、降水总量、日照时数动态变化示意图

3）剖面形态（图 8-3-18（右））

Ap：0~30 cm，棕色（10YR 4/4，润），亮黄棕色（10YR 6/6，干），40%左右岩石碎屑，粉砂壤土，发育强的 1~2 mm 粒状结构，松散，强石灰反应，清晰平滑过渡。

Bw：30~45 cm，黄棕色（5YR 5/6，润），黄橙色（5YR 7/8，干），85%左右岩石碎屑，粉砂壤土，发育弱的 10~20 mm 块状结构，松散，强石灰反应，渐变波状过渡。

R：45 cm~，砂页岩。

4）土壤养分

片区土壤呈碱性，土体 pH 8.24~8.35，有机质 4.20~14.20 g/kg，全氮 0.60~0.90 g/kg，全磷 0.20~0.70 g/kg，全钾 25.70~38.80 g/kg，碱解氮 38.39~74.86 mg/kg，有效磷 1.20~15.20 mg/kg，速效钾 110.31~173.43 mg/kg，氯离子 22.20~24.28 mg/kg，交换性 Ca^{2+} 51.20~54.15 cmol/kg，交换性 Mg^{2+} 0.78~0.81 cmol/kg。

腐殖酸与腐殖质组成中，殖酸碳量 1.00~2.24 g/kg，腐殖质全碳量 1.68~4.38 g/kg，胡敏酸碳量 0.27~0.84 g/kg，胡敏素碳量 0.69~2.14 g/kg，富啡酸碳量 0.72~1.40 g/kg，胡富比 0.38~0.60。

图 8-3-18　代表性地块景观(左)和土壤剖面(右)

微量元素中，有效铜 0.25~0.61 mg/kg，有效铁 2.06~4.10 mg/kg，有效锰 7.54~8.99 mg/kg，有效锌 0.06~0.35 mg/kg(表 8-3-13~表 8-3-15)。

表 8-3-13　片区代表性烟田土壤养分状况

土层 /cm	pH	有机质 /(g/kg)	全氮 /(g/kg)	全磷 /(g/kg)	全钾 /(g/kg)	碱解氮 /(mg/kg)	有效磷 /(mg/kg)	速效钾 /(mg/kg)	氯离子 /(mg/kg)
0~30	8.35	14.20	0.90	0.70	25.70	74.86	15.20	173.43	24.28
30~45	8.24	4.20	0.60	0.20	38.80	38.39	1.20	110.31	22.20

表 8-3-14　片区代表性烟田土壤腐殖酸与腐殖质组成

土层 /cm	腐殖酸碳量 /(g/kg)	腐殖质全碳量 /(g/kg)	胡敏酸碳量 /(g/kg)	胡敏素碳量 /(g/kg)	富啡酸碳量 /(g/kg)	胡富比
0~30	2.24	4.38	0.84	2.14	1.40	0.60
30~45	1.00	1.68	0.27	0.69	0.72	0.38

表 8-3-15　片区代表性烟田土壤中微量元素状况

土层 /cm	有效铜 /(mg/kg)	有效铁 /(mg/kg)	有效锰 /(mg/kg)	有效锌 /(mg/kg)	交换性 Ca^{2+} /(cmol/kg)	交换性 Mg^{2+} /(cmol/kg)
0~30	0.61	4.10	8.99	0.35	51.20	0.81
30~45	0.25	2.06	7.54	0.06	54.15	0.78

5)总体评价

土体浅薄，耕作层质地适中，砾石多，耕性和通透性较好，中坡旱地，易水土流失

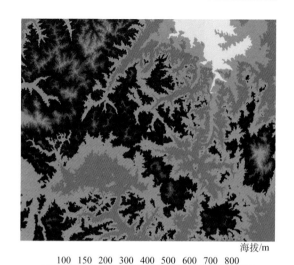

海拔/m

100 150 200 300 400 500 600 700 800

图 8-3-19　片区海拔示意图

和受旱灾威胁。碱性土壤，有机质含量缺乏，肥力偏低，缺磷富钾，铜含量中等水平，锌缺乏，铁、锰、钙丰富。

6. 寺头镇西蓼子村片区

1）基本信息

代表性地块（LQ-07）：北纬 36°15′39.3″，东经 118°21′26.3″，海拔 461 m（图 8-3-19），高丘漫岗坡地中上部，成土母质为石灰性紫砂页岩风化残积物，种植制度为烤烟-中药隔年轮作，中坡旱地，土壤亚类为石灰紫色正常新成土。

2）气候条件

烤烟大田生长期间（5~9 月），平均气温 21.2℃，降水量 601 mm，日照时数 1064 h（图 8-3-20）。

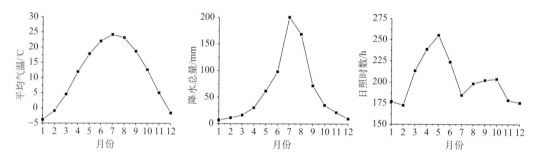

图 8-3-20　片区平均气温、降水总量、日照时数动态变化示意图

3）剖面形态（图 8-3-21（右））

Ap：0~22 cm，极暗红棕色（10R 2/3，润），红色（10R 4/6，干），70%左右岩石碎屑，粉砂壤土，发育强的 1~2 mm 粒状结构，松散，中度石灰反应，清晰平滑过渡。

R：22 cm~，紫砂页岩。

4）土壤养分

片区土壤呈碱性，土壤层间 pH 为 8.45，有机质含量为 18.50 g/kg，全氮含量为 1.30 g/kg，全磷含量为 1.10 g/kg，全钾含量为 26.50 g/kg，碱解氮含量为 95.97 mg/kg，有效磷含量为 16.00 mg/kg，速效钾含量为 95.02 mg/kg，氯离子含量为 18.86 mg/kg，交换性 Ca^{2+} 32.85 cmol/kg，交换性 Mg^{2+} 1.94 cmol/kg。

腐殖酸与腐殖质组成中，腐殖酸碳量为 3.39 g/kg，腐殖质全碳量为 5.67 g/kg，胡敏酸碳量为 1.50 g/kg，胡敏素碳量为 2.28 g/kg，富啡酸碳量为 1.88 g/kg，胡富比为 0.80。

微量元素中，有效铜含量为 0.46 mg/kg，有效铁含量为 7.00 mg/kg，有效锰含量为 17.55 mg/kg，有效锌含量为 1.20 mg/kg（表 8-3-16~表 8-3-18）。

图 8-3-21　代表性地块景观(左)和土壤剖面(右)

表 8-3-16　片区代表性烟田土壤养分状况

土层 /cm	pH	有机质 /(g/kg)	全氮 /(g/kg)	全磷 /(g/kg)	全钾 /(g/kg)	碱解氮 /(mg/kg)	有效磷 /(mg/kg)	速效钾 /(mg/kg)	氯离子 /(mg/kg)
0~22	8.45	18.50	1.30	1.10	26.50	95.97	16.00	95.02	18.86

表 8-3-17　片区代表性烟田土壤腐殖酸与腐殖质组成

土层 /cm	腐殖酸碳量 /(g/kg)	腐殖质全碳量 /(g/kg)	胡敏酸碳量 /(g/kg)	胡敏素碳量 /(g/kg)	富啡酸碳量 /(g/kg)	胡富比
0~22	3.39	5.67	1.50	2.28	1.88	0.80

表 8-3-18　片区代表性烟田土壤中微量元素状况

土层 /cm	有效铜 /(mg/kg)	有效铁 /(mg/kg)	有效锰 /(mg/kg)	有效锌 /(mg/kg)	交换性 Ca^{2+} /(cmol/kg)	交换性 Mg^{2+} /(cmol/kg)
0~22	0.46	7.00	17.55	1.20	32.85	1.94

5) 总体评价

土体浅薄，耕作层质地适中，砾石多，耕性和通透性较好，中坡旱地，易水土流失和受旱灾威胁。碱性土壤，有机质含量缺乏，肥力偏低，缺磷、钾，铜含量中等水平，铁、锰、锌、钙、镁含量丰富。

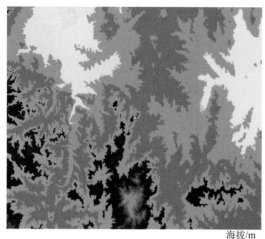

海拔/m

100 150 200 300 400 500 600 700 800

图 8-3-22　片区海拔示意图

7. 寺头镇长达峪村片区

1）基本信息

代表性地块（LQ-08）：北纬 36°19′4.100″，东经 118°38′14.400″，海拔 290 m（图 8-3-22），高丘漫岗坡地中上部，成土母质为石灰岩风化坡积物，种植制度为烤烟-玉米隔年轮作，中坡旱地，土壤亚类为普通简育干润雏形土。

2）气候条件

烤烟大田生长期间（5~9 月），平均气温 21.7℃，降水量 576 mm，日照时数 1073 h（图 8-3-23）。

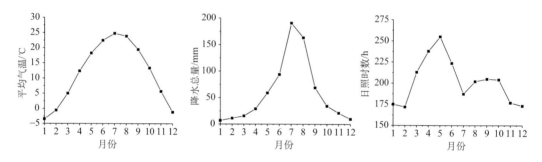

图 8-3-23　片区平均气温、降水总量、日照时数动态变化示意图

3）剖面形态（图 8-3-24（右））

Ap：0~33 cm，灰棕色（5YR 4/2，润），浊红棕色（5YR 5/4，干），30%左右岩石碎屑，粉砂壤土，发育强的 1~2 mm 粒状结构，松散，强石灰反应，渐变波状过渡。

Bw：33~45 cm，灰棕色（5YR 4/2，润），浊红棕色（5YR 5/4，干），80%左右岩石碎屑，粉砂壤土，发育弱的 10~20 mm 块状结构，松散，强石灰反应，清晰波状。

R：45 cm~，石灰岩。

4）土壤养分

片区土壤呈中性，土体 pH 7.42~7.88，有机质 14.90~20.00 g/kg，全氮 10.00~16.00 g/kg，全磷 0.30~0.50 g/kg，全钾 21.30~23.10 g/kg，碱解氮 84.45~121.88 mg/kg，有效磷 3.25~19.55 mg/kg，速效钾 169.00~250.87 mg/kg，氯离子 29.34~30.43 mg/kg，交换性 Ca^{2+} 50.82~50.95 cmol/kg，交换性 Mg^{2+} 0.78~1.68 cmol/kg。

腐殖酸与腐殖质组成中，腐殖酸碳量 4.66~6.26 g/kg，腐殖质全碳量 7.85~10.30 g/kg，胡敏酸碳量 2.15~2.87 g/kg，胡敏素碳量 3.19~4.04 g/kg，富啡酸碳量 2.51~3.40 g/kg，胡富比 0.84~0.86。

图 8-3-24　代表性地块景观(左)和土壤剖面(右)

微量元素中，有效铜 1.22~1.37 mg/kg，有效铁 7.71~10.11 mg/kg，有效锰 15.09~22.06 mg/kg，有效锌 0.09~0.67 mg/kg(表 8-3-19~表 8-3-21)。

表 8-3-19　片区代表性烟田土壤养分状况

土层 /cm	pH	有机质 (%)	全氮 (%)	全磷 (%)	全钾 (%)	碱解氮 /(mg/kg)	有效磷 /(mg/kg)	速效钾 /(mg/kg)	氯离子 /(mg/kg)
0~33	7.42	20.00	16.00	0.50	23.10	121.88	19.55	250.87	30.43
33~45	7.88	14.90	10.00	0.30	21.30	84.45	3.25	169.00	29.34

表 8-3-20　片区代表性烟田土壤腐殖酸与腐殖质组成

土层 /cm	腐殖酸碳量 /(g/kg)	腐殖质全碳量 /(g/kg)	胡敏酸碳量 /(g/kg)	胡敏素碳量 /(g/kg)	富啡酸碳量 /(g/kg)	胡富比
0~33	6.26	10.30	2.87	4.04	3.40	0.84
33~45	4.66	7.85	2.15	3.19	2.51	0.86

表 8-3-21　片区代表性烟田土壤中微量元素状况

土层 /cm	有效铜 /(mg/kg)	有效铁 /(mg/kg)	有效锰 /(mg/kg)	有效锌 /(mg/kg)	交换性 Ca^{2+} /(cmol/kg)	交换性 Mg^{2+} /(cmol/kg)
0~33	1.37	10.11	15.09	0.67	50.82	1.68
33~45	1.22	7.71	22.06	0.09	50.95	0.78

5)总体评价

土体浅薄，耕作层质地适中，砾石多，耕性和通透性较好，中坡旱地，易水土流失

海拔/m

100 150 200 300 400 500 600 700 800

图 8-3-25　片区海拔示意图

和受旱灾威胁。中性土壤，有机质含量中等水平，肥力偏高，缺磷富钾，氯离子超标，铜、铁、锰、钙、镁丰富，锌中等含量水平。

8. 寺头镇山枣村片区

1）基本信息

代表性地块（LQ-09）：北纬 36°19′15.800″，东经 118°29′56.800″，海拔 332 m（图 8-3-25），高丘漫岗坡地中上部，成土母质为石灰性泥页岩风化残积物，种植制度为烤烟-玉米隔年轮作，中坡旱地，土壤亚类为普通简育干润雏形土。

2）气候条件

烤烟大田生长期间（5~9 月），平均气温 22.1℃，降水量 576 mm，日照时数 1074 h（图 8-3-26）。

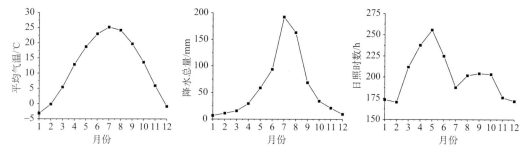

图 8-3-26　片区平均气温、降水总量、日照时数动态变化示意图

3）剖面形态（图 8-3-27（右））

Ap：0~22 cm，黑棕色（10YR 3/2，润），浊棕色（7.5YR 5/4，干），50%左右岩石碎屑，粉砂壤土，发育强的 1~2 mm 粒状结构，松散，强石灰反应，渐变波状过渡。

Bw：22~40 cm，灰棕色（7.5YR 5/2，润），浊橙色（7.5YR 7/4，干），70%左右岩石碎屑，粉砂壤土，发育弱的 10~20 mm 块状结构，松散，强石灰反应，清晰波状。

R：40 cm~，泥页岩。

4）土壤养分

片区土壤呈碱性，土体 pH 7.95~8.29，有机质 8.60~20.30 g/kg，全氮 0.70~1.50 g/kg，全磷 0.50~0.80 g/kg，全钾 25.20~26.60 g/kg，碱解氮 44.15~104.61 mg/kg，有效磷 2.60~12.75 mg/kg，速效钾 76.77~215.85 mg/kg，氯离子 22.89~39.12 mg/kg，交换性 Ca^{2+} 53.10~55.53 cmol/kg，交换性 Mg^{2+} 0.62~1.01 cmol/kg。

图 8-3-27　代表性地块景观（左）和土壤剖面(右)

腐殖酸与腐殖质组成中，腐殖酸碳量 2.21~5.09 g/kg，腐殖质全碳量 4.27~8.59 g/kg，胡敏酸碳量 0.79~2.50 g/kg，胡敏素碳量 2.06~3.50 g/kg，富啡酸碳量 1.42~2.59 g/kg，胡富比 0.56~0.96。

微量元素中，有效铜 0.97~1.48 mg/kg，有效铁 2.96~7.10 mg/kg，有效锰 6.04~12.14 mg/kg，有效锌 0.07~0.74 mg/kg（表 8-3-22~表 8-3-24）。

表 8-3-22　片区代表性烟田土壤养分状况

土层 /cm	pH	有机质 /(g/kg)	全氮 /(g/kg)	全磷 /(g/kg)	全钾 /(g/kg)	碱解氮 /(mg/kg)	有效磷 /(mg/kg)	速效钾 /(mg/kg)	氯离子 /(mg/kg)
0~22	7.95	20.30	1.50	0.80	26.60	104.61	12.75	215.85	39.12
22~40	8.29	8.60	0.70	0.50	25.20	44.15	2.60	76.77	22.89

表 8-3-23　片区代表性烟田土壤腐殖酸与腐殖质组成

土层 /cm	腐殖酸碳量 (g/kg)	腐殖质全碳量 /(g/kg)	胡敏酸碳量 /(g/kg)	胡敏素碳量 /(g/kg)	富啡酸碳量 /(g/kg)	胡富比
0-22	5.09	8.59	2.50	3.50	2.59	0.96
22-40	2.21	4.27	0.79	2.06	1.42	0.56

表 8-3-24　片区代表性烟田土壤中微量元素状况

土层 /cm	有效铜 /(mg/kg)	有效铁 /(mg/kg)	有效锰 /(mg/kg)	有效锌 /(mg/kg)	交换性 Ca^{2+} /(cmol/kg)	交换性 Mg^{2+} /(cmol/kg)
0~22	1.48	7.10	12.14	0.74	53.10	1.01
22~40	0.97	2.96	6.04	0.07	55.53	0.62

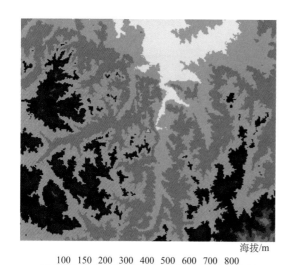

海拔/m

100 150 200 300 400 500 600 700 800

图 8-3-28　片区海拔示意图

5）总体评价

土体浅薄，耕作层质地适中，砾石多，耕性和通透性较好，中坡旱地，易水土流失和受旱灾威胁。碱性土壤，有机质含量中等水平，肥力中等，氯离子超标，铜、铁、锰、钙、镁丰富，锌含量中等水平。

9. 寺头镇下山枣村片区

1）基本信息

代表性地块（LQ-10）：北纬36°19′1.000″，东经 118°30′4.000″，海拔283m（图 8-3-28），高丘漫岗坡地坡麓，成土母质为古红土，种植制度为烤烟-玉米隔年轮作，平旱地，土壤亚类为普通简育干润淋溶土。

2）气候条件

烤烟大田生长期间（5~9 月），平均气温 22.1℃，降水量 576 mm，日照时数 1074 h（图 8-3-29）。

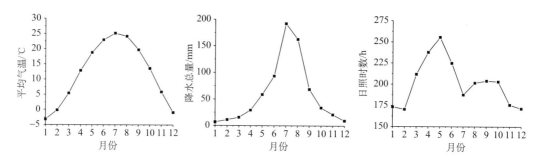

图 8-3-29　片区平均气温、降水总量、日照时数动态变化示意图

3）剖面形态（图 8-3-30（右））

Ap：0~23 cm，极暗棕红色（2.5YR 2/2，润），暗红棕色（2.5YR 3/6，干），壤土，发育中等的 1~2 mm 粒状结构，松散，清晰平滑波状过渡。

Bt1：23~40 cm，浊红棕色（2.5YR 4/4，润），亮红棕色（2.5YR 5/6，干），黏壤土，发育中等的 10~20 mm 块状结构，坚硬，结构面上 20%左右黏粒胶膜，加班脖子过渡。

Bt2：40~80 cm，浊红棕色（2.5YR 4/4，润），亮红棕色（2.5YR 5/6，干），黏壤土，发育弱的 20~50 mm 块状结构，坚硬，结构面上 20%左右黏粒胶膜，渐变波状过渡。

Bt3：80~120 cm，浊红棕色（2.5YR 4/4，润），亮红棕色（2.5YR 5/6，干），黏壤土，发育弱的 20~50 mm 块状结构，坚硬，结构面上 10%左右黏粒胶膜。

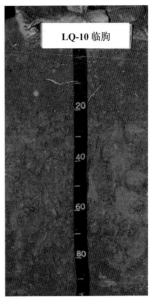

图 8-3-30 代表性地块景观(左)和土壤剖面(右)

4)土壤养分

片区土壤呈碱性，土体 pH 8.05~8.28，有机质 3.00~16.80 g/kg，全氮 0.30~1.30 g/kg，全磷 0.30~0.90 g/kg，全钾 7.40~22.20 g/kg，碱解氮 17.27~87.33 mg/kg，有效磷 2.45~47.65 mg/kg，速效钾 179.85~221.77 mg/kg，氯离子 18.01~26.19 mg/kg，交换性 Ca^{2+} 27.11~38.55 cmol/kg，交换性 Mg^{2+} 0.72~1.71 cmol/kg。

腐殖酸与腐殖质组成中，腐殖酸碳量 0.43~4.30 g/kg，腐殖质全碳量 1.71~8.95 g/kg，胡敏酸碳量 0.26~2.00 g/kg，胡敏素碳量 1.26~4.65 g/kg，富啡酸碳量 0.12~2.30 g/kg，胡富比 0.87~2.50。

微量元素中，有效铜 0.35~1.17 mg/kg，有效铁 3.43~28.59 mg/kg，有效锰 7.25~17.82 mg/kg，有效锌 0.03~1.65 mg/kg(表 8-3-25~表 8-3-27)

5)总体评价

土体深厚，耕作层质地适中，耕性和通透性较好。碱性土壤，有机质含量缺乏，肥力偏低，磷、钾丰富，铜、铁、锰、锌、钙、镁含量丰富。

表 8-3-25 片区代表性烟田土壤养分状况

土层 /cm	pH	有机质 /(g/kg)	全氮 /(g/kg)	全磷 /(g/kg)	全钾 /(g/kg)	碱解氮 /(mg/kg)	有效磷 /(mg/kg)	速效钾 /(mg/kg)	氯离子 /(mg/kg)
0~23	8.14	16.80	1.30	0.90	21.80	87.33	47.65	221.77	26.19
23~40	8.11	4.30	0.40	0.30	22.20	23.03	3.20	179.85	18.01
40~80	8.05	3.80	0.30	0.30	11.30	19.19	2.45	190.20	24.98
80~120	8.28	3.00	0.30	0.30	7.40	17.27	5.60	179.85	22.75

表 8-3-26　片区代表性烟田土壤腐殖酸与腐殖质组成

土层 /cm	腐殖酸碳量 /(g/kg)	腐殖质全碳量 /(g/kg)	胡敏酸碳量 /(g/kg)	胡敏素碳量 /(g/kg)	富啡酸碳量 /(g/kg)	胡富比
0~23	4.30	8.95	2.00	4.65	2.30	0.87
23~40	0.78	2.49	0.46	1.71	0.33	1.40
40~80	0.43	2.02	0.31	1.59	0.12	2.50
80~120	0.45	1.71	0.26	1.26	0.19	1.33

表 8-3-27　片区代表性烟田土壤中微量元素状况

土层 /cm	有效铜 /(mg/kg)	有效铁 /(mg/kg)	有效锰 /(mg/kg)	有效锌 /(mg/kg)	交换性 Ca^{2+} /(cmol/kg)	交换性 Mg^{2+} /(cmol/kg)
0~23	1.17	28.59	17.82	1.65	38.55	1.71
23~40	0.45	3.90	8.67	0.04	28.46	0.77
40~80	0.35	3.72	8.61	0.03	27.15	0.72
80~120	0.38	3.43	7.25	0.05	27.11	0.77

第四节　山东诸城生态条件

一、地理位置

诸城市位于北纬 35°42′23″~36°21′05″，东经 119°0′19″~119°43′56″，地处山东半岛东南部，泰沂山脉与胶潍平原交界处，潍坊市境东南端，潍河上游。诸城市隶属于山东省潍坊市，现辖密州街道、舜王街道、龙都街道、相州镇、皇华镇、枳沟镇、辛兴镇、石桥子镇、百尺河镇、昌城镇、贾悦镇、林家村镇、桃林镇 3 个街道、10 个镇，总面积 2183 km^2，其中耕地面积为 104 000 hm^2（图 8-4-1）。

二、自然条件

1. 地形地貌

诸城市地势南高北低，自南而东为起伏较大的山岭地带，间有若干谷状盆地，西部、中部及北部，系大片波状平原，属胶莱冲积平原南部的潍河平原，其边缘有低缓山丘分布。洼地、水面分布于境内各地。全市山地面积占总面积的 30.10%；丘岭占 22.60%；平原占 32.25%；洼地占 15.05%；水面占 1.25%，境内最高点海拔 670 m，最低点海拔 19 m（图 8-4-2）。

2. 气候条件

诸城境内属暖温带大陆性季风区半湿润气候，四季分明，冬冷夏热，光照充足。年均气温 10.2~13.2℃，平均 12.7℃，1 月最冷，月平均气温 1.7℃，7 月最热，月平均气温 25.3℃；区域分布总的趋势是由中部向东西两侧递减。年均降水总量 660~778mm，平均 703 mm 左右，7 月和 8 月降雨较多，在 150 mm 以上，1 月、2 月、3 月、4 月、10 月、

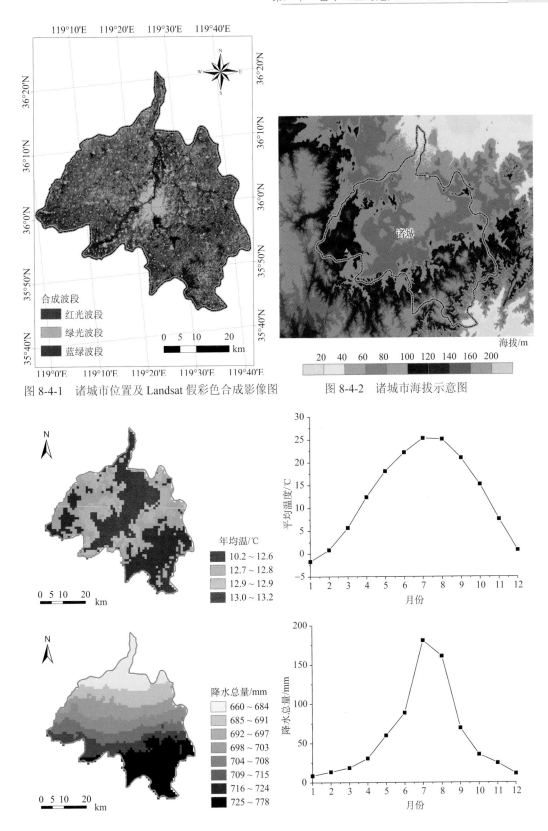

图 8-4-1　诸城市位置及 Landsat 假彩色合成影像图

图 8-4-2　诸城市海拔示意图

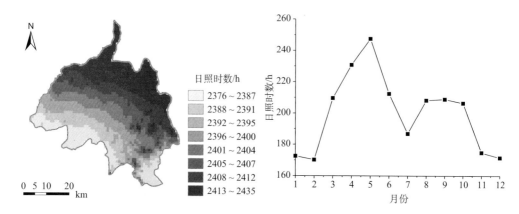

图 8-4-3　诸城 1980~2013 年平均温度 、降水总量、日照时数空间格局及动态变化示意图

11 月、12 月降雨较少，在 50 mm 以下；区域分布总的趋势是由南向北递减。年均日照时数 2376~2435 h，平均 2400 h，其中 3 月、4 月、5 月、6 月、8 月、9 月、10 月日照均在 200 h 以上，区域分布总的趋势是由西南向东北递增。平均无霜期 184 d(图 8-4-3)。

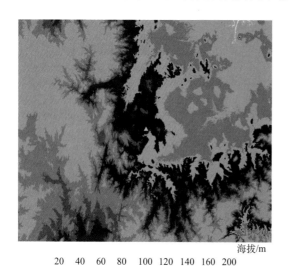

图 8-4-4　片区海拔示意图

三、片区与代表性烟田

1. 贾悦镇琅埠农场片区

1)基本信息

代表性地块 (ZC-01)：北纬 35°59'0.981"，东经 119°7'3.590"，海拔 151 m(图 8-4-4)，冲积平原一级阶地，成土母质为洪积-冲积物，种植制度为烤烟-绿肥轮作，平旱地，土壤亚类为普通简育干润淋溶土。

2)气候条件

烤烟大田生长期间(5~9 月)，平均气温 22.5℃，降水量 569 mm，日照时数 1061 h(图 8-4-5)。

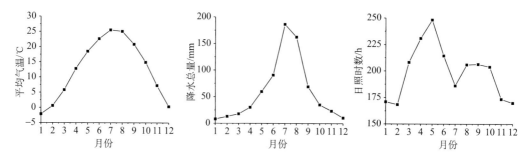

图 8-4-5　片区平均气温、降水总量、日照时数年动态变化示意图

3）剖面形态（图 8-4-6（右））

图 8-4-6　代表性地块景观（左）和土壤剖面（右）

Ap：0~27 cm，亮红棕色（2.5YR 5/6，润），橙色（2.5YR 7/8，干），10%左右岩石碎屑，壤土，发育强的 1~2 mm 粒状结构，松散，2~3 个蚯蚓穴，pH7.3，强石灰反应，渐变波状过渡。

AB：27~45 cm，浊红棕色（2.5YR 4/4，润），橙色（2.5YR 6/6，干），10%左右岩石碎屑，壤土，发育强的 10~20 mm 块状结构，稍硬，2~3 个蚯蚓穴，pH7.8，强石灰反应，清晰平滑过渡。

Bt1：45~65 cm，浊红棕色（2.5YR 4/4，润），橙色（2.5YR 6/6，干），10%左右岩石碎屑，黏壤土，发育中等的 20~50 mm 棱块状结构，稍硬，结构面上 20%左右黏粒胶膜，2%左右软小铁锰结核，pH7.7，强石灰反应，渐变波状过渡。

Bt2：65~85 cm，浊红棕色（2.5YR 4/4，润），橙色（2.5YR 6/6，干），10%左右岩石碎屑，黏壤土，发育中等的 20~50 mm 棱块状结构，pH 7.9，结构面上 20%左右黏粒胶膜，2%左右软小铁锰结核，强石灰反应，坚硬，清晰平滑过渡。

BC：85 cm~120cm，浊红棕色（2.5YR 4/4，润），橙色（2.5YR 6/6，干），10%左右岩石碎屑，黏壤土，发育中等的 10~20 mm 棱块状结构，坚硬，pH 8.1，强石灰反应。

4）土壤养分

片区土壤呈中性，土体 pH 7.31~8.06，有机质 2.85~7.70 g/kg，全氮 0.24~0.67 g/kg，全磷 0.69~1.11 g/kg，全钾 28.02~29.40 g/kg，碱解氮 16.49~45.98 mg/kg，有效磷 5.55~13.65 mg/kg，速效钾 103.08~325.90 mg/kg，氯离子 7.83~25.22 mg/kg，交换性 Ca^{2+} 68.79~92.87 cmol/kg，交换性 Mg^{2+} 4.75~6.11 cmol/kg。

腐殖酸与腐殖质组成中，腐殖酸碳量 1.21~2.41 g/kg，腐殖质全碳量 1.70~4.47 g/kg，胡敏酸碳量 0.63~0.96 g/kg，胡敏素碳量 0.25~2.31 g/kg，富啡酸碳量 0.49~1.53 g/kg，胡富比 0.41~1.45。

微量元素中，有效铜 0.23~0.35 mg/kg，有效铁 2.05~3.56 mg/kg，有效锰 3.84~8.36 mg/kg，有效锌 0.10~0.70 mg/kg（表 8-4-1~表 8-4-3）。

表 8-4-1　片区代表性烟田土壤养分状况

土层 /cm	pH	有机质 /(g/kg)	全氮 /(g/kg)	全磷 /(g/kg)	全钾 /(g/kg)	碱解氮 /(mg/kg)	有效磷 /(mg/kg)	速效钾 /(mg/kg)	氯离子 /(mg/kg)
0~27	7.31	7.70	0.67	1.11	29.40	45.98	13.00	325.90	7.84
27~45	7.84	6.08	0.50	1.05	29.11	45.28	7.40	156.02	7.83
45~65	7.71	2.92	0.35	0.98	29.03	16.49	6.10	125.91	7.87
65~85	7.85	2.85	0.24	0.90	29.04	23.69	13.65	115.20	18.91
85~120	8.06	3.75	0.35	0.69	28.02	24.38	5.55	103.08	25.22

表 8-4-2　片区代表性烟田土壤腐殖酸与腐殖质组成

土层 /cm	腐殖酸碳量 /(g/kg)	腐殖质全碳量 /(g/kg)	胡敏酸碳量 /(g/kg)	胡敏素碳量 /(g/kg)	富啡酸碳量 /(g/kg)	胡富比
0~27	2.16	4.47	0.63	2.31	1.53	0.41
27~45	2.41	3.53	0.96	1.12	1.44	0.67
45~65	1.21	1.70	0.72	0.49	0.49	1.45
65~85	1.40	1.65	0.75	0.25	0.66	1.14
85~120	1.60	2.18	0.85	0.58	0.75	1.12

表 8-4-3　片区代表性烟田土壤中微量元素状况

土层 /cm	有效铜 /(mg/kg)	有效铁 /(mg/kg)	有效锰 /(mg/kg)	有效锌 /(mg/kg)	交换性 Ca^{2+} /(cmol/kg)	交换性 Mg^{2+} /(cmol/kg)
0~27	0.35	2.66	8.36	0.70	90.67	6.11
27~45	0.28	2.16	4.97	0.28	91.32	5.40
45~65	0.23	2.05	3.84	0.15	92.87	5.27
65~85	0.25	2.79	4.78	0.16	87.56	5.08
85~120	0.32	3.56	6.54	0.10	68.79	4.75

5）总体评价

土体厚，耕作层质地适中，砾石较多，耕性和通透性较好。中性土壤，有机质含量缺乏，肥力较低，缺磷富钾，铜、锌含量中等水平，铁、锰、钙、镁含量丰富。

2. 皇华镇东莎沟村片区

1）基本信息

代表性地块（ZC-02）：北纬 35°50′42.180″，东经 119°24′8.882″，海拔 143 m（图 8-4-7），低丘漫岗顶部，成土母质为砂岩风化残积物，种植制度为烤烟-玉米隔年轮作，缓坡旱地，土壤亚类为石质干润正常新成土（图 8-4-7）。

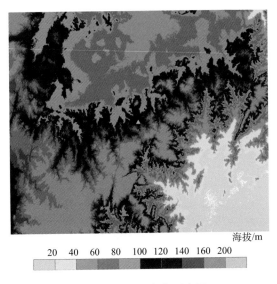

图 8-4-7　片区海拔示意图

2) 气候条件

烤烟大田生长期间（5~9 月），平均气温 22.1℃，降水量 577mm，日照时数 1053 h（图 8-4-8）。

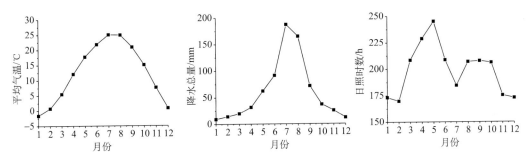

图 8-4-8　片区平均气温、降水总量、日照时数年动态变化示意图

3) 剖面形态（图 8-4-9（右））

Ap：0~38 cm，棕色（7.5YR 4/4，润），橙色（7.5YR 6/6，干），10%左右岩石碎屑，砂质壤土，发育中等的 1~2 mm 粒状结构，松散，pH 6.1，清晰平滑过渡。

R：38 cm~，砂岩。

4) 土壤养分

片区土壤呈酸性，土体 pH 6.08~6.64，有机质 1.80~5.39 g/kg，全氮 0.19~0.46 g/kg，全磷 0.12~0.29 g/kg，全钾 27.02~27.15 g/kg，碱解氮 15.56~47.84 mg/kg，有效磷 5.90~20.05 mg/kg，速效钾 54.34~119.22 mg/kg，氯离子 7.85~27.85 mg/kg，交换性 Ca^{2+} 16.81~24.64 cmol/kg，交换性 Mg^{2+} 5.24~5.33 cmol/kg。

腐殖酸与腐殖质组成中，腐殖酸碳量 1.30~2.14 g/kg，腐殖质全碳量 1.04~3.13 g/kg，胡敏酸碳量 0.62~0.80 g/kg，胡敏素碳量 0.25~0.98 g/kg，富啡酸碳量 0.50~1.52 g/kg，胡

富比 0.41~1.59。

图 8-4-9　代表性地块景观(左)和土壤剖面(右)

微量元素中，有效铜 0.15~0.75 mg/kg，有效铁 5.12~33.19 mg/kg，有效锰 4.65~39.81 mg/kg，有效锌 0.08~0.81 mg/kg(表 8-4-4~表 8-4-6)。

表 8-4-4　片区代表性烟田土壤养分状况

土层 /cm	pH	有机质 /(g/kg)	全氮 /(g/kg)	全磷 /(g/kg)	全钾 /(g/kg)	碱解氮 /(mg/kg)	有效磷 /(mg/kg)	速效钾 /(mg/kg)	氯离子 /(mg/kg)
0~38	6.08	5.39	0.46	0.29	27.02	47.84	20.05	119.22	7.85
38~60	6.64	1.80	0.19	0.12	27.15	15.56	5.90	54.34	27.85

表 8-4-5　片区代表性烟田土壤腐殖酸与腐殖质组成

土层 /cm	腐殖酸碳量 /(g/kg)	腐殖质全碳量 /(g/kg)	胡敏酸碳量 /(g/kg)	胡敏素碳量 /(g/kg)	富啡酸碳量 /(g/kg)	胡富比
0~38	2.14	3.13	0.62	0.98	1.52	0.41
38~60	1.30	1.04	0.80	0.25	0.50	1.59

表 8-4-6　片区代表性烟田土壤中微量元素状况

土层 /cm	有效铜 /(mg/kg)	有效铁 /(mg/kg)	有效锰 /(mg/kg)	有效锌 /(mg/kg)	交换性 Ca^{2+} /(cmol/kg)	交换性 Mg^{2+} /(cmol/kg)
0~38	0.75	33.19	39.81	0.81	16.81	5.24
38~60	0.15	5.12	4.65	0.08	24.64	5.33

5）总体评价

土体浅薄，耕作层质地适中，砾石较多，耕性和通透性较好，轻度水土流失，易受旱灾威胁。

3. 百天河镇张戈庄村片区

1）基本信息

代表性地块（ZC-03）：北纬35°15′50.031″，东经117°53′13.186″，海拔194 m（图8-4-10），低丘漫岗中的河谷二级阶地，成土母质为古红土与石灰岩风化物混合的洪积-坡积物，种植制度为烤烟-玉米隔年轮作，缓坡梯田旱地，土壤亚类为普通简育干润淋溶土。

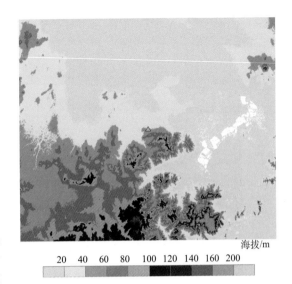

海拔/m

| 20 | 40 | 60 | 80 | 100 | 120 | 140 | 160 | 200 |

图 8-4-10　片区海拔示意图

2）气候条件

烤烟大田生长期间（5~9月），平均气温22.4℃，降水量545mm，日照时数1072 h（图8-4-11）。

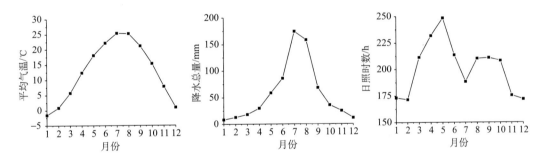

图 8-4-11　片区平均气温、降水总量、日照时数年动态变化示意图

3）剖面形态（图8-4-12（右））

Ap：0~22 cm，棕色（7.5YR 4/4，润），橙色（7.5YR 6/6，干），20%左右岩石碎屑，壤土，发育中等的1~2 mm粒状结构，松散，pH 6.1，渐变波状过渡。

AB：22~42 cm，棕色（7.5YR 4/4，润），橙色（7.5YR 6/6，干），20%左右岩石碎屑，壤土，发育中等的10~20 mm块状结构，疏松，pH 6.2，清晰波状过渡。

Br1：42~75 cm，棕色（7.5YR 4/4，润），橙色（7.5YR 6/6，干），30%左右岩石碎屑，壤土，发育中等的20~50 mm块状结构，坚硬，结构面上5%左右铁锰斑纹，2%左右软小铁锰结核，pH 6.7，清晰波状过渡。

Br2：75~95 cm，灰棕色（7.5YR 4/2，润），浊橙色（7.5YR 6/4，干），80%左右岩石碎屑，壤土，发育中等的20~50 mm块状结构，坚硬，结构面上5%左右铁锰斑纹，2%左右软小铁锰结核，pH 6.7，清晰波状过渡。

图 8-4-12　代表性地块景观(左)和土壤剖面(右)

BCr：95~130 cm，灰棕色(7.5YR 4/2，润)，浊橙色(7.5YR 6/4，干)，30%左右岩石碎屑，壤土，发育弱的 20~50 mm 块状结构，稍硬，结构面上 5%左右铁锰斑纹，2%左右软小铁锰结核，pH 6.7。

4) 土壤养分

片区土壤呈微酸性，土体 pH 6.11~7.11，有机质 3.50~9.21 g/kg，全氮 0.25~0.69 g/kg，全磷 0.13~0.32 g/kg，全钾 18.70~20.65 g/kg，碱解氮 14.86~65.95 mg/kg，有效磷 5.25~17.75 mg/kg，速效钾 107.83~244.95 mg/kg，氯离子 7.84~29.10 mg/kg，交换性 Ca^{2+} 17.28~41.26 cmol/kg，交换性 Mg^{2+} 3.00~5.31 cmol/kg。

腐殖酸与腐殖质组成中，腐殖酸碳量 1.16~3.51 g/kg，腐殖质全碳量 2.03~5.34 g/kg，胡敏酸碳量 0.35~0.99 g/kg，胡敏素碳量 0.87~1.83 g/kg，富啡酸碳量 0.81~2.52 g/kg，胡富比 0.27~0.47。

微量元素中，有效铜 0.44~1.13 mg/kg，有效铁 4.21~22.19 mg/kg，有效锰 10.37~43.11 mg/kg，有效锌 0.07~0.54 mg/kg(表 8-4-7~表 8-4-9)。

表 8-4-7　片区代表性烟田土壤养分状况

土层 /cm	pH	有机质 /(g/kg)	全氮 /(g/kg)	全磷 /(g/kg)	全钾 /(g/kg)	碱解氮 /(mg/kg)	有效磷 /(mg/kg)	速效钾 /(mg/kg)	氯离子 /(mg/kg)
0~22	6.11	9.21	0.69	0.29	20.65	65.95	16.60	145.97	17.50
22~42	6.15	7.68	0.51	0.22	19.53	51.09	17.75	107.83	29.10
42~75	6.65	5.25	0.37	0.13	20.38	27.63	5.25	244.95	19.03
75~95	6.96	7.48	0.53	0.32	18.70	17.65	5.70	138.61	7.88
95~130	7.11	3.50	0.25	0.19	20.27	14.86	6.35	134.60	7.84

表 8-4-8 片区代表性烟田土壤腐殖酸与腐殖质组成

土层 /cm	腐殖酸碳量 /(g/kg)	腐殖质全碳量 /(g/kg)	胡敏酸碳量 /(g/kg)	胡敏素碳量 /(g/kg)	富啡酸碳量 /(g/kg)	胡富比
0~22	3.51	5.34	0.99	1.83	2.52	0.39
22~42	2.77	4.45	0.59	1.68	2.18	0.27
42~75	1.83	3.05	0.59	1.21	1.24	0.47
75~95	2.90	4.34	0.80	1.44	2.11	0.38
95~130	1.16	2.03	0.35	0.87	0.81	0.43

表 8-4-9 片区代表性烟田土壤中微量元素状况

土层 /cm	有效铜 /(mg/kg)	有效铁 /(mg/kg)	有效锰 /(mg/kg)	有效锌 /(mg/kg)	交换性 Ca^{2+} /(cmol/kg)	交换性 Mg^{2+} /(cmol/kg)
0~22	1.13	22.19	43.11	0.54	25.12	4.42
22~42	0.72	12.34	30.29	0.17	17.28	3.00
42~75	0.46	4.63	15.19	0.07	23.11	3.64
75~95	0.44	5.09	13.90	0.11	38.65	4.85
95~130	0.46	4.21	10.37	0.20	41.26	5.31

5) 总体评价

土体深厚,耕作层质地适中,砾石较多,耕性和通透性好。微酸性土壤,有机质含量缺乏,肥力较低,缺磷富钾,铜、铁、锰、钙、镁丰富,锌含量中等水平。

4. 昌城镇孙家队农场片区

1) 基本信息

代表性地块(ZC-04):北纬 36°11′47.876″,东经 119°28′41.590″,海拔 79 m(图 8-4-13),冲积平原一级阶地,成土母质为洪积-冲积物,种植制度为烤烟-玉米隔年轮作,平旱地,土壤亚类为普通淡色潮湿雏形土。

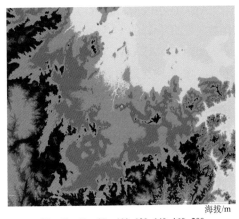

海拔/m

20 40 60 80 100 120 140 160 200

图 8-4-13 片区海拔示意图

2) 气候条件

烤烟大田生长期间(5~9月),平均气温22.5℃,降水量541mm,日照时数1077 h(图8-4-14)。

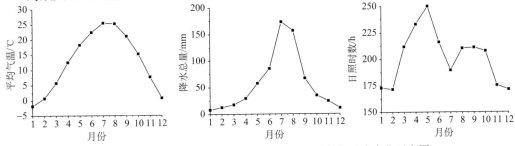

图 8-4-14 片区平均气温、降水总量、日照时数年动态变化示意图

3）剖面形态（图 8-4-15（右））

图 8-4-15　代表性地块景观（左）和土壤剖面（右）

Ap：0~20 cm，棕色（7.5YR 4/4，润），橙色（7.5YR 6/6，干），20%左右岩石碎屑，壤土，发育中等的 1~2 mm 粒状结构，松散，pH 4.9，清晰平滑过渡。

AB：20~45 cm，灰棕色（7.5YR 4/2，润），浊橙色（7.5YR 6/4，干），20%左右岩石碎屑，壤土，发育中等的 10~20 mm 块状结构，疏松，pH 5.3，清晰平滑过渡。

Abr：45~60 cm，黑棕色（7.5YR 2/2，润），棕色（7.5YR 4/4，干），30%左右岩石碎屑，壤土，发育中等的 20~50 mm 块状结构，坚硬，结构面上 5%左右铁锰斑纹，2%左右软小铁锰结核，pH 6.4，清晰平滑过渡。

Br1：60~80 cm，黑棕色（7.5YR 2/2，润），棕色（7.5YR 4/4，干），80%左右岩石碎屑，壤土，发育中等的 20~50 mm 块状结构，稍硬，结构面上 5%左右铁锰斑纹，2%左右软小铁锰结核，pH 6.6，清晰波状过渡。

Br2：80~120 cm，黑棕色（7.5YR 2/2，润），棕色（7.5YR 4/4，干），80%左右岩石碎屑，壤土，发育中等的 20~50 mm 块状结构，稍硬，结构面上 5%左右铁锰斑纹，2%左右软小铁锰结核，pH 6.6。

4）土壤养分

片区土壤呈酸性，土体 pH 4.89~6.59，有机质 3.45~9.41 g/kg，全氮 0.28~0.63 g/kg，全磷 0.20~0.42 g/kg，全钾 15.81~20.72 g/kg，碱解氮 21.83~67.58 mg/kg，有效磷 4.90~43.60 mg/kg，速效钾 91.13~212.91 mg/kg，氯离子 7.83~32.86 mg/kg，交换性 Ca^{2+} 10.92~34.85 cmol/kg，交换性 Mg^{2+} 2.26~5.49 cmol/kg。

腐殖酸与腐殖质组成中，腐殖酸碳量 1.85~3.31 g/kg，腐殖质全碳量 2.00~5.46 g/kg，胡敏酸碳量 0.42~0.87 g/kg，胡敏素碳量 0.32~2.15 g/kg，富啡酸碳量 1.43~2.55 g/kg，胡富比 0.30~0.60。

土壤微量元素有效铜 0.42~1.20 mg/kg，有效铁 4.47~59.09 mg/kg，有效锰 10.85~75.54 mg/kg，有效锌 0.10~0.73 mg/kg（表 8-4-10~表 8-4-12）。

表 8-4-10　片区代表性烟田土壤养分状况

土层 /cm	pH	有机质 /(g/kg)	全氮 /(g/kg)	全磷 /(g/kg)	全钾 /(g/kg)	碱解氮 /(mg/kg)	有效磷 /(mg/kg)	速效钾 /(mg/kg)	氯离子 /(mg/kg)
0~20	4.89	9.41	0.63	0.42	18.69	67.58	43.60	212.91	7.83
20~45	5.33	3.45	0.28	0.20	20.72	46.68	21.80	91.13	7.83
45~60	6.41	6.96	0.45	0.20	20.15	34.83	4.95	115.87	7.83
60~80	6.59	6.52	0.50	0.20	19.38	34.83	9.00	139.28	7.85
80~120	6.59	3.75	0.29	0.20	15.81	21.83	4.90	127.24	32.86

表 8-4-11　片区代表性烟田土壤腐殖酸与腐殖质组成

土层 /cm	腐殖酸碳量 /(g/kg)	腐殖质全碳量 /(g/kg)	胡敏酸碳量 /(g/kg)	胡敏素碳量 /(g/kg)	富啡酸碳量 /(g/kg)	胡富比
0~20	3.31	5.46	0.75	2.15	2.55	0.30
20~45	2.82	2.00	0.64	0.82	2.17	0.30
45~60	2.62	4.03	0.80	1.41	1.82	0.44
60~80	2.32	3.78	0.87	1.47	1.45	0.60
80~120	1.85	2.17	0.42	0.32	1.43	0.30

表 8-4-12　片区代表性烟田土壤中微量元素状况

土层 /cm	有效铜 /(mg/kg)	有效铁 /(mg/kg)	有效锰 /(mg/kg)	有效锌 /(mg/kg)	交换性 Ca^{2+} /(cmol/kg)	交换性 Mg^{2+} /(cmol/kg)
0~20	1.20	59.09	75.54	0.73	15.86	2.37
20~45	1.13	49.18	52.61	0.38	10.92	2.26
45~60	0.71	7.34	11.43	0.10	31.05	4.28
60~80	0.68	7.49	15.09	0.13	34.85	5.49
80~120	0.42	4.47	10.85	0.12	28.43	5.14

5)总体评价

土体深厚，耕作层质地适中，砾石较多，耕性和通透性好。酸性土壤，有机质含量较缺乏，肥力偏低，磷、钾丰富，铜、铁、锰、钙、镁丰富，锌中等。

5. 百天河镇张戈庄片区

1)基本信息

代表性地块（ZC-05）：北纬 36°11′47.876″，东经 119°33′45.799″，海拔 87 m（图 8-4-16），冲积平原二级阶地，成土母质为洪积-冲积物，种植制度为烤烟-绿肥轮作，平旱地，土壤亚类为普通淡色潮湿雏形土。

海拔/m

20　40　60　80　100　120　140　160　200

图 8-4-16　片区海拔示意图

2）气候条件

烤烟大田生长期间（5~9月），平均气温 22.4℃，降水量 542mm，日照时数 1074 h（图 8-4-17）。

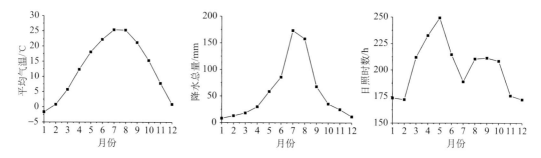

图 8-4-17　片区平均气温、降水总量、日照时数年动态变化示意图

3）剖面形态（图 8-4-18（右））

图 8-4-18　代表性地块景观（左）和土壤剖面（右）

Ap：0~20 cm，浊棕色（7.5YR 5/4，润），橙色（7.5YR 7/6，干），10%左右岩石碎屑，壤土，发育中等的 1~2 mm 粒状结构，松散，pH 5.5，清晰平滑过渡。

AB：20~30 cm，浊棕色（7.5YR 5/4，润），橙色（7.5YR 7/6，干），10%左右岩石碎屑，壤土，发育中等的 10~20 mm 块状结构，疏松，pH 5.7，清晰平滑过渡。

Abr：30~55 cm，棕色（7.5YR 4/3，润），橙色（7.5YR 6/6，干），20%左右岩石碎屑，壤土，发育中等的 20~50 mm 块状结构，稍硬，结构面上 5%左右铁锰斑纹，2%左右软小铁锰结核，pH 5.4，清晰平滑过渡。

Br1：55~72 cm，棕色（7.5YR 4/3，润），橙色（7.5YR 6/6，干），80%左右岩石碎屑，

壤土，发育中等的 20~50 mm 块状结构，稍硬，结构面上 5%左右铁锰斑纹，2%左右软小铁锰结核，pH 5.9，清晰波状过渡。

Br2：72~110 cm，棕色（7.5YR 4/3，润），橙色（7.5YR 6/6，干），90%左右岩石碎屑，壤土，发育中等的 20~50 mm 块状结构，稍硬，结构面上 5%左右铁锰斑纹，2%左右软小铁锰结核，pH 5.5。

4）土壤养分

片区土壤呈酸性，土体 pH 5.41~5.86，有机质 5.39~14.26 g/kg，全氮 0.29~1.04 g/kg，全磷 0.14~0.39 g/kg，全钾 18.77~20.26 g/kg，碱解氮 12.36~94.75 mg/kg，有效磷 5.88~38.70 mg/kg，速效钾 137.94~193.95 mg/kg，氯离子 7.84~10.14 mg/kg，交换性 Ca^{2+} 19.42~27.01 cmol/kg，交换性 Mg^{2+} 4.71~6.25 cmol/kg。

腐殖酸与腐殖质组成中，腐殖酸碳量 1.62~5.95 g/kg，腐殖质全碳量 3.13~8.27 g/kg，胡敏酸碳量 0.53~1.95 g/kg，胡敏素碳量 1.21~2.32 g/kg，富啡酸碳量 1.31~4.00 g/kg，胡富比 0.41~1.02。

微量元素中，有效铜 0.74~2.22 mg/kg，有效铁 17.67~68.66 mg/kg，有效锰 26.22~56.15 mg/kg，有效锌 0.25~1.01 mg/kg（表 8-4-13~表 8-4-15）。

表 8-4-13 片区代表性烟田土壤养分状况

土层/cm	pH	有机质/(g/kg)	全氮/(g/kg)	全磷/(g/kg)	全钾/(g/kg)	碱解氮/(mg/kg)	有效磷/(mg/kg)	速效钾/(mg/kg)	氯离子/(mg/kg)
0~20	5.54	10.50	0.80	0.38	19.82	76.87	38.70	193.95	7.84
20~30	5.68	11.37	0.84	0.39	19.92	82.67	21.40	184.09	7.84
30~55	5.41	14.26	1.04	0.34	20.26	94.75	18.25	172.05	10.14
55~72	5.86	5.39	0.40	0.14	19.55	36.23	5.95	137.94	7.89
72~110	5.78	3.24	0.29	0.15	18.77	12.36	5.88	138.77	7.99

表 8-4-14 片区代表性烟田土壤腐殖酸与腐殖质组成

土层/cm	腐殖酸碳量/(g/kg)	腐殖质全碳量/(g/kg)	胡敏酸碳量/(g/kg)	胡敏素碳量/(g/kg)	富啡酸碳量/(g/kg)	胡富比
0~20	3.89	6.09	1.12	2.20	2.77	0.41
20~30	4.53	6.59	1.80	2.06	2.74	0.66
30~55	5.95	8.27	1.95	2.32	4.00	0.49
55~72	1.84	3.13	0.53	1.29	1.31	0.41
72~110	1.62	3.89	1.35	1.21	1.33	1.02

表 8-4-15 片区代表性烟田土壤中微量元素状况

土层/cm	有效铜/(mg/kg)	有效铁/(mg/kg)	有效锰/(mg/kg)	有效锌/(mg/kg)	交换性 Ca^{2+}/(cmol/kg)	交换性 Mg^{2+}/(cmol/kg)
0~20	1.60	59.67	56.15	1.01	19.42	4.85
20~30	1.76	58.47	47.21	0.72	22.5	5.67
30~55	2.22	68.66	54.24	0.76	27.01	4.71
55~72	0.74	17.67	29.01	0.25	21.56	6.25
72~110	0.78	25.23	26.22	0.33	22.01	5.66

5) 总体评价

土体深厚，耕作层质地适中，砾石较多，耕性和通透性好。微酸性土壤，有机质含量缺乏，肥力偏低，磷、钾丰富，铜、铁、锰、锌、钙、镁丰富。

第五节　山东莒县生态条件

一、地理位置

莒县位于北纬 35°19′~36°02′，东经 118°35′~119°06′，地处山东省东南部，东临日照东港区、五莲县，西界沂水县、沂南县，北接诸城市，南毗莒南县。莒县隶属山东省日照市，现辖城阳街道、招贤镇、阎庄镇、夏庄镇、刘家官庄镇、峤山镇、小店镇、龙山镇、东莞镇、浮来山镇、陵阳镇、店子集镇、长岭镇、安庄镇、碁山镇、洛河镇、寨里河镇、桑园镇、果庄镇、库山乡 1 个街道、18 个镇、1 个乡，总面积 1952.42 km²，其中耕地面积为 103 072.2 hm²（图 8-5-1）。

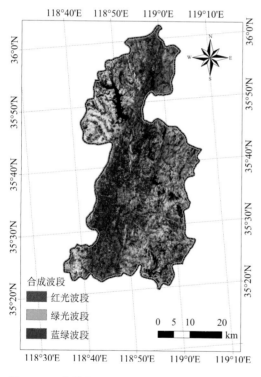

图 8-5-1　莒县位置及 Landsat 假彩色合成影像图

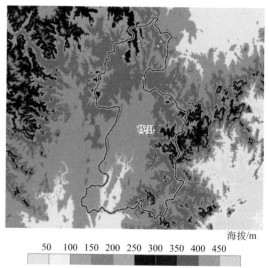

图 8-5-2　莒县海拔示意图

二、自然条件

1. 地形地貌

莒县地处鲁中南低山丘陵东南部，地势北高南低，四周环山，中间丘陵、平原、洼地交接。沭河北入南出，纵贯全境。海拔 200 m 以上的低山，主要分布在县境北部、东部和东南部，占总面积的 13.25%；丘陵主要分布在县境东北、西部和南部，占总面积的 61.35%；平原主要分布在县境中部沿沭河及其支流两侧的狭长地带，占总面积的 23.1%；低平洼地大都分布在莒城周围的几个乡镇，占总面积的 2.3%（图 8-5-2）。

2. 气候条件

莒县属于暖温带亚湿润季风气候，四季分明。年均气温 10.7~13.1℃，平均 12.5℃，1 月最冷，月平均气温 2.2℃，7 月最热，月平均气温 25.4℃；区域分布总的趋势是由中

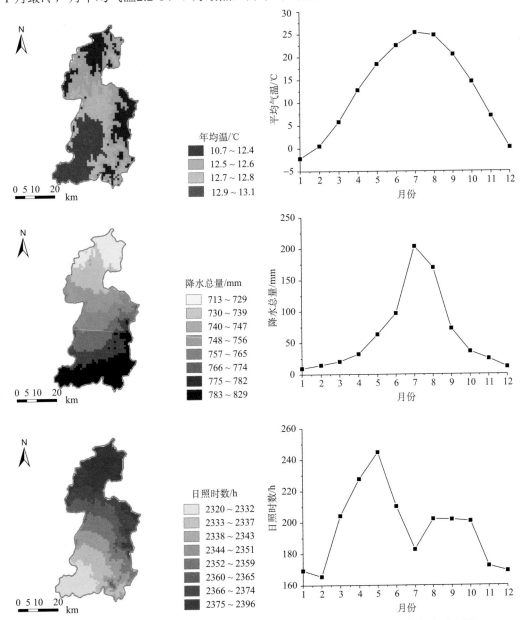

图 8-5-3　莒县 1980~2013 年平均温度、降水总量、日照时数时空动态变化示意图

西南部向北、东北、东递减。年均降水总量713~829 mm，平均756 mm左右，7月和8月降雨较多，在150 mm以上，1月、2月、3月、4月、10月、11月、12月降雨较少，在50 mm以下；区域分布总的趋势是由南向北递减。年均日照时数2320~2396 h，平均2352h，其中3月、4月、5月、6月、8月、9月、10月日照均在200 h以上；区域分布总的趋势是由西南向东北递增，平均无霜期182 d(图8-5-3)。

图8-5-4 片区海拔示意图

三、片区与代表性烟田

1. 棋山镇高岗崖村片区

1) 基本信息

代表性地块(JX-01)：北纬35°49′44.807″，东经118°59′23.320″，海拔179 m(图8-5-4)，低丘漫岗坡地坡麓，成土母质为石灰性紫泥岩风化洪积-冲积物，种植制度为烤烟-花生/山芋隔年轮作，缓坡旱地，土壤亚类为普通简育干润雏形土。

2) 气候条件

烤烟大田生长期间(5~9月)，平均气温22.3℃，降水量592 mm，日照时数1050 h(图8-5-5)。

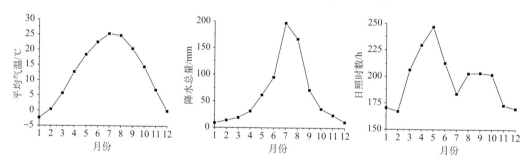

图8-5-5 片区平均气温、降水总量、日照时数动态变化示意图

3) 剖面形态(图8-5-6(右))

Ap：0~16 cm，黑棕色(5YR 2/2，润)，浊红棕色(5YR 4/4，干)，30%左右岩石碎屑，黏壤土，发育弱的1~2 mm粒状结构，松散，2~3个蚯蚓穴，pH 7.3，强石灰反应，渐变波状过渡。

AC：16~27 cm，黑棕色(5YR 2/2，润)，浊红棕色(5YR 4/4，干)，30%左右岩石碎屑，黏壤土，发育弱的1~2 mm粒状结构，松散，2~3个蚯蚓穴，pH 7.5，强石灰反应，清晰平滑过渡。

Bw1：27~45 cm，黑棕色(5YR 2/2，润)，浊红棕色(5YR 4/4，干)，80%左右岩石碎屑，

黏壤土，发育弱的1~4 mm粒状结构，松散，pH 7.6，强石灰反应，渐变波状过渡。

图8-5-6 代表性地块景观(左)和土壤剖面(右)

Bw2：45~65 cm，黑棕色(5YR 2/2，润)，浊红棕色(5YR 4/4，干)，80%左右岩石碎屑，黏壤土，发育弱的10~4 mm粒状结构，pH 8.3，强石灰反应，松散，清晰平滑过渡。

R：65 cm~，紫泥岩。

4) 土壤养分

片区土壤呈中性，土体pH 6.22~8.31，有机质6.20~9.51 g/kg，全氮0.49~0.63 g/kg，全磷0.36~1.51 g/kg，全钾22.39~29.87 g/kg，碱解氮31.12~59.45 mg/kg，有效磷7.95~27.40 mg/kg，速效钾102.50~295.78 mg/kg，氯离子7.81~7.85 mg/kg，交换性Ca^{2+}25.83~98.47 cmol/kg，交换性Mg^{2+} 2.78~7.47 cmol/kg。

腐殖酸与腐殖质组成中，腐殖酸碳量1.52~3.16 g/kg，腐殖质全碳量3.60~5.51 g/kg，胡敏酸碳量0.50~1.34 g/kg，胡敏素碳量2.08~2.60 g/kg，富啡酸碳量0.95~1.83 g/kg，胡富比0.47~0.73。

微量元素中，有效铜0.58~0.90 mg/kg，有效铁3.69~25.11 mg/kg，有效锰1.18~17.58 mg/kg，有效锌0.25~0.57 mg/kg(表8-5-1~表8-5-3)。

表8-5-1 片区代表性烟田土壤养分状况

土层/cm	pH	有机质/(g/kg)	全氮/(g/kg)	全磷/(g/kg)	全钾/(g/kg)	碱解氮/(mg/kg)	有效磷/(mg/kg)	速效钾/(mg/kg)	氯离子/(mg/kg)
0~16	7.31	7.16	0.50	1.51	29.87	31.12	18.80	295.78	7.81
16~27	7.54	6.54	0.49	1.41	28.77	33.44	9.40	145.30	7.83
27~45	6.22	9.51	0.63	0.36	22.39	59.45	27.40	102.50	7.85
45~65	8.31	6.20	0.51	1.42	29.16	32.51	7.95	115.20	7.84

表 8-5-2   片区代表性烟田土壤腐殖酸与腐殖质组成

土层 /cm	腐殖酸碳量 /(g/kg)	腐殖质全碳量 /(g/kg)	胡敏酸碳量 /(g/kg)	胡敏素碳量 /(g/kg)	富啡酸碳量 /(g/kg)	胡富比
0~16	1.55	4.15	0.50	2.60	1.06	0.47
16~27	1.65	3.79	0.60	2.14	1.05	0.57
27~45	3.16	5.51	1.34	2.35	1.83	0.73
45~65	1.52	3.60	0.57	2.08	0.95	0.60

表 8-5-3   片区代表性烟田土壤中微量元素状况

土层 /cm	有效铜 /(mg/kg)	有效铁 /(mg/kg)	有效锰 /(mg/kg)	有效锌 /(mg/kg)	交换性 Ca^{2+} /(cmol/kg)	交换性 Mg^{2+} /(cmol/kg)
0~16	0.58	4.13	1.85	0.53	95.38	7.41
16~27	0.73	5.22	1.88	0.29	98.47	6.91
27~45	0.90	25.11	17.58	0.57	25.83	2.78
45~65	0.65	3.69	1.18	0.25	96.33	7.47

海拔/m

50   100 150 200 250 300 350 400 450

图 8-5-7   片区海拔示意图

土壤亚类为石灰紫色正常新成土。

2）气候条件

烤烟大田生长期间（5~9 月），平均气温 22.2℃，降水量 582 mm，日照时数 1055 h（图 8-5-8）。

3）剖面形态（图 8-5-9（右））

Ap：0~20 cm，红黑色（10R 2/1，润），暗红棕色（10R 3/3，干），40%左右岩石碎屑，粉砂质黏壤土，发育中等的 1~2 mm 粒状结构，松散，pH 8.0，强石灰反应，清晰平滑过渡。

5）总体评价

土体较厚，耕作层质地偏黏，耕性较差，砾石多，通透性较好，轻度水土流失，易受旱灾威胁。中性土壤，有机质缺乏，肥力贫瘠，缺磷富钾，铜、锌含量中等，铁、锰、钙、镁丰富。

2. 库山乡西三山村片区

1）基本信息

代表性地块（JX-02）：北纬 35°56′10.229″，东经 119°0′9.364″，海拔 206 m（图 8-5-7），低丘漫岗坡地中部，成土母质为石灰性紫页岩风化残积物，种植制度为烤烟-中药隔年轮作，缓坡旱地，

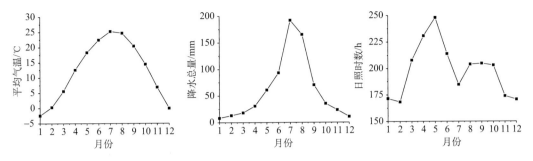

图 8-5-8　片区平均气温、降水量、日照时数动态变化示意图

图 8-5-9　代表性地块景观(左)和土壤剖面(右)

R：20 cm~，紫页岩。

4) 土壤养分

片区土壤呈碱性，土体 pH 为 7.96，有机质 9.60 g/kg，全氮 0.66 g/kg，全磷 0.81 g/kg，全钾 23.92 g/kg，碱解氮 49.46 mg/kg，有效磷 10.30 mg/kg，速效钾 91.13 mg/kg，氯离子 7.85 mg/kg，交换性 Ca^{2+} 95.00 cmol/kg，交换性 Mg^{2+} 3.58 cmol/kg。

腐殖酸与腐殖质组成中，腐殖酸碳量 3.02 g/kg，腐殖质全碳 5.57 g/kg，胡敏酸碳量 0.88 g/kg，胡敏素碳量 2.55 g/kg，富啡酸碳量 2.14 g/kg，胡富比 0.41。

微量元素中，有效铜 0.31 mg/kg，有效铁 5.29 mg/kg，有效锰 2.34 mg/kg，有效锌 0.55 mg/kg(表 8-5-4~表 8-5-6)。

5) 总体评价

土体浅薄，耕作层质地偏黏，耕性较差，砾石多，通透性较好，轻度水土流失，易受旱灾威胁。碱性土壤，有机质含量缺乏，肥力较低，磷、钾缺乏，铜、锌含量中等水平，铁、锰、钙、镁丰富。

表 8-5-4　片区代表性烟田土壤养分状况

土层 /cm	pH	有机质 /(g/kg)	全氮 /(g/kg)	全磷 /(g/kg)	全钾 /(g/kg)	碱解氮 /(mg/kg)	有效磷 /(mg/kg)	速效钾 /(mg/kg)	氯离子 /(mg/kg)
0~20	7.96	9.60	0.66	0.81	23.92	49.46	10.30	91.13	7.85

表 8-5-5　片区代表性烟田土壤腐殖酸与腐殖质组成

土层 /cm	腐殖酸碳量 /(g/kg)	腐殖质全碳量 /(g/kg)	胡敏酸碳量 /(g/kg)	胡敏素碳量 /(g/kg)	富啡酸碳量 /(g/kg)	胡富比
0~20	3.02	5.57	0.88	2.55	2.14	0.41

表 8-5-6　片区代表性烟田土壤中微量元素状况

土层 /cm	有效铜 /(mg/kg)	有效铁 /(mg/kg)	有效锰 /(mg/kg)	有效锌 /(mg/kg)	交换性 Ca^{2+} /(cmol/kg)	交换性 Mg^{2+} /(cmol/kg)
0~20	0.31	5.29	2.34	0.55	95.00	3.58

海拔/m

50　100　150　200　250　300　350　400　450

图 8-5-10　片区海拔示意图

3. 东莞镇大王坡村片区

1)基本信息

代表性地块(JX-03):北纬 35°54′39.558″,东经 118°50′31.018″,海拔 185 m(图 8-5-10),低丘漫岗顶部,成土母质为泥质岩风化残积物,种植制度为烤烟-玉米隔年轮作,中坡旱地,土壤亚类为石质干润正常新成土。

2)气候条件

烤烟大田生长期间(5~9 月),平均气温 22.1℃,降水量 582 mm,日照时数 1056 h(图 8-5-11)。

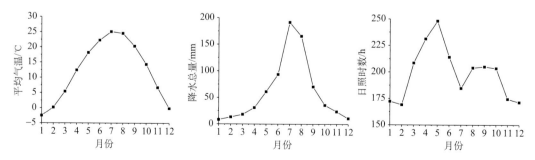

图 8-5-11　片区平均气温、降水总量、日照时数动态变化示意图

3）剖面形态（图 8-5-12（右））

Ap：0~20 cm，黑棕色（5YR 2/2，润），浊红棕色（5YR 4/4，干），35%左右岩石碎屑，黏土，发育中等的 1~2 mm 粒状结构，松散，pH 7.8，渐变波状过渡。

AC：20~30 cm，黑棕色（5YR 2/2，润），浊红棕色（5YR 4/4，干），50%左右岩石碎屑，黏土，发育弱的 10~20 mm 块状结构，疏松，pH 5.7，清晰波状过渡。

R：40 cm~，泥质岩。

4）土壤养分

片区土壤呈碱性，土体 pH 5.74~7.82，有机质 6.33~6.41 g/kg，全氮 0.51~0.55 g/kg，全磷 0.27~0.98 g/kg，全钾 22.78~29.21 g/kg，碱解氮 23.92~37.62 mg/kg，有效磷 7.55~18.20 mg/kg，速效钾 67.29~118.55 mg/kg，氯离子 7.84~24.45 mg/kg，交换性 Ca^{2+} 26.78~93.48 cmol/kg，交换性 Mg^{2+} 5.56~6.60 cmol/kg。

腐殖酸与腐殖质组成中，腐殖酸碳量 2.29~2.85 g/kg，腐殖质全碳量 3.67~3.72 g/kg，胡敏酸碳量 0.52~1.30 g/kg，胡敏素碳量 0.87~1.38 g/kg，富啡酸碳量 1.55~1.77 g/kg，胡富比 0.30~0.83。

JX-03 莒县

图 8-5-12　代表性地块景观（左）和土壤剖面（右）

微量元素中，有效铜 0.53~0.60 mg/kg，有效铁 4.98~25.24 mg/kg，有效锰 1.63~13.96 mg/kg，有效锌 0.23~0.28 mg/kg（表 8-5-7~表 8-5-9）。

表 8-5-7　片区代表性烟田土壤养分状况

土层 /cm	pH	有机质 /(g/kg)	全氮 /(g/kg)	全磷 /(g/kg)	全钾 /(g/kg)	碱解氮 /(mg/kg)	有效磷 /(mg/kg)	速效钾 /(mg/kg)	氯离子 /(mg/kg)
0~20	7.82	6.33	0.55	0.98	29.21	23.92	7.55	118.55	7.84
20~30	5.74	6.41	0.51	0.27	22.78	37.62	18.20	67.29	24.45

表 8-5-8　片区代表性烟田土壤腐殖酸与腐殖质组成

土层 /cm	腐殖酸碳量 /(g/kg)	腐殖质全碳量 /(g/kg)	胡敏酸碳量 /(g/kg)	胡敏素碳量 /(g/kg)	富啡酸碳量 /(g/kg)	胡富比
0~20	2.29	3.67	0.52	1.38	1.77	0.30
20~30	2.85	3.72	1.30	0.87	1.55	0.83

表 8-5-9　片区代表性烟田土壤中微量元素状况

土层 /cm	有效铜 /(mg/kg)	有效铁 /(mg/kg)	有效锰 /(mg/kg)	有效锌 /(mg/kg)	交换性 Ca^{2+} /(cmol/kg)	交换性 Mg^{2+} /(cmol/kg)
0~20	0.60	4.98	1.63	0.23	93.48	6.60
20~30	0.53	25.24	13.96	0.28	26.78	5.56

图 8-5-13　片区海拔示意图

壤亚类为普通底锈干润雏形土。

2)气候条件

烤烟大田生长期间(5~9 月),平均气温 22.3℃,降水量 589 mm,日照时数 1053 h(图 8-5-14)。

5)总体评价

土体浅薄,耕作层质地黏,耕性差,砾石多,通透性较好,轻度水土流失,易受旱灾威胁。碱性土壤,有机质缺乏,肥力较低,缺磷,钾含量中等,铜含量中等水平,锰、锌缺乏,钙、镁丰富。

4.棋山镇天宝村片区

1)基本信息

代表性地块(JX-04):北纬 35°49′44.807″,东经 118°59′23.320″,海拔 220 m(图 8-5-13),低丘漫岗顶部,成土母质为花岗岩风化坡积物,种植制度为烤烟-花生/山芋隔年轮作,缓坡旱地,土

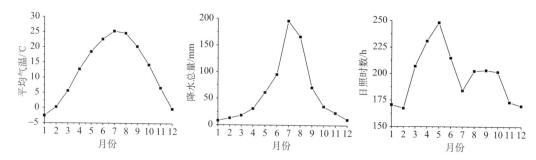

图 8-5-14　片区平均气温、降水总量、日照时数动态变化示意图

3) 剖面形态（图 8-5-15（右））

图 8-5-15　代表性地块景观（左）和土壤剖面（右）

Ap：0~21 cm，棕色（7.5YR 4/6，润），橙色（7.5YR 6/8，干），20%左右岩石碎屑，粉砂质黏壤土，发育强的 1~2 mm 粒状结构，松散，2~3 个蚯蚓穴，pH 5.2，清晰平滑过渡。

AB：21~40 cm，棕色（7.5YR 4/6，润），橙色（7.5YR 6/8，干），30%左右岩石碎屑，粉砂质黏壤土，发育强的 1~2 mm 粒状结构，松散，pH 6.5，2~3 个蚯蚓穴，渐变波状过渡。

Bw1：40~63 cm，棕色（7.5YR 4/6，润），橙色（7.5YR 6/8，干），30%左右岩石碎屑，粉砂质黏壤土，发育强的 10~20 mm 块状结构，松散，pH 5.5，渐变波状过渡。

Ab：63~82 cm，棕色（7.5YR 4/6，润），橙色（7.5YR 6/8，干），20%左右岩石碎屑，粉砂质黏壤土，发育强的 10~20 mm 块状结构，稍硬，结构面上 5%左右铁锰斑纹，2%左右软小铁锰结核，pH 6.5，渐变波状过渡。

Bw2：82~100 cm，棕色（7.5YR 4/6，润），橙色（7.5YR 6/8，干），70%左右岩石碎屑，粉砂质黏壤土，发育中等的 10~20 mm 棱块状结构，稍硬，结构面上 5%左右铁锰斑纹，2%左右软小铁锰结核，pH 6.6。

R：100 cm~，花岗岩。

4) 土壤养分

片区土壤呈酸性，土体 pH 5.23~6.59，有机质 4.43~7.63 g/kg，全氮 0.32~0.67 g/kg，全磷 0.22~0.52 g/kg，全钾 26.78~30.75 g/kg，碱解氮 25.54~54.34 mg/kg，有效磷 5.75~51.55 mg/kg，速效钾 98.48~419.51 mg/kg，氯离子 7.83~7.90 mg/kg，交换性 Ca^{2+}

17.76~27.01 cmol/kg，交换性 Mg^{2+} 6.11~9.15 cmol/kg。

腐殖酸与腐殖质组成中，腐殖酸碳量 1.92~3.44 g/kg，腐殖质全碳量 2.57~4.42 g/kg，胡敏酸碳量 0.64~1.34 g/kg，胡敏素碳量 0.64~1.93 g/kg，富啡酸碳量 0.96~2.11 g/kg，胡富比 0.35~1.00。

微量元素中，有效铜 0.60~1.53 mg/kg，有效铁 13.20~66.04 mg/kg，有效锰 10.77~42.88 mg/kg，有效锌 0.12~0.92 mg/kg（表 8-5-10~表 8-5-12）。

表 8-5-10 片区代表性烟田土壤养分状况

土层 /cm	pH	有机质 /(g/kg)	全氮 /(g/kg)	全磷 /(g/kg)	全钾 /(g/kg)	碱解氮 /(mg/kg)	有效磷 /(mg/kg)	速效钾 /(mg/kg)	氯离子 /(mg/kg)
0~21	5.23	7.63	0.67	0.52	29.22	54.34	51.55	419.51	7.90
21~40	6.46	6.98	0.52	0.24	26.78	35.99	5.93	121.22	7.89
40~63	5.53	7.61	0.54	0.51	30.75	50.63	45.15	99.15	7.83
63~82	6.52	5.78	0.40	0.22	27.57	29.03	8.60	98.48	7.84
82~100	6.59	4.43	0.32	0.22	30.27	25.54	5.75	111.19	7.87

表 8-5-11 片区代表性烟田土壤腐殖酸与腐殖质组成

土层 /cm	腐殖酸碳量 /(g/kg)	腐殖质全碳量 /(g/kg)	胡敏酸碳量 /(g/kg)	胡敏素碳量 /(g/kg)	富啡酸碳量 /(g/kg)	胡富比
0~21	2.49	4.42	0.64	1.93	1.85	0.35
21~40	2.93	4.05	1.23	1.12	1.70	0.72
40~63	3.44	4.41	1.34	0.97	2.11	0.63
63~82	2.48	3.35	1.04	0.87	1.44	0.72
82~100	1.92	2.57	0.96	0.64	0.96	1.00

表 8-5-12 片区代表性烟田土壤中微量元素状况

土层 /cm	有效铜 /(mg/kg)	有效铁 /(mg/kg)	有效锰 /(mg/kg)	有效锌 /(mg/kg)	交换性 Ca^{2+} /(cmol/kg)	交换性 Mg^{2+} /(cmol/kg)
0~21	1.16	38.46	42.88	0.69	20.85	7.30
21~40	0.78	13.20	12.97	0.12	27.01	6.87
40~63	1.53	66.04	42.73	0.92	17.76	6.35
63~82	0.73	17.99	14.55	0.19	22.03	6.11
82~100	0.60	15.44	10.77	0.14	25.83	9.15

5）总体评价

土体深厚，耕作层质地偏黏，耕性较差，砾石多，通透性较好，轻度水土流失，易受旱灾威胁。酸性土壤，有机质含量较低，肥力较低，磷、钾丰富，铜、铁、锰、钙、镁丰富，锌含量中等水平。

5. 东莞镇孙家石河村片区

1）基本信息

代表性地块（JX-05）：北纬 35°57′37.419″，东经 118°54′59.076″，海拔 230 m（图

8-5-16)，低丘漫岗顶部，成土母质为石灰岩风化残积物，种植制度为烤烟-山芋套种，缓坡旱地，土壤亚类为普通简育干润雏形土。

图 8-5-16　片区海拔示意图

2)气候条件

烤烟大田生长期间(5~9 月)，平均气温 21.9℃，降水量 588 mm，日照时数 1054 h(图 8-5-17)。

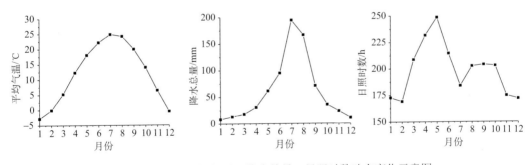

图 8-5-17　片区平均气温、降水总量、日照时数动态变化示意图

3)剖面形态(图 8-5-18(右))

Ap：0~20 cm，极暗红色(7.5YR 2/2，润)，浊红棕色(7.5YR 4/4，干)，40%左右岩石碎屑，黏土，发育强的 1~2 mm 粒状结构，松散，pH 7.6，清晰平滑过渡。

Bw：20~40 cm，红黑色(7.5YR 2/1，润)，暗红棕色(7.5YR 3/4，干)，40%左右岩石碎屑，黏土，发育强的 10~20 mm 块状结构，疏松，pH 7.4，渐变波状过渡。

R：40 cm~，石灰岩。

图 8-5-18　代表性地块景观(左)和土壤剖面(右)

4) 土壤养分

片区土壤呈碱性,土体 pH 7.44~7.64,有机质 11.63~13.98 g/kg,全氮 0.72~0.88 g/kg,全磷 0.36~0.46 g/kg,全钾 23.18~24.14 g/kg,碱解氮 47.61~79.42 mg/kg,有效磷 10.65~12.50 mg/kg,速效钾 141.96~145.97 mg/kg,氯离子 7.84~7.85 mg/kg,交换性 Ca^{2+} 36.28~36.75 cmol/kg,交换性 Mg^{2+} 5.60~5.74 cmol/kg。

腐殖酸与腐殖质组成中,腐殖酸碳量 4.75~4.78 g/kg,腐殖质全碳量 6.75~8.11 g/kg,胡敏酸碳量 1.82~2.43 g/kg,胡敏素碳量 1.99~3.32 g/kg,富啡酸碳量 2.33~2.96g/kg,胡富比 0.62~1.04。

微量元素中,有效铜 0.84~1.15 mg/kg,有效铁 9.44~10.40 mg/kg,有效锰 7.94~9.69 mg/kg,有效锌 0.12~0.74 mg/kg(表 8-5-13~表 8-5-15)。

表 8-5-13　片区代表性烟田土壤养分状况

土层 /cm	pH	有机质 /(g/kg)	全氮 /(g/kg)	全磷 /(g/kg)	全钾 /(g/kg)	碱解氮 /(mg/kg)	有效磷 /(mg/kg)	速效钾 /(mg/kg)	氯离子 /(mg/kg)
0~20	7.64	13.98	0.88	0.46	24.14	79.42	12.50	145.97	7.84
20~40	7.44	11.63	0.72	0.36	23.18	47.61	10.65	141.96	7.85

表 8-5-14　片区代表性烟田土壤腐殖酸与腐殖质组成

土层 /cm	腐殖酸碳量 /(g/kg)	腐殖质全碳量 /(g/kg)	胡敏酸碳量 /(g/kg)	胡敏素碳量 /(g/kg)	富啡酸碳量 /(g/kg)	胡富比
0~20	4.78	8.11	1.82	3.32	2.96	0.62
20~40	4.75	6.75	2.43	1.99	2.33	1.04

表 8-5-15　片区代表性烟田土壤中微量元素状况

土层 /cm	有效铜 /(mg/kg)	有效铁 /(mg/kg)	有效锰 /(mg/kg)	有效锌 /(mg/kg)	交换性 Ca^{2+} /(cmol/kg)	交换性 Mg^{2+} /(cmol/kg)
0~20	0.84	10.40	7.94	0.74	36.75	5.60
20~40	1.15	9.44	9.69	0.12	36.28	5.74

5) 总体评价

土体浅薄，耕作层质地黏，耕性差，砾石多，通透性较好，轻度水土流失，易受旱灾威胁。碱性土壤，有机质含量缺乏，肥力偏低，缺磷富钾，铜、锌中等含量水平，铁、锰钙、镁含量丰富。

第六节　山东五莲生态条件

一、地理位置

五莲县位于北纬 35°32′~35°59′，东经 118°55′~119°32′，地处山东半岛南部，潍河上游，日照市东北端。五莲县隶属山东省日照市，现辖 1 个街道、9 个镇、2 个乡：洪凝街道、街头镇、潮河镇、许孟镇、于里镇、汪湖镇、叩官镇、中至镇、高泽镇、松柏镇、石场乡、户部乡，总面积 1496 km²，其中耕地面积为 39 933.3 hm²（图 8-6-1）。

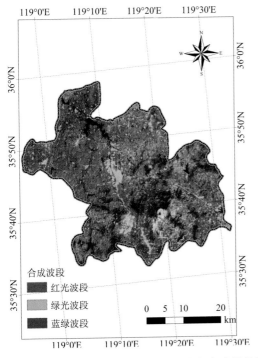

图 8-6-1　五莲县位置及 Landsat 假彩色合成影像图

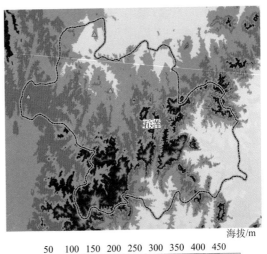

图 8-6-2　五莲县海拔示意图

二、自然条件

1. 地形地貌

五莲县地处黄海之滨的鲁东南低山丘陵区，海拔 18～706 m，地貌以山地丘陵为主。境内山岭起伏，河川纵横，北部、西部有小块平原，山地、丘陵、平原分别占总面积的50%、36%和14%（图8-6-2）。

2. 气候条件

五莲县属温带大陆性季风气候，一年四季周期性变化明显，冬无严寒，夏无酷暑，雨量充沛，季节性降水明显，日照充足，热能丰富。年均气温 10.4～13.3℃，平均 12.4℃，1 月最冷，月平均气温1.9℃，7 月最热，月平均气温 25.0℃；区域分布总的趋势是由西南至东北方向横跨县域的高海拔山区向北、东递增。年均降水总量 709～804 mm，平均745 mm 左右，7月和8月降雨较多，在150 mm 以上，1 月、2 月、3 月、4 月、10 月、11 月、12 月降雨较少，在 50 mm 以下；区域分布总的趋势是由北向南递增。年均日照时数 2352～2411 h，平均2374 h，其中3月、4月、5月、6月、8月、9月、10月日照均在 200 h 以上；区域分布总的趋势是由北向南递减，其中部分高海拔山区日照较多，平均无霜期 200 d 左右（图8-6-3）。

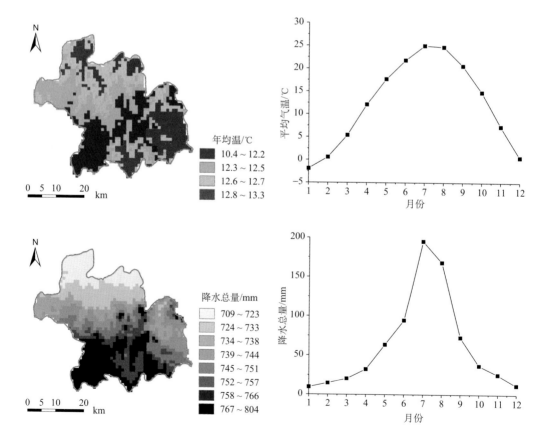

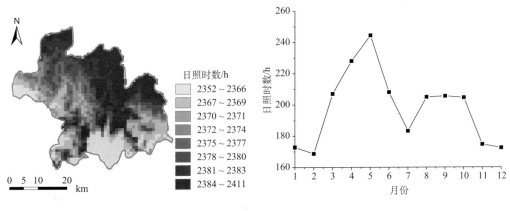

图 8-6-3　五莲县 1980~2013 年平均温度、降水总量、日照时数时空动态变化示意图

三、片区与代表性烟田

1. 于里镇娄家坡村片区

1)基本信息

代表性地块（WL-01）：北纬 35°49′35.117″，东经 119°56′39.925″，海拔 174 m，低丘漫岗坡中部，成土母质为砂岩风化残积物，种植制度为烤烟-山芋套种，缓坡旱地，土壤亚类为普通简育干润雏形土(图 8-6-4)。

2)气候条件

烤烟大田生长期间(5~9 月)，平均气温 22.3℃，降水量 591 mm，日照时数 1050 h(图 8-6-5)。

图 8-6-4　片区海拔示意图

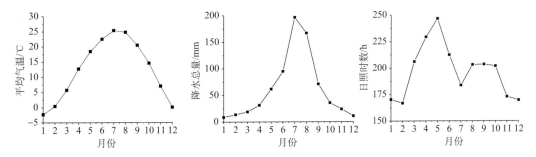

图 8-6-5　区平年均气温、降水总量、日照时数动态变化示意图

3) 剖面形态（图 8-6-6（右））

图 8-6-6　代表性地块景观（左）和土壤剖面（右）

Ap：0~30 cm，浊红棕色（5YR 4/4，润），橙色（5YR 6/6，干），40%左右岩石碎屑，壤土，发育弱的 1~2 mm 粒状结构，松散，2~3 个蚯蚓穴，pH 6.8，渐变波状过渡。

Bw：30~60 cm，浊红棕色（5YR 4/4，润），橙色（5YR 6/6，干），40%左右岩石碎屑，壤土，发育弱的 2~5 mm 块状结构，松散，pH 7.1，清晰平滑过渡。

R：60 cm~，砂岩。

4) 土壤养分

片区土壤呈中性，土体 pH 6.78~7.11，有机质 6.25~12.25 g/kg，全氮 0.52~0.81 g/kg，全磷 0.27~0.56 g/kg，全钾 19.55~20.31 g/kg，碱解氮 32.05~56.90 mg/kg，有效磷 6.95~21.95 mg/kg，速效钾 78.42~93.13 mg/kg，氯离子 7.86~7.88 mg/kg，交换性 Ca^{2+} 27.97~32.24 cmol/kg，交换性 Mg^{2+} 5.77~6.09 cmol/kg。

腐殖酸与腐殖质组成中，腐殖酸碳量 2.59~4.08 g/kg，腐殖质全碳量 3.63~7.71 g/kg，胡敏酸碳量 1.14~1.28 g/kg，胡敏素碳量 1.03~3.03 g/kg，富啡酸碳量 1.45~2.80 g/kg，胡富比 0.46~0.79。

微量元素中，有效铜 0.63~1.03 mg/kg，有效铁 8.73~19.10 mg/kg，有效锰 7.52~26.81 mg/kg，有效锌 0.21~0.69 mg/kg（表 8-6-1~表 8-6-3）。

表 8-6-1　片区代表性烟田土壤养分状况

土层 /cm	pH	有机质 /(g/kg)	全氮 /(g/kg)	全磷 /(g/kg)	全钾 /(g/kg)	碱解氮 /(mg/kg)	有效磷 /(mg/kg)	速效钾 /(mg/kg)	氯离子 /(mg/kg)
0~30	6.78	12.25	0.81	0.56	20.31	56.90	21.95	93.13	7.88
30~60	7.11	6.25	0.52	0.27	19.55	32.05	6.95	78.42	7.86

表 8-6-2　片区代表性烟田土壤腐殖酸与腐殖质组成

土层 /cm	腐殖酸碳量 /(g/kg)	腐殖质全碳量 /(g/kg)	胡敏酸碳量 /(g/kg)	胡敏素碳量 /(g/kg)	富啡酸碳量 /(g/kg)	胡富比
0~30	4.08	7.11	1.28	3.03	2.80	0.46
30~60	2.59	3.63	1.14	1.03	1.45	0.79

表 8-6-3　片区代表性烟田土壤中微量元素状况

土层 /cm	有效铜 /(mg/kg)	有效铁 /(mg/kg)	有效锰 /(mg/kg)	有效锌 /(mg/kg)	交换性 Ca^{2+} /(cmol/kg)	交换性 Mg^{2+} /(cmol/kg)
0~30	1.03	19.10	26.81	0.69	27.97	6.09
30~60	0.63	8.73	7.52	0.21	32.24	5.77

5）总体评价

土体较厚，耕作层质地适中，砾石多，耕性和通透性较好，轻度水土流失。中性土壤，有机质含量缺乏，肥力较低，磷含量中等，钾含量缺乏，铜、铁、锰丰富，锌含量中等，钙、镁含量丰富。

2. 汪湖镇方城村片区

1）基本信息

代表性地块（WL-02）：北纬 35°56′36.711″，东经 119°8′44.568″，海拔 137 m（图 8-6-7），低丘漫岗顶部，成土母质为火山渣，种植制度为烤烟-山芋套种，缓坡旱地，土壤亚类为普通简育干润雏形土。

海拔/m

50 100 150 200 250 300 350 400 450

图 8-6-7　片区海拔示意图

2）气候条件

烤烟大田生长期间（5~9 月），平均气温 22.4℃，降水量 573 mm，日照时数 1058 h（图 8-6-8）。

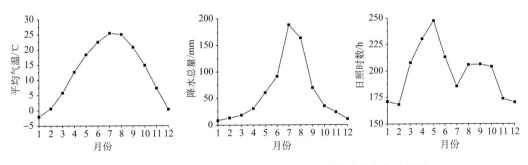

图 8-6-8　片区平均气温、降水总量、日照时数动态变化示意图

3）剖面形态（图 8-6-9（右））

图 8-6-9　代表性地块景观（左）和土壤剖面（右）

Ap：0~20 cm，亮棕色（7.5YR 5/6，润），黄橙色（7.5YR 7/8，干），40%左右岩石碎屑，壤土，发育弱的 1~2 mm 粒状结构，松散，2~3 个蚯蚓穴，pH 5.9，渐变波状过渡。

Bw：20~40 cm，亮棕色（7.5YR 5/6，润），黄橙色（7.5YR 7/8，干），50%左右岩石碎屑，壤土，发育弱的 2~5 mm 块状结构，松散，pH 6.9，清晰波状过渡。

R：60 cm~，火山渣。

4）土壤养分

片区土壤呈微酸性，土体 pH 5.85~6.86，有机质 6.37~10.44 g/kg，全氮 0.48~0.84 g/kg，全磷 0.77~0.82 g/kg，全钾 20.99~22.34 g/kg，碱解氮 39.94~66.88 mg/kg，有效磷 11.65~33.55 mg/kg，速效钾 60.42~222.21 mg/kg，氯离子 7.83~17.18 mg/kg，交换性 Ca^{2+} 23.70~27.97 cmol/kg，交换性 Mg^{2+} 6.61~6.87 cmol/kg。

腐殖酸与腐殖质组成中，腐殖酸碳量 2.76~3.93 g/kg，腐殖质全碳量 3.70~6.06 g/kg，胡敏酸碳量 1.07~1.33 g/kg，胡敏素碳量 0.93~2.13 g/kg，富啡酸碳量 1.43~2.86 g/kg，胡富比 0.38~0.92。

微量元素中，有效铜 0.57~1.14 mg/kg，有效铁 13.09~30.26 mg/kg，有效锰 10.29~42.38 mg/kg，有效锌 0.16~0.72 mg/kg（表 8-6-4~表 8-6-6）。

表 8-6-4　片区代表性烟田土壤养分状况

土层 /cm	pH	有机质 /(g/kg)	全氮 /(g/kg)	全磷 /(g/kg)	全钾 /(g/kg)	碱解氮 /(mg/kg)	有效磷 /(mg/kg)	速效钾 /(mg/kg)	氯离子 /(mg/kg)
0~20	5.85	10.44	0.84	0.82	22.34	66.88	33.55	222.21	17.18
20~40	6.86	6.37	0.48	0.77	20.99	39.94	11.65	60.42	7.83

表 8-6-5 片区代表性烟田土壤腐殖酸与腐殖质组成

土层 /cm	腐殖酸碳量 /(g/kg)	腐殖质全碳量 /(g/kg)	胡敏酸碳量 /(g/kg)	胡敏素碳量 /(g/kg)	富啡酸碳量 /(g/kg)	胡富比
0~20	3.93	6.06	1.07	2.13	2.86	0.38
20~40	2.76	3.70	1.33	0.93	1.43	0.92

表 8-6-6 片区代表性烟田土壤中微量元素状况

土层 /cm	有效铜 /(mg/kg)	有效铁 /(mg/kg)	有效锰 /(mg/kg)	有效锌 /(mg/kg)	交换性 Ca^{2+} /(cmol/kg)	交换性 Mg^{2+} /(cmol/kg)
0~20	1.14	30.26	42.38	0.72	23.70	6.87
20~40	0.57	13.09	10.29	0.16	27.97	6.61

5) 总体评价

土体较薄,耕作层质地适中,砾石多,耕性和通透性较好,轻度水土流失。微酸性土壤,有机质含量缺乏,肥力较低,磷、钾含量丰富,铜、铁、锰含量丰富,锌含量中等,钙、镁含量丰富。

3. 高泽镇西高泽村片区

1) 基本信息

代表性地块(WL-03):北纬 35°49′11.898″,东经 119°10′25.576″,海拔 140 m(图 8-6-10),低丘漫岗顶部,黄土状沉积物,种植制度为烤烟-山芋套种,缓坡旱地,土壤亚类为斑纹简育干润淋溶土。

海拔/m

50 100 150 200 250 300 350 400 450

图 8-6-10 片区海拔示意图

2) 气候条件

烤烟大田生长期间(5~9月),平均气温 22.4℃,降水量 583 mm,日照时数 1051 h(图 8-6-11)。

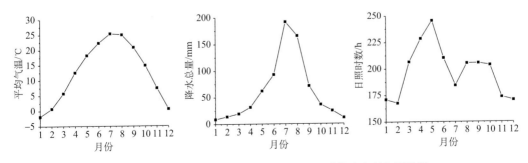

图 8-6-11 片区平均气温、降水总量、日照时数动态变化示意图

3）剖面形态（图 8-6-12（右））

图 8-6-12　代表性地块景观（左）和土壤剖面（右）

Ap：0~30 cm，浊黄棕色（10YR 5/4，润），亮黄色（10YR 7/6，干），壤土，发育强的 1~2 mm 粒状结构，松散，pH 5.0，渐变波状过渡。

AB：30~47 cm，浊黄棕色（10YR 5/4，润），亮黄色（10YR 7/6，干），壤土，发育强的 10~20 mm 块状结构，疏松，pH 6.2，清晰波状过渡。

Ab：47~60 cm，暗棕色（10YR 3/4，润），黄棕色（10YR 5/6，干），壤土，发育强的 20~50 mm 块状结构，稍硬，结构面上 5% 左右铁锰斑纹，2% 左右软小铁锰结核，pH 6.4，清晰波状过渡。

Bt1：60~90 cm，浊黄棕色（10YR 6/4，润），黄橙色（10YR 8/6，干），壤土，发育中等的 20~50 mm 块状结构，稍硬，结构面上 5% 左右铁锰斑纹和 10% 黏粒胶膜，2% 左右软小铁锰结核，pH 6.7，清晰波状过渡。

Bt2：90~110 cm，暗棕色（10YR 3/4，润），黄棕色（10YR 5/6，干），壤土，发育中等的 20~50 mm 块状结构，稍硬，结构面上 5% 左右铁锰斑纹和 10% 黏粒胶膜，2% 左右软小铁锰结核，pH 7.0。

4）土壤养分

片区土壤呈酸性，土体 pH 4.99~7.01，有机质 3.07~9.27 g/kg，全氮 0.27~0.67 g/kg，全磷 0.21~0.58 g/kg，全钾 19.89~23.13 g/kg，碱解氮 25.08~57.36 mg/kg，有效磷 4.80~47.40 mg/kg，速效钾 51.67~265.02 mg/kg，氯离子 7.84~7.87 mg/kg，交换性 Ca^{2+} 18.94~32.72 cmol/kg，交换性 Mg^{2+} 4.30~13.68 cmol/kg。

腐殖酸与腐殖质组成中，腐殖酸碳量 1.47~3.21 g/kg，腐殖质全碳量 1.78~5.38 g/kg，

胡敏酸碳量 0.38~1.66 g/kg，胡敏素碳量 0.31~2.17 g/kg，富啡酸碳量 0.74~2.29 g/kg，胡富比 0.25~1.31。

微量元素中，有效铜 0.33~2.60 mg/kg，有效铁 8.70~53.39 mg/kg，有效锰 4.17~70.07 mg/kg，有效锌 0.06~0.62 mg/kg（表 8-6-7~表 8-6-9）。

表 8-6-7　片区代表性烟田土壤养分状况

土层 /cm	pH	有机质 /(g/kg)	全氮 /(g/kg)	全磷 /(g/kg)	全钾 /(g/kg)	碱解氮 /(mg/kg)	有效磷 /(mg/kg)	速效钾 /(mg/kg)	氯离子 /(mg/kg)
0~30	4.99	9.27	0.67	0.58	23.06	57.36	47.40	265.02	7.87
30~47	6.18	6.26	0.40	0.31	23.13	39.48	15.45	52.34	7.87
47~60	6.39	6.14	0.37	0.21	21.92	25.08	7.40	53.67	7.86
60~90	6.71	3.07	0.27	0.25	20.07	29.72	6.50	51.67	7.84
90~110	7.01	5.33	0.42	0.21	19.89	29.72	4.80	156.67	7.85

表 8-6-8　片区代表性烟田土壤腐殖酸与腐殖质组成

土层 /cm	腐殖酸碳量 /(g/kg)	腐殖质全碳量 /(g/kg)	胡敏酸碳量 /(g/kg)	胡敏素碳量 /(g/kg)	富啡酸碳量 /(g/kg)	胡富比
0~30	3.21	5.38	0.92	2.17	2.29	0.40
30~47	2.93	3.63	1.66	0.70	1.27	1.31
47~60	2.77	3.56	1.50	0.79	1.28	1.17
60~90	1.47	1.78	0.73	0.31	0.74	0.99
90~110	1.91	3.09	0.38	1.18	1.53	0.25

表 8-6-9　片区代表性烟田土壤中微量元素状况

土层 /cm	有效铜 /(mg/kg)	有效铁 /(mg/kg)	有效锰 /(mg/kg)	有效锌 /(mg/kg)	交换性 Ca^{2+} /(cmol/kg)	交换性 Mg^{2+} /(cmol/kg)
0~30	2.60	53.39	70.07	0.62	18.94	5.85
30~47	0.76	17.25	14.54	0.13	24.41	7.27
47~60	0.71	14.80	15.20	0.06	23.22	4.30
60~90	0.33	9.88	10.91	0.08	18.94	4.38
90~110	0.60	8.70	4.17	0.09	32.72	13.68

5）总体评价

土体深厚，耕作层质地适中，耕性和通透性好，轻度水土流失。酸性土壤，有机质含量缺乏，肥力较低，磷、钾含量丰富，铜、铁、锰含量丰富，锌含量中等，钙、镁含量丰富。

第九章　东北产区烤烟典型区域生态条件

东北产区烤烟种植区位于东经 122°47′~133°30′和北纬 40°2′~46°55′,该区域南北纵跨黑龙江、吉林、辽宁 3 省。该区域包括黑龙江的双鸭山市的宝清县、牡丹江市的林口县和宁安市、吉林省白城市的镇赉县、吉林市的蛟河市、延边州的汪清县,辽宁省铁岭市的西丰县、丹东市的凤城市和宽甸县 9 个县(市),代表性烟田海拔分布在 210~420 m。该产区为一年一季农作物种植区,烤烟移栽期在 5 月 10 日左右,烟叶采收结束在 9 月 20 日左右,田间烤烟生育期一般需要 130 天左右,该产区是我国北方烤烟产区之一。

第一节　辽宁宽甸生态条件

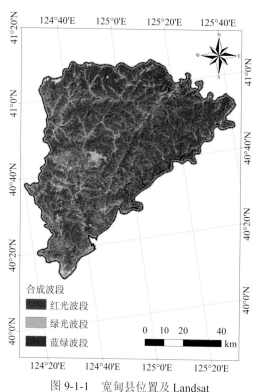

图 9-1-1　宽甸县位置及 Landsat
假彩色合成影像图

一、地理位置

宽甸县(宽甸满族自治县)位于北纬 40°13′~41°09′,东经 24°21′~125°43,地处辽宁省东部,鸭绿江中下游西岸。宽甸县隶属辽宁省丹东市,现辖宽甸镇、灌水镇、硼海镇、红石镇、毛甸子镇、长甸镇、永甸镇、太平哨镇、青山沟镇、牛毛坞镇、大川头镇、青椅山镇、杨木川镇、虎山镇、振江镇、步达远镇、大西岔镇、八河川镇、双山子镇、石湖沟乡、古楼子乡、下露河朝鲜族乡 19 个镇、3 个乡,面积 6193.7 km²,其中耕地面积为 37 700 hm²(图 9-1-1)。

二、自然条件

1. 地形地貌

宽甸县地处长白山脉与千山山脉过渡地带、辽东断块山地丘陵区。地势自北向南、自西北向东南倾斜,呈西北高,东南低,依次呈现中山、低山、丘陵的阶梯状。山体受地质构造影响,以东西向为主,南北向次之,其间有大小不均的谷地和小平原。山地丘陵约占全县总面积的85%,山间谷地和河流约占总面积的15%,宽甸县平均海拔 400 m (图 9-1-2)。

2. 气候条件

宽甸县地处中北纬欧亚大陆东岸湿润气候东亚季风区,南温带的北界横穿县境北部。北部为季风中温带大陆性气候,中部和南部为季风南温带大陆性气候。主要气候特点是:雨雪丰沛,暴雨特多,四季分明,冬季漫长,冬有严寒,夏无酷暑,南北高低气候差异大,立体气候明显。年均气温 2.1~9.0℃,平均 6.8℃,1 月最冷,月平均气温 11.8℃,7 月最热,月平均气温 21.9℃;区域分布总的趋势是由南向北递减。年均降水总量 912~1023 mm,平均 956 mm 左右,7 月和 8 月降雨较多,在

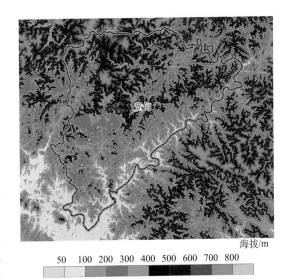

海拔/m

50　100　200　300　400　500　600　700　800

图 9-1-2 宽甸县海拔示意图

200 mm 以上,1 月、2 月、3 月、11 月、12 月降雨较少,在 50 mm 以下;区域分布总的趋势是由中部向周围递减,其中西北和东北降雨较少。年均日照时数 2248~2409 h,平均 2325 h,大多月日照在 160 h 以上,其中 3 月、4 月、5 月、6 月、9 月日照在 200 h 以上,平均无霜期 129 d。区域分布总的趋势是由东向西递增(图 9-1-3)。

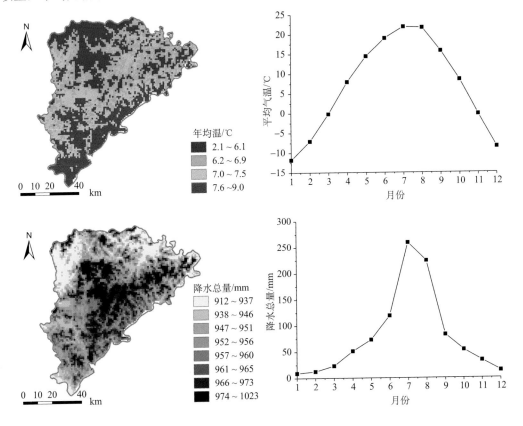

N

年均温/℃
- 2.1 ~ 6.1
- 6.2 ~ 6.9
- 7.0 ~ 7.5
- 7.6 ~ 9.0

0　10　20　40 km

N

降水总量/mm
- 912 ~ 937
- 938 ~ 946
- 947 ~ 951
- 952 ~ 956
- 957 ~ 960
- 961 ~ 965
- 966 ~ 973
- 974 ~ 1023

0　10　20　40 km

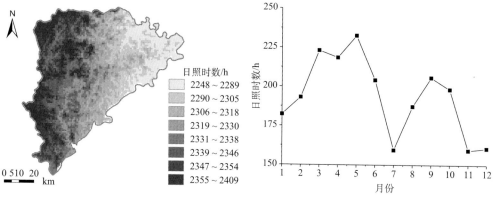

图 9-1-3　宽甸县 1980~2013 年平均温度、降水总量、日照时数时空动态变化示意图

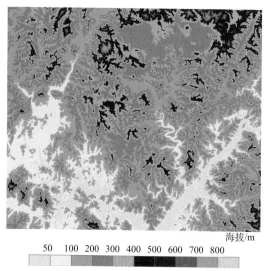

图 9-1-4　片区海拔示意图

三、片区与代表性烟田

1. 毛甸子镇二道沟村 8 组片区

1）基本信息

代表性地块（KD-01）：北纬 40°39′34.530″，东经 124°31′33.812″，海拔 311 m（图 9-1-4），低丘漫岗中上部，成土母质为黄土状沉积物，种植制度为烤烟-玉米隔年轮作，缓坡旱地，土壤亚类为普通酸性湿润淋溶土。

2）气候条件

烤烟大田生长期间（5~9 月），平均气温 18.8℃，降水量 763 mm，日照时数 994 h（图 9-1-5）。

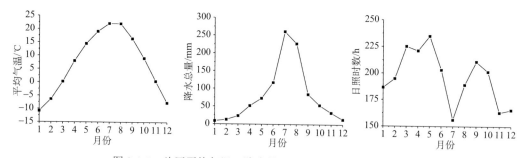

图 9-1-5　片区平均气温、降水量、日照时数动态变化示意图

3）剖面形态（图 9-1-6（右））

Ap：0~20 cm，黄棕色（10YR 5/6，润），亮黄棕色（10YR 7/8，干），粉壤土，发育强的 1~2 mm 粒状结构，松散，清晰平滑过渡。

AB：20~40 cm，黄棕色（10YR 5/6，润），亮黄棕色（10YR 7/8，干），壤土，发育强的直径 10~20 mm 块状结构，稍硬，渐变波状过渡。

Bt1：40~70 cm，黄棕色（10YR 5/6，润），亮黄棕色（10YR 7/8，干），黏壤土，发育强的直径 20~50 mm 块状结构，坚硬，结构面上 20%左右黏粒胶膜，2%左右软小铁锰结核，渐变波状过渡。

Bt3：70~105 cm，浊黄棕色（10YR 5/4，润），亮黄棕色（10YR 7/6，干），黏壤土，发育中等的直径 20~50 mm 块状结构，坚硬，结构面上 20%左右黏粒胶膜，2%左右软小铁锰结核。

BC：105~130 cm，浊黄棕色（10YR 5/4，润），亮黄棕色（10YR 7/6，干），黏壤土，发育中等的直径 20~50 mm 块状结构，坚硬，2%左右软小铁锰结核。

4）土壤养分

片区土壤呈酸性，土体 pH 5.04~5.39，有机质 2.80~21.20 g/kg，全氮 0.46~1.24 g/kg，全磷 0.53~0.86 g/kg，全钾 26.60~29.80 g/kg，碱解氮 20.20~101.71 mg/kg，有效磷 6.50~52.00 mg/kg，速效钾 95.81~490.41 mg/kg，氯离子 5.27~36.00 mg/kg，交换性 Ca^{2+} 6.48~11.41 cmol/kg，交换性 Mg^{2+} 1.28~4.64 cmol/kg。

图 9-1-6　代表性地块景观（左）和土壤剖面（右）

腐殖酸与腐殖质组成中，腐殖酸碳量 1.02~7.89 g/kg 腐殖质全碳量 1.62~12.30 g/kg，胡敏酸碳量 0.03~2.51 g/kg，胡敏素碳量 0.20~4.41 g/kg，富啡酸碳量 0.92~5.38 g/kg，胡富比 0.02~0.47。

微量元素中，有效铜 1.24~1.94 mg/kg，有效铁 98.35~225.63 mg/kg，有效锰 7.33~49.95 mg/kg，有效锌 1.23~2.28 mg/kg（表 9-1-1~表 9-1-3）。

表 9-1-1　片区代表性烟田土壤养分状况

土层 /cm	pH	有机质 /(g/kg)	全氮 /(g/kg)	全磷 /(g/kg)	全钾 /(g/kg)	碱解氮 /(mg/kg)	有效磷 /(mg/kg)	速效钾 /(mg/kg)	氯离子 /(mg/kg)
0~20	5.04	21.20	1.24	0.86	27.20	101.71	52.00	490.41	36.00
20~40	5.10	3.30	0.56	0.53	26.60	33.90	6.50	142.79	6.01
40~70	5.06	3.60	0.53	0.77	27.80	27.40	8.50	95.81	5.27
70~105	5.34	2.80	0.46	0.70	29.80	20.20	7.90	97.15	6.02
105~130	5.39	5.70	0.48	0.68	29.80	22.06	9.90	99.82	11.10

表 9-1-2　片区代表性烟田土壤腐殖酸与腐殖质组成

土层 /cm	腐殖酸碳量 /(g/kg)	腐殖质全碳量 /(g/kg)	胡敏酸碳量 /(g/kg)	胡敏素碳量 /(g/kg)	富啡酸碳量 /(g/kg)	胡富比
0~20	7.89	12.30	2.51	4.41	5.38	0.47
20~40	1.77	1.91	0.11	0.14	1.66	0.07
40~70	1.52	2.09	0.03	0.57	1.49	0.02
70~105	1.42	1.62	0.06	0.20	1.36	0.04
105~130	1.02	3.31	0.10	2.29	0.92	0.11

表 9-1-3　片区代表性烟田土壤中微量元素状况

土层 /cm	有效铜 /(mg/kg)	有效铁 /(mg/kg)	有效锰 /(mg/kg)	有效锌 /(mg/kg)	交换性 Ca^{2+} /(cmol/kg)	交换性 Mg^{2+} /(cmol/kg)
0~20	1.24	98.35	49.95	2.15	6.48	1.28
20~40	1.52	145.33	10.80	1.23	9.65	4.01
40~70	1.62	204.60	19.18	1.84	10.79	4.52
70~105	1.64	225.63	7.33	2.08	11.41	4.64
105~130	1.94	162.44	7.80	2.28	11.41	4.31

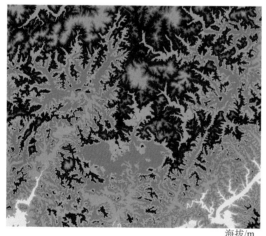

海拔/m

50　100　200　300　400　500　600　700　800

图 9-1-7　片区海拔示意图

5）总体评价

土体深厚，耕作层质地适中，耕性和通透性较好，缓坡，轻度水土流失。酸性土壤，有机质含量中等，肥力中等水平，磷、钾极为丰富，氯离子超标，铜、铁、锰、锌、钙、镁丰富。

2. 大川头镇红光村 9 组片区

1）基本信息

代表性地块（KD-02）：北纬 40°48′49.437″，东经 124°44′8.948″，海拔 338 m（图 9-1-7），河谷冲积平原老河床，成土母质为洪积-冲积物。种植制度为烤烟-玉米隔年轮作，平旱地，土壤亚类为普通潮湿冲积新成土。

2)气候条件

烤烟大田生长期间(5~9月)，平均气温 18.8℃，降水量 757 mm，日照时数 996 h(图 9-1-8)。

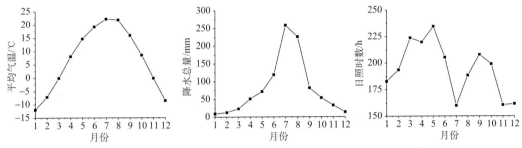

图 9-1-8　片区平均气温、降水总量、日照时数动态变化示意图

3)剖面形态(图 9-1-9(右))

Ap：0~20 cm，浊黄棕色(10YR 4/3，润)，亮黄棕色(10YR 6/6，干)，50%左右岩石碎屑，粉壤土，发育强的 1~2 mm 粒状结构，松散，2-3 条蚯蚓，清晰波状过渡。

2C：20 cm~，花岗岩为主的洪积砾石。

图 9-1-9　代表性地块景观(左)和土壤剖面(右)

4)土壤养分

片区土壤呈酸性，土体 pH 4.99~5.01，有机质 26.35~26.72 g/kg，全氮 1.64 g/kg，全磷 0.92~0.93 g/kg，全钾 37.69~38.66 g/kg，碱解氮 127.49~137.94 mg/kg，有效磷 15.05~64.20 mg/kg，速效钾 47.66~65.16 mg/kg，氯离子 6.64~19.72 mg/kg，交换性 Ca^{2+}

1.81~2.54 cmol/kg，交换性 Mg^{2+} 0.02~0.21 cmol/kg。

腐殖酸与腐殖质组成中，腐殖酸碳量 10.99~11.14 g/kg，腐殖质全碳量 15.28~15.50 g/kg，胡敏酸碳量 3.73~4.15 g/kg，胡敏素碳量 4.14~4.51 g/kg，富啡酸碳量 6.99~7.26 g/kg，胡富比 0.51~0.59。

微量元素中，有效铜 0.82~1.38 mg/kg，有效铁 13.17~122.23 mg/kg，有效锰 32.63~40.50 mg/kg，有效锌 1.38~4.83 mg/kg（表 9-1-4~表 9-1-6）。

表 9-1-4　片区代表性烟田土壤养分状况

土层/cm	pH	有机质/(g/kg)	全氮/(g/kg)	全磷/(g/kg)	全钾/(g/kg)	碱解氮/(mg/kg)	有效磷/(mg/kg)	速效钾/(mg/kg)	氯离子/(mg/kg)
0~20	5.01	26.72	1.64	0.93	37.69	137.94	64.20	65.16	6.64
20~30	4.99	26.35	1.64	0.92	38.66	127.49	15.05	47.66	19.72

表 9-1-5　片区代表性烟田土壤腐殖酸与腐殖质组成

土层/cm	腐殖酸碳量/(g/kg)	腐殖质全碳量/(g/kg)	胡敏酸碳量/(g/kg)	胡敏素碳量/(g/kg)	富啡酸碳量/(g/kg)	胡富比
0~20	10.99	15.50	3.73	4.51	7.26	0.51
20~30	11.14	15.28	4.51	4.14	6.99	0.59

表 9-1-6　片区代表性烟田土壤中微量元素状况

土层/cm	有效铜/(mg/kg)	有效铁/(mg/kg)	有效锰/(mg/kg)	有效锌/(mg/kg)	交换性 Ca^{2+}/(cmol/kg)	交换性 Mg^{2+}/(cmol/kg)
0~20	1.38	122.23	40.50	4.83	2.54	0.21
20~30	0.82	13.17	32.63	1.38	1.81	0.02

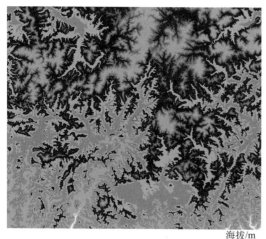

海拔/m

50　100　200　300　400　500　600　700　800

图 9-1-10　片区海拔示意图

5）总体评价

土体浅薄，耕作层质地适中，耕性和通透性好，易受洪涝威胁。酸性土壤，有机质含量丰富，肥力偏高，富磷缺钾，铜、铁、锰、锌、钙丰富，镁缺乏。

3. 双山子镇双山子村 5 组片区

1）基本信息

代表性地块（KD-03）：北纬40°56′48.324″，东经 124°38′21.532″，海拔 250 m（图 9-1-10），低丘漫岗下部，成土母质为黄土状沉积物，种植制度为烤烟-玉米隔年轮作，缓坡旱地，土壤亚类为斑纹酸性湿润淋溶土。

2）气候条件

烤烟大田生长期间（5~9 月），平均气温 19.5℃，降水量 732 mm，日照时数 1 008 h（图 9-1-11）。

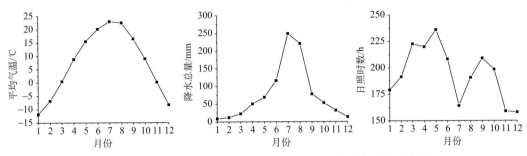

图 9-1-11　片区平均气温、降水总量、日照时数动态变化示意图

3）剖面形态（图 9-1-12（右））

Ap：0~35 cm，棕色（10YR 4/4，润），亮黄棕色（10YR 6/6，干），10%左右岩石碎屑，壤土，发育强的 1~2 mm 粒状结构，松散，清晰平滑过渡。

Bt1：35~60 cm，黄棕色（10YR 5/6，润），黄橙色（10YR 7/8，干），15%左右岩石碎屑，黏壤土，发育强的直径 10~20 mm 块状结构，稍硬，结构面上 20%左右铁锰斑纹，20%左右黏粒胶膜，5%左右软小铁锰结核，2 个蚯蚓穴，渐变波状过渡。

Bt2：60~80 cm，黄棕色（10YR 5/6，润），黄橙色（10YR 7/8，干），40%左右岩石碎屑，黏壤土，发育强的直径 20~50 mm 块状结构，坚硬，结构面上 20%左右铁锰斑纹，20%左右黏粒胶膜，5%左右软小铁锰结核，2 个蚯蚓穴，渐变波状过渡。

图 9-1-12　代表性地块景观（左）和土壤剖面（右）

Bt3：80~120 cm，浊黄棕色(10YR 5/4，润)，亮黄棕色(10YR 7/6，干)，20%左右岩石碎屑，黏壤土，发育中等的直径 20~50 mm 块状结构，坚硬，结构面上 20%左右铁锰斑纹，20%左右黏粒胶膜，5%左右软小铁锰结核，渐变波状过渡。

BC：120~140 cm，浊黄棕色(10YR 5/4，润)，亮黄棕色(10YR 7/6，干)，20%左右岩石碎屑，黏壤土，发育中等的直径 20~50 mm 块状结构，稍坚硬，结构面上 20%左右铁锰斑纹，5%左右软小铁锰结核。

4）土壤养分

片区土壤呈酸性，土体 pH 5.03~5.75，有机质 3.92~27.87 g/kg，全氮 0.37~1.33 g/kg，全磷 0.49~0.81 g/kg，全钾 33.27~35.37 g/kg，碱解氮 20.90~119.83 mg/kg，有效磷 2.30~34.13 mg/kg，速效钾 69.11~407.47 mg/kg，氯离子 6.64~78.86 mg/kg，交换性 Ca^{2+} 6.59~10.06 cmol/kg，交换性 Mg^{2+} 1.46~4.49 cmol/kg。

腐殖酸与腐殖质组成中，腐殖酸碳量 0.45~9.68 g/kg，腐殖质全碳量 2.27~16.16 g/kg，胡敏酸碳量 0.12~3.08 g/kg，胡敏素碳量 1.44~6.49 g/kg，富啡酸碳量 0.33~6.60 g/kg，胡富比 0.17~0.54。

微量元素中，有效铜 1.27~2.11 mg/kg，有效铁 68.03~221.93 mg/kg，有效锰 1.35~36.43 mg/kg，有效锌 0.38~3.52 mg/kg(表 9-1-7~表 9-1-9)。

表 9-1-7　片区代表性烟田土壤养分状况

土层 /cm	pH	有机质 /(g/kg)	全氮 /(g/kg)	全磷 /(g/kg)	全钾 /(g/kg)	碱解氮 /(mg/kg)	有效磷 /(mg/kg)	速效钾 /(mg/kg)	氯离子 /(mg/kg)
0~35	5.03	27.87	1.33	0.81	35.37	119.83	30.10	407.47	15.77
35~60	5.14	11.13	0.77	0.49	33.73	62.24	2.30	77.75	21.00
60~80	5.15	5.79	0.47	0.64	35.17	29.72	12.40	69.11	78.86
80~120	5.52	4.13	0.41	0.69	34.78	21.36	20.03	85.11	6.64
120~140	5.75	3.92	0.37	0.62	33.27	20.90	34.13	96.48	6.68

表 9-1-8　片区代表性烟田土壤腐殖酸与腐殖质组成

土层 /cm	腐殖酸碳量 /(g/kg)	腐殖质全碳量 /(g/kg)	胡敏酸碳量 /(g/kg)	胡敏素碳量 /(g/kg)	富啡酸碳量 /(g/kg)	胡富比
0~35	9.68	16.16	3.08	6.49	6.60	0.47
35~60	3.78	6.46	1.18	2.67	2.61	0.45
60~80	1.38	3.36	0.48	1.98	0.90	0.54
80~120	0.96	2.40	0.14	1.44	0.82	0.17
120~140	0.45	2.27	0.12	1.83	0.33	0.37

表 9-1-9　片区代表性烟田土壤中微量元素状况

土层 /cm	有效铜 /(mg/kg)	有效铁 /(mg/kg)	有效锰 /(mg/kg)	有效锌 /(mg/kg)	交换性 Ca^{2+} /(cmol/kg)	交换性 Mg^{2+} /(cmol/kg)
0~35	1.78	119.40	36.43	3.52	6.59	1.46
35~60	1.27	68.03	2.13	0.38	6.64	1.48
60~80	1.27	166.58	1.35	0.72	9.60	2.16
80~120	1.42	193.00	6.19	1.31	8.40	3.52
120~140	2.11	221.93	7.40	2.64	10.06	4.49

5）总体评价

土体深厚，耕作层质地偏适中，砾石较多，耕性和通透性较好，缓坡，轻度水土流失。酸性土壤，有机质含量丰富，肥力中等，磷、钾丰富，铜、铁、锰、锌、钙、镁含量丰富。

4. 青椅山镇碱场沟村3组片区

1）基本信息

代表性地块（KD-04）：北纬40°41′37.301″，东经 124°40′16.676″，海拔 210 m（图 9-1-13），低丘漫岗中部，成土母质为黄土状沉积物，种植制度为烤烟-玉米隔年轮作，缓坡旱地，土壤亚类为斑纹酸性湿润淋溶土。

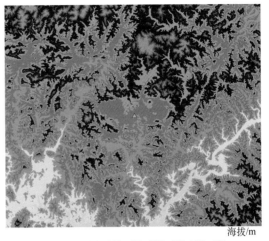

海拔/m

50　100 200 300 400 500 600 700 800

图 9-1-13　片区海拔示意图

2）气候条件

烤烟大田生长期间（5~9月），平均气温 19.5℃，降水量 752 mm，日照时数 999 h（图 9-1-14）。

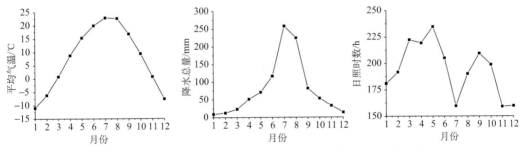

图 9-1-14　片区平均气温、降水总量、日照时数动态变化示意图

3）剖面形态（图 9-1-15（右））

Ap：0~20 cm，棕色（10YR 4/6，润），亮黄棕色（10YR 6/8，干），粉壤土，发育强的 1~2 mm 粒状结构，松散，2 条蚯蚓，清晰平滑过渡。

AB：20~40 cm，黄棕色（10YR 5/6，润），黄橙色（10YR 7/8，干），黏壤土，发育强的直径 10~20 mm 块状结构，稍硬，稍紧实，2 条蚯蚓，渐变波状过渡。

Bt1：40~80 cm，浊黄棕色（10YR 5/4，润），亮黄棕色（10YR 7/6，干），黏壤土，发育强的直径 20~50 mm 块状结构，紧实，结构面上 2%左右铁锰斑纹，20%左右黏粒胶膜，5%左右软小铁锰结核，渐变波状过渡。

Bt2：80~120 cm，浊黄棕色（10YR 5/4，润），亮黄棕色（10YR 7/6，干），黏壤土，发育中等的直径 20~50 mm 块状结构，稍紧实，结构面上 2%左右铁锰斑纹，20%左右黏粒胶膜，2%左右软小铁锰结核。

图 9-1-15　代表性地块景观(左)和土壤剖面(右)

4)土壤养分

片区土壤呈酸性，土体 pH 5.23~5.51，有机质 6.24~24.90 g/kg，全氮 0.55~1.54 g/kg，全磷 0.53~0.95 g/kg，全钾 25.14~27.07 g/kg，碱解氮 33.44~132.14 mg/kg，有效磷 4.23~24.48 mg/kg，速效钾 57.26~221.54 mg/kg，氯离子 6.64~21.83 mg/kg，交换性 Ca^{2+} 6.02~7.78 cmol/kg，交换性 Mg^{2+} 2.10~4.19 cmol/kg。

腐殖酸与腐殖质组成中，腐殖酸碳量 2.31~10.14 g/kg，腐殖质全碳量 3.62~14.44 g/kg，胡敏酸碳量 0~2.62 g/kg，胡敏素碳量 1.29~4.30 g/kg，富啡酸碳量 1.85~7.52 g/kg，胡富比 0~0.35。

微量元素中，有效铜 1.60~2.33 mg/kg，有效铁 106.93~224.45 mg/kg，有效锰 2.30~81.58 mg/kg，有效锌 0.44~2.54 mg/kg(表 9-1-10~表 9-1-12)。

表 9-1-10　片区代表性烟田土壤养分状况

土层 /cm	pH	有机质 /(g/kg)	全氮 /(g/kg)	全磷 /(g/kg)	全钾 /(g/kg)	碱解氮 /(mg/kg)	有效磷 /(mg/kg)	速效钾 /(mg/kg)	氯离子 /(mg/kg)
0~20	5.23	24.90	1.54	0.95	25.14	132.14	15.65	221.54	21.83
20~40	5.29	7.89	0.58	0.53	26.71	36.69	4.23	57.26	6.65
40~80	5.33	6.24	0.56	0.65	27.07	33.44	14.43	69.11	14.65
80~120	5.51	6.33	0.55	0.66	26.29	33.44	24.48	101.83	6.64

表 9-1-11　片区代表性烟田土壤腐殖酸与腐殖质组成

土层 /cm	腐殖酸碳量 /(g/kg)	腐殖质全碳量 /(g/kg)	胡敏酸碳量 /(g/kg)	胡敏素碳量 /(g/kg)	富啡酸碳量 /(g/kg)	胡富比
0~20	10.14	14.44	2.62	4.30	7.52	0.35
20~40	2.31	4.58	0.46	2.27	1.85	0.25
40~80	2.33	3.62	0.02	1.29	2.32	0.01
80~120	2.33	3.67	0	1.35	2.33	0

表 9-1-12　片区代表性烟田土壤中微量元素状况

土层 /cm	有效铜 /(mg/kg)	有效铁 /(mg/kg)	有效锰 /(mg/kg)	有效锌 /(mg/kg)	交换性 Ca^{2+} /(cmol/kg)	交换性 Mg^{2+} /(cmol/kg)
0~20	2.33	129.13	81.58	2.54	7.57	2.24
20~40	1.78	106.93	2.30	0.44	6.02	2.10
40~80	1.60	125.40	4.10	0.93	6.80	2.77
80~120	2.19	224.45	6.75	2.19	7.78	4.19

5）总体评价

土体深厚，耕作层质地偏适中，耕性和通透性较好，缓坡，轻度水土流失。酸性土壤，有机质含量中等，肥力中等，缺磷富钾，铜、铁、锰、锌、钙、镁含量丰富。

5. 青椅山镇肖家堡 6 组片区

1）基本信息

代表性地块（KD-05）：北纬40°38′31.156″，东经124°36′4.710″，海拔224m（图 9-1-16），低丘漫岗中的老河道，成土母质为洪积-冲积物，种植制度为烤烟-玉米隔年轮作，平旱地，土壤亚类为普通潮湿冲积新成土。

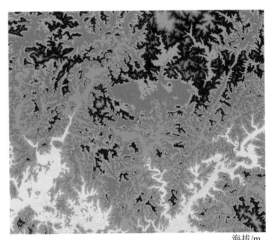

海拔/m

50　100　200　300　400　500　600　700　800

图 9-1-16　片区海拔示意图

2）气候条件

烤烟大田生长期间（5~9 月），平均气温 19.4℃，降水量 753 mm，日照时数 998 h（图 9-1-17）。

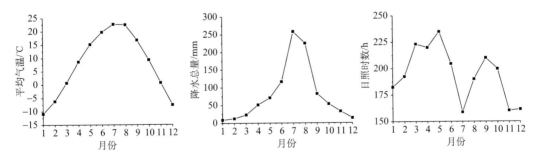

图 9-1-17　片区平均气温、降水总量、日照时数动态变化示意图

3）剖面形态（图 9-1-18（右））

Ap：0~20 cm，棕色（10YR 4/4，润），亮黄棕色（10YR 6/6，干），60%左右岩石碎屑，壤土，发育强的 1~2 mm 粒状结构，松散，2~3 条蚯蚓，清晰波状过渡。

图 9-1-18　代表性地块景观(左)和土壤剖面(右)

2C：20 cm~，花岗岩为主的洪积砾石。

4）土壤养分

片区土壤呈酸性，土体 pH 5.15，有机质 20.25 g/kg，全氮 1.18 g/kg，全磷 0.71 g/kg，全钾 38.79 g/kg，碱解氮 107.29 mg/kg，有效磷 38.25 mg/kg，速效钾 156.67 mg/kg，氯离子 14.89 mg/kg，交换性 Ca^{2+} 5.24 cmol/kg，交换性 Mg^{2+} 0.65 cmol/kg。

腐殖酸与腐殖质组成中，腐殖酸碳量 8.33 g/kg，腐殖质全碳量为 11.75 g/kg，胡敏酸碳量为 3.11 g/kg，胡敏素碳量为 3.42 g/kg，富啡酸碳量为 5.22 g/kg，胡富比为 0.60。

微量元素中，有效铜 1.41 mg/kg，有效铁 200.20 mg/kg，有效锰 59.48 mg/kg，有效锌 3.55 mg/kg（表 9-1-13~表 9-1-15）。

表 9-1-13　片区代表性烟田土壤养分状况

土层/cm	pH	有机质/(g/kg)	全氮/(g/kg)	全磷/(g/kg)	全钾/(g/kg)	碱解氮/(mg/kg)	有效磷/(mg/kg)	速效钾/(mg/kg)	氯离子/(mg/kg)
0~20	5.15	20.25	1.18	0.71	38.79	107.29	38.25	156.67	14.89

表 9-1-14　片区代表性烟田土壤腐殖酸与腐殖质组成

土层/cm	腐殖酸碳量/(g/kg)	腐殖质全碳量/(g/kg)	胡敏酸碳量/(g/kg)	胡敏素碳量/(g/kg)	富啡酸碳量/(g/kg)	胡富比
0~20	8.33	11.75	3.11	3.42	5.22	0.60

表 9-1-15　片区代表性烟田土壤中微量元素状况

土层/cm	有效铜/(mg/kg)	有效铁/(mg/kg)	有效锰/(mg/kg)	有效锌/(mg/kg)	交换性 Ca^{2+}/(cmol/kg)	交换性 Mg^{2+}/(cmol/kg)
0~20	1.41	200.20	59.48	3.55	5.24	0.65

5) 总体评价

土体浅薄, 耕作层质地适中, 砾石多, 耕性和通透性好, 易受洪涝威胁。酸性土壤, 有机质含量中等, 肥力中等, 磷、钾丰富, 铜、铁、锰、锌、钙含量丰富, 镁含量中等水平。

第二节　黑龙江宁安生态条件

一、地理位置

宁安市位于北纬 44°27′40″~48°31′24″, 东经 128°7′54″~130°0′44″, 地处黑龙江省东南部, 东与穆棱市毗邻, 西与海林市交界, 南与吉林省汪清县、敦化市接壤, 北与牡丹江市相连。宁安市隶属黑龙江省牡丹江市, 现辖宁安镇、东京城镇、渤海镇、石岩镇、沙兰镇、海浪镇、兰岗镇、江南朝鲜族满族乡、卧龙朝鲜族乡、马河乡、镜泊乡、三陵乡 7 个镇、5 个乡(其中 2 个民族乡), 总面积 7924 km², 其中耕地面积为 111 000 hm²(图 9-2-1)。

二、自然条件

1. 地形地貌

宁安市地处牡丹江河谷盆地和老爷岭低山丘陵区。牡丹江自南向北纵贯中部。总的地势为西南高, 东北低, 四周高, 中间低。海拔为 241~1559.4 m。由于地质时期新构造运动折皱、沉积、台升、凹陷、河流冲刷搬迁淤积作用, 从西南向东北形成了山地、丘陵漫岗、沿江平原三种地形(图 9-2-2)。

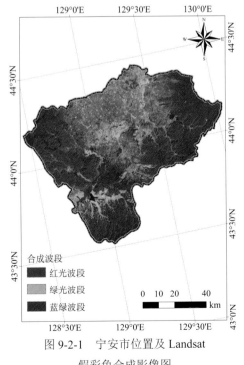

图 9-2-1　宁安市位置及 Landsat
假彩色合成影像图

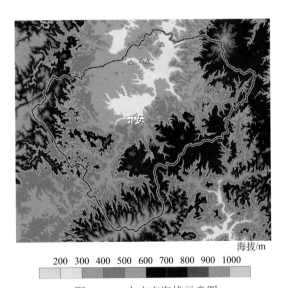

图 9-2-2　宁安市海拔示意图

2. 气候条件

宁安市属温带大陆性季风气候。年均气温 1.1~4.7℃，平均 3.3℃，1 月最冷，月平均气温 17.2℃，7 月最热，月平均气温 20.2℃；区域分布总的趋势是由中东北部向西、南、东递减。年均降水总量 575~710 mm，平均 612 mm 左右，7 月和 8 月降雨较多，在 120 mm 以上，1 月、2 月、3 月、4 月、10 月、11 月、12 月降雨较少，在 50 mm 以下；区域分布总的趋势是由西、南向东北递减。年均日照时数 2284~2382 h，平均 2321 h，3~10 月日照均在 200 h 左右；区域分布总的趋势是由西北和中部向其他方向递增，平均无霜期 130~135 d（图 9-2-3）。

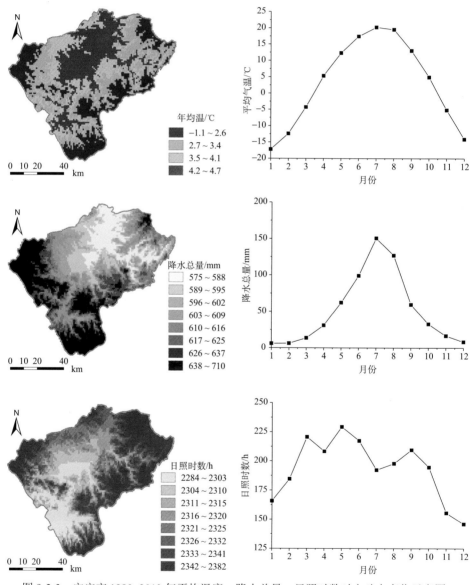

图 9-2-3　宁安市 1980~2013 年平均温度、降水总量、日照时数时空动态变化示意图

三、片区与代表性烟田

1. 宁安镇上赊嘴村片区

1）基本信息

代表性地块（NA-01）：北纬 44°22′52.705″，东经 129°26′24.302″，海拔 298 m（图 9-2-4），漫岗坡地中部，成土母质为花岗岩风化坡积物，种植制度为烤烟-玉米隔年轮作，缓坡旱地，土壤亚类为普通简育冷凉淋溶土。

2）气候条件

烤烟大田生长期间（5~9 月），平均气温 17.9℃，降水量 472 mm，日照时数 1067 h（图 9-2-5）。

海拔/m

200　300　400　500　600　700　800　900　1000

图 9-2-4　片区海拔示意图

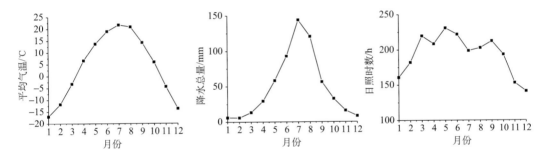

图 9-2-5　片区平均气温、降水总量、日照时数动态变化示意图

3）剖面形态（图 9-2-6（右））

Ap：0~30 cm，暗棕色（10YR 3/4，润），黄棕色（10YR 5/6 暗棕色，干），壤土，发育强的 1~2 mm 粒状结构，松散，清晰平滑过渡。

Bt：30~60 cm，暗棕色（10YR 3/4，润），黄棕色（10YR 5/6 暗棕色，干），黏壤土，发育强的直径 20~50 mm 块状结构，稍硬，结构面上 10%左右黏粒胶膜，清晰波状过渡。

C1：60~100 cm，黄棕色（7.5YR 5/6，润），黄橙色（7.5YR 7/8，干），花岗岩风化碎屑，2%左右软小铁锰结核，清晰波状过渡。

C2：100~130 cm，浊棕色（7.5YR 5/4，润），橙色（7.5YR 7/6，干），花岗岩风化碎屑，2%左右软小铁锰结核。

4）土壤养分

片区土壤呈中性，土体 pH 6.31~7.02，有机质 4.90~20.14 g/kg，全氮 0.31~1.15 g/kg，全磷 0.57~1.33 g/kg，全钾 20.00~34.70 g/kg，碱解氮 31.58~82.67 mg/kg，有效磷 9.00~63.40 mg/kg，速效钾 86.74~239.42 mg/kg，氯离子 7.49~48.30 mg/kg，交换性 Ca^{2+} 12.82~27.83 cmol/kg，交换性 Mg^{2+} 1.74~6.92 cmol/kg。

图 9-2-6　代表性地块景观(左)和土壤剖面(右)

腐殖酸与腐殖质组成中,腐殖酸碳量 1.46~6.36 g/kg,腐殖质全碳量 2.84~11.68 g/kg,胡敏酸碳量 0.25~4.02 g/kg,胡敏素碳量 0.36~5.32 g/kg,富啡酸碳量 1.21~2.34 g/kg,胡富比 0.17~1.72。

微量元素中,有效铜 0.61~0.76 mg/kg,有效铁 17.56~23.79 mg/kg,有效锰 5.17~14.08 mg/kg,有效锌 0.02~1.49 mg/kg(表 9-2-1~表 9-2-3)。

表 9-2-1　片区代表性烟田土壤养分状况

土层 /cm	pH	有机质 /(g/kg)	全氮 /(g/kg)	全磷 /(g/kg)	全钾 /(g/kg)	碱解氮 /(mg/kg)	有效磷 /(mg/kg)	速效钾 /(mg/kg)	氯离子 /(mg/kg)
0~30	7.02	20.14	1.15	1.33	34.70	82.67	63.40	239.42	12.90
30~60	6.76	5.20	0.46	0.57	24.30	40.41	16.90	114.02	7.49
60~100	6.37	5.40	0.42	0.67	29.70	35.30	10.90	151.77	48.30
100~130	6.31	4.90	0.31	0.74	20.00	31.58	9.00	86.74	16.00

表 9-2-2　片区代表性烟田土壤腐殖酸与腐殖质组成

土层 /cm	腐殖酸碳量 /(g/kg)	腐殖质全碳量 /(g/kg)	胡敏酸碳量 /(g/kg)	胡敏素碳量 /(g/kg)	富啡酸碳量 /(g/kg)	胡富比
0~30	6.36	11.68	4.02	5.32	2.34	1.72
30~60	2.66	3.02	1.03	0.36	1.63	0.63
60~100	2.06	3.13	0.30	1.07	1.76	0.17
100~130	1.46	2.84	0.25	1.38	1.21	0.21

表 9-2-3　片区代表性烟田土壤中微量元素状况

土层 /cm	有效铜 /(mg/kg)	有效铁 /(mg/kg)	有效锰 /(mg/kg)	有效锌 /(mg/kg)	交换性 Ca^{2+} /(cmol/kg)	交换性 Mg^{2+} /(cmol/kg)
0~30	0.76	17.56	14.08	1.49	27.83	1.74
30~60	0.75	22.78	5.17	0.13	18.73	3.26
60~100	0.61	23.62	10.54	0.02	20.50	6.92
100~130	0.73	23.79	8.15	0.22	12.82	4.35

5）总体评价

土体较厚，耕作层质地适中，耕性和通透性较好，缓坡旱地，易水土流失。中性土壤，有机质含量中等水平，肥力偏低，磷、钾丰富，铜含量中等水平，铁、锰、锌、钙、镁含量丰富。

2. 宁安镇联合村片区

1）基本信息

代表性地块（NA-02）：北纬 44°25′19.428″，东经 129°24′32.488″，海拔 303 m（图 9-2-7），漫岗坡地中部，成土母质为花岗岩风化坡积物，种植制度为烤烟-玉米隔年轮作，缓坡旱地，土壤亚类为普通简育冷凉淋溶土。

海拔/m

200 300 400 500 600 700 800 900 1000

图 9-2-7　片区海拔示意图

2）气候条件

烤烟大田生长期间（5~9 月），平均气温 17.9℃，降水量 473 mm，日照时数 1069 h（图 9-2-8）。

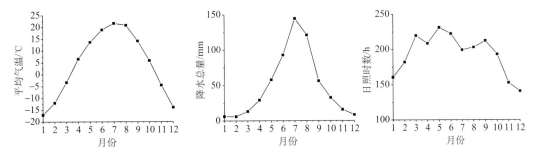

图 9-2-8　片区平均气温、降水总量、日照时数动态变化示意图

3）剖面形态（图 9-2-9（右））

Ap：0~22 cm，棕色（10YR 4/4，润），亮黄棕色（10YR 6/6，干），壤土，发育强的 1~2 mm 粒状结构，松散，清晰平滑过渡。

Bt1：22~42 cm，棕色（10YR 4/6，润），亮黄棕色（10YR 6/8，干），砂质黏壤土，发育强的直径 20~50 mm 块状结构，稍硬，结构面上 10%黏粒胶膜，渐变波状过渡。

图 9-2-9　代表性地块景观(左)和土壤剖面(右)

Bt2：42~60 cm，暗棕色（10YR 3/3，润），浊黄棕色（10YR 5/4，干），砂质黏壤土，发育强的直径 20~50 mm 块状结构，坚硬，结构面上 10%左右黏粒胶膜，2%左右软小铁锰结核，渐变波状过渡。

BC1：60~100 cm，暗棕色（10YR 3/3，润），浊黄棕色（10YR 5/4，干），70%花岗岩风化碎屑，砂质黏壤土，发育中等的直径 10~20 mm 块状结构，稍硬，2%左右软小铁锰结核，渐变波状过渡。

BC2：100~130 cm，暗棕色（10YR 3/3，润），浊黄棕色（10YR 5/4，干），花岗岩风化碎屑，砂质黏壤土，发育中等的直径 10~20 mm 块状结构，2%左右软小铁锰结核。

4）土壤养分

片区土壤呈中性，土体 pH 6.24~6.98，有机质 5.20~15.84 g/kg，全氮 0.42~0.97 g/kg，全磷 0.44~0.95 g/kg，全钾 22.20~31.20 g/kg，碱解氮 29.96~75.71 mg/kg，有效磷 7.30~23.10 mg/kg，速效钾 127.23~141.39 mg/kg，氯离子 5.18~47.40 mg/kg，交换性 Ca^{2+} 19.90~21.54 cmol/kg，交换性 Mg^{2+} 3.81~7.83 cmol/kg。

腐殖酸与腐殖质组成中，腐殖酸碳量 1.75~5.42 g/kg，腐殖质全碳量 3.02~9.19 g/kg，胡敏酸碳量 0.33~1.89 g/kg，胡敏素碳量 1.27~3.77 g/kg，富啡酸碳量 1.19~3.53 g/kg，胡富比 0.17~0.54。

微量元素中，有效铜 0.77~1.51 mg/kg，有效铁 27.04~42.55 mg/kg，有效锰 9.66~25.90 mg/kg，有效锌 0.03~0.79 mg/kg（表 9-2-4~表 9-2-6）。

表 9-2-4　片区代表性烟田土壤养分状况

土层/cm	pH	有机质/(g/kg)	全氮/(g/kg)	全磷/(g/kg)	全钾/(g/kg)	碱解氮/(mg/kg)	有效磷/(mg/kg)	速效钾/(mg/kg)	氯离子/(mg/kg)
0~22	6.98	15.84	0.97	0.95	31.20	75.71	23.10	140.44	5.18
22~42	6.57	7.00	0.51	0.44	26.80	38.55	8.20	132.89	32.40
42~60	6.24	6.50	0.47	0.58	23.70	34.83	8.10	138.55	38.80
60~100	6.63	6.00	0.46	0.65	23.00	33.90	7.30	141.39	47.40
100~130	6.60	5.20	0.42	0.54	22.20	29.96	7.40	127.23	9.57

表 9-2-5　片区代表性烟田土壤腐殖酸与腐殖质组成

土层/cm	腐殖酸碳量/(g/kg)	腐殖质全碳量/(g/kg)	胡敏酸碳量/(g/kg)	胡敏素碳量/(g/kg)	富啡酸碳量/(g/kg)	胡富比
0~22	5.42	9.19	1.89	3.77	3.53	0.54
22~42	2.27	4.06	0.33	1.79	1.95	0.17
42~60	2.08	3.77	0.38	1.69	1.70	0.23
60~100	2.06	3.48	0.41	1.42	1.65	0.25
100~130	1.75	3.02	0.56	1.27	1.19	0.47

表 9-2-6　片区代表性烟田土壤中微量元素状况

土层/cm	有效铜/(mg/kg)	有效铁/(mg/kg)	有效锰/(mg/kg)	有效锌/(mg/kg)	交换性 Ca^{2+}/(cmol/kg)	交换性 Mg^{2+}/(cmol/kg)
0~22	1.39	35.60	24.35	0.79	19.90	3.81
22~42	0.77	27.04	9.66	0.07	21.54	7.11
42~60	0.81	28.04	10.53	0.03	21.54	7.83
60~100	1.11	32.40	12.27	0.11	20.28	7.60
100~130	1.51	42.55	25.90	0.24	20.54	7.73

5）总体评价

土体较厚，耕作层质地适中，耕性和通透性较好，砾石较多，通透性较好。中性土壤，有机质含量缺乏，肥力偏低，磷丰富，钾含量中等，铜、铁、锰、钙、镁含量丰富，锌含量中等。

3. 海浪镇安青村片区

1）基本信息

代表性地块（NA-03）：北纬44°19′37.473″，东经 129°11′53.949″，海拔 325 m（图 9-2-10），漫岗坡麓，成土母质为黄土状沉积物，种植制度为烤烟-玉米隔年轮作，平旱地，土壤亚类为斑纹黏

海拔/m

200　300　400　500　600　700　800　900　1000

图 9-2-10　片区海拔示意图

化湿润均腐土。

2)气候条件

烤烟大田生长期间(5~9月),平均气温17.7℃,降水量481 mm,日照时数1066 h(图9-2-11)。

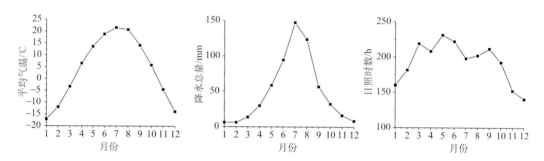

图9-2-11 片区平均气温、降水总量、日照时数动态变化示意图

3)剖面形态(图9-2-12(右))

Ap:0~25 cm,黑棕色(10YR 3/2,润),灰黄棕色(10YR 5/2,干),10%左右岩石碎屑,壤土,发育强的1~2 mm粒状结构,松散,清晰平滑过渡。

AB:25~50 cm,黑棕色(10YR 3/2,润),灰黄棕色(10YR 5/2,干),壤土,发育强的直径10~20 mm块状结构,松散,2%左右软小铁锰结核,渐变波状过渡。

Bt1:50~80 cm,黑棕色(10YR 3/2,润),灰黄棕色(10YR 5/2,干),粉砂质黏壤土,发育强的直径20~50 mm块状结构,稍硬,结构面上10%左右黏粒-腐殖质胶膜,2%左右软小铁锰结核,渐变波状过渡。

图9-2-12 代表性地块景观(左)和土壤剖面(右)

Bt2：80~105 cm，黑棕色(10YR 3/2，润)，灰黄棕色(10YR 5/2，干)，粉砂质黏壤土，发育中等的直径 20~50 mm 块状结构，稍硬，结构面上 10%左右黏粒-腐殖质胶膜，2%左右软小铁锰结核，清晰渐变过渡。

BC：105~130 cm，棕色(10YR 4/4，润)，亮黄棕色(10YR 6/6，干)，粉砂质黏壤土，发育弱的直径 20~50 mm 块状结构，稍硬，2%左右软小铁锰结核。

4) 土壤养分

片区土壤呈弱酸性，土体 pH 5.56~6.67，有机质 5.46~23.50 g/kg，全氮 0.51~1.38 g/kg，全磷 0.48~1.11 g/kg，全钾 20.10~31.40 g/kg，碱解氮 33.90~107.06 mg/kg，有效磷 2.70~48.50 mg/kg，速效钾 185.74~344.29 mg/kg，氯离子 5.20~27.70 mg/kg，交换性 Ca^{2+} 23.18~26.33 cmol/kg，交换性 Mg^{2+} 8.14~10.34 cmol/kg。

腐殖酸与腐殖质组成中，腐殖酸碳量 2.24~9.49 g/kg，腐殖质全碳量 3.17~13.63 g/kg，胡敏酸碳量 0.84~4.34 g/kg，胡敏素碳量 0.29~4.15 g/kg，富啡酸碳量 1.40~5.14 g/kg，胡富比 0.60~0.90。

微量元素中，有效铜 1.75~2.88 mg/kg，有效铁 40.96~64.95 mg/kg，有效锰 4.50~28.78 mg/kg，有效锌 0.07~0.76 mg/kg(表 9-2-7~表 9-2-9)。

表 9-2-7 片区代表性烟田土壤养分状况

土层 /cm	pH	有机质 /(g/kg)	全氮 /(g/kg)	全磷 /(g/kg)	全钾 /(g/kg)	碱解氮 /(mg/kg)	有效磷 /(mg/kg)	速效钾 /(mg/kg)	氯离子 /(mg/kg)
0~25	5.56	23.50	1.38	1.11	31.40	107.06	48.50	344.29	13.80
25~50	6.54	14.73	1.06	0.64	29.70	84.53	2.70	194.24	12.60
50~80	5.82	15.40	0.88	0.48	20.10	65.95	3.80	198.01	10.40
80~105	6.46	5.46	0.61	0.67	23.00	45.98	6.40	188.57	27.70
105~130	6.67	6.80	0.51	0.72	22.60	33.90	11.60	185.74	5.20

表 9-2-8 片区代表性烟田土壤腐殖酸与腐殖质组成

土层 /cm	腐殖酸碳量 /(g/kg)	腐殖质全碳量 /(g/kg)	胡敏酸碳量 /(g/kg)	胡敏素碳量 /(g/kg)	富啡酸碳量 /(g/kg)	胡富比
0~25	9.49	13.63	4.34	4.15	5.14	0.84
25~50	7.62	8.54	3.36	0.93	4.25	0.79
50~80	6.38	8.93	3.02	2.56	3.35	0.90
80~105	3.46	3.17	1.45	0.29	2.01	0.72
105~130	2.24	3.94	0.84	1.70	1.40	0.60

表 9-2-9 片区代表性烟田土壤中微量元素状况

土层 /cm	有效铜 /(mg/kg)	有效铁 /(mg/kg)	有效锰 /(mg/kg)	有效锌 /(mg/kg)	交换性 Ca^{2+} /(cmol/kg)	交换性 Mg^{2+} /(cmol/kg)
0~25	2.88	64.95	28.78	0.76	23.39	8.14
25~50	1.94	40.96	8.32	0.10	26.33	9.54
50~80	1.80	43.15	4.50	0.08	24.99	10.09
80~105	1.75	41.80	5.80	0.07	25.12	10.34
105~130	1.99	43.26	12.46	0.15	23.18	9.74

海拔/m

200 300 400 500 600 700 800 900 1000

图 9-2-13　片区海拔示意图

5）总体评价

土体深厚，耕作层质地适中，耕性和通透性好。弱酸性土壤，有机质含量中等水平，肥力中等，磷、钾丰富，铜、铁、锰、钙、镁丰富，锌含量中等水平。

4. 海浪镇长胜村片区

1）基本信息

代表性地块（NA-04）：北纬 44°19′29.344″，东经 129°16′19.257″，海拔 324 m（图 9-2-13），漫岗坡麓，成土母质为黄土状沉积物，种植制度为烤烟-玉米隔年轮作，平旱地，土壤亚类为斑纹黏化湿润均腐土。

2）气候条件

烤烟大田生长期间（5~9 月），平均气温 17.7℃，降水量 479 mm，日照时数 1065 h（图 9-2-14）。

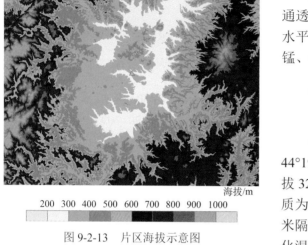

图 9-2-14　片区平均气温、降水总量、日照时数动态变化示意图

3）剖面形态（图 9-2-15（右））

Ap：0~30 cm，黑棕色（10YR 3/2，润），灰黄棕色（10YR 5/2，干），10%左右岩石碎屑，粉砂质黏壤土，发育强的 1~2 mm 粒状结构，松散，清晰平滑过渡。

Bt1：30~55 cm，黑棕色（10YR 3/2，润），灰黄棕色（10YR 5/2，干），粉砂质黏壤土，发育强的直径 10~20 mm 块状结构，松散，结构面上 10%左右黏粒-腐殖质胶膜，2%左右软小铁锰结核，渐变波状过渡。

Bt2：55~90 cm，黑棕色（10YR 3/2，润），灰黄棕色（10YR 5/2，干），粉砂质黏壤土，发育中等的直径 20~50 mm 块状结构，稍硬，结构面上 10%左右黏粒-腐殖质胶膜，2%左右软小铁锰结核，渐变波状过渡。

BC：90~110 cm，黑棕色（10YR 3/2，润），灰黄棕色（10YR 5/2，干），粉砂质黏壤土，发育弱的直径 20~50 mm 块状结构，稍硬，2%左右软小铁锰结核。

图 9-2-15　代表性地块景观(左)和土壤剖面(右)

4)土壤养分

片区土壤呈微酸性，土体 pH 6.45~7.05，有机质 8.50~18.70 g/kg，全氮 0.60~1.15 g/kg，全磷 0.66~0.81 g/kg，全钾 22.50~25.70 g/kg，碱解氮 37.16~98.46 mg/kg，有效磷 4.50~10.40 mg/kg，速效钾 186.97~198.95 mg/kg，氯离子 4.66~8.41 mg/kg，交换性 Ca^{2+} 20.67~25.38 cmol/kg，交换性 Mg^{2+} 6.84~10.32 cmol/kg。

腐殖酸与腐殖质组成中，腐殖酸碳量 3.08~7.12 g/kg，腐殖质全碳量 4.93~10.85 g/kg，胡敏酸碳量 1.03~2.91 g/kg，胡敏素碳量 1.85~3.72 g/kg，富啡酸碳量 1.91~4.22 g/kg，胡富比 0.45~0.69。

微量元素中，有效铜 1.41~2.13 mg/kg，有效铁 37.34~51.13 mg/kg，有效锰 6.03~21.87 mg/kg，有效锌 0.05~0.54 mg/kg(表 9-2-10~表 9-2-12)。

表 9-2-10　片区代表性烟田土壤养分状况

土层 /cm	pH	有机质 /(g/kg)	全氮 /(g/kg)	全磷 /(g/kg)	全钾 /(g/kg)	碱解氮 /(mg/kg)	有效磷 /(mg/kg)	速效钾 /(mg/kg)	氯离子 /(mg/kg)
0~30	6.45	18.70	1.15	0.66	23.50	98.46	7.90	188.57	5.24
30~55	6.66	12.90	0.82	0.81	25.70	65.02	10.40	198.95	5.61
55~90	7.05	9.20	0.63	0.78	23.10	44.59	6.00	186.97	4.66
90~110	6.85	8.50	0.60	0.79	22.50	37.16	4.50	198.01	8.41

5)总体评价

土体深厚，耕作层质地适中，耕性和通透性好。弱酸性土壤，有机质含量缺乏，肥力偏低，缺磷富钾，铜、铁、锰、钙、镁丰富，锌含量中等。

表 9-2-11　片区代表性烟田土壤腐殖酸与腐殖质组成

土层 /cm	腐殖酸碳量 /(g/kg)	腐殖质全碳量 /(g/kg)	胡敏酸碳量 /(g/kg)	胡敏素碳量 /(g/kg)	富啡酸碳量 /(g/kg)	胡富比
0~30	7.12	10.85	2.91	3.72	4.22	0.69
30~55	5.04	7.48	1.94	2.45	3.10	0.63
55~90	3.34	5.34	1.03	2.00	2.31	0.45
90~110	3.08	4.93	1.18	1.85	1.91	0.62

表 9-2-12　片区代表性烟田土壤中微量元素状况

土层 /cm	有效铜 /(mg/kg)	有效铁 /(mg/kg)	有效锰 /(mg/kg)	有效锌 /(mg/kg)	交换性 Ca^{2+} /(cmol/kg)	交换性 Mg^{2+} /(cmol/kg)
0~30	2.06	51.13	21.87	0.54	20.67	6.84
30~55	1.44	37.34	7.22	0.09	24.71	9.05
55~90	1.41	37.76	6.03	0.05	25.38	10.32
90~110	2.13	47.42	16.84	0.15	24.00	9.76

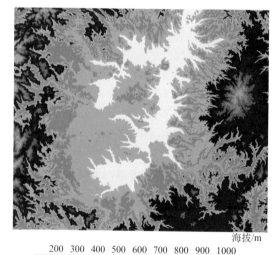

海拔/m

200　300　400　500　600　700　800　900　1000

图 9-2-16　片区海拔示意图

5. 海浪镇长胜村片区

1) 基本信息

代表性地块（NA-05）：北纬 44°18′51.191″，东经 129°18′51.390″，海拔 280 m（图 9-2-16），漫岗坡麓，成土母质为黄土状沉积物，种植制度为烤烟-玉米隔年轮作，平旱地，土壤亚类为斑纹黏化湿润均腐土。

2) 气候条件

烤烟大田生长期间（5~9 月），平均气温 18.0℃，降水量 474 mm，日照时数 1065 h（图 9-2-17）。

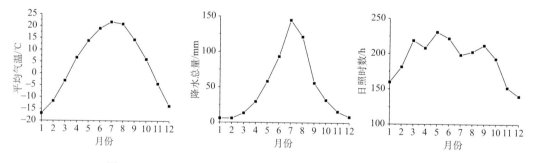

图 9-2-17　片区平均气温、降水总量、日照时数动态变化示意图

3）剖面形态（图 9-2-18（右））

Ap：0~30 cm，黑棕色（10YR 3/2，润），灰黄棕色（10YR 5/2，干），10%左右岩石碎屑，粉砂质黏壤土，发育强的 1~2 mm 粒状结构，松散，清晰平滑过渡。

图 9-2-18　代表性地块景观（左）和土壤剖面（右）

Bt1：30~60 cm，黑棕色（10YR 3/2，润），灰黄棕色（10YR 5/2，干），粉砂质黏壤土，发育强的直径 10~20 mm 块状结构，松散，结构面上 10%左右黏粒-腐殖质胶膜，2%左右软小铁锰结核，渐变波状过渡。

Bt2：60~110 cm，黑棕色（10YR 3/2，润），灰黄棕色（10YR 5/2，干），粉砂质黏壤土，发育中等的直径 20~50 mm 块状结构，稍硬，结构面上 10%左右黏粒-腐殖质胶膜，2%左右软小铁锰结核，渐变波状过渡。

BC：110~130 cm，黑棕色（10YR 3/2，润），灰黄棕色（10YR 5/2，干），粉砂质黏壤土，发育弱的直径 20~50 mm 块状结构，稍硬，2%左右软小铁锰结核。

4）土壤养分

片区土壤呈微酸性，土体 pH 5.97~6.92，有机质 12.00~22.35 g/kg，全氮 0.58~1.31 g/kg，全磷 0.62~1.19 g/kg，全钾 21.40~33.00 g/kg，碱解氮 40.87~111.47 mg/kg，有效磷 10.70~39.30 mg/kg，速效钾 180.08~256.52 mg/kg，氯离子 4.37~8.39 mg/kg，交换性 Ca^{2+} 21.28~25.16 cmol/kg，交换性 Mg^{2+} 6.86~9.27 cmol/kg。

腐殖酸与腐殖质组成中，腐殖酸碳量 3.72~8.22 g/kg，腐殖质全碳量 6.96~12.96 g/kg，胡敏酸碳量 1.64~3.53 g/kg，胡敏素碳量 2.21~4.75 g/kg，富啡酸碳量 2.08~4.69 g/kg，胡富比 0.75~0.96。

微量元素中，有效铜 1.90~2.41 mg/kg，有效铁 36.67~60.75 mg/kg，有效锰 5.65~51.25 mg/kg，有效锌 0.10~1.10 mg/kg（表 9-2-13~表 9-2-15）。

表 9-2-13　片区代表性烟田土壤养分状况

土层 /cm	pH	有机质 /(g/kg)	全氮 /(g/kg)	全磷 /(g/kg)	全钾 /(g/kg)	碱解氮 /(mg/kg)	有效磷 /(mg/kg)	速效钾 /(mg/kg)	氯离子 /(mg/kg)
0~30	5.97	22.35	1.31	1.19	33.00	111.47	39.30	256.52	7.35
30~60	6.55	17.20	0.90	0.62	22.90	73.38	11.50	180.08	5.99
60~110	6.92	13.90	0.76	0.62	21.50	62.70	10.70	186.69	4.37
110~130	6.01	12.00	0.58	0.71	21.40	40.87	13.00	194.24	8.39

表 9-2-14　片区代表性烟田土壤腐殖酸与腐殖质组成

土层 /cm	腐殖酸碳量 /(g/kg)	腐殖质全碳量 /(g/kg)	胡敏酸碳量 /(g/kg)	胡敏素碳量 /(g/kg)	富啡酸碳量 /(g/kg)	胡富比
0~30	8.22	12.96	3.53	4.75	4.69	0.75
30~60	6.33	9.98	3.06	3.65	3.27	0.94
60~110	5.86	8.06	2.87	2.21	2.98	0.96
110~130	3.72	6.96	1.64	3.24	2.08	0.79

表 9-2-15　片区代表性烟田土壤中微量元素状况

土层 /cm	有效铜 /(mg/kg)	有效铁 /(mg/kg)	有效锰 /(mg/kg)	有效锌 /(mg/kg)	交换性 Ca^{2+} /(cmol/kg)	交换性 Mg^{2+} /(cmol/kg)
0~30	2.41	50.46	51.25	1.10	21.28	6.86
30~60	1.90	36.67	9.05	0.16	25.16	8.40
60~110	1.99	60.75	5.65	0.10	25.12	9.27
110~130	2.18	53.98	7.68	0.13	24.82	9.07

5) 总体评价

土体深厚，耕作层质地适中，耕性和通透性好。微酸性土壤，肥力中等，磷、钾丰富，铜、铁、锰、锌、钙、镁丰富。

第三节　吉林汪清生态条件

一、地理位置

汪清县位于北纬 43°06′~44°03′，东经 129°51′~130°56′，东与珲春市，西与敦化市，南与图们市、延吉市，北与黑龙江省宁安、穆棱、东宁县接壤。汪清县隶属于吉林省延边朝鲜族自治州，现辖汪清镇、大兴沟镇、天桥岭镇、罗子沟镇、百草沟镇、春阳镇、复兴镇、东光镇、鸡冠乡 8 个镇、1 个乡，面积 9016 km²，其中耕地面积为 41 150 hm²(图 9-3-1)。

二、自然条件

1. 地形地貌

汪清县位于吉林省延边朝鲜族自治州东北部，长白山东麓，地处长白山支脉老爷岭和哈尔巴岭山脉，属山区。汪清地区地壳有着复杂而悠久的演化历史，成矿地质条件优越，境内有多条大型矿产成矿带。汪清县平均海拔 806 m(图 9-3-2)。林业资源丰富，占汪清县总面积的 89.3%。

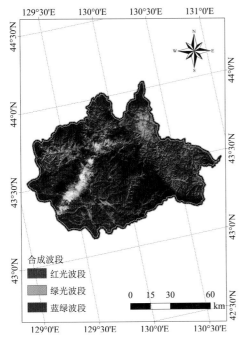

图 9-3-1　汪清县位置及 Landsat
假彩色合成影像图

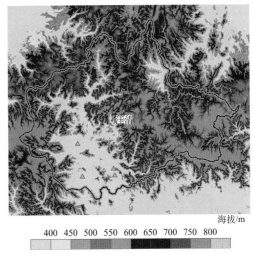

图 9-3-2　汪清县海拔高度示意图

2. 气候条件

汪清县属于大陆性中温带多风气候，冬长夏短，四季分明，垂直变化较大。受地形影响，中西南部海拔较低区域气温较高、降水较少、日照较少，其他高海拔区域气温较低、降雨较多、日照较多。年均气温 1.0~6.3℃，平均 3.3℃，1 月最冷，月平均气温 15.8℃，7 月最热，月平均气温 19.3℃。年均降水总量 541~667 mm，平均 592 mm 左右，7 月和 8 月降雨相对较多，在 100 mm 以上，1 月、2 月、3 月、4 月、10 月、11 月、12 月降雨较少，在 50 mm 以下。年均日照时数 2281~2397 h，平 2324 h，2~10 月日照均在 200 h 左右（图 9-3-3）。无霜期 110~141 d。

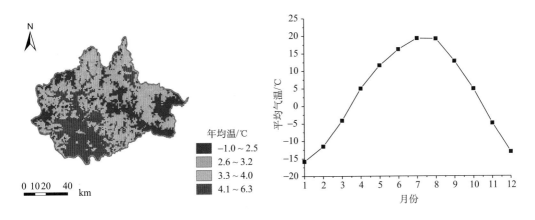

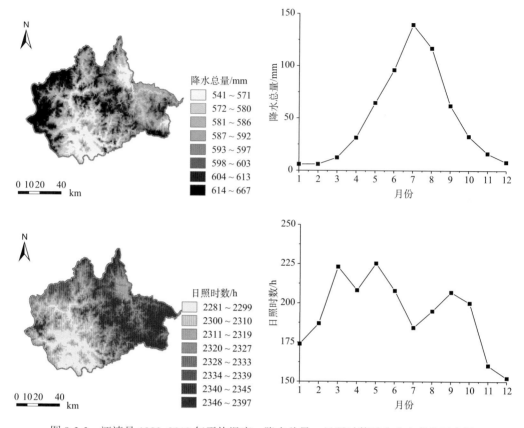

图 9-3-3　汪清县 1980~2013 年平均温度、降水总量、日照时数时空动态变化示意图

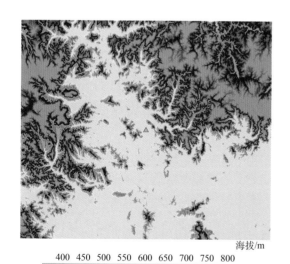

图 9-3-4　片区海拔高度示意图

三、片区与代表性烟田

1. 东光镇北丰里村片区

1) 基本信息

代表性地块（WQ-01）：北纬 43°13′32.551″，东经 129°47′47.133″，海拔 210 m（图 9-3-4），低丘漫岗中的老河床，成土母质为洪积–冲积物，种植制度为烤烟单作，平旱地，土壤亚类为普通暗色潮湿雏形土。

2) 气候条件

烤烟大田生长期间（5~9 月），平均气温 18.3℃，降水量 444 mm，日照时数 1027 h（图 9-3-5）。

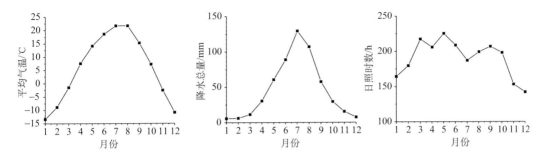

图 9-3-5　片区平均气温、降水总量、日照时数动态变化示意图

3) 剖面形态(图 9-3-6(右))

图 9-3-6　代表性地块景观(左)和土壤剖面(右)

Ap：0~20 cm，黑棕色(10YR 2/3，润)，棕色(10YR 4/4，干)，20%左右岩石碎屑，粉壤土，发育中等的 1~2 mm 粒状结构，松散，清晰平滑过渡。

Bw：20~40 cm，黑色(10YR 2/1，润)，黑棕色(10YR 3/2，干)，50%左右岩石碎屑，粉壤土，发育弱的直径 10~20 mm 块状结构，疏松，渐变波状过渡。

1C1：40~100 cm，黑棕色(10YR 2/3，润)，棕色(10YR 4/4，干)，80%左右岩石碎屑，直径 10~20 mm 块状结构，稍硬，渐变波状过渡。

1C2：100~110 cm，黑棕色(10YR 2/3，润)，棕色(10YR 4/4，干)，5%左右岩石碎屑，直径 1~2 mm 砂粒，松散，10%左右铁锰斑纹，渐变波状过渡。

2C：110~130 cm，暗棕色(10YR 3/4，润)，黄棕色(10YR 5/6，干)，直径 1~2 mm 砂粒，松散，10%左右铁锰斑纹。

4) 土壤养分

片区土壤呈酸性，土体 pH 5.43~6.69，有机质 3.60~30.20 g/kg，全氮 0.20~1.61 g/kg，全磷 0.73~1.33 g/kg，全钾 21.10~26.30 g/kg，碱解氮 11.15~104.04 mg/kg，有效磷 32.30~124.00 mg/kg，速效钾 186.94~382.97 mg/kg，氯离子 15.80~57.70 mg/kg，交换性 Ca^{2+} 14.72~25.94 cmol/kg，交换性 Mg^{2+} 3.06~5.21 cmol/kg。

腐殖酸与腐殖质组成中，腐殖酸碳量 1.08~13.03 g/kg，腐殖质全碳量 2.09~17.52 g/kg，胡敏酸碳量 0.47~8.74 g/kg，胡敏素碳量 1.00~5.82 g/kg，富啡酸碳量 0.61~4.28 g/kg，胡富比 0.78~2.04。

微量元素中，有效铜 0.59~2.73 mg/kg，有效铁 12.68~97.73 mg/kg，有效锰 32.34~102.64 mg/kg，有效锌 2.29~4.99 mg/kg（表 9-3-1~表 9-3-3）。

表 9-3-1　片区代表性烟田土壤养分状况

土层/cm	pH	有机质/(g/kg)	全氮/(g/kg)	全磷/(g/kg)	全钾/(g/kg)	碱解氮/(mg/kg)	有效磷/(mg/kg)	速效钾/(mg/kg)	氯离子/(mg/kg)
0~20	5.43	29.82	1.61	1.33	26.30	104.04	124.00	382.97	28.30
20~40	6.00	30.20	1.45	1.05	25.50	93.82	32.30	214.75	57.70
40~100	6.37	6.80	0.45	0.77	22.20	26.24	32.30	196.70	22.90
100~110	6.69	3.60	0.20	0.73	21.10	11.15	47.30	186.94	15.80
110~130	6.66	7.90	0.36	0.74	23.10	17.42	68.30	273.68	54.00

表 9-3-2　片区代表性烟田土壤腐殖酸与腐殖质组成

土层/cm	腐殖酸碳量/(g/kg)	腐殖质全碳量/(g/kg)	胡敏酸碳量/(g/kg)	胡敏素碳量/(g/kg)	富啡酸碳量/(g/kg)	胡富比
0~20	13.03	17.30	8.74	4.27	4.28	2.04
20~40	11.70	17.52	7.58	5.82	4.12	1.84
40~100	2.51	3.94	1.37	1.43	1.15	1.19
100~110	1.08	2.09	0.47	1.00	0.61	0.78
110~130	3.03	4.58	1.92	1.55	1.11	1.74

表 9-3-3　片区代表性烟田土壤中微量元素状况

土层/cm	有效铜/(mg/kg)	有效铁/(mg/kg)	有效锰/(mg/kg)	有效锌/(mg/kg)	交换性 Ca^{2+}/(cmol/kg)	交换性 Mg^{2+}/(cmol/kg)
0~20	0.59	12.68	102.64	4.99	21.91	3.77
20~40	0.65	13.54	77.82	4.38	25.94	4.11
40~100	1.55	89.95	33.03	2.74	14.72	3.06
100~110	1.84	97.73	35.66	2.36	16.11	3.44
110~130	2.73	36.30	32.34	2.29	24.56	5.21

5) 总体评价

土体浅薄，耕作层质地适中，砾石多，耕性和通透性较好，易受洪涝威胁。酸性土壤，有机质含量中等，肥力中等，磷、钾丰富，铜含量中等水平，铁、锰、锌、钙、镁含量丰富。

2. 东光镇小汪清村片区

1) 基本信息

代表性地块（WQ-02）：北纬 43°15′53.509″，东经 129°50′45.433″，海拔 270 m（图 9-3-7），低丘漫岗中的老河床，成土母质为洪积-冲积物，种植制度为烤烟单作，平旱地，土壤亚类为普通潮湿冲积新成土。

2) 气候条件

烤烟大田生长期间（5~9 月），平均气温 17.5℃，降水量 456 mm，日照时数 1023 h（图 9-3-8）。

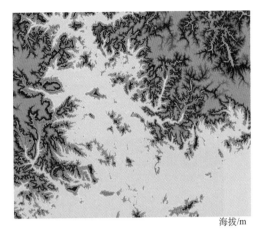

海拔/m

400 450 500 550 600 650 700 750 800

图 9-3-7　片区海拔高度示意图

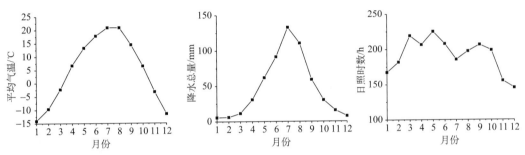

图 9-3-8　片区平均气温、降水总量、日照时数动态变化示意图

3) 剖面形态（图 9-3-9（右））

Ap：0~25 cm，黑棕色（10YR 2/3，润），棕色（10YR 4/4，干），10%左右岩石碎屑，砂质壤土，发育中等的 1~2 mm 粒状结构，松散，清晰平滑过渡。

AB：25~32 cm，黑色（10YR 2/1，润），黑棕色（10YR 3/2，干），50%左右岩石碎屑，砂质壤土，发育弱的直径 10~20 mm 块状结构，疏松，清晰波状过渡。

1C：32~46 cm，黑棕色（10YR 2/3，润），棕色（10YR 4/4，干），10%左右岩石碎屑，直径 1~2 mm 砂粒，松散，10%左右铁锰斑纹，渐变波状过渡。

2C1：46~86 cm，黑棕色（10YR 2/3，润），棕色（10YR 4/4，干），5%左右岩石碎屑，直径 1~2 mm 砂粒，松散，10%左右铁锰斑纹，渐变波状过渡。

2C2：86~140 cm，暗棕色（10YR 3/4，润），黄棕色（10YR 5/6，干），5%左右岩石碎屑，直径 1~2 mm 砂粒，松散，10%左右铁锰斑纹。

4) 土壤养分

片区土壤呈微酸性，土体 pH 5.62~6.57，有机质 6.10~16.42 g/kg，全氮 0.36~1.02 g/kg，全磷 0.57~1.08 g/kg，全钾 20.40~24.80 g/kg，碱解氮 31.12~95.44 mg/kg，有效磷 4.40~38.10 mg/kg，速效钾 34.18~81.70 mg/kg，氯离子 4.97~12.10 mg/kg，交换性 Ca^{2+} 7.55~17.62 cmol/kg，交换性 Mg^{2+} 0.89~2.63 cmol/kg。

图 9-3-9　代表性地块景观(左)和土壤剖面(右)

　　腐殖酸与腐殖质组成中，腐殖酸碳量 2.27~6.88 g/kg，腐殖质全碳量 3.54~9.53 g/kg，胡敏酸碳量 0.41~3.27 g/kg，胡敏素碳量 1.27~3.13 g/kg，富啡酸碳量 1.75~4.31 g/kg，胡富比 0.22~0.90。

　　微量元素中，有效铜 1.51~3.19 mg/kg，有效铁 146.47~228.98 mg/kg，有效锰 28.31~54.48 mg/kg，有效锌 2.20~5.29 mg/kg(表 9-3-4~表 9-3-6)。

表 9-3-4　片区代表性烟田土壤养分状况

土层/cm	pH	有机质/(g/kg)	全氮/(g/kg)	全磷/(g/kg)	全钾/(g/kg)	碱解氮/(mg/kg)	有效磷/(mg/kg)	速效钾/(mg/kg)	氯离子/(mg/kg)
0~25	5.62	16.42	0.93	1.08	22.00	70.36	22.50	81.70	12.10
25~32	5.86	16.00	1.01	0.71	20.40	73.15	7.80	58.89	6.80
32~46	6.14	6.60	0.44	0.59	24.80	37.62	6.30	39.48	11.30
46~58	6.24	6.10	0.36	0.57	23.00	31.12	4.50	43.68	11.60
58~86	6.48	11.90	0.79	0.57	22.80	70.60	4.40	43.68	8.32
86~110	6.57	13.10	0.84	0.83	23.60	80.81	5.70	34.18	4.97
110~140	6.22	14.70	1.02	0.74	21.50	95.44	38.10	37.74	11.30

表 9-3-5　片区代表性烟田土壤腐殖酸与腐殖质组成

土层/cm	腐殖酸碳量/(g/kg)	腐殖质全碳量/(g/kg)	胡敏酸碳量/(g/kg)	胡敏素碳量/(g/kg)	富啡酸碳量/(g/kg)	胡富比
0~25	6.88	9.53	3.27	2.64	3.62	0.90
25~32	6.16	9.28	2.75	3.13	3.41	0.81
32~46	2.56	3.83	0.80	1.27	1.75	0.46
46~58	2.27	3.54	0.41	1.27	1.85	0.22
58~86	5.03	6.90	1.59	1.87	3.44	0.46
86~110	5.79	7.60	2.49	1.81	3.30	0.75
110~140	6.22	8.53	1.91	2.31	4.31	0.44

表 9-3-6 片区代表性烟田土壤中微量元素状况

土层 /cm	有效铜 /(mg/kg)	有效铁 /(mg/kg)	有效锰 /(mg/kg)	有效锌 /(mg/kg)	交换性 Ca^{2+} /(cmol/kg)	交换性 Mg^{2+} /(cmol/kg)
0~25	1.77	146.47	54.48	5.29	9.63	1.18
25~32	1.77	162.88	53.08	4.40	11.21	1.24
32~46	1.51	211.11	28.31	2.20	7.55	0.89
46~58	1.75	222.54	31.23	2.61	8.37	1.26
58~86	2.99	209.14	46.45	4.41	14.98	2.63
86~110	3.14	227.11	45.63	4.78	17.62	2.62
110~140	3.19	228.98	44.35	5.17	16.74	2.58

5）总体评价

土体深厚，耕作层质地偏砂，砾石多，耕性和通透性较好，易受洪涝威胁。微酸性土壤，有机质暗红能量缺乏，肥力偏低，磷含量丰富，钾含量偏低，铜、铁、锰、锌、钙、镁丰富。

3. 百草沟镇永安村片区

1）基本信息

代表性地块（WQ-03）：北纬 43°15′27.289″，东经 129°32′5.578″，海拔 220 m（图 9-3-10），低丘漫岗中河谷一级阶地，成土母质为河流冲积物，种植制度为烤烟-玉米隔年轮作，平旱地，土壤亚类为普通淡色潮湿雏形土。

2）气候条件

烤烟大田生长期间（5~9 月），平均气温 18.2℃，降水量 454 mm，日照时数 1029 h（图 9-3-11）。

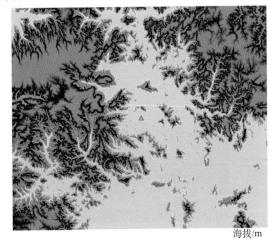
海拔/m
图 9-3-10 片区海拔高度示意图

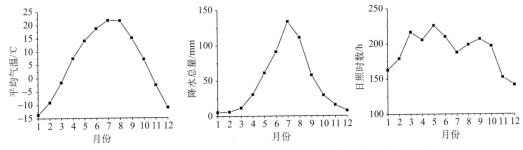
图 9-3-11 片区平均气温、降水总量、日照时数动态变化示意图

3）剖面形态（图 9-3-12（右））

Ap：0~23 cm，浊黄棕色（10YR 6/3，润），亮黄棕色（10YR 7/6，干），20%左右岩石

碎屑，壤质砂土，发育中等的 1~2 mm 粒状结构，松散，清晰平滑过渡。

AB：23~40 cm，浊黄棕色(10YR 5/3，润)，亮黄棕色(10YR 6/6，干)，20%左右岩石碎屑，壤质砂土，发育中等的直径 10~20 mm 块状结构，疏松，渐变波状过渡。

Bw1：40~80 cm，黑棕色(10YR 2/3，润)，暗棕色(10YR 3/3，干)，30%左右岩石碎屑，粉砂壤土，发育弱的直径 10~20 mm 块状结构，松散，渐变波状过渡。

C1：80~110 cm，棕色(10YR 4/4，润)，亮黄棕色(10YR 6/6，干)，5%左右岩石碎屑，直径 1~2 mm 砂粒，松散，2%左右铁锰斑纹，渐变波状过渡。

C2：110~130 cm，黑棕色(10YR 2/3，润)，暗棕色(10YR 3/3，干)，5%左右岩石碎屑，直径 1~2 mm 砂粒，松散，2%左右铁锰斑纹。

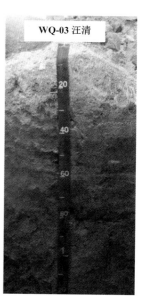

图 9-3-12　代表性地块景观(左)和土壤剖面(右)

4) 土壤养分

片区土壤呈酸性，土体 pH 4.79~6.53，有机质 4.80~27.60 g/kg，全氮 0.25~1.33 g/kg，全磷 0.56~0.99 g/kg，全钾 28.00~29.30 g/kg，碱解氮 22.29~104.50 mg/kg，有效磷 5.00~84.40 mg/kg，速效钾 58.47~190.04 mg/kg，氯离子 5.50~44.60 mg/kg，交换性 Ca^{2+} 5.03~17.51 cmol/kg，交换性 Mg^{2+} 0.72~2.54 cmol/kg。

腐殖酸与腐殖质组成中，腐殖酸碳量 1.82~10.68 g/kg，腐殖质全碳量 2.78~16.01 g/kg，胡敏酸碳量 0.83~6.14 g/kg，胡敏素碳量 0.96~5.41 g/kg，富啡酸碳量 1.00~4.47 g/kg，胡富比 0.83~1.84。

微量元素中，有效铜 1.16~1.94 mg/kg，有效铁 59.29~192.28 mg/kg，有效锰 19.21~87.28 mg/kg，有效锌 1.51~7.29 mg/kg(表 9-3-7~表 9-3-9)。

表 9-3-7　片区代表性烟田土壤养分状况

土层/cm	pH	有机质/(g/kg)	全氮/(g/kg)	全磷/(g/kg)	全钾/(g/kg)	碱解氮/(mg/kg)	有效磷/(mg/kg)	速效钾/(mg/kg)	氯离子/(mg/kg)
0~23	4.79	15.41	0.44	0.84	29.00	43.66	70.70	122.57	5.50
23~40	5.75	9.40	0.47	0.58	29.20	42.26	27.00	58.47	16.80
40~80	6.06	27.60	1.33	0.99	28.10	104.50	84.40	120.67	41.70
80~110	6.28	4.80	0.25	0.56	29.30	22.29	25.50	108.31	44.60
110~130	6.53	11.30	0.50	0.80	28.00	37.62	5.00	190.04	17.70

表 9-3-8　片区代表性烟田土壤腐殖酸与腐殖质组成

土层/cm	腐殖酸碳量/(g/kg)	腐殖质全碳量/(g/kg)	胡敏酸碳量/(g/kg)	胡敏素碳量/(g/kg)	富啡酸碳量/(g/kg)	胡富比
0~23	3.73	8.94	1.99	5.21	1.74	1.14
23~40	3.25	5.45	1.48	2.20	1.77	0.83
40~80	10.60	16.01	6.14	5.41	4.47	1.37
80~110	1.82	2.78	0.83	0.96	1.00	0.83
110~130	4.74	6.55	3.07	1.82	1.67	1.84

表 9-3-9　片区代表性烟田土壤中微量元素状况

土层/cm	有效铜/(mg/kg)	有效铁/(mg/kg)	有效锰/(mg/kg)	有效锌/(mg/kg)	交换性 Ca^{2+}/(cmol/kg)	交换性 Mg^{2+}/(cmol/kg)
0~23	1.16	192.28	57.78	3.90	5.03	0.72
23~40	1.57	178.79	56.37	5.08	8.50	0.88
40~80	1.20	81.21	87.28	7.29	17.51	1.84
80~110	1.58	87.56	19.92	1.51	8.12	1.26
110~130	1.94	59.29	19.21	2.00	14.09	2.54

5）总体评价

土体深厚，耕作层质地偏砂，砾石多，耕性和通透性较好。酸性土壤，有机质含量缺乏，肥力偏低，磷丰富，钾中等，铜、铁、锰、锌钙含量丰富，镁含量中等。

4. 鸡冠乡鸡冠村片区

1）基本信息

代表性地块（WQ-04）：北纬43°28′53.750″，东经 129°50′19.658″，海拔 417 m（图 9-3-13），低丘漫岗坡地中部，成土母质为混有黄土沉积物的泥页岩风化坡积物，种植制度为烤烟-玉米隔年轮作，缓坡旱地，土壤亚类为酸性冷凉湿润

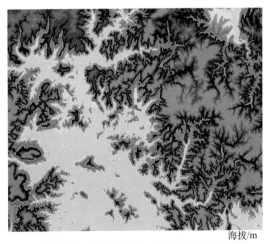

海拔/m

400 450 500 550 600 650 700 750 800

图 9-3-13　片区海拔高度示意图

雏形土。

2）气候条件

烤烟大田生长期间（5~9 月），平均气温 17.0℃，降水量 463 mm，日照时数 1025 h（图 9-3-14）。

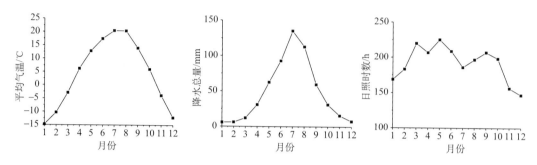

图 9-3-14　片区平均气温、降水总量、日照时数动态变化示意图

3）剖面形态（图 9-3-15（右））

Ap：0~26 cm，棕色（7.5YR 4/4，润），浊橙色（7.5YR 6/6，干），30%左右岩石碎屑，粉壤土，发育中等的 1~2 mm 粒状结构，松散，2 个蚯蚓穴，清晰平滑过渡。

Bw1：26~53 cm，棕色（7.5YR 4/3，润），浊橙色（7.5YR 6/4，干），70%左右岩石碎屑，粉壤土，发育中等的直径 10~20 mm 块状结构，稍硬，结构面上 2%左右铁锰斑纹，渐变波状过渡。

图 9-3-15　代表性地块景观（左）和土壤剖面（右）

Bw2：53~80 cm，棕色(7.5YR 4/3，润)，浊橙色(7.5YR 6/4，干)，50%左右岩石碎屑，粉壤土，发育弱的直径 10~20 mm 块状结构，稍硬，结构面上 2%左右铁锰斑纹，清晰波状过渡。

R：80 cm~，泥质页岩。

4) 土壤养分

片区土壤呈酸性，土体 pH 4.82~4.89，有机质 12.20~26.62 g/kg，全氮 1.79~1.98 g/kg，全磷 0.70~1.07 g/kg，全钾 15.80~19.00 g/kg，碱解氮 63.17~109.61 mg/kg，有效磷 8.40~13.10 mg/kg，速效钾 122.84~154.88 mg/kg，氯离子 6.59~9.15 mg/kg，交换性 Ca^{2+} 24.81~25.82 cmol/kg，交换性 Mg^{2+} 5.12~6.07 cmol/kg。

腐殖酸与腐殖质组成中，腐殖酸碳量 7.54~11.97 g/kg，腐殖质全碳量 7.08~15.44 g/kg，胡敏酸碳量 4.79~6.70 g/kg，胡敏素碳量 0.93~3.48 g/kg，富啡酸碳量 2.31~5.27 g/kg，胡富比 1.27~2.68。

微量元素中，有效铜 2.07~2.52 mg/kg，有效铁 60.00~92.52 mg/kg，有效锰 4.03~82.07 mg/kg，有效锌 2.03~2.80 mg/kg(表 9-3-10~表 9-3-12)。

表 9-3-10　片区代表性烟田土壤养分状况

土层 /cm	pH	有机质 /(g/kg)	全氮 /(g/kg)	全磷 /(g/kg)	全钾 /(g/kg)	碱解氮 /(mg/kg)	有效磷 /(mg/kg)	速效钾 /(mg/kg)	氯离子 /(mg/kg)
0~26	4.89	26.62	1.98	1.07	19.00	109.61	13.10	154.88	7.68
26~53	4.82	14.60	1.79	0.70	16.80	71.53	8.40	136.82	6.59
53~80	4.86	12.20	1.80	0.80	15.80	63.17	10.90	122.84	9.15

表 9-3-11　片区代表性烟田土壤腐殖酸与腐殖质组成

土层 /cm	腐殖酸碳量 /(g/kg)	腐殖质全碳量 /(g/kg)	胡敏酸碳量 /(g/kg)	胡敏素碳量 /(g/kg)	富啡酸碳量 /(g/kg)	胡富比
0-26	11.97	15.44	6.70	3.48	5.27	1.27
26-53	7.54	8.47	4.79	0.93	2.74	1.75
53-80	8.51	7.08	6.19	1.43	2.31	2.68

表 9-3-12　片区代表性烟田土壤中微量元素状况

土层 /cm	有效铜 /(mg/kg)	有效铁 /(mg/kg)	有效锰 /(mg/kg)	有效锌 /(mg/kg)	交换性 Ca^{2+} /(cmol/kg)	交换性 Mg^{2+} /(cmol/kg)
0~26	2.07	63.64	82.07	2.80	24.81	5.12
26~53	2.29	60.00	5.93	2.03	25.82	6.07
53~80	2.52	92.52	4.03	2.41	24.94	5.95

5) 总体评价

土体深厚，耕作层质地偏砂，砾石多，耕性和通透性较好，坡旱地，易水土流失。酸性土壤，有机质暗红能量中等，肥力中等，缺磷富钾，铜、铁、锰、锌、钙、镁含量丰富。

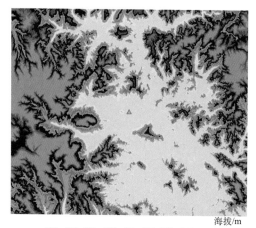

海拔/m

400 450 500 550 600 650 700 750 800

图 9-3-16　片区海拔高度示意图

5. 大兴沟镇和信村片区

1）基本信息

代表性地块（WQ-05）：北纬 43°26′47.369″，东经 129°32′55.018″，海拔 270 m（图 9-3-16），低丘漫岗中河谷一级阶地，成土母质为黄土状沉积物，种植制度为烤烟-玉米隔年轮作，平旱地，土壤亚类为普通简育冷凉淋溶土。

2）气候条件

烤烟大田生长期间（5~9 月），平均气温 18.1℃，降水量 457 mm，日照时数 1032 h（图 9-3-17）。

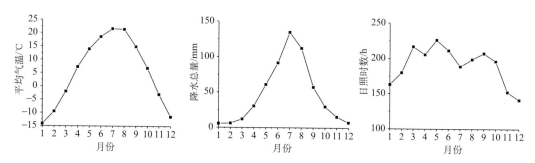

图 9-3-17　片区平均气温、降水总量、日照时数动态变化示意图

3）剖面形态（图 9-3-18（右））

Ap：0~30 cm，灰棕色（7.5YR 4/2，润），浊棕色（7.5YR 5/4，干），10%左右岩石碎屑，粉砂质黏壤土，发育强的 1~2 mm 粒状结构，松散，清晰平滑过渡。

AB：30~53 cm，暗棕色（7.5YR 3/3，润），亮棕色（7.5YR 5/6，干），粉砂质黏壤土，发育强的直径 10~20 mm 块状结构，稍硬，2%左右软小铁锰结核，渐变波状过渡。

Bt1：53~70 cm，暗棕色（7.5YR 3/3，润），亮棕色（7.5YR 5/6，干），黏壤土，发育强的直径 20~50 mm 块状结构，坚硬，结构面上 10%左右黏粒胶膜，2%左右软小铁锰结核，渐变波状过渡。

Bt3：70~85 cm，浊棕色（7.5YR 5/4，润），橙色（7.5YR 7/6，干），黏壤土，发育中等的直径 20~50 mm 块状结构，坚硬，结构面上 10%左右黏粒胶膜，2%左右软小铁锰结核，渐变波状过渡。

BC：85~100 cm，浊棕色（7.5YR 5/4，润），橙色（7.5YR 7/6，干），壤土，发育中等的直径 20~50 mm 块状结构，坚硬，2%左右软小铁锰结核。

4）土壤养分

片区土壤呈酸性，土体 pH 5.03~6.15，有机质 9.90~29.84 g/kg，全氮 0.75~1.70 g/kg，

图 9-3-18　代表性地块景观(左)和土壤剖面(右)

全磷　0.81~1.09 g/kg，全钾　23.60~25.30 g/kg，碱解氮　62.70~131.90 mg/kg，有效磷 4.20~25.80 mg/kg，速效钾　102.61~132.07 mg/kg，氯离子　4.56~15.70 mg/kg，交换性 Ca^{2+} 20.65~25.19 cmol/kg，交换性 Mg^{2+} 2.72~5.25 cmol/kg。

腐殖酸与腐殖质组成中，腐殖酸碳量 4.90~14.24 g/kg，腐殖质全碳量 5.74~17.31 g/kg，胡敏酸碳量 2.17~8.65 g/kg，胡敏素碳量 0.61~3.16 g/kg，富啡酸碳量 2.73~5.50 g/kg，胡富比 0.80~1.57。

微量元素中，有效铜 2.18~3.53 mg/kg，有效铁 107.94~148.56 mg/kg，有效锰 24.31~79.72 mg/kg，有效锌 3.22~4.89 mg/kg(表 9-3-13~表 9-3-15)。

表 9-3-13　片区代表性烟田土壤养分状况

土层 /cm	pH	有机质 /(g/kg)	全氮 /(g/kg)	全磷 /(g/kg)	全钾 /(g/kg)	碱解氮 /(mg/kg)	有效磷 /(mg/kg)	速效钾 /(mg/kg)	氯离子 /(mg/kg)
0~30	5.03	29.84	1.70	1.09	25.30	131.90	25.80	132.07	15.70
30~53	5.85	17.20	1.20	0.82	23.80	92.43	4.20	103.56	5.89
53~70	5.99	11.60	0.93	0.81	23.60	70.60	6.40	105.46	4.56
70~85	6.03	12.20	0.88	0.86	24.60	65.02	10.40	103.56	5.30
85~100	6.15	9.90	0.75	0.94	24.70	62.70	13.50	102.61	9.74

表 9-3-14　片区代表性烟田土壤腐殖酸与腐殖质组成

土层 /cm	腐殖酸碳量 /(g/kg)	腐殖质全碳量 /(g/kg)	胡敏酸碳量 /(g/kg)	胡敏素碳量 /(g/kg)	富啡酸碳量 /(g/kg)	胡富比
0~30	14.14	17.31	8.65	3.16	5.50	1.57
30~53	9.03	9.98	5.09	0.95	3.94	1.29

续表

土层/cm	腐殖酸碳量/(g/kg)	腐殖质全碳量/(g/kg)	胡敏酸碳量/(g/kg)	胡敏素碳量/(g/kg)	富啡酸碳量/(g/kg)	胡富比
53~70	6.12	6.73	3.01	0.61	3.11	0.97
70~85	5.66	7.08	2.84	1.42	2.82	1.01
84~100	4.90	5.74	2.17	0.84	2.73	0.80

表 9-3-15　片区代表性烟田土壤中微量元素状况

土层/cm	有效铜/(mg/kg)	有效铁/(mg/kg)	有效锰/(mg/kg)	有效锌/(mg/kg)	交换性 Ca^{2+}/(cmol/kg)	交换性 Mg^{2+}/(cmol/kg)
0~30	2.18	127.54	79.72	4.89	20.65	2.72
30~53	2.56	107.94	32.25	3.46	25.19	3.94
53~70	3.40	142.28	24.31	3.22	24.56	4.75
70~85	3.53	148.56	28.70	3.66	24.56	5.02
84~100	2.73	138.63	30.57	3.93	25.06	5.25

5) 总体评价

土体深厚，耕作层质地偏黏，耕性较差，砾石较多，通透性较好。酸性土壤，有机质含量中等，肥力偏高，磷丰富，钾中等，铜、铁、锰、锌、钙、镁含量丰富。

第十章 武夷山区烤烟典型区域生态条件

　　武夷山区烤烟种植区位于北纬 24°44'~27°31'，东经 116°20'~118°47'。该区域覆盖福建省的龙岩市、三明市和南平市，地属亚热带海洋性季风气候区，全年气候温和，无霜期长，雨量充沛，适宜亚热带作物生长。地形地貌受构造运动的影响强烈，构造地貌特征相当明显，山间盆地、谷地沿河交替分布，山地切割明显，高差悬殊，以断裂为主的断块山山峰陡峭，断层崖、断裂谷等断层地貌分布广泛。这一区域典型的烤烟产区县包括龙岩市的永定县、长汀县、上杭县，三明市的泰宁县、宁化县、建宁县、尤溪县，南平市的邵武县、松溪县等 9 个县(市)。该产区为一年二季作农作物种植区，冬季温度适合多种作物生长，该产区烟叶香型风格独特，著名的永定烤烟就产出在该地区。在此，以龙岩市的永定县和三明市的泰宁县为代表性烤烟产区进行典型生态条件分析。

第一节　福建永定生态条件

一、地理位置

　　永定区位于北纬 24°23'~25°05'，东经 116°25'~117°05'，地处福建西南部，武夷山脉南段。永定区隶属福建省龙岩市，现辖凤城街道、坎市镇、下洋镇、湖雷镇、高陂镇、抚市镇、湖坑镇、培丰镇、龙潭镇、峰市镇、城郊镇、仙师镇、虎岗镇、西溪乡、金砂乡、洪山乡、湖山乡、岐岭乡、古竹乡、堂堡乡、合溪乡、大溪乡、陈东乡、高头乡 13 个镇 11 个乡，总面积 2223 km²，耕地面积 222 km²(图 10-1-1)。

二、自然条件

1. 地形地貌

　　永定区地处闽西博平岭山脉和玳瑁山脉地带，以丘陵山地为主，东部是博平岭山脉向西南延伸的中低山，西部属玳瑁山山脉的中低山，其中中山区和低中山区占 40%，丘陵占 15%，河谷盆地和山间盆地占 45%。地势从西北和东南向永定河谷地倾斜(图 10-1-2)。

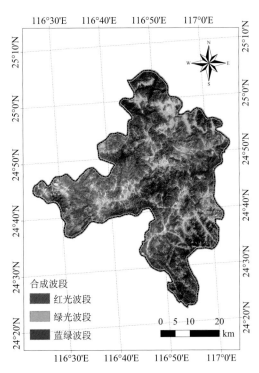

图 10-1-1　永定区位置及 Landsat 假彩色合成影像图

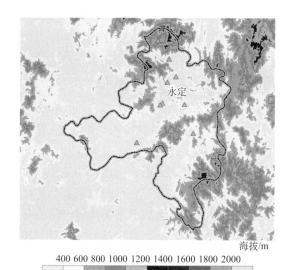

海拔/m

400 600 800 1000 1200 1400 1600 1800 2000

图 10-1-2　永定区海拔高度示意图

2. 气候条件

永定区地处中亚热带向南亚热带过渡地段，属中亚热带海洋性季风气候，其特点是湿润温和，夏长而不酷热，冬短而无严寒。年均气温 13.6~21.1℃，平均 18.8℃，1 月最冷，月平均气温 10.3℃，7 月最热，月平均气温 26.2℃；区域分布表现中西部、南偏西部较高，而北部、东部周边及南偏东部较低。年均降水总量 1535~1689 mm，平均 1580 mm 左右，3~9 月降雨均在 100 mm 以上，其中 5 月、6 月（梅雨季节）和 8 月降雨在 200 mm 以上，1 月、10 月、11 月、12 月降雨较少，

在 50 mm 以下；区域分布表现中西部偏中区域、南部偏西区域较少，北部、中部部分和南部偏东区域较多。年均日照时数 1771~1940 h，平均 1826 h，除 2 月、3 月日照在 100 h 以下，其他月份日照均在 100 h 以上，其中 7 月、8 月日照在 200 h 以上；区域分布总的趋势是由西北向东南递增（图 10-1-3）。平均无霜期 305 d。

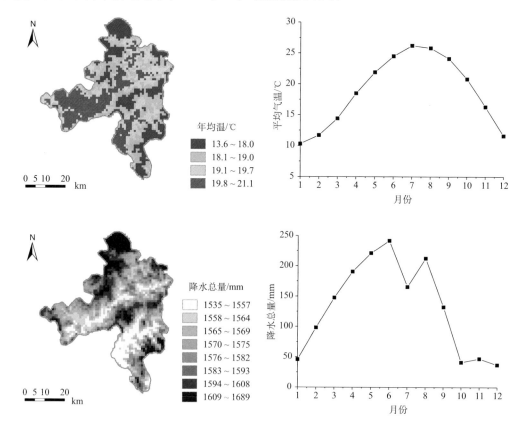

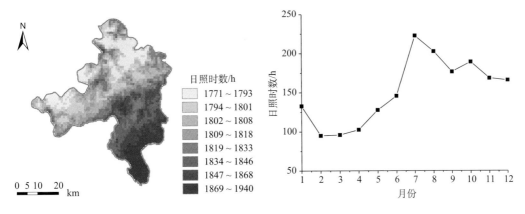

图 10-1-3　永定区 1980~2013 年平均温度、降水总量、日照时数时空动态变化示意图

三、片区与代表性烟田

1. 虎岗镇龙溪村片区

1)基本信息

代表性地块（YD-01）：北纬 25°2′38.500″，东经 116°48′13.200″，海拔 708 m（图 10-1-4），低山丘陵区河谷二级阶地，成土母质为砂岩风化洪积-冲积物，种植制度为烤烟-晚稻轮作，水田，土壤亚类为漂白铁聚水耕人为土。

2)气候条件

该片区烤烟大田生育期 2~6 月，平均气温 17.2℃，降水量 935 mm，日照时数 553 h（图 10-1-5）。

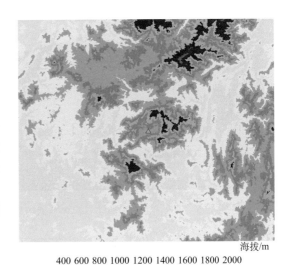

图 10-1-4　片区海拔高度示意图

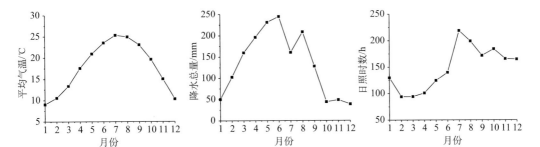

图 10-1-5　片区平均气温、降水总量、日照时数动态变化示意图

3)剖面形态（图 10-1-6（右））

Ap1：0~30 cm，灰棕色（7.5YR 6/2，润），橙白色（7.5YR 8/2，干），壤土，发育强的 1~2 mm 粒状结构，松散，pH 4.4，清晰平滑过渡。

Ap2：30~40 cm，灰棕色(7.5YR 6/2，润)，橙白色(7.5YR 8/2，干)，发育中等的 10~20 mm 块状结构，坚实，结构面上 10%左右铁锰斑纹，pH 5.3，清晰波状过渡。

Br1：40~70 cm，亮棕色(7.5YR 5/6，润)，黄橙色(7.5YR 7/8，干)，壤土，发育中等的 10~20 mm 块状结构，坚实，结构面上 10%左右铁锰斑纹，pH 5.0，清晰波状过渡。

Br2：70~120 cm，橙色(7.5YR 6/8，润)，黄橙色(7.5YR 8/8，干)，壤土，发育中等的 1~2 mm 粒状结构，坚实，结构面上 40%左右铁锰斑纹，pH 5.5。

图 10-1-6　代表性烟田景观(左)和土壤剖面(右)

4)土壤养分

片区土壤呈酸性，土体 pH 4.43~5.54，有机质 11.22~36.51 g/kg，全氮 0.61~1.31 g/kg，全磷 0.21~0.93 g/kg，全钾 7.92~12.41 g/kg，碱解氮 47.51~153.55 mg/kg，有效磷 2.40~120.65 mg/kg，速效钾 62.72~249.71 mg/kg，氯离子 7.05~20.16 mg/kg，交换性 Ca^{2+} 0.16~1.63 cmol/kg，交换性 Mg^{2+} 0.14~1.63 cmol/kg。

腐殖酸与腐殖质组成中，腐殖酸碳量 1.81~10.19 g/kg，腐殖质全碳量 3.07~13.21 g/kg，胡敏酸碳量 0.84~4.97 g/kg，胡敏素碳量 1.26~3.02 g/kg，富啡酸碳量 0.97~5.22 g/kg，胡富比 0.38~0.95。

微量元素中，有效铜 0.41~2.29 mg/kg，有效铁 22.05~259.61 mg/kg，有效锰 8.90~53.30 mg/kg，有效锌 0.21~5.83 mg/kg(表 10-1-1~表 10-1-3)。

表 10-1-1　片区代表性烟田土壤养分状况

土层 /cm	pH	有机质 /(g/kg)	全氮 /(g/kg)	全磷 /(g/kg)	全钾 /(g/kg)	碱解氮 /(mg/kg)	有效磷 /(mg/kg)	速效钾 /(mg/kg)	氯离子 /(mg/kg)
0~30	4.43	24.23	1.31	0.93	8.14	153.55	120.65	249.71	20.16

续表

土层 /cm	pH	有机质 /(g/kg)	全氮 /(g/kg)	全磷 /(g/kg)	全钾 /(g/kg)	碱解氮 /(mg/kg)	有效磷 /(mg/kg)	速效钾 /(mg/kg)	氯离子 /(mg/kg)
30~40	5.32	11.22	0.63	0.24	7.92	47.99	6.10	62.72	7.05
40~70	5.01	14.32	0.81	0.42	12.41	47.51	2.85	81.62	13.78
70~120	5.54	36.51	0.61	0.21	9.44	47.51	2.40	126.88	10.30

表 10-1-2　片区代表性烟田土壤腐殖酸与腐殖质组成

土层 /cm	腐殖酸碳量 /(g/kg)	腐殖质全碳量 /(g/kg)	胡敏酸碳量 /(g/kg)	胡敏素碳量 /(g/kg)	富啡酸碳量 /(g/kg)	胡富比
0~30	10.19	13.21	4.97	3.02	5.22	0.95
30~40	4.54	6.20	1.26	1.66	3.28	0.38
40~70	5.57	7.97	1.52	2.41	4.05	0.38
70~120	1.81	3.07	0.84	1.26	0.97	0.87

表 10-1-3　片区代表性烟田土壤中微量元素状况

土层 /cm	有效铜 /(mg/kg)	有效铁 /(mg/kg)	有效锰 /(mg/kg)	有效锌 /(mg/kg)	交换性 Ca^{2+} /(cmol/kg)	交换性 Mg^{2+} /(cmol/kg)
0~30	2.29	259.61	8.90	5.83	0.67	0.86
30~40	1.13	153.17	13.20	1.46	0.21	0.14
40~70	0.69	36.45	53.30	0.49	0.16	0.17
70~120	0.41	22.05	10.25	0.21	1.63	1.63

5）总体评价

该片区代表性烟田土体深厚，耕作层质地适中，耕性和通透性较好，易受洪涝威胁。强酸性土壤，有机质含量中等，肥力偏高，富磷、钾，铜、铁、锰、锌、镁丰富，钙缺乏。

2. 高陂镇西陂村片区

1）基本信息

代表性地块（YD-02）：北纬 24°58′37.200″，东经 116°50′36.500″，海拔 295 m（图 10-1-7），低山丘陵区沟谷地，成土母质为洪积-冲积沟谷堆积物，种植制度为烤烟-晚稻轮作，水田，土壤亚类为普通潜育水耕人为土。

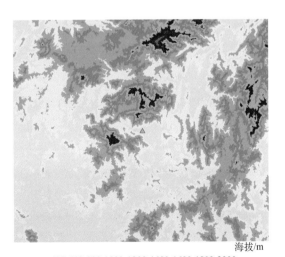

海拔/m

400 600 800 1000 1200 1400 1600 1800 2000

图 10-1-7　片区海拔高度示意图

2）气候条件

该片区烤烟大田生育期 2~6 月，平均气温 18.7℃，降水量 916 mm，日照时数 550 h（图 10-1-8）。

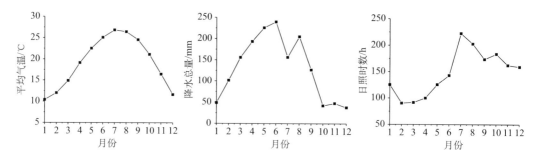

图 10-1-8　片区平均气温、降水量、日照时数动态变化示意图

3）剖面形态（图 10-1-9（右））

Ap1：0~24 cm，黑棕色（7.5YR 3/1，润），灰棕色（7.5YR 5/2，干），壤土，发育强的 1~2 mm 粒状结构，松散，pH 5.6，清晰平滑过渡。

Ap2：24~30 cm，黑棕色（7.5YR 3/1，润），灰棕色（7.5YR 5/2，干），发育中等的 10~20 mm 块状结构，稍坚实，结构面上 10%左右铁锰斑纹，pH 6.1，清晰波状过渡。

Bg：30~40 cm，棕灰色（7.5YR 5/1，润），浊棕色（7.5YR 6/3，干），壤土，发育弱的 10~20 mm 块状结构，疏松，结构面上 10%左右铁锰斑纹，pH 6.1，清晰波状过渡。

R：70~120 cm，洪积砾石。

图 10-1-9　代表性地块景观（左）和土壤剖面（右）

4）土壤养分

片区土壤呈弱酸性，土体 pH 5.61~6.12，有机质 9.68~46.51 g/kg，全氮 0.61~2.00 g/kg，全磷 0.24~0.92 g/kg，全钾 11.71~14.92 g/kg，碱解氮 46.07~168.91 mg/kg，有效磷 4.90~70.45 mg/kg，速效钾 37.36~167.66 mg/kg，氯离子 14.89~15.02 mg/kg，交换性 Ca^{2+} 2.25~3.49

cmol/kg，交换性 Mg^{2+} 0.35~0.51 cmol/kg。

腐殖酸与腐殖质组成中，腐殖酸碳量 2.95~14.34 g/kg，腐殖质全碳量 5.26~24.86 g/kg，胡敏酸碳量 1.60~6.02 g/kg，胡敏素碳量 2.30~10.52 g/kg，富啡酸碳量 1.35~8.32 g/kg，胡富比 0.72~1.18。

微量元素中，有效铜 3.27~5.19 mg/kg，有效铁 57.82~155.58 mg/kg，有效锰 11.04~47.57 mg/kg，有效锌 1.08~16.16 mg/kg（表 10-1-4~表 10-1-6）。

表 10-1-4　片区代表性烟田土壤养分状况

土层 /cm	pH	有机质 /(g/kg)	全氮 /(g/kg)	全磷 /(g/kg)	全钾 /(g/kg)	碱解氮 /(mg/kg)	有效磷 /(mg/kg)	速效钾 (mg/kg)	氯离子 /(mg/kg)
0~24	5.61	46.51	2.00	0.92	11.71	168.91	70.45	167.66	14.89
24~30	6.12	9.68	0.61	0.24	14.92	46.07	4.90	37.36	15.02

表 10-1-5　片区代表性烟田土壤腐殖酸与腐殖质组成

土层 /cm	腐殖酸碳量 /(g/kg)	腐殖质全碳量 /(g/kg)	胡敏酸碳量 /(g/kg)	胡敏素碳量 /(g/kg)	富啡酸碳量 /(g/kg)	胡富比
0~24	14.34	24.86	6.02	10.52	8.32	0.72
24~30	2.95	5.26	1.60	2.30	1.35	1.18

表 10-1-6　片区代表性烟田土壤中微量元素状况

土层 /cm	有效铜 /(mg/kg)	有效铁 /(mg/kg)	有效锰 /(mg/kg)	有效锌 /(mg/kg)	交换性 Ca^{2+} /(cmol/kg)	交换性 Mg^{2+} /(cmol/kg)
0~24	5.19	155.58	47.57	16.16	3.49	0.51
24~30	3.27	57.82	11.04	1.08	2.25	0.35

5）总体评价

该片区代表性烟田土体薄，耕作层质地适中，耕性和通透性较好，地下水位高，易受洪涝威胁。微酸性土壤，有机质含量丰富，肥力偏高，磷钾丰富，铜、铁、锰、锌、钙丰富，镁中等含量。

3. 高陂镇西陂村片区

1）基本信息

代表性地块（YD-03）：北纬 24°54′50.600″，东经 116°51′56.300″，海拔 295 m（图 10-1-10），低山丘陵区河谷一级阶地，成土母质为洪积-冲积物，种植制度为烤烟-晚稻轮作，水田，土壤亚类为普通潜育水耕人为土。

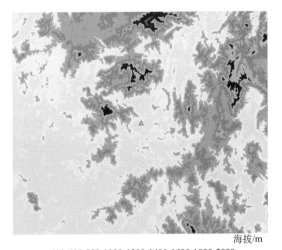

海拔/m

400 600 800 1000 1200 1400 1600 1800 2000

图 10-1-10　片区海拔高度示意图

2)气候条件

该片区烤烟大田生育期 2~6 月,平均气温 19.2℃,降水量 906 mm,日照时数 551 h(图 10-1-11)。

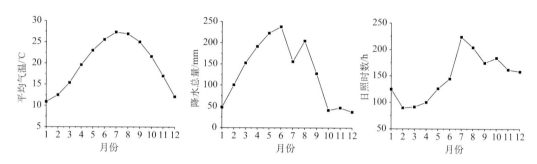

图 10-1-11　片区平均气温、降水量、日照时数动态变化示意图

3)剖面形态(图 10-1-12(右))

Ap1:0~30 cm,黑棕色(7.5YR 3/1,润),灰棕色(7.5YR 5/2,干),壤土,发育强的 1~2 mm 粒状结构,松散,2~3 个蚯蚓穴,pH 5.4,清晰平滑过渡。

Ap2:30~40 cm,棕灰色(7.5YR 4/1,润),灰棕色(7.5YR 6/2,干),2%左右岩石碎屑,壤土,发育中等的 10~20 mm 块状结构,坚实,2~3 个蚯蚓穴,pH 5.9,渐变波状过渡。

Bg:40~60 cm,黑色(7.5YR 2/1,润),黑棕色(7.5YR 3/2,干),壤土,发育弱的 10~20 mm 块状结构,疏松,结构面上 10%左右铁锰斑纹,pH 6.2,渐变波状过渡。

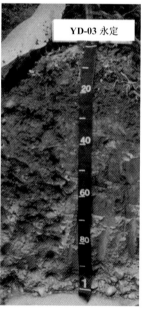

图 10-1-12　代表性地块景观(左)和土壤剖面(右)

Br：60~90 cm，亮棕色(7.5YR 5/6，润)，黄橙色(7.5YR 7/8，干)，壤土，发育弱的 10~20 mm 块状结构，疏松，结构面上 30%左右铁锰斑纹，pH 6.2，清晰渐变过渡。

R：60 cm~，洪积砾石。

4）土壤养分

片区土壤呈酸性，土体 pH 5.44~6.15，有机质 33.63~55.82 g/kg，全氮 1.88~2.22 g/kg，全磷 0.32~0.91 g/kg，全钾 8.12~13.21 g/kg，碱解氮 104.61~177.54 mg/kg，有效磷 3.30~48.10 mg/kg，速效钾 24.98~153.73 mg/kg，氯离子 7.04~15.13 mg/kg，交换性 Ca^{2+} 3.04~7.58 cmol/kg，交换性 Mg^{2+} 0.24~1.48 cmol/kg。

腐殖酸与腐殖质组成中，腐殖酸碳量 10.13~24.27 g/kg，腐殖质全碳量 18.27~27.64 g/kg，胡敏酸碳量 4.21~7.24 g/kg，胡敏素碳量 0.06~17.50 g/kg，富啡酸碳量 4.17~17.09 g/kg，胡富比 0.42~1.43。

微量元素中，有效铜 3.51~6.58 mg/kg，有效铁 98.78~669.50 mg/kg，有效锰 6.44~282.58 mg/kg，有效锌 4.23~14.32 mg/kg（表 10-1-7~表 10-1-9）。

表 10-1-7　片区代表性烟田土壤养分状况

土层 /cm	pH	有机质 /(g/kg)	全氮 /(g/kg)	全磷 /(g/kg)	全钾 /(g/kg)	碱解氮 /(mg/kg)	有效磷 /(mg/kg)	速效钾 /(mg/kg)	氯离子 /(mg/kg)
0~30	5.44	53.82	2.22	0.91	13.21	177.54	48.10	153.73	15.13
30~40	5.92	55.82	1.90	0.42	11.90	124.28	8.55	40.27	7.04
40~60	6.15	48.52	1.90	0.32	13.12	104.61	3.30	24.98	7.05
60~90	5.50	33.63	1.88	0.84	8.12	155.47	17.80	142.36	7.06

表 10-1-8　片区代表性烟田土壤腐殖酸与腐殖质组成

土层 /cm	腐殖酸碳量 /(g/kg)	腐殖质全碳量 /(g/kg)	胡敏酸碳量 /(g/kg)	胡敏素碳量 /(g/kg)	富啡酸碳量 /(g/kg)	胡富比
0~30	15.87	27.41	7.24	11.54	8.63	0.84
30~40	10.13	27.64	5.97	17.50	4.17	1.43
40~60	24.27	24.33	7.18	0.06	17.09	0.42
60~90	12.74	18.27	4.21	5.53	8.54	0.49

表 10-1-9　片区代表性烟田土壤中微量元素状况

土层 /cm	有效铜 /(mg/kg)	有效铁 /(mg/kg)	有效锰 /(mg/kg)	有效锌 /(mg/kg)	交换性 Ca^{2+} /(cmol/kg)	交换性 Mg^{2+} /(cmol/kg)
0~30	6.58	397.14	36.76	14.32	3.85	0.36
30~40	3.74	323.78	146.81	4.92	6.01	0.24
40~60	3.51	669.50	282.58	4.23	7.58	1.48
60~90	3.82	98.78	6.44	4.86	3.04	0.26

5）总体评价

该片区代表性烟田土体深厚，耕作层质地适中，耕性和通透性较好，地下水位高，易受洪涝威胁。酸性土壤，有机质含量丰富，肥力较高，磷、钾丰富，铜、铁、锰、锌、钙丰富，镁缺乏。

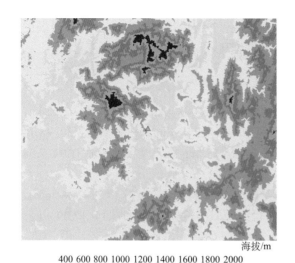

海拔/m

400 600 800 1000 1200 1400 1600 1800 2000

图 10-1-13　片区海拔高度示意图

4. 坎市镇文馆村片区

1)基本信息

代表性地块（YD-04）：北纬24°54′50.700″，东经 116°51′56.100″，海拔 313 m(图 10-1-13)，低山丘陵区沟谷地，成土母质为洪积-冲积沟谷堆积物，种植制度为烤烟-晚稻轮作，水田，土壤亚类为普通铁渗水耕人为土。

2)气候条件

该片区烤烟大田生育期 2~6 月，平均气温 18.6℃，降水量 909 mm，日照时数 556 h(图 10-1-14)。

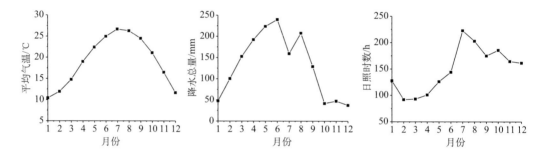

图 10-1-14　片区平均气温、降水总量、日照时数动态变化示意图

3)剖面形态(图 10-1-15(右))

Ap1：0~24 cm，灰棕色(7.5YR 4/2，润)，灰棕色(7.5YR 5/2，干)，粉砂壤土，发育强的 1~2 mm 粒状结构，松散，2~3 个蚯蚓穴，pH 5.4，清晰平滑过渡。

Ap2：24~30 cm，灰棕色(7.5YR 4/2，润)，灰棕色(7.5YR 5/2，干)，粉砂壤土，发育中等的 10~20 mm 块状结构，坚实，2~3 个蚯蚓穴，结构面上 5%左右铁锰斑纹，pH 6.7，渐变波状过渡。

Br1：30~60 cm，灰棕色(7.5YR 6/2，润)，浊橙色(7.5YR 7/4，干)，壤土，发育中等的 20~50 mm 块状结构，稍坚实，结构面上 25%左右铁锰斑纹，pH 6.1，清晰波状过渡。

Br2：60~100 cm，棕色(7.5YR 4/6，润)，橙色(7.5YR 6/8，干)，壤土，发育中等的 20~50 mm 块状结构，稍坚实，结构面上 40%左右铁锰斑纹，10%左右软中铁锰结核，pH 6.5。

4)土壤养分

片区土壤呈酸性，土体 pH 5.38~6.65，有机质 5.10~43.61 g/kg，全氮 0.51~2.44 g/kg，

图 10-1-15 代表性地块景观(左)和土壤剖面(右)

全磷 0.22~1.04 g/kg,全钾 8.03~15.90 g/kg,碱解氮 38.39~188.10 mg/kg,有效磷 2.55~43.90 mg/kg,速效钾 28.93~204.01 mg/kg,氯离子 7.05~17.61 mg/kg,交换性 Ca^{2+} 2.85~8.01 cmol/kg,交换性 Mg^{2+} 0~1.91 cmol/kg。

腐殖酸与腐殖质组成中,腐殖酸碳量 2.23~14.77 g/kg,腐殖质全碳量 2.94~21.92 g/kg,胡敏酸碳量 0.52~5.98 g/kg,胡敏素碳量 0.71~12.67 g/kg,富啡酸碳量 1.31~8.79 g/kg,胡富比 0.29~1.35。

微量元素中。有效铜 0.40~5.04 mg/kg,有效铁 16.66~229.52 mg/kg,有效锰 9.64~552.69 mg/kg,有效锌 0.58~8.23 mg/kg(表 10-1-10~表 10-1-12)。

表 10-1-10 片区代表性烟田土壤养分状况

土层 /cm	pH	有机质 /(g/kg)	全氮 /(g/kg)	全磷 /(g/kg)	全钾 /(g/kg)	碱解氮 /(mg/kg)	有效磷 /(mg/kg)	速效钾 /(mg/kg)	氯离子 /(mg/kg)
0~24	5.38	42.52	2.44	1.04	8.03	188.10	43.90	204.01	16.48
24~30	6.65	43.61	1.53	0.22	15.90	90.21	2.55	28.93	7.05
30~60	6.08	15.91	1.00	0.61	10.42	71.98	5.85	40.77	14.47
60~85	6.46	5.53	0.61	0.42	8.42	42.23	2.90	42.74	17.61
85~	6.64	5.10	0.51	0.41	9.31	38.39	3.35	49.15	15.64

表 10-1-11 片区代表性烟田土壤腐殖酸与腐殖质组成

土层 /cm	腐殖酸碳量 /(g/kg)	腐殖质全碳量 /(g/kg)	胡敏酸碳量 /(g/kg)	胡敏素碳量 /(g/kg)	富啡酸碳量 /(g/kg)	胡富比
0~24	14.77	21.92	5.98	7.15	8.79	0.68
24~30	9.08	21.75	5.22	12.67	3.86	1.35

续表

土层 /cm	腐殖酸碳量 /(g/kg)	腐殖质全碳量 /(g/kg)	胡敏酸碳量 /(g/kg)	胡敏素碳量 /(g/kg)	富啡酸碳量 /(g/kg)	胡富比
30~60	6.10	8.07	2.19	1.97	3.91	0.56
60~85	2.35	3.13	0.52	0.78	1.83	0.29
85~	2.23	2.94	0.92	0.71	1.31	0.70

表 10-1-12　片区代表性烟田土壤中微量元素状况

土层 /cm	有效铜 /(mg/kg)	有效铁 /(mg/kg)	有效锰 /(mg/kg)	有效锌 /(mg/kg)	交换性 Ca^{2+} /(cmol/kg)	交换性 Mg^{2+} /(cmol/kg)
0~24	5.04	81.63	9.64	8.23	2.85	0
24~30	2.92	229.52	552.69	3.42	8.01	0.24
30~60	2.06	16.66	25.28	1.69	4.30	1.63
60~85	0.54	19.53	59.52	0.91	5.00	1.91
85~	0.40	18.39	28.32	0.58	4.21	0

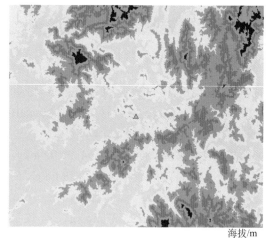

海拔/m

400 600 800 1000 1200 1400 1600 1800 2000

图 10-1-16　片区海拔高度示意图

5）总体评价

该片区代表性烟田土体深厚，耕作层质地适中，耕性和通透性较好。酸性土壤，有机质含量较高，肥力较高，磷、钾丰富，铜、铁、锰、锌、钙丰富，镁缺乏。

5. 抚市镇龙川村片区

1）基本信息

代表性地块（YD-05）：北纬 24°48′54.600″，东经 116°53′31.900″，海拔 310 m（图 10-1-16），低山丘陵区沟谷地，成土母质为洪积–冲积沟谷堆积物，种植制度为烤烟–晚稻轮作，水田，土壤亚类为漂白铁渗水耕人为土。

2）气候条件

该片区烤烟大田生育期 2~6 月，平均气温 18.5℃，降水量 896 mm，日照时数 563 h（图 10-1-17）。

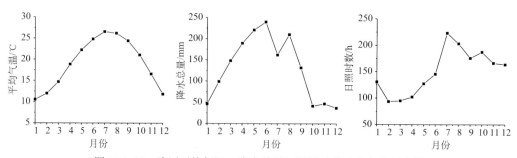

图 10-1-17　片区平均气温、降水总量、日照时数动态变化示意图

3）剖面形态（图 10-1-18（右））

Ap1：0~25 cm，棕灰色（7.5YR 5/1，润），淡棕灰色（7.5YR 7/1，干），粉砂壤土，发育强的 1~2 mm 粒状结构，松散，2~3 个蚯蚓穴，pH 5.2，清晰平滑过渡。

Ap2：25~32 cm，棕灰色（7.5YR 5/1，润），淡棕灰色（7.5YR 7/1，干），粉砂壤土，发育中等的 10~20 mm 块状结构，坚实，2~3 个蚯蚓穴，结构面上 5%左右铁锰斑纹，pH 5.4，渐变波状过渡。

Br1：32~53 cm，灰棕色（7.5YR 6/2，润），浊橙色（7.5YR 7/4，干），2%左右岩石碎屑，壤土，发育中等的 20~50 mm 块状结构，稍坚实，结构面上 10%左右铁锰斑纹，pH 5.6，清晰波状过渡。

Br2：53~72 cm，橙色（7.5YR 6/6，润），黄橙色（7.5YR 7/8，干），15%左右岩石碎屑，壤土，发育弱的 20~50 mm 块状结构，稍坚实，结构面上 40%左右铁锰斑纹，pH 5.8，渐变波状过渡。

R：72 cm~，洪积砾石。

图 10-1-18　代表性地块景观（左）和土壤剖面（右）

4）土壤养分

片区土壤呈酸性，土体 pH 5.19~5.83，有机质 4.81~30.89 g/kg，全氮 0.50~2.12 g/kg，全磷 0.21~0.62 g/kg，全钾 11.71~14.11 g/kg，碱解氮 21.11~167.95 mg/kg，有效磷 2.46~49.15 mg/kg，速效钾 37.31~208.94 mg/kg，氯离子 10.36~14.66 mg/kg，交换性 Ca^{2+} 2.04~2.87 cmol/kg，交换性 Mg^{2+} 0.09~0.44 cmol/kg。

腐殖酸与腐殖质组成中，腐殖酸碳量 1.67~14.40 g/kg，腐殖质全碳量 2.08~17.21 g/kg，胡敏酸碳量 0.79~6.86 g/kg，胡敏素碳量 0.41~4.99 g/kg，富啡酸碳量 0.88~7.54 g/kg，胡富比 0.74~0.91。

　　微量元素中，有效铜 1.11~7.92 mg/kg，有效铁 11.85~321.18 mg/kg，有效锰 14.76~20.92 mg/kg，有效锌 0.76~9.49 mg/kg（表 10-1-13~表 10-1-15）。

表 10-1-13　片区代表性烟田土壤养分状况

土层 /cm	pH	有机质 /(g/kg)	全氮 /(g/kg)	全磷 /(g/kg)	全钾 /(g/kg)	碱解氮 /(mg/kg)	有效磷 /(mg/kg)	速效钾 /(mg/kg)	氯离子 /(mg/kg)
0~25	5.19	28.52	2.12	0.62	13.32	167.95	49.15	208.94	14.43
25~32	5.38	30.89	1.72	0.42	14.11	121.88	19.05	167.02	10.36
32~53	5.56	14.81	0.91	0.21	11.71	51.34	3.80	85.65	10.37
53~72	5.83	4.81	0.50	0.32	12.01	21.11	2.46	37.31	14.66

表 10-1-14　片区代表性烟田土壤腐殖酸与腐殖质组成

土层 /cm	腐殖酸碳量 /(g/kg)	腐殖质全碳量 /(g/kg)	胡敏酸碳量 /(g/kg)	胡敏素碳量 /(g/kg)	富啡酸碳量 /(g/kg)	胡富比
0~25	14.40	15.39	6.86	0.99	7.54	0.91
25~32	12.23	17.21	5.83	4.99	6.40	0.91
32~53	5.59	7.72	2.38	2.13	3.21	0.74
53~72	1.67	2.08	0.79	0.41	0.88	0.89

表 10-1-15　片区代表性烟田土壤中微量元素状况

土层 /cm	有效铜 /(mg/kg)	有效铁 /(mg/kg)	有效锰 /(mg/kg)	有效锌 /(mg/kg)	交换性 Ca^{2+} /(cmol/kg)	交换性 Mg^{2+} /(cmol/kg)
0~25	7.92	321.18	20.92	9.49	2.87	0.09
25~32	6.26	305.39	14.76	3.74	2.04	0.44
32~53	2.43	50.80	15.70	0.76	2.38	0.36
53~72	1.11	11.85	18.06	1.52	2.53	0.37

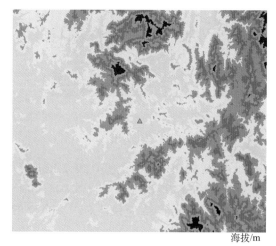

海拔/m

400 600 800 1000 1200 1400 1600 1800 2000

图 10-1-19　片区海拔高度示意图

5）总体评价

　　该片区代表性烟田土体深厚，耕作层质地适中，耕性和通透性较好。酸性土壤，有机质含量中等，肥力偏高，磷、钾丰富，铜、铁、锰、锌、钙丰富，缺镁严重。

6. 湖雷镇莲塘村片区

1）基本信息

　　代表性地块（YD-06）：北纬 24°49′31.200″，东经 116°48′22.900″，海拔 244 m（图 10-1-19），低山丘陵坡地中上部，成土母质为砂岩风化坡积物，种植制度为烤烟-晚稻轮作，水田梯田，土壤亚类为漂白铁聚水耕人为土。

2）气候条件

该片区烤烟大田生育期 2~6 月，平均气温 19.7℃，降水量 897 mm，日照时数 554 h（图 10-1-20）。

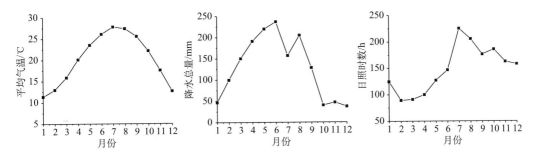

图 10-1-20 片区平均气温、降水总量、日照时数动态变化示意图

3）剖面形态（图 10-1-21（右））

Ap1：0~30 cm，灰棕色（7.5YR 5/2，润），淡棕灰色（7.5YR 7/2，干），壤土，发育强的 1~2 mm 粒状结构，松散，2~3 个蚯蚓穴，pH 5.1，清晰平滑过渡。

图 10-1-21 代表性地块景观（左）和土壤剖面（右）

Ap2：30~36 cm，灰棕色（7.5YR 5/2，润），淡棕灰色（7.5YR 7/2，干），壤土，发育中等的 10~20 mm 块状结构，坚实，2~3 个蚯蚓穴，结构面上 2%左右铁锰斑纹，pH 5.3，渐变波状过渡。

Br1：36~60 cm，橙色（7.5YR 6/6，润），黄橙色（7.5YR 7/8，干），黏壤土，发育中等的 20~50 mm 块状结构，稍坚实，结构面上 25%左右铁锰斑纹，pH 6.6，清晰波状过渡。

Br2：60~100 cm，橙色（7.5YR 6/6，润），黄橙色（7.5YR 7/8，干），2%左右岩石碎屑，黏壤土，发育中等的 20~50 mm 块状结构，稍坚实，结构面上 30%左右铁锰斑纹，pH 6.8，渐变波状过渡。

R：100 cm~，洪积砾石。

4）土壤养分

片区土壤呈酸性，土体 pH 5.12~6.75，有机质 6.31~39.94 g/kg，全氮 0.48~2.13 g/kg，全磷 0.70~1.00 g/kg，全钾 11.10~12.52 g/kg，碱解氮 32.63~166.99 mg/kg，有效磷 5.09~42.18 mg/kg，速效钾 79.23~223.74 mg/kg，氯离子 10.51~15.62 mg/kg，交换性 Ca^{2+} 1.95~3.94 cmol/kg，交换性 Mg^{2+} 0.54~1.42 cmol/kg。

腐殖酸与腐殖质组成中，腐殖酸碳量 2.19~12.18 g/kg，腐殖质全碳量 3.21~19.00 g/kg，胡敏酸碳量 0.90~4.98 g/kg，胡敏素碳量 1.02~6.82 g/kg，富啡酸碳量 1.15~7.20 g/kg，胡富比 0.64~0.90。

微量元素中，有效铜 0.74~7.08 mg/kg，有效铁 17.16~495.33 mg/kg，有效锰 13.46~34.82 mg/kg，有效锌 0.89~7.15 mg/kg（表 10-1-16~表 10-1-18）。

表 10-1-16 片区代表性烟田土壤养分状况

土层 /cm	pH	有机质 /(g/kg)	全氮 /(g/kg)	全磷 /(g/kg)	全钾 /(g/kg)	碱解氮 /(mg/kg)	有效磷 /(mg/kg)	速效钾 /(mg/kg)	氯离子 /(mg/kg)
0~30	5.12	39.94	2.13	1.00	12.31	166.99	42.18	223.74	10.51
30~36	5.29	29.71	1.72	0.94	12.52	118.04	24.90	137.92	14.75
36~60	6.63	6.31	0.51	0.72	12.03	32.63	5.09	85.65	15.49
60~100	6.75	7.42	0.48	0.70	11.10	32.63	5.46	79.23	15.62

表 10-1-17 片区代表性烟田土壤腐殖酸与腐殖质组成

土层 /cm	腐殖酸碳量 /(g/kg)	腐殖质全碳量 /(g/kg)	胡敏酸碳量 /(g/kg)	胡敏素碳量 /(g/kg)	富啡酸碳量 /(g/kg)	胡富比
0~30	12.18	19.00	4.98	6.82	7.20	0.69
30~36	8.98	14.30	3.61	5.32	5.36	0.67
36~60	2.19	3.21	1.04	1.02	1.15	0.90
60~100	2.32	4.22	0.90	1.90	1.42	0.64

表 10-1-18 片区代表性烟田土壤中微量元素状况

土层 /cm	有效铜 /(mg/kg)	有效铁 /(mg/kg)	有效锰 /(mg/kg)	有效锌 /(mg/kg)	交换性 Ca^{2+} /(cmol/kg)	交换性 Mg^{2+} /(cmol/kg)
0~30	7.08	495.33	22.00	7.15	1.95	0.54
30~36	6.26	430.88	32.66	4.91	3.19	0.74
36~60	0.74	27.27	34.82	1.17	3.36	0.86
60~100	0.85	17.16	13.46	0.89	3.94	1.42

5)总体评价

该片区代表性烟田土体深厚，耕作层质地适中，耕性和通透性较好。酸性土壤，有机质含量丰富，肥力较高，磷、钾丰富，铜、铁、锰、锌、钙丰富，镁含量中等水平。

7. 湖雷镇弼鄱村片区

1)基本信息

代表性地块（YD-07 永定）：北纬24°49′10.600″，东经 116°47′47.700″，海拔 277 m（图 10-1-22），低山丘陵坡地中上部，成土母质为砂岩风化坡积物，种植制度为烤烟-晚稻轮作，水田梯田，土壤亚类为普通铁聚水耕人为土。

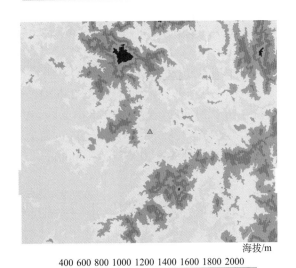

海拔/m

400 600 800 1000 1200 1400 1600 1800 2000

图 10-1-22 片区海拔高度示意图

2)气候条件

该片区烤烟大田生育期 2~6 月，平均气温 19.6℃，降水量 899 mm，日照时数 554 h（图10-1-23）。

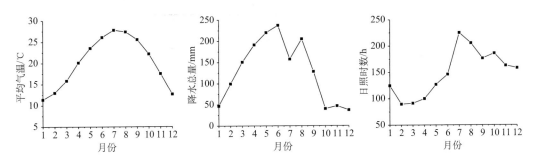

图 10-1-23 片区平均气温、降水总量、日照时数动态变化示意图

3)剖面形态（图 10-1-24（右））

Ap1：0~30 cm，暗棕色（7.5YR 3/3，润），灰棕色（7.5YR 5/2，干），壤土，发育强的 1~2 mm 粒状结构，松散，2~3 个蚯蚓穴，pH 4.8，清晰平滑过渡。

Ap2：30~45 cm，暗棕色（7.5YR 3/3，润），灰棕色（7.5YR 5/2，干），壤土，发育中等的 10~20 mm 块状结构，坚实，2~3 个蚯蚓穴，结构面上 2%左右铁锰斑纹，pH 5.2，清晰波状过渡。

Br1：45~60 cm，橙色（7.5YR 6/6，润），黄橙色（7.5YR 7/8，干），2%左右岩石碎屑，黏壤土，发育中等的 20~50 mm 棱块状结构，坚实，结构面上 20%左右铁锰斑纹，2%左右软小铁锰结核，pH 5.2，渐变波状过渡。

Br2：60~110 cm，亮棕色（7.5YR 5/6，润），橙色（7.5YR 6/8，干），2%左右岩石碎

屑，黏壤土，发育中等的 20~50 mm 棱块状结构，坚实，结构面上 25%左右铁锰斑纹，5%左右软小铁锰结核，pH 5.6。

4) 土壤养分（图 10-1-24（右））

片区土壤呈酸性，土体 pH 4.82~5.84，有机质 7.80~55.90 g/kg，全氮 0.60~2.61 g/kg，全磷 0.70~1.21 g/kg，全钾 7.22~8.61 g/kg，碱解氮 38.39~206.34 mg/kg，有效磷 3.77~68.47 mg/kg，速效钾 128.55~247.41 mg/kg，氯离子 10.40~14.92 mg/kg，交换性 Ca^{2+} 1.27~2.36 cmol/kg，交换性 Mg^{2+} 0.37~0.63 cmol/kg。

图 10-1-24　代表性地块景观（左）和土壤剖面（右）

腐殖酸与腐殖质组成中，腐殖酸碳量 2.49~15.28 g/kg，腐殖质全碳量 4.20~26.66 g/kg，胡敏酸碳量 1.28~7.09 g/kg，胡敏素碳量 1.70~11.38 g/kg，富啡酸碳量 1.22~8.19 g/kg，胡富比 0.66~1.05。

微量元素中，有效铜 1.07~10.02 mg/kg，有效铁 25.84~432.16 mg/kg，有效锰 7.99~39.27 mg/kg，有效锌 1.12~11.74 mg/kg（表 10-1-19~表 10-1-21）。

表 10-1-19　片区代表性烟田土壤养分状况

土层 /cm	pH	有机质 /(g/kg)	全氮 /(g/kg)	全磷 /(g/kg)	全钾 /(g/kg)	碱解氮 /(mg/kg)	有效磷 /(mg/kg)	速效钾 /(mg/kg)	氯离子 /(mg/kg)
0~30	4.82	55.90	2.61	1.21	8.61	206.34	68.47	247.41	10.40
30~45	5.15	29.01	1.52	0.70	7.83	140.12	14.76	128.55	13.84
45~60	5.22	16.72	0.93	0.70	7.22	72.94	3.77	132.01	14.85
60~90	5.63	9.33	0.72	0.70	8.02	42.23	8.65	171.96	14.92
90~110	5.84	7.80	0.60	0.70	8.13	38.39	8.55	179.85	14.51

表 10-1-20　片区代表性烟田土壤腐殖酸与腐殖质组成

土层 /cm	腐殖酸碳量 /(g/kg)	腐殖质全碳量 /(g/kg)	胡敏酸碳量 /(g/kg)	胡敏素碳量 /(g/kg)	富啡酸碳量 /(g/kg)	胡富比
0~30	15.28	26.66	7.09	11.38	8.19	0.87
30~45	10.22	16.41	4.05	6.19	6.17	0.66
45~60	5.70	9.24	2.44	3.54	3.26	0.75
60~90	3.33	5.13	1.32	1.80	2.01	0.66
90~110	2.49	4.20	1.28	1.70	1.22	1.05

表 10-1-21　片区代表性烟田土壤中微量元素状况

土层 /cm	有效铜 /(mg/kg)	有效铁 /(mg/kg)	有效锰 /(mg/kg)	有效锌 /(mg/kg)	交换性 Ca^{2+} /(cmol/kg)	交换性 Mg^{2+} /(cmol/kg)
0~30	10.02	432.16	12.88	11.74	1.27	0.50
30~45	7.31	281.62	9.74	5.61	1.70	0.43
45~60	3.62	56.04	16.54	3.62	1.50	0.49
60~90	1.19	28.00	39.27	1.54	2.36	0.37
90~110	1.07	25.84	7.99	1.12	2.12	0.63

5) 总体评价

该片区代表性烟田土体深厚，耕作层质地适中，耕性和通透性较好。酸性土壤，有机质含量丰富，肥力较高，磷、钾丰富，铜、铁、锰、锌、钙丰富，镁含量中等水平。

8. 陈东乡高峰村片区

1) 基本信息

代表性地块（YD-08）：北纬 24°42′46.100″，东经 116°55′8.300″，海拔 376 m（图 10-1-25），低山丘陵区沟谷地，成土母质为洪积-冲积沟谷堆积物，种植制度为烤烟-晚稻轮作，水田，土壤亚类为普通铁渗水耕人为土。

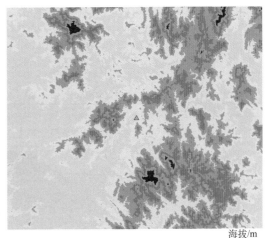

海拔/m

400 600 800 1000 1200 1400 1600 1800 2000

图 10-1-25　片区海拔高度示意图

2) 气候条件

该片区烤烟大田生育期 2~6 月，平均气温 18.9℃，降水量 881 mm，日照时数 569 h（图 10-1-26）。

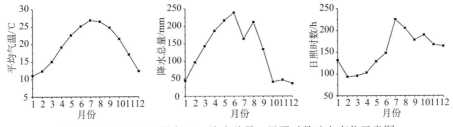

图 10-1-26　片区平均气温、降水总量、日照时数动态变化示意图

3）剖面形态（图 10-1-27（右））

Ap1：0~30 cm，黑棕色（10YR 3/1，润），棕灰色（10YR 5/1，干），砂质壤土，发育强的 1~2 mm 粒状结构，松散，2~3 个蚯蚓穴，pH 4.8，清晰平滑过渡。

Ap2：30~42 cm，黑棕色（10YR 3/1，润），棕灰色（10YR 5/1，干），砂质壤土，发育中等的 20~50 mm 块状结构，坚实，2~3 个蚯蚓穴，pH 5.4，清晰波状过渡。

Br：42~56 cm，灰黄棕色（10YR 5/2，润），浊黄橙色（10YR 7/2，干），30%左右岩石碎屑，粉砂壤土，发育弱的 10~20 mm 块状结构，稍坚实，结构面上 25%左右铁锰斑纹，5%左右软小铁锰结核，pH 5.9，清晰波状过渡。

C1：56~96 cm，灰黄棕色（10YR 4/2，润），灰黄棕色（10YR 5/2，干），砂粒，5%左右铁锰斑纹，渐变波状过渡。

C2：96 cm~，灰黄棕色（10YR 5/2，润），浊黄橙色（10YR 7/2，干），砂粒，20%左右铁锰斑纹。

图 10-1-27　代表性地块景观（左）和土壤剖面（右）

4）土壤养分

片区土壤酸碱度呈酸性，土体 pH 4.78~5.99，有机质 0~28.10 g/kg，全氮 0.20~1.40 g/kg，全磷 0.10~0.40 g/kg，全钾 42.82~49.01 g/kg，碱解氮 19.19~121.88 mg/kg，有效磷 3.45~33.85 mg/kg，速效钾 56.05~216.84 mg/kg，氯离子 7.03~15.29 mg/kg，交换性 Ca^{2+} 1.57~3.02 cmol/kg，交换性 Mg^{2+} 0.30~1.35 cmol/kg。

腐殖酸与腐殖质组成中，腐殖酸碳量 1.24~8.64 g/kg，腐殖质全碳量 1.49~14.50 g/kg，胡敏酸碳量 0.68~4.88 g/kg，胡敏素碳量 0.24~5.86 g/kg，富啡酸碳量 0.57~3.76 g/kg，胡富比 1.19~2.54。

微量元素中，有效铜 0.17~1.64 mg/kg，有效铁 8.70~40.94 mg/kg，有效锰 14.74~52.70 mg/kg，有效锌 0.89~3.93 mg/kg（表 10-1-22~表 10-1-24）。

表 10-1-22　片区代表性烟田土壤养分状况

土层/cm	pH	有机质/(g/kg)	全氮/(g/kg)	全磷/(g/kg)	全钾/(g/kg)	碱解氮/(mg/kg)	有效磷/(mg/kg)	速效钾/(mg/kg)	氯离子/(mg/kg)
0~30	4.78	28.10	1.40	0.40	45.62	121.88	33.85	216.84	10.37
30~42	5.40	16.21	0.72	0.20	48.33	80.61	13.15	80.71	7.03
42~56	5.88	11.02	0.41	0.10	42.82	32.63	3.45	56.05	10.30
56~96	5.99	0	0.20	0.10	49.01	19.19	6.75	72.82	15.29
96~	4.78	3.70	1.40	0.40	45.62	121.88	33.85	216.84	10.37

表 10-1-23　片区代表性烟田土壤腐殖酸与腐殖质组成

土层/cm	腐殖酸碳量/(g/kg)	腐殖质全碳量/(g/kg)	胡敏酸碳量/(g/kg)	胡敏素碳量/(g/kg)	富啡酸碳量/(g/kg)	胡富比
0~30	8.64	14.50	4.88	5.86	3.76	1.30
30~42	4.92	8.25	3.53	3.34	1.39	2.54
42~56	3.71	5.88	2.62	2.17	1.10	2.39
96~	1.24	1.49	0.68	0.24	0.57	1.19

表 10-1-24　片区代表性烟田土壤中微量元素状况

土层/cm	有效铜/(mg/kg)	有效铁/(mg/kg)	有效锰/(mg/kg)	有效锌/(mg/kg)	交换性 Ca^{2+}/(cmol/kg)	交换性 Mg^{2+}/(cmol/kg)
0~30	1.64	38.65	21.12	3.93	2.04	0.33
30~42	1.20	40.94	14.74	1.80	1.57	0.30
42~56	0.55	23.79	25.37	0.89	3.02	1.35
96~	0.17	8.70	52.70	1.83	2.12	0.58

5）总体评价

该片区代表性烟田土体深厚，耕作层质地适中，耕性和通透性较好，易受洪涝威胁。酸性土壤，有机质含量中等，肥力中等，磷、钾丰富，铜、铁、锰、锌、钙丰富，镁缺乏。

9. 湖坑镇吴屋村片区

1）基本信息

代表性地块（YD-09）：北纬 24°37′40.800″，东经 116°59′37.800″，海拔 600 m（图 10-1-28），低山丘陵区沟谷河床，成土母质为洪积-冲积堆积物，种植制度为烤烟-晚稻轮作，水田，土壤亚

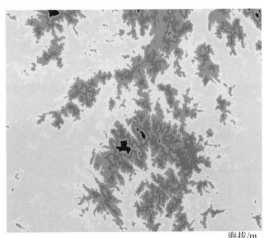

海拔/m

400 600 800 1000 1200 1400 1600 1800 2000

图 10-1-28　片区海拔高度示意图

类为漂白铁渗水耕人为土。

2）气候条件

该片区烤烟大田生育期 2~6 月，平均气温 17.5℃，降水量 872 mm，日照时数 585 h（图 10-1-29）。

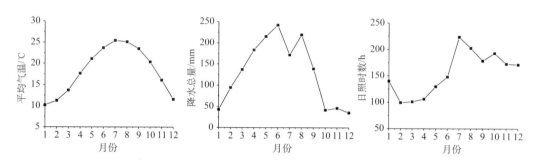

图 10-1-29　片区平均气温、降水总量、日照时数内动态变化示意图

3）剖面形态（图 10-1-30（右））

Ap1：0~30 cm，灰黄棕色（7.5YR 4/2，润），灰黄棕色（7.5YR 6/2，干），粉砂壤土，发育强的 1~2 mm 粒状结构，松散，2~3 个蚯蚓穴，pH 4.4，清晰平滑过渡。

Ap2：30~42 cm，灰黄棕色（7.5YR 4/2，润），灰黄棕色（7.5YR 6/2，干），粉砂壤土，发育中等的 20~50 mm 块状结构，坚实，2~3 个蚯蚓穴，pH 5.1，清晰波状过渡。

Br1：42~55 cm，灰棕色（7.5YR 6/2，润），浊橙色（7.5YR 7/4，干），粉砂质黏壤土，发育中等的 20~50 mm 棱块状结构，稍坚实，结构面上 5%左右铁锰斑纹，pH 5.4，清晰平滑过渡。

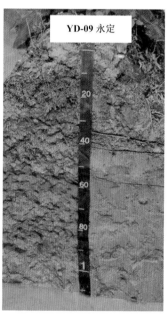

图 10-1-30　代表性地块景观（左）和土壤剖面（右）

Br2：55~120 cm，亮黄棕色(7.5YR 6/6，润)，黄橙色(7.5YR 8/8，干)，粉砂质黏壤土，发育中等的 20~50 mm 棱块状结构，稍坚实，结构面上 25%左右铁锰斑纹，2%左右软中铁锰结核，pH 6.0。

4) 土壤养分

片区土壤呈酸性，土体 pH 4.42~6.02，有机质 10.71~41.62 g/kg，全氮 0.51~2.21 g/kg，全磷 0.20~1.10 g/kg，全钾 16.12~18.51 g/kg，碱解氮 38.39~189.54 mg/kg，有效磷 2.70~146.00 mg/kg，速效钾 51.12~367.26 mg/kg，氯离子 7.07~22.27 mg/kg，交换性 Ca^{2+} 2.74~5.64 cmol/kg，交换性 Mg^{2+} 0.58~1.88 cmol/kg。

腐殖酸与腐殖质组成中，腐殖酸碳量 1.87~12.46 g/kg，腐殖质全碳量 5.70~22.13 g/kg，胡敏酸碳量 0.85~5.57 g/kg，胡敏素碳量 3.15~9.67 g/kg，富啡酸碳量 0.89~6.90 g/kg，胡富比 0.50~1.11。

微量元素中，有效铜 0.53~2.20 mg/kg，有效铁 18.96~590.51 mg/kg，有效锰 20.38~48.18 mg/kg，有效锌 1.24~9.39 mg/kg(表 10-1-25~表 10-1-27)。

表 10-1-25 片区代表性烟田土壤养分状况

土层 /cm	pH	有机质 /(g/kg)	全氮 /(g/kg)	全磷 /(g/kg)	全钾 /(g/kg)	碱解氮 /(mg/kg)	有效磷 /(mg/kg)	速效钾 /(mg/kg)	氯离子 /(mg/kg)
0~30	4.42	41.62	2.21	1.10	18.21	189.54	146.00	367.26	22.27
30~42	5.06	29.72	1.63	0.72	18.22	133.40	57.30	105.87	7.07
42~55	5.42	18.51	0.92	0.20	18.51	71.98	5.25	72.33	12.99
55~120	6.02	10.71	0.51	0.32	16.12	38.39	2.70	51.12	15.53

表 10-1-26 片区代表性烟田土壤腐殖酸与腐殖质组成

土层 /cm	腐殖酸碳量 /(g/kg)	腐殖质全碳量 /(g/kg)	胡敏酸碳量 /(g/kg)	胡敏素碳量 /(g/kg)	富啡酸碳量 /(g/kg)	胡富比
0~30	12.46	22.13	5.57	9.67	6.90	0.81
30~42	9.44	16.00	4.42	6.56	5.03	0.88
42~55	1.87	9.22	0.99	7.35	0.89	1.11
55~120	2.55	5.70	0.85	3.15	1.70	0.50

表 10-1-27 片区代表性烟田土壤中微量元素状况

土层 /cm	有效铜 /(mg/kg)	有效铁 /(mg/kg)	有效锰 /(mg/kg)	有效锌 /(mg/kg)	交换性 Ca^{2+} /(cmol/kg)	交换性 Mg^{2+} /(cmol/kg)
0~30	2.18	590.51	27.60	9.39	2.98	0.97
30~42	1.92	434.88	20.38	4.57	2.74	1.88
42~55	2.20	76.46	26.28	2.09	3.42	0.58
55~120	0.53	18.96	48.18	1.24	5.64	0.93

5) 总体评价

该片区代表性烟田土体深厚，耕作层质地适中，耕性和通透性较好，易受洪涝威胁。强酸性土壤，有机质含量丰富，肥力偏高，磷、钾丰富，铜、铁、锰、锌、钙、镁丰富。

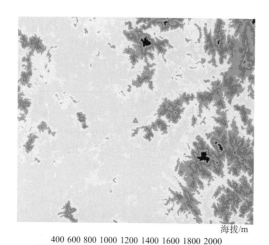

海拔/m

400 600 800 1000 1200 1400 1600 1800 2000

图 10-1-31   片区海拔高度示意图

10. 抚市镇龙川村片区

1) 基本信息

代表性地块（YD-10）：北纬 24°41′39.400″，东经 116°41′43.200″，海拔 190 m（图 10-1-31），低山丘陵区沟谷一级阶地，成土母质为砂页岩风化洪积–冲积物，种植制度为烤烟–晚稻轮作，水田，土壤亚类为漂白铁聚水耕人为土。

2) 气候条件

该片区烤烟大田生育期 2~6 月，平均气温 19.6℃，降水量 895 mm，日照时数 561 h（图 10-1-32）。

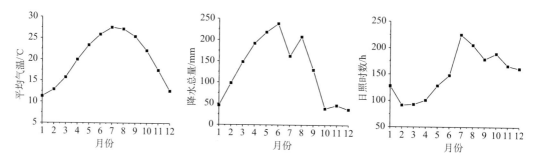

图 10-1-32   片区平均气温、降水总量、日照时数动态变化示意图

3) 剖面形态（图 10-1-33（右））

图 10-1-33   代表性地块景观（左）和土壤剖面（右）

Ap1：0~30 cm，淡灰色(10Y 7/1，润)，灰白色(10Y 8/1，干)，粉砂壤土，发育强的 1~2 mm 粒状结构，松散，2~3 个蚯蚓穴，pH 5.0，清晰平滑过渡。

Ap2：30~40 cm，淡灰色(10Y 7/1，润)，灰白色(10Y 8/1，干)，粉砂壤土，发育中等的 10~20 mm 块状结构，坚实，2~3 个蚯蚓穴，pH 5.3，渐变波状过渡。

E：40~60 cm，淡灰色(10Y 7/1，润)，灰白色(10Y 8/1，干)，粉砂质黏壤土，发育中等的 20~50 mm 棱块状结构，坚实，结构面上 10%左右铁锰斑纹，pH 6.1，清晰波状过渡。

Br：60~120 cm，亮黄棕色(10YR 6/6，润)，黄橙色(10YR 7/8，干)，20%左右岩石碎屑，粉砂质黏壤土，发育中等的 20~50 mm 棱块状结构，坚实，结构面上 40%左右铁锰斑纹，4%左右软小铁锰结核，pH 6.3。

4）土壤养分

片区土壤呈酸性，土体 pH 5.03~6.33，有机质 2.91~44.40 g/kg，全氮 0.30~2.41 g/kg，全磷 0.21~0.60 g/kg，全钾 13.21~16.52 g/kg，碱解氮 21.11~185.22 mg/kg，有效磷 2.75~33.00 mg/kg，速效钾 31.39~110.31 mg/kg，氯离子 10.48~15.35 mg/kg，交换性 Ca^{2+} 1.64~4.21 cmol/kg，交换性 Mg^{2+} 0.26~2.41 cmol/kg。

腐殖酸与腐殖质组成中，腐殖酸碳量 1.00~11.68 g/kg，腐殖质全碳量 1.42~23.18 g/kg，胡敏酸碳量 0.44~5.87 g/kg，胡敏素碳量 0.43~11.50 g/kg，富啡酸碳量 0.53~5.81 g/kg，胡富比 0.80~1.40。

微量元素中，有效铜 0.27~5.06 mg/kg，有效铁 7.49~242.64 mg/kg，有效锰 19.86~45.47 mg/kg，有效锌 0.86~11.42 mg/kg（表 10-1-28~表 10-1-30）。

表 10-1-28　片区代表性烟田土壤养分状况

土层 /cm	pH	有机质 /(g/kg)	全氮 /(g/kg)	全磷 /(g/kg)	全钾 /(g/kg)	碱解氮 /(mg/kg)	有效磷 /(mg/kg)	速效钾 /(mg/kg)	氯离子 /(mg/kg)
0~30	5.03	44.40	2.41	0.60	16.52	185.22	33.00	110.31	15.35
30~40	5.30	14.22	0.82	0.32	14.93	64.30	9.65	65.92	12.69
40~60	5.42	7.83	0.43	0.30	13.21	33.59	5.00	41.26	10.48
60~78	6.10	4.32	0.32	0.24	13.53	26.87	3.00	31.39	15.09
78~120	6.33	2.91	0.30	0.21	14.00	21.11	2.75	50.14	12.69

表 10-1-29　片区代表性烟田土壤腐殖酸与腐殖质组成

土层 /cm	腐殖酸碳量 /(g/kg)	腐殖质全碳量 /(g/kg)	胡敏酸碳量 /(g/kg)	胡敏素碳量 /(g/kg)	富啡酸碳量 /(g/kg)	胡富比
0~30	11.68	23.18	5.87	11.50	5.81	1.01
30~40	3.83	6.82	1.80	2.99	2.02	0.89
40~60	2.37	3.89	1.13	1.53	1.24	0.91
60~78	1.28	2.03	0.74	0.75	0.53	1.40
78~120	1.00	1.42	0.44	0.43	0.55	0.80

表 10-1-30　片区代表性烟田土壤中微量元素状况

土层 /cm	有效铜 /(mg/kg)	有效铁 /(mg/kg)	有效锰 /(mg/kg)	有效锌 /(mg/kg)	交换性 Ca^{2+} /(cmol/kg)	交换性 Mg^{2+} /(cmol/kg)
0~30	5.06	242.64	28.81	11.42	2.63	0.46
30~40	2.35	0	22.13	6.37	1.64	0.26
40~60	1.05	23.96	19.86	0.86	2.10	0.40
60~78	0.54	7.49	45.47	0.94	4.21	2.41
78~120	0.27	9.88	24.16	1.67	3.45	0.53

5) 总体评价

该片区代表性烟田土体深厚，耕作层质地适中，耕性和通透性较好。酸性土壤，有机质含量丰富，肥力偏高，磷、钾丰富，铜、铁、锰、锌、钙丰富，镁中等含量。

第二节　福建泰宁生态条件

一、地理位置

泰宁县位于北纬 26°34′~27°08′，东经 116°53′~117°24′，地处福建西北部，武夷山脉中段。泰宁县隶属福建省三明市，三明市北部，现辖杉城镇、朱口镇、新桥乡、上青乡、大田乡、梅口乡、下渠乡、开善乡、大龙乡，总面积 1540 km²，其中耕地面积 111 km²（图 10-2-1）。

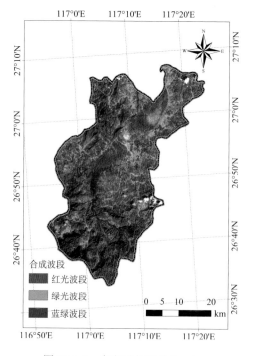

图 10-2-1　泰宁县位置及 Landsat
假彩色合成影像图

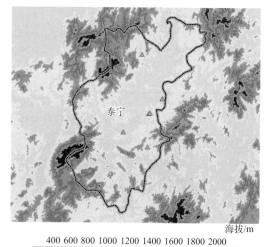

图 10-2-2　泰宁县海拔示意图

二、自然条件

1. 地形地貌

泰宁县地处武夷山脉中段的杉岭支脉东南侧,以丘陵山地为主,其中中山占 10.46%,低山占 29%,丘陵占 56.50%,盆地占 3.10%。海拔为 180~1858 m,地势总特征是四周高,中部低,由西北向东南倾斜(图 10-2-2)。

2. 气候条件

泰宁气候属于中亚热带季风型山地气候。夏季受海洋性气候影响,盛行东南风,冬季受西北冷空气侵袭,又具有大陆性气候特征。夏季无酷热。冬季无严寒。四季温和湿润,光照充足。年均气温 9.9~18.4℃,平均 16.6℃,1 月最冷,月平均气温 5.8℃,7 月最热,月平均气温 26.3℃;区域分布总的趋势是由中部、中东北部向四周递减,西北部、西南部较低。年均降水总量 1727~1899 mm,平均 1779 mm 左右,2~8 月降雨均在 100 mm 以上,其中 3 月、4 月、5 月降雨在 200 mm 以上,6 月降雨最多,在 300 mm 以上,其他月份降雨在 100 mm 以下;区域分布总的趋势是由北向南递减,其中西部周边区域较高。年均日照时数 1589~1715 h,平均 1614 h,5~12 月日照均在 100 h 以上,其中 7 月、8 月日照在 200 h 以上;区域分布总的趋势是由中部、中东北部向四周递增(图 10-2-3)。平均无霜期 300 d 左右。

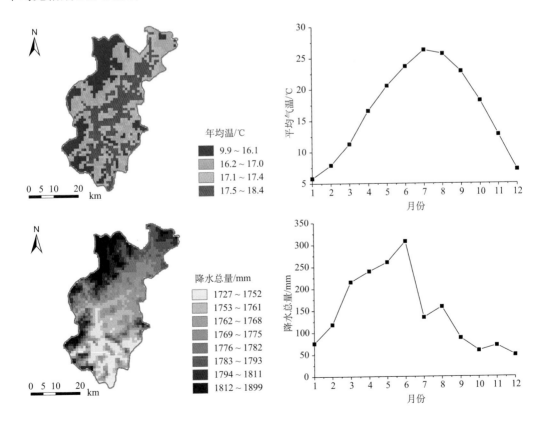

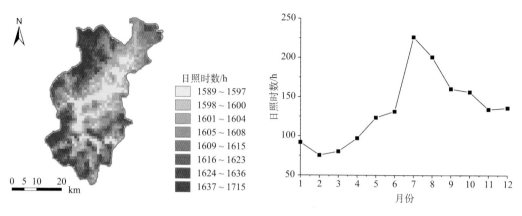

图 10-2-3　泰宁县 1980~2013 年平均温度、降水总量、日照时数时空动态变化示意图

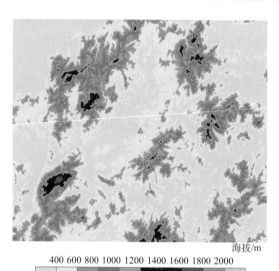

海拔/m

400 600 800 1000 1200 1400 1600 1800 2000

图 10-2-4　片区海拔示意图

三、片区与代表性烟田

1. 彬城镇东林村片区

1）基本信息

代表性地块（TN-01）：北纬 26°53′25.320″，东经 117°14′0.780″，海拔 360 m（图 10-2-4），低山丘陵区沟谷地，成土母质为砂岩风化沟谷堆积物，种植制度为烤烟-晚稻轮作，水田，土壤亚类为普通潜育水耕人为土。

2）气候条件

该片区烤烟大田生育期 3~7 月，平均气温 20.7℃，降水量 1152 mm，日照时数 658 h（图 10-2-5）。

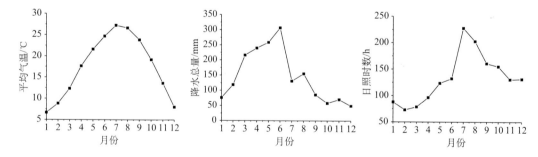

图 10-2-5　片区平均气温、降水总量、日照时数动态变化示意图

3）剖面形态（图 10-2-6（右））

Ap1：0~32 cm，灰色（7.5Y 6/1，润），灰白色（7.5Y 8/1，干），粉砂壤土，发育强的

1~2 mm 粒状结构，松散，pH 5.29，清晰平滑过渡。

Ap2：32~38 cm，灰色(7.5Y 6/1，润)，灰白色(7.5Y 8/1，干)，粉砂壤土，发育中等的 10~20 mm 块状结构，坚实，pH 5.79，渐变波状过渡。

Bg1：38~85 cm，淡灰色(7.5Y 7/1，润)，灰白色(7.5Y 8/1，干)，粉砂壤土，发育弱的 10~20 mm 块状结构，疏松，结构面上 5%左右铁锰斑纹，5%左右软小铁锰结核，pH 5.70，渐变波状过渡。

Bg2：85~120 cm，淡灰色(7.5Y /1，润)，灰白色(7.5Y 8/1，干)，粉砂壤土，发育弱的 10~20 mm 块状结构，疏松，结构面上 10%左右铁锰斑纹，5%左右软小铁锰结核，pH 5.12。

图 10-2-6　代表性地块景观(左)和土壤剖面(右)

4) 土壤养分

片区土壤呈酸性，土体 pH 5.12~5.79，有机质 4.15~9.88 g/kg，全氮 0.23~0.79 g/kg，全磷 0.42~0.98 g/kg，全钾 30.76~36.67 g/kg，碱解氮 1.40~4.38 mg/kg，有效磷 0.24~6.94 mg/kg，速效钾 66.10~103.06 mg/kg，氯离子 10.22~15.95 mg/kg，交换性 Ca^{2+} 3.82~5.12 cmol/kg，交换性 Mg^{2+} 1.16~3.45 cmol/kg。

腐殖酸与腐殖质组成中，腐殖酸碳量 1.20~3.04 g/kg，腐殖质全碳量 2.40~5.73 g/kg，胡敏酸碳量 0.07~0.95 g/kg，胡敏素碳量 1.20~2.70 g/kg，富啡酸碳量 1.13~2.09 g/kg，胡富比 0.06~0.45。

微量元素中，有效铜 1.57~2.06 mg/kg，有效铁 6.52~29.10 mg/kg，有效锰 6.43~14.93 mg/kg，有效锌 0.31~1.12 mg/kg(表 10-2-1~表 10-2-3)。

表 10-2-1　片区代表性烟田土壤养分状况

土层 /cm	pH	有机质 /(g/kg)	全氮 /(g/kg)	全磷 /(g/kg)	全钾 /(g/kg)	碱解氮 /(mg/kg)	有效磷 /(mg/kg)	速效钾 /(mg/kg)	氯离子 /(mg/kg)
0~32	5.29	9.88	0.79	0.98	36.67	4.38	6.94	103.06	15.95
32~38	5.79	4.15	0.23	0.67	30.76	1.40	1.02	80.12	10.22
38~85	5.70	7.46	0.65	0.49	31.55	2.63	0.30	94.14	15.88
85~120	5.12	4.67	0.34	0.42	35.05	1.40	0.24	66.10	15.82

表 10-2-2　片区代表性烟田土壤腐殖酸与腐殖质组成

土层 /cm	腐殖酸碳量 /(g/kg)	腐殖质全碳量 /(g/kg)	胡敏酸碳量 /(g/kg)	胡敏素碳量 /(g/kg)	富啡酸碳量 /(g/kg)	胡富比
0~32	3.04	5.73	0.95	2.70	2.09	0.45
32~38	1.20	2.40	0.07	1.20	1.13	0.06
38~85	2.28	4.33	0.52	2.06	1.75	0.30
85~120	1.36	2.71	0.22	1.34	1.15	0.19

表 10-2-3　片区代表性烟田土壤中微量元素状况

土层 /cm	有效铜 /(mg/kg)	有效铁 /(mg/kg)	有效锰 /(mg/kg)	有效锌 /(mg/kg)	交换性 Ca^{2+} /(cmol/kg)	交换性 Mg^{2+} /(cmol/kg)
0~32	2.06	29.10	6.43	1.06	3.82	2.56
32~38	1.57	6.52	14.18	0.31	4.64	3.45
38~85	2.02	7.23	14.68	1.12	5.12	2.11
85~120	2.03	13.46	14.93	0.78	4.21	1.16

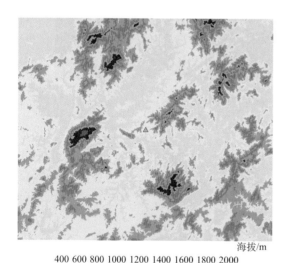

海拔/m

400 600 800 1000 1200 1400 1600 1800 2000

图 10-2-7　片区海拔示意图

5) 总体评价

该片区代表性烟田土体深厚, 耕作层质地适中, 耕性和通透性较好, 地下水位高, 易滞水, 易受洪涝威胁。酸性土壤, 有机质含量缺乏, 土壤贫瘠, 缺磷, 钾含量中等, 铜、铁、锰、锌、钙、镁丰富。

2. 开善乡儒坊村片区

1) 基本信息

代表性地块 (TN-02): 北纬 26°44′57.200″, 东经 117°10′16.500″, 海拔 430 m (图 10-2-7), 低山丘陵区沟谷河床, 成土母质为洪积-冲积物, 种植制度为烤烟-晚稻轮作, 水田, 土壤亚类为普通潜育水耕人为土。

2) 气候条件

该片区烤烟大田生育期 3~7 月, 平均气温 20.4℃, 降水量 1141 mm, 日照时数 657 h

（图 10-2-8）。

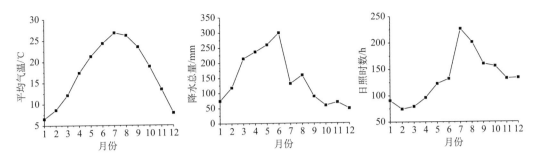

图 10-2-8　片区平均气温、降水总量、日照时数动态变化示意图

3）剖面形态（图 10-2-9（右））

Ap1：0~32 cm，灰色（7.5Y 6/1，润），灰白色（7.5Y 8/1，干），粉砂壤土，发育强的 1~2 mm 粒状结构，松散，pH 6.06，清晰平滑过渡。

Ap2：32~41 cm，灰色（7.5Y 5/1，润），淡灰色（7.5Y 7/1，干），粉砂壤土，发育中等的 10~20 mm 块状结构，坚实，pH 6.46，渐变波状过渡。

Bg：41~63 cm，灰色（7.5Y 5/1，润），淡灰色（7.5Y 7/1，干），粉砂壤土，发育弱的 10~20 mm 块状结构，疏松，结构面上 5%左右铁锰斑纹，5%左右软小铁锰结核，pH 6.41，渐变波状过渡。

R：63 cm~，洪积砾石，pH 6.41。

图 10-2-9　代表性地块景观（左）和土壤剖面（右）

4) 土壤养分

片区土壤呈微酸性,土体 pH 6.06~6.46,有机质 6.00~20.40 g/kg,全氮 0.33~0.81 g/kg,全磷 0.98~1.82 g/kg,全钾 11.04~14.98 g/kg,碱解氮 2.63~8.84 mg/kg,有效磷 7.01~10.43 mg/kg,速效钾 86.49~114.53 mg/kg,氯离子 15.60~18.75 mg/kg,交换性 Ca^{2+} 5.65~6.37 cmol/kg,交换性 Mg^{2+} 2.51~4.28 cmol/kg。

腐殖酸与腐殖质组成中,腐殖酸碳量 1.49~6.50 g/kg,腐殖质全碳量 3.46~11.86 g/kg,胡敏酸碳量 0.68~2.41 g/kg,胡敏素碳量 1.97~5.36 g/kg,富啡酸碳量 0.81~4.09 g/kg,胡富比 0.59~1.01。

微量元素中,有效铜 3.45~4.75 mg/kg,有效铁 27.54~32.61 mg/kg,有效锰 3.95~14.39 mg/kg,有效锌 1.01~1.62 mg/kg(表 10-2-4~表 10-2-6)。

表 10-2-4　片区代表性烟田土壤养分状况

土层 /cm	pH	有机质 /(g/kg)	全氮 /(g/kg)	全磷 /(g/kg)	全钾 /(g/kg)	碱解氮 /(mg/kg)	有效磷 /(mg/kg)	速效钾 /(mg/kg)	氯离子 /(mg/kg)
0~32	6.06	20.40	0.81	1.76	11.04	8.84	9.02	114.53	18.75
32~41	6.46	7.20	0.47	1.82	12.41	3.33	7.01	100.51	15.63
41~63	6.41	8.00	0.43	1.28	11.17	2.63	10.43	105.61	15.60
63~120	6.41	6.00	0.33	0.98	14.98	2.63	9.04	86.49	15.68

表 10-2-5　片区代表性烟田土壤腐殖酸与腐殖质组成

土层 /cm	腐殖酸碳量 /(g/kg)	腐殖质全碳量 /(g/kg)	胡敏酸碳量 /(g/kg)	胡敏素碳量 /(g/kg)	富啡酸碳量 /(g/kg)	胡富比
0~32	6.50	11.86	2.41	5.36	4.09	0.59
32~41	2.18	4.19	1.06	2.01	1.12	0.94
41~63	1.89	4.64	0.95	2.75	0.94	1.01
63~120	1.49	3.46	0.68	1.97	0.81	0.83

表 10-2-6　片区代表性烟田土壤中微量元素状况

土层 /cm	有效铜 /(mg/kg)	有效铁 /(mg/kg)	有效锰 /(mg/kg)	有效锌 /(mg/kg)	交换性 Ca^{2+} /(cmol/kg)	交换性 Mg^{2+} /(cmol/kg)
0~32	4.75	32.61	14.39	1.62	6.13	2.51
32~41	3.45	27.54	9.21	1.01	6.37	2.69
41~63	4.30	30.42	10.83	1.44	6.18	4.28
63~120	4.21	29.07	3.95	1.06	5.65	3.46

5) 总体评价

该片区代表性烟田土体较薄,耕作层质地适中,耕性和通透性较好,地下水位高,易滞水,易受洪涝威胁。微酸性土壤,有机质含量中等,肥力贫瘠,缺磷,钾含量中等,铜、铁、锰、锌、钙、镁丰富。

3. 下渠乡新田村片区

1）基本信息

代表性地块（TN-03）：北纬 26°44′57.200″，东经 117°10′16.500″，海拔 355 m（图 10-2-10），低山丘陵区河谷二级阶地，成土母质为砂岩风化洪积–冲积物，种植制度为烤烟–晚稻轮作，水田，土壤亚类为漂白铁聚水耕人为土。

2）气候条件

该片区烤烟大田生育期 3~7 月，平均气温 20.5℃，降水量 1150 mm，日照时数 657 h（图 10-2-11）。

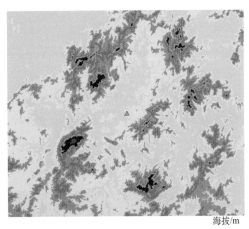

海拔/m

400 600 800 1000 1200 1400 1600 1800 2000

图 10-2-10　片区海拔示意图

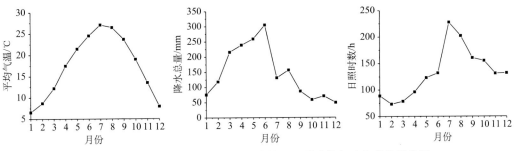

图 10-2-11　片区平均气温、降水总量、日照时数年动态变化示意图

3）剖面形态（图 10-2-12（右））

Ap1：0~32 cm，灰色（2.5Y 7/1，润），灰白色（2.5Y 8/1，干），粉砂壤土，发育强的 1~2 mm 粒状结构，松散，pH 5.16，清晰平滑过渡。

Ap2：32~41 cm，灰色（2.5Y 7/1，润），淡灰色（2.5Y 8/1，干），粉砂壤土，发育中等的 10~20 mm 块状结构，坚实，pH 6.20，清晰波状过渡。

Br1：41~75 cm，浊黄色（2.5Y 6/3，润），黄色（2.5Y 8/6，干），壤土，发育中等的 20~50 mm 块状结构，稍坚实，结构面上 30%左右铁锰斑纹，5%左右软小铁锰结核，pH 6.18，渐变波状过渡。

Br2：75~110 cm，浊黄色（2.5Y 6/4，润），黄色（2.5Y 8/8，干），壤土，发育中等的 20~50 mm 块状结构，稍坚实，结构面上 40%左右铁锰斑纹，2%左右软小铁锰结核，pH 6.00。

4）土壤养分

片区土壤呈酸性，土体 pH 5.16~6.20，有机质 3.73~17.75 g/kg，全氮 0.11~1.13 g/kg，全磷 0.51~1.33 g/kg，全钾 31.02~37.03 g/kg，碱解氮 1.40~9.36 mg/kg，有效磷 0.87~25.82 mg/kg，速效钾 73.75~115.80 mg/kg，氯离子 15.30~15.96 mg/kg，交换性 Ca^{2+} 3.63~35.71 cmol/kg，交换性 Mg^{2+} 0.81~3.94 cmol/kg。

图 10-2-12　代表性地块景观(左)和土壤剖面(右)

腐殖酸与腐殖质组成中，腐殖酸碳量 1.07~6.13 g/kg，腐殖质全碳量 2.16~10.29 g/kg，胡敏酸碳量 0.19~2.10 g/kg，胡敏素碳量 1.09~4.16 g/kg，富啡酸碳量 0.82~4.03 g/kg，胡富比 0.22~0.63。

微量元素中，有效铜 0.93~1.57 mg/kg，有效铁 9.50~30.19 mg/kg，有效锰 4.93~7.63 mg/kg，有效锌 0.11~1.03 mg/kg(表 10-2-7~表 10-2-9)。

表 10-2-7　片区代表性烟田土壤养分状况

土层 /cm	pH	有机质 /(g/kg)	全氮 /(g/kg)	全磷 /(g/kg)	全钾 /(g/kg)	碱解氮 /(mg/kg)	有效磷 /(mg/kg)	速效钾 /(mg/kg)	氯离子 /(mg/kg)
0~32	5.16	17.75	1.13	1.33	36.42	9.36	25.82	106.88	15.96
32~41	6.20	5.26	0.27	0.51	37.03	2.98	0.87	115.80	15.35
41~75	6.18	4.73	0.12	0.57	36.22	2.63	2.17	85.22	15.49
75~110	6.00	3.73	0.11	0.57	31.02	1.40	7.42	73.75	15.30

表 10-2-8　片区代表性烟田土壤腐殖酸与腐殖质组成

土层 /cm	腐殖酸碳量 /(g/kg)	腐殖质全碳量 /(g/kg)	胡敏酸碳量 /(g/kg)	胡敏素碳量 /(g/kg)	富啡酸碳量 /(g/kg)	胡富比
0~32	6.13	10.29	2.10	4.16	4.03	0.52
32~41	1.87	3.05	0.56	1.18	1.31	0.43
41~75	1.34	2.74	0.52	1.41	0.82	0.63
75~110	1.07	2.16	0.19	1.09	0.88	0.22

表 10-2-9　片区代表性烟田土壤中微量元素状况

土层 /cm	有效铜 /(mg/kg)	有效铁 /(mg/kg)	有效锰 /(mg/kg)	有效锌 /(mg/kg)	交换性 Ca^{2+} /(cmol/kg)	交换性 Mg^{2+} /(cmol/kg)
0~32	1.57	30.19	6.03	1.03	3.63	0.81
32~41	0.93	8.47	7.63	0.11	23.22	3.07
41~75	0.93	9.50	4.93	0.24	9.58	3.64
75~110	1.00	17.60	5.95	0.11	35.71	3.94

5）总体评价

该片区代表性烟田土体深厚,耕作层质地适中,耕性和通透性较好,地下水位高,易滞水,易受洪涝威胁。酸性土壤,有机质含量缺乏,肥力贫瘠,磷丰富,钾中等水平,铜、铁、锰、锌、钙丰富,镁含量中等。

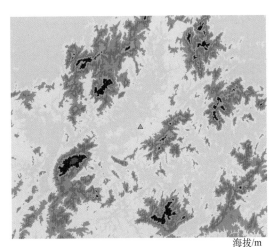

海拔/m

400 600 800 1000 1200 1400 1600 1800 2000

图 10-2-13　片区海拔示意图

4. 下渠乡渠星村片区

1）基本信息

代表性地块（TN-04）：北纬 26°51′1.000″,东经 117°11′15.900″,海拔 365 m（图 10-2-13）,低山丘陵区沟谷地,成土母质为洪积-冲积沟谷堆积物,种植制度为烤烟-晚稻轮作,水田,土壤亚类为普通潜育水耕人为土。

2）气候条件

该片区烤烟大田生育期 3~7 月,平均气温 20.7℃,降水量 1149 mm,日照时数 657 h（图 10-2-14）。

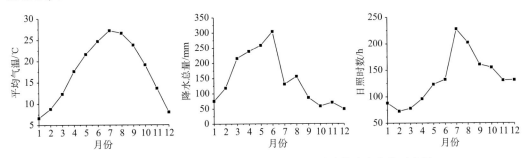

图 10-2-14　片区平均气温、降水总量、日照时数动态变化示意图

3）剖面形态（图 10-2-15（右））

Ap1：0~30 cm,黄棕色（2.5Y 5/3,润）,淡黄色（2.5Y 7/4,干）,粉砂壤土,发育强的 1~2 mm 粒状结构,松散,pH 5.84,清晰平滑过渡。

Ap2：30~36 cm,黄棕色（2.5Y 5/3,润）,淡黄色（2.5Y 7/4,干）,砂壤土,发育中

等的 10~20 mm 块状结构，坚实，pH 5.24，渐变波状过渡。

Bg1：36~70 cm，灰黄色(2.5Y 6/2，润)，浅淡黄色(2.5Y 8/3，干)，粉砂壤土，发育弱的 10~20 mm 块状结构，疏松，结构面上 5%左右铁锰斑纹，5%左右软小铁锰结核，pH 5.11，渐变波状过渡。

Bg2：70~120 cm，淡灰色(2.5Y 7/1，润)，灰白色(2.5Y 8/1，干)，粉砂壤土，发育弱的 10~20 mm 块状结构，疏松，结构面上 2%左右铁锰斑纹，2%左右软小铁锰结核，pH 4.98。

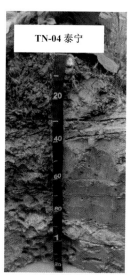

图 10-2-15　代表性地块景观(左)和土壤剖面(右)

4）土壤养分

片区土壤呈酸性，土体 pH 4.98~5.84，有机质 17.67~21.03 g/kg，全氮 0.73~0.90 g/kg，全磷 0.38~0.79 g/kg，全钾 17.91~22.77 g/kg，碱解氮 5.86~8.31 mg/kg，有效磷 0.80~2.88 mg/kg，速效钾 35.52~131.09 mg/kg，氯离子 6.82~21.13 mg/kg，交换性 Ca^{2+} 3.63~5.41 cmol/kg，交换性 Mg^{2+} 0.96~3.57 cmol/kg。

腐殖酸与腐殖质组成中，腐殖酸碳量 5.38~7.19 g/kg，腐殖质全碳量 10.25~12.20 g/kg胡敏酸碳量 2.12~3.73 g/kg，胡敏素碳量 4.62~5.76 g/kg，富啡酸碳量 2.70~3.66 g/kg，胡富比 0.65~1.38。

微量元素中，有效铜 2.94~3.89 mg/kg，有效铁 23.76~32.07 mg/kg，有效锰 27.26~28.22 mg/kg，有效锌 2.13~3.35 mg/kg(表 10-2-10~表 10-2-12)。

表 10-2-10　片区代表性烟田土壤养分状况

土层 /cm	pH	有机质 /(g/kg)	全氮 /(g/kg)	全磷 /(g/kg)	全钾 /(g/kg)	碱解氮 /(mg/kg)	有效磷 /(mg/kg)	速效钾 /(mg/kg)	氯离子 /(mg/kg)
0~30	5.84	17.97	0.75	0.79	22.77	8.31	2.88	131.09	21.13

续表

土层 /cm	pH	有机质 /(g/kg)	全氮 /(g/kg)	全磷 /(g/kg)	全钾 /(g/kg)	碱解氮 /(mg/kg)	有效磷 /(mg/kg)	速效钾 /(mg/kg)	氯离子 /(mg/kg)
30~36	5.24	17.67	0.73	0.38	20.86	6.56	0.98	43.16	12.89
36~70	5.11	20.72	0.85	0.48	22.28	6.74	0.90	35.52	10.22
70~120	4.98	21.03	0.90	0.44	17.91	5.86	0.80	35.52	6.82

表 10-2-11　片区代表性烟田土壤腐殖酸与腐殖质组成

土层 /cm	腐殖酸碳量 /(g/kg)	腐殖质全碳量 /(g/kg)	胡敏酸碳量 /(g/kg)	胡敏素碳量 /(g/kg)	富啡酸碳量 /(g/kg)	胡富比
0~30	5.38	10.42	2.12	5.05	3.25	0.65
30~36	5.63	10.25	2.70	4.62	2.93	0.92
36~70	7.19	12.02	3.54	4.83	3.66	0.97
70~120	6.43	12.20	3.73	5.76	2.70	1.38

表 10-2-12　片区代表性烟田土壤中微量元素状况

土层 /cm	有效铜 /(mg/kg)	有效铁 /(mg/kg)	有效锰 /(mg/kg)	有效锌 /(mg/kg)	交换性 Ca^{2+} /(cmol/kg)	交换性 Mg^{2+} /(cmol/kg)
0~30	2.94	31.45	27.26	2.13	5.41	3.57
30~36	3.58	23.76	27.41	2.20	4.45	2.76
36~70	3.89	31.96	28.05	3.34	4.40	2.20
70~120	3.51	32.07	28.22	3.35	3.63	0.96

5）总体评价

该片区代表性烟田土体深厚,耕作层质地适中,耕性和通透性较好,地下水位高,易滞水,易受洪涝威胁。酸性土壤,有机质含量中等,肥力贫瘠,磷极地,钾中等,铜、铁、锰、锌、钙、镁丰富。

5. 上青乡崇际村片区

1）基本信息

代表性地块（TN-07）：北纬27°1′36.800″,东经117°10′21.200″,海拔382 m（图 10-2-16）,低山丘陵坡地下部,成土母质为砂岩风化坡积物,种植制度为烤烟-晚稻轮作,水田梯田,土壤亚类为铁渗潜育水耕人为土。

2）气候条件

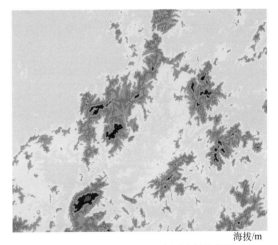

海拔/m

400 600 800 1000 1200 1400 1600 1800 2000

图 10-2-16　片区海拔示意图

该片区烤烟大田生育期 3~7 月,平均气温 20.4℃,降水量 1167 mm,日照时数 660 h（图10-2-17）。

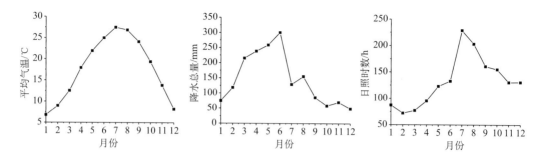

图 10-2-17 片区平均气温、降水总量、日照时数动态变化示意图

3) 剖面形态 (图 10-2-18(右))

Ap1：0~32 cm，橄榄棕色(2.5Y 4/3，润)，浊黄色(2.5Y 6/4，干)，粉砂壤土，发育强的 1~2 mm 粒状结构，松散，2~3 个蚯蚓穴，结构面上 5%左右铁锰斑纹，pH 5.25，清晰平滑过渡。

Ap2：32~42 cm，橄榄棕色(2.5Y 4/3，润)，浊黄色(2.5Y 6/4，干)，粉砂壤土，发育中等的 10~20 mm 块状结构，坚实，2~3 个蚯蚓穴，结构面上 2%左右铁锰斑纹，25 左右软小铁锰结核，pH 5.64，清晰波状过渡。

Br：42~70 cm，灰黄色(2.5Y 6/2，润)，灰白色(2.5Y 8/2，干)，2%左右岩石碎屑，粉砂壤土，发育弱的 10~20 mm 块状结构，疏松，结构面上 2%左右铁锰斑纹，pH 5.61，渐变波状过渡。

Bg1：70~90 cm，灰黄色(2.5Y 6/2，润)，浅淡黄色(2.5Y 8/4，干)，2%左右岩石碎屑，粉砂壤土，发育弱的 10~20 mm 块状结构，疏松，结构面上 10%左右铁锰斑纹，2%左右软小铁锰结核，pH 5.55，渐变波状过渡。

图 10-2-18 代表性地块景观(左)和土壤剖面(右)

Bg2：90~120 cm，灰黄色(2.5Y 6/2，润)，浅淡黄色(2.5Y 8/3，干)，粉砂壤土，发育弱的 10~20 mm 块状结构，疏松，结构面上 5%左右铁锰斑纹，2%左右软小铁锰结核，pH 5.57。

4) 土壤养分

片区土壤呈酸性，土体 pH 5.25~5.64，有机质 1.92~21.29 g/kg，全氮 0.29~0.99 g/kg，全磷 0.82~1.70 g/kg，全钾 21.97~31.36 g/kg，碱解氮 0.88~10.85 mg/kg，有效磷 0.28~3.31 mg/kg，速效钾 55.91~118.35 mg/kg，氯离子 6.82~16.07 mg/kg，交换性 Ca^{2+} 13.57~38.64 cmol/kg，交换性 Mg^{2+} 4.22~7.84 cmol/kg。

腐殖酸与腐殖质组成中，腐殖酸碳量 0.17~7.57 g/kg，腐殖质全碳量 1.12~12.35 g/kg，胡敏酸碳量 0.01~2.78 g/kg，胡敏素碳量 0.80~4.78 g/kg，富啡酸碳量 0.16~4.79 g/kg，胡富比 0.01~0.58。

微量元素中，有效铜 0.67~2.03 mg/kg，有效铁 3.45~29.85 mg/kg，有效锰 5.35~17.82 mg/kg，有效锌 0.73~2.39 mg/kg(表 10-2-13~表 10-2-15)。

表 10-2-13　片区代表性烟田土壤大量养分状况

土层 /cm	pH	有机质 /(g/kg)	全氮 /(g/kg)	全磷 /(g/kg)	全钾 /(g/kg)	碱解氮 /(mg/kg)	有效磷 /(mg/kg)	速效钾 /(mg/kg)	氯离子 /(mg/kg)
0~32	5.25	21.29	0.99	1.46	24.68	10.85	3.31	118.35	16.07
32~42	5.64	3.60	0.35	0.82	31.36	1.58	0.28	75.02	15.54
42~70	5.61	2.85	0.29	1.39	30.26	1.05	0.56	76.30	6.82
70~90	5.55	2.08	0.42	1.70	24.64	0.88	1.44	55.91	15.50
90~120	5.57	1.92	0.30	1.47	21.97	1.05	1.88	55.91	15.20

表 10-2-14　片区代表性烟田土壤腐殖酸与腐殖质组成

土层 /cm	腐殖酸碳量 /(g/kg)	腐殖质全碳量 /(g/kg)	胡敏酸碳量 /(g/kg)	胡敏素碳量 /(g/kg)	富啡酸碳量 /(g/kg)	胡富比
0~32	7.57	12.35	2.78	4.78	4.79	0.58
32~42	1.02	2.09	0.04	1.07	0.97	0.04
42~70	0.67	1.65	0.01	0.98	0.67	0.01
70~90	0.41	1.20	0.10	0.80	0.31	0.31
90~120	0.17	1.12	0.01	0.95	0.16	0.07

表 10-2-15　片区代表性烟田土壤中微量元素状况

土层 /cm	有效铜 /(mg/kg)	有效铁 /(mg/kg)	有效锰 /(mg/kg)	有效锌 /(mg/kg)	交换性 Ca^{2+} /(cmol/kg)	交换性 Mg^{2+} /(cmol/kg)
0~32	2.03	29.85	17.82	2.39	38.64	4.22
32~42	0.67	4.54	6.98	0.89	23.94	4.69
42~70	0.73	3.45	6.53	0.76	13.57	4.51
70~90	0.88	6.05	6.94	0.77	26.83	4.52
90~120	0.92	7.56	5.35	0.73	15.48	7.84

5) 总体评价

该片区代表性烟田土体深厚，耕作层质地适中，耕性和通透性较好，地下水位高，易滞水，易受洪涝威胁。酸性土壤，有机质含量中等，肥力贫瘠，磷极缺乏，钾中等，铜、铁、锰、锌、钙、镁丰富。

第十一章　云贵高原烤烟典型区域生态条件

云贵高原烤烟种植区包括云南省全部，贵州省西南部的广大地区。全区以典型的云贵高原地形地貌为主要特征。这一区域典型的烤烟产区县包括云南省大理州的南涧县，保山市的隆阳区、施甸县、腾冲县，临沧市的临翔区，玉溪市的江川区，文山州的文山县、砚山县，红河州的米勒县，曲靖市的宣威县、马龙县、罗平县，贵州省六盘水市的盘县，毕节市的威宁县，黔西南州的兴仁县等地区。该产区属于热带至亚热带半干旱地区，为一年二季作农作物种植区，烤烟移栽期在 4 月 30 日左右，烟叶采收结束在 9 月 20 日左右。该产区是我国烤烟典型产区之一，也是传统分类方法的清香型烟叶的主产区，历史上著名的云南烤烟就分布在该区域的广大地区。

第一节　云南江川生态条件

一、地理位置

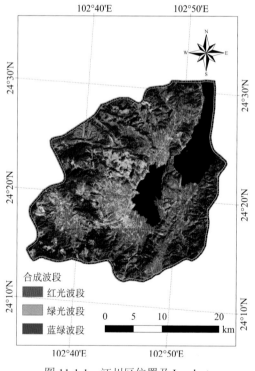

图 11-1-1　江川区位置及 Landsat 假彩色合成影像图

江川区位于北纬 24°12′~24°32′，东经 102°35′~102°55′，地处云南省中部偏东，东南与华宁、通海两县交界，西南与红塔区接壤，西北与晋宁、澄江两县相邻。江川区隶属云南省玉溪市，现辖大街镇、江城镇、前卫镇、九溪镇、路居镇、安化彝族乡、雄关乡 5 个镇、2 个乡。江川区东西最大横距 31.9 km，南北最大纵距 35.7 km，总面积 850 km²（图 11-1-1）。

二、自然条件

1. 地形地貌

江川区由湖泊、盆地、中低山脉组成，四周高、中部低，西部九溪略向玉溪倾斜。山脉多为南北走向和东西走向，东北走向较少；海拔最高点 2648 m，最低点 1690 m；江川区海拔 1730 m，坝区海拔一般在 1740 m 左右（图 11-1-2）。

2. 气候条件

江川区属中亚热带半干燥高原季风气候，夏无酷暑，冬无严寒，四季如春，干湿季分明。降水量受地形和季节影响十分明显，一般山区降水量大于坝区，夏季多雨，春冬干燥。年均气温 11.8~16.5℃，平均 15.3℃，1 月最冷，月平均气温 8.7℃，6 月最热，月平均气温 20.1℃；区域分布趋势表现由中部和中东部向其他方向递减。年均降水总量 911~1015 mm，平均 950 mm 左右，5~9 月降雨均在 100 mm 以上，其中 6 月、7 月、8 月降雨在 150 mm 以上，其他月份降雨低于 100 mm；区域分布趋势是由东北向西、西南、南部递增。年均日照时数 2112~2193 h，平均 2138 h，1~5 月日照在 200 h 以上，6~12 月日照在 100 h 以上；区域分布趋势是由中部、东北部向其他方向递增。年均无霜期 254 d（图 11-1-3）。

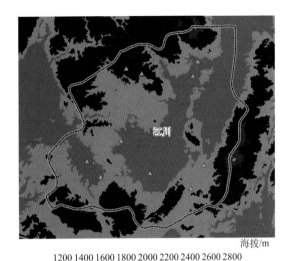

海拔/m

1200 1400 1600 1800 2000 2200 2400 2600 2800

图 11-1-2　江川区海拔示意图

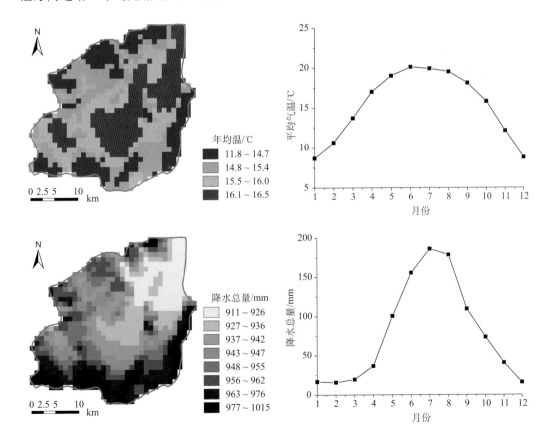

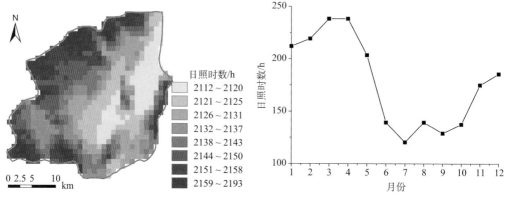

图 11-1-3　江川区 1980~2013 年平均温度、降水总量、日照时数时空动态变化示意图

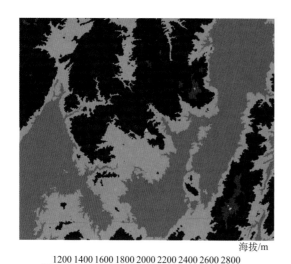

图 11-1-4　片区海拔示意图

三、片区与代表性烟田

1. 江城镇陈家湾村麦冲片区

1）基本信息

代表性地块（JC-01）：北纬 24°26′18.300″，东经 112°43′42.700″，海拔 2090 m（图 11-1-4），中山坡地中下部，成土母质为第四纪红土，种植制度为烤烟单作，中坡旱地，土壤亚类为普通黏化干润富铁土。

2）气候条件

烤烟大田生长期间（5~9 月），平均气温 17.9℃，降水量 744 mm，日照时数 725 h（图 11-1-5）。

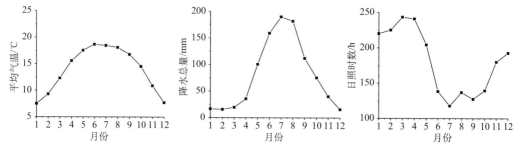

图 11-1-5　片区平均气温、降水总量、日照时数动态变化示意图

3）剖面形态（图 11-1-6（右））

Ap：0~18 cm，极暗红棕色（2.5YR 2/2，润），浊红色（2.5YR 4/4，干），粉黏土，发育强的 1~2 mm 粒状结构，松散，2 个蚯蚓穴，pH 6.1，清晰平滑过渡。

Bst1：18~80 cm，暗红棕色(2.5YR 3/4，润)，亮红棕色(2.5YR 5/8，干)，黏土，发育强的 20~50 mm 棱块状结构，硬，结构面上 20%~30%的黏粒-氧化铁胶膜，2%左右的软小铁锰结核，pH 5.9，渐变波状过渡。

Bst2：80~110 cm，淡灰色(7.5Y 7/1，润)，灰白色(7.5Y 8/1，干)，黏土，发育强的 20~50 mm 棱块状结构，硬，结构面上 20%~30%的黏粒-氧化铁胶膜，2%左右的软小铁锰结核，pH6.6。

图 11-1-6　代表性地块景观(左)和土壤剖面(右)

4）土壤养分

片区土壤呈微酸性，土体 pH5.88~6.59，有机质 2.50~22.30 g/kg，全氮 0.57~1.26 g/kg，全磷 0.31~0.86 g/kg，全钾 22.90~38.70 g/kg，碱解氮 36.47~103.65 mg/kg，有效磷 4.36~14.95 mg/kg，速效钾 132.01~233.60 mg/kg，氯离子 14.68~41.23 mg/kg，交换性 Ca^{2+}6.08~7.36 cmol/kg，交换性 Mg^{2+}1.75~2.72 cmol/kg。

腐殖酸与腐殖质组成中，腐殖酸碳量 1.31~8.01 g/kg，腐殖质全碳量 1.46~12.55 g/kg，胡敏酸碳量 0.23~2.63 g/kg，胡敏素碳量 0.14~4.54 g/kg，富啡酸碳量 1.05~5.38g/kg，胡富比 0.15~0.49。

微量元素中，有效铜 0.04~0.85 mg/kg，有效铁 6.44~20.25 mg/kg，有效锰 6.81~53.00 mg/kg，有效锌 0.04~0.42 mg/kg(表 11-1-1~表 11-1-3)。

表 11-1-1　片区代表性烟田土壤养分状况

土层 /cm	pH	有机质 /(g/kg)	全氮 /(g/kg)	全磷 /(g/kg)	全钾 /(g/kg)	碱解氮 /(mg/kg)	有效磷 /(mg/kg)	速效钾 /(mg/kg)	氯离子 /(mg/kg)
0~18	6.12	22.30	1.26	0.86	22.90	103.65	14.95	233.60	14.68
18~80	5.88	2.50	0.57	0.39	38.70	70.06	4.55	140.88	41.23
80~110	6.59	6.00	0.59	0.31	37.70	36.47	4.36	132.01	18.33

表 11-1-2　片区代表性烟田土壤腐殖酸与腐殖质组成

土层 /cm	腐殖酸碳量 /(g/kg)	腐殖质全碳量 /(g/kg)	胡敏酸碳量 /(g/kg)	胡敏素碳量 /(g/kg)	富啡酸碳量 /(g/kg)	胡富比
0~18	8.01	12.55	2.63	4.54	5.38	0.49
18~80	1.31	1.46	0.26	0.14	1.05	0.25
80~	1.75	3.07	0.23	1.33	1.51	0.15

表 11-1-3　片区代表性烟田土壤中微量元素状况

土层 /cm	有效铜 /(mg/kg)	有效铁 /(mg/kg)	有效锰 /(mg/kg)	有效锌 /(mg/kg)	交换性 Ca^{2+} /(cmol/kg)	交换性 Mg^{2+} /(cmol/kg)
0~18	0.85	7.05	53.00	0.42	7.24	1.75
18~80	0.08	20.25	17.38	0.18	6.08	2.36
80~	0.04	6.44	6.81	0.04	7.36	2.72

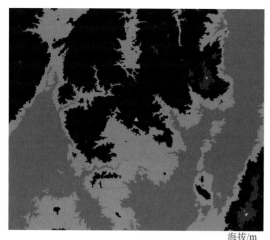

海拔/m

1200 1400 1600 1800 2000 2200 2400 2600 2800

图 11-1-7　片区海拔示意图

多年，土壤亚类为普通铁质干润淋溶土。

2) 气候条件

烤烟大田生长期间(5~9 月)，平均气温 18.4℃，降水量 737 mm，日照时数 727 h(图 11-1-8)。

5) 总体评价

土体较厚，耕作层质地偏黏，耕性和通透性较差，中度水土流失，易受旱灾威胁。微酸性土壤，有机质含量中等，肥力中等，缺磷富钾，铜、锌含量中等，铁、锰、钙、镁含量丰富。

2. 安心乡新庄村小营片区

1) 基本信息

代表性地块(JC-02)：北纬 24°26′39.000″，东经 112°42′6.700″，海拔 2075 m(图 11-1-7)，中山坡地中下部，成土母质第四纪红土与石灰岩风化搬运混合物，种植制度烤烟单作，缓坡，水改旱

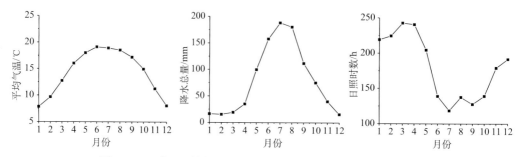

图 11-1-8　片区平均气温、降水总量、日照时数动态变化示意图

3)剖面形态(图 11-1-9(右))

Ap:0~20 cm,暗红棕色(2.5YR 3/2,润),浊红棕色(2.5YR 5/3,干),2%左右岩石碎屑,粉黏土,发育强的 1~2 mm 粒状结构,松散,2 个蚯蚓穴,pH 5.7,清晰平滑过渡。

AB:20~42 cm,暗红棕色(2.5YR 3/2,润),浊红棕色(2.5YR 5/3,干),5%左右岩石碎屑,粉黏土,发育强的 20~50 mm 棱块状结构,硬,结构面上 20%~30%的黏粒-氧化铁胶膜,pH 6.1,渐变波状过渡。

Bt1:42~53 cm,暗红棕色(5YR 3/2,润),浊红棕色(5YR 5/4,干),2%左右岩石碎屑,黏土,发育强的 20~50 mm 棱块状结构,硬,结构面上 20%~30%的黏粒-氧化铁胶膜, pH 6.3,渐变波状过渡。

Bt2:53~64 cm,暗棕色(7.5YR 3/4,润),亮棕色(7.5YR 5/6,干),黏土,发育强的 20~50 mm 棱块状结构,硬,结构面上 20%~30%的黏粒-氧化铁胶膜,pH 6.6,渐变波状过渡。

BC:64~110 cm,黑棕色(7.5YR 3/2,润),浊棕色(7.5YR 5/4,干),黏土,发育中等的 20~50 mm 棱块状结构,硬,pH 6.2。

图 11-1-9　代表性地块景观(左)和土壤剖面(右)

4)土壤养分

片区土壤呈微酸性,土体 pH 5.68~6.63,有机质 5.31~29.60 g/kg,全氮 0.31~1.86 g/kg,全磷 1.29~1.71 g/kg,全钾 6.88~8.70 g/kg,碱解氮 29.59~147.79 mg/kg,有效磷 11.09~50.99 mg/kg,速效钾 62.47~344.57 mg/kg,氯离子 14.82~29.09 mg/kg,交换性 Ca^{2+} 4.68~7.22 cmol/kg,交换性 Mg^{2+} 1.67~2.08 cmol/kg。

腐殖酸与腐殖质组成中,腐殖酸碳量 2.89~10.66 g/kg,腐殖质全碳量 4.18~14.94 g/kg,胡敏酸碳量 0.26~4.41 g/kg,胡敏素碳量 1.29~4.28 g/kg,富啡酸碳量 2.56~7.13 g/kg,胡富比为 0.10~0.71。

微量元素中,有效铜 0.58~2.49 mg/kg,有效铁 3.66~18.91 mg/kg,有效锰 2.15~135.82 mg/kg,有效锌 0.02~1.72 mg/kg(表 11-1-4~表 11-1-6)。

表 11-1-4 片区代表性烟田土壤养分状况

土层/cm	pH	有机质/(g/kg)	全氮/(g/kg)	全磷/(g/kg)	全钾/(g/kg)	碱解氮/(mg/kg)	有效磷/(mg/kg)	速效钾/(mg/kg)	氯离子/(mg/kg)
0~20	5.68	29.60	1.86	1.71	8.70	147.79	50.99	344.57	29.09
20~42	6.10	27.90	1.49	1.69	8.20	127.64	44.75	175.41	16.69
42~53	6.33	11.70	0.63	1.40	7.20	74.86	11.09	79.73	14.82
53~64	6.63	7.20	0.31	1.29	7.10	36.47	13.47	62.47	14.89
64~110	6.22	5.31	0.42	1.31	6.88	29.59	12.18	66.23	14.95

表 11-1-5 片区代表性烟田土壤腐殖酸与腐殖质组成

土层/cm	腐殖酸碳量/(g/kg)	腐殖质全碳量/(g/kg)	胡敏酸碳量/(g/kg)	胡敏素碳量/(g/kg)	富啡酸碳量/(g/kg)	胡富比
0~20	10.66	14.94	4.41	4.28	6.25	0.71
20~42	10.57	14.58	3.44	4.01	7.13	0.48
42~53	4.24	5.98	0.70	1.74	3.54	0.20
53~64	2.89	4.18	0.26	1.29	2.63	0.10
64~110	2.97	4.39	0.32	1.51	2.56	0.13

表 11-1-6 片区代表性烟田土壤中微量元素状况

土层/cm	有效铜/(mg/kg)	有效铁/(mg/kg)	有效锰/(mg/kg)	有效锌/(mg/kg)	交换性 Ca^{2+}/(cmol/kg)	交换性 Mg^{2+}/(cmol/kg)
0~20	2.32	17.05	135.82	1.72	7.22	2.08
20~42	2.49	18.91	101.15	1.44	5.11	1.77
42~53	0.63	7.08	11.15	0.06	4.68	1.67
53~64	0.58	4.71	2.64	0.05	5.37	1.92
64~110	0.59	3.66	2.15	0.02	5.33	1.99

5)总体评价

土体深厚,耕作层质地黏,耕性和通透性较差,轻度水土流失,易受旱灾威胁。微酸性土壤,有机质含量中等,肥力偏高,磷、钾极为丰富,氯偏高,铜、铁、锰、锌、钙、镁丰富。

3. 江城镇尹旗村张官营片区

1)基本信息

代表性地块(JC-03):北纬 24°26′24.000″,东经 102°48′55.100″,海拔 1750 m(图 11-1-10),中山宽河谷地,成土母质为河流冲积物,种植制度为烤烟-油菜/晚

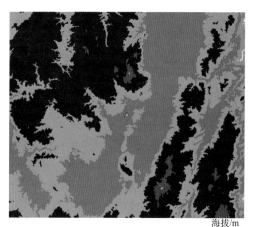

海拔/m

1200 1400 1600 1800 2000 2200 2400 2600 2800

图 11-1-10 片区海拔示意图

稻轮作，水田，土壤亚类为底潜铁聚水耕人为土。

2）气候条件

烤烟大田生长期间（5~9月），平均气温20.3℃，降水量708 mm，日照时数739 h（图11-1-11）。

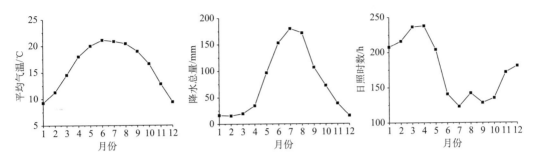

图11-1-11　片区平均气温、降水总量、日照时数动态变化示意图

3）剖面形态（图11-1-12（右））

Ap1：0~26 cm，黑棕色（5YR 3/1，润），灰棕色（5YR 4/2，干），粉质黏壤土，发育强的1~2 mm粒状结构，松散，pH 8.1，轻度石灰反应，渐变波状过渡。

Ap2：26~38 cm，棕灰色（5YR 4/1，润），灰棕色（5YR 5/2，干），粉质黏壤土，发育强的10~20 mm块状结构，稍坚实，pH 7.8，轻度石灰反应，渐变波状过渡。

图11-1-12　代表性地块景观（左）和土壤剖面（右）

Br1：38~60 cm，棕灰色（5YR 4/1，润），灰棕色（5YR 5/2，干），粉质黏土，发育强的20~50 mm块状结构，稍坚实，结构面上2%左右铁锰斑纹，pH 7.5，轻度石灰反应，渐变波状过渡。

Br2：60~75 cm，灰棕色(5YR 4/2，润)，浊红棕色(5YR 5/4，干)，5%左右岩石碎屑，粉质黏土，发育强的 20~50 mm 块状结构，稍坚实，结构面上 20%左右铁锰斑纹，2%左右软小铁锰结核，pH 7.6，轻度石灰反应，渐变波状过渡。

Br3：75~105 cm，浊红棕色(5YR 5/4，润)，橙色(5YR 7/6，干)，粉质黏土，发育中等的 20~50 mm 块状结构，稍坚实，结构面上 30%左右铁锰斑纹，pH 7.6，清晰波状过渡，轻度石灰反应。

Bg：105~120 cm，暗红棕色(5YR 3/4，润)，红棕色(5YR 4/6，干)，砂粒，无结构。

4) 土壤养分

片区土壤呈碱性，土体 pH 7.53~8.05，有机质 8.2~43.7 g/kg，全氮 0.53~2.27 g/kg，全磷 0.91~1.20 g/kg，全钾 18.6~22.4 g/kg，碱解氮 36.47~145.87 mg/kg，有效磷 11.09~22.67 mg/kg，速效钾 78.74~103.40 mg/kg，氯离子 39.45~61.82 mg/kg，交换性 Ca^{2+} 11.55~22.81 cmol/kg，交换性 Mg^{2+} 2.80~2.96 cmol/kg。

腐殖酸与腐殖质组成中，腐殖酸碳量 2.27~10.65 g/kg，腐殖质全碳量 4.70~23.96 g/kg，胡敏酸碳量 1.88~6.26 g/kg，胡敏素碳量 2.42~13.42 g/kg，富啡酸碳量 0.39~4.92 g/kg，胡富比 1.14~4.83。

微量元素中，有效铜 2.29~5.96 mg/kg，有效铁 10.72~21.75 mg/kg，有效锰 25.75~35.39 mg/kg，有效锌 0.20~0.76 mg/kg(表 11-1-7~表 11-1-9)。

表 11-1-7　片区代表性烟田土壤养分状况

土层 /cm	pH	有机质 /(g/kg)	全氮 /(g/kg)	全磷 /(g/kg)	全钾 /(g/kg)	碱解氮 /(mg/kg)	有效磷 /(mg/kg)	速效钾 /(mg/kg)	氯离子 /(mg/kg)
0~26	8.05	43.7	2.27	1.20	18.6	145.87	22.67	103.40	39.45
26~38	7.80	31.6	1.83	1.06	20.6	122.84	11.88	97.48	55.31
38~60	7.53	19.1	1.17	1.00	21.0	77.74	11.09	96.99	61.82
60~90	7.56	8.20	0.53	0.91	22.4	36.47	13.37	78.74	56.71

表 11-1-8　片区代表性烟田土壤腐殖酸与腐殖质组成

土层 /cm	腐殖酸碳量 /(g/kg)	腐殖质全碳量 /(g/kg)	胡敏酸碳量 /(g/kg)	胡敏素碳量 /(g/kg)	富啡酸碳量 /(g/kg)	胡富比
0~26	10.53	23.96	5.61	13.42	4.92	1.14
26~38	10.65	17.94	6.26	7.29	4.39	1.43
38~60	5.75	11.00	3.79	5.25	1.96	1.93
60~90	2.27	4.70	1.88	2.42	0.39	4.83

表 11-1-9　片区代表性烟田土壤中微量元素状况

土层 /cm	有效铜 /(mg/kg)	有效铁 /(mg/kg)	有效锰 /(mg/kg)	有效锌 /(mg/kg)	交换性 Ca^{2+} /(cmol/kg)	交换性 Mg^{2+} /(cmol/kg)
0~26	5.68	21.75	25.75	0.76	22.81	2.90
26~38	5.96	13.34	34.70	0.44	17.91	2.96
38~60	4.20	11.88	35.06	0.37	14.71	2.95
60~90	2.29	10.72	35.39	0.20	11.55	2.80

5）总体评价

土体深厚，耕作层质地偏黏，耕性和通透性较差，下部土体易滞水，易受洪涝威胁。碱性土壤，有机质含量丰富，肥力偏高，磷、钾含量中等，氯超标，铜、铁、锰、钙、镁丰富，锌含量中等。

4. 江城镇翠湾村委招益片区

1）基本信息

代表性地块（JC-04）：北纬 24°27′45.400″，东经 102°49′20.500″，海拔 1761 m（图 11-1-13），中山窄沟谷地，成土母质为沟谷冲积-堆积物，种植制度为烤烟-晚稻轮作，水田，土壤亚类为普通潜育水耕人为土。

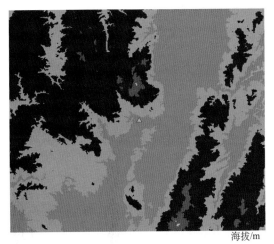

海拔/m

1200 1400 1600 1800 2000 2200 2400 2600 2800

图 11-1-13　片区海拔示意图

2）气候条件

烤烟大田生长期间（5~9 月），平均气温 20.1℃，降水量 708 mm，日照时数 739 h（图 11-1-14）。

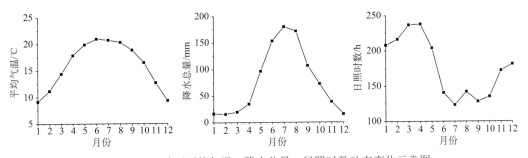

图 11-1-14　片区平均气温、降水总量、日照时数动态变化示意图

3）剖面形态（图 11-1-15（右））

Ap1：0~30 cm，灰棕色（5YR 5/2，润），浊橙色（5YR 6/3，干），2%左右岩石碎屑，粉质黏壤土，发育强的 1~2 mm 粒状结构，松散，pH 7.2，渐变波状过渡。

Ap2：30~40 cm，灰棕色（5YR 5/2，润），浊橙色（5YR 6/3，干），粉质黏壤土，发育中等的 10~20 mm 块状结构，坚实，pH 8.1，轻度石灰反应，清晰波状过渡。

Bg1：40~80 cm，棕灰色（5YR 4/1，润），灰棕色（5YR 6/2，干），粉质黏壤土，发育弱的 10~20 mm 块状结构，疏松，结构面上 2%左右铁锰斑纹，pH 7.9，轻度石灰反应，渐变波状过渡。

Bg2：80~120 cm，暗红棕色（5YR 3/4，润），红棕色（5YR 4/6，干），粉质黏壤土，发育弱的 10~20 mm 块状结构，疏松，结构面上 5%左右铁锰斑纹，pH 8.0，轻度石灰反应。

图 11-1-15　代表性地块景观(左)和土壤剖面(右)

4) 土壤养分

片区土壤呈中性, 土体 pH 7.24~8.08, 有机质 16.30~33.60 g/kg, 全氮 0.85~2.02 g/kg, 全磷 0.99~1.26 g/kg, 全钾 16.70~19.20 g/kg, 碱解氮 71.98~142.04 mg/kg, 有效磷 10.99~37.43 mg/kg, 速效钾 110.80~148.77 mg/kg, 氯离子 39.00~71.97 mg/kg, 交换性 Ca^{2+} 21.34~33.87 cmol/kg, 交换性 Mg^{2+} 3.03~3.23 cmol/kg。

腐殖酸与腐殖质组成中, 腐殖酸碳量 5.06~11.30 g/kg, 腐殖质全碳量 9.28~17.78 g/kg, 胡敏酸碳量 2.73~5.89 g/kg, 胡敏素碳量 4.20~6.47 g/kg, 富啡酸碳量 2.34~5.41 g/kg, 胡富比 1.09~1.24。

微量元素中, 有效铜 5.28~11.23 mg/kg, 有效铁 10.20~34.38 mg/kg, 有效锰 4.76~39.20 mg/kg, 有效锌 0.30~0.77 mg/kg(表 11-1-10~表 11-1-12)。

表 11-1-10　片区代表性烟田土壤养分状况

土层 /cm	pH	有机质 /(g/kg)	全氮 /(g/kg)	全磷 /(g/kg)	全钾 /(g/kg)	碱解氮 /(mg/kg)	有效磷 /(mg/kg)	速效钾 /(mg/kg)	氯离子 /(mg/kg)
0~30	7.24	26.20	1.71	1.12	18.80	122.84	24.55	148.77	71.97
30~40	8.08	33.60	2.02	1.26	16.70	142.04	37.43	137.43	55.58
40~80	7.92	19.10	1.12	1.03	19.20	85.41	13.27	110.80	39.00
80~120	8.00	16.30	0.85	0.99	18.60	71.98	10.99	127.57	49.79

表 11-1-11　片区代表性烟田土壤腐殖酸与腐殖质组成

土层 /cm	腐殖酸碳量 /(g/kg)	腐殖质全碳量 /(g/kg)	胡敏酸碳量 /(g/kg)	胡敏素碳量 /(g/kg)	富啡酸碳量 /(g/kg)	胡富比
0~30	8.81	14.70	4.79	5.89	4.02	1.19

续表

土层 /cm	腐殖酸碳量 /(g/kg)	腐殖质全碳量 /(g/kg)	胡敏酸碳量 /(g/kg)	胡敏素碳量 /(g/kg)	富啡酸碳量 /(g/kg)	胡富比
30~40	11.30	17.78	5.89	6.47	5.41	1.09
40~80	6.30	10.50	3.49	4.20	2.81	1.24
80~120	5.06	9.28	2.73	4.22	2.34	1.17

表 11-1-12　片区代表性烟田土壤中微量元素状况

土层 /cm	有效铜 /(mg/kg)	有效铁 /(mg/kg)	有效锰 /(mg/kg)	有效锌 /(mg/kg)	交换性 Ca^{2+} /(cmol/kg)	交换性 Mg^{2+} /(cmol/kg)
0~30	6.90	19.38	39.20	0.77	24.78	3.06
30~40	11.23	34.38	15.68	0.73	33.87	3.07
40~80	6.49	14.60	18.01	0.32	21.34	3.03
80~120	5.28	10.20	4.76	0.30	31.21	3.23

5）总体评价

土体深厚，耕作层质地适中，耕性和通透性较好，地下水位高，易滞水，易受洪涝威胁。中性土壤，有机质含量中等，肥力中等，磷含量中等，钾含量丰富，氯含量严重超标，铜、铁、锰、锌、钙、镁含量丰富。

5. 前卫镇庄子村慈营片区

1）基本信息

代表性地块（JC-05）：北纬 24°20′2.500″，东经 102°42′6.100″，海拔 1807 m（图11-1-16），中山坡地中部，成土母质为第四纪红土，种植制度为烤烟-玉米隔年轮作，中坡旱地，土壤亚类为表蚀简育干润富铁土。

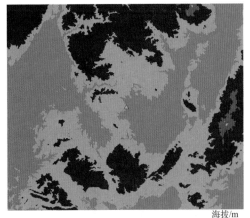

海拔/m

1200 1400 1600 1800 2000 2200 2400 2600 2800

图 11-1-16　片区海拔示意图

2）气候条件

烤烟大田生长期间（5~9 月），平均气温 19.7℃，降水量 726 mm，日照时数 734 h（图11-1-17）。

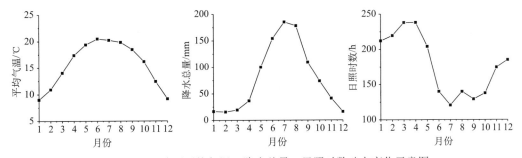

图 11-1-17　片区平均气温、降水总量、日照时数动态变化示意图

3）剖面形态（图 11-1-18（右））

Ap：0~12 cm，暗红灰色（2.5YR 3/1，润），灰红色（2.5YR 5/2，干），粉黏土，发育强的 1~2 mm 粒状结构，松散，2 个蚯蚓穴，pH 4.6，清晰平滑过渡。

AB：12~23 cm，灰红色（2.5YR 4/2，润），浊橙色（2.5YR 6/4，干），黏土，发育强的 20~50 mm 棱块状结构，硬，结构面上 20%~30%的黏粒-氧化铁胶膜，pH 4.6，渐变波状过渡。

Bst1：23~55 cm，暗红棕色（2.5YR 3/6，润），红棕色（2.5YR 4/8，干），黏土，发育强的 20~50 mm 棱块状结构，硬，结构面上 20%~30%的黏粒-氧化铁胶膜，pH 4.5，渐变波状过渡。

Bst2：55~90 cm，浊红棕色（2.5YR 4/4，润），橙色（2.5YR 6/6，干），黏土，发育强的 20~50 mm 棱块状结构，硬，结构面上 20%~30%的黏粒-氧化铁胶膜，pH 4.7，渐变波状过渡。

Bl：90~120 cm，40%暗红棕色（2.5YR 3/6，润），红棕色（2.5YR 4/8，干）；30%暗红棕色（2.5YR 3/6，润），红棕色（2.5YR 4/8，干）；30%红灰色（2.5YR 4/1，润），红灰色（2.5YR 6/1，干）；黏土，发育中等的 20~50 mm 棱块状结构，硬，结构面上 10%左右黏粒-氧化铁胶膜，pH 4.5。

图 11-1-18　代表性地块景观（左）和土壤剖面（右）

4）土壤养分

片区土壤呈酸性，土体 pH 4.46~4.65，有机质 1.90~17.80 g/kg，全氮 0.06~0.97 g/kg，全磷 0.12~0.55 g/kg，全钾 8.90~16.40 g/kg，碱解氮 15.36~104.61 mg/kg，有效磷 3.66~59.31 mg/kg，速效钾 65.43~115.73 mg/kg，氯离子 14.34~14.63 mg/kg，交换性 Ca^{2+} 0.03~2.62 cmol/kg，交换性 Mg^{2+} 0.17~0.75 cmol/kg。

腐殖酸与腐殖质组成中，腐殖酸碳量1.12~7.49 g/kg，腐殖质全碳量1.13~10.31 g/kg，胡敏酸碳量0.86~3.55 g/kg，胡敏素碳量0.01~2.82 g/kg，富啡酸碳量0.19~3.94 g/kg，胡富比0.90~5.00。

微量元素中，有效铜0.08~0.60 mg/kg，有效铁1.69~17.40 mg/kg，有效锰1.83~19.22 mg/kg，有效锌0.03~1.29 mg/kg（表11-1-13~表11-1-15）。

表11-1-13　片区代表性烟田土壤养分状况

土层 /cm	pH	有机质 /(g/kg)	全氮 /(g/kg)	全磷 /(g/kg)	全钾 /(g/kg)	碱解氮 /(mg/kg)	有效磷 /(mg/kg)	速效钾 /(mg/kg)	氯离子 /(mg/kg)
0~23	4.58	17.80	0.97	0.55	14.80	104.61	59.31	115.73	14.63
23~55	4.46	5.50	0.28	0.25	16.40	38.39	9.70	113.26	14.36
55~90	4.65	1.90	0.06	0.12	8.90	15.36	4.95	80.22	14.46
90~120	4.52	2.50	0.09	0.15	12.40	23.03	3.66	65.43	14.34

表11-1-14　片区代表性烟田土壤腐殖酸与腐殖质组成

土层 /cm	腐殖酸碳量 /(g/kg)	腐殖质全碳量 /(g/kg)	胡敏酸碳量 /(g/kg)	胡敏素碳量 /(g/kg)	富啡酸碳量 /(g/kg)	胡富比
0~23	7.49	10.31	3.55	2.82	3.94	0.90
23~55	2.64	3.17	1.38	0.53	1.25	1.11
55~90	1.12	1.13	0.86	0.01	0.26	3.25
90~120	1.15	1.41	0.96	0.26	0.19	5.00

表11-1-15　片区代表性烟田土壤中微量元素状况

土层 /cm	有效铜 /(mg/kg)	有效铁 /(mg/kg)	有效锰 /(mg/kg)	有效锌 /(mg/kg)	交换性Ca^{2+} /(cmol/kg)	交换性Mg^{2+} /(cmol/kg)
0~23	0.60	17.40	19.22	1.29	2.62	0.75
23~55	0.10	4.00	3.13	0.34	1.27	0.55
55~90	0.23	2.34	2.10	0.03	0.88	0.39
90~120	0.08	1.69	1.83	0.03	0.03	0.17

5）总体评价

土体深厚，耕作层质地黏，耕性和通透性较差，中度水土流失，易受旱灾威胁。酸性土壤，有机质含量缺乏，铜、镁含量中等水平，铁、锰、锌、钙含量丰富。

6. 九溪镇大云村太合片区

1）基本信息

代表性地块（JC-06）：北纬24°17′56.500″，东经102°38′46.100″，海拔1721 m（图11-1-19），中山坡麓，成土母质为洪积-冲积物，种植制度为烤烟-晚稻轮作，水田，土壤亚类为漂白铁渗水耕人为土。

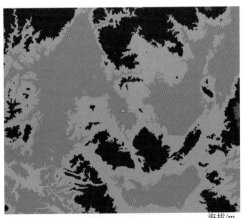

海拔/m

1200 1400 1600 1800 2000 2200 2400 2600 2800

图11-1-19　片区海拔示意图

2) 气候条件

烤烟大田生长期间 (5~9 月)，平均气温 20.5℃，降水量 720 mm，日照时数 738 h (图 11-1-20)。

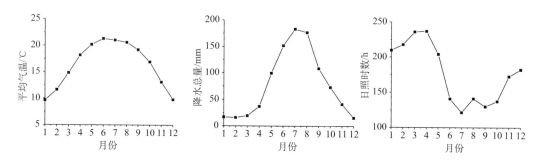

图 11-1-20　片区平均气温、降水总量、日照时数动态变化示意图

3) 剖面形态 (图 11-1-21 (右))

Ap1：0~42 cm，棕灰色 (10YR 4/1，润)，淡黄棕色 (10YR 5/2，干)，粉壤土，发育强的 1~2 mm 粒状结构，松散，2~3 个蚯蚓穴，pH 7.9，轻度石灰反应，清晰渐变过渡。

Ap2：42~60 cm，棕灰色 (10YR 6/1，润)，淡灰色 (10YR 7/1，干)，5% 左右岩石碎屑，粉壤土，发育中等的 10~20 mm 块状结构，坚实，2~3 个蚯蚓穴，pH 8.3，轻度石灰反应，清晰波状过渡。

Br1：60~92 cm，灰色 (5YR 5/1，润)，灰色 (5YR 6/1，干)，5% 左右岩石碎屑，粉壤土，发育中等的 10~20 mm 块状结构，稍坚实，结构面上 2% 左右铁锰斑纹，pH 8.1，轻度石灰反应，清晰突变过渡。

图 11-1-21　代表性地块景观 (左) 和土壤剖面 (右)

Br2：92~120 cm，灰色（5YR 5/1，润），灰色（5YR 6/1，干），粉壤土，发育弱的 10~20 mm 块状结构，稍坚实，结构面上 40%左右铁锰斑纹，pH 7.7，轻度石灰反应。

4）土壤养分

片区土壤呈碱性，土体 pH7.70~8.33，有机质 5.00~55.80 g/kg，全氮 0.21~3.04 g/kg，全磷 0.19~0.67 g/kg，全钾 7.00~12.60 g/kg，碱解氮 21.11~176.58 mg/kg，有效磷 4.50~19.30 mg/kg，速效钾 77.26~119.68 mg/kg，氯离子 14.44~26.63 mg/kg，交换性 Ca^{2+}8.48~34.51 cmol/kg，交换性 Mg^{2+}2.59~2.86 cmol/kg。

腐殖酸与腐殖质组成中，腐殖酸碳量 0.98~14.72 g/kg，腐殖质全碳量 2.91~27.99 g/kg，胡敏酸碳量 0.79~9.24 g/kg，胡敏素碳量 1.35~13.27 g/kg，富啡酸碳量 0.20~5.48g/kg，胡富比 0.80~5.08。

微量元素在，有效铜 0.52~3.74 mg/kg，有效铁 2.82~46.43 mg/kg，有效锰 2.00~7.59 mg/kg，有效锌 0.05~1.16 mg/kg（表 11-1-16~表 11-1-18）。

表 11-1-16　片区代表性烟田土壤养分状况

土层 /cm	pH	有机质 /(g/kg)	全氮 /(g/kg)	全磷 /(g/kg)	全钾 /(g/kg)	碱解氮 /(mg/kg)	有效磷 /(mg/kg)	速效钾 /(mg/kg)	氯离子 /(mg/kg)
0~42	7.87	55.80	3.04	0.67	12.60	176.58	19.30	119.68	26.63
42~60	8.33	21.20	1.36	0.34	11.50	84.45	6.10	91.56	14.85
60~92	8.11	10.70	0.23	0.19	7.00	19.19	4.50	77.26	15.70
92~120	7.70	5.00	0.21	0.36	11.00	21.11	6.50	119.18	14.44

表 11-1-17　片区代表性烟田土壤腐殖酸与腐殖质组成

土层 /cm	腐殖酸碳量 /(g/kg)	腐殖质全碳量 /(g/kg)	胡敏酸碳量 /(g/kg)	胡敏素碳量 /(g/kg)	富啡酸碳量 /(g/kg)	胡富比
0~42	14.72	27.99	9.24	13.27	5.48	1.69
42~60	6.35	11.73	2.83	5.38	3.52	0.80
60~92	4.77	6.12	3.99	1.35	0.78	5.08
92~120	0.98	2.91	0.79	1.92	0.20	4.00

表 11-1-18　片区代表性烟田土壤中微量元素状况

土层 /cm	有效铜 /(mg/kg)	有效铁 /(mg/kg)	有效锰 /(mg/kg)	有效锌 /(mg/kg)	交换性 Ca^{2+} /(cmol/kg)	交换性 Mg^{2+} /(cmol/kg)
0~42	3.74	46.43	5.64	1.16	32.10	2.86
42~60	3.32	8.75	7.59	0.21	34.51	2.82
60~92	2.80	2.82	2.00	0.12	8.94	2.59
92~120	0.52	3.38	2.44	0.05	8.48	2.64

5）总体评价

土体深厚，耕作层质地适中，耕性和通透性较好，下部易滞水，易受洪涝威胁。碱性土壤，有机质含量较高，肥力偏高，磷含量偏低，钾含量中等，氯偏高，铜、铁、锰、锌、钙、镁含量丰富。

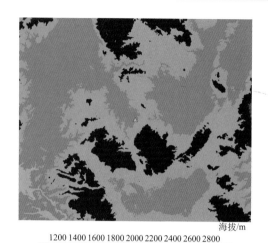

海拔/m

1200 1400 1600 1800 2000 2200 2400 2600 2800

图 11-1-22　片区海拔示意图

7. 九溪镇鸡窝村片区

1）基本信息

代表性地块（JC-07）：北纬 24°16′36.100″，东经 102°40′14.200″，海拔 1768 m（图11-1-22），中山坡地下部，成土母质为第四纪红土，种植制度为烤烟-玉米隔年轮作，梯田旱地，土壤亚类为普通黏化干润富铁土。

2）气候条件

烤烟大田生长期间（5~9 月），平均气温 20.1℃，降水量 726 mm，日照时数 736 h（图11-1-23）。

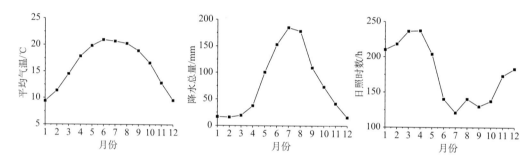

图 11-1-23　片区平均气温、降水总量、日照时数动态变化示意图

3）剖面形态（图 11-1-24（右））

Ap：0~30 cm，浊红棕色（2.5YR 5/4，润），橙色（2.5YR 7/6，干），粉质黏壤土，发育强的 1~2 mm 粒状结构，松散，2 个蚯蚓穴，pH 4.9，渐变波状过渡。

AB：30~45 cm，浊红棕色（2.5YR 5/4，润），橙色（2.5YR 7/6，干），粉质黏壤土，发育强的 20~50 mm 块状结构，硬，pH 5.0，渐变波状过渡。

Bst1：45~70 cm，浊红棕色（2.5YR 4/4，润），橙色（2.5YR 6/6，干），粉黏土，发育强的 20~50 mm 棱块状结构，硬，结构面上 20%~30% 的黏粒-氧化铁胶膜，pH 5.2，渐变波状过渡。

Bst2：70~120 cm，浊红棕色（2.5YR 4/4，润），橙色（2.5YR 6/6，干），粉黏土，发育强的 20~50 mm 棱块状结构，硬，结构面上 20%~30% 的黏粒-氧化铁胶膜，pH 5.2，渐变波状过渡。

Bl：120~130 cm，50%浊红棕色（2.5YR 4/4，润），橙色（2.5YR 6/6，干）；50%红灰色（2.5YR 4/1，润），红灰色（2.5YR 6/1，干）；粉黏土，发育中等的 20~50 mm 棱块状结构，硬，结构面上 10%左右黏粒-氧化铁胶膜，pH 5.2。

图 11-1-24　代表性地块景观(左)和土壤剖面(右)

4) 土壤养分

片区土壤呈酸性，土体 pH 4.92~5.20，有机质 5.00~24.00 g/kg，全氮 0.18~1.18 g/kg，全磷 0.65~1.44 g/kg，全钾 10.20~16.60 g/kg，碱解氮 24.95~110.37 mg/kg，有效磷 91.60~235.6 mg/kg，速效钾 54.08~217.82 mg/kg，氯离子 14.66~14.94 mg/kg，交换性 Ca^{2+} 1.20~3.92 cmol/kg，交换性 Mg^{2+} 1.38~1.73 cmol/kg。

腐殖酸与腐殖质组成中，腐殖酸碳量 1.21~9.12 g/kg，腐殖质全碳量 2.66~13.57 g/kg，胡敏酸碳量 0.78~3.66 g/kg，胡敏素碳量 1.45~4.45 g/kg，富啡酸碳量 0.42~5.46 g/kg，胡富比 0.67~1.86。

微量元素中，有效铜 0.19~0.93 mg/kg，有效铁 74.28~122.13 mg/kg，有效锰 12.16~116.28 mg/kg，有效锌 0.14~0.97 mg/kg(表 11-1-19~表 11-1-21)。

表 11-1-19　片区代表性烟田土壤养分状况

土层 /cm	pH	有机质 /(g/kg)	全氮 /(g/kg)	全磷 /(g/kg)	全钾 /(g/kg)	碱解氮 /(mg/kg)	有效磷 /(mg/kg)	速效钾 /(mg/kg)	氯离子 /(mg/kg)
0~30	4.92	24.00	1.18	1.44	16.60	110.37	123.80	217.82	14.66
30~45	5.00	16.40	0.48	0.83	10.60	49.90	177.00	131.51	14.79
45~70	4.96	12.20	0.34	0.71	10.20	40.31	235.60	78.25	14.94
70~120	5.20	5.00	0.18	0.65	10.50	24.95	91.60	54.08	14.92

表 11-1-20　片区代表性烟田土壤腐殖酸与腐殖质组成

土层 /cm	腐殖酸碳量 /(g/kg)	腐殖质全碳量 /(g/kg)	胡敏酸碳量 /(g/kg)	胡敏素碳量 /(g/kg)	富啡酸碳量 /(g/kg)	胡富比
0~30	9.12	13.57	3.66	4.45	5.46	0.67
30~45	5.74	9.42	3.00	3.68	2.74	1.10
45~70	3.83	6.99	2.14	3.16	1.69	1.27
70~120	1.21	2.66	0.78	1.45	0.42	1.86

表 11-1-21 片区代表性烟田土壤中微量元素状况

土层 /cm	有效铜 /(mg/kg)	有效铁 /(mg/kg)	有效锰 /(mg/kg)	有效锌 /(mg/kg)	交换性 Ca^{2+} /(cmol/kg)	交换性 Mg^{2+} /(cmol/kg)
0~30	0.93	74.28	32.6	0.97	3.92	1.73
30~45	0.54	98.95	22.08	0.35	2.35	1.38
45~70	0.31	85.73	12.16	0.14	1.20	1.48
70~120	0.19	122.13	116.28	0.17	1.66	1.55

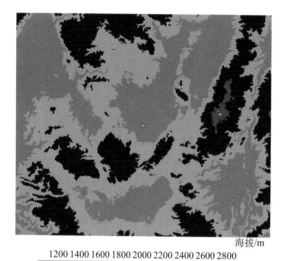

海拔/m

1200 1400 1600 1800 2000 2200 2400 2600 2800

图 11-1-25 片区海拔示意图

5）总体评价

土体深厚，耕作层质地黏，耕性和通透性较差，中度水土流失，易受旱灾威胁。酸性土壤，有机质含量中等，肥力中等，磷、钾极为丰富，铜、锌含量中等，铁、锰、钙、镁丰富。

8. 大街镇海浒村委古城片区

1）基本信息

代表性地块（JC-08）：北纬 24°16′36.300″，东经 102°40′14.300″，海拔 1765 m（图 11-1-25），中山沟谷地，成土母质为第四纪红土冲积物，种植制度为烤烟-晚稻轮作，水田，土壤亚类为普通简育水耕人为土。

2）气候条件

烤烟大田生长期间（5~9 月），平均气温 20.3℃，降水量 722 mm，日照时数 737 h（图 11-1-26）。

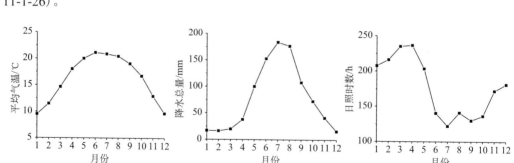

图 11-1-26 片区平均气温、降水总量、日照时数动态变化示意图

3）剖面形态（图 11-1-27（右））

Ap1：0~30 cm，暗红棕色（2.5YR 3/4，润），亮红棕色（2.5YR 5/6，干），粉黏土，发育强的 2~5 mm 块状结构，松散，2~3 个蚯蚓穴，pH 7.9，轻度石灰反应，清晰波状过

渡。

Ap2：30~40 cm，浊红棕色(2.5YR 4/3，润)，浊橙色(2.5YR 6/4，干)，粉黏土，发育强的 10~20 mm 块状结构，坚实，2~3 个蚯蚓穴，pH 8.0，轻度石灰反应，渐变波状过渡。

Br1：40~80 cm，亮红棕色(2.5YR 5/6，润)，橙色(2.5YR 6/8，干)，黏土，发育强的 20~40 mm 块状结构，坚实，结构面上 2%左右铁锰斑纹，pH 7.9，轻度石灰反应，渐变波状过渡。

Br2：80~120 cm，红棕色(2.5YR 4/8，润)，橙色(2.5YR 6/8，干)，黏土，发育中等的 20~40 mm 块状结构，坚实，结构面上 10%左右铁锰斑纹，pH 7.9，轻度石灰反应。

图 11-1-27　代表性地块景观(左)和土壤剖面(右)

4) 土壤养分

片区土壤呈碱性，土体 pH 7.89~7.98，有机质 13.80~35.40 g/kg，全氮 0.86~2.18 g/kg，全磷 0.60~1.40 g/kg，全钾 12.20~12.60 g/kg，碱解氮 55.66~156.43 mg/kg，有效磷 44.70~57.50 mg/kg，速效钾 59.01~189.71 mg/kg，氯离子 43.45~55.50 mg/kg，交换性 Ca^{2+}21.18~25.14 cmol/kg，交换性 Mg^{2+}3.22~3.35 cmol/kg。

腐殖酸与腐殖质组成中，腐殖酸碳量 3.65~9.86 g/kg，腐殖质全碳量 7.92~19.96 g/kg，胡敏酸碳量 1.56~4.99 g/kg，胡敏素碳量 4.27~10.10 g/kg，富啡酸碳量 2.08~4.87 g/kg，胡富比 0.75~1.21。

微量元素中，有效铜 2.29~7.26 mg/kg，有效铁 15.74~35.28 mg/kg，有效锰 6.44~19.05 mg/kg，有效锌 0.69~3.12 mg/kg(表 11-1-22~表 11-1-24)。

5) 总体评价

土体深厚，耕作层质地偏黏，耕性和通透性较差，地下水位高，易滞水，易受洪涝威胁。碱性土壤，有机质含量丰富，肥力偏高，磷、钾丰富，氯含量超标，铜、铁、锰、锌、钙、镁丰富。

表 11-1-22　片区代表性烟田土壤养分状况

土层/cm	pH	有机质/(g/kg)	全氮/(g/kg)	全磷/(g/kg)	全钾/(g/kg)	碱解氮/(mg/kg)	有效磷/(mg/kg)	速效钾/(mg/kg)	氯离子/(mg/kg)
0~30	7.89	35.40	2.18	1.40	12.60	156.43	57.50	189.71	46.62
30~40	7.98	31.90	2.04	0.63	12.20	126.68	49.40	157.16	55.50
40~110	7.92	13.80	0.86	0.60	12.60	55.66	44.70	59.01	43.45

表 11-1-23　片区代表性烟田土壤腐殖酸与腐殖质组成

土层/cm	腐殖酸碳量/(g/kg)	腐殖质全碳量/(g/kg)	胡敏酸碳量/(g/kg)	胡敏素碳量/(g/kg)	富啡酸碳量/(g/kg)	胡富比
0~30	9.86	19.96	4.99	10.10	4.87	1.03
30~40	7.50	15.13	4.10	7.62	3.40	1.21
40~110	3.65	7.92	1.56	4.27	2.08	0.75

表 11-1-24　片区代表性烟田土壤中微量元素状况

土层/cm	有效铜/(mg/kg)	有效铁/(mg/kg)	有效锰/(mg/kg)	有效锌/(mg/kg)	交换性 Ca^{2+}/(cmol/kg)	交换性 Mg^{2+}/(cmol/kg)
0~30	7.26	35.28	16.23	3.12	21.18	3.22
30~40	6.72	23.08	19.05	1.97	22.72	3.27
40~110	2.29	15.74	6.44	0.69	25.14	3.35

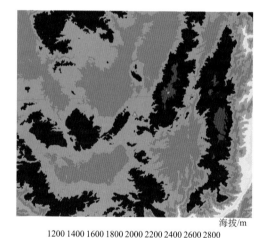

海拔/m

1200 1400 1600 1800 2000 2200 2400 2600 2800

图 11-1-28　片区海拔示意图

9. 雄关乡上营村小营片区

1）基本信息

代表性地块（JC-09）：北纬 24°18′19.800″，东经 102°50′41.200″，海拔 1844 m（图 11-1-28），中山沟谷地，成土母质为第四纪红土沟谷冲积-堆积物，种植制度为烤烟-玉米/小麦隔年轮作，旱地，土壤亚类为普通黏化干润富铁土。

2）气候条件

烤烟大田生长期间（5~9 月），平均气温 19.1℃，降水量 738 mm，日照时数 730 h（图 11-1-29）。

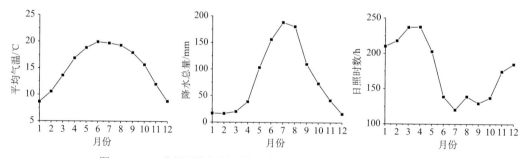

图 11-1-29　片区平均气温、降水总量、日照时数动态变化示意图

3）剖面形态（图11-1-30（右））

Ap：0~40 cm，浊红棕色（2.5YR 4/4，润），橙色（2.5YR 6/6，干），粉质黏壤土，发育强的1~2 mm粒状结构，松散，2个蚯蚓穴，pH 6.4，渐变波状过渡。

AB：40~52 cm，浊红棕色（2.5YR 4/4，润），橙色（2.5YR 6/6，干），粉质黏壤土，发育强的10~20 mm块状结构，松散，pH 6.4，渐变波状过渡。

Bst：52~110 cm，红棕色（5YR 4/6，润），橙色（5YR 6/8，干），粉黏土，发育强的20~50 mm棱块状结构，硬，结构面上20%~30%的黏粒–氧化铁胶膜，2%左右软小铁锰结核，pH 5.0。

图11-1-30　代表性地块景观（左）和土壤剖面（右）

4）土壤养分

片区土壤呈微酸性，土体pH 4.97~6.43，有机质33.82~47.73 g/kg，全氮0.30~0.48 g/kg，全磷0.75~2.11 g/kg，全钾6.70~8.30 g/kg，碱解氮40.31~53.74 mg/kg，有效磷5.40~13.00 mg/kg，速效钾88.61~129.05 mg/kg，氯离子9.88~15.46 mg/kg，交换性Ca^{2+} 5.16~9.49 cmol/kg，交换性Mg^{2+} 2.49~2.68 cmol/kg。

腐殖酸与腐殖质组成中，腐殖酸碳量0.20~0.70 g/kg，腐殖质全碳量0.33~2.91 g/kg，胡敏酸碳量1.86~3.05 g/kg，胡敏素碳量0.13~2.21 g/kg，富啡酸碳量0.31~1.50 g/kg，胡富比0.59~0.86。

微量元素中，有效铜0.38~0.54 mg/kg，有效铁0.71~7.38 mg/kg，有效锰1.13~12.89 mg/kg，有效锌0.07~0.62 mg/kg（表11-1-25~表11-1-27）。

表 11-1-25　片区代表性烟田土壤养分状况

土层 /cm	pH	有机质 /(g/kg)	全氮 /(g/kg)	全磷 /(g/kg)	全钾 /(g/kg)	碱解氮 /(mg/kg)	有效磷 /(mg/kg)	速效钾 /(mg/kg)	氯离子 /(mg/kg)
0~40	6.40	41.09	0.43	2.11	7.20	42.71	10.20	88.61	15.46
40~52	6.43	47.73	0.48	1.08	6.70	53.74	13.00	129.05	14.32
52~110	4.97	33.82	0.30	0.75	8.30	40.31	5.40	129.05	9.88

表 11-1-26　片区代表性烟田土壤腐殖酸与腐殖质组成

土层 /cm	腐殖酸碳量 /(g/kg)	腐殖质全碳量 /(g/kg)	胡敏酸碳量 /(g/kg)	胡敏素碳量 /(g/kg)	富啡酸碳量 /(g/kg)	胡富比
0~40	0.58	2.25	1.86	1.67	0.35	0.73
40~52	0.70	2.91	1.86	2.21	0.31	0.86
52~110	0.20	0.33	3.05	0.13	1.50	0.59

表 11-1-27　片区代表性烟田土壤中微量元素状况

土层 /cm	有效铜 /(mg/kg)	有效铁 /(mg/kg)	有效锰 /(mg/kg)	有效锌 /(mg/kg)	交换性 Ca^{2+} /(cmol/kg)	交换性 Mg^{2+} /(cmol/kg)
0~40	0.42	6.75	11.01	0.07	9.49	2.68
40~52	0.54	7.38	12.89	0.62	9.19	2.56
52~110	0.38	0.71	1.13	0.16	5.16	2.49

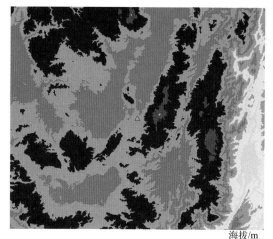

1200 1400 1600 1800 2000 2200 2400 2600 2800　海拔/m

图 11-1-31　片区海拔示意图

5）总体评价

土体深厚，耕作层质地偏黏，耕性和通透性较差。微酸性土壤，有机质含量丰富，肥力较低，缺磷、钾，铜含量中等，铁、锰、钙、镁含量丰富，严重缺锌。

10. 路居镇上坝村龙潭片区

1）基本信息

代表性地块（JC-10）：北纬 24°18′19.800″，东经 102°50′41.200″，海拔 1844 m（图 11-1-31），中山沟谷地，成土母质为第四纪红土沟谷冲积-堆积物，种植制度为烤烟-玉米隔年轮作，旱地，土壤亚类为普通黏化干润富铁土。

2）气候条件

烤烟大田生长期间（5~9 月），平均气温 19.5℃，降水量 730 mm，日照时数 732 h（图 11-1-32）。

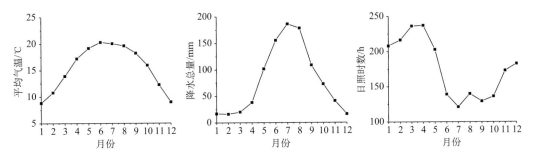

图 11-1-32　片区平均气温、降水总量、日照时数动态变化示意图

3）剖面形态（图 11-1-33（右））

Ap：0~30 cm，暗红棕色（5YR 3/6，润），亮红棕色（5YR 5/8，干），粉质黏壤土，发育强的 1~2 mm 粒状结构，松散，2 个蚯蚓穴，pH 7.6，轻度石灰反应，渐变波状过渡。

AB：30~42 cm，暗红棕色（5YR 3/6，润），亮红棕色（5YR 5/8，干），粉质黏壤土，发育强的 10~20 mm 块状结构，松散，pH 7.9，轻度石灰反应，渐变波状过渡。

Bst：42~110 cm，暗红棕色（2.5YR 3/6，润），亮红棕色（2.5YR 5/8，干），粉黏土，发育强的 20~50 mm 棱块状结构，硬，结构面上 20%~30%的黏粒-氧化铁胶膜，2%左右软小铁锰结核，pH 7.7，轻度石灰反应。

图 11-1-33　代表性地块景观（左）和土壤剖面（右）

4）土壤养分

片区土壤呈碱性，土体 pH 7.59~7.89，有机质 8.70~21.30 g/kg，全氮 0.73~1.40 g/kg，全磷 0.86~2.12 g/kg，全钾 27.80~31.40 g/kg，碱解氮 36.47~77.74 mg/kg，有效磷 10.70~31.00 mg/kg，速效钾 162.09~381.07 mg/kg，氯离子 15.68~18.12 mg/kg，交换性 Ca^{2+} 11.57~13.33 cmol/kg，交换性 Mg^{2+} 2.94~3.05 cmol/kg。

腐殖酸与腐殖质组成中，腐殖酸碳量 2.25~6.08 g/kg，腐殖质全碳量 4.19~10.96 g/kg，胡敏酸碳量 1.04~2.86 g/kg，胡敏素碳量 1.94~4.88 g/kg，富啡酸碳量 1.21~3.22 g/kg，胡富比 0.86~1.00。

微量元素中，有效铜 0.63~1.42 mg/kg，有效铁 8.70~13.66 mg/kg，有效锰 7.68~24.14 mg/kg，有效锌 0.27~1.11 mg/kg（表 11-1-28~表 11-1-30）。

表 11-1-28 片区代表性烟田土壤养分状况

土层 /cm	pH	有机质 /(g/kg)	全氮 /(g/kg)	全磷 /(g/kg)	全钾 /(g/kg)	碱解氮 /(mg/kg)	有效磷 /(mg/kg)	速效钾 /(mg/kg)	氯离子 /(mg/kg)
0~30	7.59	21.30	1.40	2.12	31.40	77.74	30.20	381.07	18.12
30~42	7.89	20.90	1.33	1.00	29.00	75.82	31.00	378.11	15.68
42~110	7.68	8.70	0.73	0.86	27.80	36.47	10.70	162.09	16.63

表 11-1-29 片区代表性烟田土壤腐殖酸与腐殖质组成

土层 /cm	腐殖酸碳量 /(g/kg)	腐殖质全碳量 /(g/kg)	胡敏酸碳量 /(g/kg)	胡敏素碳量 /(g/kg)	富啡酸碳量 /(g/kg)	胡富比
0~30	5.42	9.93	2.71	4.51	2.71	1.00
30~42	6.08	10.96	2.86	4.88	3.22	0.89
42~110	2.25	4.19	1.04	1.94	1.21	0.86

表 11-1-30 片区代表性烟田土壤中微量元素状况

土层 /cm	有效铜 /(mg/kg)	有效铁 /(mg/kg)	有效锰 /(mg/kg)	有效锌 /(mg/kg)	交换性 Ca^{2+} /(cmol/kg)	交换性 Mg^{2+} /(cmol/kg)
0~30	1.39	11.99	24.14	1.08	11.57	2.94
30~42	1.42	13.66	20.47	1.11	13.26	3.04
42~110	0.63	8.70	7.68	0.27	13.33	3.05

5）总体评价

土体深厚，耕作层质地偏黏，耕性和通透性较差。碱性土壤，有机质含量中等，肥力偏低，磷、钾丰富，铜、铁、锰、锌、钙、镁丰富。

第二节 云南南涧生态条件

一、地理位置

南涧县位于北纬 24°39′~25°10′，东经 100°06′~100°41′，地处云南省西部、大理白族自治州南端，东与弥渡县接壤，南与景东县毗邻，西南与云县以澜沧江为界，西至黑惠江与凤庆县隔水相望，北与巍山县相连。南涧县隶属云南省大理白族自治州，现辖南涧镇、宝华镇、公郎镇、小湾东镇、无量山镇、拥翠乡、碧溪乡、乐秋乡 5 个镇、3 个乡，总面积 1731.63 km²（图 11-2-1）。

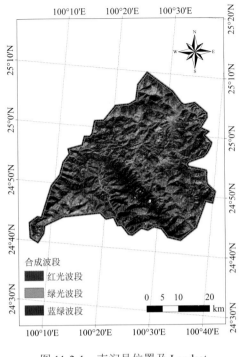

图 11-2-1　南涧县位置及 Landsat
假彩色合成影像图

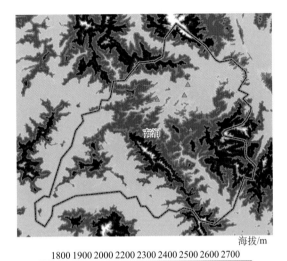

图 11-2-2　南涧县海拔示意图

二、自然条件

1. 地形地貌

南涧县地处云南省西部横断山系纵谷地区，地势由中南部向东北、西南逐步降低。南涧县 99.3%的面积属于山区，最高点为北部的太极顶山，海拔 3061 m，最低点为澜沧江畔的小湾子一带，海拔 994 m。地形为高中、山地区，除县城为 10 km² 的盆地外，大部分为河谷、山峦和坡地构成的山区或半山区。境内有澜沧江和元江两大水系，9 条干流，59 条支流。澜沧江、把边江、礼社江由西而行，将县境分割成北部的南涧河谷地、东南部的石洞寺深谷、西南部的公郎河谷及中部与西部大片山岭地区四部分。地貌构成主要有侵蚀构造地貌、侵蚀堆积地貌、剥蚀地貌、断块山地貌、岩溶地貌等(图 11-2-2)。

2. 气候条件

南涧县北靠东亚大陆、南近热带海洋，处于我国西部热带海陆季风区域，气候随海陆季风的进退有明显的季节性变化，从而形成干湿季节分明，四季气候不明显，雨热同季的低纬山地季风气候。在此基础上，地形和高大山脉走向影响使光、热、水等气象要素在垂直方向和水平方向上产生再分配，因而还呈现立体气候和区域气候。海拔较高山区气温低、降水多、日照多，山间谷地气温高、降水少、日照少。年均气温 9.9~20.3℃，平均 15.2℃，1 月最冷，月平均气温 8.5℃，6 月最热，月平均气温 20.0℃。年均降水总量 986~1169 mm，平均 1079 mm 左右，6~9 月降雨均在 150 mm 以上，其中 7 月、8 月降雨在 200 mm 以上，1 月、2 月、3 月、4 月、12 月降雨较少，低于 50 mm。年均日照时数 2177~2367 h，平均 2268 h，1 月、2 月、3 月、4 月、5 月、11 月、12 月日照在 200 h 以上，其他月份日照在 100 h 以上。年均无霜期 307 d(图 11-2-3)。

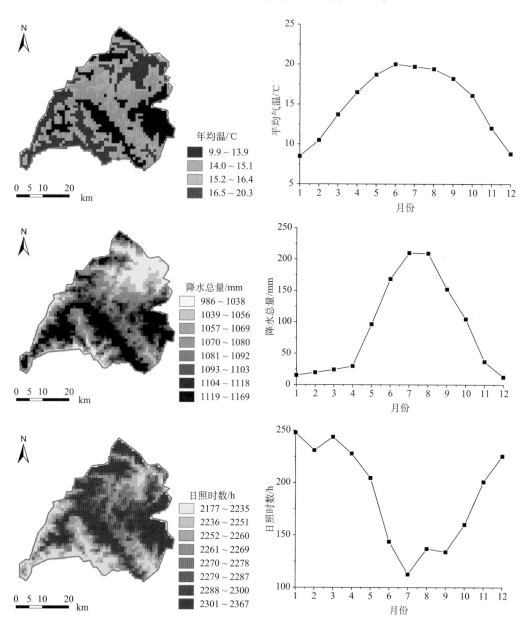

图 11-2-3　南涧县 1980~2013 年平均温度、降水总量、日照时数时空动态变化示意图

三、片区与代表性烟田

1. 小湾镇龙街村瓦怒卜片区

1）基本信息

代表性地块（NJ-01）：北纬24°50′41.400″，东经100°13′29.4″，海拔2008 m（图11-2-4），中山坡地中部，成土母质为千枚岩风化残积物，种植制度为烤烟-玉米/小麦隔年轮作，中坡旱地，土壤亚类为石质干润正常新成土。

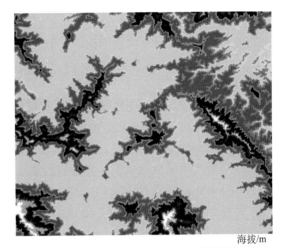

海拔/m

1800 1900 2000 2200 2300 2400 2500 2600 2700

图 11-2-4　片区海拔示意图

2）气候条件

烤烟大田生长期间（5~9月），平均气温19.0℃，降水量853 mm，日照时数725 h（图11-2-5）。

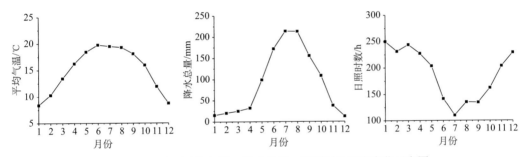

图 11-2-5　片区平均气温、降水总量、日照时数动态变化示意图

3）剖面形态（图11-2-6（右））

图 11-2-6　代表性地块景观（左）和土壤剖面（右）

Ap（淡薄表层）：0~28 cm，暗红棕色（5YR 3/2，润），红棕色（5YR 4/6，干），粉壤土，发育强的 1~2 mm 粒状结构，松散，2 个蚯蚓穴，pH 4.8，清晰平滑过渡。

R：28 cm~，千枚岩。

4）土壤养分

片区土壤呈酸性，土体 pH 4.80，有机质 59.40 g/kg，全氮 2.51 g/kg，全磷 1.39 g/kg，全钾 18.90 g/kg，碱解氮 253.36 mg/kg，有效磷 94.65 mg/kg，速效钾 1066.92 mg/kg，氯离子 51.16 mg/kg，交换性 Ca^{2+} 6.56 cmol/kg，交换性 Mg^{2+} 2.42 cmol/kg。

腐殖酸与腐殖质组成中，腐殖酸碳量 13.72 g/kg，腐殖质全碳量 24.87 g/kg，胡敏酸碳量 6.91 g/kg，胡敏素碳量 11.16 g/kg，富啡酸碳量 6.81 g/kg，胡富比 1.01。

微量元素中，有效铜 1.62 mg/kg，有效铁 90.45 mg/kg，有效锰 40.97 mg/kg，有效锌 1.60 mg/kg（表 11-2-1~表 11-2-3）。

表 11-2-1　片区代表性烟田土壤养分状况

土层 /cm	pH	有机质 /(g/kg)	全氮 /(g/kg)	全磷 /(g/kg)	全钾 /(g/kg)	碱解氮 /(mg/kg)	有效磷 /(mg/kg)	速效钾 /(mg/kg)	氯离子 /(mg/kg)
0~28	4.80	59.40	2.51	1.39	18.90	253.36	94.65	1066.92	51.16

表 11-2-2　片区代表性烟田土壤腐殖酸与腐殖质组成

土层 /cm	腐殖酸碳量 /(g/kg)	腐殖质全碳量 /(g/kg)	胡敏酸碳量 /(g/kg)	胡敏素碳量 /(g/kg)	富啡酸碳量 /(g/kg)	胡富比
0~28	13.72	24.87	6.91	11.16	6.81	1.01

表 11-2-3　片区代表性烟田土壤中微量元素状况

土层 /cm	有效铜 /(mg/kg)	有效铁 /(mg/kg)	有效锰 /(mg/kg)	有效锌 /(mg/kg)	交换性 Ca^{2+} /(cmol/kg)	交换性 Mg^{2+} /(cmol/kg)
0~28	1.62	90.45	40.97	1.60	6.56	2.42

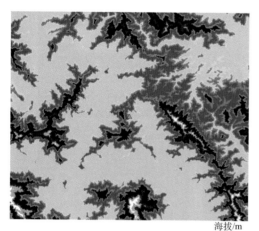

海拔/m

1800 1900 2000 2200 2300 2400 2500 2600 2700

图 11-2-7　片区海拔示意图

5）总体评价

土体浅薄，耕作层质地适中，耕性和通透性好，酸性重，中度水土流失，易受旱灾威胁。酸性土壤，有机质含量丰富，肥力较高，磷、钾极为丰富，氯超标，铜、铁、锰、锌、钙、镁丰富。

2. 小湾镇银盘村鸡街片区

1）基本信息

代表性地块（NJ-02）：北纬 24°47′27.100″，东经 100°15′22.600″，海拔 1986 m（图 11-2-7），中山坡地中部，成土母质为第四纪红土与板岩风化物搬运物，种植制度为烤烟-玉米/小麦隔年轮作，梯田旱地，土壤亚类为普通黏化干润富铁土。

2）气候条件

烤烟大田生长期间（5~9月），平均气温 18.8℃，降水量 853 mm，日照时数 725 h（图 11-2-8）。

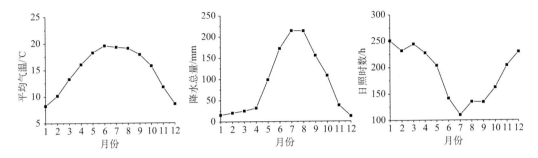

图 11-2-8　片区平均气温、降水总量、日照时数动态变化示意图

3）剖面形态（图 11-2-9（右））

Ap：0~30 cm，暗红棕色（5YR 3/4，润），亮红棕色（5YR 5/6，干），5%左右岩石碎屑，粉壤土，发育强的 1~2 mm 粒状结构，松散，2 个蚯蚓穴，pH 4.3，清晰平滑过渡。

AB：30~40 cm，暗红棕色（5YR 3/4，润），亮红棕色（5YR 5/6，干），5%左右岩石碎屑，粉壤土，发育强的 20~50 mm 棱块状结构，硬，结构面上 20%~30%的黏粒-氧化铁胶膜，pH 4.3，渐变波状过渡。

图 11-2-9　代表性地块景观（左）和土壤剖面（右）

Bst1：40~55 cm，暗红棕色（2.5YR 3/4，润），红棕色（2.5YR 4/6，干），2%左右岩石

碎屑，粉质黏壤土，发育强的 20~50 mm 棱块状结构，很硬，结构面上 20%~30%的黏粒－氧化铁胶膜，pH 4.8，渐变波状过渡。

Bst2：55~120 cm，暗红棕色(5YR 3/4，润)，亮红棕色(5YR 5/6，干)，2%左右岩石碎屑，粉质黏壤土，发育强的 20~50 mm 棱块状结构，很硬，结构面上 20%~30%的黏粒－氧化铁胶膜，pH 4.8。

4) 土壤养分

片区土壤呈微酸性，土体 pH 4.93~6.58，有机质 3.40~26.20 g/kg，全氮 0.40~1.51 g/kg，全磷0.31~0.56 g/kg，全钾 18.00~18.60 g/kg，碱解氮 17.27~119.00 mg/kg，有效磷 3.86~10.79 mg/kg，速效钾 100.94~455.05 mg/kg，氯离子 9.59~15.01 mg/kg，交换性 Ca^{2+} 0.66~4.08 cmol/kg，交换性 Mg^{2+} 0.52~1.48 cmol/kg。

腐殖酸与腐殖质组成中，腐殖酸碳量 0.61~9.14 g/kg，腐殖质全碳量 1.81~13.14 g/kg，胡敏酸碳量 0.24~3.20 g/kg，胡敏素碳量 1.20~4.00 g/kg，富啡酸碳量 0.25~5.94 g/kg，胡富比 0.17~1.50。

微量元素中，有效铜 0.28~1.65 mg/kg，有效铁 53.98~76.03 mg/kg，有效锰 16.94~214.05 mg/kg，有效锌 0.02~30.41 mg/kg(表 11-2-4~表 11-2-6)。

表 11-2-4　片区代表性烟田土壤养分状况

土层 /cm	pH	有机质 /(g/kg)	全氮 /(g/kg)	全磷 /(g/kg)	全钾 /(g/kg)	碱解氮 /(mg/kg)	有效磷 /(mg/kg)	速效钾 /(mg/kg)	氯离子 /(mg/kg)
0~30	5.86	26.20	1.51	0.56	18.60	119.00	10.79	455.05	13.65
30~40	6.58	15.40	1.04	0.45	18.00	81.57	6.24	306.10	15.01
40~55	6.22	5.90	0.58	0.38	18.10	30.71	4.55	208.94	9.59
55~120	4.93	3.40	0.40	0.31	18.10	17.27	3.86	100.94	12.75

表 11-2-5　片区代表性烟田土壤腐殖酸与腐殖质组成

土层 /cm	腐殖酸碳量 /(g/kg)	腐殖质全碳量 /(g/kg)	胡敏酸碳量 /(g/kg)	胡敏素碳量 /(g/kg)	富啡酸碳量 /(g/kg)	胡富比
0~30	9.14	13.14	3.20	4.00	5.94	0.54
30~40	5.87	8.18	2.06	2.31	3.81	0.54
40~55	1.67	3.11	0.24	1.44	1.43	0.17
55~120	0.61	1.81	0.37	1.20	0.25	1.50

表 11-2-6　片区代表性烟田土壤中微量元素状况

土层 /cm	有效铜 /(mg/kg)	有效铁 /(mg/kg)	有效锰 /(mg/kg)	有效锌 /(mg/kg)	交换性 Ca^{2+} /(cmol/kg)	交换性 Mg^{2+} /(cmol/kg)
0~30	1.51	53.98	107.75	30.41	3.91	1.48
30~40	1.65	58.65	63.75	1.459	4.08	1.03
40~55	1.00	68.38	214.05	0.15	1.88	1.08
55~120	0.28	76.03	16.94	0.02	0.66	0.52

5)总体评价

土体深厚,耕作层质地适中,砾石多,耕性和通透性较差,易受旱灾威胁。微酸性土壤,有机质含量中等,肥力中等,缺磷富钾,铜、铁、锰、锌、钙、镁丰富。

3. 前卫镇庄子村慈营片区

1)基本信息

代表性地块(NJ-03): 北纬24°53′23.600″,东经 100°27′58.200″,海拔2000 m(图 11-2-10),中山坡地中部,成土母质为千枚岩风化坡积物,种植制度为烤烟-玉米/小麦隔年轮作,梯田旱地,土壤亚类为普通黏化干润富铁土。

海拔/m

1800 1900 2000 2200 2300 2400 2500 2600 2700

图 11-2-10　片区海拔示意图

2)气候条件

烤烟大田生长期间(5~9 月),平均气温 19.0℃,降水量 837 mm,日照时数 730 h(图 11-2-11)。

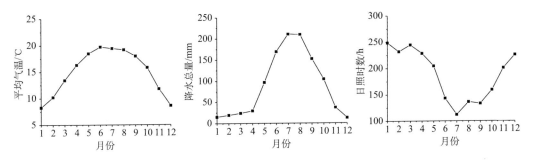

图 11-2-11　片区平均气温、降水总量、日照时数动态变化示意图

3)剖面形态(图 11-2-12(右))

Ap: 0~36 cm,黑棕色(5YR 3/1,润),灰棕色(5YR 5/2,干),20%左右岩石碎屑,粉质黏壤土,发育强的 1~2 mm 粒状结构,松散,2 个蚯蚓穴,pH 4.3,清晰波状过渡。

Bst1:36~60 cm,暗红棕色(5YR 3/4,润),亮红棕色(5YR 5/6,干),5%左右岩石碎屑,粉质黏壤土,发育强的 20~50 mm 棱块状结构,很硬,结构面上 20%~30%的黏粒-氧化铁胶膜,pH 4.8,渐变波状过渡。

Bst2:60~90 cm,极暗红棕色(2.5YR 2/4,润),红棕色(2.5YR 4/8,干),15%左右岩石碎屑,粉质黏壤土,发育强的 20~50 mm 棱块状结构,很硬,结构面上 20%~30%的黏粒-氧化铁胶膜,pH 4.8,清晰波状过渡。

C:90 cm~,千枚岩风化碎屑。

图 11-2-12　代表性地块景观(左)和土壤剖面(右)

4) 土壤养分

片区土壤呈强酸性,土体 pH 4.32~4.82,有机质 2.80~14.20 g/kg,全氮 0.34~1.03 g/kg,全磷 0.18~0.42 g/kg,全钾 26.70~28.50 g/kg,碱解氮 17.27~81.57 mg/kg,有效磷 3.27~16.83 mg/kg,速效钾 110.80~354.44 mg/kg,氯离子 58.13~97.43 mg/kg,交换性 Ca^{2+} 0.73~1.08 cmol/kg,交换性 Mg^{2+} 0.43~0.86 cmol/kg。

腐殖酸与腐殖质组成中,腐殖酸碳量 0.45~4.55 g/kg,腐殖质全碳量 1.37~7.22 g/kg,胡敏酸碳量 0.11~1.61 g/kg,胡敏素碳量 0.92~2.67 g/kg,富啡酸碳量 0.33~2.94 g/kg,胡富比 0.33~0.55。

微量元素中,有效铜 0~0.60 mg/kg,有效铁 49.40~63.10 mg/kg,有效锰 21.99~197.45 mg/kg,有效锌 0~1.46 mg/kg(表 11-2-7~表 11-2-9)。

表 11-2-7　片区代表性烟田土壤养分状况

土层 /cm	pH	有机质 /(g/kg)	全氮 /(g/kg)	全磷 /(g/kg)	全钾 /(g/kg)	碱解氮 /(mg/kg)	有效磷 /(mg/kg)	速效钾 /(mg/kg)	氯离子 /(mg/kg)
0~36	4.32	2.80	0.34	0.18	28.50	17.27	3.27	110.80	60.33
36~60	4.81	4.30	0.46	0.24	26.70	21.11	3.66	342.11	58.13
60~90	4.82	14.20	1.03	0.42	26.80	81.57	16.83	354.44	97.43

表 11-2-8　片区代表性烟田土壤腐殖酸与腐殖质组成

土层 /cm	腐殖酸碳量 /(g/kg)	腐殖质全碳量 /(g/kg)	胡敏酸碳量 /(g/kg)	胡敏素碳量 /(g/kg)	富啡酸碳量 /(g/kg)	胡富比
0~36	0.45	1.37	0.11	0.92	0.33	0.33
36~60	0.88	2.39	0.25	1.51	0.63	0.40
60~90	4.55	7.22	1.61	2.67	2.94	0.55

表 11-2-9　片区代表性烟田土壤中微量元素状况

土层 /cm	有效铜 /(mg/kg)	有效铁 /(mg/kg)	有效锰 /(mg/kg)	有效锌 /(mg/kg)	交换性 Ca^{2+} /(cmol/kg)	交换性 Mg^{2+} /(cmol/kg)
0~36	0	49.40	21.99	0	0.73	0.43
36~60	0.32	61.98	99.13	0	0.82	0.63
60~90	0.60	63.10	197.45	1.46	1.08	0.86

5) 总体评价

土体深厚, 耕作层质地黏, 耕性和通透性较差, 易受旱灾威胁。强酸性土壤, 有机质含量极缺, 土壤肥力贫瘠, 缺磷, 钾含量中等, 氯含量超标, 铜、锌极缺, 铁、锰丰富, 钙、镁含量中等。

4. 宝华镇宝华村阿克塘片区

1) 基本信息

代表性地块 (NJ-04): 北纬 24°55′19.700″, 东经 100°29′20.700″, 海拔 2018 m (图 11-2-13), 中山坡地中下部, 成土母质为第四纪红土, 种植制度为烤烟-玉米隔年轮作, 缓坡旱地, 土壤亚类为普通黏化干润富铁土。

海拔/m

1800 1900 2000 2200 2300 2400 2500 2600 2700

图 11-2-13　片区海拔示意图

2) 气候条件

烤烟大田生长期间 (5~9 月), 平均气温 18.0℃, 降水量 848 mm, 日照时数 726 h (图 11-2-14)。

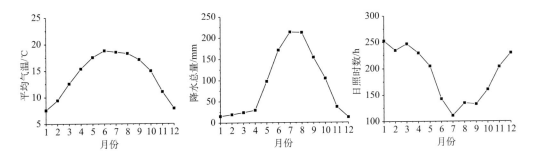

图 11-2-14　片区平均气温、降水总量、日照时数年动态变化示意图

3) 剖面形态 (图 11-2-15 (右))

Ap: 0~30 cm, 暗红棕色 (5YR 3/6, 润), 亮红棕色 (5YR 5/8, 干), 粉质黏壤土, 发育强的 1~2 mm 粒状结构, 松散, 2 个蚯蚓穴, pH 4.6, 清晰波状过渡。

图 11-2-15　代表性地块景观(左)和土壤剖面(右)

Bst：30~48 cm，暗红棕色(5YR 3/6，润)，亮红棕色(5YR 5/8，干)，粉质黏土，发育强的 20~50 mm 棱块状结构，硬，结构面上 5%左右铁锰斑纹，pH 5.7，清晰波状过渡。

Ab：48~95 cm，黑棕色(5YR 2/1，润)，灰棕色(5YR 4/2，干)，粉质黏壤土，发育强的 20~50 mm 棱块状结构，硬，结构面上 5%左右铁锰斑纹，10%左右的腐殖质-黏粒胶膜，pH 6.2，清晰突变过渡。

Bl：95~120 cm，60%暗红棕色(5YR 3/6，润)，亮红棕色(5YR 5/8，干)；40%棕灰色(5YR 4/1，润)，棕灰色(5YR 6/1，干)；粉质黏壤土，发育强的 20~50 mm 棱块状结构，很硬，结构面上 20%左右黏粒-氧化铁胶膜，pH 6.3。

4)土壤养分

片区土壤呈酸性，土体 pH 4.59~6.34，有机质 4.80~21.30 g/kg，全氮 0.39~1.23 g/kg，全磷 0.25~0.68 g/kg，全钾 10.40~18.40 g/kg，碱解氮 15.36~116.12 mg/kg，有效磷 4.26~46.14 mg/kg，速效钾 65.43~175.90 mg/kg，氯离子 9.91~18.91 mg/kg，交换性 Ca^{2+} 1.68~4.02 cmol/kg，交换性 Mg^{2+} 0.47~1.86 cmol/kg。

腐殖酸与腐殖质组成中，腐殖酸碳量 1.58~8.50 g/kg，腐殖质全碳量 2.77~11.72 g/kg，胡敏酸碳量 0.40~3.87 g/kg，胡敏素碳量 0.80~3.22 g/kg，富啡酸碳量 1.19~4.62 g/kg，胡富比 0.33~2.85。

微量元素中，有效铜 0.87~3.01 mg/kg，有效铁 37.80~248.28 mg/kg，有效锰 5.96~201.25 mg/kg，有效锌 0~3.61 mg/kg(表 11-2-10~表 11-2-12)。

表 11-2-10 片区代表性烟田土壤养分状况

土层 /cm	pH	有机质 /(g/kg)	全氮 /(g/kg)	全磷 /(g/kg)	全钾 /(g/kg)	碱解氮 /(mg/kg)	有效磷 /(mg/kg)	速效钾 /(mg/kg)	氯离子 /(mg/kg)
0~30	4.59	21.30	1.23	0.68	10.40	116.12	46.14	175.90	18.91
30~48	5.65	6.60	0.57	0.37	18.40	36.47	6.53	66.90	9.91
48~95	6.23	12.80	0.71	0.35	18.10	47.99	4.26	65.43	17.41
95~120	6.34	4.80	0.39	0.25	15.70	15.36	4.26	80.22	15.39

表 11-2-11 片区代表性烟田土壤腐殖酸与腐殖质组成

土层 /cm	腐殖酸碳量 /(g/kg)	腐殖质全碳量 /(g/kg)	胡敏酸碳量 /(g/kg)	胡敏素碳量 /(g/kg)	富啡酸碳量 /(g/kg)	胡富比
0~30	8.50	11.72	3.87	3.22	4.62	0.84
30~48	2.35	3.15	0.98	0.80	1.36	0.72
48~95	4.90	7.15	3.62	2.26	1.27	2.85
95~120	1.58	2.77	0.40	1.19	1.19	0.33

表 11-2-12 片区代表性烟田土壤中微量元素状况

土层 /cm	有效铜 /(mg/kg)	有效铁 /(mg/kg)	有效锰 /(mg/kg)	有效锌 /(mg/kg)	交换性 Ca^{2+} /(cmol/kg)	交换性 Mg^{2+} /(cmol/kg)
0~30	3.01	248.28	87.88	3.61	1.68	0.47
30~48	1.72	86.13	201.25	未检出	2.48	0.90
48~95	2.33	37.80	5.96	未检出	4.02	1.86
95~120	0.87	49.88	11.90	未检出	2.09	1.85

5)总体评价

土体深厚，耕作层质地黏，耕性和通透性较差，中度水土流失，易受旱灾威胁。酸性土壤，有机质含量中等，肥力中等，磷、钾丰富，铜、铁、锰、锌、钙含量丰富，镁含量中等水平。

5. 南涧镇西山村土官坝片区

1)基本信息

代表性地块（NJ-05）：北纬 25°2′52.480″，东经 100°32′4.111″，海拔 1841 m（图 11-2-16），中山沟谷地，成土母质为第四纪红土沟谷堆积物，种植制度为烤烟-玉米/小麦隔年轮作，土壤亚类为普通黏化干润富铁土。

2)气候条件

烤烟大田生长期间(5~9 月)，平均气温 19.3℃，降水量 829 mm，日照时数 735 h（图 11-2-17）。

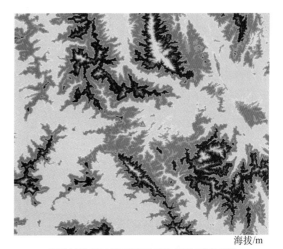

海拔/m

1800 1900 2000 2200 2300 2400 2500 2600 2700

图 11-2-16 片区海拔示意图

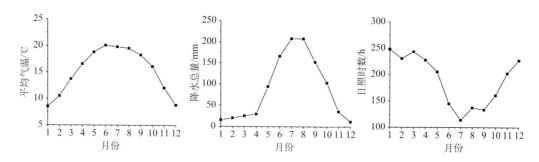

图 11-2-17　片区平均气温、降水总量、日照时数年动态变化示意图

3）剖面形态（图 11-2-18（右））

Ap：0~33 cm，灰棕色（5YR 4/2，润），浊橙色（5YR 6/4，干），壤土，发育强的 1~2 mm 粒状结构，松散，2 个蚯蚓穴，pH 5.2，清晰波状过渡。

Bst：33~70 cm，暗红棕色（5YR 3/6，润），亮红棕色（5YR 5/8，干），黏壤土，发育强的 20~50 mm 棱块状结构，硬，结构面上 20%~30% 的黏粒-氧化铁胶膜，2% 左右软小铁锰结核，pH 6.1，渐变波状过渡。

C：70~120 cm 红棕色，橙色（5YR 6/8，干），砂粒，无结构。

图 11-2-18　代表性地块景观（左）和土壤剖面（右）

4）土壤养分

片区土壤呈酸性，土体 pH 5.21~6.05，有机质 4.60~32.10 g/kg，全氮 0.15~1.76 g/kg，全磷 0.28~0.82 g/kg，全钾 3.50~14.20 g/kg，碱解氮 19.19~125.72 mg/kg，有效磷 7.82~82.18 mg/kg，速效钾 88.11~435.81 mg/kg，氯离子 9.84~18.67 mg/kg，交换性 Ca^{2+} 1.84~3.89 cmol/kg，交换性 Mg^{2+} 0.95~1.86 cmol/kg。

　　腐殖酸与腐殖质组成中,腐殖酸碳量 2.20~13.22 g/kg,腐殖质全硫量 2.61~18.47 g/kg,胡敏酸碳量 1.17~6.87 g/kg,胡敏素碳量 0.41~5.25 g/kg,富啡酸碳量 0.91~6.35 g/kg,胡富比 0.58~1.43。

　　微量元素中,有效铜 1.09~2.36 mg/kg,有效铁 86.25~289.38 mg/kg,有效锰 5.50~298.78 mg/kg,有效锌 0~3.83 mg/kg(表 11-2-13~表 11-2-15)。

表 11-2-13　片区代表性烟田土壤养分状况

土层 /cm	pH	有机质 /(g/kg)	全氮 /(g/kg)	全磷 /(g/kg)	全钾 /(g/kg)	碱解氮 /(mg/kg)	有效磷 /(mg/kg)	速效钾 /(mg/kg)	氯离子 /(mg/kg)
0~33	5.21	32.10	1.76	0.82	14.20	125.72	82.18	435.81	18.67
33~70	6.05	8.80	0.55	0.31	12.80	38.39	7.82	193.66	12.47
70~120	5.99	4.60	0.15	0.28	3.50	19.19	12.08	88.11	9.84

表 11-2-14　片区代表性烟田土壤腐殖酸与腐殖质组成

土层 /cm	腐殖酸碳量 /(g/kg)	腐殖质全碳量 /(g/kg)	胡敏酸碳量 /(g/kg)	胡敏素碳量 /(g/kg)	富啡酸碳量 /(g/kg)	胡富比
0~33	13.22	18.47	6.87	5.25	6.35	1.08
33~70	3.20	5.06	1.17	1.86	2.02	0.58
70~120	2.20	2.61	1.29	0.41	0.91	1.43

表 11-2-15　片区代表性烟田土壤中微量元素状况

土层 /cm	有效铜 /(mg/kg)	有效铁 /(mg/kg)	有效锰 /(mg/kg)	有效锌 /(mg/kg)	交换性 Ca^{2+} /(cmol/kg)	交换性 Mg^{2+} /(cmol/kg)
0~33	2.36	289.38	5.50	3.83	3.89	1.51
33~70	1.19	86.25	298.78	0	3.77	1.86
70~120	1.09	106.32	24.46	0.34	1.84	0.95

　　5)总体评价

　　土体较厚,耕作层质地适中,耕性和通透性好,易受旱灾威胁。酸性土壤,有机质含量丰富,肥力偏高,磷、钾极为丰富,铜、铁、锰、锌、钙、镁含量丰富。

　　6. 南涧镇团山村福利片区

　　1)基本信息

　　代表性地块(NJ-06):北纬 25°1′35.400″,东经 100°28′18.800″,海拔 1812 m(图 11-2-19),中山坡地中部,成土母质为第四纪红土坡积物,种植制度为烤烟-玉米/小麦隔年轮作,梯田旱地,土壤亚类

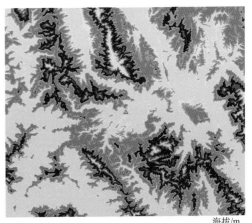

海拔/m

1800 1900 2000 2200 2300 2400 2500 2600 2700

图 11-2-19　片区海拔示意图

为普通黏化干润富铁土。

2）气候条件

烤烟大田生长期间（5~9月），平均气温22.0℃，降水量782 mm，日照时数754 h（图11-2-20）。

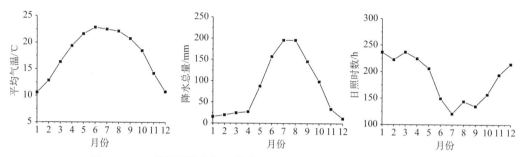

图11-2-20 片区平均气温、降水总量、日照时数年动态变化示意图

3）剖面形态（图11-2-21（右））

Ap：0~28 cm，灰棕色（5YR 4/2，润），橙色（5YR 6/4，干），壤土，发育强的1~2 mm粒状结构，松散，2个蚯蚓穴，pH 5.38，渐变波状过渡。

Ab：28~40 cm，灰棕色（5YR 4/2，润），浊橙色（5YR 6/4，干），2%左右岩石碎屑，壤土，发育强的10~20 mm块状结构，松散，pH 5.63，渐变波状过渡。

AB：40~85 cm，暗红棕色（5YR 3/6，润），亮红棕色（5YR 5/8，干），2%左右岩石碎屑，黏壤土，发育强的20~50 mm棱块状结构，硬，结构面上10%左右黏粒-氧化铁胶膜，2%左右软小铁锰结核，pH 5.18，渐变波状过渡。

图11-2-21 代表性地块景观（左）和土壤剖面（右）

Bst：85~120 cm，暗红棕色（2.5YR 3/4，润），红棕色（2.5YR 4/6，干），黏壤土，发育强的 20~50 mm 棱块状结构，硬，结构面上 20%~30%的黏粒-氧化铁胶膜，2%左右软小铁锰结核，pH 5.04。

4）土壤养分

片区土壤呈酸性，土体 pH 5.04~5.63，有机质 6.00~19.10 g/kg，全氮 0.36~0.83 g/kg，全磷 0.24~0.46 g/kg，全钾 4.50~14.50 g/kg，碱解氮 24.95~79.66 mg/kg，有效磷 2.97~48.22 mg/kg，速效钾 96.50~367.26 mg/kg，氯离子 9.96~21.04 mg/kg，交换性 Ca^{2+} 1.84~18.69 cmol/kg，交换性 Mg^{2+} 1.07~1.99 cmol/kg。

腐殖酸与腐殖质组成中，腐殖酸碳量 2.10~7.27 g/kg，腐殖质全碳量 3.46~10.18 g/kg，胡敏酸碳量 0.39~3.76 g/kg，胡敏素碳量 1.36~2.91 g/kg，富啡酸碳量 1.70~3.51 g/kg，胡富比 0.23~1.07。

微量元素中，有效铜 0.21~0.93 mg/kg，有效铁 42.05~83.05 mg/kg，有效锰 12.01~88.25 mg/kg，有效锌 0~3.35 mg/kg（表 11-2-16~表 11-2-18）。

表 11-2-16 片区代表性烟田土壤养分状况

土层 /cm	pH	有机质 /(g/kg)	全氮 /(g/kg)	全磷 /(g/kg)	全钾 /(g/kg)	碱解氮 /(mg/kg)	有效磷 /(mg/kg)	速效钾 /(mg/kg)	氯离子 /(mg/kg)
0~28	5.38	19.10	0.83	0.46	4.50	79.66	48.22	367.26	21.04
28~40	5.63	10.60	0.43	0.27	4.90	42.23	9.41	140.39	9.96
40~85	5.18	9.00	0.41	0.27	6.90	42.23	5.15	96.50	15.04
85~120	5.04	6.00	0.36	0.24	14.50	24.95	2.97	109.81	15.04

表 11-2-17 片区代表性烟田土壤腐殖酸与腐殖质组成

土层 /cm	腐殖酸碳量 /(g/kg)	腐殖质全碳量 /(g/kg)	胡敏酸碳量 /(g/kg)	胡敏素碳量 /(g/kg)	富啡酸碳量 /(g/kg)	胡富比
0~28	7.27	10.18	3.76	2.91	3.51	1.07
28~40	3.88	5.63	1.70	1.76	2.18	0.78
40~85	3.29	4.98	1.01	1.70	2.28	0.44
85~120	2.10	3.46	0.39	1.36	1.70	0.23

表 11-2-18 片区代表性烟田土壤中微量元素状况

土层 /cm	有效铜 /(mg/kg)	有效铁 /(mg/kg)	有效锰 /(mg/kg)	有效锌 /(mg/kg)	交换性 Ca^{2+} /(cmol/kg)	交换性 Mg^{2+} /(cmol/kg)
0~28	0.93	83.05	12.01	3.35	2.48	1.22
28~40	0.71	59.98	88.25	1.06	1.84	1.07
40~85	0.77	49.18	57.50	0.14	10.45	1.41
85~120	0.21	42.05	72.03	0	18.69	1.99

5）总体评价

土体深厚，耕作层质地偏黏，耕性和通透性较差，易受旱灾威胁。酸性土壤，有机质含量缺乏，肥力偏低，磷、钾丰富，铜含量中等水平，铁、锰、锌、钙、镁含量丰富。

海拔/m

1800 1900 2000 2200 2300 2400 2500 2600 2700

图 11-2-22 片区海拔示意图

7. 南涧镇团山村小水井片区

1) 基本信息

代表性地块(NJ-07): 北纬 25°0′4.00″, 东经 100°27′52.400″, 海拔 1773 m(图 11-2-22), 中山坡地中下部, 成土母质为第四纪红土, 种植制度为烤烟-玉米隔年轮作, 中坡旱地, 土壤亚类为普通黏化干润富铁土。

2) 气候条件

烤烟大田生长期间(5~9 月), 平均气温 20.2℃, 降水量 810 mm, 日照时数 742 h(图 11-2-23)。

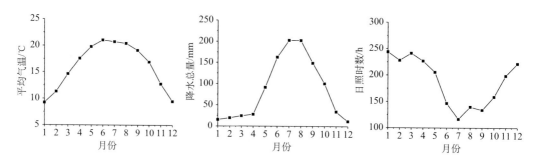

图 11-2-23 片区平均气温、降水总量、日照时数年动态变化示意图

3) 剖面形态(图 11-2-24(右))

Ap: 0~20 cm, 极暗棕色(10YR 2/3, 润), 棕色(10YR 4/6, 干), 粉质壤土, 发育强的 1~2 mm 粒状结构, 松散, 2 个蚯蚓穴, pH 7.5, 清晰波状过渡。

Bl1: 20~40 cm, 70%暗红棕色(2.5YR 3/2, 润), 浊红棕色(2.5YR 5/4, 干); 30%红灰色(2.5YR 4/1, 润), 红灰色(2.5YR 6/1, 干); 粉质黏壤土, 发育强的 20~50 mm 块状结构, 松散, 结构面上 10%左右黏粒-氧化铁胶膜, pH 7.9, 轻度石灰反应, 渐变波状过渡。

Bl2: 40~120 cm, 60%暗红棕色(2.5YR 3/2, 润), 浊红棕色(2.5YR 5/4, 干); 40%红灰色(2.5YR 4/1, 润), 红灰色(2.5YR 6/1, 干); 质黏壤土, 发育强的 20~50 mm 棱块状结构, 硬, 结构面上 20%左右黏粒-氧化铁胶膜, pH 8.4, 中度石灰反应。

4) 土壤养分

片区土壤呈弱碱性, 土体 pH 7.49~8.82, 有机质 2.50~23.90 g/kg, 全氮 0.34~1.09 g/kg, 全磷 0.38~0.44 g/kg, 全钾 11.50~28.90 g/kg, 碱解氮 15.36~75.82 mg/kg, 有效磷 3.56~23.76 mg/kg, 速效钾 56.55~219.30 mg/kg, 氯离子 12.44~17.07 mg/kg, 交换性 Ca^{2+} 6.58~54.88 cmol/kg, 交换性 Mg^{2+} 2.00~2.62 cmol/kg。

图 11-2-24 代表性地块景观(左)和土壤剖面(右)

腐殖酸与腐殖质组成中,腐殖酸碳量 0.34~7.72 g/kg,腐殖质全碳量 1.25~12.28 g/kg,胡敏酸碳量 0.22~4.21 g/kg,胡敏素碳量 0.91~4.57 g/kg,富啡酸碳量 0.11~3.51 g/kg,胡富比 0.63~2.00。

微量元素中,有效铜 0.01~1.19 mg/kg,有效铁 0.31~2.90 mg/kg,有效锰 35.61~120.74 mg/kg,有效锌 0.21~4.76 mg/kg(表 11-2-19~表 11-2-21)。

表 11-2-19 片区代表性烟田土壤养分状况

土层 /cm	pH	有机质 /(g/kg)	全氮 /(g/kg)	全磷 /(g/kg)	全钾 /(g/kg)	碱解氮 /(mg/kg)	有效磷 /(mg/kg)	速效钾 /(mg/kg)	氯离子 /(mg/kg)
0~20	7.49	23.90	1.09	0.41	11.50	75.82	23.76	219.30	17.07
20~40	7.88	6.10	0.64	0.38	28.90	23.03	3.56	81.21	14.95
40~80	8.09	4.00	0.45	0.41	26.00	15.36	4.75	59.51	16.49
80~120	8.82	2.50	0.34	0.44	24.20	15.36	5.05	56.55	12.44

表 11-2-20 片区代表性烟田土壤腐殖质组成

土层 /cm	腐殖酸碳量 /(g/kg)	腐殖质全碳量 /(g/kg)	胡敏酸碳量 /(g/kg)	胡敏素碳量 /(g/kg)	富啡酸碳量 /(g/kg)	胡富比
0~20	7.72	12.28	4.21	4.57	3.51	1.20
20~40	1.37	2.84	0.53	1.47	0.85	0.63
40~80	1.03	2.29	0.52	1.27	0.52	1.00
80~120	0.34	1.25	0.22	0.91	0.11	2.00

表 11-2-21 片区代表性烟田土壤中微量元素状况

土层 /cm	有效铜 /(mg/kg)	有效铁 /(mg/kg)	有效锰 /(mg/kg)	有效锌 /(mg/kg)	交换性 Ca^{2+} /(cmol/kg)	交换性 Mg^{2+} /(cmol/kg)
0~20	1.19	1.31	120.74	4.76	6.58	2.00

续表

土层 /cm	有效铜 /(mg/kg)	有效铁 /(mg/kg)	有效锰 /(mg/kg)	有效锌 /(mg/kg)	交换性 Ca^{2+} /(cmol/kg)	交换性 Mg^{2+} /(cmol/kg)
20~40	0.21	0.52	72.03	1.80	7.13	2.44
40~80	0.21	2.90	35.61	1.48	22.28	2.54
80~120	0.01	0.31	42.30	0.21	54.88	2.62

5）总体评价

土体深厚，耕作层质地适中，耕性和通透性好，中等水土流失，易受旱灾威胁。中性土壤，有机质含量中等水平，肥力偏低，磷含量中等水平，钾较高，铜、铁、锰、锌、钙、镁含量丰富。

第三节　云南隆阳生态条件

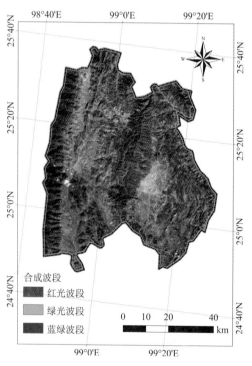

图 11-3-1　隆阳区位置及 Landsat
假彩色合成影像图

一、地理位置

隆阳区位于北纬 24°46′~25°38′，东经 98°43′~99°26′，地处怒江山脉尾部、高黎贡山山脉之中，镶嵌于澜沧江、怒江。隆阳区隶属云南省保山市，现辖永昌街道、兰城街道、板桥镇、河图镇、汉庄镇、蒲缥镇、瓦窑镇、潞江镇、金鸡乡、辛街乡、西邑乡、丙麻乡、瓦渡乡、水寨乡、瓦马彝族白族乡、瓦房彝族苗族乡、杨柳白族彝族乡、芒宽彝族傣族乡、潞江农场、新城农场等 2 个街道、6 个镇、6 个乡、4 个民族乡辖区及 2 个农场。总面积 5011 km^2，其中农业耕地 45 493 hm^2（图 11-3-1）。

二、自然条件

1. 地形地貌

隆阳区地区云南省西部，横断山脉南段。境内山脉起伏盘错，最高海拔 3655.9 m，最低海拔 648 m，城区海拔 1653.5 m（图 11-3-2）。最大的保山坝子，面积 149.9 km^2，其中山区、半山区占总面积的 92.6%。

2. 气候条件

隆阳区气候属西南季风区亚热带高原气候类型，加之低北纬高海拔和海拔高程差异较大的复杂地形，使隆阳区形成"一山分四季，十里不同天"的立体气候，热、温、寒三种气候类型俱全。受地形影响,由中部海拔较高山区向东西两侧气温递增、降雨递减,其中西部边缘高海拔山区气温较低、降雨较少;日照西部坝子区域较少,东西两侧海拔较高区域较多。年均气温5.5~21.6℃,平均15.1℃,1月最冷,月平均气温8.2℃,6月最热,月平均气温20.0℃。年均降水总量1080~1437 mm,平均1217 mm左右,5~10月降雨均在100 mm以上,其中7月、8月降雨在200 mm以上,其他月份降雨在100 mm以下。年均日照时数2074~2370 h,平均2251 h,11月至次年4月日照在200 h以上,其他月份日照在200 h以下、100小时以上(图11-3-3)。年均无霜期290 d以上。

海拔/m

1200 1400 1600 1800 2000 2200 2400 2600 2800

图11-3-2　隆阳区海拔示意图

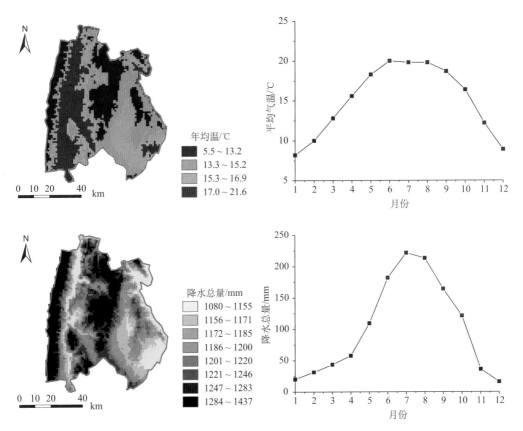

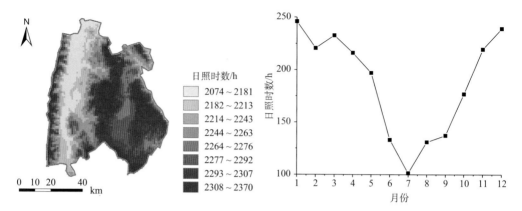

图 11-3-3　隆阳区 1980~2013 年平均温度、降水总量、日照时数时空动态变化示意图

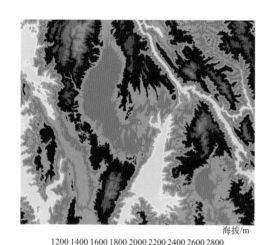

图 11-3-4　片区海拔示意图

三、片区与代表性烟田

1. 丙麻乡河新村片区

1）基本信息

代表性地块（LY-01）：北纬 25°00′3.682″，东经 99°21′34.186″，海拔 1494m（图 11-3-4），亚高山坡地中部，成土母质为白云岩等风化坡积物，种植制度为烤烟-玉米不定期轮作，缓坡梯田旱地，土壤亚类为普通黏化干润富铁土。

2）气候条件

该片区烤烟大田生长期间（5~9月），平均气温21.5℃，降水量849 mm，日照时数728 h（图11-3-5）。

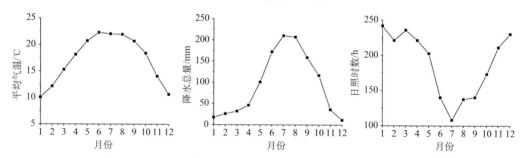

图 11-3-5　片区平均气温、降水总量、日照时数动态变化示意图

3）剖面形态（图 11-3-6（右））

Ap：0~20 cm，浊红棕色（2.5YR 4/4，润），亮红棕色（2.5YR 5/6，干），黏土，发育强的 1~2 mm 粒状结构，松散，清晰平滑过渡。

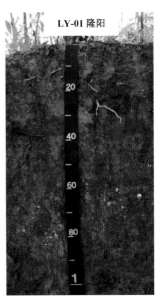

图 11-3-6　代表性地块景观(左)和土壤剖面(右)

AB：20~36 cm，浊红棕色(2.5YR 4/4，润)，亮红棕色(2.5YR 5/6，干)，2%左右角块状岩石碎屑，黏土，发育强的直径 10~20 mm 棱块状结构，稍紧实，结构面上 5%左右铁锰斑纹，渐变波状过渡。

Btr1：36~60 cm，浊红棕色(2.5YR 4/4，润)，亮红棕色(2.5YR 5/6，干)，5%左右角块状岩石碎屑，黏土，发育中等的直径 20~50 mm 棱块状结构，紧实，结构面上 2%左右铁锰斑纹，10%左右黏粒-氧化铁胶膜，2%左右软小铁锰结核，渐变波状过渡。

Btr2：60~85 cm，浊红棕色(2.5YR 4/4，润)，亮红棕色(2.5YR 5/6，干)，10%左右角块状岩石碎屑，黏土，发育中等的直径 20~50 mm 棱块状结构，紧实，结构面上 2%右铁锰斑纹，20%左右黏粒-氧化铁胶膜，2%左右软小铁锰结核，渐变波状过渡。

Btr3：85~110 cm，浊红棕色(2.5YR 4/4，润)，亮红棕色(2.5YR 5/6，干)，黏土，发育中等的直径 20~50 mm 棱块状结构，紧实，20%左右黏粒-氧化铁胶膜，2%左右软小铁锰结核。

4) 土壤养分

片区土壤呈微酸性，土体 pH 6.33~6.74，有机质 4.42~19.90 g/kg，全氮 0.30~1.10 g/kg，全磷 1.82~5.28 g/kg，全钾 10.10~11.80 g/kg，碱解氮 11.30~109.40 mg/kg，有效磷 0.56~68.92 mg/kg，速效钾 28.00~97.00 mg/kg，氯离子 0.001~0.022 mg/kg，交换性 Ca^{2+} 6.64~10.33 cmol/kg，交换性 Mg^{2+} 3.09~3.77 cmol/kg。

腐殖酸与腐殖质组成中，腐殖酸碳量 0.30~6.57 g/kg，腐殖质全碳量 2.82~12.72 g/kg，胡敏酸碳量 0.16~2.40 g/kg，胡敏素碳量 2.17~6.15 g/kg，富啡酸碳量 0.14~4.17g/kg，胡富比 0.37~2.10。

微量元素中，有效铜 0.06~1.27 mg/kg，有效铁 5.70~26.70 mg/kg，有效锰 0.50~15.50 mg/kg，有效锌 0.06~1.57 mg/kg(表 11-3-1~表 11-3-3)。

表 11-3-1　片区代表性烟田土壤养分状况

土层 /cm	pH	有机质 /(g/kg)	全氮 /(g/kg)	全磷 /(g/kg)	全钾 /(g/kg)	碱解氮 /(mg/kg)	有效磷 /(mg/kg)	速效钾 /(mg/kg)	氯离子 /(mg/kg)
0~20	6.33	19.90	1.10	5.28	11.50	109.40	68.92	97.00	0.003
20~36	6.74	12.00	0.61	3.72	10.70	58.00	6.56	42.00	0.002
36~60	6.74	9.01	0.44	2.09	10.10	25.20	0.66	28.00	0.001
60~85	6.52	4.80	0.32	1.82	11.80	11.30	0.56	39.00	0.022
85~110	6.45	4.42	0.30	1.88	11.80	21.80	1.10	29.00	0.020

表 11-3-2　片区代表性烟田土壤腐殖酸与腐殖质组成

土层 /cm	腐殖酸碳量 /(g/kg)	腐殖质全碳量 /(g/kg)	胡敏酸碳量 /(g/kg)	胡敏素碳量 /(g/kg)	富啡酸碳量 /(g/kg)	胡富比
0~20	6.57	12.72	2.40	6.15	4.17	0.58
20~36	2.33	7.66	0.63	5.33	1.70	0.37
36~60	0.30	5.75	0.16	5.45	0.14	1.14
60~85	0.69	3.06	0.22	2.37	0.47	0.47
85~110	0.65	2.82	0.44	2.17	0.21	2.10

表 11-3-3　片区代表性烟田土壤中微量元素状况

土层 /cm	有效铜 /(mg/kg)	有效铁 /(mg/kg)	有效锰 /(mg/kg)	有效锌 /(mg/kg)	交换性 Ca^{2+} /(cmol/kg)	交换性 Mg^{2+} /(cmol/kg)
0~20	1.27	26.70	15.50	1.57	9.45	3.69
20~36	0.42	9.90	6.60	0.61	10.33	3.77
36~60	0.10	7.00	1.70	0.12	7.91	3.09
60~85	0.06	5.70	0.50	0.06	6.64	3.13
85~110	0.08	6.50	2.10	0.08	6.77	3.13

海拔/m

1200 1400 1600 1800 2000 2200 2400 2600 2800

图 11-3-7　片区海拔示意图

5）总体评价

土体深厚，耕作层质地偏黏，耕性和通透性差，顺坡种植，易水土流失。微酸性土壤，有机质含量偏低，肥力中等，磷含量丰富，钾、氯含量缺乏，铜、铁、锰、锌、钙、镁丰富。

2. 西邑乡下坝村片区

1）基本信息

代表性地块（LY-02）：北纬24°56′11.861″，东经99°18′38.793″，海拔1602 m（图11-3-7），亚高山坡地下下部，成土母质为石灰岩风化坡积物，烤烟-玉米不定期轮作，缓坡梯田旱地，土壤亚类为斑纹铁质干润淋溶土。

2）气候条件

该片区烤烟大田生长期间(5~9 月)，平均气温 20.8℃，降水量 873 mm，日照时数 721 h(图 11-3-8)。

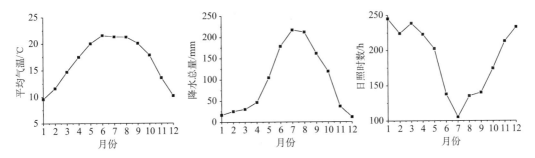

图 11-3-8　片区平均气温、降水总量、日照时数动态变化示意图

3）剖面形态(图 11-3-9(右))

图 11-3-9　代表性地块景观(左)和土壤剖面(右)

Ap：0~22 cm，暗红棕色(2.5YR 3/3，润)，红棕色(2.5YR 4/6，干)，黏土，发育强的 1~2 mm 粒状结构，松散，清晰平滑过渡。

AB：22~33 cm，暗红棕色(2.5YR 3/3，润)，红棕色(2.5YR 4/6，干)，黏土，发育强的直径 10~20 mm 块状结构，松散，结构面上 2%左右铁锰斑纹，清晰平滑过渡。

Btr1：33~55 cm，暗红棕色(2.5YR 3/3，润)，红棕色(2.5YR 4/6，干)，5%左右角块状岩石碎屑，黏土，清晰平滑过渡，发育中等的直径 20~50 mm 棱块状结构，紧实，结构面上 2%左右铁锰斑纹，10%左右黏粒-氧化铁胶膜，弱石灰反应，渐变波状过渡。

Btr2：55~80 cm，红棕色(2.5YR 4/6，润)，亮红棕色(2.5YR 5/8，干)，2%左右角块状岩石碎屑，黏土，发育中等的直径 20~50 mm 棱块状结构，紧实，结构面上 2%左右铁锰斑纹，20%左右黏粒-氧化铁胶膜，2%左右软小铁锰结核，弱石灰反应，渐变波状过渡。

Btr3：80~105 cm，红棕色(2.5YR 4/6，润)，亮红棕色(2.5YR 5/8，干)，黏土，发育中等的直径 20~50 mm 棱块状结构，很紧实，20%左右黏粒-氧化铁胶膜，2%左右软小铁锰结核，弱石灰反应。

4) 土壤养分

片区土壤呈中性，土体 pH 5.35~6.92，有机质 8.14~21.10 g/kg，全氮 0.66~1.50 g/kg，全磷 2.15~5.34 g/kg，全钾 13.20~16.60 g/kg，碱解氮 43.10~111.40 mg/kg，有效磷 4.15~73.07 mg/kg，速效钾 89.00~251.00 mg/kg，氯离子 0.003~0.004 mg/kg，交换性 Ca^{2+} 7.57~12.37 cmol/kg，交换性 Mg^{2+} 3.60~5.64 cmol/kg。

腐殖酸与腐殖质组成中，腐殖酸碳量 1.08~4.47 g/kg，腐殖质全碳量 5.20~13.49 g/kg，胡敏酸碳量 0.56~2.58 g/kg，胡敏素碳量 4.12~9.02 g/kg，富啡酸碳量 0.49~2.30g/kg，胡富比 0.24~1.74。

微量元素中，有效铜 1.01~2.83 mg/kg，有效铁 11.70~15.80 mg/kg，有效锰 20.00~26.60 mg/kg，有效锌 0.90~3.58 mg/kg(表 11-3-4~表 11-3-6)。

表 11-3-4　片区代表性烟田土壤养分状况

土层 /cm	pH	有机质 /(g/kg)	全氮 /(g/kg)	全磷 /(g/kg)	全钾 /(g/kg)	碱解氮 /(mg/kg)	有效磷 /(mg/kg)	速效钾 /(mg/kg)	氯离子 /(mg/kg)
0~22	6.82	21.10	1.50	2.64	16.60	111.40	73.07	251.00	0.004
22~33	6.92	20.30	1.31	5.34	15.60	100.20	70.49	208.00	0.003
33~55	6.59	12.20	0.88	3.67	14.50	54.70	9.09	173.00	0.004
55~80	6.90	12.20	0.71	2.71	15.10	47.90	4.15	104.00	0.003
80~105	5.35	8.14	0.66	2.15	13.20	43.10	4.15	89.00	0.003

表 11-3-5　片区代表性烟田土壤腐殖酸与腐殖质组成

土层 /cm	腐殖酸碳量 /(g/kg)	腐殖质全碳量 /(g/kg)	胡敏酸碳量 /(g/kg)	胡敏素碳量 /(g/kg)	富啡酸碳量 /(g/kg)	胡富比
0~22	4.47	13.49	2.58	9.02	1.89	1.37
22~33	4.03	12.93	2.56	8.90	1.47	1.74
33~55	1.77	7.75	0.87	5.98	0.90	0.97
55~80	1.96	7.79	0.56	5.83	2.30	0.24
80~105	1.08	5.20	0.59	4.12	0.49	1.20

表 11-3-6　片区代表性烟田土壤中微量元素状况

土层 /cm	有效铜 /(mg/kg)	有效铁 /(mg/kg)	有效锰 /(mg/kg)	有效锌 /(mg/kg)	交换性 Ca^{2+} /(cmol/kg)	交换性 Mg^{2+} /(cmol/kg)
0~22	2.83	15.80	25.60	3.58	12.35	5.64
22~33	2.40	12.70	20.00	3.09	12.37	4.85
33~55	2.12	15.10	20.20	2.56	9.51	4.16
55~80	1.22	11.70	23.30	1.67	8.46	3.72
80~105	1.01	13.40	26.60	0.90	7.57	3.60

5) 总体评价

土体深厚，耕作层质地偏黏，耕性和通透性差，缓坡梯田，顺坡种植，易水土流失。中性土壤，有机质含量中等，肥力中等，磷、钾含量丰富，缺氯，铜、铁、锰、锌、钙、镁丰富。

3. 西邑乡鲁图村石门片区

1) 基本情况

代表性地块（LY-03）：北纬 24°52′2.925″，东经 99°17′40.740″，海拔 2074m（图 11-3-10），亚高山坡地中部，成土母质为灰岩风化坡积物，烤烟-玉米不定期轮作，缓坡梯田旱地，土壤亚类为普通黏化干润富铁土。

2) 气候条件

该片区烤烟大田生长期间（5~9 月），平均气温 18.0℃，降水量 925 mm，日照时数 703 h（图 11-3-11）。

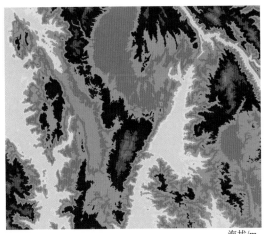

海拔/m

1200 1400 1600 1800 2000 2200 2400 2600 2800

图 11-3-10　片区海拔示意图

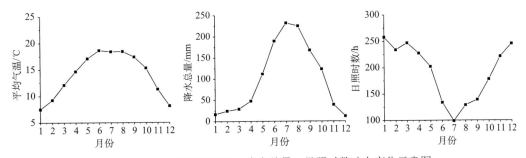

图 11-3-11　片区平均气温、降水总量、日照时数动态变化示意图

3) 剖面形态（图 11-3-12（右））

Ap：0~21 cm，浊红棕色（2.5YR 5/4，润），橙色（2.5YR 6/6，干），5%左右岩石碎屑，黏壤土，发育强的 1~2 mm 粒状结构，松散，清晰平滑过渡。

AB：21~42 cm，浊红棕色(2.5YR 5/4，润)，橙色(2.5YR 6/6，干)，5%左右岩石碎屑，黏壤土，发育强的直径 10~20 mm 块状结构，松散，结构面上 2%左右铁锰斑纹，清晰波状过渡。

Btr1：42~61 cm，暗红棕色(2.5YR 3/3，润)，红棕色(2.5YR 4/6，干)，5%左右岩石碎屑，黏壤土，清晰平滑过渡，发育中等的直径 10~20 mm 块状结构，稍紧实，结构面上 2%左右铁锰斑纹，20%左右黏粒-氧化铁胶膜，渐变波状过渡。

Btr2：61~82 cm，红棕色(2.5YR 4/6，润)，亮红棕色(2.5YR 5/8，干)，5%左右岩石碎屑，黏壤土，发育中等的直径 20~50 mm 块状结构，稍紧实，结构面上 2%左右铁锰斑纹，20%左右黏粒-氧化铁胶膜，渐变波状过渡。

Btr3：82~110 cm，红棕色(2.5YR 4/6，润)，亮红棕色(2.5YR 5/8，干)，黏壤土，发育中等的直径 20~50 mm 块状结构，稍紧实，结构面上 2%左右铁锰斑纹，20%左右黏粒-氧化铁胶膜。

图 11-3-12　代表性地块景观(左)和土壤剖面(右)

4) 土壤养分

片区土壤呈酸性，土体 pH 4.08~4.65，有机质 6.32~9.70 g/kg，全氮 0.89~0.98 g/kg，全磷 2.01~2.57 g/kg，全钾 29.50~35.10 g/kg，碱解氮 37.50~61.70 mg/kg，有效磷 1.23~5.27 mg/kg，速效钾 95.00~181.00 mg/kg，氯离子 0.010~0.022mg/kg，交换性 Ca^{2+} 6.60~8.32 cmol/kg，交换性 Mg^{2+} 1.16~1.51 cmol/kg。

腐殖酸与腐殖质组成中，腐殖酸碳量 0.67~1.86 g/kg，腐殖质全碳量 4.03~6.19 g/kg，胡敏酸碳量 0.36~0.69 g/kg，胡敏素碳量 2.92~4.49 g/kg，富啡酸碳量 0.27~1.21 g/kg，胡富比 0.40~1.11。

微量元素中，有效铜 0.14~0.20 mg/kg，有效铁 20.40~25.50 mg/kg，有效锰 12.90~36.00 mg/kg，有效锌 0.56~0.91 mg/kg(表 11-3-7~表 11-3-9)。

表 11-3-7　片区代表性烟田土壤养分状况

土层 /cm	pH	有机质 /(g/kg)	全氮 /(g/kg)	全磷 /(g/kg)	全钾 /(g/kg)	碱解氮 /(mg/kg)	有效磷 /(mg/kg)	速效钾 /(mg/kg)	氯离子 /(mg/kg)
0~21	4.65	6.32	0.91	2.46	34.20	60.70	5.27	181.00	0.010
21~42	4.60	6.43	0.89	2.57	35.10	37.50	2.24	170.00	0.011
42~61	4.24	9.70	0.96	2.11	29.50	40.00	1.91	111.00	0.022
61~82	4.08	8.47	0.98	2.01	31.70	61.70	1.23	109.00	0.020
82~110	4.23	8.46	0.90	2.05	30.80	49.60	2.24	95.00	0.014

表 11-3-8　片区代表性烟田土壤腐殖酸与腐殖质组成

土层 /cm	腐殖酸碳量 /(g/kg)	腐殖质全碳量 /(g/kg)	胡敏酸碳量 /(g/kg)	胡敏素碳量 /(g/kg)	富啡酸碳量 /(g/kg)	胡富比
0~21	1.11	4.03	0.36	2.92	0.75	0.48
21~42	0.67	4.11	0.40	3.44	0.27	1.48
42~61	1.70	6.19	0.49	4.49	1.21	0.40
61~82	1.86	5.40	0.69	3.54	1.17	0.59
82~110	1.20	5.40	0.63	4.20	0.57	1.11

表 11-3-9　片区代表性烟田土壤中微量元素状况

土层 /cm	有效铜 /(mg/kg)	有效铁 /(mg/kg)	有效锰 /(mg/kg)	有效锌 /(mg/kg)	交换性 Ca^{2+} /(cmol/kg)	交换性 Mg^{2+} /(cmol/kg)
0~21	0.14	20.40	36.00	0.91	8.13	1.44
21~42	0.20	23.80	33.30	0.78	8.32	1.51
42~61	0.15	24.50	21.90	0.57	6.60	1.23
61~82	0.17	21.50	12.90	0.59	6.89	1.21
82~110	0.18	25.50	20.80	0.56	7.08	1.16

5) 总体评价

土体深厚，耕作层质地偏黏，耕性和通透性较差，顺坡种植，易水土流失。酸性土壤，有机质含量较低，肥力偏低，缺氯、缺磷富钾，铜，铁、锰、钙、镁丰富，锌含量中等水平。

4. 汉庄镇盛家村干沟片区

1) 基本情况

代表性地块 (LY-04)：北纬 24°59′5.362″，东经 99°13′34.073″，海拔 1693 m（图 11-3-13），亚高山坡地中下部，成土母质为灰岩风化坡积物，烤烟-玉米不定期轮作，缓坡梯田旱地，土壤亚类为

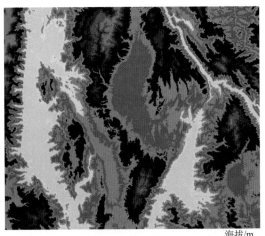

海拔/m

1200 1400 1600 1800 2000 2200 2400 2600 2800

图 11-3-13　片区海拔示意图

斑纹铁质干润淋溶土。

2）气候条件

该片区烤烟大田生长期间（5~9 月），平均气温 20.0℃，降水量 887 mm，日照时数 714 h（图 11-3-14）。

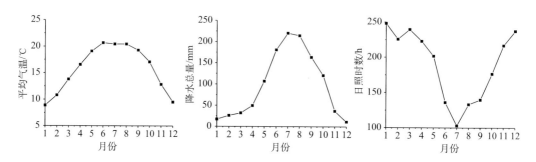

图 11-3-14　片区平均气温、降水总量、日照时数动态变化示意图

3）剖面形态（图 11-3-15（右））

Ap1：0~20 cm，浊橙色（5YR 6/4，润）， 橙色（5YR 6/6，干），黏土，发育中等的 1~2 mm 粒状结构，松散，清晰平滑过渡。

AB：20~44 cm，浊红棕色（5YR 4/3，润），浊红棕色（5YR 5/4，干），黏土，发育强的直径 10~20 mm 块状结构，稍紧实，渐变波状过渡。

Btr1：44~63 cm，红棕色（2.5YR 4/6，润），橙色（2.5YR 6/8，干），黏土，发育中等的直径 20~50 mm 棱块状结构，紧实，结构面上 2%左右铁锰斑纹，20%左右黏粒-氧化铁胶膜，渐变波状过渡。

 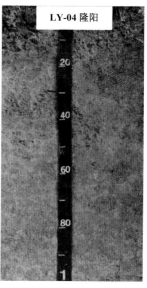

图 11-3-15　代表性地块景观（左）和土壤剖面（右）

Btr2：63~88 cm，红棕色(2.5YR 4/6，润)，橙色(2.5YR 6/8，干)，黏土，发育中等的直径 20~50 mm 块状结构，紧实，结构面上 4%左右铁锰斑纹，20%左右黏粒-氧化铁胶膜，渐变波状过渡。

Btr3：88~110 cm，红棕色(2.5YR 4/6，润)，橙色(2.5YR 6/8，干)，黏土，发育中等的直径 20~50 mm 棱块状结构，紧实，结构面上 4%左右铁锰斑纹，20%左右黏粒-氧化铁胶膜。

4) 土壤养分

片区土壤呈酸性，土体 pH 4.46~4.73，有机质 11.40~13.70 g/kg，全氮 0.60~1.26 g/kg，全磷 0.37~2.92 g/kg，全钾 15.30~16.40 g/kg，碱解氮 42.70~76.60 mg/kg，有效磷 6.28~30.19 mg/kg，速效钾 44.00~89.00 mg/kg，氯离子 0.0009~0.0140 mg/kg，交换性 Ca^{2+} 3.28~7.08 cmol/kg，交换性 Mg^{2+} 1.16~1.85 cmol/kg。

腐殖酸与腐殖质组成中，腐殖酸碳量 2.36~5.77 g/kg，腐殖质全碳量 7.50~8.90 g/kg，胡敏酸碳量 0.29~1.58 g/kg，胡敏素碳量 2.56~6.38 g/kg，富啡酸碳量 0.87~3.13 g/kg，胡富比 0.14~1.82。

微量元素中，有效铜 0.18~0.59 mg/kg，有效铁 26.20~51.70 mg/kg，有效锰 9.70~20.80 mg/kg，有效锌 0.44~0.77 mg/kg(表 11-3-10~表 11-3-12)。

表 11-3-10　片区代表性烟田土壤养分状况

土层 /cm	pH	有机质 /(g/kg)	全氮 /(g/kg)	全磷 /(g/kg)	全钾 /(g/kg)	碱解氮 /(mg/kg)	有效磷 /(mg/kg)	速效钾 /(mg/kg)	氯离子 /(mg/kg)
0~20	4.73	11.40	1.26	0.37	16.40	76.60	17.40	85.00	0.0015
20~44	4.46	13.70	0.99	2.92	15.30	68.60	17.85	48.00	0.0019
44~63	4.65	13.60	0.60	1.61	15.40	42.70	18.18	89.00	0.0140
63~88	4.47	12.40	0.71	2.22	15.50	70.90	30.19	44.00	0.0011
88~110	4.49	11.80	0.75	1.72	15.50	57.20	6.28	46.00	0.0009

表 11-3-11　片区代表性烟田土壤腐殖酸与腐殖质组成

土层 /cm	腐殖酸碳量 /(g/kg)	腐殖质全碳量 /(g/kg)	胡敏酸碳量 /(g/kg)	胡敏素碳量 /(g/kg)	富啡酸碳量 /(g/kg)	胡富比
0~20	5.77	8.90	0.57	2.56	3.13	0.75
20~44	2.36	8.74	0.99	6.38	1.37	0.72
44~63	2.41	8.66	0.29	6.25	2.12	0.14
63~88	2.47	7.91	1.12	5.44	1.35	0.83
88~110	2.45	7.50	1.58	5.05	0.87	1.82

表 11-3-12　片区代表性烟田土壤中微量元素状况

土层 /cm	有效铜 /(mg/kg)	有效铁 /(mg/kg)	有效锰 /(mg/kg)	有效锌 /(mg/kg)	交换性 Ca^{2+} /(cmol/kg)	交换性 Mg^{2+} /(cmol/kg)
0~20	0.18	25.50	20.80	0.56	7.08	1.16
20~44	0.59	51.70	9.70	0.77	4.93	1.85
44~63	0.18	26.20	20.00	0.56	3.28	1.32
63~88	0.58	40.50	13.40	0.44	3.28	1.37
88~110	0.43	33.10	11.10	0.47	3.29	1.35

5)总体评价

土体深厚，耕作层质地黏，耕性和通透性较差，顺坡种植，易水土流失。酸性土壤，有机质含量偏低，肥力偏低，磷、钾含量偏低，缺氯，缺铜，锌含量中等，铁、锰、钙、镁含量丰富。

第四节　云南施甸生态条件

一、地理位置

施甸县位于北纬 24°16′~25°00′，东经 98°54′~99°21′，地处云南省西部边陲，怒江东岸，保山市南部，东隔枯柯河与昌宁县接壤，南以勐波罗为界与临沧市为邻，西隔怒江与龙陵县相望，北连隆阳区。施甸县隶属云南省保山市，现辖甸阳镇、由旺镇、姚关镇、太平镇、仁和镇、万兴乡、摆榔彝族布朗族乡、酒房乡、旧城乡、木老元布朗族彝族乡、老麦乡、何元乡、水长乡等 5 个镇、8 个乡。施甸县总面积 2009 km²，耕地面积 228 800 hm²（图 11-4-1）。

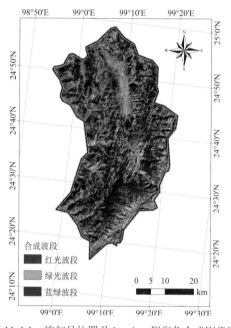

图 11-4-1　施甸县位置及 Landsat 假彩色合成影像图

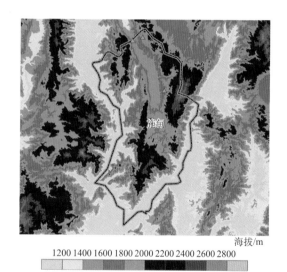

图 11-4-2　施甸县海拔示意图

二、自然条件

1. 地形地貌

施甸县境内地形属怒山尾翼山地峡谷区，地势大致北高南低，三面有江河环绕，两山夹一坝。高山，丘陵纵横交错，地势北高南低。海拔高差较大，东北部四大山主峰大水河头山最高海拔 2895.4 m，西南部的三江口最低海拔 560 m（图 11-4-2）。

2. 气候条件

施甸县属中亚热带为主体的低纬山地季风气候。受地形影响，由中部海拔较高山区向四周河谷、坝子地区气温递增、降雨递减、日照递减。年均气温 10.4~22.2℃，平均 16.2℃，1 月最冷，月平均气温 9.5℃，6 月最热，月平均气温 20.8℃。年均降水总量 1117~1345 mm，平均 1234 mm 左右，5~10 月降雨均在 100 mm 以上，其中月 7、8 月降雨在 200 mm 以上，其他月份降雨在 100 mm 以下。年均日照时数 2186~2370 h，平均 2283 h，11 月至次年 5 月日照在 200 h 以上，其他月份日照在 200 h 以下、100 h 以上(图 11-4-3)。年均无霜期 273 d。

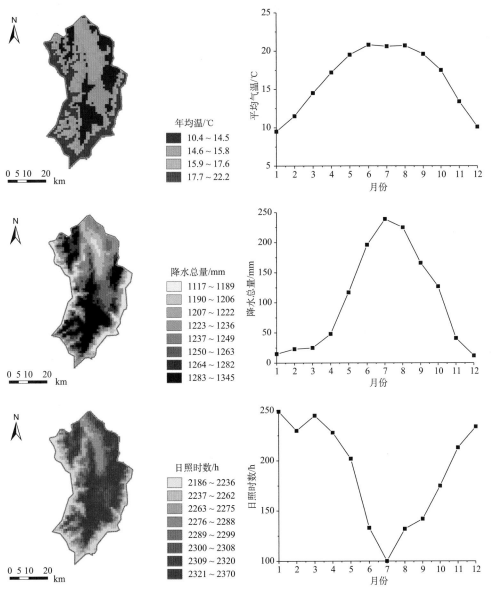

图 11-4-3　施甸县 1980~2013 年平均温度、降水总量、日照时数时空动态变化示意图

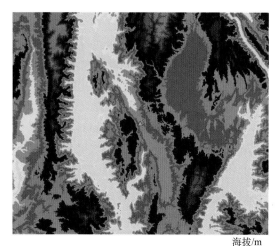

海拔/m

1200 1400 1600 1800 2000 2200 2400 2600 2800

图 11-4-4　片区海拔示意图

三、片区与代表性烟田

1. 水长乡平场子村大长山片区

1）基本情况

代表性地块（SHD-01）：北纬24°56′20.256″，东经 99°3′52.159″，海拔1553m（图 11-4-4），中山区坡地中部，成土母质为古红黄土坡积物，烤烟-玉米不定期轮作，缓坡梯田旱地，土壤亚类为普通钙质干润淋溶土。

2）气候条件

该片区烤烟大田生长期间（5~9 月），平均气温 20.5℃，降水量 906 mm，日照时数 709 h（图 11-4-5）。

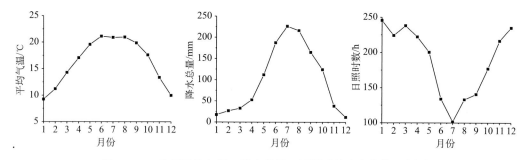

图 11-4-5　片区平均气温、降水总量、日照时数动态变化示意图

3）剖面形态（图 11-4-6（右））

Ap：0~20 cm，浊棕色（7.5YR 5/3，干），浊橙色（7.5 6/4，润），黏壤土，发育强的1~2 mm 粒状结构，松散，强石灰反应，清晰平滑过渡。

AB：20~35 cm，浊棕色（7.5YR 5/3，干），浊橙色（7.5 6/4，润），黏壤土，发育强的直径 10~20 mm 块状结构，稍紧实，弱石灰反应，蚯蚓 4~5 条，清晰平滑过渡。

Btr1：35~65 cm，浊橙色（7.5YR 6/4，干），橙色（7.5YR 7/6，润），3%左右角块状石灰岩碎屑，黏壤土，发育强的直径 20~50 mm 块状结构，紧实，结构面上 25%左右铁锰斑纹，弱石灰反应，清晰波状过渡。

Abr：65~80 cm，浊橙色（7.5YR 6/4，干），橙色（7.5YR 7/6，润），3%左右角块状石灰岩碎屑，黏壤土，发育中等的直径 20~50 mm 块状结构，紧实，结构面上 25%左右铁锰斑纹，25%左右黏粒胶膜，弱石灰反应，清晰波状过渡。

Btr2：80~110 cm，橙色（2.5YR 6/8，干），橙色（2.5YR 7/8，润），2%左右角块状石灰岩碎屑，黏壤土，发育中等的直径 20~50 mm 块状结构，紧实，结构面上 25%左右铁锰斑纹，25%左右黏粒胶膜，中度石灰反应。

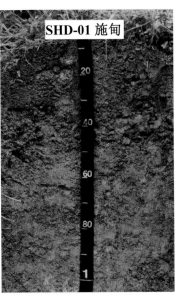

图 11-4-6　代表性地块景观(左)和土壤剖面(右)

4)土壤养分

片区土壤呈酸性,土体 pH 5.02~7.25,有机质 9.23~21.00 g/kg,全氮 0.62~1.22 g/kg,全磷 2.60~3.86 g/kg,全钾 20.50~23.80 g/kg,碱解氮 34.60~107.70 mg/kg,有效磷 2.13~22.78 mg/kg,速效钾 92.00~335.00 mg/kg,氯离子 0.002~0.006 mg/kg,交换性 Ca^{2+} 0~9.20 cmol/kg,交换性 Mg^{2+} 0~2.38 cmol/kg。

腐殖酸与腐殖质组成中,腐殖酸碳量 1.76~5.91 g/kg,腐殖质全碳量 5.89~13.37 g/kg,胡敏酸碳量 0.57~2.95 g/kg,胡敏素碳量 0.33~7.58 g/kg,富啡酸碳量 0.63~5.25 g/kg,胡富比 0.06~1.79。

微量元素中,有效铜 0.69~2.37 mg/kg,有效铁 30.30~66.80 mg/kg,有效锰 15.30~28.90 mg/kg,有效锌 0.33~2.99 mg/kg(表 11-4-1~表 11-4-3)。

表 11-4-1　片区代表性烟田土壤养分状况

土层 /cm	pH	有机质 /(g/kg)	全氮 /(g/kg)	全磷 /(g/kg)	全钾 /(g/kg)	碱解氮 /(mg/kg)	有效磷 /(mg/kg)	速效钾 /(mg/kg)	氯离子 /(mg/kg)
0~20	5.02	21.00	1.22	3.86	23.10	107.70	22.78	335.00	0.004
20~35	5.08	12.60	1.13	3.79	21.30	41.80	19.64	175.00	0.005
35~65	5.26	19.20	0.84	3.14	23.80	97.20	7.74	106.00	0.006
65~80	5.18	10.50	0.62	3.37	20.50	34.60	2.13	92.00	0.002
80~110	7.25	9.23	0.69	2.60	20.60	51.40	3.70	107.00	0.003

5)总体评价

土体深厚,耕作层质地偏黏,耕性和通透性较差,顺坡种植,易水土流失。酸性土壤,有机质暗红能量中等,肥力中等,钾素丰富,磷较丰富,氯含量较低。

表 11-4-2　片区代表性烟田土壤腐殖酸与腐殖质组成

土层 /cm	腐殖酸碳量 /(g/kg)	腐殖质全碳量 /(g/kg)	胡敏酸碳量 /(g/kg)	胡敏素碳量 /(g/kg)	富啡酸碳量 /(g/kg)	胡富比
0~20	5.91	13.37	2.95	7.46	2.96	1.00
20~35	2.54	8.01	0.57	5.47	1.97	0.29
35~65	4.70	12.28	1.04	7.58	3.66	0.28
65~80	1.76	6.73	1.13	4.97	0.63	1.79
80~110	5.56	5.89	0.31	0.33	5.25	0.06

表 11-4-3　片区代表性烟田土壤中微量元素状况

土层 /cm	有效铜 /(mg/kg)	有效铁 /(mg/kg)	有效锰 /(mg/kg)	有效锌 /(mg/kg)	交换性 Ca²⁺ /(cmol/kg)	交换性 Mg²⁺ /(cmol/kg)
0~20	2.37	66.80	28.90	2.99	7.68	1.49
20~35	2.04	51.20	25.70	2.42	7.97	2.27
35~65	1.28	34.10	15.30	1.22	9.20	2.38
65~80	0.72	30.30	15.40	0.69	6.95	1.84
80~110	0.69	31.60	20.40	0.33	0	0

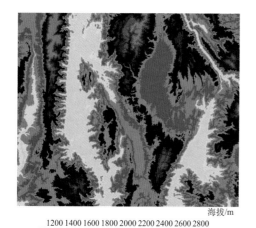

海拔/m

1200 1400 1600 1800 2000 2200 2400 2600 2800

图 11-4-7　片区海拔示意图

2. 水长乡小官市村西寨片区

1)基本情况

代表性地块（SHD-02）：北纬 24°57′16.278″，东经 99°6′12.979″，海拔 1843m（图 11-4-7），中山区坡中下部，成土母质为第四纪红土，烤烟-玉米不定期轮作，缓坡梯田旱地，土壤亚类为斑纹铁质干润淋溶土。

2)气候条件

该片区烤烟大田生长期间 5~9 月，平均气温 19.5℃，降水量 913 mm，日照时数 705 h（图 11-4-8）。

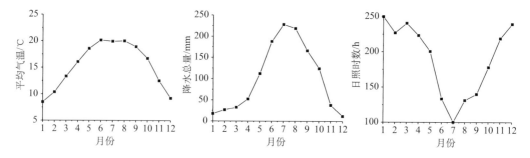

图 11-4-8　片区平均气温、降水总量、日照时数动态变化示意图

3) 剖面形态 (图 11-4-9 (右))

Ap: 0~20 cm，浊红棕色 (5YR 4/3，干)，浊红棕色 (5YR 5/4，润)，黏土，发育强的 1~2 mm 粒状结构，松散，弱石灰反应，清晰平滑过渡。

图 11-4-9　代表性地块景观 (左) 和土壤剖面 (右)

ABr: 20~40 cm，浊红棕色 (5YR 4/3，干)，浊红棕色 (5YR 5/4，润)，黏土，发育强的直径 10~20 mm 块状结构，稍紧实，结构面上 3% 左右铁锰斑纹，弱石灰反应，清晰平滑过渡。

Abr: 40~55 cm，浊红棕色 (5YR 4/3，干)，浊红棕色 (5YR 5/4，润)，黏土，发育强的直径 20~50 mm 块状结构，紧实，结构面上 3% 左右铁锰斑纹，弱石灰反应，清晰波状过渡。

Bt: 55~85 cm，橙色 (5YR 6/6，干)，橙色 (5YR 7/8，润)，黏土，发育中等的直径 20~50 mm 块状结构，紧实，结构面上 3% 左右铁锰斑纹，25% 左右黏粒-氧化铁胶膜，弱石灰反应，清晰波状过渡。

Btr: 85~110 cm，浊红棕色 (5YR 4/3，干)，浊红棕色 (5YR 5/4，润)，黏土，发育中等的直径 20~50 mm 块状结构，紧实，结构面上 3% 左右铁锰斑纹，25% 左右黏粒-氧化铁胶膜，2% 左右软小铁锰结核，弱石灰反应。

4) 土壤养分

片区土壤呈中性，土体 pH 5.90~7.09，有机质 10.80~24.70 g/kg，全氮 0.95~1.86 g/kg，全磷 1.76~4.90 g/kg，全钾 21.60~29.70 g/kg，碱解氮 37.40~125.70 mg/kg，有效磷 0.19~15.75 mg/kg，速效钾 61.00~178.00 mg/kg，氯离子 0.001~0.005 mg/kg，交换性 Ca^{2+} 0~12.26 cmol/kg，交换性 Mg^{2+} 0~1.40 cmol/kg。

腐殖酸与腐殖质组成中，腐殖酸碳量 2.18~7.43 g/kg，腐殖质全碳量 6.87~15.74 g/kg，胡敏酸碳量 0.06~2.14 g/kg，胡敏素碳量 4.37~9.99 g/kg，富啡酸碳量 1.34~6.59 g/kg，胡

富比 0.02~1.60。

微量元素中，有效铜 0.87~3.94 mg/kg，有效铁 9.20~39.70 mg/kg，有效锰 7.70~119.00 mg/kg，有效锌 0.10~0.62 mg/kg（表 11-4-4~表 11-4-6）。

表 11-4-4　片区代表性烟田土壤养分状况

土层 /cm	pH	有机质 /(g/kg)	全氮 /(g/kg)	全磷 /(g/kg)	全钾 /(g/kg)	碱解氮 /(mg/kg)	有效磷 /(mg/kg)	速效钾 /(mg/kg)	氯离子 /(mg/kg)
0~20	6.62	24.70	1.86	4.90	22.40	125.70	14.72	178.00	0.003
20~40	7.09	19.70	1.46	4.15	21.60	93.70	14.49	109.00	0.005
40~55	6.74	21.10	0.98	2.12	22.00	47.50	15.75	61.00	0.001
55~85	5.90	10.80	0.95	1.76	28.00	37.40	0.19	82.00	0.002
85~110	6.65	11.40	1.06	2.52	29.70	96.40	0.19	103.00	0.002

表 11-4-5　片区代表性烟田土壤腐殖酸与腐殖质组成

土层 /cm	腐殖酸碳量 /(g/kg)	腐殖质全碳量 /(g/kg)	胡敏酸碳量 /(g/kg)	胡敏素碳量 /(g/kg)	富啡酸碳量 /(g/kg)	胡富比
0~20	6.44	15.74	0.21	9.30	6.23	0.03
20~40	7.43	12.57	0.84	5.14	6.59	0.13
40~55	3.48	13.47	2.14	9.99	1.34	1.60
55~85	2.18	6.87	0.06	4.69	2.12	0.03
85~110	2.87	7.24	0.06	4.37	2.81	0.02

表 11-4-6　片区代表性烟田土壤中微量元素状况

土层 /cm	有效铜 /(mg/kg)	有效铁 /(mg/kg)	有效锰 /(mg/kg)	有效锌 /(mg/kg)	交换性 Ca^{2+} /(cmol/kg)	交换性 Mg^{2+} /(cmol/kg)
0~20	0.87	39.70	119.00	0.62	10.50	1.40
20~40	0.34	20.50	58.00	0.20	0	0
40~55	1.68	22.40	30.90	0.10	10.28	0.96
55~85	1.90	9.20	7.70	0.29	9.63	0.70
85~110	3.94	10.80	44.60	0.33	12.26	0.49

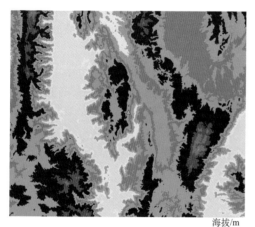

海拔/m

1200 1400 1600 1800 2000 2200 2400 2600 2800

图 11-4-10　片区海拔示意图

5）总体评价

土体深厚，耕作层质地偏黏，耕性和通透性较差，顺坡种植，易水土流失。中性土壤，有机质含量中等，肥力中等，缺氯，铜、锌含量中等，铁、锰、钙、镁含量丰富。

3. 由旺镇岚峰村金厂片区

1）基本情况

代表性地块（SHD-03）：北纬 24°49′48.807″，东经 99°3′58.727″，海拔 1631m（图 11-4-10），中山区坡中下部，成土母质为紫砂砾岩风化残积物，烤烟-玉米不定期轮作，陡坡梯田旱地，土壤亚类为普通紫色正常新成土。

2)气候条件

该片区烤烟大田生长期间 5~9 月，平均气温 18.8℃，降水量 947 mm，日照时数 699 h（图 11-4-11）。

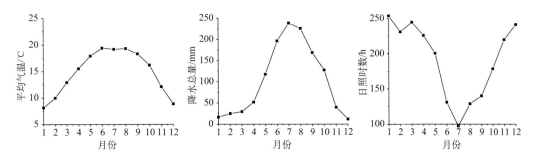

图 11-4-11　片区平均气温、降水总量、日照时数动态变化示意图

3)剖面形态（图 11-4-12（右））

Ap：0~32 cm，暗红棕色（10R 3/2，干），红棕色（10R 4/4，润），50%左右角块状岩石碎屑，砂壤，发育强的 1~2 mm 粒状结构，松散，清晰平滑过渡。

R：32 cm~，砂岩。

图 11-4-12　代表性地块景观（左）和土壤剖面（右）

4)土壤养分

片区土壤呈弱酸性，土体 pH 6.32~6.53，有机质 7.44~9.76 g/kg，全氮 0.50~0.68 g/kg，全磷 2.62~2.85 g/kg，全钾 5.33~5.50 g/kg，碱解氮 87.30~91.30 mg/kg，有效磷 20.48~43.04

mg/kg，速效钾 105.00~263.00 mg/kg，氯离子 0.002 mg/kg，交换性 Ca^{2+} 5.14~7.85 cmol/kg，交换性 Mg^{2+} 2.70~3.29 cmol/kg。

腐殖酸与腐殖质组成中，腐殖酸碳量 1.54~2.39 g/kg，腐殖质全碳量 4.75~6.23 g/kg，胡敏酸碳量 0.77~1.61 g/kg，胡敏素碳量 3.21~3.84 g/kg，富啡酸碳量 0.77~0.78 g/kg，胡富比 1.00~2.06。

微量元素中，有效铜 1.05~1.97 mg/kg，有效铁 25.40~27.40 mg/kg，有效锰 36.00~37.30 mg/kg，有效锌 0.74~1.45 mg/kg（表 11-4-7~表 11-4-9）。

表 11-4-7　片区代表性烟田土壤养分状况

土层 /cm	pH	有机质 /(g/kg)	全氮 /(g/kg)	全磷 /(g/kg)	全钾 /(g/kg)	碱解氮 /(mg/kg)	有效磷 /(mg/kg)	速效钾 /(mg/kg)	氯离子 /(mg/kg)
0~20	6.32	9.76	0.68	2.85	5.33	91.30	43.04	263.00	0.002
20~32	6.53	7.44	0.50	2.62	5.50	87.30	20.48	105.00	0.002

表 11-4-8　片区代表性烟田土壤腐殖酸与腐殖质组成

土层 /cm	腐殖酸碳量 /(g/kg)	腐殖质全碳量 /(g/kg)	胡敏酸碳量 /(g/kg)	胡敏素碳量 /(g/kg)	富啡酸碳量 /(g/kg)	胡富比
0~20	2.39	6.23	1.61	3.84	0.78	2.06
20~32	1.54	4.75	0.77	3.21	0.77	1.00

表 11-4-9　片区代表性烟田土壤中微量元素状况

土层 /cm	有效铜 /(mg/kg)	有效铁 /(mg/kg)	有效锰 /(mg/kg)	有效锌 /(mg/kg)	交换性 Ca^{2+} /(cmol/kg)	交换性 Mg^{2+} /(cmol/kg)
0~20	1.05	27.40	36.00	1.45	5.14	2.70
20~32	1.97	25.40	37.30	0.74	7.85	3.29

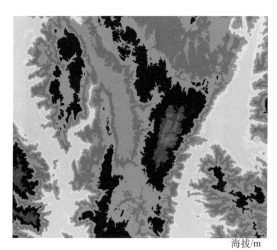

海拔/m

1200 1400 1600 1800 2000 2200 2400 2600 2800

图 11-4-13　片区海拔示意图

5）总体评价

土体薄，砂性重，耕性和通透性好，顺坡种植，易水土流失。微酸性土壤，有机质含量缺乏，肥力偏低，钾、磷含量丰富，缺氯，铜、铁、锰、锌、钙、镁含量丰富。

4. 仁和镇拨来登村片区

1）基本情况

代表性地块（SHD-04）：北纬 24°46′25.672″，东经 99°12′54.063″，海拔 1773 m（图 11-4-13），中山区坡中下部，成土母质为古红黄土坡积物，烤烟-玉米不定期轮作，缓坡梯田旱地，土壤亚类为斑纹铁质干润淋溶土。

2）气候条件

该片区烤烟大田生长期间 5~9 月，平均气温 20.1℃，降水量 919 mm，日照时数 711 h
（图 11-4-14）。

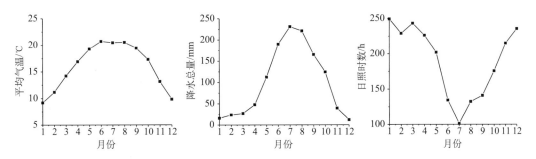

图 11-4-14　片区平均气温、降水总量、日照时数动态变化示意图

3）剖面形态（图 11-4-15（右））

Ap：0~20 cm，浊棕色（7.5YR 5/3，干），浊橙色（7.5YR 6/4，润），壤土，发育强的
1~2 mm 粒状结构，松散，弱石灰反应，清晰平滑过渡。

图 11-4-15　代表性地块景观（左）和土壤剖面（右）

ABr：20~38 cm，浊棕色（7.5YR 5/3，干），浊橙色（7.5YR 6/4，润），黏壤土，发育
强的直径 20~50 mm 块状结构，紧实，结构面上 3%左右铁锰斑纹，3%左右软小铁锰结
核，弱石灰反应，清晰平滑过渡。

Btr1：38~60 cm，浊棕色(7.5YR 5/3，干)，浊橙色(7.5YR 6/4，润)，黏壤土，发育强的直径 20~50 mm 块状结构，紧实，结构面上 3%左右铁锰斑纹，25%左右黏粒胶膜，3%左右软小铁锰结核，弱石灰反应，清晰波状过渡。

Abr：60~75 cm，灰棕色(7.5YR 5/2，干)，浊棕色(7.5YR 6/3，润)，黏壤土，发育中等的直径 20~50 mm 块状结构，紧实，结构面上 3%左右铁锰斑纹，25%左右黏粒-氧化铁胶膜，30%左右软小铁锰结核，弱石灰反应，清晰波状过渡。

Btr2：75~110 cm，亮红棕色(2.5YR 5/6，干)，橙色(2.5YR 6/8，润)，黏土，发育中等的直径 20~50 mm 块状结构，紧实，结构面上 3%左右铁锰斑纹，25%左右黏粒-氧化铁胶膜，7%左右软小铁锰结核，弱石灰反应。

4) 土壤养分

片区土壤呈微酸性，土体 pH 5.65~7.42，有机质 4.68~26.80 g/kg，全氮 0.60~1.75 g/kg，全磷 1.38~3.41 g/kg，全钾 21.70~34.10 g/kg，碱解氮含量 22.00~107.00 mg/kg，有效磷 1.34~18.64 mg/kg，速效钾 135.00~259.00 mg/kg，氯离子 0.002~0.008 mg/kg，交换性 Ca^{2+} 7.43~14.12 cmol/kg，交换性 Mg^{2+} 1.16~2.11 cmol/kg。

腐殖酸与腐殖质组成中，腐殖酸碳量 0.52~7.38 g/kg，腐殖质全碳量 2.98~17.12 g/kg，胡敏酸碳量 0.27~1.46 g/kg，胡敏素碳量 2.46~9.74 g/kg，富啡酸碳量 0.25~6.16 g/kg，胡富比 0.20~1.28。

微量元素中，有效铜 0.80~2.77 mg/kg，有效铁 5.30~66.30 mg/kg，有效锰 32.50~138.00 mg/kg，有效锌 0.10~1.10 mg/kg(表 11-4-10~表 11-4-12)。

表 11-4-10　片区代表性烟田土壤养分状况

土层 /cm	pH	有机质 /(g/kg)	全氮 /(g/kg)	全磷 /(g/kg)	全钾 /(g/kg)	碱解氮 /(mg/kg)	有效磷 /(mg/kg)	速效钾 /(mg/kg)	氯离子 /(mg/kg)
0~20	5.65	26.80	1.75	3.41	21.70	48.70	18.64	259.00	0.004
20~38	6.27	17.20	1.24	2.67	34.10	86.70	1.89	135.00	0.008
38~60	6.80	12.10	1.00	2.72	22.20	50.90	3.19	156.00	0.003
60~75	6.77	13.00	0.79	2.97	22.60	107.00	1.34	150.00	0.003
75~110	7.42	4.68	0.60	1.38	29.90	22.00	2.96	139.00	0.002

表 11-4-11　片区代表性烟田土壤腐殖酸与腐殖质组成

土层 /cm	腐殖酸碳量 /(g/kg)	腐殖质全碳量 /(g/kg)	胡敏酸碳量 /(g/kg)	胡敏素碳量 /(g/kg)	富啡酸碳量 /(g/kg)	胡富比
0~20	7.38	17.12	1.22	9.74	6.16	0.20
20~38	4.34	10.99	0.73	6.65	3.61	0.20
38~60	2.60	7.73	1.46	5.13	1.14	1.28
60~75	2.41	8.29	0.79	5.88	1.62	0.49
75~110	0.52	2.98	0.27	2.46	0.25	1.08

表 11-4-12　片区代表性烟田土壤中微量元素状况

土层 /cm	有效铜 /(mg/kg)	有效铁 /(mg/kg)	有效锰 /(mg/kg)	有效锌 /(mg/kg)	交换性 Ca^{2+} /(cmol/kg)	交换性 Mg^{2+} /(cmol/kg)
0~20	2.77	66.30	65.90	1.10	8.42	1.16
20~38	1.89	19.00	54.80	0.49	7.43	1.44
38~60	2.08	17.40	68.90	0.27	9.26	1.42
60~75	0.80	10.30	138.00	0.10	8.58	1.40
75~110	1.08	5.30	32.50	0.33	14.12	2.11

5）总体评价

土体深厚，耕作层质地适中，耕性和通透性较好，顺坡起垄，易水土流失。微酸性土壤，肥力偏低，缺磷、氯，钾含量丰富，铜、铁、锰、锌、钙、镁含量丰富。

第五节　云南宣威生态条件

一、地理位置

宣威市位于北纬 25°53′~26°44′，东经 103°35′~104°40′，地处云南省东北部，与贵州省盘县相邻，南与沾益区毗邻，西隔牛栏江与会泽县相望，北与贵州威宁县接壤，距云南省省会昆明市 204km。宣威市为云南省曲靖市所辖县级市，现辖宛水街道、西宁街道、双龙街道、虹桥街道、来宾街道、倘塘镇、田坝镇、板桥街道、羊场镇、格宜镇、龙场镇、海岱镇、落水镇、务德镇、龙潭镇、宝山镇、东山镇、热水镇、得禄乡、普立乡、西泽乡、杨柳乡、双河乡、乐丰乡、文兴乡、阿都乡 26 个乡（镇、街道），总面积 6070 km²（图 11-5-1）。

二、自然条件

1. 地形地貌

宣威市地处云南高原东北部，为云南高原向贵州高原过渡的斜坡地带。地势西北高，东南低。境内最高点为东山主峰滑石板，

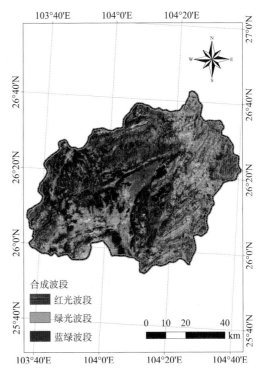

图 11-5-1　宣威市位置及 Landsat 假彩色合成影像图

海拔 2868 m，最低点清水河与末冬河交汇处的腊龙岔河，海拔 920 m。西部和中北部为乌蒙山的中列山系，呈东北—西南走向。这一岭脊构成了长江与珠江两大水系的分水岭。东

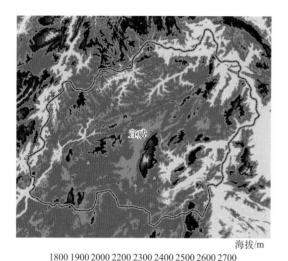

图 11-5-2 宣威市海拔示意图

部为乌蒙山东列山系，海拔一般在 2500 m 以上，最高峰 2868 m，岭脊高程变化稍大，相对高差 500~700 m，多属中切割山地，山体大部分由碳酸盐岩构成，下部陡峭，坡度 30°~35°。两列山岭之间是一块略向东南倾斜的高原面，其上形成了较多的小盆地，如榕城、板桥、落水、述迤、迤谷、格宜、宝山等坝子。东山以东为云南高原向贵州高原过渡的斜坡地带，受北盘江上游支流的切割。西部高原面被牛栏江及支流分割下切，沿岸多高山峡谷，山体坡度大，而山顶较平缓，分布有一些断陷湖盆和溶蚀湖盆，较大的有关营、窑上、响宗、得海等海子(图 11-5-2)。

2. 气候条件

宣威市夏秋和冬春分别受海洋性和大陆性气团影响，形成北亚热带、南温带、中温带多种气候带并存的低纬高原季风气候。其主要特点冬无严寒，夏无酷暑，年温差小，日温差大，四季不分明；冬春干旱，夏秋湿润，降水集中，干湿分明，年变率大；光照充足，积温偏低，区域差异大。年均气温 9.0~16.2℃，平均 12.8℃，1 月最冷，月平均气温 4.7℃，7 月最热，月平均气温 19.2℃；区域分布主要受海拔影响，海拔较高山区气温较低，海拔较低的坝子区域气温较高。年均降水总量 859~1089 mm，平均 968 mm 左右，5~9 月降雨均在 100 mm 以上，其中 6 月、7 月降雨在 200 mm 左右，其他月降雨在 100 mm 以下；区域分布趋势是由西北向东南递增。年均日照时数 1528~2059 h，平均 1809 h，各月份日照均在 100~200 h；区域分布趋势是由东向西递增(图 11-5-3)。年均无霜期 326 d 左右。

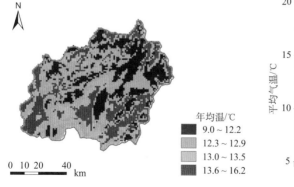

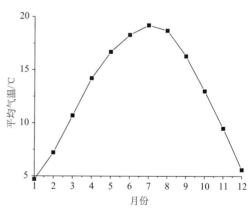

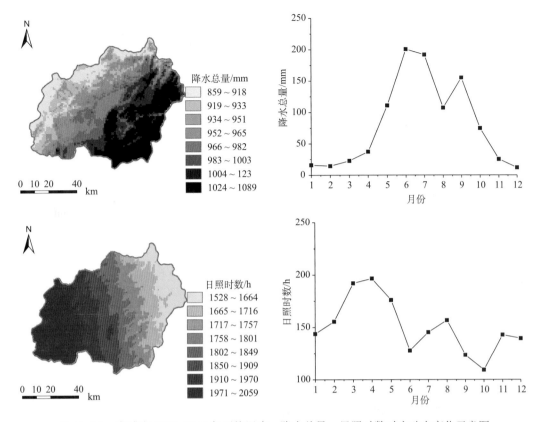

图 11-5-3　宣威市 1980~2013 年平均温度、降水总量、日照时数时空动态变化示意图

三、片区与代表性烟田

1. 东山乡恰得村片区

1）基本信息

代表性地块（XW-01）：北纬 26°5′41.904″，东经 104°11′54.144″，海拔 2042 m（图 11-5-4），亚高山区坡地下部，成土母质为第四纪红土，烤烟-玉米不定期轮作，缓坡梯田旱地，土壤亚类为普通黏化干润富铁土。

2）气候条件

该片区烤烟大田生长期间 5~9 月，平均气温 18.0℃，降水量 792 mm，日照时数 727 h（图 11-5-5）。

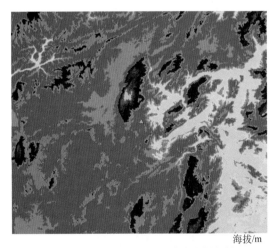

海拔/m

图 11-5-4　片区海拔示意图

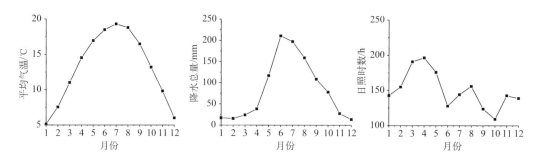

图 11-5-5　片区平均气温、降水总量、日照时数动态变化示意图

3）剖面形态（图 11-5-6（右））

Ap：0~20 cm，暗红棕色（2.5YR 3/4，润），红棕色（2.5YR 4/6，干），黏土，发育强的 1~2 mm 粒状结构，松散，弱石灰反应，清晰平滑过渡。

AB：20~38 cm，暗红棕色（2.5YR 3/4，润），红棕色（2.5YR 4/6，干），2%左右角块状岩石碎屑，黏土，发育强的直径 20~50 mm 块状结构，稍紧实，弱石灰反应，渐变波状过渡。

Bt1：38~55 cm，暗红棕色（2.5YR 3/4，润），红棕色（2.5YR 4/6，干），黏土，发育中等的直径 20~50 mm 块状结构，紧实，结构面上 20%左右黏粒-氧化铁胶膜，清晰波状过渡。

Bt2：55~110 cm，红棕色（2.5YR 4/6，润），亮红棕色（2.5YR 5/8，干），黏土，发育中等的直径 20~50 mm 块状结构，紧实，结构面上 20%左右黏粒-氧化铁胶膜。

图 11-5-6　代表性地块景观（左）和土壤剖面（右）

4) 土壤养分

片区土壤呈微酸性,土体 pH 6.25~6.90,有机质 8.29~43.90 g/kg,全氮 0.43~2.38 g/kg,全磷 5.70~8.28 g/kg,全钾 5.75~10.80 g/kg,碱解氮 16.50~171.00 mg/kg,有效磷 4.23~15.93 mg/kg,速效钾 28.00~66.00 mg/kg,氯离子 0.001~0.002 mg/kg,交换性 Ca^{2+} 7.17~11.14 cmol/kg,交换性 Mg^{2+} 0~1.82 cmol/kg。

腐殖酸与腐殖质组成中,腐殖酸碳量 1.62~10.78 g/kg,腐殖质全碳量 5.29~26.39 g/kg,胡敏酸碳量 0.46~4.45 g/kg,胡敏素碳量 3.67~15.61 g/kg,富啡酸碳量 1.15~6.33 g/kg,胡富比 0.17~1.48。

微量元素中,有效铜 4.32~7.43 mg/kg,有效铁 20.80~25.70 mg/kg,有效锰 34.80~76.40 mg/kg,有效锌 0.43~5.27 mg/kg(表 11-5-1~表 11-5-3)。

表 11-5-1 片区代表性烟田土壤养分状况

土层 /cm	pH	有机质 /(g/kg)	全氮 /(g/kg)	全磷 /(g/kg)	全钾 /(g/kg)	碱解氮 /(mg/kg)	有效磷 /(mg/kg)	速效钾 /(mg/kg)	氯离子 /(mg/kg)
0~20	6.25	43.90	2.38	8.28	6.00	171.00	15.60	66.00	0.002
20~38	6.72	26.60	0.91	6.60	10.80	102.70	15.93	34.00	0.002
38~55	6.90	13.80	0.53	6.70	5.75	29.40	5.57	30.00	0.001
55~110	6.83	8.29	0.43	5.70	8.73	16.50	4.23	28.00	0.002

表 11-5-2 片区代表性烟田土壤腐殖酸与腐殖质组成

土层 /cm	腐殖酸碳量 /(g/kg)	腐殖质全碳量 /(g/kg)	胡敏酸碳量 /(g/kg)	胡敏素碳量 /(g/kg)	富啡酸碳量 /(g/kg)	胡富比
0~20	10.78	26.39	4.45	15.61	6.33	0.70
20~38	6.80	16.99	4.06	10.19	2.74	1.48
38~55	3.14	8.80	0.46	5.66	2.68	0.17
55~110	1.62	5.29	0.47	3.67	1.15	0.41

表 11-5-3 片区代表性烟田土壤中微量元素状况

土层 /cm	有效铜 /(mg/kg)	有效铁 /(mg/kg)	有效锰 /(mg/kg)	有效锌 /(mg/kg)	交换性 Ca^{2+} /(cmol/kg)	交换性 Mg^{2+} /(cmol/kg)
0~20	5.63	20.80	36.40	4.94	11.14	1.31
20~38	7.43	25.30	76.40	0.92	7.65	1.82
38~55	4.32	25.70	34.80	0.43	8.65	1.66
55~110	5.83	22.70	39.30	5.27	7.17	0

5) 总体评价

土体深厚,耕作层质地黏,耕性和通透性较差,顺坡种植,易水土流失。微酸性土壤,有机质含量较高,肥力较高,磷、钾缺乏,缺氯,铜、铁、锰、锌、钙、镁丰富。

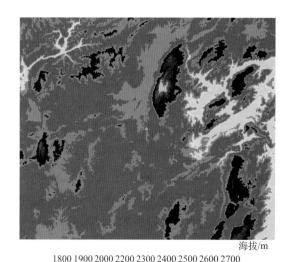

海拔/m

1800 1900 2000 2200 2300 2400 2500 2600 2700

图 11-5-7　片区海拔示意图

2. 板桥镇东屯村片区

1）基本信息

代表性地块（XW-02）：北纬 26°3′34.28″，东经 104°6′39.017″，海拔 2002 m（图 11-5-7），亚高山区坡地下部，成土母质为第四纪红土，烤烟-绿肥轮作，缓坡梯田旱地，土壤亚类为普通黏化干润富铁土。

2）气候条件

该片区烤烟大田生长期间 5~9 月，平均气温 18.4℃，降水量 779 mm，日照时数 734 h（图 11-5-8）。

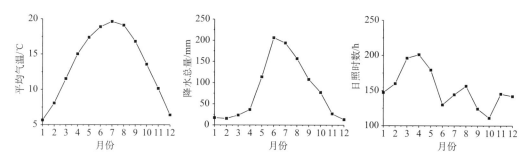

图 11-5-8　片区平均气温、降水总量、日照时数动态变化示意图

3）剖面形态（图 11-5-9（右））

Ap：0~20 cm，暗红棕色（2.5YR 3/3，润），浊红棕色（2.5YR 4/4，干），黏壤土，发育强的 1~2 mm 粒状结构，松散，弱石灰反应，清晰平滑过渡。

AB：20~37cm，暗红棕色（2.5YR 3/3，润），浊红棕色（2.5YR 4/4，干），黏土，发育强的直径 10~20 mm 块状结构，稍紧实，弱石灰反应，渐变波状过渡。

Bt1：37~52 cm，暗红棕色（2.5YR 3/3，润），浊红棕色（2.5YR 4/4，干），黏土，发育中等的直径 20~50 mm 块状结构，紧实，结构面上 2%铁锰斑纹，10%左右黏粒-氧化铁胶膜，弱石灰反应，清晰波状过渡。

Bt2：52~70 cm，红棕色（2.5YR 4/6，润），亮红棕色（2.5YR 5/8，干），10%左右角块状岩石碎屑，黏土，发育中等的直径 20~50 mm 块状结构，紧实，结构面上 20%左右黏粒-氧化铁胶膜，弱石灰反应，渐变波状过渡。

Bt3：70~110 cm，红棕色（2.5YR 4/6，润），亮红棕色（2.5YR 5/8，干），30%左右角块状岩石碎屑，黏土，发育中等的直径 20~50 mm 块状结构，结构面上 20%左右黏粒-氧化铁胶膜，弱石灰反应，紧实。

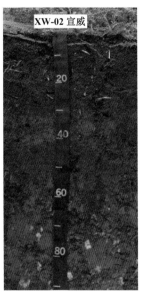

图 11-5-9　代表性地块景观(左)和土壤剖面(右)

4)土壤养分

片区土壤呈中性,土体 pH 6.17~7.67,有机质 6.29~27.30 g/kg,全氮 0.35~1.35 g/kg,全磷 2.40~4.64 g/kg,全钾 9.47~20.60 g/kg,碱解氮 9.40~101.60 mg/kg,有效磷 1.78~38.93 mg/kg,速效钾 33.00~100.00 mg/kg,氯离子 0.001~0.002 mg/kg,交换性 Ca^{2+} 7.27 cmol/kg,交换性 Mg^{2+} 0.92 cmol/kg。

腐殖酸与腐殖质组成中,腐殖酸碳量范 1.40~5.06 g/kg,腐殖质全碳量 4.01~17.39 g/kg,胡敏酸碳量 0.07~2.15 g/kg,胡敏素碳量 2.61~12.33 g/kg,富啡酸碳量 1.09~4.08 g/kg,胡富比 0.02~0.84。

微量元素中,有效铜 0.18~2.75 mg/kg,有效铁 3.90~7.80 mg/kg,有效锰 0.70~12.40 mg/kg,有效锌 0.07~0.59 mg/kg(表 11-5-4~表 11-5-6)。

表 11-5-4　片区代表性烟田土壤养分状况

土层 /cm	pH	有机质 /(g/kg)	全氮 /(g/kg)	全磷 /(g/kg)	全钾 /(g/kg)	碱解氮 /(mg/kg)	有效磷 /(mg/kg)	速效钾 /(mg/kg)	氯离子 /(mg/kg)
0~20	7.40	27.30	1.35	4.64	10.40	101.60	38.93	100.00	0.002
20~37	7.67	15.00	1.04	2.68	9.47	41.60	7.46	63.00	0.002
37~52	7.63	16.40	0.74	2.40	18.90	74.10	1.78	42.00	0.002
52~70	7.50	9.51	0.51	4.18	20.60	9.40	1.89	40.00	0.002
70~110	6.17	6.29	0.35	2.41	19.00	27.60	2.01	33.00	0.001

5)总体评价

土体深厚,耕作层质地黏,耕性和通透性较差,坡度较缓,水土流失较轻。中性土壤,有机质含量中等,肥力中等,耕层缺氯、镁、锌、钙,铜、铁、锰含量丰富。

表 11-5-5 片区代表性烟田土壤腐殖酸与腐殖质组成

土层 /cm	腐殖酸碳量 /(g/kg)	腐殖质全碳量 /(g/kg)	胡敏酸碳量 /(g/kg)	胡敏素碳量 /(g/kg)	富啡酸碳量 /(g/kg)	胡富比
0~20	5.06	17.39	2.15	12.33	2.91	0.74
20~37	4.15	9.60	0.07	5.45	4.08	0.02
37~52	3.61	10.47	1.65	6.86	1.96	0.84
52~70	1.91	6.07	0.47	4.16	1.44	0.33
70~110	1.40	4.01	0.31	2.61	1.09	0.28

表 11-5-6 片区代表性烟田土壤中微量元素状况

土层 /cm	有效铜 /(mg/kg)	有效铁 /(mg/kg)	有效锰 /(mg/kg)	有效锌 /(mg/kg)	交换性 Ca^{2+} /(cmol/kg)	交换性 Mg^{2+} /(cmol/kg)
0~20	2.75	7.80	12.40	0.26	0	0
20~37	1.52	6.30	7.60	0.59	0	0
37~52	0.61	7.40	4.70	0.07	0	0
52~70	0.18	4.40	2.30	0.40	0	0
70~110	0.87	3.90	0.70	0.20	7.27	0.92

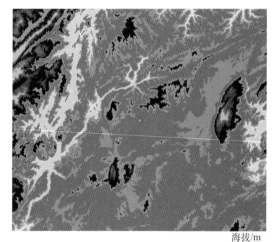

海拔/m

1800 1900 2000 2100 2200 2300 2400 2500 2600 2700

图 11-5-10 片区海拔示意图

3. 热水镇述迤村片区

1) 基本信息

代表性地块（XW-03）：北纬 26°8′22.020″，东经 103°52′45.914″，海拔 2088 m（图 11-5-10），亚高山区坡地中下部，成土母质为第四纪红土，烤烟-玉米不定期轮作，缓坡梯田旱地，土壤亚类为普通黏化干润富铁土。

2) 气候条件

该片区烤烟大田生长期间 5~9 月，平均气温 17.8℃，降水量 755 mm，日照时数 746 h（图 11-5-11）。

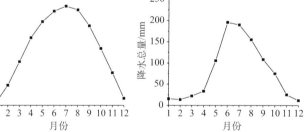

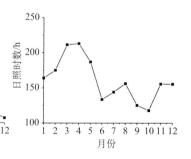

图 11-5-11 片区平均气温、降水总量、日照时数动态变化示意图

3) 剖面形态(图 11-5-12(右))

Ap：0~20 cm，暗红棕色(2.5YR 3/4，润)，红棕色(2.5YR 4/6，干)，10%左右角块状岩石碎屑，黏壤土，发育强的 1~2 mm 粒状结构，松散，弱石灰反应，清晰平滑过渡。

AB：20~31cm，暗红棕色(2.5YR 3/4，润)，红棕色(2.5YR 4/6，干)，7%左右角块状岩石碎屑，淋黏壤土，发育强的直径 10~20 mm 块状结构，稍紧实，弱石灰反应，清晰波状过渡。

Btr：31~50 cm，暗红棕色(2.5YR 3/4，润)，红棕色(2.5YR 4/6，干)，25%左右角块状岩石碎屑，黏土，发育中等的直径 20~50 mm 块状结构，紧实，结构面上 2%铁锰斑纹，10%左右黏粒-氧化铁胶膜，弱石灰反应，清晰波状过渡。

Bt1：50~70 cm，红棕色(2.5YR 4/6，润)，亮红棕色(2.5YR 5/8，干)，25%左右角块状岩石碎屑，黏土，发育中等的直径 20~50 mm 块状结构，紧实，结构面上 20%左右黏粒-氧化铁胶膜，渐变波状过渡。

Bt2：70~110 cm，红棕色(2.5YR 4/6，润)，亮红棕色(2.5YR 5/8，干)，25%左右角块状岩石碎屑，黏土，发育中等的直径 20~50 mm 块状结构，结构面上 20%左右黏粒-氧化铁胶膜，紧实。

图 11-5-12 代表性地块景观(左)和土壤剖面(右)

4) 土壤养分

片区土壤呈微酸性，土体 pH 5.26~6.78，有机质 3.96~34.00 g/kg，全氮 0.60~1.73 g/kg，全磷 1.98~5.66 g/kg，全钾 3.97~21.20 g/kg，碱解氮 23.70~150.30 mg/kg，有效磷 1.58~21.97 mg/kg，速效钾 23.00~60.00 mg/kg，氯离子 0.001~0.002 mg/kg，交换性 Ca^{2+} 6.05~10.27 cmol/kg，交换性 Mg^{2+} 0.52~1.12 cmol/kg。

腐殖酸与腐殖质组成中，腐殖酸碳量 0.64~7.37 g/kg，腐殖质全碳量 2.52~21.88 g/kg，胡敏酸碳量 0.23~2.67 g/kg，胡敏素碳量 1.43~14.51 g/kg，富啡酸碳量 0.41~6.51 g/kg，胡富比 0.13~1.78。

微量元素中，有效铜 1.05~1.56 mg/kg，有效铁 3.70~12.70 mg/kg，有效锰 0.80~12.80 mg/kg，有效锌 0.04~1.40 mg/kg（表 11-5-7~表 11-5-9）。

表 11-5-7　片区代表性烟田土壤养分状况

土层 /cm	pH	有机质 /(g/kg)	全氮 /(g/kg)	全磷 /(g/kg)	全钾 /(g/kg)	碱解氮 /(mg/kg)	有效磷 /(mg/kg)	速效钾 /(mg/kg)	氯离子 /(mg/kg)
0~20	6.46	34.00	1.73	5.66	19.80	150.30	21.97	60.00	0.001
20~31	6.66	24.10	1.05	3.10	21.20	102.90	5.57	42.00	0.002
31~50	6.78	10.50	0.64	1.89	4.78	47.70	1.58	29.00	0.001
50~70	5.53	4.65	0.60	3.08	3.97	38.10	1.69	26.00	0.002
70~110	5.26	3.96	0.21	2.59	4.45	23.70	1.92	23.00	0.002

表 11-5-8　片区代表性烟田土壤腐殖酸与腐殖质组成

土层 /cm	腐殖酸碳量 /(g/kg)	腐殖质全碳量 /(g/kg)	胡敏酸碳量 /(g/kg)	胡敏素碳量 /(g/kg)	富啡酸碳量 /(g/kg)	胡富比
0~20	7.37	21.88	0.86	14.51	6.51	0.13
20~31	4.17	15.36	2.67	11.19	1.50	1.78
31~50	2.25	6.72	1.24	4.47	1.01	1.23
50~70	0.64	2.96	0.23	2.32	0.41	0.56
70~110	1.09	2.52	0.37	1.43	0.72	0.51

表 11-5-9　片区代表性烟田土壤中微量元素状况

土层 /cm	有效铜 /(mg/kg)	有效铁 /(mg/kg)	有效锰 /(mg/kg)	有效锌 /(mg/kg)	交换性 Ca^{2+} /(cmol/kg)	交换性 Mg^{2+} /(cmol/kg)
0~20	1.10	12.70	10.60	1.40	9.72	1.12
20~31	1.41	7.50	12.80	0.34	10.27	0.93
31~50	1.56	3.70	1.50	0.26	6.64	0.64
50~70	1.16	4.40	0.90	0.04	6.09	0.52
70~110	1.05	5.10	0.80	0.21	6.05	0.85

5）总体评价

土体深厚，耕作层质地偏黏，耕性较差，砾石较多，通透性较好，坡度较缓，水土流失较轻。微酸性土壤，有机质含量丰富，肥力偏高，磷中等含量水平，钾含量偏低，缺氯，铜、铁、锰、锌、钙、镁含量丰富。

4. 得禄乡色空村 4 社片区

1) 基本信息

代 表 性 地 块 (XW-04)： 北 纬 26°26′32.557″，东经 103°54′8.913″，海拔 1922m(图 11-5-13)，亚高山区坡地中下部，成土母质为石灰性紫泥岩风化坡积物，烤烟-玉米不定期轮作，梯田旱地，土壤亚类为石灰紫色正常新成土。

2) 气候条件

该片区烤烟大田生长期间 5~9 月，平均气温 18.4℃，降水量 721 mm，日照时数 748 h (图 11-5-14)。

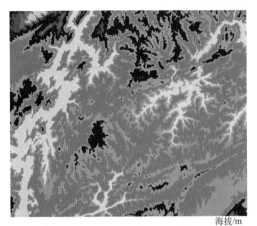

海拔/m

1800 1900 2000 2200 2300 2400 2500 2600 2700

图 11-5-13　片区海拔示意图

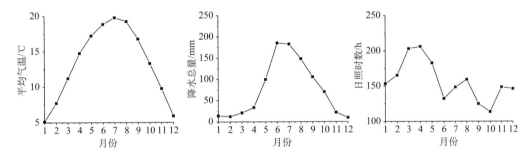

图 11-5-14　片区平均气温、降水总量、日照时数动态变化示意图

3) 剖面形态(图 11-5-15(右))

Ap1：0~30 cm，暗红灰色(10R 3/1，润)，灰红色(10R 4/2，干)，30%左右角块状岩石碎屑，壤土，发育中等的 1~2 mm 粒状结构，松散，弱石灰反应，渐变波状过渡。

R：40 cm~，紫泥岩半风化体。

4) 土壤养分

片区土壤呈酸性，土体 pH4.90~6.00，机质含 9.94~28.60 g/kg，全氮 0.63~1.82 g/kg，全磷 3.65~4.30 g/kg，全钾 7.42~8.73 g/kg，碱解氮 74.40~192.70 mg/kg，有效磷 5.46~18.10 mg/kg，速效钾 31.00~165.00 mg/kg，氯离子 0.002~0.004 mg/kg，交换性 Ca^{2+} 5.26~6.21 cmol/kg，交换性 Mg^{2+} 2.21~3.81 cmol/kg。

腐殖酸与腐殖质组成中，腐殖酸碳量 2.47~8.06 g/kg，腐殖质全碳量 6.34~18.21 g/kg，胡敏酸碳量 1.67~3.54 g/kg，胡敏素碳量 3.87~10.15 g/kg，富啡酸碳量 0.80~4.52 g/kg，胡富比 0.78~2.09。

微量元素中，有效铜 0.94~8.56 mg/kg，有效铁 11.50~39.50 mg/kg，有效锰 18.60~70.30 mg/kg，有效锌 0.23~5.11 mg/kg(表 11-5-10~表 11-5-12)。

图 11-5-15　代表性地块景观(左)和土壤剖面(右)

表 11-5-10　片区代表性烟田土壤养分状况

土层 /cm	pH	有机质 /(g/kg)	全氮 /(g/kg)	全磷 /(g/kg)	全钾 /(g/kg)	碱解氮 /(mg/kg)	有效磷 /(mg/kg)	速效钾 /(mg/kg)	氯离子 /(mg/kg)
0~24	4.90	28.60	1.82	4.30	8.73	192.70	18.10	165.00	0.004
24~40	5.49	15.00	0.91	3.81	8.37	124.40	7.35	37.00	0.003
40~110	6.00	9.94	0.63	3.65	7.42	74.40	5.46	31.00	0.002

表 11-5-11　片区代表性烟田土壤腐殖酸与腐殖质组成

土层 /cm	腐殖酸碳量 /(g/kg)	腐殖质全碳量 /(g/kg)	胡敏酸碳量 /(g/kg)	胡敏素碳量 /(g/kg)	富啡酸碳量 /(g/kg)	胡富比
0~24	8.06	18.21	3.54	10.15	4.52	0.78
24~40	4.57	9.56	2.50	4.99	2.07	1.21
40~110	2.47	6.34	1.67	3.87	0.80	2.09

表 11-5-12　片区代表性烟田土壤中微量元素状况

土层 /cm	有效铜 /(mg/kg)	有效铁 /(mg/kg)	有效锰 /(mg/kg)	有效锌 /(mg/kg)	交换性 Ca^{2+} /(cmol/kg)	交换性 Mg^{2+} /(cmol/kg)
0~24	8.56	39.50	70.30	5.11	5.78	3.81
24~40	2.78	17.40	33.10	1.25	6.21	3.78
40~110	0.94	11.50	18.60	0.23	5.26	2.21

5)总体评价

土体薄,耕作层质地适中,砾石多,耕性和通透性好,等高种植,水土流失轻。酸性土壤,肥力较高,缺磷富钾,缺氯,铜、铁、锰、锌、钙、镁含量丰富。

5. 龙潭镇中岭子村 8 社片区

1) 基本信息

代表性地块（XW-05）：北纬 26°23′5.000″，东经 103°58′37.000″，海拔 1891m（图 11-5-16），亚高山区坡地中部，成土母质为紫页岩风化坡积物，烤烟-玉米不定期轮作，缓坡梯田旱地，土壤亚类为酸性（普通）紫色正常新成土。

2) 气候条件

该片区烤烟大田生长期内 5~9 月，平均气温 17.8℃，降水量 740 mm，日照时数 739 h（图 11-5-17）。

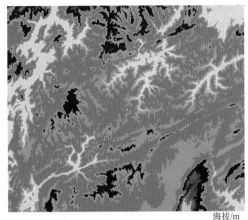

海拔/m

1800 1900 2000 2200 2300 2400 2500 2600 2700

图 11-5-16 片区海拔示意图

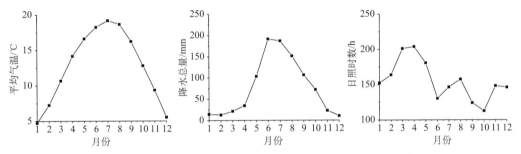

图 11-5-17 片区平均气温、降水总量、日照时数动态变化示意图

3) 剖面形态（图 11-5-18（右））

Ap：0~25 cm，暗红灰色（10R 3/1，润），灰红色（10R 4/2，干），50%左右角块状岩石碎屑，壤土，发育中等的 1~2 mm 粒状结构，松散，渐变波状过渡。

AC：25~54 cm，暗红灰色（10R 3/1，润），灰红色（10R 4/2，干），60%左右角块状岩石碎屑，壤土，发育中等的直径 1~4 mm 粒状结构，松散，渐变波状过渡。

R：54 cm~，紫页岩半风化体。

4) 土壤养分

片区土壤呈中性，土体 pH 6.09~7.08，有机质 10.10~30.10 g/kg，全氮 0.79~1.76 g/kg，全磷 3.89~4.88 g/kg，全钾 12.90~13.60 g/kg，碱解氮 67.20~139.00 mg/kg，有效磷 3.69~30.29 mg/kg，速效钾 31.00~411.00 mg/kg，氯离子 0.002 mg/kg，交换性 Ca^{2+} 0~14.48 cmol/kg，交换性 Mg^{2+} 0~3.99 cmol/kg。

腐殖酸与腐殖质组成中，腐殖酸碳量 3.61~6.79 g/kg，腐殖质全碳量 6.46~18.73 g/kg，胡敏酸碳量 0.07~3.86 g/kg，胡敏素碳量 2.85~11.94 g/kg，富啡酸碳量 0.35~6.39 g/kg，胡富比 0.01~11.03。

微量元素中，有效铜 0.20~1.48 mg/kg，有效铁 11.90~21.60 mg/kg，有效锰 3.50~13.80 mg/kg，有效锌 0.14~2.40 mg/kg（表 11-5-13~表 11-5-15）。

图 11-5-18　代表性地块景观(左)和土壤剖面(右)

表 11-5-13　片区代表性烟田土壤养分状况

土层 /cm	pH	有机质 /(g/kg)	全氮 /(g/kg)	全磷 /(g/kg)	全钾 /(g/kg)	碱解氮 /(mg/kg)	有效磷 /(mg/kg)	速效钾 /(mg/kg)	氯离子 /(mg/kg)
0~20	6.88	30.10	1.76	4.83	13.60	139.00	30.29	411.00	0.002
20~40	7.08	19.50	1.01	4.47	13.10	112.00	8.68	86.00	0.002
40~75	6.56	20.00	1.06	3.89	12.90	128.90	3.69	33.00	0.002
75~110	6.09	10.10	0.79	4.88	13.30	67.20	8.23	31.00	0.002

表 11-5-14　片区代表性烟田土壤腐殖酸与腐殖质组成

土层 /cm	腐殖酸碳量 /(g/kg)	腐殖质全碳量 /(g/kg)	胡敏酸碳量 /(g/kg)	胡敏素碳量 /(g/kg)	富啡酸碳量 /(g/kg)	胡富比
0~20	6.79	18.73	2.86	11.94	3.93	0.73
20~40	4.21	12.47	3.86	8.26	0.35	11.03
40~75	5.81	12.76	3.21	6.95	2.60	1.23
75~110	3.61	6.46	0.07	2.85	6.39	0.01

表 11-5-15　片区代表性烟田土壤中微量元素状况

土层 /cm	有效铜 /(mg/kg)	有效铁 /(mg/kg)	有效锰 /(mg/kg)	有效锌 /(mg/kg)	交换性 Ca^{2+} /(cmol/kg)	交换性 Mg^{2+} /(cmol/kg)
0~20	1.48	12.80	13.80	2.40	14.48	3.99
20~40	1.09	11.90	11.10	2.11	0	0
40~75	0.99	21.60	7.90	0.60	9.25	3.45
75~110	0.20	18.00	3.50	0.14	5.98	3.09

5)总体评价

土体薄，耕作层质地适中，砾石多，耕性和通透性好，缓坡梯田，易水土流失。中性土壤，有机质含量丰富，肥力偏高，磷，钾丰富，缺氯，铜、铁、锰、锌、钙、镁含量丰富。

第六节　云南马龙生态条件

一、地理位置

马龙县位于北纬 25°08′~25°37′，东经 103°16′~103°45′，地处昆明市与曲靖市麒麟区之间，东及东北部与麒麟区、沾益区接壤，南与陆良县、宜良县毗邻，西及西北与嵩明、寻甸两县交界。马龙县隶属云南省曲靖市，下辖通泉街道、鸡头村街道、王家庄街道、张安屯街道、旧县街道、马过河镇、纳章镇、马鸣乡、月望乡、大庄乡 5 个街道、2 个镇、3 个乡，总面积 1751 km²，农业耕地面积 14 853hm²（图 11-6-1）。

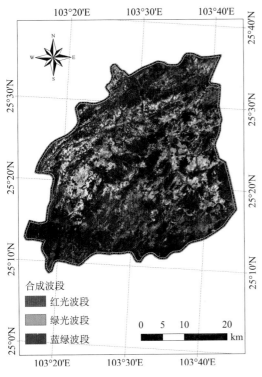

图 11-6-1　马龙县位置及 Landsat
假彩色合成影像图

图 11-6-2　马龙县海拔示意图

二、自然条件

1. 地形地貌

马龙县境内山峦起伏，河流纵横，地势东南高峻，中部隆起向西北倾斜呈阶梯形下降，平均海拔 2000 m，最高海拔 2493 m，最低海拔 1772 m，全境四面环山，属乌蒙山系，多山谷河槽，由七条分别流入长江水系和珠江水系的河流切割为 11 个大小不等的山尖小坝子，具有山区、丘陵、河谷等(图 11-6-2)。

2. 气候条件

马龙县气候属低纬高原季风型气候，冬春干旱，夏秋湿润，季节干湿分明，雨量充沛，夏无酷暑，冬无严寒。年均气温 11.9~15.7℃，平均 14.0℃，1 月最冷，月平均气温 7.1℃，7 月最热，月平均气温 19.1℃；区域分布趋势是由西向东递减。年均降水总量 904~1 006 mm，平均 945 mm 左右，5~9 月降雨均在 100 mm 以上，其中 6 月、7 月降雨在 150 mm 以上，其他月降雨在 100 mm 以下，区域分布趋势是由西向东递增。年均日照时数 2028~2161 h，平均 2084 h，各月份日照均在 100 h 以上，其中 2~5 月日照在 200 h 以上；区域分布趋势是由西向东递减(图 11-6-3)。年均无霜期 241 d。

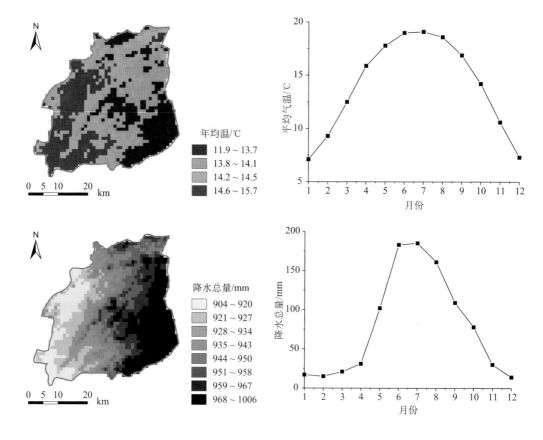

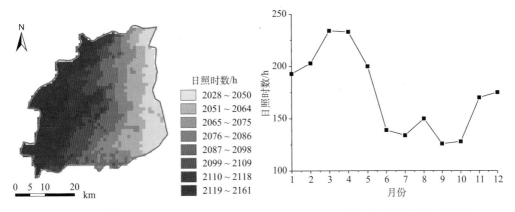

图 11-6-3 马龙县 1980~2013 年平均温、降水总量、日照时数时空动态变化示意图

三、片区与代表性烟田

1. 月望乡小海村阳景山片区

1)基本信息

代表性地块 (ML-01): 北纬 25°23′21.317″, 东经 103°39′30.578″, 海拔 2115 m(图 11-6-4), 亚高山坡地下部, 成土母质为粉砂岩风化坡积物, 烤烟-玉米不定期轮作, 缓坡旱地, 土壤亚类为普通黏化干润富铁土。

2)气候条件

该片区烤烟大田生长期间 5~9 月, 平均气温 17.9℃, 降水量 755 mm, 日照时数 742 h(图 11-6-5)。

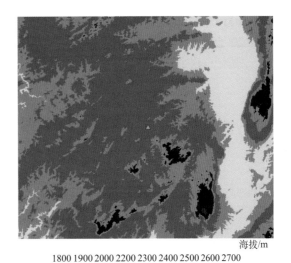

海拔/m

1800 1900 2000 2200 2300 2400 2500 2600 2700

图 11-6-4 片区海拔示意图

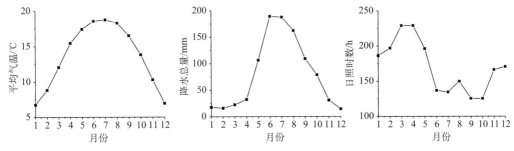

图 11-6-5 片区平均气温、降水总量、日照时数动态变化示意图

3)剖面形态(图 11-6-6(右))

Ap: 0~18 cm, 浊红棕色(2.5YR 4/4, 润), 亮红棕色(2.5YR 5/6, 干), 黏壤土, 发育强的 1~2 mm 粒状结构, 松散, 清晰平滑过渡。

AB：18~31 cm，浊红棕色（2.5YR 4/4，润），亮红棕色（2.5YR 5/6，干），黏壤土，发育强的直径 20~50 mm 块状结构，稍紧实，结构面上 5%左右铁锰斑纹，渐变波状过渡。

Bt1：31~60 cm，浊红棕色（2.5YR 4/4，润），亮红棕色（2.5YR 5/6，干），黏壤土，发育中等的直径 20~50 mm 块状结构，紧实，结构面上 10%左右铁锰斑纹，20%左右黏粒-氧化铁胶膜，渐变波状过渡。

Bt2：60~80 cm，浊红棕色（2.5YR 4/4，润），亮红棕色（2.5YR 5/6，干），3%左右角块状岩石碎屑，黏壤土，发育中等的直径 20~50 mm 块状结构，紧实，结构面上 10%左右铁锰斑纹，20%左右黏粒-氧化铁胶膜，清晰波状过渡。

Ab：80~90 cm，暗红棕色（2.5YR 3/2，润），浊红棕色（2.5YR 4/4，干），壤土，发育强的 1~2 mm 粒状结构，松散，清晰波状过渡。

Bt3：90~100 cm，红色（7.5R 4/6，润），红色（7.5R 5/6，干），黏壤土，发育中等的直径 20~50 mm 块状结构，紧实，结构面上 10%左右铁锰斑纹，20%左右黏粒-氧化铁胶膜，2%左右软小铁锰结核。

图 11-6-6　代表性地块景观（左）和土壤剖面（右）

4）土壤养分

片区土壤呈酸性，土体 pH 5.15~6.74，有机质 1.92~27.80 g/kg，全氮 0.26~1.77 g/kg，全磷 2.05~4.34 g/kg，全钾 12.00~22.60 g/kg，碱解氮 11.00~131.50 mg/kg，有效磷 0.30~27.51 mg/kg，速效钾 73.00~295.00 mg/kg，氯离子 0.01~0.22 mg/kg，交换性 Ca^{2+} 0.61~4.74 cmol/kg，交换性 Mg^{2+} 0.36~1.41 cmol/kg。

腐殖酸与腐殖质组成中,腐殖酸碳量 0.12~10.14 g/kg,腐殖质全碳量 1.22~17.71 g/kg,胡敏酸碳量 0.06~4.56 g/kg,胡敏素碳量 0.69~7.57 g/kg,富啡酸碳量 0.05~5.58 g/kg,胡富比 0.06~1.40。

微量元素中,有效铜 0.01~2.88 mg/kg,有效铁 5.10~52.30 mg/kg,有效锰 1.20~29.50 mg/kg,有效锌 0.05~6.78 mg/kg(表 11-6-1~表 11-6-3)。

表 11-6-1　片区代表性烟田土壤养分状况

土层 /cm	pH	有机质 /(g/kg)	全氮 /(g/kg)	全磷 /(g/kg)	全钾 /(g/kg)	碱解氮 /(mg/kg)	有效磷 /(mg/kg)	速效钾 /(mg/kg)	氯离子 /(mg/kg)
0~18	5.62	4.11	0.42	2.05	12.00	19.90	2.38	73.00	0.01
18~31	5.24	1.92	0.26	2.43	13.80	12.10	0.30	47.00	0.04
31~60	5.47	2.28	0.30	2.39	16.40	11.00	1.23	155.00	0.05
60~80	6.74	6.94	0.35	2.78	22.60	24.90	7.22	152.00	0.14
80~90	6.50	27.80	1.77	4.34	14.20	131.50	27.51	295.00	0.22
90~100	5.15	2.82	0.38	2.25	15.70	28.80	0.30	210.00	0.17

表 11-6-2　片区代表性烟田土壤腐殖酸与腐殖质组成

土层 /cm	腐殖酸碳量 /(g/kg)	腐殖质全碳量 /(g/kg)	胡敏酸碳量 /(g/kg)	胡敏素碳量 /(g/kg)	富啡酸碳量 /(g/kg)	胡富比
0~18	0.97	2.62	0.16	1.65	0.81	0.20
18~31	0.53	1.22	0.15	0.69	0.38	0.39
31~60	0.12	1.45	0.07	1.33	0.05	1.40
60~80	1.12	4.43	0.06	3.31	1.06	0.06
80~90	10.14	17.71	4.56	7.57	5.58	0.82
90~100	0.53	1.80	0.13	1.27	0.40	0.33

表 11-6-3　片区代表性烟田土壤中微量元素状况

土层 /cm	有效铜 /(mg/kg)	有效铁 /(mg/kg)	有效锰 /(mg/kg)	有效锌 /(mg/kg)	交换性 Ca^{2+} /(cmol/kg)	交换性 Mg^{2+} /(cmol/kg)
0~18	1.20	11.10	8.10	0.34	1.63	0.45
18~31	1.04	6.40	6.00	0.46	0.61	0.36
31~60	1.14	6.00	3.80	0.05	1.84	0.61
60~80	0.01	7.40	5.40	0.43	2.87	0.55
80~90	2.88	5.10	1.20	6.78	4.74	1.41
90~100	0.76	52.30	29.50	4.62	1.56	0.65

5)总体评价

土体深厚,耕作层质地黏,耕性和通透性较差,坡旱地,顺坡种植,易水土流失。酸性土壤,有机质含量缺乏,肥力较低,磷、钾缺乏,缺氯,铜、铁、锰、钙丰富,锌缺乏,镁含量中等。

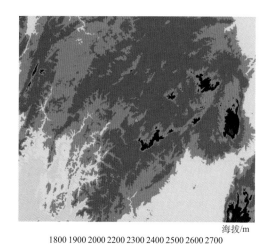

海拔/m

1800 1900 2000 2200 2300 2400 2500 2600 2700

图 11-6-7　片区片区海拔示意图

2. 纳章镇竹园村大云片区

1）基本信息

代表性地块（ML-02）：北纬25°14′41.862″，东经 103°32′44.550″，海拔1963 m（图 11-6-7），亚高山坡地中下部，成土母质为白云岩等风化坡积物，烤烟-玉米不定期轮作，缓坡梯田旱地，土壤亚类为普通黏化干润富铁土。

2）气候条件

该片区烤烟大田生长期间 5~9 月，平均气温 18.9℃，降水量 731 mm，日照时数 748 h（图 11-6-8）。

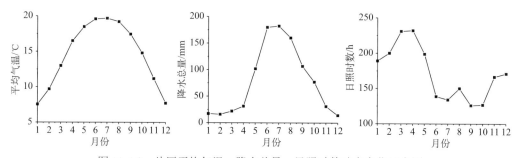

图 11-6-8　片区平均气温、降水总量、日照时数动态变化示意图

3）剖面形态（图 11-6-9（右））

图 11-6-9　代表性地块景观（左）和土壤剖面（右）

Ap：0~23 cm，暗红棕色(2.5YR 3/3，润)，红棕色(2.5YR 4/6，干)，2%左右角块状岩石碎屑，黏壤土，发育强的 1~2 mm 粒状结构，松散，清晰平滑过渡。

AB：23~43 cm，暗红棕色(2.5YR 3/3，润)，红棕色(2.5YR 4/6，干)，3%左右角块状岩石碎屑，黏壤土，发育强的直径 10~20 mm 块状结构，稍紧实，2%左右软小铁锰结核，渐变波状过渡。

Bt1：43~63 cm，暗红棕色(2.5YR 3/3，润)，红棕色(2.5YR 4/6，干)，5%左右角块状岩石碎屑，黏土，清晰平滑过渡，发育中等的直径 10~20 mm 块状结构，紧实，20%左右黏粒-氧化铁胶膜，2%左右软小铁锰结核，渐变波状过渡。

Bt2：63~80 cm，红棕色(2.5YR 4/6，润)，亮红棕色(2.5YR 5/8，干)，5%左右角块状岩石碎屑，黏土，发育中等的直径 20~50 mm 块状结构，紧实，20%左右黏粒-氧化铁胶膜，2%左右软小铁锰结核，渐变波状过渡。

Bt3：80~110 cm，红棕色(2.5YR 4/6，润)，亮红棕色(2.5YR 5/8，干)，黏土，发育中等的直径 20~50 mm 块状结构，很紧实，20%左右黏粒-氧化铁胶膜，2%左右软小铁锰结核。

4) 土壤养分

片区土壤呈酸—中性，土体 pH 5.57~7.60，有机质 7.40~38.90 g/kg，全氮 0.88~2.12 g/kg，全磷 4.58~11.30 g/kg，全钾 6.07~20.10 g/kg，碱解氮 15.10~186.00 mg/kg，有效磷 3.30~144.74 mg/kg，速效钾 38.00~148.00 mg/kg，氯离子 0.002~0.016 mg/kg，交换性 Ca^{2+} 0~8.72 cmol/kg，交换性 Mg^{2+} 0~2.18 cmol/kg。

腐殖酸与腐殖质组成中，腐殖酸碳量 0.29~4.39 g/kg，腐殖质全碳量 4.72~24.83 g/kg，胡敏酸碳量 0.06~1.82 g/kg，胡敏素碳量 2.58~24.54 g/kg，富啡酸碳量 0.23~2.81 g/kg，胡富比 0.26~4.10。

微量元素中，有效铜 0.95~2.93 mg/kg，有效铁 30.90~59.90 mg/kg，有效锰 30.30~98.90 mg/kg，有效锌 0.40~1.66 mg/kg(表 11-6-4~表 11-6-6)。

表 11-6-4　片区代表性烟田土壤养分状况

土层 /cm	pH	有机质 /(g/kg)	全氮 /(g/kg)	全磷 /(g/kg)	全钾 /(g/kg)	碱解氮 /(mg/kg)	有效磷 /(mg/kg)	速效钾 /(mg/kg)	氯离子 /(mg/kg)
0~23	5.57	38.90	2.12	11.30	6.07	186.00	144.74	148.00	0.002
23~43	7.60	7.40	1.36	7.03	20.10	15.10	13.93	67.00	0.004
43~63	7.40	16.90	1.12	5.22	10.10	83.20	5.57	43.00	0.016
63~80	6.63	13.40	0.88	5.27	9.67	93.90	4.92	38.00	0.006
80~110	6.14	13.60	0.93	4.58	9.66	74.40	3.30	39.00	0.003

表 11-6-5　片区代表性烟田土壤腐殖酸与腐殖质组成

土层 /cm	腐殖酸碳量 /(g/kg)	腐殖质全碳量 /(g/kg)	胡敏酸碳量 /(g/kg)	胡敏素碳量 /(g/kg)	富啡酸碳量 /(g/kg)	胡富比
0~23	0.29	24.83	0.06	24.54	0.23	0.26
23~43	2.14	4.72	1.72	2.58	0.42	4.10
43~63	4.39	10.77	1.82	6.38	2.57	0.71
63~80	3.58	8.52	1.27	4.94	2.31	0.55
80~110	4.08	8.69	1.27	4.61	2.81	0.45

表 11-6-6　片区代表性烟田土壤中微量元素状况

土层 /cm	有效铜 /(mg/kg)	有效铁 /(mg/kg)	有效锰 /(mg/kg)	有效锌 /(mg/kg)	交换性 Ca^{2+} /(cmol/kg)	交换性 Mg^{2+} /(cmol/kg)
0~23	1.73	40.70	44.70	0.62	8.72	1.91
23~43	2.93	59.90	98.90	1.66	0	0
43~63	1.95	40.00	67.70	0.67	0	0
63~80	1.02	32.40	33.50	0.44	5.02	2.18
80~110	0.95	30.90	30.30	0.40	4.49	2.07

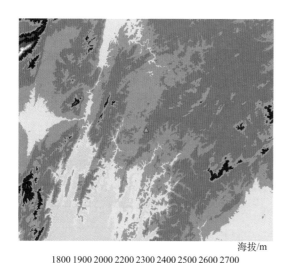

1800 1900 2000 2200 2300 2400 2500 2600 2700　海拔/m

图 11-6-10　片区海拔示意图

5) 总体评价

土体深厚, 耕作层质地偏黏, 砾石少, 耕性和通透性较差, 缓坡梯田, 等高种植, 水土流失较轻。酸性土壤, 有机质含量丰富, 肥力较高, 磷、钾丰富, 缺氯, 铜、铁、锰、钙、镁丰富, 锌含量中等。

3. 马鸣乡马鸣村降压站片区

1) 基本信息

代表性地块 (ML-03): 北纬 25°16′53.604″, 东经 103°22′47.453″, 海拔 2041 m (图 11-6-10), 亚高山坡地中下部, 成土母质为第四纪红黏土, 烤烟-苦荞轮作, 缓坡梯田旱地, 土壤亚类为普通黏化干润富铁土。

2) 气候条件

该片区烤烟大田生长期间 5~9 月, 平均气温 18.6℃, 降水量 727 mm, 日照时数 751 h (图 11-6-11)。

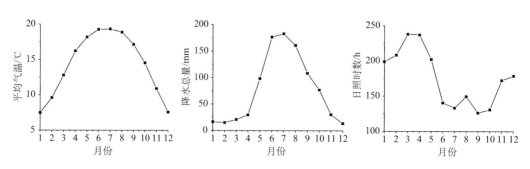

图 11-6-11　片区平均气温、降水总量、日照时数动态变化示意图

3) 剖面形态 (图 11-6-12 (右))

Ap: 0~18 cm, 暗红棕色 (2.5YR 3/3, 润), 红棕色 (2.5YR 4/6, 干), 黏壤土, 发育

强的 1~2 mm 粒状结构，松散，清晰平滑过渡。

AB：18~39 cm，暗红棕色(2.5YR 3/3，润)，红棕色(2.5YR 4/6，干)，黏壤土，发育强的直径 10~20 mm 块状结构，稍紧实，渐变波状过渡。

Bt1：39~64 cm，暗红棕色(2.5YR 3/3，润)，红棕色(2.5YR 4/6，干)，黏土，清晰平滑过渡，发育中等的直径 10~20 mm 块状结构，紧实，20%左右黏粒-氧化铁胶膜，渐变波状过渡。

Bt2：64~83 cm，红棕色(2.5YR 4/6，润)，亮红棕色(2.5YR 5/8，干)，黏土，发育中等的直径 20~50 mm 块状结构，紧实，20%左右黏粒-氧化铁胶膜，渐变波状过渡。

Bt3：83~110 cm，红棕色(2.5YR 4/6，润)，亮红棕色(2.5YR 5/8，干)，黏土，发育中等的直径 20~50 mm 块状结构，很紧实，20%左右黏粒-氧化铁胶膜。

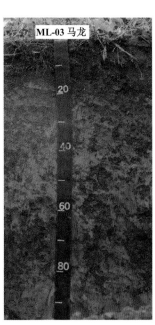

图 11-6-12　代表性地块景观(左)和土壤剖面(右)

4) 土壤养分

区土壤呈微酸性，土体 pH 5.46~6.31，有机质 1.76~13.10 g/kg，全氮 0.24~0.77 g/kg，全磷 1.25~2.56 g/kg，全钾 8.71~16.40 g/kg，碱解氮 11.10~78.80 mg/kg，有效磷 0.33~9.80 mg/kg，速效钾 22.00~158.00 mg/kg，氯离子 0.003~0.014 mg/kg，交换性 Ca^{2+} 0.59~2.97 cmol/kg，交换性 Mg^{2+} 0.38~0.75 cmol/kg。

腐殖酸与腐殖质组成中，腐殖酸碳量 0.28~3.17 g/kg，腐殖质全碳量 1.12~8.34 g/kg，胡敏酸碳量 0.06~0.85 g/kg，胡敏素碳量 0.84~5.17 g/kg，富啡酸碳量 0.20~2.32 g/kg，胡富比 0.14~1.15。

微量元素中，有效铜 0.01~0.79 mg/kg，有效铁 4.80~17.70 mg/kg，有效锰 0.70~10.40 mg/kg，有效锌 0.04~1.08 mg/kg(表 11-6-7~表 11-6-9)。

表 11-6-7　片区代表性烟田土壤养分状况

土层 /cm	pH	有机质 /(g/kg)	全氮 /(g/kg)	全磷 /(g/kg)	全钾 /(g/kg)	碱解氮 /(mg/kg)	有效磷 /(mg/kg)	速效钾 /(mg/kg)	氯离子 /(mg/kg)
0~18	6.31	13.10	0.77	2.56	8.71	78.80	9.80	158.00	0.003
18~39	6.23	3.08	0.24	1.55	12.10	11.10	0.56	30.00	0.009
39~64	5.60	2.91	0.24	1.76	15.00	11.50	0.89	28.00	0.014
64~83	5.59	2.89	0.24	1.57	13.60	29.90	0.33	27.00	0.005
83~110	5.46	1.76	0.15	1.25	16.40	32.20	0.33	22.00	0.004

表 11-6-8　片区代表性烟田土壤腐殖酸与腐殖质组成

土层 /cm	腐殖酸碳量 /(g/kg)	腐殖质全碳量 /(g/kg)	胡敏酸碳量 /(g/kg)	胡敏素碳量 /(g/kg)	富啡酸碳量 /(g/kg)	胡富比
0~18	3.17	8.34	0.85	5.17	2.32	0.37
18~39	0.77	1.96	0.23	1.19	0.54	0.43
39~64	0.43	1.85	0.23	1.42	0.20	1.15
64~83	0.50	1.84	0.06	1.34	0.44	0.14
83~110	0.28	1.12	0.06	0.84	0.22	0.27

表 11-6-9　片区代表性烟田土壤中微量元素状况

土层 /cm	有效铜 /(mg/kg)	有效铁 /(mg/kg)	有效锰 /(mg/kg)	有效锌 /(mg/kg)	交换性 Ca^{2+} /(cmol/kg)	交换性 Mg^{2+} /(cmol/kg)
0~18	0.79	17.70	10.40	1.08	2.97	0.70
18~39	0.12	8.80	1.10	0.21	1.88	0.75
39~64	0.01	9.00	1.00	0.12	1.47	0.60
64~83	0.08	6.10	0.70	0.04	0.59	0.47
83~110	0.07	4.80	0.80	0.05	0.63	0.38

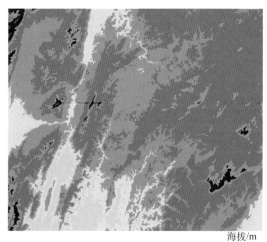

海拔/m

1800 1900 2000 2100 2200 2300 2400 2500 2600 2700

图 11-6-13　片区海拔示意图

5）总体评价

土体深厚，耕作层质地偏黏，耕性和通透性较差，顺坡种植，易水土流失。微酸性土壤，有机质含量缺乏，肥力偏低，缺磷富钾，缺氯，铜、镁含量中等，铁锰锌钙丰富。

4. 旧县街道小房子村片区

1）基本信息

代表性地块（ML-04）：北纬 25°18′49.467″，东经 103°22′31.200″，海拔 2012 m（图 11-6-13），亚高山河谷冲积平原二级阶地，成土母质为第四纪红黏土，烤烟-玉米不定期轮作，旱地，土壤亚类为普通黏化干润富铁土。

2）气候条件

该片区烤烟大田生长期间 5~9 月，平均气温 18.8℃，降水量 724 mm，日照时数 753 h（图 11-6-14）。

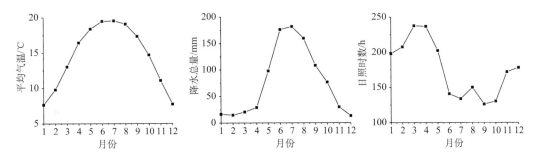

图 11-6-14　片区平均气温、降水总量、日照时数动态变化示意图

3）剖面形态（图 11-6-15（右））

Ap1：0~28 cm，浊橙色（5YR 6/4，润），橙色（5YR 6/6，干），黏壤土，发育中等的 1~2 mm 粒状结构，松散，清晰平滑过渡。

AB：28~42 cm，浊红棕色（5YR 4/3，润），浊红棕色（5YR 5/4，干），黏壤土，发育强的直径 10~20 mm 块状结构，稍紧实，清晰平滑过渡。

Ab：42~64 cm，浊橙色（5YR 6/3，润），浅淡红橙色（5YR 7/4，干），黏壤土，清晰平滑过渡，发育强的直径 10~20 mm 块状结构，紧实，结构面上 2%左右铁锰斑纹，10%左右黏粒-腐殖质胶膜，2%左右软小铁锰结核，清晰平滑过渡。

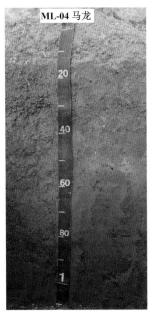

图 11-6-15　代表性地块景观（左）和土壤剖面（右）

Bt：64~110 cm，红棕色（2.5YR 4/6，润），橙色（2.5YR 6/8，干），黏壤土，发育中等的直径 20~50 mm 块状结构，紧实，20%左右黏粒-氧化铁胶膜，2%左右软小铁锰结核。

4）土壤养分

片区土壤微偏酸性，土体 pH 6.44~6.95，有机质 5.45~29.40 g/kg，全氮 0.29~1.80 g/kg，全磷 1.56~5.73 g/kg，全钾 8.36~12.10 g/kg，碱解氮 11.10~198.10 mg/kg，有效磷 1.11~56.33 mg/kg，速效钾 33.00~257.00 mg/kg，氯离子 0.001~0.030 mg/kg，交换性 Ca^{2+} 2.07~9.61 cmol/kg，交换性 Mg^{2+} 0.93~1.85 cmol/kg。

腐殖酸与腐殖质组成中，腐殖酸碳量 1.37~7.99 g/kg，腐殖质全碳量 3.48~18.79 g/kg，胡敏酸碳量 0.42~2.89 g/kg，胡敏素碳量 2.11~11.21 g/kg，富啡酸碳量 0.95~5.16 g/kg，胡富比 0.44~0.67。

微量元素中，有效铜 0.69~2.06 mg/kg，有效铁 3.80~15.20 mg/kg，有效锰 2.00~23.60 mg/kg，有效锌 0.02~0.27 mg/kg（表 11-6-10~表 11-6-12）。

表 11-6-10　片区代表性烟田土壤养分状况

土层 /cm	pH	有机质 /(g/kg)	全氮 /(g/kg)	全磷 /(g/kg)	全钾 /(g/kg)	碱解氮 /(mg/kg)	有效磷 /(mg/kg)	速效钾 /(mg/kg)	氯离子 /(mg/kg)
0~28	6.44	29.40	1.80	5.73	11.80	198.10	56.33	257.00	0.030
28~42	6.75	27.60	1.52	5.55	12.10	116.80	27.63	199.00	0.010
42~64	6.91	26.10	1.28	4.79	11.10	113.60	1.11	107.00	0.005
64~94	6.95	9.66	0.56	1.56	8.65	28.40	1.69	54.00	0.003
94~110	6.84	5.45	0.29	1.97	8.36	11.10	2.34	33.00	0.001

表 11-6-11　片区代表性烟田土壤腐殖酸与腐殖质组成

土层 /cm	腐殖酸碳量 /(g/kg)	腐殖质全碳量 /(g/kg)	胡敏酸碳量 /(g/kg)	胡敏素碳量 /(g/kg)	富啡酸碳量 /(g/kg)	胡富比
0~28	7.58	18.79	2.89	11.21	4.69	0.62
28~42	7.07	17.64	2.62	10.57	4.45	0.59
42~64	7.99	16.66	2.83	8.67	5.16	0.55
64~94	1.60	6.16	0.64	4.56	0.96	0.67
94~110	1.37	3.48	0.42	2.11	0.95	0.44

表 11-6-12　片区代表性烟田土壤中微量元素状况

土层 /cm	有效铜 /(mg/kg)	有效铁 /(mg/kg)	有效锰 /(mg/kg)	有效锌 /(mg/kg)	交换性 Ca^{2+} /(cmol/kg)	交换性 Mg^{2+} /(cmol/kg)
0~28	2.04	11.60	23.60	0.27	9.61	1.80
28~42	2.06	14.90	21.00	0.20	8.34	1.51
42~64	1.76	15.20	16.10	0.11	7.40	1.85
64~94	0.95	5.70	2.30	0.02	3.33	1.03
94~110	0.69	3.80	2.00	0.04	2.07	0.93

5)总体评价

土体深厚,60 cm 以上土体受常年大量施用猪粪和牛粪等农家肥影响重,耕作层质地偏黏,耕性和通透性较差,地势平坦,水土流失轻微。微酸性土壤,有机质含量中等偏高,肥力较高,磷、钾丰富,缺氯,铜、铁、锰、钙、镁丰富,锌缺乏。

第七节　贵州威宁生态条件

一、地理位置

威宁彝族回族苗族自治县(简称威宁县)位于北纬 26°36′~27°26′,东经103°36′~104°45′,地处省境西北部,北、西、南 3 面与云南省毗连。隶属贵州省直管县,现辖五里岗街道、六桥街道、海边街道、陕桥街道、草海镇、幺站镇、金钟镇、炉山镇、龙场镇、黑石头镇、哲觉镇、观风海镇、牛棚镇、迤那镇、中水镇、龙街镇、雪山镇、羊街镇、小海镇、盐仓镇、东风镇、二塘镇、猴场镇、金斗乡、岔河乡、麻乍乡、海拉乡、哈喇河乡、秀水乡、斗古乡、玉龙乡、黑土河乡、石门乡、云贵乡、兔街乡、双龙乡、板底乡、大街乡、新发布依族乡。总面积 6296.3 km²(图 11-7-1)。

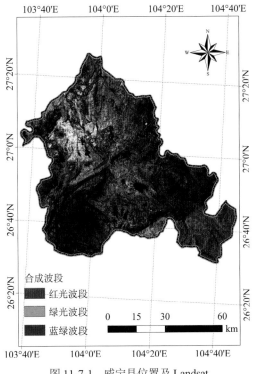

图 11-7-1　威宁县位置及 Landsat
假彩色合成影像图

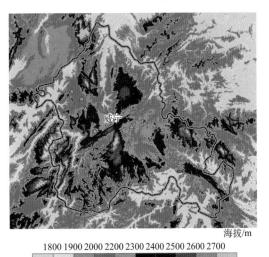

图 11-7-2　威宁县海拔示意图

二、自然条件

1. 地形地貌

威宁自治县地处贵州省西北部，平均海拔 2200 m，乌蒙山脉贯穿县境，其间屹立着四座 2800 m 以上的高峰；县境中部开阔平缓，四周低矮，峰壑交错，江河奔流，是乌江、横江的发源地，牛栏江的西源、东源，珠江的北源，呈典型的低北纬、高海拔、高原台地的地理特征(图 11-7-2)。

2. 气候条件

威宁县属亚热带季风气候。低北纬、高海拔、高原台地的地理特征。年均气温 7.6℃~15.9℃，平均 11.2℃，1 月最冷，月平均气温 2.4℃，7 月最热，月平均气温 18.4℃；区域分布表现四周较高而中部较低。年均降水总量 794~1039 mm，平均 909 mm 左右，5~9 月降雨均在 100 mm 以上，其中 6 月、7 月、8 月降雨在 150 mm 以上，其他月降雨较少；区域分布趋势是由西北向东南递增。年均日照时数 1490~1948 h，平均 1713 h，各月日照均在 100 h 以上，其中 3 月、4 月、5 月、8 月日照在 150 h 以上；区域分布趋势是由东北向西南递增(图 11-7-3)。年均无霜期 180 d。

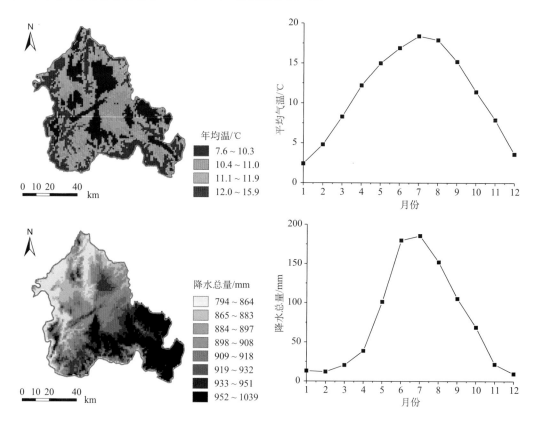

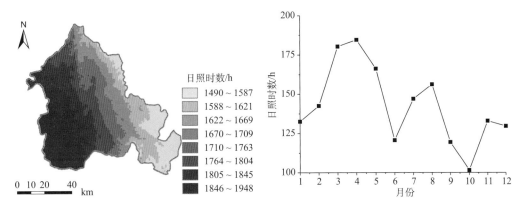

图 11-7-3 威宁县 1980~2013 年平均温度、降水总量、日照时数时空动态变化示意图

三、片区与代表性烟田

1. 小海镇松棵片区

1)基本信息

代表性地块（WN-01）：北纬 26°56′55.626″，东经 104°9′41.240″，海拔 1866 m（图 11-7-4），中山区沟谷地，成土母质为白云岩风化沟谷冲积-堆积物，烤烟-玉米不定期轮作，缓坡旱地，土壤亚类为淋溶钙质湿润富铁土。

2)气候条件

烤烟大田生长期间（5~9 月），平均气温 16.4℃，降水量 719 mm，日照时数 704 h（图 11-7-5）。

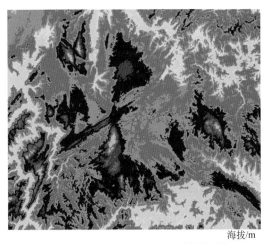

图 11-7-4 片区海拔示意图

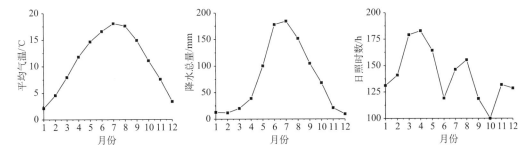

图 11-7-5 片区平均气温、降水总量、日照时数动态变化示意图

3)剖面形态（图 11-7-6（右））

Ap：0~22 cm，灰红色（2.5YR 4/2，润），浊橙色（2.5YR 6/4，干），2%左右岩石碎屑，粉质黏土，发育强的 1~2 mm 粒状结构，松散，2~3 个蚯蚓穴，pH 5.4，清晰波状

过渡。

Bstr1：22~40 cm，极暗红棕色(2.5YR 2/4，润)，红棕色(2.5YR 4/6，干)，2%左右岩石碎屑，粉质黏土，发育强的 20~50 mm 棱块状结构，坚硬，2%左右软小铁锰结核，2~3 个蚯蚓穴，pH 6.0，渐变波状过渡。

Bstr2：40~66 cm，极暗红棕色(2.5YR 2/4，润)，红棕色(2.5YR 4/6，干)，5%左右岩石碎屑，粉质黏土，发育强的 20~50 mm 棱块状结构，坚硬，结构面上 20%左右黏粒-氧化铁胶膜，2%左右软小铁锰结核，2~3 个蚯蚓穴，pH 5.8，渐变波状过渡。

Bstr3：66~120 cm，红黑色(2.5YR 2/1，润)，暗红色(2.5YR 3/4，干)，2%左右岩石碎屑，粉质黏土，发育强的 20~50 mm 棱块状结构，坚硬，结构面上 2%左右铁锰斑纹，20%左右黏粒-氧化铁胶膜，2%左右软小铁锰结核，2~3 个蚯蚓穴，pH 5.7。

图 11-7-6　代表性地块景观(左)和土壤剖面(右)

4) 土壤养分

片区土壤呈酸性，土体 pH 5.43~5.96，有机质 14.70~32.10 g/kg，全氮 1.10~2.00 g/kg，全磷 0.70~1.00 g/kg，全钾 15.50~21.90 g/kg，碱解氮 62.70~130.05 mg/kg，有效磷 3.83~18.30 mg/kg，速效钾 121.57~208.51 mg/kg，氯离子 6.64~22.93 mg/kg，交换性 Ca^{2+} 8.33~13.47 cmol/kg，交换性 Mg^{2+} 1.44~2.06 cmol/kg。

腐殖酸与腐殖质组成中，腐殖酸碳量 5.15~10.10 g/kg，腐殖质全碳量 8.52~18.63 g/kg，胡敏酸碳量 1.02~3.06 g/kg，胡敏素碳量 3.37~8.53 g/kg，富啡酸碳量 4.13~7.04 g/kg，胡富比 0.25~0.43。

微量元素中，有效铜 2.52~3.89 mg/kg，有效铁 52.81~77.01 mg/kg，有效锰 26.54~194.86 mg/kg，有效锌 1.69~17.19 mg/kg(表 11-7-1~表 11-7-3)。

表 11-7-1　片区代表性烟田土壤养分状况

土层 /cm	pH	有机质 /(g/kg)	全氮 /(g/kg)	全磷 /(g/kg)	全钾 /(g/kg)	碱解氮 /(mg/kg)	有效磷 /(mg/kg)	速效钾 /(mg/kg)	氯离子 /(mg/kg)
0~22	5.43	32.10	2.00	1.00	16.40	130.05	18.30	164.98	22.93
22~40	5.96	20.80	1.40	0.80	17.00	94.75	5.63	121.57	6.66
40~66	5.75	14.70	1.10	0.70	21.90	69.20	3.83	151.77	6.65
66~92	5.69	16.90	1.20	0.90	19.20	72.69	5.53	178.19	6.64
92~120	5.66	17.20	1.20	1.00	15.50	62.70	9.20	208.51	6.65

表 11-7-2　片区代表性烟田土壤腐殖酸与腐殖质组成

土层 /cm	腐殖酸碳量 /(g/kg)	腐殖质全碳量 /(g/kg)	胡敏酸碳量 /(g/kg)	胡敏素碳量 /(g/kg)	富啡酸碳量 /(g/kg)	胡富比
0~22	10.10	18.63	3.06	8.53	7.04	0.43
22~40	7.27	12.07	1.85	4.80	5.41	0.34
40~66	5.15	8.52	1.02	3.37	4.13	0.25
66~92	6.08	9.82	1.38	3.74	4.70	0.29
92~120	5.75	10.00	1.33	4.25	4.42	0.30

表 11-7-3　片区代表性烟田土壤中微量元素状况

土层 /cm	有效铜 /(mg/kg)	有效铁 /(mg/kg)	有效锰 /(mg/kg)	有效锌 /(mg/kg)	交换性 Ca^{2+} /(cmol/kg)	交换性 Mg^{2+} /(cmol/kg)
0~22	3.73	63.66	132.99	17.19	13.47	1.83
22~40	3.89	77.01	65.61	3.94	12.49	1.53
40~66	2.52	55.66	36.42	1.69	11.91	1.44
66~92	2.60	52.81	26.54	1.81	8.90	1.63
92~120	2.54	56.75	194.86	2.50	8.33	2.06

5）总体评价

土体深厚，耕作层质地黏重，砾石少，耕性和通透性差，轻度水土流失。酸性土壤，有机质含量丰富，肥力偏高，磷含量中等，富钾，铜、铁、锰、锌、钙、镁丰富。

2. 秀水乡中海片区

1）基本信息

代表性地块（WN-02）：北纬 26°55′4.046″，东经 103°57′17.708″，海拔 2190 m（图 11-7-7），中山坡地坡麓，成土母质为白云岩风化坡积-洪积物，烤烟-玉米不定期轮作，缓坡旱地，土壤亚类为黏化钙质湿润富铁土。

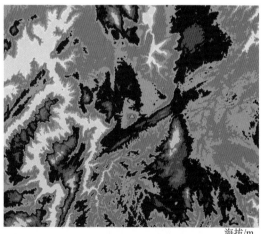

海拔/m

1800 1900 2000 2200 2300 2400 2500 2600 2700

图 11-7-7　片区海拔示意图

2)气候条件

烤烟大田生长期间(5~9月),平均气温16.7℃,降水量710 mm,日照时数722 h(图11-7-8)。

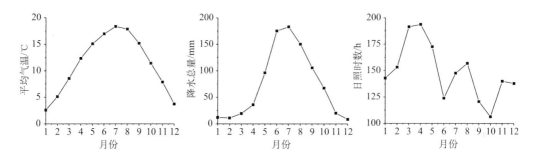

图11-7-8 片区平均气温、降水总量、日照时数动态变化示意图

3)剖面形态(图11-7-9(右))

Ap:0~22 cm,暗红棕色(2.5YR 3/2,润),浊红棕色(2.5YR 5/4,干),5%左右岩石碎屑,粉质黏土,发育强的1 mm~2 mm粒状结构,松散,2~3个蚯蚓穴,pH 6.3,清晰波状过渡。

Bstr1:22~35 cm,暗红棕色(2.5YR 3/2,润),浊红棕色(2.5YR 5/4,干),10%左右岩石碎屑,粉质黏土,发育强的20~50 mm棱块状结构,坚硬,2%左右软小铁锰结核,2~3个蚯蚓穴,pH 6.4,渐变波状过渡。

Bstr2:35~70 cm,极暗红棕色(2.5YR 2/4,润),红棕色(2.5YR 4/6,干),10%左右岩石碎屑,粉质黏土,发育强的20~50 mm棱块状结构,坚硬,结构面上20%左右黏粒-氧化铁胶膜,2%左右软小铁锰结核,2~3个蚯蚓穴,pH 6.7,渐变波状过渡。

图11-7-9 代表性地块景观(左)和土壤剖面(右)

Bstr3：70~110 cm，红黑色（2.5YR 2/1，润），暗红色（2.5YR 3/4，干），10%左右岩石碎屑，粉质黏土，发育强的 20~50 mm 棱块状结构，坚硬，结构面上 2%左右铁锰斑纹，20%左右黏粒-氧化铁胶膜，2%左右软小铁锰结核，2~3 个蚯蚓穴，pH 6.6。

4）土壤养分

片区土壤呈微酸性，土体pH 6.29~6.65 ，有机质 3.50~29.40 g/kg，全氮 0.30~1.70 g/kg，全磷 1.30~1.50 g/kg，全钾 4.80~8.80 g/kg，碱解氮 13.47~125.87 mg/kg，有效磷 7.18~29.30 mg/kg，速效钾 157.43~286.72 mg/kg，氯离子 6.63~6.65 mg/kg，交换性 Ca^{2+} 8.77~16.74 cmol/kg，交换性 Mg^{2+} 2.20~3.43 cmol/kg。

腐殖酸与腐殖质组成中，腐殖酸碳量 0.71~9.01 g/kg，腐殖质全碳量范 2.05~17.07 g/kg，胡敏酸碳量 0.03~2.68 g/kg，胡敏素碳量 1.33~8.06 g/kg，富啡酸碳量 0.68~6.33 g/kg，胡富比 0.05~0.42。

微量元素中，有效铜 5.44~10.01 mg/kg，有效铁 36.73~65.13 mg/kg，有效锰 32.92~171.50 mg/kg，有效锌 1.83~9.17 mg/kg（表 11-7-4~表 11-7-6）。

表 11-7-4　片区代表性烟田土壤养分状况

土层 /cm	pH	有机质 /(g/kg)	全氮 /(g/kg)	全磷 /(g/kg)	全钾 /(g/kg)	碱解氮 /(mg/kg)	有效磷 /(mg/kg)	速效钾 /(mg/kg)	氯离子 /(mg/kg)
0~22	6.29	29.40	1.70	1.50	8.50	125.87	29.30	251.80	6.65
22~35	6.38	23.60	1.40	1.30	8.80	103.11	15.20	179.14	6.65
35~70	6.65	6.20	0.60	1.30	6.20	29.72	7.18	157.43	6.64
70~110	6.60	3.50	0.30	1.50	4.80	13.47	7.30	286.72	6.63

表 11-7-5　片区代表性烟田土壤腐殖酸与腐殖质组成

土层 /cm	腐殖酸碳量 /(g/kg)	腐殖质全碳量 /(g/kg)	胡敏酸碳量 /(g/kg)	胡敏素碳量 /(g/kg)	富啡酸碳量 /(g/kg)	胡富比
0~22	9.01	17.07	2.68	8.06	6.33	0.42
22~35	7.84	13.67	2.30	5.83	5.54	0.42
35~70	1.93	3.61	0.42	1.68	1.51	0.27
70~110	0.71	2.05	0.03	1.33	0.68	0.05

表 11-7-6　片区代表性烟田土壤中微量元素状况

土层 /cm	有效铜 /(mg/kg)	有效铁 /(mg/kg)	有效锰 /(mg/kg)	有效锌 /(mg/kg)	交换性 Ca^{2+} /(cmol/kg)	交换性 Mg^{2+} /(cmol/kg)
0~22	9.94	63.83	171.50	9.17	16.74	2.27
22~35	10.01	65.13	90.05	6.51	16.29	2.20
35~70	6.43	36.73	32.92	1.83	12.83	3.12
70~110	5.44	41.66	166.21	1.95	8.77	3.43

5）总体评价

土体深厚，耕作层质地黏重，砾石少，耕性和通透性差，轻度水土流失。微酸性土壤，有机质含量中等偏高，肥力偏高，磷含量中等，钾丰富，铜、铁、锰、锌、钙、镁丰富。

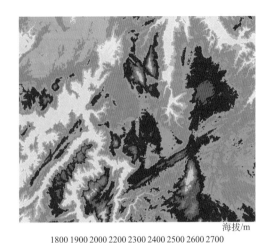

海拔/m

1800 1900 2000 2200 2300 2400 2500 2600 2700

图 11-7-10　片区海拔示意图

3. 观风海镇果化片区

1）基本信息

代表性地块（WN-03）：北纬27°1′22.749″，东经103°53′39.809″，海拔2160 m（图11-7-10），中山坡地坡麓，成土母质为白云岩风化坡积-洪积物，烤烟-玉米不定期轮作，缓坡旱地，土壤亚类为普通酸性湿润淋溶土。

2）气候条件

烤烟大田生长期间（5~9月），平均气温16.7℃，降水量705 mm，日照时数722 h（图11-7-11）。

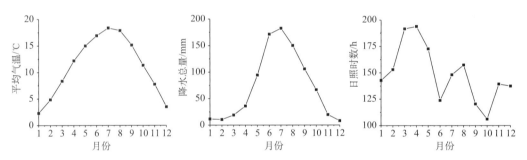

图 11-7-11　片区平均气温、降水量、日照时数动态变化示意图

3）剖面形态（图11-7-12（右））

Ap：0~27 cm，棕灰色（7.5YR 5/1，润），淡棕灰色（7.5YR 7/2，干），2%左右岩石碎屑，粉壤土，发育强的1~2 mm粒状结构，松散，2~3个蚯蚓穴，pH 4.9，清晰波状过渡。

ABr：27~40 cm，黑棕色（7.5YR 3/1，润），浊棕色（7.5YR 5/3，干），5%左右岩石碎屑，粉壤土，发育强的10~20 mm棱块状结构，坚硬，1%左右软小铁锰结核，2~3个蚯蚓穴，pH 5.4，渐变波状过渡。

Btr1：40~53 cm，黑棕色（7.5YR 3/1，润），浊棕色（7.5YR 5/3，干），2%左右岩石碎屑，粉质黏壤土，发育强的20~50 mm棱块状结构，坚硬，结构面上2%左右铁锰斑纹，20%左右黏粒胶膜，2%左右软小铁锰结核，2~3个蚯蚓穴，pH 5.9，清晰波状过渡。

Abr1：53~67 cm，黑色（7.5YR 2/1，润），灰棕色（7.5YR 4/2，干），2%左右岩石碎屑，粉壤土，发育强的20~50 mm棱块状结构，坚硬，结构面上2%左右铁锰斑纹，20%左右黏粒胶膜，2%左右软小铁锰结核，pH 5.6，清晰波状过渡。

Btr2：67~105 cm，黑棕色（7.5YR 3/1，润），浊棕色（7.5YR 5/3，干），2%左右岩石碎屑，粉质黏壤土，发育强的20~50 mm棱块状结构，坚硬，结构面上2%左右铁锰斑纹，20%左右黏粒胶膜，2%左右软小铁锰结核，pH 5.3。

图 11-7-12　代表性地块景观(左)和土壤剖面(右)

4) 土壤养分

片区土壤呈酸性,土体 pH 4.94~5.92,有机质 18.80~32.30 g/kg,全氮 0.70~1.20 g/kg,全磷 0.20~0.70 g/kg,全钾 3.27~6.00 g/kg,碱解氮 49.46~96.61 mg/kg,有效磷 0.85~68.95 mg/kg,速效钾 40.40~181.02 mg/kg,氯离子 6.65~23.34 mg/kg,交换性 Ca^{2+} 5.74~6.85 cmol/kg,交换性 Mg^{2+} 0.59~0.85 cmol/kg。

腐殖酸与腐殖质组成中,腐殖酸碳量 6.17~8.36 g/kg,腐殖质全碳量 10.51~18.75 g/kg,胡敏酸碳量 2.60~3.62 g/kg,胡敏素碳量 2.65~10.40 g/kg,富啡酸碳量 3.28~5.07 g/kg,胡富比 0.65~0.91。

微量元素中,有效铜 1.23~1.76 mg/kg,有效铁 24.28~105.37 mg/kg,有效锰 48.93~199.63 mg/kg,有效锌 0.13~6.31 mg/kg(表 11-7-7~表 11-7-9)。

表 11-7-7　片区代表性烟田土壤养分状况

土层 /cm	pH	有机质 /(g/kg)	全氮 /(g/kg)	全磷 /(g/kg)	全钾 /(g/kg)	碱解氮 /(mg/kg)	有效磷 /(mg/kg)	速效钾 /(mg/kg)	氯离子 /(mg/kg)
0~27	4.94	32.30	1.20	0.70	3.48	96.61	68.95	181.02	23.34
27~40	5.39	25.40	0.90	0.40	3.54	73.38	25.75	114.02	6.65
40~53	5.92	18.80	0.80	0.40	3.27	72.45	3.00	67.77	6.65
53~67	5.55	18.90	0.70	0.20	4.23	55.36	1.50	45.12	6.78
67~105	5.26	19.00	0.72	0.30	6.00	49.46	0.85	40.40	6.66

表 11-7-8　片区代表性烟田土壤腐殖酸与腐殖质组成

土层 /cm	腐殖酸碳量 /(g/kg)	腐殖质全碳量 /(g/kg)	胡敏酸碳量 /(g/kg)	胡敏素碳量 /(g/kg)	富啡酸碳量 /(g/kg)	胡富比
0~27	8.36	18.75	3.62	10.40	4.74	0.76
27~40	7.18	14.74	3.32	7.56	3.85	0.86
40~53	6.17	10.89	2.60	4.72	3.57	0.73
53~67	6.26	10.51	3.00	4.23	3.28	0.91
67~105	8.34	10.99	3.27	2.65	5.07	0.65

表 11-7-9　片区代表性烟田土壤中微量元素状况

土层 /cm	有效铜 /(mg/kg)	有效铁 /(mg/kg)	有效锰 /(mg/kg)	有效锌 /(mg/kg)	交换性 Ca^{2+} /(cmol/kg)	交换性 Mg^{2+} /(cmol/kg)
0~27	1.76	105.37	62.77	6.31	5.84	0.73
27~40	1.71	80.80	48.93	3.33	5.74	0.59
40~53	1.37	60.96	199.63	1.05	6.85	0.66
53~67	1.28	45.32	166.25	0.36	6.55	0.69
67~105	1.23	24.28	102.55	0.13	6.79	0.85

海拔/m

1800 1900 2000 2200 2300 2400 2500 2600 2700

图 11-7-13　片区海拔示意图

5)总体评价

土体深厚,耕作层质地适中,砾石少,耕性和通透性较好,轻度水土流失。酸性土壤,有机质含量丰富,肥力中等,磷、钾丰富,铜、铁、锰、锌、钙丰富,镁中等含量水平。

4. 迤那镇巨生片区

1)基本信息

代表性地块(WN-04):北纬 27°4′18.566″,东经 103°52′8.507″,海拔 2150 m(图 11-7-13),中山坡地中部,成土母质为白云岩风化坡积物,烤烟-玉米不定期轮作,缓坡旱地,土壤亚类为斑纹黏化湿润富铁土。

2)气候条件

烤烟大田生长期间(5~9 月),平均气温 16.8℃,降水量 701 mm,日照时数 723 h(图 11-7-14)。

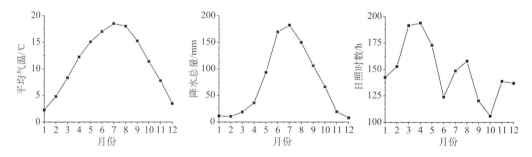

图 11-7-14　片区平均气温、降水总量、日照时数动态变化示意图

3)剖面形态(图 11-7-15(右))

Ap:0~20 cm,灰棕色(5YR 5/2,润),浊橙色(5YR 7/4,干),10%左右岩石碎屑,

粉壤土，发育强的 1~2 mm 粒状结构，松散，2~3 个蚯蚓穴，pH 5.0，清晰波状过渡。

AB：20~38 cm，灰棕色(5YR 5/2，润)，浊橙色(5YR 7/4，干)，10%左右岩石碎屑，粉壤土，发育强的 1~2 mm 粒状结构，松散，2~3 个蚯蚓穴，pH 4.9，清晰波状过渡。

Bstr1：38~70 cm，灰棕色(5YR 5/2，润)，浊橙色(5YR 7/4，干)，20%左右岩石碎屑，粉质黏壤土，发育强的 20~50 mm 棱块状结构，坚硬，结构面上 2%左右铁锰斑纹，20%左右黏粒-氧化铁胶膜，2%左右软小铁锰结核，2~3 个蚯蚓穴，pH 5.5，渐变波状过渡。

图 11-7-15　代表性地块景观(左)和土壤剖面(右)

Bstr2：70~100 cm，暗红棕色(5YR 3/4，润)，亮红棕色(5YR 5/6，干)，20%左右岩石碎屑，粉质黏壤土，发育强的 20~50 mm 棱块状结构，坚硬，结构面上 2%左右铁锰斑纹，20%左右黏粒-氧化铁胶膜，2%左右软小铁锰结核，2~3 个蚯蚓穴，pH 5.1。

4) 土壤养分

片区土壤呈酸性，土体 pH 4.85~5.51，有机质 1.30~27.80 g/kg，全氮 0.10~1.40 g/kg，全磷 0.10~0.60 g/kg，全钾 1.80~4.80 g/kg，碱解氮 14.40~133.30 mg/kg，有效磷 0.48~32.55 mg/kg，速效钾 30.75~137.61 mg/kg，氯离子 6.67~24.03 mg/kg，交换性 Ca^{2+} 0.37~5.43 cmol/kg，交换性 Mg^{2+} 0.15~1.94 cmol/kg。

腐殖酸与腐殖质组成中，腐殖酸碳量 0.75~16.15 g/kg，腐殖质全碳量 0.57~9.08 g/kg，胡敏酸碳量 0.05~3.07 g/kg，胡敏素碳量 0.18~7.07 g/kg，富啡酸碳量 0.44~6.00 g/kg，胡富比 0.07~0.51。

微量元素中，有效铜 0.20~1.31 mg/kg，有效铁 17.58~71.29 mg/kg，有效锰 33.05~124.03 mg/kg，有效锌 0.15~5.13 mg/kg(表 11-7-10~表 11-7-12)。

表 11-7-10　片区代表性烟田土壤养分状况

土层 /cm	pH	有机质 /(g/kg)	全氮 /(g/kg)	全磷 /(g/kg)	全钾 /(g/kg)	碱解氮 /(mg/kg)	有效磷 /(mg/kg)	速效钾 /(mg/kg)	氯离子 /(mg/kg)
0~20	4.96	27.80	1.40	0.60	4.80	133.30	32.55	137.61	24.03
20~38	4.85	13.40	0.60	0.30	2.00	68.74	4.80	37.57	12.23
38~70	5.51	2.50	0.20	0.20	5.10	18.58	0.68	30.97	12.28
70~100	5.06	1.30	0.10	0.10	1.80	14.40	0.48	30.75	6.67

表 11-7-11　片区代表性烟田土壤腐殖酸与腐殖质组成

土层 /cm	腐殖酸碳量 /(g/kg)	腐殖质全碳量 /(g/kg)	胡敏酸碳量 /(g/kg)	胡敏素碳量 /(g/kg)	富啡酸碳量 /(g/kg)	胡富比
0~20	16.15	9.08	3.07	7.07	6.00	0.51
20~38	7.78	4.09	0.88	3.69	3.21	0.28
38~70	1.43	0.83	0.05	0.60	0.78	0.07
70~100	0.75	0.57	0.14	0.18	0.44	0.31

表 11-7-12　片区代表性烟田土壤中微量元素状况

土层 /cm	有效铜 /(mg/kg)	有效铁 /(mg/kg)	有效锰 /(mg/kg)	有效锌 /(mg/kg)	交换性 Ca^{2+} /(cmol/kg)	交换性 Mg^{2+} /(cmol/kg)
0~20	1.31	71.29	124.03	5.13	5.43	1.94
20~38	1.26	31.53	59.30	1.15	0.37	0.15
38~70	0.53	22.15	39.31	0.15	0.44	1.47
70~100	0.20	17.58	33.05	0.15	1.44	0.94

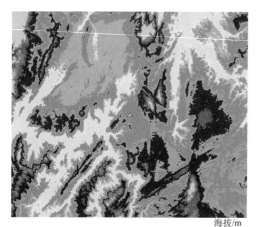

海拔/m

1800 1900 2000 2100 2200 2300 2400 2500 2600 2700

图 11-7-16　片区海拔示意图

5）总体评价

土体深厚，耕作层质地适中，砾石较多，耕性和通透性较好，轻度水土流失。酸性土壤，有机质含量缺乏，肥力中等偏高，磷丰富，钾含量中等，铜、铁、锰、锌、钙、镁丰富。

5. 牛棚镇营上村（鱼塘村）六关院子片区

1）基本信息

代表性地块（WN-05）：北纬 27°6′20.345″，东经 103°48′40.073″，海拔 2106 m（图 11-7-16），中山坡地中部，成土母质为白云岩风化坡积物，烤烟-玉米不定期轮作，缓坡旱地，土壤亚类为普通酸性湿润淋溶土。

2）气候条件

烤烟大田生长期间（5~9月），平均气温 17.1℃，降水量 695 mm，日照时数 728 h（图 11-7-17）。

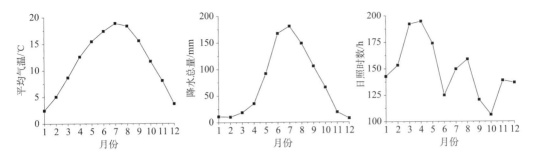

图 11-7-17　片区平均气温、降水总量、日照时数动态变化示意图

3) 剖面形态 (图 11-7-18 (右))

Ap：0~30 cm，棕灰色 (5YR 4/1，润)，浊橙色 (5YR 6/3，干)，5% 左右岩石碎屑，粉质黏壤土，发育强的 1~2 mm 粒状结构，松散，2~3 个蚯蚓穴，pH 4.0，清晰波状过渡。

ABr：30~50 cm，暗红棕色 (5YR 3/4，润)，亮红棕色 (5YR 5/6，干)，10% 左右岩石碎屑，粉质黏壤土，发育强的 10~20 mm 棱块状结构，坚硬，2~3 个蚯蚓穴，pH 4.2，清晰波状过渡。

Btr：50~100 cm，30% 暗红棕色 (5YR 3/6，润)，亮红棕色 (5YR 5/8，干)；70% 红灰色 (5YR 35/1，润)，淡红灰色 (5YR 7/1，干)；10% 左右岩石碎屑，粉质黏土，发育强的 20~50 mm 棱块状结构，坚硬，结构面上 20% 左右黏粒胶膜，5% 左右软小铁锰结核，2~3 个蚯蚓穴，pH 5.6，渐变波状过渡。

R：100 cm~，白云岩。

图 11-7-18　代表性地块景观 (左) 和土壤剖面 (右)

4）土壤养分

片区土壤呈强酸性，土体 pH 4.03~5.62，有机质 2.90~23.70 g/kg，全氮 0.20~1.20 g/kg，全磷 0.20~0.80 g/kg，全钾 3.50~4.40 g/kg，碱解氮 17.65~116.58 mg/kg，有效磷 1.18~61.75 mg/kg，速效钾 53.62~138.55mg/kg，氯离子 6.64~18.66 mg/kg，交换性 Ca^{2+} 1.78~3.49 cmol/kg，交换性 Mg^{2+} 0.36~1.20 cmol/kg。

腐殖酸与腐殖质组成中，腐殖酸碳量 1.15~6.89 g/kg，腐殖质 1.66~13.73 g/kg，胡敏酸碳量 0.10~2.05 g/kg，胡敏素碳量 0.51~8.32 g/kg，富啡酸碳量 1.03~4.84 g/kg，胡富比 0.10~0.51。

微量元素中，有效铜 1.18~2.19 mg/kg，有效铁 21.77~89.05 mg/kg，有效锰 25.26~133.19 mg/kg，有效锌 0.30~5.81 mg/kg（表 11-7-13~表 11-7-15）。

表 11-7-13　片区代表性烟田土壤养分状况

土层 /cm	pH	有机质 /(g/kg)	全氮 /(g/kg)	全磷 /(g/kg)	全钾 /(g/kg)	碱解氮 /(mg/kg)	有效磷 /(mg/kg)	速效钾 /(mg/kg)	氯离子 /(mg/kg)
0~30	4.03	23.70	1.20	0.80	3.50	116.58	61.75	138.55	18.66
30~50	4.19	7.00	0.80	0.60	4.00	84.53	32.10	79.10	6.64
50~100	5.62	2.90	0.20	0.20	4.40	17.65	1.18	53.62	6.64

表 11-7-14　片区代表性烟田土壤腐殖酸与腐殖质组成

土层 /cm	腐殖酸碳量 /(g/kg)	腐殖质全碳量 /(g/kg)	胡敏酸碳量 /(g/kg)	胡敏素碳量 /(g/kg)	富啡酸碳量 /(g/kg)	胡富比
0~30	6.89	13.73	2.05	6.85	4.84	0.42
30~50	1.55	9.86	0.52	8.32	1.03	0.51
50~100	1.15	1.66	0.10	0.51	1.05	0.10

表 11-7-15　片区代表性烟田土壤中微量元素状况

土层 /cm	有效铜 /(mg/kg)	有效铁 /(mg/kg)	有效锰 /(mg/kg)	有效锌 /(mg/kg)	交换性 Ca^{2+} /(cmol/kg)	交换性 Mg^{2+} /(cmol/kg)
0~30	2.19	89.05	133.19	5.81	1.78	0.36
30~50	2.19	67.05	98.60	4.08	2.71	1.20
50~100	1.18	21.77	25.26	0.30	3.49	0.78

5）总体评价

土体深厚，耕作层质地偏黏，砾石少，耕性和通透性较差，轻度水土流失。强酸性土壤，有机质含量中等，肥力中等，铜、铁、锰、锌、钙丰富，镁缺乏。

第八节　贵州盘县生态条件

一、地理位置

盘县位于北纬 25°19'~26°17'，东经 104°17'~104°57'，地处滇、黔、桂三省结合部，东邻普安，南接兴义，西连云南省富源、宣威，北邻水城。盘县隶属贵州省六盘水市，现辖翰林街道、亦资街道、两河街道、红果镇、城关镇、火铺镇、洒基镇、水塘镇、马依镇、板桥镇、民主镇、盘江镇、老厂镇、响水镇、乐民镇、保田镇、平关镇、柏果镇、西冲镇、断江镇、刘官镇、大山镇、石桥镇、滑石镇、珠东镇 、 新民镇、英武乡、忠义乡、普田回族乡、马场彝族苗族乡、鸡场坪彝族乡、旧营白族彝族苗族乡、羊场布依族白族苗族乡、保基苗族彝族乡、四格彝族乡、淤泥彝族乡、普古彝族苗族乡、坪地彝族乡、松河彝族乡。总面积 4056 km² (图 11-8-1)。

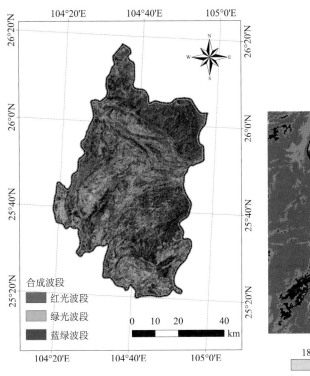

图 11-8-1　盘县位置及 Landsat 假彩色合成影像图

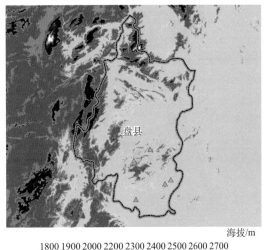

图 11-8-2　盘县海拔示意图

二、自然条件

1. 地形地貌

全境地势西北高，东部和南部较低，中南部降起。北部的牛棚梁子主峰海拔 2865m，东北部的格所河谷海拔 735 m。相对高差 2130 m。由于地势的间隙抬升和南北盘江支流的切割，形成了境内层峦叠嶂，山高谷深的高原山地地貌(图 11-8-2)。

2. 气候条件

盘县区境属亚热带气候，冬无严寒，夏无酷暑。年均气温 8.8~17.5℃，平均 14.1℃，

1月最冷，月平均气温5.6℃，7月最热，月平均气温20.6℃；区域分布表现西部、北部周边较低，而中部和南部周边较高。年均降水总量976~1172 mm，平均1101 mm左右，5~9月降雨均在100 mm以上，其中6月、7月降雨在200 mm以上，1月、2月、3月、4月、11月、12月降雨较少，在50 mm以下；区域分布趋势由西北向东南递增。年均日照时数1468~1822 h，平均1644 h，各月日照均在100 h以上，其中4月、5月、8月日照在150 h以上；区域分布总的趋势是由东向西递增(图11-8-3)。年均无霜期271 d。

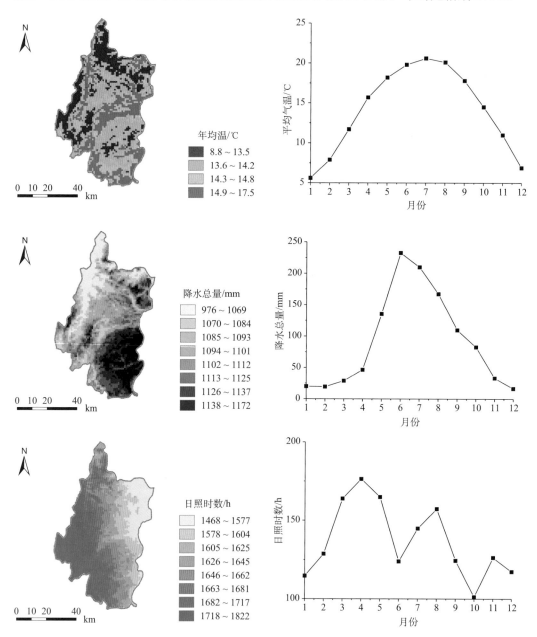

图11-8-3　盘县1980~2013年平均温度、降水总量、日照时数时空动态变化示意图

三、片区与代表性烟田

1. 珠东乡朱东村 3 组片区

1）基本信息

代表性地块（PX-01）：北纬 25°39′40.287″，东经 104°43′47.559″，海拔 1782 m（图 11-8-4），中山沟谷地，成土母质为灰岩风化沟谷洪积-堆积物，烤烟-玉米不定期轮作，缓坡旱地，土壤亚类为暗红简育湿润富铁土。

2）气候条件

烤烟大田生长期间（4~9月），平均气温 18.7℃，降水量 924 mm，日照时数 888 h（图 11-8-5）。

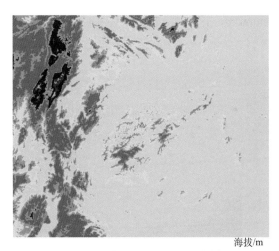

海拔/m

1800 1900 2000 2200 2300 2400 2500 2600 2700

图 11-8-4　片区海拔示意图

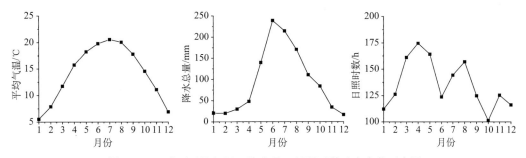

图 11-8-5　片区平均气温、降水量、日照时数动态变化示意图

3）剖面形态（图 11-8-6（右））

Ap：0~30 cm，极暗红棕色（2.5YR 2/4，润），红棕色（2.5YR 4/8，干），20%左右岩石碎屑，黏土，发育强的 1~2 mm 粒状结构，松散，2~3 个蚯蚓穴，pH 5.7，清晰波状过渡。

Bsr1：30~67 cm，暗红棕色（2.5YR 3/6，润），亮红棕色（2.5YR 5/8，干），20%左右岩石碎屑，黏土，发育强的 20~50 mm 棱块状结构，坚硬，2%左右软小铁锰结核，2~3 个蚯蚓穴，pH 6.5，渐变波状过渡。

Bsr2：67~120 cm，极暗红棕色（2.5YR 2/4，润），红棕色（2.5YR 4/8，干），20%左右岩石碎屑，黏土，发育中等的 20~50 mm 棱块状结构，坚硬，2%左右软小铁锰结核，pH 6.5。

4）土壤养分

片区土壤呈酸性，土体 pH 5.74~6.62，有机质 10.80~35.10 g/kg，全氮 0.66~1.96 g/kg，全磷 0.70~1.11 g/kg，全钾 10.30~14.60 g/kg，碱解氮 41.34~159.77 mg/kg，有效磷 1.00~4.10 mg/kg，速效钾 60.22~299.94 mg/kg，氯离子 5.75~18.80 mg/kg，交换性 Ca^{2+} 12.15~13.73

cmol/kg，交换性 Mg^{2+} 0.09~1.45 cmol/kg。

图 11-8-6　代表性地块景观(左)和土壤剖面(右)

腐殖酸与腐殖质组成中，腐殖酸碳量 3.51~11.12 g/kg，腐殖质全碳量 6.27~20.34 g/kg，胡敏酸碳量 0.74~3.60 g/kg，胡敏素碳量 2.67~9.22 g/kg，富啡酸碳量 2.70~7.52 g/kg，胡富比 0.26~0.48。

微量元素中，有效铜 1.03~1.53 mg/kg，有效铁 25.13~51.51 mg/kg，有效锰 52.01~168.57 mg/kg，有效锌 0.73~4.47 mg/kg(表 11-8-1~表 11-8-3)。

表 11-8-1　片区代表性烟田土壤养分状况

土层 /cm	pH	有机质 /(g/kg)	全氮 /(g/kg)	全磷 /(g/kg)	全钾 /(g/kg)	碱解氮 /(mg/kg)	有效磷 /(mg/kg)	速效钾 /(mg/kg)	氯离子 /(mg/kg)
0~30	5.74	35.10	1.96	1.11	14.60	159.77	4.10	299.94	5.75
30~67	6.46	10.80	0.70	0.96	11.60	45.98	1.00	82.87	15.90
67~100	6.49	12.20	0.66	0.88	11.10	41.34	1.40	60.22	17.50
100~120	6.62	11.20	0.67	0.70	10.30	42.26	4.20	65.89	18.80

表 11-8-2　片区代表性烟田土壤腐殖酸与腐殖质组成

土层 /cm	腐殖酸碳量 /(g/kg)	腐殖质全碳量 /(g/kg)	胡敏酸碳量 /(g/kg)	胡敏素碳量 /(g/kg)	富啡酸碳量 /(g/kg)	胡富比
0~30	11.12	20.34	3.60	9.22	7.52	0.48
30~67	3.60	6.27	0.78	2.67	2.82	0.28
67~100	3.60	7.08	0.74	3.48	2.85	0.26
100~120	3.51	6.50	0.81	2.99	2.70	0.30

表 11-8-3　片区代表性烟田土壤中微量元素状况

土层 /cm	有效铜 /(mg/kg)	有效铁 /(mg/kg)	有效锰 /(mg/kg)	有效锌 /(mg/kg)	交换性 Ca^{2+} /(cmol/kg)	交换性 Mg^{2+} /(cmol/kg)
0~30	1.53	25.13	168.57	4.47	12.87	1.45
30~67	1.11	47.61	57.51	0.81	12.15	0.80
67~100	1.03	49.87	52.01	0.73	13.52	0.14
100~120	1.18	51.51	54.93	0.85	13.73	0.09

5）总体评价

土体深厚，耕作层质地黏重，耕性差，砾石较多，通透性较好，轻度水土流失。酸性土壤，有机质含量丰富，肥力较高，缺磷富钾，铜、铁、锰、锌、钙、镁丰富。

2. 民主镇小白岩村猴跳石片区

1）基本信息

代表性地块（PX-02）：北纬 25°36′9.631″，东经 104°38′29.566″，海拔 1730 m（图 11-8-7），中山沟谷地，成土母质为灰岩风化沟谷洪积-堆积物，烤烟-玉米不定期轮作，缓坡旱地，土壤亚类为斑纹简育湿润富铁土。

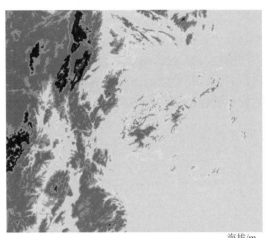

海拔/m

1800 1900 2000 2200 2300 2400 2500 2600 2700

图 11-8-7　片区海拔示意图

2）气候条件

烤烟大田生长期间（4~9 月），平均气温 18.7℃，降水量 916 mm，日照时数 896 h（图 11-8-8）。

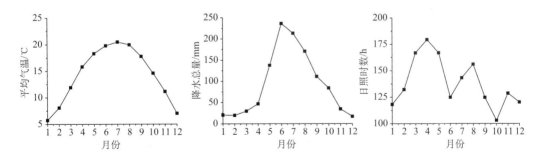

图 11-8-8　片区平均气温、降水总量、日照时数动态变化示意图

3）剖面形态（图 11-8-9（右））

Ap：0~30 cm，暗红棕色（5YR 3/4，润），亮红棕色（5YR 5/6，干），2%左右岩石碎屑，黏土，发育弱的 1~2 mm 粒状结构，松散，2~3 个蚯蚓穴，pH 5.7，清晰波状过渡。

AB：30~40 cm，浊红棕色(5YR 4/4，润)，橙色(5YR 6/6，干)，20%左右岩石碎屑，黏土，发育中等 10~20 mm 棱块状结构，稍硬，2~3 个蚯蚓穴，结构面上 2%左右铁锰斑纹，2%左右软小铁锰结核，pH 6.0，渐变波状过渡。

Bsr1：40~60 cm，暗红棕色(5YR 3/6，润)，亮红棕色(5YR 5/8，干)，20%左右岩石碎屑，黏土，发育强的 20~50 mm 棱块状结构，坚硬，2%左右软小铁锰结核，2~3 个蚯蚓穴，pH 6.1，渐变波状过渡。

Abr：60~97 cm，暗红棕色(5YR 3/2，润)，浊红棕色(5YR 5/4，干)，5%左右岩石碎屑，黏土，发育弱的 10~20 mm 棱块状结构，坚硬，结构面上 2%左右铁锰斑纹，2%左右软小铁锰结核，pH 6.4，渐变波状过渡。

Bsr2：97~120 cm，浊红棕色(5YR 4/4，润)，橙色(5YR 6/6，干)，5%左右岩石碎屑，黏土，发育强的 20~50 mm 棱块状结构，坚硬，结构面上 2%左右铁锰斑纹，2%左右软小铁锰结核，pH 6.5。

图 11-8-9　代表性地块景观(左)和土壤剖面(右)

4)土壤养分

片区土壤呈酸性，土体 pH 5.65~6.54，有机质 8.00~26.1 g/kg，全氮 0.83~1.83 g/kg，全磷 1.07~1.43 g/kg，全钾 10.40~14.70 g/kg，碱解氮 34.37~116.81 mg/kg，有效磷 0.20~4.20 mg/kg，速效钾 71.75~289.55mg/kg，氯离子 7.72~19.00 mg/kg，交换性 Ca^{2+} 7.76~11.29 cmol/kg，交换性 Mg^{2+} 0.60~1.33 cmol/kg。

腐殖酸与腐殖质组成中，腐殖酸碳量 2.21~9.45 g/kg，腐殖质全碳量 4.64~15.15 g/kg，胡敏酸碳量 0.05~2.75 g/kg，胡敏素碳量 1.64~5.69 g/kg，富啡酸碳量 2.16~6.70 g/kg，胡富比 0.02~0.41。

微量元素中，有效铜 1.36~2.23 mg/kg，有效铁 32.93~75.64 mg/kg，有效锰 66.39~211.89 mg/kg，有效锌 0.73~4.61 mg/kg(表 11-8-4~表 11-8-6)。

表 11-8-4 片区代表性烟田土壤养分状况

土层/cm	pH	有机质/(g/kg)	全氮/(g/kg)	全磷/(g/kg)	全钾/(g/kg)	碱解氮/(mg/kg)	有效磷/(mg/kg)	速效钾/(mg/kg)	氯离子/(mg/kg)
0~30	5.65	26.10	1.83	1.43	14.70	116.81	4.20	289.55	7.72
30~40	5.98	20.30	1.31	1.07	10.40	93.12	2.90	83.82	10.40
40~60	6.11	14.70	1.23	1.36	11.10	74.54	0.20	71.75	19.00
60~97	6.38	16.20	1.31	1.22	11.20	69.20	0.20	79.10	8.05
97~120	6.54	8.00	0.83	1.20	11.90	34.37	0.20	85.70	7.83

表 11-8-5 片区代表性烟田土壤腐殖酸与腐殖质组成

土层/cm	腐殖酸碳量/(g/kg)	腐殖质全碳量/(g/kg)	胡敏酸碳量/(g/kg)	胡敏素碳量/(g/kg)	富啡酸碳量/(g/kg)	胡富比
0~30	9.45	15.15	2.75	5.69	6.70	0.41
30~40	6.97	11.78	1.54	4.81	5.43	0.28
40~60	6.89	8.53	1.32	1.64	5.57	0.24
60~97	6.65	9.40	1.17	2.75	5.48	0.21
97~120	2.21	4.64	0.05	2.43	2.16	0.02

表 11-8-6 片区代表性烟田土壤中微量元素状况

土层/cm	有效铜/(mg/kg)	有效铁/(mg/kg)	有效锰/(mg/kg)	有效锌/(mg/kg)	交换性 Ca^{2+}/(cmol/kg)	交换性 Mg^{2+}/(cmol/kg)
0~30	1.70	39.74	211.89	4.61	7.76	0.88
30~40	1.79	32.93	177.97	2.30	9.06	0.92
40~60	1.80	35.87	163.88	1.93	11.29	1.06
60~97	2.23	37.55	156.55	1.65	11.00	0.60
97~120	1.36	75.64	66.39	0.73	7.90	1.33

5) 总体评价

土体深厚，耕作层质地黏重，砾石少，耕性和通透性差，轻度水土流失。酸性土壤，有机质含量中等，肥力偏低，严重缺磷，富钾，铜、铁、锰、锌、钙、镁丰富。

3. 新民乡大坑村普腊片区

1) 基本信息

代表性地块（PX-03）：北纬25°31′11.501″，东经104°51′4.586″，海拔1564 m（图11-8-10），中山沟谷地，成土母质为灰岩风化沟谷洪积-堆积物，烤烟-玉米不定期轮作，缓坡旱地，土壤亚类为斑纹酸性湿润淋溶土。

海拔/m

1800 1900 2000 2200 2300 2400 2500 2600 2700

图 11-8-10 片区海拔示意图

2）气候条件

烤烟大田生长期间（4~9月），平均气温19.6℃，降水量927 mm，日照时数887 h（图11-8-11）。

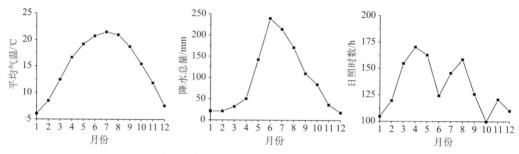

图11-8-11　片区平均气温、降水总量、日照时数动态变化示意图

3）剖面形态（图11-8-12（右））

Ap：0~30 cm，棕灰色（10YR 6/1，润），橙白色（10YR 8/2，干），粉质黏壤土，发育强的1~2 mm粒状结构，松散，2~3个蚯蚓穴，pH 5.3，清晰波状过渡。

AB：30~40 cm，棕灰色（10YR 5/1，润），浊黄橙色（10YR 7/3，干），5%左右岩石碎屑，粉质黏壤土，发育强的10~20 mm棱块状结构，坚硬，结构面和孔隙壁上5%左右腐殖质胶膜，1%左右软小铁锰结核，2~3个蚯蚓穴，pH 5.5，渐变波状过渡。

Btr1：40~72 cm，棕灰色（10YR 5/1，润），浊黄橙色（10YR 7/3，干），粉质黏土，发育强的20~50 mm棱块状结构，坚硬，结构面上2%左右铁锰斑纹，20%左右黏粒胶膜，2%左右软小铁锰结核，2~3个蚯蚓穴，pH 5.8，渐变波状过渡。

图11-8-12　代表性地块景观（左）和土壤剖面（右）

Btr2：72~105 cm，黑棕色(10YR 3/2，润)，浊黄棕色(10YR 5/4，干)，粉质黏土，发育强的 20~50 mm 棱块状结构，坚硬，结构面上 2%左右铁锰斑纹，20%左右黏粒胶膜，2%左右软小铁锰结核，pH 5.6，渐变波状过渡。

Abr：105~120 cm，黑色(10YR 2/1，润)，暗棕色(10YR 3/3，干)，5%左右岩石碎屑，粉质黏壤土，发育弱的 20~50 mm 棱块状结构，坚硬，结构面上 5%左右腐殖质胶膜，1%左右软小铁锰结核，pH 5.3。

4) 土壤养分

片区土壤呈酸性，土体 pH 5.33~5.83，有机质 36.30~59.10 g/kg，全氮 1.87~2.42 g/kg，全磷 1.05~1.39 g/kg，全钾 17.80~27.60 g/kg，碱解氮 140.26~180.67 mg/kg，有效磷 0.60~6.10 mg/kg，速效钾 94.20~201.79 mg/kg，氯离子 3.46~14.80 mg/kg，交换性 Ca^{2+} 11.07~13.90 cmol/kg，交换性 Mg^{2+} 1.11~1.71 cmol/kg。

腐殖酸与腐殖质组成中，腐殖酸碳量 13.85~25.69 g/kg，腐殖质全碳量 21.06~34.28 g/kg，胡敏酸碳量 5.59~16.86 g/kg，胡敏素碳量 6.92~10.96 g/kg，富啡酸碳量 8.26~9.41 g/kg，胡富比 0.68~1.91。

微量元素中，有效铜 1.03~2.23 mg/kg，有效铁 4.28~15.10 mg/kg，有效锰 43.66~150.70 mg/kg，有效锌 0.53~4.03 mg/kg(表 11-8-7~表 11-8-9)。

表 11-8-7　片区代表性烟田土壤养分状况

土层 /cm	pH	有机质 /(g/kg)	全氮 /(g/kg)	全磷 /(g/kg)	全钾 /(g/kg)	碱解氮 /(mg/kg)	有效磷 /(mg/kg)	速效钾 /(mg/kg)	氯离子 /(mg/kg)
0~30	5.33	46.60	2.42	1.33	27.60	180.67	6.10	201.79	9.16
30~40	5.53	36.60	2.04	1.05	21.10	148.62	1.60	142.33	14.80
40~72	5.83	36.30	1.87	1.18	20.90	140.26	0.60	108.35	3.46
72~105	5.63	44.10	2.14	1.39	18.60	156.98	1.50	111.19	8.64
105~120	5.34	59.10	2.24	1.31	17.80	147.70	2.70	94.20	11.50

表 11-8-8　片区代表性烟田土壤腐殖酸与腐殖质组成

土层 /cm	腐殖酸碳量 /(g/kg)	腐殖质全碳量 /(g/kg)	胡敏酸碳量 /(g/kg)	胡敏素碳量 /(g/kg)	富啡酸碳量 /(g/kg)	胡富比
0~30	16.04	27.00	6.84	10.96	9.20	0.74
30~40	13.85	21.23	5.59	7.38	8.26	0.68
40~72	14.14	21.06	5.73	6.92	8.41	0.68
72~105	16.38	25.58	6.97	9.20	9.41	0.74
105~120	25.69	34.28	16.86	8.59	8.83	1.91

表 11-8-9　片区代表性烟田土壤中微量元素状况

土层 /cm	有效铜 /(mg/kg)	有效铁 /(mg/kg)	有效锰 /(mg/kg)	有效锌 /(mg/kg)	交换性 Ca^{2+} /(cmol/kg)	交换性 Mg^{2+} /(cmol/kg)
0~30	2.23	15.10	150.70	4.03	11.07	1.54
30~40	2.13	14.51	104.30	2.24	11.72	1.11
40~72	1.55	10.48	49.85	0.91	12.29	1.71
72~105	1.32	8.71	43.66	1.22	12.36	1.21
105~120	1.03	4.28	66.93	0.53	13.90	1.29

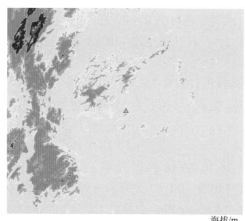

海拔/m

1800 1900 2000 2200 2300 2400 2500 2600 2700

图 11-8-13　片区海拔示意图

5)总体评价

土体深厚,耕作层质地偏黏,耕性和通透性较差,轻度水土流失。酸性土壤,有机质含量丰富,肥力偏高,缺磷富钾,氯含量偏低,铜、铁、锰、锌、钙、镁丰富。

4. 忠义乡扯拖村(五明村)11 组片区

1)基本信息

代表性地块(PX-04):北纬 25°29′55.818″,东经 104°49′12.922″,海拔 1668 m(图 11-8-13),中山坡地中部,成土母质为灰岩风化坡积物,烤烟-玉米不定期轮作,中坡旱地,土壤亚类为腐殖铁质湿润淋溶土。

2)气候条件

烤烟大田生长期间(4~9 月),平均气温 19.4℃,降水量 928 mm,日照时数 889 h(图 11-8-14)。

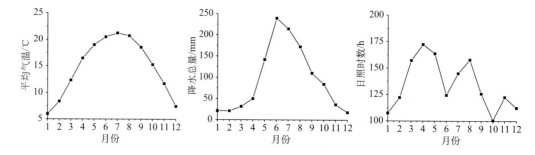

图 11-8-14　片区平均气温、降水总量、日照时数动态变化示意图

3)剖面形态(图 11-8-15(右))

Ap:0~35 cm,黑色(10YR 2/1,润),黑棕色(10YR 3/3,干),粉质黏壤土,发育强的 1~5 mm 粒状结构,松散,2~3 个蚯蚓穴,pH 6.7,渐变波状过渡。

AB1:35~65 cm,黑色(10YR 2/1,润),黑棕色(10YR 3/3,干),粉质黏壤土,发育强的 10~20 mm 棱块状结构,坚硬,结构面和孔隙壁上 5%左右腐殖质胶膜,2%左右铁锰斑纹,1%左右软小铁锰结核,2~3 个蚯蚓穴,pH 7.6,渐变波状过渡。

AB2:65~80 cm,黑色(10YR 2/1,润),黑棕色(10YR 3/3,干),粉质黏壤土,发育强的 10~20 mm 棱块状结构,坚硬,结构面和孔隙壁上 5%左右腐殖质胶膜,2%左右铁锰斑纹,1%左右软小铁锰结核,2~3 个蚯蚓穴,pH 7.4,渐变波状过渡。

图 11-8-15　代表性地块景观(左)和土壤剖面(右)

Btr：80~120 cm，棕色(10YR 4/4，润)，亮黄棕色(10YR 6/6，干)，粉质黏土，发育强的 20~30 mm 棱块状结构，坚硬，结构面上 2%左右铁锰斑纹，20%左右黏粒胶膜，2%左右软小铁锰结核，pH 7.3。

4) 土壤养分

片区土壤呈中性，土体 pH 6.69~7.58，有机质 7.70~32.94 g/kg，全氮 0.65~1.96 g/kg，全磷 1.20~1.30 g/kg，全钾 26.70~37.70 g/kg，碱解氮 32.51~137.48 mg/kg，有效磷 1.00~10.10 mg/kg，速效钾 117.79~272.57 mg/kg，氯离子 6.40~20.00 mg/kg，交换性 Ca^{2+} 13.30~17.94 cmol/kg，交换性 Mg^{2+} 4.44~4.64 cmol/kg。

腐殖酸与腐殖质组成中，腐殖酸碳量 2.09~10.59 g/kg，腐殖质全碳量 4.47~19.10 g/kg，胡敏酸碳量 0.53~4.30 g/kg，胡敏素碳量 2.31~8.51 g/kg，富啡酸碳量 1.43~6.29 g/kg，胡富比 0.34~0.73。

微量元素中，有效铜 1.82~4.63 mg/kg，有效铁 28.52~77.11 mg/kg，有效锰 70.08~249.34 mg/kg，有效锌 1.39~5.08 mg/kg(表 11-8-10~表 11-8-12)。

表 11-8-10　片区代表性烟田土壤养分状况

土层 /cm	pH	有机质 /(g/kg)	全氮 /(g/kg)	全磷 /(g/kg)	全钾 /(g/kg)	碱解氮 /(mg/kg)	有效磷 /(mg/kg)	速效钾 /(mg/kg)	氯离子 /(mg/kg)
0~35	6.69	32.94	1.96	1.30	37.70	137.48	10.10	272.57	16.20
35~65	7.58	13.60	1.04	1.30	29.10	73.38	1.30	117.79	20.00
65~80	7.40	10.23	0.65	1.20	27.60	42.03	1.10	130.22	15.69
80~120	7.33	7.70	0.65	1.25	26.70	32.51	1.00	170.64	6.40

表 11-8-11 片区代表性烟田土壤腐殖酸与腐殖质组成

土层 /cm	腐殖酸碳量 /(g/kg)	腐殖质全碳量 /(g/kg)	胡敏酸碳量 /(g/kg)	胡敏素碳量 /(g/kg)	富啡酸碳量 /(g/kg)	胡富比
0~35	10.59	19.10	4.30	8.51	6.29	0.68
35~65	5.58	7.89	2.36	2.31	3.22	0.73
65~80	2.10	5.13	0.67	2.48	1.43	0.47
80~120	2.09	4.47	0.53	2.38	1.56	0.34

表 11-8-12 片区代表性烟田土壤中微量元素状况

土层 /cm	有效铜 /(mg/kg)	有效铁 /(mg/kg)	有效锰 /(mg/kg)	有效锌 /(mg/kg)	交换性 Ca^{2+} /(cmol/kg)	交换性 Mg^{2+} /(cmol/kg)
0~35	3.17	28.52	249.34	5.08	17.94	4.44
35~65	4.63	51.10	132.01	2.39	17.06	4.45
65~80	1.82	32.18	138.17	1.39	13.80	4.55
80~120	3.56	77.11	70.08	2.77	13.30	4.64

5) 总体评价

土体深厚，耕作层质地偏黏，耕性和通透性较差，中度水土流失。中性土壤，有机质含量丰富，肥力偏高，缺磷富钾，铜、铁、锰、锌、钙、镁丰富。

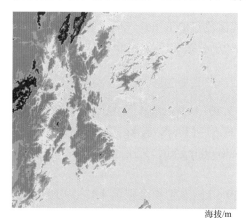

海拔/m
1800 1900 2000 2200 2300 2400 2500 2600 2700

图 11-8-16 片区海拔示意图

5. 大山镇高祥村(保田镇鹅毛寨村)上寨片区

1) 基本信息

代表性地块(PX-05)：北纬 25°24′57.738″，东经 104°39′48.360″，海拔 1714 m(图 11-8-16)，中山坡地中部，成土母质为灰岩风化坡积物，烤烟-玉米不定期轮作，缓坡梯田旱地，土壤亚类为斑纹酸性湿润淋溶土。

2) 气候条件

烤烟大田生长期间(4~9 月)，平均气温 19.0℃，降水量 914 mm，日照时数 899 h(图 11-8-17)。

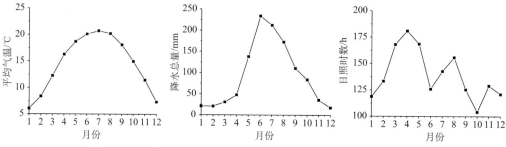

图 11-8-17 片区平均气温、降水总量、日照时数动态变化示意图

3）剖面形态（图 11-8-18（右））

Ap：0~25 cm，灰棕色（7.5YR 4/2，润），浊橙色（7.5YR 6/4，干），5%左右岩石碎屑，粉质黏壤土，发育强的 1~2 mm 粒状结构，松散，2~3 个蚯蚓穴，pH 5.0，清晰波状过渡。

ABr：25~42 cm，棕色（7.5YR 4/4，润），橙色（7.5YR 6/6，干），粉质黏壤土，发育强的 10~20 mm 棱块状结构，坚硬，2%左右软小铁锰结核，2~3 个蚯蚓穴，pH 5.85，渐变波状过渡。

Btr1：42~60 cm，黑棕色（7.5YR 3/2，润），浊棕色（7.5YR 5/4，干），粉质黏土，发育强的 20~50 mm 棱块状结构，坚硬，结构面上 20%左右黏粒胶膜，2%左右软小铁锰结核，2~3 个蚯蚓穴，pH 5.0，渐变波状过渡。

Btr2：60~80 cm，棕色（7.5YR 4/4，润），橙色（7.5YR 6/6，干），粉质黏土，发育强的 20~50 mm 棱块状结构，坚硬，结构面上 20%左右黏粒胶膜，5%左右软中铁锰结核，pH 4.9，渐变波状过渡。

Btr3：80~110 cm，Btr2（黏化层）：65~110 cm，黑棕色（7.5YR 3/2，润），浊黄棕色（7.5YR 5/4，干），粉质黏土，发育强的 20~50 mm 棱块状结构，坚硬，结构面上 20%左右黏粒胶膜，5%左右软中铁锰结核，pH 4.9。

图 11-8-18　代表性地块景观（左）和土壤剖面（右）

4）土壤养分

片区土壤呈酸性，土体 pH 4.91~5.85，有机质 3.60~35.40 g/kg，全氮 0.56~2.37 g/kg，全磷 0.99~1.33 g/kg，全钾 12.60~25.70 g/kg，碱解氮 18.11~182.53 mg/kg，有效磷 0.70~9.90 mg/kg，速效钾 80.99~257.47 mg/kg，氯离子 6.49~18.20 mg/kg，交换性 Ca^{2+} 4.96~12.73 cmol/kg，交换性 Mg^{2+} 0.74~2.61 cmol/kg。

腐殖酸与腐殖质组成中，腐殖酸碳量 0.58~12.62 g/kg，腐殖质全碳量 2.09~20.52 g/kg，

胡敏酸碳量 0.00~3.60 g/kg，胡敏素碳量 0.86~7.90 g/kg，富啡酸碳量 0.58~9.02 g/kg，胡富比 0.00~0.40。

微量元素中，有效铜 0.57~2.67 mg/kg，有效铁 36.42~58.94 mg/kg，有效锰 102.12~279.26 mg/kg，有效锌 0.35~4.00 mg/kg（表 11-8-13~表 11-8-15）。

表 11-8-13　片区代表性烟田土壤养分状况

土层 /cm	pH	有机质 /(g/kg)	全氮 /(g/kg)	全磷 /(g/kg)	全钾 /(g/kg)	碱解氮 /(mg/kg)	有效磷 /(mg/kg)	速效钾 /(mg/kg)	氯离子 /(mg/kg)
0~25	4.95	35.40	2.37	1.29	25.70	182.53	9.90	257.47	7.22
25~42	5.85	3.60	0.65	0.99	15.0	32.51	1.10	80.99	18.20
42~60	5.02	4.80	0.67	1.11	14.10	36.92	1.00	82.87	6.49
60~80	4.93	4.90	0.61	1.10	13.50	26.34	0.87	83.17	8.46
80~110	4.91	5.10	0.56	1.33	12.60	18.11	0.70	85.70	11.60

表 11-8-14　片区代表性烟田土壤腐殖酸与腐殖质组成

土层 /cm	腐殖酸碳量 /(g/kg)	腐殖质全碳量 /(g/kg)	胡敏酸碳量 /(g/kg)	胡敏素碳量 /(g/kg)	富啡酸碳量 /(g/kg)	胡富比
0~25	12.62	20.52	3.60	7.90	9.02	0.40
25~42	1.23	2.09	0.11	0.86	1.12	0.10
42~60	1.07	2.78	0.04	1.71	1.04	0.04
60~80	1.06	2.77	0.12	2.05	0.60	0.20
80~110	0.58	2.96	0.00	2.38	0.58	0.00

表 11-8-15　片区代表性烟田土壤中微量元素状况

土层 /cm	有效铜 /(mg/kg)	有效铁 /(mg/kg)	有效锰 /(mg/kg)	有效锌 /(mg/kg)	交换性 Ca^{2+} /(cmol/kg)	交换性 Mg^{2+} /(cmol/kg)
0~25	2.67	36.42	279.26	4.00	11.55	2.42
25~42	0.57	38.10	102.12	0.35	12.73	2.61
42~60	0.66	51.38	117.21	0.43	6.22	0.96
60~80	0.67	32.12	128.06	1.34	6.00	0.88
80~110	0.64	58.94	144.11	1.82	4.96	0.74

5）总体评价

土体深厚，耕作层质地偏黏，砾石少，耕性和通透性较差，轻度水土流失。酸性土壤，有机质含量丰富，肥力偏高，铜、铁、锰、锌、钙、镁丰富。

第九节　贵州兴仁生态条件

一、地理位置

兴仁县位于北纬 25°16′~25°48′，东经 105°54′~105°34′，地处贵州省黔西南布依族苗族自治州中部，东邻贞丰县，南接安龙县、兴义市，西界普安县，北接晴隆县，东北与关岭隔山江相望。兴仁县隶属贵州省黔西南布依族苗族自治州，现辖东湖街道、城北街道、城南街道、真武山街道、屯脚镇、巴铃镇、回龙镇、雨樟镇、潘家庄镇、下山镇、新龙场镇、百德镇、李关乡、民建乡、鲁础营乡、大山乡、田湾乡、新马场乡。总面积1785 km²(图11-9-1)。

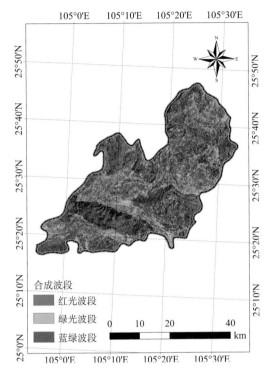

图 11-9-1　兴仁县位置及 Landsat 假彩色合成影像图

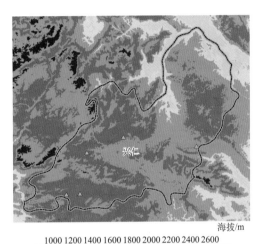

图 11-9-2　兴仁县海拔示意图

二、自然条件

1. 地形地貌

兴仁县地处贵州省黔西南布依族苗族自治州中部,为溶蚀侵蚀低中山地貌,沟壑发育。地势总体南西高、北东低,地形切割较大;中部高,地势稍平缓。最高处海拔标高1729.6 m;最低海拔位于规划区西南部,标高为1300 m,最大相对高差430 m,地形坡度一般20°左右,局部较陡达45°~55°,局部形成陡崖。斜坡上植被覆盖较差(图11-9-2)。

2. 气候条件

兴仁县属低北纬高原性中亚热带温和湿润季风气候区,气候垂直差异明显,表现为谷地干热、高山凉润、冬无严寒、夏无酷暑的四季如春气候特征。年均气温13.2~19.8℃,平均15.4℃,1月最冷,月平均气温6.1℃,7月最热,月平均气温22.2℃;区域分布表现东北部、中部和西南角较高,而其他区域较低。年均降水总量1093~1230 mm,平均1173 mm左右,5~9月降雨均在100 mm以上,其中6月、7月降雨在200 mm以上,1月、2月、3月、11月、12月降雨较少,在50 mm以下;区域分布表现北部、东北部周边和西南角较少，东部、中部、南部区域较多。年均日照时数 1334~1594 h，平均 1484 h，3~9 月、11 月日照均在 100 h 以上，其中 4 月、5 月、8 月日照在 150 h 以上；区域分布趋势是由东北向西南递增(图 11-9-3)。年均无霜期 280 d 左右。

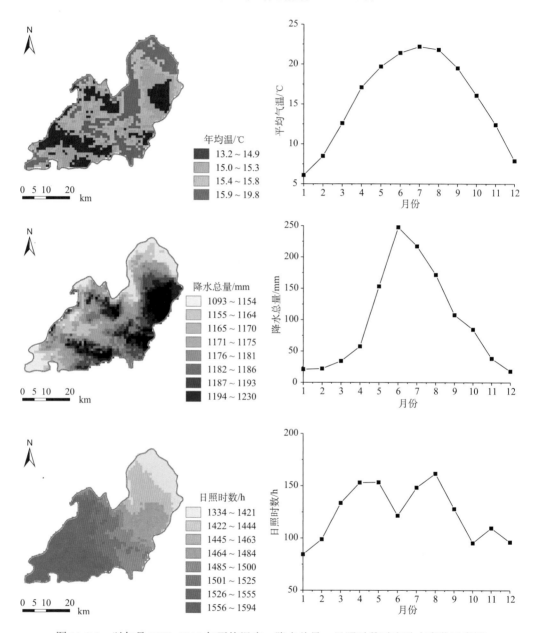

图 11-9-3　兴仁县 1980~2013 年平均温度、降水总量、日照时数时空动态变化示意图

三、片区与代表性烟田

1. 鲁础营乡鲁础营村关坝片区

1) 基本信息

代表性地块（XR-01）：北纬25°19′32.467″，东经105°2′14.212″，海拔1523 m（图11-9-4），中山坡地中部，成土母质为泥质白云岩风化残积-坡积物，烤烟-玉米不定期轮作，中坡梯田旱地，土壤亚类为表蚀黏化湿润富铁土。

2) 气候条件

烤烟大田生长期间（4~9月），平均气温19.9℃，降水量944 mm，日照时数881 h（图11-9-5）。

海拔/m

1000 1200 1400 1600 1800 2000 2200 2400 2600

图11-9-4 片区海拔示意图

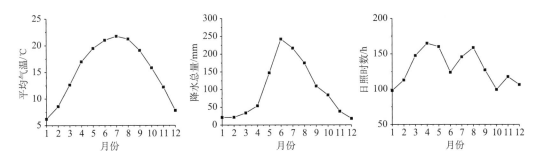

图11-9-5 片区平均气温、降水总量、日照时数动态变化示意图

3) 剖面形态（图11-9-6（右））

Ap：0~30 cm，极暗红棕色（5YR 2/4，润），红棕色（5YR 4/6，干），10%左右岩石碎屑，粉质黏壤土，发育强的1~2 mm粒状结构，松散，2~3个蚯蚓穴，pH 4.8，清晰波状过渡。

ABr：30~50 cm，暗红棕色（5YR 3/4，润），亮红棕色（5YR 5/6，干），10%左右岩石碎屑，粉质黏壤土，发育强的10~20 mm棱块状结构，坚硬，结构面上2%左右铁锰斑纹，1%左右软小铁锰结核，2~3个蚯蚓穴，pH 5.0，渐变波状过渡。

Bstr：50~120 cm，暗红棕色（5YR 3/4，润），亮红棕色（5YR 5/6，干），40%左右岩石碎屑，粉质黏土，发育中等的20~50 mm棱块状结构，坚硬，结构面上2%左右铁锰斑纹，20%左右黏粒-氧化铁胶膜，2%左右软小铁锰结核，2~3个蚯蚓穴，pH 5.3。

4) 土壤养分

片区土壤呈酸性，土体pH 4.79~5.34，有机质5.20~18.90 g/kg，全氮0.58~1.25 g/kg，全磷0.20~0.70 g/kg，全钾13.30~35.30 g/kg，碱解氮38.55~111.47 mg/kg，有效磷0.43~4.90 mg/kg，速效钾122.51~252.75 mg/kg，氯离子6.65~15.90 mg/kg，交换性Ca^{2+} 1.84~4.96

cmol/kg，交换性 Mg^{2+} 1.31~2.56 cmol/kg。

图 11-9-6　代表性地块景观(左)和土壤剖面(右)

腐殖酸与腐殖质组成中，腐殖酸碳量 1.34~6.30 g/kg，腐殖质全碳量 3.00~10.96 g/kg，胡敏酸碳量 0.01~1.30 g/kg，胡敏素碳量 0.92~4.66 g/kg，富啡酸碳量 1.33~4.99 g/kg，胡富比 0.003~0.26。

微量元素中，有效铜 1.13~1.56 mg/kg，有效铁 17.88~28.35 mg/kg，有效锰 29.33~107.65 mg/kg，有效锌 1.05~4.10 mg/kg(表 11-9-1~表 11-9-3)。

表 11-9-1　片区代表性烟田土壤养分状况

土层 /cm	pH	有机质 /(g/kg)	全氮 /(g/kg)	全磷 /(g/kg)	全钾 /(g/kg)	碱解氮 /(mg/kg)	有效磷 /(mg/kg)	速效钾 /(mg/kg)	氯离子 /(mg/kg)
0~30	4.79	18.90	1.25	0.63	35.30	111.47	4.90	252.75	15.90
30~50	5.02	7.00	0.70	0.70	13.30	54.11	0.70	146.10	6.91
50~110	5.34	5.20	0.58	0.20	29.20	38.55	0.43	122.51	6.65

表 11-9-2　片区代表性烟田土壤腐殖酸与腐殖质组成

土层 /cm	腐殖酸碳量 /(g/kg)	腐殖质全碳量 /(g/kg)	胡敏酸碳量 /(g/kg)	胡敏素碳量 /(g/kg)	富啡酸碳量 /(g/kg)	胡富比
0~30	6.30	10.96	1.30	4.66	4.99	0.26
30~50	3.14	4.06	0.01	0.92	3.13	0.003
50~110	1.34	3.00	0.02	1.65	1.33	0.01

表 11-9-3　片区代表性烟田土壤中微量元素状况

土层 /cm	有效铜 /(mg/kg)	有效铁 /(mg/kg)	有效锰 /(mg/kg)	有效锌 /(mg/kg)	交换性 Ca^{2+} /(cmol/kg)	交换性 Mg^{2+} /(cmol/kg)
0~30	1.56	20.13	107.65	4.10	4.96	2.56
30~50	1.13	17.88	29.33	1.05	2.65	2.06
50~110	1.29	28.35	40.78	1.12	1.84	1.31

5) 总体评价

土体深厚，耕作层质地偏黏，少量砾石，耕性和通透性较差，中度水土流失。酸性土壤，有机质含量缺乏，肥力偏低，缺磷富钾，铜、铁、锰、锌、钙、镁含量丰富。

2. 雨樟镇团田村上坝片区

1) 基本信息

代表性地块（XR-02）：北纬 25°19′46.201″，东经 105°4′45.460″，海拔 1509 m（图 11-9-7），中山坡地坡麓成土母质为泥质白云岩风化残积-坡积物，烤烟-玉米不定期轮作，缓坡旱地，土壤亚类为表蚀铁质湿润雏形土。

海拔/m

1000 1200 1400 1600 1800 2000 2200 2400 2600

图 11-9-7　片区海拔示意图

2) 气候条件

烤烟大田生长期间（4~9 月），平均气温 19.6℃，降水量 952 mm，日照时数 878 h（图 11-9-8）。

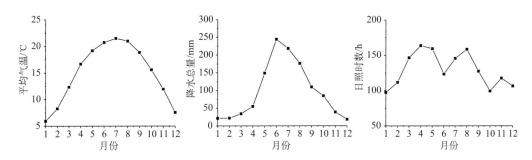

图 11-9-8　片区平均气温、降水总量、日照时数年动态变化示意图

3) 剖面形态（图 11-9-9（右））

Ap：0~30 cm，灰棕色（7.5YR 4/2，润），浊棕色（7.5YR 6/3，干），60%左右岩石碎屑，黏壤土，发育弱的 1~2 mm 粒状结构，松散，2~3 个蚯蚓穴，pH 5.9，渐变波状过渡。

AB：30~40 cm，黑棕色（7.5YR 3/2，润），浊棕色（7.5YR 5/3，干），60%左右岩石碎屑，黏壤土，发育弱的 10~20 mm 块状结构，稍硬，2~3 个蚯蚓穴，结构面上 2%左右铁锰斑纹，5%左右软小铁锰结核，pH 5.9，清晰波状过渡。

Bw：40~52 cm，棕色(7.5YR 4/2，润)，浊橙色(7.5YR 6/4，干)，30%左右岩石碎屑，黏壤土，发育弱的 10~20 mm 块状结构，坚硬，结构面上 2%左右铁锰斑纹，5%左右软小铁锰结核，2~3 个蚯蚓穴，pH 6.1，清晰波状过渡。

R：52 cm~，泥质白云岩。

图 11-9-9　代表性地块景观(左)和土壤剖面(右)

4) 土壤养分

片区土壤呈弱酸性，土体 pH 5.86~6.10，有机质 15.20~37.40 g/kg，全氮 1.27~2.38 g/kg，全磷 1.28~1.45 g/kg，全钾 12.60~34.70 g/kg，碱解氮 108.22~198.78 mg/kg，有效磷 0.20~3.40 mg/kg，速效钾 165.92~528.32 mg/kg，氯离子 11.50~37.70 mg/kg，交换性 Ca^{2+} 13.95~15.17 cmol/kg，交换性 Mg^{2+} 1.31~1.52 cmol/kg。

腐殖酸与腐殖质组成中，腐殖酸碳量 6.80~14.17 g/kg，腐殖质全碳量 8.82~21.67 g/kg，胡敏酸碳量 1.35~4.19 g/kg，胡敏素碳量 2.02~7.50 g/kg，富啡酸碳量 5.46~9.98 g/kg，胡富比 0.25~0.42。

微量元素中，有效铜 4.07~7.50 mg/kg，有效铁 12.66~23.63 mg/kg，有效锰 174.85~203.53 mg/kg，有效锌 3.35~4.94 mg/kg(表 11-9-4~表 11-9-6)。

表 11-9-4　片区代表性烟田土壤养分状况

土层 /cm	pH	有机质 /(g/kg)	全氮 /(g/kg)	全磷 /(g/kg)	全钾 /(g/kg)	碱解氮 /(mg/kg)	有效磷 /(mg/kg)	速效钾 /(mg/kg)	氯离子 /(mg/kg)
0~40	5.86	37.40	2.38	1.45	34.70	198.78	3.40	528.32	37.70
40~52	6.10	15.20	1.27	1.28	12.60	108.22	0.20	165.92	11.50

表 11-9-5　片区代表性烟田土壤腐殖酸与腐殖质组成

土层 /cm	腐殖酸碳量 /(g/kg)	腐殖质全碳量 /(g/kg)	胡敏酸碳量 /(g/kg)	胡敏素碳量 /(g/kg)	富啡酸碳量 /(g/kg)	胡富比
0~40	14.17	21.67	4.19	7.50	9.98	0.42
40~52	6.80	8.82	1.35	2.02	5.46	0.25

表 11-9-6　片区代表性烟田土壤中微量元素状况

土层 /cm	有效铜 /(mg/kg)	有效铁 /(mg/kg)	有效锰 /(mg/kg)	有效锌 /(mg/kg)	交换性 Ca^{2+} /(cmol/kg)	交换性 Mg^{2+} /(cmol/kg)
0~40	7.50	23.63	203.53	4.94	13.95	1.52
40~52	4.07	12.66	174.85	3.35	15.17	1.31

5）总体评价

土体较薄，耕作层质地偏黏，耕性较差，砾石多，通透性好，中度水土流失。微酸性土壤，有机质含量丰富，肥力偏高，缺磷富钾，氯超标，铜、铁、锰、锌、钙、镁含量丰富。

3. 城北办事处黄土佬村冬瓜寨片区

1）基本信息

代表性地块（XR-03）：北纬 25°29′15.518″，东经 105°12′17.880″，海拔 1449 m（图 11-9-10），中山坡地中部，成土母质为石灰岩/泥质白云岩风化坡积物，烤烟-玉米不定期轮作，缓坡旱地，土壤亚类为腐殖铁质湿润淋溶土。

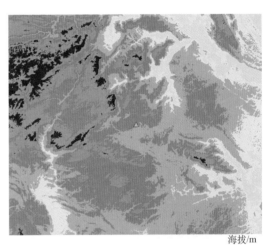

海拔/m

1000 1200 1400 1600 1800 2000 2200 2400 2600

图 11-9-10　片区海拔示意图

2）气候条件

烤烟大田生长期间（4~9 月），平均气温 20.0℃，降水量 957 mm，日照时数 868 h（图 11-9-11）。

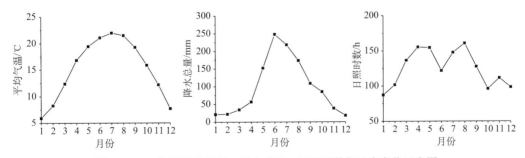

图 11-9-11　片区平均气温、降水总量、日照时数年动态变化示意图

3）剖面形态（图11-9-12（右））

Ap：0~32 cm，黑棕色（7.5YR 2/2，润），棕色（7.5YR 4/4，干），黏壤土，发育强的1~2 mm粒状结构，松散，2~3个蚯蚓穴，pH 5.2，渐变波状过渡。

AB：32~46 cm，黑棕色（7.5YR 2/2，润），棕色（7.5YR 4/4，干），黏壤土，发育强的10~20 mm块状结构，坚硬，结构面和孔隙壁上5%左右腐殖质胶膜，1%左右软小铁锰结核，2~3个蚯蚓穴，pH 6.5，清晰波状过渡。

Btr1：46~67 cm，浊棕色（7.5YR 5/4，润），橙色（7.5YR 7/6，干），黏壤土，发育强的10~20 mm棱块状结构，坚硬，结构面上2%左右铁锰斑纹，20%左右黏粒-氧化铁胶膜，2%左右软小铁锰结核，2~3个蚯蚓穴，pH 6.5，渐变波状过渡。

Btr2：67~110 cm，浊棕色（7.5YR 5/4，润），橙色（7.5YR 7/6，干），黏壤土，发育强的20~50 mm棱块状结构，坚硬，结构面上2%左右铁锰斑纹，20%左右黏粒-氧化铁胶膜，2%左右软小铁锰结核，pH 5.9。

图11-9-12　代表性地块景观（左）和土壤剖面（右）

4）土壤养分

片区土壤呈酸性，土体pH 5.22~6.46，有机质1.08~4.08 g/kg，全氮0.10~0.23 g/kg，全磷0.09~0.12 g/kg，全钾1.19~2.78 g/kg，碱解氮66.88~173.47 mg/kg，有效磷0.30~14.10 mg/kg，速效钾85.70~522.66 mg/kg，氯离子7.52~15.40 mg/kg，交换性Ca^{2+} 12.30~16.40 cmol/kg，交换性Mg^{2+} 0.64~1.33 cmol/kg。

腐殖酸与腐殖质组成中，腐殖酸碳量5.34~14.17 g/kg，腐殖质全碳量6.27~23.66 g/kg，胡敏酸碳量0.65~6.00 g/kg，胡敏素碳量0.92~9.50 g/kg，富啡酸碳量4.69~8.17 g/kg，胡富比0.14~0.74。

微量元素中，有效铜 1.32~1.80 mg/kg，有效铁 16.36~32.28 mg/kg，有效锰 3.86~209.23 mg/kg，有效锌 0.34~10.10 mg/kg（表 11-9-7~表 11-9-9）。

表 11-9-7　片区代表性烟田土壤养分状况

土层 /cm	pH	有机质 /(g/kg)	全氮 /(g/kg)	全磷 /(g/kg)	全钾 /(g/kg)	碱解氮 /(mg/kg)	有效磷 /(mg/kg)	速效钾 /(mg/kg)	氯离子 /(mg/kg)
0~32	5.22	4.08	0.23	0.12	2.78	173.47	14.10	522.66	15.40
32~46	6.46	2.16	0.14	0.10	1.62	106.13	0.80	108.35	9.25
46~67	6.45	1.40	0.11	0.12	1.38	67.81	0.30	98.92	7.52
67~110	5.85	1.08	0.10	0.09	1.19	66.88	0.50	85.70	11.40

表 11-9-8　片区代表性烟田土壤腐殖酸与腐殖质组成

土层 /cm	腐殖酸碳量 /(g/kg)	腐殖质全碳量 /(g/kg)	胡敏酸碳量 /(g/kg)	胡敏素碳量 /(g/kg)	富啡酸碳量 /(g/kg)	胡富比
0~32	14.17	23.66	6.00	9.50	8.17	0.74
32~46	9.61	12.53	1.83	2.92	7.78	0.24
46~67	5.83	8.12	0.70	2.29	5.13	0.14
67~110	5.34	6.27	0.65	0.92	4.69	0.14

表 11-9-9　片区代表性烟田土壤中微量元素状况

土层 /cm	有效铜 /(mg/kg)	有效铁 /(mg/kg)	有效锰 /(mg/kg)	有效锌 /(mg/kg)	交换性 Ca^{2+} /(cmol/kg)	交换性 Mg^{2+} /(cmol/kg)
0~32	1.48	16.36	209.23	10.10	16.40	1.33
32~46	1.80	21.08	33.18	0.51	13.23	0.87
46~67	1.34	21.93	28.58	0.34	12.44	0.71
67~110	1.32	32.28	3.86	0.73	12.30	0.64

5）总体评价

土体深厚，耕作层质地偏黏，耕性和通透性较差，轻度水土流失。酸性土壤，有机质含量缺乏，肥力偏高，缺磷富钾，铜、铁、锰、锌、钙、镁含量丰富。

4. 巴铃镇卡子村上冲片区

1）基本信息

代表性地块（XR-04）：北纬 25°28′17.433″，东经 105°25′57.971″，海拔 1332 m（图 11-9-13），中山坡地中下部，成土母质为泥质白云岩风化坡积物，烤烟-玉米不定期轮作，缓坡旱地，土壤亚类为腐殖铁质湿润淋溶土。

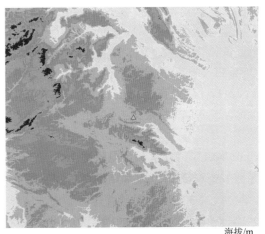

海拔/m

1000 1200 1400 1600 1800 2000 2200 2400 2600

图 11-9-13　片区海拔示意图

2）气候条件

烤烟大田生长期间（4~9 月），平均气温 20.4℃，降水量 968 mm，日照时数 859 h（图 11-9-14）。

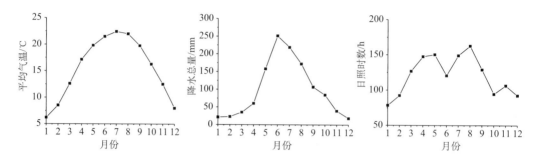

图 11-9-14　片区平均气温、降水总量、日照时数动态变化示意图

3）剖面形态（图 11-9-15（右））

Ap：0~30 cm，黑棕色（7.5YR 3/2，润），浊棕色（7.5YR 5/4，干），粉壤土，发育强的 1~2 mm 粒状结构，松散，2~3 个蚯蚓穴，pH 5.9，渐变波状过渡。

AB：30~40 cm，黑棕色（7.5YR 2/2，润），棕色（7.5YR 4/4，干），粉壤土，发育强的 10~20 mm 块状结构，坚硬，结构面和孔隙壁上 5% 左右腐殖质胶膜，1% 左右软小铁锰结核，2~3 个蚯蚓穴，pH 6.1，渐变波状过渡。

Abr：40~75 cm，黑棕色（7.5YR 2/2，润），棕色（7.5YR 4/4，干），粉壤土，发育强的 10~20 mm 块状结构，坚硬，结构面和孔隙壁上 5% 左右腐殖质胶膜，1% 左右软小铁锰结核，2~3 个蚯蚓穴，pH 5.4，清晰波状过渡。

图 11-9-15　代表性地块景观（左）和土壤剖面（右）

Btr1：75~90 cm，浊棕色(7.5YR 5/4，润)，橙色(7.5YR 7/6，干)，粉质黏壤土，发育强的 10~20 mm 棱块状结构，坚硬，结构面上 2%左右铁锰斑纹，20%左右黏粒-氧化铁胶膜，2%左右软小铁锰结核，2~3 个蚯蚓穴，pH 6.4，渐变波状过渡。

Btr2：90~110 cm，灰棕色(7.5YR 5/2，润)，浊橙色(7.5YR 7/4，干)，粉质黏壤土，发育强的 20~50 mm 棱块状结构，坚硬，结构面上 2%左右铁锰斑纹，20%左右黏粒-氧化铁胶膜，2%左右软小铁锰结核，pH 7.0。

4) 土壤养分

片区土壤呈微酸性，土体 pH 5.42~6.95，有机质 6.90~26.10 g/kg，全氮 0.92~1.59 g/kg，全磷 0.55~1.11 g/kg，全钾 11.90~31.10 g/kg，碱解氮 33.90~128.65 mg/kg，有效磷 0.60~15.90 mg/kg，速效钾 84.76~383.93 mg/kg，氯离子 6.42~18.70 mg/kg，交换性 Ca^{2+} 8.70~16.25 cmol/kg，交换性 Mg^{2+} 1.04~2.94 cmol/kg。

腐殖酸与腐殖质组成中，腐殖酸碳量 3.17~11.04 g/kg，腐殖质全碳量 4.00~15.13 g/kg，胡敏酸碳量 0.72~3.29 g/kg，胡敏素碳量 0.44~5.81 g/kg，富啡酸碳量 2.34~7.78 g/kg，胡富比 0.19~0.54。

微量元素中，有效铜 0.85~2.03 mg/kg，有效铁 8.72~25.00 mg/kg，有效锰 37.55~251.18 mg/kg，有效锌 0.35~3.28 mg/kg(表 11-9-10~表 11-9-12)。

表 11-9-10　片区代表性烟田土壤养分状况

土层/cm	pH	有机质/(g/kg)	全氮/(g/kg)	全磷/(g/kg)	全钾/(g/kg)	碱解氮/(mg/kg)	有效磷/(mg/kg)	速效钾/(mg/kg)	氯离子/(mg/kg)
0~30	5.91	26.1	1.57	1.11	31.10	125.63	15.90	383.93	17.00
30~40	6.14	25.2	1.59	0.96	12.60	128.65	9.90	208.39	6.42
40~75	5.42	21.7	1.27	0.55	11.90	101.25	2.70	84.76	6.69
75~90	6.38	8.40	1.01	0.8	13.90	50.63	1.70	126.29	18.60
90~110	6.95	6.90	0.92	0.94	16.30	33.90	0.60	130.06	18.70

表 11-9-11　片区代表性烟田土壤腐殖酸与腐殖质组成

土层/cm	腐殖酸碳量/(g/kg)	腐殖质全碳量/(g/kg)	胡敏酸碳量/(g/kg)	胡敏素碳量/(g/kg)	富啡酸碳量/(g/kg)	胡富比
0~30	9.32	15.13	3.29	5.81	6.04	0.54
30~40	11.04	14.62	3.25	3.58	7.78	0.42
40~75	9.60	12.59	2.59	2.99	7.01	0.37
75~90	4.43	4.87	0.72	0.44	3.71	0.19
90~110	3.17	4.00	0.84	0.83	2.34	0.36

表 11-9-12　片区代表性烟田土壤中微量元素状况

土层/cm	有效铜/(mg/kg)	有效铁/(mg/kg)	有效锰/(mg/kg)	有效锌/(mg/kg)	交换性 Ca^{2+}/(cmol/kg)	交换性 Mg^{2+}/(cmol/kg)
0~30	1.98	25.00	114.28	3.28	10.35	1.74
30~40	2.03	19.53	76.40	1.83	8.91	1.43
40~75	1.60	11.07	25.70	0.61	8.70	1.04
75~90	1.25	8.72	251.18	0.35	12.29	2.12
90~110	0.85	22.40	37.55	0.54	16.25	2.94

海拔/m

1000 1200 1400 1600 1800 2000 2200 2400 2600

图 11-9-16　片区海拔示意图

5）总体评价

土体深厚，耕作层质地适中，耕性和通透性较好，轻度水土流失。微酸性土壤，有机质含量中等，肥力中等，缺磷富钾，铜、铁、锰、锌、钙、镁丰富。

5. 新龙场镇杨柳树村大坝子片区

1）基本信息

代表性地块（XR-05）：北纬 25°26′28.469″，东经 105°5′42.161″，海拔 1441 m（图 11-9-16），中山坡地中下部，成土母质为泥质白云岩风化坡积物，烤烟-玉米不定期轮作，缓坡旱地，土壤亚类为表蚀黏化湿润富铁土。

2）气候条件

烤烟大田生长期间（4~9 月），平均气温 20.3℃，降水量 944 mm，日照时数 877 h（图 11-9-17）。

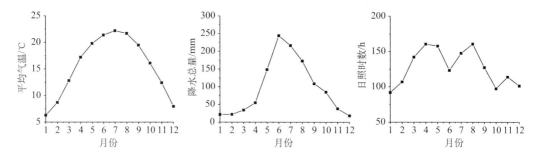

图 11-9-17　片区平均气温、降水总量、日照时数动态变化示意图

3）剖面形态（图 11-9-18（右））

Ap：0~25 cm，棕灰色（5YR 4/1，润），浊橙色（5YR 6/3，干），10%左右岩石碎屑，黏壤土，发育强的 1~2 mm 粒状结构，松散，2~3 个蚯蚓穴，pH 5.7，渐变波状过渡。

ABr：25~40 cm，棕灰色（5YR 4/1，润），浊橙色（5YR 6/3，干），10%左右岩石碎屑，黏壤土，发育强的 10~20 mm 棱块状结构，坚硬，结构面上 2%左右铁锰斑纹，1%左右软小铁锰结核，2~3 个蚯蚓穴，pH 5.7，清晰波状过渡。

Bstr1：40~70 cm，暗红棕色（5YR 3/4，润），亮红棕色（5YR 5/6，干），5%左右岩石碎屑，黏土，发育中等的 20~50 mm 棱块状结构，坚硬，结构面上 2%左右铁锰斑纹，20%左右黏粒-氧化铁胶膜，2%左右软小铁锰结核，2~3 个蚯蚓穴，pH 5.4，渐变波状过渡。

Bstr2：70~110 cm，暗红棕色（5YR 3/4，润），亮红棕色（5YR 5/6，干），5%左右岩石碎屑，黏土，发育强的 20~50 mm 棱块状结构，坚硬，结构面上 2%左右铁锰斑纹，20%

左右黏粒-氧化铁胶膜，2%左右软小铁锰结核，pH 5.1。

图 11-9-18　代表性地块景观（左）和土壤剖面（右）

4）土壤养分

片区土壤呈微酸性，土体 pH 5.12~5.72，有机质 10.90~33.40 g/kg，全氮 0.84~2.25 g/kg，全磷 0.82~1.28 g/kg，全钾 14.20~20.70 g/kg，碱解氮 44.59~221.08 mg/kg，有效磷 0.30~5.90 mg/kg，速效钾 69.66~594.39 mg/kg，氯离子 16.30~52.00 mg/kg，交换性 Ca^{2+} 7.04~12.94 cmol/kg，交换性 Mg^{2+} 0.76~1.69 cmol/kg。

腐殖酸与腐殖质组成中，腐殖酸碳量 2.50~13.01 g/kg，腐殖质全碳量 6.32~19.39 g/kg，胡敏酸碳量 0.19~3.30 g/kg，胡敏素碳量 2.20~8.11 g/kg，富啡酸碳量 2.31~10.40 g/kg，胡富比 0.08~0.41。

微量元素中，有效铜 1.15~2.51 mg/kg，有效铁 18.48~44.43 mg/kg，有效锰 75.30~194.78 mg/kg，有效锌 0.63~3.43 mg/kg（表 11-9-13~表 11-9-15）。

表 11-9-13　片区代表性烟田土壤养分状况

土层 /cm	pH	有机质 /(g/kg)	全氮 /(g/kg)	全磷 /(g/kg)	全钾 /(g/kg)	碱解氮 /(mg/kg)	有效磷 /(mg/kg)	速效钾 /(mg/kg)	氯离子 /(mg/kg)
0~25	5.72	33.40	2.25	1.28	20.70	221.08	5.90	594.39	52.00
25~40	5.68	27.60	1.97	1.15	15.00	143.28	0.90	179.14	20.40
40~70	5.36	10.90	1.10	0.82	14.20	60.38	1.80	69.66	16.30
70~110	5.12	16.00	0.84	0.92	16.20	44.59	0.30	82.87	29.80

表 11-9-14　片区代表性烟田土壤腐殖酸与腐殖质组成

土层 /cm	腐殖酸碳量 /(g/kg)	腐殖质全碳量 /(g/kg)	胡敏酸碳量 /(g/kg)	胡敏素碳量 /(g/kg)	富啡酸碳量 /(g/kg)	胡富比
0~25	11.28	19.39	3.30	8.11	7.98	0.41
25~40	13.01	16.01	2.61	3.00	10.40	0.25
40~70	4.12	6.32	0.45	2.20	3.67	0.12
70~110	2.50	9.28	0.19	6.78	2.31	0.08

表 11-9-15　片区代表性烟田土壤中微量元素状况

土层 /cm	有效铜 /(mg/kg)	有效铁 /(mg/kg)	有效锰 /(mg/kg)	有效锌 /(mg/kg)	交换性 Ca^{2+} /(cmol/kg)	交换性 Mg^{2+} /(cmol/kg)
0~25	2.51	22.40	194.78	3.43	12.94	1.69
25~40	2.40	18.48	124.70	1.64	11.29	1.39
40~70	1.25	27.30	75.30	0.63	10.42	0.76
70~110	1.15	44.43	89.60	0.83	7.04	0.85

5)总体评价

土体深厚，耕作层质地偏黏，耕性较差，少量砾石，通透性较好，轻度水土流失。微酸性土壤，有机质含量丰富，肥力较高，缺磷富钾，氯超标，铜、铁、锰、锌、钙、镁丰富。

第十二章 攀西山区烤烟典型区域生态条件

攀西山区烤烟种植区位于北纬 25°51′~28°17′，东经 101°14′~102°34′。该区域覆盖四川省的凉山州、攀枝花市和云南省楚雄州的北部，属南亚热带干热河谷半干旱气候区，河谷到高山具有南亚热带至温带的多种气候类型。攀西裂谷中南段，属侵蚀、剥蚀中山丘陵、山原峡谷地貌，山高谷深、平原、盆地交错分布，地势由西北向东南倾斜，山脉走向近于南北，是大雪山的南延部分，地貌类型复杂多样，可分为平坝、台地、高丘陵、低中山、中山和山原 6 类，以低中山和中山为主。这一区域典型的烤烟产区县包括凉山州的会理县、会东县、盐源县、冕宁县，攀枝花市的米易县、盐边县，楚雄州的永仁县等 7 个县。该产区半干旱气候特征明显，冬春降水量少、气温高、干旱是该区域的标志性气候特征，该产区是我国烤烟典型产区之一，干热河谷地带的特殊气候特点和区域地形地貌特征，使得烟叶香型风格独特。

第一节 四川会理生态条件

一、地理位置

会理县位于东经 101°52′~102°38′，北纬 26°5′~27°12′，地处四川省凉山彝族自治州最南端，东部和北部分别与会东、宁南、德昌县相邻；西与攀枝花市仁和区、盐边县及米易县接壤；南与楚雄州元谋县、武定县及昆明市禄劝县隔金沙江相望。会理县隶属于四川省凉山彝族自治州，现辖北街街道、南街街道、北关街道、城关镇、鹿厂镇、黎溪镇、通安镇、太平镇、益门镇、绿水镇、新发镇、云甸镇、老街乡、果元乡、南阁乡、内东乡、外北乡、彰冠乡、爱民乡、爱国乡、凤营乡、白鸡乡、矮郎乡、小黑箐乡、河口乡、中厂乡、关河乡、鱼鲊乡、黎洪乡、金雨乡、树堡乡、江竹乡、新安傣族乡、普隆乡、竹箐乡、杨家坝乡、江普乡、木古乡、富乐乡、海潮乡、芭蕉乡、横山乡、马宗乡、法坪乡、槽元乡、黄柏乡、仓田乡、白果湾乡、下村乡、龙泉乡、六华乡、三地乡、六民乡等 3 个街道、9 个镇、40 个乡、1 个民族乡。面积 4527.73 km²，土地面积 440 000 hm²(图 12-1-1)。

二、自然条件

1. 地形地貌

会理县位于西南横断山脉东北部，青藏高原东南边缘，地形轮廓南北狭长，地势北高南低；境内山峦起伏，沟谷相间，地形以山地、丘陵、平坝为主，其中山地约占幅员面积的 40%、丘陵约占 50%、平坝约占 10%。境内山脉均为北南走向，分属螺髻山和牦牛山的余脉，县东北部与宁南县交界处的贝母山主峰，海拔 3920 m，为县境内最高峰；最低海拔为金沙江畔的瀻沽村，海拔 839 m；全境相对高差在 800~1000 m，最大相对高差 3081 m，平均海拔约 2000 m(图 12-1-2)。

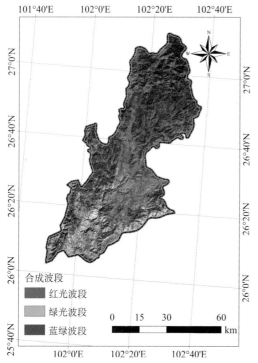

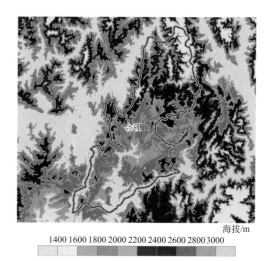

图 12-1-1　会理县位置及 Landsat 假彩色合成影像图　　　　图 12-1-2　会理县海拔示意图

2. 气候条件

会理属中亚热带西部半湿润气候区，有丰富的光热资源和宜人的气候条件。受地形影响，气温由北向南递增，降雨由北向南递减；日照北部较少，南部较多，但总体表现由东向西递增。年均气温 4.0~21.5℃，平均 14.3℃，1 月最冷，月平均气温 6.8℃，6 月最热，月平均气温 19.6℃。年均降水总量 797~1108 mm，平均 937 mm 左右，6~9 月降雨均在 100 mm 以上，其中 7 月降雨在 200 mm 以上，其他月降雨在 100 mm 以下。年均日照时数 2296~2543 h，平均 2423 h，11 月至次年 5 月日照在 200 h 以上，其他月份日照在 200 h 以下、100 h 以上（图 12-1-3）。年均无霜期 250 d。

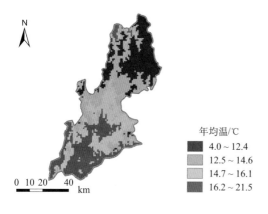

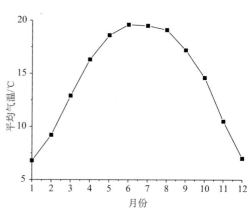

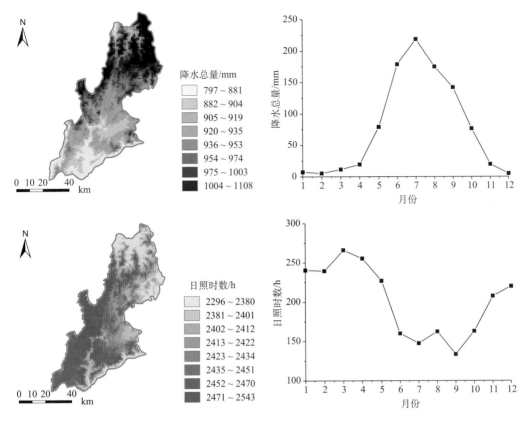

图 12-1-3　会理县 1980~2013 年平均温度、降水总量、日照时数时空动态变化示意图

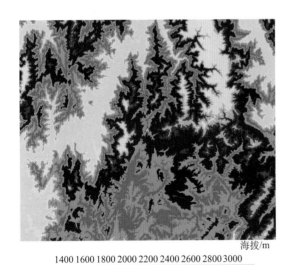

图 12-1-4　片区海拔示意图

三、片区与代表性烟田

1. 益门镇大磨村 12 社片区

1) 基本信息

代表性地块（HL-01）：北纬 26°50′20.648″，东经 102°17′22.801″，海拔 2026 m（图 12-1-4），亚高山坡地中下部，成土母质为紫泥岩风化坡积物，烤烟-玉米不定期轮作，缓坡梯田旱地，土壤亚类为普通紫色湿润雏形土。

2) 气候条件

该片区烤烟大田生长期间（5~8 月），平均气温 19.3℃，降水量 659 mm，日照时数 700 h（图 12-1-5）。

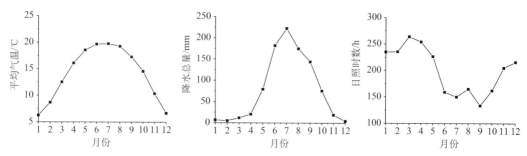

图 12-1-5　片区平均气温、降水总量、日照时数年动态变化示意图

3）剖面形态（图 12-1-6（右））

Ap：0~22 cm，灰红色（10R 4/2，润），红棕色（10R 5/3，干），2%左右角块状岩石碎屑，壤土，发育强的 1~2 mm 粒状结构，松散，清晰平滑过渡。

Bw1：22~45 cm，灰红色（10R 4/2，润），红棕色（10R 5/3，干），2%左右角块状岩石碎屑，壤土，发育中等的直径 20~50 mm 块状结构，稍紧实，渐变波状过渡。

Bw2：45~62 cm，红灰色（10R 5/1，润），浊红橙色（10R 6/3，干），3%左右角块状岩石碎屑，壤土，发育弱的直径 20~50 mm 块状结构，稍紧实，渐变波状过渡。

C：62~90 cm，红灰色（10R 5/1，润），浊红橙色（10R 6/3，干），85%左右角块状岩石碎屑，壤土，发育弱的直径 20~50 mm 块状结构，稍紧实。

图 12-1-6　代表性地块景观（左）和土壤剖面（右）

4）土壤养分

该片区土壤强酸性，土体 pH 4.44~4.78，有机质 5.59~13.70 g/kg，全氮 0.81~1.46 g/kg，全磷 0~4.94 g/kg，全钾 6.54~14.30 g/kg，碱解氮 20.00~56.70 mg/kg，有效磷 0~19.30 mg/kg，速效钾 162.00~370.00 mg/kg，氯离子 0~0.015 mg/kg，交换性 Ca^{2+} 1.24~3.50 cmol/kg，交换性 Mg^{2+} 0.36~0.52 cmol/kg。

腐殖酸与腐殖质组成中，腐殖酸碳量 0.81~3.27 g/kg，腐殖质全碳量 3.57~8.72 g/kg，胡敏酸碳量 0.06~0.33 g/kg，胡敏素碳量 2.76~5.45 g/kg，富啡酸碳量 0.48~3.11 g/kg，胡富比 0.05~0.69。

微量元素中，有效铜 0.41~1.13 mg/kg，有效铁 11.50~92.60 mg/kg，有效锰 23.70~62.60 mg/kg，有效锌 0.68~5.16 mg/kg（表 12-1-1~表 12-1-3）。

表 12-1-1　片区代表性烟田土壤养分状况

土层 /cm	pH	有机质 /(g/kg)	全氮 /(g/kg)	全磷 /(g/kg)	全钾 /(g/kg)	碱解氮 /(mg/kg)	有效磷 /(mg/kg)	速效钾 /(mg/kg)	氯离子 /(mg/kg)
0~22	4.44	5.59	1.46	4.94	8.07	20.00	2.47	228.00	0.015
22~45	4.56	6.52	1.11	2.13	7.14	56.70	1.42	317.00	0.004
45~62	4.45	10.30	0.99	0	6.54	53.50	0	370.00	0.004
62~90	4.78	13.70	0.81	2.42	14.30	51.00	19.30	162.00	0

表 12-1-2　片区代表性烟田土壤腐殖酸与腐殖质组成

土层 /cm	腐殖酸碳量 /(g/kg)	腐殖质全碳量 /(g/kg)	胡敏酸碳量 /(g/kg)	胡敏素碳量 /(g/kg)	富啡酸碳量 /(g/kg)	胡富比
0~22	0.81	3.57	0.33	2.76	0.48	0.69
22~45	1.32	4.16	0.06	2.84	1.26	0.05
45~62	2.13	6.58	0.10	4.45	2.03	0.05
62~90	3.27	8.72	0.16	5.45	3.11	0.05

表 12-1-3　片区代表性烟田土壤中微量元素状况

土层 /cm	有效铜 /(mg/kg)	有效铁 /(mg/kg)	有效锰 /(mg/kg)	有效锌 /(mg/kg)	交换性 Ca^{2+} /(cmol/kg)	交换性 Mg^{2+} /(cmol/kg)
0~22	1.08	92.60	62.60	5.16	1.24	0.37
22~45	1.13	65.40	30.60	1.33	1.25	0.36
45~62	0.62	19.10	23.70	0.85	1.56	0.52
62~90	0.41	11.50	28.90	0.68	3.50	0.44

5）总体评价

土体较厚，耕作层质地适中，砾石少，耕性和通透性较好，轻度水土流失。强酸性土壤，土壤有机质贫乏，耕层土壤肥力较低，富钾，缺磷、氯，铁、铜、锰、锌较丰富，缺镁。

2. 益门镇大磨村 8 社片区

1）基本信息

代表性地块（HL-02）：北纬 26°48′55.122″，东经 102°16′16.104″，海拔 2190 m（图 12-1-7），亚高山坡地下部，成土母质为石灰性紫泥岩风化坡积物，烤烟-玉米不定期轮

海拔/m

1400 1600 1800 2000 2200 2400 2600 2800 3000

图 12-1-7　片区海拔示意图

作，缓坡梯田旱地，土壤亚类为石灰紫色湿润雏形土。

2）气候条件

该片区烤烟大田生长期间（5~8月），平均气温18.1℃，降水量675 mm，日照时数694 h（图12-1-8）。

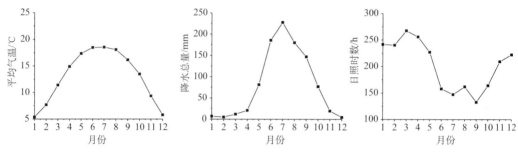

图12-1-8　片区平均气温、降水总量、日照时数年动态变化示意图

3）剖面形态（图12-1-9（右））

Ap：0~22 cm，灰红色（10R 4/2，润），红棕色（10R 5/3，干），5%左右角块状岩石碎屑，壤土，发育强的1~2 mm粒状结构，松散，弱石灰反应，清晰平滑过渡。

Br1：22~50 cm，红棕色（10R 4/3，润），红棕色（10R 5/4，干），10%左右角块状岩石碎屑，壤土，发育中等的直径20~50 mm块状结构，紧实，结构面上2%左右铁锰斑纹，弱石灰反应，渐变波状过渡。

Br2：50~63 cm，红棕色（10R 4/3，润），红棕色（10R 5/4，干），80%左右角块状岩石碎屑，壤土，发育弱的直径20~50 mm块状结构，稍紧实，结构面上30%左右铁锰斑纹，2%左右软小铁锰结核，弱石灰反应，渐变波状过渡。

图12-1-9　代表性地块景观（左）和土壤剖面（右）

Cr：63cm~，红棕色(10R 4/3，润)，红棕色(10R 5/4，干)，90%左右角块状岩石碎屑，壤土，发育弱的直径20~50 mm块状结构，结构面上40%左右铁锰斑纹，结构面上2%左右铁锰结核，弱石灰反应，稍紧实。

4) 土壤养分

片区土壤呈强酸性，土体pH 4.11~5.10，有机质10.20~34.20 g/kg，全氮0.00~2.06 g/kg，全磷 2.68~5.68 g/kg，全钾 12.60~19.70 g/kg，碱解氮 76.70~162.10 mg/kg，有效磷 1.51~222.22 mg/kg，速效钾64.00~123.00 mg/kg，氯离子0.001~0.005 mg/kg，交换性Ca^{2+} 0.71~3.90 cmol/kg，交换性Mg^{2+} 0.27~0.84 cmol/kg。

腐殖酸与腐殖质组成中，腐殖酸碳量2.44~12.00 g/kg，腐殖质全碳量6.49~21.83 g/kg，胡敏酸碳量0.69~2.48 g/kg，胡敏素碳量4.05~9.83 g/kg，富啡酸碳量1.75~10.48 g/kg，胡富比0.15~1.36。

微量元素中，有效铜0.61~1.17 mg/kg，有效铁33.40~107.00 mg/kg，有效锰4.40~29.10 mg/kg，有效锌0.47~3.42 mg/kg(表12-1-4~表12-1-6)。

表 12-1-4　片区代表性烟田土壤养分状况

土层 /cm	pH	有机质 /(g/kg)	全氮 /(g/kg)	全磷 /(g/kg)	全钾 /(g/kg)	碱解氮 /(mg/kg)	有效磷 /(mg/kg)	速效钾 /(mg/kg)	氯离子 /(mg/kg)
0~20	4.11	34.20	2.06	5.68	19.70	162.10	222.22	123.00	0.005
20~50	4.84	23.50	1.51	2.98	19.50	105.10	9.40	91.00	0.001
50~62	4.83	15.80	0.00	2.68	12.60	91.80	3.94	98.00	0.005
62~90	5.10	10.20	0.69	3.25	15.80	76.70	1.51	64.00	0.005

表 12-1-5　片区代表性烟田土壤腐殖酸与腐殖质组成

土层 /cm	腐殖酸碳量 /(g/kg)	腐殖质全碳量 /(g/kg)	胡敏酸碳量 /(g/kg)	胡敏素碳量 /(g/kg)	富啡酸碳量 /(g/kg)	胡富比
0~20	12.00	21.83	1.52	9.83	10.48	0.15
20~50	7.63	15.02	1.53	7.39	6.10	0.25
50~62	4.30	10.09	2.48	5.79	1.82	1.36
62~90	2.44	6.49	0.69	4.05	1.75	0.39

表 12-1-6　片区代表性烟田土壤中微量元素状况

土层 /cm	有效铜 /(mg/kg)	有效铁 /(mg/kg)	有效锰 /(mg/kg)	有效锌 /(mg/kg)	交换性Ca^{2+} /(cmol/kg)	交换性Mg^{2+} /(cmol/kg)
0~20	1.17	107.00	9.90	3.42	3.90	0.84
20~50	0.83	89.60	4.40	1.56	1.10	0.36
50~62	0.65	36.60	7.60	1.15	0.71	0.27
62~90	0.61	33.40	29.10	0.47	2.20	0.60

5) 总体评价

土体较薄，耕作层质地适中，砾石较多，耕性和通透性较好，轻度水土流失。强酸性土壤，耕层土壤有机质丰富，氮、磷很丰富，钾含量中等，肥力较高，缺氯，铜较丰

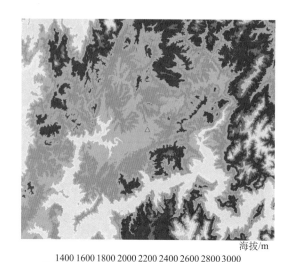

海拔/m

1400 1600 1800 2000 2200 2400 2600 2800 3000

图 12-1-10　片区海拔示意图

富，铁丰富，锰含量中等水平，锌丰富，缺镁。

3. 富乐乡三岔河村黄家湾片区

1）基本信息

代表性地块（HL-03）：北纬 26°28′1.174″，东经 102°21′54.218″，海拔 1780 m（图 12-1-10），亚高山坡地中部，成土母质为石灰性紫红砂岩风化坡积物，烤烟-玉米不定期轮作，缓坡梯田旱地，土壤亚类为石灰紫色正常新成土。

2）气候条件

该片区烤烟大田生长期间（5~8 月），平均气温 21.1℃，降水量 621 mm，日照时数 709 h（图 12-1-11）。

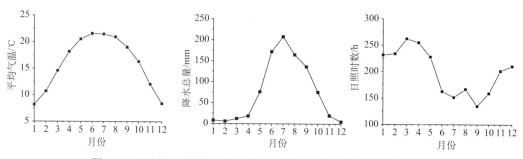

图 12-1-11　片区平均气温、降水总量、日照时数年动态变化示意图

3）剖面形态（图 12-1-12（右））

Ap1：0~30 cm，红色（10R 5/6，润），红橙色（10R 6/8，干），15%左右角块状岩石碎屑，壤土，发育强的 1~2 mm 粒状结构，松散，强石灰反应，清晰平滑过渡。

Ap2：30~47 cm，红色（10R 5/6，润），红橙色（10R 6/8，干），50%左右角块状岩石碎屑，壤土，发育弱的直径 1~40 mm 块状结构，松散，强石灰反应，渐变波状过渡。

AC：47~60 cm，红色（10R 5/6，润），红橙色（10R 6/8，干），40%左右岩石碎屑，壤土，发育弱的直径 2~40 mm 块状结构，松散，强石灰反应，清晰波状过渡。

R：60cm~，紫红砂岩。

4）土壤养分

片区土壤呈中性，土体 pH 7.26~7.84，有机质 5.78~12.00 g/kg，全氮 0.59~0.90 g/kg，全磷 3.27~3.48 g/kg，全钾 19.80~25.70 g/kg，碱解氮 32.70~63.60 mg/kg，有效磷 2.26~3.75 mg/kg，速效钾 80.0~126.0 mg/kg，氯离子 0.002~0.005 mg/kg，交换性 Ca^{2+}、交换性 Mg^{2+} 均未检出。

腐殖酸与腐殖质组成中，腐殖酸碳量 0.33~1.76 g/kg，腐殖质全碳量 3.69~7.68 g/kg，

胡敏酸碳量 0.06~0.34 g/kg，胡敏素碳量 3.36~5.92 g/kg，富啡酸碳量 0.26~1.42g/kg，胡富比 0.04~0.27。

图 12-1-12　代表性地块景观(左)和土壤剖面(右)

微量元素中，有效铜 0.27~0.40 mg/kg，有效铁 3.60~5.80 mg/kg，有效锰 3.50~11.40 mg/kg，有效锌 0.25~0.43 mg/kg(表 12-1-7~表 12-1-9)。

表 12-1-7　片区代表性烟田土壤养分状况

土层 /cm	pH	有机质 /(g/kg)	全氮 /(g/kg)	全磷 /(g/kg)	全钾 /(g/kg)	碱解氮 /(mg/kg)	有效磷 /(mg/kg)	速效钾 /(mg/kg)	氯离子 /(mg/kg)
0~30	7.45	12.00	0.90	3.48	25.70	57.80	2.26	126.0	0.005
30~47	7.84	9.50	0.65	3.33	19.80	63.60	3.75	92.0	0.005
47~60	7.26	5.78	0.59	3.27	21.10	32.70	2.68	80.0	0.002

表 12-1-8　片区代表性烟田土壤腐殖酸与腐殖质组成

土层 /cm	腐殖酸碳量 /(g/kg)	腐殖质全碳量 /(g/kg)	胡敏酸碳量 /(g/kg)	胡敏素碳量 /(g/kg)	富啡酸碳量 /(g/kg)	胡富比
0~30	1.76	7.68	0.34	5.92	1.42	0.24
30~47	1.44	6.06	0.06	4.62	1.38	0.04
47~60	0.33	3.69	0.07	3.36	0.26	0.27

表 12-1-9　片区代表性烟田土壤中微量元素状况

土层 /cm	有效铜 /(mg/kg)	有效铁 /(mg/kg)	有效锰 /(mg/kg)	有效锌 /(mg/kg)	交换性 Ca^{2+} /(cmol/kg)	交换性 Mg^{2+} /(cmol/kg)
0~30	0.40	5.80	11.40	0.43	0.00	0.00
30~47	0.34	4.40	6.40	0.32	0.00	0.00
47~60	0.27	3.60	3.50	0.25	0.00	0.00

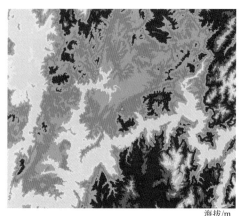

海拔/m

1400 1600 1800 2000 2200 2400 2600 2800 3000

图 12-1-13　片区海拔示意图

5）总体评价

土体较薄，耕作层质地适中，砾石较多，耕性和通透性较好，轻度水土流失。中性土壤，土壤有机质缺乏，肥力较低，钾含量中等，缺磷、氯、铜、锌、镁等。

4. 通安镇通宝村 2 社片区

1）基本信息

代表性地块（HL-04）：北纬 26°21′3.533″，东经 102°17′41.162″，海拔 1956 m（图 12-1-13），亚高山坡地中下部，成土母质为紫砂岩风化坡积物，烤烟-玉米不定期轮作，陡坡旱地，土壤亚类为酸性紫色正常新成土。

2）气候条件

该片区烤烟大田生长期间（5~8 月），平均气温 19.8℃，降水量 635 mm，日照时数 701 h（图 12-1-14）。

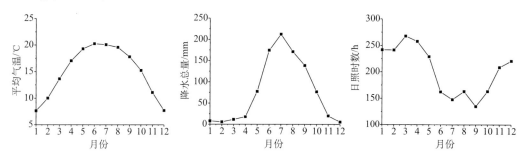

图 12-1-14　片区平均气温、降水总量、日照时数年动态变化示意图

3）剖面形态（图 12-1-15（右））

Ap：0~20 cm，红棕色（10R 4/3，润），红棕色（10R 5/4，干），15%左右角块状岩石碎屑，壤土，发育强的 1~2 mm 粒状结构，松散，清晰平滑过渡。

R：20 cm~，紫砂岩。

4）土壤养分

片区土壤呈中性，土体 pH 6.58，有机质 10.70 g/kg，全氮 0.60 g/kg，全磷 2.10 g/kg，全钾 19.40 g/kg，碱解氮 497.00 mg/kg，有效磷 7.82 mg/kg，速效钾 133.0 mg/kg，氯离子 0.004 mg/kg，交换性 Ca^{2+} 6.25 cmol/kg，交换性 Mg^{2+} 1.14 cmol/kg。

腐殖酸与腐殖质组成中，腐殖酸碳量 2.36 g/kg，腐殖质全碳量 6.80 g/kg，胡敏酸碳量 0.58 g/kg，胡敏素碳量 4.44 g/kg，富啡酸碳量 1.78 g/kg，胡富比 0.33。

微量元素中，有效铜 0.22 mg/kg，有效铁 23.60 mg/kg，有效锰 12.00 mg/kg，有效锌 0.33 mg/kg（表 12-1-10~表 12-1-12）。

图 12-1-15　代表性地块景观(左)和土壤剖面(右)

表 12-1-10　片区代表性烟田土壤养分状况

土层 /cm	pH	有机质 /(g/kg)	全氮 /(g/kg)	全磷 /(g/kg)	全钾 /(g/kg)	碱解氮 /(mg/kg)	有效磷 /(mg/kg)	速效钾 /(mg/kg)	氯离子 /(mg/kg)
0~20	6.58	10.70	0.60	2.10	19.40	497.00	7.82	133.00	0.004

表 12-1-11　片区代表性烟田土壤腐殖酸与腐殖质组成

土层 /cm	腐殖酸碳量 /(g/kg)	腐殖质全碳量 /(g/kg)	胡敏酸碳量 /(g/kg)	胡敏素碳量 /(g/kg)	富啡酸碳量 /(g/kg)	胡富比
0~20	2.36	6.80	0.58	4.44	1.78	0.33

表 12-1-12　片区代表性烟田土壤中微量元素状况

土层 /cm	有效铜 /(mg/kg)	有效铁 /(mg/kg)	有效锰 /(mg/kg)	有效锌 /(mg/kg)	交换性 Ca^{2+} /(cmol/kg)	交换性 Mg^{2+} /(cmol/kg)
0~20	0.22	23.60	12.00	0.33	6.25	1.14

5)总体评价

土体薄，耕作层质地适中，砾石较多，耕性和通透性较好，轻度水土流失。中性土壤，有机质含量缺乏，土壤肥力高，钾含量很丰富，缺氯、铜、锌，铁、锰、钙、镁丰富。

第二节　四川会东生态条件

一、地理位置

会东县位于北纬 26°12′~26°55′，东经 102°13′~103°3′，地处四川省凉山彝族自治州南端，西邻会理县，北接宁南县，县境东、南面隔金沙江与云南省巧家县、昆明市东川区、禄劝彝族苗族自治县相望。会东县隶属四川省凉山彝族自治州，现辖会东镇、铅锌镇、乌东德镇、姜州镇、堵格镇、淌塘镇、铁柳镇、松坪镇、新街镇、嘎吉镇、老君滩乡、拉马乡、野租乡、小岔河乡、撒者邑乡、新云乡、长新乡、小坝乡、江西街乡、发箐乡、铁厂沟乡、新龙乡、红果乡、鲁吉乡、溜姑乡、大崇乡、黑嘎乡、文箐乡、野牛坪乡、黄坪乡等 10 个镇、20 个乡。面积 3227 km²，土地 268 600 km²(图 12-2-1)。

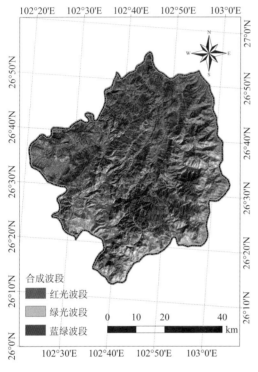

图 12-2-1　会东县位置及 Landsat 假彩色合成影像图

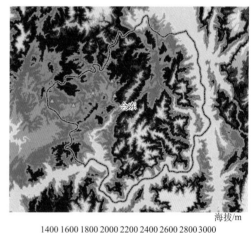

图 12-2-2　会东县海拔示意图

二、自然条件

1. 地形地貌

会东县地处横断山脉南部褶皱山中切割地带，地形复杂，高差悬殊，最高海拔中南部的紧风口营盘 3331.8 m，最低海拔东北角的莫家沟与金沙江的汇水处 640 m。整个地势中部高，西部缓展，北部绵延，东南陡峭，山地占总面积的 90.87 %，境内主要山脉为鲁南山脉，系螺髻山脉的南延部分，纵贯县境中部，主要山峰有夹马石、鲁南山、望乡台、大黑山等，海拔均在 3000 m 以上。山脉分支东为大黑山脉，西为鲁昆山脉(图 12-2-2)。

2. 气候条件

会东县属亚热带季风性湿润气候，气候温和，雨热同季，日照充足，具有高原、山地立体气候特点。受地形影响，由中东部高海拔山区向四周边缘低海拔河谷气温递增、降雨递减；日照总体表现由东向西递增。年均气温 7.1~21.1℃，平均 13.4℃，1 月最冷，月平均气温 5.6℃，7 月最热，月平均气温 19.1℃。年均降水总量 747~1016 mm，平均 914 mm 左右，6~9 月降雨均在 100 mm 以上，其中 7 月降雨在 200 mm 以上，其他月降雨在 100 mm 以下。年均日照时数 2086 h~2458 h，平均 2318 h，12 月至次年 5 月日照在 200 h 以上，其他月份日照在 200 h 以下、100 h 以上(图 12-2-3)。年均无霜期 262 d。

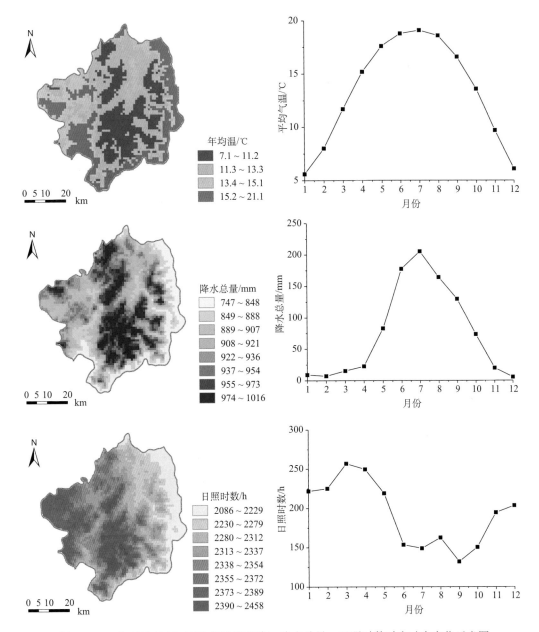

图 12-2-3　会东县 1980~2013 年平均温度、降水总量、日照时数时空动态变化示意图

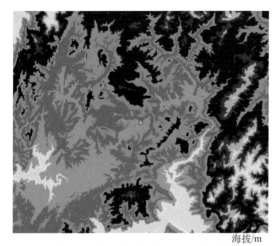

海拔/m

1400 1600 1800 2000 2200 2400 2600 2800 3000

图 12-2-4 片区海拔示意图

三、片区与代表性烟田

1. 姜州镇弯德村凉顶片区

1) 基本信息

代表性地块（HD-01）：北纬 26°33′58.580″，东经 102°27′36.451″，海拔 1815 m（图 12-2-4），亚高山坡地中部，成土母质为紫红砂岩风化坡积物，烤烟-玉米不定期轮作，缓坡梯田旱地，土壤亚类为斑纹铁质干润淋溶土。

2) 气候条件

该片区烤烟大田生长期间（5~8 月），平均气温 20.8℃，降水量 622 mm，日照时数 706 h（图 12-2-5）。

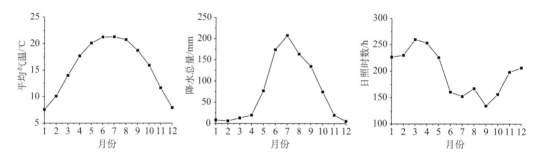

图 12-2-5 片区平均气温、降水总量、日照时数动态变化示意图

3) 剖面形态（图 12-2-6（右））

Ap：0~20 cm，橙色（7.5YR 6/6，润），黄橙色（7.5YR 8/8，干），10%左右角块状岩石碎屑，壤土，发育强的 1~2 mm 粒状结构，松散，清晰平滑过渡。

AB：20~48 cm，橙色（7.5YR 6/6，润），黄橙色（7.5YR 8/8，干），30%左右角块状岩石碎屑，壤土，发育弱的直径 20~50 mm 块状结构，稍紧实，渐变波状过渡。

Btr1：48~80 cm，橙色（7.5YR 6/6，润），黄橙色（7.5YR 8/8，干），30%左右角块状岩石碎屑，黏壤土，发育弱的直径 20~50 mm 块状结构，紧实，结构面上 2%左右铁锰斑纹，10%左右黏粒胶膜，渐变波状过渡。

Btr2：80~95 cm，橙色（7.5YR 6/6，润），黄橙色（7.5YR 8/8，干），30%左右角块状岩石碎屑，黏壤土，发育弱的直径 20~50 mm 块状结构，紧实，结构面上 2%左右铁锰斑纹，10%左右黏粒胶膜，2%左右软小铁锰结核，渐变波状过渡。

Btr3：95~120 cm，橙色（7.5YR 6/6，润），黄橙色（7.5YR 8/8，干），30%左右角块状岩石碎屑，黏壤土，发育弱的直径 20~50 mm 块状结构，结构面上 10%左右黏粒胶膜，2%左右铁锰斑纹，紧实。

图 12-2-6　代表性地块景观(左)和土壤剖面(右)

4) 土壤养分

片区土壤呈微酸性,土体 pH 4.84~6.22,有机质 3.94~17.60 g/kg,全氮 0.32~0.93 g/kg,全磷 0.72~2.08 g/kg,全钾 13.00~16.20 g/kg,碱解氮 26.10~127.50 mg/kg,有效磷 0.37~8.40 mg/kg,速效钾 57.00~134.00 mg/kg,氯离子 0.004~0.013 mg/kg,交换性 Ca^{2+} 3.20~4.85 cmol/kg,交换性 Mg^{2+} 1.38~1.99 cmol/kg。

腐殖酸与腐殖质组成中,腐殖酸碳量 0.94~5.03 g/kg,腐殖质全碳量 2.52~11.25 g/kg,胡敏酸碳量 0.29~1.64 g/kg,胡敏素碳量 1.11~6.22 g/kg,富啡酸碳量 0.57~3.39 g/kg,胡富比 0.18~1.10。

微量元素中,有效铜 0.16~1.12 mg/kg,有效铁 4.10~39.20 mg/kg,有效锰 1.00~27.00 mg/kg,有效锌 0.15~0.70 mg/kg(表 12-2-1~表 12-2-3)。

表 12-2-1　片区代表性烟田土壤养分状况

土层 /cm	pH	有机质 /(g/kg)	全氮 /(g/kg)	全磷 /(g/kg)	全钾 /(g/kg)	碱解氮 /(mg/kg)	有效磷 /(mg/kg)	速效钾 /(mg/kg)	氯离子 /(mg/kg)
0~20	5.91	17.60	0.93	1.48	16.20	127.50	6.45	77.00	0.008
20~48	5.93	9.43	0.55	0.81	15.70	58.40	6.65	57.00	0.005
48~80	6.22	4.72	0.61	2.08	15.00	37.20	8.40	134.00	0.005
80~95	4.84	5.35	0.38	0.72	13.00	34.30	8.40	84.00	0.004
95~120	6.04	3.94	0.32	0.81	15.50	26.10	0.37	60.00	0.013

5) 总体评价

土体深厚,耕作层质地适中,砾石较多,耕性和通透性好,轻度水土流失。微酸性土壤,有机质含量偏低,土壤肥力较高,磷、钾、氯、锌缺乏,铜中等含量,铁、锰、钙、镁丰富。

表 12-2-2　片区代表性烟田土壤腐殖酸与腐殖质组成

土层 /cm	腐殖酸碳量 /(g/kg)	腐殖质全碳量 /(g/kg)	胡敏酸碳量 /(g/kg)	胡敏素碳量 /(g/kg)	富啡酸碳量 /(g/kg)	胡富比
0~20	5.03	11.25	1.64	6.22	3.39	0.48
20~48	2.48	6.02	1.18	3.54	1.30	0.91
48~80	1.90	3.01	0.29	1.11	1.61	0.18
80~95	1.51	3.41	0.79	1.90	0.72	1.10
95~120	0.94	2.52	0.37	1.58	0.57	0.65

表 12-2-3　片区代表性烟田土壤中微量元素状况

土层 /cm	有效铜 /(mg/kg)	有效铁 /(mg/kg)	有效锰 /(mg/kg)	有效锌 /(mg/kg)	交换性 Ca^{2+} /(cmol/kg)	交换性 Mg^{2+} /(cmol/kg)
0~20	0.48	39.20	4.80	0.33	4.82	1.38
20~48	0.19	10.20	1.30	0.15	4.85	1.63
48~80	1.12	17.30	27.00	0.70	4.14	1.78
80~95	0.18	6.70	1.70	0.22	3.20	1.50
95~120	0.16	4.10	1.00	0.27	4.04	1.99

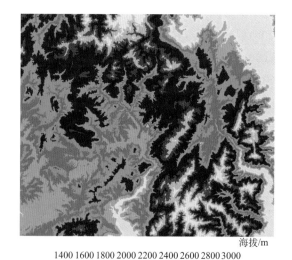

海拔/m

1400 1600 1800 2000 2200 2400 2600 2800 3000

图 12-2-7　片区海拔示意图

2. 火山乡小湾子村 2 社片区

1)基本信息

代表性地块(HD-02): 北纬 26°40′4.941″,东经 102°37′3.563″,海拔 2081m(图 12-2-7),亚高山坡地中部,成土母质为第四纪红黏土,烤烟-玉米不定期轮作,缓坡梯田旱地,土壤亚类为普通黏化干润富铁土。

2)气候条件

该片区烤烟大田生长期间(5~8 月),平均气温 18.4℃,降水量 643 mm,日照时数 688 h(图 12-2-8)。

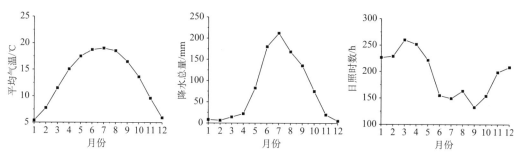

图 12-2-8　片区平均气温、降水总量、日照时数动态变化示意图

3）剖面形态（图 12-2-9（右））

Ap：0~22 cm，浊红棕色（2.5YR 4/4，润），亮红棕色（2.5YR 5/6，干），黏土，发育强的直径 1~2 mm 粒状结构，松散，清晰平滑过渡。

AB：22~36 cm，浊红棕色（2.5YR 4/4，润），亮红棕色（2.5YR 6/6，干），黏土，发育强的直径 1~2 mm 粒状结构，松散，清晰波状过渡。

Btr：36~60 cm，浊红棕色（2.5YR 5/4，润），橙色（2.5YR 6/6，干），3%左右角块状岩石碎屑，黏土，发育中等的直径 20~50 mm 块状结构，稍紧实，结构面上 2%左右铁锰斑纹，20%左右黏粒-氧化铁胶膜，2%左右软小铁锰结核，弱石灰反应，渐变波状过渡。

Bt1：60~80 cm，亮红棕色（2.5YR 5/6，润），橙色（2.5YR 6/8，干），5%左右角块状岩石碎屑，黏土，发育中等的直径 20~50 mm 块状结构，紧实，20%左右黏粒-氧化铁胶膜，弱石灰反应，渐变波状过渡。

Bt2：80~105 cm，亮红棕色（2.5YR 5/6，润），橙色（2.5YR 6/8，干），3%左右角块状岩石碎屑，黏土，发育中等的直径 20~50 mm 块状结构，结构面上 20%左右黏粒-氧化铁胶膜，弱石灰反应，紧实。

图 12-2-9　代表性地块景观（左）和土壤剖面（右）

4）土壤养分

片区土壤呈微酸性，土体 pH 5.74~6.36，有机质 4.27~17.90 g/kg，全氮 0.41~1.34 g/kg，全磷 2.02~4.16 g/kg，全钾 27.90~32.80 g/kg，碱解氮 14.40~123.60 mg/kg，有效磷 2.57~33.96 mg/kg，速效钾 135.00~313.00 mg/kg，氯离子 0.004~0.006 mg/kg，交换性 Ca^{2+} 4.58~5.65 cmol/kg，交换性 Mg^{2+} 1.44~3.03 cmol/kg。

腐殖酸与腐殖质组成中，腐殖酸碳量 0.92~5.83 g/kg，腐殖质全碳量 2.72~11.41 g/kg，胡敏酸碳量 0.10~2.79 g/kg，胡敏素碳量 1.80~5.99 g/kg，富啡酸碳量 0.82~3.04 g/kg，胡富比 0.12~0.96。

微量元素中，有效铜 0.20~0.81 mg/kg，有效铁 7.50~39.80 mg/kg，有效锰 1.60~33.70 mg/kg，有效锌 0.12~1.45 mg/kg（表 12-2-4~表 12-2-6）。

表 12-2-4　片区代表性烟田土壤养分状况

土层 /cm	pH	有机质 /(g/kg)	全氮 /(g/kg)	全磷 /(g/kg)	全钾 /(g/kg)	碱解氮 /(mg/kg)	有效磷 /(mg/kg)	速效钾 /(mg/kg)	氯离子 /(mg/kg)
0~22	6.03	17.90	1.34	3.45	30.10	97.90	33.96	313.00	0.006
22~36	5.78	17.80	1.22	4.16	28.40	123.60	26.45	266.00	0.004
36~60	5.74	10.10	0.76	2.58	27.90	55.70	3.52	189.00	0.004
60~80	6.29	6.02	0.54	2.31	31.00	17.10	3.20	135.00	0.005
80~105	6.36	4.27	0.41	2.02	32.80	14.40	2.57	135.00	0.004

表 12-2-5　片区代表性烟田土壤腐殖酸与腐殖质组成

土层 /cm	腐殖酸碳量 /(g/kg)	腐殖质全碳量 /(g/kg)	胡敏酸碳量 /(g/kg)	胡敏素碳量 /(g/kg)	富啡酸碳量 /(g/kg)	胡富比
0~22	5.42	11.41	2.66	5.99	2.76	0.96
22~36	5.83	11.35	2.79	5.52	3.04	0.92
36~60	2.78	6.43	1.07	3.65	1.71	0.63
60~80	1.52	3.84	0.47	2.32	1.05	0.45
80~105	0.92	2.72	0.10	1.80	0.82	0.12

表 12-2-6　片区代表性烟田土壤中微量元素状况

土层 /cm	有效铜 /(mg/kg)	有效铁 /(mg/kg)	有效锰 /(mg/kg)	有效锌 /(mg/kg)	交换性 Ca^{2+} /(cmol/kg)	交换性 Mg^{2+} /(cmol/kg)
0~22	0.72	38.70	22.90	1.45	5.19	1.44
22~36	0.81	39.80	33.70	1.37	5.65	1.63
36~60	0.53	21.20	28.90	0.39	4.58	1.99
60~80	0.33	11.20	2.80	0.19	5.22	3.03
80~105	0.20	7.50	1.60	0.12	5.23	2.85

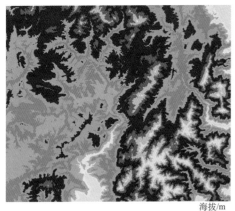

海拔/m

1400 1600 1800 2000 2200 2400 2600 2800 3000

图 12-2-10　片区海拔示意图

5）总体评价

土体深厚，耕作层质地黏，耕性和通透性较差，轻度水土流失。微酸性土壤，有机质缺乏，肥力中等，富磷、钾，铜含量中等，铁、锰、锌、镁丰富，缺氯。

3. 撒者屁镇白拉度村 3 社片区

1）基本信息

代表性地块（HD-03）：北纬 26°36′50.619″，东经 102°38′1.571″，海拔 2312 m（图 12-2-10），亚高山坡地中上部，成土母质为砂岩等风化坡积物，烤烟-玉米不定期轮作，缓坡旱地，土壤亚类为普通黏化干润富铁土。

2)气候条件

该片区烤烟大田生长期间(5~8 月)，平均气温 18.7℃，降水量 637 mm，日照时数 689 h(图 12-2-11)。

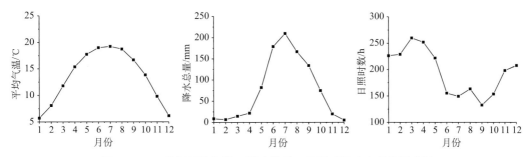

图 12-2-11　片区平均气温、降水总量、日照时数动态变化示意图

3)剖面形态(图 12-2-12(右))

图 12-2-12　代表性地块景观(左)和土壤剖面(右)

Ap：0~22 cm，浊红棕色(2.5YR 4/4，润)，亮红棕色(2.5YR 5/6，干)，2%左右角块状岩石碎屑，黏土，发育强的直径 1~2 mm 粒状结构，松散，清晰平滑过渡。

AB：22~30 cm，浊红棕色(2.5YR 4/4，润)，亮红棕色(2.5YR 5/6，干)，2%左右角块状岩石碎屑，黏土，发育强的直径 1~2 mm 粒状结构，稍紧实，清晰波状过渡。

Bt1：30~55 cm，浊红棕色(2.5YR 5/4，润)，橙色(2.5YR 6/6，干)，7%左右角块状岩石碎屑，黏土，发育中等的直径 20~50 mm 块状结构，稍紧实，结构面上 10%左右黏粒-氧化铁胶膜，渐变波状过渡。

Bt2：55~75 cm，浊红棕色(2.5YR 5/4，润)，橙色(2.5YR 6/6，干)，3%左右角块状岩石碎屑，黏土，发育中等的直径 20~50 mm 块状结构，稍紧实，结构面上 10%左右黏粒-氧化铁胶膜，清晰平滑过渡。

R：75 cm~，砂岩。

4）土壤养分

片区土壤呈微酸性，土体 pH 5.80~6.07，有机质 4.90~26.90 g/kg，全氮 0.56~1.35 g/kg，全磷 4.32~5.08 g/kg，全钾 8.37~9.61 g/kg，碱解氮 26.10~112.60 mg/kg，有效磷 7.09~9.19 mg/kg，速效钾 86.00~117.00 mg/kg，氯离子 0.004~0.019 mg/kg，交换性 Ca^{2+} 3.25~5.20 cmol/kg，交换性 Mg^{2+} 1.50~2.18 cmol/kg。

腐殖酸与腐殖质组成中，腐殖酸碳量 1.02~7.41 g/kg，腐殖质全碳量 3.13~13.98 g/kg，胡敏酸碳量 0.10~1.16 g/kg，胡敏素碳量 2.11~6.57 g/kg，富啡酸碳量 0.13~7.31 g/kg，胡富比 0.01~8.92。

微量元素中，有效铜 1.07~2.34 mg/kg，有效铁 30.60~57.40 mg/kg，有效锰 46.40~99.70 mg/kg，有效锌 0.71~2.19 mg/kg（表 12-2-7~表 12-2-9）。

表 12-2-7　片区代表性烟田土壤养分状况

土层 /cm	pH	有机质 /(g/kg)	全氮 /(g/kg)	全磷 /(g/kg)	全钾 /(g/kg)	碱解氮 /(mg/kg)	有效磷 /(mg/kg)	速效钾 /(mg/kg)	氯离子 /(mg/kg)
0~22	5.96	26.90	1.35	5.08	8.37	112.60	7.09	117.00	0.006
22~30	5.88	10.30	0.69	4.62	8.61	77.20	9.19	102.00	0.019
30~55	5.80	6.90	0.56	4.32	8.46	63.90	7.09	102.00	0.004
55~75	6.07	4.90	0.57	4.67	9.61	26.10	8.24	86.00	0.004

表 12-2-8　片区代表性烟田土壤腐殖酸与腐殖质组成

土层 /cm	腐殖酸碳量 /(g/kg)	腐殖质全碳量 /(g/kg)	胡敏酸碳量 /(g/kg)	胡敏素碳量 /(g/kg)	富啡酸碳量 /(g/kg)	胡富比
0~22	7.41	13.98	0.10	6.57	7.31	0.01
22~30	2.66	6.55	1.10	3.89	1.56	0.71
30~55	1.29	4.40	1.16	3.11	0.13	8.92
55~75	1.02	3.13	0.10	2.11	0.92	0.11

表 12-2-9　片区代表性烟田土壤中微量元素状况

土层 /cm	有效铜 /(mg/kg)	有效铁 /(mg/kg)	有效锰 /(mg/kg)	有效锌 /(mg/kg)	交换性 Ca^{2+} /(cmol/kg)	交换性 Mg^{2+} /(cmol/kg)
0~22	2.34	57.40	99.70	1.34	5.20	2.18
22~30	1.41	37.50	66.20	0.81	4.28	1.50
30~55	1.23	38.70	56.80	0.71	3.62	1.90
55~75	1.07	30.60	46.40	2.19	3.25	1.98

5）总体评价

土体较厚，耕作层质地黏，耕性较差，砾石较多，通透性较好，中度水土流失。微酸性土壤，有机质含量中等，肥力中等，钾含量中等，缺磷、氯，铜、铁、锰、锌、钙、镁丰富。

4. 新云乡笔落村 2 社片区

1) 基本信息

代表性地块（HD-04）：北纬 26°37′4.875″，东经 102°32′21.520″，海拔 1765 m（图 12-2-13），亚高山坡地中下部，成土母质为石灰性紫泥岩风化坡积物，种植制度为烤烟-玉米不定期轮作，缓坡梯田旱地，土壤亚类为石灰紫色湿润雏形土。

2) 气候条件

该片区烤烟大田生长期间(5~8 月)，平均气温 20.3℃，降水量 625 mm，日照时数 701 h(图 12-2-14)。

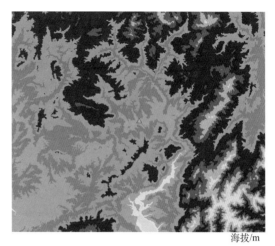

海拔/m

1400 1600 1800 2000 2200 2400 2600 2800 3000

图 12-2-13　片区海拔示意图

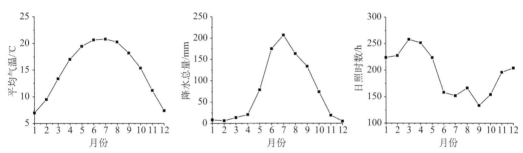

图 12-2-14　片区平均气温、降水总量、日照时数动态变化示意图

3) 剖面形态(图 12-2-15(右))

图 12-2-15　代表性地块景观(左)和土壤剖面(右)

Ap：0~20 cm，暗红灰色(10R 4/1，润)，红棕色(10R 5/3，干)，40%左右角块状岩石碎屑，壤土，发育强的 1~2 mm 粒状结构，松散，清晰平滑过渡。

AB：20~40 cm，暗红灰色(10R 4/1，润)，红棕色(10R 5/3，干)，40%左右角块状岩石碎屑，壤土，发育中等的直径 10~20 mm 块状结构，稍紧实，砾石面有 20%左右铁锰结皮，弱石灰反应，渐变波状过渡。

Bw1：40~65 cm，红灰色(10R 5/1，润)，浊红橙色(10R 6/3，干)，40%左右角块状岩石碎屑，壤土，发育弱的直径 20~50 mm 块状结构，稍紧实，砾石面有 20%左右铁锰结皮，弱石灰反应，渐变波状过渡。

Bw2：65~110 cm，红灰色(10R 5/1，润)，浊红橙色(10R 6/3，干)，40%左右角块状岩石碎屑，壤土，发育弱的直径 20~50 mm 块状结构，弱石灰反应，稍紧实。

4) 土壤养分

片区土壤呈中性，土体 pH 5.28~7.68，有机质 4.93~12.30 g/kg，全氮 0.77~1.33 g/kg，全磷 3.75~4.68 g/kg，全钾 12.70~27.80 g/kg，碱解氮 30.80~107.20 mg/kg，有效磷 1.00~26.10 mg/kg，速效钾 103.00~221.00 mg/kg，氯离子 0.001~0.006 mg/kg，交换性 Ca^{2+} 3.89~7.97 cmol/kg，交换性 Mg^{2+} 1.74~3.57 cmol/kg。

腐殖酸与腐殖质组成中，腐殖酸碳量 0.62~2.97 g/kg，腐殖质全碳量 3.14~7.83 g/kg，胡敏酸碳量 0.06~1.18 g/kg，胡敏素碳量 1.99~4.86 g/kg，富啡酸碳量 0.56~1.79 g/kg，胡富比 0.06~0.66。

微量元素中，有效铜 0.33~2.03 mg/kg，有效铁 1.08~151.00 mg/kg，有效锰 17.40~39.40 mg/kg，有效锌 0.51~1.55 mg/kg(表 12-2-10~表 12-2-12)。

表 12-2-10　片区代表性烟田土壤养分状况

土层 /cm	pH	有机质 /(g/kg)	全氮 /(g/kg)	全磷 /(g/kg)	全钾 /(g/kg)	碱解氮 /(mg/kg)	有效磷 /(mg/kg)	速效钾 /(mg/kg)	氯离子 /(mg/kg)
0~20	7.17	5.23	0.77	4.13	27.20	30.80	26.10	104.00	0.006
20~40	7.68	5.13	0.91	3.75	27.80	35.10	8.77	103.00	0.005
40~65	6.23	4.93	1.26	4.10	12.70	56.60	2.26	221.00	0.005
65~110	5.28	12.30	1.33	4.68	25.80	107.20	1.00	139.00	0.001

表 12-2-11　片区代表性烟田土壤腐殖酸与腐殖质组成

土层 /cm	腐殖酸碳量 /(g/kg)	腐殖质全碳量 /(g/kg)	胡敏酸碳量 /(g/kg)	胡敏素碳量 /(g/kg)	富啡酸碳量 /(g/kg)	胡富比
0~20	0.62	3.34	0.06	2.72	0.56	0.11
20~40	0.92	3.27	0.33	2.35	0.59	0.56
40~65	1.15	3.14	0.06	1.99	1.09	0.06
65~110	2.97	7.83	1.18	4.86	1.79	0.66

5) 总体评价

土体深厚，耕作层质地适中，砾石较多，耕性和通透性好，轻度水土流失。中性土壤，有机质含量较低，耕层土壤肥力较低，磷、铁、锰、钙、镁丰富，铜、锌含量中等。

表 12-2-12　片区代表性烟田土壤中微量元素状况

土层 /cm	有效铜 /(mg/kg)	有效铁 /(mg/kg)	有效锰 /(mg/kg)	有效锌 /(mg/kg)	交换性 Ca^{2+} /(cmol/kg)	交换性 Mg^{2+} /(cmol/kg)
0~20	0.39	16.20	25.00	0.51	7.33	3.46
20~40	0.33	11.50	17.40	0.52	7.90	3.46
40~65	1.06	1.08	29.00	1.55	3.89	1.74
65~110	2.03	151.00	39.40	1.34	7.97	3.57

5. 小坝乡小北村片区

1）基本信息

代表性地块（HD-05）：北纬 26°34′33.551″，东经 102°21′56.986″，海拔 1848 m（图 12-2-16），亚高山坡地中下部，成土母质为石灰性紫砂岩风化坡积物，烤烟-玉米不定期轮作，梯田旱地，土壤亚类为石灰紫色正常新成土。

2）气候条件

该片区烤烟大田生长期间（5~8 月），平均气温 20.5℃，降水量 634 mm，日照时数 706 h（图 12-2-17）。

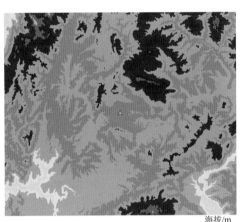

海拔/m

1400 1600 1800 2000 2200 2400 2600 2800 3000

图 12-2-16　片区海拔示意图

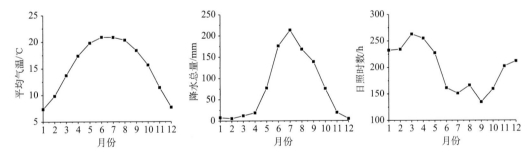

图 12-2-17　片区平均气温、降水总量、日照时数动态变化示意图

3）剖面形态（图 12-2-18（右））

Ap：0~23 cm，红棕色（10R 4/4，润），　红色（10R 5/6，干），40%左右角块状岩石碎屑，黏土，发育强的 1~2 mm 粒状结构，松散，强石灰反应，清晰平滑过渡。

ACr：23~40 cm，红棕色（10R 5/4，润）　，红橙色（10R 6/6，干），80%左右角块状岩石碎屑，黏土，发育中等的直径 1~4 mm 粒状结构，松散，2%左右软小铁锰结核，强石灰反应，渐变波状过渡。

R：40cm~，紫砂岩。

图 12-2-18　代表性地块景观(左)和土壤剖面(右)

4)土壤养分

片区土壤呈碱性,土体 pH 7.89~8.02,有机质 9.64~12.00 g/kg,全氮 0.75~0.97 g/kg,全磷 2.16~3.07 g/kg,全钾 21.70~21.80 g/kg,碱解氮 47.90~65.40 mg/kg,有效磷 3.20~4.13 mg/kg,速效钾 114.00~345.00 mg/kg,氯离子 0.005 mg/kg,交换性 Ca^{2+}、交换性 Mg^{2+} 均未检出。

腐殖酸与腐殖质组成中,腐殖酸碳量 1.61~2.16 g/kg,腐殖质全碳量 6.15~7.63 g/kg,胡敏酸碳量 0.67~1.75 g/kg,胡敏素碳量 4.54~5.47 g/kg,富啡酸碳量 0.41~0.94 g/kg,胡富比 0.71~4.27。

微量元素中,有效铜 0.57~0.58 mg/kg,有效铁 12.00~12.90 mg/kg,有效锰 21.90~30.50 mg/kg,有效锌 0.93~1.10 mg/kg(表 12-2-13~表 12-2-15)。

表 12-2-13　片区代表性烟田土壤养分状况

土层 /cm	pH	有机质 /(g/kg)	全氮 /(g/kg)	全磷 /(g/kg)	全钾 /(g/kg)	碱解氮 /(mg/kg)	有效磷 /(mg/kg)	速效钾 /(mg/kg)	氯离子 /(mg/kg)
0~23	7.89	12.00	0.97	3.07	21.80	65.40	4.13	345.00	0.005
23~40	8.02	9.64	0.75	2.16	21.70	47.90	3.20	114.00	0.005

表 12-2-14　片区代表性烟田土壤腐殖酸与腐殖质组成

土层 /cm	腐殖酸碳量 /(g/kg)	腐殖质全碳量 /(g/kg)	胡敏酸碳量 /(g/kg)	胡敏素碳量 /(g/kg)	富啡酸碳量 /(g/kg)	胡富比
0~23	2.16	7.63	1.75	5.47	0.41	4.27
23~40	1.61	6.15	0.67	4.54	0.94	0.71

表 12-2-15　片区代表性烟田土壤中微量元素状况

土层 /cm	有效铜 /(mg/kg)	有效铁 /(mg/kg)	有效锰 /(mg/kg)	有效锌 /(mg/kg)	交换性 Ca²⁺ /(cmol/kg)	交换性 Mg²⁺ /(cmol/kg)
0~23	0.58	12.90	21.90	1.10	0	0
23~40	0.57	12.00	30.50	0.93	0	0

5）总体评价

土体薄，耕作层质地黏，耕性差，砾石多，通透性较好，轻度水土流失。碱性土壤，肥力较低，有机质缺乏，富钾、铁、锰、锌，缺氯、钙、镁。

第三节　四川米易生态条件

一、地理位置

米易县位于北纬 26°42′1~27°10′，东经 101°44′~102°15′，地处四川省西南部安宁河下游，东毗凉山州会理县，南接本市盐边县，西邻雅砻江，是攀枝市的北大门，县城距攀枝花市区 80 km。东西距离 52.5 km，南北距离 73.2 km。米易县隶属四川省攀枝花市，现辖攀莲镇、丙谷镇、撒莲镇、垭口镇、得石镇、白马镇、普威镇、草场乡、麻陇彝族乡、白坡彝族乡、湾丘彝族乡、新山傈僳族乡 7 个镇、5 个乡。面积 2153 km²（图 12-3-1）。

二、自然条件

1. 地形地貌

境内山峦叠嶂，沟壑纵横，山谷相间，盆地交错分布，地势北高南低，呈南北走向。中部的安宁河系"U"型湖盆宽谷，西部的雅砻江系"V"型深切河谷。安宁河的东、

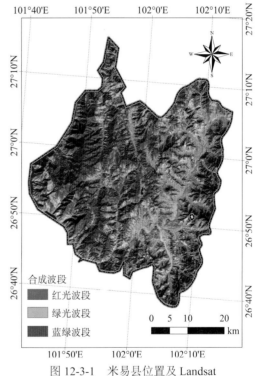

图 12-3-1　米易县位置及 Landsat
假彩色合成影像图

西和雅砻江东面为坡，深谷、盆地、平坝、低中山地、中山山地、高中山山地和亚高山地分布在安宁河东部龙肘山、雅砻江东面白坡山及安宁河谷地区。龙肘山深谷区海拔 1500~3395 m，地形变化较大，山势较为陡峭形成深切沟谷和梯、台地；安宁河西坡—中部中山山地和山间盆地区海拔 1500~3447 m，为中部安宁河与西部雅砻江的分水岭，形成比较宽坦，山势较为平坦，海拔 1700~2000 m 的普威、海塔等山间盆地发育其间；雅砻江东坡—西部雅砻江至白坡山中山深谷海拔 980~1500 m，山地海拔 1500~3447 m，河谷幽深，山势陡峭；安宁河宽谷海拔 980~1500 m，由串珠状湖盆式河谷形成，地势平缓，阶地发达，有挂榜盆地、典所盆地、湾峡盆地和垭口盆地。海拔 980~1150 m 为河谷平坝，

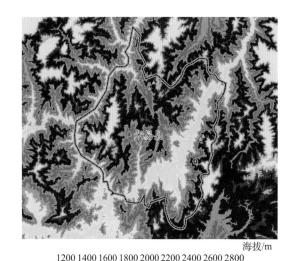

图 12-3-2　米易县海拔示意图

1150~1500 m 为低中山地，1500~2000 m 为中山山地，2000~2500 m 为高中山山地，2500~3447 m 为亚高山地。境内最低海拔点得石镇的安宁河口为 980 m；最高海拔点白坡彝族乡的白坡山顶峰为 3447 m，平均海拔 1836.2 m，相对高差 2467 m（图 12-3-2）。

2. 气候条件

米易属南亚热带干热河谷立体气候，有"山高一丈，大不一样，一山分四季，十里不同天"之说。全年干、雨季节分明，四季不分明，河谷区全年无冬，秋春相连，夏季长达 5 个多月。气温昼夜变化大而年变化小，夏温偏低而冬温偏高，易出现冬春少雨干旱，夏秋多雨现象。受地形影响，由中西部、北部高海拔山区向四周低海拔河谷气温递增、降雨递减、日照递减。年均气温 7.4~20.2℃，平均 15.7℃，1 月最冷，月平均气温 7.9℃，6 月最热，月平均气温 21.2℃。年均降水总量 843~1074 mm，平均 924 mm 左右，6~9 月降雨均在 100 mm 以上，其中 7 月降雨在 200 mm 以上，其他月降雨在 100 mm 以下。年均日照时数 2303~2576 h，平均 2430 h，11 月至次年 5 月日照在 200 h 以上，其他月份日照在 200 h 以下、100 h 以上（图 12-3-3）。年均无霜期 307 d。

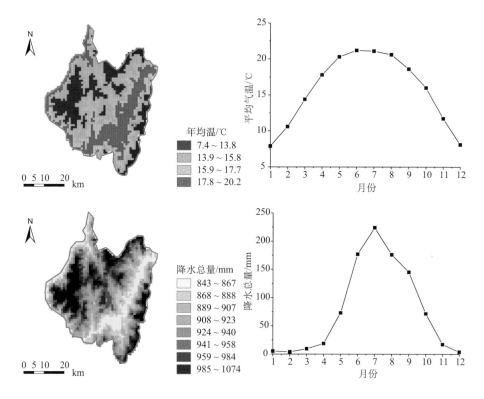

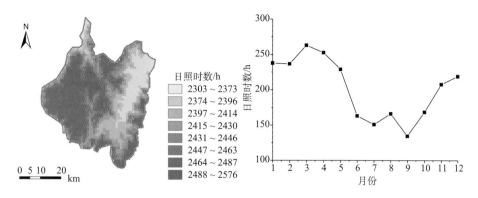

图 12-3-3　米易县 1980~2013 年平均温度、降水总量、日照时数时空动态变化示意图

三、片区与代表性烟田

1. 攀莲镇双沟村 12 社片区-01

1）基本信息

代表性地块（MYI-01）：北纬 26°55′46.480″，东经 102°9′53.614″，海拔 1606 m（图 12-3-4），亚高山坡地中部，成土母质为玄武岩、砂泥岩等风化坡积物，烤烟-玉米不定期轮作，梯田旱地，土壤亚类为斑纹铁质干润淋溶土。

2）气候条件

该片区烤烟大田生长期间（4~8 月），平均气温 21.0℃，降水量 655 mm，日照时数 964 h（图 12-3-5）。

图 12-3-4　片区-01 海拔示意图

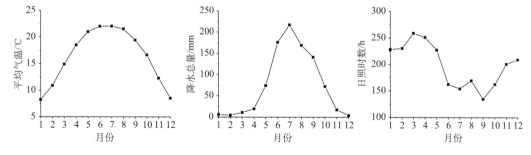

图 12-3-5　片区平均气温、降水总量、日照时数年动态变化示意图

3）剖面形态（图 12-3-6（右））

Ap：0~20 cm，浊红棕色（5YR 5/4，润），橙色（5YR 6/6，干），2% 左右角块状岩石碎屑，黏壤土，发育强的 1~2 mm 粒状结构，松散，清晰平滑过渡。

MYI-01 米易

图 12-3-6　代表性地块景观(左)和土壤剖面(右)

Btr1：20~37 cm，浊橙色(5YR 6/4，润)，橙色(5YR 7/6，干)，7%左右角块状岩石碎屑，黏土，发育强的直径 20~50 mm 块状结构，紧实，结构面上 3%左右铁锰斑纹，20%左右黏粒胶膜，2%左右软小铁锰结核，渐变波状过渡。

Btr2：37~62 cm，亮红棕色(2.5YR 5/8，润)，橙色(2.5YR 7/8，干)，30%左右角块状岩石碎屑，黏土，发育中等的直径 20~50 mm 块状结构，紧实，结构面上 3%左右铁锰斑纹，20%左右黏粒-氧化铁胶膜，15%左右软小铁锰结核，渐变波状过渡。

Abr：62~80 cm，浊红棕色(5YR 5/4，润)，橙色(5YR 6/6，干)，30%左右角块状岩石碎屑，黏壤土，发育中等的直径 20~50 mm 棱块状结构，稍紧实，结构面上 3%左右铁锰斑纹，7%左右软小铁锰结核，渐变波状过渡。

Btr3：80~110 cm，亮红棕色(2.5YR 5/8，润)，橙色(2.5YR 7/8，干)，20%左右角块状岩石碎屑，黏土，发育中等的直径 20~50 mm 棱块状结构，紧实，20%左右黏粒-氧化铁胶膜，2%左右软小铁锰结核。

4) 土壤养分

片区土壤呈微酸性，土体 pH 6.14~7.22，有机质 8.07~35.30 g/kg，全氮 0.39~1.93 g/kg，全磷 4.46~9.44 g/kg，全钾 13.90~30.10 g/kg，碱解氮 27.60~178.30 mg/kg，有效磷 7.68~47.92 mg/kg，速效钾 72.00~155.00 mg/kg，氯离子 0.002~0.009 mg/kg，交换性 Ca^{2+} 0~7.90 cmol/kg，交换性 Mg^{2+} 0~1.90 cmol/kg。

腐殖酸与腐殖质组成中，腐殖酸碳量 1.54~9.74 g/kg，腐殖质全碳量 5.15~22.50 g/kg，胡敏酸碳量 0.15~5.05 g/kg，胡敏素碳量 3.61~12.76 g/kg，富啡酸碳量 0.90~4.69 g/kg，胡富比 0.09~1.08。

微量元素中，有效铜 1.38~11.40 mg/kg，有效铁 22.40~215.00 mg/kg，有效锰 25.90~78.10 mg/kg，有效锌 0.38~1.12 mg/kg(表 12-3-1~表 12-3-3)。

表 12-3-1　片区代表性烟田土壤养分状况

土层 /cm	pH	有机质 /(g/kg)	全氮 /(g/kg)	全磷 /(g/kg)	全钾 /(g/kg)	碱解氮 /(mg/kg)	有效磷 /(mg/kg)	速效钾 /(mg/kg)	氯离子 /(mg/kg)
0~20	6.14	35.30	1.93	9.44	20.70	178.30	47.92	131.00	0.004
20~37	6.23	26.20	1.22	6.87	16.30	107.70	9.19	155.00	0.009
37~62	7.22	10.70	0.50	5.69	14.70	78.20	8.35	72.00	0.008
62~80	6.50	11.80	0.41	6.93	13.90	27.60	31.13	90.00	0.005
80~110	6.56	8.07	0.39	4.46	30.10	50.00	7.68	72.00	0.002

表 12-3-2　片区代表性烟田土壤腐殖酸与腐殖质组成

土层 /cm	腐殖酸碳量 /(g/kg)	腐殖质全碳量 /(g/kg)	胡敏酸碳量 /(g/kg)	胡敏素碳量 /(g/kg)	富啡酸碳量 /(g/kg)	胡富比
0~20	9.74	22.50	5.05	12.76	4.69	1.08
20~37	6.41	16.70	1.90	10.29	4.51	0.42
37~62	1.84	6.81	0.15	4.97	1.69	0.09
62~80	2.49	7.55	1.12	5.06	1.37	0.82
80~110	1.54	5.15	0.64	3.61	0.90	0.71

表 12-3-3　片区代表性烟田土壤中微量元素状况

土层 /cm	有效铜 /(mg/kg)	有效铁 /(mg/kg)	有效锰 /(mg/kg)	有效锌 /(mg/kg)	交换性 Ca^{2+} /(cmol/kg)	交换性 Mg^{2+} /(cmol/kg)
0~20	11.40	215.00	26.90	1.12	7.03	1.90
20~37	8.11	91.30	25.90	0.75	7.90	1.07
37~62	1.38	22.40	71.40	0.38	0.00	0
62~80	2.92	52.40	66.50	0.70	5.73	1.49
80~110	1.79	23.10	78.10	0.48	7.41	1.19

5) 总体评价

土体深厚，耕作层质地偏黏，砾石少，耕性和通透性较差。微酸性土壤，有机质丰富，肥力较高，钾中等含量，富磷、铜、铁、锰、锌、钙、镁，缺氯。

2. 攀莲镇双沟村 12 社片区-02

1) 基本信息

代表性地块（MYI-02）：北纬 26°56′23.644″，东经 102°10′26.526″，海拔 1940 m（图 12-3-7），亚高山坡地中上部，成土母质为石灰岩、白云岩等风化坡积物，烤烟单作，缓坡旱地，土壤亚类为暗红钙质干润淋溶土。

海拔/m

1200 1400 1600 1800 2000 2200 2400 2600 2800

图 12-3-7　片区-02 海拔示意图

2) 气候条件

该片区烤烟大田生长期间 (4~8 月)，平均气温 21.0℃，降水量 655 mm，日照时数 964 h (图 12-3-8)。

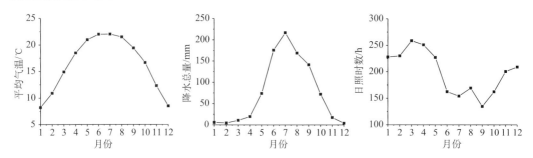

图 12-3-8　片区平均气温、降水总量、日照时数年动态变化示意图

3) 剖面形态 (图 12-3-9(右))

Ap：0~20 cm，浊红棕色 (2.5YR 4/4，润)，亮红棕色 (2.5YR 5/6，干)，5% 左右角块状岩石碎屑，黏土，发育强的 1~2 mm 粒状结构，松散，弱石灰反应，清晰平滑过渡。

AB：20~43 cm，浊红棕色 (2.5YR 4/4，润)，亮红棕色 (2.5YR 5/6，干)，10% 左右角块状岩石碎屑，黏土，发育强的直径 20~50 mm 块状结构，松散，弱石灰反应，渐变波状过渡。

Bt1：43~64 cm，浊红棕色 (2.5YR 5/4，润)，橙色 (2.5YR 6/6，干)，10% 左右角块状岩石碎屑，黏土，发育中等的直径 20~50 mm 块状结构，稍紧实，结构面上 20% 左右黏粒-氧化铁胶膜，渐变波状过渡。

图 12-3-9　代表性地块景观(左)和土壤剖面(右)

Bt2：64~140 cm，浊红棕色(2.5YR 5/4，润)，橙色(2.5YR 6/6，干)，7%左右角块状岩石碎屑，黏土，发育中等的直径 20~50 mm 块状结构，紧实，结构面上 20%左右黏粒-氧化铁胶膜。

4) 土壤养分

片区土壤呈微酸性，土体 pH 6.13~7.61，有机质 14.40~27.40 g/kg，全氮 0.82~1.45 g/kg，全磷 5.08~6.32 g/kg，全钾 12.10~57.30 g/kg，碱解氮 103.20~155.30 mg/kg，有效磷 4.57~12.84 mg/kg，速效钾 93.00~247.00 mg/kg，氯离子 0.002~0.004 mg/kg，交换性 Ca^{2+} 0~10.17 cmol/kg，交换性 Mg^{2+} 0~1.04 cmol/kg。

腐殖酸与腐殖质组成中，腐殖酸碳量 2.21~6.54 g/kg，腐殖质全碳量 9.21~17.47 g/kg，胡敏酸碳量 0.09~1.70 g/kg，胡敏素碳量 5.16~11.95 g/kg，富啡酸碳量 1.92~4.84 g/kg，胡富比 0.02~0.40。

微量元素中，有效铜 2.01~3.15 mg/kg，有效铁 28.20~49.00 mg/kg，有效锰 76.30~124.00 mg/kg，有效锌 0.85~2.06 mg/kg(表 12-3-4~表 12-3-6)。

表 12-3-4　片区代表性烟田土壤养分状况

土层 /cm	pH	有机质 /(g/kg)	全氮 /(g/kg)	全磷 /(g/kg)	全钾 /(g/kg)	碱解氮 /(mg/kg)	有效磷 /(mg/kg)	速效钾 /(mg/kg)	氯离子 /(mg/kg)
0~20	6.25	17.00	0.87	5.08	40.00	115.00	12.84	227.00	0.004
20~43	6.13	27.40	1.45	5.58	38.50	155.30	6.88	247.00	0.003
43~64	6.27	14.40	0.82	5.13	44.40	103.20	4.57	212.00	0.002
64~100	7.60	18.30	1.07	5.80	57.30	139.20	6.22	133.00	0.002
100~145	7.61	17.70	1.04	6.32	12.10	121.80	7.61	93.00	0.002

表 12-3-5　片区代表性烟田土壤腐殖酸与腐殖质组成

土层 /cm	腐殖酸碳量 /(g/kg)	腐殖质全碳量 /(g/kg)	胡敏酸碳量 /(g/kg)	胡敏素碳量 /(g/kg)	富啡酸碳量 /(g/kg)	胡富比
0~20	3.25	10.85	0.93	7.60	2.32	0.40
20~43	5.52	17.47	0.95	11.95	4.57	0.21
43~64	2.21	9.21	0.29	7.00	1.92	0.15
64~100	6.54	11.70	1.70	5.16	4.84	0.35
100~145	4.91	11.32	0.09	6.41	4.82	0.02

表 12-3-6　片区代表性烟田土壤中微量元素状况

土层 /cm	有效铜 /(mg/kg)	有效铁 /(mg/kg)	有效锰 /(mg/kg)	有效锌 /(mg/kg)	交换性 Ca^{2+} /(cmol/kg)	交换性 Mg^{2+} /(cmol/kg)
0~20	2.01	43.80	97.00	1.42	6.50	1.04
20~43	3.15	49.00	110.00	2.06	10.17	0.56
43~64	2.44	28.20	76.30	1.27	7.89	0.88
64~100	3.10	33.30	124.00	1.40	0	0
100~145	2.27	38.30	101.00	0.85	0	0

海拔/m

1200 1400 1600 1800 2000 2200 2400 2600 2800

图 12-3-10　片区-03 海拔示意图

5) 总体评价

土体深厚，耕作层质地黏，耕性较差，砾石较多，通透性较好，轻度水土流失。微酸性土壤，肥力中等偏高，有机质含量缺乏，缺磷，富钾、铜、铁、锰、锌、钙、镁，缺氯。

3. 攀莲镇双沟村 12 社片区-03

1) 基本信息

代表性地块（MYI-03）：北纬 26°55′46.211″，东经 102°9′53.564″，海拔 1637 m（图 12-3-10），亚高山坡地中上部，成土母质为石灰岩、白云岩等风化坡积物，烤烟单作，缓坡梯田旱地，土壤亚类为暗红钙质干润淋溶土。

2) 气候条件

该片区烤烟大田生长期间（4~8 月），平均气温 19.3℃，降水量 676 mm，日照时数 956 h（图 12-3-11）。

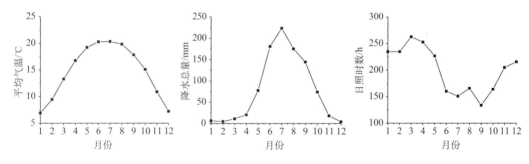

图 12-3-11　片区平均气温、降水总量、日照时数动态变化示意图

3) 剖面形态（图 12-3-12（右））

Ap：0~20 cm，浊红棕色（2.5YR 4/4，润），亮红棕色（2.5YR 5/6，干），7%左右角块状岩石碎屑，黏土，发育中等的 1~2 mm 粒状结构，松散，弱石灰反应，清晰平滑过渡。

Btr1：20~43 cm，浊红棕色（2.5YR 5/4，润），橙色（2.5YR 6/6，干），30%左右角块状岩石碎屑，黏土，发育中等的直径 20~50 mm 块状结构，紧实，结构面上 2%左右铁锰斑纹，20%左右黏粒胶膜，清晰波状过渡。

Btr2：43~64 cm，亮红棕色（2.5YR 5/8，润），橙色（2.5YR 7/8，干），30%左右角块状岩石碎屑，黏土，发育中等的直径 20~50 mm 块状结构，紧实；结构面上 20%左右黏粒-氧化铁胶膜，2%左右软小铁锰结核，清晰波状过渡。

C：64~100 cm，浊黄橙色（10YR 7/3，润），浊黄橙色（10YR 8/4，干），85%左右块状岩石碎屑，黏土，发育弱的直径 20~50 mm 块状结构，稍紧实。

图 12-3-12　代表性地块景观（左）和土壤剖面（右）

4）土壤养分

片区土壤呈中性，土体 pH 7.38~7.39，有机质 19.40~41.20 g/kg，全氮 0.97~2.01 g/kg，全磷 4.55~6.84 g/kg，全钾 7.11~21.90 g/kg，碱解氮 77.50~182.90 mg/kg，有效磷 5.43~14.65 mg/kg，速效钾含 51.00~105.00 mg/kg，氯离子 0.002~0.004 mg/kg，交换性 Ca^{2+}、交换性 Mg^{2+} 均未检出。

腐殖酸与腐殖质组成中，腐殖酸碳量 4.03~10.19 g/kg，腐殖质全碳量 12.40~26.29 g/kg，胡敏酸碳量 0.56~6.10 g/kg，胡敏素碳量 8.37~16.10 g/kg，富啡酸碳量 1.82~9.43 g/kg，胡富比 0.06~1.49。

微量元素中，有效铜 3.18~4.19 mg/kg，有效铁 49.00~99.50 mg/kg，有效锰 51.70~64.10 mg/kg，有效锌 0.79~1.63 mg/kg（表 12-3-7~表 12-3-9）。

表 12-3-7　片区代表性烟田土壤养分状况

土层 /cm	pH	有机质 /(g/kg)	全氮 /(g/kg)	全磷 /(g/kg)	全钾 /(g/kg)	碱解氮 /(mg/kg)	有效磷 /(mg/kg)	速效钾 /(mg/kg)	氯离子 /(mg/kg)
0~20	7.39	41.20	2.01	6.84	7.11	123.90	14.65	105.00	0.004
20~43	7.38	37.20	1.74	6.61	19.10	182.90	5.43	51.00	0.002
43~64	7.39	19.40	0.97	4.55	21.90	77.50	7.57	56.00	0.002

5）总体评价

土体略厚，耕作层质地黏，耕性较差，砾石较多，通透性较好，轻度水土流失。中性土壤，肥力较高，有机质、钾含量中等，微缺磷，缺氯、钙、镁，富铜、铁、锰、锌。

表 12-3-8   片区代表性烟田土壤腐殖酸与腐殖质组成

土层 /cm	腐殖酸碳量 /(g/kg)	腐殖质全碳量 /(g/kg)	胡敏酸碳量 /(g/kg)	胡敏素碳量 /(g/kg)	富啡酸碳量 /(g/kg)	胡富比
0~20	10.19	26.29	6.10	16.10	4.09	1.49
20~43	9.99	23.70	0.56	13.71	9.43	0.06
43~64	4.03	12.40	2.21	8.37	1.82	1.21

表 12-3-9   片区代表性烟田土壤中微量元素状况

土层 /cm	有效铜 /(mg/kg)	有效铁 /(mg/kg)	有效锰 /(mg/kg)	有效锌 /(mg/kg)	交换性 Ca^{2+} /(cmol/kg)	交换性 Mg^{2+} /(cmol/kg)
0~20	4.19	99.50	64.10	1.63	0	0
20~43	3.91	78.40	62.90	0.96	0	0
43~64	3.18	49.00	51.70	0.79	0	0

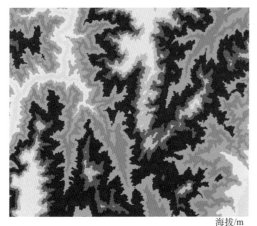

海拔/m

1200 1400 1600 1800 2000 2200 2400 2600 2800

图 12-3-13   片区海拔示意图

4. 普威镇西番村 4 社片区

1）基本信息

代 表 性 地 块（MYI-04）： 北 纬 27°5′45.954″，东经 101°58′32.346″，海拔 2115 m（图 12-3-13），亚高山坡地中部，成土母质为石灰岩、白云岩等风化坡积物，烤烟单作，缓坡梯田，土壤亚类为普通暗沃干润雏形土。

2）气候条件

该片区烤烟大田生长期间（4~8 月），平均气温 19.2℃，降水量 681 mm，日照时数 952 h（图 12-3-14）。

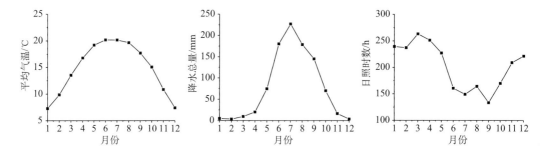

图 12-3-14   片区平均气温、降水总量、日照时数年动态变化示意图

3）剖面形态（图 12-3-15（右））

Ap1：0~23 cm，棕灰色（10YR 4/1，润），棕灰色（10YR5/2，干），30%左右角块状岩石碎屑，壤土，发育中等的 1~2 mm 粒状结构，松散，弱石灰反应，渐变波

状过渡。

Ap2：23~53 cm，棕灰色（10YR 4/1，润），棕灰色（10YR5/2，干），40%左右角块状岩石碎屑，壤土，发育中等的直径 20~50 mm 块状结构，松散，弱石灰反应，渐变波状过渡。

Bw1：53~87 cm，棕灰色（10YR 4/1，润），棕灰色（10YR5/2，干），40%左右角块状岩石碎屑，壤土，发育弱的直径 20~50 mm 块状结构，松散，弱石灰反应，渐变波状过渡。

Ab：87~105 cm，浊黄橙色（10YR 6/3，润），浊黄橙色（10YR 7/4，润），30%左右角块状岩石碎屑，壤土，发育中等的直径 20~50 mm 块状结构，松散，弱石灰反应，清晰波状过渡。

Bw2：105~120 cm，浊黄橙色（10YR 6/3，润），浊黄橙色（10YR 7/4，干），20%左右角块状岩石碎屑，壤土，发育弱的直径 20~50 mm 块状结构，松散，弱石灰反应。

图 12-3-15　代表性地块景观（左）和土壤剖面（右）

4）土壤养分

片区土壤呈酸性，土体 pH 5.30~5.52，有机质 21.00~55.70 g/kg，全氮 0.93~2.58 g/kg，全磷 8.42~13.66 g/kg，全钾 6.48~25.20 g/kg，碱解氮 102.60~245.70 mg/kg，有效磷 23.67~127.28 mg/kg，速效钾 67.00~178.00 mg/kg，氯离子 0.009~0.048 mg/kg，交换性 Ca^{2+} 1.59~4.25 cmol/kg，交换性 Mg^{2+} 0.35~0.70 cmol/kg。

腐殖酸与腐殖质组成中，腐殖酸碳量 5.79~15.81 g/kg，腐殖质全碳量 13.40~35.54 g/kg，胡敏酸碳量 1.72~7.85 g/kg，胡敏素碳量 7.61~25.34 g/kg，富啡酸碳量 0.46~9.63 g/kg，胡富比 0.42~17.07。

微量元素中,有效铜0.49~0.98 mg/kg,有效铁59.10~160.00 mg/kg,有效锰5.90~29.30 mg/kg,有效锌0.18~1.54 mg/kg(表12-3-10~表12-3-12)。

表 12-3-10　片区代表性烟田土壤养分状况

土层 /cm	pH	有机质 /(g/kg)	全氮 /(g/kg)	全磷 /(g/kg)	全钾 /(g/kg)	碱解氮 /(mg/kg)	有效磷 /(mg/kg)	速效钾 /(mg/kg)	氯离子 /(mg/kg)
0~23	5.30	47.80	2.54	10.62	6.48	214.00	100.73	178.00	0.009
23~53	5.48	52.70	2.58	8.42	12.40	245.70	23.67	98.00	0.013
53~87	5.52	34.10	1.41	10.54	19.80	146.50	75.70	67.00	0.011
87~105	5.33	55.70	1.89	13.66	17.80	172.70	127.28	74.00	0.048
105~120	5.50	21.00	0.93	10.41	25.20	102.60	75.74	107.00	0.011

表 12-3-11　片区代表性烟田土壤腐殖酸与腐殖质组成

土层 /cm	腐殖酸碳量 /(g/kg)	腐殖质全碳量 /(g/kg)	胡敏酸碳量 /(g/kg)	胡敏素碳量 /(g/kg)	富啡酸碳量 /(g/kg)	胡富比
0~23	13.91	30.52	6.30	16.61	7.61	0.83
23~53	8.31	33.65	7.85	25.34	0.46	17.07
53~87	8.72	21.78	2.77	13.06	5.95	0.47
87~105	15.81	35.54	6.18	19.73	9.63	0.64
105~120	5.79	13.40	1.72	7.61	4.07	0.42

表 12-3-12　片区代表性烟田土壤中微量元素状况

土层 /cm	有效铜 /(mg/kg)	有效铁 /(mg/kg)	有效锰 /(mg/kg)	有效锌 /(mg/kg)	交换性Ca^{2+} /(cmol/kg)	交换性Mg^{2+} /(cmol/kg)
0~23	0.90	75.00	29.30	1.54	3.10	0.61
23~53	0.67	59.10	12.50	0.67	4.25	0.60
53~87	0.49	65.40	5.90	0.51	1.68	0.35
87~105	0.86	160.00	16.00	0.39	3.16	0.70
105~120	0.98	85.80	13.30	0.18	1.59	0.51

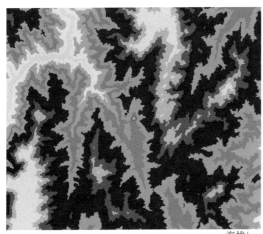

海拔/m

1200 1400 1600 1800 2000 2200 2400 2600 2800

图 12-3-16　片区海拔示意图

5)总体评价

土体深厚,耕作层质地适中,砾石多,耕性和通透性好,中度水土流失。酸性土壤,有机质丰富,肥力较高,富磷、钾、铁、锰、锌、钙、铜、镁含量中等,缺氯。

5. 麻陇乡庄房村片区

1)基本信息

代表性地块(MYI-05):北纬27°4′31.466″,东经101°57′39.890″,海拔1757 m(图12-3-16),亚高山沟谷地,成土母质为石英岩等风化沟谷堆积-冲积物,烤烟单作,沟谷梯田,土壤亚类为普通淡色潮湿雏形土。

2) 气候条件

该片区烤烟大田生长期间(4~8 月)，平均气温 20.6℃，降水量 663 mm，日照时数 959 h(图 12-3-17)。

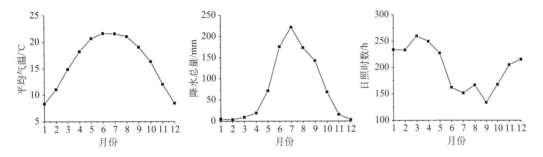

图 12-3-17　片区平均气温、降水总量、日照时数年动态变化示意图

3) 剖面形态(图 12-3-18(右))

Ap：0~25 cm，黄棕色(5YR 6/2，润)，淡黄色(5YR 7/3，干)，粉砂壤土，发育强的 1~2 mm 粒状结构，松散，清晰波状过渡。

Br1：25~45 cm，黄棕色(5YR 6/2，润)，淡黄色(5YR 7/3，干)，粉砂壤土，发育强的直径 20~50 mm 块状结构，稍紧实，结构面上 50%左右铁锰斑纹，渐变波状过渡。

Br2：45~58 cm，暗灰色(5YR 5/2，润)，浊黄色(5YR 6/3，干)，2%左右角块状岩石碎屑，粉砂壤土，发育中等的直径 20~50 mm 块状结构，紧实，结构面上 20%左右铁锰斑纹，2 只地老虎幼虫，渐变波状过渡。

图 12-3-18　代表性地块景观(左)和土壤剖面(右)

Br3：58~77 cm，暗灰色(5YR 5/2，润)，浊黄色(5YR 6/3，干)，2%左右角块状岩石碎屑，粉砂壤土，发育中等的直径 20~50 mm 块状结构，紧实，结构面上 30%左右铁锰斑纹，2%左右软小铁锰结核，渐变波状过渡。

Br4：77~110 cm，淡灰色(5YR 7/1，润)，灰白色(5YR 8/2，干)，3%左右角块状岩石碎屑，粉砂壤土，发育中等的直径 20~50 mm 块状结构，紧实，结构面上 20%左右铁锰斑纹。

4) 土壤养分

片区土壤呈微酸性，土体 pH 5.74~6.08，有机质 4.60~27.40 g/kg，全氮 0.19~1.69 g/kg，全磷 3.42~6.05 g/kg，全钾 11.00~18.00 g/kg，碱解氮 19.90~156.50 mg/kg，有效磷 3.19~24.07 mg/kg，速效钾 21.0~172.0 mg/kg，氯离子 0.005~0.013 mg/kg，交换性 Ca^{2+} 3.39~7.31 cmol/kg，交换性 Mg^{2+} 1.69~1.87 cmol/kg。

腐殖酸与腐殖质组成中，腐殖酸碳量 1.14~6.23 g/kg，腐殖质全碳量 2.93~17.47 g/kg，胡敏酸碳量 0.47~3.85 g/kg，胡敏素碳量 1.79~11.24 g/kg，富啡酸碳量 0.67~3.39 g/kg，胡富比 0.47~1.85。

微量元素中，有效铜 1.16~5.24 mg/kg，有效铁 28.40~159.00 mg/kg，有效锰 10.50~35.40 mg/kg，有效锌 0.18~1.04 mg/kg(表 12-3-13~表 12-3-15)。

表 12-3-13　片区代表性烟田土壤养分状况

土层 /cm	pH	有机质 /(g/kg)	全氮 /(g/kg)	全磷 /(g/kg)	全钾 /(g/kg)	碱解氮 /(mg/kg)	有效磷 /(mg/kg)	速效钾 /(mg/kg)	氯离子 /(mg/kg)
0~25	5.74	27.40	1.69	6.05	18.00	156.50	24.07	172.00	0.013
25~45	5.82	16.60	0.98	4.02	14.60	96.20	11.27	92.00	0.010
45~58	5.83	16.10	0.95	4.14	15.50	137.30	7.01	81.00	0.008
58~77	5.85	15.00	0.78	3.42	11.00	103.80	3.19	39.00	0.012
77~110	6.08	4.60	0.19	3.59	11.80	19.90	5.55	21.00	0.005

表 12-3-14　片区代表性烟田土壤腐殖酸与腐殖质组成

土层 /cm	腐殖酸碳量 /(g/kg)	腐殖质全碳量 /(g/kg)	胡敏酸碳量 /(g/kg)	胡敏素碳量 /(g/kg)	富啡酸碳量 /(g/kg)	胡富比
0~25	6.23	17.47	2.84	11.24	3.39	0.84
25~45	5.93	10.61	3.85	4.68	2.08	1.85
45~58	4.46	10.28	1.67	5.82	2.79	0.60
58~77	3.85	9.57	1.23	5.72	2.62	0.47
77~110	1.14	2.93	0.47	1.79	0.67	0.70

表 12-3-15　片区代表性烟田土壤中微量元素状况

土层 /cm	有效铜 /(mg/kg)	有效铁 /(mg/kg)	有效锰 /(mg/kg)	有效锌 /(mg/kg)	交换性 Ca^{2+} /(cmol/kg)	交换性 Mg^{2+} /(cmol/kg)
0~25	5.24	159.00	19.10	1.04	6.83	1.85
25~45	4.63	87.70	35.40	0.37	7.07	1.84
45~58	2.64	38.60	18.70	0.23	6.50	1.79
58~77	2.59	32.40	26.40	0.20	7.31	1.87
77~110	1.16	28.40	10.50	0.18	3.39	1.69

5) 总体评价

土体深厚，耕作层质地适中，耕性和通透性好。微酸性土壤，有机质中等，肥力偏高，磷、钾、铜、铁、锰、锌、钙、镁丰富，缺氯。

第四节　四川仁和生态条件

一、地理位置

仁和区位于北纬 26°06′~26°47′，东经 101°24′~101°56′，地处川滇交界处的攀西大裂谷，东临会理县，南接云南省永仁县，西靠云南省华坪县，北连盐边县。仁和区隶属四川省攀枝花市，现辖大河中路街道、仁和镇、同德镇、大田镇、平地镇、福田镇、金江镇、前进镇、布德镇、总发乡、太平乡、务本乡、中坝乡、啊喇彝族乡、大龙潭彝族乡 1 个街道办事处、8 个镇和 6 个乡。面积为 1727.07 km²，其中耕地面积 9451 hm²（图 12-4-1）。

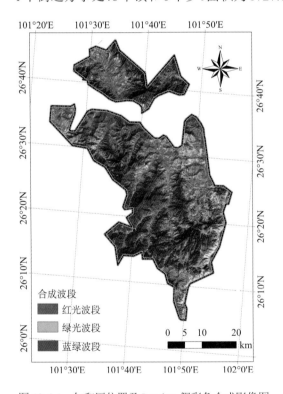

图 12-4-1　仁和区位置及 Landsat 假彩色合成影像图

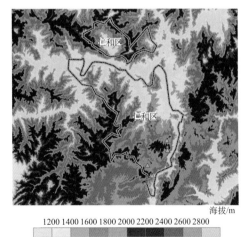

图 12-4-2　仁和区海拔示意图

二、自然条件

1. 地形地貌

仁和区位于康滇南北向构造带中段西侧，境内地层较全，以元古界、古生界和中生界发育为主，新生界零星分布。其中，中生界的沉积岩分布在务本、宝鼎山和保安营一带；自晋宁期到燕山期，有花岗岩岩浆的入侵，形成各个不同时期的花岗岩岩体，主要分布在仁和区的攀枝花、巴斯箐、红格及米易的白石岩、撒莲等地。地势总体呈西北-东南倾斜，以山地为主，境内的平地乡师庄海拔 937 m 为攀枝花市海拔最低点（图 12-4-2）。

2. 气候条件

仁和区属南亚热带立体气候，四季不很分明，昼夜温差大，气候干燥，日照时间长等特点。受地形影响，由南区北部山谷平地向两侧南北海拔较高山区气温递减、降雨递增、日照递增。年均气温 10.7~21.3℃，平均 17.6℃，12 月最冷，月平均气温 10.1℃，6 月最热，月平均气温 23.0℃。年均降水总量 815~1029 mm，平均 899 mm 左右，6~9 月降雨均在 100 mm 以上，其中 7 月降雨在 200 mm 以上，其他月份降雨在 100 mm 以下。年均日照时数 2402~2572 h，平均 2649 h，11 月至次年 5 月日照在 200 h 以上，其他月份日照在 200 h 以下、100 h 以上（图 12-4-3）。年均无霜期 300 d 以上。

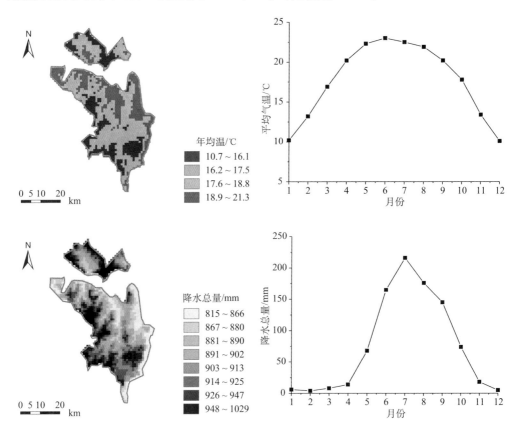

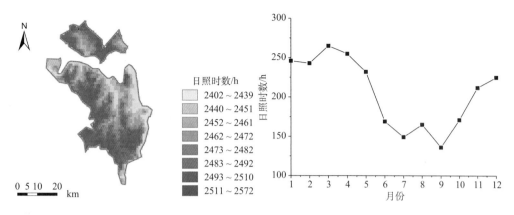

图 12-4-3 仁和区 1980~2013 年平均温度、降水总量、日照时数时空动态变化示意图

三、片区与代表性烟田

1. 大龙潭乡干坝子村梅龙树片区

1) 基本信息

代 表 性 地 块（RH-01）： 北 纬
26°18′29.966″，东经 101°52′40.336″，海拔
1821 m（图 12-4-4），亚高山坡地中部，成
土母质为石英岩风化坡积物，烤烟-玉米/
花生不定期轮作，缓坡梯田旱地，土壤亚
类为普通黏化湿润富铁土。

2) 气候条件

该片区烤烟大田生长期间（4~8 月），
平均气温 20.3℃，降水量 652 mm，日照
时数 964 h（图 12-4-5）。

图 12-4-4 片区海拔示意图

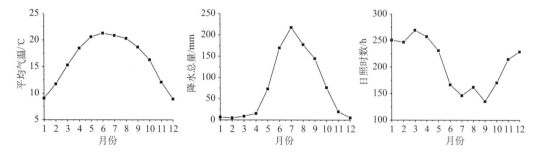

图 12-4-5 片区平均气温、降水总量、日照时数动态变化示意图

3) 剖面形态（图 12-4-6（右））

Ap：0~20 cm，红棕色（2.5YR 4/6，润），橙色（2.5YR 6/8，干），2%左右角块状岩石
碎屑，黏土，发育强的 1~2 mm 粒状结构，松散，清晰平滑过渡。

AB：20~40 cm，红棕色（2.5YR 4/6，润），橙色（2.5YR 6/8，干），2%左右角块状岩石碎屑，黏土，发育强的直径 20~50 mm 块状结构，紧实，清晰平滑过渡。

Bt1：40~65 cm，亮红棕色（2.5YR 5/6，润），橙色（2.5YR 7/8，干），2%左右角块状岩石碎屑，黏土，发育中等的直径 20~50 mm 棱块状结构，紧实，结构面上 20%左右黏粒-氧化铁胶膜，渐变波状过渡。

Bt2：65~110 cm，亮红棕色（2.5YR 5/6，润），橙色（2.5YR 7/8，干），2%左右角块状岩石碎屑，黏土，发育中等的直径 20~50 mm 棱块状结构，紧实，结构面上 20%左右黏粒-氧化铁胶膜。

图 12-4-6　代表性地块景观（左）和土壤剖面（右）

4）土壤养分

片区土壤呈微酸性，土体 pH 5.17~5.88，有机质 4.78~22.30 g/kg，全氮 0.38~1.26 g/kg，全磷 4.36~5.39 g/kg，全钾 10.10~17.60 g/kg，碱解氮 95.60~115.80 mg/kg，有效磷 5.21~10.15 mg/kg，速效钾 91.00~192.00 mg/kg，氯离子 0.004~0.007 mg/kg，交换性 Ca^{2+} 4.01~5.55 cmol/kg，交换性 Mg^{2+} 1.14~1.64 cmol/kg。

腐殖酸与腐殖质组成中，腐殖酸碳量 0.71~6.94 g/kg，腐殖质全碳量 3.05~14.24 g/kg，胡敏酸碳量 0.06~2.68 g/kg，胡敏素碳量 2.34~7.30 g/kg，富啡酸碳量 0.65~4.51 g/kg，胡富比 0.09~0.63。

微量元素中，有效铜 0.02~0.56 mg/kg，有效铁为 9.30~23.90 mg/kg，有效锰 21.60~61.40 mg/kg，有效锌 0.09~0.76 mg/kg（表 12-4-1~表 12-4-3）。

表 12-4-1 片区代表性烟田土壤养分状况

土层/cm	pH	有机质/(g/kg)	全氮/(g/kg)	全磷/(g/kg)	全钾/(g/kg)	碱解氮/(mg/kg)	有效磷/(mg/kg)	速效钾/(mg/kg)	氯离子/(mg/kg)
0~20	5.69	22.30	1.26	5.01	17.60	111.10	10.15	192.00	0.006
20~40	5.88	15.90	0.99	5.39	15.20	115.80	8.91	121.00	0.007
40~65	5.76	8.14	0.53	4.36	15.50	95.60	7.79	104.00	0.005
65~110	5.17	4.78	0.38	4.99	10.10	114.90	5.21	91.00	0.004

表 12-4-2 片区代表性烟田土壤腐殖酸与腐殖质组成

土层/cm	腐殖酸碳量/(g/kg)	腐殖质全碳量/(g/kg)	胡敏酸碳量/(g/kg)	胡敏素碳量/(g/kg)	富啡酸碳量/(g/kg)	胡富比
0~20	6.94	14.24	2.68	7.30	4.26	0.63
20~40	6.21	10.16	1.70	3.95	4.51	0.38
40~65	2.10	5.19	0.29	3.09	1.81	0.16
65~110	0.71	3.05	0.06	2.34	0.65	0.09

表 12-4-3 片区代表性烟田土壤中微量元素状况

土层/cm	有效铜/(mg/kg)	有效铁/(mg/kg)	有效锰/(mg/kg)	有效锌/(mg/kg)	交换性 Ca^{2+}/(cmol/kg)	交换性 Mg^{2+}/(cmol/kg)
0~20	0.56	23.90	61.40	0.76	5.08	1.49
20~40	0.30	15.40	49.20	0.39	5.55	1.64
40~65	0.02	11.00	21.60	0.23	5.22	1.51
65~110	0.03	9.30	25.60	0.09	4.01	1.14

5) 总体评价

土体深厚，耕作层质地黏，砾石少，耕性和通透性较差，顺坡种植，易水土流失。微酸性土壤，有机质含量中等，肥力中等，缺磷、氯，富钾、铁、锰、钙、镁，铜、锌含量中等。

2. 大龙潭乡干坝子村大堡哨片区

1) 基本信息

代表性地块（RH-02）：北纬 26°16′6.217″，东经 101°53′2.932″，海拔 1896 m（图 12-4-7），亚高山坡地中部，成土母质为石灰岩、白云岩风化坡积物，烤烟-玉米不定期轮作，中坡梯田旱地，土壤亚类为黏化钙质湿润富铁土。

海拔/m

1200 1400 1600 1800 2000 2200 2400 2600 2800

图 12-4-7 片区海拔示意图

2) 气候条件

该片区烤烟大田生长期间（4~8 月），平均气温 19.8℃，降水量 656 mm，日照时数 961 h（图 12-4-8）。

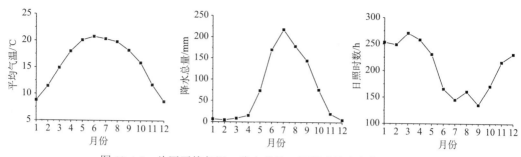

图 12-4-8　片区平均气温、降水总量、日照时数动态变化示意图

3）剖面形态（图 12-4-9（右））

图 12-4-9　代表性地块景观（左）和土壤剖面（右）

Ap：0~20 cm，红棕色（2.5YR 4/6，润），橙色（2.5YR 6/8，干），3%左右角块状岩石碎屑，黏土，发育强的 1~2 mm 粒状结构，松散，弱石灰反应，清晰平滑过渡。

AB：20~40 cm，红棕色（2.5YR 4/6，润），橙色（2.5YR 6/8，干），12%左右角块状岩石碎屑，黏土，发育强的直径 10~20 mm 棱块状结构，稍紧实，弱石灰反应，渐变波状过渡。

Bt1：40~60 cm，红棕色（2.5YR 4/6，润），橙色（2.5YR 6/8，干），5%左右角块状岩石碎屑，黏土，发育中等的直径 20~50 mm 棱块状结构，稍紧实，结构面上 20%左右黏粒-氧化铁胶膜，弱石灰反应，渐变波状过渡。

Bt2：60~82 cm，亮红棕色（2.5YR 5/6，润），橙色（2.5YR 6/8，干），5%左右角块状岩石碎屑，黏土，发育中等的直径 20~50 mm 棱块状结构，紧实，结构面上 20%左右黏粒-氧化铁胶膜，弱石灰反应，渐变波状过渡。

Bt3：82~105 cm，亮红棕色（2.5YR 5/6，润），橙色（2.5YR 6/8，干），5%左右角块

状岩石碎屑，黏土，发育中等的直径 20~50 mm 棱块状结构，结构面上 20%左右黏粒-氧化铁胶膜。

4）土壤养分

片区土壤呈中性，土体 pH 6.66~7.50，有机质 2.95~9.19 g/kg，全氮 0.21~0.50 g/kg，全磷 2.69~5.50 g/kg，全钾 12.90~20.30 g/kg，碱解氮 11.40~50.40 mg/kg，有效磷 8.47~12.73 mg/kg，速效钾 108.00~158.00 mg/kg，氯离子 0.007~0.014 mg/kg，交换性 Ca^{2+} 0~6.34 cmol/kg，交换性 Mg^{2+} 0~1.56 cmol/kg。

腐殖酸与腐殖质组成中，腐殖酸碳量 0.72~2.35 g/kg，腐殖质全碳量 1.88~5.86 g/kg，胡敏酸碳量 0.32~0.67 g/kg，胡敏素碳量 1.11~3.51 g/kg，富啡酸碳量 0.36~1.68 g/kg，胡富比 0.40~1.32。

微量元素中，有效铜 0.15~0.32 mg/kg，有效铁 6.80~15.10 mg/kg，有效锰 11.80~33.30 mg/kg，有效锌 0.24~0.53 mg/kg（表 12-4-4~表 12-4-6）。

表 12-4-4　片区代表性烟田土壤养分状况

土层 /cm	pH	有机质 /(g/kg)	全氮 /(g/kg)	全磷 /(g/kg)	全钾 /(g/kg)	碱解氮 /(mg/kg)	有效磷 /(mg/kg)	速效钾 /(mg/kg)	氯离子 /(mg/kg)
0~20	6.66	9.19	0.50	4.49	12.90	50.40	8.47	158.00	0.012
20~40	7.46	4.77	0.27	4.25	17.50	26.50	12.06	108.00	0.007
40~60	7.49	3.48	0.22	3.89	19.40	11.80	12.73	118.00	0.009
60~82	7.50	3.48	0.22	2.69	20.30	26.00	10.04	120.00	0.014
82~105	7.44	2.95	0.21	5.50	18.30	11.40	12.28	122.00	0.010

表 12-4-5　片区代表性烟田土壤腐殖酸与腐殖质组成

土层 /cm	腐殖酸碳量 /(g/kg)	腐殖质全碳量 /(g/kg)	胡敏酸碳量 /(g/kg)	胡敏素碳量 /(g/kg)	富啡酸碳量 /(g/kg)	胡富比
0~20	2.35	5.86	0.67	3.51	1.68	0.40
20~40	1.06	3.04	0.32	1.98	0.74	0.43
40~60	1.11	2.22	0.34	1.11	0.77	0.44
60~82	1.02	2.22	0.58	1.20	0.44	1.32
82~105	0.72	1.88	0.36	1.16	0.36	1.00

表 12-4-6　片区代表性烟田土壤中微量元素状况

土层 /cm	有效铜 /(mg/kg)	有效铁 /(mg/kg)	有效锰 /(mg/kg)	有效锌 /(mg/kg)	交换性 Ca^{2+} /(cmol/kg)	交换性 Mg^{2+} /(cmol/kg)
0~20	0.15	6.80	11.80	0.30	6.34	1.56
20~40	0.32	10.00	33.30	0.45	0	0
40~60	0.24	9.80	27.60	0.24	0	0
60~82	0.25	8.80	27.30	0.53	0	0
82~105	0.21	15.10	22.80	0.37	0	0

5）总体评价

土体深厚，耕作层质地黏，砾石少，耕性和通透性较差，易水土流失。中性土壤，有机质含量较低，肥力较低，富钾，缺磷、氯、铜、铁、锰、钙、镁丰富，锌含量中等。

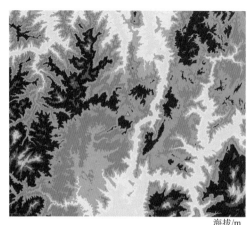

海拔/m

1200 1400 1600 1800 2000 2200 2400 2600 2800

图 12-4-10　片区海拔示意图

3. 平地镇平地村梁子片区

1) 基本信息

代表性地块（RH-03）：北纬 26°12′6.542″，东经 101°47′50.101″，海拔 1910 m（图 12-4-10），亚高山山脊顶部，成土母质为石灰性紫泥岩等风化残积物，烤烟-玉米不定期轮作，坡旱地，土壤亚类为酸性紫色正常新成土。

2) 气候条件

该片区烤烟大田生长期间（4~8 月），平均气温 20.2℃，降水量 649 mm，日照时数 959 h（图 12-4-11）。

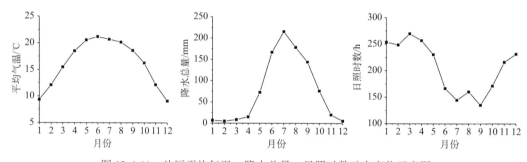

图 12-4-11　片区平均气温、降水总量、日照时数动态变化示意图

3) 剖面形态（图 12-4-12（右））

Ap：0~22 cm，浊红棕色（2.5YR 4/4，润），亮红棕色（2.5YR 5/6，干），50%左右角块状岩石碎屑，壤土，发育弱的 1~2 mm 粒状结构，松散，中度石灰反应，清晰平滑过渡。

AC：22~30 cm，浊红棕色（2.5YR 4/4，润），亮红棕色（2.5YR 5/6，干），60%左右角块状岩石碎屑，壤土，发育弱的直径 10~20 mm 块状结构，松散，中度石灰反应，清晰平滑过渡。

R：30 cm~，紫泥岩。

4) 土壤养分

片区土壤呈碱性，土体 pH 7.70~7.78，有机质 15.30~25.90 g/kg，全氮 1.06~1.67 g/kg，全磷 3.88~4.12 g/kg，全钾 18.90~20.20 g/kg，碱解氮 68.80~74.20 mg/kg，有效磷 2.29~9.92 mg/kg，速效钾 90.00~115.00 mg/kg，氯离子 0.006~0.007 mg/kg，交换性 Ca^{2+}、交换性 Mg^{2+} 均未检出。

腐殖酸与腐殖质组成中，腐殖酸碳量 4.13~6.53 g/kg，腐殖质全碳量 9.75~16.53 g/kg，胡敏酸碳量 1.01~2.89 g/kg，胡敏素碳量 5.62~10.00 g/kg，富啡酸碳量 3.12~3.64 g/kg，胡富比 0.32~0.79。

图 12-4-12　代表性地块景观(左)和土壤剖面(右)

微量元素中,有效铜 0.24~0.31 mg/kg,有效铁 10.60~11.20 mg/kg,有效锰 24.30~29.20 mg/kg,有效锌 0.50~0.79 mg/kg(表 12-4-7~表 12-4-9)。

表 12-4-7　片区代表性烟田土壤养分状况

土层 /cm	pH	有机质 /(g/kg)	全氮 /(g/kg)	全磷 /(g/kg)	全钾 /(g/kg)	碱解氮 /(mg/kg)	有效磷 /(mg/kg)	速效钾 /(mg/kg)	氯离子 /(mg/kg)
0~22	7.70	25.90	1.67	3.88	18.90	74.20	9.92	115.00	0.007
22~30	7.78	15.30	1.06	4.12	20.20	68.80	2.29	90.00	0.006

表 12-4-8　片区代表性烟田土壤腐殖酸与腐殖质组成

土层 /cm	腐殖酸碳量 /(g/kg)	腐殖质全碳量 /(g/kg)	胡敏酸碳量 /(g/kg)	胡敏素碳量 /(g/kg)	富啡酸碳量 /(g/kg)	胡富比
0~22	6.53	16.53	2.89	10.00	3.64	0.79
22~30	4.13	9.75	1.01	5.62	3.12	0.32

表 12-4-9　片区代表性烟田土壤中微量元素状况

土层 /cm	有效铜 /(mg/kg)	有效铁 /(mg/kg)	有效锰 /(mg/kg)	有效锌 /(mg/kg)	交换性 Ca^{2+} /(cmol/kg)	交换性 Mg^{2+} /(cmol/kg)
0~22	0.31	10.60	29.20	0.79	0.00	0.00
22~30	0.24	11.20	24.30	0.50	0.00	0.00

5)总体评价

土体薄,耕作层质地适中,砾石多,耕性和通透性好,缓坡,易水土流失。碱性土壤,有机质含量中等,肥力较低,钾含量中等,缺磷、氯、钙、镁,富铁、锰,铜中等含量水平。

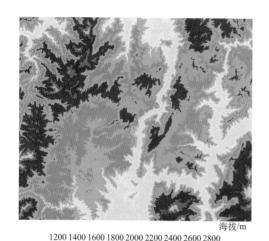

海拔/m

1200 1400 1600 1800 2000 2200 2400 2600 2800

图 12-4-13 片区海拔示意图

4. 平地镇波西村上湾片区

1）基本信息

代表性地块（RH-04）：北纬 26°9′46.413″，东经 101°49′1.090″，海拔 1984 m（图 12-4-13），亚高山坡地中上部，成土母质为紫砂岩风化坡积物，烤烟-玉米不定期轮作，梯田旱地，土壤亚类为普通紫色湿润雏形土。

2）气候条件

该片区烤烟大田生长期间（4~8 月），平均气温 18.5℃，降水量 667 mm，日照时数 950 h（图 12-4-14）。

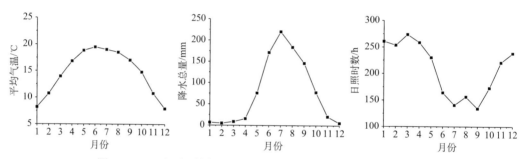

图 12-4-14 片区平均气温、降水总量、日照时数动态变化示意图

3）剖面形态（图 12-4-15（右））

Ap：0~30 cm，暗红棕色（10R 3/2，润），红棕色（10R 4/3，干），10%左右角块状岩石碎屑，壤土，发育中等的 1~2 mm 粒状结构，松散，清晰平滑过渡。

Bw1：30~54 cm，灰红色（10R 4/2，润），红棕色（10R 5/3，干），10%左右角块状岩石碎屑，壤土，发育中等的直径 20~50 mm 块状结构，稍紧实，结构面上 2%左右铁锰斑纹，2%左右软小铁锰结核，渐变波状过渡。

Bw2：54~77 cm，灰红色（10R 4/2，润），红棕色（10R 5/3，干），7%左右角块状岩石碎屑，壤土，发育弱的直径 20~50 mm 块状结构，紧实，结构面上 2%左右铁锰斑纹，2%左右软小铁锰结核，渐变波状过渡。

Bw3：77~110 cm，暗红棕色（10R 3/3，润），红棕色（10R 4/4，干），7%左右角块状岩石碎屑，壤土，发育弱的直径 20~50 mm 块状结构，紧实。

4）土壤养分

片区土壤呈中性，土体 pH 7.15~7.36，有机质 8.62~13.60 g/kg，全氮 0.61~0.94 g/kg，全磷 2.05~3.01 g/kg，全钾 17.50~21.60 g/kg，碱解氮 28.50~135.10 mg/kg，有效磷 3.64~14.08 mg/kg，速效钾 56.00~121.00 mg/kg，氯离子 0.005~0.034 mg/kg，交换性 Ca^{2+}、交换性 Mg^{2+} 均未检出。

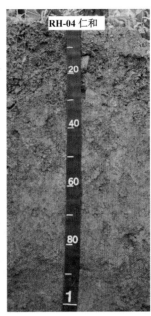

图 12-4-15　代表性地块景观(左)和土壤剖面(右)

腐殖酸与腐殖质组成中,腐殖酸碳量 2.45~4.22 g/kg,腐殖质全碳量 5.50~8.69 g/kg,胡敏酸碳量 0.93~1.62 g/kg,胡敏素碳量 2.78~4.47 g/kg,富啡酸碳量 1.52~2.60 g/kg,胡富比 0.60~0.67。

微量元素中,有效铜 0.43~0.72 mg/kg,有效铁 12.40~25.40 mg/kg,有效锰 20.20~48.40 mg/kg,有效锌 0.29~0.76 mg/kg(表 12-4-10~表 12-4-12)。

表 12-4-10　片区代表性烟田土壤养分状况

土层 /cm	pH	有机质 /(g/kg)	全氮 /(g/kg)	全磷 /(g/kg)	全钾 /(g/kg)	碱解氮 /(mg/kg)	有效磷 /(mg/kg)	速效钾 /(mg/kg)	氯离子 /(mg/kg)
0~30	7.36	10.80	0.81	2.48	18.80	56.20	14.08	121.00	0.018
30~54	7.34	13.60	0.94	3.01	21.60	135.10	11.83	81.00	0.034
54~77	7.15	8.83	0.66	2.42	18.90	33.80	3.64	56.00	0.005
77~110	7.17	8.62	0.61	2.05	17.50	28.50	5.32	60.00	0.005

表 12-4-11　片区代表性烟田土壤腐殖质组成

土层 /cm	腐殖酸碳量 /(g/kg)	腐殖质全碳量 /(g/kg)	胡敏酸碳量 /(g/kg)	胡敏素碳量 /(g/kg)	富啡酸碳量 /(g/kg)	胡富比
0~30	3.06	6.89	1.23	3.83	1.83	0.67
30~54	4.22	8.69	1.62	4.47	2.60	0.62
54~77	2.45	5.63	0.93	3.18	1.52	0.61
77~110	2.72	5.50	1.02	2.78	1.70	0.60

表 12-4-12　片区代表性烟田土壤中微量元素状况

土层 /cm	有效铜 /(mg/kg)	有效铁 /(mg/kg)	有效锰 /(mg/kg)	有效锌 /(mg/kg)	交换性 Ca^{2+} /(cmol/kg)	交换性 Mg^{2+} /(cmol/kg)
0~30	0.43	14.00	21.40	0.59	0.00	0.00
30~54	0.72	25.40	48.40	0.76	0.00	0.00
54~77	0.48	17.20	39.10	0.29	0.00	0.00
77~110	0.44	12.40	20.20	0.45	0.00	0.00

海拔/m

1200 1400 1600 1800 2000 2200 2400 2600 2800

图 12-4-16　片区海拔示意图

5）总体评价

土体深厚，耕作层质地适中，砾石较多，耕性和通透性好，顺坡种植，易水土流失。中性土壤，有机质含量较低，肥力偏低，富钾，缺磷，缺氯，铁、锰丰富，钙、镁严重缺乏。

5. 平地镇波西村下湾片区

1）基本信息

代表性地块（RH-05）：北纬 26°9′41.015″，东经 101°49′20.453″，海拔 1665 m（图 12-4-16），亚高山坡地中下部，成土母质为紫砂岩风化坡积物，烤烟-玉米不定期轮作，梯田旱地，土壤亚类为普通紫色湿润雏形土。

2）气候条件

该片区烤烟大田生长期间（4~8 月），平均气温 22.1℃，降水量 622 mm，日照时数 965 h（图 12-4-17）。

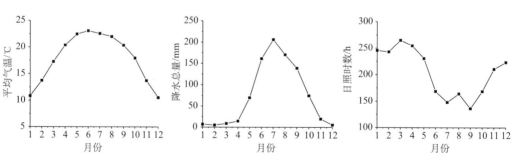

图 12-4-17　片区平均气温、降水总量、日照时数年动态变化示意图

3）剖面形态（图 12-4-18（右））

Ap：0~30 cm，暗红棕色（10R 3/2，润），红棕色（10R 4/3，干），40%左右角块状岩石碎屑，黏壤土，发育中等的 1~2 mm 粒状结构，松散，清晰平滑过渡。

Bw1：30~50 cm，灰红色（10R 4/2，润），红棕色（10R 5/3，干），40%左右角块状岩

石碎屑，黏土，发育中等的直径 20~50 mm 块状结构，稍紧实，结构面上 2%左右铁锰斑纹，2%左右软小铁锰结核，渐变波状过渡。

Bw2：50~72 cm，灰红色(10R 4/2，润)，红棕色(10R 5/3，干)，7%左右角块状岩石碎屑，黏土，发育弱的直径 20~50 mm 块状结构，紧实，2%左右软小铁锰结核，渐变波状过渡。

Bw2：72~90 cm，灰红色(10R 4/2，润)，红棕色(10R 5/3，干)，7%左右角块状岩石碎屑，黏土，发育弱的直径 20~50 mm 块状结构，紧实，2%左右软小铁锰结核，渐变波状过渡。

Bw3：90~110 cm，灰红色(10R 4/2，润)，红棕色(10R 5/3，干)，7%左右角块状岩石碎屑，黏土，发育弱的直径 20~50 mm 块状结构，紧实。

图 12-4-18　代表性地块景观(左)和土壤剖面(右)

4) 土壤养分

片区土壤呈中性，土体 pH 6.62~7.19，有机质 4.35~17.10 g/kg，全氮 0.55~1.16 g/kg，全磷 2.47~3.32 g/kg，全钾 20.20~23.80 g/kg，碱解氮 16.40~123.90 mg/kg，有效磷 5.32~21.94 mg/kg，速效钾 89.00~136.00 mg/kg，氯离子 0.002~0.009 mg/kg，交换性 Ca^{2+} 0~5.84 cmol/kg，交换性 Mg^{2+} 0~1.79 cmol/kg。

腐殖酸与腐殖质组成中，腐殖酸碳量 1.20~5.10 g/kg，腐殖质全碳量 2.78~10.88 g/kg，胡敏酸碳量 0.49~2.23 g/kg，胡敏素碳量 1.58~5.78 g/kg，富啡酸碳量 0.47~2.87 g/kg，胡富比 0.64~2.32。

微量元素中，有效铜 0.30~0.81 mg/kg，有效铁 12.30~48.90 mg/kg，有效锰 22.30~62.50 mg/kg，有效锌 0.49~1.58 mg/kg(表 12-4-13~表 12-4-15)。

706 表 12-4-13　片区代表性烟田土壤养分状况

土层 /cm	pH	有机质 /(g/kg)	全氮 /(g/kg)	全磷 /(g/kg)	全钾 /(g/kg)	碱解氮 /(mg/kg)	有效磷 /(mg/kg)	速效钾 /(mg/kg)	氯离子 /(mg/kg)
0~30	7.05	4.35	0.57	2.70	22.70	40.90	9.70	109.00	0.005
30~50	7.19	4.76	0.55	2.47	22.10	27.90	5.32	89.00	0.002
50~72	7.02	5.32	0.56	2.84	23.10	31.00	7.34	94.00	0.003
72~90	7.08	5.95	0.56	3.32	23.80	16.40	7.34	106.00	0.009
90~110	6.62	17.10	1.16	3.19	20.20	123.90	21.94	136.00	0.007

表 12-4-14　片区代表性烟田土壤腐殖酸与腐殖质组成

土层 /cm	腐殖酸碳量 /(g/kg)	腐殖质全碳量 /(g/kg)	胡敏酸碳量 /(g/kg)	胡敏素碳量 /(g/kg)	富啡酸碳量 /(g/kg)	胡富比
0~30	1.20	2.78	0.57	1.58	0.63	0.90
30~50	1.25	3.04	0.49	1.79	0.76	0.64
50~72	1.56	3.39	1.09	1.83	0.47	2.32
72~90	1.46	3.79	0.95	2.33	0.51	1.86
90~110	5.10	10.88	2.23	5.78	2.87	0.78

表 12-4-15　片区代表性烟田土壤中微量元素状况

土层 /cm	有效铜 /(mg/kg)	有效铁 /(mg/kg)	有效锰 /(mg/kg)	有效锌 /(mg/kg)	交换性 Ca^{2+} /(cmol/kg)	交换性 Mg^{2+} /(cmol/kg)
0~30	0.39	16.50	22.30	0.72	0.00	0.00
30~50	0.39	15.30	28.10	0.73	0.00	0.00
50~72	0.30	12.30	26.40	0.49	0.00	0.00
72~90	0.47	18.40	33.20	0.73	0.00	0.00
90~110	0.81	48.90	62.50	1.58	5.84	1.79

5) 总体评价

土体深厚，耕作层质地偏黏，耕性较差，砾石较多，通透性好，等高种植水土流失较轻。中性土壤，有机质缺乏，肥力较低，富钾，缺磷、铜，锌含量中等，钙、镁严重缺乏。

第十三章　雪峰山区烤烟典型区域生态条件

　　雪峰山区属于云贵高原东部延伸区，该烤烟种植区位于北纬 26°15′~27°10′，东经 108°55′~110°59′，地处武陵山系南麓，云贵高原东部余脉延伸地带，北受武陵山系影响，西受云贵高原天雷山脉控制，地势由北、西向东南倾斜，中间形成凹陷的山间盆地，东部连接湖南西部的丘陵地区。该区域西部连接贵州东南部的黔东南自治州，东部连接湖南西部的怀化市。该区域比较典型烤烟产区包括贵州省黔东南自治州的天柱县、湖南省怀化市的靖州市、芷江县，邵阳市的邵阳县、隆回县、新宁县等 6 个县(市)。该区域烤烟种植面积较大，气候特征不够明显，烟叶兼有传统浓香型和中间香型的风格特征，随着烤烟风格特色的深入研究，有望成为中式卷烟配伍性良好、风格独特的主要原料生产区域。

第一节　贵州天柱生态条件

一、地理位置

　　天柱县位于北纬 26°42′~27°10′、东经 108°55′~109°36′，地处贵州省东部，黔东湘西结合处，清水江下游。天柱县隶属贵州省黔东南苗族侗族自治州，以城北柱石山"石柱擎天"得名，现辖凤城镇、邦洞镇、坪地镇、兰田镇、瓮洞镇、高酿镇、石洞镇、远口镇、坌处镇、白市镇、社学乡、渡马乡、注溪乡、地湖乡、竹林乡、江东乡。面积 2201 km²，其中耕地面积 22 186.7 hm²(图 13-1-1)。

二、自然条件

1. 地形地貌

　　天柱县地处云贵高原东部向湘西丘陵过渡的斜坡地带，地形复杂，地形以中低山丘陵为主，山地丘陵占天柱县总面积的 97 %。海拔多在 300~700 m(图 13-1-2)。地势西高东低，由西北和西南向东北倾斜，境内山脉大多呈东西走向；主要山脉北有分水

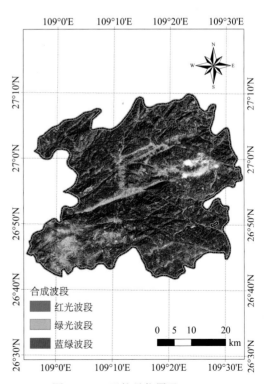

图 13-1-1　天柱县位置及 Landsat
假彩色合成影像图

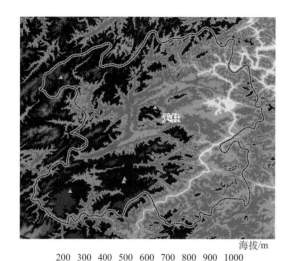

海拔/m

200 300 400 500 600 700 800 900 1000

图 13-1-2　天柱县海拔示意图

岭山脉,中有金凤山山脉,雄居县境中部,为湘黔界山;南有黄哨山脉,山峦起伏,峡谷,盆地相错其间,形成"山丘抱盆,盆中含丘"的独特地貌景观。

2. 气候条件

天柱县地处亚热带季风气候区,冬无严寒,夏无酷暑,降水丰沛,属典型的中亚热带季风性暖湿气候。年均气温 13.3~17.0℃,平均 15.5℃,1 月最冷,月平均气温 3.9℃,7 月最热,月平均气温 25.8℃;区域分布表现中西部气温较低,中东部气温较高。年均降水总量 1216~1325 mm,平均 1262 mm 左右,4~8 月降雨均在 100 mm 以上,其中 6 月降雨在 200 mm 以上,其他月降雨低于 100 mm;降雨分布趋势是由西北向东南递增。年均日照时数 1229~1312 h,平均 1268 h,5~9 月日照在 100 h 以上,1 月、2 月低于 50 h;区域分布总的趋势是由西北向东南递增(图 13-1-3)。年均无霜期 281 d。

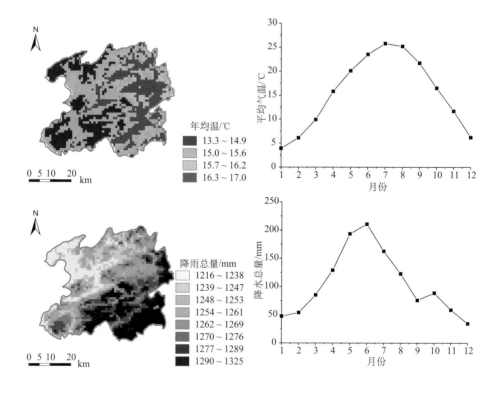

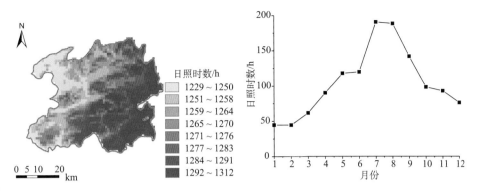

图 13-1-3 天柱县 1980~2013 年平均温度、降水总量、日照时数时空动态变化示意图

三、片区与代表性烟田

1. 石洞镇屯雷村片区

1）基本信息

代表性地块（TZ-01）：北纬 26°46′45.956″，东经 109°1′12.058″，海拔 823 m（图 13-1-4），中山坡地中下部，成土母质为灰岩风化坡积物，烤烟-玉米不定期轮作，中坡旱地，土壤亚类为普通铝质潮湿雏形土。

2）气候条件

烤烟大田生长期间（4~8 月），平均气温 20.6℃，降水量 832 mm，日照时数 688 h（图 13-1-5）。

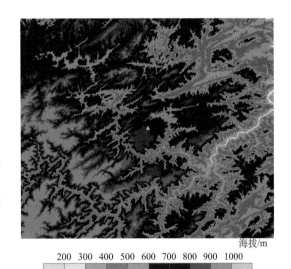

图 13-1-4 片区海拔示意图

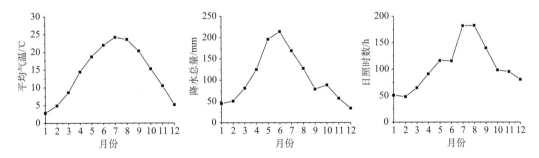

图 13-1-5 片区平均气温、降水总量、日照时数动态变化示意图

3）剖面形态（图 13-1-6（右））

Ap：0~25 cm，棕灰色（10YR 5/1，润），浊黄橙色（10YR 7/2，干），20%左右岩石碎屑，粉质黏壤土，发育强的 1~2 mm 粒状结构，松散，2~3 个蚯蚓穴，pH 4.1，清晰波状过渡。

Bw1：25~55 cm，灰黄棕色(10YR 4/2，润)，浊黄橙色(10YR 6/4，干)，20%左右岩石碎屑，粉质黏壤土，发育强的 10~20 mm 块状结构，稍硬，2~3 个蚯蚓穴，pH 4.0，渐变波状过渡。

Bw2：55~80 cm，黑棕色(10YR 3/1，润)，灰黄棕色(10YR 5/2，干)，20%左右岩石碎屑，粉质黏壤土，发育中等的 20~50 mm 棱块状结构，坚硬，2~3 个蚯蚓穴，pH 4.0，渐变波状过渡。

Ab：80~100 cm，黑棕色(10YR 3/1，润)，棕灰色(10YR 5/1，干)，10%左右岩石碎屑，粉质黏壤土，发育强的 10~20 mm 块状结构，坚硬，pH 4.0，渐变波状过渡。

Bw3：100~110 cm，灰棕色(10YR 4/2，润)，淡棕灰色(10YR 7/2，干)，10%左右岩石碎屑，粉质黏壤土，发育中等的 20~50 mm 棱块状结构，坚硬，pH 4.0。

图 13-1-6　代表性地块景观(左)和土壤剖面(右)

4) 土壤养分

片区土壤呈强酸性，土体 pH 3.97~4.06，有机质 22.40~30.20 g/kg，全氮 1.16~1.68 g/kg，全磷 0.96~1.21 g/kg，全钾 6.40~12.10 g/kg，碱解氮 122.15~185.78 mg/kg，有效磷 2.80~26.00 mg/kg，速效钾 48.90~354.67 mg/kg，氯离子 9.19~20.60 mg/kg，交换性 Ca^{2+} 0.09~0.76 cmol/kg，交换性 Mg^{2+} 0~0.37 cmol/kg。

腐殖酸与腐殖质组成中，腐殖酸碳量 7.64~10.91 g/kg，腐殖质全碳量 12.99~17.51 g/kg，胡敏酸碳量 0.66~2.48 g/kg，胡敏素碳量 4.45~6.60 g/kg，富啡酸碳量 6.98~8.43 g/kg，胡富比 0.09~0.29。

微量元素中，有效铜 0.77~0.93 mg/kg，有效铁 68.43~108.50 mg/kg，有效锰 16.57~53.70 mg/kg，有效锌 0.62~4.57 mg/kg(表 13-1-1~表 13-1-3)。

表 13-1-1　片区代表性烟田土壤养分状况

土层 /cm	pH	有机质 /(g/kg)	全氮 /(g/kg)	全磷 /(g/kg)	全钾 /(g/kg)	碱解氮 /(mg/kg)	有效磷 /(mg/kg)	速效钾 /(mg/kg)	氯离子 /(mg/kg)
0~25	4.06	30.20	1.68	0.96	12.10	185.78	26.00	354.67	20.60
25~55	3.97	22.50	1.34	1.12	7.20	150.48	5.50	143.27	14.80
55~80	3.99	22.40	1.30	1.21	8.00	129.12	4.70	65.89	10.70
80~100	4.04	22.40	1.16	1.08	6.40	122.15	2.80	48.90	9.19

表 13-1-2　片区代表性烟田土壤腐植酸与腐殖质组成

土层 /cm	腐殖酸碳量 /(g/kg)	腐殖质全碳量 /(g/kg)	胡敏酸碳量 /(g/kg)	胡敏素碳量 /(g/kg)	富啡酸碳量 /(g/kg)	胡富比
0~25	10.91	17.51	2.48	6.60	8.43	0.29
25~55	7.64	13.05	0.66	5.41	6.98	0.09
55~80	8.54	12.99	0.86	4.45	7.69	0.11
80~100	8.11	12.99	0.94	4.89	7.17	0.13

表 13-1-3　片区代表性烟田土壤中微量元素状况

土层 /cm	有效铜 /(mg/kg)	有效铁 /(mg/kg)	有效锰 /(mg/kg)	有效锌 /(mg/kg)	交换性 Ca^{2+}/(cmol/kg)	交换性 Mg^{2+}/(cmol/kg)
0~25	0.93	99.35	53.70	4.57	0.76	0.37
25~55	0.86	68.43	29.00	2.04	0.50	0.04
55~80	0.77	81.90	22.68	1.03	0.45	0.07
80~100	0.90	108.50	16.57	0.62	0.09	0.00

5) 总体评价

土体较薄，耕作层质地偏黏，耕性较差，砾石较多，通透性好，中等水土流失。强酸性土壤，有机质含量较丰富，肥力偏高，磷、钾丰富，铜含量中等，铁、锰、锌丰富，钙、镁缺乏。

2. 高酿镇地坝村 3 组(邦寨村)片区

1) 基本信息

代表性地块 (TZ-02)：北纬 26°48′36.784″，东经 109°10′14.822″，海拔 770 m (图 13-1-7)，低山坡地上部，成土母质为泥质岩风化坡积物，烤烟-玉米不定期轮作，中坡旱地，土壤亚类为石质铝质潮湿雏形土。

海拔/m

200　300　400　500　600　700　800　900　1000

图 13-1-7　片区海拔示意图

2) 气候条件

烤烟大田生长期间(4~8 月)，平均气温 20.9℃，降水量 836 mm，日照时数 698 h

（图 13-1-8）。

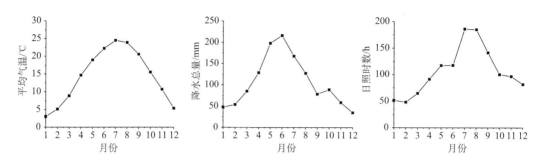

图 13-1-8 片区平均气温、降水总量、日照时数动态变化示意图

3）剖面形态（图 13-1-9（右））

Ap：0~20 cm，灰棕色（7.5YR 5/2，润），浊橙色（7.5YR 7/4，干），30%左右岩石碎屑，粉质黏壤土，发育强的 1~2 mm 粒状结构，松散，2~3 个蚯蚓穴，pH 4.3，清晰波状过渡。

Bw：20~30 cm，棕色（7.5YR 4/4，润），橙色（7.5YR 6/6，干），40%左右岩石碎屑，粉质黏壤土，发育中等的 10~20 mm 块状结构，稍硬，2~3 个蚯蚓穴，pH 3.9，渐变波状过渡。

R：30 cm~，泥质岩。

图 13-1-9 代表性地块景观（左）和土壤剖面（右）

4）土壤养分

片区土壤呈强酸性，土体 pH 3.87~4.28，有机质 36.00~41.60 g/kg，全氮 1.45~1.96 g/kg，全磷 1.09~1.24 g/kg，全钾 15.50~24.60 g/kg，碱解氮 117.51~188.57 mg/kg，有效磷

1.80~90.60 mg/kg,速效钾 286.72~478.31 mg/kg,氯离子 9.68~16.50 mg/kg,交换性 Ca^{2+} 0.62~3.28 cmol/kg,交换性 Mg^{2+} 0.04~0.77 cmol/kg。

腐殖酸与腐殖质组成中,腐殖酸碳量 8.09~12.55 g/kg,腐殖质全碳量 20.88~24.11 g/kg,胡敏酸碳量 0.83~3.29 g/kg,胡敏素碳量 11.56~12.79 g/kg,富啡酸碳量 7.26~9.26 g/kg,胡富比 0.12~0.36。

微量元素中,有效铜 0.57~1.03 mg/kg,有效铁含量 127.00~198.58 mg/kg,有效锰含量 8.95~34.83 mg/kg,有效锌含量 2.23~4.82 mg/kg(表 13-1-4~表 13-1-6)。

表 13-1-4 片区代表性烟田土壤养分状况

土层/cm	pH	有机质/(g/kg)	全氮/(g/kg)	全磷/(g/kg)	全钾/(g/kg)	碱解氮/(mg/kg)	有效磷/(mg/kg)	速效钾/(mg/kg)	氯离子/(mg/kg)
0~20	4.28	41.60	1.96	1.24	24.60	188.57	90.60	478.31	16.50
20~30	3.87	36.00	1.45	1.09	15.50	117.51	1.80	286.72	9.68

表 13-1-5 片区代表性烟田土壤腐殖酸与腐殖质组成

土层/cm	腐殖酸碳量/(g/kg)	腐殖质全碳量/(g/kg)	胡敏酸碳量/(g/kg)	胡敏素碳量/(g/kg)	富啡酸碳量/(g/kg)	胡富比
0~20	12.55	24.11	3.29	11.56	9.26	0.36
20~30	8.09	20.88	0.83	12.79	7.26	0.12

表 13-1-6 片区代表性烟田土壤中微量元素状况

土层/cm	有效铜/(mg/kg)	有效铁/(mg/kg)	有效锰/(mg/kg)	有效锌/(mg/kg)	交换性 Ca^{2+}/(cmol/kg)	交换性 Mg^{2+}/(cmol/kg)
0~20	1.03	198.58	34.83	4.82	3.28	0.77
20~30	0.57	127.00	8.95	2.23	0.62	0.04

5)总体评价

土体薄,耕作层质地偏黏,耕性较差,砾石较多,通透性较好,中度水土流失。强酸性土壤,有机质含量丰富,肥力偏高,磷、钾丰富,铜、铁、锰、锌、钙丰富,镁含量中等水平。

3. 高酿镇地坝村 2 组片区

1)基本信息

代表性地块(TZ-03):北纬 26°48′13.013″,东经 109°10′6.194″,海拔 757 m(图 13-1-10),低山坡地中上部,成土母质为泥质岩风化坡积物,烤烟-玉米不定期轮作,中坡旱地,土壤亚类为黏化富铝潮湿雏形土。

海拔/m

200 300 400 500 600 700 800 900 1000

图 13-1-10 片区海拔示意图

2）气候条件

烤烟大田生长期间（4~8 月），平均气温 20.9℃，降水量 836 mm，日照时数 698 h（图 13-1-11）。

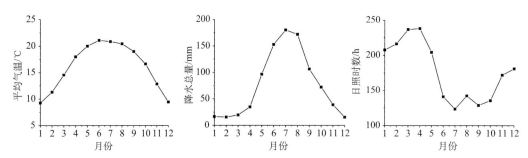

图 13-1-11　片区平均气温、降水总量、日照时数动态变化示意图

3）剖面形态（图 13-1-12（右））

Ap：0~35 cm，红黑色（2.5YR 2/1，润），灰红色（2.5YR 4/2，干），20%左右岩石碎屑，粉质黏壤土，发育强的 1~2 mm 粒状结构，松散，2~3 个蚯蚓穴，pH 4.3，清晰波状过渡。

Bw：35~55 cm，极暗红棕色（2.5YR 3/6，润），亮红棕色（2.5YR 5/8，干），20%左右岩石碎屑，粉质黏壤土，发育中等的 20~50 mm 棱块状结构，稍硬，2~3 个蚯蚓穴，pH 4.0，渐变波状过渡。

R：55 cm~，泥质岩。

图 13-1-12　代表性地块景观（左）和土壤剖面（右）

4）土壤养分

片区土壤呈强酸性，土体 pH 4.00~4.30，有机质 17.70~35.30 g/kg，全氮 0.58~1.83 g/kg，

全磷 0.96~1.07 g/kg，全钾 13.50~20.90 g/kg，碱解氮 35.76~157.45 mg/kg，有效磷 10.20~119.00 mg/kg，速效钾 149.88~402.80 mg/kg，氯离子 10.70~12.70 mg/kg，交换性 Ca^{2+} 0.02~1.45 cmol/kg，交换性 Mg^{2+} 0.11~0.31 cmol/kg。

腐殖酸与腐殖质组成中，腐殖酸碳量 2.79~12.72 g/kg，腐殖质全碳量 10.27~20.48 g/kg，胡敏酸碳量 0.19~4.06 g/kg，胡敏素碳量 7.48~7.76 g/kg，富啡酸碳量 2.61~8.66 g/kg，胡富比 0.07~0.47。

微量元素中，有效铜 0.11~0.64 mg/kg，有效铁 17.33~100.30 mg/kg，有效锰 2.94~28.33 mg/kg，有效锌 0.22~2.90 mg/kg（表 13-1-7~表 13-1-9）。

表 13-1-7　片区代表性烟田土壤养分状况

土层 /cm	pH	有机质 /(g/kg)	全氮 /(g/kg)	全磷 /(g/kg)	全钾 /(g/kg)	碱解氮 /(mg/kg)	有效磷 /(mg/kg)	速效钾 /(mg/kg)	氯离子 /(mg/kg)
0~35	4.30	35.30	1.83	1.07	13.50	157.45	119.0	402.80	10.70
35~55	4.00	17.70	0.58	0.96	20.90	35.76	10.20	149.88	12.70

表 13-1-8　片区代表性烟田土壤腐殖酸与腐殖质组成

土层 /cm	腐殖酸碳量 /(g/kg)	腐殖质全碳量 /(g/kg)	胡敏酸碳量 /(g/kg)	胡敏素碳量 /(g/kg)	富啡酸碳量 /(g/kg)	胡富比
0~35	12.72	20.48	4.06	7.76	8.66	0.47
35~55	2.79	10.27	0.19	7.48	2.61	0.07

表 13-1-9　片区代表性烟田土壤中微量元素状况

土层 /cm	有效铜 /(mg/kg)	有效铁 /(mg/kg)	有效锰 /(mg/kg)	有效锌 /(mg/kg)	交换性 Ca^{2+}/(cmol/kg)	交换性 Mg^{2+}/(cmol/kg)
0~35	0.64	100.30	28.33	2.90	1.45	0.31
35~55	0.11	17.33	2.94	0.22	0.02	0.11

5）总体评价

土体薄，耕作层质地偏黏，耕性较差，砾石较多，通透性较好，中等水土流失。强酸性土壤，有机质含量丰富，肥力偏高，磷、钾极为丰富，铜含量中等水平，铁、锰、锌、钙丰富，镁含量缺乏。

4. 社学乡长团村(平甫村)11 组片区

1）基本信息

代表性地块(TZ-04)：北纬 26°58′43.843″，东经 109°15′6.140″，海拔 670 m(图 13-1-13)，低山坡地中部，成土母质为灰岩/白云岩风化坡积物，烤烟-玉米不定期轮作，中坡旱地，土壤亚类为黏化富铝常湿富铁土。

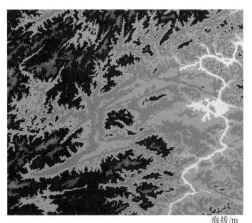

海拔/m

200　300　400　500　600　700　800　900　1000

图 13-1-13　片区海拔示意图

2)气候条件

烤烟大田生长期间(4~8 月)，平均气温 21.3℃，降水量 823 mm，日照时数 704 h(图 13-1-14)。

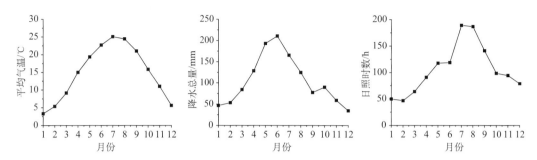

图 13-1-14　片区平均气温、降水总量、日照时数动态变化示意图

3)剖面形态(图 13-1-15(右))

Ap：0~55 cm，暗红灰色(2.5YR 3/1，润)，浊红棕色(2.5YR 5/3，干)，20%左右岩石碎屑，粉质黏壤土，发育强的 1~2 mm 粒状结构，松散，2~3 个蚯蚓穴，pH 5.1，渐变波状过渡。

AB：55~76 cm，暗红灰色(2.5YR 3/1，润)，浊红棕色(2.5YR 5/3，干)，10%左右岩石碎屑，粉质黏壤土，发育强的 20~50 mm 棱块状结构，坚硬，2~3 个蚯蚓穴，pH 4.7，清晰平滑过渡。

Bt：76~120 cm，暗红棕色(2.5YR 3/4，润)，亮红棕色(2.5YR 5/6，干)，10%左右岩石碎屑，粉质黏土，发育中等的 20~50 mm 棱块状结构，坚硬，pH 4.7。

图 13-1-15　代表性地块景观(左)和土壤剖面(右)

2. 气候条件

靖州县属亚热带季风湿润区，气候温和，热量丰富，生长季节长。年均气温13.3~17.0℃，平均15.2℃，1月最冷，月平均气温4.3℃，7月最热，月平均气温25.8℃；区域分布表现中部、北部气温较高，西部、东部气温较低。年均降水总量1216~1325 mm，平均1271 mm左右，5月、6月降雨较多，在200 mm以上，3月、4月、7月、8月降雨在100 mm以上，其他月降雨较少；区域分布趋势是由西北向东南递增。年均日照时数1229~1312 h，平均1271 h，5~11月日照在100 h以上，其他月份低于100 h；区域分布总的趋势是由西北向南和东递增(图13-2-3)。年均无霜期290 d。

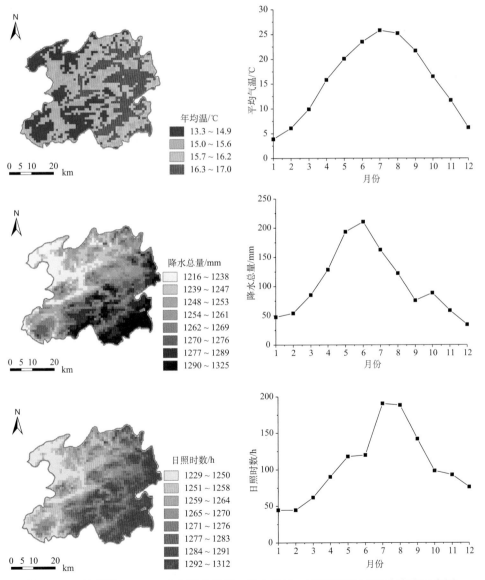

图 13-2-3　靖州县 1980~2013 年平均温度、降水总量、日照时数时空动态变化示意图

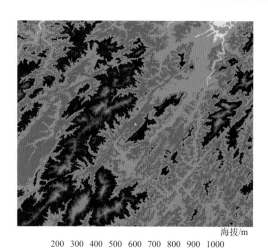

海拔/m

200 300 400 500 600 700 800 900 1000

图 13-2-4　片区海拔示意图

三、片区与代表性烟田

1. 藕团乡团山村 4 组片区

1) 基本信息

代表性地块 (JZ-01)：北纬 26°27′38.650″，东经 109°29′15.626″，海拔 431 m (图 13-2-4)，石灰岩/白云岩丘陵区河流冲积平原一级阶地，成土母质为洪积-冲积物，烤烟-晚稻轮作，水田，土壤亚类为漂白铁聚水耕人为土。

2) 气候条件

烤烟大田生长期间 (3~7 月)，平均气温 19.9℃，降水量 856 mm，日照时数 588 h (图 13-2-5)。

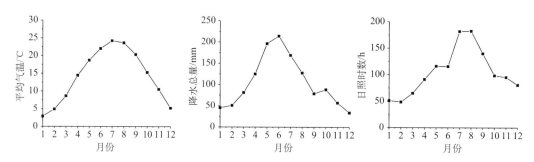

图 13-2-5　片区平均气温、降水总量、日照时数动态变化示意图

3) 剖面形态 (图 13-2-6 (右))

Ap1：0~30 cm，棕灰色 (7.5YR 5/1，润)，淡棕灰色 (7.5YR 7/1，干)，粉质黏壤土，发育强的 1~2 mm 粒状结构，松散，pH 5.4，渐变波状过渡。

Ap2：30~40 cm，棕灰色 (7.5YR 5/1，润)，淡棕灰色 (7.5YR 7/1，干)，粉质黏壤土，发育强的 10~20 mm 块状结构，坚实，结构面上 2%左右铁锰斑纹，pH 6.6，清晰波状过渡。

E：40~60 cm，棕灰色 (7.5YR 5/1，润)，淡棕灰色 (7.5YR 7/1，干)，粉质黏壤土，发育强的 20~50 mm 块状结构，坚实，结构面上 2%左右铁锰斑纹，2%左右灰色胶膜，5%左右软小铁锰结核，pH 6.5，清晰波状过渡。

Br：60~100 cm，浊棕色 (7.5YR 5/4，润)，橙色 (7.5YR 7/6，干)，30%左右岩石碎屑，粉质黏壤土，发育中等的 20~50 mm 块状结构，坚实，结构面上 15%左右铁锰斑纹，pH 6.4。

4) 土壤养分

片区土壤呈酸性，土体 pH 5.38~6.61，有机质 2.90~30.8 g/kg，全氮 0.44~2.08 g/kg，

图 13-2-6　代表性地块景观(左)和土壤剖面(右)

全磷 0.26~0.37 g/kg，全钾 11.90~13.30 g/kg，碱解氮 25.78~160.47 mg/kg，有效磷 2.05~10.20 mg/kg，速效钾 51.73~196.70 mg/kg，氯离子 6.62~6.64 mg/kg，交换性 Ca^{2+} 11.49~15.28 cmol/kg，交换性 Mg^{2+} 0.28~0.58 cmol/kg。

腐殖酸与腐殖质组成中，腐殖酸碳量 0.65~11.20 g/kg，腐殖质全碳量 1.66~17.87 g/kg，胡敏酸碳量 0.04~4.32 g/kg，胡敏素碳量 1.01~6.67 g/kg，富啡酸碳量 0.61~6.88 g/kg，胡富比 0.07~0.63。

微量元素中，有效铜 0.88~5.03 mg/kg，有效铁 24.45~413.85 mg/kg，有效锰 20.85~41.58 mg/kg，有效锌 1.30~3.76 mg/kg（表 13-2-1~表 13-2-3）。

表 13-2-1　片区代表性烟田土壤养分状况

土层 /cm	pH	有机质 /(g/kg)	全氮 /(g/kg)	全磷 /(g/kg)	全钾 /(g/kg)	碱解氮 /(mg/kg)	有效磷 /(mg/kg)	速效钾 /(mg/kg)	氯离子 /(mg/kg)
0~30	5.38	30.80	2.08	0.37	11.90	160.47	10.20	196.70	6.64
30~40	6.61	20.40	1.42	0.26	12.20	100.32	2.80	79.80	6.63
40~60	6.54	11.30	0.84	0.30	13.30	53.64	2.05	51.73	6.62
60~100	6.41	2.90	0.44	0.28	12.50	25.78	2.35	53.19	6.63

表 13-2-2　片区代表性烟田土壤腐殖酸与腐殖质组成

土层 /cm	腐殖酸碳量 /(g/kg)	腐殖质全碳量 /(g/kg)	胡敏酸碳量 /(g/kg)	胡敏素碳量 /(g/kg)	富啡酸碳量 /(g/kg)	胡富比
0~30	11.20	17.87	4.32	6.67	6.88	0.63
30~40	7.41	11.81	2.72	4.40	4.69	0.58
40~60	4.05	6.57	1.14	2.51	2.92	0.39
60~100	0.65	1.66	0.04	1.01	0.61	0.07

表 13-2-3 片区代表性烟田土壤中微量元素状况

土层 /cm	有效铜 /(mg/kg)	有效铁 /(mg/kg)	有效锰 /(mg/kg)	有效锌 /(mg/kg)	交换性 Ca^{2+} /(cmol/kg)	交换性 Mg^{2+} /(cmol/kg)
0~30	5.03	413.85	20.85	3.76	11.49	0.42
30~40	3.55	137.49	41.58	1.58	15.28	0.58
40~60	2.16	24.45	40.69	1.47	13.10	0.42
60~100	0.88	51.87	22.06	1.30	12.03	0.28

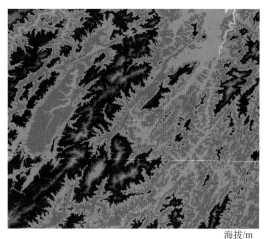

海拔/m

200 300 400 500 600 700 800 900 1000

图 13-2-7 片区海拔示意图

5)总体评价

土体较厚,耕作层质地偏黏,耕性和通透性较差。酸性土壤,有机质含量丰富,肥力偏高,铜、铁、锰、锌、钙丰富,镁含量中等水平。

2. 新厂镇炮团村1组片区

1)基本信息

代表性地块(JZ-02):北纬 26°23′28.393″,东经109°26′32.260″,海拔 385 m(图13-2-7),石灰岩/白云岩丘陵区沟谷地,成土母质为洪积-冲积物,烤烟-晚稻轮作,水田,土壤亚类为漂白铁聚水耕人为土。

2)气候条件

烤烟大田生长期间(3~7月),平均气温 20.2℃,降水量 861 mm,日照时数 584 h(图 13-2-8)。

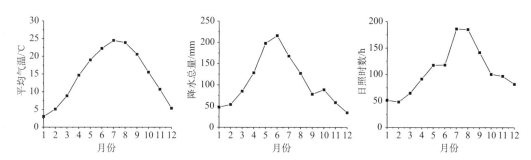

图 13-2-8 片区平均气温、降水总量、日照时数动态变化示意图

3)剖面形态(图 13-2-9(右))

Ap1:0~30 cm,棕灰色(7.5YR 5/1,润),淡棕灰色(7.5YR 7/1,干),粉壤土,发育强的 1~2 mm 粒状结构,松散,pH 4.6,渐变波状过渡。

Ap2:30~40 cm,棕灰色(7.5YR 5/1,润),淡棕灰色(7.5YR 7/1,干),粉壤土,发育

强的 10~20 mm 块状结构，坚实，结构面上 5%左右铁锰斑纹，pH 5.1，渐变波状过渡。

E：40~60 cm，棕灰色(7.5YR 5/1，润)，淡棕灰色(7.5YR 7/1，干)，粉壤土，发育强的 20~50 mm 块状结构，坚实，结构面上 5%左右铁锰斑纹，2%左右软小铁锰结核，pH 5.9，清晰波状过渡。

Br1：60~80 cm，浊棕色(7.5YR 5/4，润)，橙色(7.5YR 7/6，干)，粉壤土，发育强的 20~50 mm 块状结构，坚实，结构面上 30%左右铁锰斑纹，10%左右软小铁锰结核，pH 6.4，渐变波状过渡。

Br2：80~120 cm，浊棕色(7.5YR 5/4，润)，橙色(7.5YR 7/6，干)，粉壤土，发育强的 20~50 mm 块状结构，坚实，结构面上 15%左右铁锰斑纹，2%左右软小铁锰结核，pH 6.5。

图 13-2-9　代表性地块景观(左)和土壤剖面(右)

4)土壤养分

片区土壤呈酸性，土体 pH 4.62~6.52，有机质 3.30~32.90 g/kg，全氮 0.66~2.24 g/kg，全磷 0.29~0.59 g/kg，全钾 19.50~25.60 g/kg，碱解氮 24.15~180.21 mg/kg，有效磷 2.75~26.55 mg/kg，速效钾 24.77~302.19 mg/kg，氯离子 6.63~17.75 mg/kg，交换性 Ca^{2+} 2.50~10.79 cmol/kg，交换性 Mg^{2+} 0.19~0.93 cmol/kg。

腐殖酸与腐殖质组成中，腐殖酸碳量 0.87~12.50 g/kg，腐殖质全碳量 1.92~19.11 g/kg，胡敏酸碳量 0.20~5.14 g/kg，胡敏素碳量 0.92~6.61 g/kg，富啡酸碳量 0.47~7.36 g/kg，胡富比 0.16~0.83。

微量元素中，有效铜 0.57~6.86 mg/kg，有效铁 46.73~347.58 mg/kg，有效锰 9.49~105.12 mg/kg，有效锌 1.24~5.21 mg/kg(表 13-2-4~表 13-2-6)。

表13-2-4 片区代表性烟田土壤养分状况

土层 /cm	pH	有机质 /(g/kg)	全氮 /(g/kg)	全磷 /(g/kg)	全钾 /(g/kg)	碱解氮 /(mg/kg)	有效磷 /(mg/kg)	速效钾 /(mg/kg)	氯离子 /(mg/kg)
0~30	4.62	32.90	2.24	0.43	19.50	180.21	26.55	302.19	6.67
30~40	5.06	16.60	1.18	0.29	20.50	91.03	2.75	53.19	6.63
40~60	5.90	10.90	0.90	0.36	23.30	57.13	3.28	28.02	6.65
60~80	6.35	4.10	0.67	0.59	25.60	32.05	12.60	26.58	16.88
80~120	6.52	3.30	0.66	0.56	24.20	24.15	20.33	24.77	17.75

表13-2-5   片区代表性烟田土壤腐殖酸与腐殖质组成

土层 /cm	腐殖酸碳量 /(g/kg)	腐殖质全碳量 /(g/kg)	胡敏酸碳量 /(g/kg)	胡敏素碳量 /(g/kg)	富啡酸碳量 /(g/kg)	胡富比
0~30	12.50	19.11	5.14	6.61	7.36	0.70
30~40	6.51	9.66	2.43	3.15	4.07	0.60
40~60	4.27	6.31	1.56	2.04	2.70	0.58
60~80	1.45	2.37	0.20	0.92	1.25	0.16
80~120	0.87	1.92	0.39	1.06	0.47	0.83

表13-2-6   片区代表性烟田土壤中微量元素状况

土层 /cm	有效铜 /(mg/kg)	有效铁 /(mg/kg)	有效锰 /(mg/kg)	有效锌 /(mg/kg)	交换性 Ca^{2+} /(cmol/kg)	交换性 Mg^{2+} /(cmol/kg)
0~30	6.86	347.58	9.49	5.21	2.50	0.66
30~40	4.43	160.24	51.81	2.21	10.79	0.19
40~60	2.62	46.73	74.76	1.76	5.94	0.93
60~80	1.21	72.52	105.12	1.92	5.43	0.83
80~120	0.57	107.80	45.58	1.24	3.71	0.66

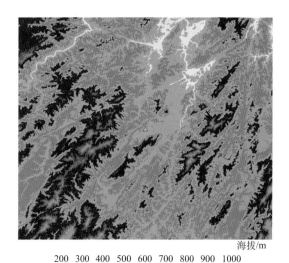

海拔/m

200 300 400 500 600 700 800 900 1000

图13-2-10   片区海拔示意图

5）总体评价

土体深厚，耕作层质地适中，耕性和通透性好。酸性土壤，有机质含量丰富，肥力偏高，磷、钾丰富，铜、铁、锰、锌、钙丰富，镁含量中等水平。

3. 铺口乡集中村片区

1）基本信息

代表性地块（JZ-03）：北纬26°33′19.186″，东经 109°34′50.163″，海拔 337 m（图 13-2-10），石灰岩/白云岩丘陵区沟谷地，成土母质为洪积-冲积物，烤烟-晚稻轮作，水田，土壤亚类为漂白铁聚水耕人为土。

2) 气候条件

烤烟大田生长期间(3~7月)，平均气温 20.2℃，降水量 843 mm，日照时数 594 h(图 13-2-11)。

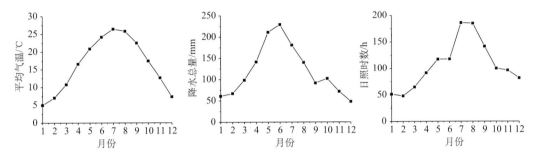

图 13-2-11 片区平均气温、降水总量、日照时数动态变化示意图

3) 剖面形态(图 13-2-12(右))

Ap1：0~30 cm，棕灰色(7.5YR 5/1，润)，淡棕灰色(7.5YR 7/1，干)，粉壤土，发育强的 1~2 mm 粒状结构，松散，pH 4.6，清晰平滑过渡。

Ap2：30~40 cm，棕灰色(7.5YR 5/1，润)，淡棕灰色(7.5YR 7/1，干)，5%左右岩石碎屑，粉壤土，发育强的 10~20 mm 块状结构，坚实，结构面上 5%左右铁锰斑纹，pH 5.1，清晰平滑过渡。

E：40~70 cm，棕灰色(7.5YR 5/1，润)，淡棕灰色(7.5YR 7/1，干)，5%左右岩石碎屑，粉壤土，发育强的 20~50 mm 块状结构，坚实，结构面上 10%左右铁锰斑纹，5%左右灰色胶膜，2%左右软小铁锰结核，pH 5.5，清晰波状过渡。

图 13-2-12 代表性地块景观(左)和土壤剖面(右)

Bmr1：70~90 cm，暗棕色(7.5YR 3/4，润)，棕色(7.5YR 4/5，干)，15%左右岩石碎屑，粉壤土，发育强的 20~50 mm 块状结构，坚实，结构面上 40%左右铁锰斑纹，20%左右铁锰胶膜，30%左右软中铁锰结核，pH 5.6，渐变波状过渡。

Bmr2：90~120 cm，暗棕色(7.5YR 3/4，润)，棕色(7.5YR 4/5，干)，15%左右岩石碎屑，粉壤土，发育强的 20~50 mm 块状结构，坚实，结构面上 40%左右铁锰斑纹，20%左右铁锰胶膜，30%左右软中铁锰结核，pH 6.4。

4) 土壤养分

片区土壤呈酸性，土体 pH 4.64~6.38，有机质 3.10~41.50 g/kg，全氮 0.44~2.64 g/kg，全磷 0.36~0.69 g/kg，全钾 15.80~18.00 g/kg，碱解氮 28.80~256.38 mg/kg，有效磷 5.25~61.40 mg/kg，速效钾 28.48~307.89 mg/kg，氯离子 6.62~15.00 mg/kg，交换性 Ca^{2+} 1.34~3.64 cmol/kg，交换性 Mg^{2+} 0.34~0.88 cmol/kg。

腐殖酸与腐殖质组成中，腐殖酸碳量 0.93~15.96 g/kg，腐殖质全碳量 1.77~24.07 g/kg，胡敏酸碳量 0.03~6.52 g/kg，胡敏素碳量 0.51~11.78 g/kg，富啡酸碳量 0.91~9.44 g/kg，胡富比 0.02~0.69。

微量元素中，有效铜 1.02~4.91 mg/kg，有效铁含量 33.35~155.69 mg/kg，有效锰 8.77~203.66 mg/kg，有效锌 1.33~8.02 mg/kg(表 13-2-7~表 13-2-9)。

表 13-2-7   片区代表性烟田土壤养分状况

土层/cm	pH	有机质/(g/kg)	全氮/(g/kg)	全磷/(g/kg)	全钾/(g/kg)	碱解氮/(mg/kg)	有效磷/(mg/kg)	速效钾/(mg/kg)	氯离子/(mg/kg)
0~30	4.64	41.50	2.64	0.69	15.80	256.38	61.40	307.89	15.00
30~40	5.08	28.70	0.88	0.42	15.90	78.96	11.08	35.92	6.62
40~70	5.49	7.00	0.54	0.41	16.40	40.41	5.85	28.48	6.62
70~90	5.56	3.30	0.47	0.36	18.00	29.72	5.25	34.18	6.64
90~120	6.38	3.10	0.44	0.37	17.90	28.80	7.93	39.08	6.66

表 13-2-8   片区代表性烟田土壤腐殖酸与腐殖质组成

土层/cm	腐殖酸碳量/(g/kg)	腐殖质全碳量/(g/kg)	胡敏酸碳量/(g/kg)	胡敏素碳量/(g/kg)	富啡酸碳量/(g/kg)	胡富比
0~30	15.96	24.07	6.52	8.11	9.44	0.69
30~40	4.87	16.65	1.36	11.78	3.51	0.39
40~70	2.64	4.05	0.65	1.41	1.99	0.33
70~90	1.41	1.92	0.03	0.51	1.38	0.02
90~120	0.93	1.77	0.03	0.84	0.91	0.03

表 13-2-9   片区代表性烟田土壤中微量元素状况

土层/cm	有效铜/(mg/kg)	有效铁/(mg/kg)	有效锰/(mg/kg)	有效锌/(mg/kg)	交换性 Ca^{2+}/(cmol/kg)	交换性 Mg^{2+}/(cmol/kg)
0~30	4.91	103.11	24.59	8.02	1.34	0.56
30~40	2.93	155.69	8.77	1.37	2.12	0.34
40~70	1.61	73.00	27.18	1.33	3.25	0.58
70~90	1.28	36.52	203.66	2.35	3.38	0.47
90~120	1.02	33.35	125.58	1.43	3.64	0.88

5）总体评价

土体深厚，耕作层质地适中，耕性和通透性好。酸性土壤，有机质含量丰富，肥力较高，磷、钾丰富，铜、铁、锰、锌、钙丰富，镁含量中等水平。

4. 铺口乡集中村片区

1）基本信息

代表性地块（JZ-04）：北纬26°37′13.606″，东经109°38′35.525″，海拔350 m（图13-2-13），石灰岩/白云岩丘陵区河流冲积平原一级阶地，成土母质为洪积-冲积物，烤烟-晚稻轮作，水田，土壤亚类为漂白铁聚水耕人为土。

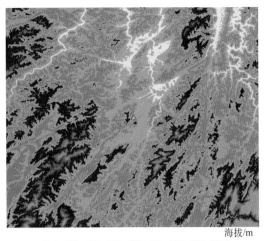

海拔/m

200 300 400 500 600 700 800 900 1000

图 13-2-13 片区海拔示意图

2）气候条件

烤烟大田生长期间（3~7月），平均气温19.9℃，降水量841 mm，日照时数599 h（图13-2-14）。

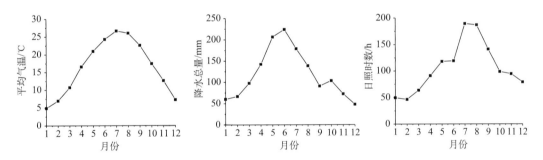

图 13-2-14 片区平均气温、降水总量、日照时数动态变化示意图

3）剖面形态（图13-2-15（右））

Ap1：0~30 cm，棕灰色（7.5YR 5/1，润），淡棕灰色（7.5YR 7/1，干），粉壤土，发育强的1~2 mm粒状结构，松散，pH 4.5，清晰平滑过渡。

Ap2：30~40 cm，棕灰色（7.5YR 5/1，润），淡棕灰色（7.5YR 7/1，干），粉壤土，发育强的10~20 mm块状结构，坚实，结构面上2%左右铁锰斑纹，pH 5.0，渐变波状过渡。

E：40~60 cm，棕灰色（7.5YR 5/1，润），淡棕灰色（7.5YR 7/1，干），粉壤土，发育强的20~50 mm块状结构，坚实，结构面上10%左右铁锰斑纹，5%左右灰色胶膜，1%左右软小铁锰结核，pH 5.4，渐变波状过渡。

Br1：60~77 cm，亮棕色（7.5YR 5/6，润），黄橙色（7.5YR 7/8，干），粉壤土，发育强的20~50 mm块状结构，坚实，结构面上20%左右铁锰斑纹，5%左右灰色胶膜，2%左右软小铁锰结核，pH 6.2，渐变波状过渡。

Bmr：77~110 cm，浊棕色(7.5YR 5/4，润)，橙色(7.5YR 7/6，干)，粉壤土，发育强的20~50 mm块状结构，坚实，结构面上40%左右铁锰斑纹，15%左右铁锰胶膜，15%左右软小铁锰结核，pH 6.4。

图13-2-15　代表性地块景观(左)和土壤剖面(右)

4) 土壤养分

片区土壤呈酸性，土体 pH 4.50~6.41，有机质 1.70~29.00 g/kg，全氮 0.47~2.02 g/kg，全磷 0.15~0.41 g/kg，全钾 19.20~22.40 g/kg，碱解氮 16.26~183.92 mg/kg，有效磷 1.93~61.90 mg/kg，速效钾 24.77~297.44 mg/kg，氯离子 6.61~6.64 mg/kg，交换性 Ca^{2+} 1.09~2.10 cmol/kg，交换性 Mg^{2+} 0.41~1.19 cmol/kg。

腐殖酸与腐殖质组成中，腐殖酸碳量 0.58~11.44 g/kg，腐殖质全碳量 1.01~16.84 g/kg，胡敏酸碳量 0.01~4.75 g/kg，胡敏素碳量 0.43~5.45 g/kg，富啡酸碳量 0.57~6.69 g/kg，胡富比 0.01~0.71。

微量元素中，有效铜 0.63~4.04 mg/kg，有效铁 25.00~146.59 mg/kg，有效锰 8.42~143.36 mg/kg，有效锌 1.02~5.52 mg/kg(表 13-2-10~表 13-2-12)。

表13-2-10　片区代表性烟田土壤养分状况

土层 /cm	pH	有机质 /(g/kg)	全氮 /(g/kg)	全磷 /(g/kg)	全钾 /(g/kg)	碱解氮 /(mg/kg)	有效磷 /(mg/kg)	速效钾 /(mg/kg)	氯离子 /(mg/kg)
0~30	4.50	29.00	2.02	0.41	21.40	183.92	61.90	297.44	6.63
30~40	4.98	24.20	1.66	0.25	19.20	144.44	15.70	78.85	6.62
40~60	5.40	8.00	0.70	0.15	20.0	44.59	1.93	24.77	6.61
60~77	6.18	3.20	0.52	0.26	22.40	21.83	3.40	29.99	6.62
77~110	6.41	1.70	0.47	0.25	21.50	16.26	4.00	43.82	6.64

表 13-2-11 片区代表性烟田土壤腐殖酸与腐殖质组成

土层 /cm	腐殖酸碳量 /(g/kg)	腐殖质全碳量 /(g/kg)	胡敏酸碳量 /(g/kg)	胡敏素碳量 /(g/kg)	富啡酸碳量 /(g/kg)	胡富比
0~30	11.44	16.84	4.75	5.40	6.68	0.71
30~40	8.59	14.04	1.89	5.45	6.69	0.28
40~60	2.58	4.64	0.42	2.06	2.16	0.19
60~77	0.75	1.86	0.01	1.11	0.73	0.01
77~110	0.58	1.01	0.01	0.43	0.57	0.02

表 13-2-12 片区代表性烟田土壤中微量元素状况

土层 /cm	有效铜 /(mg/kg)	有效铁 /(mg/kg)	有效锰 /(mg/kg)	有效锌 /(mg/kg)	交换性 Ca^{2+}/(cmol/kg)	交换性 Mg^{2+}/(cmol/kg)
0~30	4.04	146.59	12.65	5.52	1.09	0.41
30~40	3.88	136.14	8.42	3.06	1.34	0.47
40~60	2.34	25.00	8.59	1.02	2.10	0.48
60~77	0.79	35.76	23.85	1.55	1.85	1.19
77~110	0.63	40.83	143.36	2.46	2.10	0.92

5）总体评价

土体深厚，耕作层质地适中，耕性和通透性好。酸性土壤，有机质含量中等，肥力偏高，磷、钾丰富，铜、铁、锰、锌、钙丰富，镁含量中等水平。

5. 甘棠镇民主村 5 组片区

1）基本信息

代表性地块（JZ-05）：北纬 26°43′3.553″，东经 109°46′32.482″，海拔 312 m（图 13-2-16），石灰岩/白云岩丘陵区河流冲积平原一级阶地，成土母质为洪积-冲积物，烤烟-晚稻轮作，水田，土壤亚类为漂白铁聚水耕人为土。

海拔/m

200 300 400 500 600 700 800 900 1000

图 13-2-16 片区海拔示意图

2）气候条件

烤烟大田生长期间（3~7 月），平均气温 20.5℃，降水量 830 mm，日照时数 607 h（图 13-2-17）。

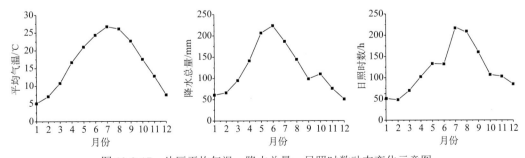

图 13-2-17 片区平均气温、降水总量、日照时数动态变化示意图

3) 剖面形态(图 13-2-18(右))

Ap1：0~30 cm，棕灰色(10YR 4/1，润)，灰黄棕色(10YR 6/2，干)，粉质黏壤土，发育强的 1~2 mm 粒状结构，松散，pH 5.0，渐变波状过渡。

Ap2：30~40 cm，棕灰色(10YR 4/1，润)，灰黄棕色(10YR 6/2，干)，粉质黏壤土，发育强的 10~20 mm 块状结构，坚实，结构面上 2%左右铁锰斑纹，pH 5.1，渐变波状过渡。

E：40~52 cm，棕灰色(10YR 4/1，润)，灰黄棕色(10YR 6/2，干)，粉质黏壤土，发育强的 20~50 mm 块状结构，坚实，结构面上 5%左右铁锰斑纹，2%左右灰色胶膜，2%左右软小铁锰结核，pH 6.0，清晰波状过渡。

Br1：52~80 cm，橙色(7.5YR 7/6，润)，黄橙色(7.5YR 8/8，干)，粉质黏壤土，发育强的 20~50 mm 块状结构，坚实，结构面上 15%左右铁锰斑纹，5%左右软小铁锰结核，pH 5.7，渐变波状过渡。

Br2：80~110 cm，橙色(7.5YR 7/6，润)，黄橙色(7.5YR 8/8，干)，粉质黏壤土，发育强的 20~50 mm 块状结构，坚实，结构面上 5%左右铁锰斑纹，2%左右软小铁锰结核，pH 6.3。

图 13-2-18 代表性地块景观(左)和土壤剖面(右)

4) 土壤养分

片区土壤呈酸性，土体 pH 5.01~6.26，有机质 3.00~33.00 g/kg，全氮 0.36~2.15 g/kg，全磷 0.19~0.40 g/kg，全钾 6.80~10.80 g/kg，碱解氮 22.29~173.47 mg/kg，有效磷 1.25~14.50 mg/kg，速效钾 50.15~190.04 mg/kg，氯离子 6.61~9.67 mg/kg，交换性 Ca^{2+} 2.36~6.45 cmol/kg，交换性 Mg^{2+} 0.42~1.04 cmol/kg。

腐殖酸与腐殖质组成中,腐殖酸碳量 1.42~12.97 g/kg,腐殖质全碳量 1.74~19.13 g/kg,胡敏酸碳量 0.09~5.16 g/kg,胡敏素碳量 0.32~6.16 g/kg,富啡酸碳量 0.96~7.82 g/kg,胡富比 0.05~0.66。

微量元素中,有效铜 0.29~5.50 mg/kg,有效铁 23.14~518.93 mg/kg,有效锰 6.65~36.95 mg/kg,有效锌 0.43~4.99 mg/kg(表 13-2-13~表 13-2-15)。

表 13-2-13　片区代表性烟田土壤养分状况

土层 /cm	pH	有机质 /(g/kg)	全氮 /(g/kg)	全磷 /(g/kg)	全钾 /(g/kg)	碱解氮 /(mg/kg)	有效磷 /(mg/kg)	速效钾 /(mg/kg)	氯离子 /(mg/kg)
0~30	5.01	33.00	2.15	0.40	10.80	173.47	14.50	190.04	6.62
30~40	5.05	29.50	1.99	0.38	10.80	164.42	12.63	179.59	6.61
40~52	5.96	4.50	0.43	0.21	7.10	25.31	1.25	50.15	6.63
52~80	5.71	4.10	0.45	0.22	6.80	27.63	3.50	62.69	6.64
80~110	6.26	3.00	0.36	0.19	7.10	22.29	2.60	68.39	9.67

表 13-2-14　片区代表性烟田土壤腐殖酸与腐殖质组成

土层 /cm	腐殖酸碳量 /(g/kg)	腐殖质全碳量 /(g/kg)	胡敏酸碳量 /(g/kg)	胡敏素碳量 /(g/kg)	富啡酸碳量 /(g/kg)	胡富比
0~30	12.97	19.13	5.16	6.16	7.82	0.66
30~40	11.14	17.12	3.86	5.99	7.27	0.53
40~52	1.67	2.61	0.27	0.94	1.40	0.19
52~80	1.81	2.38	0.09	0.57	1.72	0.05
80~110	1.42	1.74	0.47	0.32	0.96	0.49

表 13-2-15　片区代表性烟田土壤中微量元素状况

土层 /cm	有效铜 /(mg/kg)	有效铁 /(mg/kg)	有效锰 /(mg/kg)	有效锌 /(mg/kg)	交换性 Ca^{2+}/(cmol/kg)	交换性 Mg^{2+}/(cmol/kg)
0~30	5.38	500.06	36.95	4.99	2.82	0.79
30~40	5.50	518.93	30.91	4.31	2.36	0.83
40~52	0.45	29.28	19.33	0.52	6.45	0.42
52~80	0.48	30.86	11.73	0.59	6.32	0.91
80~110	0.29	23.14	6.65	0.43	6.21	1.04

5)总体评价

土体深厚,耕作层质地适中,耕性和通透性好。酸性土壤,有机质含量较丰富,肥力偏高,缺磷富钾,铜、铁、锰、锌、钙丰富,镁含量中等水平。

第十四章 南岭山区烤烟典型区域生态条件

南岭山区烤烟种植区位于北纬 25°7'4"~26°18'，东经 111°27'~112°44'。该区域覆盖湖南省郴州市、永州市，广东省韶关市北部，江西省赣州市的西南部。地处南岭山脉与罗霄山脉交错、长江水系与珠江水系分流的地带。该区域北部与南温带交会，属亚热带季风湿润气候区，全年气候温和，无霜期长，雨量充沛，适宜多种作物生长；西部位于由西向东倾降的第二阶梯与第三阶梯的交接地带，是南岭山地向洞庭湖平原过渡的初始阶段，属中亚热带大陆性季风湿润气候区，一年四季比较分明；东、南部地形由南岭向北倾斜，属亚热带季风气候区，冬季盛行东北季风，夏季盛行西南和东南季风。这一区域典型的烤烟产区县包括湖南省郴州市的桂阳县、嘉禾县、永兴县，永州市的江华县、宁远县、江永县，广东省韶关市的南雄市，江西省赣州市的信丰县、石城县 9 个县(市)。该产区冬季温度适合多种作物生长，烤烟移栽期在 1 月底到 3 月中下旬，烟叶采收结束在 7 月中旬，田间烤烟生育期一般需要 120~130 d，该产区是我国烤烟典型产区之一，烟叶香型风格独特。

第一节 湖南桂阳生态条件

一、地理位置

桂阳县位于北纬 25°27'15"~26°13'30"，东经 112°13'26"~112°55'46"。桂阳县地处郴州市西部，东临北湖区，西与新田、嘉禾相连，北和祁阳、常宁、耒阳、永兴交界，南隔临武邻近广东。桂阳县隶属湖南省郴州市，现辖龙潭街道、鹿峰街道、黄沙坪街道、仁义镇、太和镇、洋市镇、和平镇、流峰镇、塘市镇、莲塘镇、春陵江镇、荷叶镇、方元镇、樟市镇、敖泉镇、正和镇、浩塘镇、雷坪镇、欧阳海镇、四里镇、桥市乡、华山瑶族乡、泗洲乡、光明乡、白水乡、杨柳瑶族乡。面积 2953.67 km²，其中耕地面积 598 km²(图 14-1-1)。

二、自然条件

1. 地形地貌

桂阳县地处南岭山脉中段北麓，湘江支流春陵江中上游，以丘岗地为主，其中中低山占 39.50%，丘岗平地占 60.50%。地势南、北部高，中部低。桂阳地质构造自元古代震旦系以来，历经武陵、雪峰、加里东、华力西、印支、燕山、喜山等多次构造运动，主要形成径向构造和新华夏构造。径向构造在桂阳境内处于耒阳至临武南北向构造带中段，根据构造形态，具有明显控制的有向斜和背斜构造。新华夏构造在境内由走向北东 20°左右压性断裂和褶皱组成，特别在黄沙坪矿区表现最明显。县东北与永州、郴县交界地为永郴褶皱带部分，在桥市、青兰乡境为归宿不明的古迹构造形态(图 14-1-2)。

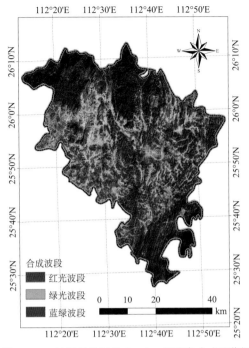

图 14-1-1 桂阳县位置及 Landsat 假彩色合成影像图

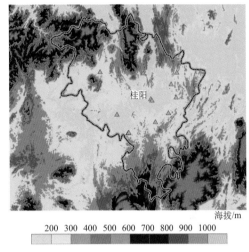

图 14-1-2 桂阳县海拔示意图

2. 气候条件

桂阳县属亚热带湿润季风气候，气候宜人，四季分明。年均气温 12.0~18.7℃，平均 17.4℃，1 月最冷，月平均气温 5.4℃，7 月最热，月平均气温 28.3℃；区域分布的趋势是由中西部向北、东、南递减。年均降水总量 1476~1630 mm，平均 1518 mm 左右，2~8 月降雨均在 100 mm 以上，其中 4 月、5 月、6 月降雨在 200 mm 左右，其他月降雨在 100 mm 以下；区域分布表现为南部、西北角和北部部分区域较多，中西北部和中北部部分区域较少。年均日照时数 1443~1542 h，平均 1464 h，5~12 月日照在 100 h 以上，其中 7 月、8 月日照在 200 h 左右，其他月份日照在 100 h 以下；区域分布的趋势是由中西部向北、东、南递增（图 14-1-3）。年均无霜期 275 d。

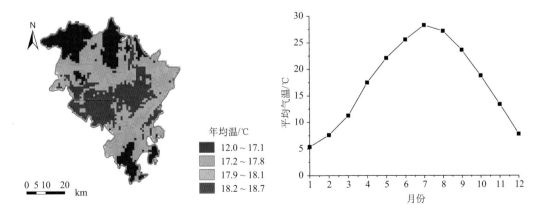

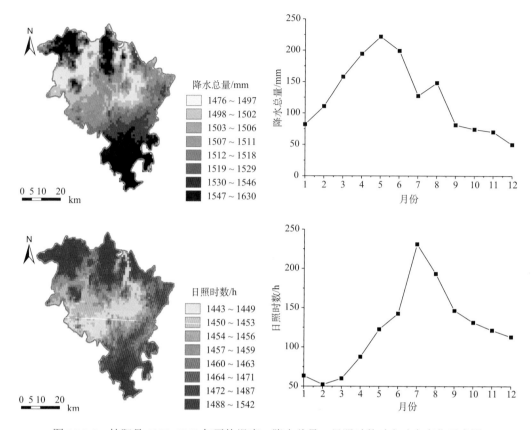

图 14-1-3　桂阳县 1980~2013 年平均温度、降水总量、日照时数时空动态变化示意图

图 14-1-4　片区海拔示意图

三、片区与代表性烟田

1. 洋市镇老屋村片区

1）基本信息

代表性地块（GY-01）：北纬 25°58′33.800″，东经 112°48′13.700″，海拔 287 m（图 14-1-4），石灰岩丘陵区河流冲积平原二级阶地，成土母质为洪积-冲积物，烤烟-晚稻轮作，水田，土壤亚类为复钙简育水耕人为土。

2）气候条件

该片区烤烟大田生育期 3~7 月，平均气温 21.5℃，降水量 884 mm，日照时数 648 h（图 14-1-5）。

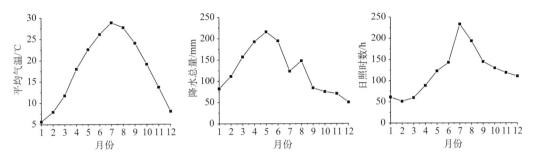

图 14-1-5 片区平均气温、降水总量、日照时数动态变化示意图

3) 剖面形态 (图 14-1-6(右))

Ap1：0~26 cm，棕色 (10YR 4/6，润)，亮黄棕色 (10YR 7/8，干)，5%左右片状云母，壤土，发育强的 1~2 mm 粒状结构，松散，2~3 个蚯蚓穴，pH 8.1，强石灰反应，清晰平滑过渡。

Ap2：26~32 cm，棕色 (10YR 4/6，润)，亮黄棕色 (10YR 7/8，干)，5%左右片状云母，壤土，发育强的 20~50 mm 块状结构，坚实，2~3 个蚯蚓穴，pH 8.1，强石灰反应，渐变波状过渡。

Br1：32~80 cm，棕色 (10YR 4/6，润)，亮黄棕色 (10YR 7/8，干)，5%左右片状云母，壤土，发育强的 20~50 mm 块状结构，坚实，结构面上 5%左右的铁锰斑纹，1%左右软小铁锰结核，pH 8.1，中度石灰反应，渐变波状过渡。

Br2：80~120 cm，棕色 (10YR 4/4，润)，亮黄棕色 (10YR 7/6，干)，5%左右片状云母，壤土，发育中等的 20~50 mm 块状结构，坚实，结构面上 5%左右的铁锰斑纹，1%左右软小铁锰结核，pH 8.1，中度石灰反应。

图 14-1-6 代表性地块景观(左)和土壤剖面(右)

4) 土壤养分

片区土壤呈碱性，土体 pH 8.06~8.10，有机质 36.03~57.89 g/kg，全氮 1.92~2.81 g/kg，全磷 0.45~1.14 g/kg，全钾 1.01~1.06 g/kg，碱解氮 108.45~168.91 mg/kg，有效磷 3.35~47.00 mg/kg，速效钾 64.71~369.57 mg/kg，氯离子 16.20~21.66 mg/kg，交换性 Ca^{2+} 42.65~43.89 cmol/kg，交换性 Mg^{2+} 1.43~1.96 cmol/kg。

腐殖酸与腐殖质组成中，腐殖酸碳量 9.43~14.22 g/kg，腐殖质全碳量 19.29~32.71 g/kg，胡敏酸碳量 5.78~7.17 g/kg，胡敏素碳量 5.07~23.28 g/kg，富啡酸碳量 3.66~7.05 g/kg，胡富比 1.02~1.58。

微量元素中，有效铜 3.97~5.42 mg/kg，有效铁 3.78~41.40 mg/kg，有效锰 23.34~51.88 mg/kg，有效锌 0.74~2.88 mg/kg（表 14-1-1~表 14-1-3）。

表 14-1-1　片区代表性烟田土壤大量养分状况

土层 /cm	pH	有机质 /(g/kg)	全氮 /(g/kg)	全磷 /(g/kg)	全钾 /(g/kg)	碱解氮 /(mg/kg)	有效磷 /(mg/kg)	速效钾 /(mg/kg)	氯离子 /(mg/kg)
0~26	8.06	50.14	2.81	1.14	1.06	168.91	47.00	369.57	21.66
26~32	8.06	36.03	2.70	1.02	1.02	168.43	32.20	222.36	18.57
32~80	8.10	50.93	1.96	0.52	1.04	117.08	3.35	64.71	16.20
80~120	8.08	57.89	1.92	0.45	1.01	108.45	5.75	77.64	16.59

表 14-1-2　片区代表性烟田土壤腐殖酸与腐殖质组成

土层 /cm	腐殖酸碳量 /(g/kg)	腐殖质全碳量 /(g/kg)	胡敏酸碳量 /(g/kg)	胡敏素碳量 /(g/kg)	富啡酸碳量 /(g/kg)	胡富比
0~26	13.31	27.06	7.11	13.75	6.19	1.15
26~32	14.22	19.29	7.17	5.07	7.05	1.02
32~80	10.79	28.61	6.19	17.82	4.60	1.35
80~120	9.43	32.71	5.78	23.28	3.66	1.58

表 14-1-3　片区代表性烟田土壤中微量元素状况

土层 /cm	有效铜 /(mg/kg)	有效铁 /(mg/kg)	有效锰 /(mg/kg)	有效锌 /(mg/kg)	交换性 Ca^{2+} /(cmol/kg)	交换性 Mg^{2+} /(cmol/kg)
0~26	5.18	41.40	23.34	2.88	42.83	1.43
26~32	5.42	22.44	29.61	2.29	43.89	1.70
32~80	3.97	7.36	40.38	0.74	42.87	1.71
80~120	5.06	3.78	51.88	2.01	42.65	1.96

5) 总体评价

该片区代表性烟田土体深厚，耕作层质地适中，耕性和通透性较好，排灌方便。碱性土壤，有机质含量丰富，肥力偏高，磷、钾丰富，铜、铁、锰、锌、钙、镁含量丰富。

2. 洋市镇仁和村片区

1) 基本信息

代表性地块（GY-02）：北纬 25°55′54.800″，东经 112°46′44.800″，海拔 200 m（图 14-1-7），石灰岩丘陵区河流冲积平原二级阶地，成土母质为洪积-冲积物，烤烟-晚稻轮作，水田，土壤亚类为复钙简育水耕人为土。

2) 气候条件

该片区烤烟大田生育期 3~7 月，平均气温 22.1℃，降水量 883 mm，日照时数 645 h（图 14-1-8）。

海拔/m

200 300 400 500 600 700 800 900 1000

图 14-1-7　片区海拔示意图

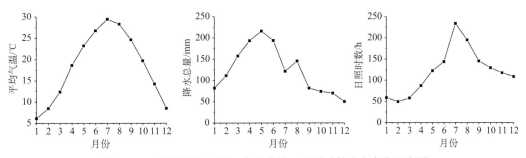

图 14-1-8　片区平均气温、降水总量、日照时数动态变化示意图

3) 剖面形态（图 14-1-9（右））

Ap1：0~30 cm，浊红棕色（5YR 4/4，润），橙色（5YR 6/6，干），5%左右片状云母，粉壤土，发育强的 1~2 mm 粒状结构，松散，2~3 个蚯蚓穴，pH 8.1，强石灰反应，清晰平滑过渡。

Ap2：30~42 cm，棕色（5YR 4/6，润），亮黄棕色（5YR 7/8，干），5%左右片状云母，粉壤土，发育强的 20~50 mm 块状结构，稍坚实，2~3 个蚯蚓穴，pH 8.1，强石灰反应，渐变波状过渡。

Br1：42~50 cm，棕色（5YR 4/6，润），亮黄棕色（5YR 7/8，干），5%左右片状云母，粉质黏壤土，发育强的 20~50 mm 块状结构，坚实，结构面上 5%左右的铁锰斑纹，2%左右软小铁锰结核，pH 8.1，强石灰反应，渐变波状过渡。

Br2：50~82 cm，棕色（5YR 4/4，润），亮黄棕色（5YR 7/6，干），5%左右片状云母，粉质黏壤土，发育中等的 20~50 mm 块状结构，坚实，结构面上 5%左右的铁锰斑纹，1%左右软小铁锰结核，pH 8.1，强石灰反应，渐变波状过渡。

Br3：82~120 cm，棕色（5YR 4/4，润），亮黄棕色（5YR 7/6，干），5%左右片状云母，粉质黏壤土，发育中等的 20~50 mm 块状结构，坚实，结构面上 5%左右的铁锰斑纹，1%左右软小铁锰结核，pH 8.1，强石灰反应。

图 14-1-9　代表性地块景观(左)和土壤剖面(右)

4)土壤养分

片区土壤呈碱性，土体 pH 8.05~8.14，有机质 27.53~45.23 g/kg，全氮 1.62~2.58 g/kg，全磷 0.57~1.79 g/kg，全钾 9.94~10.63 g/kg，碱解氮 87.33~167.95 mg/kg，有效磷 2.90~56.75 mg/kg，速效钾 70.68~173.13 mg/kg，氯离子 10.38~20.33 mg/kg，交换性 Ca^{2+} 30.98~44.62 cmol/kg，交换性 Mg^{2+} 1.13~2.02 cmol/kg。

腐殖酸与腐殖质组成中，腐殖酸碳量 6.70~12.65 g/kg，腐殖质全碳量 15.45~23.74 g/kg，胡敏酸碳量 3.19~6.74 g/kg，胡敏素碳量 8.50~11.09 g/kg，富啡酸碳量 2.43~5.91 g/kg，胡富比 0.91~2.03。

微量元素中，有效铁 0.92~37.46 mg/kg，有效铜含量 1.86~3.90 mg/kg，有效锰 20.81~31.62 mg/kg，有效锌 0.38~2.06 mg/kg(表 14-1-4~表 14-1-6)。

表 14-1-4　片区代表性烟田土壤养分状况

土层 /cm	pH	有机质 /(g/kg)	全氮 /(g/kg)	全磷 /(g/kg)	全钾 /(g/kg)	碱解氮 /(mg/kg)	有效磷 /(mg/kg)	速效钾 /(mg/kg)	氯离子 /(mg/kg)
0~30	8.05	45.23	2.58	1.79	10.63	167.95	56.75	173.13	10.38
30~42	8.09	36.73	2.29	1.10	10.20	151.63	25.00	132.84	16.83
42~50	8.11	34.28	1.99	0.89	10.00	110.23	18.36	100.02	17.25
50~82	8.09	31.57	1.85	0.57	9.94	101.73	2.90	77.15	15.12
82~120	8.14	27.53	1.62	0.64	10.12	87.33	6.10	70.68	20.33

5)总体评价

该片区代表性烟田土体深厚，耕作层质地适中，耕性和通透性较好，排灌方便。碱性土壤，有机质含量丰富，肥力偏高，磷、钾丰富，铜、铁、锰、锌、钙、镁丰富。

表 14-1-5　片区代表性烟田土壤腐殖酸与腐殖质组成

土层 /cm	腐殖酸碳量 /(g/kg)	腐殖质全碳量 /(g/kg)	胡敏酸碳量 /(g/kg)	胡敏素碳量 /(g/kg)	富啡酸碳量 /(g/kg)	胡富比
0~30	12.65	23.74	6.74	11.09	5.91	1.14
30~42	11.80	20.30	5.90	8.50	5.90	1.00
42~50	8.33	17.95	5.12	8.58	4.23	1.21
50~82	7.38	16.55	4.95	9.17	2.43	2.03
82~120	6.70	15.45	3.19	8.75	3.51	0.91

表 14-1-6　片区代表性烟田土壤中微量元素状况

土层 /cm	有效铁 /(mg/kg)	有效铜 /(mg/kg)	有效锰 /(mg/kg)	有效锌 /(mg/kg)	交换性 Ca^{2+} /(cmol/kg)	交换性 Mg^{2+} /(cmol/kg)
0~30	37.46	3.90	20.81	2.06	43.81	2.02
30~42	0.92	2.96	25.18	1.16	44.62	2.01
42~50	10.08	1.99	24.36	0.69	38.70	1.78
50~82	8.59	1.86	29.51	0.38	44.08	1.95
82~120	19.80	2.36	31.62	0.65	30.98	1.13

3. 樟市镇桐木村片区

1) 基本信息

代表性地块（GY-03）：北纬 25°52′20.100″，东经 112°47′44.100″，海拔 287 m（图 14-1-10），石灰岩丘陵岗地顶部，成土母质为第四纪红土，烤烟-玉米不定期轮作，缓坡梯田旱地，土壤亚类为暗红富铝湿润富铁土。

2) 气候条件

该片区烤烟大田生育期 3~7 月，平均气温 21.4℃，降水量 895 mm，日照时数 643 h（图 14-1-11）。

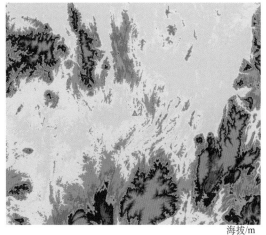

海拔/m

200　300　400　500　600　700　800　900　1000

图 14-1-10　片区海拔示意图

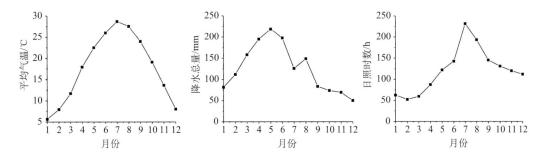

图 14-1-11　片区平均气温、降水总量、日照时数动态变化示意图

3）剖面形态（图14-1-12（右））

Ap：0~28 cm，浊红棕色（2.5YR 4/4，润），橙色（2.5YR 6/6，干），粉质黏壤土，发育强的1~2 mm粒状结构，松散，2~3个蚯蚓穴，pH 5.8，清晰平滑过渡。

AB：28~52 cm，浊红棕色（2.5YR 4/4，润），橙色（2.5YR 6/6，干），粉质黏壤土，发育中等的10~20 mm块状结构，坚实，2~3个蚯蚓穴，结构面上5%左右铁锰斑纹，pH 6.3，渐变波状过渡。

Bst1：52~80 cm，暗红棕色（2.5YR 3/4，润），亮红棕色（2.5YR 5/6，干），粉质黏土，发育中等的20~50 mm棱块状结构，坚实，结构面上20%左右黏粒-氧化铁胶膜，pH 6.9，清晰平滑过渡。

Bst2：80~120 cm，浊红棕色（2.5YR 4/4，润），橙色（2.5YR 6/6，干），粉质黏土，发育中等的20~50 mm棱块状结构，很坚实，结构面上20%左右黏粒-氧化铁胶膜，pH 6.6。

图14-1-12　代表性地块景观（左）和土壤剖面（右）

4）土壤养分

片区土壤呈微酸性，土体pH 5.80~6.88，有机质6.06~15.25 g/kg，全氮0.74~1.07 g/kg，全磷0.39~0.54 g/kg，全钾5.46~11.37 g/kg，碱解氮56.62~92.13 mg/kg，有效磷2.45~9.95 mg/kg，速效钾68.69~159.70 mg/kg，氯离子14.39~16.16 mg/kg，交换性钙Ca^{2+} 4.97~6.70 cmol/kg，交换性Mg^{2+} 0.97~1.19 cmol/kg。

腐殖酸与腐殖质组成中，腐殖酸碳量1.80~5.28 g/kg，腐殖质全碳量3.44~8.44 g/kg，胡敏酸碳量0.19~1.19 g/kg，胡敏素碳量1.63~3.16 g/kg，富啡酸碳量1.61~4.09 g/kg，胡富比0.12~0.41。

微量元素中，有效铁7.64~60.27 mg/kg，有效铜0.17~0.72 mg/kg，有效锰19.72~107.85

mg/kg，有效锌 0.11~0.92 mg/kg（表 14-1-7~表 14-1-9）。

表 14-1-7　片区代表性烟田土壤养分状况

土层 /cm	pH	有机质 /(g/kg)	全氮 /(g/kg)	全磷 /(g/kg)	全钾 /(g/kg)	碱解氮 /(mg/kg)	有效磷 /(mg/kg)	速效钾 /(mg/kg)	氯离子 /(mg/kg)
0~28	5.80	15.25	1.07	0.54	5.46	92.13	9.95	159.70	16.16
28~52	6.28	11.04	0.83	0.41	10.10	61.42	2.45	78.64	14.74
52~80	6.88	12.38	0.83	0.44	9.68	62.38	5.45	68.69	14.39
80~120	6.60	6.06	0.74	0.39	11.37	56.62	2.55	72.17	15.56

表 14-1-8　片区代表性烟田土壤腐殖酸与腐殖质组成

土层 /cm	腐殖酸碳量 /(g/kg)	腐殖质全碳量 /(g/kg)	胡敏酸碳量 /(g/kg)	胡敏素碳量 /(g/kg)	富啡酸碳量 /(g/kg)	胡富比
0~28	5.28	8.44	1.19	3.16	4.09	0.29
28~52	3.28	6.02	0.87	2.74	2.41	0.36
52~80	3.53	6.98	1.03	3.45	2.50	0.41
80~120	1.80	3.44	0.19	1.63	1.61	0.12

表 14-1-9　片区代表性烟田土壤中微量元素状况

土层 /cm	有效铁 /(mg/kg)	有效铜 /(mg/kg)	有效锰 /(mg/kg)	有效锌 /(mg/kg)	交换性 Ca^{2+} /(cmol/kg)	交换性 Mg^{2+} /(cmol/kg)
0~28	7.64	0.47	107.85	0.92	4.97	0.97
28~52	60.27	0.40	50.42	0.32	6.52	1.01
52~80	8.35	0.72	75.52	0.70	6.70	1.02
80~120	38.93	0.17	19.72	0.11	6.52	1.19

5）总体评价

该片区代表性烟田土体深厚，耕作层质地偏黏，耕性和通透性较差，轻度水土流失。微酸性土壤，有机质含量缺乏，肥力偏低，缺磷富钾，铜含量中等水平，铁、锰、锌、钙、镁丰富。

4. 樟市镇甫口村片区

1）基本信息

代表性地块（GY-04）：北纬 25°48′57.800″，东经 112°45′3.700″，海拔 224 m（图 14-1-13），石灰岩丘陵区河流冲积平原一级阶地，成土母质为洪积-冲积物，烤烟-晚稻轮作，水田，土壤亚类为底潜简育水耕人为土。

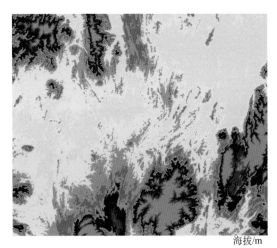

海拔/m

200 300 400 500 600 700 800 900 1000

图 14-1-13　片区海拔示意图

2)气候条件

该片区烤烟大田生育期 3~7 月,平均气温 21.8℃,降水量 899 mm,日照时数 640 h(图 14-1-14)。

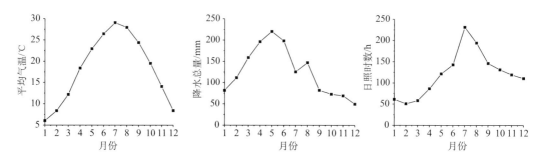

图 14-1-14   片区平均气温、降水总量、日照时数动态变化示意图

3)剖面形态(图 14-1-15(右))

Ap1:0~32 cm,浊红棕色(5YR 4/4,润),橙色(5YR 6/6,干),5%左右片状云母,粉质黏壤土,发育强的 1~2 mm 粒状结构,松散,2~3 个蚯蚓穴,pH 6.7,渐变波状过渡。

Ap2:32~40 cm,棕色(5YR 4/6,润),亮黄棕色(5YR 7/8,干),5%左右片状云母,粉质黏壤土,发育强的 20~50 mm 块状结构,稍坚实,2~3 个蚯蚓穴,pH 7.0,渐变波状过渡。

图 14-1-15   代表性地块景观(左)和土壤剖面(右)

Br:40~66 cm,棕色(5YR 4/6,润),亮黄棕色(5YR 7/8,干),5%左右片状云母,粉质黏壤土,发育强的 20~50 mm 棱块状结构,稍坚实,结构面上 5%左右的铁锰斑纹,

2%左右软小铁锰结核，pH 7.1，渐变波状过渡。

Bg：66~120 cm，棕色（5YR 4/4，润），亮黄棕色（5YR 7/6，干），5%左右片状云母，粉质黏壤土，发育弱的10~20 mm块状结构，疏松，结构面上2%左右的铁锰斑纹，pH 7.2。

4）土壤养分

片区土壤呈中性，土体pH 6.67~7.23，有机质8.00~38.14 g/kg，全氮0.49~2.25 g/kg，全磷0.29~1.24 g/kg，全钾7.80~9.99 g/kg，碱解氮26.87~165.07 mg/kg，有效磷2.95~60.95 mg/kg，速效钾57.25~290.49 mg/kg，氯离子14.75~15.90 mg/kg，交换性Ca^{2+} 7.08~8.82 cmol/kg，交换性Mg^{2+} 1.46~1.82 cmol/kg。

腐殖酸与腐殖质组成中，腐殖酸碳量2.17~11.39 g/kg，腐殖质全碳量4.63~20.88 g/kg，胡敏酸碳量1.38~5.29 g/kg，胡敏素碳量2.46~9.49 g/kg，富啡酸碳量0.79~6.10 g/kg，胡富比0.87~1.75。

微量元素中，有效铜0.70~3.59 mg/kg，有效铁3.42~78.63 mg/kg，有效锰20.72~43.67 mg/kg，有效锌0.26~3.09 mg/kg（表14-1-10~表14-1-12）。

表 14-1-10　片区代表性烟田土壤养分状况

土层 /cm	pH	有机质 /(g/kg)	全氮 /(g/kg)	全磷 /(g/kg)	全钾 /(g/kg)	碱解氮 /(mg/kg)	有效磷 /(mg/kg)	速效钾 /(mg/kg)	氯离子 /(mg/kg)
0~32	6.67	38.14	2.25	1.24	9.91	165.07	60.95	290.49	14.75
32~40	6.99	33.20	1.90	0.57	9.99	119.96	8.30	208.44	14.86
40~66	7.10	21.80	1.21	0.47	9.05	71.98	4.50	148.26	15.90
66~120	7.23	8.00	0.49	0.29	7.80	26.87	2.95	57.25	15.58

表 14-1-11　片区代表性烟田土壤腐殖酸与腐殖质组成

土层 /cm	腐殖酸碳量 /(g/kg)	腐殖质全碳量 /(g/kg)	胡敏酸碳量 /(g/kg)	胡敏素碳量 /(g/kg)	富啡酸碳量 /(g/kg)	胡富比
0~32	11.39	20.88	5.29	9.49	6.10	0.87
32~40	8.92	17.15	4.58	8.22	4.34	1.05
40~66	5.75	11.98	2.75	6.23	3.00	0.92
66~120	2.17	4.63	1.38	2.46	0.79	1.75

表 14-1-12　片区代表性烟田土壤中微量元素状况

土层 /cm	有效铜 /(mg/kg)	有效铁 /(mg/kg)	有效锰 /(mg/kg)	有效锌 /(mg/kg)	交换性Ca^{2+} /(cmol/kg)	交换性Mg^{2+} /(cmol/kg)
0~32	3.59	78.63	41.47	3.09	8.48	1.70
32~40	2.57	12.30	43.67	0.80	8.82	1.67
40~66	1.73	8.83	21.70	0.45	7.08	1.46
66~120	0.70	3.42	20.72	0.26	8.28	1.82

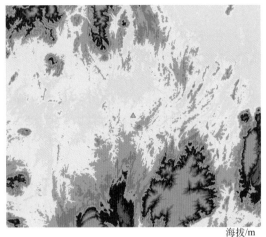

海拔/m

200 300 400 500 600 700 800 900 1000

图 14-1-16　片区海拔示意图

5）总体评价

该片区代表性烟田土体深厚，耕作层质地偏黏，耕性和通透性较差，易受洪涝威胁。中性土壤，有机质含量丰富，肥力偏高，磷、钾丰富，铜、铁、锰、锌、钙、肥丰富。

5. 龙潭街道梧桐村片区

1）基本信息

代表性地块（GY-05）：北纬25°46′30.000″，东经 112°41′35.900″，海拔 221 m（图 14-1-16），石灰岩丘陵区河流冲积平原二级阶地，成土母质为洪积-冲积物，烤烟-晚稻轮作，水田，土壤亚类为复钙铁渗水耕人为土。

2）气候条件

该片区烤烟大田生育期 3~7 月，平均气温 21.9℃，降水量 903 mm，日照时数 638 h（图14-1-17）。

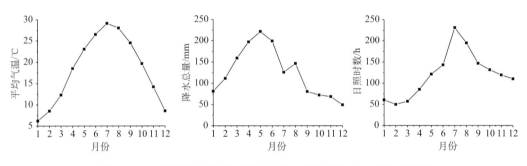

图 14-1-17　片区平均气温、降水总量、日照时数动态变化示意图

3）剖面形态（图 14-1-18（右））

Ap1：0~28 cm，棕灰色（10YR 4/1，润），灰黄棕色（10YR 6/2，干），5%左右片状云母，粉壤土，发育强的 1~2 mm 粒状结构，松散，2~3 个蚯蚓穴，pH 8.1，强石灰反应，清晰平滑过渡。

Ap2：28~35 cm，棕灰色（10YR 4/1，润），灰黄棕色（10YR 6/2，干），5%左右片状云母，粉壤土，发育强的 20~50 mm 块状结构，坚实，2~3 个蚯蚓穴，pH 8.1，强石灰反应，渐变波状过渡。

Br1：35~60 cm，棕灰色（10YR 5/1，润），灰黄棕色（10YR 7/2，干），5%左右片状云母，粉壤土，发育强的 20~50 mm 块状结构，坚实，结构面上 15%左右的铁锰斑纹，2%左右软小铁锰结核，pH 7.9，中度石灰反应，渐变波状过渡。

Br2：60~120 cm，亮黄棕色（10YR 7/6，润），黄橙色（10YR 8/8，干），5%左右片状云母，粉壤土，发育中等的20~50 mm棱块状结构，坚实，结构面上10%左右的铁锰斑纹，1%左右软小铁锰结核，pH 7.7，轻度石灰反应。

图14-1-18　代表性地块景观（左）和土壤剖面（右）

4）土壤养分

片区土壤呈碱性，土体pH 7.74~8.12，有机质4.26~43.98 g/kg，全氮2.06~2.70 g/kg，全磷0.28~1.20 g/kg，全钾11.51~14.25 g/kg，碱解氮21.11~151.63 mg/kg，有效磷2.25~47.05 mg/kg，速效钾105.99~272.09 mg/kg，氯离子18.72~33.32 mg/kg，交换性Ca^{2+} 9.59~42.11 cmol/kg，交换性Mg^{2+} 0.87~1.45 cmol/kg。

腐殖酸与腐殖质组成中，腐殖酸碳量1.41~10.06 g/kg，腐殖质全碳量2.41~22.12 g/kg，胡敏酸碳量0.84~5.89 g/kg，胡敏素碳量0.99~12.05 g/kg，富啡酸碳量0.58~5.70 g/kg，胡富比0.75~1.44。

微量元素中，有效铜0.39~6.03 mg/kg，有效铁3.71~27.47 mg/kg，有效锰0.64~9.77 mg/kg，有效锌0.18~3.14 mg/kg（表14-1-13~表14-1-15）。

表14-1-13　片区代表性烟田土壤养分状况

土层/cm	pH	有机质/(g/kg)	全氮/(g/kg)	全磷/(g/kg)	全钾/(g/kg)	碱解氮/(mg/kg)	有效磷/(mg/kg)	速效钾/(mg/kg)	氯离子/(mg/kg)
0~28	8.05	32.60	2.06	0.94	13.79	131.00	32.05	252.70	18.72
28~35	8.12	37.56	2.28	1.08	14.25	142.04	36.20	227.33	22.21
35~60	7.94	43.98	2.70	1.20	14.11	151.63	47.05	272.09	33.32
60~120	7.74	4.26	2.66	0.28	11.51	21.11	2.25	105.99	26.03

表 14-1-14　片区代表性烟田土壤腐殖酸与腐殖质组成

土层 /cm	腐殖酸碳量 /(g/kg)	腐殖质全碳量 /(g/kg)	胡敏酸碳量 /(g/kg)	胡敏素碳量 /(g/kg)	富啡酸碳量 /(g/kg)	胡富比
0~28	7.96	15.84	4.70	7.89	3.26	1.44
28~35	9.96	20.71	4.26	10.75	5.70	0.75
35~60	10.06	22.12	5.89	12.05	4.17	1.41
60~120	1.41	2.41	0.84	0.99	0.58	1.44

表 14-1-15　片区代表性烟田土壤中微量元素状况

土层 /cm	有效铜 /(mg/kg)	有效铁 /(mg/kg)	有效锰 /(mg/kg)	有效锌 /(mg/kg)	交换性 Ca^{2+} /(cmol/kg)	交换性 Mg^{2+} /(cmol/kg)
0~28	4.42	27.47	9.77	2.61	39.14	1.45
28~35	5.11	20.18	9.06	2.82	41.42	1.18
35~60	6.03	24.98	0.64	3.14	42.11	1.32
60~120	0.39	3.71	5.86	0.18	9.59	0.87

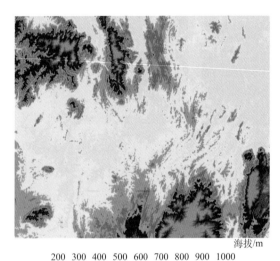

海拔/m

200　300　400　500　600　700　800　900　1000

图 14-1-19　片区海拔示意图

类为复钙简育水耕人为土。

2）气候条件

5）总体评价

该片区代表性烟田土体深厚，耕作层质地适中，耕性和通透性好，排灌方便。碱性土壤，有机质含量丰富，肥力偏高，磷、钾丰富，铜、铁、锰、锌、钙、镁含量丰富。

6. 仁义镇长江村片区

1）基本信息

代表性地块（GY-06）：北纬 25°52′6.900″，东经 112°40′31.900″，海拔 135 m（图 14-1-19），石灰性紫色岩丘陵区河流冲积平原一级阶地，成土母质为洪积–冲积物，烤烟–晚稻轮作，水田，土壤亚

该片区烤烟大田生育期 3~7 月，平均气温 22.4℃，降水量 888 mm，日照时数 642 h（图 14-1-20）。

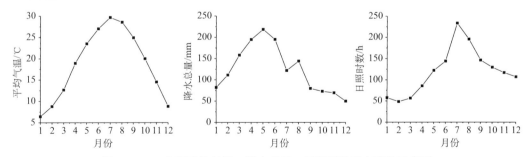

图 14-1-20　片区平均气温、降水总量、日照时数动态变化示意图

3）剖面形态（图 14-1-21（右））

Ap1：0~35 cm，浊红棕色（2.5YR 4/4，润），橙色（2.5YR 6/6，干），粉壤土，发育强的 1~2 mm 粒状结构，松散，2~3 个蚯蚓穴，pH 7.9，强石灰反应，清晰平滑过渡。

Ap2：35~50 cm，浊红棕色（2.5YR 5/4，润），橙色（2.5YR 7/6，干），粉壤土，发育强的 20~50 mm 块状结构，坚实，2~3 个蚯蚓穴，pH 7.9，强石灰反应，渐变波状过渡。

Br：50~120 cm，浊红棕色（2.5YR 5/4，润），橙色（2.5YR 7/6，干），黏壤土，发育强的 20~50 mm 棱块状结构，坚实，结构面上 2%左右的铁锰斑纹，pH 7.8，强石灰反应。

图 14-1-21 代表性地块景观（左）和土壤剖面（右）

4）土壤养分

片区土壤呈碱性，土体 pH 7.82~7.90，有机质 27.74~49.46 g/kg，全氮 2.74~3.09 g/kg，全磷 0.62~0.98 g/kg，全钾 23.10~25.98 g/kg，碱解氮 153.55~194.82 mg/kg，有效磷 5.35~37.00 mg/kg，速效钾 151.25~261.15 mg/kg，氯离子 19.77~25.15 mg/kg，交换性 Ca^{2+} 47.31~48.51 cmol/kg，交换性 Mg^{2+} 2.55~2.67 cmol/kg。

腐殖酸与腐殖质组成中，腐殖酸碳量 4.57~15.98 g/kg，腐殖质全碳量 14.87~26.74 g/kg，胡敏酸碳量 2.56~8.79 g/kg，胡敏素碳量 10.30~12.38 g/kg，富啡酸碳量 2.01~9.45 g/kg，胡富比 0.33~1.27。

微量元素中，有效铁 22.46~36.09 mg/kg，有效铜 1.90~3.23 mg/kg，有效锰 8.48~16.36 mg/kg，有效锌 0.54~1.63 mg/kg（表 14-1-16~表 14-1-18）。

表 14-1-16　片区代表性烟田土壤养分状况

土层 /cm	pH	有机质 /(g/kg)	全氮 /(g/kg)	全磷 /(g/kg)	全钾 /(g/kg)	碱解氮 /(mg/kg)	有效磷 /(mg/kg)	速效钾 /(mg/kg)	氯离子 /(mg/kg)
0~35	7.90	49.46	3.09	0.98	23.10	194.82	37.00	261.15	19.77
35~50	7.90	43.84	2.74	0.74	23.58	156.43	9.60	158.21	25.15
50~120	7.82	27.74	2.88	0.62	25.98	153.55	5.35	151.25	20.04

表 14-1-17　片区代表性烟田土壤腐殖酸与腐殖质组成

土层 /cm	腐殖酸碳量 /(g/kg)	腐殖质全碳量 /(g/kg)	胡敏酸碳量 /(g/kg)	胡敏素碳量 /(g/kg)	富啡酸碳量 /(g/kg)	胡富比
0~35	15.98	26.74	8.79	10.76	7.19	1.22
35~50	12.55	24.93	3.10	12.38	9.45	0.33
50~120	4.57	14.87	2.56	10.30	2.01	1.27

表 14-1-18　片区代表性烟田土壤中微量元素状况

土层 /cm	有效铁 /(mg/kg)	有效铜 /(mg/kg)	有效锰 /(mg/kg)	有效锌 /(mg/kg)	交换性 Ca^{2+} /(cmol/kg)	交换性 Mg^{2+} /(cmol/kg)
0~35	32.06	2.29	16.36	1.63	48.13	2.55
35~50	36.09	3.23	14.89	1.16	48.51	2.59
50~120	22.46	1.90	8.48	0.54	47.31	2.67

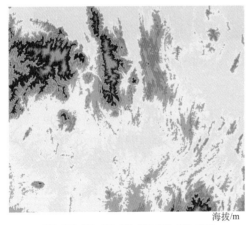

海拔/m

200 300 400 500 600 700 800 900 1000

图 14-1-22　片区海拔示意图

耕人为土。

2）气候条件

该片区烤烟大田生育期 3~7 月，平均气温 21.2℃，降水量 887 mm，日照时数 647 h（图 14-1-23）。

5）总体评价

该片区代表性烟田土体深厚，耕作层质地适中，耕性和通透性好，排灌方便。碱性土壤，有机质含量丰富，肥力偏高，磷、钾丰富，铜、铁、锰、锌、钙、镁含量丰富。

7. 洋市镇府桥村片区

1）基本信息

代表性地块（GY-07）：北纬 25°58′25.600″，东经 112°48′36.400″，海拔 282 m（图 14-1-22），石灰岩丘陵区河流冲积平原一级阶地，成土母质为洪积-冲积物，烤烟-晚稻轮作，水田，土壤亚类为复钙简育水

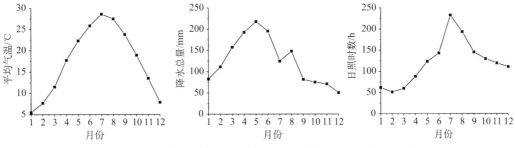

图 14-1-23　片区平均气温、降水总量、日照时数动态变化示意图

3) 剖面形态(图 14-1-24(右))

Ap1：0~35 cm，浊橙色(10YR 6/4，润)，橙色(10YR 7/6，干)，粉壤土，发育强的 1~2 mm 粒状结构，松散，2~3 个蚯蚓穴，pH 8.0，强石灰反应，清晰平滑过渡。

Ap2：35~41 cm，浊橙色(10YR 6/4，润)，橙色(10YR 7/6，干)，粉壤土，发育强的 20~50 mm 块状结构，坚实，2~3 个蚯蚓穴，pH 8.1，强石灰反应，渐变波状过渡。

Br1：41~60 cm，浊橙色(10YR 7/4，润)淡黄橙色(10YR 8/6，干)，粉壤土，发育强的 20~50 mm 块状结构，坚实，结构面上 5%左右的铁锰斑纹，1%左右软小铁锰结核，pH 8.1，强石灰反应，渐变波状过渡。

Br2：60~120 cm，浊橙色(10YR 7/4，润)淡黄橙色(10YR 8/6，干)，粉壤土，发育强的 20~50 mm 块状结构，坚实，结构面上 2%左右的铁锰斑纹，1%左右软小铁锰结核，pH 8.1，强石灰反应。

图 14-1-24　代表性地块景观(左)和土壤剖面(右)

4) 土壤养分

片区土壤呈碱性，土体 pH 7.96~8.08，有机质35.69~45.23 g/kg，全氮2.08~2.73 g/kg，全磷0.46~1.23 g/kg，全钾10.90~12.13 g/kg，碱解氮127.64~191.94 mg/kg，有效磷1.65~45.95 mg/kg，速效钾118.92~205.45 mg/kg，氯离子19.34~28.79 mg/kg，交换性 Ca^{2+} 41.12~46.50 cmol/kg，交换性 Mg^{2+} 1.51~2.09 cmol/kg。

腐殖酸与腐殖质组成中，腐殖酸碳量 8.32~14.11 g/kg，腐殖质全碳量 20.24~23.41 g/kg，胡敏酸碳量4.64~7.68 g/kg，胡敏素碳量8.47~11.92 g/kg，富啡酸碳量3.68~6.43 g/kg，胡富比 1.19~1.48。

微量元素中，有效铜 3.20~5.70 mg/kg，有效铁 4.70~17.41 mg/kg，有效锰 24.37~37.96 mg/kg，有效锌 0.89~3.98 mg/kg（表 14-1-19~表 14-1-21）。

表 14-1-19　片区代表性烟田土壤养分状况

土层/cm	pH	有机质/(g/kg)	全氮/(g/kg)	全磷/(g/kg)	全钾/(g/kg)	碱解氮/(mg/kg)	有效磷/(mg/kg)	速效钾/(mg/kg)	氯离子/(mg/kg)
0~35	7.96	45.23	2.73	1.23	12.13	191.94	45.95	205.45	22.15
35~41	8.05	41.07	2.45	1.01	12.01	158.35	26.70	191.03	19.34
41~60	8.06	35.69	2.08	0.54	10.90	127.64	4.40	162.68	28.79
60~120	8.08	42.57	2.39	0.46	12.09	132.44	1.65	118.92	22.13

表 14-1-20　片区代表性烟田土壤腐殖酸与腐殖质组成

土层/cm	腐殖酸碳量/(g/kg)	腐殖质全碳量/(g/kg)	胡敏酸碳量/(g/kg)	胡敏素碳量/(g/kg)	富啡酸碳量/(g/kg)	胡富比
0~35	13.76	23.41	7.47	9.65	6.29	1.19
35~41	12.15	20.62	7.24	8.47	4.91	1.48
41~60	8.32	20.24	4.64	11.92	3.68	1.26
60~120	14.11	23.36	7.68	9.26	6.43	1.19

表 14-1-21　片区代表性烟田土壤中微量元素状况

土层/cm	有效铜/(mg/kg)	有效铁/(mg/kg)	有效锰/(mg/kg)	有效锌/(mg/kg)	交换性 Ca^{2+}/(cmol/kg)	交换性 Mg^{2+}/(cmol/kg)
0~35	5.70	17.41	25.56	3.98	41.12	1.51
35~41	4.93	9.77	24.37	2.27	42.62	1.57
41~60	3.20	4.70	29.70	0.89	45.95	1.93
60~120	4.49	6.57	37.96	1.12	46.50	2.09

5) 总体评价

该片区代表性烟田土体深厚，耕作层质地适中，耕性和通透性好，排灌方便。碱性土壤，有机质含量丰富，肥力偏高，磷、钾丰富，铜、铁、锰、锌、钙、镁含量丰富。

8. 舂陵江镇匡家村片区

1）基本信息

代表性地块（GY-08）： 北纬 25°48′37.200″，东经 112°30′53.100″，海拔 169 m（图 14-1-25），石灰岩丘陵区河流冲积平原一级阶地，成土母质为洪积-冲积物，烤烟-晚稻轮作，水田，土壤亚类为复钙简育水耕人为土。

2）气候条件

该片区烤烟大田生育期 3~7 月，平均气温 22.1℃，降水量 900 mm，日照时数 640 h（图 14-1-26）。

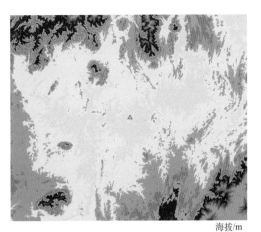

海拔/m

200 300 400 500 600 700 800 900 1000

图 14-1-25 片区海拔示意图

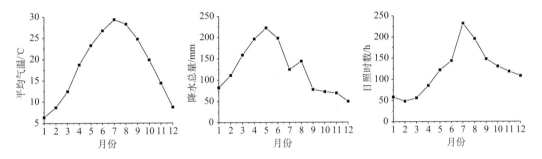

图 14-1-26 片区平均气温、降水总量、日照时数动态变化示意图

3）剖面形态（图 14-1-27（右））

Ap1：0~35 cm，浊棕色（10YR 5/4，润），橙色（10YR 7/6，干），5%左右片状云母，粉壤土，发育强的 1~2 mm 粒状结构，松散，2~3 个蚯蚓穴，pH 7.9，强石灰反应，清晰平滑过渡。

Ap2：35~45 cm，浊棕色（10YR 5/4，润），橙色（10YR 7/6，干），5%左右片状云母，粉壤土，发育强的 20~50 mm 块状结构，坚实，2~3 个蚯蚓穴，pH 8.1，强石灰反应，清晰平滑过渡。

Br1：45~60 cm，浊橙色（10YR 7/4，润），淡黄橙色（10YR 8/6，干），5%左右片状云母，粉壤土，发育强的 20~50 mm 块状结构，坚实，结构面上 2%左右的铁锰斑纹，2%左右软小铁锰结核，pH 8.2，强石灰反应，渐变波状过渡。

Br2：60~120 cm，浊橙色（10YR 7/4，润），淡黄橙色（10YR 8/6，干），5%左右片状云母，粉壤土，发育强的 20~50 mm 块状结构，坚实，结构面上 2%左右的铁锰斑纹，1%左右软小铁锰结核，pH 8.1，强石灰反应，清晰波状过渡。

图 14-1-27　代表性地块景观(左)和土壤剖面(右)

4)土壤养分

片区土壤呈碱性，土体 pH 7.87~8.17，有机质 27.45~64.79 g/kg，全氮 1.82~3.86 g/kg，全磷 0.52~1.50 g/kg，全钾 9.93~12.22 g/kg，碱解氮 110.37~248.56 mg/kg，有效磷 4.70~62.10 mg/kg，速效钾 104.00~197.99 mg/kg，氯离子 20.81~43.78 mg/kg，交换性 Ca^{2+} 47.15~48.71 cmol/kg，交换性 Mg^{2+} 1.68~2.08 cmol/kg。

腐殖酸与腐殖质组成中，腐殖酸碳量 6.74~20.65 g/kg，腐殖质全碳量 15.66~36.35 g/kg，胡敏酸碳量 3.18~11.35 g/kg，胡敏素碳量 6.71~15.70 g/kg，富啡酸碳量 3.57~9.30 g/kg，胡富比 0.88~1.22。

微量元素中，有效铜 1.99~3.08 mg/kg，有效铁 4.31~44.58 mg/kg，有效锰 17.47~23.73 mg/kg，有效锌 0.64~3.52 mg/kg(表 14-1-22~表 14-1-24)。

表 14-1-22　片区代表性烟田土壤养分状况

土层 /cm	pH	有机质 /(g/kg)	全氮 /(g/kg)	全磷 /(g/kg)	全钾 /(g/kg)	碱解氮 /(mg/kg)	有效磷 /(mg/kg)	速效钾 /(mg/kg)	氯离子 /(mg/kg)
0~35	7.87	64.79	3.86	1.50	12.22	248.56	62.10	160.42	43.78
35~45	8.08	41.55	2.45	0.80	9.93	169.87	14.40	197.99	25.64
45~60	8.17	27.45	1.82	0.53	11.20	110.37	6.15	121.41	23.55
60~120	8.14	34.67	2.17	0.52	12.02	134.36	4.70	104.00	20.81

5)总体评价

该片区代表性烟田土体深厚，耕作层质地适中，耕性和通透性好，排灌方便。碱性土壤，有机质含量极丰富，肥力较高，磷、钾丰富，铜、铁、锰、锌、钙、镁含量丰富。

表 14-1-23 片区代表性烟田土壤腐殖酸与腐殖质组成

土层 /cm	腐殖酸碳量 /(g/kg)	腐殖质全碳量 /(g/kg)	胡敏酸碳量 /(g/kg)	胡敏素碳量 /(g/kg)	富啡酸碳量 /(g/kg)	胡富比
0~35	20.65	36.35	11.35	15.70	9.30	1.22
35~45	13.76	23.72	6.42	9.96	7.33	0.88
45~60	6.74	15.66	3.18	8.92	3.57	0.89
60~120	12.94	19.65	7.01	6.71	5.92	1.18

表 14-1-24 片区代表性烟田土壤中微量元素状况

土层 /cm	有效铜 /(mg/kg)	有效铁 /(mg/kg)	有效锰 /(mg/kg)	有效锌 /(mg/kg)	交换性 Ca^{2+} /(cmol/kg)	交换性 Mg^{2+} /(cmol/kg)
0~35	3.08	44.58	18.36	3.52	47.81	2.08
35~45	2.25	10.80	22.40	1.28	47.15	1.75
45~60	1.99	4.31	17.47	0.64	48.71	1.74
60~120	2.43	4.74	23.73	0.94	47.45	1.68

9. 浩塘镇大留村片区

1) 基本信息

代表性地块（GY-09）：北纬 25°43′58.000″，东经 112°33′51.000″，海拔 195 m（图 14-1-28），石灰岩丘陵区河流冲积平原二级阶地，成土母质为洪积-冲积物，烤烟-晚稻轮作，水田，土壤亚类为底潜铁聚水耕人为土。

2) 气候条件

该片区烤烟大田生育期 3~7 月，平均气温 21.9℃，降水量 910 mm，日照时数 636 h（图 14-1-29）。

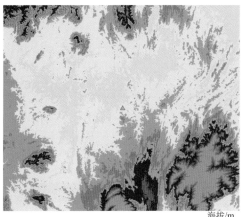

海拔/m

200 300 400 500 600 700 800 900 1000

图 14-1-28 片区海拔示意图

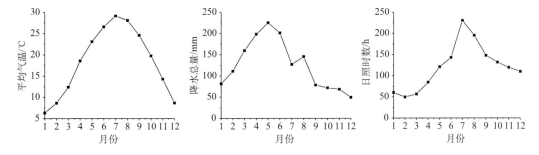

图 14-1-29 片区平均气温、降水总量、日照时数动态变化示意图

3) 剖面形态(图 14-1-30(右))

Ap1：0~32 cm，黑棕色(10YR 3/1，润)，棕灰色(10YR 5/1，干)，黏壤土，发育强的 1~2 mm 粒状结构，松散，2~3 个蚯蚓穴，pH 6.5，清晰平滑过渡。

Ap2：32~43 cm，黑棕色(10YR 3/1，润)，棕灰色(10YR 5/1，干)，黏壤土，发育中等的 20~50 mm 块状结构，坚实，2~3 个蚯蚓穴，pH 7.9，轻度石灰反应，清晰波状过渡。

Br1：43~80 cm，棕色(10YR 4/6，润)，黄棕色(10YR 5/8，干)，黏壤土，发育中等的 20~50 mm 棱块状结构，坚实，结构面上 15%左右铁锰斑纹，5%左右软小铁锰结核，pH 7.8，轻度石灰反应，渐变波状过渡。

Br2：80~100 cm，黄棕色(10YR 5/6，润)，黄棕色(10YR 7/8，干)，黏壤土，发育中等的 20~50 mm 棱块状结构，坚实，结构面上 10%左右铁锰斑纹，2%左右软中铁锰结核，pH 8.0，中度石灰反应，渐变波状过渡。

Bg：100~120 cm，黑棕色(10YR 3/1，润)，棕灰色(10YR 5/1，干)，黏壤土，发育弱的 10~20 mm 块状结构，疏松，pH 8.0，中度石灰反应。

图 14-1-30　代表性地块景观(左)和土壤剖面(右)

4) 土壤养分

片区土壤呈弱酸性，土体 pH 6.50~8.04，有机质 19.55~71.51 g/kg，全氮 1.31~3.33 g/kg，全磷 0.43~2.10 g/kg，全钾 12.64~14.62 g/kg，碱解氮 85.41~201.54 mg/kg，有效磷 3.35~74.10 mg/kg，速效钾 62.72~550.59 mg/kg，氯离子 15.80~73.97 mg/kg，交换性 Ca^{2+} 13.82~37.55 cmol/kg，交换性 Mg^{2+} 1.82~2.53 cmol/kg。

腐植酸与腐殖质组成中，腐殖酸碳量 5.05~15.03 g/kg，腐殖质全碳量 10.47~34.53 g/kg，胡敏酸碳量 2.80~8.40 g/kg，胡敏素碳量为 5.42~20.53 g/kg，富啡酸碳量 1.56~6.64 g/kg，胡富比 1.20~3.15。

微量元素中，有效铜 1.24~7.25 mg/kg，有效铁 8.09~83.25 mg/kg，有效锰 30.07~130.71mg/kg，有效锌 1.36~25.21mg/kg（表 14-1-25~表 14-1-27）。

表 14-1-25 片区代表性烟田土壤养分状况

土层 /cm	pH	有机质 /(g/kg)	全氮 /(g/kg)	全磷 /(g/kg)	全钾 /(g/kg)	碱解氮 /(mg/kg)	有效磷 /(mg/kg)	速效钾 /(mg/kg)	氯离子 /(mg/kg)
0~32	6.50	71.51	3.33	2.10	14.62	201.54	74.10	550.59	73.97
32~43	7.86	60.27	2.84	1.19	13.97	197.70	21.60	251.21	24.65
43~80	7.83	19.55	1.31	0.58	12.64	85.41	4.85	145.77	20.05
80~100	8.04	44.23	2.21	0.48	13.68	119.96	3.35	84.61	27.65
100~120	7.99	49.37	2.38	0.43	13.23	145.39	8.70	62.72	15.80

表 14-1-26 片区代表性烟田土壤腐殖酸与腐殖质组成

土层 /cm	腐殖酸碳量 /(g/kg)	腐殖质全碳量 /(g/kg)	胡敏酸碳量 /(g/kg)	胡敏素碳量 /(g/kg)	富啡酸碳量 /(g/kg)	胡富比
0~32	15.03	34.53	8.40	19.49	6.64	1.26
32~43	14.49	31.76	7.91	17.27	6.59	1.20
43~80	5.05	10.47	2.80	5.42	2.25	1.24
80~100	11.26	25.32	6.96	14.07	4.29	1.62
100~120	6.47	27.00	4.91	20.53	1.56	3.15

表 14-1-27 片区代表性烟田土壤中微量元素状况

土层 /cm	有效铜 /(mg/kg)	有效铁 /(mg/kg)	有效锰 /(mg/kg)	有效锌 /(mg/kg)	交换性 Ca^{2+} /(cmol/kg)	交换性 Mg^{2+} /(cmol/kg)
0~32	7.25	83.25	130.71	25.21	15.73	2.53
32~43	6.39	17.86	30.07	16.77	20.56	2.45
43~80	1.24	8.09	31.47	1.36	13.82	1.82
80~100	3.87	35.09	59.58	1.43	36.47	2.04
100~120	6.78	81.90	74.93	3.81	37.55	2.34

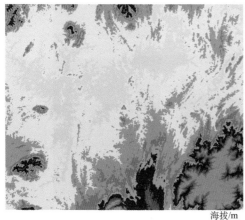

海拔/m

200 300 400 500 600 700 800 900 1000

图 14-1-31 片区海拔示意图

5）总体评价

该片区代表性烟田土体深厚，耕作层质地偏黏，耕性和通透性较差，易受洪涝威胁。微酸性土壤，有机质含量丰富，肥力较高，磷、钾极为丰富，氯离子超标，铜、铁、锰、锌、钙、镁含量丰富。

10. 浩塘镇大留村片区

1）基本信息

代表性地块（GY-10）：北纬 25°44′5.700″，东经 112°34′3.200″，海拔 221 m（图 14-1-31），紫色岩丘陵区坡地中部，成土母质为紫色岩风化残积-坡积物，烤烟-玉米不定期轮作，缓坡梯田旱地，土壤亚类为黏化富铝湿润富铁土。

2)气候条件

该片区烤烟大田生育期 3~7 月，平均气温 21.8℃，降水量 911 mm，日照时数 636 h（图 14-1-32）。

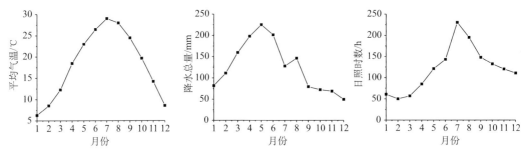

图 14-1-32　片区平均气温、降水总量、日照时数动态变化示意图

3)剖面形态（图 14-1-33（右））

Ap：0~35 cm，暗红棕色（2.5YR 3/2，润），浊红棕色（2.5YR 5/4，干），粉质黏土，发育强的 1~2 mm 粒状结构，松散，2~3 个蚯蚓穴，pH 5.1，清晰平滑过渡。

Bst1：35~90 cm，灰红色（2.5YR 4/2，润），浊橙色（2.5YR 6/4，干），粉质黏土，发育中等的 20~50 mm 棱块状结构，很坚实，结构面上 30%左右黏粒-氧化铁胶膜，pH 6.1，清晰平滑过渡。

Bst2：90~120 cm，浊红棕色（2.5YR 5/4，润），橙色（2.5YR 7/6，干），黏土，发育强的 20~50 mm 棱块状结构，很坚实，结构面上 20%左右黏粒-氧化铁胶膜，pH 5.9。

图 14-1-33　代表性地块景观（左）和土壤剖面（右）

4)土壤养分

片区土壤呈酸性，土体 pH 5.10~6.13，有机质 6.69~26.04 g/kg，全氮 0.76~1.42 g/kg，全磷 0.49~0.89 g/kg，全钾 13.95~15.34 g/kg，碱解氮 54.70~109.41 mg/kg，有效磷 5.75~27.75

mg/kg，速效钾 126.88~151.74 mg/kg，氯离子 15.45~44.99 mg/kg，交换性 Ca^{2+} 4.62~8.74 cmol/kg，交换性 Mg^{2+} 0.93~1.85 cmol/kg。

腐殖酸与腐殖质组成中，腐殖酸碳量 1.99~7.12 g/kg，腐殖质全碳量 3.67~13.93 g/kg，胡敏酸碳量 0.50~2.86 g/kg，胡敏素碳量 1.68~6.82 g/kg，富啡酸碳量 1.49~4.26 g/kg，胡富比 0.33~0.83。

微量元素中，有效铁 8.80~17.97 mg/kg，有效铜 0.13~1.83 mg/kg，有效锰 51.00~290.50 mg/kg，有效锌 0.36~7.00 mg/kg（表 14-1-28~表 14-1-30）。

表 14-1-28　片区代表性烟田土壤养分状况

土层 /cm	pH	有机质 /(g/kg)	全氮 /(g/kg)	全磷 /(g/kg)	全钾 /(g/kg)	碱解氮 /(mg/kg)	有效磷 /(mg/kg)	速效钾 /(mg/kg)	氯离子 /(mg/kg)
0~35	5.10	26.04	1.42	0.89	13.95	109.41	27.75	151.74	19.10
35~90	6.13	20.40	1.07	0.62	14.39	64.30	5.75	138.81	44.99
90~120	5.85	6.69	0.76	0.49	15.34	54.70	6.20	126.88	15.45

表 14-1-29　片区代表性烟田土壤腐殖酸与腐殖质组成

土层 /cm	腐殖酸碳量 /(g/kg)	腐殖质全碳量 /(g/kg)	胡敏酸碳量 /(g/kg)	胡敏素碳量 /(g/kg)	富啡酸碳量 /(g/kg)	胡富比
0~35	7.12	13.93	2.86	6.82	4.26	0.67
35~90	4.95	11.56	2.25	6.61	2.70	0.83
90~120	1.99	3.67	0.50	1.68	1.49	0.33

表 14-1-30　片区代表性烟田土壤中微量元素状况

土层 /cm	有效铁 /(mg/kg)	有效铜 /(mg/kg)	有效锰 /(mg/kg)	有效锌 /(mg/kg)	交换性 Ca^{2+} /(cmol/kg)	交换性 Mg^{2+} /(cmol/kg)
0~35	17.97	1.66	290.50	7.00	4.62	0.93
35~90	12.88	1.83	109.81	5.70	8.74	1.79
90~120	8.80	0.13	51.00	0.36	5.41	1.85

5）总体评价

该片区代表性烟田土体深厚，耕作层质地黏，耕性和通透性差，轻度水土流失。酸性土壤，有机质含量中等，肥力中等，铜、铁、锰、锌、钙、镁含量丰富。

11. 仁义镇塘池村片区

1）基本信息

代表性地块（GY-11）：北纬 25°51′45.100″，东经 112°40′50.800″，海拔 146 m（图 14-1-34），紫色岩丘陵区坡地中部，成土母质为紫色岩风化残积-坡积物，烤烟-玉米不定期轮作，缓坡梯田旱地，土壤亚类

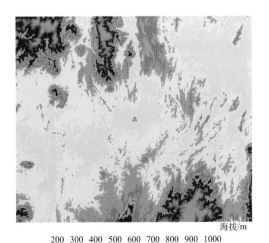

海拔/m

200 300 400 500 600 700 800 900 1000

图 14-1-34　片区海拔示意图

为暗红富铝湿润富铁土。

2）气候条件

该片区烤烟大田生育期 3~7 月，平均气温 22.3℃，降水量 889 mm，日照时数 642 h（图 14-1-35）。

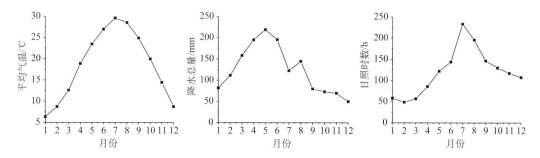

图 14-1-35　片区平均气温、降水总量、日照时数动态变化示意图

3）剖面形态（图 14-1-36（右））

Ap：0~22 cm，暗红棕色（2.5YR 3/2，润），浊红棕色（2.5YR 5/4，干），壤土，发育强的 1~2 mm 粒状结构，松散，2~3 个蚯蚓穴，pH 8.6，中度石灰反应，清晰波状过渡。

Bst1：22~72 cm，暗红棕色（2.5YR 3/2，润），浊红棕色（2.5YR 5/4，干），黏壤土，发育中等的 20~50 mm 块状结构，很坚实，结构面上 30%左右黏粒-氧化铁胶膜，pH 8.2，中度石灰反应，渐变波状过渡。

图 14-1-36　代表性地块景观（左）和土壤剖面（右）

Bst2：72~120 cm，浊红棕色(2.5YR 4/4，润)，橙色(2.5YR 6/6，干)，黏壤土，发育强的 20~50 mm 块状结构，很坚实，结构面上 20%左右黏粒-氧化铁胶膜，pH 8.4，中度石灰反应。

4)土壤养分

片区土壤呈碱性，土体 pH 8.15~8.61，有机质 4.43~11.03 g/kg，全氮 0.48~0.76 g/kg，全磷 0.62~0.95 g/kg，全钾 25.02~27.76 g/kg，碱解氮 30.71~47.51 mg/kg，有效磷 1.90~14.00 mg/kg，速效钾 69.69~263.14 mg/kg，氯离子 10.46~21.21 mg/kg，交换性 Ca^{2+} 43.45~43.91 cmol/kg，交换性 Mg^{2+} 0.71~1.56 cmol/kg。

腐殖酸与腐殖质组成中，腐殖酸碳量 1.25~2.77 g/kg，腐殖质全碳量 2.12~5.72 g/kg，胡敏酸碳量 0.49~1.65 g/kg，胡敏素碳量 0.87~2.95 g/kg，富啡酸碳量 0.76~1.14 g/kg，胡富比 0.64~1.47。

微量元素中，有效铜 0.48~2.91 mg/kg，有效铁 2.47~4.06 mg/kg，有效锰 5.78~7.44 mg/kg，有效锌 0.42~2.69 mg/kg(表 14-1-31~表 14-1-33)。

表 14-1-31　片区代表性烟田土壤养分状况

土层 /cm	pH	有机质 /(g/kg)	全氮 /(g/kg)	全磷 /(g/kg)	全钾 /(g/kg)	碱解氮 /(mg/kg)	有效磷 /(mg/kg)	速效钾 /(mg/kg)	氯离子 /(mg/kg)
0~22	8.61	11.03	0.76	0.95	25.02	47.51	14.00	263.14	10.46
22~72	8.15	6.58	0.61	0.66	27.76	38.39	2.30	113.45	18.96
72~120	8.41	4.43	0.48	0.62	27.29	30.71	1.90	69.69	21.21

表 14-1-32　片区代表性烟田土壤腐殖酸与腐殖质组成

土层 /cm	腐殖酸碳量 /(g/kg)	腐殖质全碳量 /(g/kg)	胡敏酸碳量 /(g/kg)	胡敏素碳量 /(g/kg)	富啡酸碳量 /(g/kg)	胡富比
0~22	2.77	5.72	1.65	2.95	1.12	1.47
22~72	1.99	3.30	0.85	1.31	1.14	0.75
72~120	1.25	2.12	0.49	0.87	0.76	0.64

表 14-1-33　片区代表性烟田土壤中微量元素状况

土层 /cm	有效铜 /(mg/kg)	有效铁 /(mg/kg)	有效锰 /(mg/kg)	有效锌 /(mg/kg)	交换性 Ca^{2+} /(cmol/kg)	交换性 Mg^{2+} /(cmol/kg)
0~22	1.10	2.47	5.78	1.77	43.45	1.56
22~72	2.91	4.06	7.44	2.69	43.91	0.85
72~120	0.48	2.80	6.41	0.42	43.79	0.71

5)总体评价

该片区代表性烟田土体深厚，耕作层质地适中，耕性和通透性较好，轻度水土流失。碱性土壤，有机质含量缺乏，肥力较低，缺磷富钾，铜、铁、锰、锌、钙、镁含量丰富。

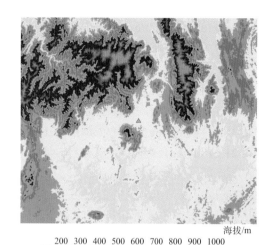

海拔/m

200 300 400 500 600 700 800 900 1000

图 14-1-37 片区海拔示意图

12. 流峰镇回龙村片区

1) 基本信息

代表性地块（GY-12）：北纬 25°59′2.500″，东经 112°26′28.900″，海拔 228 m（图 14-1-37），泥质板岩丘陵区河流冲积平原一级阶地，成土母质为洪积–冲积物，烤烟–晚稻轮作，水田，土壤亚类为复钙简育水耕人为土。

2) 气候条件

该片区烤烟大田生育期 3~7 月，平均气温 21.4℃，降水量 887 mm，日照时数 647 h（图 14-1-38）。

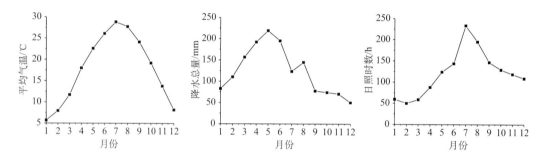

图 14-1-38 片区平均气温、降水总量、日照时数动态变化示意图

3) 剖面形态（图 14-1-39（右））

Ap1：0~38 cm，黄棕色（2.5Y 4/3，润），亮棕色（2.5Y 6/6，干），5%左右片状云母，粉壤土，发育强的 1~2 mm 粒状结构，松散，2~3 个蚯蚓穴，pH 8.1，强石灰反应，清晰平滑过渡。

Ap2：38~45 cm，浊黄色（2.5Y 6/3，润），黄色（2.5Y 8/6，干），5%左右片状云母，粉壤土，发育强的 20~50 mm 块状结构，坚实，2~3 个蚯蚓穴，pH 8.2，强石灰反应，渐变波状过渡。

Br1：45~90 cm，浊黄色（2.5Y 6/3，润），黄色（2.5Y 8/6，干），5%左右片状云母，粉壤土，发育强的 20~50 mm 块状结构，坚实，结构面上 10%左右的铁锰斑纹，pH 8.1，强石灰反应，渐变波状过渡。

Br2：90~120 cm，浊黄色（2.5Y 6/3，润），黄色（2.5Y 8/6，干），5%左右片状云母，粉壤土，发育中度的 20~50 mm 块状结构，坚实，结构面上 5%左右的铁锰斑纹，pH 7.9，中度石灰反应。

图 14-1-39　代表性地块景观(左)和土壤剖面(右)

4）土壤养分

片区土壤呈碱性，土体 pH 7.86~8.19，有机质 15.66~44.36 g/kg，全氮 1.08~3.02 g/kg，全磷 0.39~1.05 g/kg，全钾 15.63~18.40 g/kg，碱解氮含量 59.50~199.62 mg/kg，有效磷 5.95~25.05 mg/kg，速效钾 53.27~213.91 mg/kg，氯离子 28.78~38.39 mg/kg，交换性 Ca^{2+} 21.59~48.53 cmol/kg，交换性 Mg^{2+} 0.72~1.23 cmol/kg。

腐殖酸与腐殖质组成中，腐殖酸碳量 4.36~13.21 g/kg，腐殖质全碳量 7.80~20.96 g/kg，胡敏酸碳量 2.43~6.17 g/kg，胡敏素碳量 3.10~7.75 g/kg，富啡酸碳量 1.92~7.03 g/kg，胡富比 0.88~2.03。

微量元素中，有效铜 1.02~5.56 mg/kg，有效铁 4.93~43.95 mg/kg，有效锰 1.04~29.78 mg/kg，有效锌 0.20~0.97 mg/kg（表 14-1-34~表 14-1-36）。

表 14-1-34　片区代表性烟田土壤养分状况

土层 /cm	pH	有机质 /(g/kg)	全氮 /(g/kg)	全磷 /(g/kg)	全钾 /(g/kg)	碱解氮 /(mg/kg)	有效磷 /(mg/kg)	速效钾 /(mg/kg)	氯离子 /(mg/kg)
0~38	8.11	44.36	3.02	1.05	16.79	199.62	25.05	213.91	38.39
38~45	8.19	25.95	1.92	0.60	16.09	117.56	6.60	79.63	29.52
45~90	8.11	15.66	1.24	0.46	18.40	59.50	6.10	53.27	30.85
90~120	7.86	17.08	1.08	0.39	15.63	64.30	5.95	53.27	28.78

5）总体评价

该片区代表性烟田土体深厚，耕作层质地适中，耕性和通透性好，排灌方便。碱性土壤，有机质含量丰富，肥力偏高，中磷富钾，氯离子超标，铜、铁、锰、钙丰富，锌、镁含量中等水平。

表 14-1-35　片区代表性烟田土壤腐殖酸与腐殖质组成

土层 /cm	腐殖酸碳量 /(g/kg)	腐殖质全碳量 /(g/kg)	胡敏酸碳量 /(g/kg)	胡敏素碳量 /(g/kg)	富啡酸碳量 /(g/kg)	胡富比
0~38	13.21	20.96	6.17	7.75	7.03	0.88
38~45	7.62	12.70	3.73	5.08	3.89	0.96
45~90	4.36	7.80	2.43	3.45	1.92	1.26
90~120	6.75	9.85	4.52	3.10	2.23	2.03

表 14-1-36　片区代表性烟田土壤中微量元素状况

土层 /cm	有效铜 /(mg/kg)	有效铁 /(mg/kg)	有效锰 /(mg/kg)	有效锌 /(mg/kg)	交换性 Ca^{2+} /(cmol/kg)	交换性 Mg^{2+} /(cmol/kg)
0~38	5.56	43.95	1.04	0.97	47.01	0.72
38~45	3.08	10.26	29.78	0.30	48.53	1.00
45~90	1.86	4.93	4.57	0.20	46.85	1.03
90~120	1.02	5.70	8.60	0.27	21.59	1.23

第二节　湖南江华生态条件

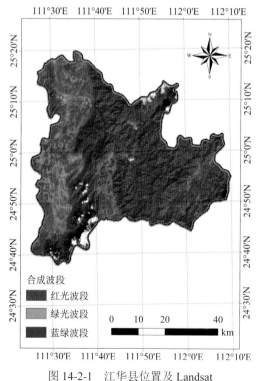

图 14-2-1　江华县位置及 Landsat
假彩色合成影像图

一、地理位置

江华瑶族自治县(简称江华县)位于北纬 24°38′~25°15′,东经 110°25′~112°10′,地处潇水湘江源头,位于湘、粤、桂三省(区)结合部,分别与广东、广西各三个县(市、区)相邻。江华县隶属湖南省永州市,现辖沱江镇、桥头铺镇、东田镇、大路铺镇、白芒营镇、涛圩镇、河路口镇、小圩镇、大圩镇、水口镇、码市镇、界牌乡、桥市乡、大石桥乡、清塘壮族乡、两岔河乡、务江乡、花江乡、湘江乡、贝江乡、未竹口乡、大锡乡。总面积 3247.81 km^2,耕地面积 220 km^2(图 14-2-1)。

二、自然条件

1. 地形地貌

江华县地处湘江流域潇水上游,五岭山脉与洞庭湖平原的过渡地带,地形南、北、东三面较高,海拔为 184~1846 m,大部海拔在 600 m 以上;西面较低,海拔在 200~400 m。境内最高峰姑婆山海拔 1703 m,最低处海拔仅有 227 m，相对高差达 1476 m；大部分林地海拔为 500~800 m，坡度在 25°~35°。境内山、丘、岗、平地貌类型齐全，其中山地占 69.10%，平地占 7.20%（图 14-2-2）。

2. 气候条件

江华县属低北纬中亚热带湿润季风气候区，具有气候温和、雨量充沛、冬寒期短、夏无酷暑、无霜期长、湿度大、晨雾多、风速小的气候特点。受地形影响，海拔较低的西部气温较高、降水较少、日照较少，中东部海拔较高的山区气温较低、降 水 较 多 、 日 照 较 多 。 年 均 气 温

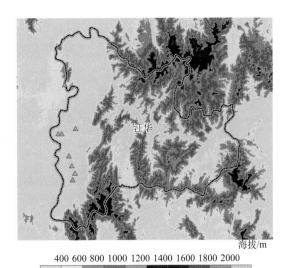

图 14-2-2　江华县海拔示意图

11.0~19.2℃，平均 16.9℃，1 月最冷，月平均气温 6.2℃，7 月最热，月平均气温 26.0℃。年均降水总量 1579~1771 mm，平均 1645 mm 左右，2~8 月降雨均在 100 mm 以上，其中 4 月、5 月、6 月降雨在 200 mm 以上，5 月、6 月降雨甚至达到 250 mm 以上，其他月份降雨在 100 mm 以下。年均日照时数 1471~1627 h，平均 518 h，5~12 月日照在 100 h 以上，其中 7 月、8 月日照在 200 h 左右，其他月份日照在 100 h 以下（图 14-2-3）。年均无霜期 308 d。

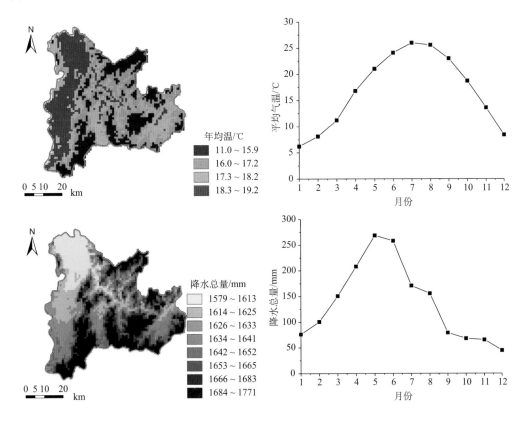

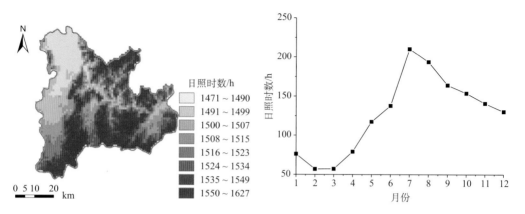

图 14-2-3　江华县 1980~2013 年平均温度、降水总量、日照时数空间格局及动态变化示意图

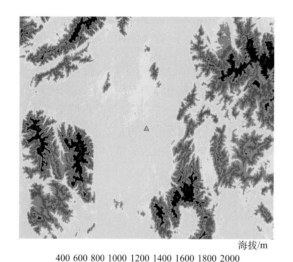

海拔/m

400 600 800 1000 1200 1400 1600 1800 2000

图 14-2-4　片区海拔示意图

三、片区与代表性烟田

1. 白芒营镇二坝村片区

1）基本信息

代表性地块（JH-01）：北纬 24°57′58.800″，东经 111°27′25.400″，海拔 294 m（图 14-2-4），石灰岩丘陵区河流冲积平原一级阶地，成土母质为洪积-冲积物，烤烟-晚稻轮作，水田，土壤亚类为复钙简育水耕人为土。

2）气候条件

该片区烤烟大田生育期 3~7 月，平均气温 21.4℃，降水量 1057 mm，日照时数 600 h（图 14-2-5）。

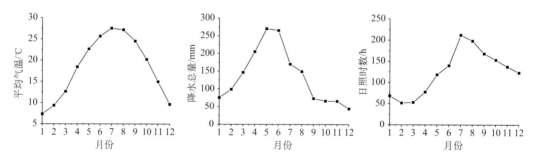

图 14-2-5　片区平均气温、降水总量、日照时数动态变化示意图

3）剖面形态（图 14-2-6（右））

Ap1：0~28 cm，棕灰色（10YR4/1，润），棕灰色（10YR6/1，干），10%左右岩石碎屑，粉壤土，发育强的 1~2 mm 粒状结构，松散，pH 7.7，弱石灰反应，清晰平滑过渡。

Ap2：28~36 cm，棕灰色（10YR 4/1，润），棕灰色（10YR 6/1，干），10%左右岩石碎屑，粉壤土，发育强的 10~20 mm 块状结构，坚实，结构面上 10%左右铁锰斑纹，pH 8.0，弱石灰反应，清晰波状过渡。

Br1：36~78 cm，浊黄橙色（10YR6/4，润），亮黄棕色（10YR7/6，干），10%左右岩石碎屑，粉壤土，发育强的 20~50 mm 块状结构，稍坚实，结构面上 20%左右铁锰斑纹，2%左右灰色胶膜，5%左右软小铁锰结核，pH 7.8，弱石灰反应，渐变波状过渡。

Br2：78~120 cm，浊黄棕色（10YR5/4，润），亮黄棕色（10YR7/6，干），10%左右岩石碎屑，粉壤土，发育中等的 20~50 mm 块状结构，稍坚实，结构面上 20%左右铁锰斑纹，2%左右软小铁锰结核，pH 7.7，弱石灰反应。

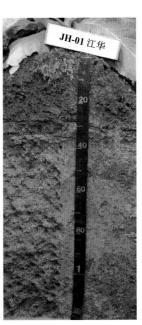

图 14-2-6　代表性地块景观（左）和土壤剖面（右）

4）土壤养分

片区土壤呈弱碱性，土体 pH 7.74~7.97，有机质 3.00~45.92 g/kg，全氮 0.35~2.65 g/kg，全磷0.28~1.69 g/kg，全钾 10.91~15.07 g/kg，碱解氮 26.87~202.50 mg/kg，有效磷 3.00~44.95 mg/kg，速效钾 73.17~201.47 mg/kg，氯离子 13.25~21.59 mg/kg，交换性 Ca^{2+} 10.13~33.04 cmol/kg，交换性 Mg^{2+} 1.77~2.26 cmol/kg。

腐殖酸与腐殖质组成中，腐殖酸碳量 0.58~12.85 g/kg，腐殖质全碳量 1.27~24.95 g/kg，胡敏酸碳量 0.39~6.73 g/kg，胡敏素碳量 0.69~12.10 g/kg，富啡酸碳量 0.19~6.12 g/kg，胡富比 1.10~2.50。

微量元素中，有效铜 0.05~2.31 mg/kg，有效铁 4.75~25.70 mg/kg，有效锰 5.24~16.00 mg/kg，有效锌 0.09~1.77 mg/kg，（表 14-2-1~表 14-2-3）。

表 14-2-1　片区代表性烟田土壤养分状况

土层 /cm	pH	有机质 /(g/kg)	全氮 /(g/kg)	全磷 /(g/kg)	全钾 /(g/kg)	碱解氮 /(mg/kg)	有效磷 /(mg/kg)	速效钾 /(mg/kg)	氯离子 /(mg/kg)
0~28	7.74	45.92	2.65	1.69	11.58	202.50	44.95	201.47	20.42
28~36	7.97	21.10	1.68	0.94	10.91	110.37	14.60	158.21	21.59
36~78	7.75	3.56	0.35	0.34	11.14	26.87	3.80	106.98	17.51
78~120	7.67	3.00	0.38	0.28	15.07	26.87	3.00	73.17	13.25

表 14-2-2　片区代表性烟田土壤腐殖酸与腐殖质组成

土层 /cm	腐殖酸碳量 /(g/kg)	腐殖质全碳量 /(g/kg)	胡敏酸碳量 /(g/kg)	胡敏素碳量 /(g/kg)	富啡酸碳量 /(g/kg)	胡富比
0~28	12.85	24.95	6.73	12.10	6.12	1.10
28~36	6.63	9.25	3.59	2.62	3.04	1.18
36~78	0.85	1.90	0.61	1.05	0.24	2.50
78~120	0.58	1.27	0.39	0.69	0.19	2.00

表 14-2-3　片区代表性烟田土壤中微量元素状况

土层 /cm	有效铜 /(mg/kg)	有效铁 /(mg/kg)	有效锰 /(mg/kg)	有效锌 /(mg/kg)	交换性 Ca^{2+} /(cmol/kg)	交换性 Mg^{2+} /(cmol/kg)
0~28	2.31	25.70	16.00	1.77	18.15	2.18
28~36	1.60	8.81	10.14	0.71	33.04	2.13
36~78	0.05	4.75	5.24	0.11	10.13	1.77
78~120	—	5.14	6.50	0.09	10.73	2.26

海拔/m

400 600 800 1000 1200 1400 1600 1800 2000

图 14-2-7　片区海拔示意图

5) 总体评价

该片区代表性烟田土体深厚，耕作层质地适中，耕性和通透性较好。弱碱性土壤，有机质含量丰富，肥力较高，磷、钾丰富，铜、铁、锰、锌、钙、镁丰富。

2. 白芒营镇朱郎塘村片区

1) 基本信息

代表性地块 (JH-02)：北纬 24°57′58.100″，东经 111°28′14.500″，海拔 289 m (图 14-2-7)，石灰岩丘陵区冲积平原一级阶地，成土母质为洪积-冲积物，烤烟-晚稻轮作，水田，土壤亚类为复钙潜育水耕人为土。

2) 气候条件

该片区烤烟大田生育期 3~7 月，平均气温 21.6℃，降水量 1054 mm，日照时数 600 h (图 14-2-8)。

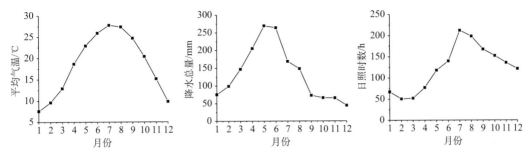

图 14-2-8　片区平均气温、降水总量、日照时数动态变化示意图

3) 剖面形态（图 14-2-9（右））

Ap1：0~37 cm，黄灰色（2.5Y4/1，润），黄灰色（2.5Y6/1，干），粉壤土，发育强的 1~2 mm 粒状结构，松散，pH 8.1，强石灰反应，清晰平滑过渡。

Ap2：37~46 cm，黄灰色（2.5Y 4/1，润），黄灰色（2.5Y 6/1，干），粉壤土，发育强的 10~20 mm 块状结构，坚实，pH 8.2，强石灰反应，清晰波状过渡。

Bg1：46~72 cm，黄灰色（2.5Y5/1，润），灰黄色（2.5Y6/2，干），粉壤土，发育中等的 10~20 mm 块状结构，疏松，结构面上 5%左右铁锰斑纹，2%左右软小铁锰结核，2%左右灰色胶膜，pH 8.1，强石灰反应，渐变波状过渡。

Bg2：72~120 cm，黄灰色（2.5Y4/1，润），黄灰色（2.5Y5/1，干），粉壤土，湖泥状，松软，pH 8.2，强石灰反应。

图 14-2-9　代表性地块景观（左）和土壤剖面（右）

4）土壤养分

片区土壤呈碱性，土体 pH 8.07~8.24，有机质 17.20~56.61 g/kg，全氮 1.12~3.13 g/kg，全磷 0.28~1.14 g/kg，全钾 7.50~12.59 g/kg，碱解氮 42.23~205.38 mg/kg，有效磷 3.85~38.25 mg/kg，速效钾 42.83~111.46 mg/kg，氯离子 18.60~35.01 mg/kg，交换性 Ca^{2+} 54.84~56.47 cmol/kg，交换性 Mg^{2+} 1.67~2.11 cmol/kg。

腐殖酸与腐殖质组成中，腐殖酸碳量 5.40~13.74 g/kg，腐殖质全碳量 9.97~31.22 g/kg，胡敏酸碳量 3.43~7.46 g/kg，胡敏素碳量 4.57~17.48 g/kg，富啡酸碳量 1.98~6.27 g/kg，胡富比 1.19~1.73。

微量元素中，有效铜 0.81~1.95 mg/kg，有效铁 2.91~31.24 mg/kg，有效锰 9.16~17.60 mg/kg，有效锌 0.12~1.83 mg/kg（表 14-2-4~表 14-2-6）。

表 14-2-4　片区代表性烟田土壤养分状况

土层 /cm	pH	有机质 /(g/kg)	全氮 /(g/kg)	全磷 /(g/kg)	全钾 /(g/kg)	碱解氮 /(mg/kg)	有效磷 /(mg/kg)	速效钾 /(mg/kg)	氯离子 /(mg/kg)
0~37	8.07	56.61	3.13	1.14	10.73	205.38	38.25	111.46	18.60
37~46	8.15	34.28	2.11	0.63	9.38	130.52	10.15	77.15	35.01
46~72	8.13	21.72	1.26	0.45	12.59	68.14	3.85	56.76	26.12
72~120	8.24	17.20	1.12	0.28	7.50	42.23	5.40	42.83	24.06

表 14-2-5　片区代表性烟田土壤腐殖酸与腐殖质组成

土层 /cm	腐殖酸碳量 /(g/kg)	腐殖质全碳量 /(g/kg)	胡敏酸碳量 /(g/kg)	胡敏素碳量 /(g/kg)	富啡酸碳量 /(g/kg)	胡富比
0~37	13.74	31.22	7.46	17.48	6.27	1.19
37~46	10.56	17.58	5.77	7.03	4.78	1.21
46~72	7.98	12.59	5.01	4.61	2.97	1.69
72~120	5.40	9.97	3.43	4.57	1.98	1.73

表 14-2-6　片区代表性烟田土壤中微量元素状况

土层 /cm	有效铜 /(mg/kg)	有效铁 /(mg/kg)	有效锰 /(mg/kg)	有效锌 /(mg/kg)	交换性 Ca^{2+} /(cmol/kg)	交换性 Mg^{2+} /(cmol/kg)
0~37	1.95	31.24	17.60	1.83	55.29	2.11
37~46	1.56	12.21	14.63	0.59	54.84	1.99
46~72	1.11	3.76	9.16	0.18	56.47	2.06
72~120	0.81	2.91	9.31	0.12	55.99	1.67

5）总体评价

该片区代表性烟田土体深厚，耕作层质地适中，耕性和通透性较好，地下水位高，易滞水，易受洪涝威胁。碱性土壤，有机质含量丰富，磷丰富，钾含量中等，铜、铁、锰、锌、钙、镁含量丰富。

3. 大石桥乡大祖脚村片区

1)基本信息

代表性地块（JH-03）： 北纬 24°53′20.800″，东经 111°29′49.100″，海拔 274 m（图 14-2-10），石灰岩丘陵区河流冲积平原二级阶地，成土母质为洪积-冲积物，烤烟-晚稻轮作，水田，土壤亚类为复钙铁渗水耕人为土。

2)气候条件

该片区烤烟大田生育期 3~7 月，平均气温 21.7℃，降水量 1056 mm，日照时数 598 h（图 14-2-11）。

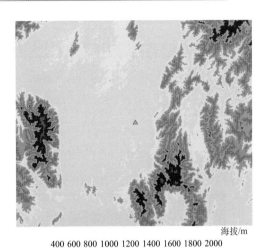

海拔/m

400 600 800 1000 1200 1400 1600 1800 2000

图 14-2-10 片区海拔示意图

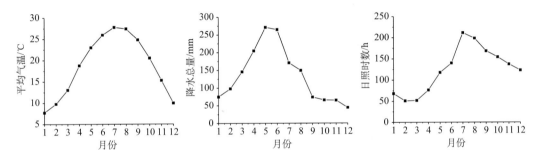

图 14-2-11 片区平均气温、降水总量、日照时数动态变化示意图

3)剖面形态（图 14-2-12（右））

Ap1：0~30 cm，棕灰色（10YR 5/1，润），棕灰色（10YR 6/1，干），粉壤土，发育强的 1~2 mm 粒状结构，松散，pH 8.2，中度石灰反应，清晰平滑过渡。

Ap2：30~40 cm，棕灰色（10YR 5/1，润），灰黄棕色（10YR 6/2，干），粉壤土，发育强的 10~20 mm 块状结构，坚实，pH 8.2，弱石灰反应，清晰平滑过渡。

Br1：40~85 cm，棕灰色（10YR 6/1，润），浊黄橙色（10YR 7/2，干），粉壤土，发育强的 20~50 mm 块状结构，坚实，结构面上 5%左右铁锰斑纹，2%左右灰色胶膜，pH 7.9，中度石灰反应，清晰波状过渡。

Br2：85~120 cm，橙色（7.5YR 6/6，润），黄橙色（7.5YR 7/8，干），粉壤土，发育强的 20~50 mm 块状结构，坚实，结构面上 20%左右铁锰斑纹，pH 7.7，中度石灰反应。

4)土壤养分

片区土壤呈碱性，土体 pH 7.72~8.21，有机质 4.52~46.20 g/kg，全氮 0.51~2.60 g/kg，全磷 0.24~1.46 g/kg，全钾 18.89~23.78 g/kg，碱解氮 21.11~169.39 mg/kg，有效磷 2.80~113.70 mg/kg，速效钾 105.99~188.05 mg/kg，氯离子 17.76~26.72 mg/kg，交换性 Ca^{2+} 9.32~47.49 cmol/kg，交换性 Mg^{2+} 0.79~1.68 cmol/kg。

图 14-2-12　代表性地块景观(左)和土壤剖面(右)

腐殖酸与腐殖质组成中,腐殖酸碳量 1.43~13.52 g/kg,腐殖质全碳量 2.59~25.41 g/kg,胡敏酸碳量 0.52~6.63 g/kg,胡敏素碳量 1.16~11.90 g/kg,富啡酸碳量 0.91~6.88 g/kg,胡富比 0.57~1.84。

微量元素中,有效铜 0.14~2.71 mg/kg,有效铁 0~55.30 mg/kg,有效锰 3.64~9.57 mg/kg,有效锌 0.17~4.69 mg/kg(表 14-2-7~表 14-2-9)。

表 14-2-7　片区代表性烟田土壤养分状况

土层 /cm	pH	有机质 /(g/kg)	全氮 /(g/kg)	全磷 /(g/kg)	全钾 /(g/kg)	碱解氮 /(mg/kg)	有效磷 /(mg/kg)	速效钾 /(mg/kg)	氯离子 /(mg/kg)
0~30	8.21	46.20	2.60	1.46	22.38	169.39	113.70	188.05	24.91
30~40	8.17	10.58	0.68	0.31	20.78	43.67	5.15	135.33	17.76
40~85	7.90	10.22	0.61	0.31	18.89	38.39	5.00	106.98	20.79
85~120	7.72	4.52	0.51	0.24	23.78	21.11	2.80	105.99	26.72

表 14-2-8　片区代表性烟田土壤腐殖酸与腐殖质组成

土层 /cm	腐殖酸碳量 /(g/kg)	腐殖质全碳量 /(g/kg)	胡敏酸碳量 /(g/kg)	胡敏素碳量 /(g/kg)	富啡酸碳量 /(g/kg)	胡富比
0~30	13.52	25.41	6.63	11.90	6.88	0.96
30~40	4.51	5.91	2.92	1.40	1.59	1.84
40~85	3.82	5.81	2.46	2.00	1.36	1.81
85~120	1.43	2.59	0.52	1.16	0.91	0.57

表 14-2-9　片区代表性烟田土壤中微量元素状况

土层 /cm	有效铜 /(mg/kg)	有效铁 /(mg/kg)	有效锰 /(mg/kg)	有效锌 /(mg/kg)	交换性钙 Ca^{2+} /(cmol/kg)	交换性 Mg^{2+}/(cmol/kg)
0~30	2.71	55.30	9.57	4.69	47.49	1.68
30~40	0.87	4.51	7.85	0.25	11.93	0.81
40~85	0.63	0	5.27	0.22	9.32	0.79
85~120	0.14	3.59	3.64	0.17	10.00	1.43

5）总体评价

该片区代表性烟田土体深厚，耕作层质地适中，耕性和通透性较好，易受洪涝威胁。碱性土壤，有机质含量丰富，肥力偏高，磷、钾丰富，铜、铁、锰、锌、钙、镁丰富。

4. 涛圩镇三门寨村片区

1）基本信息

代表性地块（JH-04）：北纬 24°49′45.800″，东经 111°31′9.900″，海拔 321 m（图 14-2-13），石灰岩丘陵区河流冲积平原一级阶地，成土母质为洪积-冲积物，烤烟-晚稻轮作，水田，土壤亚类为复钙铁渗水耕人为土。

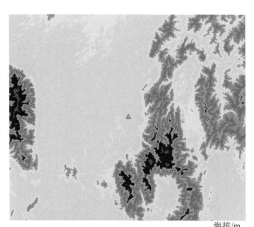

海拔/m

400 600 800 1000 1200 1400 1600 1800 2000

图 14-2-13　片区海拔示意图

2）气候条件

该片区烤烟大田生育期 3~7 月，平均气温 21.6℃，降水量 1060 mm，日照时数 596 h（图 14-2-14）。

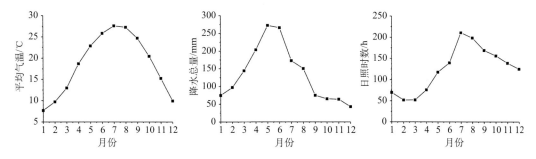

图 14-2-14　片区平均气温、降水总量、日照时数动态变化示意图

3）剖面形态（图 14-2-15（右））

Ap1：0~27 cm，棕灰色（7.5YR 5/1，润），棕灰色（7.5YR 6/1，干），粉壤土，发育强的 1~2 mm 粒状结构，松散，pH 8.0，强石灰反应，清晰平滑过渡。

Ap2：27~33 cm，棕灰色（7.5YR 5/1，润），灰棕色（7.5YR 6/2，干），粉壤土，发育强的 10~20 mm 块状结构，坚实，pH 8.1，中度石灰反应，清晰平滑过渡。

Br1：33~60 cm，灰棕色（7.5YR 6/2，润），淡棕灰色（7.5YR 7/2，干），粉壤土，发育强的 20~50 mm 块状结构，坚实，结构面上 20%左右铁锰斑纹，5%左右灰色胶膜，2%左右软小铁锰结核，pH 8.1，中度石灰反应，清晰波状过渡。

Br2：60~110 cm，橙色（7.5YR 6/6，润），黄橙色（7.5YR 8/8，干），2%左右岩石碎屑，粉壤土，发育中等的 20~50 mm 块状结构，坚实，结构面上 30%左右铁锰斑纹，pH 7.5，弱石灰反应。

图 14-2-15　代表性地块景观（左）和土壤剖面（右）

4）土壤养分

片区土壤呈碱性，土体 pH 7.52~8.06，有机质 5.43~55.31 g/kg，全氮 0.69~3.00 g/kg，全磷 0.45~1.37 g/kg，全钾 15.30~17.75 g/kg，碱解氮 26.87~178.02 mg/kg，有效磷 5.10~50.20 mg/kg，速效钾 118.42~246.73 mg/kg，氯离子 0~29.54 mg/kg，交换性 Ca^{2+} 6.86~62.91 cmol/kg，交换性 Mg^{2+} 0.49~1.68 cmol/kg。

腐殖酸与腐殖质组成中，腐殖酸碳量 1.44~15.58 g/kg，腐殖质全碳量 3.13~30.98 g/kg，胡敏酸碳量 0.65~8.34 g/kg，胡敏素碳量 1.69~17.69 g/kg，富啡酸碳量 0.79~7.24 g/kg，胡富比 0.83~1.47。

微量元素中，有效铜 0.12~2.54 mg/kg，有效铁 0~23.64 mg/kg，有效锰 3.02~19.85 mg/kg，有效锌 0.09~1.68 mg/kg（表 14-2-10~表 14-2-12）。

5）总体评价

该片区代表性烟田土体深厚，耕作层质地适中，耕性和通透性较好，易受洪涝威胁。碱性土壤，有机质含量丰富，肥力偏高，磷、钾丰富，氯离子偏高，铜、铁、锰、锌、钙、镁丰富。

表 14-2-10 片区代表性烟田土壤养分状况

土层 /cm	pH	有机质 /(g/kg)	全氮 /(g/kg)	全磷 /(g/kg)	全钾 /(g/kg)	碱解氮 /(mg/kg)	有效磷 /(mg/kg)	速效钾 /(mg/kg)	氯离子 /(mg/kg)
0~27	8.02	49.27	3.00	1.37	17.58	178.02	50.20	243.75	29.54
27~33	8.06	55.31	2.64	1.06	17.75	160.27	32.55	246.73	0
33~60	8.06	31.49	1.85	0.55	17.09	113.24	6.05	155.22	24.08
60~110	7.52	5.43	0.69	0.45	15.30	26.87	5.10	118.42	23.95

表 14-2-11 片区代表性烟田土壤腐殖酸与腐殖质组成

土层 /cm	腐殖酸碳量 /(g/kg)	腐殖质全碳量 /(g/kg)	胡敏酸碳量 /(g/kg)	胡敏素碳量 /(g/kg)	富啡酸碳量 /(g/kg)	胡富比
0~27	15.58	28.00	8.34	12.42	7.24	1.15
27~33	13.29	30.98	7.63	17.69	5.66	1.35
33~60	9.59	17.97	5.70	8.37	3.89	1.47
60~110	1.44	3.13	0.65	1.69	0.79	0.83

表 14-2-12 片区代表性烟田土壤中微量元素状况

土层 /cm	有效铜 /(mg/kg)	有效铁 /(mg/kg)	有效锰 /(mg/kg)	有效锌 /(mg/kg)	交换性 Ca^{2+} /(cmol/kg)	交换性 Mg^{2+} /(cmol/kg)
0~27	2.54	23.64	17.10	1.68	53.06	1.65
27~33	2.45	0	16.44	0.68	62.91	1.68
33~60	2.38	7.84	19.85	0.44	36.52	1.26
60~110	0.12	4.56	3.02	0.09	6.86	0.49

5. 涛圩镇八田洞村片区

1) 基本信息

代表性地块(JH-05):北纬 24°48′23.500″,东经 111°30′35.000″,海拔 310 m(图 14-2-16),石灰岩丘陵区河谷地,成土母质为洪积-冲积物,烤烟-晚稻轮作,水田,土壤亚类为复钙潜育水耕人为土。

2) 气候条件

该片区烤烟大田生育期 3~7 月,平均气温 21.6℃,降水量 1061 mm,日照时数 595 h(图 14-2-17)。

3) 剖面形态(图 14-2-18(右))

Ap1:0~30 cm,棕灰色(10YR4/1,润),棕灰色(10YR 6/1,干),粉壤土,发育强的1~2 mm 粒状结构,松散,pH7.7,中度石灰反应,清晰平滑过渡。

海拔/m

400 600 800 1000 1200 1400 1600 1800 2000

图 14-2-16 片区海拔示意图

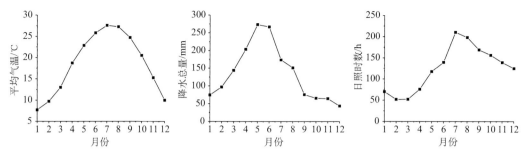

图 14-2-17　片区平均气温、降水总量、日照时数动态变化示意图

Ap2：30~40 cm，棕灰色(10YR 4/1，润)，棕灰色(10YR 6/1，干)，粉壤土，发育强的 10~20 mm 块状结构，坚实，pH 8.2，中度石灰反应，清晰平滑过渡。

Bg：40~68 cm，棕灰色(10YR 4/1，润)，棕灰色(10YR 6/1，干)，粉壤土，发育弱的 20~50 mm 块状结构，松软，结构面上 2%左右铁锰斑纹，1%左右软小铁锰结核，pH7.8，弱度石灰反应，清晰波状过渡。

Br：68~110 cm，黄橙色(10YR7/8，润)，黄橙色(10YR 8/8，干)，2%左右岩石碎屑，粉壤土，发育中等的 20~50 mm 块状结构，稍坚实，结构面上 10%左右铁锰斑纹，1%左右软小铁锰结核，pH 7.6，弱石灰反应。

图 14-2-18　代表性地块景观(左)和土壤剖面(右)

4) 土壤养分

片区土壤呈弱碱性，土体 pH 7.55~8.19，有机质 3.98~53.71 g/kg，全氮 0.32~3.35 g/kg，全磷 0.19~3.50 g/kg，全钾 14.14~16.74 g/kg，碱解氮 19.19~213.05 mg/kg，有效磷 4.25~56.60 mg/kg，速效钾 132.84~202.47 mg/kg，氯离子 17.88~23.01 mg/kg，交换性 Ca^{2+} 5.59~53.14 cmol/kg，交换性 Mg^{2+} 0.44~1.45 cmol/kg。

腐殖酸与腐殖质组成中，腐殖酸碳量 1.05~15.26 g/kg，腐殖质全碳量 2.29~30.42 g/kg，胡敏酸碳量 0.52~8.18 g/kg，胡敏素碳量 1.24~15.16 g/kg，富啡酸碳量 0.52~7.08 g/kg，胡富比 1.00~1.65。

微量元素中，有效铜 0.09~3.67 mg/kg，有效铁 3.06~46.05 mg/kg，有效锰 3.11~11.45 mg/kg，有效锌 0.02~2.54 mg/kg（表 14-2-13~表 14-2-15）。

表 14-2-13　片区代表性烟田土壤养分状况

土层 /cm	pH	有机质 /(g/kg)	全氮 /(g/kg)	全磷 /(g/kg)	全钾 /(g/kg)	碱解氮 /(mg/kg)	有效磷 /(mg/kg)	速效钾 /(mg/kg)	氯离子 /(mg/kg)
0~30	7.68	53.71	3.35	3.50	15.26	213.05	56.60	202.47	19.53
30~40	8.19	34.29	2.35	2.80	14.14	128.60	9.45	171.64	18.83
40~68	7.82	24.55	1.48	0.67	16.74	103.65	4.60	132.84	23.01
68~110	7.55	3.98	0.32	0.19	16.00	19.19	4.25	135.83	17.88

表 14-2-14　片区代表性烟田土壤腐殖酸与腐殖质组成

土层 /cm	腐殖酸碳量 /(g/kg)	腐殖质全碳量 /(g/kg)	胡敏酸碳量 /(g/kg)	胡敏素碳量 /(g/kg)	富啡酸碳量 /(g/kg)	胡富比
0~30	15.26	30.42	8.18	15.16	7.08	1.15
30~40	9.41	19.30	4.86	9.89	4.54	1.07
40~68	8.69	13.90	5.41	5.21	3.28	1.65
68~110	1.05	2.29	0.52	1.24	0.52	1.00

表 14-2-15　片区代表性烟田土壤中微量元素状况

土层 /cm	有效铜 /(mg/kg)	有效铁 /(mg/kg)	有效锰 /(mg/kg)	有效锌 /(mg/kg)	交换性 Ca^{2+} /(cmol/kg)	交换性 Mg^{2+} /(cmol/kg)
0~30	3.67	46.05	7.12	2.54	16.15	1.17
30~40	2.53	8.11	5.06	0.74	53.14	1.45
40~68	1.40	5.47	11.45	0.19	10.25	0.50
68~110	0.09	3.06	3.11	0.02	5.59	0.44

5）总体评价

该片区代表性烟田土体深厚，耕作层质地适中，耕性和通透性较好，易滞水，易受洪涝威胁。弱碱性土壤，有机质含量丰富，肥力高，磷、钾丰富，铜、铁、锰、锌、钙、镁丰富。

6. 大石桥乡安家村片区

1）基本信息

代表性地块（JH-06）：北纬 24°51′19.000″，东经 111°30′26.500″，海拔 292 m（图 14-2-19），石灰岩丘陵区河谷地，成土母质为洪积-冲积

海拔/m

400 600 800 1000 1200 1400 1600 1800 2000

图 14-2-19　片区海拔示意图

物，烤烟-晚稻轮作，水田，土壤亚类为复钙潜育水耕人为土。

2）气候条件

该片区烤烟大田生育期 3~7 月，平均气温 21.7℃，降水量 1058 mm，日照时数 596 h（图 14-2-20）。

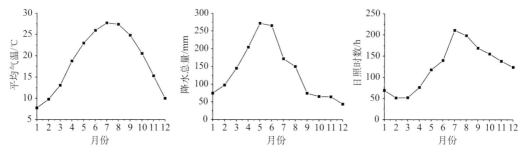

图 14-2-20　片区平均气温、降水总量、日照时数年动态变化示意图

3）剖面形态（图 14-2-21（右））

Ap1：0~30 cm，黄灰色（2.5Y 4/1，润），黄灰色（2.5Y 6/1，干），粉壤土，发育强的 1~2 mm 粒状结构，松散，pH 8.0，强石灰反应，清晰平滑过渡。

Ap2：30~40 cm，暗灰黄色（2.5Y 5/2，润），淡黄色（2.5Y 7/3，干），粉壤土，发育强的 10~20 mm 块状结构，坚实，pH 8.3，强石灰反应，渐变波状过渡。

Bg1：40~60 cm，暗灰黄色（2.5Y 5/2，润），淡黄色（2.5Y 7/3，干），粉壤土，发育弱的 10~20 mm 块状结构，松软，结构面上 5% 左右铁锰斑纹，2% 左右灰色胶膜，2% 左右软小铁锰结核，pH 8.3，强石灰反应，渐变波状过渡。

图 14-2-21　代表性地块景观（左）和土壤剖面（右）

Bg2：60~120 cm，黄灰色(2.5Y 5/1，润)，淡灰色(2.5Y 7/1，干)，粉壤土，发育弱的 10~20 mm 块状结构，松软，pH 8.0，中度石灰反应。

4) 土壤养分

片区土壤呈碱性，土体 pH 7.97~8.27，有机质 8.05~47.93 g/kg，全氮 0.69~2.87 g/kg，全磷 0.24~1.25 g/kg，全钾 8.60~12.98g/kg，碱解氮 47.99~192.42 mg/kg，有效磷 3.40~91.05 mg/kg，速效钾 52.78~425.27 mg/kg，氯离子 19.22~28.35 mg/kg，交换性 Ca^{2+} 10.83~54.40 cmol/kg，交换性 Mg^{2+} 1.36~2.07 cmol/kg。

腐殖酸与腐殖质组成中，腐殖酸碳量 2.71~14.77 g/kg，腐殖质全碳量 4.63~27.20g/kg，胡敏酸碳量 1.40~7.16 g/kg，胡敏素碳量 1.92~12.43 g/kg，富啡酸碳量 1.31~7.61 g/kg，胡富比 0.46~1.38。

微量元素中，有效铜 0.49~3.47 mg/kg，有效铁 3.39~56.45 mg/kg，有效锰 4.24~9.79 mg/kg，有效锌 0.09~2.88 mg/kg(表 14-2-16~表 14-2-18)。

表 14-2-16　片区代表性烟田土壤养分状况

土层 /cm	pH	有机质 /(g/kg)	全氮 /(g/kg)	全磷 /(g/kg)	全钾 /(g/kg)	碱解氮 /(mg/kg)	有效磷 /(mg/kg)	速效钾 /(mg/kg)	氯离子 /(mg/kg)
0~30	8.02	47.93	2.87	1.25	12.98	192.42	91.05	425.27	28.35
30~40	8.26	22.41	1.35	0.43	9.63	83.49	5.15	92.06	19.22
40~60	8.27	15.99	1.07	0.37	8.60	64.30	4.35	52.78	24.20
60~120	7.97	8.05	0.69	0.24	8.61	47.99	3.40	52.78	23.81

表 14-2-17　片区代表性烟田土壤腐殖酸与腐殖质组成

土层 /cm	腐殖酸碳量 /(g/kg)	腐殖质全碳量 /(g/kg)	胡敏酸碳量 /(g/kg)	胡敏素碳量 /(g/kg)	富啡酸碳量 /(g/kg)	胡富比
0~30	14.77	27.20	7.16	12.43	7.61	0.94
30~40	8.55	12.67	2.70	4.12	5.85	0.46
40~60	4.39	8.96	2.55	4.57	1.85	1.38
60~120	2.71	4.63	1.40	1.92	1.31	1.07

表 14-2-18　片区代表性烟田土壤中微量元素状况

土层 /cm	有效铜 /(mg/kg)	有效铁 /(mg/kg)	有效锰 /(mg/kg)	有效锌 /(mg/kg)	交换性 Ca^{2+} /(cmol/kg)	交换性 Mg^{2+} /(cmol/kg)
0~30	3.47	56.45	9.79	2.88	51.65	2.07
30~40	1.16	7.34	9.19	0.25	54.40	1.84
40~60	0.85	5.34	7.31	0.24	54.23	1.88
60~120	0.49	3.39	4.24	0.09	10.83	1.36

5) 总体评价

该片区代表性烟田土体深厚，耕作层质地适中，耕性和通透性较好，地下水位高，易滞水，易受洪涝威胁。碱性土壤，有机质含量丰富，肥力偏高，磷、钾极为丰富，氯偏高，铜、铁、锰、锌、钙、镁丰富。

海拔/m

400 600 800 1000 1200 1400 1600 1800 2000

图 14-2-22   片区海拔示意图

7. 大路铺镇五洞村片区

1) 基本信息

代表性地块（JH-07）：北纬 24°59′1.800″，东经 111°31′28.900″，海拔 277 m（图 14-2-22），石灰岩丘陵区河流冲积平原二级阶地，成土母质为洪积-冲积物，烤烟-晚稻轮作，水田，土壤亚类为复钙铁渗水耕人为土。

2) 气候条件

该片区烤烟大田生育期 3~7 月，平均气温 21.5℃，降水量 1050 mm，日照时数 601 h（图 14-2-23）。

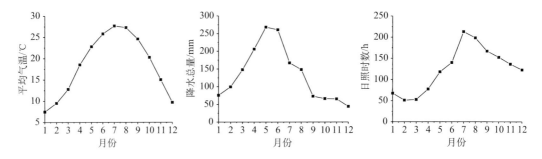

图 14-2-23   片区平均气温、降水总量、日照时数动态变化示意图

3) 剖面形态（图 14-2-24（右））

Ap1：0~32 cm，棕灰色（10YR 5/1，润），棕灰色（10YR 6/1，干），粉壤土，发育强的 1~2 mm 粒状结构，松散，pH 7.0，弱度石灰反应，清晰平滑过渡。

Ap2：32~40 cm，棕灰色（10YR 5/1，润），灰黄棕色（10YR 6/2，干），粉壤土，发育强的 10~20 mm 块状结构，坚实，结构面上 5%左右铁锰斑纹，pH 8.1，中等石灰反应，清晰波状过渡。

Br1：40~90 cm，棕灰色（10YR 6/1，润），浊黄橙色（10YR 7/2，干），10%左右岩石碎屑，粉壤土，发育强的 20~50 mm 块状结构，坚实，结构面上 5%左右铁锰斑纹，2%左右灰色胶膜，2%左右软小铁锰结核，pH 8.0，中度石灰反应，清晰平滑过渡。

Br2：90~120 cm，橙色（7.5YR 6/6，润），黄橙色（7.5YR 7/8，干），10%左右岩石碎屑，粉壤土，发育强的 20~50 mm 块状结构，坚实，结构面上 20%左右铁锰斑纹，5%左右软小铁锰结核，pH 7.9，中度石灰反应。

4) 土壤养分

片区土壤呈中性，土体 pH 7.01~8.11，有机质 5.22~61.93 g/kg，全氮 0.59~3.58 g/kg，全磷 0.44~1.76 g/kg，全钾 10.76~19.33g/kg，碱解氮 19.19~271.60 mg/kg，有效磷 5.25~76.05

mg/kg，速效钾 108.48~398.91 mg/kg，氯离子 15.96~24.79 mg/kg，交换性 Ca^{2+} 16.63~36.37 cmol/kg，交换性 Mg^{2+} 1.62~2.41 cmol/kg。

图 14-2-24 代表性地块景观(左)和土壤剖面(右)

腐殖酸与腐殖质组成中，腐殖酸碳量 1.32~21.66 g/kg，腐殖质全碳量 2.53~35.31 g/kg，胡敏酸碳量 0.44~10.96 g/kg，胡敏素碳量 1.21~13.65 g/kg，富啡酸碳量 0.84~10.70 g/kg，胡富比 0.50~2.75。

微量元素中，有效铜 0.21~3.56 mg/kg，有效铁 8.96~129.93 mg/kg，有效锰 8.14~34.90 mg/kg，有效锌 0.28~3.18 mg/kg(表 14-2-19~表 14-2-21)。

表 14-2-19 片区代表性烟田土壤养分状况

土层 /cm	pH	有机质 /(g/kg)	全氮 /(g/kg)	全磷 /(g/kg)	全钾 /(g/kg)	碱解氮 /(mg/kg)	有效磷 /(mg/kg)	速效钾 /(mg/kg)	氯离子 /(mg/kg)
0~32	7.01	61.93	3.58	1.76	19.33	271.60	76.05	398.91	19.79
32~40	8.11	17.33	1.14	0.92	17.65	66.22	17.30	176.61	24.79
40~90	8.01	10.69	0.74	0.93	10.76	33.11	21.95	160.20	15.96
90~120	7.85	5.22	0.59	0.44	18.84	19.19	5.25	108.48	20.03

表 14-2-20 片区代表性烟田土壤腐殖酸与腐殖质组成

土层 /cm	腐殖酸碳量 /(g/kg)	腐殖质全碳量 /(g/kg)	胡敏酸碳量 /(g/kg)	胡敏素碳量 /(g/kg)	富啡酸碳量 /(g/kg)	胡富比
0~32	21.66	35.31	10.96	13.65	10.70	1.02
32~40	5.24	9.19	2.89	3.94	2.35	1.23
40~90	3.16	4.96	2.32	1.79	0.84	2.75
90~120	1.32	2.53	0.44	1.21	0.88	0.50

表14-2-21　片区代表性烟田土壤中微量元素状况

土层 /cm	有效铜 /(mg/kg)	有效铁 /(mg/kg)	有效锰 /(mg/kg)	有效锌 /(mg/kg)	交换性钙 Ca^{2+} /(cmol/kg)	交换性 Mg^{2+} /(cmol/kg)
0~32	3.56	129.93	34.90	3.18	16.63	2.41
32~40	1.50	12.85	10.03	0.61	36.37	2.19
40~90	1.17	8.96	12.28	0.59	19.46	1.64
90~120	0.21	8.98	8.14	0.28	16.85	1.62

海拔/m

400 600 800 1000 1200 1400 1600 1800 2000

图 14-2-25　片区海拔示意图

5）总体评价

该片区代表性烟田土体深厚，耕作层质地适中，耕性和通透性较好。中性土壤，有机质含量丰富，肥力高，磷、钾极为丰富，铜、铁、锰、锌、钙、镁丰富。

8. 沱江镇白竹塘村片区

1）基本信息

代表性地块（JH-08）：北纬 25°8′9.400″，东经 111°29′9.600″，海拔 448 m（图 14-2-25），石灰岩丘陵区坡地中上部，成土母质为坡积-堆积物，烤烟-晚稻轮作，梯田水田，土壤亚类为底潜铁聚水耕人为土。

2）气候条件

该片区烤烟大田生育期3~7月，平均气温20.6℃，降水量1047 mm，日照时数608 h（图14-2-26）。

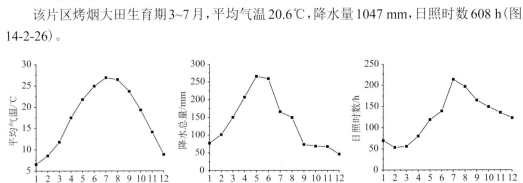

图 14-2-26　片区平均气温、降水总量、日照时数动态变化示意图

3）剖面形态（图 14-2-27（右））

Ap1：0~30 cm，浊红棕色（5YR 4/4，润），橙色（5YR 6/6，干），2%左右岩石碎屑，粉质黏壤土，发育强的 1~2 mm 粒状结构，松散，2~3 个蚯蚓穴，pH 5.9，清晰平滑过渡。

Ap2：30~40 cm，浊红棕色(5YR 4/4，润)，橙色(5YR 6/6，干)，5%左右岩石碎屑，粉质黏壤土，发育强的 20~50 mm 块状结构，稍坚实，2~3 个蚯蚓穴，pH 6.5，渐变波状过渡。

Br1：40~60 cm，浊红棕色(5YR 5/4，润)，橙色(5YR 7/6，干)，5%左右岩石碎屑，粉质黏壤土，发育强的 20~50 mm 块状结构，坚实，结构面上 10%左右的铁锰斑纹，2%左右灰色胶膜，5%左右软小铁锰结核，pH 6.7，渐变波状过渡。

Br2：60~90 cm，浊红棕色(5YR 4/4，润)，橙色(5YR 6/6，干)，粉质黏壤土，发育强的 20~50 mm 块状结构，坚实，结构面上 5%左右的铁锰斑纹，结构面上 15%左右的铁锰斑纹，2%左右灰色胶膜，5%左右软小铁锰结核，pH 7.0，清晰波状过渡。

Abg：90~120 cm，棕灰色(5YR 4/1，润)，棕灰色(5YR 6/1，干)，粉质黏壤土，发育强的 20~50 mm 块状结构，坚实，结构面上 5%左右的铁锰斑纹，2%左右灰色胶膜，pH 7.0。

图 14-2-27　代表性地块景观(左)和土壤剖面(右)

4) 土壤养分

片区土壤呈酸性，土体 pH 5.89~7.04，有机质 6.29~21.96 g/kg，全氮 0.52~1.36 g/kg，全磷 0.21~0.69 g/kg，全钾 6.44~10.91 g/kg，碱解氮 24.95~95.97 mg/kg，有效磷 0.75~22.75 mg/kg，速效钾 65.21~384.49 mg/kg，氯离子 19.06~30.79 mg/kg，交换性 Ca^{2+} 3.66~6.10 cmol/kg，交换性 Mg^{2+} 1.83~2.60 cmol/kg。

腐殖酸与腐殖质组成中，腐殖酸碳量 2.30~9.49 g/kg，腐殖质全碳量 3.63~12.14 g/kg，胡敏酸碳量 0.85~4.46 g/kg，胡敏素碳量 1.33~2.75 g/kg，富啡酸碳量 1.44~5.03 g/kg，胡富比 0.59~1.29。

微量元素中,有效铜 0.13~0.80 mg/kg,有效铁 6.05~22.18 mg/kg,有效锰 21.35~122.54 mg/kg,有效锌 0.11~1.23 mg/kg(表 14-2-22~表 14-2-24)。

表 14-2-22　片区代表性烟田土壤养分状况

土层 /cm	pH	有机质 /(g/kg)	全氮 /(g/kg)	全磷 /(g/kg)	全钾 /(g/kg)	碱解氮 /(mg/kg)	有效磷 /(mg/kg)	速效钾 /(mg/kg)	氯离子 /(mg/kg)
0~30	5.89	21.96	1.36	0.69	10.91	95.97	22.75	384.49	30.79
30~40	6.51	14.67	0.84	0.29	7.76	58.54	1.45	65.21	19.06
40~60	6.71	15.91	0.76	0.32	6.44	64.30	1.25	102.01	23.75
60~90	7.04	15.05	0.79	0.28	6.70	53.74	2.35	71.18	21.98
90~120	6.97	6.29	0.52	0.21	9.20	24.95	0.75	67.70	21.83

表 14-2-23　片区代表性烟田土壤腐殖酸与腐殖质组成

土层 /cm	腐殖酸碳量 /(g/kg)	腐殖质全碳量 /(g/kg)	胡敏酸碳量 /(g/kg)	胡敏素碳量 /(g/kg)	富啡酸碳量 /(g/kg)	胡富比
0~30	9.49	12.14	4.46	2.65	5.03	0.89
30~40	5.30	8.05	2.62	2.75	2.68	0.98
40~60	6.74	9.06	3.76	2.32	2.98	1.26
60~90	6.16	8.67	3.47	2.51	2.68	1.29
90~120	2.30	3.63	0.85	1.33	1.44	0.59

表 14-2-24　片区代表性烟田土壤中微量元素状况

土层 /cm	有效铜 /(mg/kg)	有效铁 /(mg/kg)	有效锰 /(mg/kg)	有效锌 /(mg/kg)	交换性 Ca^{2+} /(cmol/kg)	交换性 Mg^{2+} /(cmol/kg)
0~30	0.80	22.18	122.54	1.23	6.10	1.83
30~40	0.41	13.81	86.58	0.41	5.33	2.48
40~60	0.62	16.21	77.18	0.51	5.50	2.60
60~90	0.47	10.08	51.09	0.30	5.30	2.32
90~120	0.13	6.05	21.35	0.11	3.66	2.17

5)总体评价

该片区代表性烟田土体深厚,耕作层质地偏黏,耕性和通透性较差。酸性土壤,有机质含量中等水平,肥力偏低,磷、钾丰富,氯超标,铜含量中等水平,铁、锰、锌、钙、镁丰富。

第三节　广东南雄生态条件

一、地理位置

南雄市位于北纬 24°56′59″~25°25′20″,东经 113°55′30″~114°44′38″。南雄市隶属广

东省韶关市，现辖雄州街道、乌迳镇、界址镇、坪田镇、黄坑镇、邓坊镇、油山镇、南亩镇、水口镇、江头镇、湖口镇、珠玑镇、主田镇、古市镇、全安镇、百顺镇、澜河镇、帽子峰镇，总面积 2326 km²，其中耕地面积 430 km²(图 14-3-1)。

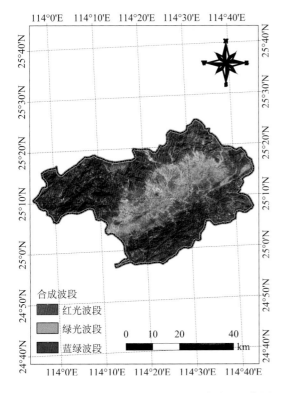

图 14-3-1 南雄市位置及 Landsat 假彩色合成影像图

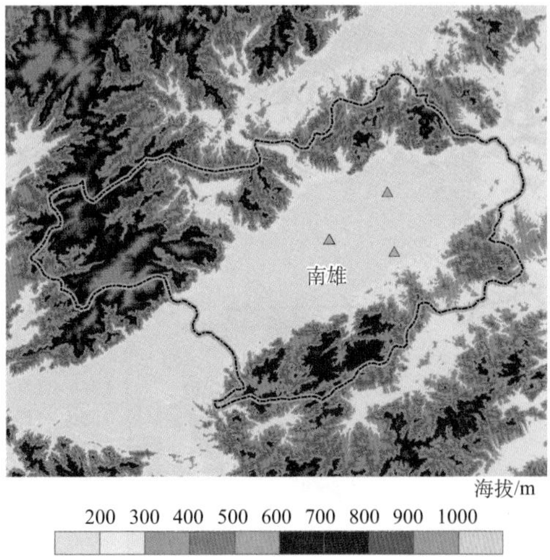

图 14-3-2 南雄市海拔示意图

二、自然条件

1. 地形地貌

南雄市地处大庾岭南麓，境内以山地、丘陵为主，其中山地占 65%，丘陵占 25%。海拔为 35~1429 m，呈四周群山环抱，中部狭长丘陵的地势特征(图 14-3-2)。

2. 气候条件

南雄市属中亚热带湿润型季风气候，冬季盛行东北季风，夏季盛行西南和东南季风。春季阴雨连绵，秋季降水偏少，冬季寒冷，夏季偏热。年均气温 13.1~20.0℃，平均 18.5℃，1 月最冷，月平均气温 8.1℃，7 月最热，月平均气温 27.4℃；区域分布趋势是由海拔较低的中部狭长丘陵区向两侧递减，海拔较高的西北部、南部山区气温较低。年均降水总量 1546~1704 mm，平均 1596 mm 左右，2~9 月降雨均在 100 mm 以上，其中 4~6 月降雨在 200 mm 以上，其他月份降雨在 100 mm 以下；区域分布趋势是由北向南递增，其中海拔较高的西北部、南部山区降雨较多。年均日照时数 1599~1701 h，平均 1639 h，5~12 月日照在 100 h 以上，其中 7 月、8 月日照在 200 h 以上，其他月份日照在 100 h 以下；区域分布趋势是低山丘陵区由西向东递增，两侧海拔较高区域日照较多(图 14-3-3)。年均无霜期 293 d。

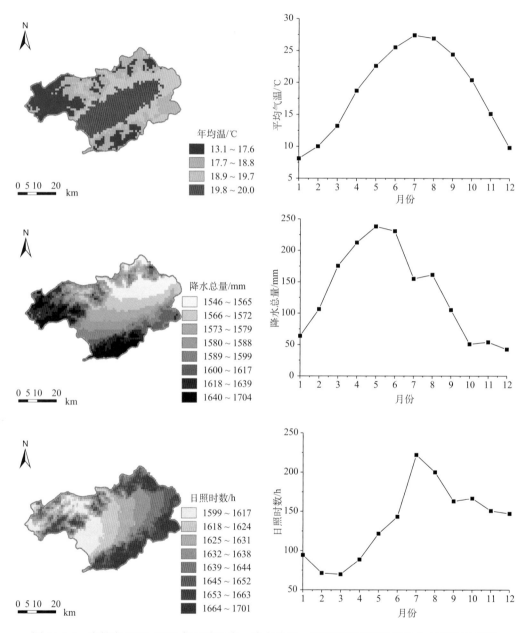

图 14-3-3　南雄市 1980~2013 年平均温度、降水总量、日照时数空间格局及动态变化示意图

三、片区与代表性烟田

1. 湖口镇湖口村老墟片区

1）基本信息

代表性地块（NX-01）：北纬25°11′4.272″，东经114°24′49.597″，海拔150 m（图14-3-4），岗地坡中上部，成土母质为钙质紫泥（页）岩风化坡积物，种植制度为烤烟-花生隔年轮作，梯田旱地，土壤亚类为石灰紫色湿润雏形土（图14-3-4）。

2）气候条件

该片区烤烟大田生育期3~7月，生育期平均气温22.9℃，降水量998 mm，日照时数646 h（图14-3-5）。

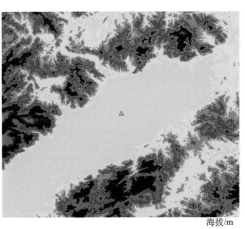

海拔/m

| 200 | 300 | 400 | 500 | 600 | 700 | 800 | 900 | 1000 |

图14-3-4 片区海拔示意图

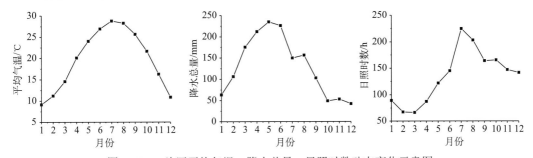

图14-3-5 片区平均气温、降水总量、日照时数动态变化示意图

3）剖面形态（图14-3-6（右））

Ap：0~15 cm，极暗红棕色（10R 2/2，干），暗红棕色（10R 3/3，润），黏壤土，发育强的1~2 mm粒状结构，松散，强石灰反应，蚯蚓4~5条，清晰平滑过渡。

Bw1：15~38 cm，暗红棕色（10R 3/3，干），浊红色（10R 4/4，润），2%左右角块状岩石碎屑，黏壤土，发育强的直径20~50 mm块状结构，紧实，结构面上2%左右铁锰斑纹，2%左右软小铁锰结核，强石灰反应，蚯蚓4~5条，渐变波状过渡。

Bw2：38~53 cm，暗红棕色（10R 3/3，干），浊红色（10R 4/4，润），黏壤土，发育强的直径20~50 mm块状结构，紧实，结构面上2%左右铁锰斑纹，2%左右软小铁锰结核，弱石灰反应，蚯蚓4~5条，渐变波状过渡。

Bw3：53~70 cm，暗红棕色（10R 3/3，干），浊红色（10R 4/4，润），黏壤土，发育中等的直径20~50 mm块状结构，稍紧实，结构面上2%左右铁锰斑纹，2%左右软小铁锰结核，中度石灰反应，蚯蚓4~5条，渐变波状过渡。

Bw4：70~105 cm，极暗红棕色（10R 2/2，干），暗红棕色（10R 3/3，润），黏壤土，发育中等的直径20~50 mm块状结构，稍紧实，结构面上2%左右铁锰斑纹，2%左右软小铁锰结核，中度石灰反应。

图 14-3-6　代表性地块景观(左)和土壤剖面(右)

4)土壤养分

片区土壤呈中性，土体 pH 7.02~7.59，有机质 3.05~10.40 g/kg，全氮 0.35~0.85 g/kg，全磷 2.29~3.61 g/kg，全钾 13.90~24.50 g/kg，碱解氮 25.50~44.00 mg/kg，有效磷 0.66~5.14 mg/kg，速效钾 83.00~148.00 mg/kg，氯离子 0.004~0.170 mg/kg，交换性 Ca^{2+} 和交换性 Mg^{2+} 未检出。

腐殖酸与腐殖质组成中，腐殖酸碳量 0.78~2.57 g/kg，腐殖质全碳量 1.94~6.62 g/kg，胡敏酸碳量 0.46~0.84 g/kg，胡敏素碳量 1.78~4.05 g/kg，富啡酸碳量 0.05~1.73 g/kg，胡富比 0.41~14.60。

微量元素中，有效铜 3.90~11.60 mg/kg，有效铁 0.04~0.92 mg/kg，有效锰 9.20~44.70 mg/kg，有效锌 0.08~1.12 mg/kg(表 14-3-1~表 14-3-3)。

表 14-3-1　片区代表性烟田土壤养分状况

土层 /cm	pH	有机质 /(g/kg)	全氮 /(g/kg)	全磷 /(g/kg)	全钾 /(g/kg)	碱解氮 /(mg/kg)	有效磷 /(mg/kg)	速效钾 /(mg/kg)	氯离子 /(mg/kg)
0~15	7.02	10.40	0.85	3.25	13.90	44.00	5.14	83.00	0.014
15~38	7.33	6.27	0.57	2.79	15.70	43.40	3.07	102.00	0.007
38~53	7.19	4.51	0.41	2.55	15.70	28.00	0.66	134.00	0.170
53~70	7.44	3.05	0.35	2.29	15.60	34.40	3.29	92.00	0.005
70~88	7.44	4.56	0.39	2.50	16.90	25.50	2.64	95.00	0.004
88~105	7.59	6.24	0.40	3.61	24.50	31.00	1.33	148.00	0.004

表 14-3-2　片区代表性烟田土壤腐殖酸与腐殖质组成

土层 /cm	腐殖酸碳量 /(g/kg)	腐殖质全碳量 /(g/kg)	胡敏酸碳量 /(g/kg)	胡敏素碳量 /(g/kg)	富啡酸碳量 /(g/kg)	胡富比
0~15	2.57	6.62	0.84	4.05	1.73	0.49
15~38	1.81	4.00	0.53	2.19	1.28	0.41
38~53	1.00	2.88	0.77	1.88	0.23	3.35
53~70	0.78	1.94	0.73	3.04	0.05	14.60
70~88	1.13	2.91	0.51	1.78	0.62	0.82
88~105	1.29	3.98	0.46	2.69	0.83	0.55

表 14-3-3　片区代表性烟田土壤中微量元素状况

土层 /cm	有效铜 /(mg/kg)	有效铁 /(mg/kg)	有效锰 /(mg/kg)	有效锌 /(mg/kg)	交换性 Ca^{2+} /(cmol/kg)	交换性 Mg^{2+} /(cmol/kg)
0~15	11.60	0.37	44.70	1.12	0	0
15~38	7.00	0.19	28.40	0.57	0	0
38~53	9.20	0.09	19.40	0.26	0	0
53~70	6.20	0.04	18.30	0.14	0	0
70~88	4.80	0.92	13.20	0.08	0	0
88~105	3.90	0.64	9.20	0.23	0	0

5) 总体评价

该片区代表性烟田土体深厚, 耕作层质地偏黏, 耕性和通透性较差。中性土壤, 有机质含量缺乏, 肥力较高, 磷、钾缺乏, 缺氯, 铜、锰、锌丰富, 缺铁、钙、镁。

2. 湖口镇湖口村老墟片区

1) 基本信息

代表性地块 (NX-02): 北纬 25°11′6.360″, 东经 114°24′47.300″, 海拔 140 m (图 14-3-7), 低丘岗地间沟谷地, 成土母质为钙质紫泥 (页) 岩风化堆积-冲积物, 种植制度为烤烟-晚稻轮作, 水田, 土壤亚类为普通简育水耕人为土。

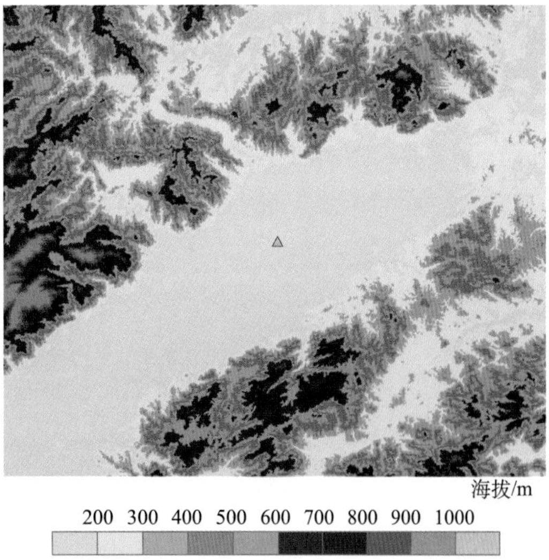

海拔/m

200　300　400　500　600　700　800　900　1000

图 14-3-7　片区海拔示意图

2) 气候条件

该片区烤烟大田生育期 3~7 月, 生育期平均气温 22.9℃, 降水量 998 mm, 日照时数 646 h (图 14-3-8)。

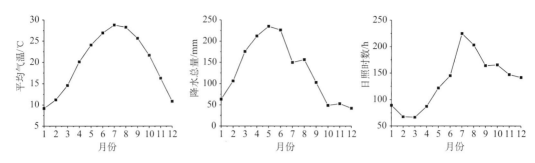

图 14-3-8　片区平均气温、降水总量、日照时数动态变化示意图

3）剖面形态（图 14-3-9（右））

Ap1：0~19 cm，红棕色（10R 4/3，润），红棕色（10R 5/4，干），黏壤土，发育强的 1~2 mm 粒状结构，松散，强石灰反应；清晰平滑过渡。

Ap2：19~30 cm，暗红棕色（10R 3/3，干），浊红色（10R 4/4，润），黏壤土，发育强的直径 20~50 mm 块状结构，紧实，2%左右软小铁锰结核，强石灰反应，清晰平滑过渡。

Br1：30~43 cm，暗红棕色（10R 3/3，干），浊红色（10R 4/4，润），浊红橙色（10R 5/4，润），黏壤土，发育强的直径 20~50 mm 块状结构，紧实，结构面上 2%左右铁锰斑纹，2%左右软小铁锰结核，中度石灰反应，渐变波状过渡。

Br2：43~61 cm，暗红棕色（10R 3/3，干），浊红色（10R 4/4，润），黏壤土，发育中等的直径 20~50 mm 块状结构，稍紧实，结构面上 2%左右铁锰斑纹，2%左右软小铁锰结核，弱石灰反应，渐变波状过渡。

Br3：61~100 cm，暗红棕色（10R 3/3，干），浊红色（10R 4/4，润），砂质壤土，发育中等的直径 10~20 mm 块状结构，松软，弱石灰反应。

图 14-3-9　代表性地块景观（左）和土壤剖面（右）

4）土壤养分

片区土壤呈弱碱性，土体 pH 7.69~8.08，有机质 3.76~13.30 g/kg，全氮 0.32~0.91 g/kg，全磷 2.45~3.31 g/kg，全钾 18.30~19.50 g/kg，碱解氮 11.20~41.30 mg/kg，有效磷 2.44~10.79 mg/kg，速效钾 92.00~115.00 mg/kg，氯离子 0.004~0.025 mg/kg，交换性 Ca^{2+} 和交换性 Mg^{2+} 未检出。

腐殖酸与腐殖质组成中，腐殖酸碳量 0.65~2.63 g/kg，腐殖质全碳量 2.40~8.48 g/kg，胡敏酸碳量 0.23~0.73 g/kg，胡敏素碳量 1.75~5.85 g/kg，富啡酸碳量 0.13~1.94 g/kg，胡富比 0.27~5.15。

微量元素中，有效铜 11.20~57.40 mg/kg，有效铁 0.96~1.55 mg/kg，有效锰 18.30~37.70 mg/kg，有效锌 0.37~1.03 mg/kg（表 14-3-4~表 14-3-6）。

表 14-3-4　片区代表性烟田土壤养分状况

土层 /cm	pH	有机质 /(g/kg)	全氮 /(g/kg)	全磷 /(g/kg)	全钾 /(g/kg)	碱解氮 /(mg/kg)	有效磷 /(mg/kg)	速效钾 /(mg/kg)	氯离子 /(mg/kg)
0~19	7.69	13.30	0.91	3.31	18.30	41.10	10.79	115.00	0.005
19~30	7.70	9.81	0.70	3.09	18.60	29.40	9.68	108.00	0.006
30~43	8.08	6.79	0.55	2.75	19.20	39.80	3.78	92.00	0.004
43~61	7.96	5.53	0.38	3.22	19.30	41.30	3.66	96.00	0.005
61~78	8.05	3.76	0.32	2.45	19.40	11.20	2.44	95.00	0.025
78~100	7.89	4.23	0.46	2.69	19.50	18.50	3.22	94.00	0.004

表 14-3-5　片区代表性烟田土壤腐殖酸与腐殖质组成

土层 /cm	腐殖酸碳量 /(g/kg)	腐殖质全碳量 /(g/kg)	胡敏酸碳量 /(g/kg)	胡敏素碳量 /(g/kg)	富啡酸碳量 /(g/kg)	胡富比
0~19	2.63	8.48	0.69	5.85	1.94	0.36
19~30	2.09	6.26	0.73	4.17	1.36	0.54
30~43	1.42	4.33	0.30	2.91	1.12	0.27
43~61	0.97	3.53	0.41	2.56	0.56	0.73
61~78	0.65	2.40	0.23	1.75	0.42	0.55
78~100	0.80	2.70	0.67	1.90	0.13	5.15

表 14-3-6　片区代表性烟田土壤中微量元素状况

土层 /cm	有效铜 /(mg/kg)	有效铁 /(mg/kg)	有效锰 /(mg/kg)	有效锌 /(mg/kg)	交换性 Ca^{2+} /(cmol/kg)	交换性 Mg^{2+} /(cmol/kg)
0~19	57.40	1.55	37.30	0.71	0	0
19~30	32.10	1.24	35.80	0.37	0	0
30~43	11.20	1.31	18.60	0.55	0	0
43~61	17.30	1.18	18.50	1.03	0	0
61~78	18.20	0.96	37.70	0.71	0	0
78~100	12.50	1.14	18.30	0.48	0	0

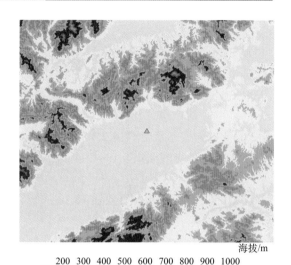

海拔/m

200 300 400 500 600 700 800 900 1000

图 14-3-10 片区海拔示意图

5)总体评价

该片区代表性烟田土体深厚,耕作层质地偏黏,耕性和通透性较差。碱性土壤,有机质含量缺乏,肥力较低,缺磷、氯、钙、镁,钾含量中等水平,锌含量中等水平。

3. 黄坑镇社前村茅坑片区

1)基本信息

代表性地块(NX-03):北纬25°14′57.372″,东经 114°30′44.753″,海拔 169 m(图 14-3-10),岗地坡中上部,成土母质为钙质紫泥(页)岩风化坡积物,种植制度为烤烟-花生隔年轮作,梯田旱地,土壤亚类为石灰紫色湿润雏形土。

2)气候条件

该片区烤烟大田生育期 3~7 月,生育期平均气温 22.8℃,降水量 989 mm,日照时数 651 h(图 14-3-11)。

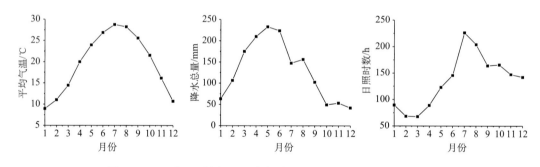

图 14-3-11 片区平均气温、降水总量、日照时数动态变化示意图

3)剖面形态(图 14-3-12(右))

Ap:0~15 cm,极暗红棕色(10R 2/2,干),暗红棕色(10R 3/3,润),壤土,发育强的 1~2 mm 粒状结构,松散,弱石灰反应;清晰平滑过渡。

Bw1:15~31 cm,暗红棕色(10R 3/3,干),浊红色(10R 4/4,润),壤土,发育强的直径 20~50 mm 块状结构,紧实,弱石灰反应,清晰波状过渡。

Bw2:31~43 cm,浊红色(10R 4/4,干),红色(10R 5/6,润),2%左右角块状岩石碎屑,壤土,发育强的直径 20~50 mm 块状结构,紧实;结构面上 5%左右铁锰斑纹,2%左右软小铁锰结核,弱石灰反应,清晰波状过渡。

Bw3:43~54 cm,浊红色(10R 4/4,干),红色(10R 5/6,润),黏壤土,发育中等的直径 20~50 mm 块状结构,稍紧实,结构面上 5%左右铁锰斑纹,2%左右软小铁锰结核,弱石灰反应，清晰波状过渡。

Bw4：54~100 cm，浊红色(10R 4/4，干)，红色(10R 5/6，润)，黏壤土，发育中等的直径 20~50 mm 块状结构，稍紧实，结构面上 5%左右铁锰斑纹，2%左右软小铁锰结核，弱石灰反应。

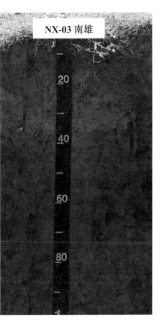

图 14-3-12　代表性地块景观(左)和土壤剖面(右)

4)土壤养分

片区土壤呈碱性，土体 pH 7.47~8.02，有机质 3.66~12.10 g/kg，全氮 0.40~0.96 g/kg，全磷 1.41~4.89 g/kg，全钾 20.30~22.70 g/kg，碱解氮 14.70~53.80 mg/kg，有效磷 1.77~14.69 mg/kg，速效钾 71.00~173.00 mg/kg，氯离子 0.0036~0.0620 mg/kg，交换性 Ca^{2+} 和交换性 Mg^{2+} 未检出。

腐殖酸与腐殖质组成中，腐殖酸碳量 1.02~2.43 g/kg，腐殖质全碳量 2.33~7.75 g/kg，胡敏酸碳量 0~1.37 g/kg，胡敏素碳量 1.10~5.32 g/kg，富啡酸碳量 0~1.21 g/kg，胡富比 0~1.29。

微量元素中，有效铁 0.24~1.25 mg/kg，有效铜 7.10~11.20 mg/kg，有效锰 1.10~20.30 mg/kg，有效锌含量 0.49~2.66 mg/kg(表 14-3-7~表 14-3-9)。

表 14-3-7　片区代表性烟田土壤养分状况

土层 /cm	pH	有机质 /(g/kg)	全氮 /(g/kg)	全磷 /(g/kg)	全钾 /(g/kg)	碱解氮 /(mg/kg)	有效磷 /(mg/kg)	速效钾 /(mg/kg)	氯离子 /(mg/kg)
0~15	7.95	12.10	0.96	4.89	20.80	53.80	14.69	173.00	0.0051
15~31	8.02	9.43	0.72	3.85	21.00	35.00	7.79	125.00	0.0036
31~43	7.89	6.39	0.50	2.44	21.10	36.70	4.00	102.00	0.0041

续表

土层/cm	pH	有机质/(g/kg)	全氮/(g/kg)	全磷/(g/kg)	全钾/(g/kg)	碱解氮/(mg/kg)	有效磷/(mg/kg)	速效钾/(mg/kg)	氯离子/(mg/kg)
43~54	7.51	7.56	0.57	1.88	22.30	27.40	1.77	88.00	0.0620
54~73	7.58	5.66	0.42	3.19	22.70	38.20	3.33	87.00	0.0041
73~100	7.47	3.66	0.40	1.41	20.30	14.70	2.10	71.00	0.0041

表 14-3-8   片区代表性烟田土壤腐殖酸与腐殖质组成

土层/cm	腐殖酸碳量/(g/kg)	腐殖质全碳量/(g/kg)	胡敏酸碳量/(g/kg)	胡敏素碳量/(g/kg)	富啡酸碳量/(g/kg)	胡富比
0~15	2.43	7.75	1.37	5.32	1.06	1.29
15~31	1.83	6.01	0.74	4.18	1.09	0.68
31~43	1.36	4.07	0.15	2.71	1.21	0.12
43~54	1.66	4.82	0	3.16	0	0
54~73	1.02	3.61	0.45	2.59	0.57	0.79
73~100	1.23	2.33	0.23	1.10	1.00	0.23

表 14-3-9   片区代表性烟田土壤中微量元素状况

土层/cm	有效铁/(mg/kg)	有效铜/(mg/kg)	有效锰/(mg/kg)	有效锌/(mg/kg)	交换性 Ca^{2+}/(cmol/kg)	交换性 Mg^{2+}/(cmol/kg)
0~15	1.25	8.90	20.30	2.66	0	0
15~31	0.76	9.50	17.70	1.36	0	0
31~43	0.57	7.10	8.70	0.79	0	0
43~54	0.45	11.20	2.00	0.59	0	0
54~73	0.31	10.50	1.30	0.52	0	0
73~100	0.24	10.20	1.10	0.49	0	0

5)总体评价

该片区代表性烟田土体深厚,耕作层质地适中重,耕性和通透性好。碱性土壤,有机质含量缺乏,肥力较低,缺磷、氯,富钾,铜、铁、锰、锌丰富,钙、镁缺乏。

4. 黄坑镇社前村茅坑片区

1)基本信息

代表性地块(NX-04):北纬24°49′45.800″,东经111°31′9.900″,海拔321 m(图14-3-13),石灰岩丘陵区河流冲积平原一级阶地,成土母质为洪积-冲积物,烤烟-晚稻轮作,水田,土壤亚类为复钙铁渗水耕人为土(图14-3-13)。

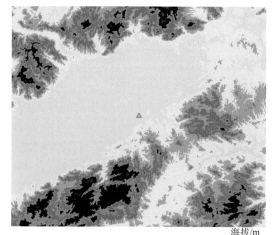

海拔/m

200 300 400 500 600 700 800 900 1000

图 14-3-13   片区海拔示意图

2）气候条件

该片区烤烟大田生育期 3~7 月，平均气温 22.8℃，降水量 989 mm，日照时数 651 h（图 14-3-14）。

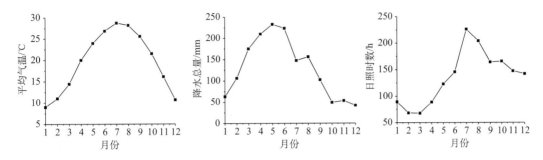

图 14-3-14　片区平均气温、降水总量、日照时数动态变化示意图

3）剖面形态（图 14-3-15（右））

Ap1：0~20 cm，灰红色（10R 4/2，干），浊红橙色（10R 5/4，润），壤土，发育强的 1~2 mm 粒状结构，松散，中度石灰反应，清晰平滑过渡。

Ap2：20~30 cm，灰红色（10R 4/2，干），浊红橙色（10R 5/4，润），壤土，发育强的直径 20~50 mm 块状结构，紧实，结构面上 2%左右铁锰斑纹，中度石灰反应，清晰波状过渡。

Br1：30~53 cm，灰红色（10R 4/2，干），浊红橙色（10R 5/4，润），2%左右角块状岩石碎屑，壤土，发育强的直径 20~50 mm 块状结构，紧实，结构面上 2%左右铁锰斑纹，2%左右软小铁锰结核，弱石灰反应，清晰波状过渡。

图 14-3-15　代表性地块景观（左）和土壤剖面（右）

Br2：53~72 cm，浊红棕色(5YR 5/3，干)，浊橙色(5YR 6/4，润)，黏壤土，发育中等的直径 20~50 mm 块状结构，稍紧实，结构面上 2%左右铁锰斑纹，2%左右软小铁锰结核，弱石灰反应，清晰波状过渡。

Br3：72~105 cm，浊红棕色(5YR 5/3，干)，浊橙色(5YR 6/4，润)，黏壤土，发育中等的直径 20~50 mm 块状结构，稍紧实，结构面上 2%左右铁锰斑纹，2%左右软小铁锰结核，弱石灰反应。

4）土壤养分

片区土壤呈弱碱性，土体 pH 7.53~7.78，有机质 5.27~20.00 g/kg，全氮 0.45~1.21 g/kg，全磷 0~6.23 g/kg，全钾 20.20~27.80 g/kg，碱解氮 31.30~108.70 mg/kg，有效磷 0~30.96 mg/kg，速效钾 73.00~177.00 mg/kg，氯离子 0.0052~0.0062 mg/kg，交换性 Ca^{2+} 和交换性 Mg^{2+} 未检出。

腐殖酸与腐殖质组成中，腐殖酸碳量 1.01~3.69 g/kg，腐殖质全碳量 3.36~12.74 g/kg，胡敏酸碳量 0.68~1.54 g/kg，胡敏素碳量 2.35~9.70 g/kg，富啡酸碳量 0.23~2.35 g/kg，胡富比 0.51~3.39。

微量元素中，有效铁 0.41~1.58 mg/kg，有效铜 12.30~92.80 mg/kg，有效锰 3.80~28.70 mg/kg，有效锌 0.41~1.22 mg/kg(表 14-3-10~表 14-3-12)。

表 14-3-10　片区代表性烟田土壤养分状况

土层/cm	pH	有机质/(g/kg)	全氮/(g/kg)	全磷/(g/kg)	全钾/(g/kg)	碱解氮/(mg/kg)	有效磷/(mg/kg)	速效钾/(mg/kg)	氯离子/(mg/kg)
0~20	7.56	20.00	1.21	6.23	27.80	108.70	30.96	177.00	0.0052
20~30	7.78	14.80	1.06	5.20	27.50	55.60	24.94	157.00	0.0062
30~53	7.78	5.27	0.49	4.28	27.80	31.30	2.88	134.00	0.0057
53~72	7.67	8.01	0.58	1.37	20.20	57.00	1.55	85.00	0.0056
72~105	7.53	9.18	0.45	0	24.10	50.60	0	73.00	0.0060

表 14-3-11　片区代表性烟田土壤腐殖酸与腐殖质组成

土层/cm	腐殖酸碳量/(g/kg)	腐殖质全碳量/(g/kg)	胡敏酸碳量/(g/kg)	胡敏素碳量/(g/kg)	富啡酸碳量/(g/kg)	胡富比
0~20	3.04	12.74	1.54	9.70	1.50	1.03
20~30	3.69	9.42	1.34	5.73	2.35	0.57
30~53	1.01	3.36	0.78	2.35	0.23	3.39
53~72	2.02	5.11	0.68	3.09	1.34	0.51
72~105	2.09	5.86	1.40	3.77	0.69	2.03

表 14-3-12　片区代表性烟田土壤中微量元素状况

土层/cm	有效铁/(mg/kg)	有效铜/(mg/kg)	有效锰/(mg/kg)	有效锌/(mg/kg)	交换性 Ca^{2+}/(cmol/kg)	交换性 Mg^{2+}/(cmol/kg)
0~20	1.25	26.10	15.20	1.13	0	0
20~30	1.58	92.80	27.10	1.22	0	0
30~53	0.41	12.30	20.50	0.41	0	0
53~72	0.81	28.90	28.70	0.71	0	0
72~105	0.60	20.30	3.80	0.66	0	0

5）总体评价

该片区代表性烟田土体深厚，耕作层质地适中重，耕性和通透性好。弱碱性土壤，有机质含量中等，肥力中等，磷、钾丰富，缺氯，铜、铁、锰、锌丰富，缺钙、镁。

第四节　江西信丰生态条件

一、地理位置

信丰县位于北纬 24°59′~25°33′，东经 114°34′~115°19′。信丰县隶属江西省赣州市，位于赣州市南部，现辖嘉定镇、大塘埠镇、古陂镇、大桥镇、新田镇、安西镇、小江镇、铁石口镇、大阿镇、油山镇、小河镇、西牛镇、正平镇、虎山乡、崇仙乡、万隆乡。总面积 2878 km²，其中耕地面积 313 km²（图 14-4-1）。

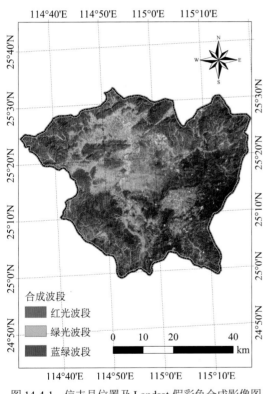

图 14-4-1　信丰县位置及 Landsat 假彩色合成影像图

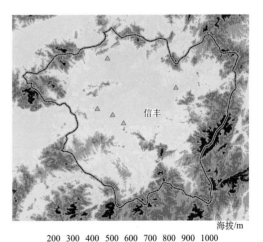

图 14-4-2　信丰县海拔示意图

二、自然条件

1. 地形地貌

信丰县地处贡水支流桃江中游，境内东部和南部及西北部为中低山脉，西南部和北部为低山丘陵，而中部地区则多低丘平地，其中山地占 28.1%，丘陵占 26.8%，平原占 10%。海拔为 135~1015.7 m（图 14-4-2），地势由南向北倾斜，南岭山脉的大庾岭、九连山余脉分别从县境西南绵延，四周群山环绕，中部地势低平。

2. 气候条件

信丰地处东亚季风区，气候温和、光照充足、热量丰富、雨量充沛，属中亚热带季风湿润气候，具有四季变化分明、春秋短夏冬长、冰雪期短、无霜期长、夏少酷暑冬少严寒等特点。信丰县地形比较复杂，四周群山重峦，中部低丘起伏。由于地形地貌的复杂多样，光、热、水资源的重新分配，造成立体气候较明显。年均气温 15.9~19.9℃，平均 19.1℃，1 月最冷，月平均气温 8.5℃，7 月最热，月平均气温 28.0℃；区域分布总的趋势是由中部向四周递减。年均降水总量 1541~1653 mm，平均 1578 mm 左右，2~9 月降雨均在 100 mm 以上，其中 4~6 月降雨在 200 mm 以上，其他月降雨在 100 mm 以下；区域分布趋势是由西北向东南递增。年均日照时数 1640~1735 h，平均 1672 h，5~12 月日照在 100 h 以上，其中 7 月、8 月日照在 200 h 以上，其他月份日照在 100 h 以下；区域分布趋势是由西北向东南递增(图 14-4-3)。年均无霜期 298 d。

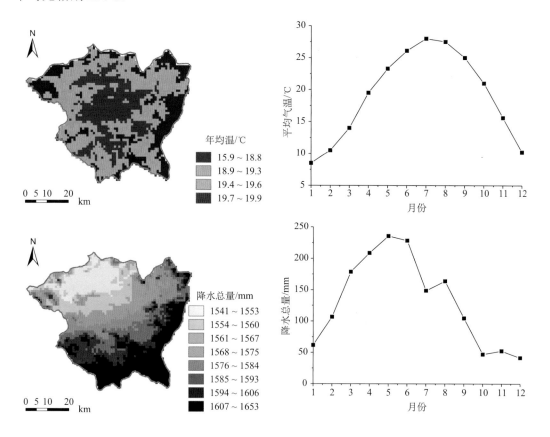

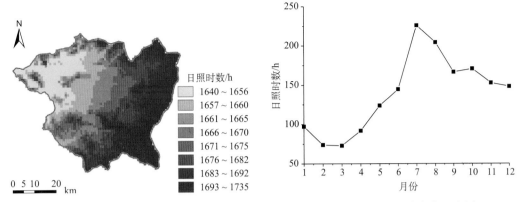

图 14-4-3 信丰县 1980~2013 年平均温度、降水总量、日照时数时空动态变化示意图

三、片区与代表性烟田

1. 西牛镇坳上村杨屋山片区

1）基本信息

代表性地块（XF-01）：北纬 25°27'10.897"，东经 114°51'13.359"，海拔 173 m（图 14-4-4），河谷冲积平原一级阶地，成土母质为河流冲积物，种植制度为烤烟-晚稻轮作，水田，土壤亚类为漂白铁聚水耕人为土。

2）气候条件

该片区烤烟大田生育期 3~6 月，平均气温 21.2℃，降水量 829 mm，日照时数 436 h（图 14-4-5）。

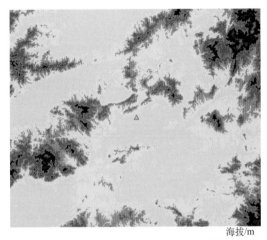

图 14-4-4 片区海拔示意图

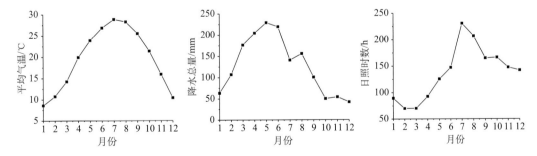

图 14-4-5 片区平均气温、降水总量、日照时数动态变化示意图

3）剖面形态（图 14-4-6（右））

Ap1：0~18 cm，浊棕色（7.5YR 6/3，干），灰棕色（7.5YR 5/2，润），砂质壤土，发育强的 1~2 mm 粒状结构，松散，弱石灰反应，清晰平滑过渡。

Ap2：18~27 cm，淡棕灰色(7.5YR 7/2，干)，棕灰色(7.5YR 6/1，润)，砂质壤土，发育强的直径 20~50 mm 块状结构，紧实，结构面上 2%~5%铁锰斑纹，弱石灰反应，清晰波状过渡。

E1：27~50 cm，淡棕灰色(7.5YR 7/2，干)，棕灰色(7.5YR 6/1，润)，壤土，发育中等的直径 20~50 mm 块状结构，紧实；结构面上 50%左右铁锰斑纹，2%左右软小铁锰结核，渐变波状过渡。

E2：50~68 cm，淡棕灰色(7.5YR 7/2，干)，棕灰色(7.5YR 6/1，润)，砂质壤土，发育中等的直径 20~50 mm 块状结构，紧实；结构面上 20%左右铁锰斑纹，5%左右软小铁锰结核，渐变波状过渡。

E3：68~110 cm，淡棕灰色(7.5YR 7/2，干)，棕灰色(7.5YR 6/1，润)，黏壤土，发育中等的直径 20~50 mm 块状结构，紧实；结构面上 60%左右铁锰斑纹，2%左右软小铁锰结核。

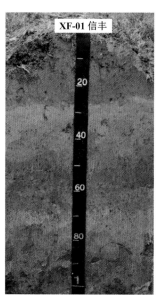

图 14-4-6　代表性地块景观(左)和土壤剖面(右)

4) 土壤养分

片区土壤呈中性，土体 pH 7.02~7.59，有机质 3.05~10.00 g/kg，全氮 0.35~0.85 g/kg，全磷 2.29~3.61 g/kg，全钾 13.90~24.50 g/kg，碱解氮 25.50~44.00 mg/kg，有效磷 0.66~5.14 mg/kg，速效钾 83.00~148.00 mg/kg，氯离子 0.004~0.170 mg/kg，交换性 Ca^{2+} 和交换性 Mg^{2+} 未检出。

腐殖酸与腐殖质组成中，腐殖酸碳量 0.78~2.57 g/kg，腐殖质全碳量 1.94~6.62 g/kg，胡敏酸碳量 0.46~0.84 g/kg，胡敏素碳量 1.78~4.05 g/kg，富啡酸碳量 0.05~1.73 g/kg，胡富比 0.41~14.60。

微量元素中，有效铜 0.04~0.92 mg/kg，有效铁 3.90~11.60 mg/kg，有效锰 9.20~44.70 mg/kg，有效锌 0.08~1.12 mg/kg(表 14-4-1~表 14-4-3)。

表 14-4-1　片区代表性烟田土壤养分状况

土层 /cm	pH	有机质 /(g/kg)	全氮 /(g/kg)	全磷 /(g/kg)	全钾 /(g/kg)	碱解氮 /(mg/kg)	有效磷 /(mg/kg)	速效钾 /(mg/kg)	氯离子 /(mg/kg)
0~18	7.02	10.00	0.85	3.25	13.90	44.00	5.14	83.00	0.014
18~27	7.33	6.27	0.57	2.79	15.70	43.40	3.07	102.00	0.007
27~50	7.19	4.51	0.41	2.55	15.70	28.00	0.66	134.00	0.170
50~68	7.44	3.05	0.35	2.29	15.60	34.40	3.29	92.00	0.005
68~80	7.44	4.56	0.39	2.50	16.90	25.50	2.64	95.00	0.004
80~110	7.59	6.24	0.40	3.61	24.50	31.00	1.33	148.00	0.004

表 14-4-2　片区代表性烟田土壤腐殖酸与腐殖质组成

土层 /cm	腐殖酸碳量 /(g/kg)	腐殖质全碳量 /(g/kg)	胡敏酸碳量 /(g/kg)	胡敏素碳量 /(g/kg)	富啡酸碳量 /(g/kg)	胡富比
0~18	2.57	6.62	0.84	4.05	1.73	0.49
18~27	1.81	4.00	0.53	2.19	1.28	0.41
27~50	1.00	2.88	0.77	1.88	0.23	3.35
50~68	0.78	1.94	0.73	3.04	0.05	14.60
68~80	1.13	2.91	0.51	1.78	0.62	0.82
80~110	1.29	3.98	0.46	2.69	0.83	0.55

表 14-4-3　片区代表性烟田土壤中微量元素状况

土层 /cm	有效铜 /(mg/kg)	有效铁 /(mg/kg)	有效锰 /(mg/kg)	有效锌 /(mg/kg)	交换性 Ca^{2+} /(cmol/kg)	交换性 Mg^{2+} /(cmol/kg)
0~18	0.37	11.60	44.70	1.12	0	0
18~27	0.19	7.00	28.40	0.57	0	0
27~50	0.09	9.20	19.40	0.26	0	0
50~68	0.04	6.20	18.30	0.14	0	0
68~80	0.92	4.80	13.20	0.08	0	0
80~110	0.64	3.90	9.20	0.23	0	0

5）总体评价

该片区代表性烟田土体深厚，耕作层质地砂性重，耕性和通透性好。中性土壤，有机质含量缺乏，肥力较低，磷、钾、铜、钙、镁缺乏，铁、锰、锌丰富。

2. 古陂镇中寨村黎明片区

1）基本信息

代表性地块（XF-02）：北纬 25°21′1.158″，东经 115°5′32.570″，海拔 176m（图 14-4-7），丘陵沟谷地，成土母质为沟谷堆积-冲积物，种植制度为烤烟-晚稻轮作，水田，土壤亚类

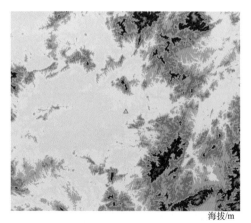

海拔/m

200 300 400 500 600 700 800 900 1000

图 14-4-7　片区海拔示意图

为漂白铁聚水耕人为土。

2）气候条件

该片区烤烟大田生育期 3~6 月，平均气温 21.3℃，降水量 846 mm，日照时数 434 h（图 14-4-8）。

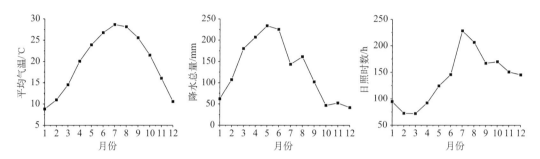

图 14-4-8　片区平均气温、降水总量、日照时数动态变化示意图

3）剖面形态（图 14-4-9（右））

Ap1：0~20 cm，浊橙色（7.5YR 6/4，润），灰棕色（7.5YR 5/2，干），砂质壤土，发育强的 1~2 mm 粒状结构，松散，清晰平滑过渡。

Ap2：20~30 cm，浊橙色（7.5YR 6/4，润），灰棕色（7.5YR 5/2，干），砂质壤土，发育强的直径 20~50 mm 块状结构，紧实，结构面上 2%左右铁锰斑纹，清晰波状过渡。

E1：30~47 cm，淡棕灰色（7.5YR 7/2，干），棕灰色（7.5YR 6/1，润），砂质壤土，发育中等的直径 20~50 mm 块状结构，紧实；结构面上 30%左右铁锰斑纹，10%左右软小铁锰结核，弱石灰反应，渐变波状过渡。

图 14-4-9　代表性地块景观（左）和土壤剖面（右）

E2：47~66 cm，淡棕灰色(7.5YR 7/2，干)，棕灰色(7.5YR 6/1，润)，砂质壤土，发育中等的直径 20~50 mm 块状结构，紧实；结构面上 15%左右铁锰斑纹，15%左右软小铁锰结核，弱石灰反应，渐变波状过渡。

E3：66~80 cm，橙白色(7.5YR 8/1，干)，淡棕灰色(7.5YR 7/1，润)，发育中等的直径 20~50 mm 块状结构，紧实；结构面上 50%左右铁锰斑纹，5%左右软小铁锰结核，弱石灰反应，渐变波状过渡

Br：80~120 cm，黄橙色(7.5YR 7/8，干)，橙色(7.5YR 6/6，润)，黏壤土，发育中等的直径 20~50 mm 块状结构，紧实；结构面上 50%左右铁锰斑纹，弱石灰反应。

4) 土壤养分

片区土壤呈弱碱性，土体 pH 7.69~8.08，有机质 3.76~13.30 g/kg，全氮 0.32~0.91 g/kg，全磷 2.45~3.31 g/kg，全钾 18.30~19.50 g/kg，碱解氮 11.20~41.30 mg/kg，有效磷 2.44~10.79 mg/kg，速效钾 92.00~115.00 mg/kg，氯离子 0.004~0.006 mg/kg，交换性 Ca^{2+} 和交换性 Mg^{2+} 未检出。

腐殖酸与腐殖质组成中，腐殖酸碳量 0.65~2.63 g/kg，腐殖质全碳量 2.40~8.48 g/kg，胡敏酸碳量 0.23~0.73 g/kg，胡敏素碳量 1.75~5.85 g/kg，富啡酸碳量 0.13~1.94 g/kg，胡富比 0.27~5.15。

微量元素中，有效铜 0.96~1.55 mg/kg，有效铁 11.20~57.40 mg/kg，有效锰 18.30~37.70 mg/kg，有效锌 0.37~1.03 mg/kg(表 14-4-4~表 14-4-6)。

表 14-4-4　片区代表性烟田土壤养分状况

土层/cm	pH	有机质/(g/kg)	全氮/(g/kg)	全磷/(g/kg)	全钾/(g/kg)	碱解氮/(mg/kg)	有效磷/(mg/kg)	速效钾/(mg/kg)	氯离子/(mg/kg)
0~20	7.69	13.30	0.91	3.31	18.30	41.10	10.79	115.00	0.005
20~30	7.70	9.81	0.70	3.09	18.60	29.40	9.68	108.00	0.006
30~47	8.08	6.79	0.55	2.75	19.20	39.80	3.78	92.00	0.004
47~66	7.96	5.53	0.38	3.22	19.30	41.30	3.66	96.00	0.005
66~80	8.05	3.76	0.32	2.45	19.40	11.20	2.44	95.00	0.025
80~120	7.89	4.23	0.46	2.69	19.50	18.50	3.22	94.00	0.004

表 14-4-5　片区代表性烟田土壤腐殖酸与腐殖质组成

土层/cm	腐殖酸碳量/(g/kg)	腐殖质全碳量/(g/kg)	胡敏酸碳量/(g/kg)	胡敏素碳量/(g/kg)	富啡酸碳量/(g/kg)	胡富比
0~20	2.63	8.48	0.69	5.85	1.94	0.36
20~30	2.09	6.26	0.73	4.17	1.36	0.54
30~47	1.42	4.33	0.30	2.91	1.12	0.27
47~66	0.97	3.53	0.41	2.56	0.56	0.73
66~80	0.65	2.40	0.23	1.75	0.42	0.55
80~120	0.80	2.70	0.67	1.90	0.13	5.15

表 14-4-6   片区代表性烟田土壤中微量元素状况

土层 /cm	有效铜 /(mg/kg)	有效铁 /(mg/kg)	有效锰 /(mg/kg)	有效锌 /(mg/kg)	交换性 Ca^{2+} /(cmol/kg)	交换性 Mg^{2+} /(cmol/kg)
0~20	1.55	57.40	37.30	0.71	0	0
20~30	1.24	32.10	35.80	0.37	0	0
30~47	1.31	11.20	18.60	0.55	0	0
47~66	1.18	17.30	18.50	1.03	0	0
66~80	0.96	18.20	37.70	0.71	0	0
80~120	1.14	12.50	18.30	0.48	0	0

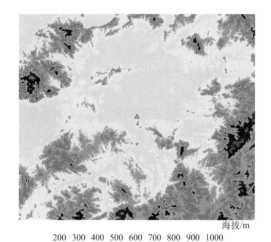

图 14-4-10   片区海拔示意图

5）总体评价

该片区代表性烟田土体深厚，耕作层质地偏黏，耕性和通透性较差。弱碱性土壤，有机质含量缺乏，肥力较低，缺磷，钾含量中等水平，铜、铁、锰丰富，锌含量中等水平，严重缺钙、镁。

3. 大塘埠镇樟塘村椴高片区

1）基本信息

代表性地块（XF-03）：北纬 25°14′56.874″，东经 114°53′58.394″，海拔 178 m（图 14-4-10），岗地坡中上部，成土母质为钙质紫泥（页）岩风化残积物，种植制度为烤烟单作，梯田旱地，冬季撂荒，土壤亚类为石灰紫色正常新成土。

2）气候条件

该片区烤烟大田生育期 3~6 月，生育期平均气温 21.4℃，降水量 848 mm，日照时数 430 h（图 14-4-11）。

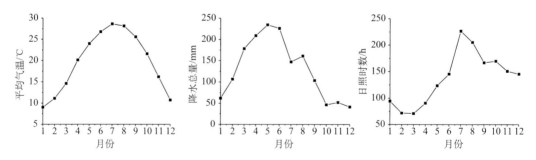

图 14-4-11   片区平均气温、降水总量、日照时数动态变化示意图

3）剖面形态（图 14-4-12（右））

Ap：0~25 cm，极暗红棕色（10R 2/2，干），暗红棕色（10R 3/3，润），5% 左右 2~5 mm 角块状岩石碎屑，黏壤土，发育强的 1~2 mm 粒状结构，松散，强石灰反应，清晰平滑

过渡。

R：25 cm~，紫砂(页)岩，强石灰反应。

图 14-4-12　代表性地块景观(左)和土壤剖面(右)

4) 土壤养分

片区土壤呈碱性，土体 pH 8.12，有机质 14.70 g/kg，全氮 1.03 g/kg，全磷 5.22 g/kg，全钾 27.40 g/kg，碱解氮 70.60 mg/kg，有效磷 4.38 mg/kg，速效钾 207.00 mg/kg，氯离子 0.004 mg/kg，交换性 Ca^{2+} 和交换性 Mg^{2+} 未检出。

腐殖酸与腐殖质组成中，腐殖酸碳量 3.91 g/kg，腐殖质全碳量 9.36 g/kg，胡敏酸碳量 0.47 g/kg，胡敏素碳量 5.45 g/kg，富啡酸碳量 3.44 g/kg，胡富比 0.14。

微量元素中，有效铜 0.78 mg/kg，有效铁 6.00 mg/kg，有效锰 14.90 mg/kg，有效锌 0.69 mg/kg(表 14-4-7~表 14-4-9)。

表 14-4-7　片区代表性烟田土壤养分状况

土层/cm	pH	有机质/(g/kg)	全氮/(g/kg)	全磷/(g/kg)	全钾/(g/kg)	碱解氮/(mg/kg)	有效磷/(mg/kg)	速效钾/(mg/kg)	氯离子/(mg/kg)
0~25	8.12	14.70	1.03	5.22	27.40	70.60	4.38	207.00	0.004

表 14-4-8　片区代表性烟田土壤腐殖酸与腐殖质组成

土层/cm	腐殖酸碳量/(g/kg)	腐殖质全碳量/(g/kg)	胡敏酸碳量/(g/kg)	胡敏素碳量/(g/kg)	富啡酸碳量/(g/kg)	胡富比
0~25	3.91	9.36	0.47	5.45	3.44	0.14

表 14-4-9　片区代表性烟田土壤中微量元素状况

土层 /cm	有效铜 /(mg/kg)	有效铁 /(mg/kg)	有效锰 /(mg/kg)	有效锌 /(mg/kg)	交换性 Ca^{2+}/(cmol/kg)	交换性 Mg^{2+}/(cmol/kg)
0~25	0.78	6.00	14.90	0.69	0	0

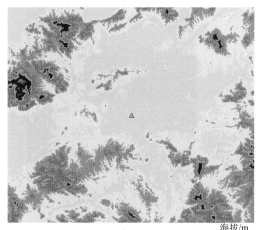

图 14-4-13　片区海拔示意图

5）总体评价

该片区代表性烟田土体薄，耕作层质地偏黏，耕性和通透性略差。碱性土壤，有机质含量缺乏，肥力偏低，缺磷富钾，缺氯，铜、锌含量中等水平，缺钙、镁。

4. 小河镇旗塘村柏圫仔片区

1）基本信息

代表性地块（XF-04）：北纬 25°16′35.090″，东经 114°51′42.950″，海拔 194 m（图 14-4-13），岗地坡中部，成土母质为钙质紫泥（页）岩风化残积-坡积物，种植制度为烤烟单作，冬季摞荒，缓坡旱地，土壤亚类为石灰紫色湿润雏形土。

2）气候条件

该片区烤烟大田生育期 3~6 月，生育期平均气温 21.3℃，降水量 844 mm，日照时数 431 h（图 14-4-14）。

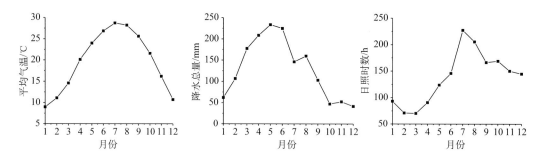

图 14-4-14　片区平均气温、降水总量、日照时数年动态变化示意图

3）剖面形态（图 14-4-15（右））

Ap：0~15 cm，极暗红棕色（10R 2/2，干），暗红棕色（10R 3/3，润），壤土，20%左右 2~5 mm 角块状岩石碎屑，发育强的 1~2 mm 粒状结构，松散，强石灰反应，渐变波状过渡。

Bw：15~38 cm，极暗红棕色（10R 2/2，干），暗红棕色（10R 3/3，润），20%左右 2~5 mm 角块状岩石碎屑，壤土，强石灰反应，松散，清晰平滑过渡。

图14-4-15 代表性地块景观(左)和土壤剖面(右)

R：38 cm~，紫砂(页)岩，强石灰反应。

4)土壤养分

片区土壤呈碱性，土体 pH 7.36~8.12，有机质 6.90~12.00 g/kg，全氮 0.50~0.71 g/kg，全磷 2.33~3.95 g/kg，全钾 17.70~21.90 g/kg，碱解氮 39.90~60.80 mg/kg，有效磷 0.66~7.76 mg/kg，速效钾 91.00~206.00 mg/kg，氯离子 0.003 mg/kg，交换性 Ca^{2+} 和交换性 Mg^{2+} 未检出。

腐殖酸与腐殖质组成中，腐殖酸碳量 1.67~3.13 g/kg，腐殖质全碳量 4.40~7.68 g/kg，胡敏酸碳量 0.59~1.45 g/kg，胡敏素碳量 2.73~4.55 g/kg，富啡酸碳量 1.08~1.68 g/kg，胡富比 0.55~0.86。

微量元素中，有效铜 0.17~0.89 mg/kg，有效铁 3.40~12.20 mg/kg，有效锰 10.70~28.90 mg/kg，有效锌 0.18~1.03 mg/kg(表 4-4-10~表 14-4-12)。

表 14-4-10 片区代表性烟田土壤养分状况

土层 /cm	pH	有机质 /(g/kg)	全氮 /(g/kg)	全磷 /(g/kg)	全钾 /(g/kg)	碱解氮 /(mg/kg)	有效磷 /(mg/kg)	速效钾 /(mg/kg)	氯离子 /(mg/kg)
0~15	8.12	12.00	0.71	3.95	21.90	60.80	7.76	206.00	0.003
15~38	7.36	6.90	0.50	2.33	17.70	39.90	0.66	91.00	0.003

表 14-4-11 片区代表性烟田土壤腐殖酸与腐殖质组成

土层 /cm	腐殖酸碳量 /(g/kg)	腐殖质全碳量 /(g/kg)	胡敏酸碳量 /(g/kg)	胡敏素碳量 /(g/kg)	富啡酸碳量 /(g/kg)	胡富比
0~15	3.13	7.68	1.45	4.55	1.68	0.86
15~38	1.67	4.40	0.59	2.73	1.08	0.55

表14-4-12　片区代表性烟田土壤中微量元素状况

土层 /cm	有效铜 /(mg/kg)	有效铁 /(mg/kg)	有效锰 /(mg/kg)	有效锌 /(mg/kg)	交换性 Ca²⁺ /(cmol/kg)	交换性 Mg²⁺ /(cmol/kg)
0~15	0.89	3.40	10.70	1.03	0	0
15~38	0.17	12.20	28.90	0.18	0	0

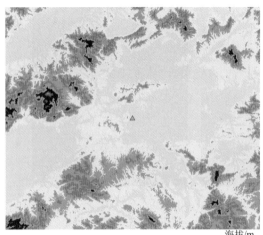

图 14-4-16　片区海拔示意图

5）总体评价

该片区代表性烟田土体薄，耕作层质地适中，耕性和通透性较好。碱性土壤，土壤有机质含量缺乏，肥力偏低，缺磷富钾，缺氯，铜、铁、锰含量中等水平，锌较丰富，钙、镁缺乏。

5. 小河镇旗塘村柏垱仔片区

1）基本信息

代表性地块（XF-05）：北纬 25°17′51.430″，东经 114°48′36.443″，海拔 194 m（图 14-4-16），岗地顶部，成土母质为紫泥（页）岩风化残积-坡积物，种植制度为烤烟单作，冬季撂荒，缓坡旱地，土壤亚类为酸性紫色湿润雏形土。

2）气候条件

该片区烤烟大田生育期 3~6 月，平均气温 21.3℃，降水量 842 mm，日照时数 434 h（图 14-4-17）。

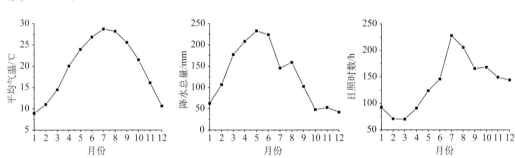

图 14-4-17　片区平均气温、降水总量、日照时数动态变化示意图

3）剖面形态（图 14-4-18（右））

Ap：0~30 cm，极暗红棕色（10R 2/2，干），暗红棕色（10R 3/3，润），壤土，5%左右 2~5 mm 角块状岩石碎屑，发育强的 1~2 mm 粒状结构，松散，清晰平滑过渡。

Bw1：30~50 cm，暗红棕色（10R 3/3，干），浊红色（10R 4/4，润），20%左右 2~5 mm 角块状岩石碎屑，壤土，稍紧实，结构面上 2%左右铁锰斑纹，渐变波状过渡。

Bw2：50~62 cm，暗红棕色(10R 3/3，干)，浊红色(10R 4/4，润)，50%左右 2~5mm 角块状岩石碎屑，壤土，稍紧实，结构面上 10%左右铁锰斑纹，清晰波状过渡。

R：62 cm~，紫砂(页)岩。

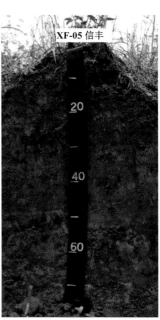

图 14-4-18 代表性地块景观(左)和土壤剖面(右)

4)土壤养分

片区土壤呈微酸性，土体 pH 3.49~6.13，有机质 2.20~10.90 g/kg，全氮 0.29~0.75 g/kg，全磷 1.49~2.42 g/kg，全钾 13.50~23.70 g/kg，碱解氮 13.30~44.50 mg/kg，有效磷 0.35~32.85 mg/kg，速效钾 87.00~113.00 mg/kg，氯离子 0.069~0.130 mg/kg，交换性 Ca^{2+} 1.61~5.06 cmol/kg 和交换性 Mg^{2+} 0.25~0.87 cmol/kg。

腐殖酸与腐殖质组成中，腐殖酸碳量 0.56~3.25 g/kg，腐殖质全碳量 1.41~6.93 g/kg，胡敏酸碳量 0.06~0.37 g/kg，胡敏素碳量 0.83~3.68 g/kg，富啡酸碳量 0.21~3.18 g/kg，胡富比 0.02~1.76。

微量元素中，有效铜 0.05~0.85 mg/kg，有效铁 5.10~21.70 mg/kg，有效锰 8.10~42.00 mg/kg，有效锌 0.78~2.99 mg/kg(表 14-4-13~表 14-4-15)。

表 14-4-13 片区代表性烟田土壤养分状况

土层 /cm	pH	有机质 /(g/kg)	全氮 /(g/kg)	全磷 /(g/kg)	全钾 /(g/kg)	碱解氮 /(mg/kg)	有效磷 /(mg/kg)	速效钾 /(mg/kg)	氯离子 /(mg/kg)
0~30	6.13	10.90	0.75	2.42	14.70	44.50	20.71	113.00	0.093
30~50	5.22	4.44	0.29	1.49	13.50	13.30	32.85	88.00	0.083
50~62	4.65	2.20	0.30	2.27	22.30	17.10	1.11	93.00	0.130
62~100	3.49	2.72	0.30	1.95	23.70	23.00	0.35	87.00	0.069

表 14-4-14　片区代表性烟田土壤腐腐殖酸与殖质组成

土层 /cm	腐殖酸碳量 /(g/kg)	腐殖质全碳量 /(g/kg)	胡敏酸碳量 /(g/kg)	胡敏素碳量 /(g/kg)	富啡酸碳量 /(g/kg)	胡富比
0~30	3.25	6.93	0.07	3.68	3.18	0.02
30~50	1.54	2.83	0.06	1.29	1.48	0.04
50~62	0.58	1.41	0.37	0.83	0.21	1.76
62~100	0.56	1.74	0.29	1.18	0.27	1.07

表 14-4-15　片区代表性烟田土壤中微量元素状况

土层 /cm	有效铜 /(mg/kg)	有效铁 /(mg/kg)	有效锰 /(mg/kg)	有效锌 /(mg/kg)	交换性 Ca^{2+} /(cmol/kg)	交换性 Mg^{2+} /(cmol/kg)
0~30	0.50	21.70	42.00	2.99	5.06	0.87
30~50	0.05	14.40	23.60	1.92	3.61	0.37
50~62	0.85	5.10	8.20	0.78	2.14	0.25
62~100	0.08	15.50	8.10	2.69	1.61	0.37

5）总体评价

该片区代表性烟田土体较厚，耕作层质地适中，耕性和通透性较好。微酸性土壤，有机质含量缺乏，肥力偏低，磷含量丰富，钾含量中等水平，氯含量较低，铜含量中等水平，铁、锰、锌、钙、镁丰富。

第十五章 中原烤烟产区典型区域生态条件

中原地区烤烟种植区位于北纬 32°43'~34°30'，东经 111°51'~113°58'。区域地形大体东高西低，南高北低，山地与平原间差异比较明显。该区域覆盖河南省主要烤烟产区，南部地处北亚热带与暖温带的过渡带，具有大陆性季风气候的特点，其他属于暖温带大陆季风气候区或半季风气候区，一般冬季受大陆性气团控制，夏季受海洋性气团控制，春秋为二者交替过渡季节，四季分明；冬季寒冷雨雪少，春季干旱风沙多，夏季炎热雨丰沛，秋季晴和日照足；年平均降水量约为 500~900 mm，南部及西部山地较多。该区域烤烟主要产区县包括许昌市襄城县、许昌县，三门峡市的灵宝县、卢氏县，平顶山市的宝丰县、郏县，洛阳市的洛宁县，驻马店市的确山县、泌阳县，南阳市的内乡县、方城县等 11 个县。该区域属于 2 年 3 作农业生产地区，烤烟为春季 5 月上旬移栽，9 月中旬采收结束，大田生育期一般 135~140 d。该区域是我国的主要烤烟产区，也是著名的河南烤烟产区。

第一节 河南襄城生态条件

一、地理位置

襄城县位于北纬 33°42'~34°02'，东经 113°22'~113°45'，地处伏牛山东麓倾斜平原（图 15-1-1）。襄城县隶属河南省许昌市，位于许昌市西南部，现辖城关镇、颍桥回族镇、麦岭镇、颍阳镇、王洛镇、紫云镇、库庄镇、十里铺镇、湛北乡、山头店乡、茨沟乡、丁营乡、姜庄乡、范湖乡、双庙乡、汾陈乡，总面积 920 km²，耕地面积 547 km²。

二、自然条件

1. 地形地貌

襄城县东倚伏牛山脉之首，西接黄淮平原东缘，为岗丘、平原交错地带，其中岗丘占 20%，平原占 75.5%。海拔 64~462.7 m，以西南部马棚山为最高点，北部为丘陵地带，中东部为平原，东部低洼，呈西高

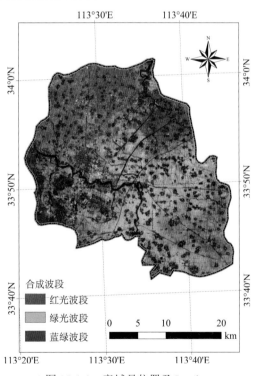

图 15-1-1 襄城县位置及 Landsat
假彩色合成影像图

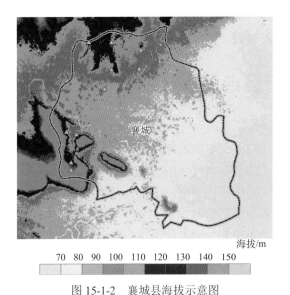

图 15-1-2　襄城县海拔示意图

东低的地势特征(图 15-1-2)。

2. 气候条件

襄城县属暖温带大陆季风气候,四季分明。全县一般冬季受大陆性气团控制,夏季受海洋性气团控制,春秋为二者交替过渡季节。春季时间短,干旱多风,气温回升较快;夏季时间长,温度高,雨水集中,时空分布不匀;秋季时间短,昼夜温差大,降水量逐渐减少;冬季时间长,多风,寒冷少雨雪。年均气温 13.5~14.9℃,平均 14.7℃,1 月最冷,月平均气温 0.7℃,7 月最热,月平均气温 27.1℃;区域分布趋势是由北向南递增,同时西南部分区域

较低。年均降水总量 713~767 mm,平均 738 mm 左右,5~9 月降水均在 50 mm 以上,其中 7 月、8 月降水在 100 mm 以上,其他月份降水在 50 mm 以下;区域分布趋势是由北向南递增。年均日照时数 1881~1920 h,平均 1899 h,各月份日照均在 100 h 以上,其中 4 月、5 月、6 月日照在 200 h 左右;区域分布总的趋势是由北向南递减(图 15-1-3)。年均无霜期 217 d。

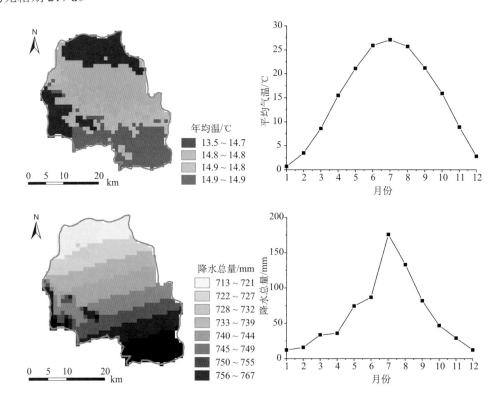

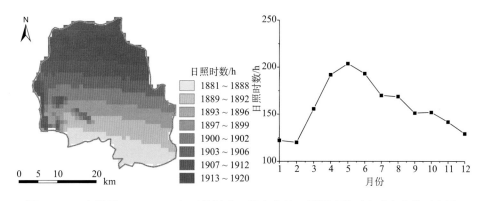

图 15-1-3 襄城县 1980~2013 年平均温度、降水总量、日照时数时空动态变化示意图

三、片区与代表性烟田

1. 紫云镇黄柳南村片区

1）基本信息

代表性地块（XC-01）：北纬 33°51′7.200″，东经 113°24′37.200″，海拔 86 m（图 15-1-4），漫岗坡麓，成土母质为黄土状洪积-冲积物，种植制度为烤烟-小麦轮作，缓坡旱地，土壤亚类为石灰底绣干润雏形土。

2）气候条件

该片区烤烟大田生育期 5~8 月，平均气温 25.0℃，降水量 465 mm，日照时数 735 h（图 15-1-5）。

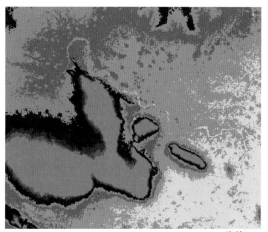

图 15-1-4 片区海拔示意图

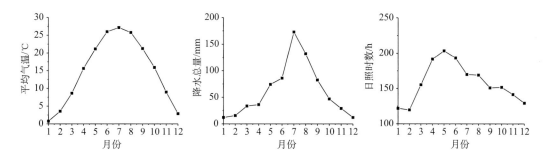

图 15-1-5 片区平均气温、降水总量、日照时数动态变化示意图

3）剖面形态（图 15-1-6（右））

Ap：0~30 cm，棕色（7.5YR 4/4，润），橙色（7.5YR 6/6，干），粉砂壤土，发育强的 1~2 mm 粒状结构，松散，2~3 个蚯蚓穴，pH 7.2，清晰平滑过渡。

Bw1：30~47 cm，浊棕色(7.5YR 5/4，润)，橙色(7.5YR 7/6，干)，粉砂壤土，发育中等的 10~20 mm 块状结构，稍硬，2~3 个蚯蚓穴，pH 8.3，轻度石灰反应，清晰平滑过渡。

Bw2：47~72 cm，暗棕色(7.5YR 3/3，润)，浊棕色(7.5YR 5/4，干)，粉砂壤土，发育中等的 20~50 mm 块状结构，坚硬，pH 8.4，轻度石灰反应，渐变波状过渡。

Bk：72~120 cm，黑棕色(7.5YR 2/2，润)，棕色(7.5YR 4/2，干)，粉砂壤土，发育中等的 20~50 mm 块状结构，坚硬，结构面上 5%左右铁锰斑纹，pH 8.0，中度石灰反应。

图 15-1-6　代表性地块景观(左)和土壤剖面(右)

4) 土壤养分

片区土壤呈中性，土体 pH 7.23~8.42，有机质 3.34~15.05 g/kg，全氮 0.33~1.00 g/kg，全磷 0.54~0.71 g/kg，全钾 18.57~21.34 g/kg，碱解氮 24.95~79.66 mg/kg，有效磷 4.40~28.30 mg/kg，速效钾 69.37~122.64 mg/kg，氯离子 14.66~15.31 mg/kg，交换性 Ca^{2+} 12.18~18.13 cmol/kg，交换性 Mg^{2+} 1.11~1.87 cmol/kg。

腐殖酸与腐殖质组成中，腐殖酸碳量 1.52~5.99 g/kg，腐殖质全碳量 1.94~8.52 g/kg，胡敏酸碳量 0.86~3.03 g/kg，胡敏素碳量 0.42~2.53 g/kg，富啡酸碳量 0.66~2.96 g/kg，胡富比 0.52~1.30。

微量元素中，有效铜 0.54~1.25 mg/kg，有效铁 6.45~11.14 mg/kg，有效锰 2.82~17.36 mg/kg，有效锌 0.05~1.04 mg/kg(表 15-1-1~表 15-1-3)。

表 15-1-1　片区代表性烟田土壤养分状况

土层 /cm	pH	有机质 /(g/kg)	全氮 /(g/kg)	全磷 /(g/kg)	全钾 /(g/kg)	碱解氮 /(mg/kg)	有效磷 /(mg/kg)	速效钾 /(mg/kg)	氯离子 /(mg/kg)
0~30	7.23	15.05	1.00	0.71	19.95	79.66	4.40	122.64	14.66
30~47	8.28	5.65	0.43	0.54	20.46	34.55	28.30	79.23	15.01
47~72	8.42	6.90	0.57	0.55	18.57	44.15	8.00	69.37	15.31
72~120	8.04	3.34	0.33	0.59	21.34	24.95	12.40	92.06	14.77

表 15-1-2　片区代表性烟田土壤腐殖质组成

土层 /cm	腐殖酸碳量 /(g/kg)	腐殖质全碳量 /(g/kg)	胡敏酸碳量 /(g/kg)	胡敏素碳量 /(g/kg)	富啡酸碳量 /(g/kg)	胡富比
0~30	5.99	8.52	3.03	2.53	2.96	1.02
30~47	1.83	3.13	0.95	1.30	0.88	1.07
47~72	2.62	3.61	0.89	0.99	1.73	0.52
72~120	1.52	1.94	0.86	0.42	0.66	1.30

表 15-1-3　片区代表性烟田土壤中微量元素状况

土层 /cm	有效铜 /(mg/kg)	有效铁 /(mg/kg)	有效锰 /(mg/kg)	有效锌 /(mg/kg)	交换性 Ca^{2+} /(cmol/kg)	交换性 Mg^{2+} /(cmol/kg)
0~30	0.80	6.55	6.46	0.16	12.18	1.87
30~47	1.25	11.14	17.36	1.04	18.13	1.11
47~72	0.58	6.45	4.20	0.08	16.97	1.41
72~120	0.54	9.07	2.82	0.05	13.83	1.81

5)总体评价

该片区代表性烟田土体较厚,耕作层质地适中,耕性和通透性较好。中性土壤,有机质含量缺乏,肥力偏低,缺磷富钾,铜含量中等,铁、锰、钙、镁丰富,锌极缺乏。

2. 紫云镇宁庄村片区

1)基本信息

代表性地块(XC-02):北纬 33°51′25.100″,东经 113°23′22.400″,海拔 107 m(图 15-1-7),漫岗坡麓,成土母质为黄土状洪积-冲积物,种植制度为烤烟-小麦轮作,缓坡旱地,土壤亚类为石灰底绣干润雏形土。

2)气候条件

该片区烤烟大田生育期 5~8 月,平均气温 24.8℃,降雨量 467 mm,日照时数 734 h

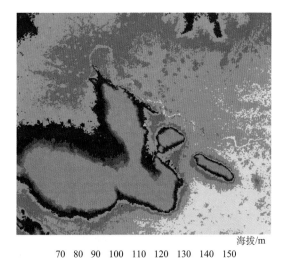

海拔/m

70　80　90　100　110　120　130　140　150

图 15-1-7　片区海拔示意图

（图 15-1-8）。

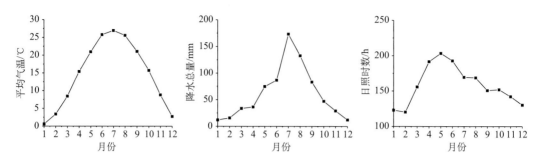

图 15-1-8　片区平均气温、降水总量、日照时数动态变化示意图

3）剖面形态（图 15-1-9（右））

Ap：0~26 cm，棕色（7.5YR 4/4，润），橙色（7.5YR 6/6，干），粉砂壤土，发育强的 1~2 mm 粒状结构，松散，2~3 个蚯蚓穴，pH 7.0，清晰平滑过渡。

Bw1：26~45 cm，浊棕色（7.5YR 5/4，润），橙色（7.5YR 7/6，干），粉砂壤土，发育中等的 10~20 mm 块状结构，稍硬，2~3 个蚯蚓穴，pH 8.2，轻度石灰反应，清晰平滑过渡。

Bw2：45~78 cm，黑棕色（7.5YR 2/2，润），棕色（7.5YR 4/2，干），粉砂壤土，发育中等的 20~50 mm 块状结构，坚硬，pH 8.1，轻度石灰反应，渐变波状过渡。

Bk：78~120 cm，黑棕色（7.5YR 2/2，润），棕色（7.5YR 4/2，干），粉砂壤土，发育中等的 20~50 mm 块状结构，坚硬，结构面上 5% 左右铁锰斑纹，pH 8.2，中度石灰反应。

图 15-1-9　代表性地块景观（左）和土壤剖面（右）

4) 土壤养分

片区土壤呈中性，土体 pH 7.02~8.16，有机质 4.50~11.29 g/kg，全氮 0.26~0.74 g/kg，全磷含量 0.25~0.47 g/kg，全钾 16.47~17.83 g/kg，碱解氮 19.19~71.98 mg/kg，有效磷 5.50~22.40 mg/kg，速效钾 59.51~92.06 mg/kg，氯离子 15.05~21.68 mg/kg，交换性 Ca^{2+} 10.26~13.97 cmol/kg，交换性 Mg^{2+} 1.08~1.93 cmol/kg。

腐殖酸与腐殖质组成中，腐殖酸碳量 1.58~4.19 g/kg，腐殖质全碳量 2.50~6.21 g/kg，胡敏酸碳量 0.93~1.94 g/kg，胡敏素碳量 0.92~2.02 g/kg，富啡酸碳量 0.63~2.25 g/kg，胡富比 0.86~1.50。

微量元素中，有效铜 0.32~1.04 mg/kg，有效铁 5.39~17.96 mg/kg，有效锰 5.33~28.77 mg/kg，有效锌 0.03~0.47 mg/kg（表 15-1-4~表 15-1-6）。

表 15-1-4　片区代表性烟田土壤养分状况

土层 /cm	pH	有机质 /(g/kg)	全氮 /(g/kg)	全磷 /(g/kg)	全钾 /(g/kg)	碱解氮 /(mg/kg)	有效磷 /(mg/kg)	速效钾 /(mg/kg)	氯离子 /(mg/kg)
0~26	7.02	11.29	0.74	0.47	16.67	71.98	22.40	92.06	15.05
26~45	8.15	5.79	0.46	0.36	16.47	33.59	5.50	60.99	18.44
45~78	8.16	4.84	0.32	0.25	17.83	32.63	13.10	67.89	21.68
78~120	8.16	4.50	0.26	0.28	17.25	19.19	8.90	59.51	18.61

表 15-1-5　片区代表性烟田土壤腐殖酸与腐殖质组成

土层 /cm	腐殖酸碳量 /(g/kg)	腐殖质全碳量 /(g/kg)	胡敏酸碳量 /(g/kg)	胡敏素碳量 /(g/kg)	富啡酸碳量 /(g/kg)	胡富比
0~26	4.19	6.21	1.94	2.02	2.25	0.86
26~45	1.98	3.14	0.93	1.17	1.05	0.88
45~78	1.71	2.69	0.95	0.99	0.76	1.25
78~120	1.58	2.50	0.95	0.92	0.63	1.50

表 15-1-6　片区代表性烟田土壤中微量元素状况

土层 /cm	有效铜 /(mg/kg)	有效铁 /(mg/kg)	有效锰 /(mg/kg)	有效锌 /(mg/kg)	交换性 Ca^{2+} /(cmol/kg)	交换性 Mg^{2+} /(cmol/kg)
0~26	1.04	17.96	28.77	0.47	10.26	1.93
26~45	0.54	5.39	8.31	0.08	10.91	1.38
45~78	0.32	5.81	5.33	0.03	13.97	1.18
78~120	0.34	6.40	5.47	0.04	12.33	1.08

5) 总体评价

该片区代表性烟田土体较厚，耕作层质地适中，耕性和通透性较好。中性土壤，有机质含量缺乏，肥力偏低，磷丰富，钾含量偏低，铜、铁、锰、钙、镁丰富，锌缺乏。

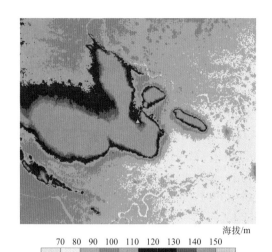

海拔/m

70 80 90 100 110 120 130 140 150

图 15-1-10　片区海拔示意图

3. 紫云镇张庄村片区

1)基本信息

代表性地块(XC-03):北纬 33°48′20.000″,东经 113°23′50.100″,海拔 123 m(图 15-1-10),冲积平原一级阶地,成土母质为黄泛冲积物,种植制度为烤烟-小麦轮作,平旱地,土壤亚类为普通淡色潮湿雏形土。

2)气候条件

该片区烤烟大田生育期 5~8 月,平均气温 24.7℃,降水量 473 mm,日照时数 732 h(图 15-1-11)。

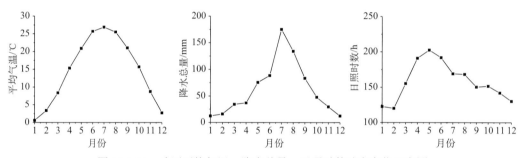

图 15-1-11　片区平均气温、降水总量、日照时数动态变化示意图

3)剖面形态(图 15-1-12(右))

Ap:0~26 cm,棕色(7.5YR 4/4,润),橙色(7.5YR 6/6,干),粉砂壤土,发育强的 1~2 mm 粒状结构,松散,2~3 个蚯蚓穴,pH 7.1,清晰平滑过渡。

Br1:26~47 cm,浊棕色(7.5YR 5/4,润),橙色(7.5YR 7/6,干),粉砂壤土,发育中等的 10~20 mm 块状结构,稍硬,2~3 个蚯蚓穴,结构面上 10%左右铁锰斑纹,pH 7.7,清晰平滑过渡。

Br2:47~78 cm,黑棕色(7.5YR 2/2,润),棕色(7.5YR 4/2,干),粉砂壤土,发育中等的 20~50 mm 块状结构,稍硬,结构面上 20%左右铁锰斑纹,pH 8.0,渐变波状过渡。

Br3:78~120 cm,黑棕色(7.5YR 2/2,润),棕色(7.5YR 4/2,干),粉砂壤土,发育弱的 20~50 mm 块状结构,稍硬,结构面上 15%左右铁锰斑纹,pH 7.9。

4)土壤养分

片区土壤呈中性,土体 pH 7.12~8.03,有机质 1.87~8.53 g/kg,全氮 0.13~0.57 g/kg,全磷含量 0.45~0.57 g/kg,全钾 19.36~22.86 g/kg,碱解氮 11.52~36.47 mg/kg,有效磷 9.40~15.20 mg/kg,速效钾 55.56~89.10 mg/kg,氯离子 14.82~34.39 mg/kg,交换性 Ca^{2+} 7.89~11.61 cmol/kg,交换性 Mg^{2+} 1.13~1.97 cmol/kg。

图 15-1-12　代表性地块景观(左)和土壤剖面(右)

腐殖酸与腐殖质组成中，腐殖酸碳量 0.71~3.20 g/kg，腐殖质全碳量 1.06~4.91 g/kg，胡敏酸碳量 0.45~1.63 g/kg，胡敏素碳量 0.14~1.70 g/kg，富啡酸碳量 0.26~1.57 g/kg，胡富比 1.04~2.50。

微量元素中，有效铜 0.10~0.72 mg/kg，有效铁 5.33~11.20 mg/kg，有效锰 1.44~12.24 mg/kg，有效锌 0.03~0.42 mg/kg(表 15-1-7~表 15-1-9)。

表 15-1-7　片区代表性烟田土壤养分状况

土层 /cm	pH	有机质 /(g/kg)	全氮 /(g/kg)	全磷 /(g/kg)	全钾 /(g/kg)	碱解氮 /(mg/kg)	有效磷 /(mg/kg)	速效钾 /(mg/kg)	氯离子 /(mg/kg)
0~26	7.12	8.53	0.57	0.51	20.92	36.47	13.30	89.10	14.82
26~47	7.65	2.63	0.23	0.45	22.86	19.19	9.40	61.97	28.16
47~78	8.03	2.27	0.15	0.49	20.57	15.36	9.70	55.56	16.68
78~120	7.88	1.87	0.13	0.57	19.36	11.52	15.20	55.56	34.39

表 15-1-8　片区代表性烟田土壤腐殖酸与腐殖质组成

土层 /cm	腐殖酸碳量 /(g/kg)	腐殖质全碳量 /(g/kg)	胡敏酸碳量 /(g/kg)	胡敏素碳量 /(g/kg)	富啡酸碳量 /(g/kg)	胡富比
0~26	3.20	4.91	1.63	1.70	1.57	1.04
26~47	1.39	1.53	0.99	0.14	0.40	2.50
47~78	0.72	1.31	0.46	0.59	0.26	1.75
78~120	0.71	1.06	0.45	0.35	0.26	1.75

表 15-1-9　片区代表性烟田土壤中微量元素状况

土层 /cm	有效铜 /(mg/kg)	有效铁 /(mg/kg)	有效锰 /(mg/kg)	有效锌 /(mg/kg)	交换性 Ca^{2+} /(cmol/kg)	交换性 Mg^{2+} /(cmol/kg)
0~26	0.72	11.20	12.24	0.42	10.96	1.38
26~47	0.33	5.71	3.30	0.03	11.61	1.13
47~78	0.13	5.33	1.44	0.04	8.97	1.30
78~120	0.10	5.41	1.70	0.07	7.89	1.97

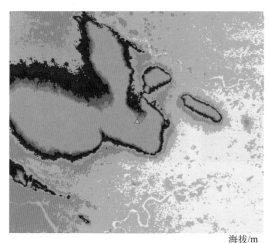

海拔/m

70　80　90　100　110　120　130　140　150

图 15-1-13　片区海拔示意图

斑纹简育干润淋溶土。

2)气候条件

该片区烤烟大田生育期 5~8 月,平均气温 24.6℃,降水量 475 mm,日照时数 731 h(图 15-1-14)。

5)总体评价

该片区代表性烟田土体深厚,耕作层质地适中,耕性和通透性较好。中性土壤,有机质含量低,肥力较低,磷、钾缺乏,铜、锌含量中等水平,铁、锰、钙、镁含量丰富。

4. 紫云镇马涧沟村片区

1)基本信息

代表性地块(XC-04):北纬 33°47′34.800″,东经 113°23′47.500″,海拔 154 m(图 15-1-13),漫岗顶部,成土母质为黄土状洪积-冲积物,种植制度为烤烟-小麦轮作,缓坡旱地,土壤亚类为

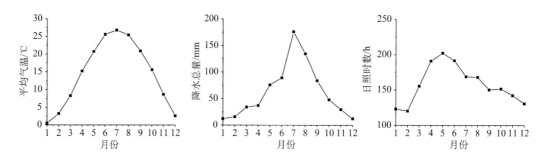

图 15-1-14　片区平均气温、降水总量、日照时数动态变化示意图

3)剖面形态(图 15-1-15(右))

Ap:0~23 cm,棕灰色(10YR 5/1,润),浊黄橙色(10YR 7/2,干),粉砂壤土,发育强的 1~2 mm 粒状结构,松散,2~3 个蚯蚓穴,pH 6.7,清晰平滑过渡。

AB：23~42 cm，棕灰色(10YR 5/1，润)，浊黄橙色(10YR 7/2，干)，粉砂壤土，发育中等的 10~20 mm 块状结构，稍硬，2~3 个蚯蚓穴，结构面上 10%左右铁锰斑纹，pH 7.6，轻度石灰反应，渐变波状过渡。

Bt：42~80 cm，灰黄棕色(10YR 4/2，润)，浊黄橙色(10YR 6/4，干)，壤土，发育中等的 20~50 mm 块状结构，稍硬，结构面上 10%左右黏粒胶膜，pH 7.7，轻度石灰反应，渐变波状过渡。

Br：80~120 cm，灰黄棕色(10YR 4/2，润)，浊黄棕色(10YR 5/4，干)，粉砂壤土，发育弱的 20~50 mm 块状结构，稍硬，结构面上 5%左右铁锰斑纹，pH 7.8，中度石灰反应。

图 15-1-15　代表性地块景观(左)和土壤剖面(右)

4) 土壤养分

片区土壤呈中性，土体 pH 6.70~7.75，有机质 3.35~15.85 g/kg，全氮 0.36~0.84 g/kg，全磷 0.48~0.64 g/kg，全钾 18.98~20.83 g/kg，碱解氮 17.27~64.30 mg/kg，有效磷 5.50~39.10 mg/kg，速效钾 74.80~109.81 mg/kg，氯离子 15.18~20.10 mg/kg，交换性 Ca^{2+} 9.29~15.72 cmol/kg，交换性 Mg^{2+} 1.14~2.63 cmol/kg。

腐殖酸与腐殖质组成中，腐殖酸碳量 0.93~4.35 g/kg，腐殖质全碳量 1.84~9.04 g/kg，胡敏酸碳量 0.44~2.08 g/kg，胡敏素碳量 0.73~4.70 g/kg，富啡酸碳量 0.50~2.27 g/kg，胡富比 0.39~0.91。

微量元素中，有效铜 0.38~1.20 mg/kg，有效铁 7.77~19.73 mg/kg，有效锰 4.48~33.85 mg/kg，有效锌 0.06~1.19 mg/kg(表 15-1-10~表 15-1-12)。

表 15-1-10　片区代表性烟田土壤养分状况

土层 /cm	pH	有机质 /(g/kg)	全氮 /(g/kg)	全磷 /(g/kg)	全钾 /(g/kg)	碱解氮 /(mg/kg)	有效磷 /(mg/kg)	速效钾 /(mg/kg)	氯离子 /(mg/kg)
0~23	6.70	15.85	0.84	0.64	19.66	64.30	39.10	109.81	15.18
23~42	7.64	4.10	0.39	0.53	20.83	30.71	6.60	75.29	16.07
42~80	7.68	3.37	0.37	0.51	20.11	17.27	5.50	74.80	20.10
80~120	7.75	3.35	0.36	0.48	18.98	19.19	13.30	79.23	18.74

表 15-1-11　片区代表性烟田土壤腐殖酸与腐殖质组成

土层 /cm	腐殖酸碳量 /(g/kg)	腐殖质全碳量 /(g/kg)	胡敏酸碳量 /(g/kg)	胡敏素碳量 /(g/kg)	富啡酸碳量 /(g/kg)	胡富比
0~23	4.35	9.04	2.08	4.70	2.27	0.91
23~42	1.65	2.38	0.46	0.73	1.19	0.39
42~80	1.08	1.88	0.44	0.80	0.63	0.70
80~120	0.93	1.84	0.44	0.90	0.50	0.88

表 15-1-12　片区代表性烟田土壤中微量元素状况

土层 /cm	有效铜 /(mg/kg)	有效铁 /(mg/kg)	有效锰 /(mg/kg)	有效锌 /(mg/kg)	交换性 Ca^{2+} /(cmol/kg)	交换性 Mg^{2+} /(cmol/kg)
0~23	1.20	19.73	33.85	1.19	9.29	1.89
23~42	0.49	7.77	6.17	0.10	12.20	1.68
42~80	0.38	8.14	4.66	0.06	15.72	1.14
80~120	0.48	8.47	4.48	0.08	15.02	2.63

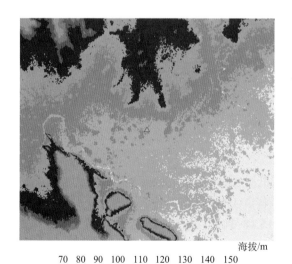

海拔/m

70　80　90　100　110　120　130　140　150

图 15-1-16　片区海拔示意图

5) 总体评价

该片区代表性烟田土体深厚，耕作层质地适中，耕性和通透性较好。中性土壤，有机质含量缺乏，肥力偏低，富磷，钾含量中等水平，铜、铁、锰、锌、钙、镁含量丰富。

5. 十里铺乡二甲王村片区

1) 基本信息

代表性地块（XC-05）：北纬 33°55′34.700″，东经 113°28′29.000″，海拔 86 m（图 15-1-16），冲积平原，成土母质为黄泛冲积物，种植制度为烤烟-小麦轮作，平旱地，土壤亚类为石灰淡色潮湿雏形土。

2) 气候条件

该片区烤烟大田生育期 5~8 月，平均气温 25.0℃，降水量 461 mm，日照时数 739 h

（图 15-1-17）。

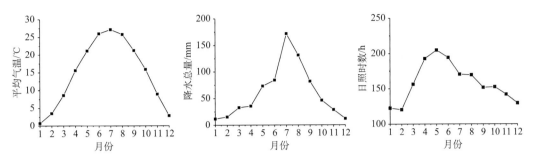

图 15-1-17　片区平均气温、降水总量、日照时数动态变化示意图

3）剖面形态（图 15-1-18（右））

Ap：0~30 cm，灰黄棕色（10YR 4/2，润），浊黄橙色（10YR 6/4，干），粉砂壤土，发育强的 1~2 mm 粒状结构，松散，2~3 个蚯蚓穴，pH 8.4，中度石灰反应，清晰平滑过渡。

Br1：30~45 cm，黑棕色（10YR 3/2，润），浊黄棕色（10YR 5/4，干），粉砂壤土，发育中等的 10~20 mm 块状结构，稍硬，2~3 个蚯蚓穴，结构面上 2% 左右铁锰斑纹，pH 8.5，中度石灰反应，渐变波状过渡。

Br2：45~70 cm，灰黄棕色（10YR 4/2，润），浊黄橙色（10YR 6/4，粉砂壤土，发育中等的 20~50 mm 块状结构，稍硬，结构面上 2% 左右铁锰斑纹，pH 8.5，强石灰反应，渐变波状过渡。

图 15-1-18　代表性地块景观（左）和土壤剖面（右）

Br3：70~120 cm，黑棕色（10YR 3/2，润），浊黄棕色（10YR 5/4，干），粉砂壤土，发育弱的 20~50 mm 块状结构，稍硬，结构面上 5%左右铁锰斑纹，pH 8.4，强石灰反应。

4）土壤养分

片区土壤呈碱性，土体 pH 8.35~8.50，有机质 5.62~18.86 g/kg，全氮 0.37~1.03 g/kg，全磷 0.31~1.00 g/kg，全钾 18.18~19.10 g/kg，碱解氮 27.83~71.98 mg/kg，有效磷 6.40~31.80 mg/kg，速效钾 56.05~137.43 mg/kg，氯离子 14.83~19.72 mg/kg，交换性 Ca^{2+}17.41~27.12 cmol/kg，交换性 Mg^{2+} 1.28~2.14 cmol/kg。

腐殖酸与腐殖质组成中，腐殖酸碳量 1.91~4.80 g/kg，腐殖质全碳量 3.25~10.35 g/kg，胡敏酸碳量 1.30~2.81 g/kg，胡敏素碳量 1.32~5.55 g/kg，富啡酸碳量 0.53~2.00 g/kg，胡富比 1.41~2.63。

微量元素中，有效铜 0.56~1.18 mg/kg，有效铁 4.08~6.07 mg/kg，有效锰 7.23~10.25 mg/kg，有效锌 0.04~1.01 mg/kg（表 15-1-13~表 15-1-15）。

表 15-1-13　片区代表性烟田土壤养分状况

土层 /cm	pH	有机质 /(g/kg)	全氮 /(g/kg)	全磷 /(g/kg)	全钾 /(g/kg)	碱解氮 /(mg/kg)	有效磷 /(mg/kg)	速效钾 /(mg/kg)	氯离子 /(mg/kg)
0~30	8.35	18.86	1.03	1.00	18.84	71.98	31.80	137.43	14.83
30~45	8.50	7.17	0.45	0.59	18.69	32.63	8.50	70.85	19.72
45~70	8.48	6.27	0.45	0.36	18.18	28.79	7.20	60.00	16.25
70~120	8.35	5.62	0.37	0.31	19.10	27.83	6.40	56.05	19.62

表 15-1-14　片区代表性烟田土壤腐殖酸与腐殖质组成

土层 /cm	腐殖酸碳量 /(g/kg)	腐殖质全碳量 /(g/kg)	胡敏酸碳量 /(g/kg)	胡敏素碳量 /(g/kg)	富啡酸碳量 /(g/kg)	胡富比
0~30	4.80	10.35	2.81	5.55	2.00	1.41
30~45	2.16	3.89	1.30	1.73	0.86	1.50
45~70	2.30	3.62	1.57	1.32	0.72	2.18
70~120	1.91	3.25	1.38	1.35	0.53	2.63

表 15-1-15　片区代表性烟田土壤中微量元素状况

土层 /cm	有效铜 /(mg/kg)	有效铁 /(mg/kg)	有效锰 /(mg/kg)	有效锌 /(mg/kg)	交换性 Ca^{2+} /(cmol/kg)	交换性 Mg^{2+} /(cmol/kg)
0~30	1.18	6.07	10.25	1.01	27.12	2.14
30~45	0.99	4.08	7.66	0.11	25.89	2.07
45~70	0.88	5.20	7.23	0.04	17.41	2.03
70~120	0.56	5.55	7.71	0.04	20.26	1.28

5）总体评价

该片区代表性烟田土体深厚，耕作层质地适中，耕性和通透性较好。碱性土壤，有机质含量偏低，肥力偏低，磷、钾丰富，铜、铁、锰、锌、钙、镁含量丰富。

6. 王洛镇东村片区

1）基本信息

代表性地块（XC-06）：北纬33°57′28.400″，东经 113°29′28.700″，海拔 101 m（图 15-1-19），冲积平原，成土母质为黄泛冲积物，种植制度为烤烟-小麦轮作，平旱地，土壤亚类为石灰淡色潮湿雏形土。

2）气候条件

该片区烤烟大田生育期 5~8 月，平均气温 24.9℃，降水量 459 mm，日照时数740 h（图 15-1-20）。

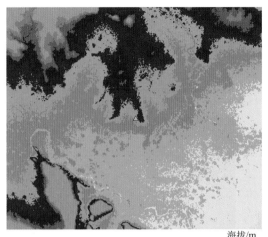

海拔/m

70 80 90 100 110 120 130 140 150

图 15-1-19　片区海拔示意图

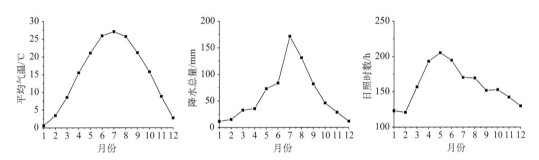

图 15-1-20　片区平均气温、降水总量、日照时数动态变化示意图

3）剖面形态（图 15-1-21（右））

Ap：0~23 cm，灰黄棕色（10YR 4/2，润），浊黄橙色（10YR 6/4，干），粉砂壤土，发育强的 1~2 mm 粒状结构，松散，2~3 个蚯蚓穴，pH 8.3，轻度石灰反应，清晰平滑过渡。

Bk1：23~45 cm，暗棕色（7.5YR 3/3，润），浊棕色（7.5YR 5/4，干），粉砂壤土，发育中等的 10~20 mm 块状结构，稍硬，2~3 个蚯蚓穴，结构面上 2%左右碳酸钙假菌丝体，pH 8.4，中度石灰反应，渐变波状过渡。

Bk2：45~70 cm，暗棕色（7.5YR 3/3，润），浊棕色（7.5YR 5/4，干），粉砂壤土，发育中等的 20~50 mm 块状结构，坚硬，结构面上 2%左右碳酸钙假菌丝体，pH 8.5，强度石灰反应，渐变波状过渡。

Bkr3：70~120 cm，暗棕色（7.5YR 3/3，润），浊棕色（7.5YR 5/4，干），粉砂壤土，发育弱的 20~50 mm 块状结构，坚硬，结构面上 5%左右铁锰斑纹，2%左右碳酸钙假菌丝体，pH 8.3，强度石灰反应。

图 15-1-21　代表性地块景观(左)和土壤剖面(右)

4) 土壤养分

片区土壤呈碱性，土体 pH 8.28~8.45，有机质 2.96~14.92 g/kg，全氮 0.21~0.87 g/kg，全磷 0.22~0.68 g/kg，全钾 18.39~18.68 g/kg，碱解氮 23.03~61.42 mg/kg，有效磷 5.70~30.90 mg/kg，速效钾 40.70~120.66 mg/kg，氯离子 17.19~22.21 mg/kg，交换性 Ca^{2+} 12.36~21.51 cmol/kg，交换性 Mg^{2+} 0.69~1.59 cmol/kg。

腐殖酸与腐殖质组成中，腐殖酸碳量 1.12~4.17 g/kg，腐殖质全碳量 1.71~8.31 g/kg，胡敏酸碳量 0.59~2.28 g/kg，胡敏素碳量 0.59~4.14 g/kg，富啡酸碳量 0.40~1.90 g/kg，胡富比 1.13~1.83。

微量元素中，有效铜 0.40~0.77 mg/kg，有效铁 3.85~5.17 mg/kg，有效锰 3.76~9.16 mg/kg，有效锌 0.02~0.58 mg/kg(表 15-1-16~表 15-1-18)。

表 15-1-16　片区代表性烟田土壤养分状况

土层 /cm	pH	有机质 /(g/kg)	全氮 /(g/kg)	全磷 /(g/kg)	全钾 /(g/kg)	碱解氮 /(mg/kg)	有效磷 /(mg/kg)	速效钾 /(mg/kg)	氯离子 /(mg/kg)
0~23	8.28	14.92	0.87	0.68	18.68	61.42	30.90	120.66	17.72
23~45	8.44	5.57	0.34	0.38	18.41	30.71	7.30	48.16	22.21
45~70	8.45	3.38	0.23	0.27	18.39	24.95	5.70	40.77	17.19
70~120	8.28	2.96	0.21	0.22	18.58	23.03	6.60	50.14	17.23

5) 总体评价

该片区代表性烟田土体深厚，耕作层质地适中，耕性和通透性较好。碱性土壤，有机质含量缺乏，肥力偏低，磷、钾丰富，铜含量中等水平，铁、锰、锌、钙、镁含量丰富。

表 15-1-17　片区代表性烟田土壤腐殖酸与腐殖质组成

土层 /cm	腐殖酸碳量 /(g/kg)	腐殖质全碳量 /(g/kg)	胡敏酸碳量 /(g/kg)	胡敏素碳量 /(g/kg)	富啡酸碳量 /(g/kg)	胡富比
0~23	4.17	8.31	2.28	4.14	1.90	1.20
23~45	1.65	3.22	0.99	1.58	0.66	1.50
45~70	1.12	1.95	0.59	0.84	0.53	1.13
70~120	1.12	1.71	0.73	0.59	0.40	1.83

表 15-1-18　片区代表性烟田土壤中微量元素状况

土层 /cm	有效铜 /(mg/kg)	有效铁 /(mg/kg)	有效锰 /(mg/kg)	有效锌 /(mg/kg)	交换性 Ca^{2+} /(cmol/kg)	交换性 Mg^{2+} /(cmol/kg)
0~23	0.77	4.96	9.16	0.58	17.24	1.59
23~45	0.49	3.85	5.70	0.07	21.51	1.00
45~70	0.40	5.17	4.72	0.02	16.34	0.88
70~120	0.46	5.05	3.76	0.04	12.36	0.69

7. 王洛镇郭庄村片区

1) 基本信息

代表性地块（XC-07）：北纬 34°0′19.200″，东经 113°26′37.800″，海拔 116 m（图 15-1-22），漫岗顶部，成土母质为黄土状洪积-冲积物，种植制度为烤烟-小麦轮作，缓坡旱地，土壤亚类为石灰底绣干润雏形土。

2) 气候条件

该片区烤烟大田生育期 5~8 月，平均气温 24.9℃，降水量 453 mm，日照时数 742 h（图 15-1-23）。

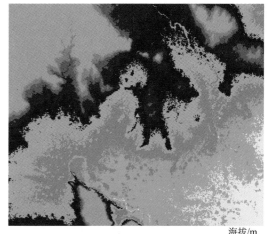

海拔/m

70　80　90　100　110　120　130　140　150

图 15-1-22　片区海拔示意图

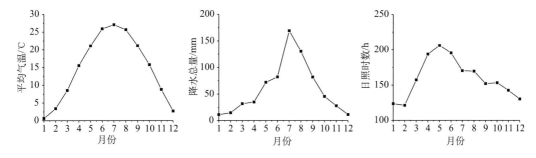

图 15-1-23　片区平均气温、降水总量、日照时数动态变化示意图

3）剖面形态（图 15-1-24（右））

Ap：0~28 cm，灰黄棕色（10YR 4/2，润），浊黄橙色（10YR 6/4，干），壤土，发育强的 1~2 mm 粒状结构，松散，2~3 个蚯蚓穴，pH 8.4，中度石灰反应，清晰平滑过渡。

Bw：28~45 cm，黑棕色（7.5YR 3/1，润），灰棕色（7.5YR 5/2，干），壤土，发育中等的 10~20 mm 块状结构，稍硬，2~3 个蚯蚓穴，pH 8.4，中度石灰反应，清晰平滑过渡。

Bk：45~80 cm，暗棕色（7.5YR 3/3，润），浊棕色（7.5YR 5/4，干），壤土，发育中等的 20~50 mm 块状结构，坚硬，结构面上 2%左右碳酸钙假菌丝体，pH 8.4，强石灰反应，渐变波状过渡。

Bkr：80~120 cm，暗棕色（7.5YR 3/3，润），浊棕色（7.5YR 5/4，干），壤土，发育中等的 20~50 mm 块状结构，坚硬，结构面上 5%左右铁锰斑纹，2%左右碳酸钙假菌丝体，pH 8.3，强石灰反应。

图 15-1-24　代表性地块景观（左）和土壤剖面（右）

4）土壤养分

片区土壤呈碱性，pH 8.29~8.44，有机质 3.00~13.90 g/kg，全氮 0.36~0.78 g/kg，全磷 0.28~0.60 g/kg，全钾 18.08~20.68 g/kg，碱解氮 26.87~55.66 mg/kg，有效磷 4.80~14.70 mg/kg，速效钾 59.51~81.21 mg/kg，氯离子 15.23~17.32 mg/kg，交换性 Ca^{2+} 15.04~25.13 cmol/kg，交换性 Mg^{2+} 0.77~1.10 cmol/kg。

腐殖酸与腐殖质组成中，腐殖酸碳量 1.25~3.77 g/kg，腐殖质全碳量 1.74~7.31 g/kg，胡敏酸碳量 0.66~1.79 g/kg，胡敏素碳量 0.49~3.54 g/kg，富啡酸碳量 0.53~1.97 g/kg，胡富比 0.83~1.38。

微量元素中，有效铜 0.35~0.61 mg/kg，有效铁 4.63~5.69 mg/kg，有效锰 2.63~8.53 mg/kg，有效锌 0.04~0.59 mg/kg(表 15-1-19~表 15-1-21)。

表 15-1-19　片区代表性烟田土壤养分状况

土层 /cm	pH	有机质 /(g/kg)	全氮 /(g/kg)	全磷 /(g/kg)	全钾 /(g/kg)	碱解氮 /(mg/kg)	有效磷 /(mg/kg)	速效钾 /(mg/kg)	氯离子 /(mg/kg)
0~28	8.40	13.90	0.78	0.60	18.68	55.66	14.70	71.84	15.23
28~45	8.44	7.09	0.43	0.47	18.63	38.39	7.30	60.00	17.18
45~80	8.35	3.42	0.36	0.28	18.08	26.87	4.80	59.51	17.32
80~120	8.29	3.00	0.36	0.40	20.68	28.79	11.60	81.21	16.54

表 15-1-20　片区代表性烟田土壤腐殖酸与腐殖质组成

土层 /cm	腐殖酸碳量 /(g/kg)	腐殖质全碳量 /(g/kg)	胡敏酸碳量 /(g/kg)	胡敏素碳量 /(g/kg)	富啡酸碳量 /(g/kg)	胡富比
0~28	3.77	7.31	1.79	3.54	1.97	0.91
28~45	1.86	4.01	0.96	2.15	0.90	1.07
45~80	1.45	1.98	0.66	0.53	0.79	0.83
80~120	1.25	1.74	0.72	0.49	0.53	1.38

表 15-1-21　片区代表性烟田土壤中微量元素状况

土层 /cm	有效铜 /(mg/kg)	有效铁 /(mg/kg)	有效锰 /(mg/kg)	有效锌 /(mg/kg)	交换性 Ca^{2+} /(cmol/kg)	交换性 Mg^{2+} /(cmol/kg)
0~28	0.62	4.86	8.53	0.59	17.41	1.08
28~45	0.61	4.63	4.94	0.10	25.13	0.99
45~80	0.43	4.82	3.84	0.04	15.17	0.77
80~120	0.35	5.69	2.63	0.06	15.04	1.10

5)总体评价

该片区代表性烟田土体深厚，耕作层质地适中，耕性和通透性较好。碱性土壤，有机质含量缺乏，肥力偏低，缺磷、钾，铜、锌含量中等水平，铁、锰、钙、镁丰富。

8. 王洛镇闫寨村片区

1)基本信息

代表性地块(XC-08)：北纬 34°0′12.500″，东经 113°29′34.500″，海拔 106 m(图 15-1-25)，湖积平原，成土母质为黄土性河湖相沉积物，种植制度为烤烟-小麦轮作，水平旱地，土壤亚类为变性砂姜潮湿雏形土。

海拔/m

70　80　90　100　110　120　130　140　150

图 15-1-25　片区海拔示意图

2）气候条件

该片区烤烟大田生育期 5~8 月，平均气温 24.9℃，降水量 456 mm，日照时数 742 h（图 15-1-26）。

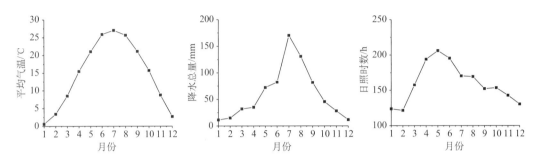

图 15-1-26 片区平均气温、降水总量、日照时数动态变化示意图

3）剖面形态（图 15-1-27（右））

Ap：0~33 cm，黑棕色（10YR 3/2，润），浊黄棕色（10YR 5/4，干），粉砂壤土，发育强的 1~2 mm 粒状结构，松散，2~3 个蚯蚓穴，pH 8.3，中度石灰反应，清晰平滑过渡。

Bw：33~50 cm，黑棕色（10YR 3/2，润），浊黄棕色（10YR 5/4，干），粉砂壤土，发育中等的 10~20 mm 块状结构，稍硬，2~3 个蚯蚓穴，pH 8.5，中度石灰反应，清晰波状过渡。

Bk1：50~100 cm，黑棕色（10YR 3/1，润），灰黄棕色（10YR 4/2，干），黏壤土，发育中等的 20~50 mm 棱块状结构，坚硬，结构面上 2%左右铁锰斑纹，pH 8.4，强石灰反应，渐变波状过渡。

图 15-1-27 代表性地块景观（左）和土壤剖面（右）

Bk2：100~120 cm，黑棕色(10YR 3/1，润)，灰黄棕色(10YR 4/2，干)，黏壤土，发育中等的 20~50 mm 棱块状结构，坚硬，结构面上 2%左右碳酸钙假菌丝体，15%左右碳酸钙结核，pH 8.4，强石灰反应。

4) 土壤养分

片区土壤呈碱性，土体 pH 8.30~8.49，有机质 5.28~17.30 g/kg，全氮 0.40~0.90 g/kg，全磷 0.78~1.17 g/kg，全钾 17.85~18.90 g/kg，碱解氮 28.79~73.90 mg/kg，有效磷 11.40~19.40 mg/kg，速效钾 54.57~79.23 mg/kg，氯离子 17.56~28.57 mg/kg，交换性 Ca^{2+} 32.19~48.13 cmol/kg，交换性 Mg^{2+} 1.95~3.40 cmol/kg。

腐殖酸与腐殖质组成中，腐殖酸碳量 2.05~4.42 g/kg，腐殖质全碳量 2.97~9.34 g/kg，胡敏酸碳量 1.09~2.21 g/kg，胡敏素碳量 0.92~4.92 g/kg，富啡酸碳量 0.87~2.21 g/kg，胡富比 1.00~2.21。

微量元素中，有效铜 0.68~1.11 mg/kg，有效铁 4.31~6.24 mg/kg，有效锰 6.43~11.18 mg/kg，有效锌 0.01~0.59 mg/kg(表 15-1-22~表 15-1-24)。

表 15-1-22　片区代表性烟田土壤养分状况

土层 /cm	pH	有机质 /(g/kg)	全氮 /(g/kg)	全磷 /(g/kg)	全钾 /(g/kg)	碱解氮 /(mg/kg)	有效磷 /(mg/kg)	速效钾 /(mg/kg)	氯离子 /(mg/kg)
0~33	8.30	17.30	0.90	0.89	18.66	73.90	19.40	60.00	21.17
33~50	8.49	8.83	0.57	0.78	17.85	36.47	11.40	69.86	17.56
50~100	8.36	7.09	0.52	1.17	17.96	36.47	12.40	79.23	28.57
100~120	8.39	5.28	0.40	0.86	18.90	28.79	12.50	54.57	22.31

表 15-1-23　片区代表性烟田土壤腐殖酸与腐殖质组成

土层 /cm	腐殖酸碳量 /(g/kg)	腐殖质全碳量 /(g/kg)	胡敏酸碳量 /(g/kg)	胡敏素碳量 /(g/kg)	富啡酸碳量 /(g/kg)	胡富比
0~33	4.42	9.34	2.21	4.92	2.21	1.00
33~50	2.29	4.44	1.20	2.15	1.09	1.11
50~100	2.81	3.89	1.94	1.08	0.87	2.21
100~120	2.05	2.97	1.09	0.92	0.96	1.13

表 15-1-24　片区代表性烟田土壤中微量元素状况

土层 /cm	有效铜 /(mg/kg)	有效铁 /(mg/kg)	有效锰 /(mg/kg)	有效锌 /(mg/kg)	交换性 Ca^{2+} /(cmol/kg)	交换性 Mg^{2+} /(cmol/kg)
0~33	0.99	4.42	11.18	0.59	38.48	1.98
33~50	0.84	4.31	6.47	0.10	43.43	1.95
50~100	1.11	6.24	6.68	0.05	48.13	2.71
100~120	0.68	6.09	6.43	0.01	32.19	3.40

5) 总体评价

该片区代表性烟田土体深厚，耕作层质地适中，耕性和通透性较好。碱性土壤，有机质含量缺乏，肥力偏低，磷、钾缺乏，铜、锌含量中等水平，铁、锰、钙、镁含量丰富。

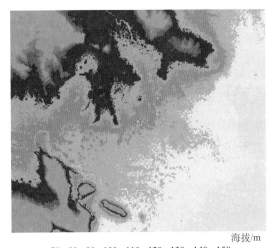

海拔/m

70 80 90 100 110 120 130 140 150

图 15-1-28 海拔示意图

9. 汾陈乡庚河村片区

1）基本信息

代表性地块（XC-09）：北纬 33°57′28.00″，东经 113°33′5.000″，海拔 96 m（图 15-1-28），湖积平原，成土母质为黄土性河湖相沉积物，种植制度为烤烟-小麦轮作，水平旱地，土壤亚类为石灰淡色潮湿雏形土。

2）气候条件

该片区烤烟大田生育期 5~8 月，平均气温 24.9℃，降水量 460 mm，日照时数 740 h（图 15-1-29）。

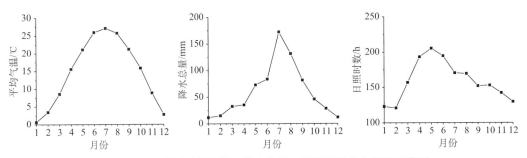

图 15-1-29 片区平均气温、降水总量、日照时数动态变化示意图

3）剖面形态（图 15-1-30（右））

Ap：0~26 cm，棕色（10YR 4/4，润），亮黄棕色（10YR 6/6，干），粉砂壤土，发育强的 1~2 mm 粒状结构，松散，2~3 个蚯蚓穴，pH 8.4，中度石灰反应，清晰平滑过渡。

Bw：26~45 cm，暗棕色（10YR 3/4，润），黄棕色（10YR 5/6，干），粉砂壤土，发育中等的 10~20 mm 块状结构，稍硬，2~3 个蚯蚓穴，pH 8.5，中度石灰反应，清晰波状过渡。

Br1：45~68 cm，黑棕色（10YR 3/1，润），灰黄棕色（10YR 4/2，干），黏壤土，发育中等的 20~50 mm 棱块状结构，坚硬，结构面上 2%左右铁锰斑纹，pH 8.5，强石灰反应，渐变波状过渡。

Br2：68~120 cm，黑棕色（10YR 3/1，润），灰黄棕色（10YR 4/2，干），黏壤土，发育中等的 20~50 mm 棱块状结构，坚硬，结构面上 2%左右铁锰斑纹，pH 8.2，轻石灰反应。

4）土壤养分

片区土壤呈碱性，土体 pH 8.18~8.48，有机质 7.67~15.96 g/kg，全氮 0.48~0.95 g/kg，全磷 0.30~0.81 g/kg，全钾 16.69~19.31 g/kg，碱解氮 30.71~67.18 mg/kg，有效磷 10.30~22.60

mg/kg，速效钾 69.37~91.07 mg/kg，氯离子 17.92~20.65 mg/kg，交换性 Ca^{2+} 22.01~35.02 cmol/kg，交换性 Mg^{2+} 1.95~3.17 cmol/kg。

图 15-1-30　代表性地块景观(左)和土壤剖面(右)

腐殖酸与腐殖质组成中，腐殖酸碳量 2.70~4.90 g/kg，腐殖质全碳量 4.45~9.05 g/kg，胡敏酸碳量 1.41~2.52 g/kg，胡敏素碳量 1.49~4.15 g/kg，富啡酸碳量 1.06~2.39 g/kg，胡富比 1.05~1.63。

微量元素中，有效铜 0.87~1.03 mg/kg，有效铁 4.88~6.84 mg/kg，有效锰 6.10~9.14 mg/kg，有效锌 0.04~0.72 mg/kg(表 15-1-25~表 15-1-27)。

表 15-1-25　片区代表性烟田土壤养分状况

土层 /cm	pH	有机质 /(g/kg)	全氮 /(g/kg)	全磷 /(g/kg)	全钾 /(g/kg)	碱解氮 /(mg/kg)	有效磷 /(mg/kg)	速效钾 /(mg/kg)	氯离子 /(mg/kg)
0~26	8.42	15.96	0.95	0.81	18.72	67.18	22.60	69.37	20.65
26~45	8.47	8.43	0.48	0.59	16.69	36.47	11.10	73.81	17.92
45~68	8.48	7.67	0.53	0.39	17.34	30.71	10.60	83.18	18.65
68~120	8.18	8.51	0.59	0.30	19.31	32.63	10.30	91.07	18.91

表 15-1-26　片区代表性烟田土壤腐殖酸与腐殖质组成

土层 /cm	腐殖酸碳量 /(g/kg)	腐殖质全碳量 /(g/kg)	胡敏酸碳量 /(g/kg)	胡敏素碳量 /(g/kg)	富啡酸碳量 /(g/kg)	胡富比
0~26	4.90	9.05	2.52	4.15	2.39	1.05
26~45	2.70	4.77	1.41	2.07	1.29	1.10
45~68	2.77	4.45	1.71	1.68	1.06	1.63
68~120	3.39	4.88	2.09	1.49	1.30	1.60

表 15-1-27　片区代表性烟田土壤中微量元素状况

土层 /cm	有效铜 /(mg/kg)	有效铁 /(mg/kg)	有效锰 /(mg/kg)	有效锌 /(mg/kg)	交换性 Ca^{2+} /(cmol/kg)	交换性 Mg^{2+} /(cmol/kg)
0~26	1.03	4.88	9.14	0.72	28.56	1.95
26~45	0.97	5.23	6.11	0.12	35.02	2.11
45~68	0.89	5.61	6.10	0.04	26.46	2.52
68~120	0.87	6.84	6.13	0.05	22.01	3.17

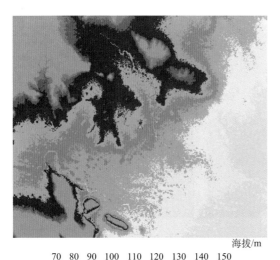

海拔/m

70　80　90　100　110　120　130　140　150

图 15-1-31　片区海拔示意图

5）总体评价

该片区代表性烟田土体深厚，耕作层质地适中，耕性和通透性较好。碱性土壤，有机质含量缺乏，肥力偏低，磷丰富，钾中等，铜、铁、锰、钙、镁含量丰富，锌含量中等水平。

10. 汾陈乡大磨张村片区

1）基本信息

代表性地块（XC-10）：北纬 33°59′19.500″，东经 113°33′22.800″，海拔 97 m（图 15-1-31），漫岗顶部，成土母质为黄土状洪积-冲积物，种植制度为烤烟-小麦轮作，缓坡旱地，土壤亚类为石灰底绣干润雏形土。

2）气候条件

该片区烤烟大田生育期 5~8 月，平均气温 24.9℃，降水量 459 mm，日照时数 741 h（图 15-1-32）。

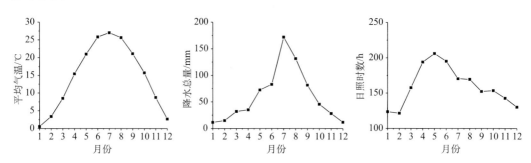

图 15-1-32　片区平均气温、降水总量、日照时数动态变化示意图

3）剖面形态（图 15-1-33（右））

Ap：0~28 cm，灰黄棕色（10YR 4/2，润），浊黄棕色（10YR 5/4，干），粉砂壤土，发育强的 1~2 mm 粒状结构，松散，2~3 个蚯蚓穴，pH 8.4，中度石灰反应，清晰平

滑过渡。

Bw：28~60 cm，浊黄棕色（10YR 5/3，润），亮黄棕色（10YR 6/6，干），粉砂壤土，发育中等的 10~20 mm 块状结构，稍硬，2~3 个蚯蚓穴，结构面上 2%左右碳酸钙假菌丝体，pH 8.3，强石灰反应，渐变波状过渡。

Bk1：60~68 cm，浊黄棕色（10YR 4/3，润），亮黄棕色（10YR 6/6，干），粉砂壤土，发育中等的 20~50 mm 块状结构，坚硬，结构面上 2%左右铁锰斑纹，2%左右碳酸钙假菌丝体，pH 8.2，强石灰反应，渐变波状过渡。

Bk2：68~120 cm，浊黄棕色（10YR 4/3，润），亮黄棕色（10YR 6/6，干），粉砂壤土，发育中等的 20~50 mm 块状结构，坚硬，结构面上 2%左右铁锰斑纹，2%左右碳酸钙假菌丝体，pH 8.3，轻石灰反应。

图 15-1-33　代表性地块景观（左）和土壤剖面（右）

4）土壤养分

片区土壤呈碱性，土体 pH 8.15~8.40，有机质 2.25~9.92 g/kg，全氮 0.25~0.61 g/kg，全磷 0.40~0.50 g/kg，全钾 16.40~21.45 g/kg，碱解氮 15.36~51.82 mg/kg，有效磷 14.20~15.90 mg/kg，速效钾 58.52~246.92 mg/kg，氯离子 14.55~17.27 mg/kg，交换性 Ca^{2+} 12.38~16.75 cmol/kg，交换性 Mg^{2+} 0.79~1.07 cmol/kg。

腐殖酸与腐殖质组成中，腐殖酸碳量 0.72~2.95 g/kg，腐殖质全碳 1.30~5.72 g/kg，胡敏酸碳量 0.26~1.05 g/kg，胡敏素碳量 0.58~2.77 g/kg，富啡酸碳量 0.46~1.90 g/kg，胡富比 0.55~0.60。

微量元素中，有效铜 0.12~0.48 mg/kg，有效铁 4.91~6.00 mg/kg，有效锰 3.17~6.55 mg/kg，有效锌 0.02~0.39 mg/kg（表 15-1-28~表 15-1-30）。

表 15-1-28　片区代表性烟田土壤养分状况

土层 /cm	pH	有机质 /(g/kg)	全氮 /(g/kg)	全磷 /(g/kg)	全钾 /(g/kg)	碱解氮 /(mg/kg)	有效磷 /(mg/kg)	速效钾 /(mg/kg)	氯离子 /(mg/kg)
0~28	8.40	9.92	0.61	0.50	16.40	51.82	15.60	85.15	17.27
28~60	8.28	3.48	0.30	0.40	21.03	24.95	15.90	68.38	14.83
60~68	8.15	2.25	0.31	0.45	21.45	21.11	14.20	58.52	14.85
68~120	8.30	2.58	0.25	0.45	20.15	15.36	15.50	246.92	14.55

表 15-1-29　片区代表性烟田土壤腐殖酸与腐殖质组成

土层 /cm	腐殖酸碳量 /(g/kg)	腐殖质全碳量 /(g/kg)	胡敏酸碳量 /(g/kg)	胡敏素碳量 /(g/kg)	富啡酸碳量 /(g/kg)	胡富比
0~28	2.95	5.72	1.05	2.77	1.90	0.55
28~60	1.05	2.02	0.40	0.97	0.66	0.60
60~68	0.73	1.30	0.26	0.58	0.46	0.57
68~120	0.72	1.49	0.26	0.77	0.46	0.57

表 15-1-30　片区代表性烟田土壤中微量元素状况

土层 /cm	有效铜 /(mg/kg)	有效铁 /(mg/kg)	有效锰 /(mg/kg)	有效锌 /(mg/kg)	交换性 Ca^{2+} /(cmol/kg)	交换性 Mg^{2+} /(cmol/kg)
0~28	0.48	4.91	6.55	0.39	16.75	0.90
28~60	0.18	5.44	3.35	0.02	16.46	1.07
60~68	0.12	6.00	3.17	0.06	13.55	0.79
68~120	0.18	5.54	3.51	0.04	12.38	1.02

5) 总体评价

该片区代表性烟田土体深厚，耕作层质地适中，耕性和通透性较好。碱性土壤，有机质含量缺乏，肥力较低，磷、钾缺乏，铜、锌含量中等水平，铁、锰、钙、镁含量丰富。

第二节　河南灵宝生态条件

一、地理位置

灵宝市位于北纬 34°44′~34°71′，东经 110°21′~111°11′，地处豫西丘陵山区。灵宝市隶属河南省三门峡市，位于三门峡市西北部，现辖城关镇、尹庄镇、朱阳镇、阳平镇、故县镇、豫灵镇、大王镇、阳店镇、函谷关镇、焦村镇、川口乡、寺河乡、苏村乡、五亩乡、西阎乡。总面积 3011 km²，其中耕地面积 565 km²(图 15-2-1)。

二、自然条件

1. 地形地貌

灵宝市地处河南省西部，南依秦岭，北濒黄河，为山地、丘陵、平原交错地带，其中山地占 49.2 %，丘陵占 40.1%，平原占 10.7 %。海拔为 308~2413.8 m，以西南部老鸦岔垴为最高点，东南部的崤山起伏平缓；北部为土原、河川，呈南高北低的地势特征(图 15-2-2)。

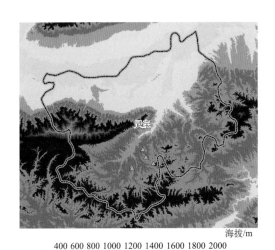

图 15-2-1　灵宝市位置及 Landsat 假彩色合成影像图

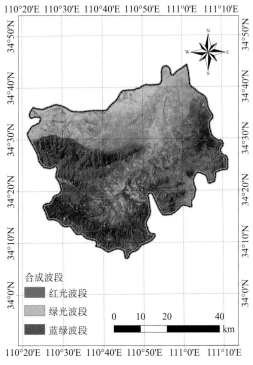

图 15-2-2　灵宝市海拔示意图

2. 气候条件

灵宝市属暖温带大陆性半湿润季风型气候，气候温和，四季分明。年均气温 4.4~15.4℃，平均 11.8℃，1 月最冷，月平均气温 1.8℃，7 月最热，月平均气温 23.91℃；区域分布趋势是北部较高，然后由中部向西、南、东递减。年均降水总量 567~801 mm，平均 660 mm 左右，5~10 月降雨均在 50 mm 以上，其中 7 月、8 月降雨在 100 mm 以上，其他月份降雨在 50 mm 以下；区域分布趋势是北部较少，然后由中部向西、南、东递增。年均日照时数 2114~2272 h，平均 2149 h，各月日照均在 100 h 以上，其中 4~8 月日照在 200 h 左右；区域分布趋势是由中向四周递增(图 15-2-3)。年均无霜期 199~215 d。

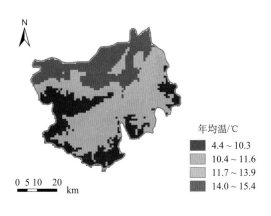

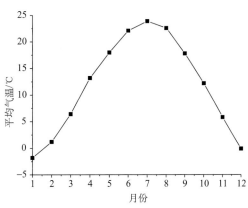

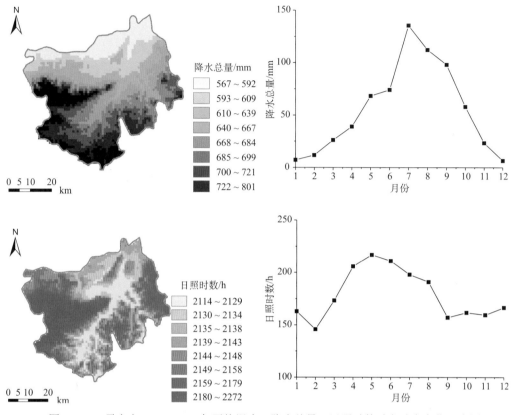

图 15-2-3　灵宝市 1980~2013 年平均温度、降水总量、日照时数时空动态变化示意图

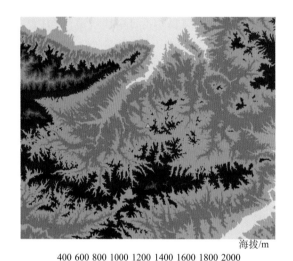

图 15-2-4　片区海拔示意图

三、片区与代表性烟田

1. 五亩乡渔村片区

1）基本信息

代表性地块（LB-01）：北纬 34°18′8.600″，东经 110°50′5.400″，海拔 1170 m（图 15-2-4），黄土高原梁顶，成土母质为黄土沉积物，种植制度为烤烟单作，梯田旱地，土壤亚类为钙积简育干润雏形土。

2）气候条件

该片区烤烟大田生育期 5~8 月，平均气温 20.1℃，降水量 419 mm，日照时数 798 h（图 15-2-5）。

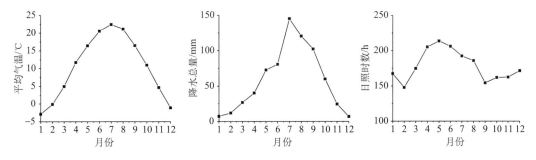

图 15-2-5　片区平均气温、降水总量、日照时数动态变化示意图

3）剖面形态（图 15-2-6（右））

Ap：0~35 cm，棕色（7.5YR4/4，润），橙色（7.5YR6/6，干），粉砂壤土，发育强的 1~2 mm 粒状结构，松散，2~3 个蚯蚓穴，pH 8.1，强石灰反应，清晰平滑过渡。

Bk1：35~80 cm，浊棕色（7.5YR 5/4，润），橙色（7.5YR 7/6，干），粉砂壤土，发育中等的 20~50 mm 块状结构，稍硬，2~3 个蚯蚓穴，5%左右碳酸钙结核，pH 8.2，强石灰反应，清晰波状过渡。

Bk2：80~120 cm，浊棕色（7.5YR 5/4，润），橙色（7.5YR 7/6，干），粉砂壤土，发育弱的 20~50 mm 块状结构，坚硬，5%左右碳酸钙结核，pH 8.1，强石灰反应。

图 15-2-6　代表性地块景观（左）和土壤剖面（右）

4）土壤养分

片区土壤呈碱性，土体 pH 8.06~8.17，有机质 7.13~12.58 g/kg，全氮 0.59~0.95 g/kg，全磷 0.45~0.57 g/kg，全钾 19.28~19.33 g/kg，碱解氮 40.17~63.17 mg/kg，有效磷 2.08~7.75 mg/kg，速效钾 85.70~142.33 mg/kg，氯离子 6.65~15.45 mg/kg，交换性 Ca^{2+} 117.03~121.54

cmol/kg，交换性 Mg^{2+} 1.73~1.74 cmol/kg。

腐殖酸与腐殖质组成中，腐殖酸碳量 2.37~3.45 g/kg，腐殖质全碳量 4.14~7.30 g/kg，胡敏酸碳量 0.62~1.11 g/kg，胡敏素碳量 1.77~3.85 g/kg，富啡酸碳量 1.75~2.37 g/kg，胡富比 0.36~0.48。

微量元素中，有效铜 0.64~0.82 mg/kg，有效铁 4.03~4.38 mg/kg，有效锰 4.26~4.89 mg/kg，有效锌 0.10~2.11 mg/kg（表 15-2-1~表 15-2-3）。

表 15-2-1　片区代表性烟田土壤养分状况

土层 /cm	pH	有机质 /(g/kg)	全氮 /(g/kg)	全磷 /(g/kg)	全钾 /(g/kg)	碱解氮 /(mg/kg)	有效磷 /(mg/kg)	速效钾 /(mg/kg)	氯离子 /(mg/kg)
0~35	8.06	12.58	0.95	0.57	19.30	63.17	7.75	142.33	6.65
35~80	8.17	9.59	0.78	0.45	19.28	53.41	2.45	98.92	15.45
80~120	8.13	7.13	0.59	0.46	19.33	40.17	2.08	85.70	6.65

表 15-2-2　片区代表性烟田土壤腐殖酸与腐殖质组成

土层 /cm	腐殖酸碳量 /(g/kg)	腐殖质全碳量 /(g/kg)	胡敏酸碳量 /(g/kg)	胡敏素碳量 /(g/kg)	富啡酸碳量 /(g/kg)	胡富比
0~35	3.45	7.30	1.08	3.85	2.37	0.45
35~80	3.39	5.56	1.11	2.17	2.28	0.48
80~120	2.37	4.14	0.62	1.77	1.75	0.36

表 15-2-3　片区代表性烟田土壤中微量元素状况

土层 /cm	有效铜 /(mg/kg)	有效铁 /(mg/kg)	有效锰 /(mg/kg)	有效锌 /(mg/kg)	交换性 Ca^{2+} /(cmol/kg)	交换性 Mg^{2+} /(cmol/kg)
0~35	0.82	4.30	4.89	2.11	117.03	1.74
35~80	0.73	4.03	4.50	0.17	119.07	1.73
80~120	0.64	4.38	4.26	0.10	121.54	1.73

海拔/m

400 600 800 1000 1200 1400 1600 1800 2000

图 15-2-7　片区海拔示意图

5）总体评价

该片区代表性烟田土体较厚，耕作层质地适中，耕性和通透性较好。碱性土壤，有机质含量缺乏，肥力偏低，磷缺乏，钾含量中等水平，铜含量中等水平，铁、锰、锌、钙、镁丰富。

2. 五亩乡窑坡村片区

1）基本信息

代表性地块（LB-02）：北纬 34°19′26.400″，东经 110°48′11.900″，海拔 1085 m（图 15-2-7），黄土高原梁顶，成土母质为黄土沉积物，种植制度为烤烟-玉米隔年轮作，梯田旱地，土壤亚类为钙积简育干润雏形土。

2) 气候条件

该片区烤烟大田生育期 5~8 月，平均气温 20.4℃，降水量 413 mm，日照时数 802 h（图 15-2-8）。

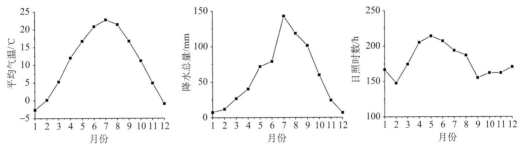

图 15-2-8　片区平均气温、降水总量、日照时数动态变化示意图

3) 剖面形态（图 15-2-9（右））

Ap：0~28 cm，棕色（7.5YR 4/4，润），橙色（7.5YR 6/6，干），粉砂壤土，发育强的 1~2 mm 粒状结构，松散，2~3 个蚯蚓穴，pH 8.3，强石灰反应，清晰平滑过渡。

AB：28~42 cm，浊棕色（7.5YR 5/4，润），橙色（7.5YR 7/6，干），粉砂壤土，发育中等的 10~20 mm 块状结构，稍硬，2~3 个蚯蚓穴，pH 8.4，强石灰反应，清晰波状过渡。

Bk1：42~70 cm，棕色（7.5YR 4/4，润），橙色（7.5YR 6/6，干），粉砂壤土，发育中等的 20~50 mm 块状结构，稍硬，结构面上 15%左右碳酸钙假菌丝体，5%左右碳酸钙结核，2%左右铁锰结核，pH 8.5，强石灰反应，清晰波状过渡。

图 15-2-9　代表性地块景观（左）和土壤剖面（右）

Bk2：70~120 cm，棕色（7.5YR 4/4，润），橙色（7.5YR 6/6，干），粉砂壤土，发育弱的 20~50 mm 块状结构，坚硬，结构面上 15%左右碳酸钙假菌丝体，5%左右碳酸钙结核，pH 8.4，强石灰反应。

4）土壤养分

片区土壤呈碱性，土体 pH 8.26~8.52，有机质 6.76~12.59 g/kg，全氮 0.53~0.87 g/kg，全磷 0.52~0.59 g/kg，全钾 18.49~19.31 g/kg，碱解氮 37.62~58.29 mg/kg，有效磷 2.33~4.75 mg/kg，速效钾 74.38~138.55 mg/kg，氯离子 6.65~15.24 mg/kg，交换性 Ca^{2+} 131.32~143.57 cmol/kg，交换性 Mg^{2+} 1.81~1.95 cmol/kg。

腐殖酸与腐殖质组成中，腐殖酸碳量 2.47~3.61 g/kg，腐殖质全碳量 3.92~7.30 g/kg，胡敏酸碳量 0.56~1.01 g/kg，胡敏素碳量 1.46~3.69 g/kg，富啡酸碳量 1.89~2.60 g/kg，胡富比 0.29~0.48。

微量元素中，有效铜 0.89~1.00 mg/kg，有效铁 3.87~4.06 mg/kg，有效锰 4.65~5.27 mg/kg，有效锌 0.07~0.39 mg/kg（表 15-2-4~表 15-2-6）。

表 15-2-4　片区代表性烟田土壤养分状况

土层 /cm	pH	有机质 /(g/kg)	全氮 /(g/kg)	全磷 /(g/kg)	全钾 /(g/kg)	碱解氮 /(mg/kg)	有效磷 /(mg/kg)	速效钾 /(mg/kg)	氯离子 /(mg/kg)
0~28	8.26	12.59	0.87	0.59	19.31	58.29	4.75	138.55	6.67
28~42	8.36	9.05	0.69	0.56	19.25	45.05	2.33	101.75	15.24
42~70	8.52	7.94	0.63	0.56	19.20	38.08	2.50	86.74	6.65
70~120	8.41	6.76	0.53	0.52	18.49	37.62	2.53	74.38	6.66

表 15-2-5　片区代表性烟田土壤腐殖酸与腐殖质组成

土层 /cm	腐殖酸碳量 /(g/kg)	腐殖质全碳量 /(g/kg)	胡敏酸碳量 /(g/kg)	胡敏素碳量 /(g/kg)	富啡酸碳量 /(g/kg)	胡富比
0~28	3.61	7.30	1.01	3.69	2.60	0.39
28~42	3.13	5.25	1.01	2.11	2.12	0.48
42~70	2.76	4.61	0.87	1.85	1.89	0.46
70~120	2.47	3.92	0.56	1.46	1.91	0.29

表 15-2-6　片区代表性烟田土壤中微量元素状况

土层 /cm	有效铜 /(mg/kg)	有效铁 /(mg/kg)	有效锰 /(mg/kg)	有效锌 /(mg/kg)	交换性 Ca^{2+} /(cmol/kg)	交换性 Mg^{2+} /(cmol/kg)
0~28	1.00	3.87	5.22	0.39	131.32	1.82
28~42	0.95	4.03	4.80	0.09	131.73	1.81
42~70	0.97	3.98	4.65	0.09	137.24	1.88
70~120	0.89	4.06	5.27	0.07	143.57	1.95

5）总体评价

该片区代表性烟田土体较厚，耕作层质地适中，耕性和通透性较好。碱性土壤，有机质含量缺乏，肥力偏低，缺磷，钾含量中偏高水平，铜、铁、锰、钙、镁丰富，锌含量较低。

3. 五亩乡桂花村片区

1）基本信息

代表性地块（LB-03）：北纬 34°20′57.900″，东经 110°47′26.000″，海拔 1035 m（图 15-2-10），黄土高原梁中上部，成土母质为黄土沉积物，种植制度为烤烟单作，梯田旱地，土壤亚类为钙积简育干润雏形土。

2）气候条件

该片区烤烟大田生育期 5~8 月，平均气温 21.1℃，降水量 402 mm，日照时数 808 h（图 15-2-11）。

海拔/m

400 600 800 1000 1200 1400 1600 1800 2000

图 15-2-10　片区海拔示意图

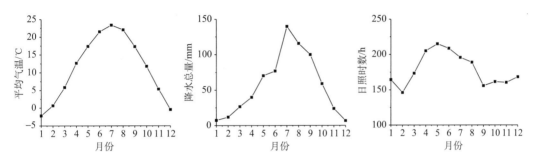

图 15-2-11　片区平均气温、降水总量、日照时数动态变化示意图

3）剖面形态（图 15-2-12（右））

Ap：0~28 cm，棕色（7.5YR 4/4，润），橙色（7.5YR 6/6，干），粉砂壤土，发育强的 1~2 mm 粒状结构，松散，2~3 个蚯蚓穴，pH 8.3，强石灰反应，清晰平滑过渡。

AB：28~50 cm，浊棕色（7.5YR 5/4，润），橙色（7.5YR 7/6，干），粉砂壤土，发育中等的 10~20 mm 块状结构，稍硬，2~3 个蚯蚓穴，pH 8.1，强石灰反应，清晰波状过渡。

Bw：50~80 cm，棕色（7.5YR 4/4，润），橙色（7.5YR 6/6，干），粉砂壤土，发育中等的 20~50 mm 块状结构，稍硬，2%左右铁锰结核，pH 8.4，强石灰反应，清晰波状过渡。

Bk：80~120 cm，棕色（7.5YR 4/3，润），浊橙色（7.5YR 6/4，干），粉砂壤土，发育弱的 20~50 mm 块状结构，坚硬，结构面上 15%左右碳酸钙假菌丝体，2%左右铁锰结核，pH 8.3，强石灰反应。

4）土壤养分

片区土壤呈弱碱性，土体 pH 7.81~8.36 ，有机质 7.04~15.66 g/kg，全氮 0.56~1.08 g/kg，全磷 0.49~0.67 g/kg，全钾 6.25~19.34 g/kg，碱解氮 36.69~73.85 mg/kg，有效磷 2.00~17.60

mg/kg，速效钾 83.82~173.47 mg/kg，氯离子 6.65~6.67 mg/kg，交换性 Ca^{2+} 138.26~141.53 cmol/kg，交换性 Mg^{2+} 2.14~2.34 cmol/kg。

图 15-2-12　代表性地块景观(左)和土壤剖面(右)

腐殖酸与腐殖质组成中，腐殖酸碳量 2.52~4.92 g/kg，腐殖质全碳量 4.08~9.09 g/kg，胡敏酸碳量 0.72~1.66 g/kg，胡敏素碳量 1.53~4.17 g/kg，富啡酸碳量 1.80~3.26 g/kg，胡富比 0.40~0.51。

微量元素中，有效铜 0.90~0.98 mg/kg，有效铁 4.55~5.41 mg/kg，有效锰 4.57~7.16 mg/kg，有效锌 0.11~1.41 mg/kg(表 15-2-7~表 15-2-9)。

表 15-2-7　片区代表性烟田土壤养分状况

土层 /cm	pH	有机质 /(g/kg)	全氮 /(g/kg)	全磷 /(g/kg)	全钾 /(g/kg)	碱解氮 /(mg/kg)	有效磷 /(mg/kg)	速效钾 /(mg/kg)	氯离子 /(mg/kg)
0~28	7.81	15.66	1.08	0.67	18.78	73.85	17.60	173.47	6.67
28~50	8.14	9.18	0.68	0.53	19.28	45.05	4.00	85.70	6.67
50~80	8.36	7.40	0.56	0.49	19.34	38.55	2.25	83.82	6.65
80~120	8.30	7.04	0.56	0.49	6.25	36.69	2.00	83.82	6.65

表 15-2-8　片区代表性烟田土壤腐殖酸与腐殖质组成

土层 /cm	腐殖酸碳量 /(g/kg)	腐殖质全碳量 /(g/kg)	胡敏酸碳量 /(g/kg)	胡敏素碳量 /(g/kg)	富啡酸碳量 /(g/kg)	胡富比
0~28	4.92	9.09	1.66	4.17	3.26	0.51
28~50	3.32	5.32	1.00	2.00	2.32	0.43
50~80	2.76	4.29	0.85	1.53	1.91	0.44
80~120	2.52	4.08	0.72	1.56	1.80	0.40

表 15-2-9　片区代表性烟田土壤中微量元素状况

土层 /cm	有效铜 /(mg/kg)	有效铁 /(mg/kg)	有效锰 /(mg/kg)	有效锌 /(mg/kg)	交换性 Ca^{2+} /(cmol/kg)	交换性 Mg^{2+} /(cmol/kg)
0~28	0.95	4.55	7.16	1.41	134.99	2.34
28~50	0.91	4.55	4.57	0.17	138.26	2.33
50~80	0.98	5.31	4.63	0.11	138.26	2.14
80~120	0.90	5.41	5.49	0.14	141.53	2.20

5）总体评价

该片区代表性烟田土体较厚，耕作层质地适中，耕性和通透性较好。弱碱性土壤，有机质含量缺乏，肥力偏低，缺磷富钾，铜、铁中等含量，锰、锌、钙、镁丰富。

4. 朱阳镇透山村片区

1）基本信息

代表性地块（LB-04）：北纬 34°17′35.200″，东经 110°44′36.000″，海拔 1012 m（图 15-2-13），黄土高原塬顶，成土母质为黄土沉积物，种植制度为烤烟单作，水平旱地，土壤亚类为钙积简育干润雏形土。

海拔/m

400 600 800 1000 1200 1400 1600 1800 2000

图 15-2-13　片区海拔示意图

2）气候条件

该片区烤烟大田生育期 5~8 月，平均气温 21.1℃，降水量 406 mm，日照时数 805 h（图 15-2-14）。

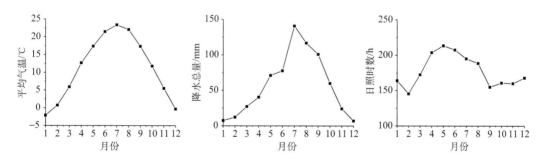

图 15-2-14　片区平均气温、降水总量、日照时数动态变化示意图

3）剖面形态（图 15-2-15（右））

Ap：0~25 cm，棕色（7.5YR 4/4，润），橙色（7.5YR 6/6，干），粉砂壤土，发育强的 1~2 mm 粒状结构，松散，2~3 个蚯蚓穴，pH 7.7，强石灰反应，清晰平滑过渡。

AB：25~45 cm，灰棕色（7.5YR 5/2，润），浊橙色（7.5YR 7/4，干），粉砂壤土，发

育中等的 10~20 mm 块状结构，稍硬，2~3 个蚯蚓穴，2%左右铁锰结核，pH 8.2，强石灰反应，清晰波状过渡。

Bk1：45~90 cm，灰棕色(7.5YR 5/2，润)，浊橙色(7.5YR 7/4，干)，粉砂壤土，发育中等的 20~50 mm 块状结构，稍硬，结构面上 5%左右假菌丝体，2%左右铁锰结核，pH 8.1，强石灰反应，渐变波状过渡。

Bk2：90~110 cm，棕色(7.5YR 4/4，润)，橙色(7.5YR 6/6，干)，粉砂壤土，发育弱的 20~50 mm 块状结构，坚硬，结构面上 5%左右碳酸钙假菌丝体，2%左右铁锰结核，pH 8.1，强石灰反应。

图 15-2-15　代表性地块景观(左)和土壤剖面(右)

4) 土壤养分

片区土壤呈弱碱性，土体 pH 7.67~8.20，有机质 7.05~15.15 g/kg，全氮 0.56~1.20 g/kg，全磷 0.32~0.83 g/kg，全钾 7.67~22.64 g/kg，碱解氮 43.66~93.35 mg/kg，有效磷 1.48~35.50 mg/kg，速效钾 117.79~443.39 mg/kg，氯离子 6.65~49.00 mg/kg，交换性 Ca^{2+} 27.32~88.25 cmol/kg，交换性 Mg^{2+} 1.28~2.00 cmol/kg。

腐殖酸与腐殖质组成中，腐殖酸碳量 2.61~4.62 g/kg，腐殖质全碳量 4.09~8.79 g/kg，胡敏酸碳量 0.95~1.80 g/kg，胡敏素碳量 1.48~4.17 g/kg，富啡酸碳量 1.61~2.83 g/kg，胡富比 0.52~0.64。

微量元素中，有效铜 1.22~1.31 mg/kg，有效铁 6.33~8.29 mg/kg，有效锰 6.50~10.29 mg/kg，有效锌 0.17~2.12 mg/kg(表 15-2-10~表 15-2-12)。

表 15-2-10　片区代表性烟田土壤养分状况

土层/cm	pH	有机质/(g/kg)	全氮/(g/kg)	全磷/(g/kg)	全钾/(g/kg)	碱解氮/(mg/kg)	有效磷/(mg/kg)	速效钾/(mg/kg)	氯离子/(mg/kg)
0~25	7.67	15.15	1.20	0.83	22.43	93.35	35.50	443.39	49.00
25~45	8.20	10.20	0.81	0.61	7.67	53.64	3.93	146.10	21.44
45~90	8.07	7.05	0.59	0.45	22.64	43.66	1.95	114.02	6.65
90~110	8.09	7.17	0.56	0.32	18.00	44.12	1.48	117.79	6.67

表 15-2-11　片区代表性烟田土壤腐殖酸与腐殖质组成

土层/cm	腐殖酸碳量/(g/kg)	腐殖质全碳量/(g/kg)	胡敏酸碳量/(g/kg)	胡敏素碳量/(g/kg)	富啡酸碳量/(g/kg)	胡富比
0~25	4.62	8.79	1.80	4.17	2.83	0.64
25~45	3.77	5.92	1.29	2.15	2.48	0.52
45~90	2.61	4.09	1.00	1.48	1.61	0.62
90~110	2.61	4.16	0.95	1.55	1.67	0.57

表 15-2-12　片区代表性烟田土壤中微量元素状况

土层/cm	有效铜/(mg/kg)	有效铁/(mg/kg)	有效锰/(mg/kg)	有效锌/(mg/kg)	交换性 Ca^{2+}/(cmol/kg)	交换性 Mg^{2+}/(cmol/kg)
0~25	1.31	6.33	7.31	2.12	76.21	2.00
25~45	1.31	6.87	6.50	0.29	88.25	1.99
45~90	1.23	7.15	9.27	0.35	42.53	1.45
90~110	1.22	8.29	10.29	0.17	27.32	1.28

5) 总体评价

该片区代表性烟田土体较厚，耕作层质地适中，耕性和通透性较好。弱碱性土壤，有机质含量缺乏，肥力偏低，磷、钾丰富，氯超标，铜、铁、锰、锌、钙、镁丰富。

5. 朱阳镇新店村片区

1) 基本信息

代表性地块（LB-05）：北纬 34°17′12.400″，东经 110°44′38.800″，海拔 1032 m（图 15-2-16），黄土高原塬顶，成土母质为黄土沉积物，种植制度为烤烟单作，水平旱地，土壤亚类为钙积简育干润雏形土。

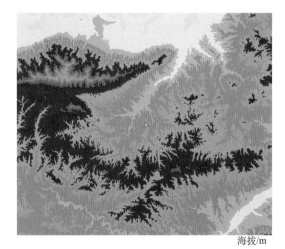

海拔/m

400 600 800 1000 1200 1400 1600 1800 2000

图 15-2-16　片区海拔示意图

2) 气候条件

该片区烤烟大田生育期 5~8 月，平均气温 21.1℃，降水量 406 mm，日照时数 805 h

（图 15-2-17）。

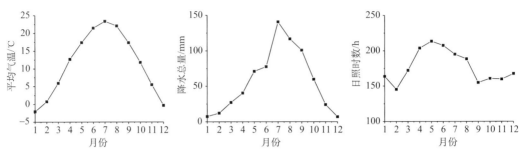

图 15-2-17　片区平均气温、降水总量、日照时数动态变化示意图

3）剖面形态（图 15-2-18（右））

Ap：0~30 cm，棕色（7.5YR 4/3，润），浊橙色（7.5YR 6/4，干），粉砂壤土，发育强的 1~2 mm 粒状结构，松散，2~3 个蚯蚓穴，pH 8.0，强石灰反应，清晰平滑过渡。

Bw：30~50 cm，棕色（7.5YR 4/4，润），橙色（7.5YR 6/6，干），粉砂壤土，发育中等的 10~20 mm 块状结构，稍硬，2~3 个蚯蚓穴，结构面上 20%左右假菌丝体，pH 8.2，强石灰反应，清晰波状过渡。

Bk1：50~80 cm，棕色（7.5YR 4/3，润），浊橙色（7.5YR 6/4，干），粉砂壤土，发育中等的 20~50 mm 块状结构，坚硬，2%左右铁锰结核，结构面上 15%左右假菌丝体，pH 8.1，强石灰反应，清晰波状过渡。

Bk2：80~130 cm，棕色（7.5YR 4/3，润），浊橙色（7.5YR 6/4，干），粉砂壤土，发育弱的 20~50 mm 块状结构，坚硬，结构面上 15%左右碳酸钙假菌丝体，pH 8.2，强石灰反应。

图 15-2-18　代表性地块景观（左）和土壤剖面（右）

4）土壤养分

片区土壤呈碱性，土体 pH 8.01~8.20，有机质 8.75~12.67 g/kg，全氮 0.54~0.87 g/kg，全磷 0.63~0.83 g/kg，全钾 19.14~21.69 g/kg，碱解氮 27.63~52.25 mg/kg，有效磷 7.38~37.90 mg/kg，速效钾 80.04~138.55 mg/kg，氯离子 6.65~6.66 mg/kg，交换性 Ca^{2+} 134.79~144.39 cmol/kg，交换性 Mg^{2+} 1.68~2.23 cmol/kg。

腐殖酸与腐殖质组成中，腐殖酸碳量 3.52~4.04 g/kg，腐殖质全碳量 5.08~7.35 g/kg，胡敏酸碳量 1.25~1.61 g/kg，胡敏素碳量 1.55~3.67 g/kg，富啡酸碳量 2.05~2.52 g/kg，胡富比 0.55~0.78。

微量元素中，有效铜 1.06~1.42 mg/kg，有效铁 5.20~7.04 mg/kg，有效锰 2.69~4.92 mg/kg，有效锌 0.07~1.02 mg/kg（表 15-2-13~表 15-2-15）。

表 15-2-13　片区代表性烟田土壤养分状况

土层 /cm	pH	有机质 /(g/kg)	全氮 /(g/kg)	全磷 /(g/kg)	全钾 /(g/kg)	碱解氮 /(mg/kg)	有效磷 /(mg/kg)	速效钾 /(mg/kg)	氯离子 /(mg/kg)
0~30	8.01	12.67	0.87	0.83	21.69	52.25	37.90	138.55	6.66
30~50	8.18	10.25	0.69	0.69	19.14	40.87	18.65	83.82	6.65
50~80	8.12	8.75	0.55	0.63	19.34	27.63	7.38	80.04	6.66
80~130	8.20	8.98	0.54	0.66	21.58	30.42	17.28	83.82	6.66

表 15-2-14　片区代表性烟田土壤腐殖酸与腐殖质组成

土层 /cm	腐殖酸碳量 /(g/kg)	腐殖质全碳量 /(g/kg)	胡敏酸碳量 /(g/kg)	胡敏素碳量 /(g/kg)	富啡酸碳量 /(g/kg)	胡富比
0~30	3.68	7.35	1.55	3.67	2.13	0.73
30~50	4.04	5.95	1.52	1.91	2.52	0.60
50~80	3.52	5.08	1.25	1.56	2.27	0.55
80~130	3.66	5.21	1.61	1.55	2.05	0.78

表 15-2-15　片区代表性烟田土壤中微量元素状况

土层 /cm	有效铜 /(mg/kg)	有效铁 /(mg/kg)	有效锰 /(mg/kg)	有效锌 /(mg/kg)	交换性 Ca^{2+} /(cmol/kg)	交换性 Mg^{2+} /(cmol/kg)
0~30	1.42	5.20	4.92	1.02	134.79	2.23
30~50	1.25	5.94	4.42	0.20	140.91	2.12
50~80	1.14	7.04	3.56	0.07	143.98	1.68
80~130	1.06	6.90	2.69	0.10	144.39	1.68

5）总体评价

该片区代表性烟田土体较厚，耕作层质地适中，耕性和通透性较好。碱性土壤，有机质含量缺乏，肥力较低，磷、钾丰富，铜、铁、锰、锌、钙、镁丰富。

第十六章 皖南山区烤烟典型区域生态条件

皖南山区烤烟种植区位于北纬 29°34~31°19'，东经 117°18'~119°04'。该区域地貌复杂多样，大致分为山地、丘陵、盆(谷)地、岗地、平原五大类型。南部山地、丘陵和盆谷交错，中部丘陵、岗冲起伏，北部除一部分丘陵外，绝大部分为广袤的平原和星罗棋布的河湖港汊。该产区属于亚热带湿润季风气候区，季风气候明显，为一年二季作农作物种植区，多为烟稻轮作，或烟与后茬作物当年轮作。这一区域典型的烤烟产区县包括宣城市宣州区、泾县、旌德县，芜湖市的芜湖县，池州市的东至县等 5 个县(区)。烤烟田间生育期比较紧凑。该产区是我国烤烟典型产区之一，被现代烟草学者称为焦甜香烟叶的核心产区。

第一节 安徽宣州生态条件

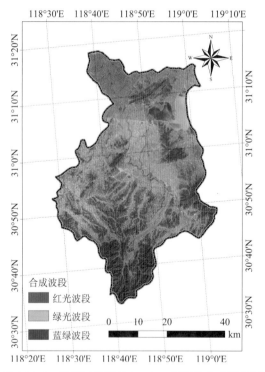

图 16-1-1 宣州区位置及 Landsat 假彩色合成影像图

一、地理位置

宣州区位于北纬 30°34'~31°19'，东经 118°28'~119°04'，地处安徽省皖南山区东南部。宣州区隶属安徽省宣城市，宣城市北部，现辖西林街道、澄江街道、鳌峰街道、济川街道、敬亭山街道、飞彩街道、双桥街道、水阳镇、狸桥镇、沈村镇、古泉镇、洪林镇、寒亭镇、文昌镇、孙埠镇、向阳镇、杨柳镇、水东镇、新田镇、周王镇、溪口镇、朱桥乡、养贤乡、五星乡、金坝乡、黄渡乡，总面积 2620 km²，其中耕地面积 553 km²(图 16-1-1)。

二、自然条件

1. 地形地貌

宣州区地处皖南山区余脉与长江中下游冲积平原结合部，为山地、丘陵、圩区交错地带，其中山地占 15.9 %，丘陵占 66.5 %，圩区占 15.5 %。海拔为 5~1787 m，以水阳镇金宝圩心为最低点，自北向南分别为圩区、丘陵和山区，呈东北低、西南高的地势特征(图 16-1-2)。

2. 气候条件

宣州区属亚热带湿润季风气候，季风气候明显。年均气温 11.7~16.8℃，平均 16.1℃，1 月最冷，月平均气温 3.2℃，7 月最热，月平均气温 28.2℃；区域分布表现为中西部气温较高，南部较低。年均降水总量 1281~1630 mm，平均 1405 mm，6~8 月降雨较多，在 150 mm 以上，12 月降雨较少，在 50 mm 以下；区域分布趋势是由南向北递减。年均日照时数 1738~1810 h，平均 1767 h，各月日照均在 100 h 以上，其中 5 月、7 月、8 月日照在 170 h 以上；区域分布总的趋势是由南向北递增（图 16-1-3）。年均无霜期 228 d。

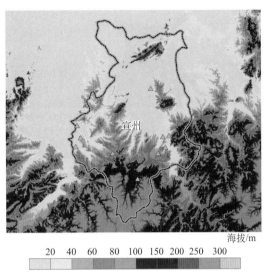

海拔/m

图 16-1-2　宣州区海拔示意图

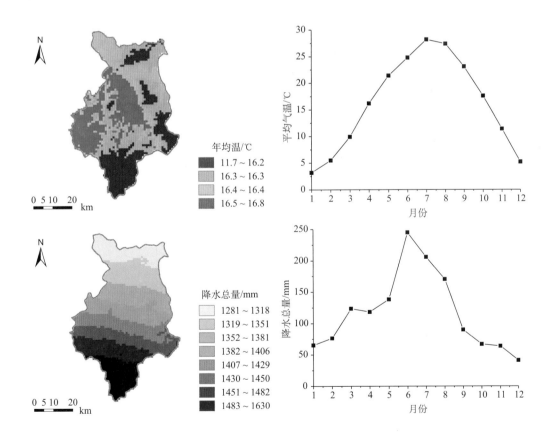

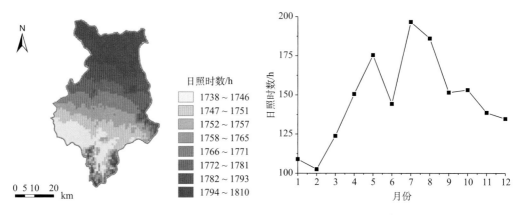

图 16-1-3 宣州区 1980~2013 年平均温度、降水总量、日照时数时空动态变化示意图

图 16-1-4 片区海拔示意图

三、片区与代表性烟田

1. 向阳镇鲁溪村片区

1）基本信息

代表性地块（XZ-01）：北纬 30°51′44.640″，东经 118°53′46.920″，海拔 24 m（图 16-1-4），河漫滩，成土母质为河流冲积物，种植制度为烤烟-小麦轮作，平旱地，土壤亚类为普通淡色潮湿雏形土。

2）气候条件

该片区烤烟大田生育期 3~7 月，生育期平均气温 20.4℃，降水量 835 mm，日照时数 788 h（图 16-1-5）。

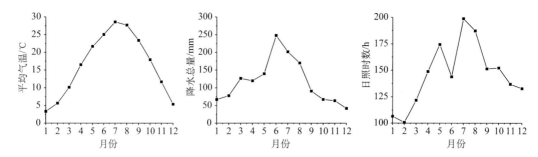

图 16-1-5 片区平均气温、降水量、日照时数动态变化示意图

3）剖面形态（图 16-1-6（右））

Ap：0~38 cm，暗棕色（7.5YR 3/4，润），亮棕色（7.5YR 5/6，干），壤土，发育强的 1~2 mm 粒状结构，松散，2~3 个蚯蚓穴，pH 5.7，清晰平滑过渡。

　　Br1：38~46 cm，暗棕色(7.5YR 3/4，润)，棕色(7.5YR 4/6，干)，壤土，发育中等的 1~2 mm 粒状结构，稍坚实，2~3 个蚯蚓穴，结构面上 10%左右铁锰斑纹，pH 5.5，清晰波状过渡。

　　BCr：46~120 cm，暗棕色(7.5YR 3/4，润)，棕色(7.5YR 4/6，干)，砂粒，表面 2%左右铁锰斑纹，3%左右软小铁锰结核，pH 6.5。

图 16-1-6　代表性地块景观(左)和土壤剖面(右)

　　4) 土壤养分

　　片区土壤呈酸性，土体 pH 5.71~6.48，有机质 6.21~10.08 g/kg，全氮 0.52~0.76 g/kg，全磷 0.41~0.50 g/kg，全钾 17.28~21.41 g/kg；碱解氮 36.47~79.18 mg/kg，有效磷 8.60~34.60 mg/kg，速效钾 28.93~150.75 mg/kg，氯离子 10.32~12.99 mg/kg，交换性 Ca^{2+} 1.78~5.79 cmol/kg，交换性 Mg^{2+} 0.25~0.99 cmol/kg。

　　腐殖酸与腐殖质组成中，腐殖酸碳量 2.50~4.78 g/kg，腐殖质全碳量 3.60~5.81 g/kg，胡敏酸碳量 1.12~1.51 g/kg，胡敏素碳量 1.03~1.25 g/kg，富啡酸碳量 1.38~3.27 g/kg，胡富比 0.46~0.81。

　　微量元素中，有效铜 1.51~1.77 mg/kg，有效铁 28.56~148.93 mg/kg，有效锰 27.68~80.28 mg/kg，有效锌 0.71~1.46 mg/kg(表 16-1-1~表 16-1-3)。

表 16-1-1　片区代表性烟田土壤养分状况

土层 /cm	pH	有机质 /(g/kg)	全氮 /(g/kg)	全磷 /(g/kg)	全钾 /(g/kg)	碱解氮 /(mg/kg)	有效磷 /(mg/kg)	速效钾 /(mg/kg)	氯离子 /(mg/kg)
0~38	5.71	10.08	0.76	0.50	20.55	79.18	34.60	150.75	10.32
38~46	5.53	6.21	0.52	0.41	21.41	50.38	13.60	56.05	10.50
46~120	6.48	6.82	0.57	0.48	17.28	36.47	8.60	28.93	12.99

表 16-1-2　片区代表性烟田土壤腐殖酸与腐殖质组成

土层 /cm	腐殖酸碳量 /(g/kg)	腐殖质全碳量 /(g/kg)	胡敏酸碳量 /(g/kg)	胡敏素碳量 /(g/kg)	富啡酸碳量 /(g/kg)	胡富比
0~38	4.78	5.81	1.51	1.03	3.27	0.46
38~46	2.50	3.60	1.12	1.10	1.38	0.81
46~120	2.70	3.96	1.12	1.25	1.58	0.71

表 16-1-3　片区代表性烟田土壤中微量元素状况

土层 /cm	有效铜 /(mg/kg)	有效铁 /(mg/kg)	有效锰 /(mg/kg)	有效锌 /(mg/kg)	交换性 Ca^{2+} /(cmol/kg)	交换性 Mg^{2+} /(cmol/kg)
0~38	1.77	148.93	35.18	1.40	1.94	0.46
38~46	1.51	73.56	80.28	1.46	1.78	0.25
46~120	1.76	28.56	27.68	0.71	5.79	0.99

海拔/m

20　40　60　80　100　150　200　250　300

图 16-1-7　片区海拔示意图

土壤亚类为普通淡色潮湿雏形土。

2）气候条件

5）总体评价

该片区代表性烟田土体深厚，耕作层质地适中，耕性和通透性较好，易受洪涝威胁。酸性土壤，有机质含量缺乏，肥力偏低，磷、钾丰富，铜、铁、锰、锌、钙丰富，镁含量中等水平。

2. 新田镇山岭村片区

1）基本信息

代表性地块（XZ-02）：北纬 30°42′58.200″，东经 118°45′49.200″，海拔 121 m（图 16-1-7），河漫滩，成土母质为河流冲积物，种植制度为烤烟-小麦轮作，平旱地，

该片区烤烟大田生育期 3~7 月，生育期平均气温 20.0℃，降水量 888 mm，日照时数 777 h（图 16-1-8）。

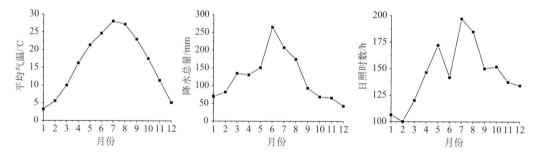

图 16-1-8　片区平均气温、降水总量、日照时数动态变化示意图

3）剖面形态（图16-1-9（右））

Ap：0~30 cm，灰黄棕色（10YR 6/2，润），浊黄橙色（10YR 8/4，干），壤土，发育强的1~2 mm粒状结构，松散，2~3个蚯蚓穴，pH 5.5，清晰平滑过渡。

Br1：30~64 cm，灰黄棕色（10YR 6/2，润），浊黄橙色（10YR 8/4，干），壤土，发育中等的20~50 mm块状结构，稍坚实，2~3个蚯蚓穴，结构面上30%左右铁锰斑纹，pH 5.3，渐变波状过渡。

Br2：64~78 cm，浊黄棕色（10YR 5/4，润），浊黄橙色（10YR 7/4，干），壤土，发育弱的10~20 mm块状结构，坚实，结构面上30%左右铁锰斑纹，pH 5.8，清晰波状过渡。

C：78~120 cm，洪积砾石。

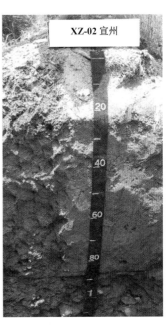

图16-1-9 代表性地块景观（左）和土壤剖面（右）

4）土壤养分

片区土壤呈酸性，土体pH 5.27~5.83，有机质10.27~21.03 g/kg，全氮0.77~1.36 g/kg，全磷0.51~0.79 g/kg，全钾16.28~20.21 g/kg，碱解氮61.42~117.08 mg/kg，有效磷11.45~40.75 mg/kg，速效钾32.87~70.85 mg/kg，氯离子7.07~10.43 mg/kg，交换性Ca^{2+}0.48~3.39 cmol/kg，交换性Mg^{2+}0.05~0.90 cmol/kg。

腐殖酸与腐殖质组成中，腐殖酸碳量4.32~9.80 g/kg，腐殖质全碳量5.66~12.09 g/kg，胡敏酸碳量2.07~3.59 g/kg，胡敏素碳量0.13~2.29 g/kg，富啡酸碳量2.25~6.21 g/kg，胡富比0.58~0.92。

微量元素中，有效铁45.22~164.09 mg/kg，有效铜1.79~2.60 mg/kg，有效锰5.30~110.51 mg/kg，有效锌0.86~1.39 mg/kg（表16-1-4~表16-1-6）。

表16-1-4 片区代表性烟田土壤养分状况

土层 /cm	pH	有机质 /(g/kg)	全氮 /(g/kg)	全磷 /(g/kg)	全钾 /(g/kg)	碱解氮 /(mg/kg)	有效磷 /(mg/kg)	速效钾 /(mg/kg)	氯离子 /(mg/kg)
0~30	5.48	21.03	1.36	0.57	17.03	117.08	40.75	70.85	10.43
30~64	5.27	10.27	0.77	0.51	16.28	61.42	11.45	32.87	7.07
64~78	5.83	10.80	0.96	0.79	20.21	76.30	16.55	49.64	10.20

表16-1-5 片区代表性烟田土壤腐殖酸与腐殖质组成

土层 /cm	腐殖酸碳量 /(g/kg)	腐殖质全碳量 /(g/kg)	胡敏酸碳量 /(g/kg)	胡敏素碳量 /(g/kg)	富啡酸碳量 /(g/kg)	胡富比
0~30	9.80	12.09	3.59	2.29	6.21	0.58
30~64	4.32	5.66	2.07	1.34	2.25	0.92
64~78	5.89	6.02	2.60	0.13	3.30	0.79

表16-1-6 片区代表性烟田土壤中微量元素状况

土层 /cm	有效铁 /(mg/kg)	有效铜 /(mg/kg)	有效锰 /(mg/kg)	有效锌 /(mg/kg)	交换性 Ca^{2+} /(cmol/kg)	交换性 Mg^{2+} /(cmol/kg)
0~30	164.09	2.60	5.30	1.39	1.14	0.84
30~64	55.21	1.95	49.63	1.24	0.48	0.05
64~78	45.22	1.79	110.51	0.86	3.39	0.90

海拔/m

20 40 60 80 100 150 200 250 300

图16-1-10 片区海拔示意图

5) 总体评价

该片区代表性烟田土体深厚，耕作层质地适中，耕性和通透性较好，易受洪涝威胁。酸性土壤，有机质含量中等，肥力中等，富磷缺钾，铜、铁、锰、锌、钙丰富，镁中等含量。

3. 周王镇红样村片区

1) 基本信息

代表性地块 (XZ-03)：北纬 30°49′7.440″，东经 118°39′40.380″，海拔 61 m (图16-1-10)，冲积平原一级阶地，成土母质为河流冲积物，种植制度为烤烟-晚稻轮作，水田，土壤亚类为漂白铁聚水耕人为土。

2) 气候条件

该片区烤烟大田生育期3~7月，平均气温 20.3℃，降雨量 872 mm，日照时数 781 h (图16-1-11)。

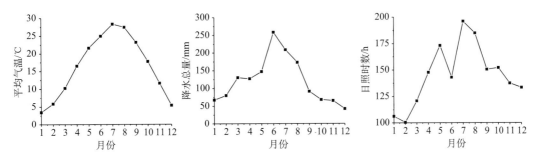

图 16-1-11　片区平均气温、降水总量、日照时数动态变化示意图

3) 剖面形态(图 16-1-12(右))

Ap1：0~35 cm，棕灰色(10YR 5/1，润)，淡灰色(10YR 7/1，干)，壤土，发育强的 1~2 mm 粒状结构，松散，2~3 个蚯蚓穴，pH 6.2，清晰平滑过渡。

Ap2：35~44 cm，棕灰色(10YR 5/1，润)，淡灰色(10YR 7/1，干)，壤土，发育中等的 10~20 mm 块状结构，坚实，2~3 个蚯蚓穴，结构面上 5%左右铁锰斑纹，pH 5.4，渐变波状过渡。

E：44~86 cm，棕灰色(10YR 6/1，润)，橙白色(10YR 8/1，干)，5%左右岩石碎屑，粉砂质黏壤土，发育中等的 20~50 mm 棱块状结构，坚实，结构面上 10%左右铁锰斑纹，5 %左右软小铁锰结核，pH 7.2，渐变波状过渡。

Br：86~130 cm，棕色(10YR 4/4，润)，亮黄棕色(10YR 6/6，干)，粉砂质黏壤土，发育中等的 20~50 mm 棱块状结构，坚实，结构面上 30 %左右铁锰斑纹，2%左右软小铁锰结核，pH 7.1。

图 16-1-12　代表性地块景观(左)和土壤剖面(右)

4) 土壤养分

片区土壤呈微酸性，土体 pH 5.44~7.15，有机质 3.62~25.21 g/kg，全氮 0.29~1.49 g/kg，全磷 0.18~0.32 g/kg，全钾 12.03~12.40 g/kg，碱解氮 23.03~120.44 mg/kg，有效磷 1.33~19.35 mg/kg，速效钾 31.39~113.76 mg/kg，氯离子 15.49~15.67 mg/kg，交换性 Ca^{2+} 3.63~10.80 cmol/kg，交换性 Mg^{2+} 0.13~1.55 cmol/kg。

腐殖酸与腐殖质组成中，腐殖酸碳量 1.06~10.96 g/kg，腐殖质全碳量 2.10~14.29 g/kg，胡敏酸碳量 0.66~5.22 g/kg，胡敏素碳量 0.94~3.33 g/kg，富啡酸碳量 0.39~5.74 g/kg，胡富比 0.91~2.33。

微量元素中，有效铁 4.60~124.81 mg/kg，有效铜 0.18~1.59 mg/kg，有效锰 13.03~43.59 mg/kg，有效锌 0.13~1.38 mg/kg（表 16-1-7~表 16-1-9）。

表 16-1-7 片区代表性烟田土壤养分状况

土层 /cm	pH	有机质 /(g/kg)	全氮 /(g/kg)	全磷 /(g/kg)	全钾 /(g/kg)	碱解氮 /(mg/kg)	有效磷 /(mg/kg)	速效钾 /(mg/kg)	氯离子 /(mg/kg)
0~35	6.18	25.21	1.49	0.32	12.40	120.44	19.35	113.76	15.67
35~44	5.44	12.40	0.75	0.22	12.40	66.22	6.20	40.27	15.61
44~86	7.15	3.89	0.35	0.18	12.03	23.03	1.33	31.39	15.53
86~130	7.12	3.62	0.29	0.21	12.17	28.79	1.61	51.62	15.49

表 16-1-8 片区代表性烟田土壤腐殖酸与腐殖质组成

土层 /cm	腐殖酸碳量 /(g/kg)	腐殖质全碳量 /(g/kg)	胡敏酸碳量 /(g/kg)	胡敏素碳量 /(g/kg)	富啡酸碳量 /(g/kg)	胡富比
0~35	10.96	14.29	5.22	3.33	5.74	0.91
35~44	4.56	7.12	2.48	2.55	2.09	1.19
44~86	1.32	2.25	0.92	0.94	0.39	2.33
86~130	1.06	2.10	0.66	1.04	0.40	1.67

表 16-1-9 片区代表性烟田土壤中微量元素状况

土层 /cm	有效铁 /(mg/kg)	有效铜 /(mg/kg)	有效锰 /(mg/kg)	有效锌 /(mg/kg)	交换性 Ca^{2+} /(cmol/kg)	交换性 Mg^{2+} /(cmol/kg)
0~35	101.74	1.29	14.86	1.38	4.69	1.19
35~44	124.81	1.59	43.59	0.76	3.63	0.13
44~86	5.16	0.55	13.03	0.13	6.57	0.89
86~130	4.60	0.18	22.18	0.13	10.80	1.55

5) 总体评价

该片区代表性烟田土体深厚，耕作层质地适中，耕性和通透性较好，易受洪涝威胁。微酸性土壤，有机质含量中等，肥力中等，缺磷，钾含量中等水平，铜、铁、锰、锌、钙、镁丰富。

4. 文昌镇沿河村片区

1）基本信息

代表性地块（XZ-04）：北纬30°42′58.200″，东经118°45′49.200″，海拔121 m（图16-1-13），冲积平原二级阶地，成土母质为河流冲积物，种植制度为烤烟-小麦轮作，水平旱地，土壤亚类为普通淡色潮湿雏形土。

2）气候条件

该片区烤烟大田生育期3~7月，生育期平均气温20.7℃，降水量849 mm，日照时数786 h（图16-1-14）。

海拔/m

图 16-1-13　片区海拔示意图

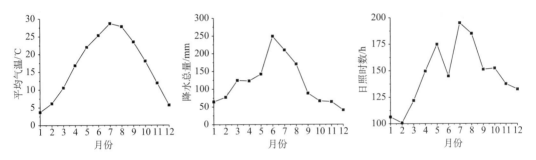

图 16-1-14　片区平均气温、降水总量、日照时数年动态变化示意图

3）剖面形态（图16-1-15（右））

Ap：0~22 cm，棕灰色（10YR 6/1，润），橙白色（10YR 8/1，干），粉砂壤土，发育强的1~2 mm粒状结构，松散，2~3个蚯蚓穴，pH 5.5，清晰平滑过渡。

AB：22~35 cm，棕灰色（10YR 5/1，润），淡灰色（10YR 7/1，干），粉砂壤土，发育中等的10~20 mm块状结构，稍坚实，2~3个蚯蚓穴，结构面上20%左右铁锰斑纹，pH 6.5，渐变波状过渡。

Br1：35~60 cm，棕灰色（10YR 5/1，润），淡灰色（10YR 7/1，干），粉砂壤土，发育中等的20~50 mm块状结构，坚实，结构面上30%铁锰斑纹，5%左右软小铁锰结核，pH 6.6，清晰波状过渡。

Br2：60~120 cm，棕灰色（10YR 5/1，润），淡灰色（10YR 7/1，干），粉砂壤土，发育弱的10~20 mm块状结构，稍坚实，结构面上5%左右铁锰斑纹，2%左右软小铁锰结核，pH 6.7。

图 16-1-15　代表性地块景观(左)和土壤剖面(右)

4) 土壤养分

片区土壤呈酸性, 土体 pH 5.45~6.68, 有机质 6.70~32.64 g/kg, 全氮 0.57~1.89 g/kg, 全磷 0.48~0.72 g/kg, 全钾 12.11~22.67 g/kg, 碱解氮 40.31~113.24 mg/kg, 有效磷 5.18~33.91 mg/kg, 速效钾 33.86~169.98 mg/kg, 氯离子 10.25~15.63 mg/kg, 交换性 Ca^{2+} 2.55~6.62 cmol/kg, 交换性 Mg^{2+} 0.89~1.66 cmol/kg。

腐殖酸与腐殖质组成中, 腐殖酸碳量 2.90~11.14 g/kg, 腐殖质全碳量 3.88~18.93 g/kg, 胡敏酸碳量 1.45~4.68 g/kg, 胡敏素碳量 0.96~7.79g/kg, 富啡酸碳量 1.45~6.46 g/kg, 胡富比 0.72~1.00。

微量元素中, 有效铁 28.90~182.68 mg/kg, 有效铜 0.94~1.70 mg/kg, 有效锰 21.14~52.19 mg/kg, 有效锌 0.31~1.13 mg/kg(表 16-1-10~表 16-1-12)。

表 16-1-10　片区代表性烟田土壤养分状况

土层 /cm	pH	有机质 /(g/kg)	全氮 /(g/kg)	全磷 /(g/kg)	全钾 /(g/kg)	碱解氮 /(mg/kg)	有效磷 /(mg/kg)	速效钾 /(mg/kg)	氯离子 /(mg/kg)
0~22	5.45	32.64	1.89	0.72	12.11	113.24	33.91	169.98	13.07
22~35	6.48	10.30	0.74	0.48	20.54	66.22	6.59	89.10	10.25
35~60	6.60	6.70	0.57	0.54	22.59	40.31	5.18	35.83	12.97
60~120	6.68	8.24	0.76	0.59	22.67	51.82	7.81	33.86	15.63

表 16-1-11　片区代表性烟田土壤腐殖酸与腐殖质组成

土层 /cm	腐殖酸碳量 /(g/kg)	腐殖质全碳量 /(g/kg)	胡敏酸碳量 /(g/kg)	胡敏素碳量 /(g/kg)	富啡酸碳量 /(g/kg)	胡富比
0~22	11.14	18.93	4.68	7.79	6.46	0.72
22~35	4.35	5.98	1.84	1.63	2.50	0.74
35~60	2.90	3.88	1.45	0.98	1.45	1.00
60~120	3.82	4.78	1.71	0.96	2.11	0.81

表 16-1-12　片区代表性烟田土壤中微量元素状况

土层 /cm	有效铁 /(mg/kg)	有效铜 /(mg/kg)	有效锰 /(mg/kg)	有效锌 /(mg/kg)	交换性 Ca^{2+} /(cmol/kg)	交换性 Mg^{2+} /(cmol/kg)
0~22	182.68	0.94	21.14	1.13	2.55	1.07
22~35	38.28	1.70	52.19	0.31	3.75	0.89
35~60	28.90	1.04	27.54	0.35	6.14	1.21
60~120	29.30	1.21	31.73	0.39	6.62	1.66

5)总体评价

该片区代表性烟田土体深厚,耕作层质地适中,耕性和通透性较好,易受洪涝威胁。酸性土壤,有机质含量丰富,肥力中等,磷、钾丰富,铜、铁、锰、锌、钙、镁含量丰富。

5. 文昌镇福川村片区

1)基本信息

代表性地块(XZ-05):北纬30°50′21.960″,东经 118°28′55.920″,海拔24 m(图 16-1-16),冲积平原一级阶地,成土母质为河流冲积物,种植制度为烤烟-小麦轮作,水平旱地,土壤亚类为普通淡色潮湿雏形土。

海拔/m

20　40　60　80　100　150　200　250　300

图 16-1-16　片区海拔示意图

2)气候条件

该片区烤烟大田生育期 3~7 月,平均气温 20.8℃,降水量 872 mm,日照时数 781 h(图16-1-17)。

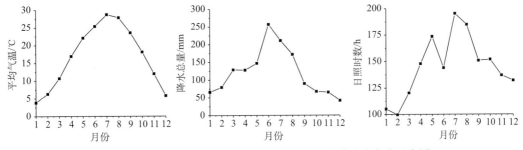

图 16-1-17　片区平均气温、降水总量、日照时数动态变化示意图

3）剖面形态（图 16-1-18（右））

Ap：0~38 cm，棕灰色（10YR 6/1，润），橙白色（10YR 8/1，干），粉砂壤土，发育强的 1~2 mm 粒状结构，松散，2~3 个蚯蚓穴，pH 5.9，清晰平滑过渡。

Br1：38~60 cm，棕灰色（10YR 6/1，润），橙白色（10YR 8/1，干），粉砂壤土，发育中等的 10~20 mm 块状结构，稍坚实，2~3 个蚯蚓穴，结构面上 10%左右铁锰斑纹，pH 5.9，清晰波状过渡。

Br2：60~92 cm，棕灰色（10YR 6/1，润），橙白色（10YR 8/1，干），壤土，发育中等的 20~50 mm 块状结构，坚实，结构面上 30%左右铁锰斑纹，5%左右软小铁锰结核，pH 6.0，渐变波状过渡。

BCr：92~120 cm，棕灰色（10YR 5/1，润），淡灰色（10YR 7/1，干），壤土，发育弱的 10~20 mm 块状结构，稍坚实，结构面上 30%左右铁锰斑纹，2%左右软小铁锰结核，pH 6.3。

图 16-1-18　代表性地块景观（左）和土壤剖面（右）

4）土壤养分

片区土壤呈酸性，土体 pH 5.89~6.32，有机质 5.42~11.87 g/kg，全氮 0.42~0.82 g/kg，全磷 0.42~0.58 g/kg，全钾 21.00~23.45 g/kg，碱解氮 36.47~76.78 mg/kg，有效磷 7.25~15.79 mg/kg，速效钾 23.01~119.18 mg/kg，氯离子 10.32~15.67 mg/kg，交换性 Ca^{2+} 3.04~6.15 cmol/kg，交换性 Mg^{2+} 0.43~1.58 cmol/kg。

腐殖酸与腐殖质组成中，腐殖酸碳量 2.24~5.27 g/kg，腐殖质全碳量 3.14~6.89 g/kg，胡敏酸碳量 1.06~1.58 g/kg，胡敏素碳量 0.64~1.61 g/kg，富啡酸碳量 0.92~3.69 g/kg，胡富比 0.43~1.43。

微量元素中，有效铜 0.92~1.60 mg/kg，有效铁 32.61~70.08 mg/kg，有效锰 3.45~48.00 mg/kg，有效锌 0.34~1.09 mg/kg（表 16-1-13~表 16-1-15）。

表 16-1-13　片区代表性烟田土壤养分状况

土层 /cm	pH	有机质 /(g/kg)	全氮 /(g/kg)	全磷 /(g/kg)	全钾 /(g/kg)	碱解氮 /(mg/kg)	有效磷 /(mg/kg)	速效钾 /(mg/kg)	氯离子 /(mg/kg)
0~38	5.89	11.87	0.82	0.54	22.46	76.78	15.79	119.18	10.32
38~60	5.89	5.42	0.43	0.42	22.34	36.47	7.81	25.97	12.95
60~92	5.95	5.43	0.42	0.45	23.45	40.31	7.25	23.01	10.40
92~120	6.32	8.04	0.72	0.58	21.00	51.82	7.33	30.90	15.67

表 16-1-14　片区代表性烟田土壤腐殖酸与腐殖质组成

土层 /cm	腐殖酸碳量 /(g/kg)	腐殖质全碳量 /(g/kg)	胡敏酸碳量 /(g/kg)	胡敏素碳量 /(g/kg)	富啡酸碳量 /(g/kg)	胡富比
0~38	5.27	6.89	1.58	1.61	3.69	0.43
38~60	2.51	3.14	1.06	0.64	1.45	0.73
60~92	2.24	3.15	1.32	0.90	0.92	1.43
92~120	3.56	4.66	1.45	1.10	2.11	0.69

表 16-1-15　片区代表性烟田土壤中微量元素状况

土层 /cm	有效铜 /(mg/kg)	有效铁 /(mg/kg)	有效锰 /(mg/kg)	有效锌 /(mg/kg)	交换性 Ca^{2+} /(cmol/kg)	交换性 Mg^{2+} /(cmol/kg)
0~38	1.60	70.08	3.45	1.09	3.53	1.52
38~60	1.11	36.65	48.00	0.44	3.04	0.43
60~92	0.92	34.64	36.53	0.34	3.44	0.56
92~120	1.19	32.61	21.20	0.40	6.15	1.58

5）总体评价

该片区代表性烟田土体深厚，耕作层质地适中，耕性和通透性较好，易受洪涝威胁。酸性土壤，有机质含量缺乏，肥力偏低，缺磷，钾含量中等水平，铜、铁、锰、锌、钙、镁丰富。

6. 杨柳镇三长村片区

1）基本信息

代表性地块（XZ-06）：北纬 30°53′11.820″，东经 118°31′26.400″，海拔 26 m（图 16-1-19），冲积平原一级阶地，成土母质为河流冲积物，种植制度为烤烟-晚稻轮作，水田，土壤亚类为普通简育水耕人为土。

海拔/m

20　40　60　80　100　150　200　250　300

图 16-1-19　片区海拔示意图

2) 气候条件

该片区烤烟大田生育期 3~7 月，平均气温 20.6℃，降水量 861 mm，日照时数 784 h（图 16-1-20）。

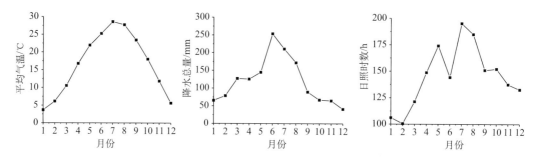

图 16-1-20 片区平均气温、降水总量、日照时数动态变化示意图

3) 剖面形态（图 16-1-21（右））

Ap1: 0~20 cm，灰棕色（7.5YR 5/2，润），浊橙色（7.5YR 7/3，干），粉砂壤土，发育强的 1~2 mm 粒状结构，松散，2~3 个蚯蚓穴，pH 5.6，清晰平滑过渡。

Ap2: 20~30 cm，浊棕色（7.5YR 5/3，润），浊橙色（7.5YR 7/4，干），粉砂壤土，发育中等的 10~20 mm 块状结构，坚实，2~3 个蚯蚓穴，结构面上 5%左右铁锰斑纹，pH 6.2，渐变波状过渡。

Br1: 30~64 cm，棕色（7.5YR 4/4，润），橙色（7.5YR 6/6，干），壤土，发育中等的 20~50 mm 块状结构，稍坚实，结构面上 25%左右铁锰斑纹，pH 6.8，清晰波状过渡。

图 16-1-21 代表性地块景观（左）和土壤剖面（右）

Br2：64~120 cm，棕色（7.5YR 4/6，润），橙色（7.5YR 6/8，干），壤土，发育中等的20~50 mm 块状结构，稍坚实，结构面上 50%左右铁锰斑纹，pH 6.9。

4）土壤养分

片区土壤呈酸性，土体 pH 5.59~6.88，有机质 2.50~28.56 g/kg，全氮 0.23~1.78 g/kg，全磷 0.22~0.50 g/kg，全钾 9.97~10.84 g/kg，碱解氮 24.95~155.47 mg/kg，有效磷 3.02~16.45 mg/kg，速效钾 36.33~218.32 mg/kg，氯离子 15.51~16.02 mg/kg，交换性 Ca^{2+} 3.03~4.77 cmol/kg，交换性 Mg^{2+} 0.67~1.73 cmol/kg。

腐殖酸与腐殖质组成中，腐殖酸碳量 1.05~10.32 g/kg，腐殖质全碳量 1.44~16.51 g/kg，胡敏酸碳量 0.39~2.96 g/kg，胡敏素碳量 0.39~6.19 g/kg，富啡酸碳量 0.66~7.36 g/kg，胡富比 0.40~0.75。

微量元素中，有效铁 8.93~124.35 mg/kg，有效铜含量 0.17~1.92 mg/kg，有效锰 32.19~92.61 mg/kg，有效锌 0.23~1.80 mg/kg（表 16-1-16~表 16-1-18）。

表 16-1-16　片区代表性烟田土壤养分状况

土层 /cm	pH	有机质 /(g/kg)	全氮 /(g/kg)	全磷 /(g/kg)	全钾 /(g/kg)	碱解氮 /(mg/kg)	有效磷 /(mg/kg)	速效钾 /(mg/kg)	氯离子 /(mg/kg)
0~20	5.59	28.56	1.78	0.50	10.69	155.47	16.45	218.32	16.02
20~30	6.24	11.46	0.80	0.34	10.38	76.78	3.02	50.14	15.55
30~64	6.76	5.87	0.50	0.34	9.97	40.31	3.96	36.33	15.51
64~120	6.88	2.50	0.23	0.22	10.84	24.95	3.68	41.75	15.52

表 16-1-17　片区代表性烟田土壤腐殖酸与腐殖质组成

土层 /cm	腐殖酸碳量 /(g/kg)	腐殖质全碳量 /(g/kg)	胡敏酸碳量 /(g/kg)	胡敏素碳量 /(g/kg)	富啡酸碳量 /(g/kg)	胡富比
0~20	10.32	16.51	2.96	6.19	7.36	0.40
20~30	4.41	6.64	1.45	2.23	2.96	0.49
30~64	2.75	3.38	1.18	0.63	1.57	0.75
64~120	1.05	1.44	0.39	0.39	0.66	0.60

表 16-1-18　片区代表性烟田土壤中微量元素状况

土层 /cm	有效铁 /(mg/kg)	有效铜 /(mg/kg)	有效锰 /(mg/kg)	有效锌 /(mg/kg)	交换性 Ca^{2+} /(cmol/kg)	交换性 Mg^{2+} /(cmol/kg)
0~20	124.35	1.92	55.60	1.80	3.61	1.57
20~30	39.11	1.32	92.61	0.50	3.03	0.67
30~64	11.10	0.77	32.19	0.26	4.05	1.22
64~120	8.93	0.17	42.79	0.23	4.77	1.73

5）总体评价

该片区代表性烟田土体深厚，耕作层质地适中，耕性和通透性较好，易受洪涝威胁。酸性土壤，有机质含量缺乏，肥力偏高，缺磷富钾，铜、铁、锰、锌、钙镁丰富。

海拔/m

20 40 60 80 100 150 200 250 300

图 16-1-22　片区海拔示意图

7. 黄渡乡西扎村片区

1)基本信息

代 表 性 地 块（XZ-07）：北 纬 30°48′9.060″，东经 118°52′3.360″，海拔 54 m（图 16-1-22），冲积平原一级阶地，成土母质为河流冲积物，种植制度为烤烟-晚稻轮作，水田，土壤亚类为漂白铁渗水耕人为土。

2)气候条件

该片区烤烟大田生育期 3~7 月，平均气温 20.3℃，降水量 853 mm，日照时数 784 h（图 16-1-23）。

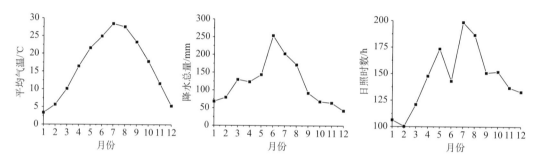

图 16-1-23　片区平均气温、降水总量、日照时数动态变化示意图

3)剖面形态（图 16-1-24(右)）

Ap1：0~32 cm，灰黄棕色（10YR 6/2，润），浊黄橙色（10YR 8/3，干），粉砂壤土，发育强的 1~2 mm 粒状结构，松散，2~3 个蚯蚓穴，pH 6.1，清晰平滑过渡。

Ap2：32~40 cm，灰黄棕色（10YR 6/2，润），浊黄橙色（10YR 8/3，干），壤土，发育中等的 10~20 mm 块状结构，坚实，2~3 个蚯蚓穴，结构面上 5%左右铁锰斑纹，pH 6.6，清晰波状过渡。

E1：40~73 cm，灰黄棕色（10YR 6/2，润），橙白色（10YR 8/2，干），黏壤土，发育中等的 20~50 mm 棱块状结构，坚实，结构面上 10%左右铁锰斑纹，5%左右软小铁锰结核，pH 7.2，清晰波状过渡。

E2：73~120 cm，灰黄棕色（10YR 6/2，润），橙白色（10YR 8/2，干），黏壤土，发育中等的 20~50 mm 棱块状结构，坚实，结构面上 5%左右铁锰斑纹，2%左右软小铁锰结核，pH 7.1。

4)土壤养分

片区土壤呈微酸性，土体 pH 6.06~7.22，有机质 2.63~25.42 g/kg，全氮 0.24~1.69 g/kg，全磷 0.18~0.56 g/kg，全钾 11.47~12.70 g/kg，碱解氮 19.19~150.19 mg/kg，有效磷 3.59~21.05

mg/kg，速效钾 59.51~225.22 mg/kg，氯离子 15.70~20.38 mg/kg，交换性 Ca^{2+} 6.21~7.95 cmol/kg，交换性 Mg^{2+} 1.23~2.01 cmol/kg。

图 16-1-24　代表性地块景观(左)和土壤剖面(右)

腐殖酸与腐殖质组成中，腐殖酸碳量 0.52~8.89 g/kg，腐殖质全碳量 1.52~14.72 g/kg，胡敏酸碳量 0.26~3.49 g/kg，胡敏素碳量 0.99~5.84 g/kg，富啡酸碳量 0.26~5.40 g/kg，胡富比 0.65~1.57。

微量元素中，有效铜 0.17~2.92 mg/kg，有效铁 3.02~154.59 mg/kg，有效锰 2.70~73.02 mg/kg，有效锌 0.09~1.12 mg/kg(表 16-1-19~表 16-1-21)。

表 16-1-19　片区代表性烟田土壤养分状况

土层 /cm	pH	有机质 /(g/kg)	全氮 /(g/kg)	全磷 /(g/kg)	全钾 /(g/kg)	碱解氮 /(mg/kg)	有效磷 /(mg/kg)	速效钾 /(mg/kg)	氯离子 /(mg/kg)
0~32	6.06	25.42	1.69	0.56	12.70	150.19	21.05	225.22	16.20
32~40	6.62	21.67	1.42	0.46	12.61	126.20	5.84	161.10	16.32
40~73	7.22	7.96	0.56	0.32	11.47	47.99	6.69	59.51	15.70
73~120	7.12	2.63	0.24	0.18	12.60	19.19	3.59	62.47	20.38

表 16-1-20　片区代表性烟田土壤腐殖酸与腐殖质组成

土层 /cm	腐殖酸碳量 /(g/kg)	腐殖质全碳量 /(g/kg)	胡敏酸碳量 /(g/kg)	胡敏素碳量 /(g/kg)	富啡酸碳量 /(g/kg)	胡富比
0~32	8.89	14.72	3.49	5.84	5.40	0.65
32~40	7.69	12.54	3.02	4.85	4.67	0.65
40~73	2.37	4.61	1.45	2.24	0.92	1.57
73~120	0.52	1.52	0.26	0.99	0.26	1.00

表 16-1-21   片区代表性烟田土壤中微量元素状况

土层 /cm	有效铜 /(mg/kg)	有效铁 /(mg/kg)	有效锰 /(mg/kg)	有效锌 /(mg/kg)	交换性 Ca^{2+} /(cmol/kg)	交换性 Mg^{2+} /(cmol/kg)
0~32	2.92	154.59	73.02	1.12	6.21	2.01
32~40	2.66	71.36	52.08	0.67	6.96	1.79
40~73	1.01	8.40	16.92	0.11	6.37	1.23
73~120	0.17	3.02	2.70	0.09	7.95	1.73

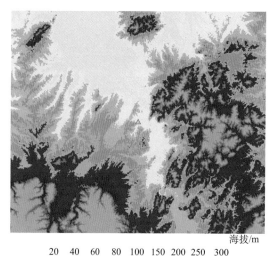

图 16-1-25   片区海拔示意图

5)总体评价

该片区代表性烟田土体深厚,耕作层质地适中,耕性和通透性较好,易受洪涝威胁。微酸性土壤,有机质含量中等,肥力偏高,磷含量中等水平,钾丰富,铜、铁、锰、锌、钙、镁丰富。

8. 黄渡乡安莲村片区

1)基本信息

代表性地块(XZ-08):北纬 30°49′2.040″,东经 118°54′11.220″,海拔 30 m(图 16-1-25),冲积平原一级阶地,成土母质为河流冲积物,种植制度为烤烟-晚稻轮作,水田,土壤亚类为普通铁聚水耕人为土。

2)气候条件

该片区烤烟大田生育期 3~7 月,平均气温 20.4℃,降水量 843 mm,日照时数 786 h(图 16-1-26)。

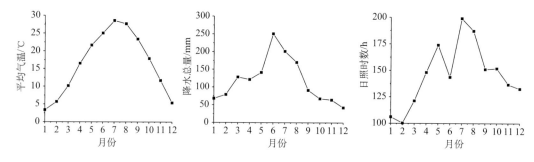

图 16-1-26   片区平均气温、降水总量、日照时数动态变化示意图

3)剖面形态(图 16-1-27(右))

Ap1:0~32 cm,灰棕色(7.5YR 5/2,润),浊橙色(7.5YR 7/3,干),粉砂壤土,发育强的 1~2 mm 粒状结构,松散,2~3 个蚯蚓穴,pH 6.0,清晰平滑过渡。

Ap2：32~40 cm，灰棕色（7.5YR 5/2，润），浊橙色（7.5YR 7/3，干），粉砂壤土，发育中等的 20~50 mm 块状结构，坚实，2~3 个蚯蚓穴，pH 8.5，清晰波状过渡。

Br1：40~62 cm，亮棕色（7.5YR 5/6，润），黄橙色（7.5YR 7/8，干），粉砂质黏壤土，发育中等的 20~50 mm 棱块状结构，稍坚实，结构面上 25%左右铁锰斑纹，5%左右软小铁锰结核，pH 7.7，渐变波状过渡。

Br2：62~120 cm，亮棕色（7.5YR 5/6，润），黄橙色（7.5YR 7/8，干），粉砂质黏壤土，发育中等的 20~50 mm 棱块状结构，稍坚实，结构面上 50%左右铁锰斑纹，10%左右软中铁锰结核，pH 7.5。

图 16-1-27　代表性地块景观（左）和土壤剖面（右）

4）土壤养分

片区土壤呈微酸性，土体 pH 6.00~8.49，有机质 1.66~20.07 g/kg，全氮 0.20~1.23 g/kg，全磷 0.21~0.71 g/kg，全钾 10.39~20.43 g/kg，碱解氮 17.27~164.11 mg/kg，有效磷 1.43~50.06 mg/kg，速效钾 33.86~292.79 mg/kg，氯离子 15.43~19.37 mg/kg，交换性 Ca^{2+} 6.35~13.20 cmol/kg，交换性 Mg^{2+} 0.26~2.04 cmol/kg。

腐殖酸与腐殖质组成中，腐殖酸碳量 0.53~6.85 g/kg，腐殖质全碳量 0.96~11.64 g/kg，胡敏酸碳量 0.26~2.50 g/kg，胡敏素碳量 0.44~4.79 g/kg，富啡酸碳量 0.26~4.35 g/kg，胡富比 0.58~1.11。

微量元素中，有效铜 0.07~2.47 mg/kg，有效铁 3.00~147.36 mg/kg，有效锰 2.86~25.56 mg/kg，有效锌 0.08~2.62 mg/kg（表 16-1-22~表 16-1-24）。

表 16-1-22　片区代表性烟田土壤养分状况

土层/cm	pH	有机质/(g/kg)	全氮/(g/kg)	全磷/(g/kg)	全钾/(g/kg)	碱解氮/(mg/kg)	有效磷/(mg/kg)	速效钾/(mg/kg)	氯离子/(mg/kg)
0~32	6.00	20.07	1.23	0.71	20.43	164.11	50.06	292.79	19.37
32~40	8.49	6.78	0.41	0.40	10.67	34.55	3.49	38.79	15.50
40~62	7.70	2.91	0.24	0.21	10.39	19.19	1.43	34.85	15.43
62~120	7.51	1.66	0.20	0.28	12.46	17.27	2.74	33.86	15.79

表 16-1-23　片区代表性烟田土壤腐殖酸与腐殖质组成

土层/cm	腐殖酸碳量/(g/kg)	腐殖质全碳量/(g/kg)	胡敏酸碳量/(g/kg)	胡敏素碳量/(g/kg)	富啡酸碳量/(g/kg)	胡富比
0~32	6.85	11.64	2.50	4.79	4.35	0.58
32~40	2.42	3.80	1.28	1.38	1.15	1.11
40~62	0.79	1.69	0.40	0.90	0.40	1.00
62~120	0.53	0.96	0.26	0.44	0.26	1.00

表 16-1-24　片区代表性烟田土壤中微量元素状况

土层/cm	有效铜/(mg/kg)	有效铁/(mg/kg)	有效锰/(mg/kg)	有效锌/(mg/kg)	交换性 Ca^{2+}/(cmol/kg)	交换性 Mg^{2+}/(cmol/kg)
0~32	2.47	147.36	25.56	2.62	6.74	2.04
32~40	0.82	6.20	6.90	0.14	13.20	0.31
40~62	0.17	3.00	2.86	0.08	6.35	0.26
62~120	0.07	3.52	11.63	0.22	6.96	0.57

海拔/m

20　40　60　80　100　150　200　250　300

图 16-1-28　片区海拔示意图

聚水耕人为土。

2）气候条件

该片区烤烟大田生育期 3~7 月，生育期平均气温 20.4℃，降水量 830 mm，日照时

5）总体评价

该片区代表性烟田土体深厚，耕作层质地适中，耕性和通透性较好，易受洪涝威胁。微酸性土壤，有机质含量中等水平，肥力偏高，磷、钾丰富，铜、铁、锰、锌、钙、镁丰富。

9. 孙埠镇刘村片区

1）基本信息

代表性地块（XZ-09）：北纬 30°51′50.040″，东经 118°55′27.720″，海拔 30 m（图 16-1-28），冲积平原一级阶地，成土母质为河湖相沉积物，种植制度为烤烟-晚稻轮作，水田，土壤亚类为漂白铁数 789 h(图 16-1-29)。

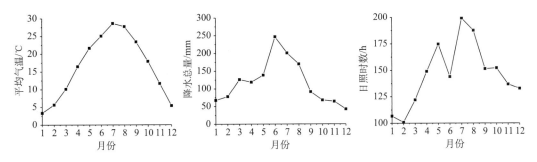

图 16-1-29 片区平均气温、降水总量、日照时数动态变化示意图

3) 剖面形态(图 16-1-30(右))

Ap1：0~26 cm，棕灰色(10YR 5/1，润)，灰黄棕色(10YR 6/2，干)，粉砂壤土，发育强的 1~2 mm 粒状结构，松散，2~3 个蚯蚓穴，pH 5.0，清晰平滑过渡。

Ap2：26~40 cm，棕灰色(7.5YR 5/1，润)，淡灰色(7.5YR 7/2，干)，粉砂壤土，发育中等的 20~50 mm 块状结构，坚实，2~3 个蚯蚓穴，pH 6.1，清晰波状过渡。

Br1：40~70 cm，黄棕色(10YR 5/6，润)，黄橙色(10YR 7/8，干)，粉砂质黏壤土，发育中等的 20~50 mm 棱块状结构，稍坚实，结构面上 15%左右铁锰斑纹，2%左右软小铁锰结核，pH 7.0，渐变波状过渡。

图 16-1-30 代表性地块景观(左)和土壤剖面(右)

Br2：70~120 cm，黄棕色（10YR 5/6，润），黄橙色（10YR 7/8，干），粉砂质黏壤土，发育中等的 20~50 mm 棱块状结构，稍坚实，结构面上 25%左右铁锰斑纹，2%左右软中铁锰结核，pH 7.1。

4）土壤养分

片区土壤呈酸性，土体 pH 5.04~7.05，有机质 3.85~29.49 g/kg，全氮 0.51~1.85 g/kg，全磷 0.41~0.68 g/kg，全钾 15.03~16.60 g/kg，碱解氮 23.03~150.67 mg/kg，有效磷 3.77~50.91 mg/kg，速效钾 23.01~533.96 mg/kg，氯离子 15.44~24.81 mg/kg，交换性 Ca^{2+} 2.45~6.93 cmol/kg，交换性 Mg^{2+} 0.92~1.27 cmol/kg。

腐殖酸与腐殖质组成中，腐殖酸碳量 1.05~10.18 g/kg，腐殖质全碳量 2.23~17.04 g/kg，胡敏酸碳量 0.79~4.27 g/kg，胡敏素碳量 1.18~6.86 g/kg，富啡酸碳量 0.26~5.91 g/kg，胡富比 0.64~3.00。

微量元素中，有效铁 10.22~239.80 mg/kg，有效铜 0.31~3.33 mg/kg，有效锰 15.39~61.65 mg/kg，有效锌 0.18~2.49 mg/kg（表 16-1-25~表 16-1-27）。

表 16-1-25　片区代表性烟田土壤养分状况

土层 /cm	pH	有机质 /(g/kg)	全氮 /(g/kg)	全磷 /(g/kg)	全钾 /(g/kg)	碱解氮 /(mg/kg)	有效磷 /(mg/kg)	速效钾 /(mg/kg)	氯离子 /(mg/kg)
0~26	5.04	29.49	1.85	0.68	15.63	150.67	50.91	533.96	15.44
26~40	6.12	14.72	1.06	0.42	15.03	85.41	3.77	70.36	24.81
40~70	6.95	6.08	0.62	0.42	16.60	40.31	4.06	30.90	19.41
70~120	7.05	3.85	0.51	0.41	15.90	23.03	5.09	23.01	16.55

表 16-1-26　片区代表性烟田土壤腐殖酸与腐殖质组成

土层 /cm	腐殖酸碳量 /(g/kg)	腐殖质全碳量 /(g/kg)	胡敏酸碳量 /(g/kg)	胡敏素碳量 /(g/kg)	富啡酸碳量 /(g/kg)	胡富比
0~26	10.18	17.04	4.27	6.86	5.91	0.72
26~40	5.04	8.48	1.96	3.43	3.08	0.64
40~70	2.22	3.49	1.05	1.27	1.18	0.89
70~120	1.05	2.23	0.79	1.18	0.26	3.00

表 16-1-27　片区代表性烟田土壤中微量元素状况

土层 /cm	有效铁 /(mg/kg)	有效铜 /(mg/kg)	有效锰 /(mg/kg)	有效锌 /(mg/kg)	交换性 Ca^{2+} /(cmol/kg)	交换性 Mg^{2+} /(cmol/kg)
0~26	239.80	3.33	27.26	2.49	2.45	1.08
26~40	56.33	2.43	61.65	0.55	4.20	0.92
40~70	14.07	0.94	23.58	0.18	6.93	1.11
70~120	10.22	0.31	15.39	0.35	6.55	1.27

5）总体评价

该片区代表性烟田土体深厚，耕作层质地适中，耕性和通透性较好，易受洪涝威胁。酸性土壤，有机质含量中等，肥力偏高，磷、钾丰富，铜、铁、锰、锌、钙、镁丰富。

10. 沈村镇沈村社区片区

1) 基本信息

代表性地块(XZ-10)：北纬 30°2′41.820″，东经 118°51′37.260″，海拔 26 m(图 16-1-31)，冲积平原一级阶地，成土母质为河湖相沉积物，种植制度为烤烟-晚稻轮作，水田，土壤亚类为漂白铁聚水耕人为土。

2) 气候条件

该片区烤烟大田生育期 3~7 月，生育期平均气温 20.3℃，降水量 797 mm，日照时数 798 h(图 16-1-32)。

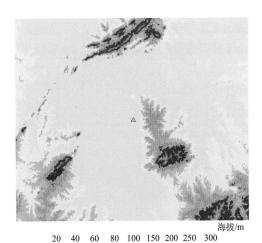

图 16-1-31　片区海拔示意图

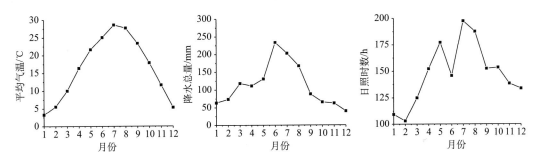

图 16-1-32　片区平均气温、降水总量、日照时数动态变化示意图

3) 剖面形态(图 16-1-33(右))

Ap1：0~32 cm，棕灰色(10YR 5/1，润)，浊黄橙色(10YR 7/2，干)，粉砂壤土，发育强的 1~2 mm 粒状结构，松散，2~3 个蚯蚓穴，pH 5.2，清晰平滑过渡。

Ap2：32~40 cm，棕灰色(10YR 5/1，润)，浊黄橙色(10YR 7/2，干)，壤土，发育中等的 10~20 mm 块状结构，坚实，2~3 个蚯蚓穴，pH 5.5，渐变波状过渡。

E：40~63 cm，棕灰色(10YR 6/1，润)，橙白色(10YR 8/2，干)，粉砂质黏壤土，发育中等的 20~50 mm 棱块状结构，坚实，结构面上 10%左右铁锰斑纹，5%左右软小铁锰结核，pH 6.6，清晰波状过渡。

Br：63~120 cm，浊黄橙色(10YR 6/4，润)，黄橙色(10YR 7/8，干)，粉砂质黏壤土，发育中等的 20~50 mm 棱块状结构，坚实，结构面上 20%左右铁锰斑纹，2%左右软小铁锰结核，pH 6.9。

4) 土壤养分

片区土壤呈酸性，土体 pH 5.21~6.93，有机质 4.16~24.55 g/kg，全氮 0.39~1.59 g/kg，全磷 0.26~0.74 g/kg，全钾 9.86~10.89 g/kg，碱解氮 30.71~134.36 mg/kg，有效磷 1.05~38.33 mg/kg，速效钾 38.79~252.84 mg/kg，氯离子 15.30~39.27 mg/kg，交换性 Ca^{2+} 5.33~6.47

cmol/kg，交换性 Mg^{2+} 1.96~2.24 cmol/kg。

图 16-1-33　代表性地块景观(左)和土壤剖面(右)

腐殖酸与腐殖质组成中，腐殖酸碳量 1.41~7.22 g/kg，腐殖质全碳量 2.35~14.04 g/kg，胡敏酸碳量 1.03~2.99 g/kg，胡敏素碳量 0.93~6.82 g/kg，富啡酸碳量 0.39~4.23 g/kg，胡富比 0.70~2.67。

微量元素中，有效铁 6.11~247.98 mg/kg，有效铜 0.42~3.40 mg/kg，有效锰 20.76~122.04 mg/kg，有效锌 0.07~1.38 mg/kg(表 16-1-28~表 16-1-30)。

表 16-1-28　片区代表性烟田土壤养分状况

土层 /cm	pH	有机质 /(g/kg)	全氮 /(g/kg)	全磷 /(g/kg)	全钾 /(g/kg)	碱解氮 /(mg/kg)	有效磷 /(mg/kg)	速效钾 /(mg/kg)	氯离子 /(mg/kg)
0~32	5.21	24.55	1.59	0.74	10.86	134.36	38.33	252.84	15.30
32~40	5.52	17.38	1.24	0.51	10.89	112.28	16.92	100.94	35.02
40~63	6.58	7.37	0.51	0.29	9.86	40.31	2.65	47.67	26.72
63~120	6.93	4.16	0.39	0.26	10.87	30.71	1.05	38.79	39.27

表 16-1-29　片区代表性烟田土壤腐殖酸与腐殖质组成

土层 /cm	腐殖酸碳量 /(g/kg)	腐殖质全碳量 /(g/kg)	胡敏酸碳量 /(g/kg)	胡敏素碳量 /(g/kg)	富啡酸碳量 /(g/kg)	胡富比
0~32	7.22	14.04	2.99	6.82	4.23	0.71
32~40	5.05	9.90	2.07	4.85	2.98	0.70
40~63	2.07	4.20	1.42	2.13	0.65	2.20
63~120	1.41	2.35	1.03	0.93	0.39	2.67

表 16-1-30　片区代表性烟田土壤中微量元素状况

土层 /cm	有效铁 /(mg/kg)	有效铜 /(mg/kg)	有效锰 /(mg/kg)	有效锌 /(mg/kg)	交换性 Ca^{2+} /(cmol/kg)	交换性 Mg^{2+} /(cmol/kg)
0~32	247.98	3.40	66.48	1.38	5.71	1.96
32~40	120.21	2.99	122.04	0.90	6.47	2.05
40~63	49.55	1.56	74.94	0.21	6.39	2.06
63~120	6.11	0.42	20.76	0.07	5.33	2.24

5）总体评价

该片区代表性烟田土体深厚，耕作层质地适中，耕性和通透性较好，易受洪涝威胁。酸性土壤，有机质含量中等水平，肥力偏高，磷、钾丰富，铜、铁、锰、锌、钙、镁丰富。

参 考 文 献

鲍士旦. 2000. 土壤农化分析 (第 3 版). 北京: 农业出版社.

陈江华, 刘建利, 李志宏, 等. 2008. 中国植烟土壤及烟草养分综合管理. 北京: 科学出版社.

冯学民, 蔡德利. 2004. 土壤温度与气温及纬度和海拔关系的研究. 土壤学报, 41: 489-491.

高振家, 陈克强, 魏家庸. 2000. 中国岩石地层辞典. 北京: 中国地质大学出版社.

刘志红, Lingtao L, Mcvicar T R, 等. 2008. 专用气候数据空间插值软件 ANUSPLIN 及其应用. 气象, 34: 92-100.

刘志红, R.Mcvicar T, Lingtao L, 等. 2008. 基于 ANUSPLIN 的时间序列气象要素空间插值. 西北农林科技大学学报(自然科学版), 36: 227-234.

刘志红, R.Mcvicar T, Niel T G V, 等. 2006. 基于 5 变量局部薄盘光滑样条函数的蒸发空间插值. 中国水土保持科学, 4: 23-30.

鲁如坤. 2000. 土壤农业化学分析方法. 北京: 中国农业科技出版社.

全国土壤普查办公室. 1992. 中国土壤普查技术. 北京: 北京农业出版社.

沈艳, 熊安元, 施晓晖, 等. 2008. 中国 55 年来地面水汽压网格数据集的建立及精度评价. 气象学报, 66: 283-291.

陶晓风, 吴德超. 2007. 普通地质学. 北京: 科学出版社.

王瑞新, 韩富根, 杨素勤, 等. 1990. 烟草化学品质分析法. 郑州: 河南科学技术出版社.

王彦亭, 谢剑平, 李志宏. 2010. 中国烟草种植区划. 北京: 科学出版社.

张慧智. 2008. 中国土壤温度空间预测与表征研究. 南京: 中国科学院南京土壤研究所博士学位论文.

中国科学院南京土壤研究所土壤系统分类课题组, 中国土壤系统分类课题研究协作组. 2001.中国土壤系统分类检索(第 3 版). 合肥: 中国科学技术大学出版社.

中国农业科学院烟草研究所. 1987. 中国烟草栽培学. 上海: 上海科学技术出版社.

祝青林. 2005. 黄河流域水资源的时空演变及其对农业的影响. 沈阳: 沈阳农业大学硕士学位论文.

Hijmans R J, Cameron S E, Parra J L, et al. 2005. Very high resolution interpolated climate surfaces for global land areas. International Journal of Climatology, 25: 1965-1978.

Hutchinson J W, Lu T J. 1995. Laminate delamination due to thermal gradients. Journal of Engineering Materials & Technology, 2: 907.

Mckenney D W, Pedlar J H, Papadopol P, et al. 2006. The development of 1901-2000 historical monthly climate models for Canada and the United States. Agricultural & Forest Meteorology, 138: 69-81.